组合空间结构

Hybrid Space Structures

（下册）

张志宏　著

科 学 出 版 社

北 京

内 容 简 介

组合空间结构定义为刚-刚、刚-柔、柔-柔体系组合或杂交而成的空间结构，一般的索杆梁混合单元体系均属于组合空间结构，而广义的空间结构囊括了几乎所有的大跨、高层和桥隧等结构。

本书共五章，上册内容包括概论、体系构成分析，下册内容包括物体运动分析基础、空间结构计算方法和结构形态生成分析。本书从实际工程出发，以体系创新为主线，注重基础理论、计算方法和程序编制。

本书可供建筑与土木工程领域的相关学者、工程师和建设者等科技人员参考，亦可作为高等院校相关专业高年级本科生和结构工程专业研究生的参考用书。

图书在版编目(CIP)数据

组合空间结构. 下册 / 张志宏著. -- 北京 : 科学出版社, 2024. 6.
ISBN 978-7-03-078834-4

Ⅰ. TU399

中国国家版本馆 CIP 数据核字第 20247D6T12 号

责任编辑：牛宇锋　乔丽维 / 责任校对：任苗苗
责任印制：肖　兴 / 封面设计：蓝正设计

科学出版社 出版
北京东黄城根北街 16 号
邮政编码：100717
http://www.sciencep.com
三河市骏杰印刷有限公司印刷
科学出版社发行　各地新华书店经销
*
2024 年 6 月第　一　版　开本：787×1092 1/16
2024 年 6 月第一次印刷　印张：27 1/4
字数：643 000

定价：258.00 元

序

作为衡量一个国家建筑科学技术水平的重要标志之一——大跨空间结构，在我国过去的四十余年来发展迅速，各类百米及以上结构跨度的新型空间结构如雨后春笋般涌现出来。其中，尤以组合空间结构如斜拉、悬索、张弦、弦支等结构体系方面的发展、应用和自主创新最为突出。组合空间结构定义为刚-刚、刚-柔、柔-柔体系组合或杂交而成的空间结构。组合空间结构兼具不同类型、层级结构体系的优点，刚柔相济、造型优美，往往成为城市或地区标志性建筑，在服务国家建设中起到了应有的作用。张志宏研究员的著作《组合空间结构》系统阐述了组合空间结构的基础理论、计算方法和工程应用，是一本非常有意义的科技新著。

纵观该书各章内容，既相对独立也相互联系，体系创新是贯穿各章节内容的主线。第 1 章概论、第 2 章体系构成分析、第 3 章物体运动分析基础和第 4 章空间结构计算方法构成了第 5 章结构形态生成分析的基础。该书内容具有以下显著特点：①从基本原理出发并采用严格的数学、力学描述，如引入图论阐述体系构成的定量分析方法、大位移情况下的余能原理，从统计力学建立开放系统的控制方程，基于曲线和曲面的微分几何建立壳体力学的微分方程等；②从大自然获得启示并去粗存精、去伪存真，例如，从生物形态演化及人类建造房屋这一基本需求出发，将结构形态生成问题分解为找拓扑分析、找形分析、找力分析等基本问题并提出了结构形态生成的变分原理；③从工程实践而来并到工程实践中去，如单纯找力分析中对称性问题、弦支体系下部索杆系统找形和找力混合形态生成问题的一般算法等。

张志宏研究员是我早年指导的优秀博士研究生，其代表性的设计作品包括济南奥体中心体育馆(目前世界上结构跨度最大的球面弦支网壳结构)、乐清体育中心一场两馆(世界上第一例环索非封闭且分叉的月牙形空间索桁体系和世界上第一例弦支自由曲面网格结构)和建设中的乐清市都市田园公园玉箫路人行桥(世界上第一例单元装配式张拉整体结构)等，均为我国由大跨空间结构的大国向强国迈进的标志性工程。他在空间结构科技领域中是一位善于创新并付诸工程实践的中青年学者。《组合空间结构》一书写作始于 2009 年，历经岁月沉淀和成果积累，书中涉及图论、变分原理和微分几何等内容，其深度和广度均属罕见，在学术理论和计算方法方面具有开拓性和创新性。这是科技界和工程界的一本难能可贵的著作，具有无可非议的价值。

最后，我衷心希望有更多的空间结构专著问世，进一步推动和促进我国空间结构事业的发展和应用，为尽早实现把我国建成全面的空间结构强国而添砖加瓦。

中国工程院院士

董石麟

2023 年 10 月于求是园

前 言

在波澜壮阔的土木工程建设中创造舒适经济、安全可靠和环保节能的大跨建筑空间、新型结构体系是土木工程领域发展的时代要求。同时，与时俱进、服务国家建设是当代学者、工程师和建设者们共同的社会责任之一。

从事土木工程领域的科研、设计和施工不仅需要具备必要的数学、物理和计算机知识，学以致用，注重实践，更重要的是要有创新思维。理论是创新实践的基础，创新实践是知识的源泉。“会当凌绝顶，一览众山小”是诗人的豪迈，惟学无际，一如浩瀚的宇宙，勤奋谦虚才会进步，热情创新才有动力，严谨执着才会有成果。学而思，所思而成文。在非结构工程专业人员眼中，结构设计或许是枯燥生硬、呆板无趣的，但在结构工程师看来却是飘逸恣肆、气势磅礴的写意山水。既有啁啾的鸟鸣，也有潺潺的流水；既有巍峨的高山，也有蜿蜒的藤蔓。

大跨空间结构在我国过去的四十余年中获得了长足的发展，新型空间结构体系逐渐被建筑师采用。百米量级跨度的空间结构已比较常见，未来空间结构的跨度或将是千米量级。因此，我国工程设计人员和相关学者需在高效率空间结构体系自主创新方面做更大努力。同时，为相关标准进一步修订做准备，结合重大工程实例的建筑结构设计、模型试验、风洞试验、施工张拉和结构健康监测等工作，凝练新型空间结构设计施工和使用中的共性科学问题，追本溯源从而形成系统的基础理论非常必要，也是当务之急。

组合空间结构是由两种或两种以上的空间结构体系(如单层曲面网格结构和索杆张拉体系)通过一定的方式组合或杂交而成的新型空间结构体系，如斜拉网格结构、悬索网格结构、平面/空间张弦(梁、桁架和网壳等)体系、规则曲面(如球面、椭球面、悬链面)和自由曲面弦支体系等在世界范围内已有多个工程实例。组合空间结构的基础理论和工程实践经验散落于为数众多的文献中，初学者及想了解或解决某一具体问题的工程师常常难以分辨。本书对刚性体系和柔性体系的分类、体系构成分析、物体运动分析基础、空间结构计算方法、结构形态生成分析等方面由浅入深地逐步阐述，以体系创新为主线，注重工程设计思想、数学力学基本概念、数值算法和程序编制。

受篇幅所限，对组合空间结构设计中风致效应、大气边界层风洞试验技术等气动弹性力学问题、非线性振动问题、屈曲问题、施工张拉可行性及其数值模拟、日照以及温度效应和多场耦合分析、地震波振动台试验和地震作用效应模拟、断索及换索、节点分析和可靠度分析等与设计和施工联系更为密切的其他专题将另外著述。

本书主要由张志宏执笔完成，其中 2.2.3 节由陈贤川执笔完成。本书第 1 章插图线模型、描图等工作主要由研究生刘海、赵恺、王新冉和陈健凯依据公开的资料、文献完成，在此一并表示诚挚的感谢。

本书初稿完成后即呈送浙江大学董石麟院士审阅并请先生题序，先生渊博的知识、敏锐的学术洞察力、严谨的治学态度、丰富的工程实践经验以及谦和的学者风范都给学生莫大的鞭策和激励，先生无私的教诲让学生终生受益，祝愿先生身体健康。

“日日月月流经年，山山水水耕作田。为学点滴虽成文，雕虫涂鸦大空间”，浅学陋识，抛砖引玉，不足之处在所难免，敬请读者批评指正。

张志宏
2023 年 8 月

目　录

第 3 章　物体运动分析基础

本章内容提要

(1) 矢量及其运算法则、矩阵及其运算法则和张量及其运算法则，映射和集合；
(2) 物体运动及其描述方法；
(3) 物体大位移运动的描述方法；
(4) 数学模型与对称守恒；
(5) 物体机械运动的能量原理，包括物体运动的一般度量——能量、量度能量转换的基本物理量——功、一般外力做功和能量泛函的变分；
(6) 物质其他运动形式及其描述。

一般意义上的数学符号、运算法则及其证明依据一定的约定或公理体系，如欧几里得几何中假定两点之间直线最短，而在非欧几里得几何中并非如此。纯粹的数学推导对工程师而言似乎过于抽象，数学的趣味也容易淹没在各种符号公式中。究其原因，一方面是对数学符号、定理等的理解肤浅，对数学语言的本质缺乏了解，数学符号就是数学语言的字母，运算法则就是数学语言的语法，漂亮的定理就是数学语言的诗歌。另一方面是对数学的实际或工程应用了解不多，不仅缺乏由实际工程问题抽象为数学模型的能力，也难以将数学定理转化为力学或物理原理，如分部积分公式可以与虚功原理、欧拉方程相联系。概括起来就是学以致用出了问题，活学活用方是根本。本章主要目的是给出各章用到的数学和物理基础知识。

3.1　矢量、矩阵和张量

物体运动与静止均相对一定的参照物，这个参照物在数学和力学中就是坐标系，这也是为什么会有坐标系的原因，而矢量和张量等所表征的物理量虽然在坐标系中度量，但其本身独立于坐标系，即不随坐标系的变化而变化。

坐标系：为了定量确定物体运动的空间位置和状态而建立的参照系，常用的坐标系有直角坐标系、柱面坐标系、球面坐标系和极坐标系等。

3.1.1　矢量及其运算法则

直角坐标系的坐标轴相互垂直，如图 3.1 所示，坐标轴的交点 o 称为原点，单位矢量 $\boldsymbol{e}_1$、$\boldsymbol{e}_2$、$\boldsymbol{e}_3$ 为各坐标轴无量纲的单位尺度[1]。物体上或空间中的任意一点 P 可由矢量 $\boldsymbol{r}$ 来定义，并且可以分解为 3 个独立的分量，即

$$\boldsymbol{r}=x_1\boldsymbol{e}_1+x_2\boldsymbol{e}_2+x_3\boldsymbol{e}_3 \text{ 或 } \boldsymbol{r}=\sum_{i=1}^{3}x_i\boldsymbol{e}_i \tag{3.1}$$

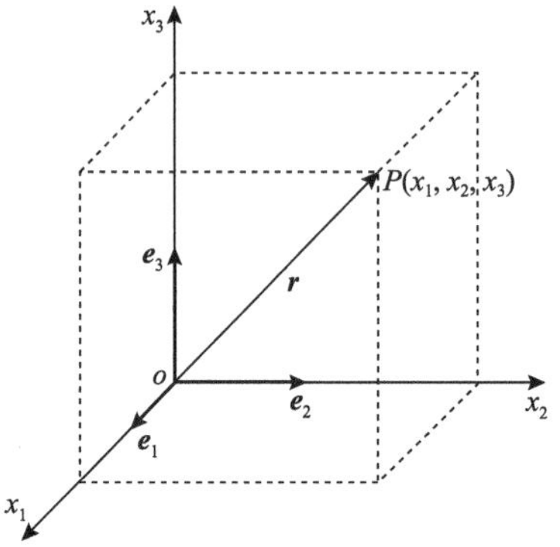

图 3.1　直角坐标系中一点及单位矢量

标量用来表示只有大小的物理量，如质量、长度、时间、能量、密度、浓度、硬度等。矢量用来表示既有大小也有方向的物理量，如力、冲量、动量、位移、速度、加速度等。标量和矢量是基本的数学符号，数学符号是客观世界中各类物理量及其共性的数学抽象，遵循各自的运算法则。

点积：两个矢量的点积或内积定义为

$$\boldsymbol{r}_1\cdot\boldsymbol{r}_2=\|\boldsymbol{r}_1\|\times\|\boldsymbol{r}_2\|\cos\alpha=\boldsymbol{r}_2\cdot\boldsymbol{r}_1 \tag{3.2}$$

由式(3.2)可见，矢量的点积为一标量且满足交换律，且直角坐标系单位矢量之间的点积满足

$$\boldsymbol{e}_i\cdot\boldsymbol{e}_j=\|\boldsymbol{e}_i\|\times\|\boldsymbol{e}_j\|\cos\alpha\left(\alpha=0\text{或}\pi/2\right)=\delta_{ij}=\begin{cases}0, & i\neq j,\quad \alpha=\pi/2\\ 1, & i=j,\quad \alpha=0\end{cases} \tag{3.3}$$

其中，δ_{ij} 为 Kronecker 记号；α 为矢量 $\boldsymbol{r}_1$ 和 $\boldsymbol{r}_2$ 之间的夹角。

反过来，由式(3.1)和式(3.3)重新计算式(3.2)，即

$$\begin{aligned}\boldsymbol{r}_1\cdot\boldsymbol{r}_2&=\left(x_{11}\boldsymbol{e}_1+x_{12}\boldsymbol{e}_2+x_{13}\boldsymbol{e}_3\right)\cdot\left(x_{21}\boldsymbol{e}_1+x_{22}\boldsymbol{e}_2+x_{23}\boldsymbol{e}_3\right)\\&=x_{11}x_{21}\boldsymbol{e}_1\cdot\boldsymbol{e}_1+x_{11}x_{22}\boldsymbol{e}_1\cdot\boldsymbol{e}_2+x_{11}x_{23}\boldsymbol{e}_1\cdot\boldsymbol{e}_3\\&\quad+x_{12}x_{21}\boldsymbol{e}_2\cdot\boldsymbol{e}_1+x_{12}x_{22}\boldsymbol{e}_2\cdot\boldsymbol{e}_2+x_{12}x_{23}\boldsymbol{e}_2\cdot\boldsymbol{e}_3\\&\quad+x_{13}x_{21}\boldsymbol{e}_3\cdot\boldsymbol{e}_1+x_{13}x_{22}\boldsymbol{e}_3\cdot\boldsymbol{e}_2+x_{13}x_{23}\boldsymbol{e}_3\cdot\boldsymbol{e}_3\\&=x_{11}x_{21}+x_{12}x_{22}+x_{13}x_{23}\end{aligned} \tag{3.4}$$

由式(3.1)～式(3.4)可见，矢量的点积运算非常简单，这为矢量间计算投影长度提供了方便，但上述推导并不十分令人信服，下面给出式(3.4)的初等证明。

由图 3.2 和式(3.2)可得

$$\boldsymbol{r}_1\cdot\boldsymbol{r}_2=\|\boldsymbol{r}_1\|\times\|\boldsymbol{r}_2\|\cos\alpha=L_{AB'}L_{AC} \tag{3.5}$$

其中，线段 AC 和线段 AB' 的长度 L_{AC} 和 $L_{AB'}$ 所在的直线方向一致，二者为比例关系，

即 $L_{AC}=\lambda L_{AB'}$，λ 为比例因子，代入式(3.5)可得

$$\boldsymbol{r}_1\cdot\boldsymbol{r}_2=\lambda L_{AB'}^2 \tag{3.6}$$

由图 3.2 可知

$$\lambda=\frac{x_{21}}{x_{AB'1}}=\frac{x_{22}}{x_{AB'2}}=\frac{x_{23}}{x_{AB'3}} \tag{3.7}$$

其中，$x_{AB'i}\neq 0,\ \ i=1,2,3$。

对直角三角形 $AB'B$，由勾股定理可知 $L_{AB}^2=L_{BB'}^2+L_{AB'}^2$，展开如下：

$$\begin{aligned}
&x_{11}^2+x_{12}^2+x_{13}^2=\left(x_{11}-x_{AB'1}\right)^2+\left(x_{12}-x_{AB'2}\right)^2+\left(x_{13}-x_{AB'3}\right)^2+L_{AB'}^2\\
&\Rightarrow 0=-\left(2x_{11}x_{AB'1}+2x_{12}x_{AB'2}+2x_{13}x_{AB'3}\right)+2L_{AB'}^2\\
&\Rightarrow L_{AB'}^2=x_{11}x_{AB'1}+x_{12}x_{AB'2}+x_{13}x_{AB'3}
\end{aligned} \tag{3.8}$$

将式(3.7)、式(3.8)代入式(3.6)可得

$$\begin{aligned}
\boldsymbol{r}_1\cdot\boldsymbol{r}_2&=\lambda L_{AB'}^2=\lambda\left(x_{11}x_{AB'1}+x_{12}x_{AB'2}+x_{13}x_{AB'3}\right)\\
&=\frac{x_{21}}{x_{AB'1}}x_{11}x_{AB'1}+\frac{x_{22}}{x_{AB'2}}x_{12}x_{AB'2}+\frac{x_{23}}{x_{AB'3}}x_{13}x_{AB'3}\\
&=x_{21}x_{11}+x_{22}x_{12}+x_{23}x_{13}
\end{aligned} \tag{3.9}$$

证毕。

注：①式(3.5)～式(3.9)的证明是一般情况下，式(3.7)中分母为零的情况则可作为特例补充证明或者旋转坐标系使分母不为零。②矢量点积运算为有向线段几何投影长度计算过程的简化，体现了代数几何的美。③矢量定义了方向和大小，但没有规定起点，似乎矢量在空间中可以四处飘荡，这符合场论的要求。④文献[2]采用余弦定理给出了式(3.2)的另一初等证明。

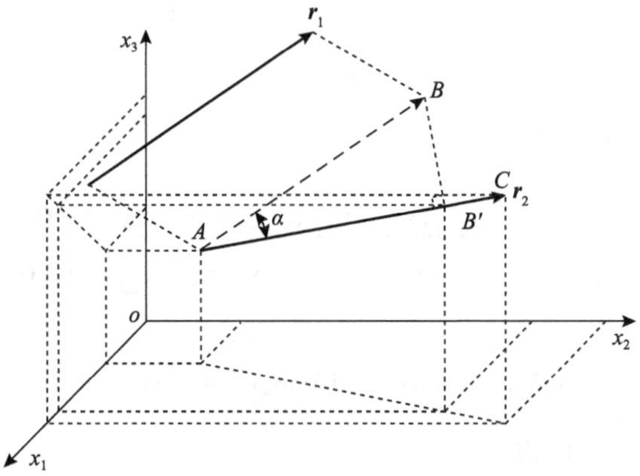

图 3.2　空间两矢量投影关系

叉积：两个矢量叉积定义为

$$\boldsymbol{r}_1 \times \boldsymbol{r}_2 = -\boldsymbol{r}_2 \times \boldsymbol{r}_1 = \boldsymbol{r}_3 = \begin{vmatrix} \boldsymbol{e}_1 & \boldsymbol{e}_2 & \boldsymbol{e}_3 \\ x_{11} & x_{12} & x_{13} \\ x_{21} & x_{22} & x_{23} \end{vmatrix} = e_{ijk} x_{1i} x_{2j} \boldsymbol{e}_k, \quad i,j,k = 1,2,3 \tag{3.10}$$

其中，e_{ijk} 为置换符号(Levi-Civita 排列符号)，为方便行列式的代数计算，定义如下：

$$e_{ijk} = \left(\boldsymbol{e}_i \times \boldsymbol{e}_j\right) \cdot \boldsymbol{e}_k = \left(\boldsymbol{e}_j \times \boldsymbol{e}_k\right) \cdot \boldsymbol{e}_i = \left(\boldsymbol{e}_k \times \boldsymbol{e}_i\right) \cdot \boldsymbol{e}_j = \begin{cases} 1, & ijk = 123, 231, 312\text{——偶数次置换} \\ -1, & ijk = 213, 132, 321\text{——奇数次置换} \\ 0, & \text{其他} \end{cases} \tag{3.11}$$

式(3.10)是叉积的定义，叉积运算的结果是一个新的矢量，可记为行列式形式，其方向按照右手法则垂直于两个叉积运算矢量所在的平面，其大小为

$$\left\|\boldsymbol{r}_3\right\| = \left\|\boldsymbol{r}_1\right\| \times \left\|\boldsymbol{r}_2\right\| \sin\alpha \tag{3.12}$$

式(3.12)表示 $\boldsymbol{r}_3$ 的大小等于 $\boldsymbol{r}_1$ 和 $\boldsymbol{r}_2$ 所在平行四边形的面积，注意是有向面的面积。式(3.11)中偶数次或奇数次置换是指下标 ijk 重新排列成 123 需要的最少置换次数。为方便理解，下面给出叉积运算的初等证明。

如图 3.3 所示，为简化推导并不失一般性，坐标系原点 o 可设在 $\boldsymbol{r}_1$ 和 $\boldsymbol{r}_2$ 共同的起点，在 o 点分别作 $\boldsymbol{r}_1$ 和 $\boldsymbol{r}_2$ 的垂面 Π_1 和 Π_2，Π_1 和 Π_2 必相交于一条直线。由点积的几何意义可得，垂面 Π_1 和 Π_2 的代数方程为

$$\Pi_1: \ \left(x_1 - 0\right)x_{11} + \left(x_2 - 0\right)x_{12} + \left(x_3 - 0\right)x_{13} = 0 \tag{3.13}$$

$$\Pi_2: \ \left(x_1 - 0\right)x_{21} + \left(x_2 - 0\right)x_{22} + \left(x_3 - 0\right)x_{23} = 0 \tag{3.14}$$

则 Π_1 和 Π_2 相交的直线方程可由式(3.13)和式(3.14)联立给出，即

$$\begin{cases} x_1 x_{11} + x_2 x_{12} + x_3 x_{13} = 0 \\ x_1 x_{21} + x_2 x_{22} + x_3 x_{23} = 0 \end{cases} \tag{3.15}$$

从式(3.15)中消去 x_1，可得

$$\begin{aligned} & x_2 x_{12} x_{21} + x_3 x_{13} x_{21} - \left(x_2 x_{22} x_{11} + x_3 x_{23} x_{11}\right) = 0 \\ & \Rightarrow x_2\left(x_{12} x_{21} - x_{22} x_{11}\right) + x_3\left(x_{13} x_{21} - x_{23} x_{11}\right) = 0 \\ & \Rightarrow \frac{x_2}{x_{13} x_{21} - x_{23} x_{11}} = \frac{x_3}{-\left(x_{12} x_{21} - x_{22} x_{11}\right)} \end{aligned} \tag{3.16}$$

同理，再对 x_3 消元，可得

$$\frac{x_1}{x_{12} x_{23} - x_{22} x_{13}} = \frac{x_2}{-\left(x_{11} x_{23} - x_{21} x_{13}\right)} \tag{3.17}$$

联立式(3.16)和式(3.17)，可得Π_1和Π_2交线的点向式方程，即

$$\frac{x_1}{x_{12}x_{23}-x_{22}x_{13}}=\frac{x_2}{-\left(x_{11}x_{23}-x_{21}x_{13}\right)}=\frac{x_3}{x_{22}x_{11}-x_{12}x_{21}} \tag{3.18}$$

由式(3.18)可知该交线过原点，其方向矢量为

$$\left(x_{12}x_{23}-x_{22}x_{13}\right)\boldsymbol{e}_1-\left(x_{11}x_{23}-x_{21}x_{13}\right)\boldsymbol{e}_2+\left(x_{22}x_{11}-x_{12}x_{21}\right)\boldsymbol{e}_3=e_{ijk}x_{1i}x_{2j}\boldsymbol{e}_k \tag{3.19}$$

Π_1和Π_2的交线为直线，没有方向，需设定该交线的正方向符合右手法则，这便证明了式(3.10)，注意式(3.13)～式(3.19)仅仅证明了该垂线的方向矢量与叉积运算一致，与式(3.10)形式上一致是由于坐标原点恰好选择在两矢量起点。叉积运算结果大小的初等证明如下：

由正弦函数定义，即$\sin\alpha=\pm\sqrt{\|\boldsymbol{r}_1\|^2-\left(\boldsymbol{r}_1\cdot\boldsymbol{r}_2\right)^2/\|\boldsymbol{r}_2\|^2}\,/\,\|\boldsymbol{r}_1\|$，可得

$$\begin{aligned}\|\boldsymbol{r}_1\|^2\|\boldsymbol{r}_2\|^2\sin^2\alpha&=\|\boldsymbol{r}_1\|^2\|\boldsymbol{r}_2\|^2-\left(\boldsymbol{r}_1\cdot\boldsymbol{r}_2\right)^2\\&=\left(x_{11}^2+x_{12}^2+x_{13}^2\right)\left(x_{21}^2+x_{22}^2+x_{23}^2\right)-\left(x_{11}x_{21}+x_{12}x_{22}+x_{13}x_{23}\right)^2\\&=\left(x_{11}x_{22}-x_{12}x_{21}\right)^2+\left(x_{12}x_{23}-x_{13}x_{22}\right)^2+\left(x_{11}x_{23}-x_{13}x_{21}\right)^2\end{aligned} \tag{3.20}$$

于是，有

$$\|\boldsymbol{r}_1\|\times\|\boldsymbol{r}_2\|\sin\alpha=\pm\left[\left(x_{11}x_{22}-x_{12}x_{21}\right)^2+\left(x_{12}x_{23}-x_{13}x_{22}\right)^2+\left(x_{11}x_{23}-x_{13}x_{21}\right)^2\right]^{1/2} \tag{3.21}$$

证毕。

注：①两矢量叉积运算实际上为求平面垂线方向矢量的简化运算法则；②两矢量叉积运算的大小为平行四边形的面积，为求面积提供了方便。

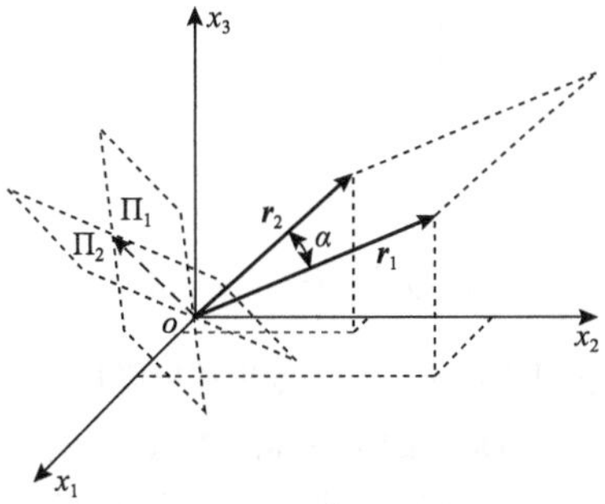

图 3.3　空间两矢量垂面的交线

例题 3.1　试证明三矢量叉积简化计算公式。

$$\left(\boldsymbol{r}_1\times\boldsymbol{r}_2\right)\times\boldsymbol{r}_3=\left(\boldsymbol{r}_1\cdot\boldsymbol{r}_3\right)\boldsymbol{r}_2-\left(\boldsymbol{r}_2\cdot\boldsymbol{r}_3\right)\boldsymbol{r}_1 \tag{3.22}$$

证明：

$$\begin{aligned}(\boldsymbol{r}_1\times\boldsymbol{r}_2)\times\boldsymbol{r}_3 &= \left[(x_{12}x_{23}-x_{13}x_{22})\boldsymbol{e}_1-(x_{11}x_{23}-x_{13}x_{21})\boldsymbol{e}_2+(x_{11}x_{22}-x_{12}x_{21})\boldsymbol{e}_3\right]\times\boldsymbol{r}_3\\ &=\left[-x_{33}(x_{11}x_{23}-x_{13}x_{21})-x_{32}(x_{11}x_{22}-x_{12}x_{21})\right]\boldsymbol{e}_1\\ &\quad+\left[x_{31}(x_{11}x_{22}-x_{12}x_{21})-x_{33}(x_{12}x_{23}-x_{13}x_{22})\right]\boldsymbol{e}_2\\ &\quad+\left[x_{32}(x_{12}x_{23}-x_{13}x_{22})+x_{31}(x_{11}x_{23}-x_{13}x_{21})\right]\boldsymbol{e}_3\\ &=\left[x_{21}(x_{33}x_{13}+x_{32}x_{12})-x_{11}(x_{33}x_{23}+x_{32}x_{22})+x_{11}x_{21}x_{31}-x_{11}x_{21}x_{31}\right]\boldsymbol{e}_1\\ &\quad+\left[x_{22}(x_{31}x_{11}+x_{33}x_{13})-x_{12}(x_{31}x_{21}+x_{33}x_{23})+x_{12}x_{22}x_{32}-x_{12}x_{22}x_{32}\right]\boldsymbol{e}_2\\ &\quad+\left[x_{23}(x_{32}x_{12}+x_{31}x_{11})-x_{13}(x_{32}x_{22}+x_{31}x_{21})+x_{13}x_{23}x_{33}-x_{13}x_{23}x_{33}\right]\boldsymbol{e}_3\\ &=\left[x_{21}(\boldsymbol{r}_1\cdot\boldsymbol{r}_3)-x_{11}(\boldsymbol{r}_2\cdot\boldsymbol{r}_3)\right]\boldsymbol{e}_1+\left[x_{22}(\boldsymbol{r}_1\cdot\boldsymbol{r}_3)-x_{12}(\boldsymbol{r}_2\cdot\boldsymbol{r}_3)\right]\boldsymbol{e}_2+\left[x_{23}(\boldsymbol{r}_1\cdot\boldsymbol{r}_3)-x_{13}(\boldsymbol{r}_2\cdot\boldsymbol{r}_3)\right]\boldsymbol{e}_3\\ &=(\boldsymbol{r}_1\cdot\boldsymbol{r}_3)\boldsymbol{r}_2-(\boldsymbol{r}_2\cdot\boldsymbol{r}_3)\boldsymbol{r}_1\end{aligned}$$

证毕。

注意，式(3.22)对下面提到的矢量算子不成立。

混合积：三个矢量混合积表示为

$$(\boldsymbol{r}_1\times\boldsymbol{r}_2)\cdot\boldsymbol{r}_3=\begin{vmatrix}x_{11} & x_{12} & x_{13}\\ x_{21} & x_{22} & x_{23}\\ x_{31} & x_{32} & x_{33}\end{vmatrix}=e_{ijk}x_{1i}x_{2j}x_{3k} \tag{3.23}$$

式(3.23)由点积和叉积的定义容易理解，矢量的混合积为标量，其几何意义为棱柱体的体积运算，如图 3.4 所示。

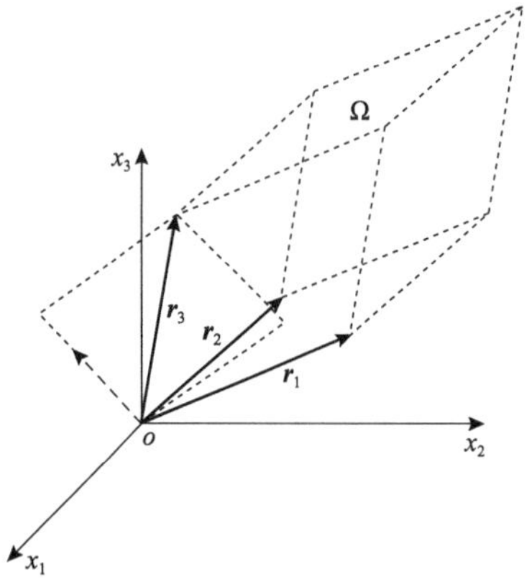

图 3.4　矢量混合积的几何意义

注：①单个矢量表示一点的空间位置——点，点积求投影长度——线，叉积求得平面垂线和平行四边形面积——面，混合积求三个矢量形成的棱柱体的体积——体，空间点、线、面、体的矢量运算法则便构成了矢量代数的基础。②为方便理解，此处给出了点积和叉积的初等证明，这也说明数学符号、运算法则和定理等与实际工程应用之间的联系，从这个方面讲数学是工程问题的抽象。③Kronecker 记号和置换符号之间的关系如下：

$$\left.\begin{aligned}\boldsymbol{e}_i&=\delta_{i1}\boldsymbol{e}_1+\delta_{i2}\boldsymbol{e}_2+\delta_{i3}\boldsymbol{e}_3\\ \boldsymbol{e}_j&=\delta_{j1}\boldsymbol{e}_1+\delta_{j2}\boldsymbol{e}_2+\delta_{j3}\boldsymbol{e}_3\\ \boldsymbol{e}_k&=\delta_{k1}\boldsymbol{e}_1+\delta_{k2}\boldsymbol{e}_2+\delta_{k3}\boldsymbol{e}_3\end{aligned}\right\}\Rightarrow e_{ijk}=\boldsymbol{e}_i\cdot(\boldsymbol{e}_j\times\boldsymbol{e}_k)=\begin{vmatrix}\delta_{i1} & \delta_{i2} & \delta_{i3}\\ \delta_{j1} & \delta_{j2} & \delta_{j3}\\ \delta_{k1} & \delta_{k2} & \delta_{k3}\end{vmatrix}$$

$$e_{ijk}e_{rst}=\begin{vmatrix}\delta_{i1}&\delta_{i2}&\delta_{i3}\\\delta_{j1}&\delta_{j2}&\delta_{j3}\\\delta_{k1}&\delta_{k2}&\delta_{k3}\end{vmatrix}\begin{vmatrix}\delta_{r1}&\delta_{r2}&\delta_{r3}\\\delta_{s1}&\delta_{s2}&\delta_{s3}\\\delta_{t1}&\delta_{t2}&\delta_{t3}\end{vmatrix}=\left|\begin{bmatrix}\delta_{i1}&\delta_{i2}&\delta_{i3}\\\delta_{j1}&\delta_{j2}&\delta_{j3}\\\delta_{k1}&\delta_{k2}&\delta_{k3}\end{bmatrix}\begin{bmatrix}\delta_{r1}&\delta_{r2}&\delta_{r3}\\\delta_{s1}&\delta_{s2}&\delta_{s3}\\\delta_{t1}&\delta_{t2}&\delta_{t3}\end{bmatrix}\right|=\begin{vmatrix}\delta_{ir}&\delta_{is}&\delta_{it}\\\delta_{jr}&\delta_{js}&\delta_{jt}\\\delta_{kr}&\delta_{ks}&\delta_{kt}\end{vmatrix}$$

其中，$\delta_{ik}\delta_{jk}=(\boldsymbol{e}_i\cdot\boldsymbol{e}_k)\cdot(\boldsymbol{e}_j\cdot\boldsymbol{e}_k)=\boldsymbol{e}_i\cdot\boldsymbol{e}_k\cdot\boldsymbol{e}_k\cdot\boldsymbol{e}_j=\boldsymbol{e}_i\cdot\delta_{kk}\cdot\boldsymbol{e}_j=\boldsymbol{e}_i\cdot\boldsymbol{e}_j=\delta_{ij}$。

矢量算子：又称 Hamilton 算子，指微分算子符号 Nabla，记为∇。∇具有微分、矢量双重特性，在直角坐标系下定义为

$$\nabla=\frac{\partial}{\partial x_1}\boldsymbol{e}_1+\frac{\partial}{\partial x_2}\boldsymbol{e}_2+\frac{\partial}{\partial x_3}\boldsymbol{e}_3=\sum_{i=1}^{3}\frac{\partial}{\partial x_i}\boldsymbol{e}_i=\begin{pmatrix}\frac{\partial}{\partial x_1}&\frac{\partial}{\partial x_2}&\frac{\partial}{\partial x_3}\end{pmatrix} \tag{3.24}$$

1. 标量的梯度（$\nabla\varphi$ 或 $\mathrm{grad}\varphi$）

$$\nabla\varphi=\frac{\partial\varphi}{\partial x_1}\boldsymbol{e}_1+\frac{\partial\varphi}{\partial x_2}\boldsymbol{e}_2+\frac{\partial\varphi}{\partial x_3}\boldsymbol{e}_3,\quad \varphi\text{可微}$$

梯度物理意义是一点处标量场变化速度与方向的度量，为可微标量场，如温度场、浓度和电势场等内一点处的等值面或等值线相垂直的方向矢量，也是该点标量场变化最快的方向，即一点处沿梯度方向的方向导数取得最大值。

梯度定理：若定义在曲线 S 上的标量场函数 φ 可微，则

$$\int_S \mathrm{grad}\varphi\cdot\mathrm{d}\boldsymbol{r}=\varphi_2-\varphi_1 \tag{3.25}$$

梯度定理可简单推导如下：

$$\begin{cases}\mathrm{grad}\varphi(x_1,x_2,x_3)=\nabla\varphi=\dfrac{\partial\varphi}{\partial x_1}\boldsymbol{e}_1+\dfrac{\partial\varphi}{\partial x_2}\boldsymbol{e}_2+\dfrac{\partial\varphi}{\partial x_3}\boldsymbol{e}_3\\ \mathrm{d}\boldsymbol{r}=\mathrm{d}(x_1\boldsymbol{e}_1+x_2\boldsymbol{e}_2+x_3\boldsymbol{e}_3)=\mathrm{d}x_1\boldsymbol{e}_1+\mathrm{d}x_2\boldsymbol{e}_2+\mathrm{d}x_3\boldsymbol{e}_3\end{cases}$$

$$\Rightarrow \mathrm{d}\varphi=\frac{\partial\varphi}{\partial x_1}\mathrm{d}x_1+\frac{\partial\varphi}{\partial x_2}\mathrm{d}x_2+\frac{\partial\varphi}{\partial x_3}\mathrm{d}x_3=\nabla\varphi\cdot\mathrm{d}\boldsymbol{r}\Rightarrow\int_S\nabla\varphi\cdot\mathrm{d}\boldsymbol{r}=\int_S\mathrm{d}\varphi=\varphi_2-\varphi_1$$

证毕。

梯度定理有助于理解重力做功的实质，即重力为势能这一标量函数的梯度，因此有梯度定理，即重力做功与路径无关。

方向导数：若标量场 $\varphi(x_1,x_2,x_3)$ 在点 $P(x_1,x_2,x_3)$ 处可微（图 3.5），则其全增量

$$\Delta\varphi=\varphi(Q)-\varphi(P)=\frac{\partial\varphi}{\partial x_1}\Delta x_1+\frac{\partial\varphi}{\partial x_2}\Delta x_2+\frac{\partial\varphi}{\partial x_3}\Delta x_3+o(\Delta l)$$

其中，$o(\Delta l)$ 为 Δl 的高阶无穷小，即 $\lim\limits_{\Delta l\to 0}\dfrac{o(\Delta l)}{\Delta l}=0$。

公式两边都除以 Δl，可得

$$\frac{\Delta\varphi}{\Delta l}=\frac{\partial\varphi}{\partial x_1}\frac{\Delta x_1}{\Delta l}+\frac{\partial\varphi}{\partial x_2}\frac{\Delta x_2}{\Delta l}+\frac{\partial\varphi}{\partial x_3}\frac{\Delta x_3}{\Delta l}+\frac{o(\Delta l)}{\Delta l}$$

由图 3.5 可见，$\frac{\Delta x_1}{\Delta l}=\cos\alpha$，$\frac{\Delta x_2}{\Delta l}=\cos\beta$，$\frac{\Delta x_3}{\Delta l}=\cos\gamma$，两边取极限可得

$$\lim_{\Delta l\to 0}\frac{\Delta\varphi}{\Delta l}=\frac{\partial\varphi}{\partial x_1}\cos\alpha+\frac{\partial\varphi}{\partial x_2}\cos\beta+\frac{\partial\varphi}{\partial x_3}\cos\gamma+\lim_{\Delta l\to 0}\frac{o(\Delta l)}{\Delta l}$$

方向导数定义为

$$\frac{\partial\varphi}{\partial l}=\frac{\partial\varphi}{\partial x_1}\cos\alpha+\frac{\partial\varphi}{\partial x_2}\cos\beta+\frac{\partial\varphi}{\partial x_3}\cos\gamma=\nabla\varphi\cdot\boldsymbol{L} \tag{3.26}$$

由式(3.26)可见，方向导数为一点附近标量场沿某直线方向变化快慢的一阶近似度量。此外，梯度向量与等值线(切线)或等值面(切平面)的正交关系(图 3.6)证明如下。

标量场的等值线或等值面方程为

$$\varphi(x_1,x_2,x_3)=C$$

式中，C 为常数且 $x_i=x_i(t)$，$i=1,2,3$。

两边对时间 t 求导可得

$$\frac{\mathrm{d}\varphi}{\mathrm{d}t}=\frac{\mathrm{d}C}{\mathrm{d}t}=0\Rightarrow\nabla\varphi\cdot\left(\frac{\partial x_1}{\partial t}\boldsymbol{e}_1+\frac{\partial x_2}{\partial t}\boldsymbol{e}_2+\frac{\partial x_3}{\partial t}\boldsymbol{e}_3\right)=0$$

而 $\frac{\partial x_1}{\partial t}\boldsymbol{e}_1+\frac{\partial x_2}{\partial t}\boldsymbol{e}_2+\frac{\partial x_3}{\partial t}\boldsymbol{e}_3$ 为等值线或等值面上点移动的速度，必然与等值线或等值面相切。标量场一点梯度矢量与等值线或等值面的切线速度矢量的点积为 0，因此二者垂直。证毕。

注：标量场的梯度是矢量场，这说明标量场变化的一阶度量是矢量场。

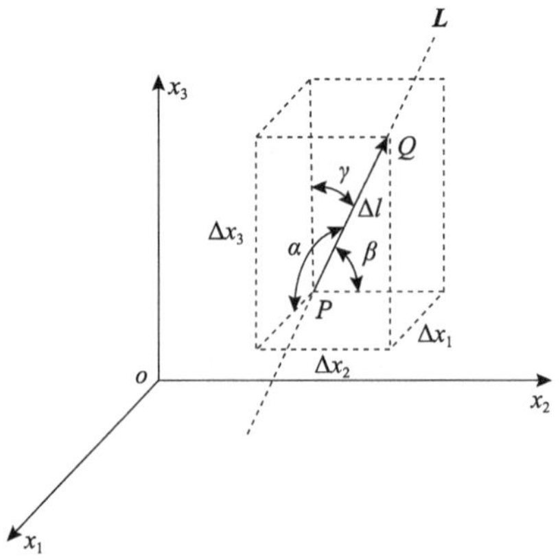

图 3.5　标量场的方向导数

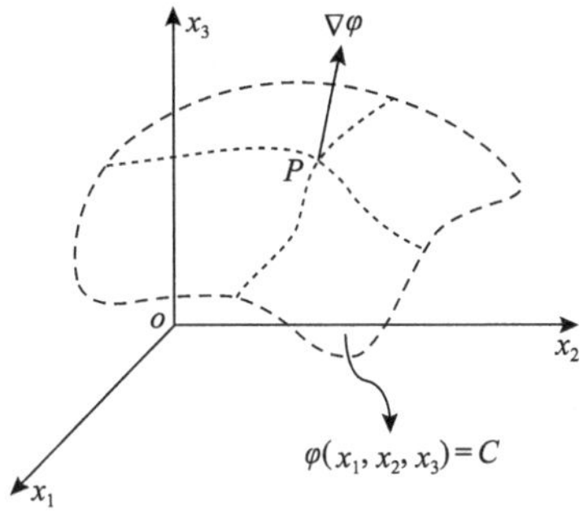

图 3.6　梯度向量与等值线或等值面的正交关系

2. 矢量的散度（$\nabla\cdot\boldsymbol{r}_i$ 或 $\mathrm{div}\boldsymbol{r}_i$）

$$\nabla\cdot\boldsymbol{r}_i=\left(\frac{\partial}{\partial x_1}\boldsymbol{e}_1+\frac{\partial}{\partial x_2}\boldsymbol{e}_2+\frac{\partial}{\partial x_3}\boldsymbol{e}_3\right)\cdot\left(x_{i1}\boldsymbol{e}_1+x_{i2}\boldsymbol{e}_2+x_{i3}\boldsymbol{e}_3\right)=\frac{\partial x_{i1}}{\partial x_1}+\frac{\partial x_{i2}}{\partial x_2}+\frac{\partial x_{i3}}{\partial x_3} \tag{3.27}$$

散度的物理意义是矢量场倾向源于一点的程度的度量，为可微矢量场，如重力场、电场、位移场和速度场等通量的密度，也可以看成矢量场拉伸程度的度量。

3. 矢量的旋度（$\nabla\times\boldsymbol{r}_i$ 或 $\mathrm{curl}\boldsymbol{r}_i$）

$$\nabla\times\boldsymbol{r}_i=\begin{vmatrix}\boldsymbol{e}_1 & \boldsymbol{e}_2 & \boldsymbol{e}_3\\ \dfrac{\partial}{\partial x_1} & \dfrac{\partial}{\partial x_2} & \dfrac{\partial}{\partial x_3}\\ x_{i1} & x_{i2} & x_{i3}\end{vmatrix}=\left(\frac{\partial x_{i3}}{\partial x_2}-\frac{\partial x_{i2}}{\partial x_3}\right)\boldsymbol{e}_1-\left(\frac{\partial x_{i3}}{\partial x_1}-\frac{\partial x_{i1}}{\partial x_3}\right)\boldsymbol{e}_2+\left(\frac{\partial x_{i2}}{\partial x_1}-\frac{\partial x_{i1}}{\partial x_2}\right)\boldsymbol{e}_3 \tag{3.28}$$

旋度的物理意义是矢量场围绕一个点旋转程度的度量，如速度场的旋转分量(旋转轴的方向和旋转程度)，或者为可微矢量场，如(空气、水流)流场的环量密度。显然，旋度可用于度量漩涡的结构。

注：①这里微分算子本质上为一数学替代符号，且约定其遵循矢量运算法则。②方向导数与梯度、通量与散度和环量与旋度的定义分别对应相应的几何或物理意义，这是物理(标量和矢量)场分析的需要。已知散度(拉伸程度)和旋度(旋转程度)可确定唯一的矢量场，这一点非常重要。

注意，∇ 遵循矢量运算法则，也遵循微分运算法则，如表 3.1 所示。

表 3.1　矢量算子运算法则

矢量运算法则	矢量算子运算法则	备注
$\boldsymbol{r}(\varphi\psi)=\varphi(\boldsymbol{r}\psi)$	$\nabla(\varphi\psi)=\varphi(\nabla\psi)$	φ、ψ 为标量
$\boldsymbol{r}_1\times(\varphi\boldsymbol{r}_2)=\varphi(\boldsymbol{r}_1\times\boldsymbol{r}_2)$	$\nabla\times(k\boldsymbol{r}_2)=\nabla k\times\boldsymbol{r}_2+k(\nabla\times\boldsymbol{r}_2)$	
$\boldsymbol{r}_1\cdot(k\boldsymbol{r}_2)=k(\boldsymbol{r}_1\cdot\boldsymbol{r}_2)$	$\nabla\cdot(\varphi\boldsymbol{r}_2)=\nabla\varphi\cdot\boldsymbol{r}_2+\varphi(\nabla\cdot\boldsymbol{r}_2)$	
$\boldsymbol{r}_1\cdot(\boldsymbol{r}_1\times\boldsymbol{r}_2)=0$	$\nabla\cdot(\nabla\times\boldsymbol{r}_2)=0$	旋度的散度等于零
$\boldsymbol{r}\times(\varphi\boldsymbol{r})=0$	$\nabla\times(\nabla\varphi)=0$	梯度的旋度等于零

下面介绍几个基本概念。

功：物理学中功的定义为力矢量与其作用点位移矢量的点积，为线积分 $\int_C \boldsymbol{F}\cdot \mathrm{d}\boldsymbol{r} = \int_C \boldsymbol{F}\cdot \boldsymbol{T}\mathrm{d}s$，这里 $\boldsymbol{F}$ 可看成力，$\boldsymbol{T}$ 为曲线 C 切线方向单位矢量，ds 为微弧元。由图 3.7 可见

$$\lim_{\Delta \boldsymbol{r}\to 0}\left(\sum \boldsymbol{F}\cdot\Delta\boldsymbol{r}\right)=\lim_{\Delta \boldsymbol{r}\to 0}\left[\sum \boldsymbol{F}\cdot\left(\Delta x_1\boldsymbol{e}_1+\Delta x_2\boldsymbol{e}_2+\Delta x_3\boldsymbol{e}_3\right)\right]=\int_C \boldsymbol{F}\cdot\mathrm{d}\boldsymbol{r}=\int_C \boldsymbol{F}\cdot\boldsymbol{T}\mathrm{d}s \tag{3.29}$$

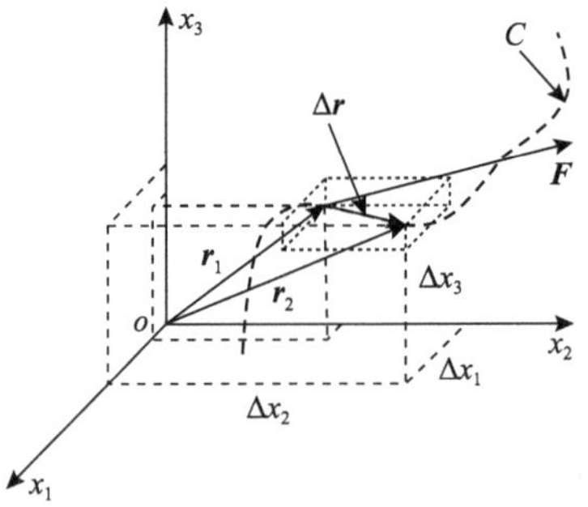

图 3.7　功与线积分

通量：单位时间通过平面内一条曲线或空间中一曲面的物理量的度量，二维情况下为线积分 $\int_C \boldsymbol{F}\cdot\boldsymbol{n}\mathrm{d}s$，这里 $\boldsymbol{F}$ 可看成力，$\boldsymbol{n}$ 为曲线 C 上一点的法线方向单位矢量，ds 仍为微弧元。三维情况下为面积分 $\iint_S \boldsymbol{F}\cdot\boldsymbol{n}\mathrm{d}s$，这里 d$s$ 为有向微曲面元 d$\boldsymbol{S}$ 的面积，$\boldsymbol{n}$ 为曲面 S：$x_3 = f(x_1, x_2)$上一点的法线方向单位矢量。由图 3.8 可见

$$\lim_{\Delta S\to 0}\sum \boldsymbol{F}\cdot\Delta\boldsymbol{S}=\iint_S \boldsymbol{F}\cdot\mathrm{d}\boldsymbol{S}=\iint_S \boldsymbol{F}\cdot\boldsymbol{n}\mathrm{d}s=\iint_S \boldsymbol{F}\cdot\left(-\frac{\partial f}{\partial x_1}\boldsymbol{e}_1-\frac{\partial f}{\partial x_2}\boldsymbol{e}_2+\boldsymbol{e}_3\right)\mathrm{d}x_1\mathrm{d}x_2 \tag{3.30}$$

注：由于 $\boldsymbol{n}\mathrm{d}s=\left(0\boldsymbol{e}_1+\Delta x_2\boldsymbol{e}_2+\frac{\partial f}{\partial x_2}\Delta x_2\boldsymbol{e}_3\right)\times\left(-\Delta x_1\boldsymbol{e}_1+0\boldsymbol{e}_2-\frac{\partial f}{\partial x_1}\Delta x_1\boldsymbol{e}_3\right)=\begin{vmatrix}\boldsymbol{e}_1 & \boldsymbol{e}_2 & \boldsymbol{e}_3\\ 0 & \Delta x_2 & \frac{\partial f}{\partial x_2}\Delta x_2\\ -\Delta x_1 & 0 & -\frac{\partial f}{\partial x_1}\Delta x_1\end{vmatrix}$，整理可得式(3.30)，当然，通量的计算可以根据情况投影到其他坐标平面，如 x_2x_3 或 x_3x_1 平面。若曲面 S：$\varphi(x_1, x_2, x_3)=0$，即表示为隐函数的形式，则

$$\boldsymbol{n}\mathrm{d}s=\frac{\nabla\varphi}{\|\nabla\varphi\|}\frac{\mathrm{d}x_1\mathrm{d}x_2}{\frac{\nabla\varphi}{\|\nabla\varphi\|}\cdot\boldsymbol{e}_3}=\frac{\nabla\varphi}{\|\nabla\varphi\|}\frac{\mathrm{d}x_2\mathrm{d}x_3}{\frac{\nabla\varphi}{\|\nabla\varphi\|}\cdot\boldsymbol{e}_1}=\frac{\nabla\varphi}{\|\nabla\varphi\|}\frac{\mathrm{d}x_3\mathrm{d}x_1}{\frac{\nabla\varphi}{\|\nabla\varphi\|}\cdot\boldsymbol{e}_2}$$

化简可得

$$\boldsymbol{n}\mathrm{d}s=\frac{\nabla\varphi}{\nabla\varphi\cdot\boldsymbol{e}_3}\mathrm{d}x_1\mathrm{d}x_2=\frac{\nabla\varphi}{\nabla\varphi\cdot\boldsymbol{e}_1}\mathrm{d}x_2\mathrm{d}x_3=\frac{\nabla\varphi}{\nabla\varphi\cdot\boldsymbol{e}_2}\mathrm{d}x_3\mathrm{d}x_1$$

通量的计算实际上为矢量混合积，与体积有关，这对理解闭合曲面的散度定理有一点帮助。

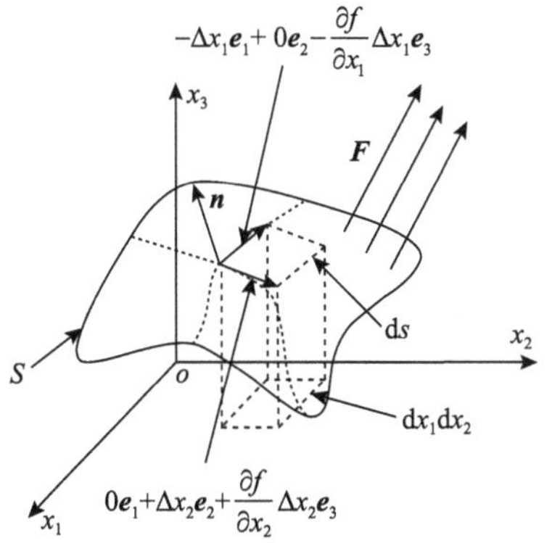

图 3.8　通量与面积分

三维情况下的散度(高斯)定理：凸的闭合曲面的通量为

$$\oiint_S \boldsymbol{F}\cdot\boldsymbol{n}\mathrm{d}s=\iiint_\Omega \nabla\cdot\boldsymbol{F}\mathrm{d}v=\iiint_\Omega \mathrm{div}\boldsymbol{F}\mathrm{d}v \tag{3.31}$$

注：式(3.31)的证明如下。

如图 3.9 所示，凸的体域 Ω 和面域 S，定义在 Ω 和 S 上的可微函数 $\varphi(x_1,x_2,x_3)$，其对 x_1 的偏微分的体积分计算如下：

$$\iiint_\Omega \frac{\partial\varphi}{\partial x_1}\mathrm{d}x_1\mathrm{d}x_2\mathrm{d}x_3=\iint_S\left(\varphi^*-\varphi^{**}\right)\mathrm{d}x_2\mathrm{d}x_3$$

平行于 x_1 轴的切割微元体，其左右两端微面元的面积为 $\pm\mathrm{d}x_2\mathrm{d}x_3$，同时左右两端微面元的面积可由实际有向曲面在 x_2ox_3 平面上的投影分量表示，即右端微面元 $\mathrm{d}x_2\mathrm{d}x_3=n_1^*\mathrm{d}S^*$，左端微面元 $-\mathrm{d}x_2\mathrm{d}x_3=n_1^{**}\mathrm{d}S^*$，则

$$\int_S \varphi^*n_1^*\mathrm{d}S^*+\varphi^{**}n_1^{**}\mathrm{d}S^*=\oint_S \varphi n_1\mathrm{d}S$$

因此，有

$$\int_\Omega \frac{\partial\varphi}{\partial x_1}\mathrm{d}V=\oint_S \varphi n_1\mathrm{d}S$$

同理，可得

$$\int_\Omega \frac{\partial\varphi}{\partial x_2}\mathrm{d}V=\oint_S \varphi n_2\mathrm{d}S\ ,\quad \int_\Omega \frac{\partial\varphi}{\partial x_3}\mathrm{d}V=\oint_S \varphi n_3\mathrm{d}S$$

记为

$$\int_{\Omega} \frac{\partial \varphi}{\partial x_i} \mathrm{d}V = \oint_{S} \varphi n_i \mathrm{d}S, \quad i = 1,2,3$$

这就是高斯定理。

高斯定理的其他形式如下：

$$\int_{\Omega} \phi_{,i} \mathrm{d}V = \int_{S} \phi n_i \mathrm{d}S, \quad \nabla \phi = \mathrm{grad}\phi \Rightarrow \int_{\Omega} \mathrm{grad}\phi \mathrm{d}V = \int_{S} \boldsymbol{n}\phi \mathrm{d}S$$

$$\int_{\Omega} F_{i,i} \mathrm{d}V = \int_{S} F_i n_i \mathrm{d}S, \quad \nabla \cdot \boldsymbol{F} = \mathrm{div}\boldsymbol{F} \Rightarrow \int_{\Omega} \mathrm{div}\boldsymbol{F} \mathrm{d}V = \int_{S} \boldsymbol{n} \cdot \boldsymbol{F} \mathrm{d}S$$

$$\int_{\Omega} e_{ijk} F_{k,j} \mathrm{d}V = e_{ijk} \int_{S} F_k n_j \mathrm{d}S = \int_{S} e_{ijk} F_k n_j \mathrm{d}S, \quad \nabla \times \boldsymbol{F} = \mathrm{curl}\boldsymbol{F}, \quad e_{ijk} F_k n_j = \boldsymbol{n} \times \boldsymbol{F} \Rightarrow \int_{\Omega} \mathrm{curl}\boldsymbol{F} \mathrm{d}V = \int_{S} \boldsymbol{n} \times \boldsymbol{F} \mathrm{d}S$$

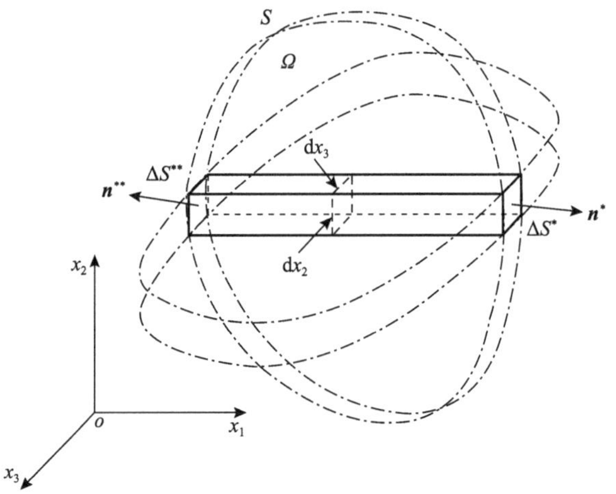

图 3.9　凸体上的积分

环量：指 $\int_{C} \boldsymbol{F} \cdot \mathrm{d}\boldsymbol{r} = \int_{C} \boldsymbol{F} \cdot \boldsymbol{T} \mathrm{d}s$，数学上与功的表示是相同的。旋度(斯托克斯)定理如式(3.32)所示，式(3.32)的严格证明和适用条件见高等微积分教材[3]。

$$\oint_{C} \boldsymbol{F} \cdot \mathrm{d}\boldsymbol{r} = \iint_{S} (\nabla \times \boldsymbol{F}) \cdot \boldsymbol{n} \mathrm{d}s \tag{3.32}$$

注：由式(3.32)和式(3.31)可见，斯托克斯定理将线积分与面积分联系起来，高斯定理将面积分与体积分联系起来，如果再将式(3.32)和式(3.31)联系起来，就可以证明旋度场的通量与选取的积分曲面无关，例如，选取与积分曲面方向相反的任意曲面形成单联通域，应用高斯定理可得旋度的散度(表 3.1)体积分为零。这里如果联系计算力学里面的边界元与有限元这两大类方法，也可以理解上述定理。边界元法沿着边界离散(边界曲线或边界曲面)，有限元法要将整个物体(面或体)离散，采用离散单元的势能或余能之和即能量积分逼近物体的总势能或总余能，由一阶变分解给出物体运动和变形的状态，其计算结果必然是相等的。

3.1.2　矩阵及其运算法则

矩阵这一数学符号及其相应的运算法则、行列式等在《线性代数》或《矩阵分析》教材中有详细的介绍，矩阵计算的算法可参考文献[4]。本节着重给出矩阵运算法则的几何意义、线性变换及其在矩阵分解中的作用。

1. 矩阵

从纯粹的数学语言角度来看，矩阵是一数学符号，最初是对线性方程组的简单记号，即由 $m\times n$ 个数排列成的 m 行 n 列的数表称为 m 行 n 列矩阵，简称 $m\times n$ 矩阵，记作

$$\boldsymbol{A}=\begin{bmatrix} a_{11} & a_{12} & \cdots & a_{1n} \\ a_{21} & a_{22} & \cdots & a_{2n} \\ \vdots & \vdots & & \vdots \\ a_{m1} & a_{m2} & \cdots & a_{mn} \end{bmatrix}_{m\times n}$$

其中，标量 a_{ij} 称为矩阵 $\boldsymbol{A}$ 的元素，元素为实数的称为实数矩阵，元素为复数的称为复数矩阵。同时，矩阵也可以看成行矢量或列矢量的组合。因此，矩阵本身含有两个矢量空间，即行矢量空间和列矢量空间。矩阵右乘或左乘另一矢量，由线性方程组求解引申而来的还有矩阵的零空间，记作 null($\boldsymbol{A}$)，定义为

$$\forall \boldsymbol{x},\quad \boldsymbol{Ax}=0\text{ 或 }\boldsymbol{xA}=0 \tag{3.33}$$

这样矩阵本身就有四个矢量子空间，即左零空间、右零空间、行空间和列空间。

注：①矩阵最主要的应用是线性方程组 $\boldsymbol{Ax}=\boldsymbol{b}$ 的求解，若从求解线性方程组方面理解，则矩阵分析是描述和求解线性问题的数学工具。②线性空间 Ω 上的一个变换 $\boldsymbol{A}$ 称为线性变换，如果对于 Ω 中任意元素 α 、β 和数域 $\boldsymbol{R}$ 中任意 k ，当且仅当 $\boldsymbol{A}(\alpha+\beta)=\boldsymbol{A}(\alpha)+\boldsymbol{A}(\beta)$ 和 $\boldsymbol{A}(k\alpha)=k\boldsymbol{A}(\alpha)$ ，即满足可加性与可比例性，而线性方程组本质上是矢量之间的线性变换，线性变换包括旋转、缩放等。这里需要引出线性映射(linear map)的概念，即一个矢量空间 V_1 到另一个矢量空间 V_2 的线性对应关系，满足线性运算要求即可叠加(加法)以及可比例性(数乘)。线性映射总是把线性子空间变为线性子空间，但是维数可能降低，而线性变换(linear transformation)是线性空间 V 到其自身的线性映射。③线性变换保持了图形的直线或平行等几何性质，但长度、角度、面积及体积可能发生变化。④既然矩阵是两个矢量空间之间的线性对应关系，其包含了两个矢量空间之间线性变换所需要的信息，矩阵分解便是寻找两矢量空间线性变换的特征和本质。⑤矩阵的加、减、乘法运算过于抽象，一般教材欠缺通俗的解释，这对初学者理解矩阵会造成很大的困扰。

2. 矩阵加法

如果把矩阵看成标量元素的二维集合，矩阵加法只是将对应平面位置的元素两两相加，而标量的物理意义只是数量的度量，从而矩阵加法只是表示数量之和。若将矩阵的元素看成线性方程组的系数，则矩阵加法就是两个线性方程组对应未知量的系数之和，这是矩阵加法的代数意义，但如果将矩阵看成矢量的一维集合，矩阵的加法就可看成矢

量的加法，遵循平行四边形法则。3 阶矩阵加法 $\boldsymbol{A}+\boldsymbol{B}=\boldsymbol{C}$ 的几何意义[2]如图 3.10 所示，其中，$\boldsymbol{A}=[\boldsymbol{a}_1\quad\boldsymbol{a}_2\quad\boldsymbol{a}_3]$，$\boldsymbol{B}=[\boldsymbol{b}_1\quad\boldsymbol{b}_2\quad\boldsymbol{b}_3]$，$\boldsymbol{C}=[\boldsymbol{c}_1\quad\boldsymbol{c}_2\quad\boldsymbol{c}_3]$。

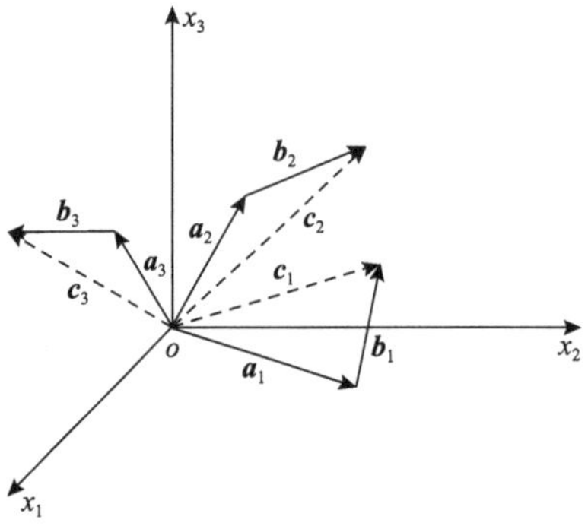

图 3.10　矩阵加法的几何意义

3. 矩阵与矢量乘法

矩阵与矢量乘法的运算法则既可以看成矩阵行矢量与该矢量的分别点积，也可以看成矩阵列矢量与该矢量元素的数乘之和，如式(3.34)所示，几何意义如图 3.11 所示，即该矩阵列空间矢量的线性组合。

$$\boldsymbol{A}\boldsymbol{x}_1=[\boldsymbol{a}_1\quad\boldsymbol{a}_2\quad\boldsymbol{a}_3]\begin{pmatrix}x_{11}\\x_{12}\\x_{13}\end{pmatrix}=\sum_{i=1}^{3}x_{1i}\boldsymbol{a}_i \tag{3.34}$$

引申到矩阵与矩阵的乘法，$\boldsymbol{AB}=\boldsymbol{C}$，矩阵 $\boldsymbol{B}$ 中的列矢量均被 $\boldsymbol{A}$ 中的列矢量线性表示，即 $\boldsymbol{A}$ 作用于 $\boldsymbol{B}$，将 $\boldsymbol{B}$ 中的列矢量空间转换为 $\boldsymbol{A}$ 中的列矢量空间，隐含了线性子空间的基变换，这便是矩阵乘法的代数意义。

本节着重给出线性变换及其在矩阵分解中的应用，如高斯变换和吉文斯变换，第 5 章将详细介绍各类矩阵分解方法在结构形态生成问题中的应用。

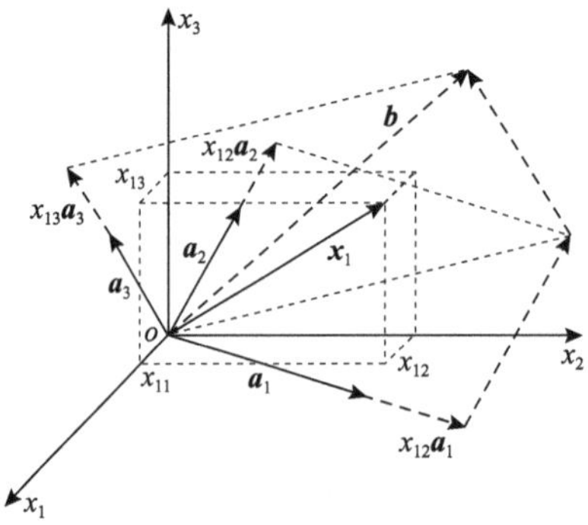

图 3.11　矩阵与矢量乘法的几何意义

4. 高斯变换[4]

高斯变换即高斯消去法的矩阵表示，其定义如下：设 $\boldsymbol{x} \in \mathbf{R}^n$ 且 $x_i \neq 0$，令

$$\boldsymbol{\tau}^{\mathrm{T}} = \begin{pmatrix} 0 & \cdots & 0 & \tau_{k+1} & \cdots & \tau_n \end{pmatrix},\ \tau_i = x_i / x_k,\ i = k+1, \cdots, n \tag{3.35}$$

定义

$$\boldsymbol{M}_k = \boldsymbol{I} - \boldsymbol{\tau} \boldsymbol{e}_k^{\mathrm{T}} \tag{3.36}$$

式中，$\boldsymbol{I}$ 为 $n \times n$ 单位矩阵；$\boldsymbol{e}_k^{\mathrm{T}} = \begin{pmatrix} 0 & \cdots & e_k = 1 & 0 & \cdots & e_n = 0 \end{pmatrix}$ 为单位向量，则

$$\boldsymbol{M}_k \boldsymbol{x} = \begin{bmatrix} 1 & \cdots & 0 & 0 & \cdots & 0 \\ \vdots & & \vdots & \vdots & & \vdots \\ 0 & \cdots & 1 & 0 & \cdots & 0 \\ 0 & \cdots & -\tau_{k+1} & 1 & \cdots & 0 \\ \vdots & & \vdots & \vdots & & \vdots \\ 0 & 0 & -\tau_n & 0 & \cdots & 1 \end{bmatrix} \begin{pmatrix} x_1 \\ \vdots \\ x_k \\ x_{k+1} \\ \vdots \\ x_n \end{pmatrix} = \begin{pmatrix} x_1 \\ \vdots \\ x_k \\ 0 \\ \vdots \\ 0 \end{pmatrix} \tag{3.37}$$

由式(3.37)可见，高斯消去法就是高斯变换 $\boldsymbol{M}_k$，而高斯变换的实质是缩放变换，如式(3.35)所示，以实现消元的目的。由此想到消元的另一种思路，即旋转变换。

5. 吉文斯变换

吉文斯变换用于有选择的消元，定义如下：

$$\boldsymbol{G}(i,k,\theta) = \begin{array}{c} \begin{matrix} \quad & \quad & i & \quad & k & \quad & \quad \end{matrix} \\ \begin{bmatrix} 1 & \cdots & 0 & \cdots & 0 & \cdots & 0 \\ \vdots & & \vdots & & \vdots & & \\ 0 & \cdots & c & \cdots & s & \cdots & 0 \\ \vdots & & \vdots & & \vdots & & \vdots \\ 0 & \cdots & -s & \cdots & c & \cdots & 0 \\ \vdots & & \vdots & & \vdots & & \vdots \\ 0 & \cdots & 0 & \cdots & 0 & \cdots & 0 \end{bmatrix} \begin{matrix} \\ \\ i \\ \\ k \\ \\ \\ \end{matrix} \end{array} \tag{3.38}$$

其中，$c = \cos\theta$；$s = \sin\theta$。

由式(3.38)可见，吉文斯变换是正交旋转变换，则

$$\boldsymbol{G}(i,k,\theta)^{\mathrm{T}} \boldsymbol{x} = \begin{cases} c x_i - s x_k, & j = i \\ s x_i + c x_k, & j = k \\ x_j, & j \neq i,k \end{cases} \tag{3.39}$$

令 $sx_i + cx_k = 0$ ，则 $c = \dfrac{x_i}{\sqrt{x_i^2 + x_k^2}}, s = \dfrac{-x_k}{\sqrt{x_i^2 + x_k^2}}$ 。

注：①从物体运动的描述方面，线性变换矩阵对应连续介质中一个质点或者物体的线性运动或者线性变形，如旋转和缩放等，但似乎在矢量代数中不关注矢量的起点，因此考虑物体的平移被称为仿射变换。②从矩阵结构的揭示方面，矩阵的分解就是利用线性变换进行消元，即让尽可能多的矩阵元素变为零。选择将哪些元素消元或者消元的次序则是根据需要而决定。

6. 矩阵的分解

针对其描述的问题不同，矩阵的分解方法有很多种。例如，针对线性方程组直接求解问题，常用的有 LU 分解、QR 分解、PLU 分解等。针对最小二乘问题，则有奇异值分解(singular value decomposition，SVD)等。矩阵分解的目的都是揭示矩阵的结构，使之简单并且特征明显，各种算法及细节的讨论见文献[4]。

Einstein 求和约定：若变量的指标重复两次，则表示在整个指标取值范围内的连加，这样的指标称为哑标，区别于原来意义上的自由指标。例如， $\boldsymbol{x} = x_1\boldsymbol{e}_1 + x_2\boldsymbol{e}_2 + x_3\boldsymbol{e}_3 = \sum\limits_{i=1}^{3} x_i\boldsymbol{e}_i$ ，引入求和约定， $\boldsymbol{x} = x_i\boldsymbol{e}_i$ 。

3.1.3 张量

仅用一个数值可以描述且不随坐标系的改变而变化的物理量称为标量；既有大小也有方向的物理量称为矢量；当物理量不仅有大小而且有多重方向性时，如图 3.12 中一点的空间应力状态，数学上用张量来描述。标量可以看成零阶张量，矢量可以看成一阶张量，矩阵可以看成二阶张量。例如，三维空间中，二阶张量可以看成两个三维矢量的"合并"，也就是把 6 个标量数字以一定的方式组合成 9 个数字。标量、矢量和张量均不依赖于坐标系的选择。

$$\tau_{ij} = \begin{bmatrix} \tau_{11} & \tau_{12} & \tau_{13} \\ \tau_{21} & \tau_{22} & \tau_{23} \\ \tau_{31} & \tau_{32} & \tau_{33} \end{bmatrix}, 其中\tau_{ij} = \tau_{ji}$$

注：若存在电磁力矩，则 $\tau_{ij} \neq \tau_{ji}$

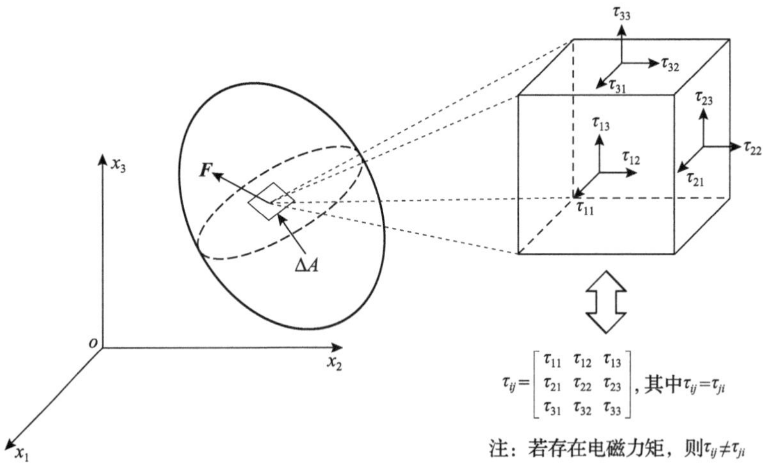

图 3.12　一点的空间应力状态

3.2　物体运动及其描述方法

物体(刚体、柔体)的大位移运动需要精确的数学描述，其中刚体运动包含平移和旋转，从数学角度而言是仿射变换。柔体运动同时有形状的改变，需要变形方面的描述，如变形梯度。因此，大位移运动的数学描述是物体运动过程仿真的基础。运动学或动力学分析的目的是洞悉物体运动过程中各力学或运动参数的变化规律。下面给出几个基本概念。

质点：这是物体的抽象力学模型。质点是具有一定质量而几何形状和尺寸可以忽略不计或者说没有的物体。质点没有旋转运动，只有平动。质点系是由有限或无限个相互联系的质点所组成的系统，一般的固体、流体和气体等都是质点系[5]。

刚体：刚体是一理想的物理模型，指在外力作用下任意两点之间的距离保持不变的物体[5]。如果弹性应力波在物体中的传播速度比物体的运动速度大得多，弹性作用的传递可认为是瞬时的，这样的物体才可简化为刚体，或者说，物体的变形足够小不至于影响物体整体的运动。刚体运动可以完全采用 6 个广义坐标来描述，其运动的非线性主要来源于大的转动[6]。刚体是质点系的一种特殊情况，其中任意两质点的距离保持不变。

柔体：与刚体相对，在外力作用下，物体的外部形状和大小以及内部各点的相对位置发生变化。

能量：这是物理学中的一个基本概念，能量是物体运动转换的度量。能量是一标量，用来度量物体做功的本领。在狭义相对论中，物体的总能量为

$$E=\sqrt{m_0^2c^4+p^2c^2}=mc^2=m_0c^2/\sqrt{1-v^2/c^2} \tag{3.40}$$

其中，m_0 为物体的静质量；m 为相对质量；c 为真空光速；v 为物体在惯性坐标系中运动速度的绝对值；$p=mv$ 为物体动量的绝对值。

物体的动能 T 等于总能量 E 减去静能量 $E_0\left(=m_0c^2\right)$，即

$$T=m_0c^2\left(1/\sqrt{1-v^2/c^2}-1\right)\approx\frac{1}{2}m_0v^2 \tag{3.41}$$

注：①刚体力学(rigid body mechanics)的研究对象是刚体、机构、大位移、零位移；结构力学(structural mechanics)的研究对象是柔体、结构、小位移、小应变；连续介质力学(continuum mechanics)的主要研究对象是柔体、结构、大位移、大变形；多体动力学(multibody dynamics)的研究对象包含刚体和柔体、机构和结构、大位移和大变形。②运动学(kinematics)和动力学(dynamics)是有区别的，前者主要关注物体运动的几何性质(如轨迹、速度、加速度、运动方程等)这一结果而忽略引起物体运动的原因，后者同时关注引起物体运动这一现象的原因，如物体运动与作用力之间的关系。③传统的物体运动仿真分析多是单一物理场，如位移场或应力场和单一路径的分析，物体运动本质上由能量泛函控制，运动是物体能量变化的外在表现形式。例如，结构静力分析是在势能曲面上。如果考虑多物理场分析，还包含其他能量，分析的范围应当扩大到整个能量曲面与可能的外部输入，唯有如此，才能深刻揭示物体运动的基本规律，从而进行包络或优化设计。例如，结构作为人造物体的一种，改变其拓扑关系、

几何形状和材料或截面参数必然导致其在外部作用下的能量曲面发生变化，能量曲面的几何特性与结构的力学性能紧密相关。

物体运动的完整描述包括两个方面：一方面，几何性质的描述以及几何性质与作用力的关系。运动的几何性质是运动的外在表现形式，作用力是引起运动的内在原因，而能量泛函则将二者统一。另一方面，物体的模型可分为几何模型(如点、线、面和体)以及物理力学模型(如质点、质点系、刚体、柔体等)。从图形学的角度来看，物体的外观可以有其特征点和特征面，从有限元的角度来看，物体的外观则有节点和单元。

物体运动是绝对的，但物体运动的观察只能是相对的，根据观察者所处位置的不同，有拉格朗日描述和欧拉描述，其空间位置的直观描述一般通过整体坐标系来度量，如三维直角坐标系、极坐标系、柱面坐标系、球面坐标系等——几何坐标，物体本身在作用力下变形的描述习惯上采用局部坐标系中的伸缩、弯曲、剪切和翘曲等进行描述——弹性坐标。如果在局部坐标系下将物体的弹性坐标解释为特征点的相对变化，则物体的运动可以用最基本的有限数量的点的运动描述来代替。例如，有限元法中等参元取得了巨大的成功，各种等参元的共同特征便是每个节点只有 3 个几何坐标，没有显式的弹性坐标，如三维两节点梁单元的截面转角自由度[7]。非等参元目前还有些欠缺，力学中抽象的弹性坐标在经典力学中带来了很大的方便，但似乎在大位移和大应变分析中效果并不好[8,9]。值得指出的是，实体等参元也可以退化成传统的非等参元，如板元和壳元[10]。退化的实体单元可以存在虚单元，这在多尺度有限元分析中十分方便。

引申讨论并联系质点系的概念，等参元实际上是质点系力学的应用，这里有限元网格可以退化变成有限点。近年来出现的无网格方法便是有限点方法。可以设想，有限点方法是比等参有限元更为低级和简单的数值离散方法，相比更为高级的非等参有限元，有限点方法在裂缝、断裂和多物理场耦合分析方面具有更大的适用性和更为广泛的应用前景。计算力学发展的大致脉络如图 3.13 所示。

3.2.1 质点的运动与变形描述

1. 质点的运动描述

在直角坐标系统中研究物体的运动，其目的是计算在所描述的时间点 $(0,\Delta t,2\Delta t,3\Delta t,\cdots)$ 时物体在空间的平衡位置，其中 Δt 是时间增量。当选定一个固定的坐标系统后，物体内每一个质点的位置就由一组相对应的坐标来确定[11]。

设在 $t=0$ 时刻，物体内任一质点的坐标为 ${}^0x_i\,(i=1,2,3)$，其中 ${}^0x_i$ 为这个质点在 $t=0$ 时刻的标记。质点随时间而运动，那么相对于同一个坐标系统，这个质点运动的历史可表示为

$$
{}^tx_i={}^tx_i\left({}^0x_i,t\right),\quad i=1,2,3 \tag{3.42}
$$

如果对于物体内所有的质点，这样的方程都是已知的，就可以说，我们知道了整个物体运动的历史。用数学语言描述，式(3.42)定义了一个以时间 t 为参数的初始区域

${}^{0}V\left({}^{0}x_i\right)$到区域${}^{t}V\left({}^{t}x_i\right)$的变换或映射，如图 3.14 所示。

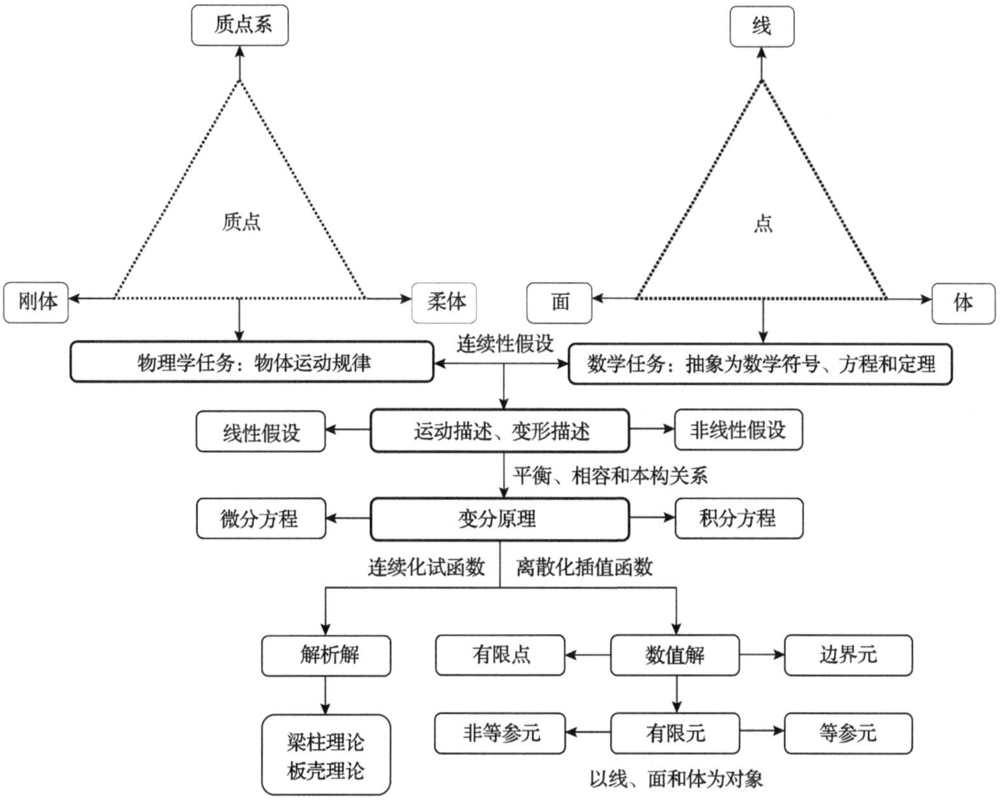

图 3.13　计算力学发展的大致脉络

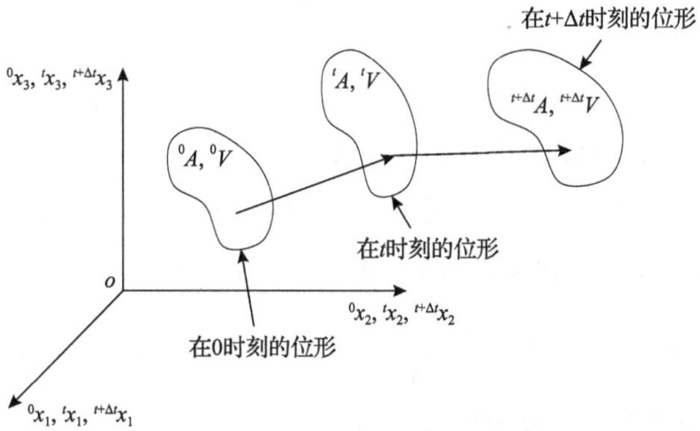

图 3.14　直角坐标系中物体的运动

位形：对于某一特定的时刻t，组成物体的所有质点的完全描述，称为物体的一个位形。

物体内各个质点位置随时间连续变化，也就是位形随时间连续变化。在式(3.42)中取$t=0$初始时刻的质点坐标作为质点的标记，表示以初始时刻的位形作为参考位形。当然，也可以采用其他时刻的位形作为参考位形，如以t时刻的位形作为参考位形。采用不同的参考位形，构成了描述物体运动历史的不同方法，目前力学中主要有如下三种描述方法：

(1)完全的拉格朗日(total Lagrange，TL)描述方法。在物体的运动历程中，各个物理量均参考于$t=0$时刻已知的物体初始位形度量，即以初始位形为参考位形。

(2)修正的拉格朗日(updated Lagrange，UL)描述方法。在物体运动的整个历程中，如果从$t=0$时刻到$t=t$时刻的所有运动学和动力学变量已经得到，度量$t=t+\Delta t$时刻各个物理量的参考位形是$t=t$时刻物体的位形，即在某一时刻物体的位形、应变、应力、荷载等都参考它前一时刻的已知位形度量。

(3)欧拉(Euler)描述方法。在描述物体的运动历史时，它是以$t=t+\Delta t$时刻的位形来度量在$t=t+\Delta t$时刻物体运动的运动学和动力学变量，即以现时(当前、当地)位形作为参考位形。

不同的描述方法描述物体运动状态的各个物理量就有不同的表示形式。但是，由于物体实际运动历程的客观性，各个不同表达形式之间存在相应的转换关系，以保证不同描述方法表达同一物体的客观运动状态。

连续运动假定：在连续介质力学中假设物体的运动是连续的。一个领域被变换到另一个领域，要求变换函数(或映射函数)是连续的、一一对应的。换句话讲，对于每一个质点${}^0x_i$，有且仅有一个质点${}^tx_i$与之对应，反之亦然。这就要求变换函数${}^tx_i({}^0x_i,t)$必须是有限的、单值的、连续的、可微的，且变形梯度(详细讨论见3.1.2节)的雅可比行列式不为零，即

$$ {}^tJ=\det\left|\frac{\partial\,{}^tx_i}{\partial\,{}^0x_j}\right|\neq 0,\quad i,j=1,2,3 \tag{3.43}$$

在固定的直角坐标系中研究物体的运动，如图3.14所示，则需要在这个坐标系中定义所有的运动学和动力学变量。

运动学变量：描述质点在0时刻位形的坐标是${}^0x_i(i=1,2,3)$，在t时刻位形的坐标是${}^tx_i(i=1,2,3)$，在$t+\Delta t$时刻位形的坐标是${}^{t+\Delta t}x_i(i=1,2,3)$。其中，左上标表示物体的位形，右下标表示其坐标轴。质点位移的标记与坐标类似，在t时刻是${}^tu_i(i=1,2,3)$，在$t+\Delta t$时刻是${}^{t+\Delta t}u_i(i=1,2,3)$。在位移和坐标的偏导数标记中，逗号表示相对于坐标的偏导数，左下标表示参考位形。例如，${}^{t+\Delta t}_{\ \ 0}u_{i,j}=\dfrac{\partial\,{}^{t+\Delta t}u_i}{\partial\,{}^0x_j}$，$i,j=1,2,3$；${}^{\ \ \ \ 0}_{t+\Delta t}x_{m,n}=\dfrac{\partial\,{}^0x_m}{\partial\,{}^{t+\Delta t}x_n}$，$m,n=1,2,3$。

质点的位移与其位形的关系可以表示为

$$ {}^tx_i={}^0x_i+{}^tu_i,\quad {}^{t+\Delta t}x_i={}^0x_i+{}^{t+\Delta t}u_i,\quad i=1,2,3 \tag{3.44}$$

从t时刻到$t+\Delta t$时刻未知的位移增量定义为

$$ \Delta u_i={}^{t+\Delta t}u_i-{}^tu_i,\quad i=1,2,3 \tag{3.45}$$

而t时刻质点的速度(图3.15(a))方向沿位移迹线的切线方向，即

$$v_i = \lim_{\Delta t \to 0} \frac{\Delta u_i}{\Delta t} = \frac{\mathrm{d}u_i}{\mathrm{d}t}, \quad i = 1,2,3 \text{ 或 } \boldsymbol{v} = \lim_{\Delta t \to 0} \frac{\Delta \boldsymbol{u}}{\Delta t} = \frac{\mathrm{d}\boldsymbol{u}}{\mathrm{d}t} \tag{3.46}$$

t 时刻质点的加速度(图 3.15(b))方向沿速度迹线的切线方向，即

$$a_i = \lim_{\Delta t \to 0} \frac{\Delta v_i}{\Delta t} = \frac{\mathrm{d}v_i}{\mathrm{d}t}, \quad i = 1,2,3 \text{ 或 } \boldsymbol{a} = \lim_{\Delta t \to 0} \frac{\Delta \boldsymbol{v}}{\Delta t} = \frac{\mathrm{d}\boldsymbol{v}}{\mathrm{d}t} = \frac{\mathrm{d}^2 \boldsymbol{u}}{\mathrm{d}t^2} \tag{3.47}$$

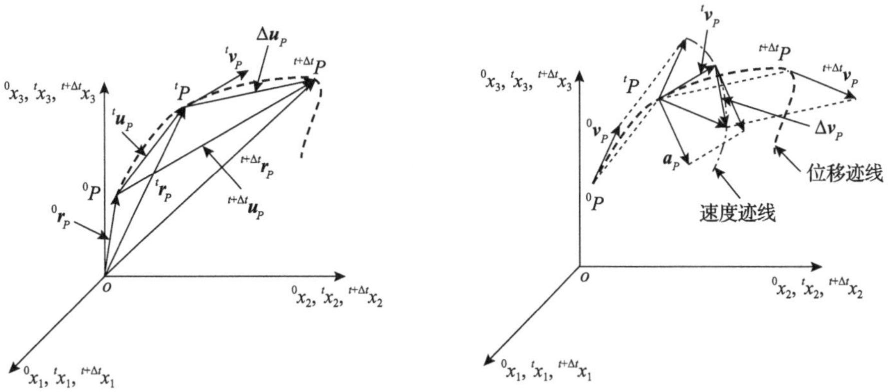

(a) 位移和速度　　(b) 速度与加速度

图 3.15　运动点元的位移、速度与加速度

2. 基本质点系的变形描述

质点没有外形和大小，是抽象的力学模型，因此，质点只在极限的意义下存在，讨论单个质点的变形描述是无意义的。但是，讨论两个或两个以上质点微元的相对变形是非常必要的。在物体运动过程中，物体内部任一微元都处于连续变化状态，而其几何元素(包括线元、面元和体元)的变化反映了物体最基本的几何状态，也是表征物体运动历史最基本的物理量。任意微元在极限意义下均可以看成一个点。

1)运动线元的变形描述

取一个微小的线性元素，图 3.16(a)给出了该线元的运动历程。注意，这里假定微线

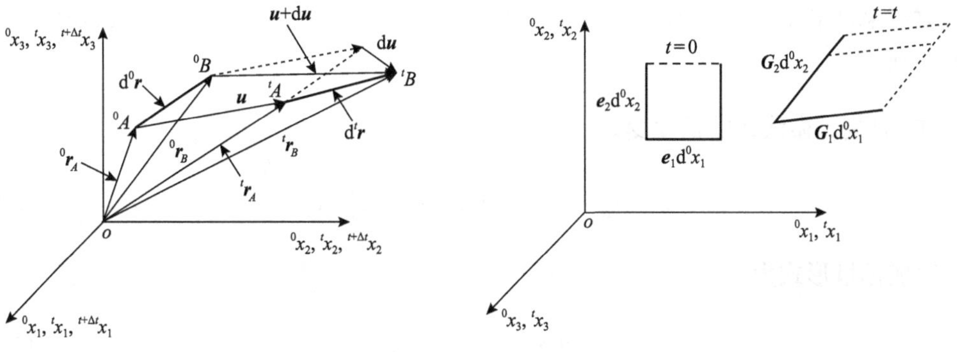

(a) 微线元的运动历程　　(b) 微体元的运动历程

图 3.16　微元体的运动历程

元运动前后仍保持为直线，这样微线元运动的描述可通过其特征点的坐标即线段的起点和终点坐标来描述，其变形方面仅特征点的相对位置即长度发生了变化。

初始状态 $t=0$，两相邻点 ${}^0A$、${}^0B$ 的坐标分别为 ${}^0x_{Ai}(i=1,2,3)$、${}^0x_{Bi}={}^0x_{Ai}+\mathrm{d}\,{}^0x_i(i=1,2,3)$，其长度为

$$\mathrm{d}\,{}^0\boldsymbol{r}_i={}^0\boldsymbol{r}_B-{}^0\boldsymbol{r}_A=\boldsymbol{e}_i\,{}^0x_{Bi}-\boldsymbol{e}_i\,{}^0x_{Ai}=\boldsymbol{e}_i\left({}^0x_{Ai}+\mathrm{d}\,{}^0x_i\right)-\boldsymbol{e}_i\,{}^0x_{Ai}=\boldsymbol{e}_i\mathrm{d}\,{}^0x_i,\quad i=1,2,3 \tag{3.48}$$

写成标量形式为

$$\mathrm{d}\,{}^0x_i={}^0x_{Bi}-{}^0x_{Ai},\quad i=1,2,3 \tag{3.49}$$

在 t 时刻，点 ${}^0A$ 运动到点 ${}^tA$，其位移矢量为 $\boldsymbol{u}$，如式(3.50)所示，则点 ${}^0B$ 运动到点 ${}^tB$，其位移矢量为什么是 $\boldsymbol{u}+\mathrm{d}\boldsymbol{u}$？

已知

$$\boldsymbol{u}={}^t\boldsymbol{r}_A-{}^0\boldsymbol{r}_A=\boldsymbol{e}_i\left({}^tx_{Ai}-{}^0x_{Ai}\right) \tag{3.50}$$

对式(3.50)两边求增量，可得

$$\begin{aligned}\mathrm{d}\boldsymbol{u}&=\mathrm{d}\,{}^t\boldsymbol{r}_A-\mathrm{d}\,{}^0\boldsymbol{r}_A=\boldsymbol{e}_i\left(\mathrm{d}\,{}^tx_{Ai}-\mathrm{d}\,{}^0x_{Ai}\right)=\boldsymbol{e}_i\left[\left({}^tx_{Bi}-{}^tx_{Ai}\right)-\left({}^0x_{Bi}-{}^0x_{Ai}\right)\right]\\&=\boldsymbol{e}_i\left({}^tx_{Bi}-{}^0x_{Bi}\right)-\boldsymbol{e}_i\left({}^tx_{Ai}-{}^0x_{Ai}\right)={}^t\boldsymbol{r}_B-{}^0\boldsymbol{r}_B-\left({}^t\boldsymbol{r}_A-{}^0\boldsymbol{r}_A\right)\\&={}^t\boldsymbol{r}_B-{}^0\boldsymbol{r}_B-\boldsymbol{u}\end{aligned}$$

因此

$$\mathrm{d}\boldsymbol{u}={}^t\boldsymbol{r}_B-{}^0\boldsymbol{r}_B-\boldsymbol{u}\Rightarrow{}^t\boldsymbol{r}_B-{}^0\boldsymbol{r}_B=\boldsymbol{u}+\mathrm{d}\boldsymbol{u} \tag{3.51}$$

注：式(3.50)和式(3.51)的意义在于表明点 ${}^0B$、${}^tB$ 分别为点 ${}^0A$ 和 ${}^tA$ 的邻域点，且其运动是通过相对于点 ${}^0A$ 和 ${}^tA$ 来描述的，由图 3.16(a)可见，点 ${}^0B$ 可以看成运动了两次，即由 $t=0$ 时刻平行移动了 $\boldsymbol{u}$，然后又移动了 $\mathrm{d}\boldsymbol{u}$，才在 t 时刻到达 ${}^tB$ 点，共移动了两次，这样理解 $\mathrm{d}\boldsymbol{u}$ 的定义与式(3.45)中 $\Delta\boldsymbol{u}$ 的定义是一致的。

在 t 时刻，微线元的长度变为

$$\mathrm{d}\,{}^t\boldsymbol{r}={}^t\boldsymbol{r}_B-{}^t\boldsymbol{r}_A=\boldsymbol{e}_i\left({}^tx_{Bi}-{}^tx_{Ai}\right)=\boldsymbol{e}_i\mathrm{d}\,{}^tx_i \tag{3.52}$$

写成标量形式为

$$\mathrm{d}\,{}^tx_i={}^tx_{Bi}-{}^tx_{Ai} \tag{3.53}$$

将式(3.42)代入(3.53)可得

$$\begin{aligned}\mathrm{d}\,{}^t x_i &= {}^t x_{Bi}\left({}^0 x_{Bj},t\right) - {}^t x_{Ai}\left({}^0 x_{Aj},t\right) = {}^t x_i\left({}^0 x_{Bj},t\right) - {}^t x_i\left({}^0 x_{Aj},t\right) \\ &= {}^t x_i\left({}^0 x_{Aj} + \mathrm{d}\,{}^0 x_j,t\right) - {}^t x_i\left({}^0 x_{Aj},t\right)\end{aligned}$$

这里将 ${}^t x_i({}^0 x_{Aj} + \mathrm{d}\,{}^0 x_j,t)$ 在 ${}^0 x_{Aj}$ 处应用多元函数的泰勒展开定理[12]得

$${}^t x_i\left({}^0 x_{Aj} + \mathrm{d}\,{}^0 x_j,t\right) = {}^t x_i\left({}^0 x_{Aj},t\right) + \frac{\partial\,{}^t x_i}{\partial\,{}^0 x_j}\mathrm{d}\,{}^0 x_j + O\left(\mathrm{d}\,{}^0 x_j\right)$$

因此，忽略高阶小量可得

$$\mathrm{d}\,{}^t x_i = \frac{\partial\,{}^t x_i}{\partial\,{}^0 x_j}\mathrm{d}\,{}^0 x_j \tag{3.54}$$

式(3.54)中给出了物体运动过程中任一微线元的变化，其中偏导数 $\dfrac{\partial\,{}^t x_i}{\partial\,{}^0 x_j}$ 定义为变形梯度，它是一个二阶张量，一般情况下是非对称的。

式(3.54)表明，变形梯度是一个线性变换，它确定在变形期间微线元的变化，同时把参考位形质点 ${}^0 A$ 的邻域映射到现时位形上 ${}^t A$ 的一个邻域。或者说，它把初始微线元 $\mathrm{d}\,{}^0 x_i$ 变换到现时位形的微线元 $\mathrm{d}\,{}^t x_i$。可以说，变形梯度刻画了整个变形过程，既反映了线元的伸缩，又反映了线元的转动。因而，变形梯度在连续介质力学中起着重要作用，若物体内任一点的变形梯度均已知，则物体的变形状态也就确定了。

此外，变形梯度的计算一般并不直接采用式(3.54)，而是采用标量微分形式，即

$$\frac{\partial\,{}^t x_i}{\partial\,{}^0 x_j} = u_{i,j} + \delta_{ij} \tag{3.55}$$

注：①由上述微线元的推导可见，某邻域内的两个质点确定一条线段，力学中需要知道这条线段运动前后长度的变化。微线元研究的实质是 2 个质点的质点系的运动变化，这是以图 3.14 所示的单个质点的运动描述为基础的。②将要讨论的微体元则是某领域内 4 个质点的质点系的运动描述，即 4 个质点整体几何性质的变化，如 4 个质点确定的空间平行六面体的体积变化。③微面元则是某领域内 3 个质点的质点系的运动过程的描述，除各个质点单独的运动描述外，3 个质点整体几何性质为面积的变化。综上所述，微线元、微体元和微面元可分别看成 2 个质点、4 个质点和 3 个质点组成的基本质点系，微线元长度的变化、微体元体积的变化和微面元面积的变化是物体变形程度的几何度量，因此称为基本质点系的变形描述。

2)运动体元的变形描述

为方便起见，取 $t=0$ 时刻初始位形内一个微小的直角平行六面体作为一个体元加以研究，该直角平行六面体的三个棱边为 $\mathrm{d}\,{}^0\boldsymbol{r}_1 = \boldsymbol{e}_1\mathrm{d}\,{}^0 x_1, \mathrm{d}\,{}^0\boldsymbol{r}_2 = \boldsymbol{e}_2\mathrm{d}\,{}^0 x_2, \mathrm{d}\,{}^0\boldsymbol{r}_3 = \boldsymbol{e}_3\mathrm{d}\,{}^0 x_3$，如图 3.16(b)所示(为清楚和方便起见，只画出了其中的两个棱边)。在 t 时刻，由于变形，

给定的平行六面体的棱边和长度都发生了变化，它们分别成为 $\mathrm{d}^t\boldsymbol{r}_1=\boldsymbol{G}_1\mathrm{d}^0x_1,\mathrm{d}^t\boldsymbol{r}_2=\boldsymbol{G}_2\mathrm{d}^0x_2$，$\mathrm{d}^t\boldsymbol{r}_3=\boldsymbol{G}_3\mathrm{d}^0x_3$。注意，这里 $\mathrm{d}^t\boldsymbol{r}_i$ 的记号表明其坐标值不变，但坐标基本矢量变化。其中，$\boldsymbol{e}_i=\dfrac{\partial^0\boldsymbol{r}}{\partial^0x_i}={}^0\boldsymbol{r}_{,i},\boldsymbol{G}_i=\dfrac{\partial^t\boldsymbol{r}}{\partial^0x_i}={}^t\boldsymbol{r}_{,i}$。

考虑到 $\mathrm{d}^0\boldsymbol{r}=\boldsymbol{e}_i\mathrm{d}^0x_i,\mathrm{d}^t\boldsymbol{r}=\boldsymbol{e}_j\mathrm{d}^tx_j$，因此

$$\mathrm{d}^t\boldsymbol{r}=\boldsymbol{e}_j\mathrm{d}^tx_j=\boldsymbol{G}_i\mathrm{d}^0x_i\Rightarrow\boldsymbol{G}_i=\boldsymbol{e}_j\frac{\partial^tx_j}{\partial^0x_i}=\boldsymbol{e}_j\,{}^tx_{j,i}\tag{3.56}$$

在 $t=0$ 时刻初始位形上的微体元体积为

$$\mathrm{d}^0V=\mathrm{d}^0\boldsymbol{r}_1\cdot\left(\mathrm{d}^0\boldsymbol{r}_2\times\mathrm{d}^0\boldsymbol{r}_3\right)=\boldsymbol{e}_1\cdot(\boldsymbol{e}_2\times\boldsymbol{e}_3)\mathrm{d}^0x_1\mathrm{d}^0x_2\mathrm{d}^0x_3=\mathrm{d}^0x_1\mathrm{d}^0x_2\mathrm{d}^0x_3$$

其中，$\boldsymbol{e}_1\cdot(\boldsymbol{e}_2\times\boldsymbol{e}_3)=1$，$\boldsymbol{e}_i$ 为单位基本矢量。

在 $t=t$ 时刻位形上的微体元体积为

$$\mathrm{d}^tV=\mathrm{d}^t\boldsymbol{r}_1\cdot\left(\mathrm{d}^t\boldsymbol{r}_2\times\mathrm{d}^t\boldsymbol{r}_3\right)=\boldsymbol{G}_1\cdot(\boldsymbol{G}_2\times\boldsymbol{G}_3)\mathrm{d}^0x_1\mathrm{d}^0x_2\mathrm{d}^0x_3={}^tJ\mathrm{d}^0V\tag{3.57}$$

其中，${}^tJ$ 为变形梯度的行列式，由式(3.56)和矢量混合积的定义可得

$$\begin{aligned}{}^tJ&=\boldsymbol{G}_1\cdot(\boldsymbol{G}_2\times\boldsymbol{G}_3)=\left(\boldsymbol{e}_1\,{}^tx_{1,1}+\boldsymbol{e}_2\,{}^tx_{2,1}+\boldsymbol{e}_3\,{}^tx_{3,1}\right)\cdot\left[\left(\boldsymbol{e}_1\,{}^tx_{1,2}+\boldsymbol{e}_2\,{}^tx_{2,2}+\boldsymbol{e}_3\,{}^tx_{3,2}\right)\times\left(\boldsymbol{e}_1\,{}^tx_{1,3}+\boldsymbol{e}_2\,{}^tx_{2,3}+\boldsymbol{e}_3\,{}^tx_{3,3}\right)\right]\\&=\begin{vmatrix}{}^tx_{1,1}&{}^tx_{2,1}&{}^tx_{3,1}\\{}^tx_{1,2}&{}^tx_{2,2}&{}^tx_{3,2}\\{}^tx_{1,3}&{}^tx_{2,3}&{}^tx_{3,3}\end{vmatrix}=e_{ijk}\frac{\partial^tx_i}{\partial^0x_1}\frac{\partial^tx_j}{\partial^0x_2}\frac{\partial^tx_k}{\partial^0x_3}=\det\left|{}^tx_{i,j}\right|\end{aligned}\tag{3.58}$$

式(3.57)表明，变形梯度的雅可比行列式表征了变形过程中体元的变化历程，称为体积度规，对于初始位形，${}^0J=1$。

根据质量守恒定律，有

$${}^0\rho\mathrm{d}^0V={}^t\rho\mathrm{d}^tV\Rightarrow\frac{{}^0\rho}{{}^t\rho}=\frac{\mathrm{d}^tV}{\mathrm{d}^0V}={}^tJ\tag{3.59}$$

式(3.57)的推导是以图 3.16(b)所示的微体元为对象[11]，为推导方便且不失一般性，假设坐标轴与初始位形下微体元对应的棱边平行且微体元为长方体。下面的证明将不采用此假设。

已知：$\mathrm{d}^t\boldsymbol{r}_1=\boldsymbol{G}_i\mathrm{d}^0x_{1i},\mathrm{d}^t\boldsymbol{r}_2=\boldsymbol{G}_j\mathrm{d}^0x_{2j},\mathrm{d}^t\boldsymbol{r}_3=\boldsymbol{G}_k\mathrm{d}^0x_{3k}$，$i,j,k=1,2,3$，求证：式(3.57)成立。

证明：

$$
\begin{aligned}
\mathrm{d}^t V &= \mathrm{d}^t \boldsymbol{r}_1 \cdot \left(\mathrm{d}^t \boldsymbol{r}_2 \times \mathrm{d}^t \boldsymbol{r}_3\right) = \left(\boldsymbol{G}_1 \mathrm{d}^0 x_{11} + \boldsymbol{G}_2 \mathrm{d}^0 x_{12} + \boldsymbol{G}_3 \mathrm{d}^0 x_{13}\right) \cdot \Big[\left(\boldsymbol{G}_1 \mathrm{d}^0 x_{21} + \boldsymbol{G}_2 \mathrm{d}^0 x_{22} + \boldsymbol{G}_3 \mathrm{d}^0 x_{23}\right) \\
&\quad \times \left(\boldsymbol{G}_1 \mathrm{d}^0 x_{31} + \boldsymbol{G}_2 \mathrm{d}^0 x_{32} + \boldsymbol{G}_3 \mathrm{d}^0 x_{33}\right)\Big] \\
&= \left(\boldsymbol{G}_1 \mathrm{d}^0 x_{11} + \boldsymbol{G}_2 \mathrm{d}^0 x_{12} + \boldsymbol{G}_3 \mathrm{d}^0 x_{13}\right) \cdot \left(\boldsymbol{G}_1 \times \boldsymbol{G}_2 \mathrm{d}^0 x_{21} \mathrm{d}^0 x_{32} + \boldsymbol{G}_1 \times \boldsymbol{G}_3 \mathrm{d}^0 x_{21} \mathrm{d}^0 x_{33} + \boldsymbol{G}_2 \times \boldsymbol{G}_1 \mathrm{d}^0 x_{22} \mathrm{d}^0 x_{31}\right. \\
&\quad \left. + \boldsymbol{G}_2 \times \boldsymbol{G}_3 \mathrm{d}^0 x_{22} \mathrm{d}^0 x_{33} + \boldsymbol{G}_3 \times \boldsymbol{G}_1 \mathrm{d}^0 x_{23} \mathrm{d}^0 x_{31} + \boldsymbol{G}_3 \times \boldsymbol{G}_2 \mathrm{d}^0 x_{23} \mathrm{d}^0 x_{32}\right) \\
&= \boldsymbol{G}_1 \mathrm{d}^0 x_{11} \cdot \left(\boldsymbol{G}_2 \times \boldsymbol{G}_3 \mathrm{d}^0 x_{22} \mathrm{d}^0 x_{33} + \boldsymbol{G}_3 \times \boldsymbol{G}_2 \mathrm{d}^0 x_{23} \mathrm{d}^0 x_{32}\right) \\
&\quad + \boldsymbol{G}_2 \mathrm{d}^0 x_{12} \cdot \left(\boldsymbol{G}_1 \times \boldsymbol{G}_3 \mathrm{d}^0 x_{21} \mathrm{d}^0 x_{33} + \boldsymbol{G}_3 \times \boldsymbol{G}_1 \mathrm{d}^0 x_{23} \mathrm{d}^0 x_{31}\right) \\
&\quad + \boldsymbol{G}_3 \mathrm{d}^0 x_{13} \cdot \left(\boldsymbol{G}_1 \times \boldsymbol{G}_2 \mathrm{d}^0 x_{21} \mathrm{d}^0 x_{32} + \boldsymbol{G}_2 \times \boldsymbol{G}_1 \mathrm{d}^0 x_{22} \mathrm{d}^0 x_{31}\right) \\
&= \boldsymbol{G}_1 \cdot \left(\boldsymbol{G}_2 \times \boldsymbol{G}_3\right)\left(\mathrm{d}^0 x_{11} \mathrm{d}^0 x_{22} \mathrm{d}^0 x_{33} - \mathrm{d}^0 x_{11} \mathrm{d}^0 x_{23} \mathrm{d}^0 x_{32} - \mathrm{d}^0 x_{12} \mathrm{d}^0 x_{21} \mathrm{d}^0 x_{33} + \mathrm{d}^0 x_{12} \mathrm{d}^0 x_{23} \mathrm{d}^0 x_{31}\right. \\
&\quad \left. + \mathrm{d}^0 x_{13} \mathrm{d}^0 x_{21} \mathrm{d}^0 x_{32} - \mathrm{d}^0 x_{13} \mathrm{d}^0 x_{22} \mathrm{d}^0 x_{31}\right) \\
&= \boldsymbol{G}_1 \cdot \left(\boldsymbol{G}_2 \times \boldsymbol{G}_3\right) e_{ijk} \mathrm{d}^0 x_{1i} \mathrm{d}^0 x_{2j} \mathrm{d}^0 x_{3k} \\
&= {}^t J \mathrm{d}^0 \boldsymbol{r}_1 \cdot \left(\mathrm{d}^0 \boldsymbol{r}_2 \times \mathrm{d}^0 \boldsymbol{r}_3\right) = {}^t J \mathrm{d}^0 V
\end{aligned}
$$

证毕。

3)运动面元的变形描述

接下来研究运动物体内任一微小面元在物体运动过程中的变化。取一微面元，在 $t=0$ 时刻的初始位形上由 $\mathrm{d}^0 \boldsymbol{r}_1 = \boldsymbol{e}_1 \mathrm{d}^0 x_1$、$\mathrm{d}^0 \boldsymbol{r}_2 = \boldsymbol{e}_2 \mathrm{d}^0 x_2$ 两条棱边组成，在 $t=t$ 时刻的现时位形上由 $\mathrm{d}^t \boldsymbol{r}_1 = \boldsymbol{G}_1 \mathrm{d}^0 x_1$、$\mathrm{d}^t \boldsymbol{r}_2 = \boldsymbol{G}_2 \mathrm{d}^0 x_2$ 两条棱边组成，如图 3.17(a)所示。由矢量叉积得到微面元面积的同时给出了该面元的法线方向，这样具有法方向矢量的微面元称为有向面元，记作

$$
\mathrm{d}^0 \boldsymbol{A} = {}^0 \boldsymbol{n} \mathrm{d}^0 A = \mathrm{d}^0 \boldsymbol{r}_1 \times \mathrm{d}^0 \boldsymbol{r}_2 = \boldsymbol{e}_1 \mathrm{d}^0 x_1 \times \boldsymbol{e}_2 \mathrm{d}^0 x_2
$$

$$
\mathrm{d}^t \boldsymbol{A} = {}^t \boldsymbol{n} \mathrm{d}^t A = \mathrm{d}^t \boldsymbol{r}_1 \times \mathrm{d}^t \boldsymbol{r}_2 = \boldsymbol{G}_1 \mathrm{d}^0 x_1 \times \boldsymbol{G}_2 \mathrm{d}^0 x_2
$$

分别用 $\boldsymbol{e}_3$、$\boldsymbol{G}_3$ 点乘上面两式的两端，可得

$$
\boldsymbol{e}_3 \cdot {}^0 \boldsymbol{n} \mathrm{d}^0 A = \boldsymbol{e}_3 \cdot \left(\boldsymbol{e}_1 \times \boldsymbol{e}_2\right) \mathrm{d}^0 x_1 \mathrm{d}^0 x_2 = \mathrm{d}^0 x_1 \mathrm{d}^0 x_2
$$

$$
\boldsymbol{G}_3 \cdot {}^t \boldsymbol{n} \mathrm{d}^t A = \boldsymbol{G}_3 \cdot \left(\boldsymbol{G}_1 \times \boldsymbol{G}_2\right) \mathrm{d}^0 x_1 \mathrm{d}^0 x_2
$$

已知 $\boldsymbol{G}_3 = \boldsymbol{e}_i {}^t x_{i,3}$，则由上面两式得到面元的关系式为

$$
\boldsymbol{e}_i {}^t x_{i,3} \cdot {}^t \boldsymbol{n} \mathrm{d}^t A = {}^t J \mathrm{d}^0 x_1 \mathrm{d}^0 x_2 = {}^t J \boldsymbol{e}_3 \cdot {}^0 \boldsymbol{n} \mathrm{d}^0 A
$$

写成标量形式为

$$
{}^t x_{i,3} {}^t n_i \mathrm{d}^t A = {}^t J {}^0 n_3 \mathrm{d}^0 A
$$

同理，可得

$$
{}^t x_{i,2} {}^t n_i \mathrm{d}^t A = {}^t J {}^0 n_2 \mathrm{d}^0 A\text{，}\quad {}^t x_{i,1} {}^t n_i \mathrm{d}^t A = {}^t J {}^0 n_1 \mathrm{d}^0 A
$$

简写为

$$ {}^{t}x_{i,j}\,{}^{t}n_i \mathrm{d}\,{}^{t}A = {}^{t}J\,{}^{0}n_j \mathrm{d}\,{}^{0}A \tag{3.60}$$

上述运动面元转换关系的证明以图 3.17(a)为基础，为推导方便且不失一般性，假设初始位形上面元的棱边平行于坐标轴且微面元为长方形，下面不采用该假设再次证明式(3.60)，如图 3.17(b)所示。

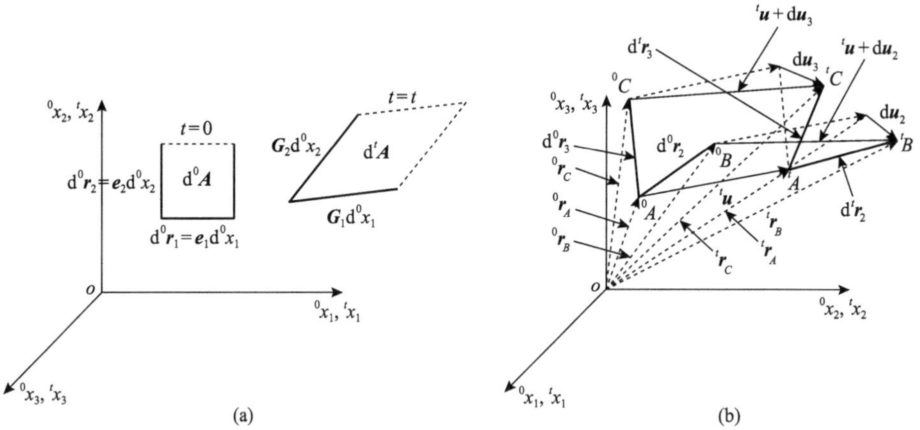

图 3.17　微面元的运动历程

证明：

$$\mathrm{d}\,{}^{0}\boldsymbol{A} = {}^{0}\boldsymbol{n}\mathrm{d}\,{}^{0}A = \mathrm{d}\,{}^{0}\boldsymbol{r}_2 \times \mathrm{d}\,{}^{0}\boldsymbol{r}_3 = \begin{vmatrix} \boldsymbol{e}_1 & \boldsymbol{e}_2 & \boldsymbol{e}_3 \\ \mathrm{d}\,{}^{0}x_{21} & \mathrm{d}\,{}^{0}x_{22} & \mathrm{d}\,{}^{0}x_{23} \\ \mathrm{d}\,{}^{0}x_{31} & \mathrm{d}\,{}^{0}x_{32} & \mathrm{d}\,{}^{0}x_{33} \end{vmatrix}$$

$$\Rightarrow \boldsymbol{e}_i \cdot {}^{0}\boldsymbol{n}\mathrm{d}\,{}^{0}A = \boldsymbol{e}_i \cdot \left(\mathrm{d}\,{}^{0}\boldsymbol{r}_2 \times \mathrm{d}\,{}^{0}\boldsymbol{r}_3\right) = e_{ijk}\mathrm{d}\,{}^{0}x_{2j}\mathrm{d}\,{}^{0}x_{3k}$$

$$\Rightarrow {}^{0}n_i \mathrm{d}\,{}^{0}A = e_{ijk}\mathrm{d}\,{}^{0}x_{2j}\mathrm{d}\,{}^{0}x_{3k}$$

同理，可得

$$\mathrm{d}\,{}^{t}\boldsymbol{A} = {}^{t}\boldsymbol{n}\mathrm{d}\,{}^{t}A = \mathrm{d}\,{}^{t}\boldsymbol{r}_2 \times \mathrm{d}\,{}^{t}\boldsymbol{r}_3$$

$$\Rightarrow {}^{t}n_l \mathrm{d}\,{}^{t}A = e_{lmn}\mathrm{d}\,{}^{t}x_{2m}\mathrm{d}\,{}^{t}x_{3n}$$

$$\Rightarrow {}^{t}n_l \mathrm{d}\,{}^{t}A = e_{lmn}\frac{\partial\,{}^{t}x_{2m}}{\partial\,{}^{0}x_{2j}}\frac{\partial\,{}^{t}x_{3n}}{\partial\,{}^{0}x_{3k}}\mathrm{d}\,{}^{0}x_{2j}\mathrm{d}\,{}^{0}x_{3k}$$

$$\Rightarrow \frac{\partial\,{}^{t}x_{1l}}{\partial\,{}^{0}x_{1i}}\,{}^{t}n_l \mathrm{d}\,{}^{t}A = e_{lmn}\frac{\partial\,{}^{t}x_{1l}}{\partial\,{}^{0}x_{1i}}\frac{\partial\,{}^{t}x_{2m}}{\partial\,{}^{0}x_{2j}}\frac{\partial\,{}^{t}x_{3n}}{\partial\,{}^{0}x_{3k}}\mathrm{d}\,{}^{0}x_{2j}\mathrm{d}\,{}^{0}x_{3k} = e_{ijk}e_{lmn}\frac{\partial\,{}^{t}x_{1l}}{\partial\,{}^{0}x_{11}}\frac{\partial\,{}^{t}x_{2m}}{\partial\,{}^{0}x_{22}}\frac{\partial\,{}^{t}x_{3n}}{\partial\,{}^{0}x_{33}}\mathrm{d}\,{}^{0}x_{2j}\mathrm{d}\,{}^{0}x_{3k}$$

$$\Rightarrow \frac{\partial\,{}^{t}x_{1l}}{\partial\,{}^{0}x_{1i}}\,{}^{t}n_l \mathrm{d}\,{}^{t}A = {}^{t}Je_{ijk}\mathrm{d}\,{}^{0}x_{2j}\mathrm{d}\,{}^{0}x_{3k} = {}^{t}J\,{}^{0}n_i \mathrm{d}\,{}^{0}A$$

注意到，$\dfrac{\partial {}^t x_{1l}}{\partial {}^0 x_{1i}}=\dfrac{\partial {}^t x_l}{\partial {}^0 x_i}$，$i$ 替换 l，j 替换 i，可得式(3.60)。

证毕。

式(3.60)是有向面元面积标量的变换关系，下面直接推导有向面元的矢量形式。

因为 $\mathrm{d}{}^t x_{2i}=\dfrac{\partial {}^t x_{2i}}{\partial {}^0 x_{2j}}\mathrm{d}{}^0 x_{2j}=\dfrac{\partial {}^t x_i}{\partial {}^0 x_j}\mathrm{d}{}^0 x_{2j}$，从而有

$$
\begin{aligned}
\mathrm{d}{}^t\boldsymbol{r}_2 &= \left(\frac{\partial {}^t x_1}{\partial {}^0 x_1}\mathrm{d}{}^0 x_{21}+\frac{\partial {}^t x_1}{\partial {}^0 x_2}\mathrm{d}{}^0 x_{22}+\frac{\partial {}^t x_1}{\partial {}^0 x_3}\mathrm{d}{}^0 x_{23}\right)\boldsymbol{e}_1 \\
&\quad+\left(\frac{\partial {}^t x_2}{\partial {}^0 x_1}\mathrm{d}{}^0 x_{21}+\frac{\partial {}^t x_2}{\partial {}^0 x_2}\mathrm{d}{}^0 x_{22}+\frac{\partial {}^t x_2}{\partial {}^0 x_3}\mathrm{d}{}^0 x_{23}\right)\boldsymbol{e}_2 \\
&\quad+\left(\frac{\partial {}^t x_3}{\partial {}^0 x_1}\mathrm{d}{}^0 x_{21}+\frac{\partial {}^t x_3}{\partial {}^0 x_2}\mathrm{d}{}^0 x_{22}+\frac{\partial {}^t x_3}{\partial {}^0 x_3}\mathrm{d}{}^0 x_{23}\right)\boldsymbol{e}_3 \\
&= \begin{bmatrix} \dfrac{\partial {}^t x_1}{\partial {}^0 x_1} & \dfrac{\partial {}^t x_1}{\partial {}^0 x_2} & \dfrac{\partial {}^t x_1}{\partial {}^0 x_3} \\ \dfrac{\partial {}^t x_2}{\partial {}^0 x_1} & \dfrac{\partial {}^t x_2}{\partial {}^0 x_2} & \dfrac{\partial {}^t x_2}{\partial {}^0 x_3} \\ \dfrac{\partial {}^t x_3}{\partial {}^0 x_1} & \dfrac{\partial {}^t x_3}{\partial {}^0 x_2} & \dfrac{\partial {}^t x_3}{\partial {}^0 x_3} \end{bmatrix}
\begin{pmatrix} \mathrm{d}{}^0 x_{21} \\ \mathrm{d}{}^0 x_{22} \\ \mathrm{d}{}^0 x_{23} \end{pmatrix}
= \begin{pmatrix} \mathrm{d}{}^t x_{21} \\ \mathrm{d}{}^t x_{22} \\ \mathrm{d}{}^t x_{23} \end{pmatrix}
= \frac{\partial {}^t x_i}{\partial {}^0 x_j}\mathrm{d}{}^0\boldsymbol{r}_2
\end{aligned}
$$

同理可得 $\mathrm{d}{}^t\boldsymbol{r}_3=\dfrac{\partial {}^t x_i}{\partial {}^0 x_j}\mathrm{d}{}^0\boldsymbol{r}_3$，因此有

$$
\mathrm{d}{}^t\boldsymbol{A}=\mathrm{d}{}^t\boldsymbol{r}_2\times\mathrm{d}{}^t\boldsymbol{r}_3=\left(\frac{\partial {}^t x_i}{\partial {}^0 x_j}\mathrm{d}{}^0\boldsymbol{r}_2\right)\times\left(\frac{\partial {}^t x_i}{\partial {}^0 x_j}\mathrm{d}{}^0\boldsymbol{r}_3\right)
$$

利用叉乘和行列式的基本概念可证明：$\boldsymbol{M}^{\mathrm{T}}\left[(\boldsymbol{Ma})\times(\boldsymbol{Mb})\right]=|\boldsymbol{M}|(\boldsymbol{a}\times\boldsymbol{b})$，其中 $\boldsymbol{M}^{\mathrm{T}}$ 为任意 3×3 矩阵，$\boldsymbol{a}$、$\boldsymbol{b}$ 均为三维矢量，从而有

$$
\left(\frac{\partial {}^t x_i}{\partial {}^0 x_j}\right)^{\mathrm{T}}\left(\frac{\partial {}^t x_i}{\partial {}^0 x_j}\mathrm{d}{}^0\boldsymbol{r}_2\right)\times\left(\frac{\partial {}^t x_i}{\partial {}^0 x_j}\mathrm{d}{}^0\boldsymbol{r}_3\right)=\left|\frac{\partial {}^t x_i}{\partial {}^0 x_j}\right|\mathrm{d}{}^0\boldsymbol{r}_2\times\mathrm{d}{}^0\boldsymbol{r}_3={}^tJ\mathrm{d}{}^0\boldsymbol{A}
$$

$$
\mathrm{d}{}^t\boldsymbol{A}=\left(\left(\frac{\partial {}^t x_i}{\partial {}^0 x_j}\right)^{\mathrm{T}}\right)^{-1}\left|\frac{\partial {}^t x_i}{\partial {}^0 x_j}\right|\mathrm{d}{}^0\boldsymbol{A}={}^tJ\left(\left(\frac{\partial {}^t x_i}{\partial {}^0 x_j}\right)^{\mathrm{T}}\right)^{-1}\mathrm{d}{}^0\boldsymbol{A}
$$

该式实际上是式(3.60)的矢量形式。

注：上面证明中引用 $\boldsymbol{M}^{\mathrm{T}}[(\boldsymbol{Ma})\times(\boldsymbol{Mb})]=|\boldsymbol{M}|(\boldsymbol{a}\times\boldsymbol{b})$ 似乎有些突兀，下面补充其初等证明。

证明：

记 $\boldsymbol{M}=\begin{bmatrix} m_{11} & m_{12} & m_{13} \\ m_{21} & m_{22} & m_{23} \\ m_{31} & m_{32} & m_{33} \end{bmatrix}=\begin{pmatrix} \boldsymbol{m}_1 \\ \boldsymbol{m}_2 \\ \boldsymbol{m}_3 \end{pmatrix},\boldsymbol{a}\times\boldsymbol{b}=\begin{pmatrix} c_1 \\ c_2 \\ c_3 \end{pmatrix}=\begin{pmatrix} a_1 \\ a_2 \\ a_3 \end{pmatrix}\times\begin{pmatrix} b_1 \\ b_2 \\ b_3 \end{pmatrix}=\begin{vmatrix} \boldsymbol{e}_1 & \boldsymbol{e}_2 & \boldsymbol{e}_3 \\ a_1 & a_2 & a_3 \\ b_1 & b_2 & b_3 \end{vmatrix}=\begin{pmatrix} a_2b_3-a_3b_2 \\ -(a_1b_3-a_3b_1) \\ a_1b_2-a_2b_1 \end{pmatrix}$，下面先计算

$$(\boldsymbol{Ma})\times(\boldsymbol{Mb})=\begin{pmatrix} \boldsymbol{m}_1\cdot\boldsymbol{a} \\ \boldsymbol{m}_2\cdot\boldsymbol{a} \\ \boldsymbol{m}_3\cdot\boldsymbol{a} \end{pmatrix}\times\begin{pmatrix} \boldsymbol{m}_1\cdot\boldsymbol{b} \\ \boldsymbol{m}_2\cdot\boldsymbol{b} \\ \boldsymbol{m}_3\cdot\boldsymbol{b} \end{pmatrix}=\begin{pmatrix} (\boldsymbol{m}_2\cdot\boldsymbol{a})(\boldsymbol{m}_3\cdot\boldsymbol{b})-(\boldsymbol{m}_3\cdot\boldsymbol{a})(\boldsymbol{m}_2\cdot\boldsymbol{b}) \\ -\left[(\boldsymbol{m}_1\cdot\boldsymbol{a})(\boldsymbol{m}_3\cdot\boldsymbol{b})-(\boldsymbol{m}_3\cdot\boldsymbol{a})(\boldsymbol{m}_1\cdot\boldsymbol{b})\right] \\ (\boldsymbol{m}_1\cdot\boldsymbol{a})(\boldsymbol{m}_2\cdot\boldsymbol{b})-(\boldsymbol{m}_2\cdot\boldsymbol{a})(\boldsymbol{m}_1\cdot\boldsymbol{b}) \end{pmatrix}$$

其中，

$$\begin{aligned}
(\boldsymbol{m}_2\cdot\boldsymbol{a})(\boldsymbol{m}_3\cdot\boldsymbol{b})-(\boldsymbol{m}_3\cdot\boldsymbol{a})(\boldsymbol{m}_2\cdot\boldsymbol{b}) &= (m_{21}a_1+m_{22}a_2+m_{23}a_3)(m_{31}b_1+m_{32}b_2+m_{33}b_3) \\
&\quad -(m_{31}a_1+m_{32}a_2+m_{33}a_3)(m_{21}b_1+m_{22}b_2+m_{23}b_3) \\
&= m_{21}m_{31}a_1b_1+m_{21}m_{32}a_1b_2+m_{21}m_{33}a_1b_3 \\
&\quad +m_{22}m_{31}a_2b_1+m_{22}m_{32}a_2b_2+m_{22}m_{33}a_2b_3 \\
&\quad +m_{23}m_{31}a_3b_1+m_{23}m_{32}a_3b_2+m_{23}m_{33}a_3b_3 \\
&\quad -m_{31}m_{21}a_1b_1-m_{31}m_{22}a_1b_2-m_{31}m_{23}a_1b_3 \\
&\quad -m_{32}m_{21}a_2b_1-m_{32}m_{22}a_2b_2-m_{32}m_{23}a_2b_3 \\
&\quad -m_{33}m_{21}a_3b_1-m_{33}m_{22}a_3b_2-m_{33}m_{23}a_3b_3 \\
&= (m_{21}m_{32}-m_{31}m_{22})a_1b_2+(m_{21}m_{33}-m_{31}m_{23})a_1b_3 \\
&\quad +(m_{22}m_{31}-m_{32}m_{21})a_2b_1+(m_{22}m_{33}-m_{32}m_{23})a_2b_3 \\
&\quad +(m_{23}m_{31}-m_{33}m_{21})a_3b_1+(m_{23}m_{32}-m_{33}m_{22})a_3b_2 \\
&= \begin{vmatrix} m_{21} & m_{31} \\ m_{22} & m_{32} \end{vmatrix}a_1b_2+\begin{vmatrix} m_{21} & m_{31} \\ m_{23} & m_{33} \end{vmatrix}a_1b_3 \\
&\quad -\begin{vmatrix} m_{21} & m_{31} \\ m_{22} & m_{32} \end{vmatrix}a_2b_1+\begin{vmatrix} m_{22} & m_{32} \\ m_{23} & m_{33} \end{vmatrix}a_2b_3 \\
&\quad -\begin{vmatrix} m_{21} & m_{31} \\ m_{23} & m_{33} \end{vmatrix}a_3b_1-\begin{vmatrix} m_{22} & m_{32} \\ m_{23} & m_{33} \end{vmatrix}a_3b_2 \\
&= \begin{vmatrix} m_{21} & m_{31} \\ m_{22} & m_{32} \end{vmatrix}(a_1b_2-a_2b_1)+\begin{vmatrix} m_{21} & m_{31} \\ m_{23} & m_{33} \end{vmatrix}(a_1b_3-a_3b_1)+\begin{vmatrix} m_{22} & m_{32} \\ m_{23} & m_{33} \end{vmatrix}(a_2b_3-a_3b_2) \\
&= \begin{vmatrix} m_{21} & m_{31} \\ m_{22} & m_{32} \end{vmatrix}c_3-\begin{vmatrix} m_{21} & m_{31} \\ m_{23} & m_{33} \end{vmatrix}c_2+\begin{vmatrix} m_{22} & m_{32} \\ m_{23} & m_{33} \end{vmatrix}c_1 \\
&= \begin{vmatrix} c_1 & c_2 & c_3 \\ m_{21} & m_{22} & m_{23} \\ m_{31} & m_{32} & m_{33} \end{vmatrix}
\end{aligned}$$

同理可得

$$-\left[(\boldsymbol{m}_1\cdot\boldsymbol{a})(\boldsymbol{m}_3\cdot\boldsymbol{b})-(\boldsymbol{m}_3\cdot\boldsymbol{a})(\boldsymbol{m}_1\cdot\boldsymbol{b})\right]=\begin{vmatrix} m_{11} & m_{12} & m_{13} \\ c_1 & c_2 & c_3 \\ m_{31} & m_{32} & m_{33} \end{vmatrix}$$

$$(\boldsymbol{m}_1\cdot\boldsymbol{a})(\boldsymbol{m}_2\cdot\boldsymbol{b})-(\boldsymbol{m}_2\cdot\boldsymbol{a})(\boldsymbol{m}_1\cdot\boldsymbol{b})=\begin{vmatrix}m_{11}&m_{12}&m_{13}\\m_{21}&m_{22}&m_{23}\\c_1&c_2&c_3\end{vmatrix}$$

因此，有

$$\boldsymbol{M}^{\mathrm{T}}\left[(\boldsymbol{Ma})\times(\boldsymbol{Mb})\right]=\begin{bmatrix}m_{11}&m_{21}&m_{31}\\m_{12}&m_{22}&m_{32}\\m_{13}&m_{23}&m_{33}\end{bmatrix}\begin{pmatrix}\begin{vmatrix}c_1&c_2&c_3\\m_{21}&m_{22}&m_{23}\\m_{31}&m_{32}&m_{33}\end{vmatrix}\\\begin{vmatrix}m_{11}&m_{12}&m_{13}\\c_1&c_2&c_3\\m_{31}&m_{32}&m_{33}\end{vmatrix}\\\begin{vmatrix}m_{11}&m_{12}&m_{13}\\m_{21}&m_{22}&m_{23}\\c_1&c_2&c_3\end{vmatrix}\end{pmatrix}=\begin{pmatrix}m_{11}\begin{vmatrix}c_1&c_2&c_3\\m_{21}&m_{22}&m_{23}\\m_{31}&m_{32}&m_{33}\end{vmatrix}+m_{21}\begin{vmatrix}m_{11}&m_{12}&m_{13}\\c_1&c_2&c_3\\m_{31}&m_{32}&m_{33}\end{vmatrix}+m_{31}\begin{vmatrix}m_{11}&m_{12}&m_{13}\\m_{21}&m_{22}&m_{23}\\c_1&c_2&c_3\end{vmatrix}\\m_{12}\begin{vmatrix}c_1&c_2&c_3\\m_{21}&m_{22}&m_{23}\\m_{31}&m_{32}&m_{33}\end{vmatrix}+m_{22}\begin{vmatrix}m_{11}&m_{12}&m_{13}\\c_1&c_2&c_3\\m_{31}&m_{32}&m_{33}\end{vmatrix}+m_{32}\begin{vmatrix}m_{11}&m_{12}&m_{13}\\m_{21}&m_{22}&m_{23}\\c_1&c_2&c_3\end{vmatrix}\\m_{13}\begin{vmatrix}c_1&c_2&c_3\\m_{21}&m_{22}&m_{23}\\m_{31}&m_{32}&m_{33}\end{vmatrix}+m_{23}\begin{vmatrix}m_{11}&m_{12}&m_{13}\\c_1&c_2&c_3\\m_{31}&m_{32}&m_{33}\end{vmatrix}+m_{33}\begin{vmatrix}m_{11}&m_{12}&m_{13}\\m_{21}&m_{22}&m_{23}\\c_1&c_2&c_3\end{vmatrix}\end{pmatrix}$$

第 1 个元素为

$$\begin{aligned}&m_{11}\begin{vmatrix}c_1&c_2&c_3\\m_{21}&m_{22}&m_{23}\\m_{31}&m_{32}&m_{33}\end{vmatrix}+m_{21}\begin{vmatrix}m_{11}&m_{12}&m_{13}\\c_1&c_2&c_3\\m_{31}&m_{32}&m_{33}\end{vmatrix}+m_{31}\begin{vmatrix}m_{11}&m_{12}&m_{13}\\m_{21}&m_{22}&m_{23}\\c_1&c_2&c_3\end{vmatrix}\\&=m_{11}c_1\begin{vmatrix}m_{22}&m_{23}\\m_{32}&m_{33}\end{vmatrix}-m_{11}c_2\begin{vmatrix}m_{21}&m_{23}\\m_{31}&m_{33}\end{vmatrix}+m_{11}c_3\begin{vmatrix}m_{21}&m_{22}\\m_{31}&m_{32}\end{vmatrix}\\&\quad-m_{21}c_1\begin{vmatrix}m_{12}&m_{13}\\m_{32}&m_{33}\end{vmatrix}+m_{21}c_2\begin{vmatrix}m_{11}&m_{13}\\m_{31}&m_{33}\end{vmatrix}-m_{21}c_3\begin{vmatrix}m_{11}&m_{12}\\m_{31}&m_{32}\end{vmatrix}\\&\quad+m_{31}c_1\begin{vmatrix}m_{12}&m_{13}\\m_{22}&m_{23}\end{vmatrix}-m_{31}c_2\begin{vmatrix}m_{11}&m_{13}\\m_{21}&m_{23}\end{vmatrix}+m_{31}c_3\begin{vmatrix}m_{11}&m_{12}\\m_{21}&m_{22}\end{vmatrix}\\&=c_1\begin{vmatrix}m_{11}&m_{12}&m_{13}\\m_{21}&m_{22}&m_{23}\\m_{31}&m_{32}&m_{33}\end{vmatrix}+c_2\begin{vmatrix}m_{11}&m_{11}&m_{13}\\m_{21}&m_{21}&m_{23}\\m_{31}&m_{31}&m_{33}\end{vmatrix}+c_3\begin{vmatrix}m_{11}&m_{12}&m_{11}\\m_{21}&m_{22}&m_{21}\\m_{31}&m_{32}&m_{31}\end{vmatrix}\\&=c_1|\boldsymbol{M}|+0+0=c_1|\boldsymbol{M}|\end{aligned}$$

同理可得第 2 个元素和第 3 个元素分别为 $c_2|\boldsymbol{M}|$ 、 $c_3|\boldsymbol{M}|$ ，因此有

$$\boldsymbol{M}^{\mathrm{T}}\left[(\boldsymbol{Ma})\times(\boldsymbol{Mb})\right]=\begin{pmatrix}c_1|\boldsymbol{M}|\\c_2|\boldsymbol{M}|\\c_3|\boldsymbol{M}|\end{pmatrix}=|\boldsymbol{M}|\begin{pmatrix}c_1\\c_2\\c_3\end{pmatrix}=|\boldsymbol{M}|(\boldsymbol{a}\times\boldsymbol{b})$$

证毕。

3.2.2　一点的应变与应力

1. 应变

观察物体的运动状态时，随着参考系统的选择不同而不同。同样，在研究物体内任一点的应变状态时，也随选择参考位形的不同而不同。人们在研究有限变形时，为描述

其应变状态，采用了如下几种方法。

(1) Cauchy 应变。一个在$t=0$时刻初始位形为长${}^{0}l$的直杆，受简单拉伸而变形，在$t=t$时刻，相对于初始位形，其长度增量为Δl，也就是在现时位形上其长度为${}^{t}l$。以初始位形作为参考位形来研究其伸长比。Cauchy 应变定义为

$$\varepsilon^{\mathrm{C}}=\frac{\Delta l}{{}^{0}l}=\frac{{}^{t}l}{{}^{0}l}-1 \tag{3.61}$$

其中，${}^{t}l={}^{0}l+\Delta l$。

令$\dfrac{{}^{t}l}{{}^{0}l}=\lambda$，则式(3.61)变为

$$\varepsilon^{\mathrm{C}}=\lambda-1$$

(2) Hencky 应变。以$t=t$时刻的现时位形作为参考位形来研究杆的伸长比，为反映其变形历程，Hencky 应变定义为

$$\varepsilon^{\mathrm{H}}=\int_{{}^{0}l}^{{}^{t}l}\frac{\mathrm{d}l}{l}=\ln\frac{{}^{t}l}{{}^{0}l}=\ln\lambda=\ln(1+\lambda-1)=(\lambda-1)-\frac{1}{2}(\lambda-1)^{2}+\cdots=\varepsilon^{\mathrm{C}}-\frac{1}{2}\left(\varepsilon^{\mathrm{C}}\right)^{2}+\cdots \tag{3.62}$$

(3) Swainger 应变。以$t=t$时刻的现时位形作为参考位形来研究杆的伸长比，但只考虑其现时状态与初始状态，不考虑其变形历史，研究其伸长比。Swainger 应变定义为

$$\varepsilon^{\mathrm{S}}=\frac{{}^{t}l-{}^{0}l}{{}^{t}l}=1-\frac{1}{\lambda} \tag{3.63}$$

(4) Green-Lagrange 应变。以$t=0$时刻的初始位形作为参考位形，以初始位形上的微线元长度与相应微线元在现时位形上长度的平方差与初始微线元长度的平方的比值来定义其伸长度。Green-Lagrange 应变定义为

$$\varepsilon^{\mathrm{G}}=\frac{{}^{t}l^{2}-{}^{0}l^{2}}{2\,{}^{0}l^{2}}=\frac{\lambda^{2}-1}{2} \tag{3.64}$$

(5) Almansi 应变。以$t=t$时刻的现时位形作为参考位形，以初始位形上的微线元长度与相应微线元在现时位形上长度的平方差与现时位形上微线元长度的平方的比值来定义其伸长度。Almansi 应变定义为

$$\varepsilon^{\mathrm{A}}=\frac{{}^{t}l^{2}-{}^{0}l^{2}}{2\,{}^{t}l^{2}}=\frac{1}{2}\left(1-\frac{1}{\lambda^{2}}\right) \tag{3.65}$$

由上述适用于杆件伸长度量的应变定义可见，不同的应变定义给出的应变度量值是不同的，在小位移假设下，各种应变定义得到的应变度量值相差一个二阶小量，可以忽略不计，但在大变形情况下，相互之间差别就会很大。因此，在有限变形假设下，根据

参考位形的不同，一般采用后两种应变张量定义点的相对变形情况。注意，由于实际变形的客观性，两种应变张量之间存在确定的转换关系。

(1) Green-Lagrange 应变的张量形式。在 $t=0$ 时刻初始位形内任意一点 ${}^0P$，在空间的位置由矢径 ${}^0\boldsymbol{r}$ 来确定，在 $t=t$ 时刻现时位形上相应的点 ${}^tP$ 由矢径 ${}^t\boldsymbol{r}$ 确定。在点 ${}^0P$ 邻域内有一点 ${}^0Q$，在点 ${}^tP$ 邻域内有一与点 ${}^0Q$ 对应的点 ${}^tQ$，如图 3.18 所示，则有 ${}^0P{}^0Q=\mathrm{d}{}^0\boldsymbol{r}$，${}^tP{}^tQ=\mathrm{d}{}^t\boldsymbol{r}$；${}^0P:{}^0x_i\left({}^0x_1,{}^0x_2,{}^0x_3\right),{}^0\boldsymbol{r}\left({}^0x_i\right)$，${}^tP:{}^tx_i\left({}^tx_1,{}^tx_2,{}^tx_3\right),{}^t\boldsymbol{r}\left({}^tx_i\right)$；${}^0\boldsymbol{G}_i=\boldsymbol{e}_i={}^0\boldsymbol{r}_{,i}$，${}^t\boldsymbol{G}_i=\dfrac{\partial{}^t\boldsymbol{r}}{\partial{}^0x_i}={}^t\boldsymbol{r}_{,i}$，并且 $\mathrm{d}{}^0\boldsymbol{r}=\boldsymbol{e}_i\mathrm{d}{}^0x_i={}^0\boldsymbol{G}_i\mathrm{d}{}^0x_i$，$\mathrm{d}{}^t\boldsymbol{r}={}^t\boldsymbol{G}_i\mathrm{d}{}^0x_i$。

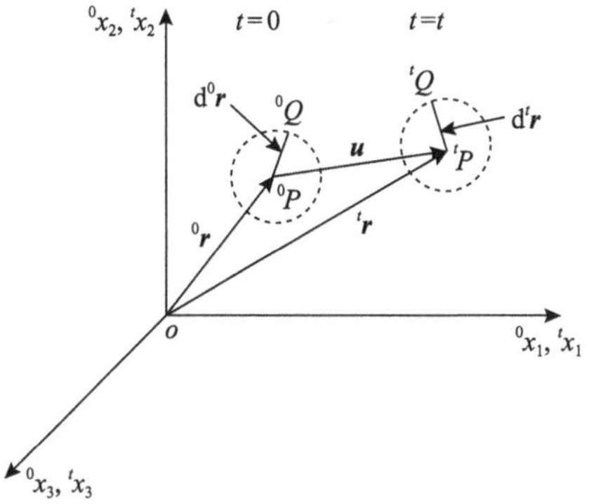

图 3.18　物体内任意质点的运动历程

因此，点 ${}^0P$ 和点 ${}^0Q$ 之间距离的平方为

$$\left(\mathrm{d}{}^0S\right)^2=\mathrm{d}{}^0\boldsymbol{r}\cdot\mathrm{d}{}^0\boldsymbol{r}={}^0\boldsymbol{G}_i\mathrm{d}{}^0x_i\cdot{}^0\boldsymbol{G}_j\mathrm{d}{}^0x_j=\delta_{ij}\mathrm{d}{}^0x_i\mathrm{d}{}^0x_j$$

点 ${}^tP$ 和点 ${}^tQ$ 之间距离的平方为

$$\left(\mathrm{d}{}^tS\right)^2=\mathrm{d}{}^t\boldsymbol{r}\cdot\mathrm{d}{}^t\boldsymbol{r}={}^t\boldsymbol{G}_i\mathrm{d}{}^0x_i\cdot{}^t\boldsymbol{G}_j\mathrm{d}{}^0x_j={}^tG_{ij}\mathrm{d}{}^0x_i\mathrm{d}{}^0x_j$$

其中，${}^tG_{ij}$ 为现时位形上的度规张量，用来度量变形的大小，而 ${}^t\delta_{ij}$ 即为初始位形上的度规张量。

由 Green-Lagrange 应变定义可得

$$\left(\mathrm{d}{}^tS\right)^2-\left(\mathrm{d}{}^0S\right)^2=\left({}^tG_{ij}-\delta_{ij}\right)\mathrm{d}{}^0x_i\mathrm{d}{}^0x_j=2E_{ij}\mathrm{d}{}^0x_i\mathrm{d}{}^0x_j$$

从而有

$$E_{ij}=\frac{1}{2}\left({}^tG_{ij}-\delta_{ij}\right) \tag{3.66}$$

式 (3.66) 中的 E_{ij} 称为 Green-Lagrange 应变张量。采用式 (3.66) 计算 E_{ij} 并不方便，与式 (3.55) 变形梯度的思路一样，E_{ij} 与位移分量之间的关系推导如下：

由于 ${}^{t}\boldsymbol{r}={}^{0}\boldsymbol{r}+\boldsymbol{u}$，$\mathrm{d}{}^{0}\boldsymbol{r}={}^{0}\boldsymbol{G}_i\mathrm{d}{}^{0}x_i$，$\mathrm{d}\boldsymbol{u}={}^{0}\boldsymbol{G}_k\mathrm{d}u_k$ 且 $\mathrm{d}{}^{t}\boldsymbol{r}=\mathrm{d}{}^{0}\boldsymbol{r}+\mathrm{d}\boldsymbol{u}$，因此有

$$
{}^{t}\boldsymbol{G}_i=\frac{\partial{}^{t}\boldsymbol{r}}{\partial{}^{0}x_i}=\frac{\partial{}^{0}\boldsymbol{r}}{\partial{}^{0}x_i}+\frac{\partial\boldsymbol{u}}{\partial{}^{0}x_i}={}^{0}\boldsymbol{G}_i+{}^{0}\boldsymbol{G}_k u_{k,i}=\left(\delta_{ki}+u_{k,i}\right){}^{0}\boldsymbol{G}_k
$$

从而有

$$
\begin{aligned}
{}^{t}G_{ij}&=\left(\delta_{ki}+u_{k,i}\right){}^{0}\boldsymbol{G}_k\left(\delta_{kj}+u_{k,j}\right){}^{0}\boldsymbol{G}_k=\left(\delta_{ki}+u_{k,i}\right)\left(\delta_{kj}+u_{k,j}\right)\delta_{kk}\\
&=\left(\delta_{ki}+u_{k,i}\right)\left(\delta_{kj}+u_{k,j}\right)=\delta_{ij}+u_{i,j}+u_{j,i}+u_{k,i}u_{k,j}
\end{aligned}
$$

所以有

$$
E_{ij}=\frac{1}{2}\left(u_{i,j}+u_{j,i}+u_{k,i}u_{k,j}\right) \tag{3.67}
$$

(2) Almansi 应变的张量形式。以 $t=t$ 时刻的现时位形作为参考位形来观察物体的运动历程，如图 3.18 所示，不同的是，所有物理量均参考现时位形进行描述，这里要注意物体运动描述的客观性。Almansi 应变的张量形式推导如下：

$$
\mathrm{d}{}^{t}\boldsymbol{r}=\boldsymbol{e}_i\mathrm{d}{}^{t}x_i={}_{t}\boldsymbol{g}_i\mathrm{d}{}^{t}x_i={}^{t}\boldsymbol{G}_i\mathrm{d}{}^{0}x_i\text{，}\left(\mathrm{d}{}^{t}S\right)^2=\mathrm{d}{}^{t}\boldsymbol{r}\cdot\mathrm{d}{}^{t}\boldsymbol{r}={}_{t}\boldsymbol{g}_i\mathrm{d}{}^{t}x_i\cdot{}_{t}\boldsymbol{g}_j\mathrm{d}{}^{t}x_j=\delta_{ij}\mathrm{d}{}^{t}x_i\mathrm{d}{}^{t}x_j
$$

其中，${}_{t}\boldsymbol{g}_i\cdot{}_{t}\boldsymbol{g}_j={}_{t}g_{ij}=\delta_{ij}$，${}^{0}_{t}\boldsymbol{g}_i=\dfrac{\partial{}^{0}_{t}\boldsymbol{r}}{\partial{}^{t}x_i}={}^{0}_{t}r_{,i}$，即 $\mathrm{d}{}^{0}_{t}\boldsymbol{r}={}^{0}_{t}\boldsymbol{g}_i\mathrm{d}{}^{t}x_i$，从而有

$$
\left(\mathrm{d}{}^{0}_{t}S\right)^2=\mathrm{d}{}^{0}_{t}\boldsymbol{r}\cdot\mathrm{d}{}^{0}_{t}\boldsymbol{r}={}^{0}_{t}\boldsymbol{g}_i\mathrm{d}{}^{t}x_i\cdot{}^{0}_{t}\boldsymbol{g}_j\mathrm{d}{}^{t}x_j={}^{0}_{t}g_{ij}\mathrm{d}{}^{t}x_i\mathrm{d}{}^{t}x_j
$$

因此

$$
\left(\mathrm{d}{}^{t}S\right)^2-\left(\mathrm{d}{}^{0}_{t}S\right)^2=\left(\delta_{ij}-{}^{0}_{t}g_{ij}\right)\mathrm{d}{}^{t}x_i\mathrm{d}{}^{t}x_j=2{}_{t}\varepsilon_{ij}\mathrm{d}{}^{t}x_i\mathrm{d}{}^{t}x_j
$$

其中，

$$
{}_{t}\varepsilon_{ij}=\frac{1}{2}\left(\delta_{ij}-{}^{0}_{t}g_{ij}\right) \tag{3.68}
$$

式(3.68)定义的应变张量称为 Almansi 应变张量。直接采用式(3.68)计算也不方便，下面给出其位移形式。

由于 $\mathrm{d}{}^{0}_{t}\boldsymbol{r}=\mathrm{d}{}^{t}\boldsymbol{r}-\mathrm{d}\boldsymbol{u}={}_{t}\boldsymbol{g}_i\mathrm{d}{}^{t}x_i-{}_{t}\boldsymbol{g}_k\mathrm{d}{}_{t}u_k$，从而

$$
{}^{0}_{t}\boldsymbol{g}_i=\frac{\partial{}^{0}_{t}\boldsymbol{r}}{\partial{}^{t}x_i}={}_{t}\boldsymbol{g}_i-{}_{t}\boldsymbol{g}_k\,{}_{t}u_{k,i}=\left(\delta_{ki}-{}_{t}u_{k,i}\right){}_{t}\boldsymbol{g}_k
$$

则

$$
{}^{0}_{t}g_{ij}={}^{0}_{t}\boldsymbol{g}_i\,{}^{0}_{t}\boldsymbol{g}_j=\left(\delta_{ki}-{}_{t}u_{k,i}\right)\left(\delta_{kj}-{}_{t}u_{k,j}\right)=\delta_{ij}-{}_{t}u_{i,j}-{}_{t}u_{j,i}+{}_{t}u_{k,i}\,{}_{t}u_{k,j}
$$

因此

$$ {}_t\varepsilon_{ij} = \frac{1}{2}\left(\delta_{ij} - {}_t^0 g_{ij}\right) = \frac{1}{2}\left({}_t u_{i,j} + {}_t u_{j,i} - {}_t u_{k,i}\, {}_t u_{k,j}\right) \tag{3.69} $$

式(3.67)和式(3.69)分别给出了 Green-Lagrange 应变张量和 Almansi 应变张量，由于两点之间距离的平方差是一个标量，客观上不随参考位形的不同而变化，因此

$$ E_{ij} \mathrm{d}^0 x_i \mathrm{d}^0 x_j = {}_t\varepsilon_{kl} \mathrm{d}^t x_k \mathrm{d}^t x_l $$

即

$$ E_{ij} = {}_t\varepsilon_{kl} \frac{\partial^t x_k}{\partial^0 x_i} \frac{\partial^t x_l}{\partial^0 x_j}, \quad {}_t\varepsilon_{kl} = E_{ij} \frac{\partial^0 x_i}{\partial^t x_k} \frac{\partial^0 x_j}{\partial^t x_l} \tag{3.70} $$

(3) 应变率张量与旋率张量。在弹塑性分析中将涉及应变率张量的概念，也就是说，把物体运动历程中物体内任一点的应变张量看成质点空间位置和时间的函数，即 $E_{ij}({}^0 x_i, t)$，这里 ${}^0 x_i$ 和 t 是两个独立变量，这样 Green 应变率张量定义如下：

$$ \dot{E}_{ij} = \frac{\mathrm{D}}{\mathrm{D}t} E_{ij} = \frac{1}{2}\left(\dot{u}_{i,j} + \dot{u}_{j,i}\right) \tag{3.71} $$

式中，$\frac{\mathrm{D}}{\mathrm{D}t}$ 表示对时间的导数，而 ${}^0 x_i$ 保持常值。

相应的旋率张量定义为

$$ \Omega_{ij} = \frac{1}{2}\left({}_0\dot{u}_{i,j} - {}_0\dot{u}_{j,i}\right) \tag{3.72} $$

同样，Almansi 应变率张量定义为

$$ {}_t\dot{\varepsilon}_{ij} = \frac{1}{2}\left({}_t\dot{u}_{i,j} + {}_t\dot{u}_{j,i}\right) \tag{3.73} $$

相应的旋率张量为

$$ {}_t\Omega_{ij} = \frac{1}{2}\left({}_t\dot{u}_{i,j} - {}_t\dot{u}_{j,i}\right) \tag{3.74} $$

2. 应力

应力描述物体内部质点与质点之间相互作用的强度。具体地说，如果把物体用一假想的光滑曲面一分为二，那么被分开的两部分就会通过此曲面相互施加作用力。显然，即使假设物体的物理状态不变，这种作用力也会因为假想曲面的不同而不同，所以必须采用一个不依赖于假想曲面的物理量来描述物体内部各点之间相互作用的状态，即应力

张量。在线弹性力学中，应力是以作用在初始位形上荷载所产生的内力与相应面元的微面积之比来定义的，但在有限变形情况下，其微面元面积在运动过程中是变化的，而荷载的分布同样与变形有关。因此，以哪个位形作为参考位形，就导致应力张量的不同定义，但是由于实际应力状态的客观性，不同的应力张量之间存在确定的转换关系。

(1) Cauchy 应力张量。以 t 时刻的现时位形作为参考位形来研究物体内任一点的应力状态，如图 3.19 所示。其中，$\Delta^t \boldsymbol{F}$ 是作用在微面元 $\Delta^t \boldsymbol{A}$ (有向曲面)上的内力矢量，${}^t\boldsymbol{n}$ 是该面元的单位法向矢量。

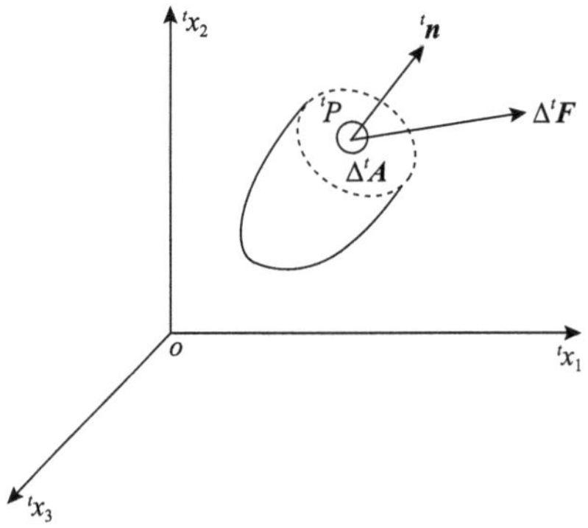

图 3.19　现时位形上物体内任一点的应力状态

位于微面元上的 ${}^tP$ 点的应力矢量为

$$
{}^t\boldsymbol{T}_n = \lim_{\Delta^t A \to 0} \frac{\Delta^t \boldsymbol{F}}{\Delta^t A} = \frac{\partial^t \boldsymbol{F}}{\partial^t A} = {}^t n_i \, {}^t\boldsymbol{T}_i \tag{3.75}
$$

其中，${}^t n_i = {}^t\boldsymbol{n} \cdot {}_t\boldsymbol{g}_i = {}^t\boldsymbol{n} \cdot \boldsymbol{e}_i$。

应力矢量的分量形式为

$$
{}^t\boldsymbol{T}_i = {}^t\tau_{ij} \, {}_t\boldsymbol{g}_j = {}^t\tau_{ij} \boldsymbol{e}_j \tag{3.76}
$$

式(3.76)定义了一个应力张量 ${}^t\tau_{ij}$，称为 Cauchy 应力张量，它是一个二阶对称张量，即 ${}^t\tau_{ij} = {}^t\tau_{ji}$。

同时有

$$
\int_{\Delta^t A} \mathrm{d}^t \boldsymbol{F} = \int_{\Delta^t A} {}^t\boldsymbol{T}_i \, {}^t n_i \mathrm{d}^t A
$$

(2) 第一类 Piola-Kirchhoff 应力张量。由于现时位形是未知的、待求的，无法根据内力矢量来确定其应力矢量，必须选择一个已知位形作为参考位形，最方便的就是初始位形。假设现时位形上的微面元 $\Delta^t \boldsymbol{A}$ 在 0 时刻初始位形上为 $\Delta^0 \boldsymbol{A}$，定义

$$
{}^0\boldsymbol{S}_{{}^0\boldsymbol{n}} = \lim_{\Delta^0 A \to 0} \frac{\Delta^t \boldsymbol{F}}{\Delta^0 A} = \frac{\partial^t \boldsymbol{F}}{\partial^0 A} = {}^0 n_i \, {}^0\boldsymbol{S}_i \tag{3.77}
$$

其中，${}^0n_i = {}^0\boldsymbol{n}\cdot{}^0\boldsymbol{G}_i$，表示在 0 时刻初始位形上有向面元 $\Delta{}^0\boldsymbol{A}$ 的法向矢量 ${}^0\boldsymbol{n}$ 与坐标轴 ${}^0x_i$ 之间夹角的方向余弦；${}^0\boldsymbol{S}_i$ 为应力矢量 ${}^0\boldsymbol{S}_{{}^0\boldsymbol{n}}$ 在坐标轴 ${}^0x_i$ 上的分量，记作

$${}^0\boldsymbol{S}_i = {}^0S_{ij}\,{}^0\boldsymbol{G}_j = {}^0S_{ij}\boldsymbol{e}_j \tag{3.78}$$

式(3.78)定义了一个应力张量 ${}^0S_{ij}$，称为第一类 Piola-Kirchhoff 应力张量，或称为名义应力张量，也叫工程应力张量。由式(3.77)、式(3.78)和式(3.75)可得

$$\mathrm{d}{}^t\boldsymbol{F} = {}^0n_i\,{}^0\boldsymbol{S}_i\mathrm{d}{}^0A = {}^0n_i\,{}^0S_{ij}\boldsymbol{e}_j\mathrm{d}{}^0A = {}^tn_l\,{}^t\tau_{lm}\boldsymbol{e}_m\mathrm{d}{}^tA$$

从而有

$${}^0n_i\,{}^0S_{ij}\mathrm{d}{}^0A = {}^tn_l\,{}^t\tau_{lm}\delta_{mj}\mathrm{d}{}^tA = {}^tn_l\,{}^t\tau_{lj}\mathrm{d}{}^tA$$

考虑到面元的转换关系 ${}^tx_{i,j}\,{}^tn_i\mathrm{d}{}^tA = {}^tJ\,{}^0n_j\mathrm{d}{}^0A \Rightarrow {}^0n_j\mathrm{d}{}^0A = \dfrac{1}{{}^tJ}\dfrac{\partial{}^tx_i}{\partial{}^0x_j}{}^tn_i\mathrm{d}{}^tA$，从而有

$${}^0n_i\,{}^0S_{ij}\mathrm{d}{}^0A = {}^0S_{ij}\frac{1}{{}^tJ}\frac{\partial{}^tx_l}{\partial{}^0x_j}{}^tn_l\mathrm{d}{}^tA = {}^tn_m\,{}^t\tau_{mi}\mathrm{d}{}^tA \Rightarrow {}^0S_{ij} = {}^tJ\frac{\partial{}^0x_j}{\partial{}^tx_l}{}^t\tau_{il} \tag{3.79}$$

式(3.79)即为 Cauchy 应力张量与第一类 Piola-Kirchhoff 应力张量的转换关系。Cauchy 应力张量是对称的，但变形梯度张量是一个非对称的张量，因此第一类 Piola-Kirchhoff 应力张量是一个非对称的二阶张量，而非对称的张量运算不是太方便，为解决这一问题，又定义了第二类 Piola-Kirchhoff 应力张量。

(3)第二类 Piola-Kirchhoff 应力张量。取初始位形上的力矢量和几何矢量，来定义一个新的应力矢量，即

$${}^0\boldsymbol{T}_{{}^0\boldsymbol{n}} = \lim_{\Delta{}^0A\to 0}\frac{\Delta{}^0\boldsymbol{F}}{\Delta{}^0A} = \frac{\partial{}^0\boldsymbol{F}}{\partial{}^0A} = {}^0n_i\,{}^0\boldsymbol{T}_i \tag{3.80}$$

假设在 0 时刻初始位形上微面元 $\Delta{}^0\boldsymbol{A}$ 上的力矢量 $\Delta{}^0\boldsymbol{F}$ 与 t 时刻现时位形相应微面元 $\Delta{}^t\boldsymbol{A}$ 上的力矢量 $\Delta{}^t\boldsymbol{F}$ 存在如下转换关系(类似式(3.54)线元的转换关系)：

$$\mathrm{d}{}^0\boldsymbol{F}_i = \frac{\partial{}^0x_i}{\partial{}^tx_j}\mathrm{d}{}^t\boldsymbol{F}_j \tag{3.81}$$

$${}^0\boldsymbol{T}_i = {}^0\sigma_{ij}\,{}^0\boldsymbol{G}_j = {}^0\sigma_{ij}\boldsymbol{e}_j \tag{3.82}$$

式(3.82)定义了一个应力张量 ${}^0\sigma_{ij}$，称为第二类 Piola-Kirchhoff 应力张量。

由于 $\mathrm{d}{}^0\boldsymbol{F} = {}^0n_i\,{}^0\sigma_{ij}\boldsymbol{e}_j\mathrm{d}{}^0A$，$\mathrm{d}{}^t\boldsymbol{F} = {}^0n_k\,{}^0\boldsymbol{S}_k\mathrm{d}{}^0A = {}^0n_k\,{}^0S_{kj}\boldsymbol{e}_j\mathrm{d}{}^0A$，联系式(3.81)可得

$$^0\sigma_{ij}=\frac{\partial^0 x_i}{\partial^t x_k}\,{}^0S_{kj}\text{ 或 }{}^0S_{kj}=\frac{\partial^t x_k}{\partial^0 x_i}\,{}^0\sigma_{ij} \tag{3.83}$$

式(3.83)建立了第一类与第二类 Piola-Kirchhoff 应力张量之间的转换关系。

同理，有

$$^0\sigma_{ij}={}^tJ\frac{\partial^0 x_i}{\partial^t x_k}\frac{\partial^0 x_j}{\partial^t x_l}\,{}^t\tau_{kl}\text{ 或 }{}^t\tau_{kl}=\frac{1}{{}^tJ}\frac{\partial^t x_k}{\partial^0 x_i}\frac{\partial^t x_l}{\partial^0 x_j}\,{}^0\sigma_{ij} \tag{3.84}$$

式(3.84)即第二类 Piola-Kirchhoff 应力张量与 Cauchy 应力张量之间的转换关系。

上述给出的三种应力张量存在确定的相互转换关系，Cauchy 应力张量是在现时位形上建立的，是真应力。

3. 应力张量与应变张量之间的能量共轭关系

有限变形情况下的应力张量和应变张量描述了运动物体任一点的变形状态，下面先不加证明地给出各种应力张量和应变张量之间的能量共轭关系。

欧拉描述：在 t 时刻现时位形物体内的应变能率为

$$^t\dot{W}={}^t\tau_{ij}\,{}^t\dot{\varepsilon}_{ij}\text{ 即 }\mathrm{d}^tW={}^t\tau_{ij}\mathrm{d}^t\varepsilon_{ij} \tag{3.85}$$

式(3.85)表明，Cauchy 应力张量与 Almansi 应变率张量之间存在能量共轭关系。

拉格朗日描述：以 0 时刻的初始位形来研究物体内的应变能率为

$$\dot{W}={}^0\sigma_{ij}\,{}^0\dot{E}_{ij}\text{ 即 }\mathrm{d}W={}^0\sigma_{ij}\mathrm{d}^0E_{ij} \tag{3.86}$$

式(3.86)表明,第二类 Piola-Kirchhoff 应力张量与 Green-Lagrange 应变率张量之间存在能量共轭关系。

此外，第一类 Piola-Kirchhoff 应力张量与变形率梯度之间存在能量共轭关系，如式(3.87)所示。

$$\dot{W}={}^0S_{ij}\frac{\partial \dot{u}_i}{\partial^0 x_j} \tag{3.87}$$

3.2.3 平衡方程和边界条件

在物体的运动历程中，从 0 时刻到 t 时刻的每一个位形上，物体内任一点都处于瞬时平衡状态，如图 3.20 所示。

1. 欧拉描述方法

以 t 时刻的现时位形作为参考位形，研究该位形上物体内任一微元体的平衡方程及相应的边界条件。该位形上任一点的位置由坐标 ^tx_i 确定，该点的应力状态为 $^t\tau_{ij}(^tx_i,t)$，

体积为 ${}^tV$ ，面积为 ${}^tA$ ，体积力为 ${}^t\boldsymbol{F}$ ，面力为 ${}^t\boldsymbol{T}$ ，其平衡方程(微分形式)为

$$\frac{\partial\,{}^t\tau_{ij}}{\partial\,{}^tx_j}+{}^tF_i={}^t\rho\frac{\partial^2\,{}^tu_i}{\partial t^2} \tag{3.88}$$

式中，

$${}^t\tau_{ij}={}^t\tau_{ji} \tag{3.89}$$

力和位移的边界条件分别为

$${}^t\tau_{ij}\,{}^tn_j={}^tT_i\,,\quad {}^tu_i={}^tu_i \tag{3.90}$$

注意到式(3.88)形式上与线弹性力学中微元体的平衡方程是一致的。

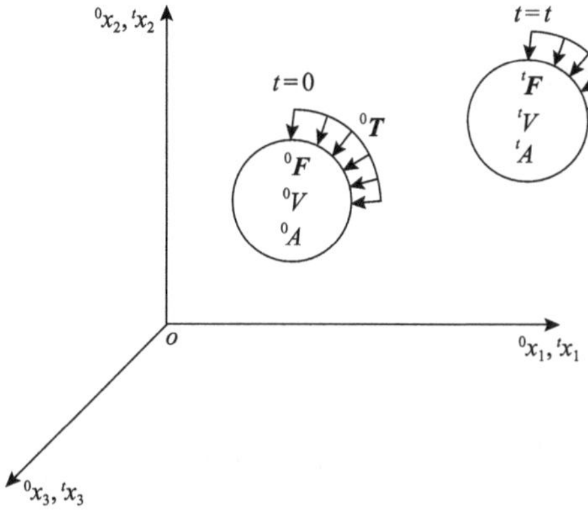

图 3.20　物体内任一点的瞬时平衡状态

2. 拉格朗日描述方法

以 0 时刻的初始位形作为参考位形，研究 t 时刻现时位形上任一微元体的平衡方程及相应的边界条件。由于现时位形是未知的，根据前面导出的转换关系，并约定其载荷保持不变(注：这里的不变是指现时位形上的载荷矢量平移到初始位形)，即

$${}^0F_i\mathrm{d}\,{}^0V={}^tF_i\mathrm{d}\,{}^tV$$

将式(3.57)代入可得

$${}^0F_i={}^tJ\,{}^tF_i \tag{3.91}$$

由于 ${}^0\boldsymbol{T}\mathrm{d}\,{}^0A={}^t\boldsymbol{T}\mathrm{d}\,{}^tA\Rightarrow{}^0T_i\,{}^0n_i\mathrm{d}\,{}^0A={}^tT_i\,{}^tn_i\mathrm{d}\,{}^tA$ ，由式(3.60)可得

$${}^tn_i\mathrm{d}\,{}^tA={}^tJ\frac{\partial\,{}^0x_j}{\partial\,{}^tx_i}\,{}^0n_j\mathrm{d}\,{}^0A$$

从而有

$$ {}^{0}T_i\,{}^{0}n_i \mathrm{d}\,{}^{0}A = {}^{t}T_i\,{}^{t}J \frac{\partial\,{}^{0}x_j}{\partial\,{}^{t}x_i}\,{}^{0}n_j \mathrm{d}\,{}^{0}A $$

两边都乘以 ${}^{0}\boldsymbol{n}$ 可得

$$ {}^{0}T_i \mathrm{d}\,{}^{0}A = {}^{t}T_i\,{}^{t}J \frac{\partial\,{}^{0}x_i}{\partial\,{}^{t}x_i} \mathrm{d}\,{}^{0}A $$

进一步化简得

$$ {}^{0}T_i = {}^{t}J \frac{\partial\,{}^{0}x_i}{\partial\,{}^{t}x_i}\,{}^{t}T_i $$

接下来，将式(3.88)改写为(为推导清晰，暂不考虑右端项)

$$ \frac{\partial\,{}^{t}\tau_{ij}}{\partial\,{}^{0}x_k} \frac{\partial\,{}^{0}x_k}{\partial\,{}^{t}x_j} + {}^{t}F_i = 0 $$

将式(3.91)代入得

$$ {}^{t}J \frac{\partial\,{}^{t}\tau_{ij}}{\partial\,{}^{0}x_k} \frac{\partial\,{}^{0}x_k}{\partial\,{}^{t}x_j} + {}^{0}F_i = 0 \Rightarrow \frac{\partial}{\partial\,{}^{0}x_k}\left({}^{t}J \frac{\partial\,{}^{0}x_k}{\partial\,{}^{t}x_j}\,{}^{t}\tau_{ij} \right) - {}^{t}\tau_{ij} \frac{\partial}{\partial\,{}^{0}x_k}\left({}^{t}J \frac{\partial\,{}^{0}x_k}{\partial\,{}^{t}x_j} \right) + {}^{0}F_i = 0 $$

由 Cauchy 应力张量与第一类 Piola-Kirchhoff 应力张量的转换关系即式(3.79)可得 ${}^{0}S_{ik} = {}^{t}J \dfrac{\partial\,{}^{0}x_k}{\partial\,{}^{t}x_j}\,{}^{t}\tau_{ij}$，则上式左端第一项括号内就是 ${}^{0}S_{ik}$。那么第二项呢？其实，$\dfrac{\partial}{\partial\,{}^{0}x_k}\left({}^{t}J \dfrac{\partial\,{}^{0}x_k}{\partial\,{}^{t}x_j} \right) = 0$，证明如下。

不妨令 $j=1$，当 $k=1$ 时，设 $l,m,n=1,2,3$，则

$$ \begin{aligned} \frac{\partial}{\partial\,{}^{0}x_1}\left({}^{t}J \frac{\partial\,{}^{0}x_1}{\partial\,{}^{t}x_1} \right) &= \frac{\partial}{\partial\,{}^{0}x_1}\left(e_{lmn} \frac{\partial\,{}^{t}x_l}{\partial\,{}^{0}x_1} \frac{\partial\,{}^{t}x_m}{\partial\,{}^{0}x_2} \frac{\partial\,{}^{t}x_n}{\partial\,{}^{0}x_3} \frac{\partial\,{}^{0}x_1}{\partial\,{}^{t}x_1} \right) = \frac{\partial}{\partial\,{}^{0}x_1}\left[e_{lmn} \left(\frac{\partial\,{}^{t}x_l}{\partial\,{}^{0}x_1} \frac{\partial\,{}^{0}x_1}{\partial\,{}^{t}x_1} \right) \frac{\partial\,{}^{t}x_m}{\partial\,{}^{0}x_2} \frac{\partial\,{}^{t}x_n}{\partial\,{}^{0}x_3} \right] \\ &= \frac{\partial}{\partial\,{}^{0}x_1}\left(e_{lmn}\delta_{l1} \frac{\partial\,{}^{t}x_m}{\partial\,{}^{0}x_2} \frac{\partial\,{}^{t}x_n}{\partial\,{}^{0}x_3} \right) = \frac{\partial}{\partial\,{}^{0}x_1}\left(e_{1mn} \frac{\partial\,{}^{t}x_m}{\partial\,{}^{0}x_2} \frac{\partial\,{}^{t}x_n}{\partial\,{}^{0}x_3} \right) = \frac{\partial}{\partial\,{}^{0}x_1}\left(e_{123} \frac{\partial\,{}^{t}x_2}{\partial\,{}^{0}x_2} \frac{\partial\,{}^{t}x_3}{\partial\,{}^{0}x_3} + e_{132} \frac{\partial\,{}^{t}x_3}{\partial\,{}^{0}x_2} \frac{\partial\,{}^{t}x_2}{\partial\,{}^{0}x_3} \right) \\ &= \boxed{e_{123} \frac{\partial}{\partial\,{}^{0}x_1}\left(\frac{\partial\,{}^{t}x_2}{\partial\,{}^{0}x_2} \right) \frac{\partial\,{}^{t}x_3}{\partial\,{}^{0}x_3}} + \boxed{e_{123} \frac{\partial\,{}^{t}x_2}{\partial\,{}^{0}x_2} \frac{\partial}{\partial\,{}^{0}x_1}\left(\frac{\partial\,{}^{t}x_3}{\partial\,{}^{0}x_3} \right)} + \boxed{e_{132} \frac{\partial}{\partial\,{}^{0}x_1}\left(\frac{\partial\,{}^{t}x_3}{\partial\,{}^{0}x_2} \right) \frac{\partial\,{}^{t}x_2}{\partial\,{}^{0}x_3}} + \boxed{e_{132} \frac{\partial\,{}^{t}x_3}{\partial\,{}^{0}x_2} \frac{\partial}{\partial\,{}^{0}x_1}\left(\frac{\partial\,{}^{t}x_2}{\partial\,{}^{0}x_3} \right)} \end{aligned} $$

当 $k=2$ 时

$$\frac{\partial}{\partial^0 x_2}\left({}^tJ\frac{\partial^0 x_2}{\partial^t x_1}\right)=\frac{\partial}{\partial^0 x_2}\left(e_{lmn}\frac{\partial^t x_l}{\partial^0 x_1}\frac{\partial^t x_m}{\partial^0 x_2}\frac{\partial^t x_n}{\partial^0 x_3}\frac{\partial^0 x_2}{\partial^t x_1}\right)=\frac{\partial}{\partial^0 x_1}\left[e_{lmn}\frac{\partial^t x_l}{\partial^0 x_1}\left(\frac{\partial^t x_m}{\partial^0 x_2}\frac{\partial^0 x_2}{\partial^t x_1}\right)\frac{\partial^t x_n}{\partial^0 x_3}\right]$$

$$=\frac{\partial}{\partial^0 x_2}\left(e_{lmn}\delta_{m1}\frac{\partial^t x_l}{\partial^0 x_1}\frac{\partial^t x_n}{\partial^0 x_3}\right)=\frac{\partial}{\partial^0 x_2}\left(e_{l1n}\frac{\partial^t x_l}{\partial^0 x_1}\frac{\partial^t x_n}{\partial^0 x_3}\right)=\frac{\partial}{\partial^0 x_2}\left(e_{213}\frac{\partial^t x_2}{\partial^0 x_1}\frac{\partial^t x_3}{\partial^0 x_3}+e_{312}\frac{\partial^t x_3}{\partial^0 x_1}\frac{\partial^t x_2}{\partial^0 x_3}\right)$$

$$=e_{213}\frac{\partial}{\partial^0 x_2}\left(\frac{\partial^t x_2}{\partial^0 x_1}\right)\frac{\partial^t x_3}{\partial^0 x_3}+e_{213}\frac{\partial^t x_2}{\partial^0 x_1}\frac{\partial}{\partial^0 x_2}\left(\frac{\partial^t x_3}{\partial^0 x_3}\right)+e_{312}\frac{\partial}{\partial^0 x_2}\left(\frac{\partial^t x_3}{\partial^0 x_1}\right)\frac{\partial^t x_2}{\partial^0 x_3}+e_{312}\frac{\partial^t x_3}{\partial^0 x_1}\frac{\partial}{\partial^0 x_2}\left(\frac{\partial^t x_2}{\partial^0 x_3}\right)$$

当 $k=3$ 时

$$\frac{\partial}{\partial^0 x_3}\left({}^tJ\frac{\partial^0 x_3}{\partial^t x_1}\right)=\frac{\partial}{\partial^0 x_3}\left(e_{lmn}\frac{\partial^t x_l}{\partial^0 x_1}\frac{\partial^t x_m}{\partial^0 x_2}\frac{\partial^t x_n}{\partial^0 x_3}\frac{\partial^0 x_3}{\partial^t x_1}\right)=\frac{\partial}{\partial^0 x_3}\left[e_{lmn}\frac{\partial^t x_l}{\partial^0 x_1}\frac{\partial^t x_m}{\partial^0 x_2}\left(\frac{\partial^t x_n}{\partial^0 x_3}\frac{\partial^0 x_3}{\partial^t x_1}\right)\right]$$

$$=\frac{\partial}{\partial^0 x_3}\left(e_{lmn}\delta_{n1}\frac{\partial^t x_l}{\partial^0 x_1}\frac{\partial^t x_m}{\partial^0 x_2}\right)=\frac{\partial}{\partial^0 x_3}\left(e_{lm1}\frac{\partial^t x_l}{\partial^0 x_1}\frac{\partial^t x_m}{\partial^0 x_2}\right)=\frac{\partial}{\partial^0 x_3}\left(e_{231}\frac{\partial^t x_2}{\partial^0 x_1}\frac{\partial^t x_3}{\partial^0 x_2}+e_{321}\frac{\partial^t x_3}{\partial^0 x_1}\frac{\partial^t x_2}{\partial^0 x_2}\right)$$

$$=e_{231}\frac{\partial}{\partial^0 x_3}\left(\frac{\partial^t x_2}{\partial^0 x_1}\right)\frac{\partial^t x_3}{\partial^0 x_2}+e_{231}\frac{\partial^t x_2}{\partial^0 x_1}\frac{\partial}{\partial^0 x_3}\left(\frac{\partial^t x_3}{\partial^0 x_2}\right)+e_{321}\frac{\partial}{\partial^0 x_3}\left(\frac{\partial^t x_3}{\partial^0 x_1}\right)\frac{\partial^t x_2}{\partial^0 x_2}+e_{321}\frac{\partial^t x_3}{\partial^0 x_1}\frac{\partial}{\partial^0 x_3}\left(\frac{\partial^t x_2}{\partial^0 x_2}\right)$$

仔细观察，若二阶偏导数与顺序无关，则上述三式共 12 项之和恰好为零，即

$$\frac{\partial}{\partial^0 x_k}\left({}^tJ\frac{\partial^0 x_k}{\partial^t x_1}\right)=\frac{\partial}{\partial^0 x_1}\left({}^tJ\frac{\partial^0 x_1}{\partial^t x_1}\right)+\frac{\partial}{\partial^0 x_2}\left({}^tJ\frac{\partial^0 x_2}{\partial^t x_1}\right)+\frac{\partial}{\partial^0 x_3}\left({}^tJ\frac{\partial^0 x_3}{\partial^t x_1}\right)=0$$

证毕。

若 ${}^tx_j\left({}^0x_i,t\right)$ 与 ${}^0x_i$ 之间是线性变换，${}^tJ$ 和 $\dfrac{\partial^0 x_k}{\partial^t x_j}$ 结果均是常数，再求偏导数则为零，这可以帮助记忆。

因此，

$$\frac{\partial^0 S_{ik}}{\partial^0 x_k}+{}^0F_i=0 \tag{3.92}$$

边界条件：因为 ${}^t\tau_{ij}\,{}^tn_j\mathrm{d}^tA={}^0S_{ik}\,{}^0n_k\mathrm{d}^0A$，所以 ${}^t\tau_{ij}\,{}^tn_j={}^0S_{ik}\,{}^0n_k\dfrac{\mathrm{d}^0A}{\mathrm{d}^tA}$，代入式(3.90)可得

$${}^0S_{ik}\,{}^0n_k\frac{\mathrm{d}^0A}{\mathrm{d}^tA}={}^tT_i\Rightarrow{}^0S_{ik}\,{}^0n_k={}^tT_i\frac{\mathrm{d}^tA}{\mathrm{d}^0A}={}^0T_i\text{，同时}\,{}^0u_i={}^0u_i \tag{3.93}$$

若采用第二类 Piola-Kirchhoff 应力张量，则由式(3.83)可得 ${}^0S_{ik}=\dfrac{\partial^t x_i}{\partial^0 x_l}{}^0\sigma_{lk}$，代入式(3.92)和式(3.93)可得

$$\frac{\partial}{\partial^0 x_k}\left(\frac{\partial^t x_i}{\partial^0 x_l}{}^0\sigma_{lk}\right)+{}^0F_i=0 \tag{3.94}$$

$$ {}^{0}\sigma_{lk}\frac{\partial {}^{t}x_i}{\partial {}^{0}x_l}{}^{0}n_k={}^{0}T_i\,,\quad {}^{0}u_i={}^{0}u_i \tag{3.95}$$

由式(3.94)和式(3.95)可见,有限变形情况下的平衡方程中几何效应是通过变形梯度体现的。

3.2.4 体积分和面积分的时间导数

1. 体积分的时间导数

考虑体积分 $I(t)=\int_{{}^{t}V}{}^{t}A\left({}^{t}\boldsymbol{x},t\right)\mathrm{d}{}^{t}V$，这里 ${}^{t}\boldsymbol{x}\left({}^{t}x_1(t),{}^{t}x_2(t),{}^{t}x_3(t)\right)$ 表示 t 时刻一点的坐标，$\mathrm{d}{}^{t}V=\mathrm{d}{}^{t}x_1\mathrm{d}{}^{t}x_2\mathrm{d}{}^{t}x_3$ 表示体积元，${}^{t}A\left({}^{t}\boldsymbol{x},t\right)$ 表示任意标量函数，如连续介质在 t 时刻的密度等。需要知道体积分 $I(t)$ 在 t 时刻随时间的变化率，即时间导数，记作

$$\frac{\mathrm{D}I(t)}{\mathrm{D}t}=\lim_{\Delta t\to 0}\frac{1}{\Delta t}\left[\int_{{}^{t+\Delta t}V}{}^{t+\Delta t}A\left({}^{t+\Delta t}\boldsymbol{x},t+\Delta t\right)\mathrm{d}{}^{t+\Delta t}V-\int_{{}^{t}V}{}^{t}A\left({}^{t}\boldsymbol{x},t\right)\mathrm{d}{}^{t}V\right]$$

其中，$\frac{\mathrm{D}}{\mathrm{D}t}(\cdot)$ 表示时间导数；${}^{t+\Delta t}\boldsymbol{x}$ 表示质点在 $t+\Delta t$ 时刻的坐标。下面给出推导。

$$\begin{aligned}\frac{\mathrm{D}I(t)}{\mathrm{D}t}&=\frac{\mathrm{D}\left(\int_{{}^{t}V}{}^{t}A\mathrm{d}{}^{t}V\right)}{\mathrm{D}t}=\int_{{}^{t}V}\frac{\mathrm{D}{}^{t}A}{\mathrm{D}t}\mathrm{d}{}^{t}V+\int_{{}^{t}V}{}^{t}A\frac{\mathrm{D}\left(\mathrm{d}{}^{t}V\right)}{\mathrm{D}t}\\&=\int_{{}^{t}V}\left(\frac{\partial{}^{t}A}{\partial t}+\frac{\partial{}^{t}A}{\partial{}^{t}x_i}\frac{\mathrm{d}{}^{t}x_i}{\mathrm{d}t}\right)\mathrm{d}{}^{t}V+\int_{{}^{t}V}{}^{t}A\frac{\mathrm{D}\left(\mathrm{d}{}^{t}V\right)}{\mathrm{D}t}\\&=\int_{{}^{t}V}\frac{\partial{}^{t}A}{\partial t}\mathrm{d}{}^{t}V+\int_{{}^{t}V}\left(\frac{\partial{}^{t}A}{\partial{}^{t}x_i}{}^{t}v_i\right)\mathrm{d}{}^{t}V+\int_{{}^{t}V}{}^{t}A\frac{\mathrm{D}\left(\mathrm{d}{}^{t}V\right)}{\mathrm{D}t}\end{aligned}$$

其中，$\frac{\mathrm{d}{}^{t}x_i}{\mathrm{d}t}={}^{t}v_i$。

由高斯定理可知 $\int_{{}^{t}V}\left(\frac{\partial{}^{t}A}{\partial{}^{t}x_i}{}^{t}v_i\right)\mathrm{d}{}^{t}V=\int_{{}^{t}S}{}^{t}A{}^{t}v_i{}^{t}n_i\mathrm{d}{}^{t}S-\int_{{}^{t}V}{}^{t}A{}^{t}v_{i,i}\mathrm{d}{}^{t}V$，代入上式得

$$\frac{\mathrm{D}I(t)}{\mathrm{D}t}=\int_{{}^{t}V}\frac{\partial{}^{t}A}{\partial t}\mathrm{d}{}^{t}V+\int_{{}^{t}S}{}^{t}A{}^{t}v_i{}^{t}n_i\mathrm{d}{}^{t}S-\int_{{}^{t}V}{}^{t}A{}^{t}v_{i,i}\mathrm{d}{}^{t}V+\int_{{}^{t}V}{}^{t}A\frac{\mathrm{D}\left(\mathrm{d}{}^{t}V\right)}{\mathrm{D}t}$$

上式等号右端后两项可以相互抵消，即 $\int_{{}^{t}V}{}^{t}A{}^{t}v_{i,i}\mathrm{d}{}^{t}V=\int_{{}^{t}V}{}^{t}A\frac{\mathrm{D}\left(\mathrm{d}{}^{t}V\right)}{\mathrm{D}t}$，具体推导如下。

记 $\boldsymbol{I}=\begin{bmatrix}1&0&0\\0&1&0\\0&0&1\end{bmatrix}$，$\boldsymbol{L}=\begin{bmatrix}{}^tv_{1,1}&{}^tv_{1,2}&{}^tv_{1,3}\\{}^tv_{2,1}&{}^tv_{2,2}&{}^tv_{2,3}\\{}^tv_{3,1}&{}^tv_{3,2}&{}^tv_{3,3}\end{bmatrix}$，${}^tv_{i,j}=\dfrac{\partial^t v_i}{\partial^t x_j}$，${}^tv_i=\dfrac{\partial^t x_i}{\partial t}$，$\mathrm{tr}(\boldsymbol{L})=\sum\limits_{i=1}^{3}{}^tv_{i,i}={}^tv_{i,i}$，

变形梯度张量 $\boldsymbol{F}=\dfrac{\partial^t x_i}{\partial^0 x_j}$，且有 $\dfrac{\mathrm{D}\boldsymbol{F}}{\mathrm{D}t}=\dfrac{\partial\left(\dfrac{\partial^t x_i}{\partial t}\right)}{\partial^t x_k}\dfrac{\partial^t x_k}{\partial^0 x_j}=\dfrac{\partial^t v_i}{\partial^t x_k}\dfrac{\partial^t x_k}{\partial^0 x_j}=\boldsymbol{LF}$，$\dfrac{\partial^t J}{\partial\boldsymbol{F}}={}^tJ\left(\boldsymbol{F}^{\mathrm{T}}\right)^{-1}$，则

$$\begin{aligned}\frac{\mathrm{D}\left(\mathrm{d}^tV\right)}{\mathrm{D}t}&=\frac{\mathrm{d}^0V}{\mathrm{d}^0V}\frac{\mathrm{D}\left(\mathrm{d}^tV\right)}{\mathrm{D}t}=\mathrm{d}^0V\frac{\mathrm{D}\left(\dfrac{\mathrm{d}^tV}{\mathrm{d}^0V}\right)}{\mathrm{D}t}=\mathrm{d}^0V\frac{\mathrm{D}^tJ}{\mathrm{D}t}=\mathrm{d}^0V\frac{\partial^tJ}{\partial\boldsymbol{F}}\frac{\mathrm{D}\boldsymbol{F}}{\mathrm{D}t}=\mathrm{d}^0V\,{}^tJ\left(\boldsymbol{F}^{\mathrm{T}}\right)^{-1}\frac{\mathrm{D}\boldsymbol{F}}{\mathrm{D}t}\\&=\mathrm{d}^0V\,{}^tJ\left(\boldsymbol{F}^{\mathrm{T}}\right)^{-1}\boldsymbol{LF}=\mathrm{d}^0V\,{}^tJ\frac{\partial^0x_k}{\partial^tx_i}v_{i,j}\frac{\partial^tx_j}{\partial^0x_k}=\mathrm{d}^0V\,{}^tJ\frac{\partial^tx_j}{\partial^tx_i}v_{i,j}=\mathrm{d}^0V\,{}^tJ\delta_{ij}v_{i,j}\\&=\mathrm{d}^0V\,{}^tJv_{i,i}=v_{i,i}\mathrm{d}^tV=\mathrm{tr}(\boldsymbol{L})\mathrm{d}^tV\end{aligned}$$

$$\Rightarrow\int_{{}^tV}{}^tA\frac{\mathrm{D}\left(\mathrm{d}^tV\right)}{\mathrm{D}t}=\int_{{}^tV}{}^tAv_{i,i}\mathrm{d}^tV$$

因此

$$\frac{\mathrm{D}I}{\mathrm{D}t}=\int_{{}^tV}\frac{\partial^tA}{\partial t}\mathrm{d}^tV+\int_{{}^tS}{}^tA\,{}^tv_i\,{}^tn_i\mathrm{d}^tS$$

若上面推导不采用高斯定理，可直接得到

$$\frac{\mathrm{D}I}{\mathrm{D}t}=\int_{{}^tV}\left(\frac{\mathrm{D}^tA}{\mathrm{D}t}+{}^tA\,{}^tv_{i,i}\right)\mathrm{d}^tV$$

2. 面积分的时间导数

考虑面积分 $M(t)=\int_{{}^tS}{}^tB\left({}^t\boldsymbol{x},t\right)\mathrm{d}^tS$，其中 d^tS 表示面积微元，若 ${}^t\boldsymbol{n}$ 为该面积微元上的单位法向矢量，则有向面元 ${}^t\boldsymbol{n}\mathrm{d}^tS=\mathrm{d}^t\boldsymbol{S}$，${}^tB\left({}^t\boldsymbol{x},t\right)$ 表示任意标量函数。

$$\begin{aligned}&\boldsymbol{FF}^{-1}=\boldsymbol{I}\Rightarrow\frac{\mathrm{D}}{\mathrm{D}t}\left(\boldsymbol{FF}^{-1}\right)=\frac{\mathrm{D}\boldsymbol{I}}{\mathrm{D}t}=0\Rightarrow\frac{\mathrm{D}\boldsymbol{F}}{\mathrm{D}t}\boldsymbol{F}^{-1}+\boldsymbol{F}\frac{\mathrm{D}\boldsymbol{F}^{-1}}{\mathrm{D}t}=0\\&\Rightarrow\boldsymbol{F}\frac{\mathrm{D}\boldsymbol{F}^{-1}}{\mathrm{D}t}=-\frac{\mathrm{D}\boldsymbol{F}}{\mathrm{D}t}\boldsymbol{F}^{-1}=-\boldsymbol{LFF}^{-1}=-\boldsymbol{L}\Rightarrow\frac{\mathrm{D}\boldsymbol{F}^{-1}}{\mathrm{D}t}=-\boldsymbol{F}^{-1}\boldsymbol{L}\end{aligned}$$

$$
\begin{aligned}
\frac{\mathrm{D}}{\mathrm{D}t}\left({}^t\boldsymbol{n}\mathrm{d}{}^tS\right)&=\frac{{}^0\boldsymbol{n}\mathrm{d}{}^0S}{{}^0\boldsymbol{n}\mathrm{d}{}^0S}\frac{\mathrm{D}}{\mathrm{D}t}\left({}^t\boldsymbol{n}\mathrm{d}{}^tS\right)={}^0\boldsymbol{n}\mathrm{d}{}^0S\frac{\mathrm{D}}{\mathrm{D}t}\left(\frac{{}^t\boldsymbol{n}\mathrm{d}{}^tS}{{}^0\boldsymbol{n}\mathrm{d}{}^0S}\right)={}^0\boldsymbol{n}\mathrm{d}{}^0S\frac{\mathrm{D}}{\mathrm{D}t}\left({}^tJ\left(\boldsymbol{F}^{\mathrm{T}}\right)^{-1}\right)\\
&={}^0\boldsymbol{n}\mathrm{d}{}^0S\left[\frac{\mathrm{D}{}^tJ}{\mathrm{D}t}\left(\boldsymbol{F}^{\mathrm{T}}\right)^{-1}+{}^tJ\frac{\mathrm{D}}{\mathrm{D}t}\left(\left(\boldsymbol{F}^{\mathrm{T}}\right)^{-1}\right)\right]={}^0\boldsymbol{n}\mathrm{d}{}^0S\left[{}^tJ\left(\boldsymbol{F}^{\mathrm{T}}\right)^{-1}\boldsymbol{LF}\left(\boldsymbol{F}^{\mathrm{T}}\right)^{-1}+{}^tJ\left(-\boldsymbol{F}^{-1}\boldsymbol{L}\right)^{\mathrm{T}}\right]\\
&={}^0\boldsymbol{n}\mathrm{d}{}^0S\left[\left(\boldsymbol{F}^{\mathrm{T}}\right)^{-1}\boldsymbol{LF}-\boldsymbol{L}^{\mathrm{T}}\right]{}^tJ\left(\boldsymbol{F}^{\mathrm{T}}\right)^{-1}=\left[\mathrm{tr}\left(\boldsymbol{L}\right)\boldsymbol{I}-\boldsymbol{L}^{\mathrm{T}}\right]{}^tJ\left(\boldsymbol{F}^{\mathrm{T}}\right)^{-1}\,{}^0\boldsymbol{n}\mathrm{d}{}^0S\\
&=\left[\mathrm{tr}\left(\boldsymbol{L}\right)\boldsymbol{I}-\boldsymbol{L}^{\mathrm{T}}\right]{}^t\boldsymbol{n}\mathrm{d}{}^tS
\end{aligned}
$$

其中，$\boldsymbol{I}=\begin{bmatrix}1&0&0\\0&1&0\\0&0&1\end{bmatrix}$，$\mathrm{tr}\left(\boldsymbol{L}\right)=\sum_{i=1}^{3}{}^tv_{i,i}={}^tv_{i,i}$。那么，$\frac{\mathrm{D}}{\mathrm{D}t}\left(\mathrm{d}{}^tS\right)$和$\frac{\mathrm{D}}{\mathrm{D}t}\left({}^t\boldsymbol{n}\mathrm{d}{}^tS\right)$有何关系?

由于 ${}^t\boldsymbol{n}\cdot{}^t\boldsymbol{n}=1\Rightarrow\frac{\mathrm{D}}{\mathrm{D}t}\left({}^t\boldsymbol{n}\cdot{}^t\boldsymbol{n}\right)=0\Rightarrow\frac{\mathrm{D}}{\mathrm{D}t}\left({}^t\boldsymbol{n}\right)\cdot{}^t\boldsymbol{n}+{}^t\boldsymbol{n}\cdot\frac{\mathrm{D}}{\mathrm{D}t}\left({}^t\boldsymbol{n}\right)=0\Rightarrow2{}^t\boldsymbol{n}\cdot\frac{\mathrm{D}}{\mathrm{D}t}\left({}^t\boldsymbol{n}\right)=0\Rightarrow$ ${}^t\boldsymbol{n}\cdot\frac{\mathrm{D}}{\mathrm{D}t}\left({}^t\boldsymbol{n}\right)=0$，则

$$
\begin{aligned}
&\frac{\mathrm{D}}{\mathrm{D}t}\left({}^t\boldsymbol{n}\mathrm{d}{}^tS\right)=\mathrm{d}{}^tS\frac{\mathrm{D}}{\mathrm{D}t}\left({}^t\boldsymbol{n}\right)+{}^t\boldsymbol{n}\frac{\mathrm{D}}{\mathrm{D}t}\left(\mathrm{d}{}^tS\right)\\
&\Rightarrow{}^t\boldsymbol{n}\cdot\left[\frac{\mathrm{D}}{\mathrm{D}t}\left({}^t\boldsymbol{n}\mathrm{d}{}^tS\right)\right]={}^t\boldsymbol{n}\cdot\left[\mathrm{d}{}^tS\frac{\mathrm{D}}{\mathrm{D}t}\left({}^t\boldsymbol{n}\right)\right]+{}^t\boldsymbol{n}\cdot\left[{}^t\boldsymbol{n}\frac{\mathrm{D}}{\mathrm{D}t}\left(\mathrm{d}{}^tS\right)\right]=0+{}^t\boldsymbol{n}\cdot{}^t\boldsymbol{n}\frac{\mathrm{D}}{\mathrm{D}t}\left(\mathrm{d}{}^tS\right)=\frac{\mathrm{D}}{\mathrm{D}t}\left(\mathrm{d}{}^tS\right)\\
&\Rightarrow{}^t\boldsymbol{n}\cdot\left[\frac{\mathrm{D}}{\mathrm{D}t}\left({}^t\boldsymbol{n}\mathrm{d}{}^tS\right)\right]=\frac{\mathrm{D}}{\mathrm{D}t}\left(\mathrm{d}{}^tS\right)
\end{aligned}
$$

可得

$$
\frac{\mathrm{D}}{\mathrm{D}t}\left(\mathrm{d}{}^tS\right)={}^t\boldsymbol{n}^{\mathrm{T}}\left[\mathrm{tr}\left(\boldsymbol{L}\right)\boldsymbol{I}-\boldsymbol{L}^{\mathrm{T}}\right]{}^t\boldsymbol{n}\mathrm{d}{}^tS
$$

求$M\left(t\right)$时间导数，即

$$
\begin{aligned}
\frac{\mathrm{D}M(t)}{\mathrm{D}t}&=\frac{\mathrm{D}}{\mathrm{D}t}\left(\int_{{}^tS}{}^tB\left({}^t\boldsymbol{x},t\right)\mathrm{d}{}^tS\right)=\int_{{}^tS}\frac{\mathrm{D}{}^tB}{\mathrm{D}t}\mathrm{d}{}^tS+\int_{{}^tS}{}^tB\frac{\mathrm{D}}{\mathrm{D}t}\left(\mathrm{d}{}^tS\right)\\
&=\int_{{}^tS}\frac{\partial{}^tB}{\partial t}+\frac{\partial{}^tB}{\partial{}^tx_i}\frac{\partial{}^tx_i}{\partial t}\mathrm{d}{}^tS+\int_{{}^tS}{}^tB{}^t\boldsymbol{n}^{\mathrm{T}}\left[\mathrm{tr}\left(\boldsymbol{L}\right)\boldsymbol{I}-\boldsymbol{L}^{\mathrm{T}}\right]{}^t\boldsymbol{n}\mathrm{d}{}^tS\\
&=\int_{{}^tS}\frac{\mathrm{D}{}^tB}{\mathrm{D}t}+{}^tB{}^t\boldsymbol{n}^{\mathrm{T}}\left[\mathrm{tr}\left(\boldsymbol{L}\right)\boldsymbol{I}-\boldsymbol{L}^{\mathrm{T}}\right]{}^t\boldsymbol{n}\mathrm{d}{}^tS
\end{aligned}
$$

3.2.5 本构关系和 Jaumann 应力率

本构关系表示物体在外部因素影响下，其几何响应与力的响应之间的关系，也就是应力张量与应变张量之间的关系，在有限元分析中为应力应变矩阵。

1. 弹性材料

弹性材料对于外部因素(如荷载、温度的变化)引起的响应只取决于当前状态，与其运动历程无关。在欧拉描述中，以 t 时刻的现时位形作为参考位形，则有如下本构关系：

$$ {}^{t}\tau_{ij} = {}_{t}^{t}C_{ijrs}\, {}^{t}\varepsilon_{rs} \tag{3.96} $$

在拉格朗日描述中，以 0 时刻的初始位形作为参考位形，则有如下本构关系：

$$ {}_{0}^{t}\sigma_{ij} = {}_{0}^{t}C_{ijrs}\, {}_{0}^{t}E_{rs} \tag{3.97} $$

式中，${}_{t}^{t}C_{ijrs}$ 和 ${}_{0}^{t}C_{ijrs}$ 分别以现时位形和初始位形作为参考位形描述 t 时刻位形上的材料特性张量，对于线弹性材料，它们是材料特性张量，或称为本构张量，对于线弹性材料，它们是以材料的弹性模量和泊松比来表示的，即

$$ C_{ijrs} = \lambda\delta_{ij}\delta_{rs} + 2\mu\delta_{ir}\delta_{js} \tag{3.98} $$

其中，$\lambda = \dfrac{E\nu}{(1+\nu)(1-2\nu)}$；$\mu = \dfrac{E}{2(1+\nu)}$。

${}_{t}^{t}C_{ijrs}$ 和 ${}_{0}^{t}C_{ijrs}$ 等效于式(3.98)同一个材料的特性张量，二者存在确定的转换关系，与变形有关。

$$ {}_{0}^{t}C_{mnpq} = J\frac{\partial\, {}^{0}x_m}{\partial\, {}^{t}x_i}\frac{\partial\, {}^{0}x_n}{\partial\, {}^{t}x_j}\, {}_{t}^{t}C_{ijrs}\frac{\partial\, {}^{0}x_p}{\partial\, {}^{t}x_r}\frac{\partial\, {}^{0}x_q}{\partial\, {}^{t}x_s}, \quad i,j,r,s,m,n,p,q = 1,2,3 \tag{3.99a} $$

$$ {}_{t}^{t}C_{mnpq} = \frac{1}{{}^{t}J}\frac{\partial\, {}^{t}x_m}{\partial\, {}^{0}x_i}\frac{\partial\, {}^{t}x_n}{\partial\, {}^{0}x_j}\, {}_{0}^{t}C_{ijrs}\frac{\partial\, {}^{t}x_p}{\partial\, {}^{0}x_r}\frac{\partial\, {}^{t}x_q}{\partial\, {}^{0}x_s}, \quad i,j,r,s,m,n,p,q = 1,2,3 \tag{3.99b} $$

式(3.99a)和式(3.99b)表明在有限变形情况下，几何效应对本构张量的影响是通过变形梯度转换的。

2. 弹塑性材料

弹塑性材料对外部因素影响的响应不仅和它当前的状态有关，还取决于它的变形历程，即与加载路径有关。采用流动理论和增量理论研究应力增量与应变增量的关系，假设应力增量与应变增量存在函数关系，即 $f(\tau,\varepsilon)=0$。

Jaumann 应力率：材料特性一般采用应力率与应变率之间的关系来描述，它是在 t 时刻到 $t+\Delta t$ 时刻内表示的，应力率必须排除刚体位移的影响，这样的表示称为 Jaumann 应力率。

$$ {}^{t}\nabla\tau_{ij} = \frac{\mathrm{D}}{\mathrm{D}t}\, {}^{t}\tau_{ij} - {}^{t}\tau_{ip}\, {}^{t}\Omega_{pj} - {}^{t}\tau_{jp}\, {}^{t}\Omega_{pi} \tag{3.100} $$

其中，$\frac{\mathrm{D}}{\mathrm{D}t}(\cdot)$表示时间导数，${}^{t}x_i$保持不变。

$$ {}^{t\nabla}\tau_{ij} = {}^{t}_{t}C_{ijrs}\frac{\mathrm{D}}{\mathrm{D}t}{}^{t}\varepsilon_{rs} \tag{3.101} $$

式(3.100)和式(3.101)中，${}^{t\nabla}\tau_{ij}$为 Jaumann 应力率，$\frac{\mathrm{D}}{\mathrm{D}t}{}^{t}\varepsilon_{rs}$为 Almansi 应变率张量，${}^{t}\Omega_{pi}$为旋率张量的笛卡儿分量，即

$$ {}^{t}\Omega_{pi} = \frac{1}{2}\frac{\mathrm{D}}{\mathrm{D}t}\left({}^{t}u_{i,p} - {}^{t}u_{p,i}\right) \tag{3.102} $$

式(3.100)～式(3.102)在计算切线刚度矩阵与现时位形应力状态时非常有用。例如，在计算$t+\Delta t$时刻的 Cauchy 应力张量${}^{t+\Delta t}\tau_{ij}$时，在足够小的时间增量内，采用这些公式是重要的。在弹塑性分析中，通过弹塑性材料规律乘以应变增量的数值积分，再计算应力增量，在任何情况下都是必须的。在这一积分过程中，采用式(3.100)十分有效，可省掉第二类 Piola-Kirchhoff 应力增量与 Cauchy 应力增量的烦琐转换。下面对式(3.100)进行推导。

研究从t时刻到$t+\Delta t$时刻的位形变化、应力增量张量和应变增量张量。

如图 3.21 所示，以${}^{t}x_i$为固定坐标系，${}^{t+\Delta t}x_i$为拖带坐标系，它镶嵌在物体上与物体一起运动、变形。由于刚体转动的影响，${}^{t}x_i$和${}^{t+\Delta t}x_i$之间夹角的方向余弦如表 3.2 所示。

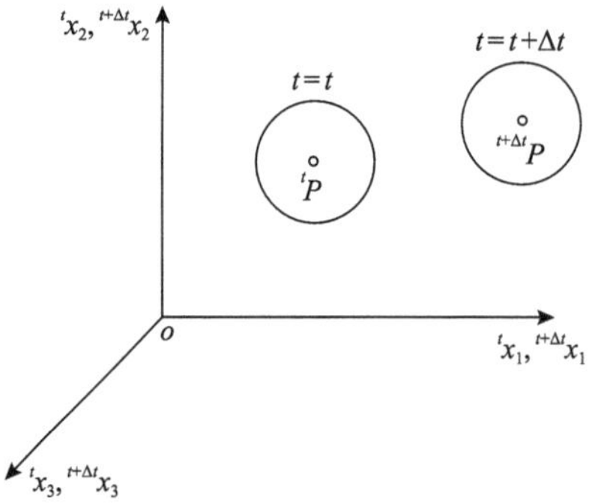

图 3.21　物体内任意一点的 Jaumann 应力增量张量的定义

表 3.2　${}^{t}x_i$和${}^{t+\Delta t}x_i$之间夹角的方向余弦

a_{ip}	${}^{t}x_1$	${}^{t}x_2$	${}^{t}x_3$
${}^{t+\Delta t}x_1$	1	$-\Delta\omega_{21}$	$-\Delta\omega_{31}$
${}^{t+\Delta t}x_2$	$-\Delta\omega_{21}$	1	$\Delta\omega_{23}$
${}^{t+\Delta t}x_3$	$\Delta\omega_{31}$	$-\Delta\omega_{32}$	1

表 3.2 中$\Delta\omega_{ij}$为旋转增量张量，表达式为

$$\Delta\omega_{ij}=\frac{1}{2}\left(\frac{\partial\Delta u_j}{\partial^t x_i}-\frac{\partial\Delta u_i}{\partial^t x_j}\right) \tag{3.103}$$

其中，Δu_i 为从 t 时刻到 $t+\Delta t$ 时刻物体内任意一点的位移增量。

$$\frac{\partial\Delta u_i}{\partial^t x_j}=\Delta\varepsilon_{ij}-\Delta\omega_{ij} \tag{3.104}$$

以 ${}^t\tau_{ij}+\Delta{}^t\tau_{ij}^{\mathrm{J}}$ 表示在拖带坐标系 ${}^{t+\Delta t}x_i$ 中描述 $t+\Delta t$ 时刻位形上任意一点 ${}^{t+\Delta t}P$ 的应力状态，由于 ${}^{t+\Delta t}x_i$ 坐标系随物体一起刚体运动，以 ${}^{t+\Delta t}x_i$ 作为参考坐标系，就排除了刚体转动引起的应力增量的变化。${}^t\tau_{ij}+\Delta\tau_{ij}$ 表示在固定坐标系中 ${}^t x_i$ 描述 $t+\Delta t$ 时刻位形上任意一点 ${}^{t+\Delta t}P$ 的应力状态。

把在 ${}^t x_i$ 坐标系中描述的应力状态转换到 ${}^{t+\Delta t}x_i$ 坐标系中，根据二阶张量在两个旋转坐标系中的转换关系，即

$$T_{ij}=a_{ip}a_{jq}T_{pq}$$

其中，a_{ip} 表示在一个坐标系的 i 轴与另一个坐标系的 p 轴之间夹角的方向余弦。因此，

$${}^t\tau_{ij}+\Delta{}^t\tau_{ij}^{\mathrm{J}}=a_{ip}a_{jq}\left({}^t\tau_{pq}+\Delta\tau_{pq}\right)={}^t\tau_{ij}+\Delta\tau_{ij}+{}^t\tau_{iq}\Delta\omega_{jq}+{}^t\tau_{pj}\Delta\omega_{ip} \tag{3.105}$$

式(3.105)忽略了二阶以上的小量，并考虑到转动张量是一个反对称张量，即 $\omega_{ij}=-\omega_{ji}$，因此

$$\Delta{}^t\tau_{ij}^{\mathrm{J}}=\Delta\tau_{ij}-{}^t\tau_{iq}\Delta\omega_{qj}-{}^t\tau_{pj}\Delta\omega_{pi} \tag{3.106}$$

当 $\Delta t\to 0$，则由式(3.106)可得式(3.100)，这里 ${}^t\Omega_{ij}=\lim\limits_{\Delta t\to 0}\dfrac{\Delta\omega_{ij}}{\Delta t}=\dfrac{1}{2}\dfrac{\mathrm{D}}{\mathrm{D}t}\left(u_{j,i}-u_{i,j}\right)$。

(1) 下面来建立分别以 t 时刻和 $t+\Delta t$ 时刻位形为参考位形，描述 $t+\Delta t$ 时刻位形上任意一点 ${}^{t+\Delta t}P$ 的 Cauchy 应力张量 ${}^t\tau_{ij}+\Delta\tau_{ij}$ 与第二类 Piola-Kirchhoff 应力张量 ${}^t_t\sigma_{ij}+\Delta\sigma_{ij}$ 之间的转换关系，即

$${}^t\tau_{ij}+\Delta\tau_{ij}=\frac{1}{{}^tJ}\frac{\partial^{t+\Delta t}x_i}{\partial^t x_k}\frac{\partial^{t+\Delta t}x_j}{\partial^t x_l}\left({}^t_t\sigma_{kl}+\Delta\sigma_{kl}\right) \tag{3.107}$$

由式(3.44)和式(3.45)及图 3.15(a)可得

$${}^{t+\Delta t}x_i={}^t x_i+\Delta u_i\Rightarrow\frac{\partial^{t+\Delta t}x_i}{\partial^t x_j}=\delta_{ij}+\Delta u_{i,j} \tag{3.108}$$

$$ {}^{t}J=\begin{vmatrix} \dfrac{\partial^{t+\Delta t}x_1}{\partial^{t}x_1} & \dfrac{\partial^{t+\Delta t}x_2}{\partial^{t}x_1} & \dfrac{\partial^{t+\Delta t}x_3}{\partial^{t}x_1} \\ \dfrac{\partial^{t+\Delta t}x_1}{\partial^{t}x_2} & \dfrac{\partial^{t+\Delta t}x_2}{\partial^{t}x_2} & \dfrac{\partial^{t+\Delta t}x_3}{\partial^{t}x_2} \\ \dfrac{\partial^{t+\Delta t}x_1}{\partial^{t}x_3} & \dfrac{\partial^{t+\Delta t}x_2}{\partial^{t}x_3} & \dfrac{\partial^{t+\Delta t}x_3}{\partial^{t}x_3} \end{vmatrix}=\begin{vmatrix} 1+\Delta u_{1,1} & \Delta u_{2,1} & \Delta u_{3,1} \\ \Delta u_{1,2} & 1+\Delta u_{2,2} & \Delta u_{3,2} \\ \Delta u_{1,3} & \Delta u_{2,3} & 1+\Delta u_{3,3} \end{vmatrix}=1+\Delta u_{1,1}+\Delta u_{2,2}+\Delta u_{3,3}+O(\Delta^2) \tag{3.109} $$

忽略二阶以上的小量，由式(3.69)可得

$$ \Delta\varepsilon_{k,k}=\Delta u_{1,1}+\Delta u_{2,2}+\Delta u_{3,3} \tag{3.110} $$

式(3.109)和式(3.110)说明由 t 时刻到 $t+\Delta t$ 时刻，微元体积的变化可以忽略不计。

将式(3.108)代入式(3.107)可得

$$ \begin{aligned} {}^{t}\tau_{ij}+\Delta\tau_{ij} &= \left(\delta_{ik}+\Delta u_{i,k}\right)\left(\delta_{jl}+\Delta u_{j,l}\right)\left({}_{t}^{t}\sigma_{kl}+\Delta\sigma_{kl}\right) \\ &= \left(\delta_{ik}\delta_{jl}+\delta_{ik}\Delta u_{j,l}+\delta_{jl}\Delta u_{i,k}\right)\left({}_{t}^{t}\sigma_{kl}+\Delta\sigma_{kl}\right)+O\left(\Delta^2\right) \\ &= \delta_{ik}\delta_{jl}\,{}_{t}^{t}\sigma_{kl}+\delta_{ik}\delta_{jl}\Delta\sigma_{kl}+\delta_{ik}\Delta u_{j,l}\,{}_{t}^{t}\sigma_{kl}+\delta_{jl}\Delta u_{i,k}\,{}_{t}^{t}\sigma_{kl}+O\left(\Delta^2\right) \\ &= {}_{t}^{t}\sigma_{ij}+\Delta\sigma_{ij}+{}_{t}^{t}\sigma_{il}\Delta u_{j,l}+{}_{t}^{t}\sigma_{kj}\Delta u_{i,k}+O\left(\Delta^2\right) \end{aligned} $$

注意到以 t 时刻位形为参考位形，在 t 时刻位形上任意一点的第二类 Piola-Kirchhoff 应力张量就是该位形上的 Cauchy 应力张量，即

$$ {}_{t}^{t}\sigma_{ij}={}^{t}\tau_{ij} \tag{3.111} $$

因此，

$$ {}^{t}\tau_{ij}+\Delta\tau_{ij}={}^{t}\tau_{ij}+\Delta\sigma_{ij}+{}^{t}\tau_{il}\Delta u_{j,l}+{}^{t}\tau_{kj}\Delta u_{i,k} $$

$$ \Delta\tau_{ij}=\Delta\sigma_{ij}+{}^{t}\tau_{il}\Delta u_{j,l}+{}^{t}\tau_{kj}\Delta u_{i,k} $$

将式(3.104)代入上式可得

$$ \Delta\tau_{ij}=\Delta\sigma_{ij}+{}^{t}\tau_{il}\Delta\varepsilon_{j,l}+{}^{t}\tau_{kj}\Delta\varepsilon_{i,k}-{}^{t}\tau_{il}\Delta\omega_{j,l}-{}^{t}\tau_{kj}\Delta\omega_{i,k} $$

由上式可得

$$ \begin{aligned} \frac{\mathrm{D}}{\mathrm{D}t}{}^{t}\tau_{ij} &= \frac{\mathrm{D}}{\mathrm{D}t}\left({}^{t}\sigma_{ij}+{}^{t}\tau_{il}\,{}^{t}\varepsilon_{j,l}+{}^{t}\tau_{kj}\,{}^{t}\varepsilon_{i,k}\right)-{}^{t}\tau_{il}\,{}^{t}\Omega_{jl}-{}^{t}\tau_{kj}\,{}^{t}\Omega_{ik} \\ &= \frac{\mathrm{D}}{\mathrm{D}t}\left({}^{t}\sigma_{ij}+{}^{t}\tau_{il}\,{}^{t}\varepsilon_{j,l}+{}^{t}\tau_{kj}\,{}^{t}\varepsilon_{i,k}\right)-{}^{t}\tau_{ip}\,{}^{t}\Omega_{jp}-{}^{t}\tau_{pj}\,{}^{t}\Omega_{ip} \\ &= \frac{\mathrm{D}}{\mathrm{D}t}\left({}^{t}\sigma_{ij}+{}^{t}\tau_{il}\,{}^{t}\varepsilon_{j,l}+{}^{t}\tau_{kj}\,{}^{t}\varepsilon_{i,k}\right)+{}^{t}\tau_{ip}\,{}^{t}\Omega_{pj}+{}^{t}\tau_{pj}\,{}^{t}\Omega_{pi} \end{aligned} \tag{3.112} $$

将式(3.112)代入式(3.100)可得

$$ {}^{t\nabla}\tau_{ij} = \frac{\mathrm{D}}{\mathrm{D}t}\left({}^{t}\sigma_{ij} + {}^{t}\tau_{il}\,{}^{t}\varepsilon_{j,l} + {}^{t}\tau_{kj}\,{}^{t}\varepsilon_{i,k}\right) \tag{3.113} $$

$$ \frac{\mathrm{D}}{\mathrm{D}t}{}^{t}\sigma_{ij} = {}^{t\nabla}\tau_{ij} - {}_{t}^{t}\sigma_{il}\frac{\mathrm{D}}{\mathrm{D}t}{}^{t}\varepsilon_{j,l} - {}_{t}^{t}\sigma_{kj}\frac{\mathrm{D}}{\mathrm{D}t}{}^{t}\varepsilon_{i,k} \tag{3.114} $$

式(3.113)和式(3.114)为 Jaumann 应力率与第二类 Piola-Kirchhoff 应力张量的关系。

(2) 以 t 时刻位形为参考位形，用第一类 Piola-Kirchhoff 应力张量 ${}_{t}^{t}S_{ij} + \Delta{}^{t}S_{ij}$ 和第二类 Piola-Kirchhoff 应力张量 ${}_{t}^{t}\sigma_{ij} + \Delta{}^{t}\sigma_{ij}$ 表示 $t+\Delta t$ 时刻位形上任意一点 ${}^{t+\Delta t}P$ 的应力状态，它们之间存在如下转换关系：

$$ \begin{aligned} {}_{t}^{t}S_{ij} + \Delta{}^{t}S_{ij} &= \frac{\partial{}^{t+\Delta t}x_j}{\partial{}^{t}x_k}\left({}_{t}^{t}\sigma_{ik} + \Delta{}^{t}\sigma_{ik}\right) = \left(\delta_{jk} + \Delta u_{j,k}\right)\left({}_{t}^{t}\sigma_{ik} + \Delta{}^{t}\sigma_{ik}\right) \\ &= \delta_{jk}\,{}_{t}^{t}\sigma_{ik} + \delta_{jk}\Delta{}^{t}\sigma_{ik} + {}_{t}^{t}\sigma_{ik}\Delta u_{j,k} + O\left(\varDelta^2\right) \\ &= {}_{t}^{t}\sigma_{ij} + \Delta{}^{t}\sigma_{ij} + {}_{t}^{t}\sigma_{ik}\Delta u_{j,k} \end{aligned} \tag{3.115} $$

注意到以 t 时刻位形为参考位形，在 t 时刻位形上任意一点的第一类 Piola-Kirchhoff 应力张量、第二类 Piola-Kirchhoff 应力张量就是该位形上的 Cauchy 应力张量，即

$$ {}_{t}^{t}S_{ij} = {}_{t}^{t}\sigma_{ij} = {}^{t}\tau_{ij} $$

式(3.115)可表示为 $\Delta{}^{t}S_{ij} = \Delta{}^{t}\sigma_{ij} + {}_{t}^{t}\sigma_{ik}\Delta u_{j,k}$，对其左右两边求时间的导数可得

$$ \frac{\mathrm{D}}{\mathrm{D}t}{}^{t}S_{ij} = \frac{\mathrm{D}}{\mathrm{D}t}{}^{t}\sigma_{ij} + {}_{t}^{t}\sigma_{ik}\frac{\mathrm{D}}{\mathrm{D}t}u_{j,k} \tag{3.116} $$

将式(3.114)代入式(3.116)可得

$$ \frac{\mathrm{D}}{\mathrm{D}t}{}^{t}S_{ij} = {}^{t\nabla}\tau_{ij} + {}_{t}^{t}\sigma_{ik}\frac{\mathrm{D}}{\mathrm{D}t}u_{j,k} - {}_{t}^{t}\sigma_{il}\frac{\mathrm{D}}{\mathrm{D}t}{}^{t}\varepsilon_{j,l} - {}_{t}^{t}\sigma_{kj}\frac{\mathrm{D}}{\mathrm{D}t}{}^{t}\varepsilon_{i,k} \tag{3.117} $$

式(3.117)为第一类 Piola-Kirchhoff 应力张量与 Jaumann 应力率的关系。

将式(3.101)代入式(3.114)和式(3.117)可得

$$ \frac{\mathrm{D}}{\mathrm{D}t}{}^{t}\sigma_{ij} = {}_{t}^{t}C_{ijrs}\frac{\mathrm{D}}{\mathrm{D}t}{}^{t}\varepsilon_{rs} - {}_{t}^{t}\sigma_{il}\frac{\mathrm{D}}{\mathrm{D}t}{}^{t}\varepsilon_{j,l} - {}_{t}^{t}\sigma_{kj}\frac{\mathrm{D}}{\mathrm{D}t}{}^{t}\varepsilon_{i,k} \tag{3.118} $$

$$ \frac{\mathrm{D}}{\mathrm{D}t}{}^{t}S_{ij} = {}_{t}^{t}C_{ijrs}\frac{\mathrm{D}}{\mathrm{D}t}{}^{t}\varepsilon_{rs} + {}_{t}^{t}\sigma_{ik}\frac{\mathrm{D}}{\mathrm{D}t}u_{j,k} - {}_{t}^{t}\sigma_{il}\frac{\mathrm{D}}{\mathrm{D}t}{}^{t}\varepsilon_{j,l} - {}_{t}^{t}\sigma_{kj}\frac{\mathrm{D}}{\mathrm{D}t}{}^{t}\varepsilon_{i,k} \tag{3.119} $$

式(3.118)和式(3.119)在连续介质力学增量运动方程中起着重要作用，特别是在弹塑性有限元分析中得到了广泛应用。

3.3 物体大位移运动的描述方法

质点没有外形和大小，三维空间坐标可确定其空间位置，但是质点系（如刚体和柔体）在空间中的运动既有平动也有转动，柔体还有变形。如果不采用质点系力学，而采用经典力学更为抽象的刚体和柔体力学模型，大转动描述的准确性至关重要[8,9]。

1. 平动和转动

Helmholtz 指出，一个可变形的微元体在微小时间内的变化可分解为三种基本运动形式：①随同微元体中任选基点的平移；②绕过基点某一瞬时旋转轴的转动；③沿三个主方向的伸长或压缩变形。

2. 欧拉定理[5]

绕定点运动的物体，从某一位置到另一位置的任何位移，可以绕通过定点的某一轴转动一次来实现。

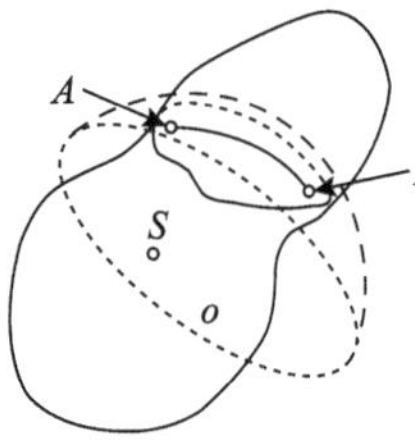

图 3.22 绕定点旋转的刚体

证明：刚体绕定点运动时，刚体内各点在半径不同的球面上运动，定点为这些球面的中心。任取一球面，它与刚体相交截出球面图形 S，如图 3.22 所示。要确定刚体的位置，只需确定球面图形 S 的位置就可以了，而球面图形 S 的位置又可由图形上任意两点 A、B 之间大圆弧 $\overset{\frown}{AB}$ 的位置来确定。

假设在 t 时刻，大圆弧 $\overset{\frown}{AB}$ 在图 3.23 所示位置，在 $t+\Delta t$ 时刻，大圆弧运动到 $\overset{\frown}{A'B'}$，现在来证明从 $\overset{\frown}{AB}$ 到 $\overset{\frown}{A'B'}$ 可以绕通过球心 o 的某一轴的一次转动来实现。

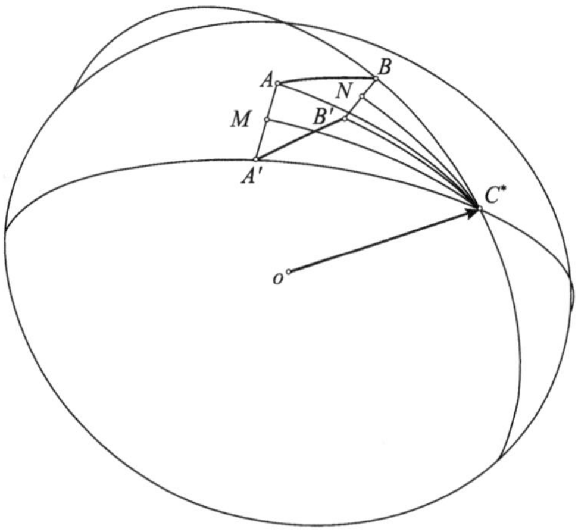

图 3.23 欧拉定理的证明示意

过大圆弧 $\overset{\frown}{AA'}$ 和 $\overset{\frown}{BB'}$ 的中点 M 和 N，分别作与这两段大圆弧相垂直的大圆弧 $\overset{\frown}{MC^*}$ 和 $\overset{\frown}{NC^*}$，它们交于球面上的点 C^*，再作大圆弧 $\overset{\frown}{AC^*}$、$\overset{\frown}{BC^*}$、$\overset{\frown}{A'C^*}$ 和 $\overset{\frown}{B'C^*}$，得球面三角形 ABC^* 和 $A'B'C^*$。因为这两个球面三角形的对应弧长相等，所以两个球面三角形全等，因此 $\angle AC^*B = \angle A'C^*B'$，进而 $\angle AC^*B + \angle AC^*B' = \angle A'C^*B' + \angle AC^*B'$，即 $\angle AC^*A' = \angle BC^*B' = \Delta\varphi$。以直线连接 o、C^* 两点。若将球面三角形 ABC^* 绕轴 oC^* 转过 $\Delta\varphi$ 角度，必定与球面三角形 $A'B'C^*$ 完全重合，因此大圆弧 $\overset{\frown}{AB}$ 绕通过定点 o 的 oC^* 轴经过一次转动到达 $\overset{\frown}{A'B'}$ 的位置。

证毕。

注：由上述欧拉定理的直观证明可见，欧拉定理适用于刚体运动过程中的大转角计算，但是柔体运动过程中一般伴随着变形，欧拉定理并不能直接应用[13]。

3.4　数学模型与对称守恒

结构工程师应具备将错综复杂的工程问题简化、抽象为数学模型的能力，如图 3.24 所示，通过调查、收集资料(如自然观测、物理实验)，观察物理现象的固有特征和内在规律，抓住问题的主要矛盾和矛盾的主要方面，建立起反映实际工程问题的数量关系。然后，利用数学方法分析和解决问题。这需要结构工程师一方面具备深厚扎实的数学和力学基础、敏锐的洞察力和丰富的想象力，另一方面要具有实事求是、原始创新的科学精神。这是一个由工程实践上升到工程理论的过程，提出问题需要勤奋和热情，分析问题需要耐心，解决问题需要循序渐进。

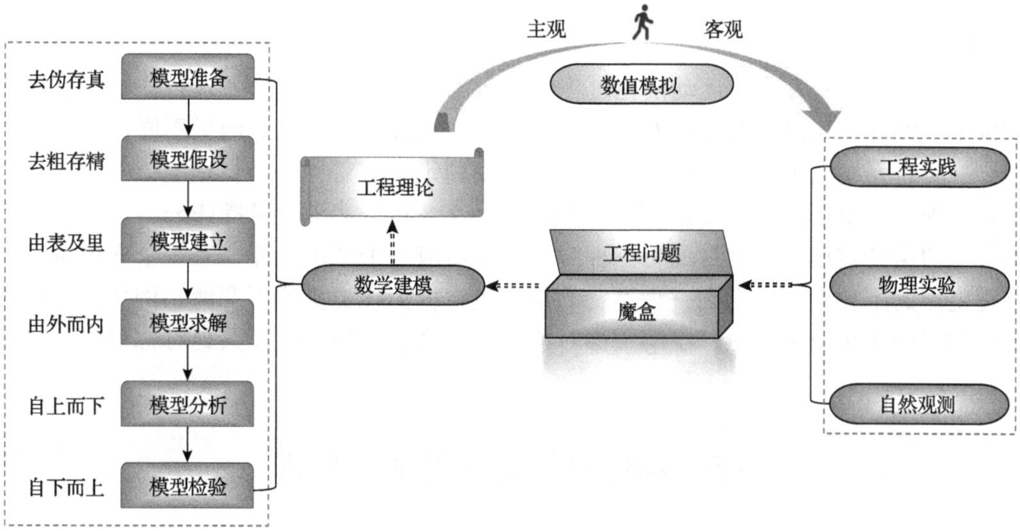

图 3.24　工程问题解决过程

1. 数学建模

当需要从定量的角度分析实际工程问题时，结构工程师就要在深入调查研究、了解对象信息、做出简化假设、分析内在规律等工作的基础上，采用数学语言，把实际工程问题描述为数学公式，也就是数学模型，然后采用相应的计算方法进行分析，从而解释实际工程问题并接受工程实践的检验，这个建立数学模型的全过程就称为数学建模[14,15]。数学建模的一般过程如下：

(1)模型准备。了解问题的实际背景，明确其实际意义，获取研究问题的各种信息——去伪存真。

(2)模型假设。根据实际对象的特征和研究目的，通常会对工程问题进行必要的简化，并用精确的数学语言提出合理的假设——去粗存精。

(3)模型建立。在假设的基础上，利用适当的数学工具来表征各变量之间的关系，建立相应的数学结构——由表及里。

(4)模型求解。利用获取的数据资料，求解未知参数——由外而内。

(5)模型分析。对模型的特性和变化规律进行分析——自上而下。

(6)模型检验。将模型分析结果与实际情形进行比较，以此来验证模型的准确性、合理性、完备性和适用性——自下而上。

2. 对称[16]与守恒定律

对称性是人在观察和认识自然的过程中产生的一种观念。数学中的对称意味着某种变换下的不变性，即“组元的构形在其自同构变换群作用下所具有的不变性”，如镜像对称(左右对称或者叫双侧对称)、平移对称、旋转对称和伸缩对称等。对称性变换可以理解为一个运动，这个运动保持一个图案或一个物体的形状等不发生变化。例如，在二维装饰图案中，总共有 17 种本质上不同的对称性。三维晶体点阵的对称性有 32 种单形和 230 种空间群[17]。

在自然界千变万化的运动演化过程中，运动的多样性显现出各式各样的对称性。物理学中的守恒律总是与某种对称性相联系，在物理学中存在着两类不同性质的对称性：一类是系统或事物的对称性，另一类是物理定律的对称性。物理定律的对称性也意味着物理定律在各种变换条件下的不变性。1918 年，艾米·诺特(Emmy Noether)提出著名的诺特定理：作用量的每一种对称性都对应一个守恒定律，有一个守恒量。由物理定律的不变性可以得到一种不变的物理量，称为守恒量或不变量。例如，空间旋转对称对应于角动量守恒，空间平移对称对应于动量守恒，电荷共轭对称对应于电量守恒等。

3.5 物体机械运动的能量原理

由物理学的知识可知，能量是物体(质点、刚体、弹性体等)运动的一般度量，量度能量转换的基本物理量是功，而功是力的空间效应；动量是物体运动状态的度量，动量的变化则是冲量，而冲量是力的时间效应。经典力学中物体运动时空描述包括时间、坐标和动量三个参数，那么什么是力？

3.5.1　力、功、能量

1. 牛顿第二定律

在惯性参考系中，外力的作用改变物体(质点、质点系)的动量，即

$$\boldsymbol{F}=\frac{\mathrm{d}\boldsymbol{P}}{\mathrm{d}t}=\frac{\mathrm{d}(m\boldsymbol{v})}{\mathrm{d}t} \tag{3.120}$$

式中，$\boldsymbol{P}$ 为线动量；m 为质量；$\boldsymbol{v}$ 为速度；线动量的变化率就是力 $\boldsymbol{F}$。

牛顿第二定律既是一条实验定律，也是力和质量两个基本物理量的定义[18]。

角动量或动量矩 $\boldsymbol{L}$ 的变化率则为力矩 $\boldsymbol{M}$，即

$$\boldsymbol{L}=\boldsymbol{r}\times\boldsymbol{P}\Rightarrow\frac{\mathrm{d}\boldsymbol{L}}{\mathrm{d}t}=\frac{\mathrm{d}(\boldsymbol{r}\times\boldsymbol{P})}{\mathrm{d}t}=\frac{\mathrm{d}\boldsymbol{r}}{\mathrm{d}t}\times(m\boldsymbol{v})+\boldsymbol{r}\times\frac{\mathrm{d}(m\boldsymbol{v})}{\mathrm{d}t}=\boldsymbol{v}\times(m\boldsymbol{v})+\boldsymbol{r}\times\boldsymbol{F}=0+\boldsymbol{r}\times\boldsymbol{F}=\boldsymbol{M} \tag{3.121}$$

2. 力对质点所做的功

力对质点所做功表示为

$$W=\int_S\boldsymbol{F}\cdot\mathrm{d}\boldsymbol{r} \tag{3.122}$$

由式(3.120)和式(3.122)可直接得到动能定理，即

$$W=\int_S\boldsymbol{F}\cdot\mathrm{d}\boldsymbol{r}=\int_S\frac{\mathrm{d}(m\boldsymbol{v})}{\mathrm{d}t}\cdot\boldsymbol{v}\mathrm{d}t=\int_S\boldsymbol{v}\cdot\mathrm{d}(m\boldsymbol{v})\overset{m=\text{constant}}{=}\frac{1}{2}m\|\boldsymbol{v}_2\|^2-\frac{1}{2}m\|\boldsymbol{v}_1\|^2=T_2-T_1 \tag{3.123}$$

其中，T 表示动能。式(3.123)可以理解为动能的变化通过力做功来度量。

若力可以表示为一个标量场函数 $U(t)$ 的负梯度，即 $-\nabla U(t)$，则称为保守力或有势力。此时，力做的功可以表示为

$$W=\int_S\boldsymbol{F}\cdot\mathrm{d}\boldsymbol{r}=\int_S-\nabla U(t)\cdot\mathrm{d}\boldsymbol{r}=-U_2+U_1 \tag{3.124}$$

这里的证明利用了梯度定理，标量场函数 $U(t)$ 称为势能，右端项表示势能是相对的，即势能的零点选择是任意的。

式(3.122)给出了一般外力做功的定义，那么弹性体的内力做功如何计算？弹性力是

保守力吗？什么是弹性势能？

3. 弹性势能

由于弹性变形而储存在单位体积内的弹性势能，称为弹性势或应变能密度函数。该势函数在等温或绝热过程中的确真实存在[19,20]，这一点在文献[20]中根据热力学第一定律给出了简要的证明。因此，弹性力作为有势力是保守的。此外，结构工程师应当了解对金属材料而言，原子间的结合力才是弹性力的本质，且一般而言应变稍微滞后于应力，即弹性具有不完整性[19]。例题 3.2 给出了弹性势能零点和坐标系设置发生变化后的几种情况，这对理解弹性势能的相对性有帮助。

联立式(3.123)和式(3.124)，得到

$$T_2 - T_1 = \int_S \boldsymbol{F} \cdot \mathrm{d}\boldsymbol{r} = -U_2 + U_1 \Rightarrow T_2 + U_2 = T_1 + U_1 \tag{3.125}$$

这就是机械能守恒定律。式(3.125)实质上是功作为能量变换的度量，即完整、理想、保守的系统中势能与动能相互变换，变换量等于力做的功且大小相等、符号相反，即二者此消彼长，但和不变。

注意，式(3.123)和式(3.124)可单独使用，例如，完全约束的弹性物体缓慢加载，弹性体只有变形且运动速度为零，此时仅采用式(3.124)即可描述。值得指出的是，缓慢加载是一种针对弹性体的理想加载方式，加载过程中每一时刻弹性物体的运动速度均为零，但动量的变化率、位移不等于零。例题 3.3 给出了弹性势能和外力做功的关系，有助于读者理解弹性静力学中缓慢加载的实质。注意，缓慢加载方式对刚性物体而言是不成立的，刚体只能在某一时刻出现速度等于零、加速度不等于零的情况，而不可能在外力做功过程中每一时刻均如此，因为刚体应变等于零，不能储存外力做功所给予的能量。

牛顿第二定律积分后可直接给出合外力/合外力矩等于零情况下的动量/动量矩守恒定律，这里不再赘述。

例题 3.2 如图 3.25(a)所示，忽略线弹性弹簧自重和重物与水平台面之间的摩擦，若在一沿弹簧中心线外力 f 的作用后发生自由振动，则该线性振子的振幅为 x_0，弹簧的刚度系数为 k。注意，式(3.124)只能计算弹性势能的相对值，如果要给出弹性势能的值，则需要假定一个弹性势能的零点位置，这是势能相对性。那么弹性势能零点的选择是完全任意的吗？弹性势能的计算和坐标系的设置是否相关？

解：由图 3.25 可见，虽然弹性势能零点或坐标系的设置不同，但它们都是同一线性振子、同一自由振动现象的描述，宏观物体运动的规律不会受观察方法即坐标系的设置、度量方法而发生变化。

图 3.25(a)中，弹性势能的零点取在弹簧的无应力长度位置，坐标原点和弹性势能零点重合，即 $U_{x=0} = 0$。以此位置作为弹性势能的零点，则无论重物向左还是向右运动，弹性力 $\boldsymbol{F} = -k(x-0)\boldsymbol{e}_1 = -kx\boldsymbol{e}_1$ 的方向与重物的位移方向 $\boldsymbol{r} = (x-0)\boldsymbol{e}_1$ 始终相反，即弹性力始终做负功。弹性力从 $x = 0$ 到 $x = x$ 过

程中做的功为 $\int_0^x \boldsymbol{F}\cdot \mathrm{d}\boldsymbol{r}=\int_0^x -kx\boldsymbol{e}_1\cdot \mathrm{d}x\boldsymbol{e}_1=-\int_0^x kx\mathrm{d}x$ 。由式(3.124)可得

$$U_{x=x}=-\int_0^x \boldsymbol{F}\cdot \mathrm{d}\boldsymbol{r}+U_{x=0}\overset{U_{x=0}=0}{=}\int_0^x kx\mathrm{d}x=\frac{1}{2}kx^2\Big|_0^x=\frac{1}{2}kx^2$$

图 3.25(b)中，弹性势能零点和坐标原点均向左平移 x_0，此时弹性力的计算分两种情况。当 $0\leqslant x\leqslant x_0$ 时，弹性力 $\boldsymbol{F}=k(x_0-x)\boldsymbol{e}_1$ 与位移 $\boldsymbol{r}=(x-0)\boldsymbol{e}_1$ 方向相同，做正功；当 $x_0<x\leqslant 2x_0$ 时，弹性力 $\boldsymbol{F}=-k(x-x_0)\boldsymbol{e}_1$ 与位移 $\boldsymbol{r}=(x-0)\boldsymbol{e}_1$ 方向相反，做负功。这两种情况的弹性力表达式其实一致，则由式(3.124)可得

$$U_{x=x}=-\int_0^x \boldsymbol{F}\cdot \mathrm{d}\boldsymbol{r}+U_{x=0}\overset{U_{x=0}=0}{=}-\int_0^x k(x_0-x)\mathrm{d}x=\left(-kx_0x+\frac{1}{2}kx^2\right)\Big|_0^x=-kx_0x+\frac{1}{2}kx^2=\frac{1}{2}k(x-x_0)^2-\frac{1}{2}kx_0^2$$

图 3.25(c)中，仅将坐标原点向左平移 x_0，弹性力 $\boldsymbol{F}=-k(x-x_0)\boldsymbol{e}_1$ 与图 3.25(b)相同。从弹性势能零点出发的位移分两种情况，当 $0\leqslant x\leqslant x_0$ 时，$\boldsymbol{r}=-(x_0-x)\boldsymbol{e}_1$；当 $x_0<x\leqslant 2x_0$ 时，$\boldsymbol{r}=(x-x_0)\boldsymbol{e}_1$。由式(3.124)可得

$$U_{x=x}=-\int_{x_0}^x \boldsymbol{F}\cdot \mathrm{d}\boldsymbol{r}+U_{x=x_0}\overset{U_{x=x_0}=0}{=}-\int_{x_0}^x -k(x-x_0)\mathrm{d}x=\frac{1}{2}k(x-x_0)^2\Big|_{x_0}^x=\frac{1}{2}k(x-x_0)^2$$

图 3.25(d)中，仅将弹性势能零点向左平移 x_0，弹性力 $\boldsymbol{F}=-kx\boldsymbol{e}_1$，从弹性势能零点出发的位移分两种情况，当 $-x_0\leqslant x\leqslant 0$ 时，$\boldsymbol{r}=(x_0+x)\boldsymbol{e}_1$；当 $0<x\leqslant x_0$ 时，$\boldsymbol{r}=(x+x_0)\boldsymbol{e}_1$。由式(3.124)可得

$$U_{x=x}=-\int_{-x_0}^x \boldsymbol{F}\cdot \mathrm{d}\boldsymbol{r}+U_{x=-x_0}\overset{U_{x=-x_0}=0}{=}-\int_{x_0}^x -kx\mathrm{d}x=\frac{1}{2}kx^2\Big|_{-x_0}^x=\frac{1}{2}kx^2-\frac{1}{2}kx_0^2$$

图 3.25(e)中，坐标系发生了平面内的平移和旋转，弹性势能零点也向左平移 x_0。由式(3.124)给出的弹性势能表达式将更为复杂。

由上述讨论可见：①用于描述物体运动的坐标系可以离开弹性体，坐标系设置不影响弹性势能的计算值，但坐标系平移或旋转变换后弹性势能的表达式不同，遵循几何坐标变换的一般规律。②选择不同的弹性势能零点，同一位置弹性势能的计算值不同，但相差一个常数。弹性势能可正可负，弹性力做功亦可负可正。选择弹簧无应力长度处为弹性势能零点得到的表达式最为简洁，且此时弹性力始终做负功，弹性势能始终为正值，这是弹性势能计算时一般默认弹性势能零点为构件无应力长度的原因。③弹性势能曲线的形状并不随坐标系和弹性势能零点的变化而变化。

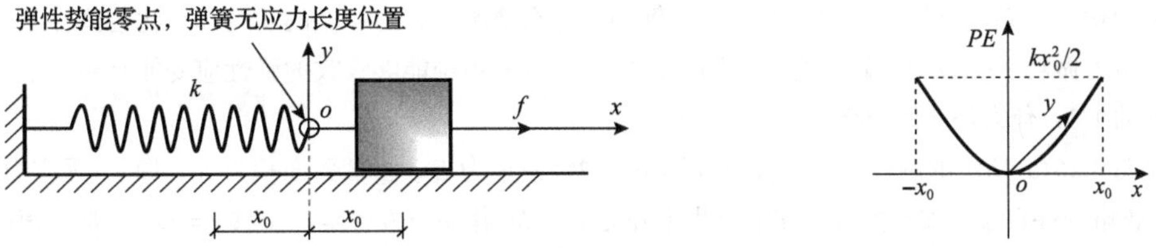

(a) 取坐标原点o为弹性势能零点

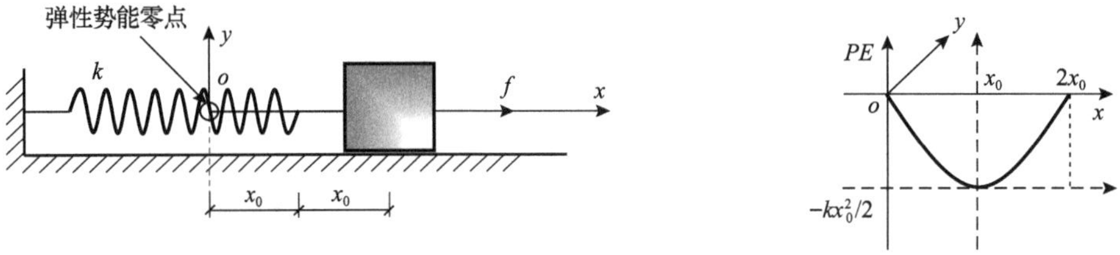

(b) 坐标原点o和弹性势能零点均向左平移x_0

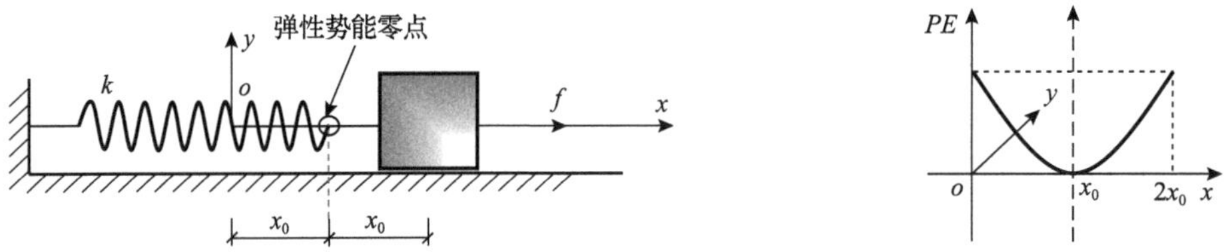

(c) 弹性势能零点不动、坐标原点o向左平移x_0

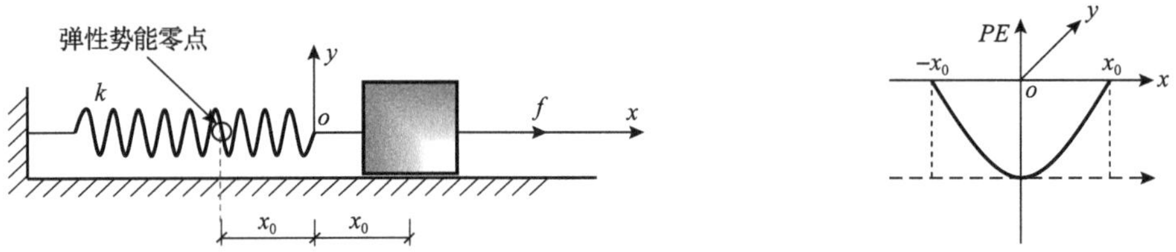

(d) 坐标原点o不动、弹性势能零点向左平移x_0

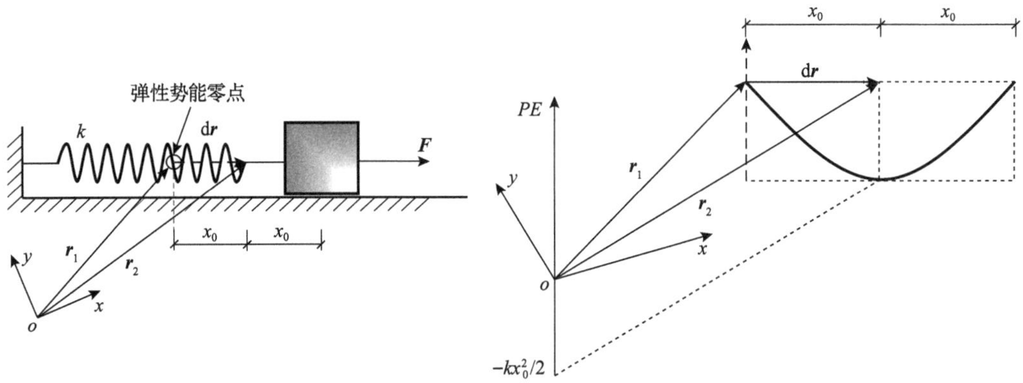

(e) 坐标系随意平移旋转、弹性势能零点向左平移x_0

图 3.25　弹性势能零点和坐标系的关系

例题 3.3　两铰接二力杆(无预应力体系)系如图 3.26(a)所示[21]。本例题目的在于讨论弹性应变能和外力做功的关系以及几何非线性的实质，例如，什么情况下外力所做的功全部转化为弹性系统的应变能，重力做功和一般外力做功有何不同，线性弹性材料系统能够吸收的弹性应变能是否一定等于外力做功的 1/2，什么是几何非线性。

如图 3.26(a)所示的两铰接二力杆对称体系，弹性模量为 E ，横截面面积为 A ，原长(无应力长度)为 l ，忽略构件自重。加载方式：在节点集中外力 $\boldsymbol{F} = f\boldsymbol{e}_2$ 作用下发生竖向位移 $\boldsymbol{r} = \Delta\boldsymbol{e}_2$ 。加载速率：缓慢加载。

解：

几何条件：$\varDelta = l\tan\theta \Rightarrow \mathrm{d}\varDelta = l\sec^2\theta\mathrm{d}\theta$，$\Delta l = \dfrac{l}{\cos\theta} - l \Rightarrow \dfrac{\Delta l}{l} = \dfrac{1-\cos\theta}{\cos\theta}$。

本构关系：线弹性材料 $\sigma = E\varepsilon$。

平衡条件：$f = 2N\sin\theta$，其中 N 为二力杆轴力。

相容条件：两根二力杆通过一个共用节点连接，两根二力杆的共用节点位移相同。

弹性势能：一根二力杆的弹性势能计算如下。

$$\begin{cases} \int_V \boldsymbol{\sigma}\cdot\mathrm{d}\boldsymbol{\varepsilon} = \int_V \sigma\mathrm{d}\varepsilon = \int_V E\varepsilon\mathrm{d}\varepsilon = \dfrac{1}{2}E\varepsilon^2 \times Al\Big|_{\varepsilon_0}^{\varepsilon_\varDelta} = \dfrac{1}{2}E\varepsilon_\varDelta^2 \times Al \\ \varepsilon_\varDelta - \varepsilon_0 = \int_{\varepsilon_0\to\varepsilon_\varDelta} \mathrm{d}\varepsilon = \int_0^\theta \mathrm{d}\left(\dfrac{1-\cos\theta}{\cos\theta}\right) = \sec\theta - 1 \Rightarrow \varepsilon_\varDelta = \sec\theta - 1 \end{cases}$$

$$\Rightarrow \int_V \boldsymbol{\sigma}\cdot\mathrm{d}\boldsymbol{\varepsilon} = \frac{1}{2}EAl(\sec\theta-1)^2 = \frac{1}{2}EAl\left(2+\tan^2\theta - 2\sec\theta\right)$$

因此，两根二力杆总的弹性势能为 $EAl\left(2+\tan^2\theta-2\sec\theta\right)$。

线弹性材料单根二力杆的内力和其伸长量始终是线性关系，无论变化快慢都是成比例的，则由内力做功来度量弹性势能，即

$$\frac{1}{2}N\Delta l = \frac{1}{2}EA\frac{(\Delta l)^2}{l} = \frac{1}{2}EAl\left(\frac{\Delta l}{l}\right)^2 = \frac{1}{2}EAl\left(\frac{1-\cos\theta}{\cos\theta}\right)^2 = \frac{1}{2}EAl\left(2+\tan^2\theta-2\sec\theta\right)$$

两根二力杆乘以 2 后与上面通过积分计算得到的结果相同。

外力做功：

$$\int_0^{\Delta \boldsymbol{e}_2} \boldsymbol{F}\cdot\mathrm{d}\boldsymbol{r} = \int_0^{\Delta \boldsymbol{e}_2} f\boldsymbol{e}_2\cdot\mathrm{d}(\Delta\boldsymbol{e}_2) = \int_0^{\varDelta} f\mathrm{d}\varDelta \overset{f=2N\sin\theta}{=} \int_0^\theta 2N\sin\theta\times l\sec^2\theta\mathrm{d}\theta \overset{N=EA\varepsilon}{=} \int_0^\theta 2EA\varepsilon\sin\theta\times l\sec^2\theta\mathrm{d}\theta$$

$$= \int_0^\theta 2EA\frac{1-\cos\theta}{\cos\theta}\sin\theta\times l\sec^2\theta\mathrm{d}\theta = 2EAl\int_0^\theta \frac{-(1-\cos\theta)}{\cos^3\theta}\mathrm{d}\cos\theta$$

$$= EAl\left(2+\tan^2\theta-2\sec\theta\right) \approx \frac{1}{4}EAl\left(\frac{\varDelta}{l}\right)^4$$

其中，$2\sec\theta = 2\sqrt{1+\tan^2\theta} \overset{\text{泰勒展开}}{=} 2\left(1+\dfrac{1}{2}\tan^2\theta - \dfrac{1}{8}\tan^4\theta + O\left(\tan^6\theta\right)\right) \approx 2+\tan^2\theta - \dfrac{1}{4}\tan^4\theta$，代入上式得 $2+\tan^2\theta-2\sec\theta = \dfrac{1}{4}\tan^4\theta = \dfrac{1}{4}\left(\dfrac{\varDelta}{l}\right)^4$，这与文献[21]的结果一致。

注意到推导过程中引入了平衡条件和本构关系，即上式是在保持系统内外力平衡的条件下外力所做的功，显然外力做功并不等于比例加载下的 $\dfrac{1}{2}f\varDelta = N\varDelta\sin\theta = EA\dfrac{\Delta l}{l}\varDelta\sin\theta = EA\tan\theta(1-\cos\theta)\varDelta \approx \dfrac{1}{2}EA\varDelta\tan^3\theta = \dfrac{1}{2}EA\varDelta\left(\dfrac{\varDelta}{l}\right)^3 = \dfrac{1}{2}EAl\left(\dfrac{\varDelta}{l}\right)^4$ 或 $f\varDelta$（f 若为定常力，如重力），缓慢加载并不意味着比例加载。

比较弹性势能和外力做功的表达式，可见二者相等，即加载过程中若内外力始终保持静平衡，则

外力做功全部转化为应变能，但这只是说明满足静平衡方程是外力做功全部转化为应变能的充分条件。下面再看一下必要条件：若外力做功全部转化为应变能，是否能够得到静平衡方程？

$$
\begin{aligned}
&2\int_V \boldsymbol{\sigma}\cdot \mathrm{d}\boldsymbol{\varepsilon}=\int_0^{\Delta e_2}\boldsymbol{F}\cdot \mathrm{d}\boldsymbol{r}\\
&\Rightarrow 2\int_V \frac{N}{A}\mathrm{d}\left(\frac{\Delta l}{l}\right)=2\int_V \frac{N}{A}\mathrm{d}\left(\frac{1-\cos\theta}{\cos\theta}\right)=2Al\int_0^{\theta}\frac{N}{A}\frac{\sin\theta\cos\theta+\sin\theta(1-\cos\theta)}{\cos^2\theta}\mathrm{d}\theta=\int_0^{\theta}2Nl\frac{\sin\theta}{\cos^2\theta}\mathrm{d}\theta\\
&=\int_0^{\varDelta}f\mathrm{d}\varDelta=\int_0^{\varDelta}f\mathrm{d}\left(l\tan\theta\right)=\int_0^{\theta}fl\sec^2\theta\mathrm{d}\theta\Rightarrow\int_0^{\theta}2Nl\frac{\sin\theta}{\cos^2\theta}-fl\sec^2\theta\mathrm{d}\theta=0\\
&\Rightarrow\int_0^{\theta}\left(2N\sin\theta-f\right)l\sec^2\theta\mathrm{d}\theta=0
\end{aligned}
$$

上式无条件满足的唯一条件是 $2N\sin\theta-f=0$，而这就是静平衡方程，必要性得到证明。因此，静平衡方程时时处处得到满足是外力做功全部转化为弹性应变能的充要条件。

那么，什么是几何非线性？下面以本例题为例进行推导。

$$
\begin{cases}
2\int_V \boldsymbol{\sigma}\cdot \mathrm{d}\boldsymbol{\varepsilon}=2\int_V \frac{N}{A}\mathrm{d}\left(\frac{\Delta l}{l}\right)=\int_0^{\Delta e_2}\boldsymbol{F}\cdot \mathrm{d}\boldsymbol{r}=\int_0^{\varDelta}f\mathrm{d}\varDelta\\
\Delta l=\Delta l\varDelta\Rightarrow \mathrm{d}\left(\Delta l\right)=\frac{\mathrm{d}\left(\Delta l\right)}{\mathrm{d}\varDelta}\mathrm{d}\varDelta
\end{cases}
$$

$$
\begin{aligned}
&\Rightarrow 2Al\int_0^{\varDelta}\frac{N}{Al}\frac{\mathrm{d}\left(\Delta l\right)}{\mathrm{d}\varDelta}\mathrm{d}\varDelta-\int_0^{\varDelta}f\mathrm{d}\varDelta=0\\
&\Rightarrow\int_0^{\varDelta}\left(2N\frac{\mathrm{d}\left(\Delta l\right)}{\mathrm{d}\varDelta}-f\right)\mathrm{d}\varDelta=0\Rightarrow 2N\frac{\mathrm{d}\left(\Delta l\right)}{\mathrm{d}\varDelta}=f
\end{aligned}
$$

而由几何条件可得 $\mathrm{d}\left(\Delta l\right)=l\sin\theta\sec^2\theta\mathrm{d}\theta$，$\mathrm{d}\varDelta=\mathrm{d}\left(l\tan\theta\right)=l\sec^2\theta\mathrm{d}\theta$，所以有 $\dfrac{\mathrm{d}\left(\Delta l\right)}{\mathrm{d}\varDelta}=\sin\theta$，这表明内力和外力之间不是线性比例关系，将其代入上式则得到静平衡方程。因此，几何非线性实质上是单元相对变形与节点位移之间的一阶微分的非线性，由体系当前时刻的拓扑、形状几何决定。此外，本例题中若 θ 很小，则 $\sin\theta\approx\tan\theta=\varDelta/l$，此时才可看成线性体系。

若本例题中节点竖向外力为重力，由于重力为定常力，不会时时处处与内力保持平衡，因此重力做功后必然引起弹性体的速度发生变化，或者说内外力矢量叠加后的不平衡力是引起弹性体可见的运动速度不等于零的原因。因此，完全约束的弹性系统应用牛顿第二定律时可测得的体系外在动量变化率给出的是外力大于内力的部分，但弹性体上外在的主动外力并不等于测得的动量变化率，这是由于弹性体内在的被动内力有做功的本领，若将弹性体看成均匀分布的质点系，各质点有瞬时完成的位移，质点系有内部运动，即弹性体发生了形状改变，此时质点系在内外力共同作用下才在宏观上表现出来。刚体也存在内力，但刚体内力没有做功的本领，即内力不会引起其内部质点的相对位置发生变化，质点系没有内部运动，即刚体没有形状改变，内外力共同作用的时空效应与单独外力作用下相同。因此，刚体、完全自由的弹性体(如自由降落的橡胶球、发生碰撞的台球等)才可直接应用牛顿第二定律。从质点到质点系，牛顿第二定律可以直接应用，但再到完全约束住的弹性体，仅从宏观上片面理解牛顿第二定律就会产生困惑。

图 3.26(b)则是将线弹性二力杆等代为线性弹簧的示意图，单根弹簧的弹性势能与单根二力杆的弹

性势能相等，即

$$\frac{1}{2}k(\Delta l)^2 = \frac{1}{2}N\Delta l \Rightarrow k = \frac{N}{\Delta l} = \left(EA\frac{\Delta l}{l}\right)\Big/\Delta l = \frac{EA}{l}$$

$\frac{EA}{l}$ 是二力杆的轴向拉压线刚度，即弹簧的弹性系数 k。

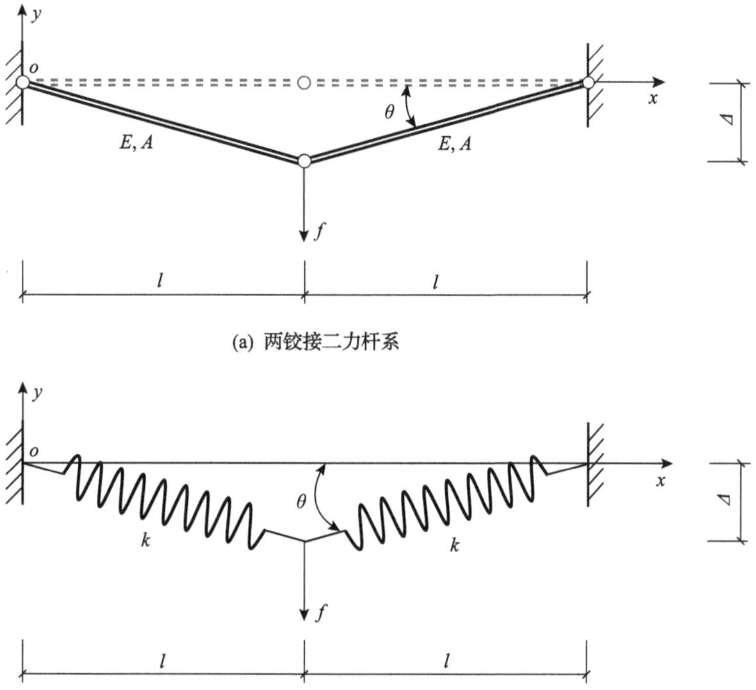

(a) 两铰接二力杆系

(b) 弹簧模型

图 3.26　两铰接二力杆系及其弹簧模型

3.5.2　物体机械运动的能量泛函及其变分原理

从牛顿力学到欧拉方程即拉格朗日力学，再由勒让德变换(Legendre transformation)到哈密顿力学，经典力学在确定性问题的分析中取得了巨大的成就，然而在非确定性问题(如非线性混沌、随机问题)的解释和预测方面不是十分令人满意。近代力学更关注微观、高速物质的运动规律，业已根深叶茂、蓬勃发展。表 3.3 对经典力学和近代力学做了初步的比较。实际工程问题纷繁复杂，结构工程师需要透过现象洞察本质，在长期工程实践应用中不断丰富、发展和检验力学基础理论的正确性和适用范围。

应用泛函分析的目的在于揭示目标泛函的变化规律，经典力学中一般通过构造能量泛函、求变分得出泛函极值条件进而求解方程或方程组来解决实际工程问题。表 3.4 先不加证明地给出固体力学中单变量(即一类变量)、二类变量和三类变量的构造泛函[22-24]，例题 3.4 以悬挂的线性弹簧振子为例，对单变量、二类变量和三类变量工程应用上的区别做了简单说明。

表 3.3　经典力学与近代力学的比较

	经典力学		近代力学
适用范围	低速运动物体——时空分离		高速运动物体——时空耦合
数学表述	线性理论	非线性理论	
基本假设	小变形、小位移	大变形、大位移——有限变形	
研究对象	梁柱、板壳——线、面和体	质点——点	
力学分支	理论力学、材料力学、结构力学、弹性力学	连续介质力学、宏观统计力学	微观统计力学、量子力学
积分方程	(一维+一维)、(二维+一维)和(三维+一维)	三维+一维	四维或以上
积分顺序	先平面积分——引入平截面假定，后线积分	先空间积分，后时间积分	时间不再独立，质量不再守恒
力学描述	弹性力学坐标描述，如截面内力、转角等	相对坐标或绝对坐标描述	
度量尺度	宏观	宏观	微观
变形描述	伸长、转角等	变形梯度(一阶泰勒展开)	
参考构形	平衡关系建立在零状态几何上——变形前； 相容关系建立在荷载态几何上——变形后	平衡关系和相容关系均建立在同一构形上——与时刻有关	与时间有关
物理基础	牛顿三大定律		狭义和广义相对论

表 3.4　固体力学中的变分原理

类型		单变量		二类变量[23]	三类变量[24]
原理		势能原理	余能原理	Hellinger-Reissner 原理	Hu-Washizu 原理
方法		矩阵位移法	矩阵力法	杂交元	混合元
基本物理场		位移场	应力场	应力场和位移场	应力场、应变场和位移场
泛函		$\Pi_{\mathrm{P}}^{e}=\int_{V^e}\left(\frac{1}{2}\boldsymbol{\varepsilon}^{\mathrm{T}}\boldsymbol{C}\boldsymbol{\varepsilon}-\boldsymbol{p}^{\mathrm{T}}\boldsymbol{u}\right)\mathrm{d}V-\int_{S_\sigma^e}\boldsymbol{T}^{\mathrm{T}}\boldsymbol{u}\mathrm{d}S$	$\Pi_{\mathrm{C}}^{e}=\int_{V^e}B(\sigma_{ij})\mathrm{d}V-\int_{S_\sigma^e}\boldsymbol{T}^{\mathrm{T}}\boldsymbol{u}\mathrm{d}S$ $B(\sigma_{ij})=\frac{1}{2}S_{ijkl}\sigma_{ij}\sigma_{kl}$	$\Pi_{\mathrm{R}}^{e}=\int_{V^e}\left[\frac{1}{2}\left(u_{i,j}+u_{j,i}+u_{k,i}u_{k,j}\right)\sigma_{ij}-B(\sigma_{ij})\right]\mathrm{d}V-\int_{S_\sigma^e}\boldsymbol{T}^{\mathrm{T}}\boldsymbol{u}\mathrm{d}S$ $B(\sigma_{ij})=\frac{1}{2}S_{ijkl}\sigma_{ij}\sigma_{kl}$	$\Pi_{\mathrm{HW}}^{e}=\int_{V^e}\left[\frac{1}{2}\boldsymbol{\varepsilon}^{\mathrm{T}}\boldsymbol{C}\boldsymbol{\varepsilon}-\boldsymbol{\sigma}^{\mathrm{T}}\boldsymbol{\varepsilon}+\boldsymbol{\sigma}^{\mathrm{T}}(\boldsymbol{D}\boldsymbol{u})-\boldsymbol{p}^{\mathrm{T}}\boldsymbol{u}\right]\mathrm{d}V-\int_{S_\sigma^e}\boldsymbol{T}^{\mathrm{T}}\boldsymbol{u}\mathrm{d}S$
自变函数	选择	节点位移	单元应力	单元应力和节点位移	单元应力、单元应变和节点位移
	坐标系	整体坐标系	单元局部坐标系	单元局部坐标系和整体坐标系	单元局部坐标系和整体坐标系
	描述对象	节点	单元	单元、节点	单元、节点
	满足条件	节点相容条件、本构关系和边界条件	单元局部平衡条件、本构关系和边界条件	单元局部平衡条件、本构关系和边界条件	单元局部平衡条件、边界条件
求解方程性质		整体平衡方程	整体相容方程	整体平衡方程+相容方程	整体平衡方程+相容方程+本构方程
系数矩阵特点		对称	不对称	对称	一般不对称
最成熟的应用		等参元、各类结构	杆系结构	杂交应力元、板壳结构	混合元
缺点		应力场不连续	位移场不连续，两步求解	外荷载做功项采用节点位移，单元应力参数选择	整体宏观和局部微观物理量同时求解，刚体无应变

例题 3.4 竖向弹簧振子如图 3.27 所示，弹簧悬挂一质量为 m 的重物，线刚度系数为 k，忽略弹簧的自重。取坐标系原点 o 和弹性势能零点均为弹簧的无应力长度。振子在各种阻尼的作用下会逐渐趋于静止，试采用最小势能原理给出弹簧的静力平衡位置。

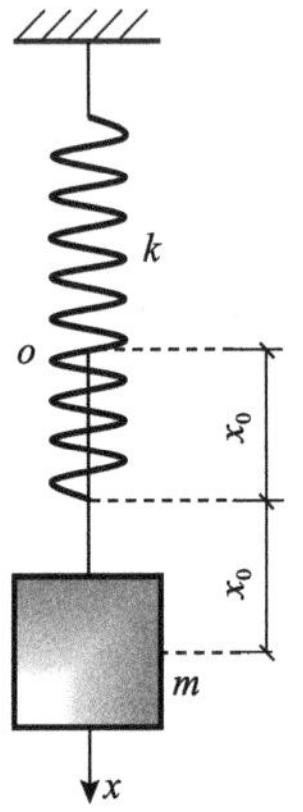

图 3.27 竖向弹簧振子

解：本例题目的在于理解最小势能原理，即一类变量的变分原理，并初步给出一类和三类变分原理的区别。

构造势能泛函即一类变量泛函，即

$$\pi_1 = \frac{1}{2}kx^2 - mgx$$

求势能泛函的变分，即

$$\delta\pi_1 = 0 \Rightarrow \delta\left(\frac{1}{2}kx^2 - mgx\right) = 0 \Rightarrow (kx - mg)\delta x = 0$$

由 δx 的任意性可得

$$kx - mg = 0 \Rightarrow x_0 = mg/k$$

这是一类变量势能泛函变分的主要用途：在弹簧无应力几何长度已知的前提下，势能泛函的变分给出了弹簧静平衡位置，即弹簧的变形值或重物形心的位移。

下面再讨论二类或三类变量的泛函，若将弹簧的内力 $f = kx$ 和弹簧端点的位移看成独立的二类变量，此时势能泛函为

$$\pi_2 = \frac{1}{2}fx - mgx$$

求该势能泛函的变分，即

$$\begin{cases} \dfrac{\delta\pi_2}{\delta x} = 0 \Rightarrow \dfrac{1}{2}f - mg = 0 \Rightarrow f = 2mg \\ \dfrac{\delta\pi_2}{\delta f} = 0 \Rightarrow \dfrac{1}{2}x = 0 \Rightarrow x = 0 \end{cases}$$

这里给出两个位置并非弹簧的静力平衡位置，显然与实际情况不符，这是什么原因？本书作者认为解决实际工程问题时，二类或三类变量泛函的构造并不是任意的，不可以套用一类变量的泛函形式。本例题采用文献[24]三类变量的变分原理，即 Hu-Washizu 原理就可以得出正确的结果。

忽略体力和面力等边界条件，三类独立变量 $\boldsymbol{\sigma}$ 、$\boldsymbol{\varepsilon}$ 、$\boldsymbol{u}$ 的构造泛函形式如下[23]：

$$\pi_3 = \int_V \frac{1}{2}\boldsymbol{\varepsilon}^{\mathrm{T}}\boldsymbol{C}\boldsymbol{\varepsilon} - \boldsymbol{f}^{\mathrm{T}}\boldsymbol{u} - \boldsymbol{\sigma}^{\mathrm{T}}(\boldsymbol{\varepsilon} - \boldsymbol{D}\boldsymbol{u})\mathrm{d}V$$

具体到本例题 $\boldsymbol{C} \to E, \boldsymbol{f} \to mg/Al_0, \boldsymbol{\sigma} \to f/A, \boldsymbol{\varepsilon} \to \Delta l/l_0, \boldsymbol{D} \to 1/l_0$ ，u 为弹簧端点的位移，l_0 为弹簧的无应力长度，E 为材料的弹性模量，A 为将弹簧等代为二力杆的横截面面积，代入上式可得

$$\pi_3=\frac{1}{2}E\left(\frac{\Delta l}{l_0}\right)^2\times Al_0-mgu-\frac{f}{A}\left(\frac{x}{l_0}-\frac{u}{l_0}\right)\times Al_0=\frac{1}{2}\frac{EA}{l_0}(\Delta l)^2-mgu-f(\Delta l-u)$$

求上述构造泛函的变分，即

$$\begin{cases}\dfrac{\delta\pi_3}{\delta(\Delta l)}=0\Rightarrow\dfrac{EA}{l_0}\Delta l-f=0\\ \dfrac{\delta\pi_3}{\delta u}=0\Rightarrow mg-f=0\\ \dfrac{\delta\pi_3}{\delta f}=0\Rightarrow\Delta l-u=0\end{cases}$$

第一式是弹簧本身的本构关系，本例题 $\Delta l=x$，$\dfrac{EA}{l_0}=k$，因此第一式等价于 $f=kx$；

第二式是平衡条件，$f=mg\Rightarrow kx=mg\Rightarrow x_0=mg/k$；

第三式是相容条件，$\Delta l-u=0\Rightarrow x=u$。

本例题表明：一类变量势能泛函的变分可得出静平衡条件，三类变量的构造泛函也可以得出静平衡条件，但一、三类变量的构造泛函形式不同，一般不可以直接将一类变量的构造泛函看成二类或三类变量的构造泛函。工程问题构造泛函的变分必须与客观条件相一致，包括本构关系、平衡条件和相容条件。因为无论构造泛函还是不构造泛函，这些材料力学性能、体系几何构成和物体运动的客观规律都是客观存在的，都可以由实验、形状几何和拓扑关系直接给出。物体运动的能量泛函及其变分原理是解决工程问题最为基本的方法，具有简单、直接和普适等优点。

若尝试对固体力学中能量泛函变分原理的发展进行评述，本书作者认为至少包括但不限于如下几点：①表 3.4 给出的能量泛函默认工程结构的初始拓扑、形状几何已知，即被描述物体的初始几何已知，若工程结构的拓扑、形状几何未知待求，即泛函的初始积分对象未知、可变或物体本身是自变函数情况下，是否仍然可以采用这些已知的能量泛函？这将在 3.6 节以及本书第 5 章形态生成问题中进一步讨论。②分类变量对应各类不同的物理场，工程泛函的极值条件对应各物理场本身和相互之间需满足的客观规律。因此，工程泛函特别是多类变量泛函的构造并不是完全任意的，有时可能是非常困难的，其难点并非在于构造泛函的方法，如拉格朗日乘子法，而是对各物理场本身和相互之间遵循的客观规律的认识。三类变量构造泛函也仅包含应力、应变和位移共三类物理场，若将温度场、风压场和电磁场等其他性质的物理场看成独立的变量，泛函的构造形式会怎样？这是力学中多场耦合分析的基础。③任何力学规律都需要合适的数学语言进行描述[25-27]，任何工程问题都应有其简化的数学模型，如工程泛函，对结构工程师而言，迄今为止好用的能量泛函并不多，如势能、余能、广义的势能和广义的余能等，这既说明了能量泛函宽广的适用范围，又暗示了目前人们对力学规律认识的局限性，即使是弹塑性力学的变分原理，也仍然具有广阔的发展前景。④工程泛函的变化规律也可以通过大量的、全面的计算来揭示，如各种工程优化的方法和大数据样本分析。但是，若一个工程问题只能采用优化的方法来解决，这可能意味着该工程问题基础理论的欠缺或泛函构造还不十分完善或缺乏相应的数学语言来描述等。

3.5.3 物体运动分析问题的多样性、客观性

物体运动分析问题的多样性如表 3.5 所示，固体力学中解决的仅仅是很少一部分问题。表 3.4 中固体力学中积分形式的工程泛函从单变量到三类变量，泛函的构造逐步放松了对约束条件或客观条件的要求，泛函的适用范围也逐渐扩大。表 3.4 中给出的工程泛函还有一个默认的前提，即运动物体的初始状态包括拓扑几何、形状几何、材料、体力、面力、边界条件等是已知的，这与固体力学范畴中大部分工程问题(如结构计算分析)是符合的。但是，许多工程问题并不具备这一前提，如湍流、树叶的生长和分子的运动以及本书第 5 章讨论的第Ⅰ～Ⅳ类形态生成问题等。

表 3.5　物体运动分析问题的多样性

描述	特征	多样性	备注
空间	材料	种类、数量、分布；各向同性、各向异性；相变、相不变；均质、非均质	
	拓扑几何	同胚、同伦、同痕	
	形状几何	规则、自由；一维、二维、三维、n 维；平面、凹凸	
	应力	均匀、不均匀；正、负；单向、平面、空间	应力场
	应变	大、小；弹性、塑性；正、负	应变场
	位移	平动、转动；大位移、小位移	位移场
	外力	缓慢、瞬时；集中、均布；体力、面力；有势、无势	外力场
	边界	固定、不固定；规则、不规则；有界、无界	约束条件
	环境	吸引、排斥；宏观、微观；耦合、分离；耗散与聚集	其他物理场
时间	速度	低速、高速；匀速、变速	速度场
	时变性	定常、非定常	
	生命性	有、无；生长消亡；遗传变异；组合分解	
	确定性	线性、非线性、随机；唯一单调、涨落多解、自由无序	

如图 3.28 所示，势能泛函的变分给出平衡方程，余能泛函的变分得到相容方程，

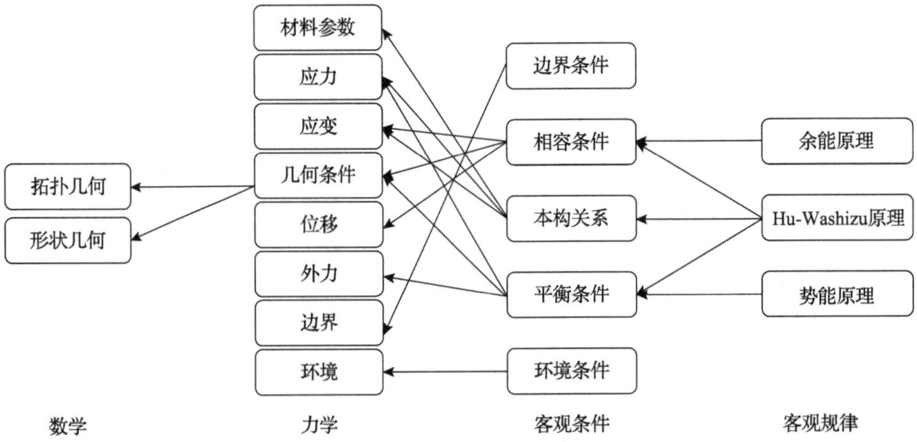

图 3.28　物体机械运动的物理量及其相互联系

Hu-Washizu 泛函的变分可同时获得相容方程、平衡方程和本构关系，这表明工程泛函的构造具有客观性，有几类自变函数就会给出几个客观条件。

3.5.4　物体机械运动的能量泛函变分原理

例题 3.4 比较简单，在给出能量泛函变分原理严格的数学证明之前，我们不妨先看一下预应力体系中势能原理和余能原理在大位移情况下不那么简单的一个例题。

例题 3.5　我们想当然地认为大位移小应变的余能原理存在且与小位移小应变情况下的形式一致。然而，有限变形理论在大位移情况下的余能原理问题上碰到了困难[28-30]，这无论如何都是令人沮丧但又不得不承认的事实。其次，预应力体系在使用阶段中，大位移小应变情况下的余能原理与相容条件是否等价？预应力两铰接二力杆系如图 3.29 所示，为线弹性材料。预应力体系在使用阶段中大位移小应变的势能原理与平衡条件的等价性是否仍然成立？余能原理呢？

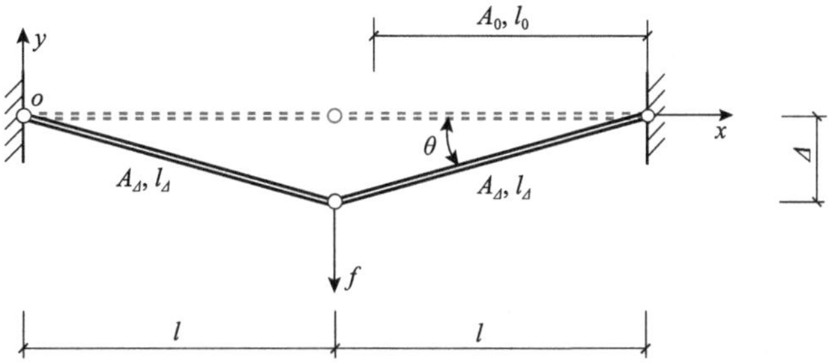

图 3.29　预应力两铰接二力杆系

分析这一初状态几何已知的预应力体系具备的客观条件如下。

几何条件：$l = l_\Delta \cos\theta$ 或 $l_\Delta = l\sec\theta$ 。

平衡条件：$2N_\Delta \sin\theta = f$ 。

相容条件：$l\tan\theta = \Delta$ 或 $l_\Delta \sin\theta = \Delta \Rightarrow l_\Delta - l = \left(\dfrac{1}{\sin\theta} - \dfrac{1}{\tan\theta}\right)\Delta = \dfrac{1-\cos\theta}{\sin\theta}\Delta = \dfrac{\sin\theta}{1+\cos\theta}\Delta$ 。

本构关系：各向同性线弹性材料，若采用工程应力和工程应变，则 $\sigma = E\varepsilon$ ，若采用完全拉格朗日描述下的第二类 Piola-Kirchhoff 应力和 Green-Lagrange 应变，则 $\sigma_{11} = cE_{11}$ 。

(1) 大位移小应变情况下预应力体系的势能泛函为

$$\pi_P = \int_V \int_{\varepsilon_{\text{initial}}}^{\varepsilon_\Delta} \sigma \mathrm{d}\varepsilon \mathrm{d}V - \int_0^\Delta f \mathrm{d}\Delta + \pi_0$$

其中，$\mathrm{d}\varepsilon = \mathrm{d}(\varepsilon_{\text{initial}} + \Delta\varepsilon) = \mathrm{d}(\Delta\varepsilon) = \mathrm{d}\left(\dfrac{l_\Delta - l}{l_0}\right) = \mathrm{d}\left(\dfrac{l\sec\theta - l}{l_0}\right) = \dfrac{l\sec\theta\tan\theta}{l_0}\mathrm{d}\theta$ ，$\mathrm{d}(\varepsilon_{\text{initial}}) = 0$ ，即初状态几何上杆内的预应变不随 θ 变化而变化，杆件无应力长度 l_0 同样如此，注意这里利用了工程应变的定义。$\mathrm{d}\Delta = \mathrm{d}(l\tan\theta) = l\sec^2\theta\mathrm{d}\theta$ ，注意这里利用了相容条件；π_0 为初状态几何上引入的自应变能，本例题假定 $\mathrm{d}(\pi_0) = 0$ 。

两根二力杆共用节点竖向位移从 $0 \to \Delta$ 阶段对应预应力体系的使用阶段，此时有

$$\int_V \int_{\varepsilon_{\text{initial}}}^{\varepsilon_\Delta} \sigma \mathrm{d}\varepsilon \mathrm{d}V = 2A_0 l_0 \int_{\varepsilon_{\text{initial}}}^{\varepsilon_\Delta} \sigma \mathrm{d}\varepsilon = 2A_0 l_0 \int_0^\theta \sigma \frac{l\sec\theta\tan\theta}{l_0}\mathrm{d}\theta ,\quad \int_0^\Delta f\mathrm{d}\Delta = \int_0^\theta fl\sec^2\theta\mathrm{d}\theta$$

求总势能的一阶微分，得到

$$\frac{\mathrm{d}\pi_P}{\mathrm{d}\theta}=0\overset{V=V_0}{\Rightarrow}2A_0l_0\sigma\frac{l\sec\theta\tan\theta}{l_0}-fl\sec^2\theta=0\Rightarrow\frac{2A_0l_0\sigma\dfrac{l\sec\theta\tan\theta}{l_0}}{l\sec^2\theta}-f=0$$
$$\Rightarrow 2A_0\sigma\sin\theta-f=0\Rightarrow 2N_\Delta\sin\theta=f$$

这是静平衡条件，其中 $A_0\sigma=N_\Delta$ 采用工程应力的定义。上述推导说明大位移小应变情况下，即使采用工程应力应变势能原理，也可以给出静平衡条件，这一点与小位移小应变情况下并没有什么不同，注意上述推导并未涉及材料本构关系。

采用有限变形理论中完全拉格朗日描述下第二类Piola-Kirchhoff应力和Green-Lagrange应变会怎样？

对于二力杆，第二类 Piola-Kirchhoff 应力 $\sigma=\frac{l_0}{l_\Delta}\frac{N_\Delta}{A_0}$，Green-Lagrange 应变 $E=\frac{l_\Delta^2-l_0^2}{2l_0^2}$，则应变能密度为

$$\int_{E_{\text{initial}}}^{E_\Delta}\sigma\mathrm{d}E=\int_{E_{\text{initial}}}^{E_\Delta}\frac{l_0}{l_\Delta}\frac{N_\Delta}{A_0}\mathrm{d}\left(\frac{l_\Delta^2-l_0^2}{2l_0^2}\right)=\int_{E_{\text{initial}}}^{E_\Delta}\frac{l_0}{l_\Delta}\frac{N_\Delta}{A_0}\times\frac{2l_\Delta}{2l_0^2}\mathrm{d}l_\Delta=\frac{1}{A_0l_0}\int_{E_{\text{initial}}}^{E_\Delta}N_\Delta\mathrm{d}l_\Delta=\frac{1}{A_0l_0}\int_{E_{\text{initial}}}^{E_\Delta}N_\Delta l\sec\theta\tan\theta\mathrm{d}\theta$$

因此，有

$$\frac{\mathrm{d}\pi_P}{\mathrm{d}\theta}=0\Rightarrow\frac{\dfrac{2V}{A_0l_0}N_\Delta l\sec\theta\tan\theta}{l\sec^2\theta}-f=0\Rightarrow 2N_\Delta\sin\theta-f=0$$

结果相同，这表明只要采用应变能共轭的应力应变对，引入相容条件，则大位移小应变情况下预应力体系的势能原理可顺利推导且不涉及材料本构关系，应变能可以零状态几何作为势能零点(即应力应变的定义中采用无应力长度和截面面积)。

(2)大位移小应变情况下的余能原理是否与小位移小应变情况下的余能原理形式相同并等价于相容条件？对此，有如下几点疑问：

①共轭的应力应变对在计算应变能或应变能率方面是等价的，但有限变形理论未给出或未检验这些应力应变对在计算余应变能时是否正确。

②如果余能和势能都假定为单变量的泛函，那么它们之间存在分部积分恒等式，条件是被积函数连续且都是某一独立变量的函数。因此，余能的基本表达式要么是其密度函数的积分，要么是分部积分形式。余能的定义是否有问题？单变量的余能原理是否不存在？或者说这个问题本身就是错误的？

③应变能指的是材料本身储存的一部分能做弹性功的能量，与低速运动物体的刚体位移(包括平动和转动)无关，那么余应变能呢？

外力余能和内力余能的定义[28]如下。

外力功和余功：设一结构受外力 $\boldsymbol{p}_1,\boldsymbol{p}_2,\boldsymbol{p}_3,\cdots,\boldsymbol{p}_i,\cdots$ 的作用，施力点的位移为 $\boldsymbol{\Delta}_1,\boldsymbol{\Delta}_2,\boldsymbol{\Delta}_3,\cdots,\boldsymbol{\Delta}_i,\cdots$。此结构因外力作用而内部储存的应变能 W 应当和外力所做的功相等，故

$$W=\sum_i\int_0^{\Delta_i}\boldsymbol{p}_i\cdot\mathrm{d}\boldsymbol{\Delta}_i$$

外力在作用前后，总势能的减少是 $\sum_i\boldsymbol{p}_i\cdot\boldsymbol{\Delta}_i$，其中一部分即变成应变能 W 储存在结构的内部，其余的部分称为外力余能，根据这个定义，其表达式为

$$U_{\mathrm{e}}=\sum_{i}\left(\boldsymbol{p}_{i}\cdot\boldsymbol{\varDelta}_{i}-\int_{0}^{\varDelta_{i}}\boldsymbol{p}_{i}\cdot\mathrm{d}\boldsymbol{\varDelta}_{i}\right)=\sum_{i}\int_{0}^{p_{i}}\boldsymbol{\varDelta}_{i}\cdot\mathrm{d}\boldsymbol{p}_{i}$$

内力余能：

$$U_{\mathrm{i}}=\sum_{V_i}\int_{0}^{\sigma}\boldsymbol{\varepsilon}\cdot\mathrm{d}\boldsymbol{\sigma}=\iiint u_{i}\mathrm{d}x\mathrm{d}y\mathrm{d}z$$

以上为文献[28]中关于内、外力余能的描述，其中 u_i 为内力余能密度，外力余能实际上是外力余功，内力余能即材料的余应变能。

注意相容条件是指节点位移引起的杆件变形之间的大位移几何关系，这是物体运动的客观条件，不因应力应变的定义不同而变化，也与材料属性无关。

图 3.30 中，由初等几何知识弦切角等于圆心角的一半可知，$\angle A'AA''=1/2\times\angle A''BA=\theta/2$，再由正弦定理可得

$$\frac{l_{\varDelta}-l}{\sin\angle A'AA''}=\frac{\varDelta}{\sin\angle AA''A'}\Rightarrow\frac{l_{\varDelta}-l}{\sin(\theta/2)}=\frac{\varDelta}{\sin\left[\pi-\theta/2-(\pi/2-\theta)\right]}\Rightarrow\frac{l_{\varDelta}-l}{\sin(\theta/2)}=\frac{\varDelta}{\cos(\theta/2)}\Rightarrow l_{\varDelta}-l=\varDelta\tan(\theta/2)$$

此即该算例的大位移相容条件。

再将几何条件 $l=l_{\varDelta}\cos\theta$ 代入，可得

$$\begin{aligned}&l_{\varDelta}-l=\varDelta\tan(\theta/2)\Rightarrow l_{\varDelta}(1-\cos\theta)=l_{\varDelta}\times2\sin^{2}(\theta/2)=\varDelta\tan(\theta/2)\\&\Rightarrow l_{\varDelta}2\sin(\theta/2)\cos(\theta/2)=\varDelta\Rightarrow l_{\varDelta}\sin\theta=\varDelta\Leftrightarrow l\tan\theta=\varDelta\end{aligned}$$

因此，该算例的大位移相容条件可表示为不同的几何关系式。

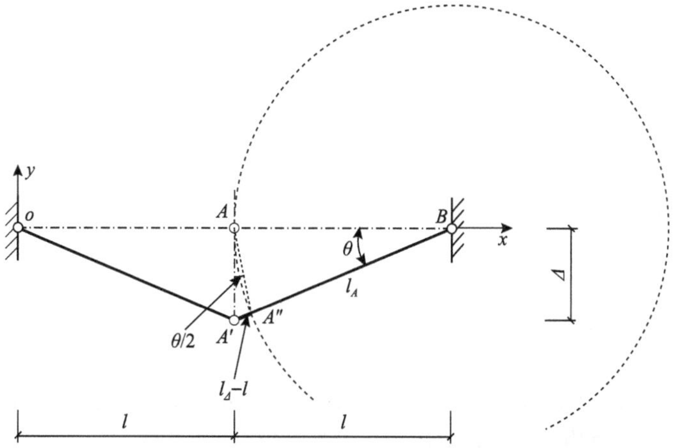

图 3.30　节点位移与杆件变形的相容条件

验证推导 1：采用第一类 Piola-Kirchhoff 应力和位移梯度张量[29,30]，若变形梯度张量记为 $\dfrac{\partial^{t}\boldsymbol{x}}{\partial^{0}\boldsymbol{x}}$，则位移梯度张量等于 $\dfrac{\partial^{t}\boldsymbol{x}}{\partial^{0}\boldsymbol{x}}-\boldsymbol{I}$，其中，$\boldsymbol{I}$ 为 3×3 单位矩阵(平面二维为 2×2)。对一维二节点杆单元而言，在小位移小应变情况下，位移梯度张量退化为工程应变 $\dfrac{l_{\varDelta}}{l_{0}}-1$，那么在大位移小应变情况下是否如此？由极分解[31]或和分解[32-35]可知，位移梯度张量包括微元的转动和形变，因此文献[31]认为大位移情况

下余能的计算包含转动项。

以初状态几何作为参考位形，取杆件 OA' 上任意一点，建立变形前后坐标关系，从而求得位移梯度张量，即

$$\begin{cases} {}^t x = {}^0 x \\ {}^t y = {}^0 y - {}^0 x \tan\theta \\ {}^t z = {}^0 z = 0 \end{cases} \Rightarrow \frac{\partial {}^t \boldsymbol{x}}{\partial {}^0 \boldsymbol{x}} - \boldsymbol{I} = \begin{bmatrix} 1 & 0 & 0 \\ -\tan\theta & 1 & 0 \\ 0 & 0 & 1 \end{bmatrix} - \begin{bmatrix} 1 & 0 & 0 \\ 0 & 1 & 0 \\ 0 & 0 & 1 \end{bmatrix} = \begin{bmatrix} 0 & 0 & 0 \\ -\tan\theta & 0 & 0 \\ 0 & 0 & 0 \end{bmatrix}$$

可见，大位移小应变情况下的位移梯度张量并不等于工程应变。

第一类 Piola-Kirchhoff 应力定义为 t 时刻位形上横截面内力矢量与 0 时刻位形上有向面元比值的极限，如图 3.31 所示，注意当二者方向不一致时，不可以想当然地采用标量值来代替，这里体现了大位移的影响。另外，本例题轴向受力构件各点承受均匀的拉应力。由图 3.31 可知

$${}^0\boldsymbol{n}_i = \begin{pmatrix} 1 \\ 0 \\ 0 \end{pmatrix} \Rightarrow {}^0 n_i \, {}^0\boldsymbol{S}_i = 1 \times \begin{pmatrix} {}^0S_{11} \\ {}^0S_{21} \\ {}^0S_{31} \end{pmatrix} + 0 \times \begin{pmatrix} {}^0S_{12} \\ {}^0S_{22} \\ {}^0S_{32} \end{pmatrix} + 0 \times \begin{pmatrix} {}^0S_{13} \\ {}^0S_{23} \\ {}^0S_{33} \end{pmatrix} = \begin{pmatrix} {}^0S_{11} \\ {}^0S_{21} \\ {}^0S_{31} \end{pmatrix}$$

$${}^t\boldsymbol{F} = N_\varDelta \begin{pmatrix} \cos\theta \\ -\sin\theta \\ 0 \end{pmatrix} = N_\varDelta \cos\theta \cdot \boldsymbol{e}_1 + N_\varDelta \sin\theta \cdot \boldsymbol{e}_2 + 0 \cdot \boldsymbol{e}_3$$

$${}^0\boldsymbol{S}_{{}^0\boldsymbol{n}} = \lim_{\Delta {}^0 A \to 0} \frac{\Delta {}^t\boldsymbol{F}}{\Delta {}^0 A} = \frac{N_\varDelta}{A_{\text{initial}}} \begin{pmatrix} \cos\theta \\ -\sin\theta \\ 0 \end{pmatrix}$$

再由式(3.77)可知 ${}^0\boldsymbol{S}_{{}^0\boldsymbol{n}} = {}^0 n_i \, {}^0\boldsymbol{S}_i$，得到

$${}^0S_{11} = \frac{N_\varDelta}{A_{\text{initial}}} \cos\theta, \quad {}^0S_{21} = \frac{N_\varDelta}{A_{\text{initial}}} \sin\theta, \quad {}^0S_{31} = 0$$

将 ${}^0S_{ij}$ 记作张量形式为

$$\frac{N_\varDelta}{A_{\text{initial}}} \begin{bmatrix} \cos\theta & -\sin\theta & 0 \\ -\sin\theta & 0 & 0 \\ 0 & 0 & 0 \end{bmatrix}$$

采用文献[28]中的余能表达式，(令 π_{C0} 为初状态几何上引入的自余应变能，假设 $\mathrm{d}(\pi_{\text{C0}}) = 0$)，假设线弹性材料不可压缩，利用对称性，则有

$$\pi_{\text{C}} = \int_V \int_{\sigma_{\text{initial}}}^{\sigma_\varDelta} \left({}^t x_{i,j} - \delta_{ij} \right) \mathrm{d}\, {}^0 S_{ij} \mathrm{d}V - \int_0^f \varDelta \mathrm{d}f + \pi_{\text{C0}} = 2 A_{\text{initial}} l_{\text{initial}} \int_{N_{\text{initial}}}^{N_\varDelta} \tan\theta \mathrm{d}\left(\frac{N_\varDelta \sin\theta}{A_{\text{initial}}} \right) - \int_0^f \varDelta \mathrm{d}f + \pi_{\text{C0}}$$

$$= \int_{N_{\text{initial}}}^{N_\varDelta} l \tan\theta \mathrm{d}\left(2N_\varDelta \sin\theta \right) - \int_0^f \varDelta \mathrm{d}f + \pi_{\text{C0}}$$

利用平衡条件 $2N_\varDelta \sin\theta = f \Rightarrow \mathrm{d}\left(2N_\varDelta \sin\theta\right) = \mathrm{d}f$，代入上式，然后两端求微分得

$$\frac{\mathrm{d}\pi_{\text{C}}}{\mathrm{d}f} = 0 \Rightarrow l \tan\theta = \varDelta$$

此即相容条件。至此，预应力体系在使用阶段中，大位移小应变情况下的余能原理得以验证。

初步归纳如下：①大位移小应变情况下单变量的余能原理存在且形式上与小位移小应变情况下相同，等价于大位移情况下的相容条件。②第一类 Piola-Kirchhoff 应力与位移梯度张量是余应变能共轭的应力应变对。第二类 Piola-Kirchhoff 应力与 Green-Lagrange 应变可能并不是余应变能共轭的，对此本书作者尝试推导失败，究其原因，在于第二类 Piola-Kirchhoff 应力的变分对大位移的考虑失真，即虚应力不满足平衡条件。③大位移小应变情况下单变量余能原理的推导不涉及材料本构关系。④体系平衡条件中的左端项即内应力场与位移项的耦合包含物体变形前后位形的变化，不是纯粹的内外力之间的关系，而应当将其整体上看成外力矢量场的函数，这样余应变能方可看成外力矢量场这一单变量的泛函。其中，第一类 Piola-Kirchhoff 应力的定义中包含了大位移(变形前后参考位形的变化)的影响。另外，注意预应力体系余能的计算应以初状态几何为参考位形，而应变能的计算还可以零状态几何等为参考位形。⑤动量矩守恒或力矩平衡条件隐含在应力和应变的定义之中。⑥本例题中初状态几何上引入的自应变能与自余应变能均假定不随形状几何的变化而变化，若体系自平衡状态不稳定(本例题二力杆均受压的情况)，则这一假定可能并不成立。

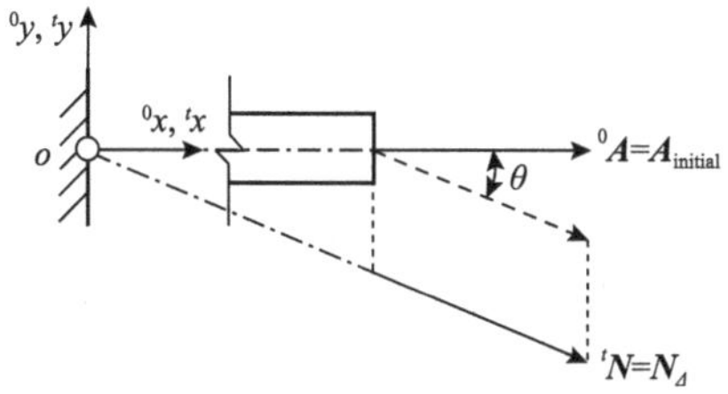

图 3.31　第一类 Piola-Kirchhoff 应力的定义示意

例题 3.5 的目的在于考察大位移情况下势能原理和余能原理这两个一类变量能量泛函的构造和可能存在的问题。另外，该例题铰接杆件简化为单一方向且均匀应力状态，推导过程中采用标量微分，若应力场不再是一个单一标量就可描述的情况，而是一般的场函数，则应采用变分。泛函极值问题是变分方法的主要研究内容，下面将由浅入深逐步讲述变分的基本思想、拉格朗日乘子法以及大位移情况下势能原理和余能原理充分性和必要性的严格证明。

值得指出的是，平衡方程和相容方程也可以直接建立而不必采用变分原理，然而对变分原理的孜孜以求并非是多余的，一般固体力学问题的微分/偏微分方程与其变分原理的等价性是以严格的光滑连续性假设为前提的。变分原理反映的是宏观整体上的自然规律，对连续性、边界的要求没有微分/偏微分方程那么高，可描述间断场和自由边界问题，极值变分问题离散后可直接转化为数学规划问题。

1. *变分方法*[36]

变分方法中欧拉方程的推导并不复杂，具体如下：

已知固定边界条件最简泛函为 $\int_{x_0}^{x_1} F\left(x, y(x), y'(x)\right)\mathrm{d}x$，边界条件为 $y(x_0)=y_0$，$y(x_1)=y_1 \Rightarrow \delta\left(y(x_0)\right)=0$，$\delta\left(y(x_1)\right)=0$。这里 $y'(x)=\dfrac{\mathrm{d}y}{\mathrm{d}x}$，由于 $\delta\left(y'\right)=\left(\delta y\right)' \Rightarrow \delta\left(y'\right)\mathrm{d}x=$

$(\delta y)'\mathrm{d}x=\mathrm{d}(\delta y)$，则

$$\delta\left(\int_{x_0}^{x_1}F\left(x,y(x),y'(x)\right)\mathrm{d}x\right)=\int_{x_0}^{x_1}\delta\left(F\left(x,y(x),y'(x)\right)\right)\mathrm{d}x=\int_{x_0}^{x_1}\left(\frac{\partial F}{\partial y}\delta y+\frac{\partial F}{\partial y'}\delta y'\right)\mathrm{d}x$$
$$=\int_{x_0}^{x_1}\frac{\partial F}{\partial y}\delta y\mathrm{d}x+\int_{x_0}^{x_1}\frac{\partial F}{\partial y'}\mathrm{d}(\delta y)$$
$$\overset{\text{第二项分部积分}}{=}\int_{x_0}^{x_1}\frac{\partial F}{\partial y}\delta y\mathrm{d}x+\frac{\partial F}{\partial y'}\delta y\Big|_{x_0}^{x_1}-\int_{x_0}^{x_1}\frac{\mathrm{d}}{\mathrm{d}x}\left(\frac{\partial F}{\partial y'}\right)\delta y\mathrm{d}x$$
$$=\int_{x_0}^{x_1}\left[\frac{\partial F}{\partial y}-\frac{\mathrm{d}}{\mathrm{d}x}\left(\frac{\partial F}{\partial y'}\right)\right]\delta y\mathrm{d}x$$

因此，固定边界泛函取得极值的条件为

$$\delta\left(\int_{x_0}^{x_1}F\left(x,y(x),y'(x)\right)\mathrm{d}x\right)=0\Leftrightarrow\frac{\partial F}{\partial y}-\frac{\mathrm{d}}{\mathrm{d}x}\left(\frac{\partial F}{\partial y'}\right)=0$$

这便是欧拉方程。

值得指出的是，变分方法中欧拉方程是以自变函数满足连续性假设为前提的，即欧拉方程仅仅是极值问题的连续解[22]，不连续解的情况，例如，若 $F\left(x,y(x),y'(x)\right)=(y')^2(y'-1)^2$，则由欧拉方程可得 $y''=0$，即直线，而实际上由 $y'=0$ 和 $y'=1$ 不连续的折线给出的泛函极值更小，即零。另外，由欧拉方程推导过程可见，若不进行分部积分，求泛函极值与求多变量函数极值的思想并无二致，有时候后者反而更方便。

2. 拉格朗日乘子法[37]

在许多情况下，求函数或者泛函极值时需要满足补充或者限制条件。例如，定义在 G 上所有点 (x,y) 的函数 $f(x,y)$，有时候并不对函数 $f(x,y)$ 在 G 上所有点取得极值感兴趣，而只是关心 G 上满足 $\phi(x,y)=0$ 的一些点 (x,y) 上的极值情况（记 G 上满足 $\phi(x,y)=0$ 点 $(\bar{x},\bar{y})$ 的集合为 G_ϕ，如图 3.32 所示）。那么，如何求函数 $f(x,y)$ 在 G_ϕ 上点 $(\bar{x},\bar{y})$ 取得极值的条件？

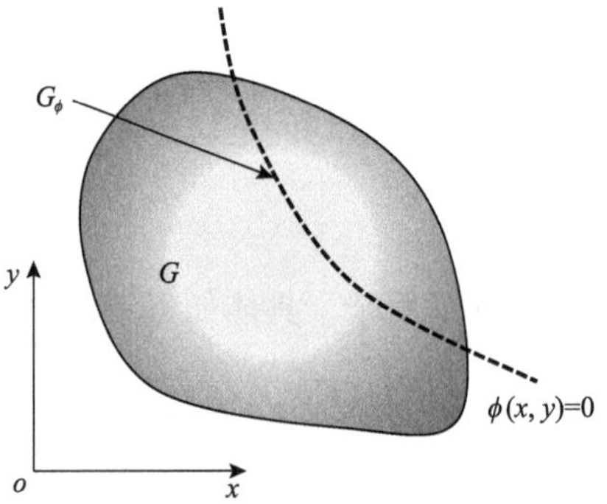

图 3.32　G_ϕ 示意图

假设函数 $\phi(x,y)$ 存在关于 x 和 y 的连续偏导数 $\partial\phi/\partial x$ 和 $\partial\phi/\partial y$，若这两个偏导数在点 $(\bar{x},\bar{y})$ 上不全为零，不妨设 $\partial\phi/\partial y\neq 0$。根据隐函数定理，存在 $\delta>0$，当 $\bar{x}-\delta<x<\bar{x}+\delta$ 时，由 $\phi(x,y)=0$ 可唯一求得 $y=g(x)$ 且 $g(x)$ 单值、可微。这样，有

$$\mathrm{d}\phi(x,y)=0\Leftrightarrow \mathrm{d}\phi\left(x,g(x)\right)=0\Rightarrow\frac{\partial\phi}{\partial x}\mathrm{d}x+\frac{\partial\phi}{\partial y}\frac{\mathrm{d}g}{\mathrm{d}x}\mathrm{d}x=0\Rightarrow\frac{\partial\phi}{\partial x}+\frac{\partial\phi}{\partial y}\frac{\mathrm{d}g}{\mathrm{d}x}=0\Rightarrow\frac{\mathrm{d}g}{\mathrm{d}x}=-\frac{\phi_{,x}}{\phi_{,y}}$$

考虑函数 $f(x,y)$ 在域 G_ϕ 上的极值，由于在点 $(\bar{x},\bar{y})$ 足够小的邻域内，y 是 x 的隐函数，则 $f(x,y)$ 变为 $F(x)=f\left(x,g(x)\right)$。如果 $F(x)$ 在 $\bar{x}$ 处取得极值，那么 $0=\dfrac{\mathrm{d}F}{\mathrm{d}x}(\bar{x})=f_{,x}\left(\bar{x},\bar{y}\right)+f_{,y}\left(\bar{x},\bar{y}\right)\dfrac{\mathrm{d}g}{\mathrm{d}x}(\bar{x})$，将 $\dfrac{\mathrm{d}g}{\mathrm{d}x}(\bar{x})=-\dfrac{\phi_{,x}}{\phi_{,y}}$ 代入，可得

$$f_{,x}\left(\bar{x},\bar{y}\right)-f_{,y}\left(\bar{x},\bar{y}\right)\frac{\phi_{,x}}{\phi_{,y}}=0\Rightarrow f_{,x}\left(\bar{x},\bar{y}\right)+\frac{-f_{,y}\left(\bar{x},\bar{y}\right)}{\phi_{,y}}\phi_{,x}=0$$

令 $\lambda=\dfrac{-f_{,y}\left(\bar{x},\bar{y}\right)}{\phi_{,y}}$，上式变为

$$f_{,x}\left(\bar{x},\bar{y}\right)+\lambda\phi_{,x}=0$$

同时，有

$$\lambda=\frac{-f_{,y}\left(\bar{x},\bar{y}\right)}{\phi_{,y}}\Rightarrow f_{,y}\left(\bar{x},\bar{y}\right)+\lambda\phi_{,y}=0$$

至此，$\phi(x,y)=0$、$f_{,x}\left(\bar{x},\bar{y}\right)+\lambda\phi_{,x}=0$、$f_{,y}\left(\bar{x},\bar{y}\right)+\lambda\phi_{,y}=0$ 这三个等式就是函数 $f(x,y)$ 在点 $(\bar{x},\bar{y})$ 取得极值的必要条件，这里 $\phi_{,x}^2+\phi_{,y}^2>0$。

总结一下上述步骤，可得到如下形式：

如果函数 $f(x,y)$ 在域 G_ϕ 上一点 $(\bar{x},\bar{y})$ 取得极值，那么可以引入一个新函数 $F\left(x,y;\lambda\right)=f(x,y)+\lambda\phi(x,y)$，如果 $\phi_{,x}^2\left(\bar{x},\bar{y}\right)+\phi_{,y}^2\left(\bar{x},\bar{y}\right)>0$，那么必然存在一个特定 $\bar{\lambda}$ 使得 $F\left(x,\ y;\lambda\right)$ 的偏导数在 $\left(\bar{x},\bar{y};\bar{\lambda}\right)$ 等于零，即

$$\begin{cases}\dfrac{\partial F}{\partial x}\left(\bar{x},\bar{y};\bar{\lambda}\right)=f_{,x}\left(\bar{x},\bar{y}\right)+\bar{\lambda}\phi_{,x}\left(\bar{x},\bar{y}\right)=0\\[2ex]\dfrac{\partial F}{\partial y}\left(\bar{x},\bar{y};\bar{\lambda}\right)=f_{,y}\left(\bar{x},\bar{y}\right)+\bar{\lambda}\phi_{,y}\left(\bar{x},\bar{y}\right)=0\\[2ex]\dfrac{\partial F}{\partial\lambda}\left(\bar{x},\bar{y};\bar{\lambda}\right)=\phi\left(\bar{x},\bar{y}\right)=0\end{cases}$$

这就是拉格朗日乘子法。注：如果 G_ϕ 上存在点 (x',y') 使得 $\phi_{,x}\left(x',y'\right)=\phi_{,y}\left(x',y'\right)=0$，则

需要另外考虑。拉格朗日乘子的引入使我们不必求隐函数 $y=g(x)$ 的显式，但是实际工程泛函构造时，拉格朗日乘子往往需要再求出来以明确其力学意义。因此，拉格朗日乘子法只是一种形式优美的数学变换，不会也不可能改变物体运动分析问题的本质。

3. 大位移情况下的势能原理

几个基本概念如下。

虚位移(virtual displacement)：指的是物体(质)满足相容条件、边界条件以及连续性假设的无限小可能位移。从数学角度理解就是位移场这一自变函数的变分。

虚功(virtual work)：真实的力在虚位移上所做的功称为虚功。

直角坐标系下处于静平衡状态的物质占有的凸(或者可凸分割的)空间及其边界条件，如图 3.33 所示，V 表示体积，$\boldsymbol{F}$ 表示体力，表面 $S=S_T\cup S_u$，S_T 表示面力 $\boldsymbol{T}$ 所在的部分表面，S_u 表示有位移约束的部分表面。假设位移为系统唯一自变函数，存在三阶可微的连续虚位移场 $\delta\boldsymbol{u}$，在该虚位移场下材料保持弹性，那么外力所做的虚功等于

$$\int T_i\delta u_i\mathrm{d}S+\int F_i\delta u_i\mathrm{d}V\ (\text{注意在 } S_u \text{ 上 } \delta\boldsymbol{u}=0)$$

不同的描述方法及应力应变对虽然对应变能的描述是等价的，但在大位移情况下势能原理的证明过程却不尽相同。

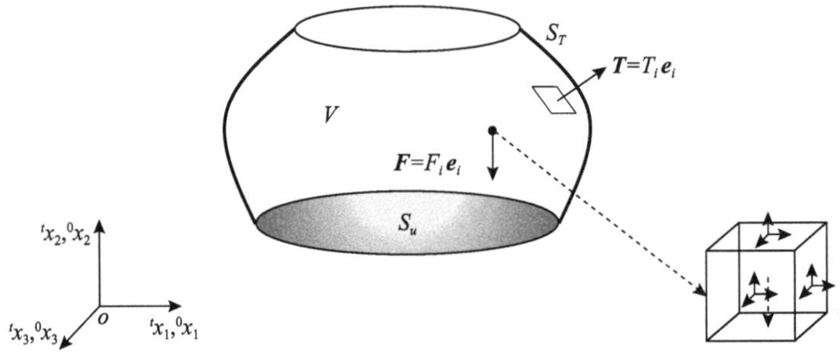

图 3.33　凸空间及其边界条件

(1)采用第一类 Piola-Kirchhoff 应力(Lagrange 应力)和位移梯度，在大位移情况下势能原理的推导中，这一应变能共轭对是最为自然和简单的。注意，势能原理的推导以相容条件(如位移梯度与位移的关系、应变与位移的关系等)已知为前提证明平衡方程和边界条件与势能原理的等价关系。

平衡方程：

$${}^0S_{ij,j}+{}^0F_i=0\quad\in{}^0V$$

边界条件：

$${}^0S_{ij}\,{}^0n_j={}^0T_i\quad\in{}^0S_T\ ,\quad {}^0u_i={}^0u_i\quad\in{}^0S_u$$

证明：充分性。

$$\int {}^0T_i\delta u_i\mathrm{d}\,{}^0S \overset{\text{力的边界条件}}{=} \int {}^0S_{ij}\,{}^0n_j\delta u_i\mathrm{d}\,{}^0S \overset{\text{高斯定理}}{=} \int \frac{\partial}{\partial\,{}^0x_j}\left({}^0S_{ij}\delta u_i\right)\mathrm{d}\,{}^0V = \int\left[\frac{\partial\,{}^0S_{ij}}{\partial\,{}^0x_j}\delta u_i + {}^0S_{ij}\frac{\partial}{\partial\,{}^0x_j}(\delta u_i)\right]\mathrm{d}\,{}^0V$$

$$= \int\left[{}^0S_{ij,j}\delta u_i + {}^0S_{ij}\delta\left(\frac{\partial u_i}{\partial\,{}^0x_j}\right)\right]\mathrm{d}\,{}^0V = \int\left[{}^0S_{ij,j}\delta u_i + {}^0S_{ij}\delta\left(\frac{\partial\left({}^tx_i - {}^0x_i\right)}{\partial\,{}^0x_j}\right)\right]\mathrm{d}\,{}^0V$$

$$= \int\left[{}^0S_{ij,j}\delta u_i + {}^0S_{ij}\delta\left(\frac{\partial\,{}^tx_i}{\partial\,{}^0x_j} - \delta_{ij}\right)\right]\mathrm{d}\,{}^0V = \int {}^0S_{ij,j}\delta u_i\mathrm{d}\,{}^0V + \int {}^0S_{ij}\delta\left(\frac{\partial\,{}^tx_i}{\partial\,{}^0x_j} - \delta_{ij}\right)\mathrm{d}\,{}^0V$$

$$\overset{\text{平衡方程}}{=} -\int {}^0F_i\delta u_i\mathrm{d}\,{}^0V + \int {}^0S_{ij}\delta\left(\frac{\partial\,{}^tx_i}{\partial\,{}^0x_j} - \delta_{ij}\right)\mathrm{d}\,{}^0V$$

$$\Rightarrow \int {}^0T_i\delta u_i\mathrm{d}\,{}^0S + \int {}^0F_i\delta u_i\mathrm{d}\,{}^0V = \int {}^0S_{ij}\delta\left(\frac{\partial\,{}^tx_i}{\partial\,{}^0x_j} - \delta_{ij}\right)\mathrm{d}\,{}^0V$$

至此，外力虚功等于内力虚功，这就是虚功原理。虚功原理可以理解为高斯定理在弹性力学中的具体形式。上述推导过程不涉及材料本构关系，这意味着只要材料保持弹性，无论线性、非线性或者何种应力应变关系，虚功原理都成立。

如果应变能密度函数 $w\left(u_{i,j}\right)$ 存在，${}^0S_{ij} = \dfrac{\partial w}{\partial u_{i,j}}$，那么上式的右端项可记作

$$\int {}^0S_{ij}\delta u_{i,j}\mathrm{d}\,{}^0V = \int \frac{\partial w}{\partial u_{i,j}}\delta u_{i,j}\mathrm{d}\,{}^0V = \delta\int w\mathrm{d}\,{}^0V$$

如果体力和面力也是有势的，那么弹性体就可以采用一个总的标量场(势)函数来描述，在此不再赘述。面力所做虚功由高斯定理(分部积分)可给出两项内容，考虑平衡方程，即应力张量的散度（${}^0S_{ij,j} + {}^0F_i = 0 \Leftrightarrow \nabla\cdot{}^0\boldsymbol{S} + {}^0\boldsymbol{F} = 0$）等于体力后，剩下的一项为第一类 Piola-Kirchhoff 应力和虚位移梯度乘积的积分，可人为地将其定义为材料的虚应变能。

另外，将满足连续性假设的物质运动转化为数学模型后进行分析，从而获取抽象的认识，其前提是与该数学模型相关的数学方法已经成熟。数学变换的本质是换一个角度看问题，数学推导是为了揭示变化的规律，数学结论则必须经过工程实践的检验，例如，若存在应变能这一标量势函数且体力和面力也都是有势力，则应变能原理才可称为势能原理，进一步则是线性或非线性有势场论。至于虚位移与虚位移梯度(或虚应变)之间，则是纯粹的数学关系，通常称为相容条件。由于假定应力是真实的、平衡的，真实的、平衡的应力场让物质所包含的应变能取得极值。至于材料的本构关系，则实际上与应变能势函数的存在性有关，虽然推导过程并没有涉及，但是并不意味着它与势能原理这一一类变量的能量泛函变分原理无关。

必要性：反之可证。

证毕。

(2)采用第二类 Piola-Kirchhoff 应力与 Green-Lagrange 应变这一应变能共轭对时，无

法完全重复方法(1)的全部过程，不同的应变能共轭对采用不同的物质运动描述方法，实际上是从不同角度看待同一个客观问题，客观的物理量不因描述方法的不同而不同，而主观认识却必须与客观事实相符合，其区别主要在于数学语言和数学方法。

先验证 ${}^0\sigma_{ij}\delta E_{ij} = {}^0S_{ij}\delta u_{i,j}$，即采用第二类 Piola-Kirchhoff 应力和 Green-Lagrange 应变来度量应变能密度与其他应变能共轭对是等价的，即

$$\left.\begin{aligned} E_{ij} &= \frac{1}{2}\left(u_{i,j} + u_{j,i} + u_{k,i}u_{k,j}\right) \\ E_{ij} &= E_{ji} \end{aligned}\right\} \Rightarrow \delta E_{ij} + \delta E_{ji} = 2\left(\delta E_{ij}\right) = \delta u_{i,j} + \delta u_{j,i} + u_{k,i}\delta u_{k,j} + u_{k,j}\delta u_{k,i}$$

则

$$2\,{}^0\sigma_{ij}\delta E_{ij} = {}^0\sigma_{ij}\delta\left(2E_{ij}\right) = {}^0\sigma_{ij}\delta u_{i,j} + {}^0\sigma_{ij}\delta u_{j,i} + {}^0\sigma_{ij}u_{k,i}\delta u_{k,j} + {}^0\sigma_{ij}u_{k,j}\delta u_{k,i}$$

由 ${}^0\sigma_{ij} = {}^0\sigma_{ji} \Rightarrow 2\,{}^0\sigma_{ij}\delta E_{ij} = {}^0\sigma_{ij}\delta u_{i,j} + {}^0\sigma_{ji}\delta u_{j,i} + {}^0\sigma_{ij}u_{k,i}\delta u_{k,j} + {}^0\sigma_{ji}u_{k,j}\delta u_{k,i}$，进而得到

$${}^0\sigma_{ij}\delta E_{ij} = {}^0\sigma_{ij}\delta u_{i,j} + {}^0\sigma_{ij}u_{k,i}\delta u_{k,j}$$

注：$\delta E_{ij} \neq \delta u_{i,j} + u_{k,i}\delta u_{k,j}$，无论大、小位移，一般情况下 $u_{i,j} \neq u_{j,i}$。

由于 ${}^0S_{ij} = \dfrac{\partial^t x_i}{\partial^0 x_m}\,{}^0\sigma_{mj}$，则

$${}^0S_{ij}\delta u_{i,j} = \left(\frac{\partial^t x_i}{\partial^0 x_m}\,{}^0\sigma_{mj}\right)\delta u_{i,j} = \left[\frac{\partial\left({}^0x_i + u_i\right)}{\partial^0 x_m}\,{}^0\sigma_{mj}\right]\delta u_{i,j} = \left[\left(\delta_{im} + u_{i,m}\right){}^0\sigma_{mj}\right]\delta u_{i,j} = {}^0\sigma_{ij}\delta u_{i,j} + {}^0\sigma_{mj}u_{i,m}\delta u_{i,j}$$

其中，第二项 ${}^0\sigma_{mj}u_{i,m}\delta u_{i,j} \overset{i=k,m=i}{=} {}^0\sigma_{ij}u_{k,i}\delta u_{k,j}$，至此 ${}^0\sigma_{ij}\delta E_{ij} = {}^0S_{ij}\delta u_{i,j}$ 成立。此外，若不采用 ${}^0\sigma_{ij}\delta E_{ij}$ 的表达式，也可以直接采用 $2\,{}^0\sigma_{ij}\delta E_{ij}$ 的表达式，即虽然 ${}^0S_{ij} \neq {}^0S_{ji}$，$u_{i,j} \neq u_{j,i}$，但是 ${}^0S_{ij}\delta u_{i,j} = {}^0S_{ji}\delta u_{j,i}$。因此，有

$$2\,{}^0S_{ij}\delta u_{i,j} = {}^0S_{ij}\delta u_{i,j} + {}^0S_{ji}\delta u_{j,i} = {}^0\sigma_{ij}\delta u_{i,j} + {}^0\sigma_{ij}u_{k,i}\delta u_{k,j} + {}^0\sigma_{ji}\delta u_{j,i} + {}^0\sigma_{ji}u_{k,j}\delta u_{k,i}$$

由 $2\,{}^0\sigma_{ij}\delta E_{ij} = 2\,{}^0S_{ij}\delta u_{i,j} \Rightarrow {}^0\sigma_{ij}\delta E_{ij} = {}^0S_{ij}\delta u_{i,j}$。

接下来采用第二类 Piola-Kirchhoff 应力与 Green-Lagrange 应变这一应变能共轭对推导虚功原理。

平衡方程：

$$\frac{\partial}{\partial^0 x_j}\left(\frac{\partial^t x_i}{\partial^0 x_l}\,{}^0\sigma_{lj}\right) + {}^0F_i = 0 \quad \in {}^0V$$

边界条件：

$$
{}^0\sigma_{lj}\frac{\partial\,{}^t x_i}{\partial\,{}^0 x_l}\,{}^0 n_j = {}^0 T_i \quad \in {}^0 S_T\ ,\quad {}^0 u_i = {}^0 u_i \quad \in {}^0 S_u
$$

证明：充分性。

$$
\begin{aligned}
\int {}^0T_i\delta u_i \mathrm{d}\,{}^0S &= \int {}^0\sigma_{lk}\frac{\partial\,{}^t x_i}{\partial\,{}^0 x_l}\,{}^0 n_k \delta u_i \mathrm{d}\,{}^0S \overset{\text{高斯定理}}{=} \int \frac{\partial}{\partial\,{}^0 x_j}\left({}^0\sigma_{lj}\frac{\partial\,{}^t x_i}{\partial\,{}^0 x_l}\delta u_i\right)\mathrm{d}\,{}^0V \\
&= \int\left[\frac{\partial}{\partial\,{}^0 x_j}\left({}^0\sigma_{lj}\frac{\partial\,{}^t x_i}{\partial\,{}^0 x_l}\right)\delta u_i + {}^0\sigma_{lj}\frac{\partial\,{}^t x_i}{\partial\,{}^0 x_l}\frac{\partial}{\partial\,{}^0 x_j}\delta u_i\right]\mathrm{d}\,{}^0V \\
&= \int\left[\frac{\partial}{\partial\,{}^0 x_j}\left({}^0\sigma_{lj}\frac{\partial\,{}^t x_i}{\partial\,{}^0 x_l}\right)\delta u_i + {}^0\sigma_{lj}\frac{\partial\left({}^0 x_i + u_i\right)}{\partial\,{}^0 x_l}\delta u_{i,j}\right]\mathrm{d}\,{}^0V \\
&= \int\left[\frac{\partial}{\partial\,{}^0 x_j}\left({}^0\sigma_{lj}\frac{\partial\,{}^t x_i}{\partial\,{}^0 x_l}\right)\delta u_i + {}^0\sigma_{lj}\left(\delta_{il} + u_{i,l}\right)\delta u_{i,j}\right]\mathrm{d}\,{}^0V \\
&\overset{\text{平衡方程}}{=} -\int {}^0F_i\delta u_i\mathrm{d}\,{}^0V + \int {}^0\sigma_{ij}\delta u_{i,j}\mathrm{d}\,{}^0V + \int {}^0\sigma_{lj}u_{i,l}\delta u_{i,j}\mathrm{d}\,{}^0V
\end{aligned}
$$

其中，$\int {}^0\sigma_{lj}u_{i,l}\delta u_{i,j}\mathrm{d}\,{}^0V \overset{l=i,i=k}{=} \int {}^0\sigma_{ij}u_{k,i}\delta u_{k,j}\mathrm{d}\,{}^0V$，上式后两项之和等于 $\int {}^0\sigma_{ij}\delta E_{ij}\mathrm{d}\,{}^0V$，因此有

$$
\int {}^0T_i\delta u_i\mathrm{d}\,{}^0S + \int {}^0F_i\delta u_i\mathrm{d}\,{}^0V = \int {}^0\sigma_{ij}\delta E_{ij}\mathrm{d}\,{}^0V
$$

必要性：反之可证。

证毕。

(3)欧拉描述下，采用 Cauchy 应力与以 t 时刻位形为参考位形的无限小应变这一应变能共轭对。

物质运动的客观性体现在 ${}^t x_i = {}^0 x_i + u_i$ 中 u_i 表达符号不因参考位形或坐标系的改变而不同。无论采用何种坐标系和参考位形，位移矢量不会随之改变，即 ${}_0^t\boldsymbol{u} = {}_t^0\boldsymbol{u} = \boldsymbol{u}$。观察者依据主观上以 0 时刻的位形和以 t 时刻的位形作为参考位形并不改变任何客观真实，其在数学表达上的区别主要在于是选择 ${}^0 x_i = {}^0 x_i\left({}^t x_j, t\right)$ 还是选择 ${}^t x_j = {}^t x_j\left({}^t x_i, t\right)$。

下面开始证明采用 Cauchy 应力与以 t 时刻位形为参考位形的无限小应变这一应变能共轭对的虚功原理。

平衡方程：

$$
{}^t\tau_{ij,j} + {}^tF_i = 0 \quad \in {}^tV
$$

边界条件：

$$
{}^t\tau_{ij}\,{}^t n_j = {}^tT_i \quad \in {}^tS_T\ ,\quad {}^t u_i = {}^t u_i \quad \in {}^tS_u
$$

证明：充分性。

$$\int {}^tT_i\delta_t u_i \mathrm{d}^tS = \int {}^t\tau_{ij}{}^tn_j\delta_t u_i \mathrm{d}^tS \overset{\text{高斯定理}}{=} \int \frac{\partial}{\partial^t x_j}\left({}^t\tau_{ij}\delta_t u_i\right)\mathrm{d}^tV = \int {}^t\tau_{ij,j}\delta_t u_i + {}^t\tau_{ij}\frac{\partial}{\partial^t x_j}\left(\delta_t u_i\right)\mathrm{d}^tV$$

$$= \int {}^t\tau_{ij,j}\delta_t u_i + {}^t\tau_{ij}\delta_t u_{i,j}\mathrm{d}^tV = \int {}^t\tau_{ij,j}\delta_t u_i + \frac{1}{2}\left({}^t\tau_{ij}\delta_t u_{i,j} + {}^t\tau_{ji}\delta_t u_{j,i}\right)\mathrm{d}^tV$$

$$= \int {}^t\tau_{ij,j}\delta_t u_i \mathrm{d}^tV + \int {}^t\tau_{ij}\delta\left[\frac{1}{2}\left({}_tu_{i,j} + {}_tu_{j,i}\right)\right]\mathrm{d}^tV$$

$$\overset{\text{平衡方程}}{=} -\int {}^tF_i\delta_t u_i \mathrm{d}^tV + \int {}^t\tau_{ij}\delta\left[\frac{1}{2}\left({}_tu_{i,j} + {}_tu_{j,i}\right)\right]\mathrm{d}^tV$$

$$\overset{\text{或}}{=} -\int {}^tF_i\delta_t u_i \mathrm{d}^tV + \int {}^t\tau_{ij}\delta\left(\delta_{ij} - \frac{\partial^0 x_i}{\partial^t x_j}\right)\mathrm{d}^tV$$

其中，$\frac{1}{2}\left({}_tu_{i,j} + {}_tu_{j,i}\right)$表示以 t 时刻位形为参考位形的无限小应变；$\delta_{ij} - \frac{\partial^0 x_i}{\partial^t x_j}$表示 t 时刻的位移梯度。

必要性：反之可证。

证毕。

由此可见，欧拉描述、大位移情况下以 t 时刻位形为参考位形，虚功原理或势能原理与小位移小应变情况下在形式上完全相同。值得指出的是，虚位移(大位移的变分)本质上是无限小可能位移，即大位移场变分后不再是大的，这是小范围变分方法所决定的。那么，采用欧拉描述和采用拉格朗日描述是等价的吗？答案是肯定的，因为

$$\int {}^t\tau_{ij}\delta\left(\frac{1}{2}\left({}_tu_{i,j} + {}_tu_{j,i}\right)\right)\mathrm{d}^tV = \int \frac{1}{2}\left({}^t\tau_{ij}\delta_t u_{i,j} + {}^t\tau_{ji}\delta_t u_{j,i}\right)\mathrm{d}^tV = \int {}^t\tau_{ij}\delta_t u_{i,j}\mathrm{d}^tV$$

$$= \int \frac{\partial}{\partial^t x_j}\left({}^t\tau_{ij}\delta_t u_i\right) - \frac{\partial^t\tau_{ij}}{\partial^t x_j}\delta_t u_i \mathrm{d}^tV = \int J\frac{\partial^0 x_k}{\partial^t x_j}\frac{\partial}{\partial^0 x_k}\left({}^t\tau_{ij}\delta_t u_i\right) - J\frac{\partial^t\tau_{ij}}{\partial^t x_j}\delta_t u_i \mathrm{d}^0V$$

$$= -\int J\frac{\partial^t\tau_{ij}}{\partial^t x_j}\delta_t u_i \mathrm{d}^0V + \int \frac{\partial}{\partial^0 x_k}\left(J\frac{\partial^0 x_k}{\partial^t x_j}{}^t\tau_{ij}\delta_t u_i\right)\mathrm{d}^0V$$

$$\overset{\text{高斯定理}}{=} -\int J\frac{\partial^t\tau_{ij}}{\partial^t x_j}\delta_t u_i \mathrm{d}^0V + \int J\frac{\partial^0 x_k}{\partial^t x_j}{}^t\tau_{ij}{}^0n_j\delta_t u_i \mathrm{d}^0S$$

$$= -\int J\left(-{}^tF_i\right)\delta_t u_i \mathrm{d}^0V + \int {}^0S_{ij}{}^0n_j\delta_t u_i \mathrm{d}^0S$$

$$= \int {}^0F_i\delta_t u_i \mathrm{d}^0V + \int {}^0T_i\delta_t u_i \mathrm{d}^0S$$

$$= \int {}^0F_i\delta u_i \mathrm{d}^0V - \int {}^0F_i\delta u_i \mathrm{d}^0V + \int {}^0S_{ij}\delta\left(\frac{\partial^t x_i}{\partial^0 x_j} - \delta_{ij}\right)\mathrm{d}^0V$$

$$= \int {}^0S_{ij}\delta\left(\frac{\partial^t x_i}{\partial^0 x_j} - \delta_{ij}\right)\mathrm{d}^0V$$

可见，采用欧拉描述与采用拉格朗日描述不改变虚应变能的值，二者等价。

再者，采用 Cauchy 应力与 Almansi 应变这一应力应变对是否也可以顺利推导？

先考察必要性，假设 $\int {}^t\tau_{ij}\delta_t\varepsilon_{ij}\mathrm{d}^tV=\int {}^tF_k\delta_t u_k\mathrm{d}^tV+\int {}^tT_k\delta_t u_k\mathrm{d}^tS$ 成立，那么左端项

$$
\begin{aligned}
\int {}^t\tau_{ij}\delta_t\varepsilon_{ij}\mathrm{d}^tV &= \int {}^t\tau_{ij}\delta\left(\frac{1}{2}\left({}_tu_{i,j}+{}_tu_{j,i}-{}_tu_{k,i}\,{}_tu_{k,j}\right)\right)\mathrm{d}^tV \\
&= \int \frac{1}{2}{}^t\tau_{ij}\left(\delta_t u_{i,j}+\delta_t u_{j,i}-{}_tu_{k,i}\delta_t u_{k,j}-{}_tu_{k,j}\delta_t u_{k,i}\right)\mathrm{d}^tV \\
&= \int \frac{1}{2}\left({}^t\tau_{ij}\delta_t u_{i,j}+{}^t\tau_{ji}\delta_t u_{j,i}-{}^t\tau_{ij}\,{}_tu_{k,i}\delta_t u_{k,j}-{}^t\tau_{ji}\,{}_tu_{k,j}\delta_t u_{k,i}\right)\mathrm{d}^tV \\
&= \int \frac{1}{2}\left(2\,{}^t\tau_{ij}\delta_t u_{i,j}-2\,{}^t\tau_{ij}\,{}_tu_{k,i}\delta_t u_{k,j}\right)\mathrm{d}^tV \\
&= \int {}^t\tau_{ij}\delta_t u_{i,j}-{}^t\tau_{ij}\,{}_tu_{k,i}\delta_t u_{k,j}\mathrm{d}^tV \\
&= \int \frac{\partial}{\partial^t x_j}\left[{}^t\tau_{ij}\left(\delta_{ki}-{}_tu_{k,i}\right)\delta_t u_k\right]-\frac{\partial}{\partial^t x_j}\left[{}^t\tau_{ij}\left(\delta_{ki}-{}_tu_{k,i}\right)\right]\delta_t u_k\mathrm{d}^tV \\
&= \int \frac{\partial}{\partial^t x_j}\left(\frac{\partial^0 x_k}{\partial^t x_i}{}^t\tau_{ij}\delta_t u_k\right)-\frac{\partial}{\partial^t x_j}\left(\frac{\partial^0 x_k}{\partial^t x_i}{}^t\tau_{ij}\right)\delta_t u_k\mathrm{d}^tV \\
&= \int -\frac{\partial}{\partial^t x_j}\left(\frac{\partial^0 x_k}{\partial^t x_i}{}^t\tau_{ij}\right)\delta_t u_k+\frac{\partial}{\partial^t x_j}\left(\frac{\partial^0 x_k}{\partial^t x_i}{}^t\tau_{ij}\delta_t u_k\right)\mathrm{d}^tV \\
&\overset{\text{高斯定理}}{=} \int -\left(\frac{\partial^0 x_k}{\partial^t x_i}{}^t\tau_{ij}\right)_{,j}\delta_t u_k\mathrm{d}^tV+\int \frac{\partial^0 x_k}{\partial^t x_i}{}^t\tau_{ij}\,{}^tn_j\delta_t u_k\mathrm{d}^tS
\end{aligned}
$$

与右端项相等，则有

$$
\left(\frac{\partial^0 x_k}{\partial^t x_i}{}^t\tau_{ij}\right)_{,j}+{}^tF_k=0\,,\quad \frac{\partial^0 x_k}{\partial^t x_i}{}^t\tau_{ij}\,{}^tn_j={}^tT_k
$$

这与平衡方程和力的边界条件不符，假设不成立。虽然 Cauchy 应力与 Almansi 应变率共轭，但是 Cauchy 应力与 Almansi 应变却不共轭。

(4) 采用工程应力与工程应变这一结构工程师习惯的应变能共轭对。从 (3) 的推导过程可见，以 t 时刻的位形作为参考位形的工程应力和工程应变在小应变假设下 (t 时刻的面积和体积等都与 0 时刻相同) 就是 Cauchy 应力与参考 t 时刻位形的无限小应变。因此，大位移小应变情况下，若以 t 时刻的位形为参考位形，采用工程应力和工程应变这一应力应变对时，势能原理也是近似成立的，这在例题 3.5 中已验证。

值得指出的是，采用不同的应力应变对进行推导的过程中，面力的主观定义不同，但面力所做的虚功均为其与客观相同的虚位移矢量的点积，即进行变分的是同一个位移矢量场。另外，大位移情况下的能量泛函变分原理给出的是小范围内的变分极值条件，而非大范围的最值条件。

4. 大位移情况下的余能原理

引入如下基本概念。

虚力：指的是满足平衡条件、边界条件以及连续性假设的无限小可能力。从数学角度理解就是应力张量场或力矢量场这一类自变函数的变分。

余虚功(complimentary virtual work)：虚力在真实位移上所做的功称为余虚功。假设力或应力为描述物质运动的唯一自变函数，材料保持弹性，那么虚外力在真实位移上所做的余虚功可记作

$$\int u_i \delta T_i \mathrm{d}S + \int u_i \delta F_i \mathrm{d}V \text{（在 } S_u \text{ 上 } \delta \boldsymbol{T} \text{ 是任意的）}$$

(1)下面采用第一类Piola-Kirchhoff应力和位移梯度这一应变能共轭对来推导大位移下的余应变能(complimentary strain energy)原理，简称余能原理。

已知：平衡方程为 $\delta {}^0S_{ij,j} + \delta {}^0F_i = 0 \quad \in {}^0V$，边界条件为 ${}^0n_j \delta {}^0S_{ij} = \delta {}^0T_i \quad \in {}^0S_T$，${}^0u_i = {}^0u_i \quad \in {}^0S_u$。

证明：

$$\int u_i \delta {}^0T_i \mathrm{d}{}^0S = \int u_i {}^0n_j \delta {}^0S_{ij} \mathrm{d}{}^0S \overset{\text{高斯定理}}{=} \int \frac{\partial}{\partial {}^0x_j}\left(u_i \delta {}^0S_{ij}\right)\mathrm{d}{}^0V = \int \left[\frac{\partial u_i}{\partial {}^0x_j}\delta {}^0S_{ij} + u_i \frac{\partial}{\partial {}^0x_j}\left(\delta {}^0S_{ij}\right)\right]\mathrm{d}{}^0V$$

$$= \int \left[u_i \delta {}^0S_{ij,j} + \frac{\partial u_i}{\partial {}^0x_j}\delta {}^0S_{ij}\right]\mathrm{d}{}^0V = \int \left[u_i \delta {}^0S_{ij,j} + \frac{\partial\left({}^tx_i - {}^0x_i\right)}{\partial {}^0x_j}\delta {}^0S_{ij}\right]\mathrm{d}{}^0V$$

$$= \int \left[u_i \delta {}^0S_{ij,j} + \left(\frac{\partial {}^tx_i}{\partial {}^0x_j} - \delta_{ij}\right)\delta {}^0S_{ij}\right]\mathrm{d}{}^0V = \int u_i \delta {}^0S_{ij,j}\mathrm{d}{}^0V + \int \left(\frac{\partial {}^tx_i}{\partial {}^0x_j} - \delta_{ij}\right)\delta {}^0S_{ij}\mathrm{d}{}^0V$$

$$\overset{\text{平衡方程}}{=} -\int u_i \delta {}^0F_i \mathrm{d}{}^0V + \int \left(\frac{\partial {}^tx_i}{\partial {}^0x_j} - \delta_{ij}\right)\delta {}^0S_{ij}\mathrm{d}{}^0V$$

$$\Rightarrow \int u_i \delta {}^0T_i \mathrm{d}{}^0S + \int u_i \delta {}^0F_i \mathrm{d}{}^0V = \int \left(\frac{\partial {}^tx_i}{\partial {}^0x_j} - \delta_{ij}\right)\delta {}^0S_{ij}\mathrm{d}{}^0V$$

反之亦可证。

证毕。

上式表明，虚外力在真实位移上所做的功等于虚内力在真实位移梯度上所做的功，称为余虚功原理。若引入余应变能密度函数 w_c，且 $\dfrac{\partial w_c}{\partial {}^0S_{ij}} = u_{i,j} = \dfrac{\partial {}^tx_i}{\partial {}^0x_j} - \delta_{ij}$，由上式可得

$$\int u_i \delta {}^0T_i \mathrm{d}{}^0S + \int u_i \delta {}^0F_i \mathrm{d}{}^0V = \int \left(\frac{\partial {}^tx_i}{\partial {}^0x_j} - \delta_{ij}\right)\delta {}^0S_{ij}\mathrm{d}{}^0V = \int \frac{\partial w_c}{\partial {}^0S_{ij}}\delta {}^0S_{ij}\mathrm{d}{}^0V = \int \delta w_c \mathrm{d}{}^0V = \delta \int w_c \mathrm{d}{}^0V$$

$$\Rightarrow \int u_i \delta {}^0T_i \mathrm{d}{}^0S + \int u_i \delta {}^0F_i \mathrm{d}{}^0V = \delta \int w_c \mathrm{d}{}^0V$$

这就是大位移情况下的余能原理。

本书作者在例题 3.5 中曾尝试验证过采用其他应力应变对时大位移情况下的余能原理，数学推导遇到了困难。究其原因，大位移本质上只是物体运动的平动和转动，若虚应变即应变的变分运算不受物体平动和转动的影响，则不影响虚应变能密度的正确计算。然而，若虚应力的变分受大位移的影响，则再用来计算余虚应变能就是错误的。例如，采用第二类 Piola-Kirchhoff 应力与 Green-Lagrange 应变时，虚应力和虚力所满足的平衡条件和边界条件与实应力或实力所必须满足的平衡条件和边界条件的变分不一致，即

$$\frac{\partial}{\partial^0 x_j}\left(\frac{\partial^t x_i}{\partial^0 x_l}\delta^0\sigma_{lj}\right)\neq\delta\left[\frac{\partial}{\partial^0 x_j}\left(\frac{\partial^t x_i}{\partial^0 x_l}{}^0\sigma_{lj}\right)\right],\quad \frac{\partial^t x_i}{\partial^0 x_l}{}^0n_j\delta^0\sigma_{lj}\neq\delta\left({}^0\sigma_{lj}\frac{\partial^t x_i}{\partial^0 x_l}{}^0n_j\right)$$

因此，应力应变对应变能共轭可以是虚应变能共轭的，但未必是余应变能和余虚应变能共轭的。

虚功原理和余虚功原理可采用泛函的全变分进行统一描述，例如，泛函 $\int u_{i,j}{}^0S_{ij}\mathrm{d}^0V$ 的全变分等于 $\int {}^0S_{ij}\delta u_{i,j}\mathrm{d}^0V+\int u_{i,j}\delta^0S_{ij}\mathrm{d}^0V$，泛函 $\int u_i{}^0T_i\mathrm{d}^0S$ 的全变分等于 $\int u_i\delta^0T_i\mathrm{d}^0S+\int {}^0T_i\delta u_i\mathrm{d}^0S$。因此，应变能泛函的全变分原理包含了应变能原理和余应变能原理，这就是二类变量的变分原理，而泛函 $\int u_{i,j}{}^0S_{ij}\mathrm{d}^0V$ 才是二类变量的弹性力学变分原理的最简泛函。三类变量的能量泛函变分原理可由拉格朗日乘子法将应力应变关系考虑进去，人为地构造一个新的泛函，并可随后识别出拉格朗日乘子。表 3.2 中二类或三类变量的构造泛函并没有直接采用第一类 Piola-Kirchhoff 应力和位移梯度，而是利用本构关系间接地计算余应变能，从而巧妙地避免了直接计算余虚应变能时虚应力必须满足不受大位移影响的平衡条件这一苛刻要求。此外，余应变能在实际材料试验中无法直接测量，这样的构造泛函也更为真实。

通常在经典弹性力学中，我们认为余能原理等价于相容条件，但是上述推导没有涉及，这是什么原因？相容条件本质是什么？

实际经典弹性力学的静平衡问题中，面力在力的边界条件上已知且是不变的，即 $\delta^0T_i=0\quad\in{}^0S_T$，体力也已知不变，即 $\delta^0F_i=0\quad\in{}^0V$。面力、应力仅在位移边界条件上是任意的，即 $\delta^0S_{ij}\neq0,\delta^0T_i\neq0\quad\in{}^0S_u$。

已知：平衡方程为 $\left({}^0S_{ij}+\delta^0S_{ij}\right)_{,j}+{}^0F_i=0\Rightarrow\delta^0S_{ij,j}=0\quad\in{}^0V$，边界条件为 ${}^0n_j\left({}^0S_{ij}+\delta^0S_{ij}\right)={}^0T_i+\delta^0T_i\quad\in{}^0S_u\Rightarrow{}^0n_j\delta^0S_{ij}=\delta^0T_i\quad\in{}^0S_u$，${}^0u_i={}^0u_i\quad\in{}^0S_u$。

求证：相容条件 $u_i={}^tx_i-{}^0x_i$ 与余能原理等价。

证明：充分性。

$$\int_{{}^0S_u} u_i \delta {}^0T_i \mathrm{d}{}^0S - \delta\int w_c \mathrm{d}{}^0V = \int_{{}^0S_u} u_i \delta {}^0T_i \mathrm{d}{}^0S - \int\left(\frac{\partial {}^t x_i}{\partial {}^0 x_j} - \delta_{ij}\right)\delta {}^0S_{ij} \mathrm{d}{}^0V$$

$$\overset{\text{高斯定理}}{=} \int_{{}^0S_u} u_i \delta {}^0T_i \mathrm{d}{}^0S - \left(\int_{{}^0S_T + {}^0S_u} \left({}^t x_i - {}^0 x_i\right){}^0 n_j \delta {}^0S_{ij} \mathrm{d}{}^0S - \int\left({}^t x_i - {}^0 x_i\right)\delta {}^0S_{ij,j} \mathrm{d}{}^0V\right)$$

$$= \int_{{}^0S_u} u_i \delta {}^0T_i \mathrm{d}{}^0S - \left(\int_{{}^0S_u} \left({}^t x_i - {}^0 x_i\right){}^0 n_j \delta {}^0S_{ij} \mathrm{d}{}^0S + \int_{{}^0S_T} \left({}^t x_i - {}^0 x_i\right){}^0 n_j \delta {}^0S_{ij} \mathrm{d}{}^0S - \int\left({}^t x_i - {}^0 x_i\right)\delta {}^0S_{ij,j} \mathrm{d}{}^0V\right)$$

$$\overset{\text{平衡条件}}{=} \int_{{}^0S_u} u_i \delta {}^0T_i \mathrm{d}{}^0S - \left(\int_{{}^0S_u} \left({}^t x_i - {}^0 x_i\right){}^0 n_j \delta {}^0S_{ij} \mathrm{d}{}^0S + 0 - 0\right)$$

$$= \int_{{}^0S_u} u_i \delta {}^0T_i \mathrm{d}{}^0S - \int_{{}^0S_u} \left({}^t x_i - {}^0 x_i\right){}^0 n_j \delta {}^0S_{ij} \mathrm{d}{}^0S$$

$$\overset{\text{边界条件和相容条件}}{=} 0$$

$$\Rightarrow \int_{{}^0S_u} u_i \delta {}^0T_i \mathrm{d}{}^0S = \delta\int w_c \mathrm{d}{}^0V$$

注意，上面推导最后一步引入边界条件和相容条件。

必要性：反之若已知余能原理成立，注意平衡方程和边界条件在充分性和必要性证明时均作为已知条件，可得 $u_i = {}^t x_i - {}^0 x_i$，此即相容条件。

证毕。

这一点读者可能会质疑，因为在熟悉的弹性力学教材中，小位移小应变假设下的圣维南相容方程(Saint-Venant's compatibility equations)采用应变形式，引入本构关系后可变换为应力形式，其实它们都是相容条件的表达式。本质上相容条件就是几何连续性条件，可以表达为位移和变形梯度之间的关系，也可以表达为位移与应变之间的关系，进一步由连续函数存在且唯一性等价于其偏微分与顺序无关以及消去位移后即可推导出应变与应变之间的恒等式，即圣维南相容方程。然而，大位移情况下的相容条件再采用应变形式会比较复杂，也不必要，还原其本来形式反而更简单。

(2)采用 Cauchy 应力和以 t 时刻位形为参考位形的无限小应变这一应变能共轭对来推导大位移下的余能原理。

已知：平衡方程为 $\delta {}^t\tau_{ij,j} + \delta {}^tF_i = 0 \quad \in {}^tV$，边界条件为 ${}^t n_j \delta {}^t\tau_{ij} = \delta {}^tT_i \quad \in {}^tS_T$，${}^t u_i = {}^t u_i$ $\in {}^tS_u$。

证明：充分性。

$$\int {}_t u_i \delta {}^tT_i \mathrm{d}{}^tS = \int {}_t u_i {}^t n_j \delta {}^t\tau_{ij} \mathrm{d}{}^tS \overset{\text{高斯定理}}{=} \int \frac{\partial}{\partial {}^t x_j}\left({}_t u_i \delta {}^t\tau_{ij}\right)\mathrm{d}{}^tV = \int {}_t u_{i,j} \delta {}^t\tau_{ij} + {}_t u_i \frac{\partial}{\partial {}^t x_j}\left(\delta {}^t\tau_{ij}\right)\mathrm{d}{}^tV$$

$$= \int {}_t u_i \delta {}^t\tau_{ij,j} + {}_t u_{i,j} \delta {}^t\tau_{ij} \mathrm{d}{}^tV = \int {}_t u_i \delta {}^t\tau_{ij,j} + \frac{1}{2}\left({}_t u_{i,j} \delta {}^t\tau_{ij} + {}_t u_{j,i} \delta {}^t\tau_{ji}\right)\mathrm{d}{}^tV$$

$$= \int {}_t u_i \delta {}^t\tau_{ij,j} \mathrm{d}{}^tV + \int \frac{1}{2}\left({}_t u_{i,j} + {}_t u_{j,i}\right)\delta {}^t\tau_{ij}\mathrm{d}{}^tV$$

$$\overset{\text{平衡方程}}{=} -\int {}_t u_i \delta {}^t F_i \mathrm{d}{}^tV + \int \frac{1}{2}\left({}_t u_{i,j} + {}_t u_{j,i}\right)\delta {}^t\tau_{ij}\mathrm{d}{}^tV$$

$$\text{或} \overset{\text{相容条件}}{=} -\int {}_t u_i \delta {}^t F_i \mathrm{d}{}^tV + \int \left(\delta_{ij} - \frac{\partial {}^0x_i}{\partial {}^tx_j}\right)\delta {}^t\tau_{ij}\mathrm{d}{}^tV$$

必要性：反之可证。

证毕。

归纳起来，大位移情况下的余能原理可以表达为以 0 时刻位形为参考位形的第一类 Piola-Kirchhoff 应力和位移梯度及以 t 时刻位形为参考位形的 Cauchy 应力和位移梯度，二者形式上相同，但参考位形不同。另外，以 t 时刻位形为参考位形的位移梯度等于以 t 时刻位形为参考位形的无限小应变，看上去大位移情况下以 t 时刻位形为参考位形的余能原理与小位移小应变情况下(线弹性小位移小应变假设参考位形没有变化)的余能原理完全相同，其实不然，以 t 时刻位形为参考位形时，大位移的影响体现在 Cauchy 应力的定义中，即采用欧拉描述的 Cauchy 应力已经去掉了大位移对虚余应变能计算的影响，而虚应力指的是无限小的应力，因此 Cauchy 应力与以 t 时刻位形为参考位形的线性小应变组成余应变能共轭对是不难理解的。

注：①变分的本质仍然是小范围内的，即在一个不大的邻域内，小范围变分方法存在天生的缺陷，例如，由 $u_i \to \delta u_i$ 的过程已经将大位移变小了；②采用 $u_i = {}^tx_i - {}^0x_i$ 这一矢量描述方式本质上是对质点运动路径的线性逼近；③变形梯度张量对大位移的描述只是一阶线性近似，无论采用何种应力应变对都无法改变这一点。因此，有限变形理论事实上并没有突破线性逼近思想的束缚，只适合增量分析，值得思考。

此外，物质运动的力学模型转化为数学模型，数学模型旨在揭示物质运动过程中内外物理量的变化规律，虚功和余虚功原理在数学上是能量泛函变分运算中高斯定理的具体形式，进一步而言则是分部积分后的恒等式，抽象枯燥的数学推导得出了美妙的力学原理。

例题 3.5 是针对预应力体系的验证分析，然而本节的推导过程中没有明确指出是预应力体系还是非预应力体系，那么如何解释大位移情况下的虚功和余虚功原理适用于预应力体系？若假定预应变能的变分等于零，则预应力的存在将不影响虚功原理和余虚功原理的推导，但是这一假定并不总是成立的。

3.6　物质其他运动形式及其描述

物体运动是客观的，也是多样的，如除了机械运动，还有热运动[37]、电磁运动[38,39]等。3.5 节提到了材料应变能函数的存在性这一弹性力学至关重要的问题，然而，弹性力学教材中一般不会深入讨论这一标量函数是否真实及其与材料微观结构和微观运动的联系。弹性力学从宏观角度描述了物体的低速机械运动，与之对应的只是热固体力学的等温过程(isothermal process)或绝热过程(adiabatic process)，没有考虑物质的电、磁、温度、熵等属性，一旦知晓了物体机械运动的现在，想当然地认为它必定有一个确定的过去和一个可预测的未来。然而，近代物理学的发展特别是相对论、量子力学和非线性混沌现象使我们不得不重新审视经典弹性力学的一些内容。

1. 热运动的描述[37]

几个基本概念如下。

物质(matter)：在狭义相对论中，物质是指能量在时空中的各种存在形式。在经典物理学中，无外部作用下有固定数学形态(形状几何和拓扑几何)的物质的集合或子集称为固体，无外部作用下无固定数学形态的物质的集合或子集称为流体，如液体和气体。外部作用下不发生形态改变的物体称为刚体，否则称为柔体。外部作用消失后形态可完全恢复的称为弹性体，反之称为弹塑性体或塑性体。此外，还可以根据黏性、电性(带电性和导电性)、磁性、硬度、有机性、生命特征等其他性质或内、外在特征对物质进行分类，如黏性物质和非黏性物质、导体和绝缘体、磁体和非磁体、软物质和硬物质、有机物和无机物、生物和非生物等。

系统(system)：在热力学、控制工程等领域中，物质的集合或子集称为系统，与外界或环境既没有质量也没有能量交换的系统称为孤立系统(isolated system)，反之称为开放系统,其中只与外界或环境有能量交换的开放系统称为封闭系统(closed system)。此外，系统与环境之间还可能有其他相互作用，如智能系统之间信息的传递和识别等。如果某种研究目的所需系统的所有特征都已知，则认为系统的状态就是已知的，这些描述系统特征的量称为状态变量，如果一个特定的状态变量可以表达为一组其他状态变量的单值函数，那么该函数关系称为系统的状态方程，这一特定的状态变量则称为状态函数。如果一给定系统的状态变量值不随时间而变化，那么就称为热动力学平衡系统。若系统与周围环境被热绝缘体完全隔开，则该系统发生的任何过程均称为绝热过程，该系统也称为绝热系统。均匀系统指的是其状态变量不依赖于空间坐标，反之则称为非均匀系统。一般的机械、建筑结构等系统以动能和势能的变化为主，蒸汽机、内燃机等热力系统主要关注热能和动能的相互转化，电动机、发电机等电力系统重点研究电能和动能之间的流动。

对于均匀系统，若系统Ⅰ和系统Ⅱ分别与系统Ⅲ是热平衡的，那么系统Ⅰ和系统Ⅱ也是热平衡的。根据系统Ⅲ与其他系统达到热平衡后的状态变化引入了温度这一基本概念，系统Ⅲ可以理解为温度计，这使得物质运动的热平衡状态可以比较和量化描述，因此也被称为热力学第零定律。

(1)热力学第一定律。若绝热系统从状态Ⅰ到状态Ⅱ经历了不同路径，那么所做或需要外界做的功相等。已知功是一个标量，可以设想存在一个标量函数对应或描述绝热系统的不同平衡状态，做功引起这个标量函数的值发生变化，这个标量函数就是能量。热力学第一定律也可表达为 Δ能量$=\Delta W$ 。显然，热力学第一定律本质上是能量守恒定律在均匀绝热系统中的应用。

若ΔQ表示系统(非绝热系统)所吸收的热量,则Δ能量$-\Delta Q=\Delta W$或Δ能量$=\Delta Q+\Delta W$。

引入物质运动的其他能量，包括动能 K 、重力势能 G (或其他有势力引起的势能)、内能 E ，那么系统总的能量可以表示为能量 $=K+G+E$ ，这也可以看成内能的定义。

(2) 均匀系统的热力学第二定律。系统存在两个单值的状态函数，即热力学温度 T 和熵 S ，且：①T 是正数且只是经验温度的函数；②系统的熵等于其各部分熵之和；③系统熵的改变有两种完全独立的方式，一是系统与外部环境的相互作用引起熵增 $\mathrm{d}S_\mathrm{e}$ ，二是系统内部发生的熵增 $\mathrm{d}S_\mathrm{i}$ ，记 $\mathrm{d}S=\mathrm{d}S_\mathrm{e}+\mathrm{d}S_\mathrm{i}$ 。若 $\mathrm{d}Q$ 表示系统从外部环境获取的热量，则 $\mathrm{d}S_\mathrm{e}=\dfrac{\mathrm{d}Q}{T}$ 。$\mathrm{d}S_\mathrm{i}$ 永远不会是负值，即 $\mathrm{d}S_\mathrm{i}\geqslant 0$ ，若 $\mathrm{d}S_\mathrm{i}=0$ ，则过程是可逆的，若 $\mathrm{d}S_\mathrm{i}>0$ ，则过程是不可逆的。

热力学温度和熵是两个描述物质热运动的基本物理量，是与质量、电荷一样的材料属性。

(3) 物质热运动的能量描述。若把重力看成外力，重力势能的变化看成外力做功，然后查看能量随时间 t 的变化，假设物质运动在时间和空间上连续，采用欧拉描述以 t 时刻的位形为参考位形，由热力学第一定律得

$$\frac{\mathrm{D}}{\mathrm{D}t}(K+E)=\frac{\mathrm{D}}{\mathrm{D}t}(Q+W)\Rightarrow\frac{\mathrm{D}K}{\mathrm{D}t}+\frac{\mathrm{D}E}{\mathrm{D}t}=\frac{\mathrm{D}Q}{\mathrm{D}t}+\frac{\mathrm{D}W}{\mathrm{D}t}$$

式中，各项可表达如下：

$$K=\int_V\frac{1}{2}\rho v_iv_i\mathrm{d}V\Rightarrow\frac{\mathrm{D}K}{\mathrm{D}t}=\int_V\frac{1}{2}\frac{\mathrm{D}(v_iv_i)}{\mathrm{D}t}\rho\mathrm{d}V+\int_V\frac{1}{2}v_iv_i\frac{\mathrm{D}}{\mathrm{D}t}(\rho\mathrm{d}V)=\int_V\rho v_i\frac{\mathrm{D}v_i}{\mathrm{D}t}\mathrm{d}V+\int_V\frac{1}{2}v_iv_i\left(\frac{\mathrm{D}\rho}{\mathrm{D}t}+\rho\nabla\cdot\boldsymbol{v}\right)\mathrm{d}V$$

其中，v_i 为材料密度为 ρ 的微元 $\mathrm{d}V$ 的速度分量。

记 ε 为单位质量的内能，则内能为

$$E=\int_V\rho\varepsilon\mathrm{d}V\Rightarrow\frac{\mathrm{D}E}{\mathrm{D}t}=\int_V\rho\frac{\mathrm{D}\varepsilon}{\mathrm{D}t}\mathrm{d}V+\int_V\varepsilon\frac{\mathrm{D}}{\mathrm{D}t}(\rho\mathrm{d}V)=\int_V\rho\frac{\mathrm{D}\varepsilon}{\mathrm{D}t}\mathrm{d}V+\int_V\varepsilon\left(\frac{\mathrm{D}\rho}{\mathrm{D}t}+\rho\nabla\cdot\boldsymbol{v}\right)\mathrm{d}V$$

输入系统的热量必须通过边界，定义 $\boldsymbol{h}=h_i\boldsymbol{e}_i$ 为单位时间通过单位面积的热量，$\boldsymbol{n}=n_i\boldsymbol{e}_i$ 为面元的单位法向矢量，单位时间内面元 $\mathrm{d}S$ 上的热通量为 $h_in_i\mathrm{d}S$ ，则由高斯定理得

$$\frac{\mathrm{D}Q}{\mathrm{D}t}=-\int_S h_in_i\mathrm{d}S=-\int_V h_{j,j}\mathrm{d}V$$

单位时间内体力和面力做的功，即外力做功的功率等于

$$\frac{\mathrm{D}W}{\mathrm{D}t}=\int_V F_i\frac{\mathrm{D}u_i}{\mathrm{D}t}\mathrm{d}V+\int_V u_i\frac{\mathrm{D}}{\mathrm{D}t}(F_i\mathrm{d}V)+\int_S T_i\frac{\mathrm{D}u_i}{\mathrm{D}t}\mathrm{d}S+\int_S u_i\frac{\mathrm{D}}{\mathrm{D}t}(T_i\mathrm{d}S)$$

假设$\int_V u_i \frac{\mathrm{D}}{\mathrm{D}t}(F_i \mathrm{d}V)=\int_V u_i\left(\frac{\mathrm{D}F_i}{\mathrm{D}t}+F_i\nabla\cdot\boldsymbol{v}\right)\mathrm{d}V=0 \Leftrightarrow \frac{\mathrm{D}F_i}{\mathrm{D}t}+F_i\nabla\cdot\boldsymbol{v}=0$，$\frac{\mathrm{D}}{\mathrm{D}t}(T_i \mathrm{d}S)=0$，则

$$\frac{\mathrm{D}W}{\mathrm{D}t}=\int_V F_i v_i \mathrm{d}V+\int_S \tau_{ij} n_j v_i \mathrm{d}S=\int_V F_i v_i \mathrm{d}V+\int_V \left(\tau_{ij} v_i\right)_{,j} \mathrm{d}V=\int_V F_i v_i \mathrm{d}V+\int_V \tau_{ij,j} v_i+\tau_{ij} v_{i,j} \mathrm{d}V$$

其中，τ_{ij}为Cauchy应力。将上面各项的展开式代入能量守恒方程，在连续性假设下，有

$$\rho v_i \frac{\mathrm{D}v_i}{\mathrm{D}t}+\frac{1}{2}v_i v_i\left(\frac{\mathrm{D}\rho}{\mathrm{D}t}+\rho\nabla\cdot\boldsymbol{v}\right)+\rho\frac{\mathrm{D}\varepsilon}{\mathrm{D}t}+\varepsilon\left(\frac{\mathrm{D}\rho}{\mathrm{D}t}+\rho\nabla\cdot\boldsymbol{v}\right)=-h_{j,j}+F_i v_i+\tau_{ij,j}v_i+\tau_{ij}v_{i,j}$$

假设系统仅与外界有能量的交换而无质量的交换，则质量守恒，$\frac{\mathrm{D}\rho}{\mathrm{D}t}+\rho\nabla\cdot\boldsymbol{v}=0$，再由平衡方程得

$$v_i\left(\frac{\mathrm{D}\rho}{\mathrm{D}t}+\rho\nabla\cdot\boldsymbol{v}\right)+\rho\frac{\mathrm{D}v_i}{\mathrm{D}t}=F_i+\tau_{ij,j} \Rightarrow \rho v_i\frac{\mathrm{D}v_i}{\mathrm{D}t}=F_i v_i+\tau_{ij,j}v_i$$

则有

$$\rho\frac{\mathrm{D}\varepsilon}{\mathrm{D}t}=-h_{j,j}+\tau_{ij}v_{i,j} \Rightarrow \rho\frac{\mathrm{D}\varepsilon}{\mathrm{D}t}=-h_{j,j}+\frac{1}{2}\left(\tau_{ij}v_{i,j}+\tau_{ji}v_{j,i}\right)=-h_{j,j}+\tau_{ij}\dot{\varepsilon}_{ij}$$

这里，$\dot{\varepsilon}_{ij}$表示以t时刻位形作为参考位形的Almansi应变率张量。这就是文献[37]给出的经典热动力学平衡方程。

(4)应变能函数的存在性。经典热力学关心t时刻系统平衡状态附近的小范围变化，上式可写作

$$\rho\mathrm{d}\varepsilon=\mathrm{d}Q+\tau_{ij}\mathrm{d}\varepsilon_{ij}$$

定义单位质量的熵ℓ，假设$\mathrm{d}\ell_i=0$，对于均匀系统，有$\mathrm{d}Q=T\rho\mathrm{d}\ell$，则

$$\rho\mathrm{d}\varepsilon=T\rho\mathrm{d}\ell+\tau_{ij}\mathrm{d}\varepsilon_{ij} \Rightarrow \mathrm{d}\varepsilon=T\mathrm{d}\ell+\frac{1}{\rho}\tau_{ij}\mathrm{d}\varepsilon_{ij}=\frac{\partial\varepsilon}{\partial\ell}\mathrm{d}\ell+\frac{\partial\varepsilon}{\partial\varepsilon_{ij}}\mathrm{d}\varepsilon_{ij} \Rightarrow \frac{\partial\varepsilon}{\partial\ell}=T,\quad \frac{\partial\varepsilon}{\partial\varepsilon_{ij}}=\frac{1}{\rho}\tau_{ij}$$

假设ε_{ij}为无限小应变，那么ρ不变，则存在一个标量函数$\rho\varepsilon$，使得$\frac{\partial(\rho\varepsilon)}{\partial\varepsilon_{ij}}=\tau_{ij}$。显然，这一标量函数反映了可逆的等熵过程(isentropic process) $\mathrm{d}\ell=0$或绝热过程$\mathrm{d}Q=0$中均匀封闭系统内能的变化。

对于等温过程$\mathrm{d}T=0$，引入单位质量的Helmholtz自由能函数，即

$$\mathcal{R} \equiv \varepsilon - T\ell \Rightarrow \mathrm{d}\mathcal{R} = \mathrm{d}\varepsilon - \ell \mathrm{d}T - T\mathrm{d}\ell = \left(T\mathrm{d}\ell + \frac{1}{\rho}\tau_{ij}\mathrm{d}\varepsilon_{ij}\right) - \ell\mathrm{d}T - T\mathrm{d}\ell = \frac{1}{\rho}\tau_{ij}\mathrm{d}\varepsilon_{ij} - \ell\mathrm{d}T = \frac{\partial\mathcal{R}}{\partial\varepsilon_{ij}}\mathrm{d}\varepsilon_{ij} + \frac{\partial\mathcal{R}}{\partial T}\mathrm{d}T$$

$$\Rightarrow \frac{\partial\mathcal{R}}{\partial\varepsilon_{ij}} = \frac{1}{\rho}\tau_{ij}, \quad \frac{\partial\mathcal{R}}{\partial T} = -\ell$$

因此，对于等温过程也存在一个标量函数 $\rho\mathcal{R}$ ，使得 $\dfrac{\partial(\rho\mathcal{R})}{\partial\varepsilon_{ij}} = \tau_{ij}$ 。

综合上面两种情况可见，可逆的等熵过程或等温过程中均存在一标量函数 $\rho\varepsilon$ 或 $\rho\mathcal{R}$ ，使得该标量函数对应变分量的偏微分等于应力分量。

(5)余应变能函数的存在性。引入 Gibbs 热动力学势

$$\Phi = \varepsilon - T\ell - \frac{1}{\rho}\tau_{ij}\varepsilon_{ij} = \mathcal{R} - \frac{1}{\rho}\tau_{ij}\varepsilon_{ij}$$

$$\Rightarrow \mathrm{d}\Phi = \mathrm{d}\mathcal{R} - \frac{1}{\rho}\tau_{ij}\mathrm{d}\varepsilon_{ij} - \frac{1}{\rho}\varepsilon_{ij}\mathrm{d}\tau_{ij} = \left(\frac{1}{\rho}\tau_{ij}\mathrm{d}\varepsilon_{ij} - \ell\mathrm{d}T\right) - \frac{1}{\rho}\tau_{ij}\mathrm{d}\varepsilon_{ij} - \frac{1}{\rho}\varepsilon_{ij}\mathrm{d}\tau_{ij}$$

$$\Rightarrow \mathrm{d}\Phi = -\frac{1}{\rho}\varepsilon_{ij}\mathrm{d}\tau_{ij} - \ell\mathrm{d}T = \frac{\partial(-\Phi)}{\partial\tau_{ij}}\mathrm{d}\tau_{ij} + \frac{\partial(-\Phi)}{\partial T}\mathrm{d}T$$

因此，可逆的等温过程存在一个标量势函数 $-\Phi$ ，称为余应变能函数，其对应力分量的偏微分等于应变分量。

上述推导中，在可逆的等熵或等温过程中应变能函数不显含热力学温度，即应力应变关系与温度无关，但是其他的热力学过程并非如此。热动力学平衡状态要求系统所有的状态变量都不随时间而变化，均匀系统的状态变量又不随空间而变化，因此均匀系统的热力学平衡状态是一种理想化的假设。

经典热力学讨论较多的是封闭系统和孤立系统的热力学平衡状态，引入了较多的假设，这使得给出的结论的适用范围受到严格限制，如连续性假设、均匀系统假设、质量不变假设、小应变假设(密度不变)、小范围变分假设、物质微观结构没有破坏和微观运动可主动自平衡假设等。然而，经典热力学或者说经典力学并不排斥相对论和化学，且在不断发展之中，热运动不限于物理过程，也包含化学过程，低速运动和高速运动都有热现象发生，热力学第二定律是否只适用于微观结构没有破坏且微观运动可瞬间自平衡的物质暂且不讨论，但熵的统计力学定义(理想气体 $S = k_{\mathrm{B}}\ln P$ ， k_{B} 为 Boltzmann 常数，P 为排列总数)打开了一扇从宏观世界通往微观世界的大门，“一花一世界，一叶一菩提”，宏观上简单的现象可能经历了复杂的微观运动过程。另外，宏观运动方程大多在统计平均意义下成立，本来就具有不确定性。

(6)均匀开放系统的热力学平衡条件。连续的均匀开放系统与外界有物质交换，那么

$$\frac{\mathrm{D}S_{\mathrm{e}}}{\mathrm{D}t} = \frac{\mathrm{D}}{\mathrm{D}t}\left(\int_V \rho\ell\mathrm{d}V\right) = \int_V \ell\left(\frac{\mathrm{D}\rho}{\mathrm{D}t} + \rho\nabla\cdot\boldsymbol{v}\right)\mathrm{d}V + \int_V \rho\frac{\mathrm{D}\ell}{\mathrm{D}t}\mathrm{d}V$$

$$\mathrm{d}Q = T\mathrm{d}S_{\mathrm{e}} \Rightarrow \frac{\mathrm{D}Q}{\mathrm{D}t} = T\frac{\mathrm{D}S_{\mathrm{e}}}{\mathrm{D}t} = T\int_V \ell\left(\frac{\mathrm{D}\rho}{\mathrm{D}t} + \rho\nabla\cdot\boldsymbol{v}\right)\mathrm{d}V + T\int_V \rho\frac{\mathrm{D}\ell}{\mathrm{D}t}\mathrm{d}V$$

$$
\begin{aligned}
\frac{\mathrm{D}W}{\mathrm{D}t} &= \int_V F_i \frac{\mathrm{D}u_i}{\mathrm{D}t}\mathrm{d}V + \int_V u_i \frac{\mathrm{D}}{\mathrm{D}t}(F_i \mathrm{d}V) + \int_S T_i \frac{\mathrm{D}u_i}{\mathrm{D}t}\mathrm{d}S + \int_S u_i \frac{\mathrm{D}}{\mathrm{D}t}(T_i \mathrm{d}S) \\
&= \int_V F_i v_i \mathrm{d}V + \int_S T_i v_i \mathrm{d}S + \int_V u_i \left(\frac{\mathrm{D}F_i}{\mathrm{D}t} + F_i \nabla\cdot\boldsymbol{v}\right)\mathrm{d}V + \int_S u_i \frac{\mathrm{D}T_i}{\mathrm{D}t}\mathrm{d}S + \int_S u_i T_i \frac{\mathrm{D}}{\mathrm{D}t}(\mathrm{d}S) \\
&= \int_V F_i v_i \mathrm{d}V + \int_S \tau_{ij} n_j v_i \mathrm{d}S + \int_V u_i \left(\frac{\mathrm{D}F_i}{\mathrm{D}t} + F_i \nabla\cdot\boldsymbol{v}\right)\mathrm{d}V + \int_S \left(u_i \frac{\mathrm{D}\tau_{ij}}{\mathrm{D}t} n_j + u_i \tau_{ij} \frac{\mathrm{D}n_j}{\mathrm{D}t}\right)\mathrm{d}S \\
&\quad + \int_S u_i \tau_{ij} n_j \boldsymbol{n}^{\mathrm{T}} \left(\mathrm{tr}(\boldsymbol{L})\boldsymbol{I} - \boldsymbol{L}^{\mathrm{T}}\right)\boldsymbol{n}\mathrm{d}S \\
&= \int_V F_i v_i \mathrm{d}V + \int_V \left(\tau_{ij} v_i\right)_{,j} \mathrm{d}V + \int_V u_i \left(\frac{\mathrm{D}F_i}{\mathrm{D}t} + F_i \nabla\cdot\boldsymbol{v}\right)\mathrm{d}V + \int_V \left(u_i \frac{\mathrm{D}\tau_{ij}}{\mathrm{D}t}\right)_{,j} \mathrm{d}V \\
&\quad + \int_S \left(u_i \tau_{ij} \frac{\mathrm{D}n_j}{\mathrm{D}t}\right)\mathrm{d}S + \int_V \left[u_i \tau_{ij} \boldsymbol{n}^{\mathrm{T}} \left(\mathrm{tr}(\boldsymbol{L})\boldsymbol{I} - \boldsymbol{L}^{\mathrm{T}}\right)\boldsymbol{n}\right]_{,j} \mathrm{d}V
\end{aligned}
$$

其中，$\int_S \left(u_i \tau_{ij} \frac{\mathrm{D}n_j}{\mathrm{D}t}\right)\mathrm{d}S = \int_S u_i \tau_{ij} n_j \frac{1}{n_j} \frac{\mathrm{D}n_j}{\mathrm{D}t}\mathrm{d}S = \int_V \left(u_i \tau_{ij} \frac{1}{n_j} \frac{\mathrm{D}n_j}{\mathrm{D}t}\right)_{,j} \mathrm{d}V$，所以有

$$
\begin{aligned}
\frac{\mathrm{D}W}{\mathrm{D}t} &= \int_V F_i v_i \mathrm{d}V + \int_V \left(\tau_{ij} v_i\right)_{,j} \mathrm{d}V + \int_V u_i \left(\frac{\mathrm{D}F_i}{\mathrm{D}t} + F_i \nabla\cdot\boldsymbol{v}\right)\mathrm{d}V + \int_V \left(u_i \frac{\mathrm{D}\tau_{ij}}{\mathrm{D}t}\right)_{,j} \mathrm{d}V \\
&\quad + \int_V \left(u_i \tau_{ij} \frac{1}{n_j} \frac{\mathrm{D}n_j}{\mathrm{D}t}\right)_{,j} \mathrm{d}V + \int_V \left[u_i \tau_{ij} \boldsymbol{n}^{\mathrm{T}} \left(\mathrm{tr}(\boldsymbol{L})\boldsymbol{I} - \boldsymbol{L}^{\mathrm{T}}\right)\boldsymbol{n}\right]_{,j} \mathrm{d}V
\end{aligned}
$$

由热力学第一定律，可知 $\frac{\mathrm{D}}{\mathrm{D}t}(K+E) = \frac{\mathrm{D}}{\mathrm{D}t}(Q+W)$，则

$$
\begin{aligned}
&\int_V \rho v_i \frac{\mathrm{D}v_i}{\mathrm{D}t}\mathrm{d}V + \int_V \frac{1}{2} v_i v_i \left(\frac{\mathrm{D}\rho}{\mathrm{D}t} + \rho\nabla\cdot\boldsymbol{v}\right)\mathrm{d}V + \int_V \rho \frac{\mathrm{D}\varepsilon}{\mathrm{D}t}\mathrm{d}V + \int_V \varepsilon \left(\frac{\mathrm{D}\rho}{\mathrm{D}t} + \rho\nabla\cdot\boldsymbol{v}\right)\mathrm{d}V \\
&= T\int_V \ell \left(\frac{\mathrm{D}\rho}{\mathrm{D}t} + \rho\nabla\cdot\boldsymbol{v}\right)\mathrm{d}V + T\int_V \rho \frac{\mathrm{D}\ell}{\mathrm{D}t}\mathrm{d}V + \int_V F_i v_i \mathrm{d}V + \int_V \left(\tau_{ij} v_i\right)_{,j} \mathrm{d}V + \int_V u_i \left(\frac{\mathrm{D}F_i}{\mathrm{D}t} + F_i \nabla\cdot\boldsymbol{v}\right)\mathrm{d}V \\
&\quad + \int_V \left(u_i \frac{\mathrm{D}\tau_{ij}}{\mathrm{D}t}\right)_{,j} \mathrm{d}V + \int_V \left(u_i \tau_{ij} \frac{1}{n_j} \frac{\mathrm{D}n_j}{\mathrm{D}t}\right)_{,j} \mathrm{d}V + \int_V \left[u_i \tau_{ij} \boldsymbol{n}^{\mathrm{T}} \left(\mathrm{tr}(\boldsymbol{L})\boldsymbol{I} - \boldsymbol{L}^{\mathrm{T}}\right)\boldsymbol{n}\right]_{,j} \mathrm{d}V
\end{aligned}
$$

这就是均匀开放系统积分形式的热力学平衡方程，写成微分形式为

$$
\begin{aligned}
&\rho v_i \frac{\mathrm{D}v_i}{\mathrm{D}t} + \frac{1}{2} v_i v_i \left(\frac{\mathrm{D}\rho}{\mathrm{D}t} + \rho\nabla\cdot\boldsymbol{v}\right) + \rho \frac{\mathrm{D}\varepsilon}{\mathrm{D}t} + \varepsilon \left(\frac{\mathrm{D}\rho}{\mathrm{D}t} + \rho\nabla\cdot\boldsymbol{v}\right) \\
&= T\ell \left(\frac{\mathrm{D}\rho}{\mathrm{D}t} + \rho\nabla\cdot\boldsymbol{v}\right) + T\rho \frac{\mathrm{D}\ell}{\mathrm{D}t} + F_i v_i + \tau_{ij,j} v_i + \tau_{ij} v_{i,j} + u_i \left(\frac{\mathrm{D}F_i}{\mathrm{D}t} + F_i \nabla\cdot\boldsymbol{v}\right) \\
&\quad + \left(u_i \frac{\mathrm{D}\tau_{ij}}{\mathrm{D}t}\right)_{,j} + \left(u_i \tau_{ij} \frac{1}{n_j} \frac{\mathrm{D}n_j}{\mathrm{D}t}\right)_{,j} + \left[u_i \tau_{ij} \boldsymbol{n}^{\mathrm{T}} \left(\mathrm{tr}(\boldsymbol{L})\boldsymbol{I} - \boldsymbol{L}^{\mathrm{T}}\right)\boldsymbol{n}\right]_{,j}
\end{aligned}
$$

由平衡方程得 $v_i\left(\frac{\mathrm{D}\rho}{\mathrm{D}t}+\rho\nabla\cdot\boldsymbol{v}\right)+\rho\frac{\mathrm{D}v_i}{\mathrm{D}t}=F_i+\tau_{ij,j}\Rightarrow v_iv_i\left(\frac{\mathrm{D}\rho}{\mathrm{D}t}+\rho\nabla\cdot\boldsymbol{v}\right)+\rho v_i\frac{\mathrm{D}v_i}{\mathrm{D}t}=F_iv_i+\tau_{ij,j}v_i$，上式可进一步简化为

$$
\begin{aligned}
&-\frac{1}{2}v_iv_i\left(\frac{\mathrm{D}\rho}{\mathrm{D}t}+\rho\nabla\cdot\boldsymbol{v}\right)+\rho\frac{\mathrm{D}\mathcal{E}}{\mathrm{D}t}+\mathcal{E}\left(\frac{\mathrm{D}\rho}{\mathrm{D}t}+\rho\nabla\cdot\boldsymbol{v}\right)\\
&=T\ell\left(\frac{\mathrm{D}\rho}{\mathrm{D}t}+\rho\nabla\cdot\boldsymbol{v}\right)+T\rho\frac{\mathrm{D}\ell}{\mathrm{D}t}+\tau_{ij}v_{i,j}+u_i\left(\frac{\mathrm{D}F_i}{\mathrm{D}t}+F_i\nabla\cdot\boldsymbol{v}\right)\\
&\quad+\left(u_i\frac{\mathrm{D}\tau_{ij}}{\mathrm{D}t}\right)_{,j}+\left(u_i\tau_{ij}\frac{1}{n_j}\frac{\mathrm{D}n_j}{\mathrm{D}t}\right)_{,j}+\left[u_i\tau_{ij}\boldsymbol{n}^{\mathrm{T}}\left(\mathrm{tr}(\boldsymbol{L})\boldsymbol{I}-\boldsymbol{L}^{\mathrm{T}}\right)\boldsymbol{n}\right]_{,j}
\end{aligned}
$$

综上所述，均匀开放系统的控制方程包括以下几个。

边界条件：

$$\tau_{ij}n_j=T_i\quad\in{}^tS_T,\quad u_i=u_i\quad\in{}^tS_u$$

相容方程即几何连续性条件：

$$u_i={}^tx_i-{}^0x_i$$

从动量守恒定律得到的平衡方程：

$$v_i\left(\frac{\mathrm{D}\rho}{\mathrm{D}t}+\rho\nabla\cdot\boldsymbol{v}\right)+\rho\frac{\mathrm{D}v_i}{\mathrm{D}t}=F_i+\tau_{ij,j}$$

从动量矩守恒定律(无分布的电磁力矩)得到

$$\tau_{ij}=\tau_{ji}$$

从能量守恒定律得到的能量开放条件为

$$
\begin{aligned}
&-\frac{1}{2}v_iv_i\left(\frac{\mathrm{D}\rho}{\mathrm{D}t}+\rho\nabla\cdot\boldsymbol{v}\right)+\rho\frac{\mathrm{D}\varepsilon}{\mathrm{D}t}+\varepsilon\left(\frac{\mathrm{D}\rho}{\mathrm{D}t}+\rho\nabla\cdot\boldsymbol{v}\right)\\
&=T\ell\left(\frac{\mathrm{D}\rho}{\mathrm{D}t}+\rho\nabla\cdot\boldsymbol{v}\right)+T\rho\frac{\mathrm{D}\ell}{\mathrm{D}t}+\tau_{ij}v_{i,j}+u_i\left(\frac{\mathrm{D}F_i}{\mathrm{D}t}+F_i\nabla\cdot\boldsymbol{v}\right)\\
&\quad+\left(u_i\frac{\mathrm{D}\tau_{ij}}{\mathrm{D}t}\right)_{,j}+\left(u_i\tau_{ij}\frac{1}{n_j}\frac{\mathrm{D}n_j}{\mathrm{D}t}\right)_{,j}+\left[u_i\tau_{ij}\boldsymbol{n}^{\mathrm{T}}\left(\mathrm{tr}(\boldsymbol{L})\boldsymbol{I}-\boldsymbol{L}^{\mathrm{T}}\right)\boldsymbol{n}\right]_{,j}
\end{aligned}
$$

式中，$\frac{\mathrm{D}\varepsilon}{\mathrm{D}t}$、$\frac{\mathrm{D}\ell}{\mathrm{D}t}$、$\frac{\mathrm{D}\rho}{\mathrm{D}t}+\rho\nabla\cdot\boldsymbol{v}$、$\frac{\mathrm{D}F_i}{\mathrm{D}t}+F_i\nabla\cdot\boldsymbol{v}$、$u_i\tau_{ij}\frac{1}{n_j}\frac{\mathrm{D}n_j}{\mathrm{D}t}$ 分别与物质的内能、熵、质量、体力和面力的演化过程有关。例如，文献[40]中引入拟静态生长假定，记 $\frac{\mathrm{D}\rho}{\mathrm{D}t}+\rho\nabla\cdot\boldsymbol{v}=\rho\gamma$，$\gamma$ 为生长率函数。

2. 有生命物质的运动描述

生物力学研究生命科学中的力学现象，生物的生长进化是一个在生物个体自控制和所处环境它控制下，由生物基因主导的多种化学和物理作用同时进行的时空演化过程，生成或获取所需的物质，呈现色彩斑斓、种类繁多的空间形态，如图 3.34 所示。自然界是一个多物理场耦合与协作的开放系统（open system），从无到有与从有到无、主动自控制与被动它控制、平衡渐变与耗散突变、有序与无序、低速与高速、宏观与微观、确定性与不确定性等纠缠在一起。

毋庸讳言，生物力学迄今为止远未成熟，区别于无生命物质，有生命物质运动的复杂性、主动性都超出了一般结构工程师的想象，对有生命物质的运动描述以及客观规律的认识若仍然局限于单一学科领域，无异于管中窥豹、作茧自缚。热力学、连续介质力学、物理化学、电磁学甚至相对论、量子力学等众多学科领域之间、宏观和微观尺度之间的交叉融合将进一步促进生物力学发展。

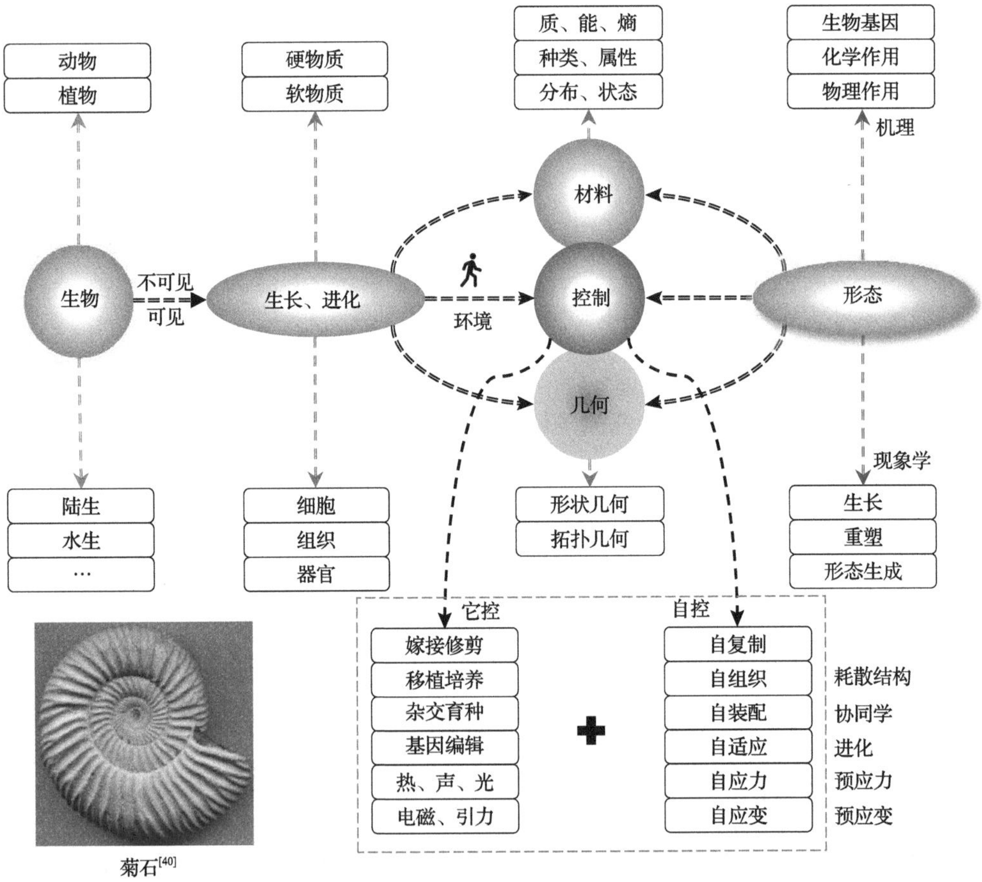

图 3.34 生物形态问题

3.7 结　　语

本章介绍了物质机械、热运动分析基础包括矢张量、微积分、有限变形、能量泛函及其变分等，主要目的在于讨论宏观开放系统中物质运动的客观规律。本章内容即便在经典力学范围而言也是沧海一粟，例如，线性小位移小应变假设下势函数和线性场论包括 Helmholtz-Hodge 分解[41-43]、拉普拉斯方程和泊松方程及其求解、波动力学，弹塑性、塑性以及黏弹性等复杂的材料本构关系，电磁力学[38,39]等均未提及。实际土木工程设计一般是低速、弹性设计，但并不意味着可以忽视这些专题。总之，认识并遵循工程问题背后隐藏的物质运动的客观规律是解决工程问题的前提和基础，这是一个只知道起点而无法预知终点的旅行，等待发现的是自然科学美丽的风景。

参考文献

[1] 李国琛, 耶纳 M. 塑性大应变微结构力学[M]. 3 版. 北京: 科学出版社, 2003.

[2] 任广千, 谢聪, 胡翠芳. 线性代数的几何意义[M]. 西安: 西安电子科技大学出版社, 2015.

[3] 斯彻 H M. 散度、旋度、梯度释义(图解版)[M]. 李维伟, 夏爱生, 段志坚, 等, 译. 北京: 机械工业出版社, 2015.

[4] Golub G H, van Loan C F. 矩阵计算[M]. 3rd ed. 袁亚湘, 译. 北京: 人民邮电出版社, 2011.

[5] 哈尔滨工业大学理论力学教研室. 理论力学(上册、下册)[M]. 北京: 高等教育出版社, 1981.

[6] Shabana A A. Dynamics of Multibody Systems[M]. New York: Cambridge University Press, 2005.

[7] Bathe K J. 工程分析中的有限元法[M]. 傅子智, 译. 北京: 机械工业出版社, 1991.

[8] Felippa C A, Haugen B. A unified formulation of small-strain corotational finite elements: I. Theory[J]. Computer Methods in Applied Mechanics and Engineering, 2005, 194(21-24): 2285-2335.

[9] Yang J S, Xia P Q. Finite element corotational formulation for geometric nonlinear analysis of thin shells with large rotation and small strain[J]. Science China(Technological Sciences), 2012, 55(11): 3142-3152.

[10] 徐兴, 凌道盛. 实体退化单元系列[J]. 固体力学学报(计算力学专辑), 2001, 22: 1-12.

[11] 杨士朋, 殷有泉, 黄冠雄, 等. NFAP 非线性有限元分析[M]. 北京: 兵器工业部二零一研究所, 1984.

[12] Jacobi C G J. De formatione et proprietatibus determinatium[J]. Journal Für Die Reine Und Angewandte Mathematik, 1841, 22: 285-318.

[13] 陈至达. 理性力学[M]. 重庆: 重庆出版社, 2000.

[14] Bender E A. 数学模型引论[M]. 朱尧辰, 徐伟宣, 译. 北京: 科学普及出版社, 1982.

[15] 近藤次郎. 数学模型[M]. 官荣章, 译. 北京: 机械工业出版社, 1985.

[16] Hermann W. 对称[M]. 冯承天, 陆继宗, 译. 上海: 上海科技教育出版社, 2005.

[17] 李胜荣. 结晶学与矿物学[M]. 北京: 地质出版社, 2008.

[18] 程稼夫, 胡友秋, 龙峻汉. 高等物理精编——经典力学、电磁学、电动力学[M]. 合肥: 中国科学技术大学出版社, 1990.

[19] 刘瑞堂, 刘文博, 刘锦云. 工程材料力学性能[M]. 哈尔滨: 哈尔滨工业大学出版社, 2001.

[20] 杨伯源, 张义同. 工程弹塑性力学[M]. 北京: 机械工业出版社, 2003.

[21] 孙训方, 方孝淑, 关来泰. 材料力学Ⅱ[M]. 4 版. 北京: 高等教育出版社, 2002.
[22] 加藤敏夫. 变分法及其应用[M]. 周怀生, 译. 上海: 上海科学技术出版社, 1961.
[23] 吴长春, 卞学鐄. 非协调数值分析与杂交元方法[M]. 北京: 科学出版社, 1997.
[24] 胡海昌. 弹性力学的变分原理及其应用[M]. 北京: 科学出版社, 1981.
[25] Love A E H. A Treatise on the Mathematical Theory of Elasticity[M]. 4th ed. Cambridge: Cambridge University Press, 1927.
[26] Green A E, Zerna W. Theoritical Elasticity[M]. Oxford: Oxford at the Clarendon Press, 1954.
[27] Pearson C E. Mathematical Theory of Elasticity[M]. New York: McGraw Hill, 1956.
[28] 钱令希. 余能理论[J]. 中国科学, 1950, 1(2-4): 449-456.
[29] Mark L. The complementary energy theorem in finite elasticity[J]. Journal of Applied Mechanics, 1965, 32(4): 826-828.
[30] 高玉臣. 弹性大变形的余能原理[J]. 中国科学 G 辑, 2006, 36(3): 298-311.
[31] 高玉臣. 固体力学基础[M]. 北京: 中国铁道出版社, 1999.
[32] Biot M A. Mechanics of Incremental Deformations[M]. New York: John Wiley & Sons, 1965.
[33] 陈至达. 对“关于有限变形梯度的‘和分解’”一文的答复[J]. 力学学报, 1981, 13(3): 312-313.
[34] 陈至达. 对“有限变形梯度‘和分解’的一点探讨”的讨论[J]. 力学学报, 1987, 19(5): 488-489.
[35] 王文标. 有限变形梯度“和分解”的存在性与客观性[J]. 力学与实践, 1990, 12(5): 37-39.
[36] Oden J T, Reddy J N. Variational Methods in Theoretical Mechanics[M]. 2nd ed. Berlin: Springer-Verlag, 1983.
[37] Fung Y C, Tong P. Classical and Computational Solid Mechanics[M]. Singapore: World Scientific, 2001.
[38] 长冈洋介. 电磁学(上册、下册)[M]. 郭汾, 译. 北京: 北京师范大学出版社, 1988.
[39] 朗道 Л Д, 栗弗席兹 E M. 连续媒质电动力学(上册、下册)[M]. 北京: 人民教育出版社, 1963.
[40] Goriely A. The Mathematics and Mechanics of Biological Growth[M]. New York: Springer Science+Business Media LLC, 2017.
[41] Bhatia H, Norgard G, Pascucci V, et al. The Helmholtz-Hodge decomposition—A survey[J]. IEEE Transactions on Visualization and Computer Graphics, 2013, 19(8): 1386-1404.
[42] Pommaret J F. Airy, Beltrami, Maxwell, Einstein and Lanczos potentials revisited[J]. Journal of Modern Physics, 2016, 7(7): 699-728.
[43] Sadd M H. Elasticity: Theory, Applications and Numerics[M]. 4th ed. London: Academic Press, 2021.

第 4 章　空间结构计算方法

本章内容提要

(1) 微积分方法，主要介绍偏微分方程的数值求解方法，如有限元法、有限差分法等；
(2) 正交分解方法及其在球面单层网壳风致振动分析中的应用。

计算方法通常是指科学与工程领域数学模型的解析或数值求解方法，其主要内容为函数逼近论、数值微积分、误差分析等，现代计算方法还要求适应电子计算机的特点，常用方法有有限元法、有限差分法、变分方法、迭代法等。应当指出的是，并不是所有的科学或工程问题均可采用抽象的数学模型来恰当地描述。

4.1　微积分方法

微积分(calculus)在拉丁语中指用来辅助计算的小石子，微分是分析微小的变化情况，积分是微分的逆运算。简单而言，微分是无限切割，积分是求和。许多科学或工程问题均采用微分方程或积分方程进行描述，那么常/偏微分方程或积分方程的解析或数值求解方法就显得非常重要。

1. 杆系结构几何非线性有限元法

本节主要给出位移法有限元法及一类变量变分原理、索杆梁单元刚度矩阵的推导。力法有限元法及二类变量的变分原理详见第 5 章。

1) 基于有限变形理论非线性有限元分类

(1) 几何非线性：材料为弹性、单元为小变形、节点为大位移的几何非线性有限元。

(2) 物理非线性：包括材料为非线性弹性、单元为小变形或大变形、节点为小位移的材料非线性有限元以及材料进入塑性、单元表现为大变形、节点为大位移的材料非线性有限元。

(3) 荷载构形非线性：加载过程中轴力引起的弯矩将随节点位移增大而增大引起的非线性。

2) 物质相对运动的描述方式

坐标系统：为考察物体的相对运动而设置坐标系统即参照物时要做出两个选择，即观测方法或坐标体系、参考构架所用的度量尺度。在固体力学和流体力学中，通常采用的坐标体系有三种[1]。

参考方法：以广义时间 $t=0$ 时物质点的位置为基准来观察各个点的相对运动时称为参考方法，即拉格朗日体系。位移以原始位形为出发点。

空间方法：换一种方法，观测者也许愿意诊察通过空间中选定点的瞬时运动，因此是以广义时间为 t 时的空间位置为参考标架，通常称这种空间方法为欧拉体系。在瞬时 t 的运动是以变形后该时刻的位形观测的依据。

相对方法：这一体系的方法既不是以 $t=0$ 时物质点的位置也不是以瞬时 t 的空间点为基准，而是采用固定时刻 $t=t_i$ 的各点位置作为测量相对位移的参考，即观测者是选用物质点在 $t=t_i$ 固定时刻的位置作为参考依据以考察从 $t=t_i$ 到 $t'=t_i+\Delta t_i$ 的运动情况。从本质上说，这是拉格朗日体系的一种延续，称为逐级更新的拉格朗日体系。在这种情况下，如果使 Δt 趋向无穷小，所得观测结果又将与欧拉体系的情况相一致。

固定坐标：坐标尺度是固定的，不随广义时间而变化，如直角坐标、柱坐标、球坐标等。

随体坐标：除固定坐标外，这里特别地设计和变化坐标尺度，使其具有最自然的特点，坐标框架所经受的变形与该处材料变形相一致。

3）一类变量的变分原理

众所周知，有限元法的数学证明是极其深奥的，不被一般的工程技术人员所了解，但能量方法却被工程人员所熟悉，以下将简要介绍用于结构弹塑性静力分析的全量型变分原理。

$$ {}_0\Pi=\int_{{}^0V} {}^{t+\Delta t}_{\ \ \ \ 0}\sigma_{ij}\, {}^{t+\Delta t}_{\ \ \ \ 0}E_{ij}\left({}^{t+\Delta t}_{\ \ \ \ 0}u_k\right)\mathrm{d}^0V-\int_{{}^0V} {}^{t+\Delta t}_{\ \ \ \ 0}F_i\, {}^{t+\Delta t}_{\ \ \ \ 0}u_i\,\mathrm{d}^0V-\int_{{}^0S} {}^{t+\Delta t}_{\ \ \ \ 0}T_i\, {}^{t+\Delta t}_{\ \ \ \ 0}u_i\mathrm{d}^0S \tag{4.1} $$

其中，${}_0\Pi$ 为 0 时刻系统势能泛函；${}^{t+\Delta t}_{\ \ \ \ 0}\sigma_{ij}$ 为基于 0 时刻位形的第二类 Piola-Kirchhoff 应力；${}_0\boldsymbol{E}\left({}_0\boldsymbol{u}\right)=\boldsymbol{D}_0\boldsymbol{u}$ 为基于 0 时刻位形的 Green-Lagrange 应变；${}_0F_i$ 和 ${}_0T_i$ 分别为 0 时刻单位体积力及 0 时刻单位面力；${}^0V$ 和 ${}^0S$ 分别代表 0 时刻的体积和边界面。

式(4.1)是在完全拉格朗日描述下的以初始时刻位形为参考位形，若采用修正拉格朗日描述下，则以上各量应基于 t 时刻位形，即

$$ {}_t\Pi=\int_{{}^tV} {}^{t+\Delta t}_{\ \ \ \ t}\sigma_{ij}\, {}^{t+\Delta t}_{\ \ \ \ t}E_{ij}\left({}^{t+\Delta t}_{\ \ \ \ t}u_k\right)\mathrm{d}^tV-\int_{{}^tV} {}^{t+\Delta t}_{\ \ \ \ t}F_i\, {}^{t+\Delta t}_{\ \ \ \ t}u_i\,\mathrm{d}^tV-\int_{{}^tS} {}^{t+\Delta t}_{\ \ \ \ t}T_i\, {}^{t+\Delta t}_{\ \ \ \ t}u_i\mathrm{d}^tS \tag{4.2} $$

其中，${}_t\Pi$ 为 t 时刻系统势能泛函；${}^{t+\Delta t}_{\ \ \ \ t}\sigma_{ij}$ 为基于 t 时刻位形的第二类 Piola-kirchhoff 应力；${}_t\boldsymbol{E}\left({}_t\boldsymbol{u}\right)=\boldsymbol{D}_t\boldsymbol{u}$ 为基于 t 时刻位形的 Green-Lagrange 应变；${}_tF_i$ 和 ${}_tT_i$ 分别为 t 时刻单位体积力及 t 时刻单位面力；${}^tV$ 和 ${}^tS$ 分别代表 t 时刻的体积和边界面。

基于不同时刻参考位形的位移、应力、应变及其增量：图 4.1 为直角坐标系下物体内任意一点 P 及其邻域内一点 Q 由 0 时刻到 t 时刻再到 $t+\Delta t$ 时刻的连续运动历程的示意图，可以看成直线线元。

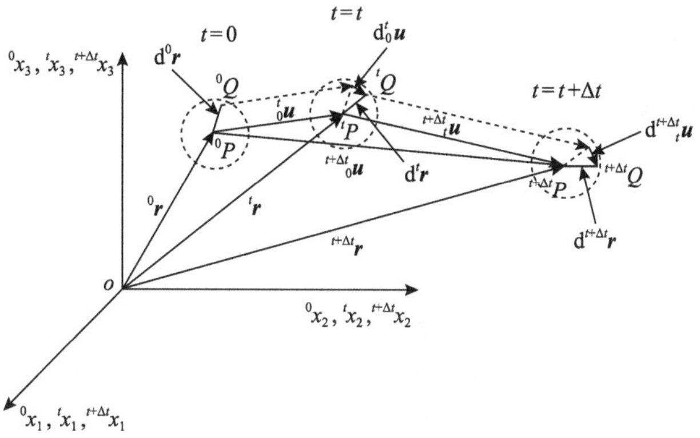

图 4.1　物体内任意一点运动历程

如图 4.1 所示，物体内一点的空间位置及其有限变形的真实矢量几何描述如下。

如果以 0 时刻位形为参考位形，则

(1) 在 0 时刻，${}^0P$：${}^0x_P\left({}^0x_{P1},{}^0x_{P2},{}^0x_{P3}\right)$，${}^0Q$：${}^0x_Q\left({}^0x_{Q1},{}^0x_{Q2},{}^0x_{Q3}\right)$，${}^0\boldsymbol{r}={}^0\boldsymbol{r}\left({}^0x_i\right)$，$\mathrm{d}{}^0\boldsymbol{r}={}^0\boldsymbol{r}_Q-{}^0\boldsymbol{r}_P=\overrightarrow{{}^0P{}^0Q}=\boldsymbol{e}_i\left({}^0x_{Qi}-{}^0x_{Pi}\right)=\boldsymbol{e}_i\mathrm{d}{}^0x_i={}^0\boldsymbol{G}_i\mathrm{d}{}^0x_i$，注意这里假定 0 时刻的坐标基量${}^0\boldsymbol{G}_i=\boldsymbol{e}_i$是为了方便推导，${}^0x_{Pi}$为坐标值。

(2) 在t时刻，${}^tP$：${}^tx_P\left({}^0x_{P1},{}^0x_{P2},{}^0x_{P3}\right)$，${}^tQ$：${}^tx_Q\left({}^0x_{Q1},{}^0x_{Q2},{}^0x_{Q3}\right)$，${}^t\boldsymbol{r}={}^t\boldsymbol{r}\left({}^tx_i\right)$，$\mathrm{d}{}^t\boldsymbol{r}={}^t\boldsymbol{r}_Q-{}^t\boldsymbol{r}_P=\overrightarrow{{}^tP{}^tQ}=\boldsymbol{e}_i\left({}^tx_{Qi}-{}^tx_{Pi}\right)=\boldsymbol{e}_i\mathrm{d}{}^tx_i={}^t\boldsymbol{G}_i\mathrm{d}{}^0x_i$，注意这里采用$t$时刻的坐标基量${}^t\boldsymbol{G}_i\neq\boldsymbol{e}_i$是为了考虑变形梯度的影响，${}^tx_i={}^tx_i\left({}^0x_j,t\right)$为映射函数，可以解释为度量尺度发生了变化，但度量值不变。

(3) 在$t+\Delta t$时刻，${}^{t+\Delta t}P$：${}^{t+\Delta t}x_P\left({}^0x_{P1},{}^0x_{P2},{}^0x_{P3}\right)$，${}^{t+\Delta t}Q$：${}^{t+\Delta t}x_Q\left({}^0x_{Q1},{}^0x_{Q2},{}^0x_{Q3}\right)$，${}^{t+\Delta t}\boldsymbol{r}={}^{t+\Delta t}\boldsymbol{r}\left({}^{t+\Delta t}x_i\right)$，$\mathrm{d}{}^{t+\Delta t}\boldsymbol{r}={}^{t+\Delta t}\boldsymbol{r}_Q-{}^{t+\Delta t}\boldsymbol{r}_P=\overrightarrow{{}^{t+\Delta t}P{}^{t+\Delta t}Q}={}^{t+\Delta t}\boldsymbol{e}_i\left({}^{t+\Delta t}x_{Qi}-{}^{t+\Delta t}x_{Pi}\right)={}^{t+\Delta t}\boldsymbol{e}_i\mathrm{d}{}^{t+\Delta t}x_i={}^{t+\Delta t}\boldsymbol{G}_i\mathrm{d}{}^0x_i$，注意这里采用$t+\Delta t$时刻的坐标基量${}^{t+\Delta t}\boldsymbol{G}_i\neq\boldsymbol{e}_i$是为了考虑变形的影响，${}^{t+\Delta t}x_i={}^{t+\Delta t}x_i\left({}^0x_j,t\right)$为映射函数。

如果以t时刻位形为参考位形，也就是认为t时刻位形的度量已知，其他时刻的度量都参考该时刻。

(1) 在 0 时刻，${}^0_tP$：${}^0_tx_P\left({}^t_tx_{P1},{}^t_tx_{P2},{}^t_tx_{P3}\right)$，${}^0_tQ$：${}^0_tx_Q\left({}^t_tx_{Q1},{}^t_tx_{Q2},{}^t_tx_{Q3}\right)$，${}^0_t\boldsymbol{r}={}^0_t\boldsymbol{r}\left({}^0_tx_i\right)$，$\mathrm{d}{}^0_t\boldsymbol{r}={}^0_t\boldsymbol{r}_Q-{}^0_t\boldsymbol{r}_P=\overrightarrow{{}^0_tP{}^0_tQ}=\boldsymbol{e}_i\left({}^0_tx_{Qi}-{}^0_tx_{Pi}\right)=\boldsymbol{e}_i\mathrm{d}{}^0_tx_i={}^0_t\boldsymbol{g}_i\mathrm{d}{}^t_tx_i$，注意这里采用 0 时刻的坐标基量${}^0_t\boldsymbol{g}_i\neq\boldsymbol{e}_i$，${}^0_tx_i={}^0_tx_i\left({}^t_tx_j,t\right)$为映射函数。

(2) 在t时刻，${}^t_tP$：${}^t_tx_P\left({}^t_tx_{P1},{}^t_tx_{P2},{}^t_tx_{P3}\right)$，${}^t_tQ$：${}^t_tx_Q\left({}^t_tx_{Q1},{}^t_tx_{Q2},{}^t_tx_{Q3}\right)$，${}^t_t\boldsymbol{r}={}^t_t\boldsymbol{r}\left({}^t_tx_i\right)$，$\mathrm{d}{}^t_t\boldsymbol{r}={}^t_t\boldsymbol{r}_Q-{}^t_t\boldsymbol{r}_P=\overrightarrow{{}^t_tP{}^t_tQ}=\boldsymbol{e}_i\left({}^t_tx_{Qi}-{}^t_tx_{Pi}\right)=\boldsymbol{e}_i\mathrm{d}{}^t_tx_i={}_t\boldsymbol{g}_i\mathrm{d}{}^t_tx_i$，注意这里采用$t$时刻的坐标基量${}_t\boldsymbol{g}_i=\boldsymbol{e}_i$，${}^t_tx_i$为坐标值。

(3) 在 $t+\Delta t$ 时刻，${}^{t+\Delta t}_{t}P$ ：${}^{t+\Delta t}_{t}x_P\left({}^{t}_{t}x_{P1},{}^{t}_{t}x_{P2},{}^{t}_{t}x_{P3}\right)$，${}^{t+\Delta t}_{t}Q$ ：${}^{t+\Delta t}_{t}x_Q\left({}^{t}_{t}x_{Q1},{}^{t}_{t}x_{Q2},{}^{t}_{t}x_{Q3}\right)$，${}^{t+\Delta t}_{t}\boldsymbol{r}={}^{t+\Delta t}_{t}\boldsymbol{r}\left({}^{t+\Delta t}_{t}x_i\right)$，$\mathrm{d}\,{}^{t+\Delta t}_{t}\boldsymbol{r}={}^{t+\Delta t}_{t}\boldsymbol{r}_Q-{}^{t+\Delta t}_{t}\boldsymbol{r}_P=\overrightarrow{{}^{t+\Delta t}_{t}P\,{}^{t+\Delta t}_{t}Q}=\boldsymbol{e}_i\left({}^{t+\Delta t}_{t}x_{Qi}-{}^{t+\Delta t}_{t}x_{Pi}\right)=\boldsymbol{e}_i\mathrm{d}\,{}^{t+\Delta t}_{t}x_i={}^{t+\Delta t}_{t}\boldsymbol{g}_i\mathrm{d}\,{}^{t}_{t}x_i$，注意这里采用 $t+\Delta t$ 时刻的坐标基量 ${}^{t+\Delta t}_{t}\boldsymbol{g}_i\neq\boldsymbol{e}_i$ 是为了考虑变形的影响，${}^{t+\Delta t}_{t}x_i={}^{t+\Delta t}_{t}x_i\left({}^{t}_{t}x_i,t\right)$ 为映射函数。

值得指出的是，图 4.1 中的各物理量并不受参考位形和选择的坐标系影响，即物理量、运动过程及其规律的客观性并不受描述方法或观察度量方法的影响，这也称为标架不变性。物体运动的描述对刚体可通过特征点的空间位置(如直角坐标系描述下物体一点的坐标)和空间位置的改变情况(点的位移及其导数)进行描述，对可变形体则必须对每个点的上述信息进行记录和分析。物体有限变形情况下的运动描述本质上是矢量或张量描述，遵循矢量或张量的运算规则。

由图 4.1 两点直线线元运动的矢量描述给出基于不同时刻的参考位形的位移、应力、应变及其增量的表达式，进而明确式(4.1)和式(4.2)中各项的力学意义，几点认识如下。

图 4.1 中，任意一点 P 以 0 时刻位形为参考位形的从 t 时刻到 $t+\Delta t$ 时刻的位移增量与以 t 时刻位形为参考位形的位移之间的关系如下：

$$\Delta_0\boldsymbol{u}=\left({}^{t+\Delta t}\boldsymbol{r}-{}^{0}\boldsymbol{r}\right)-\left({}^{t}\boldsymbol{r}-{}^{0}\boldsymbol{r}\right)={}^{t+\Delta t}_{0}\boldsymbol{u}-{}^{t}_{0}\boldsymbol{u}={}^{t+\Delta t}_{t}\boldsymbol{u}={}^{t}_{t}\boldsymbol{u}+{}_{t}\boldsymbol{u}={}_{t}\boldsymbol{u}\Rightarrow\Delta_0u_i={}_{t}u_i,\quad {}^{t}_{t}u_i=0 \tag{4.3}$$

式(4.3)表明，以初始位形为参考位形的位移增量 Δ_0u_i 等于以 t 时刻位形为参考位形的位移全量 ${}_{t}u_i$。

由第 3 章式(3.66)中 Green-Lagrange 应变的定义，可得

$$\begin{aligned}\left(\mathrm{d}\,{}^{t+\Delta t}S\right)^2-\left(\mathrm{d}\,{}^{t}S\right)^2&=2\,{}^{t+\Delta t}_{t}E_{ij}\mathrm{d}\,{}^{t}x_i\mathrm{d}\,{}^{t}x_j=\left(\mathrm{d}\,{}^{t+\Delta t}S\right)^2-\left(\mathrm{d}\,{}^{0}S\right)^2+\left(\mathrm{d}\,{}^{0}S\right)^2-\left(\mathrm{d}\,{}^{t}S\right)^2\\&=2\,{}^{t+\Delta t}_{0}E_{ij}\mathrm{d}\,{}^{0}x_i\mathrm{d}\,{}^{0}x_j-2\,{}^{t}_{0}E_{ij}\mathrm{d}\,{}^{0}x_i\mathrm{d}\,{}^{0}x_j=2\left({}^{t+\Delta t}_{0}E_{ij}-{}^{t}_{0}E_{ij}\right)\mathrm{d}\,{}^{0}x_i\mathrm{d}\,{}^{0}x_j\\&=2\Delta_0E_{ij}\mathrm{d}\,{}^{0}x_i\mathrm{d}\,{}^{0}x_j\Rightarrow\Delta_0E_{ij}={}^{t+\Delta t}_{0}E_{ij}-{}^{t}_{0}E_{ij}\end{aligned}\tag{4.4}$$

式(4.4)表明，以 0 时刻位形为参考位形的 Green-Lagrange 应变增量 Δ_0E_{ij} 等于 $t+\Delta t$ 时刻的 Green-Lagrange 应变减去 t 时刻的 Green-Lagrange 应变，即

$$\begin{aligned}\Delta_0E_{ij}&={}^{t+\Delta t}_{0}E_{ij}-{}^{t}_{0}E_{ij}=\frac{1}{2}\left({}^{t+\Delta t}_{0}u_{i,j}+{}^{t+\Delta t}_{0}u_{j,i}+{}^{t+\Delta t}_{0}u_{k,i}\,{}^{t+\Delta t}_{0}u_{k,j}\right)-\frac{1}{2}\left({}^{t}_{0}u_{i,j}+{}^{t}_{0}u_{j,i}+{}^{t}_{0}u_{k,i}\,{}^{t}_{0}u_{k,j}\right)\\&=\frac{1}{2}\left[\left({}^{t}_{0}u_i+{}_{t}u_i\right)_{,j}+\left({}^{t}_{0}u_j+{}_{t}u_j\right)_{,i}+\left({}^{t}_{0}u_k+{}_{t}u_k\right)_{,i}\left({}^{t}_{0}u_k+{}_{t}u_k\right)_{,j}\right]-\frac{1}{2}\left({}^{t}_{0}u_{i,j}+{}^{t}_{0}u_{j,i}+{}^{t}_{0}u_{k,i}\,{}^{t}_{0}u_{k,j}\right)\\&=\frac{1}{2}\left({}_{t}u_{i,j}+{}_{t}u_{j,i}+{}_{t}u_{k,i}\,{}_{t}u_{k,j}+{}^{t}_{0}u_{k,i}\,{}_{t}u_{k,j}+{}^{t}_{0}u_{k,j}\,{}_{t}u_{k,i}\right)\\&={}_{0}e_{ij}+{}_{0}\eta_{ij}\end{aligned}\tag{4.5}$$

其中，${}_{0}e_{ij}=\frac{1}{2}\left({}_{t}u_{i,j}+{}_{t}u_{j,i}+{}^{t}_{0}u_{k,i}\,{}_{t}u_{k,j}+{}^{t}_{0}u_{k,j}\,{}_{t}u_{k,i}\right)$，${}_{0}\eta_{ij}=\frac{1}{2}\,{}_{t}u_{k,i}\,{}_{t}u_{k,j}$，分别为以 0 时刻

位形为参考位形的 Green-Lagrange 应变线性部分和非线性部分。

如果将式(4.5)的参考位形改为 t 时刻的位形，则 ${}_{t}^{t+\Delta t}E_{ij}={}_{t}^{t}E_{ij}+\Delta_{t}E_{ij}=\Delta_{t}E_{ij}$ 仍然成立，这是由于

$$
\begin{aligned}
\left(\mathrm{d}^{t+\Delta t}S\right)^{2}-\left(\mathrm{d}^{t}S\right)^{2}&=2\,{}_{t}^{t+\Delta t}E_{ij}\mathrm{d}^{t}x_{i}\mathrm{d}^{t}x_{j}=\mathrm{d}^{t+\Delta t}\boldsymbol{r}\cdot\mathrm{d}^{t+\Delta t}\boldsymbol{r}-\mathrm{d}^{t}\boldsymbol{r}\cdot\mathrm{d}^{t}\boldsymbol{r}\\
&={}_{t}^{t+\Delta t}\boldsymbol{g}_{i}\mathrm{d}^{t}x_{i}\cdot{}_{t}^{t+\Delta t}\boldsymbol{g}_{j}\mathrm{d}^{t}x_{j}-{}_{t}\boldsymbol{g}_{i}\mathrm{d}^{t}x_{i}\cdot{}_{t}\boldsymbol{g}_{j}\mathrm{d}^{t}x_{j}\\
&=\left({}_{t}^{t+\Delta t}g_{ij}-\delta_{ij}\right)\mathrm{d}^{t}x_{i}\mathrm{d}^{t}x_{j}
\end{aligned}
$$

$$
\begin{aligned}
{}_{t}^{t+\Delta t}g_{ij}&={}_{t}^{t+\Delta t}\boldsymbol{g}_{i}\cdot{}_{t}^{t+\Delta t}\boldsymbol{g}_{j}=\frac{\partial\,{}_{t}^{t+\Delta t}\boldsymbol{r}}{\partial^{t}x_{i}}\cdot\frac{\partial\,{}_{t}^{t+\Delta t}\boldsymbol{r}}{\partial^{t}x_{j}}=\frac{\partial\left({}_{t}^{t}\boldsymbol{r}+{}_{t}\boldsymbol{u}\right)}{\partial^{t}x_{i}}\cdot\frac{\partial\left({}_{t}^{t}\boldsymbol{r}+{}_{t}\boldsymbol{u}\right)}{\partial^{t}x_{j}}=\left(\frac{\partial{}_{t}^{t}\boldsymbol{r}}{\partial^{t}x_{i}}+\frac{\partial_{t}\boldsymbol{u}}{\partial^{t}x_{i}}\right)\cdot\left(\frac{\partial{}_{t}^{t}\boldsymbol{r}}{\partial^{t}x_{j}}+\frac{\partial_{t}\boldsymbol{u}}{\partial^{t}x_{j}}\right)\\
&=\left({}_{t}\boldsymbol{g}_{i}+{}_{t}\boldsymbol{g}_{k}\,{}_{t}u_{k,i}\right)\left({}_{t}\boldsymbol{g}_{j}+{}_{t}\boldsymbol{g}_{k}\,{}_{t}u_{k,j}\right)=\delta_{ij}+\delta_{ki}\,{}_{t}u_{k,j}+\delta_{kj}\,{}_{t}u_{k,i}+\delta_{kk}\,{}_{t}u_{k,i}\,{}_{t}u_{k,j}\\
&=\delta_{ij}+{}_{t}u_{i,j}+{}_{t}u_{j,i}+{}_{t}u_{k,i}\,{}_{t}u_{k,j}
\end{aligned}
$$

由上述推导可见

$$
{}_{t}^{t+\Delta t}E_{ij}=\frac{1}{2}\left({}_{t}^{t+\Delta t}g_{ij}-\delta_{ij}\right)=\frac{1}{2}\left({}_{t}u_{i,j}+{}_{t}u_{j,i}+{}_{t}u_{k,i}\,{}_{t}u_{k,j}\right)=\Delta_{t}E_{ij}={}_{t}E_{ij}\tag{4.6}
$$

式(4.6)表明，以 t 时刻位形为参考位形的 Green-Lagrange 应变增量 $\Delta_{t}E_{ij}$ 正好等于以 t 时刻位形为参考位形的 $t+\Delta t$ 时刻的 Green-Lagrange 应变本身，即 ${}_{t}^{t}E_{ij}=0$ 。令 ${}_{t}E_{ij}=e_{ij}+\eta_{ij}$ ，其中 $e_{ij}=\frac{1}{2}\left({}_{t}u_{i,j}+{}_{t}u_{j,i}\right)$ 、 $\eta_{ij}=\frac{1}{2}\,{}_{t}u_{k,i}\,{}_{t}u_{k,j}$ 分别为以 t 时刻位形为参考位形的 Green-Lagrange 应变线性部分和非线性部分。

由各应力的定义推出

$$
{}_{t}^{t+\Delta t}\sigma_{ij}={}_{t}^{t}\tau_{ij}+{}_{t}\sigma_{ij}\tag{4.7}
$$

其中，${}_{t}^{t}\tau^{ij}$ 为定义在现时位形中的 Cauchy 应力。

式(4.1)和式(4.2)均为一类变量的能量泛函，第一项能量积分实际上为势能，因此式(4.1)对节点位移的变分给出的是体系平衡方程。式(4.1)和式(4.2)为全量型能量泛函，直接对该泛函进行变分求极值，得到的是割线意义上的单元刚度矩阵，工程分析一般采用增量型能量泛函，要求给出切线意义上的单元刚度矩阵，即完全拉格朗日列式和修正拉格朗日列式。

这里先给出完全拉格朗日列式的推导，将式(4.1)改写为增量形式，即

$$
\begin{aligned}
{}_{0}\Pi=&\int_{{}^{0}V}\left({}_{0}^{t}\sigma_{ij}+\Delta_{0}\sigma_{ij}\right)\left({}_{0}^{t}E_{ij}+\Delta_{0}E_{ij}\right)\mathrm{d}^{0}V-\int_{{}^{0}V}\left({}_{0}^{t}F_{i}+\Delta_{0}F_{i}\right)\left({}_{0}^{t}u_{i}+\Delta_{0}u_{i}\right)\mathrm{d}^{0}V\\
&-\int_{{}^{0}S}\left({}_{0}^{t}T_{i}+\Delta_{0}T_{i}\right)\left({}_{0}^{t}u_{i}+\Delta_{0}u_{i}\right)\mathrm{d}^{0}S
\end{aligned}\tag{4.8}
$$

求式(4.8)针对节点位移的变分，这里要注意仅将节点位移看成自变函数，即

$$\int_{^0V}\left({}_0^t\sigma_{ij}+\Delta_0\sigma_{ij}\right)\delta\left({}_0^tE_{ij}+\Delta_0E_{ij}\right)\mathrm{d}^0V-\int_{^0V}\left({}_0^tF_i+\Delta_0F_i\right)\delta\left({}_0^tu_i+\Delta_0u_i\right)\mathrm{d}^0V-\int_{^0S}\left({}_0^tT_i+\Delta_0T_i\right)\delta\left({}_0^tu_i+\Delta_0u_i\right)\mathrm{d}^0S=0$$

由于迭代求解过程中 t 时刻位形已知，则 t 时刻位形上各物理量的变分为零，即

$$\delta\left({}_0^tE_{ij}+\Delta_0E_{ij}\right)=\delta\left(\Delta_0E_{ij}\right)=\delta\left({}_0e_{ij}+{}_0\eta_{ij}\right),\quad \delta\left({}_0^tu_i+\Delta_0u_i\right)=\delta\left(\Delta_0u_i\right)$$

如果将应变张量简记为六维矢量(注：二维张量有 9 个分量，但只有 6 个是独立的)，则

$${}_0^t\boldsymbol{E}=\left({}_0^tE_{11}\quad {}_0^tE_{22}\quad {}_0^tE_{33}\quad 2{}_0^tE_{23}\quad 2{}_0^tE_{31}\quad 2{}_0^tE_{12}\right)^{\mathrm{T}}$$

$$\Delta_0\boldsymbol{E}=\left(\Delta_0E_{11}\quad \Delta_0E_{22}\quad \Delta_0E_{33}\quad 2\Delta_0E_{23}\quad 2\Delta_0E_{31}\quad 2\Delta_0E_{12}\right)^{\mathrm{T}}$$

相应的应力张量则为

$${}_0^t\boldsymbol{\sigma}=\left({}_0^t\sigma_{11}\quad {}_0^t\sigma_{22}\quad {}_0^t\sigma_{33}\quad {}_0^t\sigma_{23}\quad {}_0^t\sigma_{31}\quad {}_0^t\sigma_{12}\right)^{\mathrm{T}}$$

$$\Delta_0\boldsymbol{\sigma}=\left(\Delta_0\sigma_{11}\quad \Delta_0\sigma_{22}\quad \Delta_0\sigma_{33}\quad \Delta_0\sigma_{23}\quad \Delta_0\sigma_{31}\quad \Delta_0\sigma_{12}\right)^{\mathrm{T}}$$

注：这里的六维矢量形式中应变和应力的表达式不同，这是由于要和应力应变乘积的张量表达式结果相同，因为

$$\begin{aligned}{}_0^t\sigma_{ij}\,{}_0^tE_{ij}&={}_0^t\sigma_{11}\,{}_0^tE_{11}+{}_0^t\sigma_{12}\,{}_0^tE_{12}+{}_0^t\sigma_{13}\,{}_0^tE_{13}+{}_0^t\sigma_{21}\,{}_0^tE_{21}+{}_0^t\sigma_{22}\,{}_0^tE_{22}+{}_0^t\sigma_{23}\,{}_0^tE_{23}\\&\quad+{}_0^t\sigma_{31}\,{}_0^tE_{31}+{}_0^t\sigma_{32}\,{}_0^tE_{32}+{}_0^t\sigma_{33}\,{}_0^tE_{33}\\&={}_0^t\sigma_{11}\,{}_0^tE_{11}+{}_0^t\sigma_{22}\,{}_0^tE_{22}+{}_0^t\sigma_{33}\,{}_0^tE_{33}+2{}_0^t\sigma_{32}\,{}_0^tE_{32}+2{}_0^t\sigma_{21}\,{}_0^tE_{21}+2{}_0^t\sigma_{13}\,{}_0^tE_{13}\\&={}_0^t\boldsymbol{\sigma}^{\mathrm{T}}\cdot{}_0^t\boldsymbol{E}={}_0^t\boldsymbol{E}^{\mathrm{T}}\cdot{}_0^t\boldsymbol{\sigma}\end{aligned}$$

引入如下几个算子矩阵[2]：

$$\boldsymbol{L}=\begin{bmatrix}\frac{\partial}{\partial^0x_1}&0&0\\0&\frac{\partial}{\partial^0x_2}&0\\0&0&\frac{\partial}{\partial^0x_3}\\0&\frac{\partial}{\partial^0x_3}&\frac{\partial}{\partial^0x_2}\\\frac{\partial}{\partial^0x_3}&0&\frac{\partial}{\partial^0x_1}\\\frac{\partial}{\partial^0x_2}&\frac{\partial}{\partial^0x_1}&0\end{bmatrix},\quad \boldsymbol{A}=\begin{bmatrix}\frac{\partial{}_0^tu_1}{\partial^0x_1}&\frac{\partial{}_0^tu_2}{\partial^0x_1}&\frac{\partial{}_0^tu_3}{\partial^0x_1}&0&0&0&0&0&0\\0&0&0&\frac{\partial{}_0^tu_1}{\partial^0x_2}&\frac{\partial{}_0^tu_2}{\partial^0x_2}&\frac{\partial{}_0^tu_3}{\partial^0x_2}&0&0&0\\0&0&0&0&0&0&\frac{\partial{}_0^tu_1}{\partial^0x_3}&\frac{\partial{}_0^tu_2}{\partial^0x_3}&\frac{\partial{}_0^tu_3}{\partial^0x_3}\\0&0&0&\frac{\partial{}_0^tu_1}{\partial^0x_3}&\frac{\partial{}_0^tu_2}{\partial^0x_3}&\frac{\partial{}_0^tu_3}{\partial^0x_3}&\frac{\partial{}_0^tu_1}{\partial^0x_2}&\frac{\partial{}_0^tu_2}{\partial^0x_2}&\frac{\partial{}_0^tu_3}{\partial^0x_2}\\\frac{\partial{}_0^tu_1}{\partial^0x_3}&\frac{\partial{}_0^tu_2}{\partial^0x_3}&\frac{\partial{}_0^tu_3}{\partial^0x_3}&0&0&0&\frac{\partial{}_0^tu_1}{\partial^0x_1}&\frac{\partial{}_0^tu_2}{\partial^0x_1}&\frac{\partial{}_0^tu_3}{\partial^0x_1}\\\frac{\partial{}_0^tu_1}{\partial^0x_2}&\frac{\partial{}_0^tu_2}{\partial^0x_2}&\frac{\partial{}_0^tu_3}{\partial^0x_2}&\frac{\partial{}_0^tu_1}{\partial^0x_1}&\frac{\partial{}_0^tu_2}{\partial^0x_1}&\frac{\partial{}_0^tu_3}{\partial^0x_1}&0&0&0\end{bmatrix},$$

$$\Delta \boldsymbol{A}=\begin{bmatrix} \frac{\partial \Delta_0 u_1}{\partial^0 x_1} & \frac{\partial \Delta_0 u_2}{\partial^0 x_1} & \frac{\partial \Delta_0 u_3}{\partial^0 x_1} & 0 & 0 & 0 & 0 & 0 & 0 \\ 0 & 0 & 0 & \frac{\partial \Delta_0 u_1}{\partial^0 x_2} & \frac{\partial \Delta_0 u_2}{\partial^0 x_2} & \frac{\partial \Delta_0 u_3}{\partial^0 x_2} & 0 & 0 & 0 \\ 0 & 0 & 0 & 0 & 0 & 0 & \frac{\partial \Delta_0 u_1}{\partial^0 x_3} & \frac{\partial \Delta_0 u_2}{\partial^0 x_3} & \frac{\partial \Delta_0 u_3}{\partial^0 x_3} \\ 0 & 0 & 0 & \frac{\partial \Delta_0 u_1}{\partial^0 x_3} & \frac{\partial \Delta_0 u_2}{\partial^0 x_3} & \frac{\partial \Delta_0 u_3}{\partial^0 x_3} & \frac{\partial \Delta_0 u_1}{\partial^0 x_2} & \frac{\partial \Delta_0 u_2}{\partial^0 x_2} & \frac{\partial \Delta_0 u_3}{\partial^0 x_2} \\ \frac{\partial \Delta_0 u_1}{\partial^0 x_3} & \frac{\partial \Delta_0 u_2}{\partial^0 x_3} & \frac{\partial \Delta_0 u_3}{\partial^0 x_3} & 0 & 0 & 0 & \frac{\partial \Delta_0 u_1}{\partial^0 x_1} & \frac{\partial \Delta_0 u_2}{\partial^0 x_1} & \frac{\partial \Delta_0 u_3}{\partial^0 x_1} \\ \frac{\partial \Delta_0 u_1}{\partial^0 x_2} & \frac{\partial \Delta_0 u_2}{\partial^0 x_2} & \frac{\partial \Delta_0 u_3}{\partial^0 x_2} & \frac{\partial \Delta_0 u_1}{\partial^0 x_1} & \frac{\partial \Delta_0 u_2}{\partial^0 x_1} & \frac{\partial \Delta_0 u_3}{\partial^0 x_1} & 0 & 0 & 0 \end{bmatrix}$$

$$\boldsymbol{\theta}=\begin{bmatrix} \frac{\partial {}_0^t u_1}{\partial^0 x_1} & \frac{\partial {}_0^t u_2}{\partial^0 x_1} & \frac{\partial {}_0^t u_3}{\partial^0 x_1} & \frac{\partial {}_0^t u_1}{\partial^0 x_2} & \frac{\partial {}_0^t u_2}{\partial^0 x_2} & \frac{\partial {}_0^t u_3}{\partial^0 x_2} & \frac{\partial {}_0^t u_1}{\partial^0 x_3} & \frac{\partial {}_0^t u_2}{\partial^0 x_3} & \frac{\partial {}_0^t u_3}{\partial^0 x_3} \end{bmatrix}^{\mathrm{T}}=\boldsymbol{P}\,{}_0^t\boldsymbol{u}$$

$$\Delta\boldsymbol{\theta}=\begin{bmatrix} \frac{\partial \Delta_0 u_1}{\partial^0 x_1} & \frac{\partial \Delta_0 u_2}{\partial^0 x_1} & \frac{\partial \Delta_0 u_3}{\partial^0 x_1} & \frac{\partial \Delta_0 u_1}{\partial^0 x_2} & \frac{\partial \Delta_0 u_2}{\partial^0 x_2} & \frac{\partial \Delta_0 u_3}{\partial^0 x_2} & \frac{\partial \Delta_0 u_1}{\partial^0 x_3} & \frac{\partial \Delta_0 u_2}{\partial^0 x_3} & \frac{\partial \Delta_0 u_3}{\partial^0 x_3} \end{bmatrix}^{\mathrm{T}}=\boldsymbol{P}\Delta_0\boldsymbol{u}$$

$$\boldsymbol{P}=\begin{bmatrix} \frac{\partial}{\partial^0 x_1} & 0 & 0 \\ 0 & \frac{\partial}{\partial^0 x_1} & 0 \\ 0 & 0 & \frac{\partial}{\partial^0 x_1} \\ \frac{\partial}{\partial^0 x_2} & 0 & 0 \\ 0 & \frac{\partial}{\partial^0 x_2} & 0 \\ 0 & 0 & \frac{\partial}{\partial^0 x_2} \\ \frac{\partial}{\partial^0 x_3} & 0 & 0 \\ 0 & \frac{\partial}{\partial^0 x_3} & 0 \\ 0 & 0 & \frac{\partial}{\partial^0 x_3} \end{bmatrix}=\begin{bmatrix} \boldsymbol{I}\frac{\partial}{\partial^0 x_1} \\ \boldsymbol{I}\frac{\partial}{\partial^0 x_2} \\ \boldsymbol{I}\frac{\partial}{\partial^0 x_3} \end{bmatrix}$$

式中，$\boldsymbol{I}$ 为 3×3 单位矩阵。

接下来，采用等参元的单元插值，等参元是指单元的几何形状由节点坐标插值得到，而单元位移采用相同的插值函数由节点位移得到。

$$x_i = \sum_{k=1}^{m} N_k x_i^k \text{，} \quad u_i = \sum_{k=1}^{m} N_k u_i^k \tag{4.9}$$

其中，x_i^k 为节点 k 在 i 方向的坐标；u_i^k 为节点 k 在 i 方向的位移；N_k 为节点的形函数；m 为单元的节点总数。写成矩阵或矢量形式，在完全拉格朗日描述下为

$$\boldsymbol{N} = \begin{bmatrix} N_1\boldsymbol{I} & N_2\boldsymbol{I} & \cdots & N_m\boldsymbol{I} \end{bmatrix}$$

$${}_0^t\boldsymbol{x}_e = \begin{pmatrix} {}_0^t x_1^1 & {}_0^t x_2^1 & {}_0^t x_3^1 & {}_0^t x_1^2 & {}_0^t x_2^2 & {}_0^t x_3^2 & \cdots & {}_0^t x_1^m & {}_0^t x_2^m & {}_0^t x_3^m \end{pmatrix}^{\mathrm{T}}$$

$${}_0^t\boldsymbol{u}_e = \begin{pmatrix} {}_0^t u_1^1 & {}_0^t u_2^1 & {}_0^t u_3^1 & {}_0^t u_1^2 & {}_0^t u_2^2 & {}_0^t u_3^2 & \cdots & {}_0^t u_1^m & {}_0^t u_2^m & {}_0^t u_3^m \end{pmatrix}^{\mathrm{T}}$$

$$\Delta_0\boldsymbol{u}_e = \begin{pmatrix} \Delta_0 u_1^1 & \Delta_0 u_2^1 & \Delta_0 u_3^1 & \Delta_0 u_1^2 & \Delta_0 u_2^2 & \Delta_0 u_3^2 & \cdots & \Delta_0 u_1^m & \Delta_0 u_2^m & \Delta_0 u_3^m \end{pmatrix}^{\mathrm{T}}$$

$${}_0^t\boldsymbol{x} = \begin{pmatrix} {}_0^t x_1 & {}_0^t x_2 & {}_0^t x_3 \end{pmatrix}^{\mathrm{T}} = \boldsymbol{N}\,{}_0^t\boldsymbol{x}_e,\quad {}_0^t\boldsymbol{u} = \begin{pmatrix} {}_0^t u_1 & {}_0^t u_2 & {}_0^t u_3 \end{pmatrix}^{\mathrm{T}} = \boldsymbol{N}\,{}_0^t\boldsymbol{u}_e,\quad \Delta_0\boldsymbol{u} = \begin{pmatrix} {}_0u_1 & {}_0u_2 & {}_0u_3 \end{pmatrix}^{\mathrm{T}} = \boldsymbol{N}\Delta_0\boldsymbol{u}_e$$

采用上面给出的算子矩阵，将 Green-Lagrange 应变增量写成矩阵形式并由插值假定进行等参元离散，即

$$\Delta_0\boldsymbol{E} = \boldsymbol{LN}\Delta_0\boldsymbol{u}_e + \left(\frac{1}{2}\boldsymbol{A}\Delta\boldsymbol{\theta} + \frac{1}{2}\Delta\boldsymbol{A}\boldsymbol{\theta}\right) + \frac{1}{2}\Delta\boldsymbol{A}\Delta\boldsymbol{\theta} = \boldsymbol{LN}\Delta_0\boldsymbol{u}_e + \boldsymbol{A}\Delta\boldsymbol{\theta} + \frac{1}{2}\Delta\boldsymbol{A}\Delta\boldsymbol{\theta}$$

$${}_0\boldsymbol{e} = \boldsymbol{LN}\Delta_0\boldsymbol{u}_e + \boldsymbol{A}\Delta\boldsymbol{\theta} = \left(\boldsymbol{LN} + \boldsymbol{APN}\right)\Delta_0\boldsymbol{u}_e = \boldsymbol{B}_{\mathrm{L}}\Delta_0\boldsymbol{u}_e \text{，}\quad \boldsymbol{B}_{\mathrm{L}} = \boldsymbol{LN} + \boldsymbol{APN} = \boldsymbol{LN} + \boldsymbol{AG}$$

令 $\boldsymbol{G} = \boldsymbol{PN}$，则

$$\begin{aligned} &{}_0\boldsymbol{\eta} = \frac{1}{2}\Delta\boldsymbol{A}\Delta\boldsymbol{\theta} = \frac{1}{2}\Delta\boldsymbol{APN}\Delta_0\boldsymbol{u}_e = \frac{1}{2}\boldsymbol{B}_{\mathrm{N}}\Delta_0\boldsymbol{u}_e,\quad \boldsymbol{B}_{\mathrm{N}} = \Delta\boldsymbol{APN} = \Delta\boldsymbol{AG} \\ &\Rightarrow \delta\left({}_0\boldsymbol{e}\right) = \boldsymbol{B}_{\mathrm{L}}\delta\left(\Delta_0\boldsymbol{u}_e\right) \\ &\Rightarrow \delta\left({}_0\boldsymbol{\eta}\right) = \delta\left(\frac{1}{2}\Delta\boldsymbol{A}\Delta\boldsymbol{\theta}\right) = \frac{1}{2}\delta\left(\Delta\boldsymbol{A}\right)\Delta\boldsymbol{\theta} + \frac{1}{2}\Delta\boldsymbol{A}\delta\left(\Delta\boldsymbol{\theta}\right) = \Delta\boldsymbol{A}\delta\left(\Delta\boldsymbol{\theta}\right) = \boldsymbol{B}_{\mathrm{N}}\delta\left(\Delta_0\boldsymbol{u}_e\right) \end{aligned}$$

注：可以验证上式推导中 $\delta\left(\Delta\boldsymbol{A}\right)\Delta\boldsymbol{\theta} = \Delta\boldsymbol{A}\delta\left(\Delta\boldsymbol{\theta}\right)$。

$$\delta\left(\Delta_0\boldsymbol{E}\right) = \left(\boldsymbol{B}_{\mathrm{L}} + \boldsymbol{B}_{\mathrm{N}}\right)\delta\left(\Delta_0\boldsymbol{u}_e\right) = \boldsymbol{B}\delta\left(\Delta_0\boldsymbol{u}_e\right) \text{，}\quad \boldsymbol{B} = \boldsymbol{B}_{\mathrm{L}} + \boldsymbol{B}_{\mathrm{N}} \tag{4.10}$$

将式(4.10)代入式(4.8)并写成矩阵形式，可得

$$
\begin{aligned}
&\int_{^0V}\delta\left(\Delta_0\boldsymbol{u}_e\right)^{\mathrm{T}}\boldsymbol{B}^{\mathrm{T}}\left({}_0^t\boldsymbol{\sigma}_e+\Delta_0\boldsymbol{\sigma}_e\right)\mathrm{d}^0V-\int_{^0V}\delta\left(\Delta_0\boldsymbol{u}_e\right)^{\mathrm{T}}\left({}_0^t\boldsymbol{F}_e+\Delta_0\boldsymbol{F}_e\right)\mathrm{d}^0V-\int_{^0S}\delta\left(\Delta_0\boldsymbol{u}_e\right)^{\mathrm{T}}\left({}_0^t\boldsymbol{T}_e+\Delta_0\boldsymbol{T}_e\right)\mathrm{d}^0S=0\\
&\Rightarrow\delta\left(\Delta_0\boldsymbol{u}_e\right)^{\mathrm{T}}\int_{^0V}\boldsymbol{B}^{\mathrm{T}}\left({}_0^t\boldsymbol{\sigma}_e+\Delta_0\boldsymbol{\sigma}_e\right)\mathrm{d}^0V=\delta\left(\Delta_0\boldsymbol{u}_e\right)^{\mathrm{T}}\int_{^0V}\left({}_0^t\boldsymbol{F}_e+\Delta_0\boldsymbol{F}_e\right)\mathrm{d}^0V+\delta\left(\Delta_0\boldsymbol{u}_e\right)^{T}\int_{^0S}\left({}_0^t\boldsymbol{T}_e+\Delta_0\boldsymbol{T}_e\right)\mathrm{d}^0S\\
&\Rightarrow\int_{^0V}\boldsymbol{B}^{\mathrm{T}}\left({}_0^t\boldsymbol{\sigma}_e+\Delta_0\boldsymbol{\sigma}_e\right)\mathrm{d}^0V=\int_{^0V}\left({}_0^t\boldsymbol{F}_e+\Delta_0\boldsymbol{F}_e\right)\mathrm{d}^0V+\int_{^0S}\left({}_0^t\boldsymbol{T}_e+\Delta_0\boldsymbol{T}_e\right)\mathrm{d}^0S\\
&\Rightarrow\int_{^0V}\boldsymbol{B}^{\mathrm{T}}\,{}_0^t\boldsymbol{\sigma}_e\mathrm{d}^0V+\int_{^0V}\boldsymbol{B}^{\mathrm{T}}\Delta_0\boldsymbol{\sigma}_e\,\mathrm{d}^0V=\left(\int_{^0V}{}_0^t\boldsymbol{F}_e\mathrm{d}^0V+\int_{^0S}{}_0^t\boldsymbol{T}_e\mathrm{d}^0S\right)+\left(\int_{^0V}\Delta_0\boldsymbol{F}_e\mathrm{d}^0V+\int_{^0S}\Delta_0\boldsymbol{T}_e\mathrm{d}^0S\right)\\
&\Rightarrow\int_{^0V}\boldsymbol{B}^{\mathrm{T}}\Delta_0\boldsymbol{\sigma}_e\mathrm{d}^0V=\left(\int_{^0V}{}_0^t\boldsymbol{F}_e\mathrm{d}^0V+\int_{^0S}{}_0^t\boldsymbol{T}_e\mathrm{d}^0S\right)+\left(\int_{^0V}\Delta_0\boldsymbol{F}_e\mathrm{d}^0V+\int_{^0S}\Delta_0\boldsymbol{T}_e\mathrm{d}^0S\right)-\int_{^0V}\boldsymbol{B}^{\mathrm{T}}\,{}_0^t\boldsymbol{\sigma}_e\mathrm{d}^0V
\end{aligned}
\tag{4.11}
$$

式(4.11)用于增量迭代求解，这是完全拉格朗日描述下的增量型非线性平衡方程的一般形式。其中，$\int_{^0V}\boldsymbol{B}^{\mathrm{T}}\,{}_0^t\boldsymbol{\sigma}_e\mathrm{d}^0V$ 在增量迭代过程中，每一迭代步基于 0 时刻的位移增量很小，可以线性化为 $\int_{^0V}\boldsymbol{B}_{\mathrm{L}}^{\mathrm{T}}\,{}_0^t\boldsymbol{\sigma}_e\mathrm{d}^0V$ ，称为单元等效节点内力。

此外，一类变量的变分原理必须引入本构关系，即

$$
{}_0\boldsymbol{\sigma}_e=\boldsymbol{D}\,{}_0\boldsymbol{E}_e\Rightarrow\mathrm{d}\,{}_0\boldsymbol{\sigma}=\boldsymbol{D}_T\mathrm{d}\,{}_0\boldsymbol{E}_e=\boldsymbol{D}_T\boldsymbol{B}\mathrm{d}\left(\Delta_0\boldsymbol{u}_e\right)
\tag{4.12}
$$

将式(4.12)代入式(4.11)可得完全拉格朗日描述下的增量型非线性切线刚度矩阵的一般形式，即

$$
\int_{^0V}\boldsymbol{B}^{\mathrm{T}}\boldsymbol{D}_T\boldsymbol{B}\mathrm{d}\left(\Delta_0\boldsymbol{u}_e\right)\mathrm{d}^0V=\left(\int_{^0V}{}_0^t\boldsymbol{F}_e\mathrm{d}^0V+\int_{^0S}{}_0^t\boldsymbol{T}_e\mathrm{d}^0S\right)+\left(\int_{^0V}\Delta_0\boldsymbol{F}_e\mathrm{d}^0V+\int_{^0S}\Delta_0\boldsymbol{T}_e\mathrm{d}^0S\right)-\int_{^0V}\boldsymbol{B}^{\mathrm{T}}\,{}_0^t\boldsymbol{\sigma}_e\mathrm{d}^0V
\tag{4.13}
$$

可见，由式(4.1)可推导出完全拉格朗日描述下的单元切线刚度矩阵，同理由式(4.2)可推导出修正拉格朗日描述下的单元切线刚度矩阵，具体推导请参考文献[3]。如果在有限变形理论有限元中引入某些假定，可以得到单元刚度矩阵的显式，即梁柱理论所推导出来的单元刚度矩阵[4]。

4)几何非线性二节点空间梁单元

空间杆系结构分析常用的二节点空间梁单元主要有两种，一是基于 Oran 梁柱理论有限元法[4]；二是上述基于完全拉格朗日/修正拉格朗日描述的有限变形理论有限元法[5-10]，此外，还有共旋列式等。其中，修正拉格朗日列式和半解析的 Oran 梁柱理论有限元法的参考位形是相同的，即以 t 时刻位形为参考位形，而完全拉格朗日列式以初始位形为参考位形。半解析的 Oran 梁柱理论有限元法在分析轴力为主的结构时具有非常高的效率，但在分析纯弯曲问题时存在较大困难。Oran 梁柱理论来源于 Timoshenko 提出的稳定函

数理论。如果轴力为零，半解析的 Oran 梁柱理论应用于悬臂梁的轴力计算误差很大，在计算悬臂梁的纯弯曲时导致其收敛非常困难。因此，梁柱理论的缺陷是理论上的。值得指出的是，无论采用何种列式，其主要难点在于单元内力精确计算。

(1)二节点空间梁单元的插值函数。

假定二节点梁单元任一点位移 $\boldsymbol{q}=\begin{pmatrix}u & v & w\end{pmatrix}^{\mathrm{T}}$，梁单元左右节点位移 $\boldsymbol{u}=\begin{pmatrix}u_{xi} & u_{yi} & u_{zi} & \theta_{xi} & \theta_{yi} & \theta_{zi} & u_{xj} & u_{yj} & u_{zj} & \theta_{xj} & \theta_{yj} & \theta_{zj}\end{pmatrix}^{\mathrm{T}}$，$\boldsymbol{q}$ 可以由梁端的节点位移 $\boldsymbol{u}$ 插值求出，即 $\boldsymbol{q}=\boldsymbol{CNu}$，注意这里 $\boldsymbol{CN}$ 为二节点梁单元形函数矩阵[3]，本节符号推导的 MATLAB 源代码见本章附录。

到目前为止，经典的解析梁理论主要有 Bernoulli 梁理论和 Timoshenko 梁理论，前者只适用于长梁，而后者的适用范围要广。在短梁静力分析中，若采用前者将导致较大误差或错误，在振动问题中，若分析梁的高阶固有振动，则梁的有效跨度就有可能很短，关于这两种梁理论的详细讨论请参考文献[10]。此外，在构造梁单元的过程中，若要考虑剪应变，则必须采用 Timoshenko 梁理论。关于如何考虑剪应变，文献[4]则是采用增加两个剪切自由度的方法，这样普通梁元的节点自由度为 7，而根据文献[10]中具有两个广义位移的平面梁理论，若同时考虑 y 、z 方向的剪应变，则节点自由度数应为 8。文献[11]线弹性梁单元刚度矩阵中采用修正参数来近似考虑剪应变的影响。文献[6]基于 Timoshenko 梁理论提出线位移和角位移分别插值的方法，下面给出其形函数矩阵。仔细分析发现，转角位移仍然是相应平动位移的导数，实质上并没有考虑剪应变。

$$\boldsymbol{C}=\begin{bmatrix}1 & 0 & 0 & 0 & z & -y\\ 0 & 1 & 0 & -z & 0 & 0\\ 0 & 0 & 1 & y & 0 & 0\end{bmatrix},\quad \boldsymbol{N}=\begin{bmatrix}N_1 & 0 & 0 & 0 & 0 & 0 & N_4 & 0 & 0 & 0 & 0 & 0\\ 0 & N_2 & 0 & 0 & 0 & -N_3 & 0 & N_5 & 0 & 0 & 0 & -N_6\\ 0 & 0 & N_2 & 0 & N_3 & 0 & 0 & 0 & N_5 & 0 & N_6 & 0\\ 0 & 0 & 0 & N_1 & 0 & 0 & 0 & 0 & 0 & N_4 & 0 & 0\\ 0 & 0 & -N_2' & 0 & -N_3' & 0 & 0 & 0 & -N_5' & 0 & -N_6' & 0\\ 0 & N_2' & 0 & 0 & 0 & -N_3' & 0 & N_5' & 0 & 0 & 0 & -N_6'\end{bmatrix}$$

式中

$$N_1=1-\xi,\quad N_2=1-3\xi^2+2\xi^3,\quad N_3=l\left(-\xi+2\xi^2-\xi^3\right)$$

$$N_4=\xi,\quad N_5=3\xi^2-2\xi^3,\quad N_6=l\left(\xi^2-\xi^3\right),\quad \xi=x/l$$

(2)二节点梁单元的坐标变换。

本章采用文献[4]、[11]和[12]提出的节点定向矩阵方法。此外，文献[5]提出了坐标变换方法，Argyris[13]提出了描述大转动的转换方法，Dvorkin 等[14]提出了考虑大位移大转角的 Timoshenko 梁增量分析的完全拉格朗日方法。

(3)二节点梁单元的单元内力计算。

单元内力的计算是影响计算结果正确性的主要因素，内力的求解将直接影响残差大小，而残差大小决定了近似解逼近真解的程度。本书作者采用 Oran 梁柱理论即式(4.14)计算单元内力。

用Saafan关于杆件挠曲对轴向变形的影响以及Liveslay和Chandler推导的稳定函数，Oran 运用传统的梁柱理论得出梁单元在随动局部坐标系下的杆端力与位移的关系[11,12]:

$$
\begin{aligned}
M_{in} &= \frac{EI_n}{L}\left(C_{1n}\theta_{in} + C_{2n}\theta_{jn}\right) \\
M_{jn} &= \frac{EI_n}{L}\left(C_{2n}\theta_{in} + C_{1n}\theta_{jn}\right), \quad n = 2,3 \\
M_t &= \frac{GJ}{L}\Phi_t \\
N &= EA\left(\frac{u}{L_0} - C_{b2} - C_{b3}\right)
\end{aligned}
\tag{4.14}
$$

式中，θ_{in}、θ_{jn} 为单元 i 端节点和 j 端节点绕 x_n 轴的转角；E、G、I_n、J、L、L_0、A 分别为结构材料的弹性模量和剪切模量、单元绕 x_n 轴的惯性矩和扭转惯性矩、单元变形后两端点之间的弦长、单元初始长度、单元截面面积；M_{in}、M_{jn}、M_t、N 分别为单元 i 端和 j 端绕 x_n 轴的弯矩、扭矩、轴力(压为正)；u、C_{1n} 和 C_{2n}、C_{b2} 和 C_{b3} 分别为单元轴向缩短量、梁柱的稳定函数、单元由弯曲变形引起的轴向变形。由式(4.14)可以推导得到半解析的梁柱理论有限元列式，具体可参考文献[4]、[11]和[12]。

5)非线性代数方程组的求解方法

迭代计算中修正拉格朗日描述的优点：非线性代数方程组的求解目前来说主要是迭代方法，对有限元来说就是用割/切线刚度矩阵来迭代，如前所述，修正拉格朗日描述下的割线刚度矩阵实质上相当于完全拉格朗日描述下的切线刚度矩阵，而修正拉格朗日描述下的割线刚度矩阵相对完全拉格朗日描述下的切线刚度矩阵计算量要小，这是文献[5]认为修正拉格朗日法好一点的原因，但修正拉格朗日描述下最重要的是当前位形的描述，当前位形描述的正确与否决定了计算结果的正确性，而坐标变换的正确与否决定了当前位形描述的精确性。

修正拉格朗日描述中基于修正的 Newton-Raphson 法的弧长法和基于 Newton-Raphson 法的弧长法的区别：如果采用基于 Newton-Raphson 法的弧长法，则单元切线刚度矩阵可以只考虑 $\boldsymbol{K}_L$ 和 $\boldsymbol{K}_g$ 两项，因为在每一个迭代步，单元参考位形、节点坐标、单元刚度矩阵都已经更新，而相对当前参考构形的位移为零，所以单元刚度矩阵中与位移有关的各项为零，这也体现了修正拉格朗日描述的优点。若采用基于修正的 Newton-Raphson 法的弧长法，则必须考虑应力更新和相对当前参考位形(当前变形状态)位移的影响。

6)理论假设与数值模型

划分单元之后的体系即成为一个数学模型，几何非线性分析主要考虑大位移的影响，如果单元两节点的相对位移较大，用有限变形理论有限元，无论是完全拉格朗日法还是修正拉格朗日法、割线刚度矩阵还是切线刚度矩阵，位移的高阶项均已省略，故随着节点相对位移的增大，误差会增大。若单元数目增加一倍，则左右节点相对位移的值要减

少一半即 $\Delta/2$(图 4.2)，位移高阶项的影响衰减很快，相应的误差也会小很多，即弱化了结构刚体位移(大位移)的影响，这里的刚体位移指 3-2 节点②单元的刚体位移，即不引起变形的位移，而对于 1-2 节点，作为一个单元来讲，Δ 为引起变形的位移，故在每一增量步就更接近于每一增量步仍为小位移小应变的假设，精度也越高。此外，修正拉格朗日法只能推导出单元切线刚度矩阵，如果没有单元内力的精确求解，误差会越积越大，最终出现应力漂移。

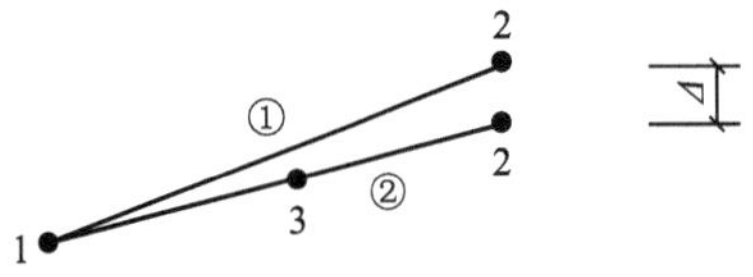

图 4.2　单元划分

基于有限变形理论的有限元，如 Bathe 梁元的坐标变换是针对直梁单元，若梁的变形为曲线，则该坐标变换是不精确的，若同一结构划分的单元越多，则梁的变形就越接近小位移，该坐标变换引起的误差也将越小。从数学的角度来讲，划分的单元越多，位移函数空间就越完备，因此数值模型就越接近实际结构。

理论假设与数值模型不符是有限变形理论有限元较少的单元不能实现高精度的原因，虽然如果单元较少也可以通过每一增量步取得很小来逼近小位移小应变，本书对此也进行分析，但是精度提高的效果并不明显。

例题 4.1　威廉平面刚架。

威廉平面刚架是几何非线性分析中的经典算例，其基本尺寸如图 4.3(a)所示，每根杆件划分为一个单元。图 4.3(b)、(c)分别为点 A 处荷载-竖向位移曲线及荷载-支座水平力曲线，该结果与文献[3]、[4]、[15]和[16]的结果是完全吻合的。

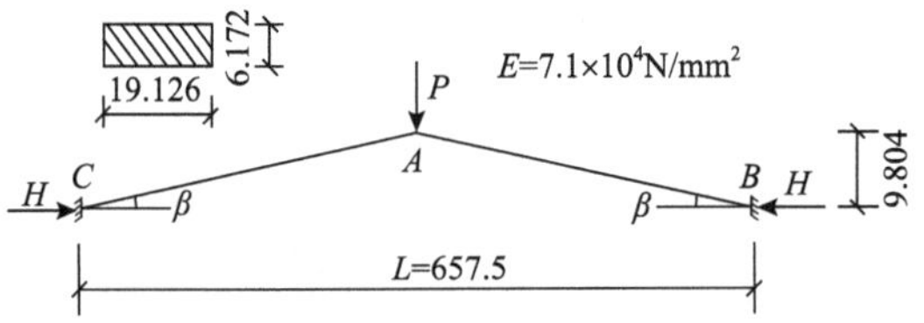

(a) 力学模型(单位：mm)

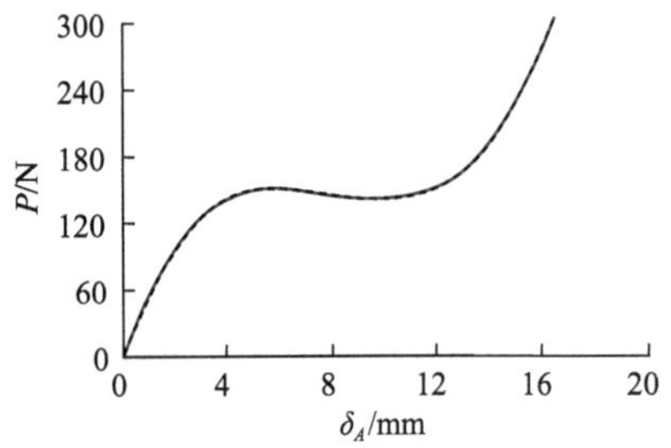

(b) 点 A 处 P-δ_A 曲线

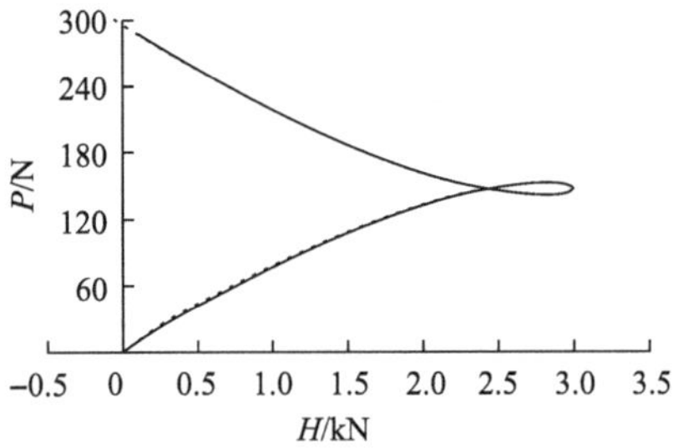

(c) 点 A 处 P-H 曲线

图 4.3　威廉平面刚架

例题 4.2　13 节点 18 单元的空间穹顶结构。

空间穹顶结构形式及尺寸如图 4.4(a)所示，边界上六个支撑点(节点 8～13)为固定支座，每根杆件划分为一个单元。图 4.4(b)给出了节点 1、2 处的荷载-竖向位移曲线，该结果与文献[4]吻合。

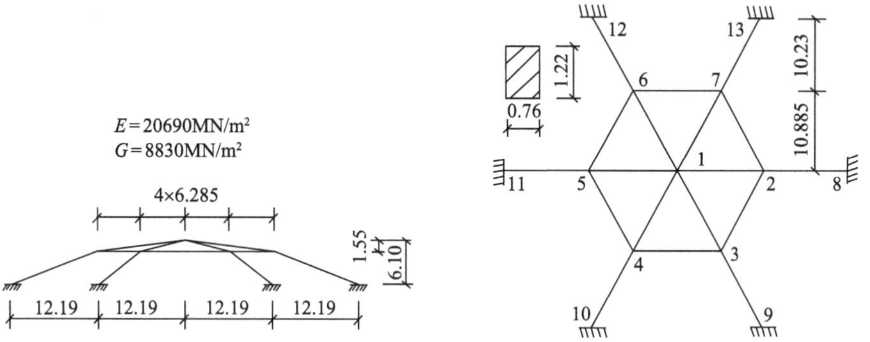

(a) 空间穹顶结构形式及尺寸(单位：m)

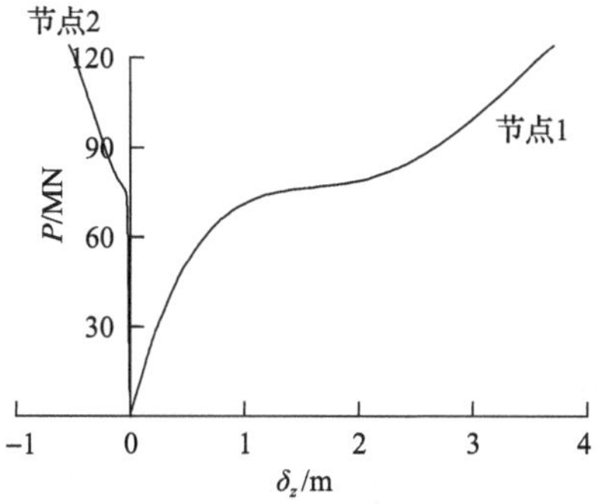

(b) 节点1、2处P-δ_z曲线

图 4.4　13 节点 18 单元空间穹顶结构

7）一端铰接一端刚接的二节点空间梁单元刚度矩阵的凝聚

组合空间结构一般包含索、杆、梁三种单元，如张弦梁结构、弦支穹顶等，存在一端铰接一端刚接的二节点空间梁单元，铰接端节点的弯矩为零，但铰接端节点的转角位移并不等于零，也不是独立的。因此，对于一端铰接一端刚接的梁单元处理是应该考虑的问题。

两端刚接二节点梁单元有 12 个独立的节点位移和 6 个独立的内力分量，而一端铰接一端刚接的梁单元有 9 个独立的节点位移和 6 个独立的内力分量，因此在采用以位移法为基础的有限元计算中，通常要对由两端刚接梁单元 12×12 的单元刚度矩阵进行先处理，即静力凝聚，可得到一端铰接一端刚接的梁单元刚度矩阵。详细的推导如下。

假设一二节点梁单元，左右节点分别为 1 和 2，其单元平衡方程可表示为

$$\begin{bmatrix} \boldsymbol{k}_{11} & \boldsymbol{k}_{12} & \boldsymbol{k}_{13} & \boldsymbol{k}_{14} \\ \boldsymbol{k}_{21} & \boldsymbol{k}_{22} & \boldsymbol{k}_{23} & \boldsymbol{k}_{24} \\ \boldsymbol{k}_{31} & \boldsymbol{k}_{32} & \boldsymbol{k}_{33} & \boldsymbol{k}_{34} \\ \boldsymbol{k}_{41} & \boldsymbol{k}_{42} & \boldsymbol{k}_{43} & \boldsymbol{k}_{44} \end{bmatrix} \begin{pmatrix} \boldsymbol{u}_{T1} \\ \boldsymbol{u}_{A1} \\ \boldsymbol{u}_{T2} \\ \boldsymbol{u}_{A2} \end{pmatrix} = \begin{pmatrix} \boldsymbol{N}_1 \\ \boldsymbol{M}_1 \\ \boldsymbol{N}_2 \\ \boldsymbol{M}_2 \end{pmatrix} \tag{4.15}$$

式中，$\boldsymbol{k}_{ij}\ (i,j=1\sim4)$ 为 3×3 刚度矩阵，对应 12×12 的两端刚接梁单元刚度阵的相应元素；$\boldsymbol{u}_{T1}$、$\boldsymbol{u}_{T2}$ 分别为节点 1、2 的 3×1 平动位移向量；$\boldsymbol{u}_{A1}$、$\boldsymbol{u}_{A2}$ 分别为节点 1、2 的 3×1 转角位移向量，对应 12×1 的单元节点位移向量；$\boldsymbol{N}_1$、$\boldsymbol{N}_2$ 分别为节点 1、2 的 3×1 节点轴力向

量；$\boldsymbol{M}_1$、$\boldsymbol{M}_2$ 分别为节点 1、2 的 3×1 节点弯矩向量，对应 12×1 的单元节点内力分量。

假设节点 1 为铰接节点，则 $\boldsymbol{M}_1=0$，由式(4.15)可得

$$\boldsymbol{k}_{21}\boldsymbol{u}_{T1}+\boldsymbol{k}_{22}\boldsymbol{u}_{A1}+\boldsymbol{k}_{23}\boldsymbol{u}_{T2}+\boldsymbol{k}_{24}\boldsymbol{u}_{A2}=0\Rightarrow\boldsymbol{u}_{A1}=-\boldsymbol{k}_{22}^{-1}\left(\boldsymbol{k}_{21}\boldsymbol{u}_{T1}+\boldsymbol{k}_{23}\boldsymbol{u}_{T2}+\boldsymbol{k}_{24}\boldsymbol{u}_{A2}\right)\tag{4.16}$$

由式(4.16)可知，铰接端节点弯矩为零，但转角位移并不等于零。将式(4.16)代入式(4.15)中的其他方程整理可得节点 1 铰接、节点 2 刚接的梁单元 9×9 单元刚度矩阵，即

$$\begin{bmatrix}\boldsymbol{k}_{11}-\boldsymbol{k}_{12}\boldsymbol{k}_{22}^{-1}\boldsymbol{k}_{21} & \boldsymbol{k}_{13}-\boldsymbol{k}_{12}\boldsymbol{k}_{22}^{-1}\boldsymbol{k}_{23} & \boldsymbol{k}_{14}-\boldsymbol{k}_{12}\boldsymbol{k}_{22}^{-1}\boldsymbol{k}_{14}\\ \boldsymbol{k}_{31}-\boldsymbol{k}_{32}\boldsymbol{k}_{22}^{-1}\boldsymbol{k}_{21} & \boldsymbol{k}_{33}-\boldsymbol{k}_{32}\boldsymbol{k}_{22}^{-1}\boldsymbol{k}_{23} & \boldsymbol{k}_{34}-\boldsymbol{k}_{32}\boldsymbol{k}_{22}^{-1}\boldsymbol{k}_{14}\\ \boldsymbol{k}_{41}-\boldsymbol{k}_{42}\boldsymbol{k}_{22}^{-1}\boldsymbol{k}_{21} & \boldsymbol{k}_{43}-\boldsymbol{k}_{42}\boldsymbol{k}_{22}^{-1}\boldsymbol{k}_{23} & \boldsymbol{k}_{44}-\boldsymbol{k}_{42}\boldsymbol{k}_{22}^{-1}\boldsymbol{k}_{14}\end{bmatrix}\begin{pmatrix}\boldsymbol{u}_{T1}\\ \boldsymbol{u}_{T2}\\ \boldsymbol{u}_{A2}\end{pmatrix}=\begin{pmatrix}\boldsymbol{N}_1\\ \boldsymbol{N}_2\\ \boldsymbol{M}_2\end{pmatrix}$$

同理，可得节点 1 刚接、节点 2 铰接的梁单元刚度矩阵，即

$$\begin{bmatrix}\boldsymbol{k}_{11}-\boldsymbol{k}_{14}\boldsymbol{k}_{44}^{-1}\boldsymbol{k}_{41} & \boldsymbol{k}_{12}-\boldsymbol{k}_{14}\boldsymbol{k}_{44}^{-1}\boldsymbol{k}_{42} & \boldsymbol{k}_{13}-\boldsymbol{k}_{14}\boldsymbol{k}_{44}^{-1}\boldsymbol{k}_{43}\\ \boldsymbol{k}_{21}-\boldsymbol{k}_{24}\boldsymbol{k}_{44}^{-1}\boldsymbol{k}_{41} & \boldsymbol{k}_{22}-\boldsymbol{k}_{24}\boldsymbol{k}_{44}^{-1}\boldsymbol{k}_{42} & \boldsymbol{k}_{23}-\boldsymbol{k}_{24}\boldsymbol{k}_{44}^{-1}\boldsymbol{k}_{43}\\ \boldsymbol{k}_{31}-\boldsymbol{k}_{34}\boldsymbol{k}_{44}^{-1}\boldsymbol{k}_{41} & \boldsymbol{k}_{32}-\boldsymbol{k}_{34}\boldsymbol{k}_{44}^{-1}\boldsymbol{k}_{42} & \boldsymbol{k}_{33}-\boldsymbol{k}_{34}\boldsymbol{k}_{44}^{-1}\boldsymbol{k}_{43}\end{bmatrix}\begin{pmatrix}\boldsymbol{u}_{T1}\\ \boldsymbol{u}_{A1}\\ \boldsymbol{u}_{T2}\end{pmatrix}=\begin{pmatrix}\boldsymbol{N}_1\\ \boldsymbol{M}_1\\ \boldsymbol{N}_2\end{pmatrix}$$

8)基于修正拉格朗日描述的几何非线性二节点空间直杆单元

基于修正拉格朗日描述的二节点空间杆单元刚度矩阵与二节点空间梁单元刚度矩阵的推导形式上相同，几何非线性二节点空间直杆单元刚度矩阵的详细推导如下。局部坐标系下二节点直杆单元如图 4.5 所示。

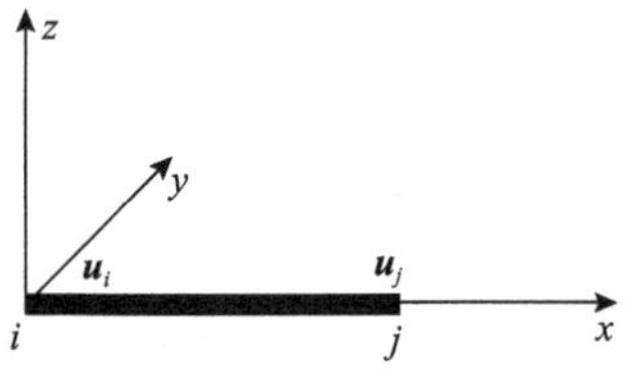

图 4.5　局部坐标系二节点直杆单元

局部坐标系下杆单元节点位移向量为

$$\boldsymbol{q}=\begin{pmatrix}u_{ix} & u_{iy} & u_{iz} & u_{jx} & u_{jy} & u_{jz}\end{pmatrix}^{\mathrm{T}}$$

三维杆单元形函数矩阵为

$$\boldsymbol{N}=\begin{bmatrix}1-x/l & 0 & 0 & x/l & 0 & 0\\ 0 & 1-x/l & 0 & 0 & x/l & 0\\ 0 & 0 & 1-x/l & 0 & 0 & x/l\end{bmatrix}$$

直杆单元中任意一点的位移为

$$\boldsymbol{u}=\boldsymbol{N}\boldsymbol{q}$$

Green-Lagrange 应变张量退化为 $E_{xx}=\dfrac{\partial u}{\partial x}+\dfrac{1}{2}\dfrac{\partial u}{\partial x}\dfrac{\partial u}{\partial x}$，令 $D=\dfrac{\partial}{\partial x}$，则

$$E_{xx}=\boldsymbol{DNq}+\frac{1}{2}\left(\boldsymbol{q}^{\mathrm{T}}\boldsymbol{N}^{\mathrm{T}}\boldsymbol{D}^{\mathrm{T}}\right)\boldsymbol{DNq}=\tilde{\boldsymbol{B}}_{\mathrm{L}}\boldsymbol{q}+\tilde{\boldsymbol{B}}_{\mathrm{N}}\boldsymbol{q}$$

令 $e=\tilde{\boldsymbol{B}}_{\mathrm{L}}\boldsymbol{q}$，$\eta=\tilde{\boldsymbol{B}}_{\mathrm{N}}\boldsymbol{q}$，对上式进行变分得

$$\delta E_{xx}=\delta e+\delta\eta \Rightarrow \delta e=\boldsymbol{B}_{\mathrm{L}}\delta\boldsymbol{q},\quad \delta\eta=\boldsymbol{B}_{\mathrm{N}}\delta\boldsymbol{q}$$

其中，$\boldsymbol{B}_{\mathrm{L}}=\tilde{\boldsymbol{B}}_{\mathrm{L}}$；$\boldsymbol{B}_{\mathrm{N}}=2\tilde{\boldsymbol{B}}_{\mathrm{N}}$；$\boldsymbol{B}=\boldsymbol{B}_{\mathrm{L}}+\boldsymbol{B}_{\mathrm{N}}$。

另外，引入本构关系 $\boldsymbol{\sigma}=\boldsymbol{DE}\Rightarrow \mathrm{d}\boldsymbol{\sigma}=\boldsymbol{D}_T\mathrm{d}\boldsymbol{E}=\boldsymbol{D}_T\boldsymbol{B}\mathrm{d}(\Delta\boldsymbol{u})$，注意变分和微分推导形式上一致，因为 $\mathrm{d}E=\mathrm{d}e+\mathrm{d}\eta=\boldsymbol{B}_{\mathrm{L}}\mathrm{d}\boldsymbol{q}+\boldsymbol{B}_{\mathrm{N}}\mathrm{d}\boldsymbol{q}=\boldsymbol{B}\mathrm{d}\boldsymbol{q}$。

求式(4.2)的变分，与式(4.11)和式(4.12)的推导类似，可得

$$\begin{aligned}
&\delta_t\Pi=\int_{{}^tV}{}^{t+\Delta t}_{\ \ t}\sigma_{ij}\delta\,{}^{t+\Delta t}_{\ \ t}E_{ij}\left({}^{t+\Delta t}_{\ \ t}u_k\right)\mathrm{d}\,{}^tV-\int_{{}^tV}{}^{t+\Delta t}_{\ \ t}F_i\delta\,{}^{t+\Delta t}_{\ \ t}u_i\,\mathrm{d}\,{}^tV-\int_{{}^tS}{}^{t+\Delta t}_{\ \ t}T_i\delta\,{}^{t+\Delta t}_{\ \ t}u_i\mathrm{d}\,{}^tS=0\\
&\Rightarrow\int_{{}^tV}\delta E\times\sigma\ \mathrm{d}\,{}^tV-\int_{{}^tV}\delta\boldsymbol{q}^{\mathrm{T}}\boldsymbol{N}^{\mathrm{T}}\boldsymbol{F}\mathrm{d}\,{}^tV-\int_{{}^tS}\delta\boldsymbol{q}^{\mathrm{T}}\boldsymbol{N}^{\mathrm{T}}\boldsymbol{T}\mathrm{d}\,{}^tS=0\\
&\Rightarrow\int_{{}^tV}\delta\boldsymbol{q}^{\mathrm{T}}\boldsymbol{B}^{\mathrm{T}}\sigma\ \mathrm{d}\,{}^tV-\int_{{}^tV}\delta\boldsymbol{q}^{\mathrm{T}}\boldsymbol{N}^{\mathrm{T}}\boldsymbol{F}\mathrm{d}\,{}^tV-\int_{{}^tS}\delta\boldsymbol{q}^{\mathrm{T}}\boldsymbol{N}^{\mathrm{T}}\boldsymbol{T}\mathrm{d}\,{}^tS=0\\
&\Rightarrow\int_{{}^tV}\boldsymbol{B}^{\mathrm{T}}\sigma\ \mathrm{d}\,{}^tV-\int_{{}^tV}\boldsymbol{N}^{\mathrm{T}}\boldsymbol{F}\mathrm{d}\,{}^tV-\int_{{}^tS}\boldsymbol{N}^{\mathrm{T}}\boldsymbol{T}\mathrm{d}\,{}^tS=0
\end{aligned}$$

对上式求微分，即其增量形式为 $\mathrm{d}\left(\int_{{}^tV}\boldsymbol{B}^{\mathrm{T}}\sigma\ \mathrm{d}\,{}^tV-\int_{{}^tV}\boldsymbol{N}^{\mathrm{T}}\boldsymbol{F}\mathrm{d}\,{}^tV-\int_{{}^tS}\boldsymbol{N}^{\mathrm{T}}\boldsymbol{T}\mathrm{d}\,{}^tS\right)=0$，展开得

$$\begin{aligned}
&\int_{{}^tV}\mathrm{d}\left(\boldsymbol{B}^{\mathrm{T}}\sigma\right)\mathrm{d}\,{}^tV-\int_{{}^tV}\boldsymbol{N}^{\mathrm{T}}\mathrm{d}\boldsymbol{F}\mathrm{d}\,{}^tV-\int_{{}^tS}\boldsymbol{N}^{\mathrm{T}}\mathrm{d}\boldsymbol{T}\mathrm{d}\,{}^tS=0\\
&\Rightarrow\int_{{}^tV}\mathrm{d}\left(\boldsymbol{B}^{\mathrm{T}}\sigma\right)\mathrm{d}\,{}^tV=\int_{{}^tV}\boldsymbol{N}^{\mathrm{T}}\mathrm{d}\boldsymbol{F}\mathrm{d}\,{}^tV+\int_{{}^tS}\boldsymbol{N}^{\mathrm{T}}\mathrm{d}\boldsymbol{T}\mathrm{d}\,{}^tS\\
&\Rightarrow\int_{{}^tV}\mathrm{d}\boldsymbol{B}^{\mathrm{T}}\times\sigma\mathrm{d}\,{}^tV+\int_{{}^tV}\boldsymbol{B}^{\mathrm{T}}\mathrm{d}\sigma\mathrm{d}\,{}^tV=\int_{{}^tV}\boldsymbol{N}^{\mathrm{T}}\mathrm{d}\boldsymbol{F}\mathrm{d}\,{}^tV+\int_{{}^tS}\boldsymbol{N}^{\mathrm{T}}\mathrm{d}\boldsymbol{T}\mathrm{d}\,{}^tS\\
&\Rightarrow\int_{{}^tV}\boldsymbol{B}^{\mathrm{T}}\mathrm{d}\sigma\mathrm{d}\,{}^tV+\int_{{}^tV}\mathrm{d}\boldsymbol{B}^{\mathrm{T}}\times\sigma\mathrm{d}\,{}^tV=\int_{{}^tV}\boldsymbol{N}^{\mathrm{T}}\mathrm{d}\boldsymbol{F}\mathrm{d}\,{}^tV+\int_{{}^tS}\boldsymbol{N}^{\mathrm{T}}\mathrm{d}\boldsymbol{T}\mathrm{d}\,{}^tS\\
&\Rightarrow\int_{{}^tV}\boldsymbol{B}^{\mathrm{T}}\boldsymbol{D}_T\boldsymbol{B}\mathrm{d}\boldsymbol{q}\mathrm{d}\,{}^tV+\int_{{}^tV}\mathrm{d}\boldsymbol{B}^{\mathrm{T}}\times\sigma\mathrm{d}\,{}^tV=\int_{{}^tV}\boldsymbol{N}^{\mathrm{T}}\mathrm{d}\boldsymbol{F}\mathrm{d}\,{}^tV+\int_{{}^tS}\boldsymbol{N}^{\mathrm{T}}\mathrm{d}\boldsymbol{T}\mathrm{d}\,{}^tS
\end{aligned}$$

其中

$$\int_{{}^tV}\boldsymbol{B}^{\mathrm{T}}\boldsymbol{D}_T\boldsymbol{B}\mathrm{d}\boldsymbol{q}\mathrm{d}\,{}^tV=\int_{{}^tV}\boldsymbol{B}^{\mathrm{T}}\boldsymbol{D}_T\boldsymbol{B}\mathrm{d}\,{}^tV\times\mathrm{d}\boldsymbol{q}$$

$$\int_{^tV} \mathrm{d}\boldsymbol{B}^{\mathrm{T}} \times \sigma \mathrm{d}^t V = \int_{^tV} \mathrm{d}\left(\boldsymbol{B}_{\mathrm{L}} + \boldsymbol{B}_{\mathrm{N}}\right)^{\mathrm{T}} \times \sigma \mathrm{d}^t V = \int_{^tV} \mathrm{d}\boldsymbol{B}_{\mathrm{N}}^{\mathrm{T}} \times \sigma \mathrm{d}^t V = \boldsymbol{K}_g \mathrm{d}\boldsymbol{q} \tag{4.17}$$

$$\int_{^tV} \boldsymbol{B}^{\mathrm{T}} \boldsymbol{D}_T \boldsymbol{B} \mathrm{d}^t V = \int_{^tV} \left(\boldsymbol{B}_{\mathrm{L}}^{\mathrm{T}} + \boldsymbol{B}_{\mathrm{N}}^{\mathrm{T}}\right) \boldsymbol{D}_T \left(\boldsymbol{B}_{\mathrm{L}} + \boldsymbol{B}_{\mathrm{N}}\right) \mathrm{d}^t V = \boldsymbol{K}_{\mathrm{L}} + \boldsymbol{K}_{\mathrm{N}}$$

$$\boldsymbol{K}_{\mathrm{L}} = \int_{^tV} \boldsymbol{B}_{\mathrm{L}}^{\mathrm{T}} \boldsymbol{D}_T \boldsymbol{B}_{\mathrm{L}} \mathrm{d}^t V , \quad \boldsymbol{K}_N = \int_{^tV} \boldsymbol{B}_{\mathrm{L}}^{\mathrm{T}} \boldsymbol{D}_T \boldsymbol{B}_{\mathrm{N}} \mathrm{d}^t V + \int_{^tV} \boldsymbol{B}_{\mathrm{N}}^{\mathrm{T}} \boldsymbol{D}_T \boldsymbol{B}_{\mathrm{L}} \mathrm{d}^t V + \int_{^tV} \boldsymbol{B}_{\mathrm{N}}^{\mathrm{T}} \boldsymbol{D}_T \boldsymbol{B}_{\mathrm{N}} \mathrm{d}^t V \tag{4.18}$$

9) 基于修正拉格朗日描述的悬链线索单元切线刚度矩阵及连续索分析方法

一般而言，索根据垂度大小可以分为悬索和拉索，根据是否闭合可以分为闭合索和非闭合索，根据是否连续可以分为连续索和离散索。索杆体系形态生成过程及施工控制中，单边约束构件索的内力始终在变化，即索由只承受自重到承受外荷载，从无应力到承受较大的应力，从悬索自垂到拉索绷紧，比较按悬索和拉索计算对索杆体系形态生成及施工控制的影响，以及探求一种广泛适用的索计算模式和程序算法就显得非常必要。本节基于悬链线单元对此问题进行了初步的探索，并提出一种考虑连续索索段滑移的悬链线索单元程序算法。

目前，索单元数值模型主要有四种。

(1) 等代弹性模量法。

将索段等代为杆单元，采用等代弹性模量的方法来考虑索的垂度效应。文献[17]～[24]将其应用于斜拉桥的静动力及非线性分析中，等代弹性模量[25]为

$$E_{\mathrm{eq}}^{\mathrm{bar}} = \frac{E_{\mathrm{cable}}}{1 + \left(\rho g L_x\right)^2 E_{\mathrm{cable}} \big/ \left(12\sigma^3\right)} \tag{4.19}$$

文献[26]认为，等代弹性模量法只考虑索垂度效应而没有考虑大位移的刚化效应，只能应用于小跨度斜拉桥的线性分析。

(2) 直线杆单元法[27]。

直线杆单元法将直线杆单元应用于曲线索，可想而知，必然导致过多的计算自由度、对计算机内存要求高以及计算误差累积问题。

(3) 等参单元法[28-30]。

相对直线杆单元方法，等参单元法可以用较少的自由度来模拟曲线索模型，但是该方法需要数值积分。

(4) 悬链线单元法。

悬链线单元法最初用来分析单根悬索[31-34]、传输线[35]、锚索等，文献[26]将其应用于悬索桥。这种方法在体系静力分析时计算效率高、精度好，但缺点也很明显，即不能应用于体系动力分析。

此外，还有抛物线单元法[36]、滑移索单元法[37]等。

基本假设：索为理想柔索，不能承受弯矩作用，满足胡克定律，材料为小应变。

计算模型：二节点悬链线索单元模型的具体推导可参考文献[31]和[26]。位移法有

限元计算中必须满足的条件为：①平衡条件，即每个节点处内外力的合力为零；②相容条件，即各单元的位移必须是连续的，并且连续索的各索段的张拉值之和应该与索端的总张拉值相等；③考虑到索杆体系施工张拉/顶推过程中为连续索，本书作者认为计算中应考虑连续索条件(忽略摩擦)。如图 4.6 所示，$T_i=T_{i+1}$，即第 i 索段右端索力应和第 i+1 索段左端索力大小相等，方向可以不同。

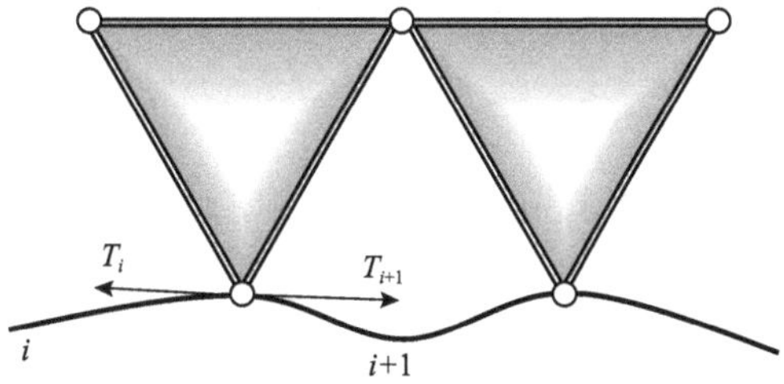

图 4.6　连续索滑移节点示意

主动张拉索和被动张拉索：对某一根(多根)索施加预应力张拉时，称其为主动张拉索，相应的其他索称为被动张拉索，当然被动张拉索也可能松弛。

连续索分析中必须考虑的问题为：①索在节点的滑移，连续索在主动张拉或被动张拉时，各索段在节点处均会产生滑移，如何考虑各索段的滑移值，以及对各索段内力的影响，文献[37]对比了考虑滑移与不考虑滑移的位移值误差可达一倍以上，但计算滑移值时只考虑了相邻索段的影响，实际上整条索的各索段是相互影响的；②随着索内力的增大，索段的拉伸刚度逐渐趋近线性拉伸刚度，此时可以考虑采用滑移的几何非线性杆单元来代替二节点悬链线索单元，即满足什么条件下可以不考虑索的垂度效应；③如何计算多索同时主动张拉时结构形态的变化？虽然线性找力分析的文献很多，但是考虑施工张拉过程的却很少；④必须考虑各种单元，如索、杆、梁、板四种单元组成的组合结构的几何非线性。

悬链线索单元的单元柔度矩阵和刚度矩阵：假设索段在三维荷载下的变形曲线仍然保持为一个空间平面(图 4.7)，因此可以在平面悬链线索单元推导基础上，通过相应的坐标变换来求解索在三维荷载下的变形及内力。

任意索段在二维平面局部坐标系中的曲线方程为

$$L^2 = V^2 + H^2 \frac{\sinh^2 \lambda}{\lambda^2}$$

其中，

$$\lambda = \omega H / (2F_1)$$

$$H = -F_1 \left(\frac{L_u}{EA} + \frac{1}{\omega} \ln \frac{F_4 + T_j}{T_i - F_2} \right)$$

$$V = \frac{1}{2EA\omega} \left(T_j^2 - T_i^2 \right) + \frac{T_j - T_i}{\omega}$$

$$L = L_u + \frac{1}{2EA\omega}\left(F_4 T_j + F_2 T_i + F_1^2 \ln\frac{F_4 + T_j}{T_i - F_2}\right) \tag{4.20}$$

其中，

$$F_2 = \frac{\omega}{2}\left(-V\frac{\cosh\lambda}{\sinh\lambda} + L\right)$$

由平衡关系可得

$$F_3 = -F_1,\quad F_4 = -F_2 + \omega L_u,\quad T_i = \left(F_1^2 + F_2^2\right)^2,\quad T_j = \left(F_3^2 + F_4^2\right)^2$$

其中，L_u 为索段原长；ω 为沿索段的均布竖向荷载，包括自重。

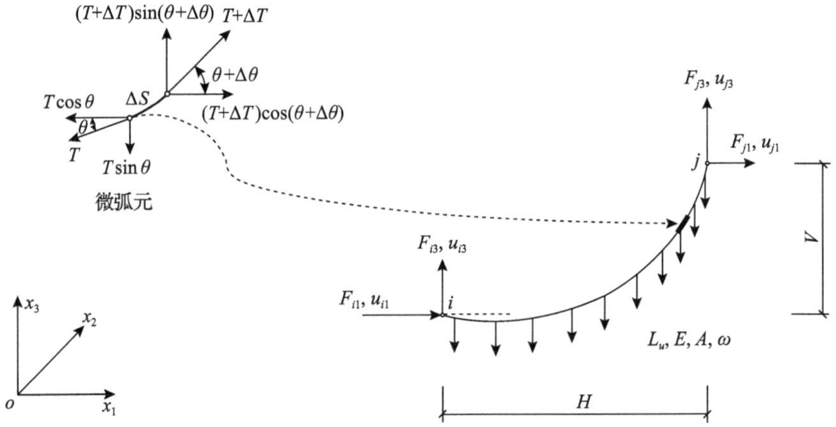

图 4.7　悬链线索段单元示意

已知索段原长时，对 H、V 求微分可得

$$\mathrm{d}H = \frac{\partial H}{\partial F_1}\mathrm{d}F_1 + \frac{\partial H}{\partial F_2}\mathrm{d}F_2,\quad \mathrm{d}V = \frac{\partial V}{\partial F_1}\mathrm{d}F_1 + \frac{\partial V}{\partial F_2}\mathrm{d}F_2$$

由平衡关系 $\mathrm{d}F_3 = -\mathrm{d}F_1$，$\mathrm{d}F_4 = -\mathrm{d}F_2$，可得

$$\begin{pmatrix}\mathrm{d}H\\ \mathrm{d}V\end{pmatrix} = \begin{bmatrix} f_{11} & f_{12}\\ f_{21} & f_{22}\end{bmatrix}\begin{pmatrix}\mathrm{d}F_1\\ \mathrm{d}F_2\end{pmatrix} = \boldsymbol{F}\begin{pmatrix}\mathrm{d}F_1\\ \mathrm{d}F_2\end{pmatrix}$$

其中，$f_{11} = \dfrac{\partial H}{\partial F_1}$；$f_{12} = \dfrac{\partial H}{\partial F_2}$；$f_{21} = \dfrac{\partial V}{\partial F_1}$；$f_{22} = \dfrac{\partial V}{\partial F_2}$；$\boldsymbol{F}$ 称为增量柔度矩阵，刚度矩阵 $\boldsymbol{K}$ 可由 $\boldsymbol{F}$ 求逆得到，即

$$\boldsymbol{K} = \boldsymbol{F}^{-1} = \begin{bmatrix} k_{11} & k_{12}\\ k_{21} & k_{22}\end{bmatrix}$$

接下来，因为 $H = x_j - x_i + u_j - u_i$，$V = z_j - z_i + w_j - w_i$，所以有

$$\mathrm{d}H = -\mathrm{d}u_i + \mathrm{d}u_j\text{，}\quad \mathrm{d}V = -\mathrm{d}w_i + \mathrm{d}w_j$$

可推出

$$\begin{pmatrix} \mathrm{d}F_3 \\ \mathrm{d}F_4 \end{pmatrix} = \begin{bmatrix} -k_{11} & -k_{12} \\ -k_{21} & -k_{22} \end{bmatrix} \begin{pmatrix} \mathrm{d}H \\ \mathrm{d}V \end{pmatrix}$$

因此，有

$$\boldsymbol{K}_T = \begin{bmatrix} -k_{11} & -k_{12} & k_{11} & k_{12} \\ -k_{21} & -k_{22} & k_{21} & k_{22} \\ k_{11} & k_{12} & -k_{11} & -k_{12} \\ k_{21} & k_{22} & -k_{21} & -k_{22} \end{bmatrix},\quad \mathrm{d}P = \begin{pmatrix} \mathrm{d}F_1 \\ \mathrm{d}F_2 \\ \mathrm{d}F_3 \\ \mathrm{d}F_4 \end{pmatrix} = \boldsymbol{K}_T \begin{pmatrix} \mathrm{d}u_i \\ \mathrm{d}u_j \\ \mathrm{d}w_i \\ \mathrm{d}w_j \end{pmatrix}$$

以上方法实质上仍然为柔度法，因此必须对多余力做出假设，由悬链线关系式[38]可得多余力的初值，即

$$F_1^0 = -\frac{\omega H}{2\lambda_0},\quad F_2^0 = \frac{\omega}{2}\left(-H\frac{\cosh \lambda_0}{\sinh \lambda_0} + L_{u0}\right),\quad \lambda_0 = \sqrt{3\left(\frac{L_{u0}^2 - V^2}{H^2}\right) - 1}$$

这样便得到了悬链线索单元的切线刚度矩阵。

悬链线索单元考虑连续索条件：采用位移法有限元求解得到的是满足节点平衡条件位移连续的解，实际上是假设索在节点已经卡住，即索在节点处不能滑移，同时也不满足连续索条件。

考虑连续索条件，即 $T_j^k = T_i^{k+1}$，k 代表索段序号。

首先，在每一迭代步求出连续索各索段端部内力的不平衡值：$\Delta T_i^k = \frac{1}{2}\left(T_i^{k+1} - T_j^k\right)$，$\Delta T_j^{k+1} = \frac{1}{2}\left(T_j^k - T_i^{k+1}\right)$。

其次，由索段内力增量 ΔT_i^k 或 ΔT_j^{k+1} 求 $\mathrm{d}F_3^k$ 或 $\mathrm{d}F_4^k$。假设在每荷载增量步下，索段内力变化不大，这样可以认为索段内力变化前后的方向是近似相同的，即

$$\Delta T_j^k = \frac{F_3^k}{T_j^k}\mathrm{d}F_3^k + \frac{F_4^k}{T_j^k}\mathrm{d}F_4^k\text{，}\quad \left(T_j^k + \Delta T_j^k\right)^2 = \left(F_3^k + \mathrm{d}F_3^k\right)^2 + \left(F_4^k + \mathrm{d}F_4^k\right)^2$$

因此，可得 $\mathrm{d}F_3^k = \frac{F_3^k}{T_j^k}\Delta T_j^k$，$\mathrm{d}F_4^k = \frac{F_4^k}{T_j^k}\Delta T_j^k$，同理可求 $\mathrm{d}F_1^{k+1}$ 和 $\mathrm{d}F_2^{k+1}$。注意上式均在各索段局部坐标系下。

悬链线索单元考虑相容条件：对每条连续索的各索段原长进行精确求解是十分必要的，本书作者认为式(4.20)为不考虑索段弹性变形而得到的计算索段曲线长度的公式，因此该式可以用来精确求解索段原长。对于每次迭代中某条连续索各索段原长之和与整

条连续索张拉值相比较得到的非闭和值乘负号之后，本书作者建议可以均匀分配给该连续索的各索段，此即连续索的相容条件。

单条或多条连续索滑移算法：连续索的计算不能直接按照分段离散的方法来分析。算法的基本思想如下：

①体系(结构或机构)初始形状几何确定，给定或求各索段原长，施加(或不施加)预应力，体系加载(或不加载)；

②连续索自平衡，索滑移，索力在节点平衡；

③结构自平衡，索不滑移，各单元在节点平衡；

④重复②、③步骤，直至满足连续索条件、节点平衡条件、相容条件。

基于上述思想，本书作者提出基于修正拉格朗日描述的在每一荷载步，使结构自平衡与连续索平衡、相容性同时得到满足的程序算法如下：

①由荷载增量求得位移增量，更新节点坐标；

②由节点坐标求得索段局部坐标系下的水平投影 H 和竖直投影 V，进而求得 $\mathrm{d}H$ 和 $\mathrm{d}V$；

③求索段内力的变化量，进而得到索段内力及其分力，由连续索条件对索段内力及其分力进行修正，再求得新的索段原长 L_0、索段局部坐标系下的水平投影 H 和竖直投影 V，并根据相容条件对连续索各索段原长进行修正；

④求节点不平衡力向量，由结构整体刚度矩阵求残余位移，由残余位移得到再次更新的节点坐标和 L_0、H、V；

⑤由迭代控制条件判断收敛精度，若收敛，则输出结果并进入下一荷载增量步，否则返回到①步继续迭代。

上述连续索考虑滑移算法收敛性较好，但计算速度比离散索无滑移算法慢得多。

例题 4.3 悬链线索单元、等代弹性模量杆单元计算大垂度索时的比较。

单跨大垂度索段示意如图 4.8 所示，采用悬链线索单元的计算结果如图 4.9(a)所示，这与文献[26]的结果十分吻合。与基于修正拉格朗日描述的等代弹性模量法计算结果的误差如图 4.9(b)所示。本例题采用的等代弹性模量为[39]

$$E_{\mathrm{eq}}^{\mathrm{bar}}=\frac{E_{\mathrm{cable}}}{1+\dfrac{(\rho g H)^2(1+u)^4}{192\sigma_m^3 u^2}E_{\mathrm{cable}}}$$

这说明基于修正拉格朗日描述的等代弹性模量索单元分析大垂度索时，可以考虑由位移引起的刚化效应，并且精度也很好，这一点与文献[26]的结论不同。

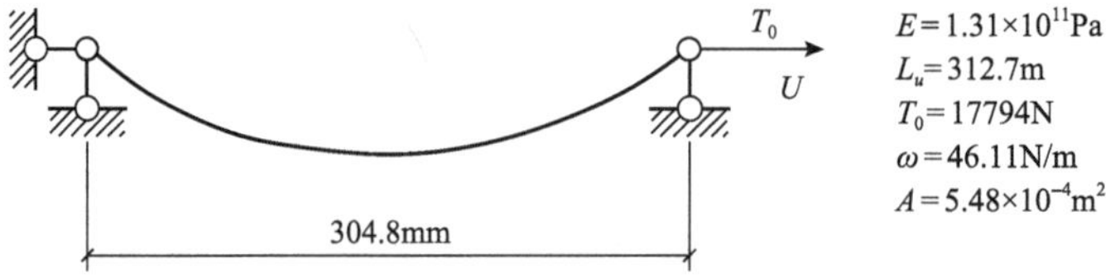

图 4.8 单跨大垂度索段示意

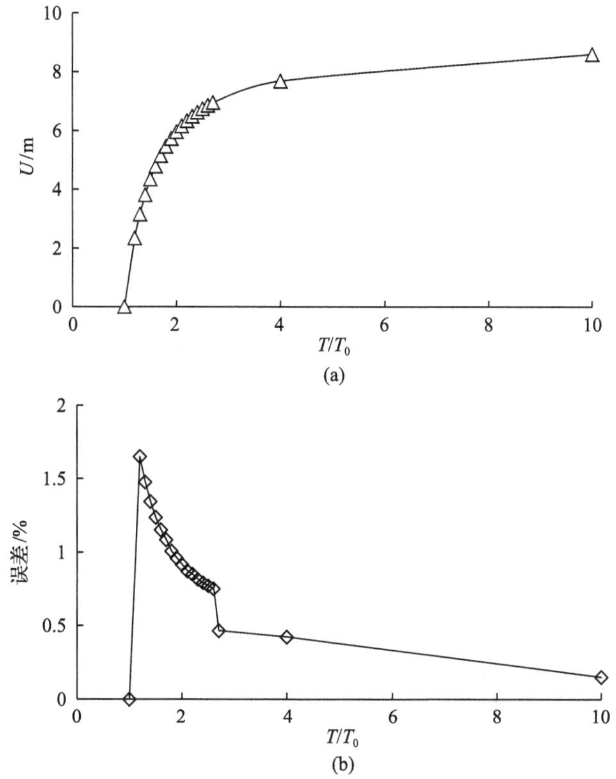

图 4.9　单跨索荷载-位移曲线及误差

例题 4.4　考虑滑移与不考虑滑移连续索分析。

对图 4.10(a)所示算例水平位移计算结果如图 4.10(b)所示，分析发现考虑滑移的计算结果恰好是不

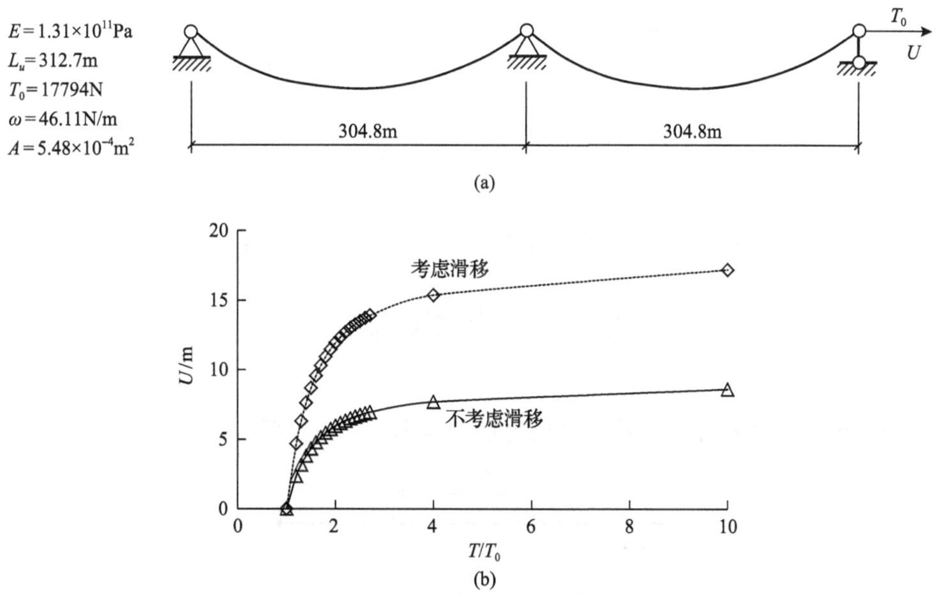

图 4.10　双跨索考虑滑移与不考虑滑移计算结果对比

考虑滑移计算结果的两倍。显然，不考虑滑移的计算模型与图 4.8 等价，而考虑滑移计算结果是不考虑滑移计算结果的两倍，这是在计算分析完成之前没有料到的。

2. 有限差分法

有限差分法(finite difference method)是求解微分方程的一种数值方法。简言之，有限差分法是通过差商代替导数，从而将微分方程转变为代数方程进行求解。构造差分格式的方法有多种，如泰勒级数展开。下面以一维函数为例简要介绍向前、向后和中心差分格式。

考虑一维函数 $v(x)$，求解域采用等间距网格进行离散，如图 4.11 所示。v_i 表示 i 点处的速度，那么 i+1 点处的速度 v_{i+1} 可以用点 i 处的泰勒级数展开表示，即

$$v_{i+1}=v_i+\left(\frac{\partial v}{\partial x}\right)_i\Delta x+\left(\frac{\partial^2 v}{\partial x^2}\right)_i\frac{(\Delta x)^2}{2}+\left(\frac{\partial^3 v}{\partial x^3}\right)_i\frac{(\Delta x)^3}{6}+\cdots$$

$$\Rightarrow\left(\frac{\partial v}{\partial x}\right)_i=\frac{v_{i+1}-v_i}{\Delta x}+O(\Delta x)$$

上式右边第一项就是一阶导数的一阶向前差分格式。同理，点 i–1 处的速度 v_{i-1} 也可以用点 i 处的泰勒级数展开表示，即

$$v_{i-1}=v_i-\left(\frac{\partial v}{\partial x}\right)_i\Delta x+\left(\frac{\partial^2 v}{\partial x^2}\right)_i\frac{(\Delta x)^2}{2}-\left(\frac{\partial^3 v}{\partial x^3}\right)_i\frac{(\Delta x)^3}{6}+\cdots$$

$$\Rightarrow\left(\frac{\partial v}{\partial x}\right)_i=\frac{v_i-v_{i-1}}{\Delta x}+O(\Delta x)$$

上式右边第一项就是一阶导数的一阶向后差分格式。

将向前差分格式和向后差分格式相减，可得一阶导数的中心差分格式，即

$$\left(\frac{\partial v}{\partial x}\right)_i=\frac{v_{i+1}-v_{i-1}}{2\Delta x}+O(\Delta x)$$

将向前差分格式和向后差分格式相加，可得二阶导数的中心差分格式，即

$$\left(\frac{\partial^2 v}{\partial x^2}\right)_i=\frac{v_{i+1}-2v_i+v_{i-1}}{(\Delta x)^2}+O(\Delta x)^2$$

有关二维、三维差分格式及计算稳定性的详细讨论见文献[40]。

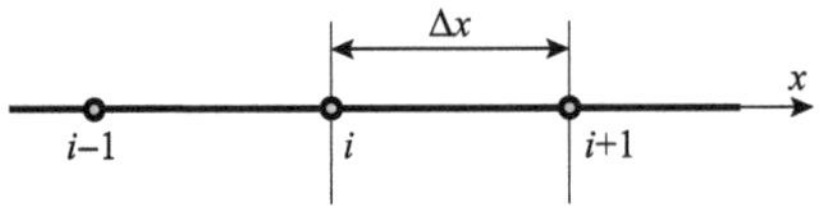

图 4.11　一维离散网格

4.2　正交分解方法及其在球面单层网壳结构风振分析中的应用

正交分解方法目前有两种解释[41]：①POD 方法(proper orthogonal decomposition method)即 Karhunen-Loeve 分解(KLD)。②POD 包含三种方法，即 KLD、主成分分析(principal component analysis)和奇异值分解(singular value decomposition)。结构风工程中通常用来进行建筑物表面风压场的时空重构。本节首先介绍基于刚性模型测压风洞试验数据对不均匀测压点布置球面穹顶结构表面风压场重构的 POD 方法。其次，振型频率密集的单层网壳结构线性风振响应频域分析中存在一个特殊现象，即 Masuda 等[42]和 Nakayama 等[43]指出存在一个对脉动响应贡献最大的“X 模态”，且该振型具有高阶和高频的特征。倪振华等[44]采用里茨向量方法[45,46]也发现一个“伪 X 模态”。何艳丽等[47]采用频域风振分析也验证了这一现象。如何找出这一阶振型？这一现象如何解释？为此，本书作者结合 POD 方法提出了一个简单直观的识别方法，并进一步从连续的薄壳结构动力特性方面给出了这一现象的初步解释。

4.2.1　POD 方法及建筑物表面风压场的时空重构

1. 均匀与非均匀布置测压点 POD 列式

假设刚性模型测压风洞试验中模型表面共布设 n 个测点，如图 4.12 所示。构造泛函，即

$$\Gamma=\left(\sum_{i=1}^{n}p\left(x_i,y_i,z_i,t\right)\omega\left(x_i,y_i,z_i\right)\Delta S_i\right)^2-\lambda\sum_{i=1}^{n}\left(\omega\left(x_i,y_i,z_i\right)\Delta S_i\right)^2$$

其中，$p\left(x_i,y_i,z_i,t\right)$表示第 i 测点 t 时刻的脉动风压；ΔS_i 表示该测点所代表的附属面积；$\omega\left(x_i,y_i,z_i\right)$表示一空间位置有关的加权函数；$\omega\left(x_i,y_i,z_i\right)$和 λ 的物理意义暂时无法判断。

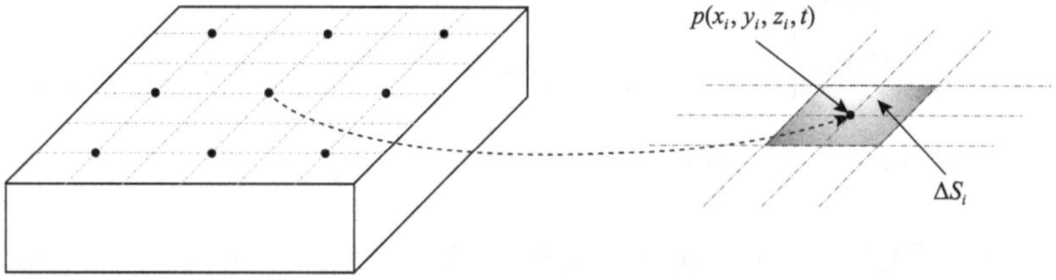

图 4.12　刚性模型测压风洞试验顶面测压点布置及其附属面积示意

注意 t 时刻意味着各测点同步测压。为了寻找合适的空间分布函数$\omega\left(x_i,y_i,z_i\right)$，若上述泛函存在最小值，其一阶变分应等于零，即

$$\begin{aligned}&\delta\Gamma=0\Rightarrow\delta\left(\left(\sum_{i=1}^{n}p\left(x_i,y_i,z_i,t\right)\omega\left(x_i,y_i,z_i\right)\Delta S_i\right)^2-\lambda\sum_{i=1}^{n}\left(\omega\left(x_i,y_i,z_i\right)\Delta S_i\right)^2\right)=0\\&\Rightarrow\frac{\partial}{\partial\omega}\left(\left(\sum_{i=1}^{n}p\left(x_i,y_i,z_i,t\right)\omega\left(x_i,y_i,z_i\right)\Delta S_i\right)^2\right)-\lambda\frac{\partial}{\partial\omega}\left(\sum_{i=1}^{n}\left(\omega\left(x_i,y_i,z_i\right)\Delta S_i\right)^2\right)=0\end{aligned}\tag{4.21}$$

(1) 当 $\Delta S_i = \Delta S_j\ (i \neq j, i, j = 1 \sim n)$ 时，ΔS_i 可以从式(4.21)中移除而不考虑附属面积的影响，这就要求测压点的布置是均匀的。此时，若 $p(x_i, y_i, z_i, t)$ 为测点脉动风压且具有零均值，则式(4.21)可以整理得到

$$\boldsymbol{R}_p \boldsymbol{\omega} = \lambda \boldsymbol{\omega} \tag{4.22}$$

式(4.22)即一般特征值问题，其中 $\boldsymbol{R}_p$ 为对称的协方差(covariance)矩阵，λ 为其特征值，$\boldsymbol{\omega}$ 为其特征矢量。特征值问题求解的成熟算法有子空间迭代法、Lancosos 法和逆迭代方法等。

(2) 当 $\Delta S_i = \Delta S_j\ (i \neq j, i, j = 1 \sim n)$ 不总能满足时，ΔS_i 就不可以从式(4.21)中移除，此时若 $p(x_i, y_i, z_i, t)\Delta S_i$ 为测点附属面积上的脉动风压力且具有零均值，由式(4.21)可得

$$\boldsymbol{R}_p \boldsymbol{\omega}_{\Delta S} = \lambda \boldsymbol{\omega}_{\Delta S} \tag{4.23}$$

其中，$\boldsymbol{\omega}_{\Delta S} = \left(\omega(x_1, y_1, z_1)\Delta S_1 \quad \omega(x_2, y_2, z_2)\Delta S_2 \quad \cdots \quad \omega(x_n, y_n, z_n)\Delta S_n\right)^{\mathrm{T}}$。

与结构动力分析中的振型分解方法类似，可以将 t 时刻的 $p(x_i, y_i, z_i, t)$ 在矢量空间 $\boldsymbol{\omega}(x_i, y_i, z_i)$ 或 $\boldsymbol{\omega}_{\Delta S}(x_i, y_i, z_i, \Delta S_i)$ 上投影，假设 k 是采样数(采样频率乘以采样时长)，$\boldsymbol{a}(t) = \left(a_1(t) \quad a_2(t) \quad \cdots \quad a_n(t)\right)^{\mathrm{T}}$ 表示 POD 模态坐标或主坐标，则

$$\begin{pmatrix} p(x_1, y_1, z_1, t) \\ p(x_2, y_2, z_2, t) \\ \vdots \\ p(x_n, y_n, z_n, t) \end{pmatrix}_{n\times k} = [\boldsymbol{\omega}_{\Delta s1} \quad \boldsymbol{\omega}_{\Delta s2} \quad \cdots \quad \boldsymbol{\omega}_{\Delta sn}]_{n\times n} \begin{pmatrix} a_1(t) \\ a_2(t) \\ \vdots \\ a_n(t) \end{pmatrix}_{n\times k} \tag{4.24}$$

$$\Rightarrow \boldsymbol{R}_p = \boldsymbol{\omega}_{\Delta S} \begin{pmatrix} a_1(t) \\ a_2(t) \\ \vdots \\ a_n(t) \end{pmatrix} \begin{pmatrix} a_1(t) \\ a_2(t) \\ \vdots \\ a_n(t) \end{pmatrix}^{\mathrm{T}} \boldsymbol{\omega}_{\Delta S}^{\mathrm{T}} \Rightarrow \begin{pmatrix} a_1(t) \\ a_2(t) \\ \vdots \\ a_n(t) \end{pmatrix} \begin{pmatrix} a_1(t) \\ a_2(t) \\ \vdots \\ a_n(t) \end{pmatrix}^{\mathrm{T}} = \boldsymbol{\omega}_{\Delta S}^{\mathrm{T}} \boldsymbol{R}_p \boldsymbol{\omega}_{\Delta S} = \mathrm{diag}(\lambda) \tag{4.25}$$

若网格节点与测压点不对应或者数量不相同，则需要对 $\boldsymbol{\omega}_{\Delta S}(x_i, y_i, z_i, \Delta S_i)$ 进行空间插值(内插或外插)，此时式(4.24)变为

$$\begin{pmatrix} p(x_1, y_1, z_1, t) \\ p(x_2, y_2, z_2, t) \\ \vdots \\ p(x_l, y_l, z_l, t) \end{pmatrix}_{l\times k} = [\boldsymbol{\omega}_{\Delta s1} \quad \boldsymbol{\omega}_{\Delta s2} \quad \cdots \quad \boldsymbol{\omega}_{\Delta sn}]_{l\times n} \begin{pmatrix} a_1(t) \\ a_2(t) \\ \vdots \\ a_n(t) \end{pmatrix}_{n\times k}$$

其中，l 表示实际网格结构的节点总数，l 可能比 n 大，也可能比 n 小。对非均匀分布测点情况下 $\boldsymbol{\omega}_{\Delta S}(x_i, y_i, z_i, \Delta S_i)$ 的空间插值存在一个问题，即插值时是否要考虑附属面积的

影响，如何考虑？这一问题需要进一步研究。

式(4.22)和式(4.23)的物理意义：由式(4.22)可见，各测压点均匀布置情况下，POD 方法可将脉动风压场分解为仅随时间变化的分布函数 $a(t)$（独立于空间位置）和仅与空间坐标有关而与时间无关的两项的乘积，如式(4.24)所示，可以看成脉动风压场的乘积分解，式(4.23)则是考虑测压点不均匀布置情况下，式(4.25)中 $\boldsymbol{\omega}_{\Delta S}(x_i, y_i, z_i, \Delta S_i)$ 实际上另外包含了附属面积信息。由于测压点的空间位置和附属面积均不随时间而变化，且隐含在 $\boldsymbol{\omega}(x_i, y_i, z_i)$ 或 $\boldsymbol{\omega}_{\Delta S}(x_i, y_i, z_i, \Delta S_i)$ 中，采用 POD 方法重构脉动风压场时其算法流程基本相同。

2. POD 方法重构表面风压场的算法流程

采用 POD 方法重构表面风压场具体算法如下：

(1)输入网格结构缩尺模型及其刚性测压模型节点坐标及其附属面积。

(2)由刚性测压模型各测点脉动风压时程(去除均值后的风压时程)，计算各测点脉动风压的协方差矩阵。

(3)对刚性测压模型各测点的平均风压进行空间插值，得到实际网格结构缩尺模型各节点的平均风压。

(4)对协方差矩阵进行特征分解，得到 POD 模态矩阵，进而对各测点脉动风压进行乘积分解，得到各测压点 POD 模态主坐标。

(5)对各 POD 模态进行三维散乱点插值，得到实际网格结构缩尺模型各节点位置的 POD 模态。

(6)由实际网格结构缩尺模型各节点的 POD 模态矩阵和主坐标重构各节点脉动风压场。

(7)添加各节点平均风压，得到实际网格结构缩尺模型表面各节点风压时程。

POD 方法进行表面风压场重构的误差取决于三维散乱点插值的误差和测点布设的密度，其本质上还是一种插值方法。

4.2.2　单层网壳结构线性风振频域分析的 MLC 方法

1. 线性风致振动响应分析的运动方程

$$\boldsymbol{M}\boldsymbol{u}''(t) + \boldsymbol{C}\boldsymbol{u}'(t) + \boldsymbol{K}\boldsymbol{u}(t) = \boldsymbol{F}(t) = \boldsymbol{\omega}_{\Delta S}\boldsymbol{a}(t)$$

其中，$\boldsymbol{M}$ 表示集中或一致质量矩阵；$\boldsymbol{C}$ 表示阻尼矩阵；$\boldsymbol{K}$ 表示刚度矩阵；$\boldsymbol{u}(t)$ 表示各节点的位移响应；$\boldsymbol{\omega}_{\Delta S}$ 表示插值后的 POD 模态矩阵；$\boldsymbol{a}(t)$ 表示主坐标。若要考虑结构自重及附加恒荷载，则它们与风压力叠加。对线性风致振动响应分析而言，风压力均值可以作为静力荷载进行静力分析，即 $\boldsymbol{F}(t)$ 可以仅为脉动风荷载。

采用振型分解方法，结构的脉动风致响应可表示为

$$\boldsymbol{u}(t) = \boldsymbol{\Phi}\boldsymbol{q}(t)$$

其中，$\boldsymbol{\Phi}$ 表示振型组成的模态矩阵(独立于时间)；$\boldsymbol{q}(t)$ 表示振型模态坐标。

将上式代入运动方程，则是工程上经常采用的线性风致振动响应频域分析方法，即

$$\boldsymbol{\Phi}^{\mathrm{T}}\boldsymbol{M}\boldsymbol{\Phi}\boldsymbol{q}''(t)+\boldsymbol{\Phi}^{\mathrm{T}}\boldsymbol{C}\boldsymbol{\Phi}\boldsymbol{q}'(t)+\boldsymbol{\Phi}^{\mathrm{T}}\boldsymbol{K}\boldsymbol{\Phi}\boldsymbol{q}(t)=\boldsymbol{\Phi}^{\mathrm{T}}\boldsymbol{\omega}_{\Delta S}\boldsymbol{a}(t)$$

线性风致振动响应频域分析时经常要对结构振型模态进行截断，即去除贡献比较小的模态。

2. MLC(mode-load correlation)方法的基本原理

假设脉动风压在 t 时刻所做的功为 $W(t)$，则

$$W(t)=\frac{1}{2}\boldsymbol{u}^{\mathrm{T}}(t)\boldsymbol{F}(t)=\frac{1}{2}\boldsymbol{F}^{\mathrm{T}}(t)\boldsymbol{u}(t)\Rightarrow W^2(t)=\frac{1}{2}\boldsymbol{u}^{\mathrm{T}}(t)\boldsymbol{F}(t)\times\frac{1}{2}\boldsymbol{F}^{\mathrm{T}}(t)\boldsymbol{u}(t)$$
$$\Rightarrow W^2(t)=\frac{1}{4}\boldsymbol{u}^{\mathrm{T}}(t)\boldsymbol{F}(t)\boldsymbol{F}^{\mathrm{T}}(t)\boldsymbol{u}(t)$$

将响应的振型分解表达式和脉动风压的 POD 模态分解表达式代入上式，可得

$$W^2(t)=\frac{1}{4}\boldsymbol{q}^{\mathrm{T}}(t)\boldsymbol{\Phi}^{\mathrm{T}}\boldsymbol{\omega}_{\Delta S}\boldsymbol{a}(t)\boldsymbol{a}^{\mathrm{T}}(t)\boldsymbol{\omega}_{\Delta S}^{\mathrm{T}}\boldsymbol{\Phi}\boldsymbol{q}(t)$$

将式(4.25)代入上式得 $W^2(t)=\frac{1}{4}\boldsymbol{q}^{\mathrm{T}}(t)\boldsymbol{\Phi}^{\mathrm{T}}\boldsymbol{\omega}_{\Delta S}\mathrm{diag}(\lambda)\boldsymbol{\omega}_{\Delta S}^{\mathrm{T}}\boldsymbol{\Phi}\boldsymbol{q}(t)$，定义模态荷载相关矩阵为 $\boldsymbol{\Lambda}_{\mathrm{mlc}}=\boldsymbol{\Phi}^{\mathrm{T}}\boldsymbol{\omega}_{\Delta S}\mathrm{diag}\left(\sqrt{\lambda}\right)$，则 $W^2(t)=\frac{1}{4}\boldsymbol{q}^{\mathrm{T}}(t)\boldsymbol{\Lambda}_{\mathrm{mlc}}\boldsymbol{\Lambda}_{\mathrm{mlc}}^{\mathrm{T}}\boldsymbol{q}(t)$。由此可见，$\boldsymbol{\Lambda}_{\mathrm{mlc}}$ 表示结构脉动响应的空间分布且独立于时间，这是 $\boldsymbol{\Lambda}_{\mathrm{mlc}}$ 的力学意义。由 $\boldsymbol{\Lambda}_{\mathrm{mlc}}$ 可以直观地识别“X 模态”。

例题 4.5 一 K6-6 单层球面网壳结构，节点总数为 91 个，足尺结构跨度为 120m，矢高 24m，矢跨比 1/5，假定圆钢管截面规格为 $\phi 200\text{mm}\times 8$，材料密度为 7860kg/m^3，弹性模量为 $2.1\times10^5\text{MPa}$。周边与环梁刚接。本书作者 2004～2005 年在东京工艺大学风工程研究中心进行了一系列(矢跨比 1/3、1/5、1/2、3/2，不同地貌类型及离地高度)球面穹顶刚性模型测压风洞试验，如图 4.13 所示。测压模型缩尺

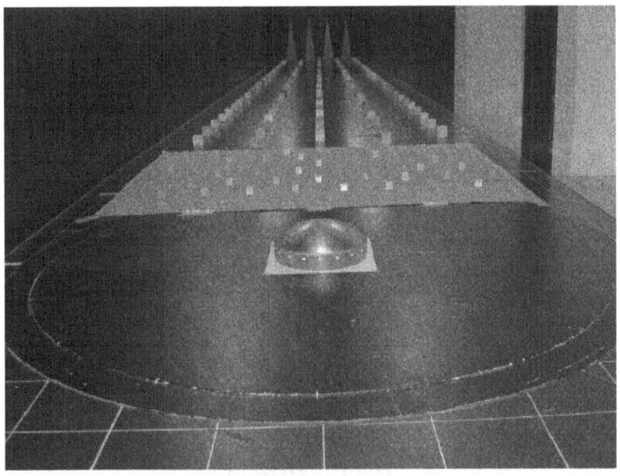

图 4.13 刚性模型测压风洞试验(矢跨比 1/5)

比为 1/400，91 个测压点按照 K6-6 单层网壳节点布置，接近均匀。低通滤波频率设定为 300Hz，各测点完全同步测压，采样频率为 1000Hz，测压管路频响修正采用 32 测点的平板和白噪声发生器。试验风速模型顶部高度采用 10m/s、8m/s 和 6m/s 对应足尺设计风速 60m/s，采样间隔时长为 15s，每一工况采样次数为 10 次。风洞截面阻塞比小于 5%可以忽略。

本例题基于矢跨比为 1/5 的球面穹顶刚性测压风洞试验数据，采用振型叠加法进行了频域瞬态分析，并计算沿时间历程累积的每阶振型的动能。图 4.14 为 K6-6 单层球面网壳结构第 91 阶和第 93 阶振型，图 4.15 为前 273 阶振型的固有频率，图 4.16 为前 100 阶振型的动能分布，峰值在第 91 阶振型，这非常有趣。

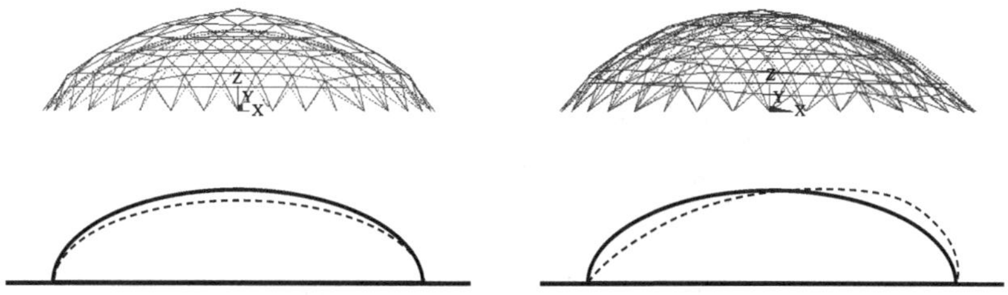

(a) 第91阶振型　　(b) 第93阶振型

图 4.14　K6-6 单层球面网壳结构第 91 阶和第 93 阶振型

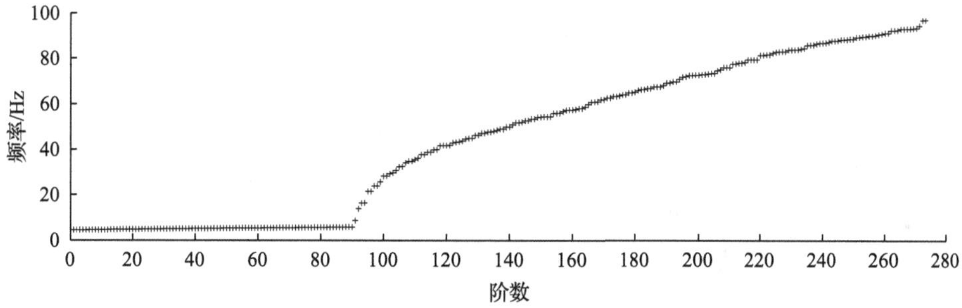

图 4.15　前 273 阶振型频率分布

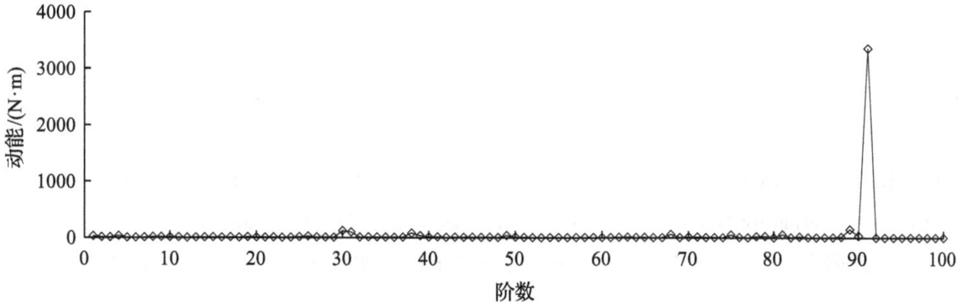

图 4.16　前 100 阶振型的动能分布

图 4.17 给出了 MLC 矩阵各元素的空间分布(1～100 阶振型)和 POD 模态(1～91 阶)，由图中可以直观地看到第 91 阶振型即“X 模态”。

若对单层球面网壳的振型和固有频率分布进行拟连续薄壳分析，可以看到薄壳的振型主要分为两类，一类为弯曲振型，另一类为拉压振型，其中弯曲振型的频率比拉压振型低，二者存在明显的分界线，这是整体上鼓的振型阶数较高的原因。此外，对球面单层网格结构而言，该“X 模态”的阶数一般与节点总数相等或在其附近。

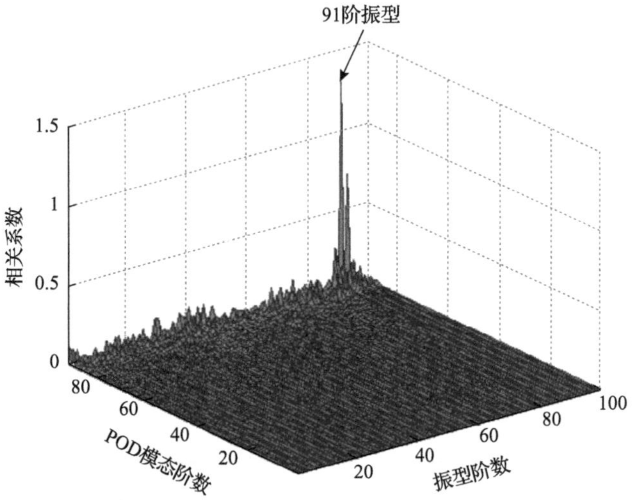

图 4.17　MLC 矩阵

4.3　结　　语

计算方法为各种数学问题提供了最有效的算法，内容和深度远非本书作者所能企及。本章主要对组合空间结构分析中杆系结构位移法有限元法(矩阵力法在 5.2.2 节详细介绍)、正交分解方法等做了初步介绍。此外，高阶偏微分方程的降阶方法、大范围的变分方法[48,49]、变分迭代法[50]等也十分有趣。

参 考 文 献

[1] 李国琛, 耶纳 M. 塑性大应变微结构力学[M]. 2 版. 北京: 科学出版社, 1998.

[2] 殷有泉. 固体力学非线性有限元引论[M]. 北京: 北京大学出版社, 清华大学出版社, 1987.

[3] 朱忠义. 球面组合网壳结构的几何非线性分析[D]. 杭州: 浙江大学, 1995.

[4] 李元齐. 大跨度拱支网壳结构的稳定性研究[D]. 上海: 同济大学, 1998.

[5] Bathe K J, Bolourchi S. Large displacement analysis of three-dimensional beam structures[J]. International Journal for Numerical Methods in Engineering, 1979, 14(7): 961-986.

[6] 董永涛, 张耀春. 板壳结构非线性屈曲分析的修正拉格朗日法[J]. 土木工程学报, 1997, 30(2): 34-41.

[7] 陈政清, 曾庆元, 颜全胜. 空间杆系结构大挠度问题内力分析的 UL 列式法[J]. 土木工程学报, 1992, 25(5): 34-44.

[8] 黄文, 李明瑞, 黄文彬. 杆系结构的几何非线性分析——Ⅰ. 三维问题[J]. 计算力学学报, 1995, 12(2): 133-141.

[9] 沈世钊, 陈昕. 网壳结构稳定性[M]. 北京: 科学出版社, 1999.

[10] Shi G, Atluri S N. Elasto-plastic large deformation analysis of space-Frames: A plastic-hinge and stress-based explicit derivation of tangent stiffnesses[J]. International Journal for Numerical Methods in Engineering, 1998, 26(3): 589-615.

[11] Oran C. Tangent stiffness in plane frames[J]. Journal of the Structural Division, 1973, 99(6): 973-985.

[12] Oran C. Tangent stiffness in space frames[J]. Journal of the Structural Division, 1973, 99(6): 987-1001.

[13] Argyris J. An excursion into large rotations[J]. Computer Methods in Applied Mechanics and Engineering, 1982, 32(1-3): 85-155.

[14] Dvorkin E N, Onte E, Oliver J. On a non-linear formulation for curved Timoshenko beam elements considering large displacement/rotation increments[J]. International Journal for Numerical Methods in Engineering, 1988, 26(7): 1597-1613.

[15] Crivelli L A, Felippa C A. A three-dimensional non-linear Timoshenko beam based on the core-congruential formulation[J]. International Journal for Numerical Methods in Engineering, 1993, 36(21): 3647-3673.

[16] Saafan S A. Nonlinear behavior of structural plane frames[J]. Journal of the Structural Division, 1963, 89(4): 557-579.

[17] Karoumi R. Dynamic response of cable-stayed bridges subjected to moving vehicles[D]. Stockholm: Royal Institute of Technology, 1996.

[18] Nazmy A S, Abdel-Ghaffar A M. Three-dimensional nonlinear static analysis of cable-stayed bridges[J]. Computers & Structures, 1990, 34(2): 257-271.

[19] Fleming J F, Egeseli E A. Dynamic behaviour of a cable-stayed bridge[J]. Earthquake Engineering & Structural Dynamics, 1980, 8(1): 1-16.

[20] Bruno D, Grimaldi A. Nonlinear behaviour of long-span cable-stayed bridges[J]. Meccanica, 1985, 20(4): 303-313.

[21] Adeli H, Zhang J. Fully nonlinear analysis of composite girder cable-stayed bridges[J]. Computers & Structures, 1995, 54(2): 267-277.

[22] Boonyapinyo V, Yamada H, Miyata T. Wind-induced nonlinear lateral-torsional buckling of cable-stayed bridges[J]. Journal of Structural Engineering, 1994, 120(2): 486-506.

[23] Karoumi R. Dynamic response of cable-stayed bridges subjected to moving vehicles[C]//IABSE 15th Congress, Demark, 1996: 87-92.

[24] Walther R, Houriet B, Isler W, et al. Cable-Stayed Bridges[M]. London: Thomas Telford, 1988.

[25] Gimsing N J. Cable Supported Bridges[M]. Chichester: John Wiley, 1997.

[26] Karoumi R. Some modeling aspects in the nonlinear finite element analysis of cable supported bridges[J]. Computers & Structures, 1999, 71(4): 397-412.

[27] Abdel-Ghaffar A M, Khalifa M A. Importance of cable vibration in dynamics of cable-stayed bridges[J]. Journal of Engineering Mechanics, 1991, 117(11): 2571-2589.

[28] Leonard J W. Tension Structures[M]. New York: McGraw-Hill, 1988.

[29] Ali H M, Abdel-Ghaffar A M. Modeling the nonlinear seismic behavior of cable-stayed bridges with passive control bearings[J]. Computers & Structures, 1995, 54(3): 461-492.

[30] Bathe K J. Finite Element Procedures[M]. Englewood Cliffs: Prentice Hall, 1996.

[31] O'Brien W T, Francis A J. Cable movements under two-dimensional loads[J]. Journal of the Structural Division, 1964, 90(3): 89-123.

[32] O'Brien T. General solution of suspended cable problems[J]. Journal of the Structural Division, 1967, 93(1): 1-26.

[33] Jennings A. Discussion of "cable movements under two-dimensional loads"[J]. Journal of the Structural Division, 1965, 91(1): 307-311.

[34] Jennings A. The free cable[J]. The Engineer, 1962, 28: 1111-1112.

[35] Peyrot A H, Goulois A M. Analysis of flexible transmission lines[J]. Journal of the Structural Division, 1978, 104(5): 763-779.

[36] 唐建民，卓家寿．张拉结构非线性分析两节点曲线单元有限元法[J]．力学学报，1999，31(5): 633-640.

[37] 唐建民, 沈祖炎. 悬索结构非线性分析的滑移索单元法[J]. 计算力学学报, 1999, 16(2): 143-149.

[38] Jayaraman H B, Knudson W C. A curved element for the analysis of cable structures[J]. Computers & Structures, 1981, 14(3-4): 325-333.

[39] 金问鲁. 悬挂结构计算理论: 普遍变分原理的广泛应用[M]. 杭州: 浙江科学技术出版社, 1981.

[40] 张涵信, 沈孟育. 计算流体力学: 差分方法的原理和应用[M]. 北京: 国防工业出版社, 2003.

[41] Zhang Z H, Tamura Y, Matsui M, et al. Wind tunnel tests and wind-induced vibration analysis on spherical domes[C]//Proceedings of the 4th International Conference on Advances in Steel Structures, Shanghai, 2005: 1755-1760.

[42] Masuda K, Nakayama M, Sasaki Y, et al. An efficient evaluation of wind response of dome roof through modal analysis method[C]//Proceedings of 13th National Symposium on Wind Engineering, Tokyo, 1994: 209-214.

[43] Nakayama M, Sasaki Y, Masuda K, et al. An efficient method for selection of vibration modes contributory to wind response on dome-like roofs[J]. International Journal of Wind Engineering and Industrial Aerodynamics, 1998, 73(1): 31-43.

[44] Ni Z H, Huang M K, Xie Z N. Wind-induced response of dome-like roof[C]//Proceedings of 3rd International Conference on Advances in Structural Engineering and Mechanics, Seoul, 2004: 763-771.

[45] Wilson E L. A new method of dynamic analysis for linear and nonlinear systems[J]. Finite Elements in Analysis and Design, 1985, 1(1): 21-23.

[46] Wilson E L, Yuan M W, Dickens J M. Dynamic analysis by direct superposition of Ritz vectors[J]. Earthquake Engineering & Structural Dynamics, 1982, 10(6): 813-821.

[47] He Y L, Dong S L. A new frequency domain method for wind response analysis of spatial lattice structures with mode compensation[J]. International Journal of Space Structures, 2002, 17(1): 67-76.

[48] Matsumoto Y. An Introduction to Morse Theory[M]. Providence: American Mathematical Society, 2002.

[49] 赛弗尔 H, 施雷法 W. 大范围变分学: Marston Morse 理论[M]. 吴文俊, 译. 上海: 上海科学技术出版社, 1963.

[50] 曹志浩. 变分迭代法[M]. 北京: 科学出版社, 2005.

附录 U. L.描述下二节点几何非线性空间梁单元刚度矩阵符号推导的 MATLAB 程序[3]

```
syms x x;
syms y y;
syms z z;
syms u1 u1;
syms u2 u2;
syms v1 v1;
syms v2 v2;
syms w1 w1;
syms w2 w2;
syms cx1 cx1;
syms cx2 cx2;
syms cy1 cy1;
syms cy2 cy2;
syms cz1 cz1;
syms cz2 cz2;
syms E E;
syms G G;
syms L L;

n1=1-x/L;
dn1=diff(n1,x);

n2=1-3*(x/L)*(x/L)+2*(x/L)*(x/L)*(x/L);
dn2=diff(n2,x);

n3=L*(-x/L+2*(x/L)*(x/L)-(x/L)*(x/L)*(x/L));
dn3=diff(n3,x);

n4=x/L;
dn4=diff(n4,x);

n5=3*(x/L)*(x/L)-2*(x/L)*(x/L)*(x/L);
dn5=diff(n5,x);

n6=L*((x/L)*(x/L)-(x/L)*(x/L)*(x/L));
dn6=diff(n6,x);

%data define
n= sym(zeros(6,12));
n(1,1)=n1;
n(1,7)=n4;
n(2,2)=n2;
n(2,6)=-n3;
n(2,8)=n5;
n(2,12)=-n6;
n(3,3)=n2;
n(3,5)=n3;
n(3,9)=n5;
n(3,11)=n6;
n(4,4)=n1;
n(4,10)=n4;
n(5,3)=-dn2;
n(5,5)=-dn3;
n(5,9)=-dn5;
n(5,11)=-dn6;
n(6,2)=dn2;
n(6,6)=-dn3;
n(6,8)=dn5;
n(6,12)=-dn6;
%////////////////////////////
ll=sym(zeros(3,6));
ll(1,1)=1;
ll(1,5)=z;
ll(1,6)=-y;
ll(2,2)=1;
ll(2,4)=-z;
ll(3,3)=1;
ll(3,4)=y;
%/////////////////////////////
nr=ll*n;
nr1=sym(zeros(12));
nr2=sym(zeros(12));
nr3=sym(zeros(12));
for i=1:12
    nr1(i)=nr(1,i);
    nr2(i)=nr(2,i);
    nr3(i)=nr(3,i);
end
dxnr1=sym(zeros(1,12));
dynr1=sym(zeros(1,12));
dznr1=sym(zeros(1,12));
dxnr2=sym(zeros(1,12));
dynr2=sym(zeros(1,12));
dznr2=sym(zeros(1,12));
dxnr3=sym(zeros(1,12));
dynr3=sym(zeros(1,12));
dznr3=sym(zeros(1,12));
for i=1:12
```

```
    dxnr1(i)=diff(nr1(i),x);
    dxnr2(i)=diff(nr2(i),x);
    dxnr3(i)=diff(nr3(i),x);
    dynr1(i)=diff(nr1(i),y);
    dynr2(i)=diff(nr2(i),y);
    dynr3(i)=diff(nr3(i),y);
    dznr1(i)=diff(nr1(i),z);
    dznr2(i)=diff(nr2(i),z);
    dznr3(i)=diff(nr3(i),z);
end

%///////////////////////////
Bl=sym(zeros(3,12));
for i=1:12
    Bl(1,i)=dxnr1(i);
    Bl(2,i)=dynr1(i)+dxnr2(i);
    Bl(3,i)=dznr1(i)+dxnr3(i);
end
%Bn=sym(zeros(3,12));
%q1=[u1,v1,w1,cx1,cy1,cz1,u2,v2,w2,cx2,cy2,cz2];
%q=sym(zeros(12,1));
%for i=1:12
%     q(i)=q1(i)
%end
%q
%///////////////////
%temp1=dxnr1*q;
%temp2=dxnr2*q;
%temp3=dxnr3*q;
%for i=1:12
%Bn(1,i)=temp1*dxnr1(i)+temp2*dxnr2(i)+temp3*dxnr3(i);
%end
%temp1=dynr1*q;
%temp2=dxnr1*q;
%temp3=dynr2*q;
%temp4=dxnr2*q;
%temp5=dynr3*q;
%temp6=dxnr3*q;
%for i=1:12
%Bn(2,i)=temp1*dxnr1(i)+temp2*dynr1(i)+temp3*dxnr2(i)
+temp4*dynr2(i)+temp5*dxnr3(i)+temp6*dynr3(i);
%end
%temp1=dznr1*q;
%temp2=dxnr1*q;
%temp3=dznr2*q;
%temp4=dxnr2*q;
%temp5=dznr3*q;
%temp6=dxnr3*q;
%for i=1:12
%Bn(3,i)=temp1*dxnr1(i)+temp2*dznr1(i)+temp3*dxnr2(i)
+temp4*dznr2(i)+temp5*dxnr3(i)+temp6*dznr3(i);
%end
%///////////////////////////
D=sym(zeros(3,3));
D(1,1)=E;
D(2,2)=G;
D(3,3)=G;
%///////////////////////////////
%bll=sym(zeros(12,3));
bnl=sym(zeros(12,3));
for i=1:12
    for j=1:3
        bll(i,j)=Bl(j,i);
        %bnl(i,j)=Bn(j,i);
    end
end
syms b b;
syms h h;
%simplify(bnl);
%simplify(Bn);
result1=bll*D*Bl;
result1=int(result1,x,0,L);
result1=int(result1,y,-b/2,b/2);
result1=int(result1,z,-h/2,h/2);
result1
%clear dxnr1 dxnr2 dxnr3 dynr1 dynr2 dynr3 dxznr1 dznr2 dznr3
%result2=bll*D*Bn
%clear D bll Bn
%for i=1:12
%    for j=1:12
 %        s=int(result2(i,j),x,0,L);
 %        s=int(s,y,-b/2,b/2);
 %        s=int(s,z,-h/2,h/2);
 %        result2(i,j)=s;
 %    end
%end
%result2
%result1=int(result2,x,0,l);
%result1=int(result1,y,-b/2,b/2);
%result1=int(result1,z,-h/2,h/2);

%for i=1:12
 %    for j=1:12
  %        result3(j,i)=result2(i,j);
  % end
%end
%result4=bnl*D*Bn;
%clear bnl D Bn Bl
```

```
%for i=1:12
 %   for j=1:12
  %      s=int(result4(i,j),x,0,L);
   %     s=int(s,y,-b/2,b/2);
    %    s=int(s,z,-h/2,h/2);
        % result4(i,j)=s;
%    end
%end
%result4
```

第 5 章　结构形态生成分析

本章内容提要

(1) 第Ⅰ类形态生成问题：即单纯找形分析(shape finding analysis)，包括刚性边界和柔性边界索网或膜结构找形连续化分析方法和离散数值方法(动力松弛法、力密度法、几何非线性有限元法、弹性模量无穷小方法的算法原理等)。

(2) 第Ⅱ类形态生成问题：即单纯的找力分析(force finding analysis)，包括矩阵力法(matrix force method)基本列式、平衡矩阵(整体刚度矩阵)分解方法、迭代方法(如有限元法和广义逆线性折减法、弹性模量无穷大法)、多自应力模态体系对称性条件的引入(凯威特型索穹顶)、精细化找力分析、紧凑自应力模态、机构和结构、一阶和高阶无穷小机构可刚化问题。

(3) 第Ⅲ类形态生成问题：即一般形态生成问题(仅拓扑几何、外荷载及边界条件给定情况下找力和找形混合问题)的连续化分析理论和离散数值方法，包括平面曲线径向索、空间曲线环索形态生成问题、空间理想薄膜曲面(如索网、膜曲面)形态生成问题、离散化数值方法、形态生成问题的进一步讨论。

(4) 第Ⅳ类形态生成问题：仅外荷载种类和边界条件给定情况下体系的找拓扑分析问题(topology finding analysis)。

自然界和人造物体具有千奇百怪、绚丽多彩的空间拓扑、形状几何，广泛意义上的形态生成问题是普遍存在的，如生物形态学、建筑形态学、艺术形态学、数学形态学和图像形态学等，“形上为道，形下为器”。本章内容属于结构形态生成学的范畴。

空间结构力学性能的优异在于其三维径捷传力(结构材料利用率和力流传递效率高)的特点，本质上在于其空间曲面或曲线形状或体系构成可有效抵抗外部作用。因此，形态生成问题是空间结构设计中最基本的问题。例如，①对于钢筋混凝土薄壳和网壳等刚性体系，其形态生成主要涉及自重、温度等外部作用下结构形状几何优化、构件截面优化和连接节点优化三个方面。②对于柔性体系，如空间索桁体系，风荷载一般为结构设计控制荷载。索系/膜面空间曲线/曲面形状与屋盖上下表面的风压分布、体系空间刚度及设计预应力水平等密切相关。③对于组合空间结构形态生成问题，还需要满足“刚柔相济、主次分明”，如图 5.1 所示。

1. 几个基本概念

(1) 零状态几何。体系或构件在无自重、无外荷载、无自应力情况下的几何位形，该状态几何在地上建筑实际施工过程中并不存在，一般用于描述构件的下料长度。

(2) 初状态几何。体系自应力或考虑自重、屋面附加恒荷载、全部或一半屋面活荷载情况下的几何位形，注意也可取任意比例的屋面附加恒荷载及全部或部分屋面活荷载。例如，考虑体系抗风设计的需要，体系自重建议全部或部分考虑，屋面竖向活荷载不宜考虑。

(3)荷载态几何。体系在服役期各种作用组合工况下几何位形的统称。

结构设计分析时一般取初状态几何作为计算参考位形，且初状态几何等价于建筑设计几何。荷载分析的第一步必须读入或生成各单元的设计预应力(对体单元为应力、对杆梁单元为截面内力)。从零状态几何下料，施工张拉、安装屋面系统形成初状态几何，工程竣工后结构体系进入使用阶段即荷载态几何。

2. 高斯曲率和平均曲率

如图 5.2 所示，令 P 是曲面 S 上一点，考虑 S 上经过点 P 的所有曲线 C_i，每条曲线 C_i 在 P 点有一个伴随的法向曲率 k_i，在这些法向曲率中，至少有一个极大值 k_1 与极小值 k_2，这两个曲率称为曲面 S 的主法曲率。这两个主法曲率的乘积 $(k = k_1k_2)$ 称为高斯曲率，其平均值 $H = 1/2(k_1 + k_2)$ 称为平均曲率，平均曲率为零的曲面称为极小曲面，高斯曲率为零的曲面称为可展曲面。另外，极小曲面 $k_1 = -k_2$，因此极小曲面必然是负高斯曲率曲面或平面。

图 5.1　“刚柔相济、主次分明”

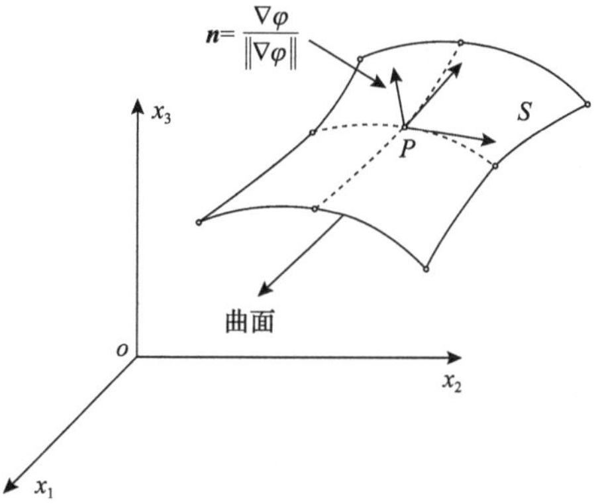

图 5.2　曲面上一点的高斯曲率和平均曲率

3. 极小曲面

极小曲面即平均曲率为零的曲面。给定一条闭曲线，可以设想蒙在这条闭曲线上的所有曲面中，有一个面积最小者，这个具有最小面积的曲面正是极小曲面。平面是仅有的极小可展曲面。极小曲面[1]的经典例子包括：①极小的可展曲面是平面，无特别约束条件下最直观的极小曲面；②非平面的极小直纹面是正螺面，一个线段沿着垂直于其中点的直线匀速螺旋上升时扫过的曲面；③悬链面是仅有的极小旋转曲面，由悬链线围绕其水平准线旋转而得到的曲面；④曲率线为平面曲线的极小曲面称为恩纳佩尔(Enneper)曲面；⑤舍克尔(Scherk)极小曲面是极小的螺旋面，它可以看成具有实母曲线的平移极小曲面。

在三维欧几里得空间 R^3 中，已知以闭曲线 C 为固定边界的曲面 S 可用方程 $x_3 = x_3(x_1, x_2)$ 来表示，则称其为图或非参数化曲面。由平均曲率 H 等于零可得 R^3 中极小图，

则 $x_3=x_3(x_1,x_2)$ 满足下述二阶非线性椭圆形偏微分方程，即

$$H=\frac{1}{2\left(1+x_{3,1}^2+x_{3,2}^2\right)^{3/2}}\left[\left(1+x_{3,2}^2\right)x_{3,11}-2x_{3,1}x_{3,2}x_{3,12}+\left(1+x_{3,1}^2\right)x_{3,22}\right]$$

令 $H=0$，可得

$$\left(1+x_{3,2}^2\right)x_{3,11}-2x_{3,1}x_{3,2}x_{3,12}+\left(1+x_{3,1}^2\right)x_{3,22}=0 \tag{5.1}$$

其中，$x_{i,j}=\dfrac{\partial x_i}{\partial x_j}$；$x_{i,jk}=\dfrac{\partial^2 x_i}{\partial x_j \partial x_k}$。

式(5.1)的推导可由曲面面积的积分方程求极小值得到，这是一个变分问题，推导如下：

参考式(3.30)的推导，这里可取 $\phi(x_1,x_2,x_3)=x_3-x_3(x_1,x_2)=0$，$\nabla\phi\cdot\boldsymbol{e}_3=\left(x_{3,1}\boldsymbol{e}_1+x_{3,2}\boldsymbol{e}_2+1\boldsymbol{e}_3\right)\cdot\boldsymbol{e}_3=1$，三维欧几里得空间 R^3 中曲面 S 的面积可通过取 $\boldsymbol{F}=\boldsymbol{n}=\dfrac{\nabla\phi}{\|\nabla\phi\|}$ 的通量计算公式来计算，即

$$A(S)=\iint_S \boldsymbol{n}\cdot\mathrm{d}\boldsymbol{S}=\iint_S \boldsymbol{n}\cdot\boldsymbol{n}\mathrm{d}s=\iint_S \frac{\nabla\phi}{\|\nabla\phi\|}\cdot\frac{\nabla\phi}{\nabla\phi\cdot\boldsymbol{e}_3}\mathrm{d}x_1\mathrm{d}x_2=\iint_S\left(1+x_{3,1}^2+x_{3,2}^2\right)^{1/2}\mathrm{d}x_1\mathrm{d}x_2 \tag{5.2}$$

式(5.2)积分型泛函取得极值的必要条件是满足奥斯特罗格拉茨基方程[2]，即

$$\frac{\partial}{\partial x_3}\left[\left(1+x_{3,1}^2+x_{3,2}^2\right)^{1/2}\right]-\frac{\partial}{\partial x_1}\left(\frac{\partial}{\partial x_{3,1}}\left[\left(1+x_{3,1}^2+x_{3,2}^2\right)^{1/2}\right]\right)-\frac{\partial}{\partial x_2}\left(\frac{\partial}{\partial x_{3,2}}\left[\left(1+x_{3,1}^2+x_{3,2}^2\right)^{1/2}\right]\right)=0$$

$$\Rightarrow 0-\frac{\partial}{\partial x_1}\left[\frac{1}{2\left(1+x_{3,1}^2+x_{3,2}^2\right)^{1/2}}\times 2x_{3,1}\right]-\frac{\partial}{\partial x_2}\left[\frac{1}{2\left(1+x_{3,1}^2+x_{3,2}^2\right)^{1/2}}\times 2x_{3,2}\right]=0$$

$$\Rightarrow\frac{\dfrac{1}{2\left(1+x_{3,1}^2+x_{3,2}^2\right)^{1/2}}\left[\left(2x_{3,1}x_{3,11}+2x_{3,2}x_{3,21}\right)x_{3,1}\right]-x_{3,11}\left(1+x_{3,1}^2+x_{3,2}^2\right)^{1/2}}{1+x_{3,1}^2+x_{3,2}^2}$$

$$+\frac{\dfrac{1}{2\left(1+x_{3,1}^2+x_{3,2}^2\right)^{1/2}}\left[\left(2x_{3,1}x_{3,12}+2x_{3,2}x_{3,22}\right)x_{3,2}\right]-x_{3,22}\left(1+x_{3,1}^2+x_{3,2}^2\right)^{1/2}}{1+x_{3,1}^2+x_{3,2}^2}=0$$

$$\Rightarrow\left(x_{3,1}x_{3,11}+x_{3,2}x_{3,21}\right)x_{3,1}-x_{3,11}\left(1+x_{3,1}^2+x_{3,2}^2\right)+\left(x_{3,1}x_{3,12}+x_{3,2}x_{3,22}\right)x_{3,2}$$

$$-x_{3,22}\left(1+x_{3,1}^2+x_{3,2}^2\right)=0$$

$$\Rightarrow\left(1+x_{3,2}^2\right)x_{3,11}-2x_{3,1}x_{3,2}x_{3,12}+\left(1+x_{3,1}^2\right)x_{3,22}=0$$

上述推导过程直接采用变分方法，简明扼要。文献[1]中的推导更为初等，但步骤较多。式(5.1)和式(5.2)为纯粹微分几何方面的推导，主要针对空间曲面的几何性质即面积最小这一数学要求，不考虑曲面内应力分布和大小，也可以理解为与曲面内是否存在应力无关，空间曲面方程 $x_3 = x_3(x_1, x_2)$ 是极小面积曲面，则必须满足式(5.1)的条件。

实际工程应用中结构曲面具有如下特点：①二维曲面，实际工程由于建筑空间功能要求，必须是空间可视的，三维及以上超曲面目前没有工程意义，注意这里二维是指曲面方程的实际维数，与其参数空间的独立变量数目有关，通常三维空间坐标系中可观察的曲面本质上是二维的；②工程曲面一般要承受外荷载，引入预应力的工程曲面存在初始应力，如预应力或自应力和常态重力荷载应力；③存在可能的力和位移边界条件等约束条件。

那么，力学中的结构曲面与数学中的极小曲面有何联系？空间结构曲面内预应力分布和大小与数学上的极小曲面有何关系？答案是等厚度的等应力曲面与微分几何中的极小曲面是等价的。证明如下。

如图 5.3 所示，由式(3.57)并假定曲面厚度 h 不变，可得

$$\mathrm{d}^tV = {}^tJ\mathrm{d}^0V \Rightarrow \int_{{}^tA} h\mathrm{d}^tA = \int_{{}^0A} {}^tJh\mathrm{d}^0A \Rightarrow \int_{{}^tA} \mathrm{d}^tA = \int_{{}^0A} {}^tJ\mathrm{d}^0A \tag{5.3}$$

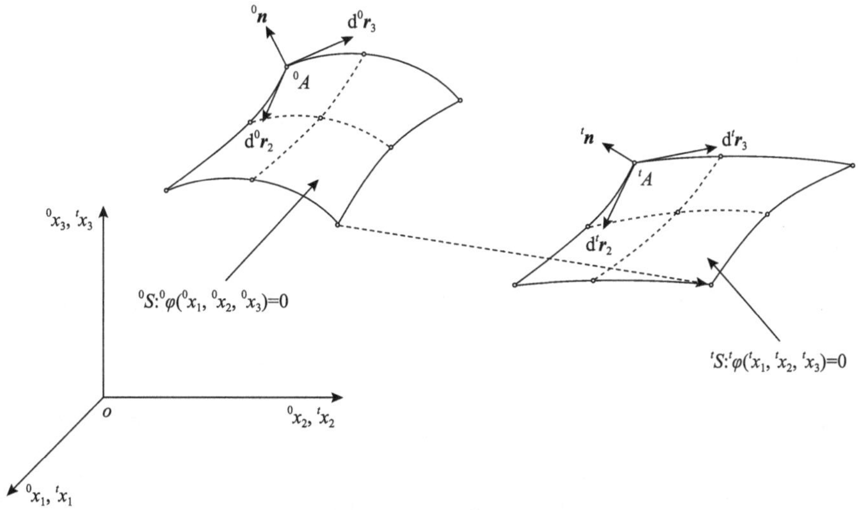

图 5.3　曲面面积的变化

注意式(5.3)与式(3.57)是不同的，对式(5.3)取变分并运用极值条件，即一阶变分等于零，可得

$$\begin{aligned}&\delta\left(\int_{{}^tA} \mathrm{d}^tA\right) = \delta\left(\int_{{}^0A} {}^tJ\mathrm{d}^0A\right) = 0 \Rightarrow \delta\left(\int_{{}^tA} \mathrm{d}^tA\right) = \int_{{}^0A} \delta\left({}^tJ\right)\mathrm{d}^0A = 0\\&\Rightarrow \int_{{}^0A} \delta\left({}^tJ\right)\mathrm{d}^0A = \int_{{}^0A} {}^tJ\frac{\partial^0x_j}{\partial^tx_i}\delta\left(\frac{\partial^tx_i}{\partial^0x_j}\right)\mathrm{d}^0A = 0\end{aligned} \tag{5.4}$$

变形后的曲面为极小曲面的条件是任意一点变形梯度的雅可比行列式的变分满足式(5.4)，再由式(3.87)可得

$$\delta w = {}^{0}S_{ij}\delta\left(\frac{\partial {}^{t}x_i}{\partial {}^{0}x_j}\right) \tag{5.5}$$

其中，w为应变能密度；${}^{0}S_{ij}$为第一类 Piola-Kirchhoff 应力张量；$\frac{\partial {}^{t}x_i}{\partial {}^{0}x_j}$为变形梯度张量。

因此，无外荷载作用下的最小势能曲面条件为

$$\int_{{}^{t}V}\delta w \mathrm{d}{}^{t}V = \int_{{}^{0}V}{}^{0}S_{ij}\delta\left(\frac{\partial {}^{t}x_i}{\partial {}^{0}x_j}\right)\mathrm{d}{}^{0}V = 0$$

假设曲面厚度h为常数，则

$$\int_{{}^{t}V}\delta w \mathrm{d}{}^{t}V = h\int_{{}^{0}A}{}^{0}S_{ij}\delta\left(\frac{\partial {}^{t}x_i}{\partial {}^{0}x_j}\right)\mathrm{d}{}^{0}A = 0$$

将式(3.79)代入上式可得

$$\int_{{}^{t}V}\delta w \mathrm{d}{}^{t}V = h\int_{{}^{0}A}{}^{t}J\frac{\partial {}^{0}x_j}{\partial {}^{t}x_i}{}^{t}\tau_{ij}\delta\left(\frac{\partial {}^{t}x_i}{\partial {}^{0}x_j}\right)\mathrm{d}{}^{0}A = 0 \tag{5.6}$$

比较式(5.6)和式(5.4)可见，若 Cauchy 应力张量${}^{t}\tau_{ij}$在整个积分曲面上取为常数，则二者完全一致，这表明无外荷载作用下，等应力曲面与极小曲面在假定曲面厚度不发生变化的前提下是等价的。

证毕。

式(5.6)表明，只要曲面应力相等，不管应力水平设定为多大，其收敛于微分几何上的极小曲面解，也就是若解存在则唯一，但外荷载作用下的工程曲面(多数为非等应力曲面)形状控制泛函除预应力外，还包含外荷载的作用，其控制方程与式(5.6)也有差别，一般情况下解的性质并不相同。

注：①式(5.3)～式(5.6)的推导过程中，变形梯度的雅可比行列式的变分是直接给出的。变形梯度的雅可比行列式微分的具体推导可参考文献[3]，二者形式相同，但数学含义不同。②等应力曲面是极小曲面的前提条件即无外荷载作用且假设曲面厚度不变，因此二者的等价关系是有条件的。曲面内预应力需满足静平衡条件和边界条件。采用不同的应变能密度函数表达式均可给出式(5.6)，这里采用第一类 Piola-Kirchhoff 应力张量与变形梯度张量只是为了证明简洁，如直接对变形梯度张量求变分而无需转换。另一类似证明可参考文献[4]。③微分几何中的极小曲面没有厚度，且不考虑曲面应力、外荷载和材料属性等。工程结构曲面形态生成问题显然要复杂一些，极小曲面仅关注曲面面积最小这一几何特征，而工程曲面有一定的厚度，要承受并适应外荷载作用(强度、稳定)，并且要满足正常使用要求(刚

度)。一般而言，等应力曲面作为工程设计曲面针对任意分布的荷载，其空间刚度分布是糟糕的，这体现了纯数学问题与实际工程应用之间的距离。微分几何研究的曲线和曲面较多关注其几何性质，如曲率、扭率、长度或者面积等，而工程曲线和工程曲面还需考虑其空间刚度和承载能力。

4. 形态生成问题

在已知边界条件和外部荷载或作用情况下，如何生成体系力学模型的未知初始几何(包括形状几何、拓扑几何)和初始应力状态(人工强迫施工预加的自应力和荷载应力)？“用多少材料来造什么样的房子？”这一工程问题称为形态生成问题，以确定能够适应外荷载和设定边界条件下的空间结构的具体表现形式。

形态生成问题是结构设计的基础问题，是结构工程师必备的专业知识。唯有通晓形态生成的基础理论和数值算法，才能在结构设计中充分发挥主观能动性，灵活主动地理解并从容跨越建筑、结构设计之间的鸿沟，因此建筑和结构两个专业之间的统一成为必然，设计和施工之间的联系也变得更为紧密，有助于消除人为专业划分造成的割裂、对立和矛盾。

形态生成问题与通常结构荷载分析问题的主要区别在于体系力学模型的初始形状几何、初始应力应变状态和材料分布、用量是未知的，具有一定的主观性，对应实际工程从无到有、再从有到无的整个生命全周期，包括实际工程的生成阶段、施工阶段(构件零应力状态下料后在自重应力状态下装配)、使用阶段和拆除或损毁阶段共四个阶段。结构荷载分析问题中，体系力学模型的初始形状几何已知且初始应力应变状态已知，体系在外部作用下的行为是完全客观的(未必是确定的)，仅对应实际工程建成后的使用阶段。

形态生成问题分类有以下几种：

(1) 从体系力学模型是否有初始预应力可分为预应力体系和非预应力体系的形态生成问题(注意区分结构计算分析问题和形态生成问题中的荷载应力和自应力。结构计算分析问题中荷载应力是指由外部荷载或作用引起的体系应力，同时满足平衡和相容条件，随外部作用消失而消失；形态生成问题中若考虑外荷载，则与其平衡的应力可来源于强迫施工，不需要满足相容条件。形态生成问题中预加自应力与外部作用无关，预加荷载应力可能需要配重施工，不改变体系的形状几何，是主动的，而结构计算分析问题中的自应力由外部荷载或作用引起，由形状几何改变而产生，是被动的。狭义的预应力是指人工施加的自应力，广义的预应力还包括为抵消某一设计荷载效应而人工施加的应力)。

(2) 预应力体系的形态生成问题一般分为四类。第Ⅰ类形态生成问题，即预应力分布、边界条件给定情况下的单纯找形分析，如单层索网、膜曲面形态生成问题；第Ⅱ类形态生成问题，即初状态几何、边界条件给定情况下的单纯找力分析，如初始几何形状给定的索网、索穹顶结构、张弦梁结构和弦支穹顶结构等的预应力分布的确定问题；第Ⅲ类形态生成问题，即预应力分布及大小和几何形状未知，但拓扑关系、边界条件给定情况下的找力和找形的混合问题，如组合空间结构中张弦或弦支体系的下部索杆体系的形态生成问题；第Ⅳ类形态生成问题，即仅外荷载种类和边界条件给定情况下的拓扑几何确定问题，这是找拓扑分析问题，是体系构成最基本的问题，也是第Ⅰ～Ⅲ类形态生成问题的基础。

(3)按照研究对象的空间维数不同可分为一维、二维和三维形态生成问题。一维是曲线问题，二维是曲面问题，如索系空间曲线形状为曲线问题、单层索网和膜面空间几何形状为曲面问题等。曲线问题可分为平面曲线和空间曲线两种。

(4)按照边界条件的不同可分为固定、自由或弹性边界条件形态生成问题，例如，膜面周围为刚性边界或者采用边索柔性边界的两类形态生成问题。

(5)按照是否考虑外荷载的影响可分为无外荷载和有外荷载作用下的形态生成问题。

(6)按照是否控制材料的种类和用量、预应力大小或分布或者支座约束反力条件等可分为无约束条件下的形态生成问题和有约束条件下的形态生成问题。

(7)按照是否考虑材料的本构关系分为各向同性和非各向同性材料形态生成问题。例如，考虑膜材编织物的正交各向异性材料属性，其经向和纬向设计预应力不应相等。

建筑结构用索的基本假定：①索为理想柔索，不能承受弯矩作用；②满足胡克定律，材料为小应变。

5.1 第Ⅰ类形态生成问题——单纯找形分析

单纯找形分析问题的特点是已知预应力的大小和分布，一般用于等内力索网、等应力膜曲面的初始几何形状的确定。

5.1.1 第Ⅰ类形态生成问题描述

1. 问题描述

已知：外荷载(如重力场的分布和大小、风压场的分布和大小等)、边界条件、预应力分布和预应力大小。

待求：满足上述条件的最优的、可视的几何外形，即空间曲面形状或曲线形状。

分析：单纯找形分析只需要关注基于形状优化目标下的平衡条件和边界条件，这里还隐含着体系拓扑几何已知，即需构造满足边界条件的粗糙形状几何。求解方法主要分为连续化分析方法和离散化数值方法两类，如动力松弛法(dynamic relaxation method，DRM)、力密度法(force density method，FDM)、弹性模量无穷小法(infinitesimal elastic modulus method，IsEMM)、几何非线性有限元法。此外，找形分析最初采用的肥皂泡、悬吊等物理试验方法具有简单直观的优点。

2. 第Ⅰ类形态生成问题与结构计算分析问题的区别与联系

单纯找形分析的过程不同于一般的结构力学分析，如结构计算分析必须满足平衡条件、相容条件和材料本构关系。单纯找形分析过程中体系的位形只需要满足平衡条件，构件或者体系本身有位移但不需要考虑相容条件。构件或者单元内力为给定，位移只改变位形而不改变单元内力，预应力给定不变且与变形梯度无关，也不需要考虑本构关系。例如，采用几何非线性有限元法进行找形分析的过程中，并不考虑单元弹性刚度矩阵，只需组装单元几何刚度矩阵，根本上是由于体系空间位形的变分并不受材料和结构刚度(包括线弹性和几何应力刚度)的阻碍，组装单元几何刚度矩阵也只是为了寻找静平衡位形的近似迭代求解。单纯找形分析和结构计算分析相同的一点是二者均依据变分原理，本质上都是变分问题。单纯找形分析是强非线性问题，而结构计算分析可以是线性的，也可以是非线性的。

5.1.2　第Ⅰ类形态生成问题求解方法

针对单纯找形分析问题，主要有连续化分析方法和离散化数值方法两大类，介于两者之间的则是基于离散模型的近似连续化分析方法。

第Ⅰ类曲线形态生成问题：曲线只有极小长度这一几何性质，无外荷载作用下的非封闭曲线的极小长度形状是直线。平面封闭曲线如果在均匀径向均布荷载作用下是圆，空间封闭曲线形态生成问题更为复杂，目前研究较少。在外荷载作用下的曲线形态生成问题一般是第Ⅲ类形态生成问题，详见 5.3 节。

第Ⅰ类曲面形态生成问题：对已知预应力分布和大小的工程曲面形态生成问题，则应满足式(5.6)的控制方程。由于同时假定未知曲面上的预应力分布和大小几乎是不可能的，实际工程中第Ⅰ类曲面形态生成问题目前主要研究等应力曲面。此外，非等应力曲面一般属于第Ⅲ类形态生成问题，详见 5.3 节。

1. 连续化分析方法(以等应力曲面为例)

由式(5.1)可见，等应力曲面可简化为纯粹的数学问题，这是一个二阶椭圆形偏微分方程，可求得解析解。例如，令 $z=u+\mathrm{i}v$，$\boldsymbol{r}=\boldsymbol{r}\left(x_1(u,v),x_2(u,v),x_3(u,v)\right)$ 是 R^3 中参数曲面 Σ 的位置向量，借助曲面的 Weierstrass 表示[5]，极小曲面方程的通解为

$$\begin{cases} x_1=\mathrm{Re}\displaystyle\int f(z)\left(1-(g(z))^2\right)\mathrm{d}z \\ x_2=\mathrm{Re}\displaystyle\int \mathrm{i}f(z)\left(1+(g(z))^2\right)\mathrm{d}z \\ x_3=\mathrm{Re}\displaystyle\int f(z)g(z)\mathrm{d}z \end{cases} \tag{5.7}$$

其中，函数 $f(z)$、$g(z)$ 称为 W 因子。常见的极小曲面如悬链面、正螺面的 W 因子如表 5.1 所示。

表 5.1　极小曲面的 W 因子

极小曲面	W 因子	Weierstrass 公式	参数方程	曲面方程
悬链面	$f(z)=\mathrm{e}^z$, $g(z)=\mathrm{e}^{-z}$	$x_1=\mathrm{Re}\int_0^z \sinh z\mathrm{d}z$ $x_2=\mathrm{Re}\int_0^z \sqrt{-1}\cosh z\mathrm{d}z$ $x_3=\mathrm{Re}\int_0^z \mathrm{d}z$	$x_1=\cosh u\cos v-1$ $x_2=-\cosh u\sin v$ $x_3=u$	$(x_1+1)^2+x_2^2=\cosh x_3$

续表

极小曲面	W因子	Weierstrass 公式	参数方程	曲面方程
正螺面	$f(z)=-\sqrt{-1}e^{z}$, $g(z)=e^{-z}$	$x_1=\mathrm{Re}\int_0^z -\sqrt{-1}\sinh z\mathrm{d}z$ $x_2=\mathrm{Re}\int_0^z \cosh z\mathrm{d}z$ $x_3=\mathrm{Re}\int_0^z -\sqrt{-1}\mathrm{d}z$	$x_1=\sinh u\sin v$ $x_2=\sinh u\cos v$ $x_3=v$	$x_3=\arctan\dfrac{x_1}{x_2}$

注：上述极小曲面方程的通解即式(5.7)的推导过程涉及微分几何的内容，如全纯函数、外微分和复变函数等，稍显复杂。不采用 Weierstrass 表示的旋转极小曲面方程的通解可参考文献[6]。

2. 离散化数值方法

单纯找形分析的离散化数值方法主要有动力松弛法和力密度法，弹性模量无穷小法是利用商业有限元软件几何非线性分析功能近似迭代的方法。下面给出这几种数值方法的基本思想和算法流程。

1)动力松弛法

Otter 和 Day 首先提出动力松弛法的概念[7]，其方法是让基于粗糙几何上的离散网格节点在不平衡力作用下自由振动，通过施加动态阻尼或者黏弹性阻尼让系统逐渐静止于静力平衡位形，采用动力分析的方法求解静力问题。同时，可通过虚拟质量和虚拟刚度来提高计算效率，本质上是伪瞬态动力分析方法。动力松弛法作为一种计算方法已经比较成熟，该方法概念明确，算法简洁，并且计算稳定可自动进行，收敛性好，可不组装总刚度矩阵，节约内存，特别是对于有限元不易分析的问题，如膜结构和索网结构的找形分析、零刚度体系(如机构)的运动路径分析等。

下面给出动态阻尼、黏弹性阻尼动力松弛法的基本列式、算法及收敛条件[8]。

(1)基本列式。

位移法有限元静力分析的基本方程为 $\boldsymbol{Kx}=\boldsymbol{F}$，其中 $\boldsymbol{K}$ 为结构整体刚度矩阵，$\boldsymbol{x}$ 为节点位移矢量，$\boldsymbol{F}$ 为外荷载矢量。对方程求解可得 $\boldsymbol{x}=\boldsymbol{K}^{-1}\boldsymbol{F}$，从数值求解的角度来看，线性方程组解的存在和唯一性条件是 $\boldsymbol{K}$ 非奇异。对于线性结构，如果 $\boldsymbol{K}$ 奇异，可能是体系约束条件不足，如缺乏必要的支座或者体系的局部或者整体为机构。对于非线性体系，体系刚化或者软化的情况也往往导致 $\boldsymbol{K}$ 奇异或者病态。对于机构，该方程显然不能描述物体的运动状态，也不能描述体系由静止到运动之间的相互转变过程，任何试图采用静力分析讨论机构的稳定性问题以及更为广泛的物体运动的状态空间特征是缺乏理论依据的。“运动是绝对的，静止是相对的。”静止只是物体运动的一种特殊形式，因此可以设想用于描述物体运动的方法必然适用于描述物体的静止状态。另外，从数值求解的角度来看，有限元动力分析方程求解采用动力刚度矩阵，在体系质量矩阵满秩的条件下不存在奇异性问题。由牛顿第二定律或能量变分原理可知，在空间上离散后的体系运动方程为

$$\boldsymbol{M}\ddot{\boldsymbol{x}}+\boldsymbol{C}\dot{\boldsymbol{x}}+\boldsymbol{Kx}=\boldsymbol{F} \tag{5.8}$$

式中，$\boldsymbol{M}$ 和 $\boldsymbol{C}$ 分别为质量矩阵和阻尼矩阵；节点位移矢量 $\boldsymbol{x}$ 上方的点表示对时间的微分；$\dot{\boldsymbol{x}}$ 表示节点速度矢量；$\ddot{\boldsymbol{x}}$ 表示节点加速度矢量。

式(5.8)可采用多种数值方法进行求解，如直接加速度法、Newmark-β 法或者 Wilson-θ 法等经典的显式或隐式积分方法，动力松弛法中采用最简单的有限差分法。

首先，假设质量矩阵和阻尼矩阵与刚度矩阵 $\boldsymbol{K}$ 的对角元素成正比，即

$$\boldsymbol{M} = \rho \boldsymbol{D}, \quad \boldsymbol{C} = c\boldsymbol{D} \tag{5.9}$$

其中，$\boldsymbol{D} = \mathrm{diag}(\boldsymbol{K})$。

式(5.9)为虚拟质量矩阵和虚拟阻尼矩阵，这里 $\boldsymbol{M}$ 可以理解为集中质量矩阵，比例阻尼矩阵 $\boldsymbol{C} = \alpha\boldsymbol{M} + \beta\boldsymbol{K}$ 也进一步简化为只与刚度矩阵的对角元素有关。为何如此虚拟质量和阻尼矩阵是很有趣的一个问题。假设体系伪瞬态振动可以采用线性振动理论描述，理想情况下，可对体系刚度矩阵 $\boldsymbol{K}$ 进行特征值分析，得到其特征矢量矩阵，则体系刚度矩阵可以对角化，再按照式(5.9)虚拟质量矩阵，则体系在刚度矩阵 $\boldsymbol{K}$ 的特征矢量空间内已完全解耦，且各独立的单自由度系统具有相同的振动频率。体系在节点不平衡力的激励下会产生伪瞬态同步振动，进而由人工构造的粗糙几何运动到静平衡几何位形，这是从线性振动理论的角度对动力松弛法基本思想的简单解释。

其次，在时间上进行有限差分离散，采用中心差分方法，即

$$\dot{\boldsymbol{x}}^k = \frac{\boldsymbol{x}^{k+1} - \boldsymbol{x}^{k-1}}{2h}, \quad \ddot{\boldsymbol{x}}^k = \frac{\boldsymbol{x}^{k+1} - 2\boldsymbol{x}^k + \boldsymbol{x}^{k-1}}{h^2} \tag{5.10}$$

式中，h 为等时间步 k 的时间间隔。

将式(5.9)、式(5.10)代入式(5.8)得

$$\rho\boldsymbol{D}\frac{\boldsymbol{x}^{k+1} - 2\boldsymbol{x}^k + \boldsymbol{x}^{k-1}}{h^2} + c\boldsymbol{D}\frac{\boldsymbol{x}^{k+1} - \boldsymbol{x}^{k-1}}{2h} + \boldsymbol{K}\boldsymbol{x}^k = \boldsymbol{F}$$

整理可得

$$\boldsymbol{x}^{k+1} = \frac{-(2 - ch/\rho)}{2 + ch/\rho}\boldsymbol{x}^{k-1} + \frac{4}{2 + ch/\rho}\boldsymbol{x}^k + \frac{2h^2/\rho}{2 + ch/\rho}\boldsymbol{D}^{-1}\left(\boldsymbol{F} - \boldsymbol{K}\boldsymbol{x}^k\right) \tag{5.11}$$

对式(5.11)进行迭代求解，就可以在数值上逼近式(5.8)的理论解。

由于采用有限差分法，式(5.11)迭代求解存在差分格式的稳定性、收敛性和相容性问题，本质上是 c、h、ρ 等参数的设定对计算误差产生和传递的影响，各种有限差分格式的详细讨论可参考文献[9]。

差分格式误差分析和参数设定：式(5.11)的计算误差的来源有空间离散误差、时间离散误差、计算舍入误差三部分。假设 $\boldsymbol{x}^{k*}$ 为第 k 时间步式(5.8)的精确解，$\boldsymbol{\varepsilon}^k$ 为第 k 时间步的总误差。对应的数值解可写为 $\boldsymbol{x}^k = \boldsymbol{x}^{k*} - \boldsymbol{\varepsilon}^k$，同理，对第 $k+1$ 时间步和第 $k-1$ 时间步有 $\boldsymbol{x}^{k+1} = \boldsymbol{x}^{k+1*} - \boldsymbol{\varepsilon}^{k+1}$，$\boldsymbol{x}^{k-1} = \boldsymbol{x}^{k-1*} - \boldsymbol{\varepsilon}^{k-1}$。将它们代入式(5.11)可得

$$x^{k+1*}-\varepsilon^{k+1}=\frac{-(2-ch/\rho)}{2+ch/\rho}\left(x^{k-1*}-\varepsilon^{k-1}\right)+\frac{4}{2+ch/\rho}\left(x^{k*}-\varepsilon^{k}\right)$$
$$+\frac{2h^2/\rho}{2+ch/\rho}D^{-1}\left[F-K\left(x^{k*}-\varepsilon^{k}\right)\right]$$

注意到 $F=M\ddot{x}^{k*}+C\dot{x}^{k*}+Kx^{k*}$，将其代入上式得

$$x^{k+1*}-\varepsilon^{k+1}=\frac{-(2-ch/\rho)}{2+ch/\rho}\left(x^{k-1*}-\varepsilon^{k-1}\right)+\frac{4}{2+ch/\rho}\left(x^{k*}-\varepsilon^{k}\right)$$
$$+\frac{2h^2/\rho}{2+ch/\rho}D^{-1}\left[\rho D\ddot{x}^{k*}+cD\dot{x}^{k*}+Kx^{k*}-K\left(x^{k*}-\varepsilon^{k}\right)\right]$$

这里如果假设 x^{k*} 同样满足式(5.10)，代入上式得

$$x^{k+1*}-\varepsilon^{k+1}=-\frac{2-ch/\rho}{2+ch/\rho}\left(x^{k-1*}-\varepsilon^{k-1}\right)+\frac{4}{2+ch/\rho}\left(x^{k*}-\varepsilon^{k}\right)$$
$$+\frac{2h^2/\rho}{2+ch/\rho}\times\rho\times\frac{x^{k+1*}-2x^{k*}+x^{k-1*}}{h^2}+\frac{2h^2/\rho}{2+ch/\rho}\times c\times\frac{x^{k+1*}-x^{k-1*}}{2h}$$
$$+\frac{2h^2/\rho}{2+ch/\rho}D^{-1}K\varepsilon^{k}$$
$$\Rightarrow x^{k+1*}-\varepsilon^{k+1}=-\frac{2-ch/\rho}{2+ch/\rho}\left(x^{k-1*}-\varepsilon^{k-1}\right)-\frac{4}{2+ch/\rho}\varepsilon^{k}+x^{k+1*}+\frac{2-ch/\rho}{2+ch/\rho}x^{k-1*}$$
$$+\frac{2h^2/\rho}{2+ch/\rho}D^{-1}K\varepsilon^{k}$$
$$\Rightarrow -\varepsilon^{k+1}=\frac{2-ch/\rho}{2+ch/\rho}\varepsilon^{k-1}-\frac{4}{2+ch/\rho}\varepsilon^{k}+\frac{2h^2/\rho}{2+ch/\rho}D^{-1}K\varepsilon^{k}$$
$$\Rightarrow \varepsilon^{k+1}=\left(\frac{4}{2+ch/\rho}I-\frac{2h^2/\rho}{2+ch/\rho}D^{-1}K\right)\varepsilon^{k}-\frac{2-ch/\rho}{2+ch/\rho}\varepsilon^{k-1}$$

令 $\beta=\dfrac{4}{2+ch/\rho}$，$\gamma B=\gamma D^{-1}K=\dfrac{2h^2/\rho}{2+ch/\rho}D^{-1}K$，$\alpha=\dfrac{2-ch/\rho}{2+ch/\rho}$，$I$ 为单位矩阵，则

$$\varepsilon^{k+1}=(\beta I-\gamma B)\varepsilon^{k}-\alpha\varepsilon^{k-1} \tag{5.12}$$

假设 $\varepsilon^{k+1}=\lambda\varepsilon^{k}$，$\varepsilon^{k}=\lambda\varepsilon^{k-1}$，引入 $B\varepsilon^{k}=\lambda_B\varepsilon^{k}$，$\lambda_B$ 为 B 的特征值。式(5.12)进一步推导，得

$$\lambda\varepsilon^{k}=(\beta-\gamma\lambda_B)\varepsilon^{k}-\frac{\alpha}{\lambda}\varepsilon^{k},\quad \lambda\neq 0$$
$$\Rightarrow\left[\lambda^2-(\beta-\gamma\lambda_B)\lambda+\alpha\right]\varepsilon^{k}=0$$

因为$\boldsymbol{\varepsilon}^k \neq 0$，所以

$$\lambda^2 - (\beta - \gamma\lambda_B)\lambda + \alpha = 0 \tag{5.13}$$

注意，差分格式收敛性和稳定性要求$|\lambda| \leqslant 1$，且$|\lambda|$越小越好，即数值计算关心的是式(5.13)解的情况，由二元一次方程的知识可知，式(5.13)的解为

$$\lambda = \frac{(\beta - \gamma\lambda_B) \pm \sqrt{(\beta - \gamma\lambda_B)^2 - 4\alpha}}{2}$$

其中，当$(\beta - \gamma\lambda_B)^2 - 4\alpha < 0$时，$\lambda$有 2 个不同的复根，此时$|\lambda| = \sqrt{\alpha}$与$\lambda_B$无关；当$(\beta - \gamma\lambda_B)^2 - 4\alpha = 0$时，$\lambda$有 2 个相等的实根；当$(\beta - \gamma\lambda_B)^2 - 4\alpha > 0$时，$\lambda$有 2 个不同的实根。将上式展开后得到

$$\lambda = \frac{\left(2 - h^2\lambda_B / \rho\right) \pm \sqrt{h^4\lambda_B^2 / \rho^2 - 4h^2\lambda_B / \rho + c^2h^2 / \rho^2}}{2 + ch / \rho} \tag{5.14}$$

$$|\lambda| = \frac{\sqrt{2\left(h^2\lambda_B / \rho - 2\right)^2 - 4 + c^2h^2 / \rho^2}}{2 + ch / \rho} \tag{5.15}$$

注意到c、h、ρ均大于等于 0，$\boldsymbol{B} = \boldsymbol{D}^{-1}\boldsymbol{K}$实质是将实对称正定矩阵$\boldsymbol{K}$按照其本身的主对角元素逐行归一化，即$\boldsymbol{B}$的主对角元素均为 1 且其特征值均大于 0。

因此，当$\lambda_B > 0$时，有

①当$|\lambda|^2 < 1$时，由式(5.15)可得

$$h^2\lambda_B/\rho - 4 < \frac{2c}{h\lambda_B} \tag{5.16}$$

如果考虑式(5.16)的右端项大于 0，则$h^2\lambda_B / \rho < 4$是满足$|\lambda|^2 < 1$要求的。

②仔细观察式(5.15)，粗略考虑根号内数值的大小，如果$|\lambda|$尽量小，则至少需要$2\left(h^2\lambda_B/\rho - 2\right)^2 - 4 < 0 \Rightarrow 2 - \sqrt{2} < h^2\lambda_B/\rho < 2 + \sqrt{2}$，而考虑$2\left(h^2\lambda_B/\rho - 2\right)^2 - 4$取负的最值，要求将$h^2\lambda_B/\rho$看成自变量的一阶微分为零，即$\dfrac{\partial\left[2\left(h^2\lambda_B/\rho - 2\right)^2 - 4\right]}{\partial\left(h^2\lambda_B/\rho\right)} = 0 \Rightarrow h^2\lambda_B/\rho = 2$，此时

$$h^2 = 2\rho/\lambda_B \Rightarrow h = \sqrt{2\rho/\lambda_B} \tag{5.17}$$

式(5.17)给出的是式(5.8)进行有限差分离散且采用中心差分格式稳定和收敛的最优

时间步取值，同时也给出了另一问题，即矩阵 $\boldsymbol{B}$ 的特征值的个数与其阶数有关，如何选择特征值？式(5.17)的力学意义采用线性振动理论可解释为：如果体系的伪瞬态振动为按照某阶振型的同步简谐振动，则时间应该按照该阶振型对应的矩阵 $\boldsymbol{B}$ 的特征值来设定。在不清楚体系伪瞬态振动的振型参与数量的情况下，λ_B 应该取最大值，以保证高阶振型的振动分量收敛。

那么如何估计矩阵 $\boldsymbol{B}$ 的特征值的最大值？这里采用 Gerschgorin 定理(圆盘定理)[10]，即

$$\left|\lambda_{B\max}\right| \leqslant \max_{i}\left(\sum_{j=1}^{n}\left|b_{ij}\right|\right) \tag{5.18}$$

动态阻尼动力松弛法是指在式(5.9)～式(5.18)中取 $c=0$。

注意，上述通过虚拟节点质量的方法，目的是让一个多自由度振动系统同步虚拟振动，其收敛条件并非是体系静止，而是节点残余力为0。在线性振动理论范畴内，式(5.17)对大多数的找形分析可能是好用的，但缺乏共振现象的讨论。而且，动力松弛法的收敛条件问题等价于多自由度系统虚拟的非线性自由振动的控制问题，实际上是比较复杂的，如果伪瞬态振动具有强非线性特征(如分数倍频、混沌现象等)，那么式(5.17)只是算法收敛的必要条件。另外，动力松弛法用于找形分析尚存在不足之处：①已知预应力分布和大小的情况下，多自由系统虚拟自由振动过程可能破坏网格的拓扑几何特征，例如，可能出现单元长度为零的情况，从而导致计算终止；②假定索网各索段内力的情况下(如各索段内力相等)降低索夹的抗滑移要求，但不能兼顾网格尺寸的均匀性；③体系虚拟质量矩阵采用式(5.9)的计算方法，如果体系真实的或者虚拟的刚度矩阵奇异，伪瞬态分析也可能出现动力刚度矩阵奇异的情况。

(2)算法。

动态阻尼动力松弛法进行找形分析的准备工作和算法流程图如图 5.4 所示。由图可见，单纯找形分析的动力松弛法在单元和节点层面上更新模型，整体刚度矩阵和整体质量矩阵的组装工作并不必要，可简化为矢量方法，相比传统的有限元采用矩阵方法降低了对计算机内存的要求。其实，动力松弛法的可取之处主要在于采用动力分析的方法来解决静力问题，可直接采用传统瞬态动力分析方法理解算法的本质、编制程序和计算分析，之所以称其为动力松弛法，是因为可通过虚拟质量和虚拟刚度来获取比真实瞬态动力分析高的计算效率，从而亦有所区别。

例题 5.1 等内力索网，由三角形对折固定边界索网采用动态阻尼动力松弛法进行找形分析。表 5.2 中 ${}^0x_1$、${}^0x_2$、${}^0x_3$ 为找形前假定粗糙的几何坐标，x_1、x_2、x_3 为找形后体系各节点的坐标。假定各索段单元内力均等于 600kN，结果如图 5.5 所示。注意，因为是等内力索网，索段内力水平不同，找形结果也不一样。

这里重点讨论了动力松弛法的算法思想和收敛条件，称为伪瞬态动力分析，表明动力松弛法从算法角度与有限元法相同。如果应用于单纯找形分析，需假设预应力的分布和大小，其控制泛函形式上是能量泛函。

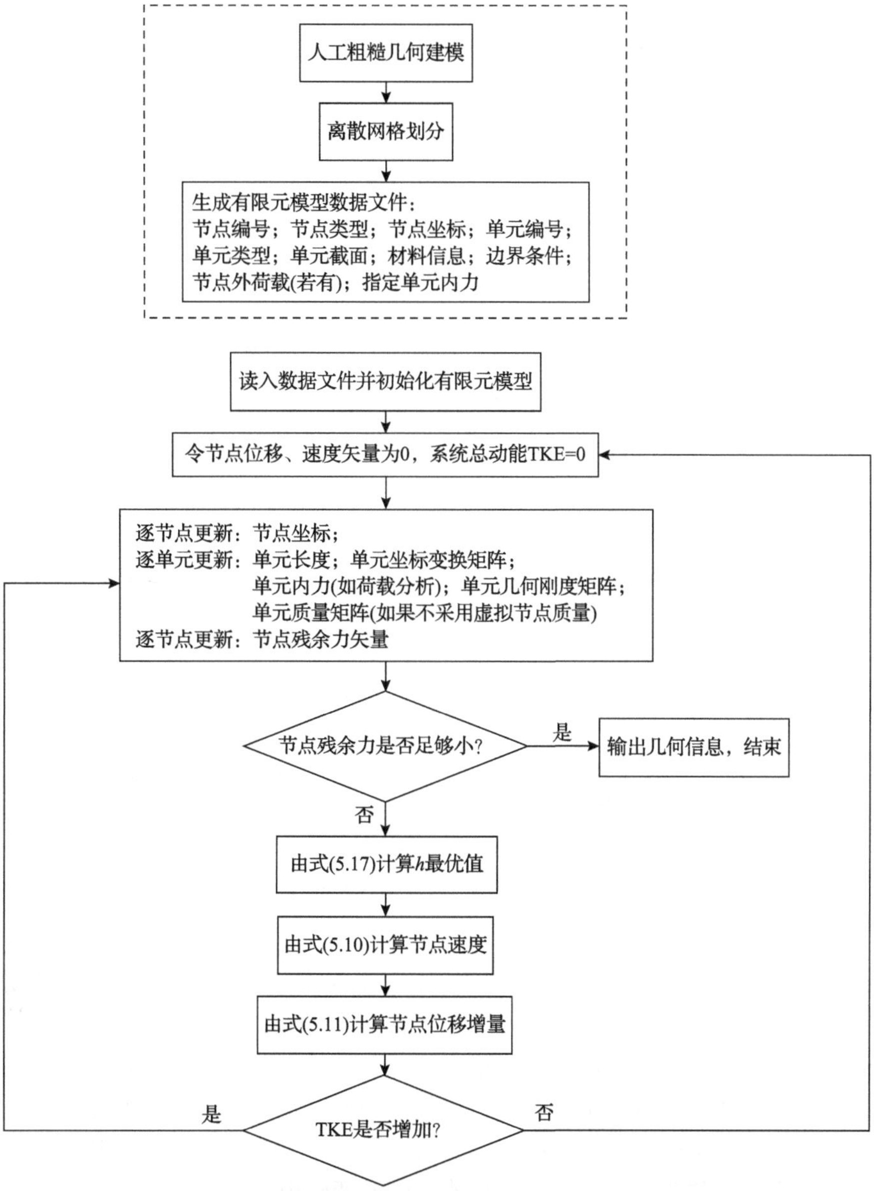

图 5.4　动态阻尼动力松弛法找形分析的准备工作和算法流程图

表 5.2　三角形对折索网算例找形前后的节点坐标　　　（单位：m）

节点编号	${}^0x_1$	${}^0x_2$	${}^0x_3$	x_1	x_2	x_3
1	−50.000	0.000	20.000	−50.000	0.000	20.000
2	−25.000	29.439	10.000	−25.000	29.439	10.000
3	−25.000	0.000	10.000	−24.492	0.000	12.728
4	−25.000	−29.439	10.000	−25.000	−29.439	10.000
5	0.000	−58.878	0.000	0.000	−58.878	0.000
6	0.000	−29.439	0.000	0.000	−29.070	7.907

续表

节点编号	${}^0x_1$	${}^0x_2$	${}^0x_3$	x_1	x_2	x_3
7	0.000	0.000	0.000	0.000	0.000	10.524
8	0.000	29.439	0.000	0.000	29.070	7.907
9	0.000	58.878	0.000	0.000	58.878	0.000
10	25.000	–29.439	10.000	25.000	–29.439	10.000
11	25.000	0.000	10.000	24.492	0.000	12.728
12	25.000	29.439	10.000	25.000	29.439	10.000
13	50.000	0.000	20.000	50.000	0.000	20.000

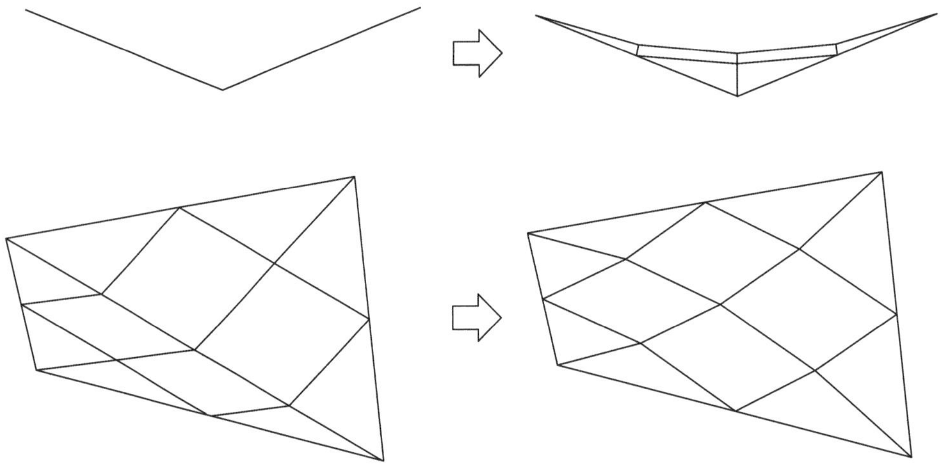

图 5.5　三角形对折等内力索网找形分析前后几何形状对比

2) 力密度法

Schek[11]基于体系平衡方程提出了力密度法，最初主要应用于索网结构找形分析。经过不断改进，目前还包括表面力密度法[12]、自适应力密度法[13]和扩展力密度法[14]等基于不同目标泛函以及相应力密度定义的修正方法[15]，应用范围也进一步拓展到膜结构、张拉整体结构[13-16]的找形分析。下面首先讨论经典力密度法对应的泛函变分问题，追本溯源，从本质上把握方法的实质；其次对力密度法的基本列式、求解方法和适用范围等进行讨论；最后推导二类变量的索杆体系势能泛函的变分极值条件。

泛函构造：力密度法的基本列式来源于描述找形分析问题的泛函力学或数学意义。应当指出的是，几乎所有的力学或工程问题如果要从基本原理解释，均存在以下两个普遍问题。

①为什么要构造泛函，即找形分析问题的泛函构造的必要性。

在力学或土木工程中函数或泛函则是对应物体运动的描述。与函数相比，泛函更为基本或者更为简单，更接近物体运动状态的自然观测。例如，式(5.1)微分几何方法和式(5.6)能量方法均对应相应的面积泛函和势能泛函，泛函的自变函数即待寻找的曲面，它们要满足泛函极值条件，由相应泛函的变分给出自变函数的微分方程。因此，找形分析问题的泛函构造要为存在无限可能的曲线或曲面形状设定优化目标，这更接近于人对具体问题的观察、认知与期望。

②如何构造泛函，即构造的泛函应满足哪些要求。

构造泛函首先要确定自变函数，然后从力学或物理基本原理出发，给出描述物体运动状态的特征，从而构造特征泛函，因此构造泛函应满足遵循自然规律的客观性和体现人主观能动性两个方面的要求。

经典力密度法：以负高斯曲率单层索网结构（图 5.6）无外荷载作用下的找形分析问题为例，其对应的泛函极值问题为

$$F(\boldsymbol{x})=\sum_{k=1}^{m}\omega_k L_k^2\left(\boldsymbol{x}\right) \tag{5.19}$$

其中，m 为索网结构的单元总数；$L_k\left(\boldsymbol{x}\right)$ 为第 k 个单元的长度；ω_k 为第 k 个单元长度的正加权系数（注：为何加权系数为正？）；$\boldsymbol{x}$ 为待求解未知位形的节点坐标矢量。

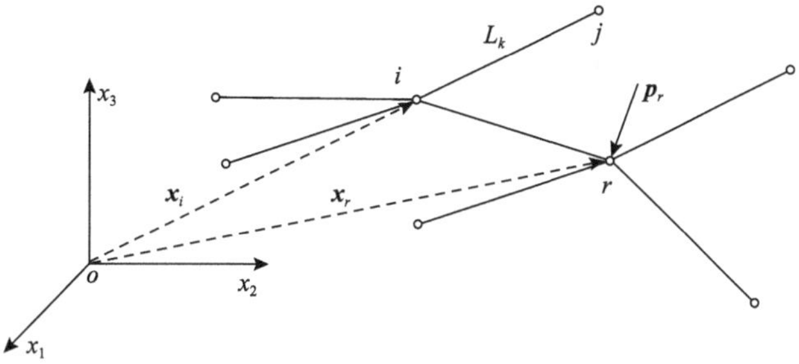

图 5.6 索网结构网格划分示意

由式（5.19）泛函极值条件可得

$$\delta F=0\Rightarrow\delta F=\sum_{k=1}^{m}\delta\omega_k L_k^2+\sum_{k=1}^{m}\omega_k\delta\left(L_k^2\right)\overset{\delta\omega_k=0}{=}0+\sum_{k=1}^{m}2\omega_k L_k\delta L_k\Rightarrow\sum_{k=1}^{m}2\omega_k L_k\delta L_k=0 \tag{5.20}$$

注：两矢量之差的矩阵形式为

$$\boldsymbol{x}_i-\boldsymbol{x}_j=\begin{pmatrix}x_{i1}\\x_{i2}\\x_{i3}\end{pmatrix}-\begin{pmatrix}x_{j1}\\x_{j2}\\x_{j3}\end{pmatrix}=\begin{pmatrix}x_{i1}-x_{j1}\\x_{i2}-x_{j2}\\x_{i3}-x_{j3}\end{pmatrix}=\begin{bmatrix}1&0&0&-1&0&0\\0&1&0&0&-1&0\\0&0&1&0&0&-1\end{bmatrix}\begin{pmatrix}x_{i1}\\x_{i2}\\x_{i3}\\x_{j1}\\x_{j2}\\x_{j3}\end{pmatrix}=\begin{bmatrix}\boldsymbol{I}_{3\times3}&-\boldsymbol{I}_{3\times3}\end{bmatrix}\begin{pmatrix}\boldsymbol{x}_i\\\boldsymbol{x}_j\end{pmatrix}$$

在直角坐标系中，注意式（5.20）中 $\delta\omega_k=0$，但 ω_k、ω_l 可以不相等。由两点间距离公式得

$$L_k=\sqrt{\left(x_{i1}-x_{j1}\right)^2+\left(x_{i2}-x_{j2}\right)^2+\left(x_{i3}-x_{j3}\right)^2}$$

则

$$\begin{aligned}\delta L_k &= \frac{\partial L_k}{\partial x_{i1}}\delta x_{i1} + \frac{\partial L_k}{\partial x_{i2}}\delta x_{i2} + \frac{\partial L_k}{\partial x_{i3}}\delta x_{i3} + \frac{\partial L_k}{\partial x_{j1}}\delta x_{j1} + \frac{\partial L_k}{\partial x_{j2}}\delta x_{j2} + \frac{\partial L_k}{\partial x_{j3}}\delta x_{j3} \\ &= \frac{x_{i1}-x_{j1}}{L_k}\delta x_{i1} + \frac{x_{i2}-x_{j2}}{L_k}\delta x_{i2} + \frac{x_{i3}-x_{j3}}{L_k}\delta x_{i3} - \frac{x_{i1}-x_{j1}}{L_k}\delta x_{j1} - \frac{x_{i2}-x_{j2}}{L_k}\delta x_{j2} \\ &\quad - \frac{x_{i3}-x_{j3}}{L_k}\delta x_{j3} \\ &= \frac{1}{L_k}\left(\boldsymbol{x}_i-\boldsymbol{x}_j\right)\cdot\left(\delta\boldsymbol{x}_i-\delta\boldsymbol{x}_j\right) = \frac{1}{L_k}\left(\boldsymbol{x}_i-\boldsymbol{x}_j\right)^{\mathrm{T}}\left(\delta\boldsymbol{x}_i-\delta\boldsymbol{x}_j\right) \\ &= \frac{1}{L_k}\begin{pmatrix}\boldsymbol{x}_i\\ \boldsymbol{x}_j\end{pmatrix}^{\mathrm{T}}\begin{bmatrix}\boldsymbol{I}_{3\times3}\\ -\boldsymbol{I}_{3\times3}\end{bmatrix}\begin{bmatrix}\boldsymbol{I}_{3\times3} & -\boldsymbol{I}_{3\times3}\end{bmatrix}\begin{pmatrix}\delta\boldsymbol{x}_i\\ \delta\boldsymbol{x}_j\end{pmatrix} \\ &= \frac{1}{L_k}\begin{pmatrix}\boldsymbol{x}_i\\ \boldsymbol{x}_j\end{pmatrix}^{\mathrm{T}}\begin{bmatrix}\boldsymbol{I}_{3\times3} & -\boldsymbol{I}_{3\times3}\\ -\boldsymbol{I}_{3\times3} & \boldsymbol{I}_{3\times3}\end{bmatrix}\delta\begin{pmatrix}\boldsymbol{x}_i\\ \boldsymbol{x}_j\end{pmatrix} \\ &= \frac{1}{L_k}\delta\begin{pmatrix}\boldsymbol{x}_i\\ \boldsymbol{x}_j\end{pmatrix}^{\mathrm{T}}\begin{bmatrix}\boldsymbol{I}_{3\times3} & -\boldsymbol{I}_{3\times3}\\ -\boldsymbol{I}_{3\times3} & \boldsymbol{I}_{3\times3}\end{bmatrix}\begin{pmatrix}\boldsymbol{x}_i\\ \boldsymbol{x}_j\end{pmatrix}\end{aligned} \tag{5.21}$$

将式(5.21)代入式(5.20)，得

$$\begin{aligned}&\delta F = \sum_{k=1}^{m}2\omega_k L_k\delta L_k = 2\sum_{k=1}^{m}\left(\delta\begin{pmatrix}\boldsymbol{x}_i\\ \boldsymbol{x}_j\end{pmatrix}^{\mathrm{T}}\begin{bmatrix}\omega_k\boldsymbol{I}_{3\times3} & -\omega_k\boldsymbol{I}_{3\times3}\\ -\omega_k\boldsymbol{I}_{3\times3} & \omega_k\boldsymbol{I}_{3\times3}\end{bmatrix}\begin{pmatrix}\boldsymbol{x}_i\\ \boldsymbol{x}_j\end{pmatrix}\right) = 0 \\ &\Rightarrow 2\sum_{k=1}^{m}\left(\begin{bmatrix}\omega_k\boldsymbol{I}_{3\times3} & -\omega_k\boldsymbol{I}_{3\times3}\\ -\omega_k\boldsymbol{I}_{3\times3} & \omega_k\boldsymbol{I}_{3\times3}\end{bmatrix}\begin{pmatrix}\boldsymbol{x}_i\\ \boldsymbol{x}_j\end{pmatrix}\right) = 0\end{aligned} \tag{5.22}$$

其中，$\boldsymbol{I}_{3\times3}$ 为 3 阶单位方阵。

式(5.22)给出了第 k 个单元满足式(5.20)的矩阵表达式，考虑到式(5.22)是将所有单元求和，与有限元法中组装整体刚度矩阵一样，可进一步给出整体结构满足式(5.20)的加权单位矩阵和的表达式，这样就建立了满足式(5.20)的线性方程组。式(5.22)可看成 m 个形式上(如式(5.23))扩展矩阵的叠加。为什么要叠加？这是因为与一个节点相连的单元可能有多个，对应每个节点的节点坐标变分项是这些单元影响的和。所以式(5.22)中的力密度不可以约掉。

注意式(5.22)在经典力密度法算法实施时已经将系数 2 拿掉，拿掉系数 2 的意义并不是那么简单，实质上是将式(5.20)推导过程中的假设 $\delta\omega_k = 0(k=1,2,\cdots,m)$ 转换为假设 $\delta N_k = 0(k=1,2,\cdots,m)$ 。

式(5.22)的扩展矩阵的形式记为 $\boldsymbol{D}$ ，即

$$
\begin{array}{c|cccccccccccc|}
 & 1 & \cdots & i-1 & i & i+1 & \cdots & j-1 & j & j+1 & \cdots & n \\
\hline
1 & 0 & \cdots & 0 & 0 & 0 & \cdots & 0 & 0 & 0 & \cdots & 0 \\
\vdots & \vdots & & \vdots & \vdots & \vdots & & \vdots & \vdots & \vdots & & \vdots \\
i-1 & 0 & \cdots & 0 & 0 & 0 & \cdots & 0 & 0 & 0 & \cdots & 0 \\
i & 0 & \cdots & 0 & \omega_k \boldsymbol{I}_{3\times3} & 0 & \cdots & 0 & -\omega_k \boldsymbol{I}_{3\times3} & 0 & \cdots & 0 \\
i+1 & 0 & \cdots & 0 & 0 & 0 & \cdots & 0 & 0 & 0 & \cdots & 0 \\
\vdots & \vdots & & \vdots & \vdots & \vdots & & \vdots & \vdots & \vdots & & \vdots \\
j-1 & 0 & \cdots & 0 & 0 & 0 & \cdots & 0 & 0 & 0 & \cdots & 0 \\
j & 0 & \cdots & 0 & -\omega_k \boldsymbol{I}_{3\times3} & 0 & \cdots & 0 & \omega_k \boldsymbol{I}_{3\times3} & 0 & \cdots & 0 \\
j+1 & 0 & \cdots & 0 & 0 & 0 & \cdots & 0 & 0 & 0 & \cdots & 0 \\
\vdots & \vdots & & \vdots & \vdots & \vdots & & \vdots & \vdots & \vdots & & \vdots \\
n & 0 & \cdots & 0 & 0 & 0 & \cdots & 0 & 0 & 0 & \cdots & 0 \\
\hline
\end{array}
\tag{5.23}
$$

注：式(5.22)和式(5.23)的含义既可以相同，也可以不同。例如，式(5.22)中的求和符号可以理解为先对所有单元作代数加法运算，合并同类项之后，得到与 i 节点相关的那些单元在节点坐标变分 $\delta\boldsymbol{x}_i(i=1,2,\cdots,n)$ 的项。由于 $\delta\boldsymbol{x}_i \neq 0$，每个单元可给出 3 个方程，该方程用矩阵表示并将其进一步扩展后，再依次与其他节点的扩展矩阵相加，即式(5.22)从变分推导角度应理解为代数求和运算在矩阵扩展之前，而式(5.23)是依次先将每个单元的系数矩阵在整体上扩展，然后逐单元求和，即求和运算在扩展矩阵之后，在形式上与有限元法里面整体刚度矩阵的组装并无不同。因此，式(5.23)便于算法的组织，而式(5.22)便于理解变分推导的过程。

如果将支座约束节点(通常是三维铰接支座)的编号放在最后面，则由对称性和分块矩阵理论得

$$
\begin{bmatrix} \boldsymbol{D}_{xx} & \boldsymbol{D}_{xf} \\ \boldsymbol{D}_{fx} & \boldsymbol{D}_{ff} \end{bmatrix}_{3n\times3n} \begin{pmatrix} \boldsymbol{x} \\ \boldsymbol{x}_f \end{pmatrix}_{3n\times1} = 0 \Rightarrow \begin{cases} \boldsymbol{D}_{xx}\boldsymbol{x} = -\boldsymbol{D}_{xf}\boldsymbol{x}_f \\ \boldsymbol{D}_{fx}\boldsymbol{x} = -\boldsymbol{D}_{ff}\boldsymbol{x}_f \end{cases} \tag{5.24}
$$

这里沿用 $\boldsymbol{D}_{xx}$、$\boldsymbol{D}_{xf}=\boldsymbol{D}_{fx}^{\mathrm{T}}$、$\boldsymbol{D}_{ff}$ 表示自由节点和支座节点的系数矩阵是为了尽量与文献[11]一致。式(5.24)中第一个方程和第二个方程对索网结构找形分析是等价的，不同的是第一个方程 $\boldsymbol{D}_{xx}$ 为对称方阵，第二个方程 $\boldsymbol{D}_{fx}$ 为长方形矩阵。由式(5.23)和式(5.24)可以看出，经典力密度法以未知位形的节点坐标矢量作为未知量(而非有限元方程采用节点位移矢量)的平衡方程是对称的，组装方式与有限元整体刚度的组装方式相同。未知量的设定直接，这与由微分几何推导而来的偏微分方程求解思路一致。

经典力密度法取 $\omega_k = N_k/L_k \geqslant 0$，即加权系数等于单元轴向内力除以单元长度，并称为力密度。当然，该加权系数的取值是任意的，也可取为单元内力，如全等内力索网。式(5.22)中加权单位矩阵的和如果出现受压单元，则叠加后其主对角元素可能为零，从而系数矩阵 $\boldsymbol{D}_{xx}$ 奇异，此时式(5.24)没有完整意义上的解。也可尝试采用第二个方程，但 $\boldsymbol{D}_{fx}$ 为长方形矩阵，需采用矩阵 Moore-Penrose 广义逆求最小二乘解，这是经典力密度法的一个缺点。如果加权系数全部等于 1，则式(5.19)的泛函将是纯粹的几何性质泛函，即

网格单元长度的平方和。

那么，经典力密度法为何将加权系数取为单元力密度？其实，在变形后的形状几何为参考位形的前提下，考察式(5.20)与小位移描述下无外荷载作用的最小应变能曲面条件等价与否。存在四种情况：①力密度和单元截面内力均不变；②力密度不变而单元截面内力可变；③力密度可变而单元截面内力不变；④力密度和单元截面内力均可变。

注：①对于索杆体系(如索网结构)，体系各构件截面内力只有轴力，应变能泛函的表达式为 $w=\sum_{k=1}^{m}\frac{1}{2}\frac{N_k^2L_k}{EA_k}=\sum_{k=1}^{m}\frac{1}{2}N_k\Delta L_k$，其中 $\Delta L_k=\frac{N_kL_k}{EA_k}$ 为均匀轴力作用下杆件长度的微小改变量。应变能泛函的全变分为 $\delta w=\sum_{k=1}^{m}\frac{1}{2}\Delta L_k\delta N_k+\sum_{k=1}^{m}\frac{1}{2}N_k\delta(\Delta L_k)$，其中，如果已知截面内力不变，如指定单元内力的索网找形，则 $\delta N_k=0$。这里“Δ”符号表示微分意义下的增量，与变分符号“δ”可以交换顺序，从而 $N_k\delta(\Delta L_k)=N_k\Delta(\delta L_k)=\Delta(N_k\delta L_k)$。因此，$\delta w=0\overset{\delta N_k=0}{\Rightarrow}\Delta\left(\sum_{k=1}^{m}\frac{1}{2}N_k\delta L_k\right)=0\Rightarrow\sum_{k=1}^{m}\frac{1}{2}N_k\delta L_k=c$ 为常数，若外力虚功为零，$c=0$，即 $\delta N_k=0(k=1,2,\cdots,m)$，且无外荷载的情况下，$\delta w=0\Leftrightarrow\sum_{k=1}^{m}\frac{1}{2}N_k\delta L_k=0$。若外力虚功不为零，则线性体系缓慢比例加载情况下，$\delta w=\delta\left(\frac{1}{2}\sum_{r=1}^{n}\boldsymbol{p}_r^{\mathrm{T}}\Delta\boldsymbol{x}_r\right)\overset{\delta N_k=0,\delta\boldsymbol{p}_r^{T}=0}{\Rightarrow}\Delta\left(\sum_{k=1}^{m}\frac{1}{2}N_k\delta L_k\right)=\Delta\left(\frac{1}{2}\sum_{r=1}^{n}\boldsymbol{p}_r^{\mathrm{T}}\delta\boldsymbol{x}_r\right)\Rightarrow\sum_{k=1}^{m}N_k\delta L_k=\sum_{r=1}^{n}\boldsymbol{p}_r^{\mathrm{T}}\delta\boldsymbol{x}_r+c$，由虚功原理可知 $c=0$。考察式(5.19)泛函的变分

$$\begin{aligned}\delta F&=\sum_{k=1}^{m}\delta\omega_kL_k^2+\sum_{k=1}^{m}\omega_k\delta\left(L_k^2\right)=\sum_{k=1}^{m}\left(\frac{\delta N_k}{L_k}-\frac{N_k}{L_k^2}\delta L_k\right)L_k^2+\sum_{k=1}^{m}2\omega_kL_k\delta L_k\\&=\sum_{k=1}^{m}\left(L_k\delta N_k-N_k\delta L_k\right)+\sum_{k=1}^{m}2\omega_kL_k\delta L_k=\sum_{k=1}^{m}\left(L_k\delta N_k+N_k\delta L_k\right)\end{aligned}$$

若 $\delta N_k=0(k=1,2,\cdots,m)$ 即保持单元设定的内力不变，则 $\delta F=\sum_{k=1}^{m}N_k\delta L_k\Rightarrow\delta F=0\Leftrightarrow\sum_{k=1}^{m}N_k\delta L_k=0$。

若 $\delta\omega_k=0(k=1,2,\cdots,m)$ 即保持力密度不变，则 $\delta F=\sum_{k=1}^{m}\delta\omega_kL_k^2+\sum_{k=1}^{m}\omega_k\delta\left(L_k^2\right)=0+\sum_{k=1}^{m}2\omega_kL_k\delta L_k=\sum_{k=1}^{m}2N_k\delta L_k\Rightarrow\delta F=0\Leftrightarrow\sum_{k=1}^{m}2N_k\delta L_k=0$。

若 $\delta\omega_k=0$，$\delta N_k=0(k=1,2,\cdots,m)\Rightarrow\delta\omega_k=\frac{\delta N_k}{L_k}-\frac{N_k}{L_k^2}\delta L_k=-\frac{N_k}{L_k^2}\delta L_k=0$，则要求单元内力为零或者单元长度不发生变化，这是不成立的，因此实际工程设计时不可能既保持力密度不变，也保持各单元截面内力不变，即力密度必然是可变的。因此，若 $\delta\omega_k=0$，则必有 $\delta N_k\neq0$；若 $\delta\omega_k\neq0$，则必有 $\delta N_k=0$。

下面比较 $\delta w=0$ 和 $\delta F=0$ 的表达式，讨论经典力密度法构造泛函取得极值与应变能泛函取得极值等价的基本条件。分有外荷载和无外荷载两种情况：①无外荷载作用，$\boldsymbol{p}=0$。经典力密度法构造泛函的变分在 $\delta\omega_k=0(k=1,2,\cdots,m)$ 和 $\delta\omega_k\neq0(k=1,2,\cdots,m)$ 两种情况下与应变能泛函变分在 $\delta N_k=0(k=1,2,\cdots,m)$ 条件下均等价。由于 $\delta\omega_k$ 和 δN_k 均等于零不成立，无外荷载作用下，两个泛函变分等价的条件为：$\delta N_k=0(k=1,2,\cdots,m)$ 且 $\delta\omega_k\neq0(k=1,2,\cdots,m)$。②有外荷载作用，$\boldsymbol{p}\neq0$。经典力密度法的

构造泛函并没有考虑外荷载作用，但是可以拼凑一下，例如，构造泛函的形式为 $F(\boldsymbol{x})=\sum_{k=1}^{m}\left(\omega_k L_k^2\right)-\sum_{r=1}^{n}\boldsymbol{p}_r^{\mathrm{T}}\boldsymbol{x}_r$ ，这里外荷载是指重力，即 $-\sum_{r=1}^{n}\boldsymbol{p}_r^{\mathrm{T}}\boldsymbol{x}_r$ 为重力势能，若 $\delta\omega_k=0(k=1,2,\cdots,m)$ ， $\delta\boldsymbol{p}_r^{\mathrm{T}}=0(r=1,2,\cdots,n)\Rightarrow\delta F=0\Leftrightarrow\sum_{k=1}^{m}2N_k\delta L_k-\sum_{r=1}^{n}\boldsymbol{p}_r^{\mathrm{T}}\delta\boldsymbol{x}_r=0$ ，且必有 $\delta N_k\neq0(k=1,2,\cdots,m)$ 。若 $\delta N_k=0(k=1,2,\cdots,m)$ ， $\delta\boldsymbol{p}_r^{\mathrm{T}}=0(r=1,2,\cdots,n)\Rightarrow\delta F=0\Leftrightarrow\sum_{k=1}^{m}N_k\delta L_k-\sum_{r=1}^{n}\boldsymbol{p}_r^{\mathrm{T}}\delta\boldsymbol{x}_r=0$ ，且必有 $\delta\omega_k\neq0(k=1,2,\cdots,m)$ 。因此，在外荷载作用下，经典力密度法构造泛函与势能泛函等价的条件为： $\delta N_k=0(k=1,2,\cdots,m)$ 且 $\delta\omega_k\neq0(k=1,2,\cdots,m)$ ， $\delta\boldsymbol{p}_r^{\mathrm{T}}=0(r=1,2,\cdots,n)$ 。

那么，经典力密度法是不是一无是处？其实不然，式(5.20)的推导并没有错，导致上述矛盾的原因在于我们想当然地要求经典力密度法的构造泛函具有力学意义。

②经典力密度法即式(5.19)所构造的泛函有何意义？其实 $F=\sum_{k=1}^{m}\omega_k L_k^2=\sum_{k=1}^{m}N_k L_k$ ，若假设设计预应力与索、杆横截面面积是线性关系，如索截面规格选择采用经验公式 $N_k=(0.4\sim0.5)f_{yk}A_k$ ，则对于索网结构，该泛函等价于 $\sum_{k=1}^{m}A_k L_k$ 即材料的总体积，它乘以材料密度则是总的材料用量。

经典力密度法采用线性方法给出强非线性找形分析问题的一个解，这是非常令人振奋的，但是其只有在指定单元内力不变而力密度可变的情况下才具有力学意义，才是力学问题的纯数学表达，否则只具有其构造泛函本身取得极值的几何或其他数学意义。

因为势能泛函的一阶变分得到的是体系平衡方程(注：在给定预应力分布和大小情况下，式(5.24)实际上就是平衡方程)，所以式(5.24)右端项可以加上各节点的集中力，即外荷载矢量，这需要在式(5.19)构造泛函时同时考虑外荷载的影响，即

$$F(\boldsymbol{x})=\sum_{k=1}^{m}\omega_k L_k^2(\boldsymbol{x})-\sum_{r=1}^{n}\boldsymbol{p}_r^{\mathrm{T}}\boldsymbol{x}_r \tag{5.25}$$

式(5.25)的构造泛函与势能泛函在 $\delta N_k=0(k=1,2,\cdots,m)$ 、 $\delta\omega_k\neq0(k=1,2,\cdots,m)$ 、 $\delta\boldsymbol{p}_r^{\mathrm{T}}=0(r=1,2,\cdots,n)$ 条件下等价。其中， $\boldsymbol{p}_r$ 为第 r 个节点集中荷载矢量， $\boldsymbol{x}_r$ 为第 r 个节点的节点坐标矢量， n 为离散网格节点总数。若 $\delta\boldsymbol{p}_r=0$ 即外荷载矢量不发生变化，如重力，则可由式(5.25)泛函极值条件求解外荷载作用下且单元设定内力不变情况下的单纯找形分析问题，但式(5.25)的泛函是拼凑出来的。

因此，无论是否考虑外荷载的影响，实际工程设计时经典力密度法只适用于预应力大小和分布已知情况下的单纯找形分析。

值得指出的是，式(5.24)中的方程包含支座节点坐标矢量项，可在单纯找形分析时计入支座的有限弹性刚度，可直接对该项进行修正。例如，令 $\boldsymbol{x}_f={}_0\boldsymbol{x}_f+\Delta\boldsymbol{x}_f$ ，由已知支座弹性刚度可知 $\boldsymbol{D}_{fx}\Delta\boldsymbol{x}_f=\boldsymbol{K}_f\Delta\boldsymbol{x}_f$ ，其中 $\boldsymbol{K}_f$ 为支座弹性刚度矩阵，将其代入式(5.24)即可。

力密度法的更新：如何更新力密度？等应力或指定应力曲面或等内力或指定内力单

层索网结构可由设定的曲面应力或单元内力以及节点的新坐标重新计算力密度，从而迭代求解。除此之外，经典力密度法无法给出如何进行力密度更新的其他方法，因为其在推导过程中已假定 $\delta N_k = 0(k=1,2,\cdots,m)$ 。

几种改进的力密度法：经典力密度法在单元力密度值为负值时矩阵可能奇异，改进的力密度法的泛函构造和算法组织有所不同，表 5.3 给出了这几种方法泛函构造的区别。

表 5.3　泛函构造比较

参数	经典力密度法[11]	表面力密度法[12]	极小曲面法	扩展力密度法[15]
泛函构造	$\sum_{k=1}^{m}\omega_k L_k^2$	$\sum_{k=1}^{m}\omega_k S_k^2$	$\sum_{k=1}^{m}\omega_k S_k$	$\sum_{k=1}^{m_c}\lambda_k\left(L_k-\bar{L}_k\right)+\sum_{j=1}^{m_T}\omega_j L_j^4$
加权系数	$\omega_k = N_k/L_k$	$\omega_k=\sigma_k/S_k$	$\omega_k=1$	$\omega_k = N_k/4L_k^3$
研究对象	索网	膜曲面	膜曲面	索杆张拉体系
网格单元	杆单元	三角形膜单元	三角形膜单元	杆单元

由表 5.3 可见，表面力密度法退化即为经典力密度法，虽然表面力密度法提出较晚。扩展力密度法的泛函构造缺乏明显的工程意义，但也表明泛函构造是多样的、灵活的，可以充分发挥人的主观能动性。附录 5.1 给出经典力密度法的 VC++2022 源代码。

单纯找形分析问题中势能泛函的变分：经典力密度法构造泛函与应变能或势能泛函是有条件的等价关系，这限制了经典力密度法的适用范围。那么，直接采用应变能或势能泛函的变分会怎样？下面以单层索网、索穹顶等索杆体系为例说明。注意，单纯找形分析以待求解的未知位形为参考位形，节点坐标未知，因此其变分 $\delta\boldsymbol{x}$ 不等于零，这与结构荷载分析时节点初始坐标已知、$\delta\boldsymbol{x}=0$ 且 $\delta\left(\boldsymbol{x}+\Delta\boldsymbol{x}\right)=0+\delta\left(\Delta\boldsymbol{x}\right)=\delta\left(\Delta\boldsymbol{x}\right)$ 有所区别。

外力功：线性体系缓慢加载可记为 $\sum_{r=1}^{n}\frac{1}{2}\boldsymbol{p}_r^{\mathrm{T}}\Delta\boldsymbol{x}_r$ ，但若考虑几何非线性以及外荷载的种类繁多等因素，一般外力做功并没有统一的显式，应记为 $\sum_{r=1}^{n}\int\boldsymbol{p}_r\left(\Delta\boldsymbol{x}_r\right)\mathrm{d}\left(\Delta\boldsymbol{x}_r\right)$ 。由于经典力密度法本质上仍然是线性方法，下面推导仍然采用显式。

势能泛函：线弹性材料应变能计算可采用显式，即

$$\int_V\sigma\mathrm{d}\varepsilon=\int_V E\varepsilon\mathrm{d}\varepsilon=\frac{1}{2}E\varepsilon^2V\overset{V=AL=V_0=A_0L_0}{=}\frac{1}{2}E\varepsilon^2V_0=\frac{1}{2}\sigma\varepsilon A_0L_0=\frac{1}{2}N\Delta L$$

$$\Rightarrow\pi=\sum_{k=1}^{m}\left(\frac{1}{2}N_k\Delta L_k\right)-\sum_{r=1}^{n}\frac{1}{2}\boldsymbol{p}_r^{\mathrm{T}}\Delta\boldsymbol{x}_r$$

上述势能泛函包含形状几何未知所隐含的节点坐标矢量场 $\boldsymbol{x}_r$ ，除形状几何外所显含的应变矢量场相关的 ΔL_k 、节点位移矢量场 $\Delta\boldsymbol{x}_r$ 和应力矢量场相关的单元内力矢量场 $\boldsymbol{N}$ 、节点集中外荷载矢量场 $\boldsymbol{p}$ 。结构分析问题要求后四类矢量场满足平衡方程、相容方程、本构关系和边界条件等客观条件。单纯找形分析的问题可以不考虑相容方程。值得指

出的是，构造泛函从数学的角度而言主观上具有任意性，但用来解决力学问题而构造的泛函的变分必须符合力学规律，这是构造泛函的客观性。结构分析问题中的最小势能原理要求势能泛函是一类变量的泛函，显然，单纯找形分析问题若采用势能泛函，则至少存在两类变量，即节点坐标矢量场和节点位移矢量场，泛函取得极值的条件为

当 $\delta N_k=0$ ，$\delta\boldsymbol{p}_r^{\mathrm{T}}=0(k=1,2,\cdots,m;r=1,2,\cdots,n)$ 时，

$$\sum_{k=1}^{m}\frac{1}{2}N_k\delta\left(\Delta L_k\right)-\sum_{r=1}^{n}\frac{1}{2}\boldsymbol{p}_r^{\mathrm{T}}\delta\left(\Delta\boldsymbol{x}_r\right)=0 \tag{5.26}$$

式(5.26)的展开推导如下：已知 $\delta N_k=0$ ，$\delta\boldsymbol{p}_r^{\mathrm{T}}=0(k=1,2,\cdots,m;r=1,2,\cdots,n)$ ，由于 $\delta\left(\Delta L_k\right)=\Delta\left(\delta L_k\right)$ ，而

$$\begin{aligned}\Delta\left(\delta L_k\left(\boldsymbol{x},\delta\boldsymbol{x}\right)\right)=&\frac{\partial\left(\delta L_k\right)}{\partial x_{i1}}\Delta x_{i1}+\frac{\partial\left(\delta L_k\right)}{\partial x_{i2}}\Delta x_{i2}+\frac{\partial\left(\delta L_k\right)}{\partial x_{i3}}\Delta x_{i3}+\frac{\partial\left(\delta L_k\right)}{\partial x_{j1}}\Delta x_{j1}+\frac{\partial\left(\delta L_k\right)}{\partial x_{j2}}\Delta x_{j2}\\&+\frac{\partial\left(\delta L_k\right)}{\partial x_{j3}}\Delta x_{j3}+\frac{\partial\left(\delta L_k\right)}{\partial\left(\delta x_{i1}\right)}\Delta\left(\delta x_{i1}\right)+\frac{\partial\left(\delta L_k\right)}{\partial\left(\delta x_{i2}\right)}\Delta\left(\delta x_{i2}\right)+\frac{\partial\left(\delta L_k\right)}{\partial\left(\delta x_{i3}\right)}\Delta\left(\delta x_{i3}\right)\\&+\frac{\partial\left(\delta L_k\right)}{\partial\left(\delta x_{j1}\right)}\Delta\left(\delta x_{j1}\right)+\frac{\partial\left(\delta L_k\right)}{\partial\left(\delta x_{j2}\right)}\Delta\left(\delta x_{j2}\right)+\frac{\partial\left(\delta L_k\right)}{\partial\left(\delta x_{j3}\right)}\Delta\left(\delta x_{j3}\right)\end{aligned} \tag{5.27}$$

由式(5.21)得到

$$\begin{aligned}\frac{\partial\left(\delta L_k\right)}{\partial x_{i1}}=&\frac{\partial\left(\dfrac{1}{L_k}\right)}{\partial x_{i1}}\begin{pmatrix}\boldsymbol{x}_i\\\boldsymbol{x}_j\end{pmatrix}^{\mathrm{T}}\begin{bmatrix}\boldsymbol{I}_{3\times3}&-\boldsymbol{I}_{3\times3}\\-\boldsymbol{I}_{3\times3}&\boldsymbol{I}_{3\times3}\end{bmatrix}\begin{pmatrix}\delta\boldsymbol{x}_i\\\delta\boldsymbol{x}_j\end{pmatrix}\\&+\frac{1}{L_k}\begin{pmatrix}1&0&0&0&0&0\end{pmatrix}\begin{bmatrix}\boldsymbol{I}_{3\times3}&-\boldsymbol{I}_{3\times3}\\-\boldsymbol{I}_{3\times3}&\boldsymbol{I}_{3\times3}\end{bmatrix}\begin{pmatrix}\delta\boldsymbol{x}_i\\\delta\boldsymbol{x}_j\end{pmatrix}\end{aligned}$$

其中，$\dfrac{\partial\left(\dfrac{1}{L_k}\right)}{\partial x_{i1}}=\dfrac{-\dfrac{\partial L_k}{\partial x_{i1}}}{L_k^2}=-\dfrac{x_{i1}-x_{j1}}{L_k^3}$ ；$\dfrac{1}{L_k}\begin{pmatrix}1&0&0&0&0&0\end{pmatrix}\begin{bmatrix}\boldsymbol{I}_{3\times3}&-\boldsymbol{I}_{3\times3}\\-\boldsymbol{I}_{3\times3}&\boldsymbol{I}_{3\times3}\end{bmatrix}\begin{pmatrix}\delta\boldsymbol{x}_i\\\delta\boldsymbol{x}_j\end{pmatrix}=$ $\dfrac{1}{L_k}\left(\delta x_{i1}-\delta x_{j1}\right)$，将其代入上式整理可得

$$\frac{\partial\left(\delta L_k\right)}{\partial x_{i1}}=-\frac{x_{i1}-x_{j1}}{L_k^3}\begin{pmatrix}\boldsymbol{x}_i\\\boldsymbol{x}_j\end{pmatrix}^{\mathrm{T}}\begin{bmatrix}\boldsymbol{I}_{3\times3}&-\boldsymbol{I}_{3\times3}\\-\boldsymbol{I}_{3\times3}&\boldsymbol{I}_{3\times3}\end{bmatrix}\begin{pmatrix}\delta\boldsymbol{x}_i\\\delta\boldsymbol{x}_j\end{pmatrix}+\frac{1}{L_k}\left(\delta x_{i1}-\delta x_{j1}\right)$$

同理，可得

$$\frac{\partial(\delta L_k)}{\partial x_{i2}}=-\frac{x_{i2}-x_{j2}}{L_k^3}\begin{pmatrix}\boldsymbol{x}_i\\\boldsymbol{x}_j\end{pmatrix}^{\mathrm{T}}\begin{bmatrix}\boldsymbol{I}_{3\times3}&-\boldsymbol{I}_{3\times3}\\-\boldsymbol{I}_{3\times3}&\boldsymbol{I}_{3\times3}\end{bmatrix}\begin{pmatrix}\delta\boldsymbol{x}_i\\\delta\boldsymbol{x}_j\end{pmatrix}+\frac{1}{L_k}(\delta x_{i2}-\delta x_{j2})$$

$$\frac{\partial(\delta L_k)}{\partial x_{i3}}=-\frac{x_{i3}-x_{j3}}{L_k^3}\begin{pmatrix}\boldsymbol{x}_i\\\boldsymbol{x}_j\end{pmatrix}^{\mathrm{T}}\begin{bmatrix}\boldsymbol{I}_{3\times3}&-\boldsymbol{I}_{3\times3}\\-\boldsymbol{I}_{3\times3}&\boldsymbol{I}_{3\times3}\end{bmatrix}\begin{pmatrix}\delta\boldsymbol{x}_i\\\delta\boldsymbol{x}_j\end{pmatrix}+\frac{1}{L_k}(\delta x_{i3}-\delta x_{j3})$$

$$\frac{\partial(\delta L_k)}{\partial x_{j1}}=\frac{x_{i1}-x_{j1}}{L_k^3}\begin{pmatrix}\boldsymbol{x}_i\\\boldsymbol{x}_j\end{pmatrix}^{\mathrm{T}}\begin{bmatrix}\boldsymbol{I}_{3\times3}&-\boldsymbol{I}_{3\times3}\\-\boldsymbol{I}_{3\times3}&\boldsymbol{I}_{3\times3}\end{bmatrix}\begin{pmatrix}\delta\boldsymbol{x}_i\\\delta\boldsymbol{x}_j\end{pmatrix}-\frac{1}{L_k}(\delta x_{i1}-\delta x_{j1})$$

$$\frac{\partial(\delta L_k)}{\partial x_{j2}}=\frac{x_{i2}-x_{j2}}{L_k^3}\begin{pmatrix}\boldsymbol{x}_i\\\boldsymbol{x}_j\end{pmatrix}^{\mathrm{T}}\begin{bmatrix}\boldsymbol{I}_{3\times3}&-\boldsymbol{I}_{3\times3}\\-\boldsymbol{I}_{3\times3}&\boldsymbol{I}_{3\times3}\end{bmatrix}\begin{pmatrix}\delta\boldsymbol{x}_i\\\delta\boldsymbol{x}_j\end{pmatrix}-\frac{1}{L_k}(\delta x_{i2}-\delta x_{j2})$$

$$\frac{\partial(\delta L_k)}{\partial x_{j3}}=\frac{x_{i3}-x_{j3}}{L_k^3}\begin{pmatrix}\boldsymbol{x}_i\\\boldsymbol{x}_j\end{pmatrix}^{\mathrm{T}}\begin{bmatrix}\boldsymbol{I}_{3\times3}&-\boldsymbol{I}_{3\times3}\\-\boldsymbol{I}_{3\times3}&\boldsymbol{I}_{3\times3}\end{bmatrix}\begin{pmatrix}\delta\boldsymbol{x}_i\\\delta\boldsymbol{x}_j\end{pmatrix}-\frac{1}{L_k}(\delta x_{i3}-\delta x_{j3})$$

对 $\delta\boldsymbol{x}_i$、$\delta\boldsymbol{x}_j$ 的偏微分可直接由式(5.21)得到，即

$$\begin{aligned}&\frac{\partial(\delta L_k)}{\partial(\delta x_{i1})}\Delta(\delta x_{i1})+\frac{\partial(\delta L_k)}{\partial(\delta x_{i2})}\Delta(\delta x_{i2})+\frac{\partial(\delta L_k)}{\partial(\delta x_{i3})}\Delta(\delta x_{i3})+\frac{\partial(\delta L_k)}{\partial(\delta x_{j1})}\Delta(\delta x_{j1})+\frac{\partial(\delta L_k)}{\partial(\delta x_{j2})}\Delta(\delta x_{j2})\\&\quad+\frac{\partial(\delta L_k)}{\partial(\delta x_{j3})}\Delta(\delta x_{j3})=\frac{1}{L_k}\begin{pmatrix}\boldsymbol{x}_i\\\boldsymbol{x}_j\end{pmatrix}^{\mathrm{T}}\begin{bmatrix}\boldsymbol{I}_{3\times3}&-\boldsymbol{I}_{3\times3}\\-\boldsymbol{I}_{3\times3}&\boldsymbol{I}_{3\times3}\end{bmatrix}\begin{pmatrix}\Delta(\delta\boldsymbol{x}_i)\\\Delta(\delta\boldsymbol{x}_j)\end{pmatrix}\end{aligned}$$

将上面的各项代入式(5.27)，则

$$\begin{aligned}\Delta(\delta L_k)=\delta(\Delta L_k)=&-\frac{1}{L_k^3}\begin{pmatrix}\delta\boldsymbol{x}_i\\\delta\boldsymbol{x}_j\end{pmatrix}^{\mathrm{T}}\begin{bmatrix}\boldsymbol{I}_{3\times3}&-\boldsymbol{I}_{3\times3}\\-\boldsymbol{I}_{3\times3}&\boldsymbol{I}_{3\times3}\end{bmatrix}\begin{pmatrix}\boldsymbol{x}_i\\\boldsymbol{x}_j\end{pmatrix}\begin{pmatrix}\boldsymbol{x}_i\\\boldsymbol{x}_j\end{pmatrix}^{\mathrm{T}}\begin{bmatrix}\boldsymbol{I}_{3\times3}&-\boldsymbol{I}_{3\times3}\\-\boldsymbol{I}_{3\times3}&\boldsymbol{I}_{3\times3}\end{bmatrix}\begin{pmatrix}\Delta\boldsymbol{x}_i\\\Delta\boldsymbol{x}_j\end{pmatrix}\\&+\frac{1}{L_k}\begin{pmatrix}\delta\boldsymbol{x}_i\\\delta\boldsymbol{x}_j\end{pmatrix}^{\mathrm{T}}\begin{bmatrix}\boldsymbol{I}_{3\times3}&-\boldsymbol{I}_{3\times3}\\-\boldsymbol{I}_{3\times3}&\boldsymbol{I}_{3\times3}\end{bmatrix}\begin{pmatrix}\Delta\boldsymbol{x}_i\\\Delta\boldsymbol{x}_j\end{pmatrix}\\&+\frac{1}{L_k}\begin{pmatrix}\Delta(\delta\boldsymbol{x}_i)\\\Delta(\delta\boldsymbol{x}_j)\end{pmatrix}^{\mathrm{T}}\begin{bmatrix}\boldsymbol{I}_{3\times3}&-\boldsymbol{I}_{3\times3}\\-\boldsymbol{I}_{3\times3}&\boldsymbol{I}_{3\times3}\end{bmatrix}\begin{pmatrix}\boldsymbol{x}_i\\\boldsymbol{x}_j\end{pmatrix}\end{aligned}\tag{5.28}$$

将式(5.28)代入式(5.26)，得

$$\begin{aligned}&\frac{1}{2}\sum_{k=1}^{m}\begin{pmatrix}\delta\boldsymbol{x}_i\\\delta\boldsymbol{x}_j\end{pmatrix}^{\mathrm{T}}\left\{-\frac{\omega_k}{L_k^2}\begin{bmatrix}\boldsymbol{I}_{3\times3}&-\boldsymbol{I}_{3\times3}\\-\boldsymbol{I}_{3\times3}&\boldsymbol{I}_{3\times3}\end{bmatrix}\begin{pmatrix}\boldsymbol{x}_i\\\boldsymbol{x}_j\end{pmatrix}\begin{pmatrix}\boldsymbol{x}_i\\\boldsymbol{x}_j\end{pmatrix}^{\mathrm{T}}\begin{bmatrix}\boldsymbol{I}_{3\times3}&-\boldsymbol{I}_{3\times3}\\-\boldsymbol{I}_{3\times3}&\boldsymbol{I}_{3\times3}\end{bmatrix}+\begin{bmatrix}\omega_k\boldsymbol{I}_{3\times3}&-\omega_k\boldsymbol{I}_{3\times3}\\-\omega_k\boldsymbol{I}_{3\times3}&\omega_k\boldsymbol{I}_{3\times3}\end{bmatrix}\right\}\begin{pmatrix}\Delta\boldsymbol{x}_i\\\Delta\boldsymbol{x}_j\end{pmatrix}\\&\quad+\frac{1}{2}\sum_{k=1}^{m}\begin{pmatrix}\delta(\Delta\boldsymbol{x}_i)\\\delta(\Delta\boldsymbol{x}_j)\end{pmatrix}^{\mathrm{T}}\begin{bmatrix}\omega_k\boldsymbol{I}_{3\times3}&-\omega_k\boldsymbol{I}_{3\times3}\\-\omega_k\boldsymbol{I}_{3\times3}&\omega_k\boldsymbol{I}_{3\times3}\end{bmatrix}\begin{pmatrix}\boldsymbol{x}_i\\\boldsymbol{x}_j\end{pmatrix}+\sum_{r=1}^{n}\frac{1}{2}\boldsymbol{p}_r^{\mathrm{T}}\delta(\Delta\boldsymbol{x}_r)=0\end{aligned}$$

由于$\delta\boldsymbol{x}_i$的任意性，去掉常数1/2得

$$\sum_{k=1}^{m}\left(\left\{\begin{bmatrix}\omega_k\boldsymbol{I}_{3\times3} & -\omega_k\boldsymbol{I}_{3\times3}\\ -\omega_k\boldsymbol{I}_{3\times3} & \omega_k\boldsymbol{I}_{3\times3}\end{bmatrix}-\frac{\omega_k}{L_k^2}\begin{bmatrix}\boldsymbol{I}_{3\times3} & -\boldsymbol{I}_{3\times3}\\ -\boldsymbol{I}_{3\times3} & \boldsymbol{I}_{3\times3}\end{bmatrix}\begin{pmatrix}\boldsymbol{x}_i\\ \boldsymbol{x}_j\end{pmatrix}\begin{pmatrix}\boldsymbol{x}_i\\ \boldsymbol{x}_j\end{pmatrix}^{\mathrm{T}}\begin{bmatrix}\boldsymbol{I}_{3\times3} & -\boldsymbol{I}_{3\times3}\\ -\boldsymbol{I}_{3\times3} & \boldsymbol{I}_{3\times3}\end{bmatrix}\right\}\begin{pmatrix}\Delta\boldsymbol{x}_i\\ \Delta\boldsymbol{x}_j\end{pmatrix}\right)=0 \tag{5.29a}$$

由于$\delta(\Delta\boldsymbol{x}_i)$和$\delta(\Delta\boldsymbol{x}_r)$的任意性，去掉常数1/2并写成矩阵形式，即

$$\sum_{k=1}^{m}\left(\begin{pmatrix}\delta(\Delta\boldsymbol{x}_i)\\ \delta(\Delta\boldsymbol{x}_j)\end{pmatrix}^{\mathrm{T}}\begin{bmatrix}\omega_k\boldsymbol{I}_{3\times3} & -\omega_k\boldsymbol{I}_{3\times3}\\ -\omega_k\boldsymbol{I}_{3\times3} & \omega_k\boldsymbol{I}_{3\times3}\end{bmatrix}\begin{pmatrix}\boldsymbol{x}_i\\ \boldsymbol{x}_j\end{pmatrix}\right)+\sum_{r=1}^{n}\boldsymbol{p}_r^{\mathrm{T}}\delta(\Delta\boldsymbol{x}_r)=0 \tag{5.29b}$$

$$\Rightarrow\left(\delta(\Delta\boldsymbol{x})\right)^{\mathrm{T}}\boldsymbol{D}\boldsymbol{x}=\left(\delta(\Delta\boldsymbol{x})\right)^{\mathrm{T}}\boldsymbol{p}\Rightarrow\boldsymbol{D}\boldsymbol{x}=\boldsymbol{p}$$

若记$a_k=\dfrac{x_{i1}-x_{j1}}{L_k}$，$b_k=\dfrac{x_{i2}-x_{j2}}{L_k}$，$c_k=\dfrac{x_{i3}-x_{j3}}{L_k}$，$\boldsymbol{X}_k=\begin{bmatrix}a_k^2 & a_kb_k & a_kc_k\\ b_ka_k & b_k^2 & b_kc_k\\ c_ka_k & c_kb_k & c_k^2\end{bmatrix}$，则有

$$\frac{1}{L_k^2}\begin{bmatrix}\boldsymbol{I}_{3\times3} & -\boldsymbol{I}_{3\times3}\\ -\boldsymbol{I}_{3\times3} & \boldsymbol{I}_{3\times3}\end{bmatrix}\begin{pmatrix}\boldsymbol{x}_i\\ \boldsymbol{x}_j\end{pmatrix}\begin{pmatrix}\boldsymbol{x}_i\\ \boldsymbol{x}_j\end{pmatrix}^{\mathrm{T}}\begin{bmatrix}\boldsymbol{I}_{3\times3} & -\boldsymbol{I}_{3\times3}\\ -\boldsymbol{I}_{3\times3} & \boldsymbol{I}_{3\times3}\end{bmatrix}=\begin{bmatrix}a_k^2 & a_kb_k & a_kc_k & -a_k^2 & -a_kb_k & -a_kc_k\\ & b_k^2 & b_kc_k & -b_ka_k & -b_k^2 & -b_kc_k\\ & & c_k^2 & -c_ka_k & -c_kb_k & -c_k^2\\ & \text{symetric} & & a_k^2 & a_kb_k & a_kc_k\\ & & & & b_k^2 & b_kc_k\\ & & & & & c_k^2\end{bmatrix}$$

$$=\begin{bmatrix}\boldsymbol{X}_k & -\boldsymbol{X}_k\\ -\boldsymbol{X}_k & \boldsymbol{X}_k\end{bmatrix}$$

式(5.29a)可改写为

$$\sum_{k=1}^{m}\left(\begin{bmatrix}\omega_k(\boldsymbol{I}_{3\times3}-\boldsymbol{X}_k) & -\omega_k(\boldsymbol{I}_{3\times3}-\boldsymbol{X}_k)\\ -\omega_k(\boldsymbol{I}_{3\times3}-\boldsymbol{X}_k) & \omega_k(\boldsymbol{I}_{3\times3}-\boldsymbol{X}_k)\end{bmatrix}\begin{pmatrix}\Delta\boldsymbol{x}_i\\ \Delta\boldsymbol{x}_j\end{pmatrix}\right)=0$$

记作矩阵形式为$\boldsymbol{K}_{sf}\Delta\boldsymbol{x}=0$。

式(5.29b)与式(5.25)的变分一致，可以看成式(5.25)的证明，本质上是线性平衡方程的力密度表达式。仔细观察，式(5.29a)可由式(5.29b)两端对$\boldsymbol{x}$取微分及$\Delta\left(\sum_{r=1}^{n}\boldsymbol{p}_r\right)=0$（已知$\delta\boldsymbol{p}_r=0$，则$\boldsymbol{p}_r$为常矢量函数）得到，说明了上述推导的正确性。式(5.29a)表明，

满足式(5.29b)只是单纯找形分析过程中体系势能泛函取得极值的必要条件，即单纯找形分析还要求式(5.29a)只有零解即系数矩阵满秩，这本质上是形状几何未知情况下的应力刚化条件。例如，若 $\Delta\left(\sum_{r=1}^{n}\boldsymbol{p}_r\right)\neq 0$，则式(5.29a)中节点坐标增量即节点位移矢量的系数矩阵 $\boldsymbol{K}_{sf}$ 是单纯找形分析中二节点空间杆单元几何刚度矩阵(切线方向)，这也是采用几何非线性有限元法进行单纯找形分析时只组装了单元几何刚度矩阵的原因，实际上采用几何非线性有限元法进行单纯找形分析应按式(5.29a)进行增量迭代(此时其右端项为节点残余力)。因为 $\begin{bmatrix}\omega_k\boldsymbol{I}_{3\times3} & -\omega_k\boldsymbol{I}_{3\times3}\\ -\omega_k\boldsymbol{I}_{3\times3} & \omega_k\boldsymbol{I}_{3\times3}\end{bmatrix}=\dfrac{N_k}{L_k}\begin{bmatrix}1&0&0&-1&0&0\\0&1&0&0&-1&0\\0&0&1&0&0&-1\\-1&0&0&1&0&0\\0&-1&0&0&1&0\\0&0&-1&0&0&1\end{bmatrix}$，与 $\boldsymbol{K}_g^e$ 形式上相同，$\dfrac{E_kA_k}{L_k}\begin{bmatrix}\boldsymbol{X}_k & -\boldsymbol{X}_k\\ -\boldsymbol{X}_k & \boldsymbol{X}_k\end{bmatrix}=\boldsymbol{K}_{\mathrm{L}}^e$，所以式(5.29b)的系数矩阵与式(4.17)二节点几何非线性空间杆单元的几何刚度矩阵 $\boldsymbol{K}_g^e$ 形式上完全相同，但应注意参考位形的差别，二者并非严格力学意义上的相等。式(5.29a)的系数矩阵多了与线性刚度矩阵 $\boldsymbol{K}_{\mathrm{L}}^e$ 类似的一项，形式上的区别在于将线刚度 E_kA_k/L_k 替换为力密度 N_k/L_k。第Ⅰ类形态生成问题不同于结构计算分析问题的关键一点在于 $\delta\boldsymbol{x}\neq 0$，即形状几何未知。其实，在单纯找形分析中，式(5.29b)的系数矩阵可看成割线意义上的几何刚度矩阵，而式(5.29a)的系数矩阵可看成形状几何未知情况下切线意义上的几何刚度矩阵。

式(5.29b)给出满足平衡条件的形状几何，而分析式(5.29a)的系数矩阵可给出该形状几何下空间几何刚度的特征。式(5.29a)的左端项系数矩阵正定、负定和半定、迹以及特征值的统计分布情况等与体系空间几何刚度的大小和分布等力学性质有关。

注：当 $\delta N_k=0$，$\delta\boldsymbol{p}_r^{\mathrm{T}}=0(k=1,2,\cdots,m;r=1,2,\cdots,n)$ 时，将势能泛函在未知位形附近泰勒展开如下：

$$
\begin{aligned}
\pi\left(\boldsymbol{x}+\delta\boldsymbol{x},\Delta\boldsymbol{x}+\delta(\Delta\boldsymbol{x})\right)=\pi(\boldsymbol{x},\Delta\boldsymbol{x})&+\frac{1}{1!}\left[\frac{\partial\pi}{\partial\boldsymbol{x}}\delta\boldsymbol{x}+\frac{\partial\pi}{\partial(\Delta\boldsymbol{x})}\delta(\Delta\boldsymbol{x})\right]\\
&+\frac{1}{2!}\left[\frac{\partial^2\pi}{\partial\boldsymbol{x}\partial\boldsymbol{x}}(\delta\boldsymbol{x})^2+2\frac{\partial^2\pi}{\partial\boldsymbol{x}\partial(\Delta\boldsymbol{x})}\delta\boldsymbol{x}\delta(\Delta\boldsymbol{x})+\frac{\partial^2\pi}{\partial(\Delta\boldsymbol{x})\partial(\Delta\boldsymbol{x})}\left(\delta(\Delta\boldsymbol{x})\right)^2\right]\\
&+O\left((\delta\boldsymbol{x})^2,\delta\boldsymbol{x}\delta(\Delta\boldsymbol{x}),\left(\delta(\Delta\boldsymbol{x})\right)^2\right)
\end{aligned}
$$

其中，

$$\frac{\partial \pi}{\partial \boldsymbol{x}}=\frac{\partial}{\partial \boldsymbol{x}}\left(\sum_{k=1}^{m}\left(\frac{1}{2}N_k\Delta L_k\right)-\sum_{r=1}^{n}\frac{1}{2}\boldsymbol{p}_r^{\mathrm{T}}\Delta\boldsymbol{x}_r\right)=\frac{\partial}{\partial \boldsymbol{x}}\left(\sum_{k=1}^{m}\left(\frac{1}{2}\frac{N_k}{L_k}\begin{pmatrix}\boldsymbol{x}_i\\ \boldsymbol{x}_j\end{pmatrix}^{\mathrm{T}}\begin{bmatrix}\boldsymbol{I}_{3\times3} & -\boldsymbol{I}_{3\times3}\\ -\boldsymbol{I}_{3\times3} & \boldsymbol{I}_{3\times3}\end{bmatrix}\begin{pmatrix}\Delta\boldsymbol{x}_i\\ \Delta\boldsymbol{x}_j\end{pmatrix}\right)-0\right)$$

$$=\sum_{k=1}^{m}\left(\frac{1}{2}\frac{N_k}{L_k}\begin{bmatrix}\boldsymbol{I}_{3\times3} & -\boldsymbol{I}_{3\times3}\\ -\boldsymbol{I}_{3\times3} & \boldsymbol{I}_{3\times3}\end{bmatrix}\begin{pmatrix}\Delta\boldsymbol{x}_i\\ \Delta\boldsymbol{x}_j\end{pmatrix}\right)+\sum_{k=1}^{m}\left(\frac{1}{2}\frac{N_k}{L_k^3}\begin{bmatrix}\boldsymbol{I}_{3\times3} & -\boldsymbol{I}_{3\times3}\\ -\boldsymbol{I}_{3\times3} & \boldsymbol{I}_{3\times3}\end{bmatrix}\begin{pmatrix}\boldsymbol{x}_i\\ \boldsymbol{x}_j\end{pmatrix}\begin{pmatrix}\boldsymbol{x}_i\\ \boldsymbol{x}_j\end{pmatrix}^{\mathrm{T}}\begin{bmatrix}\boldsymbol{I}_{3\times3} & -\boldsymbol{I}_{3\times3}\\ -\boldsymbol{I}_{3\times3} & \boldsymbol{I}_{3\times3}\end{bmatrix}\begin{pmatrix}\Delta\boldsymbol{x}_i\\ \Delta\boldsymbol{x}_j\end{pmatrix}\right)$$

$$=\sum_{k=1}^{m}\left(\frac{1}{2}\begin{bmatrix}\omega_k\left(\boldsymbol{I}_{3\times3}-\boldsymbol{X}_k\right) & -\omega_k\left(\boldsymbol{I}_{3\times3}-\boldsymbol{X}_k\right)\\ -\omega_k\left(\boldsymbol{I}_{3\times3}-\boldsymbol{X}_k\right) & \omega_k\left(\boldsymbol{I}_{3\times3}-\boldsymbol{X}_k\right)\end{bmatrix}\begin{pmatrix}\Delta\boldsymbol{x}_i\\ \Delta\boldsymbol{x}_j\end{pmatrix}\right)$$

$$\frac{\partial \pi}{\partial(\Delta\boldsymbol{x})}=\frac{\partial}{\partial(\Delta\boldsymbol{x})}\left(\sum_{k=1}^{m}\left(\frac{1}{2}\frac{N_k}{L_k}\begin{pmatrix}\boldsymbol{x}_i\\ \boldsymbol{x}_j\end{pmatrix}^{\mathrm{T}}\begin{bmatrix}\boldsymbol{I}_{3\times3} & -\boldsymbol{I}_{3\times3}\\ -\boldsymbol{I}_{3\times3} & \boldsymbol{I}_{3\times3}\end{bmatrix}\begin{pmatrix}\Delta\boldsymbol{x}_i\\ \Delta\boldsymbol{x}_j\end{pmatrix}\right)-\sum_{r=1}^{n}\frac{1}{2}\boldsymbol{p}_r^{\mathrm{T}}\Delta\boldsymbol{x}_r\right)$$

$$=\sum_{k=1}^{m}\left(\frac{1}{2}\begin{bmatrix}\omega_k\boldsymbol{I}_{3\times3} & -\omega_k\boldsymbol{I}_{3\times3}\\ -\omega_k\boldsymbol{I}_{3\times3} & \omega_k\boldsymbol{I}_{3\times3}\end{bmatrix}\begin{pmatrix}\boldsymbol{x}_i\\ \boldsymbol{x}_j\end{pmatrix}\right)-\sum_{r=1}^{n}\frac{1}{2}\boldsymbol{p}_r$$

显然，由一阶项 $\frac{\partial \pi}{\partial \boldsymbol{x}}\delta\boldsymbol{x}+\frac{\partial \pi}{\partial(\Delta\boldsymbol{x})}\delta(\Delta\boldsymbol{x})=0$ 可给出式(5.29a)和式(5.29b)，即式(5.29a)对应 $\frac{\partial \pi}{\partial \boldsymbol{x}}=0$，式(5.29b)对应 $\frac{\partial \pi}{\partial(\Delta\boldsymbol{x})}=0$。二阶或高阶变分项一般用于判定平衡状态的稳定性。

值得指出的是，对预应力体系而言，初状态几何上自平衡的设计预应力(不考虑自重影响)和外荷载没有关系，此时单元的伸缩量与节点位移也可以没有关系，因此若势能泛函作为形态生成问题的构造泛函，则该泛函含有的独立变量不止两类。此外，由于外荷载种类繁多、性质各异，要给出一般外荷载变分的具体表达式是困难的。

上述针对势能泛函变分的推导对于理解第Ⅰ～Ⅲ类形态生成问题以及经典力密度法的本质和适用范围是有帮助的。尝试归纳如下：①物体的运动采用绝对坐标描述，以待求解的未知位形为参考位形，以未知位形的节点坐标作为未知量，采用线性方法可求解强非线性问题且方程组系数矩阵对称；②仅拓扑几何信息已知情况下只需假定力密度的分布和大小便可求初始粗糙几何，而不需人工预设，这对 5.3 节讨论的第Ⅲ类形态生成问题具有重要意义。③经典力密度法的构造泛函与势能泛函性质不同，二者等价是有条件的，即假定预应力大小和分布已知且不考虑外荷载的变化，与式(5.26)所描述的情况一致，实际工程设计时采用经典力密度法应逐步更新力密度迭代求解。④单纯找形分析问题采用势能泛函作为构造泛函是可行的，但这时势能泛函包含两类变量。势能泛函的极值条件对应其泰勒展开式的一阶项，包括形状几何未知情况下的平衡条件和应力刚化条件，即式(5.29a)和式(5.29b)。式(5.29a)的力学意义在于形状几何未知情况下体系应满足的应力刚化条件。形状几何已知情况下的结构计算分析需满足平衡条件、相容条件和本构关系，而形状几何未知情况下的单纯找形分析需满足平衡条件和应力刚化条件。⑤式(5.29a)是第Ⅰ类形态生成问题即单纯找形分析中采用几何非线性有限元法进行静力分析的理论基础，而动力松弛法本质上是伪瞬态动力分析，目的也是求解势能泛函的最小值。式(5.29b)是单纯找形分析中经典力密度法的基本公式。式(5.29a)可以看成增量的方法、式(5.29b)则可看成全量的方法，即一个是求解节点坐标相对增量，一个是求解绝对坐标全量。同时，式(5.29b)也是 5.2 节第Ⅱ类形态生成问题即单纯找力分析的基本公式，为矩阵力法平衡方程的节点坐标表示形式。因此，第Ⅰ类和第Ⅱ类形态生成问题在根本上是相通的，统一于势能泛函的一阶变分。

3)几何非线性有限元法

几何非线性有限元法进行单纯找形分析的基本思想：只采用几何刚度矩阵作为整体刚度矩阵进行不平衡力迭代和节点坐标更新，其他与通常的结构分析并无区别。

为什么只采用几何刚度矩阵？这在式(5.29a)的讨论中已有说明，也可理解如下：由于单纯找形分析过程中单元内力并不受节点坐标增量的影响，节点的运动也不受单元拉压刚度的阻碍，这些单元可随意变化长度而保持预应力不变。增量迭代求解过程中采用式(5.29a)时计算效率会高一些。这里的几何非线性有限元法指的是以位移法为基础的一类变量有限元法。

其实，几何非线性有限元法用于求解第Ⅰ类形态生成问题时与经典力密度法完全等价，在基础理论、控制方程和求解策略方面也都相同。读者或许会质疑这一点，如经典力密度法是否满足相容条件？一方面，经典力密度法在设定未知量为节点坐标时相容条件就已经满足；另一方面，单纯找形分析不需要满足相容条件，即使采用几何非线性有限元法，本质上也是如此。

4)弹性模量无穷小法

在粗糙的几何形状基础上，假设材料的弹性模量无穷小，一般取真实弹性模量的万分之一，从而采用商业有限元软件进行几何非线性有限元静力分析，通过多次迭代逼近等应力或指定应力曲面。弹性模量无穷小法是一种近似的单纯找形分析方法，误差主要取决于假设弹性模量的大小。

第Ⅰ类形态生成问题的物理描述：单元相互连接关系即拓扑几何已知情况下保持预应力不变但长度可随意变化的各单元平衡空间位置确定过程，类似一个已知零件连接关系的机械系统的装配过程，与荷载作用下的结构静力分析问题有较大的区别。

目前，实际工程中单层索网、膜结构的曲面形状设计一般采用力密度法、动力松弛法或几何非线性有限元法等数值分析方法。第Ⅰ类形态生成问题即单纯找形分析问题的解曲面一般为等应力曲面或等力密度曲面，在人为假定曲面薄膜应力或力密度已知的前提下建立平衡方程，其主要的理论依据是等应力曲面等价于极小曲面，即曲面的平均曲率等于零，目的是节省结构材料用量和材料用量均匀(如可使用单一膜材或单一直径的拉索)。然而，极小曲面未必具有最优的空间刚度(包括空间刚度的分布和大小)，作为结构体系承载可能是糟糕的，几何性质最优并不能保证力学性能最优和材料成本最低。究其原因：①第Ⅰ类形态生成问题的解曲面形状往往忽略外部荷载或作用的影响，仅满足薄膜预应力的平衡。例如，等应力曲面等价于极小曲面是在外荷载为零和曲面厚度处处相等的条件下，经典力密度法的构造泛函在力密度可变时才可能与应变能或势能泛函一致，缺乏完整的力学和工程意义。②第Ⅰ类形态生成问题的求解方法人为地将体系预应力的分布和大小与其形状几何分开考虑，虽然预应力的分布和大小均可事先随意设定，但是计算过程中预应力的分布不能自动调整或缺乏调整的方法。例如，动力松弛法要求指定索系的预应力大小和分布，经典力密度法要求事先假定力密度值，这些人为地假定或假定的随意性难以满足工程最优曲面的设计要求。③等应力曲面或等力密度曲面的曲面外空间刚度并不均匀。本质上，空间结构设计的基本问题是空间刚度设计，对曲线、曲面而言则是曲率设计。理想柔索空间曲线或理想柔膜空间曲面抵抗外部作用仍然主要依靠索曲线和薄膜曲面内在的抗拉刚度在荷载或作用方向的分量，次要依靠几何刚度。

5.2　第Ⅱ类形态生成问题——单纯找力分析

已知体系初状态几何寻找满足平衡条件的索杆梁单元设计预应力的一类问题称为单纯找力分析，广泛应用于索杆体系或索杆梁体系节点空间坐标已给出的球面、椭球面、马鞍面索穹顶结构、张弦梁(桁架)结构和球面弦支穹顶结构等的预应力设计。

5.2.1　第Ⅱ类形态生成问题描述

已知：体系建筑设计几何形状，并假定初状态几何等价于建筑设计几何；边界条件和可能的附加恒荷载或等效静风荷载等。

待求：体系预应力分布，即构件截面内力或应力分布，在预应力分布确定后，假设预应力的水平并进行构件截面设计和各种荷载工况组合分析，最终给出设计预应力。

分析：找力分析的问题看上去与结构荷载分析的目的有些相似，但二者既有区别也有联系。联系是二者均需给出构件截面内力，区别在于找力分析还要确定与外荷载无关的自平衡内力或自应力。对采用二节点杆单元的索杆体系而言，未知量为杆件的轴向横截面内力，对膜结构而言，未知的是膜面应力与厚度的乘积，对二节点梁单元而言，未知量则是 6 个独立截面内力。

单纯找力分析在工程设计中应用广泛，这主要是因为建筑设计在先，结构设计在后，但是建筑设计几何往往并不能很好地满足结构空间刚度的需要，在索杆张拉体系设计时，建筑与结构工程师的配合非常重要。

单纯找力分析可理解为单纯找形分析的反问题，后者假定预应力的分布和大小后确定几何形状，前者则相反。然而，工程设计的实际情况是，二者大多数情况下均是未知的，二者的假定都是人为预设条件，带有尝试性质，出现反复和修改是必然的。另外，二者的目的都是满足工程设计需求，前者给出预应力的分布和大小，后者给出几何形状。由预应力的分布和大小可以给出几何形状，然后由该几何形状也可给出预应力的分布和大小，似乎是循环求解，这实际上是一个问题的两个方面，这个问题就是第Ⅲ类形态生成问题。一般而言，单纯找形分析与单纯找力分析可以对应同一泛函变分问题，只不过泛函的自变函数不同，而第Ⅲ类形态生成问题是二者的综合。

单纯找力分析从问题描述上来看，与线性小位移小应变假设一致，要求体系预应力严格满足参考位形上的平衡关系。因此，单纯找力分析一般而言是线性的。如果引入大变形理论，非线性找力分析问题是否值得讨论？这样体系几何形状发生了改变，实际上已经是第Ⅲ类形态生成问题的研究内容。另外，如果以线性找力分析的结果来进行预应力设计后，体系的几何构成还应当满足稳定性要求。下面给出几个基本概念：

(1) 设计预应力。以初状态几何为参考位形的体系预应力的分布和大小称为设计预应力。设计预应力可考虑构件的自重、全部或部分附加恒荷载或者全部或部分等效/平均风荷载。注意，施工张拉分析的参考位形为零状态几何，可由初状态几何加设计预应力和相应荷载的平衡位形卸载并释放预应力的逆分析获取。

(2) 自应力/自内力。体系内自相平衡的应力或内力，与结构自重和外荷载无关。设计预应力一般不完全等同于自应力，二者是两个不同的力学概念。

(3) 机构位移。不引起体系构件内力的节点位移。

5.2.2 矩阵力法

单纯线性找力分析数值求解方法的基础理论是矩阵力法，以此为基础提出的平衡矩阵子空间分解方法应用最为广泛，线性折减法、弹性模量无穷大法等也可方便求解某些体系的预应力分布。

然而，基于矩阵力法的线性找力分析在浙江大学紫金港校区体育馆斜拉网格结构、佛山体育场空间索桁体系、贵州 500m 口径球面射电望远镜(FAST)主动牵拉正高斯曲率曲面(初始为球面，工作时为抛物面)索网体系等重大工程的设计预应力确定中碰到了困难或疑惑。典型问题分别为：①初始建筑设计几何下无自应力模态或整体可行自应力；②初状态几何下有单一独立自应力模态，但该模态无法进行线性折减，无法与结构自重或者附加恒荷载(机电设备、马道等)相平衡，即建筑设计位形某些自由度方向在线性假设下无法满足重力方向的平衡条件；③多自应力模态体系在外荷载条件下，预应力可由外荷载完全确定且整体可行，但施工过程中温度变化和索段制作、安装和牵引张拉等误差引起的自应力无法预料，预应力设计与施工控制问题突出。引起上述问题的根本原因在于单纯找力分析方法中线性小位移小应变假设不再适用或者对预应力和自应力的概念模糊不清，问题需回溯到矩阵力法的一般列式。

在计算力学中，有限元法可分为位移法列式与力法列式两大类，两种方法可分别依据势能与余能变分原理推导而来。位移法有限元比力法有限元更适用于计算机编程运算，因此近三十年来得到了广泛应用与巨大发展。反观力法有限元似乎已被大多数学者长期淡忘，忽视了手算时代力法长期占据主流计算方法的事实，以及矩阵力法在材料非线性、结构优化、应力集中和计算精度等方面的优势。

表 5.4 对矩阵力法的发展进行了分类整理。从表中可见，按照矩阵力法对未知量即单元内力或应力的求解顺序不同，可分为局部力法和整体力法，其中整体力法将多余约束需满足的相容条件与平衡矩阵组成统一的力法方程，为矩阵力法的一般形式，并已初步扩展到动力学和非线性分析中。按照自应力矩阵的生成方法不同，局部力法可分为经典力法(由结构力学的知识和经验手动选择基本结构)、拓扑力法(由拓扑几何分析手动或自动选择基本结构)、代数力法(按照生成自应力矩阵时所采用的高斯变换顺序和行列变换位置的不同可有多种形式)。对比表 5.4 中矩阵力法的基本类型，可以看出：①矩阵力法先后或同时但分别考虑平衡条件和相容条件，各类算法实际上均需要单独将平衡矩阵分块；②矩阵力法的核心工作为如何生成自应力矩阵，国内外的研究也主要集中在该方

面；③矩阵力法仍较多应用于铰接杆系静定或静不定结构线性分析，针对材料非线性、几何非线性力法有限元一般列式的深入研究较少；④平衡矩阵不对称，计算分析中线性方程组求解和存储算法效率不高。总之，矩阵力法的基本列式和求解算法长期以来有待突破，以适应计算力学新的发展。

表 5.4　矩阵力法的发展脉络与分类

<table>
<tr><th colspan="2">类型</th><th>基本思想</th><th>算法</th><th>特点</th><th>代表性论文</th><th>适用范围</th></tr>
<tr><td rowspan="6">局部力法</td><td>经典力法(classical force method，CFM)</td><td>单位力法</td><td>线性方程组求解</td><td>手动截断多余约束，生成基本结构</td><td>Argyris 等[17]</td><td>杆件数量不多的铰接杆系结构,静定动定、静不定动定结构</td></tr>
<tr><td rowspan="2">拓扑力法(topological force method, TFM)</td><td>先拓扑分析，后平衡矩阵分块求解</td><td>单向高斯变换</td><td>手工选择基本结构与多余约束</td><td>de Henderson[18]、de Henderson 等[19]、Maunder[20]</td><td rowspan="2">静定及超静定铰接杆系结构，对刚架类刚接点及连续板壳分析效率低</td></tr>
<tr><td>先拓扑分析，后平衡矩阵分块求解</td><td>单向高斯变换</td><td>自动选择基本结构与多余约束</td><td>Kaveh[21,22]</td></tr>
<tr><td rowspan="3">代数力法(algebraic force method, AFM)</td><td>直接顺序三角分解对平衡矩阵分块求解</td><td>单向高斯变换</td><td>自动选择基本结构并生成自应力矩阵</td><td>Denke[23]、Robinson[24]</td><td rowspan="2">静定动定或静不定动定结构</td></tr>
<tr><td>先整体顺序三角分解，后局部逆序三角分解(turn back LU)对平衡矩阵分块求解</td><td>双向高斯变换</td><td>自动选择基本结构并生成紧凑格式的自应力矩阵</td><td>Topcu[25]、Kaneko 等[26]、Soyer 等[27]</td></tr>
<tr><td>直接对平衡矩阵奇异值分解</td><td>奇异值分解</td><td>自动生成独立自应力模态矩阵和独立机构位移模态矩阵</td><td>Pellegrino[28]</td><td>静定动定、静不定动定结构、静不定动不定体系(可刚化无穷小机构)、机构</td></tr>
<tr><td colspan="2">整体力法(integrated force method, IFM)</td><td>矩阵力法的一般形式</td><td>线性方程组求解</td><td>同时求解基本静定结构与多余约束的单元内力</td><td>Patnaik[29]、Patnaik 等[30,31]、Nagabhusanam 等[32]、Krishnam Raju 等[33]</td><td>静定动定或静不定动定结构</td></tr>
</table>

下面首先逐步给出非线性矩阵力法的基本列式及其推导，着重于大变形描述下体系平衡矩阵的讨论，这样可以回答本节大部分问题。同时，线性找力分析的平衡方程以小位移小应变假设为前提，当然也可以由大变形描述下的平衡方程退化得到。

1. Hellinger-Reissner 变分原理

全量型二类变量变分原理以及大位移运动描述下的矩阵力法的一般列式：假定材料类型为弹性材料(本构关系已知)，位移和力的边界条件已知，采用节点位移和广义的单元应力参数为独立的自变函数，全量型二类变量的 Hellinger-Reissner 变分原理($t+\Delta t$ 时刻)为

$$
{}_0\Pi_{\mathrm{R}}=\int_{{}^0V}\left[{}^{t+\Delta t}_{0}\sigma_{ij}\,{}^{t+\Delta t}_{0}E_{ij}\left({}^{t+\Delta t}_{0}u_k\right)-{}_0B\left({}^{t+\Delta t}_{0}\sigma_{ij}\right)\right]\mathrm{d}^0V-\int_{{}^0V}{}^{t+\Delta t}_{0}F_i\,{}^{t+\Delta t}_{0}u_i\,\mathrm{d}^0V-\int_{{}^0S}{}^{t+\Delta t}_{0}T_i\,{}^{t+\Delta t}_{0}u_i\mathrm{d}^0S \tag{5.30}
$$

其中，${}_0\Pi_{\mathrm{R}}$ 为 0 时刻系统能量泛函；${}_0B\left({}^{t+\Delta t}_{0}\sigma_{ij}\right)=\dfrac{1}{2}{}_0S_{ijkl}\,{}^{t+\Delta t}_{0}\sigma_{ij}\,{}^{t+\Delta t}_{0}\sigma_{kl}$，为以 0 时刻位形为参考位形的系统余能；${}^{t+\Delta t}_{0}\sigma_{ij}$ 为第二类 Piola-Kirchhoff 应力；${}_0\boldsymbol{E}\left({}_0\boldsymbol{u}\right)=\boldsymbol{D}\,{}_0\boldsymbol{u}$ 实际上为基于 0 时刻位形的 Green-Lagrange 应变；${}_0F_i$ 和 ${}_0T_i$ 分别为 0 时刻单位体积力和单位面力；${}^0V$ 和 ${}^0S$ 分别代表 0 时刻的体积和边界面。

式(5.30)是在完全拉格朗日描述下的以初始时刻位形为参考位形，若采用修正拉格朗日描述，则以上各量应基于 t 时刻位形，即

$$
{}_t\Pi_{\mathrm{R}}=\int_{{}^tV}\left[{}^{t+\Delta t}_{t}\sigma_{ij}\,{}^{t+\Delta t}_{t}E_{ij}\left({}^{t+\Delta t}_{t}u_k\right)-{}_tB\left({}^{t+\Delta t}_{t}\sigma_{ij}\right)\right]\mathrm{d}^tV-\int_{{}^tV}{}^{t+\Delta t}_{t}F_i\,{}^{t+\Delta t}_{t}u_i\,\mathrm{d}^tV-\int_{{}^tS}{}^{t+\Delta t}_{t}T_i\,{}^{t+\Delta t}_{t}u_i\mathrm{d}^tS \tag{5.31}
$$

其中，${}_t\Pi_{\mathrm{R}}$ 为 t 时刻系统能量泛函；${}_tB\left({}^{t+\Delta t}_{t}\sigma_{ij}\right)=\dfrac{1}{2}{}_tS_{ijkl}\,{}^{t+\Delta t}_{t}\sigma_{ij}\,{}^{t+\Delta t}_{t}\sigma_{kl}$，为基于 t 时刻位形的系统余能；${}^{t+\Delta t}_{t}\sigma_{ij}$ 为基于 t 时刻位形的第二类 Piola-Kirchhoff 应力；${}_t\boldsymbol{E}\left({}_t\boldsymbol{u}\right)=\boldsymbol{D}\,{}_t\boldsymbol{u}$ 为基于 t 时刻位形的 Green-Lagrange 应变；${}_tF_i$ 和 ${}_tT_i$ 分别为 t 时刻单位体积力和单位面力；${}^tV$ 和 ${}^tS$ 分别代表 t 时刻的体积和边界面。

2. 基于不同时刻参考位形的位移、应力和应变及其增量

图 5.7 为直角坐标系下物体内任意一点 P 及其邻域内一点 Q 由 0 时刻到 t 时刻再到 $t+\Delta t$ 时刻的连续运动历程的示意图，可以看成直线线元。

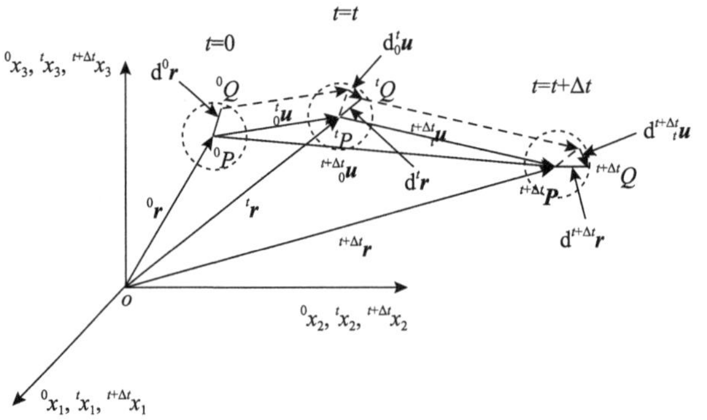

图 5.7 物体内任意一点运动历程

注：如图 5.7 所示，物体内一点的空间位置及其有限变形的真实的矢量几何描述如下。

如果以 0 时刻位形为参考位形，则

(1) 在 0 时刻，${}^0P: {}^0x_P\left({}^0x_{P1}, {}^0x_{P2}, {}^0x_{P3}\right)$，${}^0Q: {}^0x_Q\left({}^0x_{Q1}, {}^0x_{Q2}, {}^0x_{Q3}\right)$，${}^0\boldsymbol{r} = {}^0\boldsymbol{r}(x_i), \mathrm{d}\,{}^0\boldsymbol{r} = {}^0\boldsymbol{r}_Q - {}^0\boldsymbol{r}_P = \overrightarrow{{}^0P\,{}^0Q} = \boldsymbol{e}_i\left({}^0x_{Qi} - {}^0x_{Pi}\right) = \boldsymbol{e}_i\mathrm{d}\,{}^0x_i = {}^0\boldsymbol{G}_i\mathrm{d}\,{}^0x_i$，注意这里假定 0 时刻的坐标基量 ${}^0\boldsymbol{G}_i = \boldsymbol{e}_i$ 是为了方便推导，${}^0x_{Pi}$ 为坐标值。

(2) 在 t 时刻，${}^tP: {}^tx_P\left({}^0x_{P1}, {}^0x_{P2}, {}^0x_{P3}\right)$，${}^tQ: {}^tx_Q\left({}^0x_{Q1}, {}^0x_{Q2}, {}^0x_{Q3}\right)$，${}^t\boldsymbol{r} = {}^t\boldsymbol{r}\left({}^tx_i\right)$，$\mathrm{d}\,{}^t\boldsymbol{r} = {}^t\boldsymbol{r}_Q - {}^t\boldsymbol{r}_P = \overrightarrow{{}^tP\,{}^tQ} = \boldsymbol{e}_i\left({}^tx_{Qi} - {}^tx_{Pi}\right) = \boldsymbol{e}_i\mathrm{d}\,{}^tx_i = {}^t\boldsymbol{G}_i\mathrm{d}\,{}^0x_i$，注意这里采用 t 时刻的坐标基量 ${}^t\boldsymbol{G}_i \neq \boldsymbol{e}_i$ 是为了考虑变形梯度的影响，${}^tx_i = {}^tx_i\left({}^0x_j, t\right)$ 为映射函数，可以解释为度量尺度发生了变化，但度量值不变。

(3) 在 $t+\Delta t$ 时刻，${}^{t+\Delta t}P: {}^{t+\Delta t}x_P\left({}^0x_{P1}, {}^0x_{P2}, {}^0x_{P3}\right)$，${}^{t+\Delta t}Q: {}^{t+\Delta t}x_Q\left({}^0x_{Q1}, {}^0x_{Q2}, {}^0x_{Q3}\right)$，${}^{t+\Delta t}\boldsymbol{r} = {}^{t+\Delta t}\boldsymbol{r}\left({}^{t+\Delta t}x_i\right)$，$\mathrm{d}\,{}^{t+\Delta t}\boldsymbol{r} = {}^{t+\Delta t}\boldsymbol{r}_Q - {}^{t+\Delta t}\boldsymbol{r}_P = \overrightarrow{{}^{t+\Delta t}P\,{}^{t+\Delta t}Q} = {}^{t+\Delta t}\boldsymbol{e}_i\left({}^{t+\Delta t}x_{Qi} - {}^{t+\Delta t}x_{Pi}\right) = {}^{t+\Delta t}\boldsymbol{e}_i\mathrm{d}\,{}^{t+\Delta t}x_i = {}^{t+\Delta t}\boldsymbol{G}_i\mathrm{d}\,{}^0x_i$，注意这里采用 $t+\Delta t$ 时刻的坐标基量 ${}^{t+\Delta t}\boldsymbol{G}_i \neq \boldsymbol{e}_i$ 是为了考虑变形的影响，${}^{t+\Delta t}x_i = {}^{t+\Delta t}x_i\left({}^0x_j, t\right)$ 为映射函数。

如果以 t 时刻位形为参考位形，也就是认为 t 时刻位形的度量已知，其他时刻的度量都参考该时刻。

(1) 在 0 时刻，${}^0_tP: {}^0_tx_P\left({}^t_tx_{P1}, {}^t_tx_{P2}, {}^t_tx_{P3}\right)$，${}^0_tQ: {}^0_tx_Q\left({}^t_tx_{Q1}, {}^t_tx_{Q2}, {}^t_tx_{Q3}\right)$，${}^0_t\boldsymbol{r} = {}^0_t\boldsymbol{r}\left({}^0_tx_i\right)$，$\mathrm{d}\,{}^0_t\boldsymbol{r} = {}^0_t\boldsymbol{r}_Q - {}^0_t\boldsymbol{r}_P = \overrightarrow{{}^0_tP\,{}^0_tQ} = \boldsymbol{e}_i\left({}^0_tx_{Qi} - {}^0_tx_{Pi}\right) = \boldsymbol{e}_i\mathrm{d}\,{}^0_tx_i = {}^0_t\boldsymbol{g}_i\mathrm{d}\,{}^t_tx_i$，注意这里采用 0 时刻的坐标基量 ${}^0_t\boldsymbol{g}_i \neq \boldsymbol{e}_i$，${}^0_tx_i = {}^0_tx_i\left({}^t_tx_j, t\right)$ 为映射函数。

(2) 在 t 时刻，${}^t_tP: {}^t_tx_P\left({}^t_tx_{P1}, {}^t_tx_{P2}, {}^t_tx_{P3}\right)$，${}^t_tQ: {}^t_tx_Q\left({}^t_tx_{Q1}, {}^t_tx_{Q2}, {}^t_tx_{Q3}\right)$，${}^t_t\boldsymbol{r} = {}^t_t\boldsymbol{r}\left({}^t_tx_i\right)$，$\mathrm{d}\,{}^t_t\boldsymbol{r} = {}^t_t\boldsymbol{r}_Q - {}^t_t\boldsymbol{r}_P = \overrightarrow{{}^t_tP\,{}^t_tQ} = \boldsymbol{e}_i\left({}^t_tx_{Qi} - {}^t_tx_{Pi}\right) = \boldsymbol{e}_i\mathrm{d}\,{}^t_tx_i = {}_t\boldsymbol{g}_i\mathrm{d}\,{}^t_tx_i$，注意这里采用 t 时刻的坐标基量 ${}_t\boldsymbol{g}_i = \boldsymbol{e}_i$，${}^t_tx_i$ 为坐标值。

(3) 在 $t+\Delta t$ 时刻，${}^{t+\Delta t}_{\ \ t}P: {}^{t+\Delta t}_{\ \ t}x_P\left({}^t_tx_{P1}, {}^t_tx_{P2}, {}^t_tx_{P3}\right)$，${}^{t+\Delta t}_{\ \ t}Q: {}^{t+\Delta t}_{\ \ t}x_Q\left({}^t_tx_{Q1}, {}^t_tx_{Q2}, {}^t_tx_{Q3}\right)$，${}^{t+\Delta t}_{\ \ t}\boldsymbol{r} = {}^{t+\Delta t}_{\ \ t}\boldsymbol{r}\left({}^{t+\Delta t}_{\ \ t}x_i\right)$，$\mathrm{d}\,{}^{t+\Delta t}_{\ \ t}\boldsymbol{r} = {}^{t+\Delta t}_{\ \ t}\boldsymbol{r}_Q - {}^{t+\Delta t}_{\ \ t}\boldsymbol{r}_P = \overrightarrow{{}^{t+\Delta t}_{\ \ t}P\,{}^{t+\Delta t}_{\ \ t}Q} = \boldsymbol{e}_i\left({}^{t+\Delta t}_{\ \ t}x_{Qi} - {}^{t+\Delta t}_{\ \ t}x_{Pi}\right) = \boldsymbol{e}_i\mathrm{d}\,{}^{t+\Delta t}_{\ \ t}x_i = {}^{t+\Delta t}_{\ \ t}\boldsymbol{g}_i\mathrm{d}\,{}^t_tx_i$，注意这里采用 $t+\Delta t$ 时刻的坐标基量 ${}^{t+\Delta t}_{\ \ t}\boldsymbol{g}_i \neq \boldsymbol{e}_i$ 是为了考虑变形的影响，${}^{t+\Delta t}_{\ \ t}x_i = {}^{t+\Delta t}_{\ \ t}x_i\left({}^t_tx_i, t\right)$ 为映射函数。

值得指出的是，图 5.7 中的各物理量并不受参考位形和选择的坐标系影响，即物理量、运动过程及其规律的客观性并不受描述方法或观察度量方法的影响，这也称为标架不变性。物体运动的描述对刚体可通过特征点的空间位置(如直角坐标系描述下物体一点的坐标)和空间位置的改变情况(点的位移及其导数)进行描述，对可变形体则必须对每个点的上述信息进行记录和分析。物体有限变形情况下的运动描述本质上是矢量或张量描述，遵循矢量或张量的运算规则。

由图 5.7 两点直线线元运动的矢量描述给出基于不同时刻的参考位形的位移、应力、应变及其增量的表达式，进而明确式(5.30)和式(5.31)中各项的力学意义，几点认识如下。

(1) 由图 5.7 可知，任意一点 P 以 0 时刻位形为参考位形的从 t 时刻到 $t+\Delta t$ 时刻的位移增量与以 t 时刻位形为参考位形的位移之间的关系为

$$\Delta_0\boldsymbol{u} = \left({}^{t+\Delta t}\boldsymbol{r} - {}^0\boldsymbol{r}\right) - \left({}^t\boldsymbol{r} - {}^0\boldsymbol{r}\right) = {}^{t+\Delta t}_{\ \ 0}\boldsymbol{u} - {}^t_0\boldsymbol{u} = {}^{t+\Delta t}_{\ \ t}\boldsymbol{u} = {}^t_t\boldsymbol{u} + {}_t\boldsymbol{u} = {}_t\boldsymbol{u} \Rightarrow \Delta_0 u_i = {}_tu_i, \quad {}^t_tu_i = 0 \tag{5.32}$$

式(5.32)表明，以初始位形为参考位形的位移增量 $\Delta_0 u_i$ 等于以 t 时刻位形为参考位形的位移全量 ${}_t u_i$ 。

(2)由式(3.66)中 Green-Lagrange 应变的定义，可得

$$\begin{aligned}\left(\mathrm{d}^{t+\Delta t}S\right)^2-\left(\mathrm{d}^{t}S\right)^2&=2{}^{t+\Delta t}_{\ \ t}E_{ij}\mathrm{d}^t x_i\mathrm{d}^t x_j=\left(\mathrm{d}^{t+\Delta t}S\right)^2-\left(\mathrm{d}^{0}S\right)^2+\left(\mathrm{d}^{0}S\right)^2-\left(\mathrm{d}^{t}S\right)^2\\&=2{}^{t+\Delta t}_{\ \ 0}E_{ij}\mathrm{d}^0 x_i\mathrm{d}^0 x_j-2{}^{t}_{0}E_{ij}\mathrm{d}^0 x_i\mathrm{d}^0 x_j=2\left({}^{t+\Delta t}_{\ \ 0}E_{ij}-{}^{t}_{0}E_{ij}\right)\mathrm{d}^0 x_i\mathrm{d}^0 x_j\\&=2\Delta_0 E_{ij}\mathrm{d}^0 x_i\mathrm{d}^0 x_j\Rightarrow\Delta_0 E_{ij}={}^{t+\Delta t}_{\ \ 0}E_{ij}-{}^{t}_{0}E_{ij}\end{aligned}\tag{5.33}$$

式(5.33)表明,以0时刻位形为参考位形的Green-Lagrange应变增量 $\Delta_0 E_{ij}$ 等于 $t+\Delta t$ 时刻的 Green-Lagrange 应变减去 t 时刻的 Green-Lagrange 应变，即

$$\begin{aligned}\Delta_0 E_{ij}&={}^{t+\Delta t}_{\ \ 0}E_{ij}-{}^{t}_{0}E_{ij}=\frac{1}{2}\left({}^{t+\Delta t}_{\ \ 0}u_{i,j}+{}^{t+\Delta t}_{\ \ 0}u_{j,i}+{}^{t+\Delta t}_{\ \ 0}u_{k,i}\,{}^{t+\Delta t}_{\ \ 0}u_{k,j}\right)-\frac{1}{2}\left({}^{t}_{0}u_{i,j}+{}^{t}_{0}u_{j,i}+{}^{t}_{0}u_{k,i}\,{}^{t}_{0}u_{k,j}\right)\\&=\frac{1}{2}\left[\left({}^{t}_{0}u_i+{}_t u_i\right)_{,j}+\left({}^{t}_{0}u_j+{}_t u_j\right)_{,i}+\left({}^{t}_{0}u_k+{}_t u_k\right)_{,i}\left({}^{t}_{0}u_k+{}_t u_k\right)_{,j}\right]\\&\quad-\frac{1}{2}\left({}^{t}_{0}u_{i,j}+{}^{t}_{0}u_{j,i}+{}^{t}_{0}u_{k,i}\,{}^{t}_{0}u_{k,j}\right)\\&=\frac{1}{2}\left({}_t u_{i,j}+{}_t u_{j,i}+{}_t u_{k,i}\,{}_t u_{k,j}+{}^{t}_{0}u_{k,i}\,{}_t u_{k,j}+{}^{t}_{0}u_{k,j}\,{}_t u_{k,i}\right)\\&={}_0 e_{ij}+{}_0\eta_{ij}\end{aligned}\tag{5.34}$$

其中，${}_0 e_{ij}=\frac{1}{2}\left({}_t u_{i,j}+{}_t u_{j,i}+{}^{t}_{0}u_{k,i}\,{}_t u_{k,j}+{}^{t}_{0}u_{k,j}\,{}_t u_{k,i}\right)$，${}_0\eta_{ij}=\frac{1}{2}{}_t u_{k,i}\,{}_t u_{k,j}$，分别为以 0 时刻位形为参考位形的 Green-Lagrange 应变线性部分和非线性部分。

如果将式(5.33)的参考位形改为 t 时刻的位形，则 ${}^{t+\Delta t}_{\ \ t}E_{ij}={}^{t}_{t}E_{ij}+\Delta_t E_{ij}=\Delta_t E_{ij}$ 仍然成立，这是由于

$$\begin{aligned}\left(\mathrm{d}^{t+\Delta t}S\right)^2-\left(\mathrm{d}^{t}S\right)^2&=2{}^{t+\Delta t}_{\ \ t}E_{ij}\mathrm{d}^t x_i\mathrm{d}^t x_j=\mathrm{d}^{t+\Delta t}\boldsymbol{r}\mathrm{d}^{t+\Delta t}\boldsymbol{r}-\mathrm{d}^t\boldsymbol{r}\mathrm{d}^t\boldsymbol{r}\\&={}^{t+\Delta t}_{\ \ t}\boldsymbol{g}_i\mathrm{d}^t x_i\,{}^{t+\Delta t}_{\ \ t}\boldsymbol{g}_j\mathrm{d}^t x_j-{}_t\boldsymbol{g}_i\mathrm{d}^t x_i\,{}_t\boldsymbol{g}_j\mathrm{d}^t x_j=\left({}^{t+\Delta t}_{\ \ t}g_{ij}-\delta_{ij}\right)\mathrm{d}^t x_i\mathrm{d}^t x_j\end{aligned}$$

$$\begin{aligned}{}^{t+\Delta t}_{\ \ t}g_{ij}&={}^{t+\Delta t}_{\ \ t}\boldsymbol{g}_i\,{}^{t+\Delta t}_{\ \ t}\boldsymbol{g}_j=\frac{\partial^{t+\Delta t}_{\ \ t}\boldsymbol{r}}{\partial^t x_i}\frac{\partial^{t+\Delta t}_{\ \ t}\boldsymbol{r}}{\partial^t x_j}=\frac{\partial\left({}^{t}_{t}\boldsymbol{r}+{}_t\boldsymbol{u}\right)}{\partial^t x_i}\frac{\partial\left({}^{t}_{t}\boldsymbol{r}+{}_t\boldsymbol{u}\right)}{\partial^t x_j}=\left(\frac{\partial^t_t\boldsymbol{r}}{\partial^t x_i}+\frac{\partial_t\boldsymbol{u}}{\partial^t x_i}\right)\left(\frac{\partial^t_t\boldsymbol{r}}{\partial^t x_j}+\frac{\partial_t\boldsymbol{u}}{\partial^t x_j}\right)\\&=\left({}_t\boldsymbol{g}_i+{}_t\boldsymbol{g}_k\,{}_t u_{k,i}\right)\left({}_t\boldsymbol{g}_j+{}_t\boldsymbol{g}_k\,{}_t u_{k,j}\right)=\delta_{ij}+\delta_{ki}\,{}_t u_{k,j}+\delta_{kj}\,{}_t u_{k,i}+\delta_{kk}\,{}_t u_{k,i}\,{}_t u_{k,j}\\&=\delta_{ij}+{}_t u_{i,j}+{}_t u_{j,i}+{}_t u_{k,i}\,{}_t u_{k,j}\end{aligned}$$

由上述推导可得

$$ {}_{t}^{t+\Delta t}E_{ij} = \frac{1}{2}\left({}_{t}^{t+\Delta t}g_{ij} - \delta_{ij}\right) = \frac{1}{2}\left({}_{t}u_{i,j} + {}_{t}u_{j,i} + {}_{t}u_{k,i}\,{}_{t}u_{k,j}\right) = \Delta_{t}E_{ij} = {}_{t}E_{ij} $$

上式表明,以 t 时刻位形为参考位形的Green-Lagrange应变增量 $\Delta_{t}E_{ij}$ 正好等于以 t 时刻位形为参考位形的 $t+\Delta t$ 时刻的 Green-Lagrange 应变本身,即 ${}_{t}^{t}E_{ij}=0$。令 ${}_{t}E_{ij}=e_{ij}+\eta_{ij}$,其中 $e_{ij}=\frac{1}{2}\left({}_{t}u_{i,j}+{}_{t}u_{j,i}\right)$、$\eta_{ij}=\frac{1}{2}{}_{t}u_{k,i}\,{}_{t}u_{k,j}$ 分别为以 t 时刻位形为参考位形的 Green-Lagrange 应变的线性部分和非线性部分。

(3)由各应力的定义推出

$$ {}_{t}^{t+\Delta t}\sigma_{ij} = {}_{t}^{t}\tau_{ij} + {}_{t}\sigma_{ij} $$

其中,${}_{t}^{t}\tau_{ij}$ 为定义在现时位形中的 Cauchy 应力。

3. 非线性平衡矩阵的一般形式

平衡方程的推导一般采用最小势能原理或虚功原理，体系势能只以节点位移为自变函数。式(5.30)为二类变量的能量泛函，引入余能的表达式是为了方便选用单元应力为自变函数，第一项能量积分实际上仍然为势能，因此式(5.30)对节点位移的变分给出的是体系平衡方程。式(5.30)和式(5.31)为全量型能量泛函,直接对该泛函进行变分求极值,得到的是割线意义上的单元刚度矩阵或柔度矩阵，工程分析一般采用增量型能量泛函，要求给出切线意义上的单元刚度矩阵(即完全拉格朗日列式和修正拉格朗日列式)。鉴于实际工程中找力分析一般是线性分析，选择初始位形作为参考位形是比较方便的。因此，这里先给出完全拉格朗日列式的推导。将式(5.30)改写为增量形式，即

$$ \begin{aligned} {}_{0}\Pi_{\mathrm{R}} = &\int_{{}^{0}V}\left[\left({}_{0}^{t}\sigma_{ij}+\Delta_{0}\sigma_{ij}\right)\left({}_{0}^{t}E_{ij}+\Delta_{0}E_{ij}\right)-{}_{0}B\left({}_{0}^{t}\sigma_{ij}+\Delta_{0}\sigma_{ij}\right)\right]\mathrm{d}^{0}V \\ &-\int_{{}^{0}V}\left({}_{0}^{t}F_{i}+\Delta_{0}F_{i}\right)\left({}_{0}^{t}u_{i}+\Delta_{0}u_{i}\right)\mathrm{d}^{0}V-\int_{{}^{0}S}\left({}_{0}^{t}T_{i}+\Delta_{0}T_{i}\right)\left({}_{0}^{t}u_{i}+\Delta_{0}u_{i}\right)\mathrm{d}^{0}S \end{aligned} \tag{5.35} $$

求式(5.35)针对节点位移的变分，这里要注意仅将节点位移看成自变函数，即

$$ \begin{aligned} &\int_{{}^{0}V}\left({}_{0}^{t}\sigma_{ij}+\Delta_{0}\sigma_{ij}\right)\delta\left({}_{0}^{t}E_{ij}+\Delta_{0}E_{ij}\right)\mathrm{d}^{0}V-\int_{{}^{0}V}\left({}_{0}^{t}F_{i}+\Delta_{0}F_{i}\right)\delta\left({}_{0}^{t}u_{i}+\Delta_{0}u_{i}\right)\mathrm{d}^{0}V \\ &-\int_{{}^{0}S}\left({}_{0}^{t}T_{i}+\Delta_{0}T_{i}\right)\delta\left({}_{0}^{t}u_{i}+\Delta_{0}u_{i}\right)\mathrm{d}^{0}S=0 \end{aligned} \tag{5.36} $$

由于迭代求解过程中 t 时刻位形已知，则 t 时刻位形上各物理量的变分为零，即

$$ \delta\left({}_{0}^{t}E_{ij}+\Delta_{0}E_{ij}\right)=\delta\left(\Delta_{0}E_{ij}\right)=\delta\left({}_{0}e_{ij}+{}_{0}\eta_{ij}\right),\quad \delta\left({}_{0}^{t}u_{i}+\Delta_{0}u_{i}\right)=\delta\left(\Delta_{0}u_{i}\right) $$

如果将应变张量简记为六维矢量(注：二维张量有 9 个分量，但只有 6 个是独立的)，则

$$ {}_0^t\boldsymbol{E}=\left[{}_0^tE_{11}\quad {}_0^tE_{22}\quad {}_0^tE_{33}\quad 2{}_0^tE_{23}\quad 2{}_0^tE_{31}\quad 2{}_0^tE_{12}\right]^{\mathrm{T}} \tag{5.37}$$

$$\Delta_0\boldsymbol{E}=\left[\Delta_0E_{11}\quad \Delta_0E_{22}\quad \Delta_0E_{33}\quad 2\Delta_0E_{23}\quad 2\Delta_0E_{31}\quad 2\Delta_0E_{12}\right]^{\mathrm{T}} \tag{5.38}$$

相应的应力张量则为

$$ {}_0^t\boldsymbol{\sigma}=\left[{}_0^t\sigma_{11}\quad {}_0^t\sigma_{22}\quad {}_0^t\sigma_{33}\quad {}_0^t\sigma_{23}\quad {}_0^t\sigma_{31}\quad {}_0^t\sigma_{12}\right]^{\mathrm{T}} \tag{5.39}$$

$$\Delta_0\boldsymbol{\sigma}=\left[\Delta_0\sigma_{11}\quad \Delta_0\sigma_{22}\quad \Delta_0\sigma_{33}\quad \Delta_0\sigma_{23}\quad \Delta_0\sigma_{31}\quad \Delta_0\sigma_{12}\right]^{\mathrm{T}} \tag{5.40}$$

注：这里的六维矢量形式中应变和应力的表达式不同，这是由于要和应力应变乘积的张量表达式结果相同，因为

$$\begin{aligned}
{}_0^t\sigma_{ij}\,{}_0^tE_{ij} &= {}_0^t\sigma_{11}\,{}_0^tE_{11}+{}_0^t\sigma_{12}\,{}_0^tE_{12}+{}_0^t\sigma_{13}\,{}_0^tE_{13}+{}_0^t\sigma_{21}\,{}_0^tE_{21}+{}_0^t\sigma_{22}\,{}_0^tE_{22}+{}_0^t\sigma_{23}\,{}_0^tE_{23}\\
&\quad +{}_0^t\sigma_{31}\,{}_0^tE_{31}+{}_0^t\sigma_{32}\,{}_0^tE_{32}+{}_0^t\sigma_{33}\,{}_0^tE_{33}\\
&= {}_0^t\sigma_{11}\,{}_0^tE_{11}+{}_0^t\sigma_{22}\,{}_0^tE_{22}+{}_0^t\sigma_{33}\,{}_0^tE_{33}+2{}_0^t\sigma_{32}\,{}_0^tE_{32}+2{}_0^t\sigma_{21}\,{}_0^tE_{21}+2{}_0^t\sigma_{13}\,{}_0^tE_{13}\\
&= {}_0^t\boldsymbol{\sigma}^{\mathrm{T}}\cdot{}_0^t\boldsymbol{E}={}_0^t\boldsymbol{E}^{\mathrm{T}}\cdot{}_0^t\boldsymbol{\sigma}
\end{aligned}$$

引入如下几个算子矩阵[34]：

$$\boldsymbol{L}=\begin{bmatrix}
\dfrac{\partial}{\partial\,{}^0x_1} & 0 & 0\\
0 & \dfrac{\partial}{\partial\,{}^0x_2} & 0\\
0 & 0 & \dfrac{\partial}{\partial\,{}^0x_3}\\
0 & \dfrac{\partial}{\partial\,{}^0x_3} & \dfrac{\partial}{\partial\,{}^0x_2}\\
\dfrac{\partial}{\partial\,{}^0x_3} & 0 & \dfrac{\partial}{\partial\,{}^0x_1}\\
\dfrac{\partial}{\partial\,{}^0x_2} & \dfrac{\partial}{\partial\,{}^0x_1} & 0
\end{bmatrix} \tag{5.41}$$

$$\boldsymbol{A}=\begin{bmatrix}\frac{\partial_0^t u_1}{\partial^0 x_1} & \frac{\partial_0^t u_2}{\partial^0 x_1} & \frac{\partial_0^t u_3}{\partial^0 x_1} & 0 & 0 & 0 & 0 & 0 & 0\\ 0 & 0 & 0 & \frac{\partial_0^t u_1}{\partial^0 x_2} & \frac{\partial_0^t u_2}{\partial^0 x_2} & \frac{\partial_0^t u_3}{\partial^0 x_2} & 0 & 0 & 0\\ 0 & 0 & 0 & 0 & 0 & 0 & \frac{\partial_0^t u_1}{\partial^0 x_3} & \frac{\partial_0^t u_2}{\partial^0 x_3} & \frac{\partial_0^t u_3}{\partial^0 x_3}\\ 0 & 0 & 0 & \frac{\partial_0^t u_1}{\partial^0 x_3} & \frac{\partial_0^t u_2}{\partial^0 x_3} & \frac{\partial_0^t u_3}{\partial^0 x_3} & \frac{\partial_0^t u_1}{\partial^0 x_2} & \frac{\partial_0^t u_2}{\partial^0 x_2} & \frac{\partial_0^t u_3}{\partial^0 x_2}\\ \frac{\partial_0^t u_1}{\partial^0 x_3} & \frac{\partial_0^t u_2}{\partial^0 x_3} & \frac{\partial_0^t u_3}{\partial^0 x_3} & 0 & 0 & 0 & \frac{\partial_0^t u_1}{\partial^0 x_1} & \frac{\partial_0^t u_2}{\partial^0 x_1} & \frac{\partial_0^t u_3}{\partial^0 x_1}\\ \frac{\partial_0^t u_1}{\partial^0 x_2} & \frac{\partial_0^t u_2}{\partial^0 x_2} & \frac{\partial_0^t u_3}{\partial^0 x_2} & \frac{\partial_0^t u_1}{\partial^0 x_1} & \frac{\partial_0^t u_2}{\partial^0 x_1} & \frac{\partial_0^t u_3}{\partial^0 x_1} & 0 & 0 & 0\end{bmatrix} \tag{5.42}$$

$$\Delta\boldsymbol{A}=\begin{bmatrix}\frac{\partial\Delta_0 u_1}{\partial^0 x_1} & \frac{\partial\Delta_0 u_2}{\partial^0 x_1} & \frac{\partial\Delta_0 u_3}{\partial^0 x_1} & 0 & 0 & 0 & 0 & 0 & 0\\ 0 & 0 & 0 & \frac{\partial\Delta_0 u_1}{\partial^0 x_2} & \frac{\partial\Delta_0 u_2}{\partial^0 x_2} & \frac{\partial\Delta_0 u_3}{\partial^0 x_2} & 0 & 0 & 0\\ 0 & 0 & 0 & 0 & 0 & 0 & \frac{\partial\Delta_0 u_1}{\partial^0 x_3} & \frac{\partial\Delta_0 u_2}{\partial^0 x_3} & \frac{\partial\Delta_0 u_3}{\partial^0 x_3}\\ 0 & 0 & 0 & \frac{\partial\Delta_0 u_1}{\partial^0 x_3} & \frac{\partial\Delta_0 u_2}{\partial^0 x_3} & \frac{\partial\Delta_0 u_3}{\partial^0 x_3} & \frac{\partial\Delta_0 u_1}{\partial^0 x_2} & \frac{\partial\Delta_0 u_2}{\partial^0 x_2} & \frac{\partial\Delta_0 u_3}{\partial^0 x_2}\\ \frac{\partial\Delta_0 u_1}{\partial^0 x_3} & \frac{\partial\Delta_0 u_2}{\partial^0 x_3} & \frac{\partial\Delta_0 u_3}{\partial^0 x_3} & 0 & 0 & 0 & \frac{\partial\Delta_0 u_1}{\partial^0 x_1} & \frac{\partial\Delta_0 u_2}{\partial^0 x_1} & \frac{\partial\Delta_0 u_3}{\partial^0 x_1}\\ \frac{\partial\Delta_0 u_1}{\partial^0 x_2} & \frac{\partial\Delta_0 u_2}{\partial^0 x_2} & \frac{\partial\Delta_0 u_3}{\partial^0 x_2} & \frac{\partial\Delta_0 u_1}{\partial^0 x_1} & \frac{\partial\Delta_0 u_2}{\partial^0 x_1} & \frac{\partial\Delta_0 u_3}{\partial^0 x_1} & 0 & 0 & 0\end{bmatrix} \tag{5.43}$$

$$\boldsymbol{\theta}=\left[\frac{\partial_0^t u_1}{\partial^0 x_1}\quad \frac{\partial_0^t u_2}{\partial^0 x_1}\quad \frac{\partial_0^t u_3}{\partial^0 x_1}\quad \frac{\partial_0^t u_1}{\partial^0 x_2}\quad \frac{\partial_0^t u_2}{\partial^0 x_2}\quad \frac{\partial_0^t u_3}{\partial^0 x_2}\quad \frac{\partial_0^t u_1}{\partial^0 x_3}\quad \frac{\partial_0^t u_2}{\partial^0 x_3}\quad \frac{\partial_0^t u_3}{\partial^0 x_3}\right]^{\mathrm{T}}=\boldsymbol{P}\,{}_0^t\boldsymbol{u} \tag{5.44}$$

$$\Delta\boldsymbol{\theta}=\left[\frac{\partial\Delta_0 u_1}{\partial^0 x_1}\quad \frac{\partial\Delta_0 u_2}{\partial^0 x_1}\quad \frac{\partial\Delta_0 u_3}{\partial^0 x_1}\quad \frac{\partial\Delta_0 u_1}{\partial^0 x_2}\quad \frac{\partial\Delta_0 u_2}{\partial^0 x_2}\quad \frac{\partial\Delta_0 u_3}{\partial^0 x_2}\quad \frac{\partial\Delta_0 u_1}{\partial^0 x_3}\quad \frac{\partial\Delta_0 u_2}{\partial^0 x_3}\quad \frac{\partial\Delta_0 u_3}{\partial^0 x_3}\right]^{\mathrm{T}} =\boldsymbol{P}\Delta_0\boldsymbol{u} \tag{5.45}$$

$$
\boldsymbol{P}=\begin{bmatrix}
\frac{\partial}{\partial^0 x_1} & 0 & 0 \\
0 & \frac{\partial}{\partial^0 x_1} & 0 \\
0 & 0 & \frac{\partial}{\partial^0 x_1} \\
\frac{\partial}{\partial^0 x_2} & 0 & 0 \\
0 & \frac{\partial}{\partial^0 x_2} & 0 \\
0 & 0 & \frac{\partial}{\partial^0 x_2} \\
\frac{\partial}{\partial^0 x_3} & 0 & 0 \\
0 & \frac{\partial}{\partial^0 x_3} & 0 \\
0 & 0 & \frac{\partial}{\partial^0 x_3}
\end{bmatrix}=\begin{bmatrix}
\boldsymbol{I}\frac{\partial}{\partial^0 x_1} \\
\boldsymbol{I}\frac{\partial}{\partial^0 x_2} \\
\boldsymbol{I}\frac{\partial}{\partial^0 x_3}
\end{bmatrix} \tag{5.46}
$$

其中，$\boldsymbol{I}$ 为 3×3 单位矩阵。

接下来，考虑等参元的单元插值，等参元是指单元的几何形状由节点坐标插值得到，而单元位移采用相同的插值函数由节点位移得到，即

$$
x_i=\sum_{k=1}^{m}N_k x_i^k\,,\quad u_i=\sum_{k=1}^{m}N_k u_i^k \tag{5.47}
$$

其中，x_i^k 为节点 k 在 i 方向的坐标；u_i^k 为节点 k 在 i 方向的位移；N_k 为节点的形函数；m 为单元的节点总数。写成矩阵或矢量形式，在完全拉格朗日描述下为

$$
\boldsymbol{N}=\begin{bmatrix} N_1\boldsymbol{I} & N_2\boldsymbol{I} & \cdots & N_m\boldsymbol{I}\end{bmatrix} \tag{5.48}
$$

$$
{}_0^t\boldsymbol{x}_e=\begin{bmatrix} {}_0^t x_1^1 & {}_0^t x_2^1 & {}_0^t x_3^1 & {}_0^t x_1^2 & {}_0^t x_2^2 & {}_0^t x_3^2 & \cdots & {}_0^t x_1^m & {}_0^t x_2^m & {}_0^t x_3^m\end{bmatrix}^{\mathrm{T}} \tag{5.49}
$$

$$
{}_0^t\boldsymbol{u}_e=\begin{bmatrix} {}_0^t u_1^1 & {}_0^t u_2^1 & {}_0^t u_3^1 & {}_0^t u_1^2 & {}_0^t u_2^2 & {}_0^t u_3^2 & \cdots & {}_0^t u_1^m & {}_0^t u_2^m & {}_0^t u_3^m\end{bmatrix}^{\mathrm{T}} \tag{5.50}
$$

$$
\Delta_0\boldsymbol{u}_e=\begin{bmatrix} \Delta_0 u_1^1 & \Delta_0 u_2^1 & \Delta_0 u_3^1 & \Delta_0 u_1^2 & \Delta_0 u_2^2 & \Delta_0 u_3^2 & \cdots & \Delta_0 u_1^m & \Delta_0 u_2^m & \Delta_0 u_3^m\end{bmatrix}^{\mathrm{T}} \tag{5.51}
$$

$$
{}_0^t\boldsymbol{x}=\begin{bmatrix} {}_0^t x_1 & {}_0^t x_2 & {}_0^t x_3\end{bmatrix}^{\mathrm{T}}=\boldsymbol{N}\,{}_0^t\boldsymbol{x}_e \tag{5.52}
$$

$$ {}_0^t\boldsymbol{u} = \left[{}_0^t u_1 \ \ {}_0^t u_2 \ \ {}_0^t u_3 \right]^{\mathrm{T}} = \boldsymbol{N}\,{}_0^t\boldsymbol{u}_e \tag{5.53} $$

$$ \Delta_0 \boldsymbol{u} = \left[{}_0 u_1 \ \ {}_0 u_2 \ \ {}_0 u_3 \right]^{\mathrm{T}} = \boldsymbol{N}\Delta_0 \boldsymbol{u}_e \tag{5.54} $$

采用式(5.41)～式(5.46)给出的算子矩阵，将式(5.38)写成矩阵形式并由式(5.48)～式(5.54)的插值假定进行等参元离散，即

$$ \Delta_0 \boldsymbol{E} = \boldsymbol{LN}\Delta_0 \boldsymbol{u}_e + \left(\frac{1}{2}\boldsymbol{A}\Delta\boldsymbol{\theta} + \frac{1}{2}\Delta\boldsymbol{A}\boldsymbol{\theta} \right) + \frac{1}{2}\Delta\boldsymbol{A}\Delta\boldsymbol{\theta} = \boldsymbol{LN}\Delta_0 \boldsymbol{u}_e + \boldsymbol{A}\Delta\boldsymbol{\theta} + \frac{1}{2}\Delta\boldsymbol{A}\Delta\boldsymbol{\theta} \tag{5.55} $$

$$ {}_0\boldsymbol{e} = \boldsymbol{LN}\Delta_0 \boldsymbol{u}_e + \boldsymbol{A}\Delta\boldsymbol{\theta} = \left(\boldsymbol{LN} + \boldsymbol{APN} \right)\Delta_0 \boldsymbol{u}_e = \boldsymbol{B}_{\mathrm{L}}\Delta_0 \boldsymbol{u}_e\,, \quad \boldsymbol{B}_L = \boldsymbol{LN} + \boldsymbol{APN} = \boldsymbol{LN} + \boldsymbol{AG} \tag{5.56} $$

令 $\boldsymbol{G} = \boldsymbol{PN}$ ，则

$$ {}_0\boldsymbol{\eta} = \frac{1}{2}\Delta\boldsymbol{A}\Delta\boldsymbol{\theta} = \frac{1}{2}\Delta\boldsymbol{APN}\Delta_0 \boldsymbol{u}_e = \frac{1}{2}\boldsymbol{B}_{\mathrm{N}}\Delta_0 \boldsymbol{u}_e\,, \quad \boldsymbol{B}_{\mathrm{N}} = \Delta\boldsymbol{APN} = \Delta\boldsymbol{AG} \tag{5.57} $$

$$ \Rightarrow \delta\left({}_0\boldsymbol{e} \right) = \boldsymbol{B}_L \delta\left(\Delta_0 \boldsymbol{u}_e \right) \tag{5.58} $$

$$ \Rightarrow \delta\left({}_0\boldsymbol{\eta} \right) = \delta\left(\frac{1}{2}\Delta\boldsymbol{A}\Delta\boldsymbol{\theta} \right) = \frac{1}{2}\delta\left(\Delta\boldsymbol{A} \right)\Delta\boldsymbol{\theta} + \frac{1}{2}\Delta\boldsymbol{A}\delta\left(\Delta\boldsymbol{\theta} \right) = \Delta\boldsymbol{A}\delta\left(\Delta\boldsymbol{\theta} \right) = \boldsymbol{B}_{NL}\delta\left(\Delta_0 \boldsymbol{u}_e \right) \tag{5.59} $$

这里可以验证式(5.59)推导中的 $\delta(\Delta\boldsymbol{A})\Delta\boldsymbol{\theta} = \Delta\boldsymbol{A}\delta(\Delta\boldsymbol{\theta})$。

$$ \delta\left(\Delta_0 \boldsymbol{E} \right) = \left(\boldsymbol{B}_{\mathrm{L}} + \boldsymbol{B}_{\mathrm{N}} \right)\delta\left(\Delta_0 \boldsymbol{u}_e \right) = \boldsymbol{B}\delta\left(\Delta_0 \boldsymbol{u}_e \right), \quad \boldsymbol{B} = \boldsymbol{B}_{\mathrm{L}} + \boldsymbol{B}_{\mathrm{N}} \tag{5.60} $$

将式(5.60)代入式(5.36)并写成矩阵形式，可得

$$ \begin{aligned} & \int_{{}^0V} \delta\left(\Delta_0 \boldsymbol{u}_e \right)^{\mathrm{T}} \boldsymbol{B}^{\mathrm{T}} \left({}_0^t\boldsymbol{\sigma}_e + \Delta_0 \boldsymbol{\sigma}_e \right) \mathrm{d}^0 V - \int_{{}^0V} \delta\left(\Delta_0 \boldsymbol{u}_e \right)^{\mathrm{T}} \left({}_0^t\boldsymbol{F}_e + \Delta_0 \boldsymbol{F}_e \right) \mathrm{d}^0 V - \int_{{}^0S} \delta\left(\Delta_0 \boldsymbol{u}_e \right)^{\mathrm{T}} \left({}_0^t\boldsymbol{T}_e + \Delta_0 \boldsymbol{T}_e \right) \mathrm{d}^0 S = 0 \\ & \Rightarrow \delta\left(\Delta_0 \boldsymbol{u}_e \right)^{\mathrm{T}} \int_{{}^0V} \boldsymbol{B}^{\mathrm{T}} \left({}_0^t\boldsymbol{\sigma}_e + \Delta_0 \boldsymbol{\sigma}_e \right) \mathrm{d}^0 V = \delta\left(\Delta_0 \boldsymbol{u}_e \right)^{\mathrm{T}} \int_{{}^0V} \left({}_0^t\boldsymbol{F}_e + \Delta_0 \boldsymbol{F}_e \right) \mathrm{d}^0 V + \delta\left(\Delta_0 \boldsymbol{u}_e \right)^{\mathrm{T}} \int_{{}^0S} \left({}_0^t\boldsymbol{T}_e + \Delta_0 \boldsymbol{T}_e \right) \mathrm{d}^0 S \\ & \Rightarrow \int_{{}^0V} \boldsymbol{B}^{\mathrm{T}} \left({}_0^t\boldsymbol{\sigma}_e + \Delta_0 \boldsymbol{\sigma}_e \right) \mathrm{d}^0 V = \left[\int_{{}^0V} \left({}_0^t\boldsymbol{F}_e + \Delta_0 \boldsymbol{F}_e \right) \mathrm{d}^0 V + \int_{{}^0S} \left({}_0^t\boldsymbol{T}_e + \Delta_0 \boldsymbol{T}_e \right) \mathrm{d}^0 S \right] \\ & \Rightarrow \int_{{}^0V} \boldsymbol{B}^{\mathrm{T}}\, {}_0^t\boldsymbol{\sigma}_e \mathrm{d}^0 V + \int_{{}^0V} \boldsymbol{B}^{\mathrm{T}} \Delta_0 \boldsymbol{\sigma}_e \mathrm{d}^0 V = \left[\left(\int_{{}^0V} {}_0^t\boldsymbol{F}_e \mathrm{d}^0 V + \int_{{}^0S} {}_0^t\boldsymbol{T}_e \mathrm{d}^0 S \right) + \left(\int_{{}^0V} \Delta_0 \boldsymbol{F}_e \mathrm{d}^0 V + \int_{{}^0S} \Delta_0 \boldsymbol{T}_e \mathrm{d}^0 S \right) \right] \\ & \Rightarrow \int_{{}^0V} \boldsymbol{B}^{\mathrm{T}} \Delta_0 \boldsymbol{\sigma}_e \mathrm{d}^0 V = \left[\left(\int_{{}^0V} {}_0^t\boldsymbol{F}_e \mathrm{d}^0 V + \int_{{}^0S} {}_0^t\boldsymbol{T}_e \mathrm{d}^0 S \right) + \left(\int_{{}^0V} \Delta_0 \boldsymbol{F}_e \mathrm{d}^0 V + \int_{{}^0S} \Delta_0 \boldsymbol{T}_e \mathrm{d}^0 S \right) \right] - \int_{{}^0V} \boldsymbol{B}^{\mathrm{T}}\, {}_0^t\boldsymbol{\sigma}_e \mathrm{d}^0 V \end{aligned} \tag{5.61} $$

式(5.61)用于增量迭代求解，这是完全拉格朗日描述下的增量型非线性平衡方程的

一般形式。其中，$\int_{^0V} \boldsymbol{B}^{\mathrm{T}}\ {}_0^t\boldsymbol{\sigma}_e \mathrm{d}^0V$ 在增量迭代过程中，每一迭代步基于 0 时刻的位移增量很小，可以线性化为 $\int_{^0V} \boldsymbol{B}_{\mathrm{L}}^{\mathrm{T}}\ {}_0^t\boldsymbol{\sigma}_e \mathrm{d}^0V$，称为单元等效节点内力。式(5.61)还不能直接用于第Ⅱ类形态生成问题的分析，原因在于：①单元应力或者单元内力不是独立的，给出的非线性平衡矩阵必定是秩亏的，一般要先选择独立的一组单元应力矢量(具有一定的任意性，选择不同的独立单元应力或截面内力组合产生的平衡矩阵的优劣可能有所差别)，再给出平衡矩阵；②非线性项的处理方法目前尚不明确，例如，体系各个构件本身的变形有可能不是自由的(如超静定结构)，各构件之间互相约束，构件的相对变形与构件之间共享节点的节点位移可能存在确定的关系，式(5.61)并未包含该关系，这表明体系中满足空间力系平衡关系的应力场或内力场只是式(5.30)中能量泛函取极值的必要条件，缺乏相容条件的约束。

假定单元应力(注意不是节点应力)和节点位移的试解，则

$$\boldsymbol{\sigma} = \boldsymbol{\Phi}\boldsymbol{\beta}_e\ ,\quad \boldsymbol{u} = \boldsymbol{N}\boldsymbol{u}_e \tag{5.62}$$

其中，$\boldsymbol{\beta}_e$ 为独立的单元应力参数矢量，是与单元一一对应的广义内力或应力参数；$\boldsymbol{u}_e$ 为节点位移矢量；$\boldsymbol{\Phi}$ 和 $\boldsymbol{N}$ 分别为应力与位移插值函数。值得指出的是，插值函数一般假定与参考位形无关，因此式(5.62)可以看成任意时刻一小块单元上的应力场和位移场的特征。将式(5.62)代入式(5.61)的左端项，可得完全拉格朗日描述下的增量型(切线意义)非线性平衡矩阵的一般形式，即

$$\int_{^0V} \boldsymbol{B}^{\mathrm{T}}\boldsymbol{\Phi}\Delta_0\boldsymbol{\beta}_e \mathrm{d}^0V = \int_{^0V} \boldsymbol{B}^{\mathrm{T}}\boldsymbol{\Phi}\mathrm{d}^0V\Delta_0\boldsymbol{\beta}_e = \boldsymbol{A}_{e\mathrm{TL}}\Delta_0\boldsymbol{\beta}_e\ ,\quad \boldsymbol{A}_{e\mathrm{TL}} = \int_{^0V} \boldsymbol{B}^{\mathrm{T}}\boldsymbol{\Phi}\mathrm{d}^0V \tag{5.63}$$

针对杆单元、梁单元和板壳元，式(5.63)可在引入一些弹性力学假定后给出显式。

在插值函数相同的情况下，全量型(割线意义上)非线性平衡方程形式上与式(5.61)一致，可由能量泛函即式(5.30)(注：t 时刻且该时刻的物理量为未知)的变分直接给出，但矩阵 $\boldsymbol{B}$ 不同，这是由于完全拉格朗日描述下增量应变的位移表达式(式(5.34))与全量应变(式(3.67))有差别。修正拉格朗日描述下的增量型非线性平衡方程可由式(5.31)的变分给出，形式也与式(5.63)一致，矩阵 $\boldsymbol{B}$ 也不相同。

注：①式(5.61)与式(3.88)和式(3.95)的微分形式平衡方程是等价的，区别在于式(5.61)是建立在一小块单元上，在有限的体积、面积或长度上近似成立，式(3.88)和式(3.95)是建立在无限小的一点微元体上。式(3.88)和式(3.95)虽然可以由一点微元体的力学平衡关系直接得到，但本质上仍然可与式(5.61)的推导过程一样由变分原理求得。②式(5.61)中矩阵 $\boldsymbol{B}$ 含有线性项和非线性项，非线性项和节点位移有关，小位移小应变假设下退化为线性平衡方程，但是在大位移假设下，式(5.61)表明在右端项不等于零的情况下，体系可以产生位移。这就从理论上解释了佛山体育场平面环索与水平径向索相交各索夹处竖向集中荷载无法在设计几何不变的情况下仅依靠改变单元初始预应力而达到平衡的现象。对实际工程设计的启示是：索系设计预应力分布和大小的确定，有的体系可以做到在设计几何上与常态荷载

(如自重荷载)平衡，而有的体系则不应这样要求。③对于式(5.61)右端项不等于零的情况，如果体系无法仅依靠改变构件截面内力来满足平衡条件，这说明该位形无法承受任意荷载，传统线性小位移小应变假设下的“结构”概念受到了挑战。如果体系可通过适当改变位形来承受荷载，在改变位形过程中体系得到刚化，称为可刚化的无穷小机构(一阶、二阶或高阶等)，这也是可以作为承载体系的，如晾衣绳上可以任意挂衣服。这改变了以往结构力学几何判定方面的认识。④另外，对于可通过改变位形进而承载的柔性体系，如何判断由位形改变引起的空间刚度的强化或弱化、空间稳定性等方面也需要给出统一的方法和判断依据。⑤式(5.61)的右端项中没有考虑惯性力项，从而仅适用于静力分析。土木工程中一般不涉及运动的结构，机械工程中一般研究刚体运动的机构，然而两者并不能完全分开，应采用统一的动力学和运动学描述。有限变形物体的运动描述是土木工程结构和机械工程精密机构分析共同的基础力学描述方法。

4. 单元相对变形和单元广义应力的关系

以节点应力为自变函数对式(5.30)进行变分，可得

$$\int_{{}^0V} \delta\, {}^{t+\Delta t}_{\ \ 0}\boldsymbol{\sigma}^{\mathrm{T}} \left({}^{t+\Delta t}_{\ \ 0}\boldsymbol{E} - {}_0\boldsymbol{S}\, {}^{t+\Delta t}_{\ \ 0}\boldsymbol{\sigma} \right) \mathrm{d}^0V = 0 \tag{5.64}$$

这表明，式(5.30)除可以给出式(5.61)所示的平衡方程外，还可以直接由变分建立应力和应变之间的关系，这是二类变量变分原理的优点之一。式(5.64)左端项小括号内是一点处的应力应变关系即本构关系，式(5.64)有何用处？将式(5.62)代入式(5.64)，并将各物理量改为 t 时刻的全量，即

$$\begin{aligned}
&\int_{{}^0V} \delta\, {}^t_0\boldsymbol{\beta}_e^{\mathrm{T}} \boldsymbol{\Phi}^{\mathrm{T}} \left({}^t_0\boldsymbol{E} - {}_0\boldsymbol{S}\boldsymbol{\Phi}\, {}^t_0\boldsymbol{\beta}_e \right) \mathrm{d}^0V = 0 \Rightarrow \delta\, {}^t_0\boldsymbol{\beta}_e^{\mathrm{T}} \int_{{}^0V} \left(\boldsymbol{\Phi}^{\mathrm{T}}\, {}^t_0\boldsymbol{E} - \boldsymbol{\Phi}^{\mathrm{T}}\, {}_0\boldsymbol{S}\boldsymbol{\Phi}\, {}^t_0\boldsymbol{\beta}_e \right) \mathrm{d}^0V = 0 \\
&\Rightarrow \int_{{}^0V} \boldsymbol{\Phi}^{\mathrm{T}}\, {}^t_0\boldsymbol{E} \mathrm{d}^0V = \int_{{}^0V} \boldsymbol{\Phi}^{\mathrm{T}}\, {}_0\boldsymbol{S}\boldsymbol{\Phi} \mathrm{d}^0V\, {}^t_0\boldsymbol{\beta}_e
\end{aligned} \tag{5.65}$$

仔细观察式(5.65)左端项，这里似乎应该将应变也进行插值处理，也就是将应变表达为单元广义应变或变形的形式，假设应变和应力采用相同的插值函数(也可采用不同的插值函数)，即 ${}^t_0\boldsymbol{E} = \boldsymbol{\Phi}\, {}^t_0\boldsymbol{\gamma}_e$，${}^t_0\boldsymbol{\gamma}_e$ 为单元独立广义应变矢量。如果插值函数矩阵 $\boldsymbol{\Phi}$ 为正交矩阵[35]，即 $\boldsymbol{\Phi}^{\mathrm{T}}\boldsymbol{\Phi} = \boldsymbol{I}$，则式(5.65)的左端项可进一步简化为

$$\begin{aligned}
&\int_{{}^0V} \boldsymbol{\Phi}^{\mathrm{T}}\boldsymbol{\Phi}\, {}^t_0\boldsymbol{\gamma}_e \mathrm{d}^0V = \int_{{}^0V} \boldsymbol{\Phi}^{\mathrm{T}}\, {}_0\boldsymbol{S}\boldsymbol{\Phi} \mathrm{d}^0V\, {}^t_0\boldsymbol{\beta}_e \\
&\Rightarrow {}^t_0\boldsymbol{\alpha}_e = \int_{{}^0V} \boldsymbol{I}\, {}^t_0\boldsymbol{\gamma}_e \mathrm{d}^0V = \int_{{}^0V} \boldsymbol{\Phi}^{\mathrm{T}}\, {}_0\boldsymbol{S}\boldsymbol{\Phi} \mathrm{d}^0V\, {}^t_0\boldsymbol{\beta}_e = \boldsymbol{f}_e\, {}^t_0\boldsymbol{\beta}_e
\end{aligned} \tag{5.66}$$

其中，${}^t_0\boldsymbol{\alpha}_e = \int_{{}^0V} \boldsymbol{\Phi}^{\mathrm{T}}\boldsymbol{\Phi}\, {}^t_0\boldsymbol{\gamma}_e \mathrm{d}^0V = {}^0V\, {}^t_0\boldsymbol{\gamma}_e$ 为单元变形矢量；$\boldsymbol{f}_e = \int_{{}^0V} \boldsymbol{\Phi}^{\mathrm{T}}\, {}_0\boldsymbol{S}\boldsymbol{\Phi} \mathrm{d}^0V$ 为单元变形和广义应力关系矩阵，即单元柔度矩阵。

式(5.66)由式(5.30)的变分自然得到,这揭示了一点处材料的应力应变关系在一小块单元上的积分所得物理量之间的关系。

式(5.66)也可由余能原理或虚余功原理推导而来[33]，这里采用二类变量的Hellinger-Reissner 变分原理更为自然地给出单元平衡方程与单元变形和广义应力的关系，同时可验证材料本构关系的正确性，但要注意二类或三类变量的变分原理给出的是极值条件而非最值条件，这是一类变量变分原理和二类或三类变量变分原理的根本区别。

至此，二类变量的 Hellinger-Reissner 型泛函(如式(5.30))的一阶变分已全部给出。基于弹性力学的知识，仔细观察，式(5.63)是平衡条件，式(5.66)等价于本构关系，还缺少相容条件，然而式(5.30)仅仅包含二类变量，一阶变分也只能给出两个条件，这里的相容条件是指单元相对变形与独立节点位移的关系，对存在多余约束的体系计算分析不可或缺。其实，三类变量的 Hu-Washizu 原理[36]可以自然给出应变与位移的关系，二类变量的 Hellinger-Reissner 变分原理给不出这一关系，但应变与位移的关系在第 3 章中已给出，如式(3.67)，可以由式(3.67)单元上的积分给出单元变形和节点位移的关系。那么，如何解释弹性力学的平衡条件、相容条件和本构关系与三类变量变分原理的关系？事实上，弹性力学的发展在二类和三类变量变分原理之前已经成熟，而后来才由变分原理找到其根源，各种解析和数值求解方法只不过是变分原理这棵参天大树上的一片叶子。从这个角度而言，三类变量的 Hu-Washizu 原理是弹性力学的能量原理基础，然而也正是由于这样的先后关系，二类变量和三类变量的变分原理看上去简单，像拼凑出来的一样，但事实上绝非如此。

5. 完全拉格朗日描述下的增量型非线性单元相容矩阵

由式(5.56)和式(5.57)可知 $\Delta_0 \boldsymbol{E}=\left(\boldsymbol{B}_{\mathrm{L}}+\frac{1}{2}\boldsymbol{B}_{\mathrm{N}}\right)\Delta_0 \boldsymbol{u}_e$，左右两端都乘以插值函数矩阵 $\boldsymbol{\Phi}^{\mathrm{T}}$ 可得

$$
\begin{aligned}
&\boldsymbol{\Phi}^{\mathrm{T}}\Delta_0 \boldsymbol{E}=\boldsymbol{\Phi}^{\mathrm{T}}\left(\boldsymbol{B}_{\mathrm{L}}+\frac{1}{2}\boldsymbol{B}_{\mathrm{N}}\right)\Delta_0 \boldsymbol{u}_e\\
&\Rightarrow \int_{{}^0V}\boldsymbol{\Phi}^{\mathrm{T}}\Delta_0 \boldsymbol{E}\mathrm{d}^0V=\int_{{}^0V}\boldsymbol{\Phi}^{\mathrm{T}}\left(\boldsymbol{B}_{\mathrm{L}}+\frac{1}{2}\boldsymbol{B}_{\mathrm{N}}\right)\Delta_0 \boldsymbol{u}_e\mathrm{d}^0V\\
&\Rightarrow \int_{{}^0V}\boldsymbol{\Phi}^{\mathrm{T}}\boldsymbol{\Phi}\Delta_0 \gamma_e\mathrm{d}^0V=\int_{{}^0V}\boldsymbol{\Phi}^{\mathrm{T}}\left(\boldsymbol{B}_{\mathrm{L}}+\frac{1}{2}\boldsymbol{B}_{\mathrm{N}}\right)\Delta_0 \boldsymbol{u}_e\mathrm{d}^0V\\
&\Rightarrow \int_{{}^0V}\boldsymbol{\Phi}^{\mathrm{T}}\boldsymbol{\Phi}\mathrm{d}^0V\Delta_0 \gamma_e=\int_{{}^0V}\boldsymbol{\Phi}^{\mathrm{T}}\left(\boldsymbol{B}_{\mathrm{L}}+\frac{1}{2}\boldsymbol{B}_{\mathrm{N}}\right)\mathrm{d}^0V\Delta_0 \boldsymbol{u}_e\\
&\Rightarrow \Delta_0 \boldsymbol{\alpha}_e=\int_{{}^0V}\boldsymbol{\Phi}^{\mathrm{T}}\left(\boldsymbol{B}_{\mathrm{L}}+\frac{1}{2}\boldsymbol{B}_{\mathrm{N}}\right)\mathrm{d}^0V\Delta_0 \boldsymbol{u}_e=\boldsymbol{H}_e\Delta_0 \boldsymbol{u}_e,\ \boldsymbol{H}_e=\int_{{}^0V}\boldsymbol{\Phi}^{\mathrm{T}}\left(\boldsymbol{B}_{\mathrm{L}}+\frac{1}{2}\boldsymbol{B}_{\mathrm{N}}\right)\mathrm{d}^0V
\end{aligned}
\tag{5.67}
$$

式(5.67)是单元相对变形增量和节点位移增量的关系，即建立在一小块单元上的相容方程。$\boldsymbol{H}_e$ 为完全拉格朗日描述下的增量型非线性单元相容矩阵。比较式(5.67)和式(5.63)可见，完全拉格朗日描述下的增量型非线性单元相容矩阵并不等于增量型非线性平衡矩阵的转置，这与一些线性小位移小应变假设下的矩阵力法或找力分析文献中采用虚功原理得出相容矩阵是平衡矩阵的转置这一结论不一致，如何解释？实际上，由式(5.60)两边都乘以插值函数矩阵 $\boldsymbol{\Phi}^{\mathrm{T}}$ 可得

$$
\begin{aligned}
&\boldsymbol{\Phi}^{\mathrm{T}}\delta(\Delta_0\boldsymbol{E})=\boldsymbol{\Phi}^{\mathrm{T}}\boldsymbol{B}\delta(\Delta_0\boldsymbol{u}_e)\\
&\Rightarrow\int_{^0V}\boldsymbol{\Phi}^{\mathrm{T}}\delta(\Delta_0\boldsymbol{E})\mathrm{d}^0V=\int_{^0V}\boldsymbol{\Phi}^{\mathrm{T}}\boldsymbol{B}\delta(\Delta_0\boldsymbol{u}_e)\mathrm{d}^0V\\
&\Rightarrow\int_{^0V}\boldsymbol{\Phi}^{\mathrm{T}}\boldsymbol{\Phi}\delta(\Delta_0\boldsymbol{\gamma}_e)\mathrm{d}^0V=\int_{^0V}\boldsymbol{\Phi}^{\mathrm{T}}\boldsymbol{B}\delta(\Delta_0\boldsymbol{u}_e)\mathrm{d}^0V\\
&\Rightarrow\int_{^0V}\boldsymbol{\Phi}^{\mathrm{T}}\boldsymbol{\Phi}\mathrm{d}^0V\delta(\Delta_0\boldsymbol{\gamma}_e)=\int_{^0V}\boldsymbol{\Phi}^{\mathrm{T}}\boldsymbol{B}\mathrm{d}^0V\delta(\Delta_0\boldsymbol{u}_e)\\
&\Rightarrow\delta\left(\Delta_0\boldsymbol{\alpha}_e\right)=\int_{^0V}\boldsymbol{\Phi}^{\mathrm{T}}\boldsymbol{B}\mathrm{d}^0V\delta(\Delta_0\boldsymbol{u}_e)
\end{aligned}
$$

将式(5.63)代入可得

$$
\delta\left(\Delta_0\boldsymbol{\alpha}_e\right)=\boldsymbol{A}_{e\mathrm{TL}}^{\mathrm{T}}\delta(\Delta_0\boldsymbol{u}_e)\Rightarrow\boldsymbol{H}_e=\boldsymbol{A}_{e\mathrm{TL}}^{\mathrm{T}} \tag{5.68}
$$

式(5.68)表明，完全拉格朗日描述下单元虚变形增量和节点虚位移增量的相容关系矩阵是增量型单元平衡矩阵的转置。整体相容矩阵 $\boldsymbol{H}$ 为长方形，由矩阵分解可得仅包含多余约束构件的单元变形相容条件[31]，即

$$
\boldsymbol{C}\Delta_0\boldsymbol{\alpha}=0 \tag{5.69}
$$

式中，$\boldsymbol{C}$ 的求解可参考文献[31]。

将式(5.66)的增量形式代入式(5.69)得到

$$
\boldsymbol{Cf}\Delta_0\boldsymbol{\beta}=0 \tag{5.70}
$$

6. 完全拉格朗日描述下的非线性整体矩阵力法的基本列式

联合式(5.61)、式(5.63)和式(5.70)可得非线性整体矩阵力法的一般形式，即

$$
\begin{bmatrix}\boldsymbol{A}_{\mathrm{TL}}\\ \boldsymbol{Cf}\end{bmatrix}\Delta_0\boldsymbol{\beta}=\left\{\begin{matrix}\left[\left(\int_{^0V}{}_0^t\boldsymbol{F}_e\mathrm{d}^0V+\int_{^0S}{}_0^t\boldsymbol{T}_e\mathrm{d}^0S\right)+\left(\int_{^0V}\Delta_0\boldsymbol{F}_e\mathrm{d}^0V+\int_{^0S}\Delta_0\boldsymbol{T}_e\mathrm{d}^0S\right)\right]-\int_{^0V}\boldsymbol{B}^{\mathrm{T}}\,{}_0^t\boldsymbol{\sigma}_e\mathrm{d}^0V\\ 0\end{matrix}\right\} \tag{5.71}
$$

式(5.71)对所有单元独立应力参数或单元内力一次求解，改变了经典力法、拓扑力法和代数力法等分步求解的方法，称为整体力法。

注：①式(5.71)为包含相容条件的整体平衡方程，虽然称为整体力法，但并未改变力法的本质，仍然需要选择基本结构，其主要的计算量在于式(5.69)中矩阵 $\boldsymbol{C}$ 的求解。②找力分析如果仅考虑式(5.63)中的非线性或线性平衡矩阵，给出的独立自内力模态有可能不满足相容条件，那么是否就不可行？由于施工张拉过程中主动张拉单元是强迫施工，其并不受相容条件的约束，但被动张拉单元必须满足相容性要求，否则施工张拉方案将不可行或者不能达到预期的目的。③式(5.66)和式(5.67)都是在一小块单元上成立的积分物理量，式(5.66)本质上等价于一点处应力应变关系即本构关系，式(5.67)等价于一点处增量应变与增量节点位移的关系。④式(5.67)给出的完全拉格朗日描述下增量型相容矩阵与式(5.63)给出的完全拉格朗日描述下平衡矩阵并非转置关系。如果不严格区分微分意义下的“实”还是变分意义下的“虚”，则相容矩阵是平衡矩阵的转置只在线性小位移小应变假设下成立。式(5.68)是变分意义下的虚相容关系，对应式(5.63)给出的实平衡矩阵的转置，类似真实力在虚位移上做的功称为虚功一样的对应关系。这一点似乎会引起争论。⑤式(5.71)的左端项将平衡条件、相容条件和本构关系组装在一起后是不对称的稀疏满阵，这是由于基本结构选择的任意性、节点或单元编号的任意性等，但其根本原因在于未知量的选择，将单元应力或内力作为基本未知量这一选择可能是不合适的。力密度法选用节点绝对坐标作为基本未知量的启示：未知量的各分量是独立的；未知量应该是定义在节点处的；未知量的总数与自由度相等；未知量的选择能够至少满足一种条件，如相容条件或平衡条件。位移法有限元恰好做到了这几点，因此以节点位移为基本未知量的计算方法在形式上是完美的。力法有限元的发展正好相反，似乎走入了死胡同。那么，惯性坐标系中运动物体上一点处已定义的物理量(如一点的坐标、位移、速度和加速度、力、力矩为宏观物理量，一点的应力和应变是微观物理量等)还有什么可以作为基本未知量？⑥非线性矩阵力法是对式(5.30)和式(5.31)的一阶变分，而体系是否稳定本质上是二阶或高阶变分问题，只考察能量的一阶变分是不全面的，这无法回答有些一阶和高阶无穷小机构是否可以刚化及其刚化程度等问题。5.2.3 节将对采用线性平衡矩阵能够解决的问题一一梳理，对目前发现的线性找力分析无法解释的问题也将逐一列出。

5.2.3 线性找力分析

式(5.63)和式(5.68)分别是完全拉格朗日描述下的单元增量型非线性平衡方程和非线性相容方程，在线性小位移小应变假设下，$\boldsymbol{B}_{\mathrm{N}}$ 为高阶无穷小项，可以略去，得到

$$\boldsymbol{A}\Delta_0\boldsymbol{\beta}_e = \Delta_0\boldsymbol{F}_e\text{，}\quad \boldsymbol{A} = \int_{{}^0V}\boldsymbol{B}_L^{\mathrm{T}}\boldsymbol{\Phi}\mathrm{d}^0V \tag{5.72}$$

$$\boldsymbol{H}\Delta_0\boldsymbol{u}_e = \Delta_0\boldsymbol{\alpha}_e\text{，}\quad \boldsymbol{H} = \int_{{}^0V}\boldsymbol{\Phi}^{\mathrm{T}}\boldsymbol{B}_L\mathrm{d}^0V \tag{5.73}$$

比较式(5.72)和式(5.73)可知，在线性小位移小应变假设下，单元增量型线性平衡矩阵和单元增量型线性相容矩阵互为转置，即 $\boldsymbol{A}=\boldsymbol{H}^{\mathrm{T}}$。同时，${}_0^t\boldsymbol{u}=0 \Rightarrow \boldsymbol{AG}=0 \Rightarrow \boldsymbol{B}_{\mathrm{L}} = \boldsymbol{LN}+\boldsymbol{AG}=\boldsymbol{LN}$。

采用线性小位移小应变假设，由式(5.72)和式(5.73)可以进一步给出全量型的单元平

衡方程和相容方程，即

$$A_0\boldsymbol{\beta}_e = {}_0\boldsymbol{F}_e \tag{5.74}$$

$$\boldsymbol{H}_0\boldsymbol{u}_e = {}_0\boldsymbol{\alpha}_e \tag{5.75}$$

1. 独立机构位移模态和独立自应力模态[37-44]

由矩阵分析理论[45]可知，矩阵的右零空间是指满足 $\boldsymbol{Ax}=0$ 的 $\boldsymbol{x}$ 形成的矢量空间。将平衡矩阵 $\boldsymbol{A}$ 进行分解可求得体系的独立机构位移模态和独立自应力模态，实际上平衡矩阵 $\boldsymbol{A}$ 的右零空间的基底为体系的独立自应力模态，平衡矩阵 $\boldsymbol{A}$ 的左零空间的基底为体系的独立机构位移模态。

(1) 下面先以简单有效的奇异值分解法为例给出线性找力分析的基本过程，然后逐步给出相应的数学解释和证明。

$$\boldsymbol{A}_{N_r\times N_c} = \boldsymbol{U}\begin{bmatrix}\boldsymbol{\Sigma} & 0\\ 0 & 0\end{bmatrix}\boldsymbol{V}^{\mathrm{T}} \tag{5.76}$$

其中，$\boldsymbol{\Sigma}$ 为对角阵，存放矩阵的奇异值，奇异值的个数 r 为矩阵的秩；$\boldsymbol{U}$ 为 $N_r\times N_r$ 正交方阵，存放 $\boldsymbol{A}$ 的左奇异向量，从矩阵右侧数 m 列为体系的独立机构位移模态矢量，独立机构位移模态数即动不定次数；$\boldsymbol{V}^{\mathrm{T}}$ 为 $N_c\times N_c$ 正交方阵，存放 $\boldsymbol{A}$ 的右奇异向量，从矩阵下面数 s 行为体系的独立自应力/自内力模态 ${}_0\boldsymbol{\beta}_i$。这一点将在式(5.93)中得到证明，独立自应力模态数即静不定次数。

$$m = N_r - r,\quad s = N_c - r \tag{5.77}$$

1988 年，Hanaor[39]依据平衡矩阵分解方法(equilibrium matrix decomposition method)将杆件体系分为以下四种基本类型：

①$m=0$，$s=0$ 静定动定体系，满足结构力学中静定结构的几何判定，可用来承载；

②$m=0$，$s>0$ 静不定动定体系，满足结构力学中超静定结构的几何判定，可用来承载；

③$m>0$，$s=0$ 静定动不定体系，即通常的机构，可承受使之刚化的荷载；

④$m>0$，$s>0$ 静不定动不定体系，包括含内部机构的体系或部分结构力学中的静定结构(特定形状几何下)，可承受使之刚化的荷载。

体系自内力分布为各独立自内力模态的线性组合，即

$${}_0\boldsymbol{\beta\alpha} = {}_0\boldsymbol{\beta}_1\alpha_1 + \cdots + {}_0\boldsymbol{\beta}_i\alpha_i + \cdots + {}_0\boldsymbol{\beta}_s\alpha_s \tag{5.78}$$

其中，α_i 为独立自内力模态组合因子，可取任意实数。荷载为零而内力不为零的内力状态称为自内力[46]，即自平衡内力。因此，如果考虑节点自重或屋面恒荷载情况下的体系内力分布，便不能称为自内力分布。

此外，由式(5.74)得到

$$ {}_0\boldsymbol{\beta}_e = \boldsymbol{A}^+ {}_0\boldsymbol{F}_e \tag{5.79} $$

其中，$\boldsymbol{A}^+$ 为平衡矩阵的 Moore-Penrose 广义逆。式(5.79)可用于独立自应力模态数等于 1 的静不定动不定体系常态荷载下的设计预应力线性折减。

注：①式(5.76)直接给出奇异值分解方法，似乎有些突然，下面给出奇异值分解的一个解释，这对理解长方形矩阵的分解也是有帮助的。

由式(5.76)两边取转置运算得到

$$ \boldsymbol{A}^{\mathrm{T}}_{N_c\times N_r} = \boldsymbol{V}\begin{bmatrix} \boldsymbol{\Sigma}^{\mathrm{T}} & 0 \\ 0 & 0 \end{bmatrix}\boldsymbol{U}^{\mathrm{T}} $$

将式(5.76)两端分别左乘上式，得到

$$ \begin{aligned} &\boldsymbol{A}^{\mathrm{T}}_{N_c\times N_r}\boldsymbol{A}_{N_r\times N_c} = \boldsymbol{V}\begin{bmatrix} \boldsymbol{\Sigma}^{\mathrm{T}} & 0 \\ 0 & 0 \end{bmatrix}\boldsymbol{U}^{\mathrm{T}}\boldsymbol{U}\begin{bmatrix} \boldsymbol{\Sigma} & 0 \\ 0 & 0 \end{bmatrix}\boldsymbol{V}^{\mathrm{T}} = \boldsymbol{V}\begin{bmatrix} \boldsymbol{\Sigma}^{\mathrm{T}}\boldsymbol{\Sigma} & 0 \\ 0 & 0 \end{bmatrix}\boldsymbol{V}^{\mathrm{T}} \\ &\Rightarrow \left[\boldsymbol{A}^{\mathrm{T}}_{N_c\times N_r}\boldsymbol{A}_{N_r\times N_c}\right]\boldsymbol{V} = \boldsymbol{V}\begin{bmatrix} \boldsymbol{\Sigma}^{\mathrm{T}}\boldsymbol{\Sigma} & 0 \\ 0 & 0 \end{bmatrix} \end{aligned} $$

记 $\boldsymbol{\Sigma}^{\mathrm{T}}\boldsymbol{\Sigma} = \boldsymbol{\lambda}$ 为对角矩阵且主对角元素非负，则有

$$ \left[\boldsymbol{A}^{\mathrm{T}}_{N_c\times N_r}\boldsymbol{A}_{N_r\times N_c}\right]\boldsymbol{V} = \boldsymbol{V}\begin{bmatrix} \boldsymbol{\lambda} & 0 \\ 0 & 0 \end{bmatrix} $$

由上式可见，$\boldsymbol{V}$ 是方阵 $\left[\boldsymbol{A}^{\mathrm{T}}_{N_c\times N_r}\boldsymbol{A}_{N_r\times N_c}\right]_{N_c\times N_c}$ 的特征矢量矩阵。同理，将式(5.76)两端分别右乘 $\boldsymbol{A}^{\mathrm{T}}_{N_c\times N_r}$，可证明 $\boldsymbol{U}$ 是方阵 $\left[\boldsymbol{A}_{N_r\times N_c}\boldsymbol{A}^{\mathrm{T}}_{N_c\times N_r}\right]_{N_r\times N_r}$ 的特征矢量矩阵。

②在线性小位移小应变假设下，式(5.79)也适用于增量分析，即 $\Delta_0\boldsymbol{\beta}_e = \boldsymbol{A}^+\Delta_0\boldsymbol{F}_e$。这里要注意由 $\boldsymbol{A}^+$ 给出的是最小二乘解，当平衡矩阵列秩亏时，满足式(5.74)的最小二乘解并不唯一。了解最小二乘解、极小范数解、完全正交分解、广义逆矩阵及奇异值分解的关系，对从数学角度理解线性找力分析是必要的。下面给出列秩亏长方形矩阵的最小二乘问题的进一步剖析[45]。

极小范数解：假定 $\boldsymbol{A} \in \mathbf{R}^{N_r\times N_c}$，且 $\mathrm{rank}(\boldsymbol{A}) = r < N_c$。矩阵 $\boldsymbol{A}$ 是列秩亏的，秩亏损的最小二乘问题有无穷多个解。这是由于如果 $\boldsymbol{x}$ 是一个极小解，$\boldsymbol{z} \in \mathrm{null}(\boldsymbol{A})$，那么 $\boldsymbol{x}+\boldsymbol{z}$ 也是一个极小解，所有极小解的集合 $\chi = \left\{\boldsymbol{x} \in \mathbf{R}^n : \|\boldsymbol{Ax}-\boldsymbol{b}\|_2 = \min\right\}$ 是凸的。

因为若 $\boldsymbol{x}_1, \boldsymbol{x}_2 \in \chi$ 且 $\lambda \in [0,1]$，则

$$ \begin{aligned} \left\|\boldsymbol{A}\left[\lambda\boldsymbol{x}_1 + (1-\lambda)\boldsymbol{x}_2\right] - \boldsymbol{b}\right\|_2 &= \left\|\boldsymbol{A}\lambda\boldsymbol{x}_1 + \boldsymbol{A}(1-\lambda)\boldsymbol{x}_2 - \left[\lambda + (1-\lambda)\right]\boldsymbol{b}\right\|_2 \\ &= \left\|\boldsymbol{A}\lambda\boldsymbol{x}_1 - \lambda\boldsymbol{b} + \left[\boldsymbol{A}(1-\lambda)\boldsymbol{x}_2 - (1-\lambda)\boldsymbol{b}\right]\right\|_2 \\ &= \left\|\lambda(\boldsymbol{Ax}_1 - \boldsymbol{b}) + (1-\lambda)(\boldsymbol{Ax}_2 - \boldsymbol{b})\right\|_2 \\ &\leqslant \lambda\|\boldsymbol{Ax}_1 - \boldsymbol{b}\|_2 + (1-\lambda)\|\boldsymbol{Ax}_2 - \boldsymbol{b}\|_2 \\ &= \lambda\min\|\boldsymbol{Ax} - \boldsymbol{b}\|_2 + (1-\lambda)\min\|\boldsymbol{Ax} - \boldsymbol{b}\|_2 \\ &= \min\|\boldsymbol{Ax} - \boldsymbol{b}\|_2 \end{aligned} $$

所以 $\lambda \boldsymbol{x}_1 + (1-\lambda)\boldsymbol{x}_2 \in \chi$，并且 χ 中有唯一元素具有极小 2 范数(满秩的情况下，只有一个最小二乘解，这个解也必须具有极小 2 范数)。

完全正交分解和极小范数解：任何完全正交分解都可以用于计算极小范数解。例如，如果 $\boldsymbol{Q}$ 和 $\boldsymbol{Z}$ 是正交矩阵且满足

$$\boldsymbol{Q}^{\mathrm{T}}\boldsymbol{A}\boldsymbol{Z} = \boldsymbol{T} = \underset{\begin{matrix} r & N_c - r \end{matrix}}{\begin{bmatrix} \boldsymbol{T}_{11} & 0 \\ 0 & 0 \end{bmatrix}} \begin{matrix} r \\ N_r - r \end{matrix}, \quad \operatorname{rank}(\boldsymbol{A}) = r < N_c$$

那么

$$\begin{aligned}
\|\boldsymbol{A}\boldsymbol{x}-\boldsymbol{b}\|_2^2 &= (\boldsymbol{A}\boldsymbol{x}-\boldsymbol{b})\cdot(\boldsymbol{A}\boldsymbol{x}-\boldsymbol{b})^{\mathrm{T}} \\
&= \boldsymbol{Q}^{\mathrm{T}}\boldsymbol{Q}\left[(\boldsymbol{A}\boldsymbol{x}-\boldsymbol{b})(\boldsymbol{A}\boldsymbol{x}-\boldsymbol{b})^{\mathrm{T}}\right] \\
&= \boldsymbol{Q}^{\mathrm{T}}\left[(\boldsymbol{A}\boldsymbol{x}-\boldsymbol{b})\cdot(\boldsymbol{A}\boldsymbol{x}-\boldsymbol{b})^{\mathrm{T}}\right]\boldsymbol{Q} \\
&= \left[\boldsymbol{Q}^{\mathrm{T}}(\boldsymbol{A}\boldsymbol{x}-\boldsymbol{b})\right]\left[\boldsymbol{Q}^{\mathrm{T}}(\boldsymbol{A}\boldsymbol{x}-\boldsymbol{b})\right]^{\mathrm{T}} \\
&= \left\|\boldsymbol{Q}^{\mathrm{T}}\left(\boldsymbol{A}\boldsymbol{Z}\boldsymbol{Z}^{\mathrm{T}}\boldsymbol{x}-\boldsymbol{b}\right)\right\|_2^2 \\
&= \left\|\left(\boldsymbol{Q}^{\mathrm{T}}\boldsymbol{A}\boldsymbol{Z}\right)\boldsymbol{Z}^{\mathrm{T}}\boldsymbol{x}-\boldsymbol{Q}^{\mathrm{T}}\boldsymbol{b}\right\|_2^2
\end{aligned}$$

任一矢量的 2 范数是一个标量。

令 $\boldsymbol{Z}^{\mathrm{T}}\boldsymbol{x} = \begin{pmatrix} \boldsymbol{\omega} \\ \boldsymbol{y} \end{pmatrix} \begin{matrix} r \\ N_c - r \end{matrix}$，$\boldsymbol{Q}^{\mathrm{T}}\boldsymbol{b} = \begin{pmatrix} \boldsymbol{c} \\ \boldsymbol{d} \end{pmatrix} \begin{matrix} r \\ N_r - r \end{matrix}$，可得

$$\begin{aligned}
\|\boldsymbol{A}\boldsymbol{x}-\boldsymbol{b}\|_2^2 &= \left\|\left(\boldsymbol{Q}^{\mathrm{T}}\boldsymbol{A}\boldsymbol{Z}\right)\boldsymbol{Z}^{\mathrm{T}}\boldsymbol{x}-\boldsymbol{Q}^{\mathrm{T}}\boldsymbol{b}\right\|_2^2 = \left\|\begin{bmatrix} \boldsymbol{T}_{11} & 0 \\ 0 & 0 \end{bmatrix}\begin{pmatrix} \boldsymbol{\omega} \\ \boldsymbol{y} \end{pmatrix} - \begin{pmatrix} \boldsymbol{c} \\ \boldsymbol{d} \end{pmatrix}\right\|_2^2 \\
&= \left\|\begin{pmatrix} \boldsymbol{T}_{11}\boldsymbol{\omega} \\ 0 \end{pmatrix} - \begin{pmatrix} \boldsymbol{c} \\ \boldsymbol{d} \end{pmatrix}\right\|_2^2 = \left\|\begin{pmatrix} \boldsymbol{T}_{11}\boldsymbol{\omega}-\boldsymbol{c} \\ -\boldsymbol{d} \end{pmatrix}\right\|_2^2 = \begin{pmatrix} \boldsymbol{T}_{11}\boldsymbol{\omega}-\boldsymbol{c} \\ -\boldsymbol{d} \end{pmatrix}\begin{pmatrix} \boldsymbol{T}_{11}\boldsymbol{\omega}-\boldsymbol{c} \\ -\boldsymbol{d} \end{pmatrix}^{\mathrm{T}} \\
&= (\boldsymbol{T}_{11}\boldsymbol{\omega}-\boldsymbol{c})(\boldsymbol{T}_{11}\boldsymbol{\omega}-\boldsymbol{c})^{\mathrm{T}} + \boldsymbol{d}\boldsymbol{d}^{\mathrm{T}} \\
&= \|\boldsymbol{T}_{11}\boldsymbol{\omega}-\boldsymbol{c}\|_2^2 + \|\boldsymbol{d}\|_2^2
\end{aligned}$$

由上式可见，如果 $\boldsymbol{x}$ 使平方和极小，那么必定有 $\boldsymbol{T}_{11}\boldsymbol{\omega}-\boldsymbol{c}=0 \Rightarrow \boldsymbol{\omega}=\boldsymbol{T}_{11}^{-1}\boldsymbol{c}$。进一步，在 $\boldsymbol{\omega}$ 已确定的情况下，要使 $\boldsymbol{x}$ 的 2 范数极小，$\boldsymbol{y}$ 必须是零，并且有

$$\boldsymbol{Z}^{\mathrm{T}}\boldsymbol{x} = \begin{pmatrix} \boldsymbol{\omega} \\ \boldsymbol{y} \end{pmatrix} = \begin{pmatrix} \boldsymbol{\omega} \\ 0 \end{pmatrix} \Rightarrow \boldsymbol{x}_{\mathrm{LS}} = \boldsymbol{Z}\begin{pmatrix} \boldsymbol{\omega} \\ 0 \end{pmatrix} = \boldsymbol{Z}\begin{pmatrix} \boldsymbol{T}_{11}^{-1}\boldsymbol{c} \\ 0 \end{pmatrix}$$

奇异值分解和最小二乘问题：奇异值分解是完全正交分解的一种，可以提供 $\boldsymbol{x}_{\mathrm{LS}}$ 的一个简洁的表达式和极小剩余量的 2 范数 $\rho_{\mathrm{LS}} = \min\|\boldsymbol{A}\boldsymbol{x}-\boldsymbol{b}\|_2$。假定 $\boldsymbol{U}^{\mathrm{T}}\boldsymbol{A}\boldsymbol{V}=\boldsymbol{\Sigma}$ 是 $\boldsymbol{A}\in\mathbf{R}^{N_r\times N_c}$ 的奇异值分解，且 $\operatorname{rank}(\boldsymbol{A}) = r < N_c$。如果 $\boldsymbol{U}=[\boldsymbol{u}_1 \quad \boldsymbol{u}_2 \quad \cdots \quad \boldsymbol{u}_m]$ 和 $\boldsymbol{V}=[\boldsymbol{v}_1 \quad \boldsymbol{v}_2 \quad \cdots \quad \boldsymbol{v}_n]$ 均按列表示，$\boldsymbol{b}\in\mathbf{R}^{N_r}$，那么 $\boldsymbol{x}_{\mathrm{LS}} = \sum_{i=1}^{r}\frac{\boldsymbol{u}_i^{\mathrm{T}}\boldsymbol{b}}{\sigma_i}\boldsymbol{v}_i$，$\sigma_i$ 是第 i 个奇异值。

$\boldsymbol{x}_{\mathrm{LS}}$ 使 $\|\boldsymbol{A}\boldsymbol{x}-\boldsymbol{b}\|_2$ 极小化，且是所有极小点中 2 范数最小的，而且

$$\rho_{\mathrm{LS}}^2 = \|\boldsymbol{A}\boldsymbol{x}_{\mathrm{LS}} - \boldsymbol{b}\|_2^2 = \sum_{i=r+1}^{N_r} \left(\boldsymbol{u}_i^{\mathrm{T}}\boldsymbol{b}\right)^2$$

这是由于对于任意的 $\boldsymbol{x} \in \mathbf{R}^{N_c}$ ，有

$$\begin{aligned}\|\boldsymbol{A}\boldsymbol{x} - \boldsymbol{b}\|_2^2 &= \left\|\left(\boldsymbol{U}^{\mathrm{T}}\boldsymbol{A}\boldsymbol{V}\right)\boldsymbol{V}^{\mathrm{T}}\boldsymbol{x} - \boldsymbol{U}^{\mathrm{T}}\boldsymbol{b}\right\|_2^2 = \left\|\boldsymbol{\Sigma}\boldsymbol{\alpha} - \boldsymbol{U}^{\mathrm{T}}\boldsymbol{b}\right\|_2^2 \\ &= \sum_{i=1}^{r}\left(\sigma_i\alpha_i - \boldsymbol{u}_i^{\mathrm{T}}\boldsymbol{b}\right)^2 + \sum_{i=r+1}^{N_r}\left(\boldsymbol{u}_i^{\mathrm{T}}\boldsymbol{b}\right)^2\end{aligned}$$

其中，$\boldsymbol{\alpha} = \boldsymbol{V}^{\mathrm{T}}\boldsymbol{x}$ 。可见，若 $\boldsymbol{x}$ 是最小二乘解，则 $\sigma_i\alpha_i - \boldsymbol{u}_i^{\mathrm{T}}\boldsymbol{b} = 0(i = 1,2,\cdots,r)$ ，若令 $\alpha_i = 0(i = r+1, r+2, \cdots, N_r)$ ，则得到的 $\boldsymbol{x}$ 具有极小 2 范数。

此外，由 $\boldsymbol{x}_{\mathrm{LS}}$ 的表达式可见，最小二乘解对应的是奇异值不为零的 $\boldsymbol{u}_i^{\mathrm{T}}$ 和 $\boldsymbol{v}_i$ ，这与独立机构位移模态和独立自应力模态无关。$\boldsymbol{x}_{\mathrm{LS}}$ 的极小 2 范数解则要求 $\alpha_i = 0(i = r+1, r+2, \cdots, N_r)$ ，这是比较有趣的结论，在线性找力分析的例题中还将进一步讨论。

广义逆矩阵与奇异值分解：如果定义矩阵 $\boldsymbol{A}^{+} \in \mathbf{R}^{N_c \times N_r}$ 为 $\boldsymbol{A}^{+} = \boldsymbol{V}\boldsymbol{\Sigma}^{+}\boldsymbol{U}^{\mathrm{T}}$ ，其中 $\boldsymbol{\Sigma}^{+} = \mathrm{diag}\left(\frac{1}{\sigma_1} \quad \cdots \quad \frac{1}{\sigma_{\mathrm{r}}} \quad 0 \quad \cdots \quad 0\right) \in \mathbf{R}^{N_c \times N_r}$ ，$\mathrm{rank}(\boldsymbol{A}) = r < N_c$ ，那么 $\boldsymbol{x}_{\mathrm{LS}} = \boldsymbol{A}^{+}\boldsymbol{b}$ 且 $\rho_{\mathrm{LS}} = \left\|\left(\boldsymbol{I} - \boldsymbol{A}\boldsymbol{A}^{+}\right)\boldsymbol{b}\right\|_2$ ，$\boldsymbol{A}^{+}$ 称为 $\boldsymbol{A}$ 的广义逆(Pseudo-Inverse)，它是 $\min\limits_{\boldsymbol{X} \in \mathbf{R}^{N_c \times N_r}} \left\|\boldsymbol{A}\boldsymbol{X} - \boldsymbol{I}_{N_r}\right\|_{\mathrm{F}}$ 的唯一的极小 Frobenius 范数解，这对理解和使用式(5.79)是非常必要的。

$\boldsymbol{A}^{+}$ 定义为满足以下 4 个 Moore-Penrose 条件的唯一矩阵 $\boldsymbol{X} \in \mathbf{R}^{N_c \times N_r}$ ，即

$$\boldsymbol{A}\boldsymbol{X}\boldsymbol{A} = \boldsymbol{A}, \quad \boldsymbol{X}\boldsymbol{A}\boldsymbol{X} = \boldsymbol{X}, \quad (\boldsymbol{A}\boldsymbol{X})^{\mathrm{T}} = \boldsymbol{A}\boldsymbol{X}, \quad (\boldsymbol{X}\boldsymbol{A})^{\mathrm{T}} = \boldsymbol{X}\boldsymbol{A}$$

(2)接下来引入代数力法的基本概念，这不仅可以与整体力法进行对比，而且对于理解线性找力分析的力法本质有很大帮助。代数力法实际上是自动的经典力法，自动选择基本结构和多余约束，其核心算法是由平衡矩阵分解而自动获取自应力矩阵(self-stress matrix)。

对于静不定动定体系，假定基本结构已知，对由式(5.74)单元平衡矩阵组装而成的体系整体平衡矩阵进行初等列变换（“对号入座”组装方式以及局部坐标系到整体坐标系的变换将在后面详细给出），即右乘单位初等置换矩阵 $\boldsymbol{Z}$，$\boldsymbol{Z}\boldsymbol{Z}^{\mathrm{T}} = \boldsymbol{I}$，目的是将 $s = (N_c - r)$ 个多余构件的单元广义内力参数 ${}_0\boldsymbol{\beta}_x$ 与 r 个构成基本结构的构件的广义内力参数 ${}_0\boldsymbol{\beta}_0$ 严格分块，这里 $\boldsymbol{A} \in \mathbf{R}^{N_r \times N_c}$ 且 $N_r \leqslant N_c$ ，$\mathrm{rank}(\boldsymbol{A}) = r = N_r$ 。

$$\boldsymbol{A}\boldsymbol{Z}\boldsymbol{Z}^{\mathrm{T}}{}_0\boldsymbol{\beta} = \left[\boldsymbol{A}_0 \quad \boldsymbol{A}_x\right]\begin{pmatrix}{}_0\boldsymbol{\beta}_0 \\ {}_0\boldsymbol{\beta}_x\end{pmatrix} = {}_0\boldsymbol{F} \tag{5.80}$$

其中，$\boldsymbol{Z}^{\mathrm{T}}{}_0\boldsymbol{\beta} = \begin{pmatrix}{}_0\boldsymbol{\beta}_0 \\ {}_0\boldsymbol{\beta}_x\end{pmatrix}$，实际上是将所有构件的广义内力参数进行了初等行变换。将式(5.80)展开得到

$$\boldsymbol{A}_0\,{}_0\boldsymbol{\beta}_0+\boldsymbol{A}_x\,{}_0\boldsymbol{\beta}_x={}_0\boldsymbol{F}\Rightarrow{}_0\boldsymbol{\beta}_0=\boldsymbol{A}_0^{-1}\,{}_0\boldsymbol{F}-\boldsymbol{A}_0^{-1}\boldsymbol{A}_x\,{}_0\boldsymbol{\beta}_x$$

其中，${}_0\boldsymbol{\beta}_x=\boldsymbol{0}\,{}_0\boldsymbol{F}+\boldsymbol{I}_{(N_c-r)\times(N_c-r)}\,{}_0\boldsymbol{\beta}_x$。

将上述两式合并得到

$$\boldsymbol{Z}^{\mathrm{T}}\,{}_0\boldsymbol{\beta}=\begin{pmatrix}{}_0\boldsymbol{\beta}_0\\ {}_0\boldsymbol{\beta}_x\end{pmatrix}=\begin{bmatrix}\boldsymbol{A}_0^{-1}\\ \boldsymbol{0}\end{bmatrix}_{[r+(N_c-r)]\times N_r}{}_0\boldsymbol{F}+\begin{bmatrix}-\boldsymbol{A}_0^{-1}\boldsymbol{A}_x\\ \boldsymbol{I}_{(N_c-r)\times(N_c-r)}\end{bmatrix}_{N_c\times(N_c-r)}{}_0\boldsymbol{\beta}_x$$

$$\Rightarrow{}_0\boldsymbol{\beta}=\boldsymbol{Z}\begin{bmatrix}\boldsymbol{A}_0^{-1}\\ \boldsymbol{0}\end{bmatrix}_{[r+(N_c-r)]\times N_c}{}_0\boldsymbol{F}+\boldsymbol{Z}\begin{bmatrix}-\boldsymbol{A}_0^{-1}\boldsymbol{A}_x\\ \boldsymbol{I}_{(N_c-r)\times(N_c-r)}\end{bmatrix}_{N_c\times(N_c-r)}{}_0\boldsymbol{\beta}_x \tag{5.81a}$$

$$\Rightarrow{}_0\boldsymbol{\beta}=\boldsymbol{B}_0\,{}_0\boldsymbol{F}+\boldsymbol{B}_x\,{}_0\boldsymbol{\beta}_x$$

记 $\boldsymbol{B}_0=\boldsymbol{Z}\begin{bmatrix}\boldsymbol{A}_0^{-1}\\ \boldsymbol{0}\end{bmatrix}_{[r+(N_c-r)]\times N_r}$，$\boldsymbol{B}_x=\boldsymbol{Z}\begin{bmatrix}-\boldsymbol{A}_0^{-1}\boldsymbol{A}_x\\ \boldsymbol{I}_{(N_c-r)\times(N_c-r)}\end{bmatrix}_{N_c\times(N_c-r)}$。式(5.81a)将体系各构件的内力看成外荷载作用下满足平衡条件的各构件内力与多余构件满足相容条件引起的体系自内力的叠加。这里 $\boldsymbol{B}_0$ 的列矢量对应单一自由度方向的单位外荷载 ${}_0\boldsymbol{F}_i=1$(其他自由度方向为零)且 ${}_0\boldsymbol{\beta}_x=0$ 作用下体系基本结构各构件的广义内力分布，$\boldsymbol{B}_x$ 的列矢量则对应某个多余约束 ${}_0\beta_{xi}=1$ 且外荷载矢量 ${}_0\boldsymbol{F}=0$ 情况下体系的广义自内力分布，这就是线性找力分析中需要的独立自应力矩阵，可以证明如下。

$$\boldsymbol{A}\boldsymbol{B}_x=\boldsymbol{A}\boldsymbol{Z}\boldsymbol{Z}^{\mathrm{T}}\boldsymbol{B}_x=(\boldsymbol{A}\boldsymbol{Z})\boldsymbol{Z}^{\mathrm{T}}\boldsymbol{Z}\begin{bmatrix}-\boldsymbol{A}_0^{-1}\boldsymbol{A}_x\\ \boldsymbol{I}_{(N_c-r)\times(N_c-r)}\end{bmatrix}_{N_c\times(N_c-r)}=\begin{bmatrix}\boldsymbol{A}_0 & \boldsymbol{A}_x\end{bmatrix}\begin{bmatrix}-\boldsymbol{A}_0^{-1}\boldsymbol{A}_x\\ \boldsymbol{I}_{(N_c-r)\times(N_c-r)}\end{bmatrix}_{N_c\times(N_c-r)}$$

$$=\boldsymbol{A}_0\left(-\boldsymbol{A}_0^{-1}\boldsymbol{A}_x\right)+\boldsymbol{A}_x\boldsymbol{I}=-\boldsymbol{A}_x+\boldsymbol{A}_x=\boldsymbol{0}$$

因此，$\boldsymbol{B}_x\in\mathrm{null}(\boldsymbol{A})$ 得证。此外，

$$\boldsymbol{A}\boldsymbol{B}_0=\boldsymbol{A}\boldsymbol{Z}\boldsymbol{Z}^{\mathrm{T}}\boldsymbol{B}_0=(\boldsymbol{A}\boldsymbol{Z})\boldsymbol{Z}^{\mathrm{T}}\boldsymbol{Z}\begin{bmatrix}\boldsymbol{A}_0^{-1}\\ \boldsymbol{0}\end{bmatrix}=\begin{bmatrix}\boldsymbol{A}_0 & \boldsymbol{A}_x\end{bmatrix}\begin{bmatrix}\boldsymbol{A}_0^{-1}\\ \boldsymbol{0}\end{bmatrix}=\begin{bmatrix}\boldsymbol{I}_{r\times r}\\ \boldsymbol{0}\end{bmatrix}$$

对于动定体系，$m=0\Rightarrow N_r=r\Rightarrow\boldsymbol{A}\boldsymbol{B}_0=\boldsymbol{I}$。

由式(5.75)和式(5.66)可得 $\boldsymbol{A}^{\mathrm{T}}\,{}_0\boldsymbol{u}={}_0\boldsymbol{\alpha}=\boldsymbol{f}\,{}_0\boldsymbol{\beta}=\boldsymbol{f}\left(\boldsymbol{B}_0\,{}_0\boldsymbol{F}+\boldsymbol{B}_x\,{}_0\boldsymbol{\beta}_x\right)=\boldsymbol{f}\boldsymbol{B}_0\,{}_0\boldsymbol{F}+\boldsymbol{f}\boldsymbol{B}_x\,{}_0\boldsymbol{\beta}_x$，两端均乘以 $\boldsymbol{B}_x^{\mathrm{T}}$，可得

$$\boldsymbol{B}_x^{\mathrm{T}}\boldsymbol{A}^{\mathrm{T}}\,{}_0\boldsymbol{u}=\boldsymbol{B}_x^{\mathrm{T}}\left(\boldsymbol{f}\boldsymbol{B}_0\,{}_0\boldsymbol{F}+\boldsymbol{f}\boldsymbol{B}_x\,{}_0\boldsymbol{\beta}_x\right)$$

$$\Rightarrow\left(\boldsymbol{A}\boldsymbol{B}_x\right)^{\mathrm{T}}\,{}_0\boldsymbol{u}=\boldsymbol{0}\,{}_0\boldsymbol{u}=\boldsymbol{0}=\boldsymbol{B}_x^{\mathrm{T}}\boldsymbol{f}\boldsymbol{B}_0\,{}_0\boldsymbol{F}+\boldsymbol{B}_x^{\mathrm{T}}\boldsymbol{f}\boldsymbol{B}_x\,{}_0\boldsymbol{\beta}_x$$

$$\Rightarrow\boldsymbol{B}_x^{\mathrm{T}}\boldsymbol{f}\boldsymbol{B}_0\,{}_0\boldsymbol{F}+\boldsymbol{B}_x^{\mathrm{T}}\boldsymbol{f}\boldsymbol{B}_x\,{}_0\boldsymbol{\beta}_x=\boldsymbol{0}$$

$$\Rightarrow{}_0\boldsymbol{\beta}_x=-\left(\boldsymbol{B}_x^{\mathrm{T}}\boldsymbol{f}\boldsymbol{B}_x\right)^{-1}\boldsymbol{B}_x^{\mathrm{T}}\boldsymbol{f}\boldsymbol{B}_0\,{}_0\boldsymbol{F}$$

代入式(5.81a)可求得外荷载作用引起的单元内力为

$$ {}_0\boldsymbol{\beta}=\left[\boldsymbol{B}_0-\boldsymbol{B}_x\left(\boldsymbol{B}_x^{\mathrm{T}}\boldsymbol{f}\boldsymbol{B}_x\right)^{-1}\boldsymbol{B}_x^{\mathrm{T}}\boldsymbol{f}\boldsymbol{B}_0\right]\boldsymbol{F} \tag{5.81b} $$

式(5.81b)表明，外荷载作用若存在相容条件限制，则存在相应的自应力。然而，一般预应力体系的单元内力分布和大小还包含人为设定的预应力，即

$$ {}_0\boldsymbol{\beta}=\left[\boldsymbol{I}-\boldsymbol{B}_x\left(\boldsymbol{B}_x^{\mathrm{T}}\boldsymbol{f}\boldsymbol{B}_x\right)^{-1}\boldsymbol{B}_x^{\mathrm{T}}\boldsymbol{f}\right]\boldsymbol{B}_0\boldsymbol{F}+\boldsymbol{B}_x\boldsymbol{\alpha}=\boldsymbol{B}_0\boldsymbol{F}+\boldsymbol{B}_x\left[-\left(\boldsymbol{B}_x^{\mathrm{T}}\boldsymbol{f}\boldsymbol{B}_x\right)^{-1}\boldsymbol{B}_x^{\mathrm{T}}\boldsymbol{f}\boldsymbol{B}_0\boldsymbol{F}+\boldsymbol{\alpha}\right] \tag{5.81c} $$

式(5.81c)表明体系内自应力与人为设定预应力的关系，外荷载引起的自应力不应称为预应力。简而言之，自应力未必是预应力，预应力一定是自应力。

此外，人为设定的预应力即设计预应力，即 $\boldsymbol{\alpha}$ 的确定在实际工程设计时非常重要，由式(5.81c)可见，若取 $\boldsymbol{\alpha}=\left(\boldsymbol{B}_x^{\mathrm{T}}\boldsymbol{f}\boldsymbol{B}_x\right)^{-1}\boldsymbol{B}_x^{\mathrm{T}}\boldsymbol{f}\boldsymbol{B}_0\boldsymbol{F}$ ，则人为设定的预应力将抵消由于相容条件的限制而在静不定体系中产生的部分或全部荷载自应力。若取 $\boldsymbol{\alpha}\geqslant\boldsymbol{B}_x^{\mathrm{T}}\left[\boldsymbol{B}_0-\boldsymbol{B}_x\left(\boldsymbol{B}_x^{\mathrm{T}}\boldsymbol{f}\boldsymbol{B}_x\right)^{-1}\boldsymbol{B}_x^{\mathrm{T}}\boldsymbol{f}\boldsymbol{B}_0\right]\boldsymbol{F}$ ，则索将不会受压。一方面，这解决了预应力设计时的“度”的问题，过犹不及；另一方面，这启示体系预应力设计必然和某种外荷载相关，不是任意的。

(3)平衡矩阵分解。代数力法是如何由平衡矩阵自动给出 $\boldsymbol{B}_0$ 和 $\boldsymbol{B}_x$ 的？上面奇异值分解方法只是一种矩阵分解方法且适用于任意的长方形矩阵，其他矩阵分解方法如高斯-若尔当(Gauss-Jordan)消去法、LU 分解方法和 QR 分解方法也可以应用于代数力法中求解自应力矩阵[47]。代数力法和整体力法的研究对象是静不定动定体系，要求平衡矩阵必须行满秩且列数大于行数，即 $\boldsymbol{A}\in\mathbf{R}^{N_r\times N_c}$ ， $N_r<N_c$ ， $\mathrm{rank}(\boldsymbol{A})=r=N_r$ ，而静不定动不定体系的整体平衡矩阵行秩亏且列秩亏，即 $\boldsymbol{A}\in\mathbf{R}^{N_r\times N_c}$ ， $N_r\geqslant N_c$ ， $\mathrm{rank}(\boldsymbol{A})=r<N_c$ 。

①Gauss-Jordan 消去法。对行满秩且列数大于行数的长方形平衡矩阵(即 $\boldsymbol{A}\in\mathbf{R}^{N_r\times N_c}$ ， $N_r<N_c$ ， $\mathrm{rank}(\boldsymbol{A})=r=N_r$)进行高斯变换和列选主元分解，得到

$$ \boldsymbol{G}_{N_r}\boldsymbol{G}_{N_r-1}\cdots\boldsymbol{G}_2\boldsymbol{G}_1\boldsymbol{A}\boldsymbol{Z}=\left[\boldsymbol{I}_{N_r\times N_r}\quad \boldsymbol{M}_{r\times(N_c-r)}\right] \tag{5.82} $$

式(5.82)为列秩亏长方形矩阵 Gauss-Jordan 消去法的表达式，其中 $\boldsymbol{G}_i$ 为对角矩阵，其第 i 个对角元为第 i 个主元素，左乘行变换，记 $\boldsymbol{G}^{\mathrm{auss}}=\boldsymbol{G}_{N_r}\boldsymbol{G}_{N_r-1}\cdots\boldsymbol{G}_2\boldsymbol{G}_1$ ， $\boldsymbol{Z}$ 为初等列置换矩阵， $\boldsymbol{Z}=\boldsymbol{Z}^{\mathrm{T}}$ 。

由式(5.80)两端均左乘 $\boldsymbol{G}^{\mathrm{auss}}$ ，得到

$$ \boldsymbol{G}^{\mathrm{auss}}\boldsymbol{A}\boldsymbol{Z}\boldsymbol{Z}^{\mathrm{T}}\,{}_0\boldsymbol{\beta}=\left(\boldsymbol{G}^{\mathrm{auss}}\boldsymbol{A}\boldsymbol{Z}\right)\left(\boldsymbol{Z}^{\mathrm{T}}\,{}_0\boldsymbol{\beta}\right)=\left[\boldsymbol{I}_{r\times r}\quad \boldsymbol{M}_{r\times(N_c-r)}\right]\begin{pmatrix}{}_0\boldsymbol{\beta}_0\\ {}_0\boldsymbol{\beta}_x\end{pmatrix}=\boldsymbol{G}^{\mathrm{auss}}\,{}_0\boldsymbol{F} $$

$$ \Rightarrow {}_0\boldsymbol{\beta}_0=\boldsymbol{G}^{\mathrm{auss}}\,{}_0\boldsymbol{F}-\boldsymbol{M}_{r\times(N_c-r)}\,{}_0\boldsymbol{\beta}_x $$

再有 ${}_0\boldsymbol{\beta}_x=0\,{}_0\boldsymbol{F}+\boldsymbol{I}_{(N_c-r)\times(N_c-r)}\,{}_0\boldsymbol{\beta}_x$ ，与上式合并，得到

$$
\begin{aligned}
&\boldsymbol{Z}^{\mathrm{T}}{}_0\boldsymbol{\beta}=\begin{pmatrix}{}_0\boldsymbol{\beta}_0\\{}_0\boldsymbol{\beta}_x\end{pmatrix}=\begin{bmatrix}\boldsymbol{G}^{\mathrm{auss}}\\\boldsymbol{0}_{(N_c-r)\times r}\end{bmatrix}{}_0\boldsymbol{F}+\begin{bmatrix}-\boldsymbol{M}_{r\times(N_c-r)}\\\boldsymbol{I}_{(N_c-r)\times(N_c-r)}\end{bmatrix}{}_0\boldsymbol{\beta}_x\\
&\Rightarrow{}_0\boldsymbol{\beta}=\boldsymbol{Z}\begin{bmatrix}\boldsymbol{G}^{\mathrm{auss}}\\\boldsymbol{0}_{(N_c-r)\times r}\end{bmatrix}{}_0\boldsymbol{F}+\boldsymbol{Z}\begin{bmatrix}-\boldsymbol{M}_{r\times(N_c-r)}\\\boldsymbol{I}_{(N_c-r)\times(N_c-r)}\end{bmatrix}{}_0\boldsymbol{\beta}_x\\
&\Rightarrow\boldsymbol{B}_0=\boldsymbol{Z}\begin{bmatrix}\boldsymbol{G}^{\mathrm{auss}}\\\boldsymbol{0}_{(N_c-r)\times r}\end{bmatrix},\ \boldsymbol{B}_x=\boldsymbol{Z}\begin{bmatrix}-\boldsymbol{M}_{r\times(N_c-r)}\\\boldsymbol{I}_{(N_c-r)\times(N_c-r)}\end{bmatrix}
\end{aligned}
\tag{5.83}
$$

若平衡矩阵 $\boldsymbol{A}\in\mathbf{R}^{N_r\times N_c}$， $N_r\geqslant N_c$， $\mathrm{rank}(\boldsymbol{A})=r<N_c$，则

$$
\begin{aligned}
&\boldsymbol{G}^{\mathrm{auss}}\boldsymbol{A}\boldsymbol{Z}\boldsymbol{Z}^{\mathrm{T}}{}_0\boldsymbol{\beta}=\left(\boldsymbol{G}^{\mathrm{auss}}\boldsymbol{A}\boldsymbol{Z}\right)\left(\boldsymbol{Z}^{\mathrm{T}}{}_0\boldsymbol{\beta}\right)=\begin{bmatrix}\boldsymbol{I}_{r\times r}&\boldsymbol{M}_{r\times(N_c-r)}\\\boldsymbol{0}&\boldsymbol{0}\end{bmatrix}\begin{Bmatrix}{}_0\boldsymbol{\beta}_0\\{}_0\boldsymbol{\beta}_x\end{Bmatrix}=\boldsymbol{G}^{\mathrm{auss}}{}_0\boldsymbol{F}=\begin{bmatrix}\boldsymbol{G}_{r\times N_r}{}_0\boldsymbol{F}\\\boldsymbol{G}_{(N_r-r)\times N_r}{}_0\boldsymbol{F}\end{bmatrix}\\
&\Rightarrow\begin{cases}{}_0\boldsymbol{\beta}_0=\boldsymbol{G}_{r\times N_r}{}_0\boldsymbol{F}-\boldsymbol{M}_{r\times(N_c-r)}{}_0\boldsymbol{\beta}_x\\\boldsymbol{0}=\boldsymbol{G}_{(N_r-r)\times N_r}{}_0\boldsymbol{F}\end{cases}\\
&\Rightarrow\boldsymbol{B}_0=\boldsymbol{Z}\begin{bmatrix}\boldsymbol{G}_{r\times N_r}\\\boldsymbol{0}_{(N_c-r)\times r}\end{bmatrix},\ \boldsymbol{B}_x=\boldsymbol{Z}\begin{bmatrix}-\boldsymbol{M}_{r\times(N_c-r)}\\\boldsymbol{I}_{(N_c-r)\times(N_c-r)}\end{bmatrix}
\end{aligned}
\tag{5.84}
$$

②LU 分解方法。对于行满秩且列数大于行数的长方形平衡矩阵（$\boldsymbol{A}\in\mathbf{R}^{N_r\times N_c}$，$N_r<N_c$， $\mathrm{rank}(\boldsymbol{A})=r=N_r$，一般的超静定结构），其 LU 三角分解形式如下：

$$
\boldsymbol{P}\boldsymbol{A}=\boldsymbol{L}\boldsymbol{U}\ ,\quad \boldsymbol{U}\boldsymbol{Z}=\begin{bmatrix}\boldsymbol{U}_1&\boldsymbol{U}_2\end{bmatrix}
\tag{5.85}
$$

$\boldsymbol{P}$ 和 $\boldsymbol{Z}$ 分别为初等行变换矩阵和初等列变换矩阵。同理由式(5.80)左乘 $\boldsymbol{P}$，并将式(5.85)代入得到

$$
\begin{aligned}
&\boldsymbol{P}\boldsymbol{A}\boldsymbol{Z}\boldsymbol{Z}^{\mathrm{T}}{}_0\boldsymbol{\beta}=\left(\boldsymbol{P}\boldsymbol{A}\boldsymbol{Z}\right)\left(\boldsymbol{Z}^{\mathrm{T}}{}_0\boldsymbol{\beta}\right)=\boldsymbol{L}\boldsymbol{U}\boldsymbol{Z}\begin{pmatrix}{}_0\boldsymbol{\beta}_0\\{}_0\boldsymbol{\beta}_x\end{pmatrix}=\boldsymbol{L}\begin{bmatrix}\boldsymbol{U}_1&\boldsymbol{U}_2\end{bmatrix}\begin{pmatrix}{}_0\boldsymbol{\beta}_0\\{}_0\boldsymbol{\beta}_x\end{pmatrix}=\boldsymbol{P}{}_0\boldsymbol{F}\\
&\Rightarrow\begin{bmatrix}\boldsymbol{U}_1&\boldsymbol{U}_2\end{bmatrix}\begin{pmatrix}{}_0\boldsymbol{\beta}_0\\{}_0\boldsymbol{\beta}_x\end{pmatrix}=\boldsymbol{L}^{-1}\boldsymbol{P}{}_0\boldsymbol{F}\\
&\Rightarrow\boldsymbol{U}_1{}_0\boldsymbol{\beta}_0+\boldsymbol{U}_2{}_0\boldsymbol{\beta}_x=\boldsymbol{L}^{-1}\boldsymbol{P}{}_0\boldsymbol{F}\\
&\Rightarrow{}_0\boldsymbol{\beta}_0=\boldsymbol{U}_1^{-1}\boldsymbol{L}^{-1}\boldsymbol{P}{}_0\boldsymbol{F}-\boldsymbol{U}_1^{-1}\boldsymbol{U}_2{}_0\boldsymbol{\beta}_x
\end{aligned}
$$

再有 ${}_0\boldsymbol{\beta}_x=0{}_0\boldsymbol{F}+\boldsymbol{I}{}_0\boldsymbol{\beta}_x$，与上式合并得

$$
\begin{aligned}
&\boldsymbol{Z}^{\mathrm{T}}{}_0\boldsymbol{\beta}=\begin{pmatrix}{}_0\boldsymbol{\beta}_0\\{}_0\boldsymbol{\beta}_x\end{pmatrix}=\begin{bmatrix}\boldsymbol{U}_1^{-1}\boldsymbol{L}^{-1}\boldsymbol{P}\\\boldsymbol{0}\end{bmatrix}{}_0\boldsymbol{F}+\begin{bmatrix}-\boldsymbol{U}_1^{-1}\boldsymbol{U}_2\\\boldsymbol{I}\end{bmatrix}{}_0\boldsymbol{\beta}_x\\
&\Rightarrow{}_0\boldsymbol{\beta}=\boldsymbol{Z}\begin{bmatrix}\boldsymbol{U}_1^{-1}\boldsymbol{L}^{-1}\boldsymbol{P}\\\boldsymbol{0}\end{bmatrix}{}_0\boldsymbol{F}+\boldsymbol{Z}\begin{bmatrix}-\boldsymbol{U}_1^{-1}\boldsymbol{U}_2\\\boldsymbol{I}\end{bmatrix}{}_0\boldsymbol{\beta}_x\\
&\Rightarrow\boldsymbol{B}_0=\boldsymbol{Z}\begin{bmatrix}\boldsymbol{U}_1^{-1}\boldsymbol{L}^{-1}\boldsymbol{P}\\\boldsymbol{0}\end{bmatrix},\boldsymbol{B}_x=\boldsymbol{Z}\begin{bmatrix}-\boldsymbol{U}_1^{-1}\boldsymbol{U}_2\\\boldsymbol{I}\end{bmatrix}
\end{aligned}
\tag{5.86}
$$

对于静不定动不定体系平衡矩阵$\left(\boldsymbol{A}\in\mathbf{R}^{N_r\times N_c}\right.$，$N_r\geqslant N_c$，$\left.\operatorname{rank}(\boldsymbol{A})=r<N_c\right)$，其$LU$三角分解形式为

$$\boldsymbol{PA}=\begin{bmatrix}\boldsymbol{L}_1\\ \boldsymbol{L}_2\end{bmatrix}\boldsymbol{U}，\ \boldsymbol{UZ}=\begin{bmatrix}\boldsymbol{U}_1 & \boldsymbol{U}_2\\ \boldsymbol{0} & \boldsymbol{0}\end{bmatrix}\tag{5.87}$$

式(5.80)改写为以下形式：

$$\begin{aligned}
&\boldsymbol{PAZZ}^{\mathrm{T}}\,{}_0\boldsymbol{\beta}=(\boldsymbol{PAZ})\left(\boldsymbol{Z}^{\mathrm{T}}\,{}_0\boldsymbol{\beta}\right)=\begin{bmatrix}\boldsymbol{L}_1\\ \boldsymbol{L}_2\end{bmatrix}\boldsymbol{UZ}\begin{pmatrix}{}_0\boldsymbol{\beta}_0\\ {}_0\boldsymbol{\beta}_x\end{pmatrix}=\begin{bmatrix}\boldsymbol{L}_1\\ \boldsymbol{L}_2\end{bmatrix}\begin{bmatrix}\boldsymbol{U}_1 & \boldsymbol{U}_2\\ \boldsymbol{0} & \boldsymbol{0}\end{bmatrix}\begin{pmatrix}{}_0\boldsymbol{\beta}_0\\ {}_0\boldsymbol{\beta}_x\end{pmatrix}\\
&\qquad=\begin{bmatrix}\boldsymbol{L}_1\\ \boldsymbol{L}_2\end{bmatrix}\begin{bmatrix}\boldsymbol{U}_1\,{}_0\boldsymbol{\beta}_0+\boldsymbol{U}_2\,{}_0\boldsymbol{\beta}_x\\ \boldsymbol{0}\end{bmatrix}=\boldsymbol{P}\,{}_0\boldsymbol{F}\\
&\Rightarrow\boldsymbol{L}_{1,(N_r-r)\times N_c}\begin{bmatrix}\boldsymbol{U}_{1,r\times r}\,{}_0\boldsymbol{\beta}_0+\boldsymbol{U}_{2,r\times(N_c-r)}\,{}_0\boldsymbol{\beta}_x\\ \boldsymbol{0}_{N_c-r}\end{bmatrix}=\left(\boldsymbol{P}\,{}_0\boldsymbol{F}\right)_{(N_r-r)\times1}\\
&\Rightarrow\begin{bmatrix}\boldsymbol{U}_{1,r\times r}\,{}_0\boldsymbol{\beta}_0+\boldsymbol{U}_{2,r\times(N_c-r)}\,{}_0\boldsymbol{\beta}_x\\ \boldsymbol{0}_{N_c-r}\end{bmatrix}=\boldsymbol{L}^{-1}_{1,N_c\times(N_r-r)}\left(\boldsymbol{P}\,{}_0\boldsymbol{F}\right)_{(N_r-r)\times1}\\
&\Rightarrow\begin{cases}{}_0\boldsymbol{\beta}_0=\boldsymbol{U}^{-1}_{1,r\times r}\left[\boldsymbol{L}^{-1}_{1,N_c\times(N_r-r)}\left(\boldsymbol{P}\,{}_0\boldsymbol{F}\right)_{(N_r-r)\times1}\right]_{r\times1}-\boldsymbol{U}^{-1}_{1,r\times r}\boldsymbol{U}_{2,r\times(N_c-r)}\,{}_0\boldsymbol{\beta}_x\\ \boldsymbol{0}=\left[\boldsymbol{L}^{-1}_{1,N_c\times(N_r-r)}\left(\boldsymbol{P}\,{}_0\boldsymbol{F}\right)_{(N_r-r)\times1}\right]_{(N_c-r)\times1}\end{cases}
\end{aligned}$$

再有${}_0\boldsymbol{\beta}_x=\boldsymbol{I}\,{}_0\boldsymbol{\beta}_x$，得到

$$\boldsymbol{B}_x=\boldsymbol{Z}\begin{bmatrix}-\boldsymbol{U}^{-1}_{1,r\times r}\boldsymbol{U}_{2,r\times(N_c-r)}\\ \boldsymbol{I}\end{bmatrix}\tag{5.88}$$

③QR 分解方法。对于行满秩且列数大于行数的长方形平衡矩阵$\left(\boldsymbol{A}\in\mathbf{R}^{N_r\times N_c}\right.$, $N_r<N_c$，$\left.\operatorname{rank}(\boldsymbol{A})=r=N_r\right)$，采用列选主元的 QR 分解的表达式为

$$\boldsymbol{AZ}=\boldsymbol{Q}\left[\boldsymbol{R}_1\quad\boldsymbol{R}_2\right]\tag{5.89}$$

其中，$\boldsymbol{Q}$为正交矩阵；$\boldsymbol{R}$为上三角矩阵。

式(5.80)可改写为如下形式：

$$\begin{aligned}
&\boldsymbol{AZZ}^{\mathrm{T}}\,{}_0\boldsymbol{\beta}=(\boldsymbol{AZ})\left(\boldsymbol{Z}^{\mathrm{T}}\,{}_0\boldsymbol{\beta}\right)=\boldsymbol{Q}\left[\boldsymbol{R}_1\quad\boldsymbol{R}_2\right]\begin{pmatrix}{}_0\boldsymbol{\beta}_0\\ {}_0\boldsymbol{\beta}_x\end{pmatrix}={}_0\boldsymbol{F}\\
&\Rightarrow\boldsymbol{R}_1\,{}_0\boldsymbol{\beta}_0+\boldsymbol{R}_2\,{}_0\boldsymbol{\beta}_x=\boldsymbol{Q}^{\mathrm{T}}\,{}_0\boldsymbol{F}\\
&\Rightarrow{}_0\boldsymbol{\beta}_0=\boldsymbol{R}_1^{-1}\boldsymbol{Q}^{\mathrm{T}}\,{}_0\boldsymbol{F}-\boldsymbol{R}_1^{-1}\boldsymbol{R}_2\,{}_0\boldsymbol{\beta}_x
\end{aligned}$$

再有 ${}_0\boldsymbol{\beta}_x = 0\,{}_0\boldsymbol{F} + \boldsymbol{I}\,{}_0\boldsymbol{\beta}_x$，并与上式合并得

$$\begin{aligned}
&\boldsymbol{Z}^{\mathrm{T}}\,{}_0\boldsymbol{\beta} = \begin{pmatrix} {}_0\boldsymbol{\beta}_0 \\ {}_0\boldsymbol{\beta}_x \end{pmatrix} = \begin{bmatrix} \boldsymbol{R}_1^{-1}\boldsymbol{Q}^{\mathrm{T}} \\ \boldsymbol{0} \end{bmatrix} {}_0\boldsymbol{F} + \begin{bmatrix} -\boldsymbol{R}_1^{-1}\boldsymbol{R}_2 \\ \boldsymbol{I} \end{bmatrix} {}_0\boldsymbol{\beta}_x \\
&\Rightarrow {}_0\boldsymbol{\beta} = \boldsymbol{Z}\begin{bmatrix} \boldsymbol{R}_1^{-1}\boldsymbol{Q}^{\mathrm{T}} \\ \boldsymbol{0} \end{bmatrix} {}_0\boldsymbol{F} + \boldsymbol{Z}\begin{bmatrix} -\boldsymbol{R}_1^{-1}\boldsymbol{R}_2 \\ \boldsymbol{I} \end{bmatrix} {}_0\boldsymbol{\beta}_x \\
&\Rightarrow \boldsymbol{B}_0 = \boldsymbol{Z}\begin{bmatrix} \boldsymbol{R}_1^{-1}\boldsymbol{Q}^{\mathrm{T}} \\ \boldsymbol{0} \end{bmatrix},\ \boldsymbol{B}_x = \boldsymbol{Z}\begin{bmatrix} -\boldsymbol{R}_1^{-1}\boldsymbol{R}_2 \\ \boldsymbol{I} \end{bmatrix}
\end{aligned} \tag{5.90}$$

静不定动不定体系整体平衡矩阵行秩亏且列秩亏 $\boldsymbol{A} \in \mathbf{R}^{N_r \times N_c}$， $N_r \geqslant N_c$， $\operatorname{rank}(\boldsymbol{A}) = r < N_c$，列秩亏长方形矩阵采用 QR 分解的表达式为

$$\boldsymbol{AZ} = \boldsymbol{Q}\begin{bmatrix} \boldsymbol{R}_1 & \boldsymbol{R}_2 \\ \boldsymbol{0} & \boldsymbol{0} \end{bmatrix} \tag{5.91}$$

其中，$\boldsymbol{Q} = \boldsymbol{H}_1\boldsymbol{H}_2\cdots\boldsymbol{H}_r$，$\boldsymbol{H}_j$ 为豪斯霍尔德(Householder)变换矩阵；$\boldsymbol{Z} = \boldsymbol{Z}_1\boldsymbol{Z}_2\cdots\boldsymbol{Z}_r$，为初等置换矩阵。

由式(5.80)可得

$$\begin{aligned}
&\boldsymbol{AZZ}^{\mathrm{T}}\,{}_0\boldsymbol{\beta} = (\boldsymbol{AZ})\left(\boldsymbol{Z}^{\mathrm{T}}\,{}_0\boldsymbol{\beta}\right) = \boldsymbol{Q}\begin{bmatrix} \boldsymbol{R}_1 & \boldsymbol{R}_2 \\ \boldsymbol{0} & \boldsymbol{0} \end{bmatrix}\begin{pmatrix} {}_0\boldsymbol{\beta}_0 \\ {}_0\boldsymbol{\beta}_x \end{pmatrix} = {}_0\boldsymbol{F} \\
&\Rightarrow \begin{bmatrix} \boldsymbol{R}_1\,{}_0\boldsymbol{\beta}_0 + \boldsymbol{R}_2\,{}_0\boldsymbol{\beta}_x \\ \boldsymbol{0} \end{bmatrix} = \begin{bmatrix} \boldsymbol{Q}_{r\times N_r}^{\mathrm{T}} \\ \boldsymbol{Q}_{(N_r-r)\times N_r}^{\mathrm{T}} \end{bmatrix} {}_0\boldsymbol{F} \\
&\Rightarrow {}_0\boldsymbol{\beta}_0 = \boldsymbol{R}_1^{-1}\boldsymbol{Q}_{r\times N_r}^{\mathrm{T}}\,{}_0\boldsymbol{F} - \boldsymbol{R}_1^{-1}\boldsymbol{R}_2\,{}_0\boldsymbol{\beta}_x \text{且} \boldsymbol{Q}_{(N_r-r)\times N_r}^{\mathrm{T}}\,{}_0\boldsymbol{F} = \boldsymbol{0}
\end{aligned}$$

再有 ${}_0\boldsymbol{\beta}_x = 0\,{}_0\boldsymbol{F} + \boldsymbol{I}\,{}_0\boldsymbol{\beta}_x$，并与上式合并得

$$\begin{aligned}
&\boldsymbol{Z}^{\mathrm{T}}\,{}_0\boldsymbol{\beta} = \begin{pmatrix} {}_0\boldsymbol{\beta}_0 \\ {}_0\boldsymbol{\beta}_x \end{pmatrix} = \begin{bmatrix} \boldsymbol{R}_1^{-1}\boldsymbol{Q}_{r\times N_r}^{\mathrm{T}} \\ \boldsymbol{0} \end{bmatrix} {}_0\boldsymbol{F} + \begin{bmatrix} -\boldsymbol{R}_1^{-1}\boldsymbol{R}_2 \\ \boldsymbol{I} \end{bmatrix} {}_0\boldsymbol{\beta}_x \\
&\Rightarrow {}_0\boldsymbol{\beta} = \boldsymbol{Z}\begin{bmatrix} \boldsymbol{R}_1^{-1}\boldsymbol{Q}_{r\times N_r}^{\mathrm{T}} \\ \boldsymbol{0} \end{bmatrix} {}_0\boldsymbol{F} + \boldsymbol{Z}\begin{bmatrix} -\boldsymbol{R}_1^{-1}\boldsymbol{R}_2 \\ \boldsymbol{I} \end{bmatrix} {}_0\boldsymbol{\beta}_x \\
&\Rightarrow \boldsymbol{B}_0 = \boldsymbol{Z}\begin{bmatrix} \boldsymbol{R}_1^{-1}\boldsymbol{Q}_{r\times N_r}^{\mathrm{T}} \\ \boldsymbol{0} \end{bmatrix},\ \boldsymbol{B}_x = \boldsymbol{Z}\begin{bmatrix} -\boldsymbol{R}_1^{-1}\boldsymbol{R}_2 \\ \boldsymbol{I} \end{bmatrix}
\end{aligned} \tag{5.92}$$

④奇异值分解方法。对于静不定动定体系的平衡矩阵$\left(\boldsymbol{A} \in \mathbf{R}^{N_r \times N_c}\right.$， $N_r < N_c$，$\left.\operatorname{rank}(\boldsymbol{A}) = r = N_r\right)$，采用奇异值分解的表达式为

$$\boldsymbol{U}^{\mathrm{T}}\boldsymbol{A}\boldsymbol{V}\boldsymbol{V}^{\mathrm{T}}{}_0\boldsymbol{\beta}=\left(\boldsymbol{U}^{\mathrm{T}}\boldsymbol{A}\boldsymbol{V}\right)\left(\boldsymbol{V}^{\mathrm{T}}{}_0\boldsymbol{\beta}\right)=\begin{bmatrix}\boldsymbol{\Sigma}_{r\times r} & 0\end{bmatrix}\begin{pmatrix}{}_0\gamma_0\\ {}_0\gamma_x\end{pmatrix}=\boldsymbol{U}^{\mathrm{T}}_{N_r\times N_r}{}_0\boldsymbol{F},\quad \boldsymbol{V}^{\mathrm{T}}{}_0\boldsymbol{\beta}=\begin{pmatrix}{}_0\gamma_0\\ {}_0\gamma_x\end{pmatrix}$$

$$\Rightarrow \boldsymbol{\Sigma}{}_0\gamma_0+\boldsymbol{0}{}_0\gamma_x=\boldsymbol{U}^{\mathrm{T}}_{N_r\times N_r}{}_0\boldsymbol{F}$$

$$\Rightarrow {}_0\gamma_0=\boldsymbol{\Sigma}^{-1}\boldsymbol{U}^{\mathrm{T}}_{N_r\times N_r}{}_0\boldsymbol{F}-\boldsymbol{0}{}_0\gamma_x$$

再有 ${}_0\gamma_x=\boldsymbol{0}{}_0\boldsymbol{F}+\boldsymbol{I}{}_0\gamma_x$，可得

$$\boldsymbol{V}^{\mathrm{T}}{}_0\boldsymbol{\beta}=\begin{pmatrix}{}_0\gamma_0\\ {}_0\gamma_x\end{pmatrix}=\begin{bmatrix}\boldsymbol{\Sigma}^{-1}\boldsymbol{U}^{\mathrm{T}}_{N_r\times N_r}\\ \boldsymbol{0}\end{bmatrix}{}_0\boldsymbol{F}+\begin{bmatrix}\boldsymbol{0}\\ \boldsymbol{I}\end{bmatrix}{}_0\gamma_x$$

$$\Rightarrow {}_0\boldsymbol{\beta}=\boldsymbol{V}\begin{pmatrix}{}_0\gamma_0\\ {}_0\gamma_x\end{pmatrix}=\boldsymbol{V}\begin{bmatrix}\boldsymbol{\Sigma}^{-1}\boldsymbol{U}^{\mathrm{T}}_{N_r\times N_r}\\ \boldsymbol{0}\end{bmatrix}{}_0\boldsymbol{F}+\boldsymbol{V}\begin{bmatrix}\boldsymbol{0}\\ \boldsymbol{I}\end{bmatrix}{}_0\gamma_x$$

$$\Rightarrow \boldsymbol{B}_0=\boldsymbol{V}\begin{bmatrix}\boldsymbol{\Sigma}^{-1}\boldsymbol{U}^{\mathrm{T}}_{N_r\times N_r}\\ \boldsymbol{0}\end{bmatrix},\ \boldsymbol{B}_x=\boldsymbol{V}\begin{bmatrix}\boldsymbol{0}\\ \boldsymbol{I}\end{bmatrix} \tag{5.93}$$

静不定动不定体系整体平衡矩阵$\left(\boldsymbol{A}\in\mathbf{R}^{N_r\times N_c}\right.$，$N_r\geqslant N_c$，$\left.\operatorname{rank}(\boldsymbol{A})=r<N_c\right)$可采用奇异值分解方法，式(5.80)可改写为以下的形式，再将式(5.76)代入得到

$$\boldsymbol{U}^{\mathrm{T}}\boldsymbol{A}\boldsymbol{V}\boldsymbol{V}^{\mathrm{T}}{}_0\boldsymbol{\beta}=\left(\boldsymbol{U}^{\mathrm{T}}\boldsymbol{A}\boldsymbol{V}\right)\left(\boldsymbol{V}^{\mathrm{T}}{}_0\boldsymbol{\beta}\right)=\begin{bmatrix}\boldsymbol{\Sigma}_{r\times r} & \boldsymbol{0}\\ \boldsymbol{0} & \boldsymbol{0}\end{bmatrix}\begin{pmatrix}{}_0\gamma_0\\ {}_0\gamma_x\end{pmatrix}$$

$$=\boldsymbol{U}^{\mathrm{T}}{}_0\boldsymbol{F}=\begin{pmatrix}\boldsymbol{U}^{\mathrm{T}}_{r\times N_r}{}_0\boldsymbol{F}\\ \boldsymbol{U}^{T}_{(N_r-r)\times N_r}{}_0\boldsymbol{F}\end{pmatrix},\ \boldsymbol{V}^{\mathrm{T}}{}_0\boldsymbol{\beta}=\begin{pmatrix}{}_0\gamma_0\\ {}_0\gamma_x\end{pmatrix}$$

$$\Rightarrow\begin{cases}\boldsymbol{\Sigma}{}_0\gamma_0+\boldsymbol{0}{}_0\gamma_x=\boldsymbol{U}^{\mathrm{T}}_{r\times N_r}{}_0\boldsymbol{F}\\ \boldsymbol{0}{}_0\gamma_0+\boldsymbol{0}{}_0\gamma_x=\boldsymbol{U}^{\mathrm{T}}_{(N_r-r)\times N_r}{}_0\boldsymbol{F}\end{cases}$$

$$\Rightarrow\begin{cases}{}_0\gamma_0=\boldsymbol{\Sigma}^{-1}\boldsymbol{U}^{\mathrm{T}}_{r\times N_r}{}_0\boldsymbol{F}-\boldsymbol{0}{}_0\gamma_x\\ \boldsymbol{U}^{\mathrm{T}}_{(N_r-r)\times N_r}{}_0\boldsymbol{F}=\boldsymbol{0}\end{cases}$$

再有 ${}_0\gamma_x=\boldsymbol{0}{}_0\boldsymbol{F}+\boldsymbol{I}{}_0\gamma_x$，进行合并得

$$\boldsymbol{V}^{\mathrm{T}}{}_0\boldsymbol{\beta}=\begin{pmatrix}{}_0\gamma_0\\ {}_0\gamma_x\end{pmatrix}=\begin{bmatrix}\boldsymbol{\Sigma}^{-1}\boldsymbol{U}^{\mathrm{T}}_{r\times N_r}\\ \boldsymbol{0}\end{bmatrix}{}_0\boldsymbol{F}+\begin{bmatrix}\boldsymbol{0}\\ \boldsymbol{I}\end{bmatrix}{}_0\gamma_x$$

$$\Rightarrow {}_0\boldsymbol{\beta}=\boldsymbol{V}\begin{pmatrix}{}_0\gamma_0\\ {}_0\gamma_x\end{pmatrix}=\boldsymbol{V}\begin{bmatrix}\boldsymbol{\Sigma}^{-1}\boldsymbol{U}^{\mathrm{T}}_{r\times N_r}\\ \boldsymbol{0}\end{bmatrix}{}_0\boldsymbol{F}+\boldsymbol{V}\begin{bmatrix}\boldsymbol{0}\\ \boldsymbol{I}\end{bmatrix}{}_0\gamma_x$$

$$\Rightarrow \boldsymbol{B}_0=\boldsymbol{V}\begin{bmatrix}\boldsymbol{\Sigma}^{-1}\boldsymbol{U}^{\mathrm{T}}_{r\times N_r}\\ \boldsymbol{0}\end{bmatrix},\ \boldsymbol{B}_x=\boldsymbol{V}\begin{bmatrix}\boldsymbol{0}\\ \boldsymbol{I}\end{bmatrix} \tag{5.94}$$

式(5.93)和式(5.94)同时证明奇异值分解得到的正交矩阵 $\boldsymbol{V}^{\mathrm{T}}$ 可从下面数 $s=(N_c-r)$ 行为独立自应力模态。$\boldsymbol{U}^{\mathrm{T}}_{(N_r-r)\times N_c\ 0}\boldsymbol{F}=0$ 可以看成外荷载矢量做功等于零，因此正交矩阵 $\boldsymbol{U}$ 从右面数 $m=(N_r-r)$ 列为体系的独立机构位移模态矢量。

例题 5.2　长方形平衡矩阵 $\boldsymbol{A}\in\mathbf{R}^{N_r\times N_c}$，$N_r=4\geqslant N_c=3$，$\boldsymbol{A}=\begin{bmatrix}1&2&3\\1&5&6\\1&8&9\\1&11&12\end{bmatrix}$，$\operatorname{rank}(\boldsymbol{A})=r=2<N_c$，求其自应力矩阵。

方法 1：采用 LU 分解方法。

$$\boldsymbol{L}=\begin{bmatrix}1&0&0\\1&1&0\\1&0.6667&1\\1&0.3333&0\end{bmatrix},\quad \boldsymbol{U}=\begin{bmatrix}1&2&3\\0&9&9\\0&0&0\end{bmatrix},\quad \boldsymbol{P}=\begin{bmatrix}1&0&0&0\\0&0&0&1\\0&0&1&0\\0&1&0&0\end{bmatrix}$$

将 $\boldsymbol{U}$ 分块，得到

$$\boldsymbol{Z}=\begin{bmatrix}1&0&0\\0&1&0\\0&0&1\end{bmatrix},\quad \boldsymbol{U}_1=\begin{bmatrix}1&2\\0&9\end{bmatrix},\quad \boldsymbol{U}_2=\begin{bmatrix}3\\9\end{bmatrix}$$

将其代入式(5.88)，得到 $\boldsymbol{B}_x=\begin{bmatrix}-1\\-1\\1\end{bmatrix}$。

方法 2：采用 QR 分解方法。

$$\boldsymbol{Z}=\begin{bmatrix}0&0&1\\0&1&0\\1&0&0\end{bmatrix},\quad \boldsymbol{Q}=\begin{bmatrix}-0.1826&-0.8165&0.5467&0.0340\\-0.3651&-0.4082&-0.7542&0.3621\\-0.5477&0.0000&-0.1315&-0.8263\\-0.7303&0.4082&0.3391&0.4301\end{bmatrix},\quad \boldsymbol{R}=\begin{bmatrix}-16.4317&-14.6059&-1.8257\\0&0.8165&-0.8165\\0&0&0\\0&0&0\end{bmatrix}$$

将 $\boldsymbol{R}$ 分块可得

$$\boldsymbol{R}_1=\begin{bmatrix}-16.4317&-14.6059\\0&0.8165\end{bmatrix},\quad \boldsymbol{R}_2=\begin{bmatrix}-1.8257\\-0.8165\end{bmatrix}$$

将 $\boldsymbol{R}_1$ 和 $\boldsymbol{R}_2$ 代入式(5.92)，得到 $\boldsymbol{B}_x=\begin{bmatrix}1\\1\\-1\end{bmatrix}$。这与方法 1 结果符号相反，实际是一个模态。

方法 3：采用奇异值分解方法。

$$\boldsymbol{U}=\begin{bmatrix}-0.1650&-0.8202&-0.4236&-0.3472\\-0.3563&-0.4160&0.3060&0.7787\\-0.5476&-0.0118&0.6588&-0.5157\\-0.7389&0.3925&-0.5412&0.0843\end{bmatrix},\quad \boldsymbol{\Sigma}=\begin{bmatrix}22.0656&0&0\\0&1.0531&0\\0&0&0\\0&0&0\end{bmatrix}$$

将其代入式(5.94)，得到

$$\boldsymbol{B}_x=\begin{bmatrix}-0.0819 & -0.8124 & -0.5774\\ -0.6626 & 0.4771 & -0.5774\\ -0.7445 & -0.3352 & 0.5774\end{bmatrix}\begin{bmatrix}0\\0\\1\end{bmatrix}=\begin{bmatrix}-0.5774\\-0.5774\\0.5774\end{bmatrix}$$

归一化后与方法 1、方法 2 的结果一致。

例题 5.2 中假定平衡矩阵已知，分别采用 LU 分解方法、QR 分解方法和奇异值分解方法，这三种分解方法均给出了相同的自应力矩阵，从而验证了表 5.5 中公式的正确性。从数学角度而言，三种分解方法采用的矩阵基本变换不一样，如高斯变换、豪斯霍尔德变换以及吉文斯变换等。

表 5.5　几种平衡矩阵分解方法及其适用范围

体系类型	Gauss-Jordan 消去法	LU 分解方法	QR 分解方法	奇异值分解方法
静定动定体系 $\boldsymbol{A}\in\mathbf{R}^{N_r\times N_c}$ $N_r=N_c$ $\mathrm{rank}(\boldsymbol{A})=r=N_r$	$\boldsymbol{G}^{\mathrm{auss}}\boldsymbol{AZ}=\boldsymbol{I}$	$\boldsymbol{PA}=\boldsymbol{LU}$	$\boldsymbol{AZ}=\boldsymbol{QR}$	$\boldsymbol{A}_{N_r\times N_c}=\boldsymbol{U\Sigma V}^{\mathrm{T}}$
静不定动定体系 $\boldsymbol{A}\in\mathbf{R}^{N_r\times N_c}$ $N_r<N_c$ $\mathrm{rank}(\boldsymbol{A})=r=N_r$	$\boldsymbol{G}^{\mathrm{auss}}\boldsymbol{AZ}=[\boldsymbol{I}\quad \boldsymbol{M}]$ $\boldsymbol{B}_0=\boldsymbol{Z}\begin{bmatrix}\boldsymbol{G}^{\mathrm{auss}}\\ \boldsymbol{0}_{(N_c-r)\times r}\end{bmatrix}$ $\boldsymbol{B}_x=\boldsymbol{Z}\begin{bmatrix}-\boldsymbol{M}_{r\times(N_c-r)}\\ \boldsymbol{I}_{(N_c-r)\times(N_c-r)}\end{bmatrix}$	$\boldsymbol{PA}=\boldsymbol{LU},\boldsymbol{UZ}=[\boldsymbol{U}_1\quad \boldsymbol{U}_2]$ $\boldsymbol{B}_0=\boldsymbol{Z}\begin{bmatrix}\boldsymbol{U}_1^{-1}\boldsymbol{L}^{-1}\boldsymbol{P}\\ \boldsymbol{0}\end{bmatrix}$ $\boldsymbol{B}_x=\boldsymbol{Z}\begin{bmatrix}-\boldsymbol{U}_1^{-1}\boldsymbol{U}_2\\ \boldsymbol{I}\end{bmatrix}$	$\boldsymbol{AZ}=\boldsymbol{Q}[\boldsymbol{R}_1\quad \boldsymbol{R}_2]$ $\boldsymbol{B}_0=\boldsymbol{Z}\begin{bmatrix}\boldsymbol{R}_1^{-1}\boldsymbol{Q}_{r\times N_r}^{\mathrm{T}}\\ \boldsymbol{0}\end{bmatrix}$ $\boldsymbol{B}_x=\boldsymbol{Z}\begin{bmatrix}-\boldsymbol{R}_1^{-1}\boldsymbol{R}_2\\ \boldsymbol{I}\end{bmatrix}$	$\boldsymbol{A}_{N_r\times N_c}=\boldsymbol{U}[\boldsymbol{\Sigma}\quad 0]\boldsymbol{V}^{\mathrm{T}}$ $\boldsymbol{B}_0=\boldsymbol{V}\begin{bmatrix}\boldsymbol{\Sigma}^{-1}\boldsymbol{U}_{N_r\times N_r}^{\mathrm{T}}\\ \boldsymbol{0}\end{bmatrix}$ $\boldsymbol{B}_x=\boldsymbol{V}\begin{bmatrix}\boldsymbol{0}\\ \boldsymbol{I}\end{bmatrix}$
静不定动不定体系 $\boldsymbol{A}\in\mathbf{R}^{N_r\times N_c}$ $N_r\geqslant N_c$ $\mathrm{rank}(\boldsymbol{A})=r<N_c$	$\boldsymbol{G}^{\mathrm{auss}}\boldsymbol{AZ}=\begin{bmatrix}\boldsymbol{I} & \boldsymbol{M}\\ \boldsymbol{0} & \boldsymbol{0}\end{bmatrix}$ $\boldsymbol{B}_0=\boldsymbol{Z}\begin{bmatrix}\boldsymbol{G}_{r\times N_r}\\ \boldsymbol{0}_{(N_c-r)\times r}\end{bmatrix}$ $\boldsymbol{B}_x=\boldsymbol{Z}\begin{bmatrix}-\boldsymbol{M}_{r\times(N_c-r)}\\ \boldsymbol{I}_{(N_c-r)\times(N_c-r)}\end{bmatrix}$	$\boldsymbol{PA}=\begin{bmatrix}\boldsymbol{L}_1\\ \boldsymbol{L}_2\end{bmatrix}\boldsymbol{U}$ $\boldsymbol{UZ}=\begin{bmatrix}\boldsymbol{U}_1 & \boldsymbol{U}_2\\ \boldsymbol{0} & \boldsymbol{0}\end{bmatrix}$ $\boldsymbol{B}_x=\boldsymbol{Z}\begin{bmatrix}-\boldsymbol{U}_{1,r\times r}^{-1}\boldsymbol{U}_{2,r\times(N_c-r)}\\ \boldsymbol{I}\end{bmatrix}$	$\boldsymbol{AZ}=\boldsymbol{Q}\begin{bmatrix}\boldsymbol{R}_1 & \boldsymbol{R}_2\\ \boldsymbol{0} & \boldsymbol{0}\end{bmatrix}$ $\boldsymbol{B}_0=\boldsymbol{Z}\begin{bmatrix}\boldsymbol{R}_1^{-1}\boldsymbol{Q}_{r\times N_r}^{\mathrm{T}}\\ \boldsymbol{0}\end{bmatrix}$ $\boldsymbol{B}_x=\boldsymbol{Z}\begin{bmatrix}-\boldsymbol{R}_1^{-1}\boldsymbol{R}_2\\ \boldsymbol{I}\end{bmatrix}$	$\boldsymbol{A}_{N_r\times N_c}=\boldsymbol{U}\begin{bmatrix}\boldsymbol{\Sigma} & 0\\ 0 & 0\end{bmatrix}\boldsymbol{V}^{\mathrm{T}}$ $\boldsymbol{B}_0=\boldsymbol{V}\begin{bmatrix}\boldsymbol{\Sigma}^{-1}\boldsymbol{U}_{r\times N_r}^{\mathrm{T}}\\ \boldsymbol{0}\end{bmatrix}$ $\boldsymbol{B}_x=\boldsymbol{V}\begin{bmatrix}\boldsymbol{0}\\ \boldsymbol{I}\end{bmatrix}$

平衡矩阵的分解方法及其适用范围归纳如表 5.5 所示。表 5.5 表明，长方形平衡矩阵的分解结果和其行数、列数以及矩阵的数值秩密切相关，各类体系均可采用代数力法求解。完全正交分解方法(如奇异值分解方法)给出的结果最为简洁，就数值稳定性而言，各种 Gauss-Jordan 消去法的改进(如 LU 分解方法和 QR 分解方法)也没有完全正交分解方法好，工程设计中进行线性找力分析时可根据个人喜好选择合适的分解方法。这几种方法共同的缺点是求得的自应力矩阵一般是满阵，这掩盖了一些体系中的局部自应力模态；求得自应力矩阵之后，找力分析的任务并没有结束，各独立自应力模态及其线性组合是否能够将体系刚化以及刚化程度如何度量，这也是工程设计时必须面对的问题；体系若是几何对称的，习惯上，工程设计时也希望得到对称的独立自应力模态，接下来将详细讨论这三个问题。

此外，表 5.5 给出的奇异值分解方法得到 $\boldsymbol{B}_0 = \boldsymbol{V}\begin{bmatrix}\boldsymbol{\Sigma}^{-1}\boldsymbol{U}_{r\times N_r}^{\mathrm{T}} \\ \boldsymbol{0}\end{bmatrix}$，然而 $\boldsymbol{A}^{+} = \boldsymbol{V}\boldsymbol{\Sigma}^{+}\boldsymbol{U}^{\mathrm{T}}$，比较二者可见 $\boldsymbol{A}^{+} = \boldsymbol{B}_0$。因此，在使用式(5.79)时就要注意，该式仅给出了力法基本结构的广义内力增量。引申一下，广义逆矩阵的力学意义在于求解其行空间或列空间的确定性解，右端的非零荷载项对平衡矩阵的零空间是不起作用的，是一个非完整的线性空间变换，同时也是秩亏损问题比较好的一个解。从这个角度出发，可以解释佛山世纪莲体育场建筑设计几何下的设计预应力无法与体系自重荷载平衡的问题，例如，内圈正多边形环索各节点在一个平面外接圆上，径向索悬挑端也在这个平面内，导致该体系的力法基本结构的线性空间刚度存在缺陷，即 $\boldsymbol{B}_0$ 在环索节点的竖向自由度方向秩亏(水平方向没问题)，无法通过调整设计预应力来适应竖向自重荷载，但这并不意味着体系不能承受竖向荷载，因为体系可通过几何位形的有限改变来适应外荷载。因此，线性小位移小应变假设下，基于设计几何上的平衡矩阵分解得到的设计预应力不一定能调整以适应常态荷载效应，这与采用简化的设计模型还是精细化的深化设计模型无关。放弃线性小位移小应变假设，即设计几何可以有限改变，则要求设计预应力必须能够适应常态荷载效应，并且可以保持稳定，这是非线性找力分析要讨论的问题之一。

静不定动定体系的力法基本结构选择是任意的，对此经典力法中有详细的讨论。静不定动不定体系有点复杂，该类体系可能包含局部静定动定体系、局部静不定动定体系或局部机构，$m > 0$，$s > 0$ 只是一个静力学方面的体系分类的整体指标，且没有考虑体系的稳定性，这时采用式(5.79)的有效性就值得引起注意。实际工程设计经验表明，对于某些索穹顶结构、空间索桁体系等独立自应力模态数等于 1 的体系，采用式(5.79)计算体系自重或部分附加恒荷载对设计预应力的影响是可行的，称为线性折减法[48]，但对独立自应力模态数大于 1 的体系，式(5.79)一般无法给出满意的结果，其根本原因在于式(5.79)仅适用于右端荷载项不为零的自由度方向不秩亏的体系。

(4)广义基本结构和广义多余约束。如果代数力法中对 ${}_0\boldsymbol{\beta}$ 的变换不是简单的初等置换，力法的基本结构以及 $\boldsymbol{B}_0$ 和 $\boldsymbol{B}_x$ 的力学意义就变得模糊。如表 5.5 中的奇异值分解方法，由奇异值分解求得的 $\boldsymbol{B}_0$ 和 $\boldsymbol{B}_x$ 一般是满阵。这一点和其他分解方法以及经典力法中人工选择基本结构是不同的，式(5.93)和式(5.94)中 $\boldsymbol{B}_0$ 隐含的广义基本结构是 ${}_0\boldsymbol{\gamma}_0$，$\boldsymbol{B}_x$ 对应的广义多余约束是 ${}_0\boldsymbol{\gamma}_x$。

静不定动定体系的平衡矩阵 $\boldsymbol{A} \in \mathbf{R}^{N_r \times N_c}$，$N_r < N_c$，$\operatorname{rank}(\boldsymbol{A}) = r = N_r$，平衡方程的右端项即外荷载矢量的维数等于 N_r。代数力法中 $\boldsymbol{B}_0$ 列秩等于 N_r 的力学意义在于体系可依靠基本结构自身相应的内力分布来平衡掉任意方向或任意分布的外荷载。针对静不定动定体系，$\boldsymbol{AB}_0 = \boldsymbol{I}$，其力学意义就是 $\boldsymbol{B}_0$ 的列矢量表示某一自由度方向上的单位外荷载(其他自由度方向上的外荷载为零)作用下的体系广义基本结构各构件(注：可能包含体系所有构件且一般具有非零内力)仅满足平衡条件需要的内力分布。$\boldsymbol{AB}_x = \boldsymbol{0}$，其力学意义在于 $\boldsymbol{B}_x$ 的列矢量表示体系各构件由于某广义多余约束不等于零(其他为零)而需要的内力或单元广义内力参数，与外荷载无关。

静不定动不定体系的平衡矩阵 $\boldsymbol{A}\in\mathbf{R}^{N_r\times N_c}$ ，$N_r\geqslant N_c$ ，$\operatorname{rank}(\boldsymbol{A})=r<N_c$ ，平衡矩阵的右端项即外荷载矢量的维数也等于 N_r 。该类体系 $\boldsymbol{B}_0$ 的列秩等于 $\operatorname{rank}(\boldsymbol{A})<N_c\leqslant N_r$ ，这表明体系基本结构无法依靠自身的内力分布来平衡掉全部的外荷载，只有通过体系几何构形的有限改变来抵抗 $\boldsymbol{B}_0$ 秩亏方向上的外荷载，大位移下的稳定性问题比较突出。

(5)局部自应力模态与 Turn-back LU 分解。代数力法中为了减小自应力矩阵 $\boldsymbol{B}_x$ 带宽、存储空间和提高计算效率，1979 年，Topcu 提出了 Turn-back LU 分解方法[25]，该方法先通过节点和单元编号优化减小节点和单元关系(拓扑几何)矩阵的带宽，在 LU 分解的基础上，继续对上三角矩阵 $\boldsymbol{U}$ 采用 Turn-back 三角分解策略，能够得到紧凑型自应力矩阵，紧凑型自应力模态有助于揭示体系自内力流的最短路径。文献[25]中采用列选主元的 Gauss-Jordan 消去法，非常详细地给出了 Turn-back LU 分解的算法、例题和源代码，但算法推导过程与列选主元 LU 分解方法结合在一起，形式上较为复杂，初学者不容易理解，程序源代码也只可应用于静不定动定体系。其实，求解表 5.5 任意一种分解方法给出自应力矩阵的行最简形，再采用 Turn-back 方法，可直接获得紧凑型的自应力矩阵，这是对 Turn-back LU 分解方法的进一步推广。下面先采用例题 5.3 简单说明，再从数学角度加以讨论。

矩阵的 Hermite 标准形：$\boldsymbol{A}\in\mathbf{R}^{N_r\times N_c}$ ，矩阵 $\boldsymbol{A}$ 的 Hermite 标准形 $\boldsymbol{R}$ 为矩阵 $\boldsymbol{A}$ 在初等行变换下所能化简得到的最简形式，也称为行最简形，即 $\boldsymbol{PA}=\boldsymbol{R}$ 。$\boldsymbol{R}$ 非零行的第一个非零元都为 1，且这些非零元所在列的其他元素都为 0，仅采用初等行变换的矩阵行最简形是唯一的，即

$$
\boldsymbol{R}=\begin{bmatrix}
0 & \cdots & 0 & 1 & \times & \cdots & \times & 0 & \times & \cdots & 0 & \times & \cdots & \times\\
0 & \cdots & 0 & 0 & 0 & \cdots & 0 & 1 & \times & \cdots & 0 & \times & \cdots & \times\\
\vdots & & \vdots & \vdots & \vdots & & \vdots & \vdots & \vdots & & \vdots & \vdots & & \vdots\\
0 & \cdots & 0 & 0 & 0 & \cdots & 0 & 0 & 0 & \cdots & 1 & \times & \cdots & \times\\
0 & \cdots & 0 & 0 & 0 & \cdots & 0 & 0 & 0 & \cdots & 0 & 0 & \cdots & 0\\
\vdots & & \vdots & \vdots & \vdots & & \vdots & \vdots & \vdots & & \vdots & \vdots & & \vdots\\
0 & \cdots & 0 & 0 & 0 & \cdots & 0 & 0 & 0 & \cdots & 0 & 0 & \cdots & 0
\end{bmatrix}
$$

例题 5.3 如图 5.8 所示十单元六节点平面悬挑桁架，求其自应力矩阵。

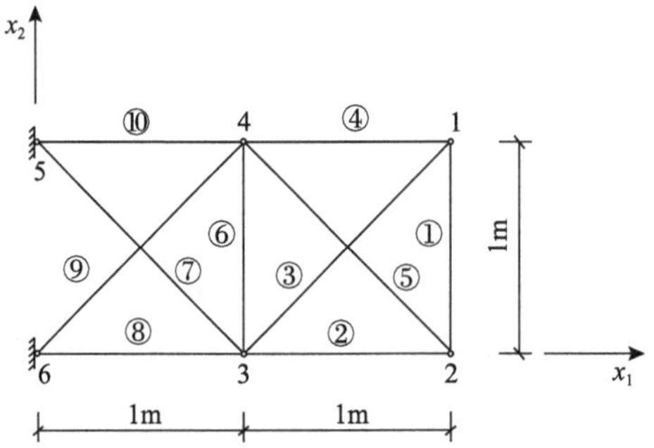

图 5.8 平面悬挑桁架

解：6个平面节点，总自由度数为12，支座约束为4，未知轴力构件为10，建立平衡矩阵如下。

$$
\boldsymbol{A}=\begin{bmatrix}
0 & 0 & -\alpha & -1 & 0 & 0 & 0 & 0 & 0 & 0\\
-1 & 0 & -\alpha & 0 & 0 & 0 & 0 & 0 & 0 & 0\\
0 & -1 & 0 & 0 & -\alpha & 0 & 0 & 0 & 0 & 0\\
1 & 0 & 0 & 0 & \alpha & 0 & 0 & 0 & 0 & 0\\
0 & 1 & \alpha & 0 & 0 & 0 & -\alpha & -1 & 0 & 0\\
0 & 0 & \alpha & 0 & 0 & 1 & \alpha & 0 & 0 & 0\\
0 & 0 & 0 & 1 & \alpha & 0 & 0 & 0 & -\alpha & -1\\
0 & 0 & 0 & 0 & -\alpha & -1 & 0 & 0 & -\alpha & 0
\end{bmatrix},\quad \alpha=\sqrt{2}/2,\quad \beta=1/\alpha
$$

第 1 步，采用奇异值分解，忽略分解过程，可得

$$
\boldsymbol{B}_x=\begin{bmatrix}
0.3563 & 0.3563 & -0.5039 & 0.3563 & -0.5039 & 0.3247 & 0.0447 & -0.0316 & 0.0447 & -0.0316\\
-0.0182 & -0.0182 & 0.0258 & -0.0182 & 0.0258 & 0.3619 & -0.5375 & 0.3801 & -0.5375 & 0.3801
\end{bmatrix}^{\mathrm{T}}
$$

可见奇异值分解获得的自应力矩阵是满阵，毫无规律可言，多余构件的选择也不明显，掩盖了自内力回路的局部性，但是再仔细观察自应力模态可发现，有重复的应力值成对出现。此外，图 5.8 所示的平面悬挑桁架为几何对称结构，习惯上，我们希望②号单元与④号单元、③号单元与⑤号单元、⑦号单元和⑨号单元、⑧号单元与⑩号单元的自应力相等。这里奇异值分解给出的自应力模态保持了结构的对称性特征，这是意外的收获，但对于一般的静不定动不定体系，事实并非如此。

第 2 步，对奇异值分解获得的自应力矩阵的转置矩阵做初等行变换，得到其行最简形 $\boldsymbol{R}$，然后用 $\boldsymbol{R}^{\mathrm{T}}$ 代替 $\boldsymbol{B}_x$，得到 $\boldsymbol{B}_x=\boldsymbol{R}^{\mathrm{T}}=\begin{bmatrix}1 & 1 & -\beta & 1 & -\beta & 0 & \beta & -1 & \beta & -1\\ 0 & 0 & 0 & 0 & 0 & 1 & -\beta & 1 & -\beta & 1\end{bmatrix}^{\mathrm{T}}$，注意这里的 $\boldsymbol{B}_x$ 有明确的力学意义，即每一个自应力模态对应一个多余构件取单位内力时体系的自内力回路。

定义 Turn-back 矩阵：

$$
\boldsymbol{I}_1=\begin{bmatrix}0 & 1\\ 1 & 0\end{bmatrix},\quad
\boldsymbol{I}_2=\begin{bmatrix}
0&0&0&0&0&0&0&0&0&1\\
0&0&0&0&0&0&0&0&1&0\\
0&0&0&0&0&0&0&1&0&0\\
0&0&0&0&0&0&1&0&0&0\\
0&0&0&0&0&1&0&0&0&0\\
0&0&0&0&1&0&0&0&0&0\\
0&0&0&1&0&0&0&0&0&0\\
0&0&1&0&0&0&0&0&0&0\\
0&1&0&0&0&0&0&0&0&0\\
1&0&0&0&0&0&0&0&0&0
\end{bmatrix}
$$

计算 $\boldsymbol{R}_{\text{Turn-back}}$，即

$$
\boldsymbol{R}_{\text{Turn-back}}=\boldsymbol{I}_1\boldsymbol{R}\boldsymbol{I}_2=\begin{bmatrix}
1 & -\beta & 1 & -\beta & 1 & 0 & 0 & 0 & 0 & 0\\
-1 & \beta & -1 & \beta & 0 & -\beta & 1 & -\beta & 1 & 1
\end{bmatrix}
$$

第 3 步，对 $\boldsymbol{R}_{\text{Turn-back}}$ 按照从上到下、从左到右的顺序，用每一行的第一个非零元素将其所在列下方各个非零元素消去，这里就是用第 1 行第 1 列元素消去第 1 列第 2 行的非零元素，即

$$\boldsymbol{R}_{\text{Turn-back}}=\begin{bmatrix}1 & -\beta & 1 & -\beta & 1 & 0 & 0 & 0 & 0 & 0\\ 0 & 0 & 0 & 0 & 1 & -\beta & 1 & -\beta & 1 & 1\end{bmatrix}$$

第 4 步，计算 $\boldsymbol{B}_x$。

$$\boldsymbol{B}_x=\left(\boldsymbol{I}_1\boldsymbol{R}_{\text{Turn-back}}\boldsymbol{I}_2\right)^{\mathrm{T}}=\begin{bmatrix}1 & 1 & -\beta & 1 & -\beta & 1 & 0 & 0 & 0 & 0\\ 0 & 0 & 0 & 0 & 0 & 1 & -\beta & 1 & -\beta & 1\end{bmatrix}^{\mathrm{T}}$$

紧凑型自应力矩阵与非紧凑型自应力矩阵的最大区别是自应力模态有较多的零元素，这表示局部最短的自内力流形成的回路。紧凑型自应力矩阵在形成对称的相容矩阵时具有较小的半带宽，可以节省内存，提高计算效率。

例题 5.3 平面悬挑桁架虽然是静不定动定体系，但该例题的目的在于说明如何直接在各种分解方法的基础上获取紧凑的独立自应力矩阵，与体系的种类和采用何种分解方法无关。

已知自应力矩阵的转置 $\boldsymbol{B}_x^{\mathrm{T}}$ 为行满秩矩阵，即 $N_r<N_c$，$\operatorname{rank}\left(\boldsymbol{B}_x^{\mathrm{T}}\right)=r=N_r$。通过初等行变换获得其行最简形，可揭示多余构件的编号和自应力模态的力学意义，但仅进行一次行最简形约化并不能求得最紧凑的自应力模态。注意到求矩阵行最简形，是按顺序方式在矩阵的下三角部分产生尽可能多的零元素，而对上三角部分的零元素个数没有效果。如果再将行最简形的行序和列序逆转后重新约化，那么可以将原位于上三角位置的非零元素消去，这就是 Turn-back 策略的实质，主要思路是通过初等行变换分别压缩矩阵的下带宽和上带宽。实际上，所有通过初等行变换缩小矩阵带宽的方法都可以用来求解紧凑型自应力矩阵。例题 5.3 给出了自应力模态数为 2 的计算方法，但在自应力模态数比较多的情况下是否有效？下面通过例题 5.4 进行详细说明和进一步验证。

例题 5.4 已知 $\boldsymbol{B}_x$ 为满阵，$\boldsymbol{B}_x=\begin{bmatrix}1 & 2 & 3 & 4\\ 1 & 5 & 6 & 7\\ 1 & 8 & 11 & 13\\ 1 & 11 & 12 & 14\\ 1 & 8 & 8 & 10\end{bmatrix}$ 求紧凑型自应力矩阵。

解：第 1 步，求 $\boldsymbol{B}_x^{\mathrm{T}}$ 的行最简形 $\boldsymbol{R}$，$\boldsymbol{R}=\begin{bmatrix}1 & 0 & 0 & 0 & 1.5\\ 0 & 1 & 0 & 0 & -1.5\\ 0 & 0 & 1 & 0 & -0.5\\ 0 & 0 & 0 & 1 & 1.5\end{bmatrix}$，根据行最简形的定义可知 $\boldsymbol{B}_x^{\mathrm{T}}$ 和 $\boldsymbol{R}$ 是等价的。

第 2 步，将 $\boldsymbol{R}$ 行列编号逆序重新排列，定义 $\boldsymbol{I}_1$、$\boldsymbol{I}_2$ 两个行、列逆序矩阵——Turn-back 矩阵，即

$$\boldsymbol{I}_1=\begin{bmatrix}0 & 0 & 0 & 1\\ 0 & 0 & 1 & 0\\ 0 & 1 & 0 & 0\\ 1 & 0 & 0 & 0\end{bmatrix},\quad \boldsymbol{I}_2=\begin{bmatrix}0 & 0 & 0 & 0 & 1\\ 0 & 0 & 0 & 1 & 0\\ 0 & 0 & 1 & 0 & 0\\ 0 & 1 & 0 & 0 & 0\\ 1 & 0 & 0 & 0 & 0\end{bmatrix}$$

并计算得到

$$\boldsymbol{R}_{\text{Turn-back}}=\boldsymbol{I}_1\boldsymbol{R}\boldsymbol{I}_2=\begin{bmatrix}1.5 & 1 & 0 & 0 & 0\\ -0.5 & 0 & 1 & 0 & 0\\ -1.5 & 0 & 0 & 1 & 0\\ 1.5 & 0 & 0 & 0 & 1\end{bmatrix}$$

第 3 步，对 $\boldsymbol{R}_{\text{Turn-back}}$ 按照从上到下、从左到右的顺序，用每行第一个非零元素将其所在列下方各非零元素约化为零，逐行进行，共进行行数减 1 次消元。注意，每行的第 1 个零元素未必在主对角元位置，且仅采用初等行变换沿其所在列向下消元，即非主元高斯变换。

第 1 次消元，用第 1 行中的第 1 个非零元素将其所在第 1 列下方第 2、3、4 行的非零元素消去，得到

$$\boldsymbol{R}_{\text{Turn-back}}=\begin{bmatrix}1.5 & 1 & 0 & 0 & 0\\ 0 & 1/3 & 1 & 0 & 0\\ 0 & 1 & 0 & 1 & 0\\ 0 & -1 & 0 & 0 & 1\end{bmatrix}$$

第 2 次消元，用第 2 行中的第 1 个非零元素将其所在第 2 列下方第 3、4 行的非零元素消去，得到

$$\boldsymbol{R}_{\text{Turn-back}}=\begin{bmatrix}1.5 & 1 & 0 & 0 & 0\\ 0 & 1/3 & 1 & 0 & 0\\ 0 & 0 & -3 & 1 & 0\\ 0 & 0 & 3 & 0 & 1\end{bmatrix}$$

第 3 次消元，用第 3 行中的第 1 个非零元素将其所在第 3 列下方第 4 行的非零元素消去，得到

$$\boldsymbol{R}_{\text{Turn-back}}=\begin{bmatrix}1.5 & 1 & 0 & 0 & 0\\ 0 & 1/3 & 1 & 0 & 0\\ 0 & 0 & -3 & 1 & 0\\ 0 & 0 & 0 & 1 & 1\end{bmatrix}$$

消元结束，这样最大限度地压缩了原行最简形的上带宽，并且生成了最多的零元素。

第 4 步，将 $\boldsymbol{R}_{\text{Turn-back}}$ 的行列再一次逆序排列，得到了最为紧凑的自应力模态矩阵 $\boldsymbol{B}_x=\left(\boldsymbol{I}_1\boldsymbol{R}_{\text{Turn-back}}\boldsymbol{I}_2\right)^{\text{T}}$。

该算法与文献[25]算法的区别和联系在于：①适用范围广，如自应力模态数大于 1 的静不定动定体系和静不定动不定体系；②与平衡矩阵的分解方法无关，任何矩阵分解方法生成的自应力模态矩阵均可采用该算法紧凑化；③不需要对体系的有限元模型的节点和单元编号进行优化[49]，该算法生成的紧凑型自应力模态有最多的零元素，即其实际自内力回路是最短的，与节点和单元编号顺序无关；④该算法同样采用 Turn-back 策略，是对 Turn-back LU 分解算法的进一步完善；⑤该算法的精度与稳定性受非主元高斯变换的制约，行最简形、Turn-back 矩阵和非主元高斯变换是该算法的主要特征，可称为 Turn-back 非主元高斯变换方法。

紧凑型自应力矩阵生成过程的算法流程如图 5.9 所示，附录 5.2 给出了该算法的 MATLAB 程序。

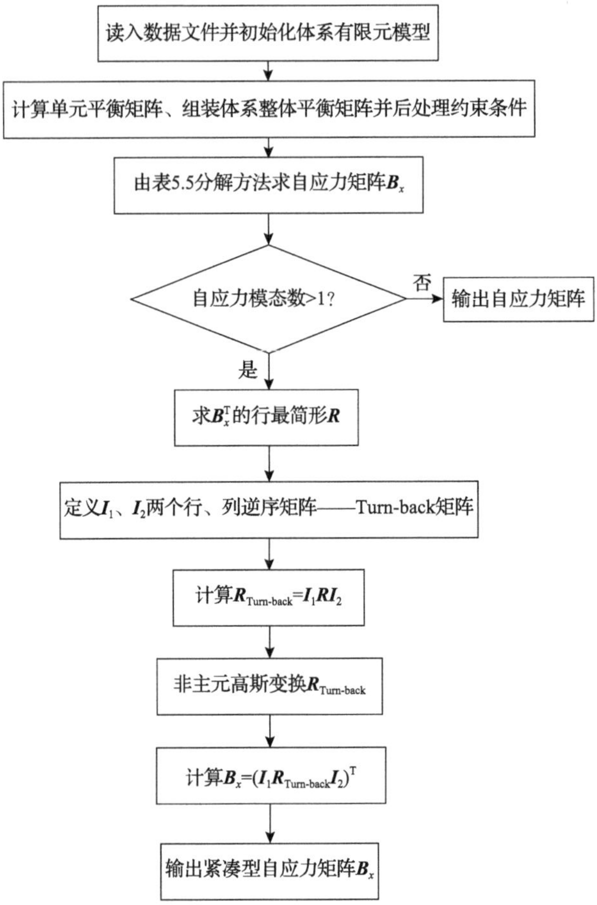

图 5.9　紧凑型自应力矩阵生成过程的算法流程

注：①文献[25]提出的 Turn-back 策略适用于求解平衡矩阵 $\boldsymbol{A}\in\mathbf{R}^{N_r\times N_c}$，$N_r<N_c$，$\operatorname{rank}(\boldsymbol{A})=r=N_r$ 类型的静不定动定体系，该方法给出的自应力矩阵非常紧凑，这对提高代数力法的计算效率、节省内存都非常有效。本书作者的第一个问题是在校核实际工程深化设计模型(精细化线性找力分析)时采用表 5.5 中方法得到的自应力矩阵为满阵，无法区分局部自应力模态，第二个问题是质疑平衡矩阵不对称。第一个问题可以由 Turn-back 策略解决，第二个问题 Topcu 建议采用求 $\boldsymbol{A}^{\mathrm{H}}\boldsymbol{A}$ 或 $\boldsymbol{A}^{\mathrm{T}}\boldsymbol{A}$ 的解来解决，但是 $\boldsymbol{A}^{\mathrm{H}}\boldsymbol{A}$ 为满阵，$\boldsymbol{A}^{\mathrm{H}}\boldsymbol{A}\boldsymbol{x}=0$ 与 $\boldsymbol{A}\boldsymbol{x}=0$ 同解，$\boldsymbol{A}^{\mathrm{H}}$ 表示 $\boldsymbol{A}$ 的共轭转置。证明：方程组 $\boldsymbol{A}\boldsymbol{x}=0$ 的解显然是 $\boldsymbol{A}^{\mathrm{H}}\boldsymbol{A}\boldsymbol{x}=0$ 的解，反过来，若设 $\boldsymbol{x}_i=0$ 是方程组 $\boldsymbol{A}^{\mathrm{H}}\boldsymbol{A}\boldsymbol{x}=0$ 的解，则 $\boldsymbol{x}_i^{\mathrm{H}}\boldsymbol{A}^{\mathrm{H}}\boldsymbol{A}\boldsymbol{x}_i=0\Rightarrow(\boldsymbol{A}\boldsymbol{x}_i)^{\mathrm{H}}\boldsymbol{A}\boldsymbol{x}_i=0\Rightarrow\|\boldsymbol{A}\boldsymbol{x}_i\|_2^2=0\Rightarrow\boldsymbol{A}\boldsymbol{x}_i=0$，证毕。这样求解平衡矩阵 $\boldsymbol{A}$ 的自应力矩阵也可以采用求解 $\boldsymbol{A}^{\mathrm{H}}\boldsymbol{A}$ 的零空间的基底来完成。

②如果直接采用整体力法的整体矩阵如式(5.71)，或许可以同时考虑体系的相容条件，由此引出的问题有：添加相容条件后的整体矩阵是否还存在自应力模态(列满秩)，主动张拉单元是否需要满足相容条件，如果主动张拉单元不需要满足相容条件，找力分析时怎样自动区分主、被动张拉单元。这也可以由矩阵力法的基本公式(即式(5.81))给出答案，即与自应力矩阵 $\boldsymbol{B}_x$ 对应的未知内力单元就是理论主动张拉单元。理论主动张拉单元严格而言强迫施工的自由度数等于自应力模态数，实际工程施工张拉中主动张拉单元的数量一般远大于自应力模态数，如果其小于自应力模态数，被动张拉部分有可能

包含多余约束，这必然带来相容性问题。

③紧凑型自应力矩阵本质上是 LU 分解方法得到的独立自应力模态的线性叠加，由线性代数的知识可知，它们表示的是同一个线性空间，都可作为平衡矩阵零空间的基底。这也说明紧凑型自应力模态力学意义没有 LU 分解方法明确，即该自应力模态不对应单一的多余构件或主动张拉单元内单位广义内力引起的自内力回路。

④表 5.5 给出的每种算法都会自动选择一个力法基本结构或广义基本结构，变换节点和单元顺序后可得到不同的基本结构。这里存在的问题包括：指定基本结构后的自应力矩阵的比较和不同基本结构的矩阵力法的计算效率、精度和稳定性的比较。

⑤静不定动不定体系的施工张拉过程模拟研究目前仍有欠缺，设计阶段往往忽略或低估施工张拉的难度，以至于索力无法达到设计要求。因此，柔性体系的设计与施工必须统一，这是该类体系设计的特点之一。理论上施工张拉过程一般遵循同步、分级的原则，这需要较多的千斤顶张拉设备、液压伺服控制系统和索力实时监测，成本较高。实际工程施工时大多采用分批、分级的原则，以降低施工张拉工装的设备成本并可避免同步提升或张拉过程中的共振现象，其缺点是分批、分级循环张拉时，各索段的索力相互影响，容易引起混乱甚至失去控制。

2. 对称分布的自应力模态

实际工程设计中轴对称和中心对称的静不定动不定体系比较常见，如肋环型、联方型和凯威特型球面索穹顶结构、空间索桁体系等。习惯上，线性找力分析希望获得对称分布的自应力模态。自应力模态数等于 1 的力学对称体系的自应力分布是对称的，这个问题不存在，如例题 5.5 所示，但是对于自应力模态数大于 1 的静不定体系，Gauss-Jordan 消去法、LU 分解方法、QR 分解方法和奇异值分解方法得到的自应力模态一般并不具有对称特征，通过引入对称性条件对平衡矩阵进行缩减或扩充可获得符合力学对称特点的自应力模态，这是因为几何和约束对称的静不定动不定体系如果承受正对称或反对称的附加恒荷载，设计预应力也必然要求是对称或反对称的，以获得初始空间刚度的均匀性。注意，对称性检测在图形图像处理领域是一个专题，这里引入图形图像对称性检测的一些基本概念并给出杆件体系的几何对称性自动检测算法。区别于物理学中对称和守恒定律的关系以及图形图像对称性检测中对称是一个连续的量。线性找力分析只需关注空间几何对称性，严格的力学对称仍然是一个布尔量，即要么对称要么不对称。

下面将由浅入深逐步剖析考虑体系对称性的线性找力分析理论和数值方法。首先，基于等距变换和对称的定义，给出对称体系在对称或反对称荷载作用下内力和位移等矢量场对称或反对称的证明。其次，给出求解正对称分布自应力模态的对称性条件的引入方法。再次，提出反对称分布自应力模态及正、反对称分布自应力模态数量问题和数学解释。接着，讨论静不定动定对称体系和静不定动不定对称体系这两大类体系对称性条件引入的必要性。最后，引入图形学中对称性检测的有关概念和矩阵分析中独立自应力模态矩阵行矢量的 2 范数的酉不变性质，给出了两种对称性信息的自动检测算法。

例题 5.5　平面空腹索桁架体系如图 5.10 所示，找力分析可得其独立自应力模态数为 1，由于对称性，这里只给出左半体系各单元的结果。

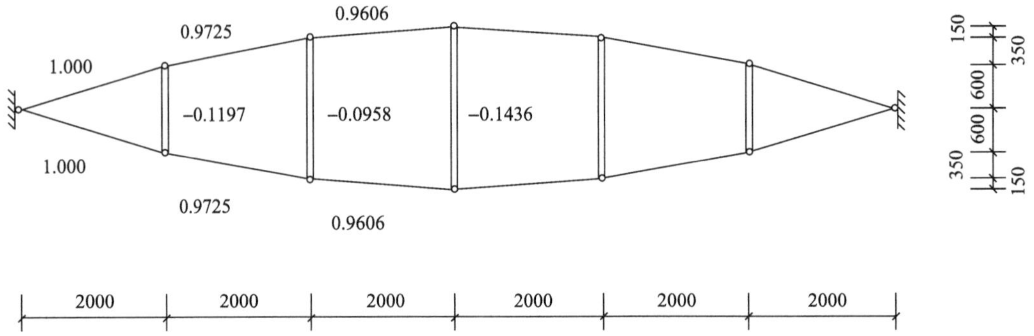

图 5.10　平面空腹索桁架体系(单位：mm)

(1)问题 1：对称体系在对称或反对称荷载作用下内力与位移等矢量场对称与反对称的证明。

下面先引入几个图形学基本概念。

等距变换：对于两个三维几何模型 M 、N 、d_M,d_N 分别为 M 、N 上的度量，如果两个空间之间的映射 $f:M\to N$ 满足 $d_M\cdot(f\times f)=d_N$ ，即对于任意点 $P,Q\in M$，$d_M(P,Q)=d_N(f(P),f(Q))$，其中 $f(P),f(Q)\in N$ ，则映射 f 称为等距变换。

对称：对于一个三维模型 M 及在 M 上定义的度量 d ，如果存在一个等距变换 $f:M\to M$ ，使得 $f(M)=M$ ，则称变换 f 是 M 的对称，M 称为 f 的支持。

已知：对称杆件体系的三维线模型 M，体系为严格全局外蕴对称[50]，对称是一个布尔量，d 是欧几里得距离；有限个节点和单元且拓扑几何信息；节点的空间坐标；单元为直线，一个单元由两个节点唯一确定；支座约束条件对称；静不定体系的各构件截面及其力学特性分布对称。

求证：对称体系在对称荷载外矢量场 $\boldsymbol{F}$ 作用下，内力、位移等因变矢量场对称。

证明：$\forall$点$A,B,C,D\in M,\exists f:M\to M$ ，即 $f(M)=M$ ，$f(B)=D=B$ ，$f(A)=C=A$ ，如图 5.11(a)和图 5.11(b)是相同的几何体系，在外荷载矢量场 $\boldsymbol{F}$ 作用下，引起的内力场(注：这里以截面剪力为例) Q_1 、Q_2 在同一截面位置(注：这里只画出了一半剪力)，$f(Q_1)=Q_2$ ，现在需要证明 $f(Q_1)=Q_1$ 。

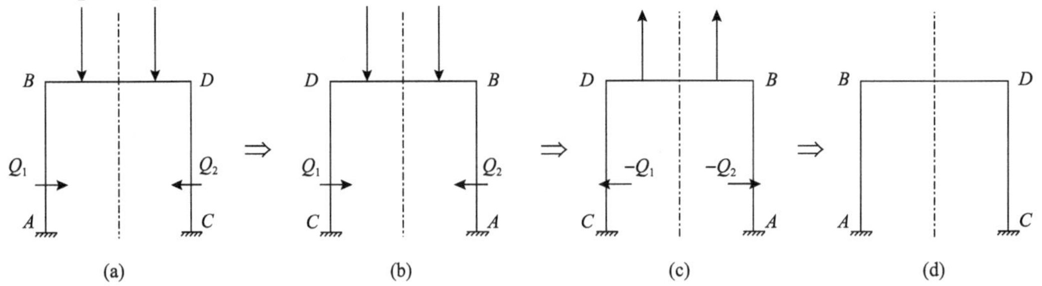

图 5.11　轴对称静不定动定体系示意

在图 5.11(b)体系上施加反向的外荷载矢量场 $-\boldsymbol{F}$ ，则引起的内力场也反向，如图

5.11(c)所示。

将图 5.11(c)和图 5.11(a)叠加，外荷载矢量场为零，体系不受外荷载作用，各因变矢量场均为零，此时 AB 杆处的内力叠加为 $Q_1-Q_2=0 \Rightarrow Q_1=Q_2=f(Q_1)$。

证毕。

同理，可证明在反对称外荷载矢量场作用下，全局外蕴对称体系的内力场或位移场等因变矢量场是反对称的。文献[51]给出的证明中，图 5.11(a)和图 5.11(b)直接相减，而非矢量场的叠加。要理解该证明过程的关键是将图 5.11(a)和对称变换后的图 5.11(b)看成同一体系，而事实上，这就是 $f(M)=M$ 的实际意义。

(2)问题 2：对称性条件的引入方法。

对空间几何和约束条件对称的体系，自动寻找严格满足力学对称条件的构件并分组，基于各组单元信息对平衡矩阵进行处理，再由表 5.5 给出的方法进行矩阵分解，得到自应力矩阵。

举例说明如下：假设已知某杆件体系力学对称，平衡矩阵为

$$\boldsymbol{A}=\begin{bmatrix} a_{11} & a_{12} & \cdots & a_{1j} & \cdots & a_{1N_c} \\ a_{21} & a_{22} & \cdots & a_{2j} & \cdots & a_{2N_c} \\ \vdots & \vdots & & \vdots & & \vdots \\ a_{i1} & a_{i2} & \cdots & a_{ij} & \cdots & a_{iN_c} \\ \vdots & \vdots & & \vdots & & \vdots \\ a_{N_r1} & a_{N_r2} & \cdots & a_{N_rj} & \cdots & a_{N_rN_c} \end{bmatrix}_{N_r\times N_c},\quad {}_0\boldsymbol{\beta}_e=\begin{pmatrix} {}_0\beta_1 \\ {}_0\beta_2 \\ \vdots \\ {}_0\beta_j \\ \vdots \\ {}_0\beta_{N_c} \end{pmatrix}_{N_c\times 1},\quad \boldsymbol{A}\,{}_0\boldsymbol{\beta}_e=0$$

假设 ${}_0\beta_2={}_0\beta_j$，则平衡矩阵的处理可有两种方法。

方法 1：缩减平衡矩阵，保留②号单元(小编号的单元)。采用变换如下：

$$\begin{aligned} \boldsymbol{A}\,{}_0\boldsymbol{\beta}_e &= \boldsymbol{AI}\,{}_0\boldsymbol{\beta}_e=\boldsymbol{AZ}^{-1}\boldsymbol{Z}\,{}_0\boldsymbol{\beta}_e=\left(\boldsymbol{AZ}^{-1}\right)\left(\boldsymbol{Z}\,{}_0\boldsymbol{\beta}_e\right) \\ &= \begin{bmatrix} a_{11} & a_{12} & \cdots & a_{1j} & \cdots & a_{1N_c} \\ a_{21} & a_{22} & \cdots & a_{2j} & \cdots & a_{2N_c} \\ \vdots & \vdots & & \vdots & & \vdots \\ a_{i1} & a_{i2} & \cdots & a_{ij} & \cdots & a_{iN_c} \\ \vdots & \vdots & & \vdots & & \vdots \\ a_{N_r1} & a_{N_r2} & \cdots & a_{N_rj} & \cdots & a_{N_rN_c} \end{bmatrix} \begin{bmatrix} 1 & 0 & \cdots & 0 & \cdots & 0 \\ 0 & 1 & \cdots & 0 & \cdots & 0 \\ \vdots & \vdots & & \vdots & & \vdots \\ 0 & -1 & \cdots & 1 & \cdots & 0 \\ \vdots & \vdots & & \vdots & & \vdots \\ 0 & 0 & \cdots & 0 & \cdots & 1 \end{bmatrix}^{-1} \begin{bmatrix} 1 & 0 & \cdots & 0 & \cdots & 0 \\ 0 & 1 & \cdots & 0 & \cdots & 0 \\ \vdots & \vdots & & \vdots & & \vdots \\ 0 & -1 & \cdots & 1 & \cdots & 0 \\ \vdots & \vdots & & \vdots & & \vdots \\ 0 & 0 & \cdots & 0 & \cdots & 1 \end{bmatrix} \begin{pmatrix} {}_0\beta_1 \\ {}_0\beta_2 \\ \vdots \\ {}_0\beta_j \\ \vdots \\ {}_0\beta_{N_c} \end{pmatrix} \\ &= \begin{bmatrix} a_{11} & a_{12} & \cdots & a_{1j} & \cdots & a_{1N_c} \\ a_{21} & a_{22} & \cdots & a_{2j} & \cdots & a_{2N_c} \\ \vdots & \vdots & & \vdots & & \vdots \\ a_{i1} & a_{i2} & \cdots & a_{ij} & \cdots & a_{iN_c} \\ \vdots & \vdots & & \vdots & & \vdots \\ a_{N_r1} & a_{N_r2} & \cdots & a_{N_rj} & \cdots & a_{N_rN_c} \end{bmatrix} \begin{bmatrix} 1 & 0 & \cdots & 0 & \cdots & 0 \\ 0 & 1 & \cdots & 0 & \cdots & 0 \\ \vdots & \vdots & & \vdots & & \vdots \\ 0 & 1 & \cdots & 1 & \cdots & 0 \\ \vdots & \vdots & & \vdots & & \vdots \\ 0 & 0 & \cdots & 0 & \cdots & 1 \end{bmatrix} \begin{bmatrix} 1 & 0 & \cdots & 0 & \cdots & 0 \\ 0 & 1 & \cdots & 0 & \cdots & 0 \\ \vdots & \vdots & & \vdots & & \vdots \\ 0 & -1 & \cdots & 1 & \cdots & 0 \\ \vdots & \vdots & & \vdots & & \vdots \\ 0 & 0 & \cdots & 0 & \cdots & 1 \end{bmatrix} \begin{pmatrix} {}_0\beta_1 \\ {}_0\beta_2 \\ \vdots \\ {}_0\beta_j \\ \vdots \\ {}_0\beta_{N_c} \end{pmatrix} \end{aligned}$$

$$
=\begin{bmatrix} a_{11} & a_{12}+a_{1j} & \cdots & a_{1j} & \cdots & a_{1N_c} \\ a_{21} & a_{22}+a_{2j} & \cdots & a_{2j} & \cdots & a_{2N_c} \\ \vdots & \vdots & & \vdots & & \vdots \\ a_{i1} & a_{i2}+a_{ij} & \cdots & a_{ij} & \cdots & a_{iN_c} \\ \vdots & \vdots & & \vdots & & \vdots \\ a_{N_r1} & a_{N_r2}+a_{N_rj} & \cdots & a_{N_rj} & \cdots & a_{N_rN_c} \end{bmatrix}\begin{pmatrix} {}_0\beta_1 \\ {}_0\beta_2 \\ \vdots \\ -{}_0\beta_2+{}_0\beta_j \\ \vdots \\ {}_0\beta_{N_c} \end{pmatrix}
$$

$$
=\begin{bmatrix} a_{11} & a_{12}+a_{1j} & \cdots & a_{1j} & \cdots & a_{1N_c} \\ a_{21} & a_{22}+a_{2j} & \cdots & a_{2j} & \cdots & a_{2N_c} \\ \vdots & \vdots & & \vdots & & \vdots \\ a_{i1} & a_{i2}+a_{ij} & \cdots & a_{ij} & \cdots & a_{iN_c} \\ \vdots & \vdots & & \vdots & & \vdots \\ a_{N_r1} & a_{N_r2}+a_{N_rj} & \cdots & a_{N_rj} & \cdots & a_{N_rN_c} \end{bmatrix}\begin{pmatrix} {}_0\beta_1 \\ {}_0\beta_2 \\ \vdots \\ 0 \\ \vdots \\ {}_0\beta_{N_c} \end{pmatrix}=0
$$

$$
\Leftrightarrow\begin{bmatrix} a_{11} & a_{12}+a_{1j} & \cdots & a_{1(j-1)} & a_{1(j+1)} & \cdots & a_{1N_c} \\ a_{21} & a_{22}+a_{2j} & \cdots & a_{2(j-1)} & a_{2(j+1)} & \cdots & a_{2N_c} \\ \vdots & \vdots & & \vdots & \vdots & & \vdots \\ a_{(j-1)1} & a_{(j-1)2}+a_{(j-1)j} & \cdots & a_{(j-1)(j-1)} & a_{(j-1)(j+1)} & \cdots & a_{(j-1)N_c} \\ a_{(j+1)1} & a_{(j+1)2}+a_{(j+1)j} & \cdots & a_{(j+1)(j-1)} & a_{(j+1)(j+1)} & \cdots & a_{(j+1)N_c} \\ \vdots & \vdots & & \vdots & \vdots & & \vdots \\ a_{N_r1} & a_{N_r2}+a_{N_rj} & \cdots & a_{N_r(j-1)} & a_{N_r(j+1)} & \cdots & a_{N_rN_c} \end{bmatrix}\begin{pmatrix} {}_0\beta_1 \\ {}_0\beta_2 \\ \vdots \\ {}_0\beta_{j-1} \\ {}_0\beta_{j+1} \\ \vdots \\ {}_0\beta_{N_c} \end{pmatrix}=0
$$

其中，$\boldsymbol{Z}_{N_cN_c}$ 为高斯变换矩阵，如果算法执行时用小编号的单元内力消掉大编号的单元内力，那么 $\boldsymbol{Z}_{N_cN_c}$ 为下三角矩阵，其逆矩阵也只是将其下三角部分的非零元素反号。上式表明，考虑对称性条件后平衡矩阵的第 j 列可以划掉。那么，第 i 行是否也可以划掉？如果只求平衡矩阵零空间的基底，第 i 行可以一起划掉，但是如果平衡方程的右端项不为零，则应保留。算法流程中将划列或者划行划列处理最后执行较为方便。每一对相等或相反对称性条件都对应一个不同的高斯变换矩阵，平衡矩阵也就要不断进行初等列变换。所有的高斯变换矩阵理论上是相乘的关系，实际程序编写时可以直接改变一定位置的元素，可提高计算效率。

通过划列处理后的平衡矩阵生成自应力矩阵，然后再由 ${}_0\beta_2={}_0\beta_j$ 等对称性条件对自应力模态矢量的维数进行扩充。

由弹性力学的知识可知，对称结构在反对称荷载作用下，结构变形和构件内力是反对称的。那么，如果要获得反对称分布的自应力分布，即 ${}_0\beta_2+{}_0\beta_j=0$，将缩减后的平衡矩阵第 2 列中的加号变成减号即可。反对称分布的自应力模态在静不定动定体系中是有意义的，但在静不定动不定对称体系中，构件内力反号一般会导致受压构件的数量远远大于受拉构件，这里提出反对称分布的自应力模态问题，目的在于系统深入地认识对称静不定体系线性找力分析的实质，弥补理论上的欠缺。

方法 2：添加对称性附加约束方程，扩展平衡矩阵使其行数增加，列数不变。例如，添加正对称附加约束方程如下：

$$\begin{bmatrix} a_{11} & a_{12} & \cdots & a_{1j} & \cdots & a_{1N_c} \\ a_{21} & a_{22} & \cdots & a_{2j} & \cdots & a_{2N_c} \\ \vdots & \vdots & & \vdots & \cdots & \vdots \\ a_{i1} & a_{i2} & \cdots & a_{ij} & \cdots & a_{iN_c} \\ \vdots & \vdots & \cdots & \cdots & & \vdots \\ a_{N_r1} & a_{N_r2} & \cdots & a_{N_rj} & \cdots & a_{N_rN_c} \\ 0 & 1 & \cdots & -1 & \cdots & 0 \end{bmatrix} \begin{pmatrix} {}_0\beta_1 \\ {}_0\beta_2 \\ \vdots \\ {}_0\beta_j \\ \vdots \\ {}_0\beta_{N_c} \end{pmatrix} = 0$$

采用表 5.5 的分解方法，对扩展后的平衡矩阵进行分解并生成自应力矩阵，获得对称分布的自应力模态。同理，获得反对称分布的自应力模态应将平衡方程扩展，即

$$\begin{bmatrix} a_{11} & a_{12} & \cdots & a_{1j} & \cdots & a_{1N_c} \\ a_{21} & a_{22} & \cdots & a_{2j} & \cdots & a_{2N_c} \\ \vdots & \vdots & & \vdots & \cdots & \vdots \\ a_{i1} & a_{i2} & \cdots & a_{ij} & \cdots & a_{iN_c} \\ \vdots & \vdots & \cdots & \cdots & & \vdots \\ a_{N_r1} & a_{N_r2} & \cdots & a_{N_rj} & \cdots & a_{N_rN_c} \\ 0 & 1 & \cdots & 1 & \cdots & 0 \end{bmatrix} \begin{pmatrix} {}_0\beta_1 \\ {}_0\beta_2 \\ \vdots \\ {}_0\beta_j \\ \vdots \\ {}_0\beta_{N_c} \end{pmatrix} = 0$$

(3) 问题 3：反对称分布的自应力模态。

分析：由问题 2 的讨论可知，无论是方法 1 还是方法 2，得到的正、反对称分布的自应力模态的数量都会比不考虑对称性条件的自应力模态总数少。如果只引入一种对称性条件，如正对称，由缩减或扩展后的平衡矩阵获得的自应力模态丢掉了一些，难道丢掉的自应力模态不存在吗？丢掉的自应力模态是否一定是反对称分布？事实上，引入对称性条件的目的在于方便得到对称分布的设计预应力，体系本身原有的独立自应力模态还是那么多，且是客观存在的，这在实际工程设计时要注意。对称静不定体系是否同时存在正对称分布或反对称分布的自应力模态以及数量关系，最终还是要看缩减或扩展的平衡矩阵零空间的解的情况。下面先由例题 5.6 进行实例演示，再给出严格的数学证明。

例题 5.6　平面 5 杆对称静不定动定体系如图 5.12 所示，$\alpha=\pi/3$，$\beta=\pi/4$，试求对称分布的自应力模态。

解：该体系平衡矩阵为

$$\boldsymbol{A}=\begin{bmatrix} -\cos\beta & \cos\beta & -\cos\alpha & \cos\alpha & 0 \\ -\sin\beta & -\sin\beta & -\sin\alpha & -\sin\alpha & -1 \end{bmatrix}$$

采用表 5.5 中的奇异值分解方法，得到自应力矩阵为

$$\boldsymbol{B}_x = \begin{bmatrix} -0.6383 & -0.1315 & 0.7469 & 0.0302 & -0.1287 \\ 0.0550 & -0.5809 & -0.1208 & 0.7784 & -0.1977 \\ -0.3368 & -0.4113 & -0.2159 & -0.1105 & 0.8116 \end{bmatrix}^{\mathrm{T}}$$

$$\operatorname{rank}(\boldsymbol{A}) = 2, \quad s = N_c - \operatorname{rank}(\boldsymbol{A}) = 5 - 2 = 3$$

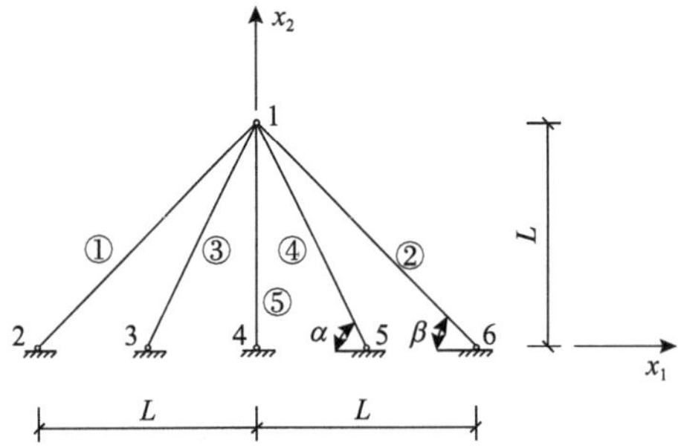

图 5.12　平面 5 杆对称静不定动定体系

求对称分布的自应力模态，扩展后的平衡矩阵为

$$\boldsymbol{A}_{\text{expanded}} = \begin{bmatrix} -\cos\beta & \cos\beta & -\cos\alpha & \cos\alpha & 0 \\ -\sin\beta & -\sin\beta & -\sin\alpha & -\sin\alpha & -1 \\ 1 & -1 & 0 & 0 & 0 \\ 0 & 0 & 1 & -1 & 0 \end{bmatrix}$$

奇异值分解后得到

$$\boldsymbol{U}_{\text{sym}} = \begin{bmatrix} 0.6547 & 0 & 0 & -0.7559 \\ 0 & 1 & 0 & 0 \\ -0.6172 & 0 & -0.5774 & -0.5345 \\ -0.4364 & 0 & 0.8165 & -0.3780 \end{bmatrix}, \quad \boldsymbol{S}_{\text{sym}} = \begin{bmatrix} 1.8708 & 0 & 0 & 0 & 0 \\ 0 & 1.8708 & 0 & 0 & 0 \\ 0 & 0 & 1.4142 & 0 & 0 \\ 0 & 0 & 0 & 0 & 0 \end{bmatrix}$$

$$\boldsymbol{V}_{\text{sym}} = \begin{bmatrix} -0.5774 & -0.3780 & -0.4082 & 0.5630 & 0.2003 \\ 0.5774 & -0.3780 & 0.4082 & 0.5630 & 0.2003 \\ -0.4082 & -0.4629 & 0.5774 & -0.1259 & -0.5195 \\ 0.4082 & -0.4629 & -0.5774 & -0.1259 & -0.5195 \\ 0 & -0.5345 & 0 & -0.5781 & 0.6165 \end{bmatrix}$$

$\boldsymbol{S}_{\text{sym}}$ 表明 $\boldsymbol{A}_{\text{expanded}}$ 有 3 个不为零的奇异值，说明 $\operatorname{rank}\left(\boldsymbol{A}_{\text{expanded}}\right) = 3$，$s_{\text{sym}} = N_c - \operatorname{rank}(\boldsymbol{A}) = 5 - 3 = 2$，$\boldsymbol{V}_{\text{sym}}$ 最后 2 列是构成对称分布的自应力矩阵，即

$$\boldsymbol{B}_{x\text{-sym}} = \begin{bmatrix} 0.5630 & 0.5630 & -0.1259 & -0.1259 & -0.5781 \\ 0.2003 & 0.2003 & -0.5195 & -0.5195 & 0.6165 \end{bmatrix}^{\mathrm{T}}$$

这里 $\boldsymbol{A}_{\text{expanded}}$ 的奇异值分解同时给出了 $\boldsymbol{A}$ 的零空间中反对称分布的自应力模态。$\boldsymbol{V}_{\text{sym}}$ 的第 3 列是反对称分布的自应力模态，即

$$\boldsymbol{B}_{x\text{-antisym}} = \begin{bmatrix} -0.4082 & 0.4082 & 0.5774 & -0.5774 & 0 \end{bmatrix}^{\mathrm{T}}$$

且 $\boldsymbol{AB}_{x\text{-antisym}} = 0$ 。

求反对称分布的自应力模态，采用方法 2，扩展后的平衡矩阵为

$$\boldsymbol{A}_{\text{expanded}} = \begin{bmatrix} -\cos\beta & \cos\beta & -\cos\alpha & \cos\alpha & 0 \\ -\sin\beta & -\sin\beta & -\sin\alpha & -\sin\alpha & -1 \\ 1 & 1 & 0 & 0 & 0 \\ 0 & 0 & 1 & 1 & 0 \end{bmatrix}$$

分解后得到

$$\boldsymbol{U}_{\text{antisym}} = \begin{bmatrix} 0 & 0 & 1 & 0 \\ 0.8118 & 0 & 0 & -0.5840 \\ -0.3693 & -0.7746 & 0 & -0.5134 \\ -0.4523 & 0.6325 & 0 & -0.6288 \end{bmatrix}, \quad \boldsymbol{S}_{\text{antisym}} = \begin{bmatrix} 2.2602 & 0 & 0 & 0 & 0 \\ 0 & 1.4142 & 0 & 0 & 0 \\ 0 & 0 & 1.2247 & 0 & 0 \\ 0 & 0 & 0 & 0.6257 & 0 \end{bmatrix}$$

$$\boldsymbol{V}_{\text{antisym}} = \begin{bmatrix} -0.4174 & -0.5477 & -0.5774 & -0.1606 & -0.4082 \\ -0.4174 & -0.5477 & 0.5774 & -0.1606 & 0.4082 \\ -0.5112 & 0.4472 & -0.4082 & -0.1967 & 0.5774 \\ -0.5112 & 0.4472 & 0.4082 & -0.1967 & -0.5774 \\ -0.3592 & 0 & 0 & 0.9333 & 0 \end{bmatrix}$$

$\boldsymbol{S}_{\text{antisym}}$ 表明 $\boldsymbol{A}_{\text{expanded}}$ 有 4 个不为零的奇异值，说明 $\text{rank}\left(\boldsymbol{A}_{\text{expanded}}\right) = 4$ ， $s_{\text{antisym}} = N_c - \text{rank}(\boldsymbol{A}) = 5 - 4 = 1$ ， $\boldsymbol{V}_{\text{antisym}}$ 最后 1 列为构成反对称分布的自应力矩阵，即

$$\boldsymbol{B}_{x\text{-antisym}} = \begin{bmatrix} -0.4082 & 0.4082 & 0.5774 & -0.5774 & 0 \end{bmatrix}^{\text{T}}$$

但 $\boldsymbol{V}_{\text{antisym}}$ 的第 3、4 列却不是 $\boldsymbol{A}$ 的零空间中对称分布的自应力模态。

由上述结果可见，该对称的静不定动定体系存在对称分布和反对称分布的自应力模态，并且对称与反对称分布的自应力模态的数量之和与不考虑对称性条件的自应力模态总数相等，即 $s_{\text{sym}} + s_{\text{antisym}} = 2 + 1 = 3 = s$ 。另外，该对称静不定动定体系对称自应力模态数大于反对称自应力模态数，在求解对称自应力模态时可同时得到反对称自应力模态，但在求解反对称自应力模态时却不能同时得到对称自应力模态，这是一个有趣的现象。

对称体系的一个任意分布的自应力模态均可分解为一个正对称分布和一个反对称分布的自应力模态的和，这和任意函数均可看成一个奇函数和一个偶函数的和有些类似。事实上，对称体系上的任意因变矢量场均分解为对称和反对称矢量场的和。

证明：对称分布和反对称分布的自应力模态形式可由体系对称性条件分成上、下两部分，如轴对称情况，两部分分别是对称轴左、右两边构件的广义内力参数矢量。写成分块矢量为

$${}_0\boldsymbol{\beta}_{e\text{-sym}} = \begin{pmatrix} {}_0\boldsymbol{\beta}_{e1} \\ f\left({}_0\boldsymbol{\beta}_{e1}\right) \end{pmatrix}, \quad {}_0\boldsymbol{\beta}_{e\text{-antisym}} = \begin{pmatrix} {}_0\boldsymbol{\beta}_{e2} \\ -f\left({}_0\boldsymbol{\beta}_{e2}\right) \end{pmatrix}$$

其中， f 为等距变换。

将体系中任意分布的自应力模态按照对称性条件也分成两部分，则下式无条件成立。

$$
\begin{aligned}
{}_0\boldsymbol{\beta}_{e\text{-arbitrary}} &= \begin{pmatrix} {}_0\boldsymbol{\beta}_{ei} \\ {}_0\boldsymbol{\beta}_{ej} \end{pmatrix} = \begin{pmatrix} \frac{1}{2}({}_0\boldsymbol{\beta}_{ei} + {}_0\boldsymbol{\beta}_{ej}) + \frac{1}{2}({}_0\boldsymbol{\beta}_{ei} - {}_0\boldsymbol{\beta}_{ej}) \\ \frac{1}{2}({}_0\boldsymbol{\beta}_{ei} + {}_0\boldsymbol{\beta}_{ej}) - \frac{1}{2}({}_0\boldsymbol{\beta}_{ei} - {}_0\boldsymbol{\beta}_{ej}) \end{pmatrix} \\
&= \begin{pmatrix} \frac{1}{2}({}_0\boldsymbol{\beta}_{ei} + {}_0\boldsymbol{\beta}_{ej}) \\ \frac{1}{2}({}_0\boldsymbol{\beta}_{ei} + {}_0\boldsymbol{\beta}_{ej}) \end{pmatrix} + \begin{pmatrix} \frac{1}{2}({}_0\boldsymbol{\beta}_{ei} - {}_0\boldsymbol{\beta}_{ej}) \\ -\frac{1}{2}({}_0\boldsymbol{\beta}_{ei} - {}_0\boldsymbol{\beta}_{ej}) \end{pmatrix} \\
&= \begin{pmatrix} \frac{1}{2}({}_0\boldsymbol{\beta}_{ei} + {}_0\boldsymbol{\beta}_{ej}) \\ f\left(\frac{1}{2}({}_0\boldsymbol{\beta}_{ei} + {}_0\boldsymbol{\beta}_{ej})\right) \end{pmatrix} + \begin{pmatrix} \frac{1}{2}({}_0\boldsymbol{\beta}_{ei} - {}_0\boldsymbol{\beta}_{ej}) \\ -f\left(\frac{1}{2}({}_0\boldsymbol{\beta}_{ei} - {}_0\boldsymbol{\beta}_{ej})\right) \end{pmatrix} \\
&= {}_0\boldsymbol{\beta}_{e\text{-sym}} + {}_0\boldsymbol{\beta}_{e\text{-antisym}}
\end{aligned}
$$

证毕。

推论：对独立自应力模态数大于 1 的对称体系，其自应力模态总可以分成两类，一类是正对称分布的自应力模态，另一类是反对称分布的自应力模态，正、反对称分布的独立自应力模态数之和等于不考虑对称性的自应力模态总数。

既然任意分布的自应力模态都可以分解为一组对称和反对称的自应力模态之和，那么平衡矩阵零空间的基底即自应力矩阵也可以由对称和反对称的独立自应力模态组成。二者之间的关系为线性空间的基变换，基的维数相同，这在线性代数教材中有详细介绍，不再赘述。

(4) 问题 4：不同类型的全局外蕴对称静不定体系，其平衡矩阵是否均需要引入对称性条件，从代数力法的角度如何解释。

分析：①例题 5.3 平面悬挑桁架的自应力模态，采用 LU 分解方法和奇异值分解方法得到的 2 个自应力模态都符合力学对称要求，并不需要引入对称性条件。②例题 5.5 平面 5 杆对称结构有 3 个独立自应力模态，采用奇异值分解方法得到的自应力模态是任意分布的，需要引入对称性条件。③实际工程设计经验表明，独立自应力模态数为 1 的静不定对称体系，表 5.5 中的各分解方法给出的自应力模态一般情况下是对称分布的。

对称静不定体系什么情况下需要引入对称性条件？这个问题貌似毫无头绪，但是如果了解代数力法的基本原理并能够深入理解 $\boldsymbol{B}_0$ 和 $\boldsymbol{B}_x$ 的力学意义，求解对称静不定体系自应力矩阵时自动选择基本结构的任意性是导致自应力模态可能不对称的根本原因。由 $\boldsymbol{B}_x$ 的力学意义可知，一个自应力模态对应基本结构加一个多余约束形成的一次静不定体系的自内力分布(自内力流有可能是局部)，若基本结构加这一多余约束形成的体系(其余多余约束全部截断)中的自内力回路所涉及的构件几何对称，则自应力模态就是对称的，否则自应力模态就是不对称的，这与对称结构的基本原理并无矛盾。上述分析中提到的问题也就有了合理的解释，注意这里奇异值分解获取的自应力矩阵以及紧凑型自应力矩阵均对应广义基本结构和广义多余约束。

因此，对于一般的对称静不定体系，是否需要引入对称性条件是一件“碰运气”的事情，建议先尝试求解体系的自应力矩阵，如果自应力模态不对称，则需要引入，如果已经对称，说明算法自动选择的基本结构或者广义基本结构比较凑巧。基本结构加一个多余约束组成的各个一次静不定体系中的自内力回路上各构件是几何对称的。

(5)问题 5：自动对称性检测方法。

针对包含多个独立自应力模态的静不定体系，文献[52]和[53]提出二次奇异值分解方法，通过观察体系的几何对称特征对构件进行人工分组，然后由分组信息添加对称性约束条件从而获取整体可行预应力分布。整体可行预应力概念(满足力学对称要求、索受拉杆受压的自应力分布)的提出以及添加对称性约束条件的思想为多独立自应力模态体系的初始预应力设计打开了一扇窗户。然而，一方面，凯威特型索穹顶结构存在多种整体可行预应力分布，仍然需要进一步优化。另一方面，人工分组要求熟悉体系的构成且对复杂的体系容易出错，探索自动对称性检测方法和程序算法是必要的。目前，自动对称性检测有图形学方法、试加载方法和基于矩阵力法基本列式的方法。下面依次进行分析。

思路 1：基于图形学的方法。直接采用全局外蕴对称的图形学定义自动检测各个单元的空间几何对称关系并分组。

思路 2：试加载方法。基于对称结构在对称荷载作用下的单元内力相等这一结构力学特性，可假设一组对称的外荷载矢量和对称的构件截面刚度分布，然后求解体系的单元内力，由单元内力相等获取分组信息。

思路 3：基于矩阵力法基本列式的方法。分析式(5.81c)右端第一项即 $\boldsymbol{B}_0$ 或 $\boldsymbol{B}_0\boldsymbol{F}$ 的力学意义。采用奇异值分解方法对平衡矩阵进行分解或者求平衡矩阵的广义逆，然后由 ${}_0\boldsymbol{\beta}=\boldsymbol{B}_0\boldsymbol{F}=\boldsymbol{A}^{+}\boldsymbol{F}$ 求得外荷载作用下的构件内力矢量。注意到，一方面，${}_0\boldsymbol{\beta}$ 对静定体系包含体系所有构件(注：对称轴上的构件或其反对称内力场在对称荷载作用下为零)，对静不定体系则仅包含体系的基本结构。另一方面，假设 $\boldsymbol{F}$ 对称分布，希望 ${}_0\boldsymbol{\beta}=\boldsymbol{B}_0\boldsymbol{F}=\boldsymbol{A}^{+}\boldsymbol{F}$ 也是对称分布的，可以利用 ${}_0\boldsymbol{\beta}_e$ 提供的信息进行自动对称性检测。然而，由于广义逆矩阵对应体系的基本结构，体系基本结构选择的多样性有可能破坏其整体的对称信息。

分析式(5.81c)右端第二项即 $-\boldsymbol{B}_x\left(\boldsymbol{B}_x^{\mathrm{T}}\boldsymbol{f}\boldsymbol{B}_x\right)^{-1}\boldsymbol{B}_x^{\mathrm{T}}\boldsymbol{f}\boldsymbol{B}_0\boldsymbol{F}$ 的力学意义。$-\boldsymbol{B}_x\left(\boldsymbol{B}_x^{\mathrm{T}}\boldsymbol{f}\boldsymbol{B}_x\right)^{-1}\boldsymbol{B}_x^{\mathrm{T}}\boldsymbol{f}\boldsymbol{B}_0\boldsymbol{F}=-\boldsymbol{B}_x\left(\boldsymbol{B}_x^{\mathrm{T}}\boldsymbol{f}\boldsymbol{B}_x\right)^{-1}\boldsymbol{B}_x^{\mathrm{T}}\left(\boldsymbol{f}\,{}_0\boldsymbol{\beta}_e\right)$ 表示多余约束构件由于节点位移相容性要求在体系产生的自内力，$\boldsymbol{f}\,{}_0\boldsymbol{\beta}$ 是力法的基本结构在外荷载作用下的单元变形矢量，$\boldsymbol{B}_x\left(\boldsymbol{B}_x^{\mathrm{T}}\boldsymbol{f}\boldsymbol{B}_x\right)^{-1}\boldsymbol{B}_x^{\mathrm{T}}$ 则表示基本结构单位单元变形矢量所引起的体系各单元内力。因此，式(5.81c)右端第二项同样与力法基本结构的选取有关。

分析式(5.81c)右端第三项即 $\boldsymbol{B}_x\boldsymbol{\alpha}$ 的力学意义。$\boldsymbol{B}_x\boldsymbol{\alpha}$ 对应人为施加的预应力，若为力学对称体系，结构工程师希望初始设计预应力也是对称的。当然，这并非是必然的，也未必是合理的，如体系的常态附加恒荷载反对称分布的情况。文献[54]引入独立自应力模态矩阵行向量的 2 范数即 Euclid 范数的酉不变性质，发现几何对称构件对应的独立自应力模态矩阵行矢量的 2 范数相等。据此进行构件的自动分组，通过了凯威特型索穹顶结构、添加张拉整体外压环的索穹顶结构的例题验证，并应用于枣庄体育场初步设计阶段初始预应力设计。

值得指出的是，力学对称的本质是应/内力矢量场、应变或位移场的对称，严格的力学对称包含几何、刚度、边界约束条件和外荷载等，体系几何对称性与其预应/内力矢量场对称性不可混为一谈，即对称的预应/内力矢量场可存在于非对称的几何位形上。

由思路 1 和思路 3 衍生出来的自动对称性检测方法如下。

方法 1：几何对称性自动检测算法。

已知：三维线模型及边界约束条件，具体包括各节点三维空间坐标、各两节点单元连接信息(拓扑信息)、节点总数、单元总数。

待求：对称单元的组数及各组对称单元的单元编号、旋转对称轴或镜像对称面或对称轴。

分析：从图形学中对称的基本概念出发，线性找力分析中严格全局外蕴对称的三维线模型具有如下特点：对称结构分为镜像对称和旋转对称两种；度量 d 为欧几里得距离；等距变换 f 为镜像变换和旋转变换，均为仿射变换，对称图形具有仿射变换的不变性；镜像变换需先确定对称轴或对称面，旋转变换则是要确定旋转轴与旋转角度 $2n\pi/k$，其中 $n=1,2,\cdots,k$ 为旋转对称的阶数。对严格全局外蕴对称的三维线模型进行对称性检测，对称性检测的关键是求出对称轴或对称面。

自动检测算法必须充分利用三维线模型的信息，由图形学基本概念可知等距变换不变性即对称，三维线模型镜像对称和旋转对称的几何特征分别如下。

镜像对称：①各对称线段上各点遵循等距变换不变；②各对称线段的长度相等；③对称轴或对称面必过形心；④各对空间对称的线段中点连线与对称轴或对称面垂直相交，且交点为连线的中点。

旋转对称：①各对称线段上各点遵循等距变换不变；②各对称线段长度相等；③各对称线段(一组)的中点在一个圆平面内，该圆平面与旋转轴垂直，旋转对称轴必过该圆平面的圆心；④各组对称线段的旋转对称轴相同(全局外蕴对称)，且该旋转对称轴必过形心；⑤各组对称线段的旋转圆中心必定在旋转对称轴上。

计算机图形学中相关的基础知识如下。

①一点 P 绕任意方向 $\boldsymbol{u}=u_x\boldsymbol{e}_1+u_y\boldsymbol{e}_2+u_z\boldsymbol{e}_3$ 旋转 θ 角的 4×4 变换矩阵 $\boldsymbol{R}(\theta)$ [55]如下，$\boldsymbol{u}$ 起始于原点且 $u_x^2+u_y^2+u_z^2=1$。

$$\boldsymbol{R}(\theta)=\begin{bmatrix} u_x^2+\cos\theta\left(1-u_x^2\right) & u_xu_y\left(1-\cos\theta\right)-u_z\sin\theta & u_zu_x\left(1-\cos\theta\right)+u_y\sin\theta & 0 \\ u_xu_y\left(1-\cos\theta\right)+u_z\sin\theta & u_y^2+\cos\theta\left(1-u_y^2\right) & u_yu_z\left(1-\cos\theta\right)-u_x\sin\theta & 0 \\ u_zu_x\left(1-\cos\theta\right)-u_y\sin\theta & u_yu_z\left(1-\cos\theta\right)+u_x\sin\theta & u_z^2+\cos\theta\left(1-u_z^2\right) & 0 \\ 0 & 0 & 0 & 1 \end{bmatrix}$$

②已知空间三点及其坐标 $P_1(x_1,y_1,z_1)$、$P_2(x_2,y_2,z_2)$、$P_3(x_3,y_3,z_3)$，求过这三点的平面圆的圆心 $o(x_0,y_0,z_0)$ 和半径 r 。

简单推导如下：假定三点所在的平面方程为 $Ax+By+Cz+D=0$ ，三点均满足该方程，将 A 、B 、C 、D 四个参数看成未知量，得到方程组为

$$\begin{bmatrix} x & y & z & 1 \\ x_1 & y_1 & z_1 & 1 \\ x_2 & y_2 & z_2 & 1 \\ x_3 & y_3 & z_3 & 1 \end{bmatrix}\begin{pmatrix} A \\ B \\ C \\ D \end{pmatrix}=0$$

三点决定一个平面，因此方程组有解，则系数矩阵的行列式等于零，即

$$\begin{vmatrix} x & y & z & 1 \\ x_1 & y_1 & z_1 & 1 \\ x_2 & y_2 & z_2 & 1 \\ x_3 & y_3 & z_3 & 1 \end{vmatrix}=0 \Rightarrow \begin{vmatrix} y_1 & z_1 & 1 \\ y_2 & z_2 & 1 \\ y_3 & z_3 & 1 \end{vmatrix}x-\begin{vmatrix} x_1 & z_1 & 1 \\ x_2 & z_2 & 1 \\ x_3 & z_3 & 1 \end{vmatrix}y+\begin{vmatrix} x_1 & y_1 & 1 \\ x_2 & y_2 & 1 \\ x_3 & y_3 & 1 \end{vmatrix}z-\begin{vmatrix} x_1 & y_1 & z_1 \\ x_2 & y_2 & z_2 \\ x_3 & y_3 & z_3 \end{vmatrix}=0$$

因此，有

$$A=\begin{vmatrix} y_1 & z_1 & 1 \\ y_2 & z_2 & 1 \\ y_3 & z_3 & 1 \end{vmatrix},\quad B=-\begin{vmatrix} x_1 & z_1 & 1 \\ x_2 & z_2 & 1 \\ x_3 & z_3 & 1 \end{vmatrix},\quad C=\begin{vmatrix} x_1 & y_1 & 1 \\ x_2 & y_2 & 1 \\ x_3 & y_3 & 1 \end{vmatrix},\quad D=-\begin{vmatrix} x_1 & y_1 & z_1 \\ x_2 & y_2 & z_2 \\ x_3 & y_3 & z_3 \end{vmatrix}$$

圆的标准方程为 $(x-x_0)^2+(y-y_0)^2+(z-z_0)^2=r^2$ ，将三点的坐标代入，得到

$$\begin{cases} (x_1-x_0)^2+(y_1-y_0)^2+(z_1-z_0)^2=r^2 \\ (x_2-x_0)^2+(y_2-y_0)^2+(z_2-z_0)^2=r^2 \\ (x_3-x_0)^2+(y_3-y_0)^2+(z_3-z_0)^2=r^2 \end{cases}$$

将上述方程组的 1 式减去 2 式、1 式减去 3 式，消去 r^2 ，得到

$$\begin{cases} 2(x_2-x_1)x_0+2(y_2-y_1)y_0+2(z_2-z_1)x_0+x_1^2+y_1^2+z_1^2-\left(x_2^2+y_2^2+z_2^2\right)=0 \\ 2(x_3-x_1)x_0+2(y_3-y_1)y_0+2(z_3-z_1)x_0+x_1^2+y_1^2+z_1^2-\left(x_3^2+y_3^2+z_3^2\right)=0 \end{cases}$$

令

$$A_2=2(x_2-x_1),\quad B_2=2(y_2-y_1),\quad C_2=2(z_2-z_1),\quad D_2=x_1^2+y_1^2+z_1^2-\left(x_2^2+y_2^2+z_2^2\right)$$

$$A_3=2(x_3-x_1),\quad B_3=2(y_3-y_1),\quad C_3=2(z_3-z_1),\quad D_3=x_1^2+y_1^2+z_1^2-\left(x_3^2+y_3^2+z_3^2\right)$$

则有

$$\begin{cases} A_2x_0 + B_2y_0 + C_2x_0 + D_2 = 0 \\ A_3x_0 + B_3y_0 + C_3x_0 + D_3 = 0 \end{cases}$$

圆心坐标同时满足平面方程 $Ax_0 + By_0 + Cz_0 + D = 0$ 。

因此，以圆心坐标作为未知量，即

$$\begin{bmatrix} A & B & C \\ A_2 & B_2 & C_2 \\ A_3 & B_3 & C_3 \end{bmatrix} \begin{pmatrix} x_0 \\ y_0 \\ z_0 \end{pmatrix} + \begin{pmatrix} D \\ D_2 \\ D_3 \end{pmatrix} = 0$$

求解该线性方程组，可得到圆心 $o(x_0, y_0, z_0)$ ，由圆心到已知三点中任意一点的距离公式可得到圆的半径 r 。

求解：基于节点云的对称性检测算法流程如下。

旋转对称检测算法：

①求节点云的形心坐标，将模型整体坐标系的原点平移到形心，也可以不平移；

②寻找与形心距离相等的各组点，一般情况下这些节点理论上在一个平面圆上，圆心在旋转轴上，连接该圆心与形心即得到旋转轴；

③由点绕任意轴旋转变换的公式及相邻点与旋转轴垂线的夹角求 k ，即 k 阶旋转对称；

④检测该组节点的对称性；

⑤对该组节点所在单元的另一端节点进行检测，观察是否符合 k 阶旋转对称，若符合，则输出该组单元为旋转对称单元；

⑥继续下一组节点，并最终完成所有单元的对称性检测。

镜像对称检测算法：

①求节点云的形心坐标，并根据节点云到形心的距离是否相等进行分组，上面旋转变换已经求出，然后找出节点总数最少的组；

②由每组距离相等的点相互之间的连线求其中点坐标，形心到其中点的连线矢量如果垂直于该两点之间的连线，则该中点有可能在对称面上，依次求得第 2 个中点、第 3 个中点等；

③由距离不相等的各组的中点，任取两个中点，与形心形成对称面，从三点确定一个平面的方程出发，得到所有可能的对称面，并进行对称面的检测；

④依据检测到的可能的对称面依次检测所有单元是否关于该平面对称，若对称，则生成相等单元的单元对；

⑤对得到的单元对进行合并，所有镜像对称的单元编为一组。

例题 5.7 凯威特型索穹顶结构 K6-3 如图 5.13 所示，节点总数为 96，单元总数为 258，试对此对称体系进行线性找力分析。

解：图 5.13 给出了该体系的平面图、立面图和轴测图，假定周边支承为三向铰节点，不考虑对称性找力分析可得 $s=42$ ， $m=0$ ，即 K6-3 内开口凯威特型索穹顶为静不定动定体系，静不定次数为 42。

采用附录 5.3 的几何对称性检测源代码，仅考虑镜像对称，先进行自动对称性检测，得到 6 条对称轴，28 组单元，对应图 5.13 中虚线部分构件，然后采用扩展或缩减平衡矩阵的方法进行找力分析，均

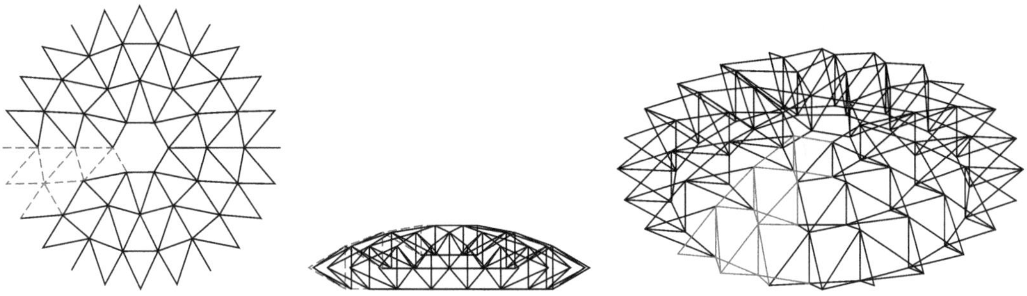

(a) 平面图　　(b) 立面图　　(c) 轴测图

图 5.13　凯威特型索穹顶结构 K6-3

得到 $s_{sym}=6$，即考虑对称性后的静不定次数为 6。注意，考虑对称性后的静不定次数并不是真实的。此外，对凯威特型索穹顶旋转对称得到的单元分组信息并不能用于找力分析，因为旋转对称的单元未必符合力学对称条件，如该体系每一圈的竖向压杆是旋转对称的。

自动对称性检测的结果与文献[56]人工分析一致，附录 5.3 源代码的正确性得到了验证。

方法 2：基于矩阵力法基本列式的自动对称性检测算法。

首先，考察例题 5.8，可获取一些感性的认识。

例题 5.8　两平面五杆体系如图 5.14 所示，节点总数为 6，单元总数为 5，试对图 5.14(a)、(b)所示平面体系进行找力分析。

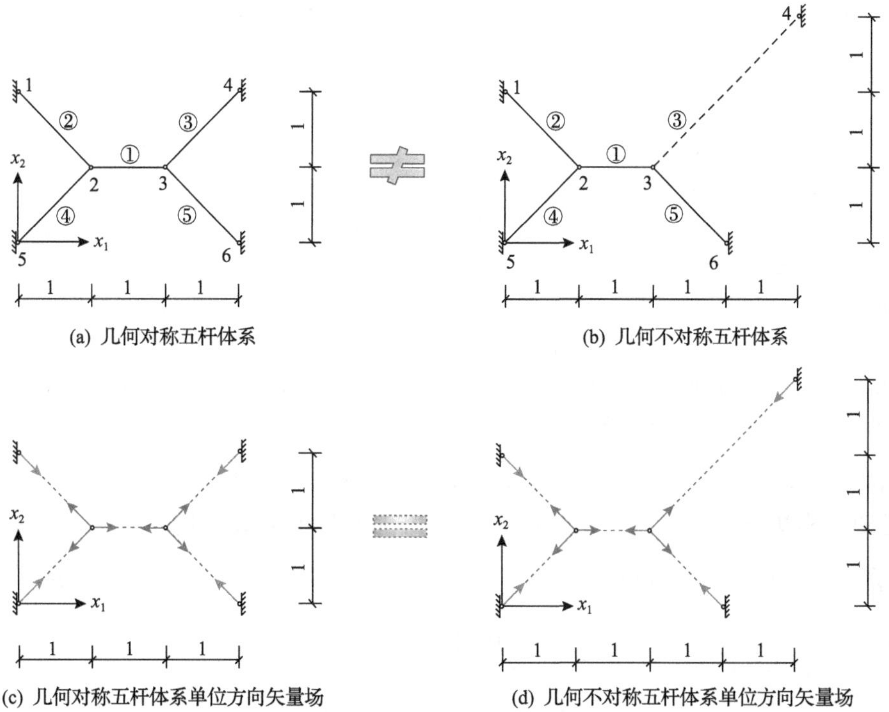

(a) 几何对称五杆体系　　(b) 几何不对称五杆体系

(c) 几何对称五杆体系单位方向矢量场　　(d) 几何不对称五杆体系单位方向矢量场

图 5.14　两平面五杆体系(单位：m)

分析：比较图 5.14(a)和图 5.14(b)所示线模型及其相应的单元内力的单位方向矢量场图 5.14(c)和

图 5.14(d)。显然，图 5.14(a)线模型为几何对称，而图 5.14(b)线模型为几何不对称。若不考虑边界约束节点，图 5.14(c)和图 5.14(d)所示的单元内力的单位方向矢量场相同并且对称。

解：图 5.14(a)和图 5.14(b)所示线模型考虑边界约束条件后(划掉约束节点自由度编号对应的行)的平衡矩阵相同，均为

$$A=\begin{bmatrix}-1 & \sqrt{2}/2 & 0 & \sqrt{2}/2 & 0\\ 0 & -\sqrt{2}/2 & 0 & \sqrt{2}/2 & 0\\ 1 & 0 & -\sqrt{2}/2 & 0 & -\sqrt{2}/2\\ 0 & 0 & -\sqrt{2}/2 & 0 & \sqrt{2}/2\end{bmatrix}$$

采用奇异值分解方法，求得 $s=1, m=0$ 且 $\boldsymbol{B}_x=[0.577350\quad 0.408248\quad 0.408248\quad 0.408248\quad 0.408248]^{\mathrm{T}}$。

仔细观察平衡矩阵的列矢量，显然，每一列矢量表示单元编号与该列号相等单元的单元内力的单位方向矢量在其相关节点无约束自由度方向上的投影分量。若采用二节点杆单元，单元内力的单位方向矢量在两端节点都存在整体坐标系下的投影分量，因此不考虑边界约束条件的原始整体平衡矩阵的每一列均包含 2 个单位方向矢量。

进一步计算 $\boldsymbol{A}$ 的各列矢量的 2 范数，记为 $\|C(\boldsymbol{A})\|_2=[\sqrt{2}\quad 1\quad 1\quad 1\quad 1]$，可见无约束节点的单元①对应列矢量的 2 范数为 $\sqrt{2}$，有一个节点约束住的单元②、③、④、⑤对应列矢量的 2 范数等于 1。分别计算独立自应力模态矩阵 $\boldsymbol{B}_x$ 各行矢量的 2 范数，记为 $\|\mathrm{R}(\boldsymbol{B}_x)\|_2=[0.577350\quad 0.408248\quad 0.408248\quad 0.408248\quad 0.408248]^{\mathrm{T}}$，可见与单元②、③、④、⑤相对应的 $\boldsymbol{B}_x$ 各行矢量的 2 范数相等，这说明预应力矢量场的对称性与独立自应力矩阵的行矢量相关。注意，平衡矩阵的行矢量空间为节点空间，列矢量空间为单元空间，独立自应力模态矩阵的行矢量空间也是单元空间，列矢量空间为平衡矩阵的右零空间。

此外，本例题还说明：体系平衡矩阵描述的是无约束节点处和有约束节点处无约束自由度方向上的相关单元内力的单位方向矢量场；独立自应力模态矩阵描述的是无约束节点处和有约束节点处无约束自由度方向上的自应/内力矢量场；单元自应/内力矢量场的对称性才是线性找力分析中自动对称性检测的真正目的；无约束节点处和有约束节点处无约束自由度方向上对称的单元内力矢量场可以存在于不对称的几何上，几何条件、刚度条件、边界条件和外荷载对称是单元内力矢量场对称的充分条件，但非必要条件，单元内力矢量场包含荷载内力和预应力，单元预应/内力矢量场对称并不必然要求体系几何对称。预应力设计依据平衡条件而不考虑相容条件(施工张拉即强迫施工)，无刚度分布方面的要求，这也是预应力与荷载内力相区别的一点。

其次，将预应力矢量场自动对称性检测问题抽象为数学问题并证明如下。

已知：实矩阵 $\boldsymbol{A}_{m\times n}=[\boldsymbol{a}_1\quad \cdots\quad \boldsymbol{a}_i\quad \cdots\quad \boldsymbol{a}_n]$ 为对称的列矢量场，$i=1,2,\cdots,n$，满足 $\boldsymbol{A}_{m\times n\ 0}\boldsymbol{\beta}=\boldsymbol{F}$ 且 $\boldsymbol{F}=0$，秩 $\mathrm{rank}(\boldsymbol{A})=r$，$s=n-r>0$。由奇异值分解方法得到其零空间为

$$\boldsymbol{B}_x=\begin{bmatrix}\boldsymbol{b}_{x1}\\ \vdots\\ \boldsymbol{b}_{xi}\\ \vdots\\ \boldsymbol{b}_{xn}\end{bmatrix}_{n\times s}=\mathrm{null}(\boldsymbol{A})$$

即 $\boldsymbol{A}\boldsymbol{B}_x=\boldsymbol{0}$。

求证：若 $\forall\boldsymbol{\alpha}=(\alpha_1\ \ \cdots\ \ \alpha_k\ \ \cdots\ \ \alpha_s)^{\mathrm{T}}\in\mathbf{R}^s$，$k=1,2,\cdots,s$，记 $\boldsymbol{Y}=(y_1\ \ \cdots\ \ y_i\ \ \cdots\ \ y_n)^{\mathrm{T}}=(\boldsymbol{b}_{x1}\cdot\boldsymbol{\alpha}\ \ \cdots\ \ \boldsymbol{b}_{xi}\cdot\boldsymbol{\alpha}\ \ \cdots\ \ \boldsymbol{b}_{xn}\cdot\boldsymbol{\alpha})^{\mathrm{T}}=\boldsymbol{B}_x\boldsymbol{\alpha}$ 满足矩阵 $\boldsymbol{A}_{m\times n}$ 描述的列矢量场的对称性，则 $\boldsymbol{B}_x$ 行矢量的 2 范数也具有相同的对称性。

证明：第 1 步。实矩阵 $\boldsymbol{A}_{m\times n}=[\boldsymbol{a}_1\ \ \cdots\ \ \boldsymbol{a}_i\ \ \cdots\ \ \boldsymbol{a}_n]$, $i=1,2,\cdots,n$，为对称的列矢量场，若矩阵 $[\boldsymbol{a}_1y_1\ \ \cdots\ \ \boldsymbol{a}_iy_i\ \ \cdots\ \ \boldsymbol{a}_ny_n]$ 的列矢量场与 $\boldsymbol{A}_{m\times n}$ 的列矢量场具有相同的对称性，那么 $\boldsymbol{Y}$ 的各元素也与 $\boldsymbol{A}_{m\times n}$ 的各元素具有相同的对称性。这是因为若 $\boldsymbol{a}_i$、$\boldsymbol{a}_j$ 为对称矢量，则对称的矢量长度相等，即 $\|\boldsymbol{a}_i\|_2=\|f(\boldsymbol{a}_j)\|_2=\|\boldsymbol{a}_j\|_2$，其中 $j=1,2,\cdots,n$，$y_i\boldsymbol{a}_i$、$y_j\boldsymbol{a}_j$ 也保持相同的对称性，则 $\|y_i\boldsymbol{a}_i\|_2=\|y_j\boldsymbol{a}_j\|_2\Rightarrow\|y_i\|_2\cdot\|\boldsymbol{a}_i\|_2=\|y_j\|_2\cdot\|\boldsymbol{a}_j\|_2\Rightarrow\|y_i\|_2=\|y_j\|_2$。

第 2 步。若 $\forall\boldsymbol{\alpha}$，$\boldsymbol{Y}$ 各元素的 2 范数满足矢量场的对称性且 $\boldsymbol{Y}$ 各元素的 2 范数等于 $\boldsymbol{B}_x$ 各行矢量的 2 范数与 $\boldsymbol{\alpha}$ 的 2 范数的乘积，即 $\|y_i\|_2=\|y_j\|_2\Rightarrow\|\boldsymbol{b}_{xi}\cdot\boldsymbol{\alpha}\|_2=\|\boldsymbol{b}_{xj}\cdot\boldsymbol{\alpha}\|_2\Rightarrow\|\boldsymbol{b}_{xi}\|_2\cdot\|\boldsymbol{\alpha}\|_2=\|\boldsymbol{b}_{xj}\|_2\cdot\|\boldsymbol{\alpha}\|_2\Rightarrow\|\boldsymbol{b}_{xi}\|_2=\|\boldsymbol{b}_{xj}\|_2$，则 $\boldsymbol{B}_x$ 行矢量的 2 范数必然满足对称性。
证毕。

上面证明了预应力矢量场的对称性给出独立自应力矩阵行矢量的 2 范数的对称性，但反之不亦然，后者是前者的必要条件而非充分条件。由于独立自应力模态矢量的方向无法由其 2 范数反映出来，由独立自应力模态矩阵行矢量的 2 范数相等来推测预应力矢量场的对称性理论上存在不确定性。就 2 范数的几何意义和力学意义而言，仅表示矢量的长度和单元预应力的大小，无法给出矢量方向和拉力、压力方面的信息。

最后，根据独立自应力矩阵行向量的 2 范数相等进行单元分组，然后引入单元分组信息，得到满足对称性条件的自应力模态。如果对称的自应力模态数仍然大于 1，那么需要进一步优化。

综上，几何条件和约束条件对称是预应力矢量场对称的充分条件，但非必要条件。独立自应力模态矩阵行矢量的 2 范数相等是预应力矢量场对称的必要条件，但非充分条件。因此，方法 1 和方法 2 各有优缺点，实际工程设计时可根据具体情况相互校核。

(6)问题 6：组合空间结构线性找力分析。

一般的组合空间结构(如张弦梁、弦支穹顶等)从有限单元种类角度属于索、杆、梁混合单元体系，由于两节点梁单元的独立内力变量为 6 个或 3 个，也就是说，单元空间中一个梁单元要占 6 列或 3 列，整体平衡矩阵的行数将远小于其列数，即节点空间的维数将远小于单元空间的维数。(注：杆件体系(如两节点杆、梁单元)的平衡矩阵的具体形式和组装方法见附录 5.4)。

方法 1：可以直接采用平衡矩阵分解方法得到独立自应力模态数(如例题 5.9 和例题 5.10 所示)，但是独立自应力模态数(除了比较特殊的结构，如张弦梁结构)将很多，无法避免复杂的独立自应力模态的组合问题，特别是刚性体系的初始预应力分布。

例题 5.9　一加劲梁体系如图 5.15 所示，上弦为梁单元，腹杆为杆单元，下弦为索单元。对其整体平衡矩阵分解得到其独立自应力模态数为 1，由于对称性，这里只给出左半结构各单元的结果。

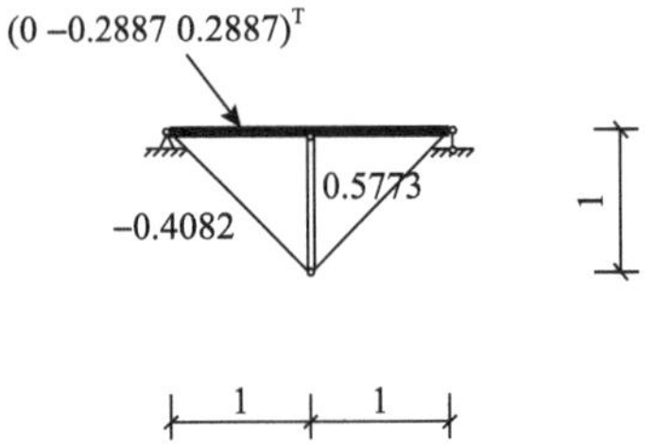

图 5.15　加劲梁体系(单位：m)

例题 5.10　一平面张弦梁体系如图 5.16 所示，几何外形与例题 5.5 相同，只是上弦变为梁单元，腹杆为杆单元，下弦为索单元。进行整体平衡矩阵分解得到其独立自应力模态数为 1，分布如图 5.16 所示，由于对称性，这里只给出左半部分单元的结果。

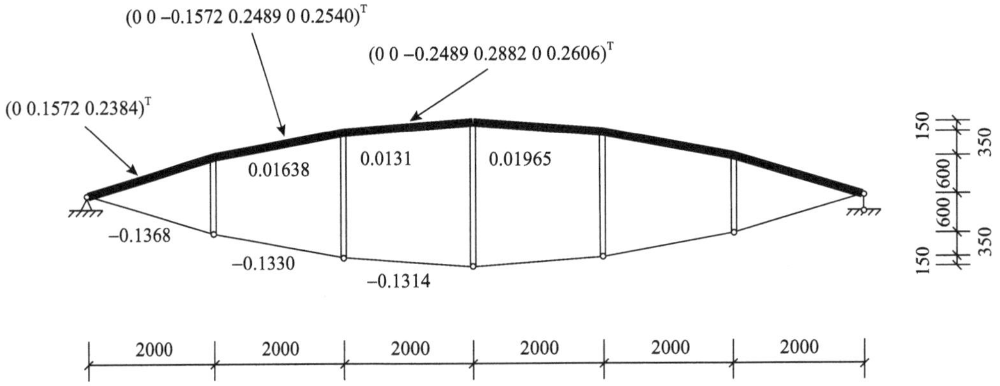

图 5.16　张弦梁体系(单位：mm)

注意，张弦梁体系平衡矩阵列数比行数大得多，因此在求其独立自应力模态数时若采用平面模型，则得出的独立自应力模态数不正确，解决的办法为可用空间模型来分析。

方法 2：局部分析法[57]。

一般组合空间结构施工张拉中梁单元只能作为被动张拉单元，基于将索单元、杆单元和梁单元分开的结构分块的思想，这里提出求解索杆梁混合单元体系初始预应力分布的局部分析法。对于大型索杆梁混合单元体系，梁单元的存在使体系整体平衡矩阵组装和形态变得复杂，为了避免涉及梁单元的独立自应力模态的组合，可以将刚性体系与柔性体系分开单独进行找力分析。平衡矩阵描述的是体系各个单元的几何信息，只和体系有限元模型的各节点的初始坐标和单元类型有关，和各个单元的截面及材料属性无关。对于张弦梁和弦支穹顶结构，体系整体平衡方程可写成分块矩阵的形式，即

$$\boldsymbol{A}\,{}_0\boldsymbol{\beta}_e=[\boldsymbol{A}_{\text{bar}}\quad \boldsymbol{A}_{\text{beam}}]\begin{pmatrix}{}_0\boldsymbol{\beta}_{e\text{-bar}}\\ {}_0\boldsymbol{\beta}_{e\text{-beam}}\end{pmatrix}=\boldsymbol{A}_{\text{bar}}\,{}_0\boldsymbol{\beta}_{e\text{-bar}}+\boldsymbol{A}_{\text{beam}}\,{}_0\boldsymbol{\beta}_{e\text{-beam}}=\boldsymbol{F} \tag{5.95}$$

其中，$\boldsymbol{A}$ 为平衡矩阵；${}_0\boldsymbol{\beta}_e$ 为各单元局部坐标系下的内力矢量；$\boldsymbol{F}$ 为节点荷载矢量；$\boldsymbol{A}_{\text{bar}}$ 为由体系所有索单元、杆单元或下部柔性体系组成的平衡矩阵；$\boldsymbol{A}_{\text{beam}}$ 为体系所有梁单元或上部刚性体系组成的平衡矩阵；${}_0\boldsymbol{\beta}_{e\text{-bar}}$ 为杆单元、索单元截面内力向量；${}_0\boldsymbol{\beta}_{e\text{-beam}}$ 为梁

单元截面内力向量。

式(5.95)表明，体系总平衡矩阵可以分成两部分，A_{bar} 与分离出来的局部或下部索杆体系的平衡矩阵的列数是相同的，并且两者所包含的信息也相同。式(5.95)是局部分析方法的矩阵分块理论解释。

下面以一张弦梁结构例题 5.10 形式给出局部分析法的步骤。

第 1 步，将体系分成上、下部两块，刚性体系的梁单元与柔性体系的索单元、杆单元分离，添加约束，使其各成独立的体系(图 5.17)。

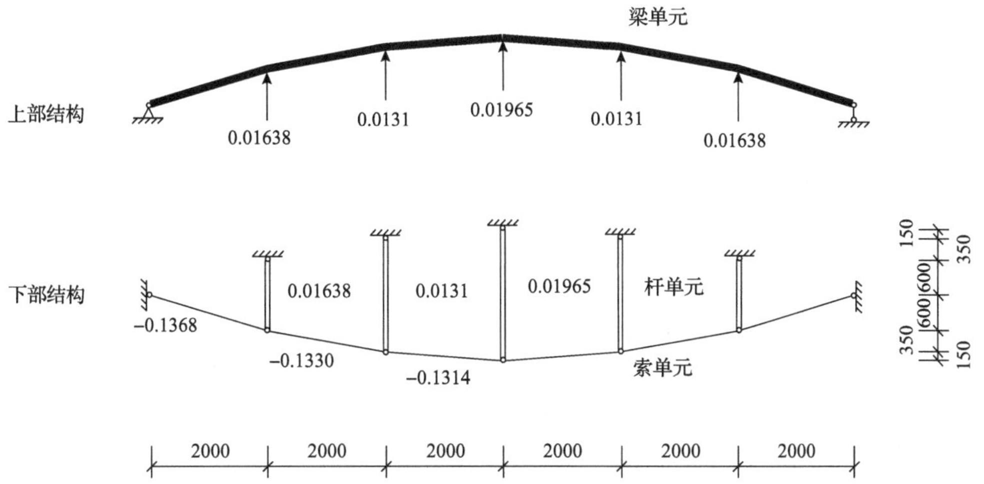

图 5.17　张弦梁结构局部分块示意(单位：mm)

第 2 步，对下部索杆体系进行找力分析，可得到其独立自应力模态、独立机构位移模态，对独立自应力模态进行组合可得下部索杆体系的初始预应力分布。

第 3 步，将下部结构和上部结构相连接的单元内力作为外荷载施加到上部结构，对上部结构的平衡矩阵求解广义逆或采用有限元软件进行线性荷载分析，得到上部结构的初始预应力分布。

按照上述步骤对例题 5.10 的张弦梁结构重新进行线性找力分析，得到其下部结构独立自应力模态数为 1，分布如图 5.17 所示，由于对称性，这里只给出左半部分单元的结果。对上部结构进行线性荷载分析，得到的结果与例题 5.10 相同，这也证明了本方法的正确性。

例题 5.11　济南奥体中心体育馆钢结构屋盖——122m 跨度球面弦支穹顶结构线性找力分析[58-60]。

如图 5.18 所示，该弦支穹顶上部单层网壳为凯威特型和葵花型内外混合布置形式，下部索杆张拉体系为肋环型布置，3 圈索杆体系下斜索的水平夹角均为 26°。在径向马道支点和相邻竖向压杆的上节点之间设置斜拉构造刚拉杆，构造刚拉杆均采用ϕ55mm 张紧，约束下部索杆体系的环向扭转振动。上部单层网壳承担了大部分荷载，力流大部分由其传递。钢材采用 Q345B。单层网壳杆件主要采用ϕ377mm×14mm，在屋盖边缘处，由于下部结构对壳体的约束作用，杆件平板内力较大，该处杆件采用ϕ377mm×16mm。采用高强度普通松弛冷拔镀锌钢丝(ϕ5mm)，破断强度不小于 1670MPa，平行钢丝束拉索抗拉弹性模量不小于 1.9×10^5MPa。构造刚拉杆强度等级：抗拉强度不小于 470MPa，屈服强度不小于 345MPa。位移边界假定为三向不动铰支座，设计预应力分布和水平的确定除考虑提高整体结构的稳定性要求外，还考虑改善上部单层网壳的内力分布和水平，降低支座水平推力。

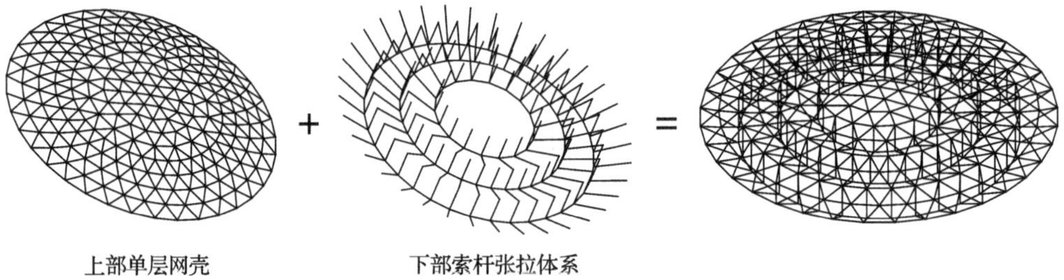

图 5.18　济南奥体中心体育馆结构体系构成示意

第 1 步，采用局部分析法，将刚、柔体系分开。添加支座约束，建立下部索杆体系平衡矩阵并进行找力分析，得到其独立自应力模态数为 3，且 3 圈自应力分布互不影响。

第 2 步，设定各圈的预应力水平均为 1000kN，由第 1 步已知的每圈自应力分布模态进行单元预应力赋值，在此预应力水平下，截断该圈索杆，获取各圈索杆预应力单独存在时对上部单层网壳的等效外荷载。

第 3 步，不考虑单层网壳结构的自重及其他外荷载，求其在单独一圈索杆等效外荷载作用下的节点位移，取一榀索杆体系，得到其上节点竖向位移值，如表 5.6 所示。然后，求解单层网壳结构在自重和 60kg/m^2(包括屋面、马道和机电设备等)均布附加恒荷载作用下的节点位移值 $\boldsymbol{d}_{\text{deadload}}$。注意，上述荷载分析均应采用线性分析。

表 5.6　各圈索杆 1000kN 预应力水平单独作用下上部单层网壳竖向位移及水平支座反力

荷载	竖向位移/m			支座水平推力/kN
	外圈竖杆上节点	中圈竖杆上节点	内圈竖杆上节点	
外圈等代荷载	0.0223	−0.0434	−0.0065	−461.98
中圈等代荷载	−0.0051	0.0500	−0.0581	15.694
内圈等代荷载	−0.0100	0.0167	0.0868	9.1442
自重和附加恒荷载60kg/m^2	0.0198	0.0263	0.0257	917.55

第 4 步，依据叠加原理，建立各圈索杆体系相互作用关系矩阵 $\boldsymbol{D}_{\text{vertical}}$，以竖杆上节点的竖向位移在设计预应力和结构自重以及附加恒荷载作用下为零作为优化目标，求解线性方程组，得到各圈索杆体系的设计预应力水平及其比例 $\boldsymbol{\lambda}$。济南奥体中心体育馆屋盖弦支穹顶结构施工图阶段设计预应力的具体确定过程如下：

$$\boldsymbol{D}_{\text{vertical}}\boldsymbol{\lambda} = \boldsymbol{d}_{\text{deadload}}$$

其中，$\boldsymbol{D}_{\text{vertical}} = \begin{bmatrix} 0.0223 & -0.0434 & -0.0065 \\ -0.0051 & 0.0500 & -0.0581 \\ -0.0100 & 0.0167 & 0.0868 \end{bmatrix}$；$\boldsymbol{d}_{\text{deadload}} = \begin{pmatrix} 0.0198 \\ 0.0263 \\ 0.0257 \end{pmatrix}$。

求解上述线性方程组，得到 $\boldsymbol{\lambda} = (3.8580, 1.4578, 0.4587)^{\mathrm{T}}$。

各圈索杆体系的环索预应力水平由外而内依次为 3858.0kN、1457.8kN、458.7kN，引起支座水平推力为–1755.2kN。

注：设计预应力对应的为初状态几何，要求施工张拉结束后对应的为空间几何形状，一般取初状态几何等于建筑设计几何。例题 5.11 为实际工程设计预应力确定的简要介绍和实用方法，供广大读者和工程师参考。设计预应力的确定可采用不同的优化目标，如结构自重和附加恒荷载作用下的边界支座水平推力为零，实际工程设计时需要具体情况具体分析，并把握住结构设计的主要矛盾及主要矛盾的主要方面。

组合空间结构刚性体系设计预应力和参考位形：例题 5.11 表明，弦支穹顶结构与张弦梁结构的线性找力分析都可以采用局部分析法，但张弦梁结构的刚性体系是简支梁，为静定动定体系，弦支穹顶结构的刚性体系是高次静不定动定体系。刚性体系的初始预应力分布和大小均可由线性找力分析得到，但弦支穹顶结构梁单元的初始预应力未必能够在施工张拉逆分析如撤掉索杆体系后全部释放掉(施工张拉分析一般要求考虑几何非线性，如果采用线性分析还是可以全部释放掉的)，这是由于刚性体系的设计预应力未必满足施工张拉过程的相容性要求。线性找力分析的小位移小应变假设存在理论上的缺陷，特别是刚性体系空间刚度较小的情况。那么，弦支穹顶结构的荷载分析是否应该考虑刚性体系即梁单元的初始设计预应力？这个问题目前尚无统一的认识。实际工程设计时，刚性体系通常作为被动张拉单元处理，按照建筑设计几何无应力下料更为方便可行。这要求结构设计分析时不设定其初始设计预应力，只设定下部柔性体系的初始预应力，让上部刚性体系竖向反拱，实际施工时在结构自重和附加恒荷载作用下再抵消掉该部分反向位移或反拱值，让刚性体系施工张拉结束后近似达到建筑设计几何。这相当于刚性体系在竖向压杆的上节点没有发生竖向位移，从而最大限度地避免采用线性找力分析方法进行刚性体系初始预应力设计时无法满足相容条件这一缺憾，这是济南奥体中心体育馆屋盖弦支穹顶结构设计时预应力优化目标如此选择的另一原因。这也表明，预应力结构特别是施工张拉过程发生较大变形的结构，其设计与施工是统一的，不同的施工方法对应不同的设计假定。这相当于刚性体系近似采用零状态几何作为参考位形，而柔性体系采用初状态几何作为参考位形。张弦梁结构不存在这个问题，刚柔体系可统一取初状态几何作为参考位形。张弦桁架体系与弦支穹顶结构相同，都存在这个问题。

方法 3：弹性模量无穷大方法。

实际工程中预应力设计可采用弹性模量无穷大方法[61]，如斜拉桥、悬索桥等，它们也属于组合空间结构。该方法将柔性体系的材料弹性模量设定为无穷大，刚性体系保持原材料特性，以建筑设计几何作为参考位形，采用线性分析计算体系整体由于结构自重和附加恒荷载作用下的变形和构件内力。这时柔性体系的材料弹性模量太大，导致刚柔体系界面处节点位移近似为零，获得的柔性体系各构件的内力满足节点平衡条件，即可作为设计预应力。

该方法与第 I 类形态生成问题即找形分析中的弹性模量无穷小方法相对应，计算的误差主要由伪弹性模量引起。该方法简单，不需要编程，一般的商业有限元软件都可实现，粗糙但实用性强。

3. 线性相容性分析

这里讨论在初始自内力确定的情况下结构体系各个单元截面特性的确定问题，到目前为止，国内外的研究都忽略了这个问题。这个问题的意义在于索杆张拉体系和索梁张拉体系的施工可行性问题，即根据平衡矩阵确定体系的初始自内力是否一定能够实现？初始几何位形(设计位形)是否一定能够张成？如果放松主动张拉单元，被动张拉单元的内力是否能够完全释放？单元截面确定问题与包含一阶或高阶无穷小机构的组合空间结构的施工过程密切相关，该问题是对平衡矩阵理论的补充和进一步完善，因此具有一定的理论意义和应用价值，是该类体系施工过程精细化分析和单元截面设计的理论基础，问题的具体描述如下。

已知：体系初状态几何(建筑设计几何)给定；体系的预应力分布已确定；体系的单元种类已确定，即已经确定哪些单元为索单元、杆单元或梁单元。

待求：体系截面特性的分布，对杆单元来说就是柔度分布。

分析：体系基于初始几何的平衡矩阵只和初始几何的节点坐标和体系单元种类的分布有关，而和体系各个单元的截面分布及材料特性无关。由体系平衡矩阵可以求得体系各个单元的自平衡内力(不考虑自重)，如果任意确定体系的截面尺寸和截面分布，通过本构关系可求得各个单元的应变，则单元本身满足平衡条件、本构关系(物理条件)，整个体系也已经满足平衡条件。接下来有两个问题，一是后续的荷载分析，二是零状态几何的确定问题。实际的结构施工过程中总是通过张拉主动张拉单元来获取自平衡的内力，因此考虑自重影响的施工过程，体系的各个单元总是由无内力状态(主动张拉单元)或自重内力状态(被动张拉单元)到初始自平衡内力与考虑自重引起的内力叠加的内力状态。在施工张拉过程中并不是所有体系在任意假设的截面分布和大小下都能准确达到初始几何位形在自重作用下的几何，因为施工张拉过程的每一时刻被动张拉单元都必须满足相容条件(主动张拉单元为强迫施工，无需满足相容条件)。反过来，如果放松主动张拉单元，并不是所有单元的自平衡内力都能得到释放，这可以通过一个简单的索梁体系来说明，如果放松主动张拉单元之后的体系包含通常所说的局部超静定结构，那么局部超静定结构的单元内力释放过程中，其各个节点的位移必须满足多余约束条件，即相容条件，显然，任意假设的单元截面分布和大小并不总能满足施工张拉反分析过程的相容条件，不满足施工反分析过程相容条件的单元的内力就得不到完全释放。因此，任意假设的体系截面分布就不总是整体施工可行的。

基于平衡矩阵秩的情况体系分为静不定动定体系(超静定结构)、静定动定体系(静定结构)、静不定动不定体系和静定动不定体系(不可刚化机构)。其中，静定结构和不可刚化机构是不用讨论的，这里讨论的对象为可刚化的动不定静不定体系、超静定结构以及包含可刚化体系的组合结构。

对于不包括局部超静定结构和局部已刚化的张拉整体单元的静不定动不定体系，由于体系整体和各个局部都是一个欠约束体系，放松主动张拉单元之后，体系的被动张拉单元的内力释放没有多余约束的强制作用，其各个单元截面分布和大小的确定可以完全根据单元本身的内力水平来确定，理论上是任意的。只是不同截面分布和大小下体系的零状态几何不同，但可以整体张成同样的初状态几何。对于超静定结构、包含可刚化体系的组合结构，如张弦梁结构、弦支穹顶结构等，单元的截面分布必须满足施工过程中的相容条件。下面以索杆组合空间结构为例详细讨论。

令杆单元 i 的长度为 l_i，面积为 A_i，材料弹性模量为 E_i，杆单元或索单元的轴向内力为 ${}_0\beta_{ei}$，单元的相对伸长量为 Δl_i，组成单元变形矢量为 ${}_0\boldsymbol{\alpha}_e$，单元总数为 n。由本构关系可得

$$\frac{{}_0\beta_{ei} l_i}{E_i A_i} = \Delta l_i \tag{5.96}$$

则

$${}_0\boldsymbol{\alpha}_e = \begin{pmatrix} \Delta l_1 \\ \vdots \\ \Delta l_i \\ \vdots \\ \Delta l_n \end{pmatrix} = \begin{bmatrix} {}_0\beta_{e1} l_1 & & & & \\ & \ddots & & 0 & \\ & & {}_0\beta_{ei} l_i & & \\ & 0 & & \ddots & \\ & & & & {}_0\beta_{en} l_n \end{bmatrix} \begin{pmatrix} 1/(E_1 A_1) \\ \vdots \\ 1/(E_i A_i) \\ \vdots \\ 1/(E_n A_n) \end{pmatrix} = \boldsymbol{h\rho} \tag{5.97}$$

其中，$\boldsymbol{h} = \begin{bmatrix} {}_0\beta_{e1} l_1 & & & & \\ & \ddots & & 0 & \\ & & {}_0\beta_{ei} l_i & & \\ & 0 & & \ddots & \\ & & & & {}_0\beta_{en} l_n \end{bmatrix}$；$\boldsymbol{\rho} = \begin{pmatrix} 1/(E_1 A_1) \\ \vdots \\ 1/(E_i A_i) \\ \vdots \\ 1/(E_n A_n) \end{pmatrix}$。

将式(5.97)代入式(5.73)可得

$$\boldsymbol{H}\,{}_0\boldsymbol{u} = {}_0\boldsymbol{\alpha}_e = \boldsymbol{h\rho} \tag{5.98}$$

$$\Rightarrow {}_0\boldsymbol{u} = \boldsymbol{H}^{+}\boldsymbol{h\rho} \tag{5.99}$$

$$\Rightarrow {}_0\boldsymbol{u} = \boldsymbol{R\rho}, \quad \boldsymbol{R} = \boldsymbol{H}^{+}\boldsymbol{h} \tag{5.100}$$

其中，线性小位移小应变假设下 $\boldsymbol{H} = \boldsymbol{A}^{\mathrm{T}}$ 为体系基于初始位形的相容矩阵；${}_0\boldsymbol{\beta}_e$ 为单元独立内力矢量；${}_0\boldsymbol{u}$ 为节点位移矢量；${}_0\boldsymbol{\alpha}_e$ 为单元相对变形矢量，对杆单元而言为单元的伸长量 Δl。

注意，式(5.98)、式(5.99)适用于小位移小应变假设，或者说适用于加载过程中各个微小荷载步的某一邻域。

$\boldsymbol{R}$ 的奇异值分解可得到 $\boldsymbol{\rho}$ 的独立分布模态，而 $\boldsymbol{\rho}$ 为体系的截面特性分布矢量，其力学意义在于在施工张拉的各个时刻体系不会由于截面特性分布而导致节点位移。由式(5.100)可得体系初始几何的独立单元截面分布模态 $\boldsymbol{\rho}_i$，任意的截面分布必定是 $\boldsymbol{\rho}_i$ 的线性组合，即

$$\boldsymbol{\rho}=\sum_{i=1}^{k}\gamma_i\boldsymbol{\rho}_i \tag{5.101}$$

其中，k 为体系独立单元截面分布模态总数。

接下来的工作应当是确定系数 γ_i 的取值问题，显然，截面分布必须满足体系施工的整体可行。由式(5.101)还可以看出，$\boldsymbol{\rho}$ 实际上是体系的柔度分布矢量。因此，从这一意义上说，单元截面分布的确定问题实际上是体系的柔度分布或刚度分布问题。

另外，由式(5.98)也可得

$$\boldsymbol{\rho}=\boldsymbol{h}^{-1}\boldsymbol{H}_0\boldsymbol{u} \tag{5.102}$$

式(5.102)表明，如果施工张拉过程的位移 $_0\boldsymbol{u}$ 已知且满足小位移小应变假设，则可以确定唯一的体系截面分布形式，实际的施工过程可能是具有强几何非线性的大位移过程，并且施工过程的位移变量 $_0\boldsymbol{u}$ 一般是未知的。

例题 5.12　一简单的组合结构如图 5.19 所示，试分析其截面特性分布。

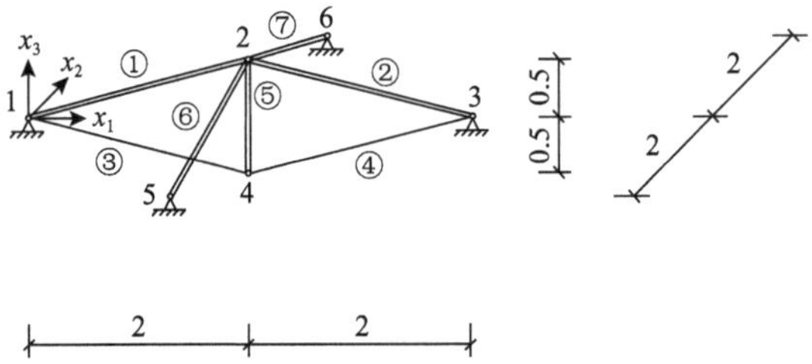

图 5.19　组合结构(单位：m)

首先，由体系平衡矩阵分解得到结构的独立自应力模态，如表 5.7 所示，由表 5.7 可见该结构有 2 个独立自应力模态，因此需增加两个条件来确定组合因子。这里为验证截面特性的分布问题，根据单元⑤的内力为 100N、单元①与单元⑥的内力相等确定第一组单元内力分布和大小为 f_1，根据单元⑤的内力为 100N、单元①的内力为单元⑥的内力的一半来确定第二组单元内力分布和大小为 f_2，如表 5.8 所示。

表 5.7　独立自应力模态

自应力模态	单元编号						
	①	②	③	④	⑤	⑥	⑦
s_1	0.57208	0.57208	0.27015	0.27015	–0.13104	–0.30193	–0.30193
s_2	0.00000	0.00000	0.48591	0.48591	–0.23570	0.48591	0.48591

表 5.8　自内力分布确定　　(单位：N)

自内力分布	单元编号						
	①	②	③	④	⑤	⑥	⑦
f_1	103.0784	103.0784	206.1567	206.1567	–100.0000	103.0784	103.0784
f_2	68.7176	68.7176	206.1565	206.1565	–100.0000	137.4352	137.4352

其次，由 f_1 或 f_2 组装结构的截面特性矩阵，进行奇异值分解得到结构截面特性分布矢量，如表 5.9 和表 5.10 所示，对杆单元为单元柔度分布矢量。

表 5.9　由 f_1 确定的单元截面分布确定

单元柔度分布	单元编号						
	①	②	③	④	⑤	⑥	⑦
ρ_1	0.632674	0.632674	0.315246	0.315246	0	–0.018544	–0.018544
ρ_2	0	0	0.041523	0.041523	0	0.705887	0.705887

表 5.10　由 f_2 确定的单元截面分布确定

单元柔度分布	单元编号						
	①	②	③	④	⑤	⑥	⑦
ρ_1	0.671027	0.671027	0.222304	0.222304	0	–0.017436	–0.017436
ρ_2	0	0	0.05529	0.05529	0	0.70494	0.70494

由表 5.9 和 5.10 可见，只有在表中所示的矢量张成的柔度分布矢量空间内，假定的内力分布才是能够实现的、整体施工可行的。还可以看出，在本算例假定的内力分布下，单元①和②、单元⑥和⑦的柔度必须一样，单元⑤的柔度为零，即必须是刚性杆，这怎么解释？要在初状态几何下求解单元的独立柔度分布矢量，则单元⑤的柔度必须为零，否则便会有节点位移。在实际工程中，单元⑤是不可能采用刚性杆的，可以认为柔度为零的单元的柔度是任意的或只和施工过程的要求有关。

这里从相容条件入手对索杆组合结构的各单元柔度分布做了初步探索，主要目的在于提出这一问题。任意假设的单元截面分布和大小并不总能满足施工反分析过程的相容条件，不满足施工反分析过程相容条件的单元预应力就得不到完全释放，无法得到理论上的零状态几何。因此，从线性分析的角度来看，任意假设的体系截面分布可能会导致被动施工张拉不可行。

4. 独立机构位移模态及其线性刚化即二阶稳定性分析

例题 5.13　水平三杆体系如图 5.20 所示，试对其进行线性找力分析。

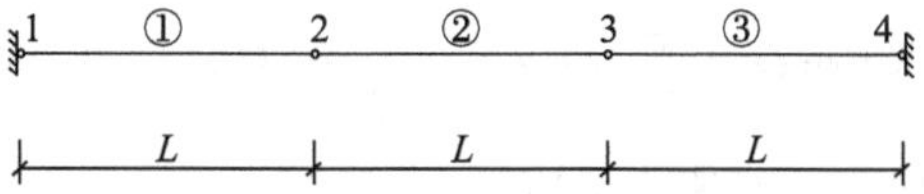

图 5.20　水平三杆体系

对其平衡矩阵进行奇异值分解可得到，独立自应力模态数为 1，独立自应力模态矩阵为 $[1\quad 1\quad 1]^{\mathrm{T}}$，独立机构位移模态数为 2，独立机构位移模态为 $(0\quad 1\quad 0\quad 0)^{\mathrm{T}}$ 和 $(0\quad 0\quad 0\quad 1)^{\mathrm{T}}$。

此外，体系的线性刚度矩阵为

$$\boldsymbol{K}_{\mathrm{L}}=\frac{EA}{L}\begin{bmatrix}2&0&-1&0\\0&0&0&0\\-1&0&2&0\\0&0&0&0\end{bmatrix}$$

式中，$\frac{EA}{L}$为轴心受力构件单元拉压线刚度，该刚度矩阵零空间的基可由$(0\quad 1\quad 0\quad 0)^{\mathrm{T}}$和$(0\quad 0\quad 0\quad 1)^{\mathrm{T}}$张成，而该基底恰好为用平衡矩阵理论得出的独立机构位移模态。这是一个有趣的现象，启示我们采用位移法的基本原理解释平衡矩阵理论。

线性刚化：当第 a 种独立自应力模态下发生第 b 种独立机构位移模态时，体系各节点可能会产生不平衡力，如果这种不平衡力具有使节点恢复其初始位置的趋势，则称该种独立自应力模态可以使第 b 种独立机构位移模态线性刚化。

正是基于以上思想，文献[42]给出了结构判定的一种方法。

记第 i 种独立自应力模态对应的各个独立机构位移模态下的节点不平衡力矢量为

$$\boldsymbol{P}_i=\begin{pmatrix}p_{i1} & p_{i2} & \cdots & p_{im}\end{pmatrix}$$

其中，$i=1,2,\cdots,N_c-r$；m为节点自由度总数。

记各个独立机构位移模态矢量$\boldsymbol{d}_1,\boldsymbol{d}_2,\cdots,\boldsymbol{d}_m$组成的矩阵为

$$\boldsymbol{D}=\begin{bmatrix}\boldsymbol{d}_1 & \boldsymbol{d}_2 & \cdots & \boldsymbol{d}_m\end{bmatrix}$$

Calladine 和 Pellegrino 得出以下判别式：对于$s=1$的体系，有

$$\boldsymbol{\beta}^{\mathrm{T}}\boldsymbol{P}^{\mathrm{T}}\boldsymbol{D}\boldsymbol{\beta}>0\ ,\quad \forall\boldsymbol{\beta}\in\mathbf{R}^m\neq 0 \tag{5.103}$$

由式(5.103)得对称矩阵$\boldsymbol{Q}_{m\times m}=\boldsymbol{P}^{\mathrm{T}}\boldsymbol{D}$，若$\boldsymbol{Q}$正定，则体系稳定。

对于$s>1$的体系，式(5.103)变为

$$\boldsymbol{\beta}^{\mathrm{T}}\left(\sum_{i=1}^{N_c-r}\boldsymbol{Q}_i\alpha_i\right)\boldsymbol{\beta}>0\ ,\quad \forall\boldsymbol{\beta}\in\mathbf{R}^m\neq 0 \tag{5.104}$$

对于式(5.104)不等式判定方法，文献[42]提出一种自动搜索的迭代算法，该算法基于这样一种思想：若正定矩阵$\boldsymbol{Q}=\sum_{i=1}^{N_c-r}\boldsymbol{Q}_i\alpha_i=\sum_{i=1}^{N_c-r}\boldsymbol{P}_i^{\mathrm{T}}\boldsymbol{D}\alpha_i$存在，则至少存在一组$\alpha_i$，对于任意非零向量$\boldsymbol{\beta}_j$，有下列$n$个不等式成立：

$$\boldsymbol{\beta}_j^{\mathrm{T}}\left(\sum_{i=1}^{N_c-r}\alpha_i\boldsymbol{P}_i^{\mathrm{T}}\boldsymbol{D}\right)\boldsymbol{\beta}_j>0\ ,\quad \forall\boldsymbol{\beta}_j\in\mathbf{R}^m\neq 0\ ,\quad j=1,2,\cdots,n \tag{5.105}$$

初选时，$n=m$，向量$\boldsymbol{\beta}_j$为$\mathbf{R}^m$空间的标准基，一旦找到一组α_i就可计算$\boldsymbol{Q}$的特征值和特征向量，可能出现以下三种情况：①所有特征值都大于零，对称矩阵$\boldsymbol{Q}$正定；

②一些特征值非正，此时把其对应的特征向量包括到向量 $\boldsymbol{\beta}_j$ 中，不等式数相应增加；③不等式(5.105)无解。

对于第 2 种情况，需在不等式数增加的情况下寻找一组新的 α_i，为加快计算速度，通常采用式(5.106)代替式(5.105)：

$$\boldsymbol{\beta}_j^{\mathrm{T}}\left(\sum_{i=1}^{N_c-r}\alpha_i\boldsymbol{P}_i^{\mathrm{T}}\boldsymbol{D}\right)\boldsymbol{\beta}_j \geqslant \varepsilon \geqslant 0\,,\quad \forall\boldsymbol{\beta}_j\in\mathbf{R}^m\neq 0\,,\quad j=1,2,\cdots,n \tag{5.106}$$

为简化计算，设定 $|\alpha_i|=1$。式(5.106)可用标准线性规划算法分析。

下面给出 $\boldsymbol{Q}_1$ 的表达式：

$$\boldsymbol{Q}_1=\boldsymbol{P}_1^{\mathrm{T}}\boldsymbol{D}=\begin{bmatrix}\boldsymbol{p}_{11}^{\mathrm{T}}\\ \boldsymbol{p}_{12}^{\mathrm{T}}\\ \vdots\\ \boldsymbol{p}_{1m}^{\mathrm{T}}\end{bmatrix}\begin{bmatrix}\boldsymbol{d}_1 & \boldsymbol{d}_2 & \cdots & \boldsymbol{d}_m\end{bmatrix}=\begin{bmatrix}\boldsymbol{p}_{11}^{\mathrm{T}}\boldsymbol{d}_1 & \boldsymbol{p}_{11}^{\mathrm{T}}\boldsymbol{d}_2 & \cdots & \boldsymbol{p}_{11}^{\mathrm{T}}\boldsymbol{d}_m\\ \boldsymbol{p}_{12}^{\mathrm{T}}\boldsymbol{d}_1 & \boldsymbol{p}_{12}^{\mathrm{T}}\boldsymbol{d}_2 & \cdots & \boldsymbol{p}_{12}^{\mathrm{T}}\boldsymbol{d}_m\\ \vdots & \vdots & & \vdots\\ \boldsymbol{p}_{1m}^{\mathrm{T}}\boldsymbol{d}_1 & \boldsymbol{p}_{1m}^{\mathrm{T}}\boldsymbol{d}_2 & \cdots & \boldsymbol{p}_{1m}^{\mathrm{T}}\boldsymbol{d}_m\end{bmatrix} \tag{5.107}$$

式中，

$$\boldsymbol{p}_{1i}^{\mathrm{T}}\boldsymbol{d}_j=\boldsymbol{p}_{1j}^{\mathrm{T}}\boldsymbol{d}_i \tag{5.108}$$

式中，$\boldsymbol{p}_{1i}$ 为在独立自应力模态 ${}_0\boldsymbol{\beta}_{e1}$ 下的体系在独立机构位移模态 $\boldsymbol{d}_i$ 的节点不平衡力矢量。式(5.108)可由虚功原理简单证明，如将 $\boldsymbol{p}_{1i}$、$\boldsymbol{p}_{1j}$ 看成广义力矢量、将 $\boldsymbol{d}_i$、$\boldsymbol{d}_j$ 看成广义虚位移。$\boldsymbol{p}_{1i}$ 的计算在文献[42]已给出，其实可以根据在某一独立机构位移模态下更新节点坐标后的体系平衡矩阵计算。

注意，这里仅给出了一种满足刚化条件的预应力分布，仍然无法确定预应力的大小。另外，文献[62]中证明了 $\boldsymbol{Q}$ 和 $\boldsymbol{K}_g$ 在形式上是相同的。

5.2.4　非线性找力分析

式(5.63)给出了非线性平衡矩阵的表达式，该式包含位移项，并不适用于一般实际工程中设计预应力的确定分析。然而，线性找力分析存在先天的理论缺陷，例如，体系稳定性判定采用线性刚化分析可能得出错误的结论，施工张拉分析过程缺乏被动张拉单元必须满足相容条件等。毫无疑问，线性分析是非线性分析的基础，但是如果考虑大位移之后，第Ⅱ类形态生成问题和第Ⅰ类形态生成问题之间的界限就不再清晰，宜归类为第Ⅲ类形态生成问题。因此，非线性找力分析以及拓扑找力分析的力学意义及其应用应在第Ⅲ、Ⅳ类形态生成问题中讨论。

5.3　第Ⅲ类形态生成问题

空间曲线或曲面的形态生成问题除等应力曲面、平面圆形环索曲线问题外，一般均属于内力或自内力和形状几何均未知的第Ⅲ类形态生成问题，可通过连续化或近似连续化分析方法以及离散化数值方法求解。

5.3.1 第Ⅲ类形态生成问题的描述

已知：体系拓扑几何(topology geometry)、边界条件(boundary conditions)和外荷载，粗糙的几何模型，但它们并不总是必要的。

待求：体系初状态形状几何及其预应力分布和大小。

分析：第Ⅲ类形态生成问题更强调形状几何与内力或自内力之间既相对独立又相互依存的关系，以区别于第Ⅰ、Ⅱ类形态生成问题。第Ⅲ类形态生成问题中体系稳定性的含义包括：一方面，体系可否可线性刚化或非线性刚化以及刚化程度的度量；另一方面，体系稳定总是相对于内外作用的性质、大小和分布等，体系不仅要在内力或自内力的作用下保持设计几何和运动状态不发生突变，而且对外部荷载或作用不敏感。

5.3.2 第Ⅲ类形态生成问题的求解方法

连续化解析理论依据空间曲线或曲面函数必须满足的结构平衡条件建立微分方程或者偏微分方程，对方程再进一步求解析解或者数值解，并考虑边界条件求待定系数。离散化数值求解方法一般要进行网格离散，假设一定的拓扑几何构成或者拓扑几何给定，然后由局部离散单元出发，采用先局部后整体的思路，寻找满足力学平衡条件的形状几何。连续化的解析方法适用于小规模手算和简单的体系，受边界条件和偏微分方程阶数、数目的限制，适用范围没有离散化的数值方法广，但其力学概念清楚，参数分析方便，易于进行规律性的讨论。在曲线形态生成问题和曲面形态生成问题(单索、索网和膜曲面)方面均取得了一系列初步但有趣的成果。

1. 连续化或近似连续化分析方法

按照形态生成问题研究对象的不同分类，下面分为曲线问题和曲面问题进行讨论。

1)曲线问题：平面单、双索曲线和空间索曲线第Ⅲ类形态生成问题

空间结构中曲线形态生成问题指的是索曲线几何形态生成问题，分为平面索曲线(单索和双索体系，如传输线、索道、斜拉桥拉索、船舶锚索、深海钻井平台系泊索、悬索桥的悬索、张弦体系的下弦索和单榀平面空间索桁体系)和空间索曲线(如空间索桁体系的环索)两种。一般来讲，索按垂度大小可以分为悬索和拉索，按是否闭合可以分为闭合索和非闭合索，按是否连续可以分为连续索(一阶导数连续)和离散索(一阶导数不连续)。下面讨论各类索曲线的形态生成问题的求解方法。

(1)平面单索曲线形态生成——非闭合平面单索曲线第Ⅲ类形态生成问题。

如图 5.21 所示，存在i节点到j节点的自由索段，求在自重作用下自然下垂的平面曲线形状。

已知：索段在无应力下的长度即索段原长为L_u，弹性模量为E，截面面积为A，自重引起沿曲线的竖向均布荷载为ω，i节点到j节点之间的水平投影距离为H，竖向投影距离为V。注意，这里隐含假定索段始终在一个平面内，且横截面面积不变。

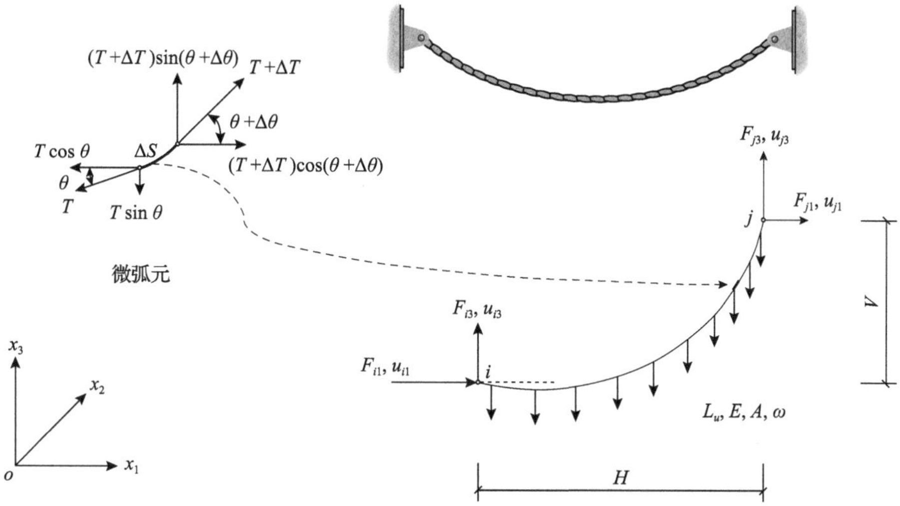

图 5.21　自由垂索的曲线形状

待求：索段的平面曲线形状，即 $x_3 = x_3\left(x_1\right)$ 的函数表达式。

解：

方法 1：微分方法——直接建立平衡方程的方法。

在索段上取任意微弧元，如图 5.21 所示，在 x_1x_3 平面内建立如下平衡方程：

$$\left(T+\Delta T\right)\sin\left(\theta+\Delta\theta\right)=T\sin\theta+\omega\Delta S \tag{5.109}$$

$$\left(T+\Delta T\right)\cos\left(\theta+\Delta\theta\right)=T\cos\theta=F_{i1}=F_{j1} \tag{5.110}$$

式(5.109)除以式(5.110)可得

$$\tan\left(\theta+\Delta\theta\right)=\frac{T\sin\theta+\omega\mathrm{d}S}{T\cos\theta}=\tan\theta+\frac{\omega}{F_{i1}}\Delta S$$

$$\Rightarrow\tan\left(\theta+\Delta\theta\right)-\tan\theta=\frac{\omega}{F_{i1}}\Delta S$$

级数展开 $\tan\left(\theta+\Delta\theta\right)=\tan\theta+\Delta\theta\sec^2\theta+O\left(\Delta\theta\right)$，则

$$\Delta\theta\sec^2\theta=\frac{\omega}{F_{i1}}\Delta S\Rightarrow\frac{\Delta\theta}{\Delta S}\left(1+\tan^2\theta\right)=\frac{\omega}{F_{i1}} \tag{5.111}$$

注意到 $\lim\limits_{\Delta S\to0}\dfrac{\Delta\theta}{\Delta S}=\dfrac{\mathrm{d}\theta}{\mathrm{d}S}$ 且 $f_{,x_1}=\tan\theta\Rightarrow f_{,x_1x_1}=\sec^2\theta\dfrac{\mathrm{d}\theta}{\mathrm{d}x_1}=\left(1+\tan^2\theta\right)\dfrac{\mathrm{d}\theta}{\mathrm{d}S}\dfrac{\mathrm{d}S}{\mathrm{d}x_1}=\left(1+x_{3,1}^2\right)\dfrac{\mathrm{d}\theta}{\mathrm{d}S}\sqrt{1+x_{3,1}^2}$，从而

$$\frac{\mathrm{d}\theta}{\mathrm{d}S}=\frac{x_{3,11}}{\left(1+x_{3,1}^2\right)^{\frac{3}{2}}} \tag{5.112}$$

式(5.112)就是曲率计算公式。将式(5.112)代入式(5.111)可得

$$x_{3,11}=\frac{\omega}{F_{i1}}\sqrt{1+x_{3,1}^2}\Rightarrow\frac{1}{\sqrt{1+x_{3,1}^2}}\frac{\mathrm{d}x_{3,1}}{\mathrm{d}x_1}=\frac{\omega}{F_{i1}}\tag{5.113}$$

由于反双曲函数的导数 $\frac{\mathrm{d}}{\mathrm{d}x}(\operatorname{arcsinh} y)=\frac{1}{\sqrt{1+x^2}}$，因此有

$$x_3=x_3(x_1)=\frac{F_{i1}}{\omega}\cosh\left(\frac{\omega}{F_{i1}}x_1+c_1\right)+c_2\tag{5.114}$$

其中，c_1、c_2 为常数，由边界条件决定。

方法 2：变分方法——能量泛函的极值问题。

构造图 5.21 所示索曲线的重力势能泛函，即

$$\Delta W=\omega\Delta S\cdot x_3\Rightarrow W=\int_S\omega x_3\mathrm{d}S=\omega\int_S x_3\sqrt{1+x_{3,1}^2}\mathrm{d}x_1\tag{5.115}$$

自由垂索的静力平衡状态对应式(5.115)所示的重力势能泛函取得极值，由欧拉方程可得

$$x_3x_{3,11}-x_{3,1}^2-1=0\Rightarrow x_3x_{3,11}=x_{3,1}^2+1\tag{5.116}$$

令 $p=\frac{\mathrm{d}x_3}{\mathrm{d}x_1}=x_{3,1}\Rightarrow\frac{\mathrm{d}p}{\mathrm{d}x_1}=x_{3,11}$，左右两端乘以 x_3 得

$$\begin{aligned}
&x_3\frac{\mathrm{d}p}{\mathrm{d}x_1}=x_3x_{3,11}=x_{3,1}^2+1=1+p^2\\
&\Rightarrow x_3\frac{\mathrm{d}p}{\mathrm{d}x_3}\frac{\mathrm{d}x_3}{\mathrm{d}x_1}=x_3p\frac{\mathrm{d}p}{\mathrm{d}x_3}=1+p^2\\
&\Rightarrow\frac{p}{1+p^2}\frac{\mathrm{d}p}{\mathrm{d}x_3}=\frac{1}{x_3}\Rightarrow\ln x_3=\frac{1}{2}\ln\left(1+p^2\right)+c\\
&\Rightarrow x_3^2=c_1\left(1+p^2\right)\\
&\Rightarrow x_3=\sqrt{c_1}\sqrt{1+p^2}=\sqrt{c_1}\sqrt{1+x_{3,1}^2}
\end{aligned}\tag{5.117}$$

将式(5.117)代入式(5.116)可得

$$x_{3,11}\sqrt{c_1}\sqrt{1+x_{3,1}^2}=1+x_{3,1}^2\Rightarrow\frac{x_{3,11}}{\sqrt{1+x_{3,1}^2}}=\frac{1}{\sqrt{c_1}}\tag{5.118}$$

式(5.118)与式(5.113)形式上一致，继续积分可得与式(5.114)相同的结论。

讨论：①上述自由垂索的悬链线方程的证明提供了连续化解析方法的两种基本思想，最终都归结到微分方程或者偏微分方程的求解；②实际工程中与上述问题最为接近的有电力传输线、索道、船舶锚索等，在大部分的索结构中，索段长度不大，工程设计时其自重一般不作为沿弧长的均布荷载来考虑；③拱的合理轴线形状的推导与上述问题基本思路一致，区别是合理拱曲线在不同的分布荷载模式下只承受压力，而索曲线只承受拉力；④力学中的变分方法一般采用能量泛函，因此称为能量原理，一般的力学问题都可以看成能量存在和变化的不同表现形式；⑤由式(5.118)的推导过程可见，自由垂索的悬链线方程并未考虑索体本身的抗拉刚度，即忽略了材料应变能项，因此式(5.114)和式(5.118)均以假定材料弹性模量无穷大、索体不可伸长为前提。若进一步考虑材料的应变能，自由垂索的曲线方程是否还是悬链线?

(2)张弦体系的上弦梁或桁架、下弦离散索曲线形状。

张弦梁(桁架)结构同样存在找形问题[63-65]，这里先假定已知初状态几何下全部竖杆的设计预内力的分布和水平，然后由下部索杆体系的拓扑几何关系推出矩阵 $\boldsymbol{H}$ 进而确定竖杆下节点的竖向坐标。考虑让上部结构在初状态几何下的内力分布为最优，假定各个竖杆上节点在初状态几何对应的结构常态荷载作用下竖向位移为零，即相当于在上部结构和竖杆连接节点代之以多个竖向零位移约束或刚性支座(图 5.22)。通过对图 5.22 计算模型的线性分析可得各个支座的竖向反力，即各个竖杆的设计初始预内力 $t_{\mathrm{VB}i}$，其中 $i=1,2,\cdots,n$。

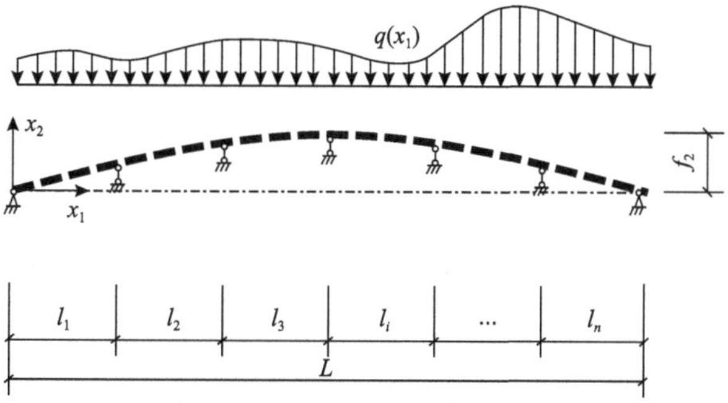

图 5.22　局部分析法示意图

注意，这里将张弦体系的下部索杆体系看成离散的单元和节点，而上部结构为连续的简支梁或者桁架，那么连续化求解方法是否适用于下部索杆体系？此外，张弦体系的上、下部结构即上、下弦的曲线形状有何关系？下面问题 1 和问题 2 给出直接离散化求解方法，问题 3 和问题 4 提出并讨论近似连续化求解方法。

问题 1：平面张弦梁结构，已知竖杆内力求竖杆下节点坐标，各竖杆水平间距相等。

已知：一平面张弦梁结构，如图 5.23 所示，水平跨度为 L，下弦垂度即下弦和两支座水平连线的竖向距离为 f_1，共有 n 个竖杆沿水平等分上部结构，即 $l_1=l_2=l_3=l_i=l_n=\dfrac{L}{n+1}$，上弦拱矢高为 f_2。竖杆对应初状态几何的预内力比值为 $t_{\mathrm{VB1}}:t_{\mathrm{VB2}}:t_{\mathrm{VB3}}:t_{\mathrm{VB}i}:t_{\mathrm{VB}n}=\eta_1:\eta_2:\eta_3:\eta_i:\eta_n$，$\theta_i$ 为第 i 索段和水平线的夹角(沿逆时针方向为正)。

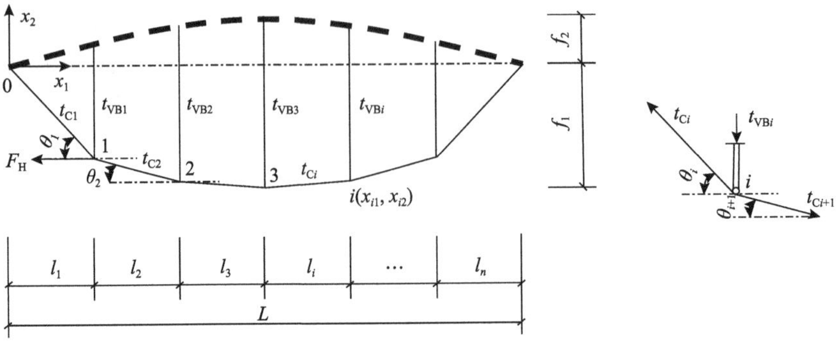

图 5.23　平面张弦梁结构

待求：下弦索曲线形状，即下弦各节点的竖向坐标 x_{i2}。

分析：由节点 1 的平衡条件可知

$$t_{VB1} = t_{C1}\sin\theta_1 - t_{C2}\sin\theta_2 \tag{5.119}$$

$$t_{C1}\cos\theta_1 = t_{C2}\cos\theta_2 = F_H \tag{5.120}$$

将式(5.120)代入式(5.119)可得

$$t_{VB1} = t_{C1}\sin\theta_1 - t_{C1}\cos\theta_1\frac{\sin\theta_2}{\cos\theta_2} = t_{C1}\cos\theta_1\left(\tan\theta_1 - \tan\theta_2\right)$$

同理，可得

$$t_{VBi} = F_H\left(\tan\theta_i - \tan\theta_{i+1}\right) \tag{5.121}$$

其中，中间两个竖杆或一个竖杆的内力应当按照式(5.122)计算，即

$$t_{VBi} = \begin{cases} F_H\tan\theta_i, & i = n/2\text{且}n\text{为偶数} \\ F_H\tan\theta_i \times 2, & i = (n+1)/2\text{且}n\text{为奇数} \end{cases} \tag{5.122}$$

由式(5.121)可知各竖杆内力比值为

$$t_{VB1} : t_{VB2} : t_{VB3} : t_{VBi} : t_{VBn} = \eta_1 : \eta_2 : \eta_3 : \eta_i : \eta_n \tag{5.123}$$

由于对称性，只计算一半数量的竖杆下节点竖向坐标，可得

$$\eta_1 : \eta_2 : \cdots : \eta_m = \left(\tan\theta_1 - \tan\theta_2\right) : \left(\tan\theta_2 - \tan\theta_3\right) : \cdots : \gamma\tan\theta_m \tag{5.124}$$

其中，

$$\begin{cases} m = n/2, \gamma = 1, & n\text{为偶数} \\ m = (n+1)/2, \gamma = 2, & n\text{为奇数} \end{cases} \tag{5.125}$$

由式(5.124)和式(5.125)可得 $m-1$ 个联立方程，并将节点坐标代入联立方程组，写

成矩阵形式为

$$
\boldsymbol{HY}=\begin{bmatrix}-\eta_2 & 2\eta_2+\eta_1 & -(2\eta_1+\eta_2) & \eta_1 & 0 & 0 & 0\\ 0 & \vdots & \vdots & \vdots & \vdots & 0 & 0\\ 0 & 0 & -\eta_{i+1} & 2\eta_{i+1}+\eta_i & -(2\eta_i+\eta_{i+1}) & \eta_i & 0\\ 0 & 0 & 0 & \vdots & \vdots & \vdots & \vdots\\ 0 & 0 & 0 & 0 & -\eta_m & 2\eta_m+\gamma\eta_{m-1} & -(\eta_m+\gamma\eta_{m-1})\end{bmatrix}\begin{pmatrix}x_{02}\\ x_{12}\\ \vdots\\ x_{i2}\\ \vdots\\ x_{(m-1)2}\\ x_{m2}\end{pmatrix}=0 \tag{5.126}
$$

其中，$x_{02}=0$，$x_{m2}=-f_1$ 为已知条件，这样由式(5.126)可建立 $m-1$ 个方程，解之得到所需要的竖杆下节点竖向坐标。对于竖杆数量不多的情况，式(5.126)可手算完成。

为方便手算，利用结构的几何对称性对式(5.126)进行了一些简化，若编程分析，则可采用形式上更加简单的矩阵 $\boldsymbol{H}$（式(5.127)），其中 θ_i 为第 i 索段和水平线的夹角且沿逆时针方向为正。

$$
\boldsymbol{HY}=\begin{bmatrix}-\eta_2 & 2\eta_2+\eta_1 & -(2\eta_1+\eta_2) & \eta_1 & 0 & 0 & 0 & 0\\ 0 & \vdots & \vdots & \vdots & \vdots & 0 & 0 & 0\\ 0 & 0 & -\eta_{i+1} & 2\eta_{i+1}+\eta_i & -(2\eta_i+\eta_{i+1}) & \eta_i & 0 & 0\\ 0 & 0 & 0 & \vdots & \vdots & \vdots & \vdots & 0\\ 0 & 0 & 0 & 0 & -\eta_n & 2\eta_n+\eta_{n-1} & -(2\eta_{n-1}+\eta_n) & \eta_{n-1}\end{bmatrix}\begin{pmatrix}x_{02}\\ x_{12}\\ \vdots\\ x_{i2}\\ \vdots\\ x_{(n-1)2}\\ x_{n2}\\ x_{(n+1)2}\end{pmatrix}=0 \tag{5.127}
$$

$$
\boldsymbol{H}=\begin{bmatrix}-\eta_2/l_1 & \eta_2\left(\frac{1}{l_2}+\frac{1}{l_1}\right)+\eta_1/l_2 & -\left[\eta_1\left(\frac{1}{l_1}+\frac{1}{l_2}\right)+\eta_2/l_2\right] & \eta_1/l_3 & 0 & 0 & 0 & 0\\ 0 & \vdots & \vdots & \vdots & \vdots & 0 & 0 & 0\\ 0 & 0 & -\eta_{i+1}/l_i & \eta_{i+1}\left(\frac{1}{l_{i+1}}+\frac{1}{l_i}\right)+\eta_i/l_{i+1} & -\left[\eta_i\left(\frac{1}{l_i}+\frac{1}{l_{i+1}}\right)+\eta_{i+1}/l_{i+1}\right] & \eta_i/l_{i+2} & 0 & 0\\ 0 & 0 & 0 & \vdots & \vdots & \vdots & \vdots & 0\\ 0 & 0 & 0 & 0 & -\eta_n/l_{n-1} & \eta_n\left(\frac{1}{l_n}+\frac{1}{l_{n-1}}\right)+\eta_{n-1}/l_n & -\left[\eta_{n-1}\left(\frac{1}{l_{n-1}}+\frac{1}{l_n}\right)+\eta_n/l_n\right] & \eta_{n-1}/l_{n+1}\end{bmatrix} \tag{5.128}
$$

式(5.127)共有 $n-1$ 个方程，矩阵 $\boldsymbol{H}$ 可不考虑竖杆总数的奇偶性和几何对称性，已知 $x_{02}=x_{(n+1)2}=0$，$x_{m2}=-f_1$。由已知条件可见，张弦体系的平面内竖向刚度不足可调节下弦索的垂度，即 f_1。

问题 2：平面张弦梁结构，已知竖杆内力求竖杆下节点坐标，各竖杆水平间距不相等。

在竖杆水平间距不相等的情况下，$l_1 \neq l_2 \neq l_i \neq l_n \neq \dfrac{L}{n+1}$，矩阵 $\boldsymbol{H}$ 的形式应做进一步修改，如式(5.128)所示。

问题 3：平面张弦梁结构，竖杆间距相等，各竖杆内力相等，求下弦索曲线形状即竖杆下节点所在曲线函数形式。

由式(5.121)并考虑下弦索曲线连续，则 $x_{2,1}=-\tan\theta$，从而

$$t_{\mathrm{VB}i}=F_{\mathrm{H}}\left(x_{(i+1)2,1}-x_{i2,1}\right)=F_{\mathrm{H}}\left(x_{(i+)2,1}-x_{(i-)2,1}\right) \tag{5.129}$$

其中，$x_{(i-)2,1}$、$x_{(i+)2,1}$ 为第 i 节点的左、右一阶导数，考虑到竖杆内力实际上为整体张弦梁横截面剪力的变化，则由离散到近似连续的思路，两边取微分得

$$\mathrm{d}t_{\mathrm{VB}i}\left(x_1\right)=F_{\mathrm{H}}\left(x_{i2,11}-x_{(i+1)2,11}\right)\mathrm{d}x_1 \tag{5.130}$$

若考虑上弦水平，各竖杆设计预内力相等，则 $x_{2,11}$ 为常数，下弦索曲线的一般函数形式为 $x_2=ax_1^2+bx_1+c$，其中 a、b、c 为常数。

边界条件：当 $x_1=0$ 时，$x_2=0$，可得 $c=0$；当 $x_1=L$ 时，$x_2=0$，可得 $b=-aL$。

当竖杆总数为偶数时，$x_1=\dfrac{L}{n+1}\cdot\dfrac{n}{2}$ 时，$x_2=-f_1$，可得下弦索曲线函数为

$$x_2=\frac{f_1}{-\left[\dfrac{nL}{2(n+1)}\right]^2+\dfrac{nL^2}{2(n+1)}}\left(x_1^2-Lx_1\right) \tag{5.131}$$

当竖杆总数为奇数时，$x_1=L/2$ 时，$x_2=-f_1$，可得下弦索曲线函数为

$$x_2=\frac{f_1}{-\left(\dfrac{L}{2}\right)^2+\dfrac{L^2}{2}}\left(x_1^2-Lx_1\right) \tag{5.132}$$

将式(5.131)和式(5.132)统一可得

$$x_2=\frac{f_1}{-p^2+pL}\left(x_1^2-Lx_1\right) \tag{5.133}$$

当 n 为偶数时，$p=nL/\left[2(n+1)\right]$；当 n 为奇数时，$p=L/2$。

例题 5.14 水平加劲梁，矢跨比为 1/10，水平跨度为 12m，竖杆总数为 5，根据多跨连续梁水平均

布荷载作用下支座竖向反力相等的理想情况，假定各竖杆设计预内力相等，几何尺寸如图 5.24 所示。

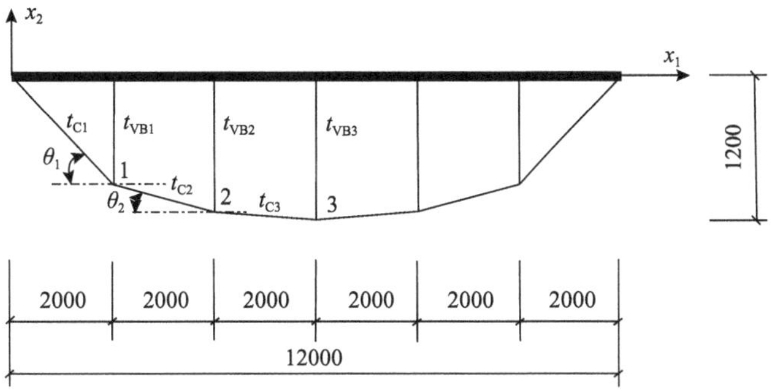

图 5.24　水平加劲梁(单位：mm)

由式(5.126)可得

$$\begin{bmatrix} -1 & 3 & -3 & 1 \\ 0 & -1 & 4 & -3 \end{bmatrix} \begin{pmatrix} 0 \\ x_{12} \\ x_{22} \\ 1.2 \end{pmatrix} = 0$$

解得 $x_{12} = 0.6667\text{m}$ ， $x_{22} = 1.0667\text{m}$ ，根据式(5.119)、式(5.121)可手算验证各个竖杆内力是相等的。下弦索夹节点坐标曲线拟合，可得 $x_2 = \dfrac{1}{30}x_1^2 - 0.4x_1$ ，这说明不考虑索单元均布自重的情况下，竖杆内力相等时下弦索曲线为抛物线，式(5.133)得到验证。

近似连续化方法在各个离散点处建立连续化的平衡方程，平衡条件仅在各个离散点处得到满足，虚的连续解曲线经过各个离散点。例题 5.14 表明，对离散构件进行近似连续化分析是可行的，计算结果也是精确的。

问题 4：已知平面张弦梁结构，上弦曲线方程为 $x_{U2}(x_1)$，下弦曲线方程为 $x_{L2}(x_1)$，有外荷载而无自内力，求上、下弦曲线方程的关系。

从张弦梁任意压杆处截取一微元，如图 5.25 所示，由微元上弦左端弯矩平衡可得

$$\Delta M(x_1) - N_{\text{H}}\Delta x_{\text{U2}} - \left[V(x_1) + \Delta V(x_1)\right]\Delta x_1 + q\Delta x_1 \times \Delta x_1 / 2 = 0$$

忽略二阶小量，则

$$\Delta M(x_1) - N_{\text{H}}\Delta x_{\text{U2}} - V(x_1)\Delta x_1 = 0 \tag{5.134}$$

其中，$M(x_1)$、$V(x_1)$、N_{H} 分别为上弦竖向截面的弯矩、剪力和水平轴力。

图 5.26 给出了竖杆上节点示意，由该图的竖向平衡可得

$$\Delta V(x) - t_{\text{VB}i} + q(x_1)\Delta x_1 = 0 \tag{5.135}$$

将式(5.134)两边求微分并与式(5.129)一起代入式(5.135)可得

$$\frac{\mathrm{d}^2M(x_1)}{\mathrm{d}x_1^2}-N_\mathrm{H}x_{\mathrm{U}2,11}-F_\mathrm{H}\left(x_{(i+1)\mathrm{L}2,1}-x_{i\mathrm{L}2,1}\right)/\,\mathrm{d}x+q(x)=0$$

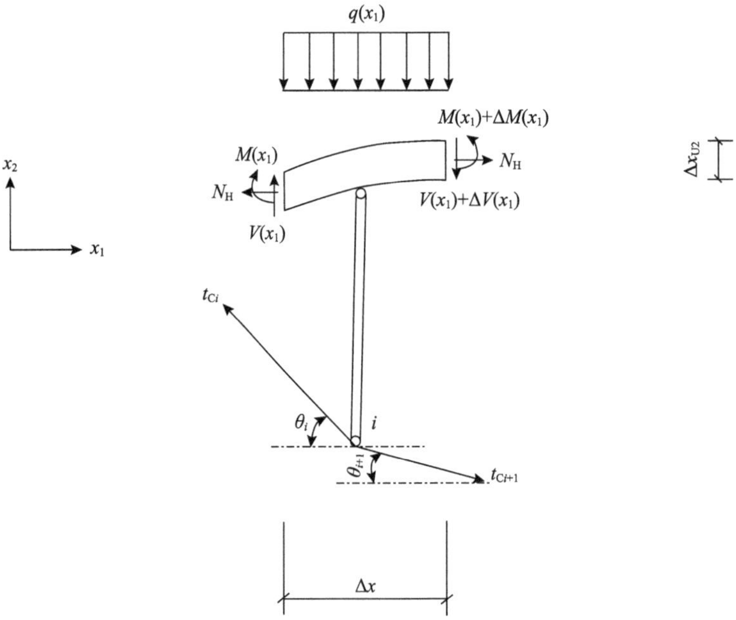

图 5.25　任意压杆处微元示意图

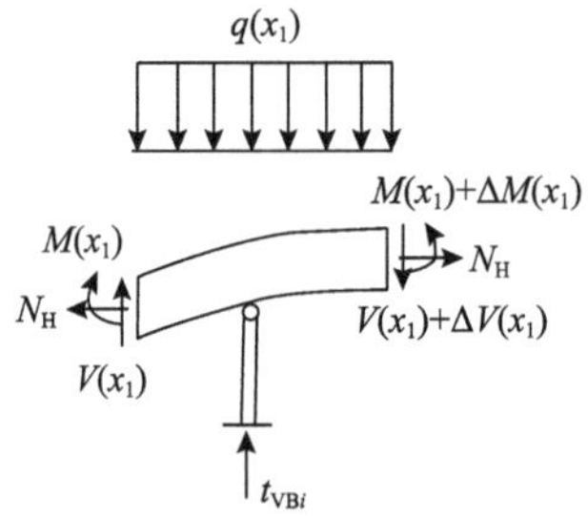

图 5.26　竖杆上节点

由 i 的随意性并由离散到近似连续的思路可得

$$\frac{\mathrm{d}^2M(x_1)}{\mathrm{d}x_1^2}-N_\mathrm{H}x_{\mathrm{U}2,11}-F_\mathrm{H}x_{\mathrm{L}2,11}+q(x)=0 \tag{5.136}$$

由支座节点的水平反力为零，可得

$$N_\mathrm{H}+F_\mathrm{H}=0 \tag{5.137}$$

将式(5.137)代入式(5.136)可得

$$\frac{\mathrm{d}^2M(x_1)}{\mathrm{d}x_1^2}+F_\mathrm{H}\left(x_{\mathrm{U}2,11}-x_{\mathrm{L}2,11}\right)+q(x)=0 \tag{5.138}$$

式(5.138)中上弦竖向截面弯矩一般情况下是存在的。若上弦弯矩的二阶导数为零，则式(5.138)就和文献[60]、[61]中的公式相近，即

$$F_{\mathrm{H}}\left(x_{\mathrm{U}2,11}-x_{\mathrm{L}2,11}\right)+q(x)=0 \tag{5.139}$$

式(5.138)和式(5.139)为张弦体系上、下弦曲线形状的关系，实际工程中上弦曲线形状一般由建筑设计给出。

(3)平面双索曲线形态生成——非闭合平面双索曲线第Ⅲ类形态生成问题。

大多数空间索桁体系上、下弦径向索曲线形态生成问题是平面双索曲线形态生成问题。这里采用近似连续化方法，在边界条件已知的条件下，考虑有无外荷载和自内力等情况，构造泛函并采用变分方法或直接由平衡方程组来确定其上、下弦的曲线函数形式[66,67]。空间索桁体系的基本形式如图 5.27 所示。图 5.27(a)中有两个支座平衡环索的等代水平力，即支座环梁或环向桁架的局部受力较为有利，适用于环梁或环向桁架竖向高度较大的情况，各竖杆在初状态几何下均受压。图 5.27(b)类型环索有两根，这样各环索的直径比图 5.27(a)单根环索要小。图 5.27(c)类型在初状态几何下没有受压构件，吊索与上、下弦的曲率有关，在和环索相连接处上、下弦的水平夹角比较小，线性找力分析的精度较差。图 5.27(d)类型区别于图 5.27(c)类型不仅是支座形式，其右端连接上、下弦的构件在初状态几何下必然受压，该受压构件同时又是腹构件中最长的。

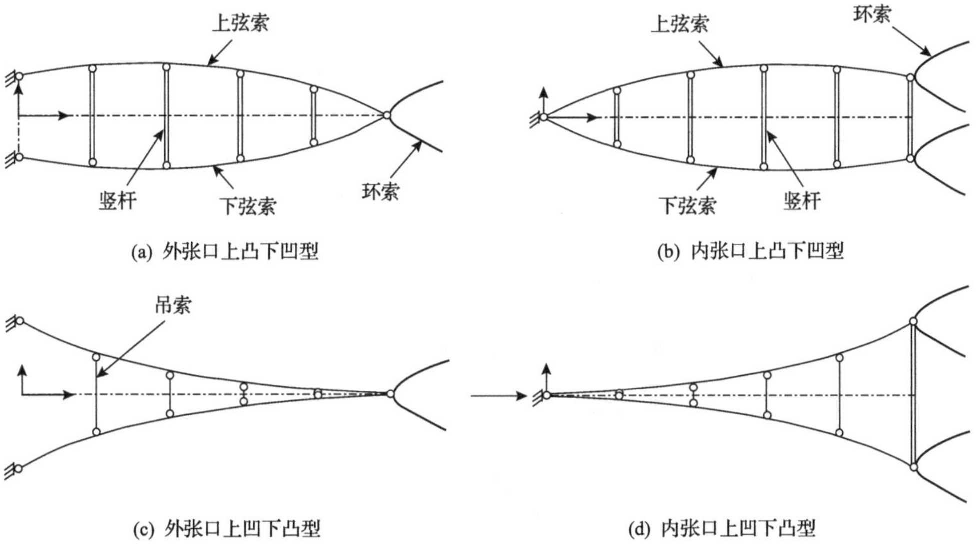

图 5.27　空间索桁体系的基本形式

问题 1：单榀平面索桁体系(图 5.28)，已知支座和环索水平位置和跨度，上弦曲线方程为 $x_{\mathrm{U}2}=x_{\mathrm{U}2}\left(x_1\right)$，下弦曲线方程为 $x_{\mathrm{L}2}=x_{\mathrm{L}2}\left(x_1\right)$，上弦分布荷载为 $q\left(x_1\right)\neq 0$，且无自平衡内力，假设上弦不退出工作，求关于上、下弦所在曲线方程的平衡方程。

分析：由竖杆下节点 i 的平衡条件(图 5.29)可知

$$t_{\mathrm{VB}i}=t_{i\mathrm{L}}\sin\theta_{i\mathrm{L}}-t_{(i+1)\mathrm{L}}\sin\theta_{(i+1)\mathrm{L}} \tag{5.140}$$

$$t_{i\mathrm{L}}\cos\theta_{i\mathrm{L}}=t_{(i+1)\mathrm{L}}\cos\theta_{(i+1)\mathrm{L}}=F_{\mathrm{H}} \tag{5.141}$$

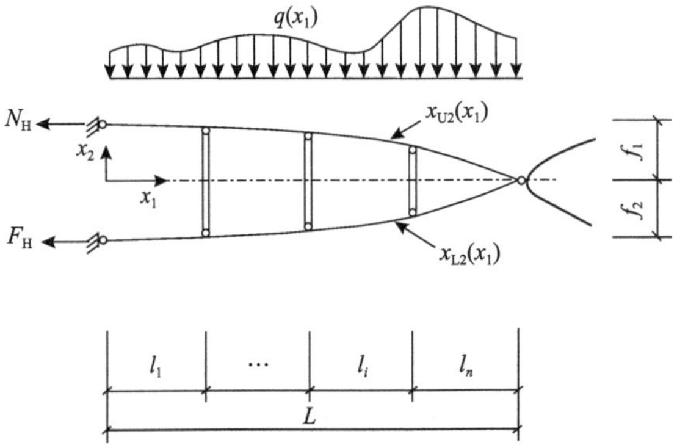

图 5.28　单榀平面索桁体系

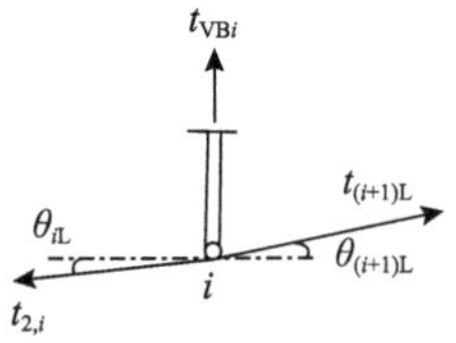

图 5.29　竖杆下节点

将式(5.141)代入式(5.140)可得

$$\begin{aligned}t_{\mathrm{VB}i}&=t_{i\mathrm{L}}\sin\theta_{i\mathrm{L}}-t_{i\mathrm{L}}\cos\theta_{i\mathrm{L}}\frac{\sin\theta_{(i+1)\mathrm{L}}}{\cos\theta_{(i+1)\mathrm{L}}}\\&=t_{i\mathrm{L}}\cos\theta_{i\mathrm{L}}\left(\tan\theta_{i\mathrm{L}}-\tan\theta_{(i+1)\mathrm{L}}\right)\end{aligned}$$

即

$$t_{\mathrm{VB}i}=F_{\mathrm{H}}\left(\tan\theta_{i\mathrm{L}}-\tan\theta_{(i+1)\mathrm{L}}\right) \tag{5.142}$$

由式(5.142)并考虑若下弦曲线连续，则 $x_{\mathrm{L}2,1}=\tan\theta_{\mathrm{L}}$，从而

$$t_{\mathrm{VB}i}=F_{\mathrm{H}}\left(x_{i\mathrm{L}2,1}-x_{(i+1)\mathrm{L}2,1}\right) \tag{5.143}$$

同理，由竖杆上节点 i 的平衡条件(图 5.30)可知

$$t_{\mathrm{VB}i}=t_{i\mathrm{U}}\sin\theta_{i\mathrm{U}}-t_{(i+1)\mathrm{U}}\sin\theta_{(i+1)\mathrm{U}}-q\left(x_1\right)\mathrm{d}x_1 \tag{5.144}$$

$$t_{i\mathrm{U}}\cos\theta_{i\mathrm{U}}=t_{(i+1)\mathrm{U}}\cos\theta_{(i+1)\mathrm{U}}=N_{\mathrm{H}} \tag{5.145}$$

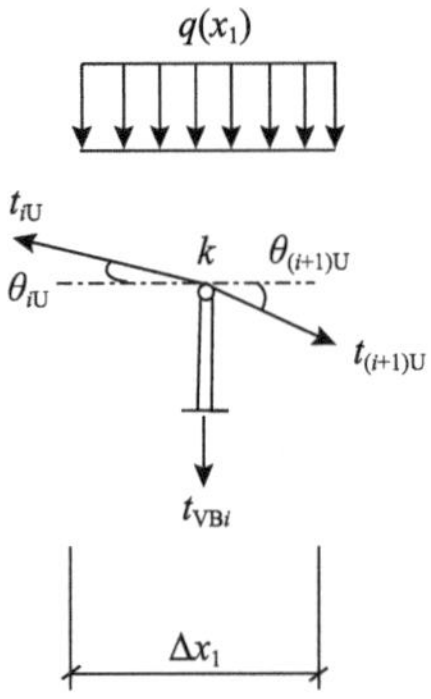

图 5.30　竖杆上节点

将式(5.145)代入式(5.144)可得

$$t_{\mathrm{VB}i}=N_{\mathrm{H}}\left(\tan\theta_{i\mathrm{U}}-\tan\theta_{(i+1)\mathrm{U}}\right)-q\left(x_1\right)\mathrm{d}x_1 \tag{5.146}$$

由式(5.146)并考虑若上弦曲线连续，则 $x_{\mathrm{U}2,1}=-\tan\theta_{\mathrm{U}}$，从而

$$t_{\mathrm{VB}i}=N_{\mathrm{H}}\left(x_{(i+1)\mathrm{U}2,1}-x_{i\mathrm{U}2,1}\right)-q\left(x_1\right)\mathrm{d}x_1 \tag{5.147}$$

将式(5.147)代入式(5.143)可得

$$F_{\mathrm{H}}\left(x_{(i+1)\mathrm{L}2,1}-x_{i\mathrm{L}2,1}\right)+N_{\mathrm{H}}\left(x_{(i+1)\mathrm{U}2,1}-x_{i\mathrm{U}2,1}\right)-q\left(x_1\right)\mathrm{d}x_1=0 \tag{5.148}$$

式(5.148)两边都除以 $\mathrm{d}x_1$ 可得

$$F_{\mathrm{H}}x_{\mathrm{L}2,11}+N_{\mathrm{H}}x_{\mathrm{U}2,11}-q(x_1)=0 \tag{5.149}$$

由式(5.149)可见，上、下弦曲线方程的解依赖于上、下弦的水平分力和附加恒荷载或附加风压的大小及分布，因此应对作用于上弦的附加荷载分布函数做进一步分析。注意，在无自内力的情况下，上弦索可能退出工作，式(5.149)中 N_{H} 为零，这里可以看成上、下弦构件在外荷载作用下的内力增量，或假设上弦为压杆。

问题 2：单榀平面索桁体系如图 5.28 所示，已知支座及环索水平位置和跨度，上弦曲线方程为 $x_{\mathrm{U}2}=x_{\mathrm{U}2}\left(x_1\right)$，下弦曲线方程为 $x_{\mathrm{L}2}=x_{\mathrm{L}2}\left(x_1\right)$，上弦分布荷载为 $q\left(x_1\right)=0$，在仅存在自平衡内力的情况下，不考虑构件自重，求包含上、下弦所在曲线方程的平衡方程。

分析：由问题 1 的分析过程可以看出，式(5.149)中取 $q\left(x\right)=0$ 即为自平衡内力情况下与上、下弦曲线形状有关的平衡方程，记 F_{HSI}、N_{HSI} 分别表示在自内力情况下下弦和上弦的支座水平拉力，则有

$$F_{\mathrm{HSI}}x_{\mathrm{L}2,11}+N_{\mathrm{HSI}}x_{\mathrm{U}2,11}=0 \tag{5.150}$$

问题 3：单榀平面索桁体系，已知支座及环索水平位置和跨度，上弦曲线方程为 $x_{\mathrm{U}2}=x_{\mathrm{U}2}\left(x_1\right)$，下弦曲线方程为 $x_{\mathrm{L}2}=x_{\mathrm{L}2}\left(x_1\right)$，上、下弦所在曲线方程的关系如式(5.149)所示，上弦分布荷载为 $q\left(x_1\right)\neq 0$，在无自内力情况下，求满足上、下弦用料最省的曲线的方程。

分析：式(5.149)给出了上、下弦所在曲线函数的二阶导数和外荷载的关系，由于所求的两个曲线方程为未知函数，根据方程组求解的基本要求，补充另外一个类似式(5.149)的关系式方可得到各未知曲线方程的解。由上述分析可见方程的未知变量为曲线方程，因此是变分问题。

上、下弦总的用料最省，则要求在上、下弦内所包含的总拉压应变能最少。取一索微弧段计算其应变能，即

$$\Delta W=t^2\left(x_1\right)\Delta S/(2EA) \tag{5.151}$$

式中，W、$t(x_1)$、E、A分别为单根索微弧段的拉压应变能、索内力、弹性模量、横截面面积，而假定索内力和横截面面积存在线性关系是合理的，即

$$t\left(x_1\right)=\varsigma A \tag{5.152}$$

其中，ς为一常数。

将式(5.152)代入式(5.151)得

$$\Delta W=t\left(x_1\right)\Delta S\times\left[\varsigma/\left(2E\right)\right] \tag{5.153}$$

由式(5.153)可知，考察总应变能极值问题可仅考虑$t\left(x_1\right)\mathrm{d}S$沿上、下弦的积分。因此，可构造泛函为上、下弦曲线内力和微弧长乘积的积分，依据变分极值问题求上、下弦所在曲线方程的另一关系式。

这里构造泛函为

$$\begin{aligned}F\left(x_1,x_{\mathrm{U2}},x_{\mathrm{L2}},x_{\mathrm{U2,1}},x_{\mathrm{L2,1}}\right)&=\int_0^L t_{\mathrm{U}}\left(x_1\right)/\varsigma_1\mathrm{d}S_1+\int_0^L t_{\mathrm{L}}\left(x_1\right)/\varsigma_2\mathrm{d}S_2\\&=\int_0^L\left[\left(1+x_{\mathrm{U2,1}}^2\right)N_{\mathrm{H}}/\varsigma_1+\left(1+x_{\mathrm{L2,1}}^2\right)F_{\mathrm{H}}/\varsigma_2\right]\mathrm{d}x_1\end{aligned} \tag{5.154}$$

边界条件：当$x_1=0$时，$x_{\mathrm{U2}}=f_1$，$x_{\mathrm{L2}}=f_2$；当$x_1=L$时，$x_{\mathrm{L2}}=x_{\mathrm{U2}}=0$。非整型即微分型约束条件即为式(5.149)。

求式(5.154)的极值，假设任意函数$\lambda(x)$来考虑约束条件，构造辅助泛函为

$$\begin{aligned}&H\left(x_1,x_{\mathrm{U2}},x_{\mathrm{L2}},x_{\mathrm{U2,1}},x_{\mathrm{L2,1}},x_{\mathrm{U2,11}},x_{\mathrm{L2,11}},\lambda\left(x_1\right)\right)\\&=\int_0^L\left[\left(1+x_{\mathrm{U2,1}}^2\right)N_{\mathrm{H}}/\varsigma_1+\left(1+x_{\mathrm{L2,1}}^2\right)F_{\mathrm{H}}/\varsigma_2+\lambda\left(x_1\right)\left(F_{\mathrm{H}}x_{\mathrm{L2,11}}+N_{\mathrm{H}}x_{\mathrm{U2,11}}-q\left(x_1\right)\right)\right]\mathrm{d}x_1\end{aligned} \tag{5.155}$$

将x_{U2}、x_{L2}、$x_{\mathrm{U2,1}}$、$x_{\mathrm{L2,1}}$、$x_{\mathrm{U2,11}}$、$x_{\mathrm{L2,11}}$、$\lambda\left(x_1\right)$看成自变量，由欧拉方程组[2]可得

$$\begin{cases}-\dfrac{\mathrm{d}}{\mathrm{d}x_1}\left(2N_{\mathrm{H}}x_{\mathrm{U2,1}}/\varsigma_1\right)+\dfrac{\mathrm{d}^2}{\mathrm{d}x_1^2}\left[N_{\mathrm{H}}\lambda\left(x_1\right)\right]=0\\-\dfrac{\mathrm{d}}{\mathrm{d}x_1}\left(2F_{\mathrm{H}}x_{\mathrm{L2,1}}/\varsigma_2\right)+\dfrac{\mathrm{d}^2}{\mathrm{d}x_1^2}\left[F_{\mathrm{H}}\lambda\left(x_1\right)\right]=0\\F_{\mathrm{H}}x_{\mathrm{L2,11}}+N_{\mathrm{H}}x_{\mathrm{U2,11}}-q\left(x_1\right)=0\end{cases} \tag{5.156}$$

消掉任意函数$\lambda''(x)$，进一步简化可得

$$\begin{cases}-x_{\mathrm{U2,11}}/\varsigma_1+x_{\mathrm{L2,11}}/\varsigma_2=0\\N_{\mathrm{H}}x_{\mathrm{U2,11}}+F_{\mathrm{H}}x_{\mathrm{L2,11}}=q\left(x_1\right)\end{cases} \tag{5.157}$$

$$\begin{cases} x_{\mathrm{U}2,11} = \dfrac{q(x_1)\varsigma_1}{N_{\mathrm{H}}\varsigma_1 + F_{\mathrm{H}}\varsigma_2} \\ x_{\mathrm{L}2,11} = \dfrac{q(x_1)\varsigma_2}{N_{\mathrm{H}}\varsigma_1 + F_{\mathrm{H}}\varsigma_2} \end{cases} \tag{5.158}$$

式(5.158)中上、下弦曲线方程的二阶导数均和外荷载及上、下弦水平分力有关，其中ς_1、ς_2分别为上、下弦构件内力和构件截面面积的比值。注意到上、下弦所在曲线方程的二阶导数在形式上是不一样的。这里假设上弦构件不退出工作或上弦为压杆。

问题 4：单榀平面索桁体系，已知支座及环索水平的位置和跨度，上弦曲线方程为$x_{\mathrm{U}2} = x_{\mathrm{U}2}(x_1)$，下弦曲线方程为$x_{\mathrm{L}2} = x_{\mathrm{L}2}(x_1)$，上、下弦所在曲线方程的关系如式(5.150)所示，上弦分布荷载为$q(x_1)=0$，在仅存在自内力且不考虑构件自重的情况下，求满足上、下弦用料最省的曲线方程。

分析：式(5.150)给出了无外荷载仅有自内力情况下上下弦所在曲线函数的二阶导数的关系，分析过程与问题 3 基本相同，只是式(5.157)变为(注意到这里$\varsigma_1 = \varsigma_2$，可以消去)

$$\begin{cases} -x_{\mathrm{U}2,11} + x_{\mathrm{L}2,11} = 0 \\ N_{\mathrm{HSI}} x_{\mathrm{U}2,11} + F_{\mathrm{HSI}} x_{\mathrm{L}2,11} = 0 \end{cases} \tag{5.159}$$

由式(5.159)可得

$$x_{\mathrm{U}2,11} = x_{\mathrm{L}2,11} = 0 \tag{5.160}$$

由式(5.160)可见，满足上、下弦用料最省的上、下弦为连接支座和环索水平位置的直线，如图 5.31 所示。这样若没有外荷载，不考虑构件自重，竖杆为零杆。

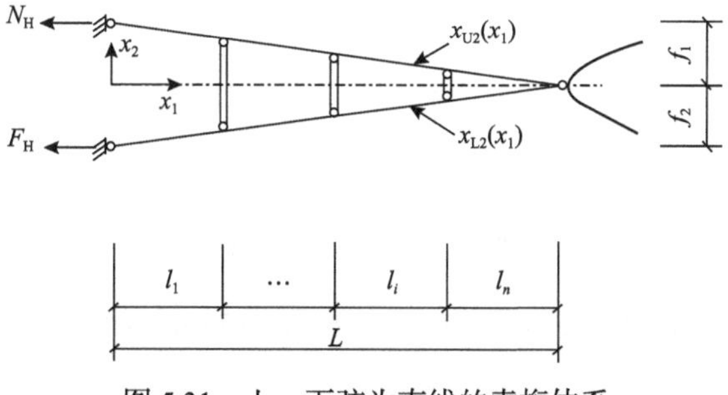

图 5.31　上、下弦为直线的索桁体系

问题 5：单榀平面索桁体系，已知支座及环索水平位置和跨度，上弦曲线方程为$x_{\mathrm{U}2} = x_{\mathrm{U}2}(x_1)$，下弦曲线方程为$x_{\mathrm{L}2} = x_{\mathrm{L}2}(x_1)$，上、下弦所在曲线方程的关系如式(5.149)和式(5.150)所示，上弦分布荷载为$q(x_1) \neq 0$，在存在自内力的情况下，求上、下弦所在曲线的曲线方程。

分析：由于所求的两个曲线方程为未知函数，根据方程组求解的基本要求，由式(5.149)和式(5.150)完全可以确定各未知曲线方程的二阶导数，写成矩阵形式为

$$\begin{bmatrix} N_{\mathrm{H}} & F_{\mathrm{H}} \\ N_{\mathrm{HSI}} & F_{\mathrm{HSI}} \end{bmatrix} \begin{pmatrix} x_{\mathrm{U}2,11} \\ x_{\mathrm{L}2,11} \end{pmatrix} = \begin{pmatrix} q(x_1) \\ 0 \end{pmatrix} \tag{5.161}$$

式(5.161)有解则要求系数行列式的值不为零，即 $N_{\mathrm{H}}F_{\mathrm{HSI}} - N_{\mathrm{HSI}}F_{\mathrm{H}} \neq 0$，式(5.161)的解为

$$\begin{pmatrix} x_{\mathrm{U}2,11} \\ x_{\mathrm{L}2,11} \end{pmatrix} = \frac{q(x)}{N_{\mathrm{H}}F_{\mathrm{HSI}} - N_{\mathrm{HSI}}F_{\mathrm{H}}} \begin{pmatrix} F_{\mathrm{HSI}} \\ -N_{\mathrm{HSI}} \end{pmatrix} \tag{5.162}$$

若式(5.161)方程组系数行列式等于零即 $N_{\mathrm{H}}F_{\mathrm{HSI}} - N_{\mathrm{HSI}}F_{\mathrm{H}} = 0$，则无解。

注意到若环索为具有 n 条边的正多边形等代水平拉力 $t_{\mathrm{HC}} \times 2\sin(\pi/n)$ 和支座水平拉力初状态几何下是平衡的，即 $N_{\mathrm{H}} + N_{\mathrm{HSI}} + F_{\mathrm{H}} + F_{\mathrm{HSI}} = t_{\mathrm{HC}} \times 2\sin(\pi/n)$。初状态几何下环索内力 t_{HC} 一般是所有构件中内力(包括自内力和外荷载内力两部分)水平最高的，因此平面索桁体系的上、下弦曲线形式与环索内力水平、附加荷载的分布形式及边界条件有关。

例题 5.15　一平面索桁体系，环索在一个平面内，不考虑环索的影响，如图 5.32 所示。在确定的跨度和边界条件下求上、下弦曲线形状。各参数取值为 $f_1 = f_2 = 7.5\mathrm{m}$，$L = 50\mathrm{m}$，$n = 5$，$F_{\mathrm{HSI}} = N_{\mathrm{HSI}}$，$q = 10\mathrm{kN/m}$。

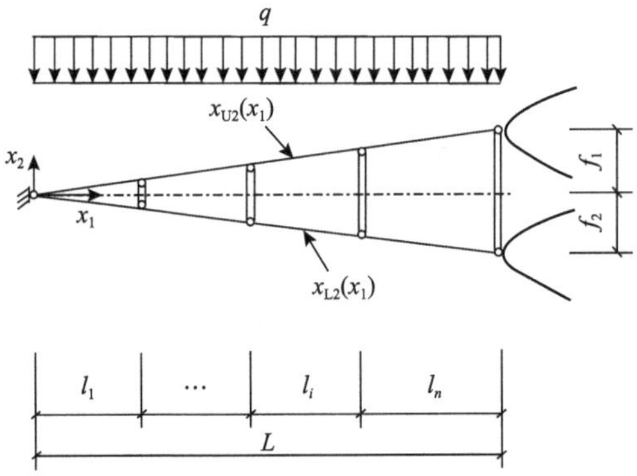

图 5.32　一平面索桁示意图

假定 $F_{\mathrm{H}} = -N_{\mathrm{H}} = 100\mathrm{kN}, 300\mathrm{kN}, 500\mathrm{kN}, 700\mathrm{kN}$，根据式(5.162)可得

$$\begin{cases} x_{\mathrm{U}2} = -q/(4F_{\mathrm{H}}) \times x_1^2 + [f_1/L + q/(4F_H)] \times x_1 \\ x_{\mathrm{L}2} = q/(4F_{\mathrm{H}}) \times x_1^2 + [f_2/L - q/(4F_H)] \times x_1 \end{cases}$$

将各参数代入上式，可求得上、下弦曲线形状，如图 5.33 所示。

由图 5.33 可见，上、下弦的曲线形状是完全对称的，并且随着 F_{H} 的增加，曲线曲率逐渐减小。注意，这里 $F_{\mathrm{H}} = -N_{\mathrm{H}}$ 只有在上弦自内力 N_{HSI} 大于其由外荷载引起的内力增量 N_{H} 的情况下才成立。

注：空间索桁体系上、下弦曲线形态生成问题：①在无自内力的情况下为基于上、下弦索曲线的总拉压应变能泛函和仅包含二阶导数的具有非整型即微分型约束条件的固定边界条件的变分极值问

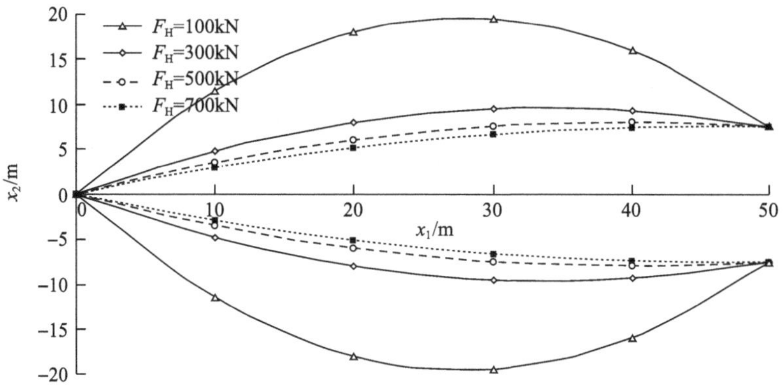

图 5.33　上、下弦曲线形状

题，在此基础上由欧拉方程组求解。②在仅存在自内力的情况下，无外荷载且不考虑构件自重，可同样由变分方法求得上、下弦曲线形状，为直线，从而验证了变分方法的正确性。③在同时考虑自内力和外荷载的情况下，空间索桁体系上、下弦曲线形态生成问题不需要采用变分方法添加控制泛函，由存在自内力和外荷载两种情况下的平衡方程可给出确定性的解。注意，依据变分方法可给出基于不同优化目标的上、下弦曲线。④问题 1～5 是逐步推导的，上、下弦均假定为索的情况只有在自内力水平大于等于外荷载引起的内力的情况下成立。

(4) 环索曲线形态生成问题——平面或空间曲线第Ⅲ类形态生成问题。

对于固定边界下的单索和双索-径向索曲线形态生成问题，上述讨论已较为充分，下面探讨空间索桁体系或索穹顶结构中环索的曲线形态生成问题。环索的主要作用在于“紧箍”，也就是主要提供水平力，为体系的一级构件。一般而言，环索分段数目越多，体系的整体设计预应力水平也越高，这是由于环索沿环向封闭径向力流，传力路径最远。从这个角度判断，轮辐式索结构采用中心刚性拉环或者中心立柱，可看成环索退化为一个点，节省了材料。理想垂索，如传输线、船舶锚索等为连续索，然而，一般的建筑结构用索大多将均布自重简化为节点集中荷载，结构设计模型中简化为直线索段。环索制作可以是一根索，但被与径向索连接的环索索夹划分为多个索段。

问题 1：平面圆形环索是指环索各索段的外接连续曲线为平面圆，其实际几何形状为正多边形，不存在找形问题，只需进行线性找力分析，因此属于第Ⅱ类形态生成问题。如图 5.34 所示，初状态几何下环索各索段预应力相同，环索仅提供沿径向的水平紧箍力。满足第 i 个节点的平面平衡关系为

$$\boldsymbol{t}_{\mathrm{HC}i}\cos\alpha_i+\boldsymbol{t}_{\mathrm{HC}(i+1)}\cos\alpha_{i+1}=\boldsymbol{F}_i=\boldsymbol{F}_{i1}+\boldsymbol{F}_{i2} \tag{5.163}$$

其中，$\boldsymbol{t}_{\mathrm{HC}i}$ 为第 i 个索段的自内力；$\boldsymbol{F}_i$ 为第 i 个离散点的等代外荷载，可由截面法截断径向索在初始几何位形下的设计预内力得到。初状态几何下径向斜索的竖向分力只与压杆的设计预内力平衡。

初状态几何下平面圆形环索 $|\boldsymbol{t}_{\mathrm{HC}i}|=|\boldsymbol{t}_{\mathrm{HC}(i+1)}|$，$\alpha_i=\alpha_{i+1}$，$|\boldsymbol{F}_{i2}|=0\mathrm{N}$，由式(5.163)得到

$$\mu=\frac{|\boldsymbol{t}_{\mathrm{HC}}|}{|\boldsymbol{F}_{i1}|}=\frac{1}{2\cos\alpha} \tag{5.164}$$

其中，$\alpha=\frac{\pi}{2}-\frac{\pi}{n}$，$n$为正多边形的边数。

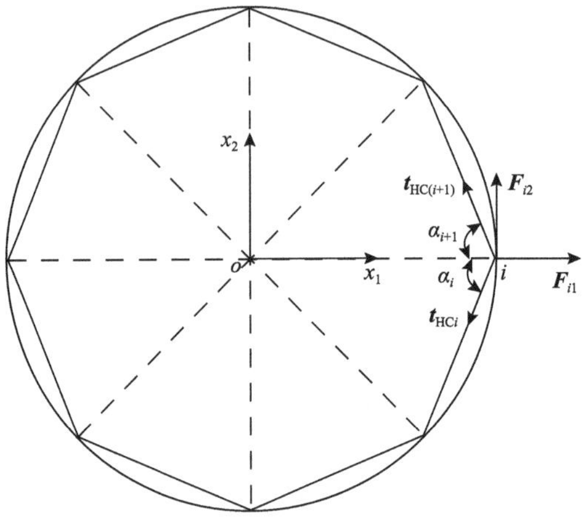

图 5.34　平面圆形环索平衡关系

由式(5.164)可见，正多边形环索的各索段初始预应力与其能够提供的水平紧箍力之比只与正多边形的边数有关，图 5.35 表明二者大致是线性关系，$n=6$ 时，二者相等，$n=12$ 时，环索内力近似等于其能够提供的水平力的 2 倍，$n=18,24,30,\cdots$ 时依次类推，大致与 6 的倍数接近。这可用于结构方案设计时近似估计环索的预应力水平。此外，实际工程中平面正多边形环索的索段数宜少不宜多，以提高环索的效率、减小环索的根数和施工张拉误差。

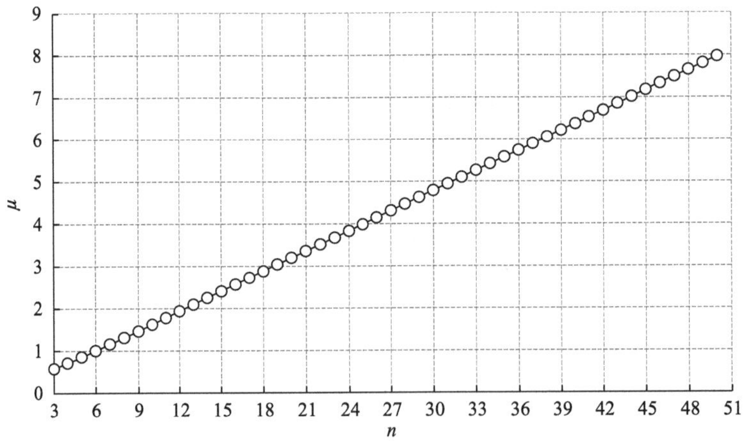

图 5.35　平面正多边形环索内力与其提供的水平紧箍力关系

为解决正多边形环索结构力学效率不高且有多根(如宝安体育场下环索 6 根平行、乐清体育场平行环索 8 根)的问题，另一思路如图 5.36 所示，用符合多边形边数的某个公倍数的边数的多个多边形代替一个多边形，例如，用 4 个正三边形、3 个正四边形或 2 个正六边形等多个正多边形来代替一个正十二边形，这样一圈多根平行环索将变成多个多边形，将初始设计预应力水平较高的多根环索在空间上分开，避免环索索夹尺寸、自重过大的问题，且有效降低了施工张拉难度。竖杆的高度可以不一样，以避免构造上多个多边形的平面相交碰撞问题。由此可以显著提高环索的效率，并可实现空间刚度的不均匀分布。

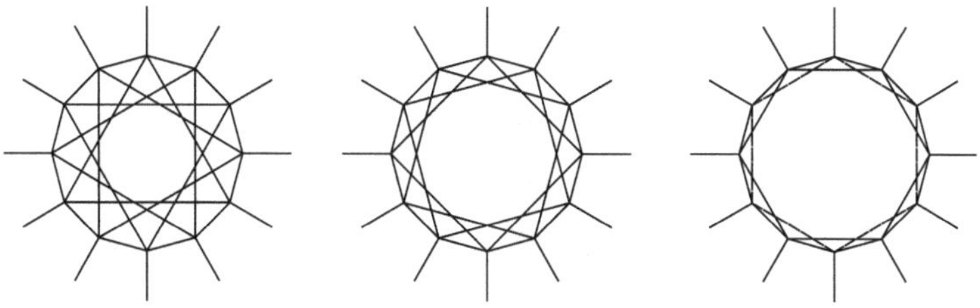

(a) 平面图

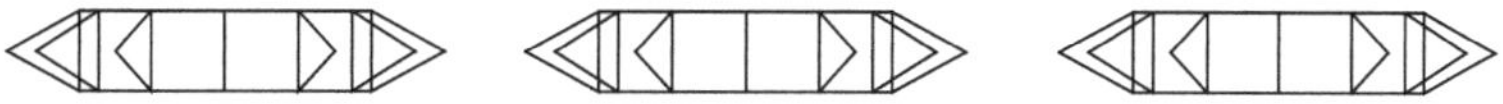

(b) 立面图

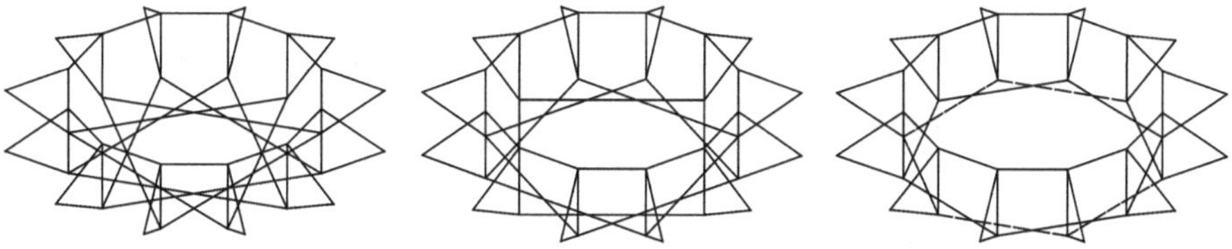

(c) 轴测图

图 5.36　环索多根的另一思路

问题 2：非平面非圆形空间环索——空间曲线索形态生成问题。

一般的非球面弦支穹顶结构和空间索桁体系，在初状态几何下环索为空间曲线。将环索单独进行简化的形态生成分析，如图 5.37 所示，即空间曲线(图 5.37 虚线表示连续

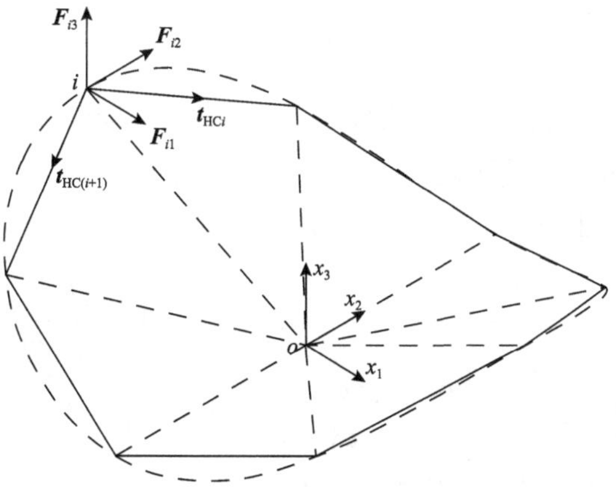

图 5.37　空间环索整体坐标系下的平衡关系

的空间曲线)在等代外荷载下各个离散点的空间坐标确定问题。显然，这要比平面问题复杂一些，空间曲线的形状和各索段的内力一般情况下都是未知的，也就是找形分析和找力分析在一起，属于第Ⅲ类形态生成问题。归纳起来包括空间曲线的微分几何描述、空间曲线上任意一点的平衡关系以及解的存在性和唯一性三个基本问题。

空间曲线的微分几何描述：曲线和曲面是经典微分几何的研究对象，其中曲线在直观上可看成一个空间单自由度质点的运动轨迹，可以用一组单参数方程来描述。例如，在三维欧几里得空间 R^3 的直角坐标系中，可表示为一组方程 $x_1 = x_1(t), x_2 = x_2(t), x_3 = x_3(t)$，其中 t 为参数，满足该参数方程的点的集合就是空间曲线。由第 3 章或理论力学知识可知，质点的运动采用矢量表示则为 $\boldsymbol{r}(t) = x_1(t)\boldsymbol{e}_1 + x_2(t)\boldsymbol{e}_2 + x_3(t)\boldsymbol{e}_3$，而曲线的方向根据参数增加的方向确定正向。经典微分几何[68,69]中取空间曲线的弧长 s 作为参数，即 $\boldsymbol{r}(s) = x_1(s)\boldsymbol{e}_1 + x_2(s)\boldsymbol{e}_2 + x_3(s)\boldsymbol{e}_3$，其中 $s \in [a,b]$，引入微积分方法后得出了一些有趣的结论。

①求 $\boldsymbol{r}(s)$ 对弧长参数 s 的一阶导数，即

$$\boldsymbol{r}_{,s} = \frac{\partial \boldsymbol{r}(s)}{\partial s} = \frac{\partial x_1(s)}{\partial s}\boldsymbol{e}_1 + \frac{\partial x_2(s)}{\partial s}\boldsymbol{e}_2 + \frac{\partial x_3(s)}{\partial s}\boldsymbol{e}_3 = \boldsymbol{e}_T$$

由微积分的知识可知，$\boldsymbol{r}_{,s}$ 是空间曲线上一点的一条切线方向矢量 $\boldsymbol{e}_T$。由弧微分的知识可知，选取弧长作为参数后有趣的是 $\boldsymbol{e}_T$ 为单位矢量。证明如下：

$$\mathrm{d}\boldsymbol{s} = \mathrm{d}x_1(s)\boldsymbol{e}_1 + \mathrm{d}x_2(s)\boldsymbol{e}_2 + \mathrm{d}x_3(s)\boldsymbol{e}_3 = \frac{\partial x_1(s)}{\partial s}\mathrm{d}s \cdot \boldsymbol{e}_1 + \frac{\partial x_2(s)}{\partial s}\mathrm{d}s \cdot \boldsymbol{e}_2 + \frac{\partial x_3(s)}{\partial s}\mathrm{d}s \cdot \boldsymbol{e}_3$$

$$\Rightarrow \frac{\partial x_1(s)}{\partial s}\boldsymbol{e}_1 + \frac{\partial x_2(s)}{\partial s}\boldsymbol{e}_2 + \frac{\partial x_3(s)}{\partial s}\boldsymbol{e}_3 = \frac{\mathrm{d}\boldsymbol{s}}{\mathrm{d}s} = \frac{\left\|\mathrm{d}\boldsymbol{s}\right\|\boldsymbol{e}_T}{\mathrm{d}s} = \frac{\mathrm{d}s}{\mathrm{d}s}\boldsymbol{e}_T = \boldsymbol{e}_T$$

因此，$\boldsymbol{e}_T \cdot \boldsymbol{e}_T = 1$。

②求 $\boldsymbol{r}(s)$ 对弧长参数 s 的二阶导数，即

$$\boldsymbol{r}_{,ss} = \frac{\partial^2 \boldsymbol{r}(s)}{\partial s^2} = \frac{\partial^2 x_1(s)}{\partial s^2}\boldsymbol{e}_1 + \frac{\partial^2 x_2(s)}{\partial s^2}\boldsymbol{e}_2 + \frac{\partial^2 x_3(s)}{\partial s^2}\boldsymbol{e}_3 = \frac{\partial \boldsymbol{e}_T}{\partial s} = \kappa \boldsymbol{e}_N$$

其中，$\kappa = \sqrt{x_{1,ss}^2 + x_{2,ss}^2 + x_{3,ss}^2}$ 为空间曲线上一点的曲率，即矢量 $\boldsymbol{r}_{,ss}$ 的长度，其几何意义在于空间曲线的切线方向矢量随弧长变化的快慢或空间曲线的弯曲程度；$\boldsymbol{e}_N$ 为单位方向矢量，并称为空间曲线上一点的主法线方向矢量，即 $\boldsymbol{e}_N \perp \boldsymbol{e}_T$。证明如下：

$$\boldsymbol{e}_T \cdot \boldsymbol{e}_T = 1 \Rightarrow \frac{\partial(\boldsymbol{e}_T \cdot \boldsymbol{e}_T)}{\partial s}\mathrm{d}s = \frac{\partial 1}{\partial s}\mathrm{d}s = 0\mathrm{d}s = 0 \Rightarrow \frac{\partial(\boldsymbol{e}_T \cdot \boldsymbol{e}_T)}{\partial s} = 0$$

$$\Rightarrow \frac{\partial \boldsymbol{e}_T}{\partial s} \cdot \boldsymbol{e}_T + \boldsymbol{e}_T \cdot \frac{\partial \boldsymbol{e}_T}{\partial s} = 2\frac{\partial \boldsymbol{e}_T}{\partial s} \cdot \boldsymbol{e}_T = 2\kappa \boldsymbol{e}_N \cdot \boldsymbol{e}_T = 0$$

$$\Rightarrow \boldsymbol{e}_N \cdot \boldsymbol{e}_T = 0 (\text{当且仅当} \kappa \neq 0)$$

因此，$\boldsymbol{e}_N \perp \boldsymbol{e}_T$。

事实上，过空间曲线上一点的法线不只一条，定义次法线方向矢量为$\boldsymbol{e}_B=\boldsymbol{e}_T\times\boldsymbol{e}_N$，则$\boldsymbol{e}_B\perp\boldsymbol{e}_N$，$\boldsymbol{e}_B\perp\boldsymbol{e}_T$，$\boldsymbol{e}_B\cdot(\boldsymbol{e}_T\times\boldsymbol{e}_N)=\boldsymbol{e}_B\cdot\boldsymbol{e}_B=1$。

再由$\boldsymbol{e}_N\cdot\boldsymbol{e}_N=1\Rightarrow\dfrac{\partial(\boldsymbol{e}_N\cdot\boldsymbol{e}_N)}{\partial s}=0\Rightarrow\dfrac{\partial\boldsymbol{e}_N}{\partial s}\cdot\boldsymbol{e}_N+\boldsymbol{e}_N\cdot\dfrac{\partial\boldsymbol{e}_N}{\partial s}=0\Rightarrow2\boldsymbol{e}_N\cdot\dfrac{\partial\boldsymbol{e}_N}{\partial s}=0\Rightarrow\boldsymbol{e}_N\cdot\dfrac{\partial\boldsymbol{e}_N}{\partial s}=0$，这表明$\dfrac{\partial\boldsymbol{e}_N}{\partial s}$与$\boldsymbol{e}_N$垂直，则$\dfrac{\partial\boldsymbol{e}_N}{\partial s}$是$\boldsymbol{e}_T$和$\boldsymbol{e}_B$的线性组合。假设$\dfrac{\partial\boldsymbol{e}_N}{\partial s}=\alpha\boldsymbol{e}_T+\beta\boldsymbol{e}_B$，$\alpha$、$\beta$不同时为零，等式两边同时点乘$\boldsymbol{e}_T$或$\boldsymbol{e}_B$就可以求得$\alpha$、$\beta$。求解过程如下：

$$\frac{\partial\boldsymbol{e}_N}{\partial s}\cdot\boldsymbol{e}_T=\alpha\boldsymbol{e}_T\cdot\boldsymbol{e}_T+\beta\boldsymbol{e}_B\cdot\boldsymbol{e}_T=\alpha\Rightarrow\alpha=\frac{\partial\boldsymbol{e}_N}{\partial s}\cdot\boldsymbol{e}_T$$

同理，$\beta=\dfrac{\partial\boldsymbol{e}_N}{\partial s}\cdot\boldsymbol{e}_B$。

而$\boldsymbol{e}_N\cdot\boldsymbol{e}_T=0$，当且仅当$\kappa\neq0$时有$\dfrac{\partial(\boldsymbol{e}_N\cdot\boldsymbol{e}_T)}{\partial s}=0$，即

$$\frac{\partial\boldsymbol{e}_N}{\partial s}\cdot\boldsymbol{e}_T+\frac{\partial\boldsymbol{e}_T}{\partial s}\cdot\boldsymbol{e}_N=0$$

将$\dfrac{\partial\boldsymbol{e}_T}{\partial s}=\kappa\boldsymbol{e}_N$代入上式得

$$\frac{\partial\boldsymbol{e}_N}{\partial s}\cdot\boldsymbol{e}_T+\kappa\boldsymbol{e}_N\cdot\boldsymbol{e}_N=0$$

由$\boldsymbol{e}_N\cdot\boldsymbol{e}_N=1\Rightarrow\dfrac{\partial\boldsymbol{e}_N}{\partial s}\cdot\boldsymbol{e}_T=-\kappa$，即$\alpha=-\kappa$。

$\boldsymbol{e}_N\cdot\boldsymbol{e}_B=0\Rightarrow\dfrac{\partial(\boldsymbol{e}_N\cdot\boldsymbol{e}_B)}{\partial s}=0\Rightarrow\dfrac{\partial\boldsymbol{e}_N}{\partial s}\cdot\boldsymbol{e}_B+\boldsymbol{e}_N\cdot\dfrac{\partial\boldsymbol{e}_B}{\partial s}=0\Rightarrow\dfrac{\partial\boldsymbol{e}_N}{\partial s}\cdot\boldsymbol{e}_B=-\boldsymbol{e}_N\cdot\dfrac{\partial\boldsymbol{e}_B}{\partial s}$，定义$\dfrac{\partial\boldsymbol{e}_B}{\partial s}=-\tau\boldsymbol{e}_N$，则$\dfrac{\partial\boldsymbol{e}_N}{\partial s}\cdot\boldsymbol{e}_B=\tau$，即$\beta=\tau$。

这里定义$\dfrac{\partial\boldsymbol{e}_B}{\partial s}=-\tau\boldsymbol{e}_N$，$\tau$称为空间曲线上一点的挠率。这样给出$\tau$似乎有些想当然，进一步解释如下：

由$\boldsymbol{e}_B\cdot\boldsymbol{e}_B=1\Rightarrow\dfrac{\partial(\boldsymbol{e}_B\cdot\boldsymbol{e}_B)}{\partial s}=0\Rightarrow2\boldsymbol{e}_B\cdot\dfrac{\partial\boldsymbol{e}_B}{\partial s}=0\Rightarrow\boldsymbol{e}_B\cdot\dfrac{\partial\boldsymbol{e}_B}{\partial s}=0$，可知$\dfrac{\partial\boldsymbol{e}_B}{\partial s}$与$\boldsymbol{e}_B$垂直。还应证明$\dfrac{\partial\boldsymbol{e}_B}{\partial s}$与$\boldsymbol{e}_T$垂直。

再由$\boldsymbol{e}_B\cdot\boldsymbol{e}_T=0\Rightarrow\dfrac{\partial(\boldsymbol{e}_B\cdot\boldsymbol{e}_T)}{\partial s}=0\Rightarrow\dfrac{\partial\boldsymbol{e}_B}{\partial s}\cdot\boldsymbol{e}_T+\boldsymbol{e}_B\cdot\dfrac{\partial\boldsymbol{e}_T}{\partial s}=\dfrac{\partial\boldsymbol{e}_B}{\partial s}\cdot\boldsymbol{e}_T+\boldsymbol{e}_B\cdot\kappa\boldsymbol{e}_N=\dfrac{\partial\boldsymbol{e}_B}{\partial s}\cdot\boldsymbol{e}_T+\kappa(\boldsymbol{e}_B\cdot\boldsymbol{e}_N)=\dfrac{\partial\boldsymbol{e}_B}{\partial s}\cdot\boldsymbol{e}_T+0=0\Rightarrow\dfrac{\partial\boldsymbol{e}_B}{\partial s}\cdot\boldsymbol{e}_T=0$，可知$\dfrac{\partial\boldsymbol{e}_B}{\partial s}$与$\boldsymbol{e}_T$垂直。

习惯上采用右手坐标系，则$\dfrac{\partial\boldsymbol{e}_B}{\partial s}$是与$\boldsymbol{e}_B$和$\boldsymbol{e}_T$都垂直的矢量必定是$\boldsymbol{e}_N$的某个常数倍，

这样定义$\dfrac{\partial \boldsymbol{e}_B}{\partial s}=-\tau \boldsymbol{e}_N$就是很自然的事情了。挠率$\tau$的几何意义是次法线方向矢量随弧长变化快慢的度量。空间曲线上一点的三个单位方向矢量即切线方向矢量$\boldsymbol{e}_T$、主法线方向矢量$\boldsymbol{e}_N$和次法线方向矢量$\boldsymbol{e}_B$及其一阶偏导数的关系写成矩阵形式为

$$\begin{pmatrix} \dfrac{\partial \boldsymbol{e}_T}{\partial s} \\ \dfrac{\partial \boldsymbol{e}_N}{\partial s} \\ \dfrac{\partial \boldsymbol{e}_B}{\partial s} \end{pmatrix} = \begin{bmatrix} 0 & \kappa & 0 \\ -\kappa & 0 & \tau \\ 0 & -\tau & 0 \end{bmatrix} \begin{pmatrix} \boldsymbol{e}_T \\ \boldsymbol{e}_N \\ \boldsymbol{e}_B \end{pmatrix} \tag{5.165}$$

如果定义$\dfrac{\mathrm{d}s}{\mathrm{d}t}=v$为点在空间曲线上移动的速度标量或者将其看成弧长随时间变化的快慢程度，则

$$\frac{\partial \boldsymbol{e}_T}{\partial s}=\frac{\partial \boldsymbol{e}_T}{\partial t}\frac{\partial t}{\partial s}=\frac{1}{v}\frac{\partial \boldsymbol{e}_T}{\partial t}$$

同理$\dfrac{\partial \boldsymbol{e}_N}{\partial s}=\dfrac{1}{v}\dfrac{\partial \boldsymbol{e}_N}{\partial t}$，$\dfrac{\partial \boldsymbol{e}_B}{\partial s}=\dfrac{1}{v}\dfrac{\partial \boldsymbol{e}_B}{\partial t}$，将其代入式(5.165)，得到

$$\frac{1}{v}\begin{pmatrix} \dfrac{\partial \boldsymbol{e}_T}{\partial t} \\ \dfrac{\partial \boldsymbol{e}_N}{\partial t} \\ \dfrac{\partial \boldsymbol{e}_B}{\partial t} \end{pmatrix} = \begin{bmatrix} 0 & \kappa & 0 \\ -\kappa & 0 & \tau \\ 0 & -\tau & 0 \end{bmatrix} \begin{pmatrix} \boldsymbol{e}_T \\ \boldsymbol{e}_N \\ \boldsymbol{e}_B \end{pmatrix} \Rightarrow \begin{pmatrix} \dfrac{\partial \boldsymbol{e}_T}{\partial t} \\ \dfrac{\partial \boldsymbol{e}_N}{\partial t} \\ \dfrac{\partial \boldsymbol{e}_B}{\partial t} \end{pmatrix} = v\begin{bmatrix} 0 & \kappa & 0 \\ -\kappa & 0 & \tau \\ 0 & -\tau & 0 \end{bmatrix} \begin{pmatrix} \boldsymbol{e}_T \\ \boldsymbol{e}_N \\ \boldsymbol{e}_B \end{pmatrix}$$

Darboux 矢量定义为$\boldsymbol{\omega}_D=\tau \boldsymbol{e}_T+\kappa \boldsymbol{e}_B$，则

$$\frac{\partial \boldsymbol{e}_T}{\partial s}=\boldsymbol{\omega}_D\times \boldsymbol{e}_T,\quad \frac{\partial \boldsymbol{e}_N}{\partial s}=\boldsymbol{\omega}_D\times \boldsymbol{e}_N,\quad \frac{\partial \boldsymbol{e}_B}{\partial s}=\boldsymbol{\omega}_D\times \boldsymbol{e}_B$$

定义$\boldsymbol{\omega}=v\boldsymbol{\omega}_D$，则

$$\frac{\partial \boldsymbol{e}_T}{\partial t}=v\boldsymbol{\omega}_D\times \boldsymbol{e}_T=\boldsymbol{\omega}\times \boldsymbol{e}_T,\quad \frac{\partial \boldsymbol{e}_N}{\partial t}=v\boldsymbol{\omega}_D\times \boldsymbol{e}_N=\boldsymbol{\omega}\times \boldsymbol{e}_N,\quad \frac{\partial \boldsymbol{e}_B}{\partial t}=v\boldsymbol{\omega}_D\times \boldsymbol{e}_B=\boldsymbol{\omega}\times \boldsymbol{e}_B \tag{5.166}$$

注：①平面曲线曲率的导出如式(5.112)相对简单，若假设平面曲线方程为$y=y(x)$，则平面曲线上一点的切线方程为$\dfrac{\mathrm{d}y}{\mathrm{d}x}=\tan\theta$，$\theta$为空间曲线上一点的切线方向矢量与$x$轴的夹角，$\Delta\theta$为空间曲线上一点与其邻域内一点的切线方向矢量的夹角。

弧微分$\mathrm{d}s=\sqrt{(\mathrm{d}x)^2+(\mathrm{d}y)^2}=\mathrm{d}x\sqrt{1+\left(\dfrac{\mathrm{d}y}{\mathrm{d}x}\right)^2}\Rightarrow\dfrac{\mathrm{d}s}{\mathrm{d}x}=\sqrt{1+\left(\dfrac{\mathrm{d}y}{\mathrm{d}x}\right)^2}$，曲率$\kappa=\lim\limits_{\Delta s\to 0}\dfrac{\Delta\theta}{\Delta s}=\dfrac{\mathrm{d}\theta}{\mathrm{d}s}=\dfrac{\mathrm{d}\theta}{\mathrm{d}x}\dfrac{\mathrm{d}x}{\mathrm{d}s}$。

对切线方程两边求导得

$$\frac{\mathrm{d}^2 y}{\mathrm{d}x^2}=\frac{\mathrm{d}(\tan\theta)}{\mathrm{d}x}=\sec^2\theta\frac{\mathrm{d}\theta}{\mathrm{d}x}=\left(1+\tan^2\theta\right)\frac{\mathrm{d}\theta}{\mathrm{d}x}=\left[1+\left(\frac{\mathrm{d}y}{\mathrm{d}x}\right)^2\right]\frac{\mathrm{d}\theta}{\mathrm{d}x}\Rightarrow\frac{\mathrm{d}\theta}{\mathrm{d}x}=\frac{\dfrac{\mathrm{d}^2 y}{\mathrm{d}x^2}}{\left[1+\left(\dfrac{\mathrm{d}y}{\mathrm{d}x}\right)^2\right]}$$

将其代入曲率的表达式得到

$$\kappa=\frac{\mathrm{d}\theta}{\mathrm{d}s}=\frac{\mathrm{d}\theta}{\mathrm{d}x}\frac{\mathrm{d}x}{\mathrm{d}s}=\frac{\dfrac{\mathrm{d}^2 y}{\mathrm{d}x^2}}{\left[1+\left(\dfrac{\mathrm{d}y}{\mathrm{d}x}\right)^2\right]\dfrac{\mathrm{d}s}{\mathrm{d}x}}=\frac{\dfrac{\mathrm{d}^2 y}{\mathrm{d}x^2}}{\left[1+\left(\dfrac{\mathrm{d}y}{\mathrm{d}x}\right)^2\right]\sqrt{1+\left(\dfrac{\mathrm{d}y}{\mathrm{d}x}\right)^2}}=\frac{\dfrac{\mathrm{d}^2 y}{\mathrm{d}x^2}}{\sqrt{\left[1+\left(\dfrac{\mathrm{d}y}{\mathrm{d}x}\right)^2\right]^3}}$$

这里补充平面曲线曲率公式推导的目的在于说明曲线曲率在整体坐标系中的几何意义，即曲线切线方向矢量与水平面夹角随弧长变化快慢的几何度量(图 5.38)。应当指出的是，微积分在几何中应用的前提是连续光滑的几何曲线和曲面。三维空间曲线可以通过其投影形成的平面曲线进行观察。

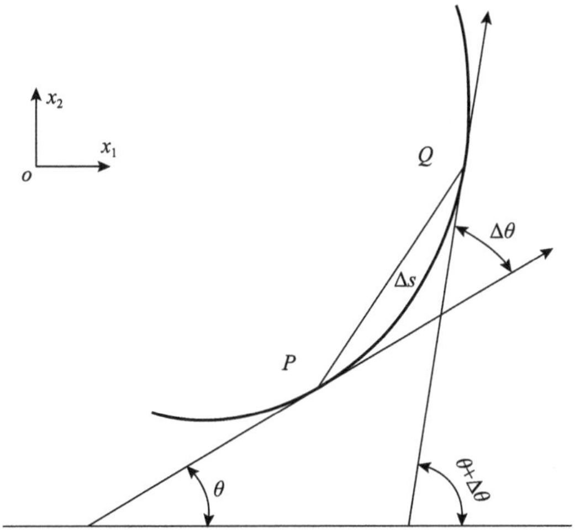

图 5.38　平面曲线曲率的几何意义

②如果平面曲线也采用弧长作为参数，即 $\boldsymbol{r}(s)=x_1(s)\boldsymbol{e}_1+x_2(s)\boldsymbol{e}_2$，则

$$\frac{\mathrm{d}y}{\mathrm{d}x}=\frac{\partial y/\partial s}{\partial x/\partial s}=\frac{x_{2,s}}{x_{1,s}}$$

其中，x、y 分别对应参数方程的 x_1、x_2。

$$\frac{\mathrm{d}^2 y}{\mathrm{d}x^2}=\frac{\partial\left(\dfrac{\partial y}{\partial x}\right)}{\partial x}=\frac{\partial\left(\dfrac{x_{2,s}}{x_{1,s}}\right)\Big/\partial s}{x_{1,s}}=\frac{\dfrac{x_{2,ss}x_{1,s}-x_{1,ss}x_{2,s}}{x_{1,s}^2}}{x_{1,s}}=\frac{x_{2,ss}x_{1,s}-x_{1,ss}x_{2,s}}{x_{1,s}^3}$$

$$\sqrt{x_{1,s}^2+x_{2,s}^2}=\sqrt{\left(\frac{\mathrm{d}x_1}{\mathrm{d}s}\right)^2+\left(\frac{\mathrm{d}x_2}{\mathrm{d}s}\right)^2}=\frac{\sqrt{(\mathrm{d}x_1)^2+(\mathrm{d}x_2)^2}}{\mathrm{d}s}=\frac{\mathrm{d}s}{\mathrm{d}s}=1\Rightarrow x_{1,s}^2+x_{2,s}^2=1$$

两边对弧长求导得

$$\frac{2x_{1,s}x_{1,ss}+2x_{2,s}x_{2,ss}}{2\sqrt{x_{1,s}^2+x_{2,s}^2}}=0\Rightarrow\frac{2x_{1,s}x_{1,ss}+2x_{2,s}x_{2,ss}}{2\times1}=0$$

$$\Rightarrow x_{1,s}x_{1,ss}=-x_{2,s}x_{2,ss}\Rightarrow x_{1,s}=-\frac{x_{2,ss}}{x_{1,ss}}x_{2,s}(\text{当且仅当}x_{1,ss}\neq0)$$

$$\Rightarrow\frac{x_{1,s}}{x_{2,s}}=-\frac{x_{2,ss}}{x_{1,ss}}\Rightarrow\left(\frac{x_{1,s}}{x_{2,s}}\right)^2=\left(-\frac{x_{2,ss}}{x_{1,ss}}\right)^2\Rightarrow\frac{x_{1,s}^2}{x_{2,s}^2}=\frac{x_{2,\text{ss}}^2}{x_{1,ss}^2}$$

$$\Rightarrow\frac{x_{1,s}^2+x_{2,s}^2}{x_{2,s}^2}=\frac{x_{2,\text{ss}}^2+x_{1,ss}^2}{x_{1,ss}^2}\Rightarrow\frac{x_{1,ss}^2}{x_{2,s}^2}=\frac{x_{2,\text{ss}}^2+x_{1,ss}^2}{x_{1,s}^2+x_{2,s}^2}=\frac{x_{2,\text{ss}}^2+x_{1,ss}^2}{1}=x_{2,\text{ss}}^2+x_{1,ss}^2$$

$$\Rightarrow\frac{x_{1,ss}^2}{x_{2,s}^2}=x_{2,\text{ss}}^2+x_{1,ss}^2$$

将$\dfrac{\mathrm{d}y}{\mathrm{d}x}$、$\dfrac{\mathrm{d}^2y}{\mathrm{d}x^2}$代入曲率的整体坐标表达式得

$$\kappa=\frac{\dfrac{\mathrm{d}^2y}{\mathrm{d}x^2}}{\sqrt{\left[1+\left(\dfrac{\mathrm{d}y}{\mathrm{d}x}\right)^2\right]^3}}=\frac{\dfrac{x_{2,ss}x_{1,s}-x_{1,ss}x_{2,s}}{x_{1,s}^3}}{\sqrt{\left[1+\left(\dfrac{x_{2,s}}{x_{1,s}}\right)^2\right]^3}}=\frac{x_{2,ss}x_{1,s}-x_{1,ss}x_{2,s}}{x_{1,s}^3\sqrt{\left[1+\left(\dfrac{x_{2,s}}{x_{1,s}}\right)^2\right]^3}}$$

将$x_{1,s}=-\dfrac{x_{2,ss}}{x_{1,ss}}x_{2,s}$代入上式得

$$\kappa=\frac{x_{2,ss}\left(-\dfrac{x_{2,ss}}{x_{1,ss}}x_{2,s}\right)-x_{1,ss}x_{2,s}}{\dfrac{x_{1,s}^3}{\left|x_{1,s}^3\right|}\sqrt{\left[\left(-\dfrac{x_{2,ss}}{x_{1,ss}}x_{2,s}\right)^2+x_{2,s}^2\right]^3}}=\frac{\left(x_{2,\text{ss}}^2+x_{1,ss}^2\right)x_{2,s}}{x_{1,ss}\sqrt{\left[\left(-\dfrac{x_{2,ss}}{x_{1,ss}}x_{2,s}\right)^2+x_{2,s}^2\right]^3}}$$

$$=\frac{\left(x_{2,\text{ss}}^2+x_{1,ss}^2\right)x_{2,s}}{x_{1,ss}\sqrt{\left(x_{2,\text{ss}}^2+x_{1,ss}^2\right)^3\dfrac{x_{2,s}^6}{x_{1,\text{ss}}^6}}}=\frac{1}{\dfrac{x_{2,s}^2}{x_{1,\text{ss}}^2}\sqrt{x_{2,\text{ss}}^2+x_{1,ss}^2}}=\frac{\dfrac{x_{1,\text{ss}}^2}{x_{2,s}^2}}{\sqrt{x_{2,\text{ss}}^2+x_{1,ss}^2}}=\frac{x_{2,\text{ss}}^2+x_{1,ss}^2}{\sqrt{x_{2,\text{ss}}^2+x_{1,ss}^2}}=\sqrt{x_{2,\text{ss}}^2+x_{1,ss}^2}$$

$$\Rightarrow\kappa=\frac{\dfrac{\mathrm{d}^2y}{\mathrm{d}x^2}}{\sqrt{\left[1+\left(\dfrac{\mathrm{d}y}{\mathrm{d}x}\right)^2\right]^3}}=\sqrt{x_{1,ss}^2+x_{2,\text{ss}}^2}$$

由此可见，整体坐标系下平面曲线曲率公式与以弧长为参数的平面曲线曲率计算公式是等价的。

③空间曲线上一点的挠率的几何意义：我们定义了空间曲线上一点的挠率为其次法线方向矢量随弧长变化快慢的几何度量，即$\dfrac{\partial \boldsymbol{e}_B}{\partial s}=-\tau\boldsymbol{e}_N$，$\tau=\lim\limits_{\Delta s\to0}\dfrac{\Delta\varphi}{\Delta s}$，$\Delta\varphi$ 为空间曲线上一点 $r(s)$ 的次法线方向矢

量与 $r(s+\Delta s)$ 的次法线方向矢量的夹角，这实际上是空间曲线上一点随弧长变化而发生扭转的程度。

③求 $\boldsymbol{r}(s)$ 对弧长参数 s 的三阶导数，即

$$\begin{aligned}\boldsymbol{r}_{,sss}&=\frac{\partial^3\boldsymbol{r}(s)}{\partial s^3}=\frac{\partial^3x_1(s)}{\partial s^3}\boldsymbol{e}_1+\frac{\partial^3x_2(s)}{\partial s^3}\boldsymbol{e}_2+\frac{\partial^3x_3(s)}{\partial s^3}\boldsymbol{e}_3=\frac{\partial(\kappa\boldsymbol{e}_N)}{\partial s}=\frac{\partial\kappa}{\partial s}\boldsymbol{e}_N+\kappa\frac{\partial\boldsymbol{e}_N}{\partial s}\\&=\frac{\partial\kappa}{\partial s}\boldsymbol{e}_N+\kappa(-\kappa\boldsymbol{e}_T+\tau\boldsymbol{e}_B)=-\kappa^2\boldsymbol{e}_T+\frac{\partial\kappa}{\partial s}\boldsymbol{e}_N+\kappa\tau\boldsymbol{e}_B\end{aligned}$$

这表明 $\boldsymbol{r}_{,sss}$ 是 $\boldsymbol{e}_T$、$\boldsymbol{e}_N$ 和 $\boldsymbol{e}_B$ 的线性组合。

空间曲线自然坐标系下的泰勒级数展开式：由上述 $\boldsymbol{r}(s)$ 对弧长的一阶、二阶和三阶导数，可给出其泰勒展开式为

$$\begin{aligned}\boldsymbol{r}(s+\Delta s)&=\boldsymbol{r}(s)+\frac{1}{1!}\boldsymbol{r}_{,s}\Delta s+\frac{1}{2!}\boldsymbol{r}_{,ss}(\Delta s)^2+\frac{1}{3!}\boldsymbol{r}_{,sss}(\Delta s)^3+O\left((\Delta s)^3\right)\\&=\boldsymbol{r}(s)+\boldsymbol{e}_T\Delta s+\frac{1}{2}\kappa\boldsymbol{e}_N(\Delta s)^2+\frac{1}{6}\left(-\kappa^2\boldsymbol{e}_T+\frac{\partial\kappa}{\partial s}\boldsymbol{e}_N+\kappa\tau\boldsymbol{e}_B\right)(\Delta s)^3+O\left((\Delta s)^3\right)\\&=\boldsymbol{r}(s)+\begin{pmatrix}\Delta s-\frac{\kappa^2}{6}(\Delta s)^3 & \frac{1}{2}\kappa(\Delta s)^2+\frac{1}{6}\frac{\partial\kappa}{\partial s}(\Delta s)^3 & \frac{1}{6}\kappa\tau(\Delta s)^3\end{pmatrix}\begin{pmatrix}\boldsymbol{e}_T\\\boldsymbol{e}_N\\\boldsymbol{e}_B\end{pmatrix}+O\left((\Delta s)^3\right)\end{aligned}$$

$$\Rightarrow\boldsymbol{r}(s+\Delta s)-\boldsymbol{r}(s)=\begin{pmatrix}\Delta s-\frac{\kappa^2}{6}(\Delta s)^3 & \frac{1}{2}\kappa(\Delta s)^2+\frac{1}{6}\frac{\partial\kappa}{\partial s}(\Delta s)^3 & \frac{1}{6}\kappa\tau(\Delta s)^3\end{pmatrix}\begin{pmatrix}\boldsymbol{e}_T\\\boldsymbol{e}_N\\\boldsymbol{e}_B\end{pmatrix}\tag{5.167}$$

式(5.167)称为空间曲线上一点邻域内的三阶近似，这表明空间曲线上一点的局部几何形状与该点的曲率和挠率直接相关。

另外，由式(5.165)和 $\boldsymbol{r}(s)$ 的一阶、二阶导数的表达式，得到

$$\boldsymbol{r}_{,s}=\boldsymbol{e}_T,\quad\frac{\partial\boldsymbol{e}_T}{\partial s}=\kappa\boldsymbol{e}_N\Rightarrow\boldsymbol{e}_N=\frac{1}{\kappa}\frac{\partial\boldsymbol{e}_T}{\partial s}=\frac{1}{\kappa}\frac{\partial\boldsymbol{r}_{,s}}{\partial s}=\frac{1}{\kappa}\boldsymbol{r}_{,ss}$$

并且 $\boldsymbol{e}_B=\boldsymbol{e}_T\times\boldsymbol{e}_N=\boldsymbol{r}_{,s}\times\left(\frac{1}{\kappa}\boldsymbol{r}_{,ss}\right)$，$\boldsymbol{e}_T=\boldsymbol{r}_{,s}$，将 $\boldsymbol{e}_N$、$\boldsymbol{e}_B$、$\boldsymbol{e}_T$ 代入 $\frac{\partial\boldsymbol{e}_N}{\partial s}=-\kappa\boldsymbol{e}_T+\tau\boldsymbol{e}_B$，可得

$$\frac{\partial}{\partial s}\left(\frac{1}{\kappa}\boldsymbol{r}_{,ss}\right)=-\kappa\boldsymbol{r}_{,s}+\tau\boldsymbol{r}_{,s}\times\left(\frac{1}{\kappa}\boldsymbol{r}_{,ss}\right)\tag{5.168}$$

式(5.168)是 $\boldsymbol{r}(s)$ 关于自然参数的偏微分方程，这再次表明曲率和挠率决定了空间曲线的形状。

自然坐标系：以空间曲线 $\boldsymbol{r}(s)$ 上一点的切线方向矢量 $\boldsymbol{e}_T$、主法线方向矢量 $\boldsymbol{e}_N$ 和次法线方向矢量 $\boldsymbol{e}_B$ 这三个正交的方向矢量建立的坐标系称为自然坐标系(图 5.39)。这实际上是空间曲线上一点的局部坐标系，方便研究空间曲线的局部几何性质。由 $\boldsymbol{e}_T$ 和 $\boldsymbol{e}_N$ 张成

的平面称为密切平面，由 $\boldsymbol{e}_N$ 和 $\boldsymbol{e}_B$ 张成的平面称为法平面，由 $\boldsymbol{e}_B$ 和 $\boldsymbol{e}_T$ 张成的平面称为从切面。

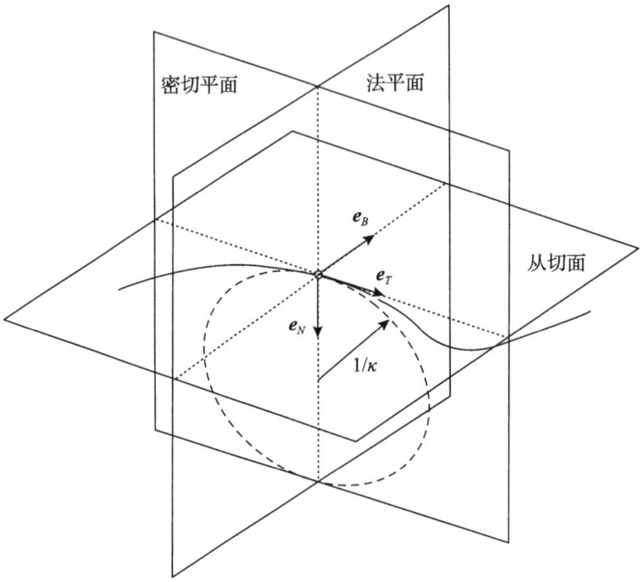

图 5.39　自然坐标系示意

式(5.165)描述了自然坐标系在整体坐标系中随弧长的变化情况，式(5.166)用于描述自然坐标系在整体坐标系中的变化快慢，$\boldsymbol{\omega}$即为自然坐标系绕整体坐标系原点做定点转动的角速度矢量[70]。

上面讨论主要围绕无限细的空间曲线的经典微分几何描述，似乎与力学描述仍有些距离，无法直接与空间环索的第Ⅲ类形态生成问题联系起来。实际工程中的空间曲线环索具有初始截面形状，且存在一定的抗弯、抗剪和抗扭刚度。空间环索采用连续化方法通过弹性力学坐标来描述则是曲线梁，与熟悉的直梁理论(伯努利梁或铁摩辛柯梁)相比，曲线梁一般情况下是具有初始曲率和挠率的弯扭耦合构件，如横截面翘曲、剪切变形等，平截面假定一般情况下也不再适用[71,72]，因此曲线梁的数学描述和力学描述要复杂得多。除了翘曲还有其他什么现象？例题 5.16 和例题 5.17 的直梁刚体大扭转位移后形状改变趋势可说明一些问题。

例题 5.16　悬臂闭口圆形截面薄壁构件发生刚体大扭转运动后的轴向短缩现象和环向颈缩现象：将圆形截面薄壁构件抽象为纵向纤维和环向纤维正交网格结构，环向 8 等分，纵向 10 等分，横截面半径为 100mm，高度为 331.6625mm，假设纵向纤维和端部环向纤维为理想刚性，中间环向纤维为理想柔性，沿环向逆时针扭转 $\pi/4$，试考察其扭转后的几何形状。

解：由于环向纤维为理想柔性，理想刚性的纵向纤维的环向逆时针旋转不会受到环向纤维的阻碍，即剪切自由和环向伸缩自由，如图 5.40 所示，该正交柱状网格结构如果进行这样的假设，其实是刚体大扭转运动，扭转后几何与扭转前几何相比，轴线仍然保持为直线，但高度变小为 300mm，并且伴随横截面的颈缩现象，颈缩值最大在 1/2 高度处，上下对称，自上而下半径经测量依次为 100mm、90.5539mm、82.4621mm、76.1577mm、72.1110mm、70.7107mm。当然，实际的薄壁构件径向和环向都是连续介质，材料处于弹性或弹塑性应力状态，轴向短缩现象和环向颈缩现象会受到阻碍，真实的变形会介于零和图 5.40 所示之间。如果轴向变形受到边界条件的约束，则圆形截面薄壁构件也会产生轴向正应力和轴向正应变。

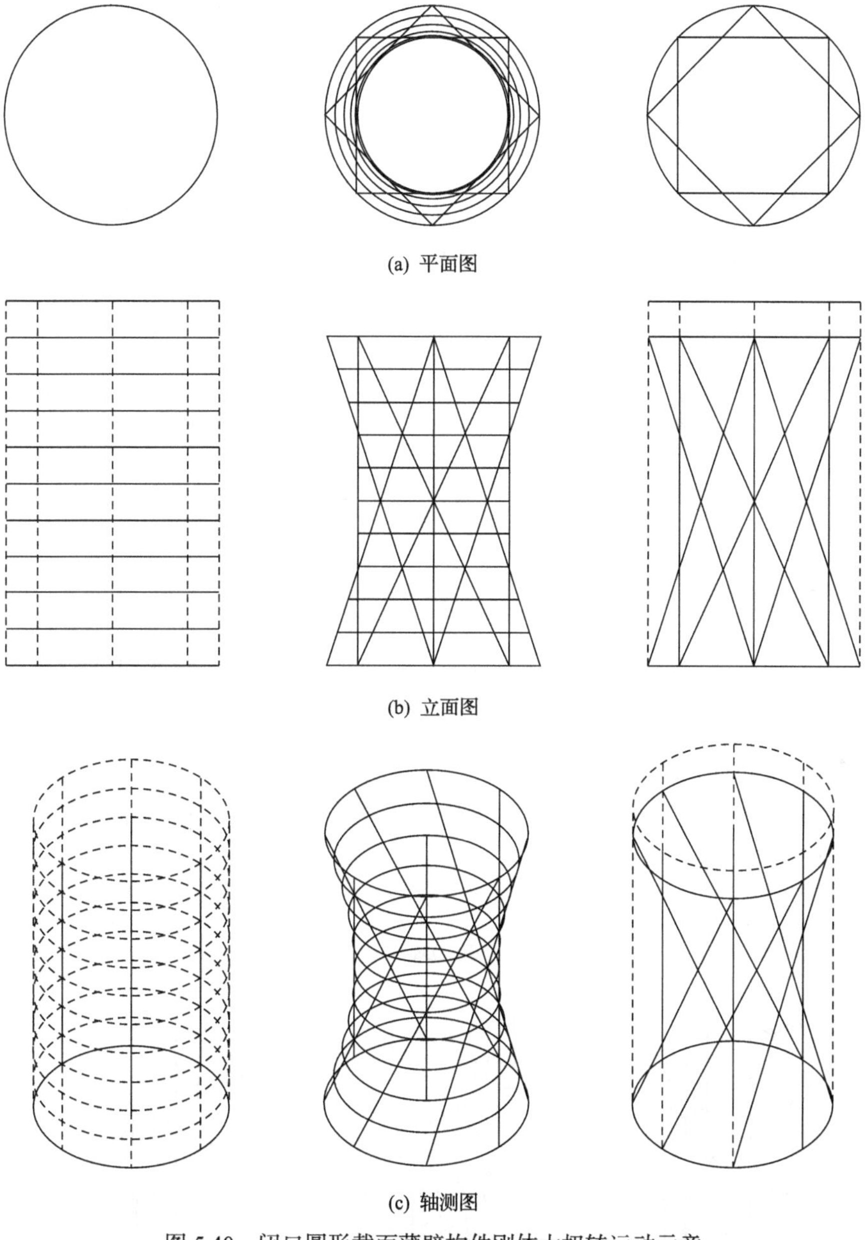

(a) 平面图

(b) 立面图

(c) 轴测图

图 5.40　闭口圆形截面薄壁构件刚体大扭转运动示意

由曲线曲面的知识可知，该柱面正交网格在假定无剪切刚度和环向刚度下发生扭转变形后是单页双曲面网格，证明如下。

单页双曲面的标准方程为

$$\frac{x^2}{a^2}+\frac{y^2}{b^2}-\frac{z^2}{c^2}=1$$

假设 $z=0\text{mm}$ 在 1/2 高度处，此时 $a^2=b^2=70.7107^2$ 。

$z=150\ \text{mm}$ 处，$a^2\left(\dfrac{150^2}{c^2}+1\right)=100^2\Rightarrow\dfrac{150^2}{c^2}+1=\left(\dfrac{100}{70.7107}\right)^2=\left(\sqrt{2}\right)^2=2\Rightarrow c=150\text{mm}$ 。

检验：$z=30\text{mm}$ 处，半径 $r=70.7107\times\sqrt{30^2/150^2+1}=70.7107\times\sqrt{1.04}=72.1110\text{mm}$ 。

例题 5.17 悬臂闭口矩形截面薄壁构件发生刚体大扭转运动后的轴向短缩、横向颈缩和横截面翘曲现象：将矩形截面薄壁构件抽象为纵向纤维和环向纤维正交网格结构，横截面短边 2 等分，长边 4 等分，纵向 10 等分，长×宽×高=200mm×100mm×500mm，假设纵向纤维为理想刚性，横向纤维为理想柔性，沿逆时针扭转 π/4 ，试考察其扭转后的几何形状。

由图 5.41 可见，扭转后存在明显轴向短缩现象和横向颈缩现象，与闭口圆形截面薄壁构件无剪切

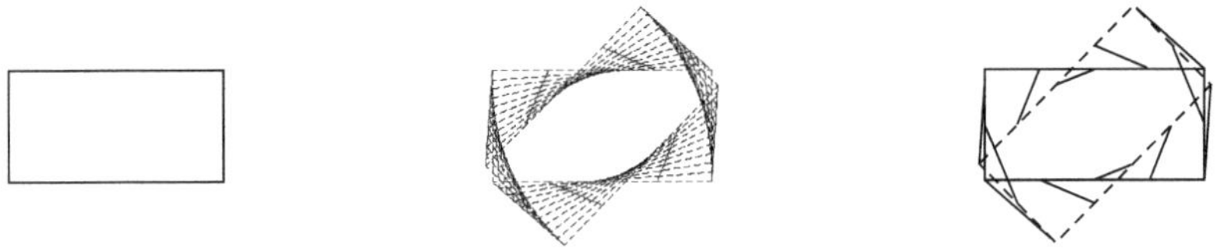

(a) 平面图

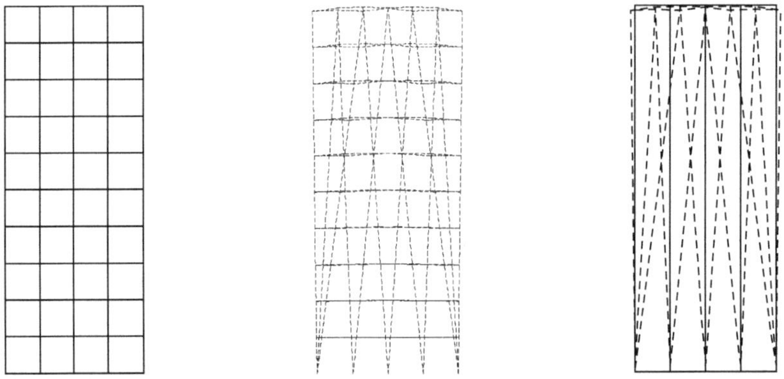

(b) 立面图

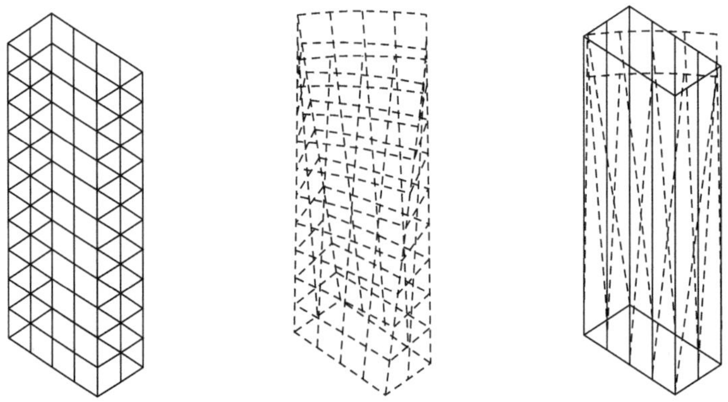

(c) 轴测图

图 5.41 闭口矩形截面薄壁构件刚体大扭转示意

刚度大扭转相比，闭口矩形截面薄壁构件无剪切大扭转后横截面不再保持为平面，而变成一空间曲面。这是由于纵向纤维水平旋转相同角度后引起的轴向短缩不一样，这就是闭口非圆形截面薄壁构件扭转翘曲发生的原因。实际的矩形闭口截面薄壁构件为连续介质，因此其弹性扭转变形与刚体扭转后的几何形状不同。

例题 5.16 和例题 5.17 说明一般闭口截面构件在忽略环向纤维刚度的情况下，刚性纵向纤维做大扭转刚体运动，构件整体会产生轴向短缩、横向颈缩和横截面翘曲（圆形截面除外）现象。直梁理论难以有效地应用于大扭转变形的描述。

下面先考察空间曲线梁在自然坐标系下的平衡方程，然后通过抗弯刚度和抗扭刚度退化方法获得理想柔索的一些结论，这里采用先难后易、先繁后简的顺序，目的是与工程实践相一致。

任意形状横截面空间曲线梁的平衡方程：习惯上将细长的空间曲线构件称为曲线梁。空间曲线梁的平衡方程可采用微分方法在整体坐标系 xyz 下建立[73,74]。图 5.42 中，x_1、x_2、x_3 表示空间曲线梁横截面形心主轴所在的局部坐标系。

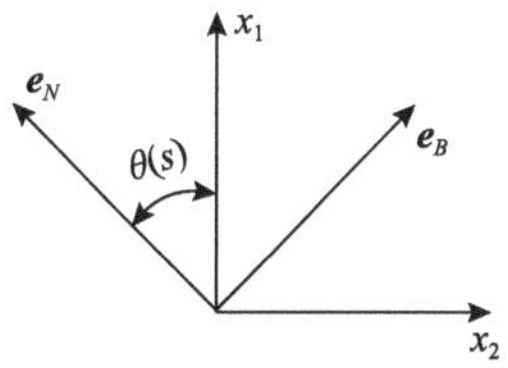

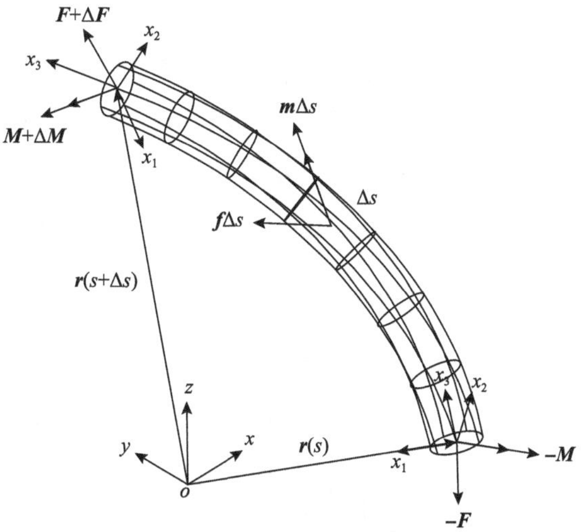

图 5.42　空间曲线梁的微元体

对于圆形横截面构件，在零状态几何下可以假定自然坐标系与形心主轴局部坐标系重合，但对一般形状截面，此假定是不成立的，即使是圆形横截面，弯剪扭耦合变形后二者也不再重合。因此，由于构件截面形状的存在，有必要引入横截面形心主轴局部坐标系与自然坐标系 $\boldsymbol{e}_N\boldsymbol{e}_B\boldsymbol{e}_T$（截面形心所在空间曲线的自然坐标系）的旋转角度参数 $\theta(s)$，如图 5.42(a)所示。这里存在一个简单的平面旋转变换，其变换关系如下：

$$\begin{pmatrix} \boldsymbol{e}_1 \\ \boldsymbol{e}_2 \\ \boldsymbol{e}_3 \end{pmatrix} = \begin{bmatrix} \cos\theta & \sin\theta & 0 \\ -\sin\theta & \cos\theta & 0 \\ 0 & 0 & 1 \end{bmatrix} \begin{pmatrix} \boldsymbol{e}_N \\ \boldsymbol{e}_B \\ \boldsymbol{e}_T \end{pmatrix} \tag{5.169}$$

$$\Rightarrow \begin{pmatrix} \dfrac{\partial \boldsymbol{e}_1}{\partial s} \\ \dfrac{\partial \boldsymbol{e}_2}{\partial s} \\ \dfrac{\partial \boldsymbol{e}_3}{\partial s} \end{pmatrix} = \begin{bmatrix} 0 & \tau + \dfrac{\partial \theta}{\partial s} & -\kappa\cos\theta \\ -\left(\tau + \dfrac{\partial \theta}{\partial s}\right) & 0 & \kappa\sin\theta \\ \kappa\cos\theta & -\kappa\sin\theta & 0 \end{bmatrix} \begin{pmatrix} \boldsymbol{e}_1 \\ \boldsymbol{e}_2 \\ \boldsymbol{e}_3 \end{pmatrix} \tag{5.170}$$

令 $p=\kappa\sin\theta$， $q=\kappa\cos\theta$， $r=\tau+\dfrac{\partial\theta}{\partial s}$，代入式(5.170)得到

$$\begin{pmatrix} \dfrac{\partial \boldsymbol{e}_1}{\partial s} \\ \dfrac{\partial \boldsymbol{e}_2}{\partial s} \\ \dfrac{\partial \boldsymbol{e}_3}{\partial s} \end{pmatrix} = \begin{bmatrix} 0 & r & -q \\ -r & 0 & p \\ q & -p & 0 \end{bmatrix} \begin{pmatrix} \boldsymbol{e}_1 \\ \boldsymbol{e}_2 \\ \boldsymbol{e}_3 \end{pmatrix} \tag{5.171}$$

下面由微元体空间力系平衡关系建立任意形状横截面空间曲线梁的平衡方程，如图 5.42(b)所示，由原点 O 处的合力和合力矩平衡得到(λ 为常数且 $0\leqslant\lambda\leqslant1$)

$$\begin{cases} \boldsymbol{F}+\Delta\boldsymbol{F}+\boldsymbol{f}\Delta s-\boldsymbol{F}=0 \\ \boldsymbol{M}+\Delta\boldsymbol{M}+\boldsymbol{m}\Delta s-\boldsymbol{M}+\boldsymbol{r}(s+\Delta s)\times\left(\boldsymbol{F}+\Delta\boldsymbol{F}\right)-\boldsymbol{r}(s)\times\boldsymbol{F}+\boldsymbol{r}(s+\lambda\Delta s)\times\boldsymbol{f}\Delta s=0 \end{cases}$$

略去二阶及以上高阶小量，得

$$\begin{cases} \Delta\boldsymbol{F}+\boldsymbol{f}\Delta s=0 \\ \Delta\boldsymbol{M}+\boldsymbol{m}\Delta s+\boldsymbol{r}(s)\times\Delta\boldsymbol{F}+\boldsymbol{e}_T\times\boldsymbol{F}+\boldsymbol{r}(s)\times\boldsymbol{f}\Delta s=0 \end{cases}$$

$$\Rightarrow \begin{cases} \lim\limits_{\Delta s\to0}\left(\dfrac{\Delta\boldsymbol{F}}{\Delta s}+\boldsymbol{f}\right)=0 \\ \lim\limits_{\Delta s\to0}\left[\dfrac{\Delta\boldsymbol{M}}{\Delta s}+\boldsymbol{m}+\boldsymbol{e}_T\times\boldsymbol{F}+\boldsymbol{r}(s)\times\left(\dfrac{\Delta\boldsymbol{F}}{\Delta s}+\boldsymbol{f}\right)\right]=0 \end{cases}$$

$$\Rightarrow \begin{cases} \lim\limits_{\Delta s\to0}\left(\dfrac{\Delta\boldsymbol{F}}{\Delta s}+\boldsymbol{f}\right)=0 \\ \lim\limits_{\Delta s\to0}\left(\dfrac{\Delta\boldsymbol{M}}{\Delta s}+\boldsymbol{m}+\boldsymbol{e}_T\times\boldsymbol{F}\right)=0 \end{cases}$$

$$\Rightarrow \begin{cases} \dfrac{\partial\boldsymbol{F}}{\partial s}+\boldsymbol{f}=0 \\ \dfrac{\partial\boldsymbol{M}}{\partial s}+\boldsymbol{m}+\boldsymbol{e}_T\times\boldsymbol{F}=0 \end{cases} \tag{5.172}$$

式(5.172)即任意横截面形状的空间曲线梁一阶近似平衡方程的矢量形式，理论上与坐标系的选取不相关，虽然 $\boldsymbol{F}(s)$ 、$\boldsymbol{M}(s)$ 定义在横截面上，$\boldsymbol{e}_T$ 定义在自然坐标系中，$\boldsymbol{f}(s)$ 、

$\boldsymbol{m}(s)$ 定义在横截面形心主轴上，但它们都可以看成整体坐标下的矢量，这是矢量分析的优点，即标架不变性。如果采用二阶近似，那么平衡方程的矢量形式为

$$\begin{cases}\dfrac{3\partial^2\boldsymbol{F}}{2\partial s^2}+\dfrac{\partial\boldsymbol{f}}{\partial s}=0\\ \dfrac{3\partial^2\boldsymbol{M}}{2\partial s^2}+\dfrac{\partial\boldsymbol{m}}{\partial s}+3\boldsymbol{e}_T\times\dfrac{\partial\boldsymbol{F}}{\partial s}+\dfrac{3}{2}\kappa\boldsymbol{e}_N\times\dfrac{\partial\boldsymbol{F}}{\partial s}+\dfrac{3}{2}\boldsymbol{e}_T\times\boldsymbol{f}=0,\ \lambda=\dfrac{1}{2}\end{cases}\tag{5.173}$$

式(5.173)与式(5.172)均为空间曲线梁的平衡方程，即平衡的空间曲线梁需同时满足式(5.172)和式(5.173)以及更高阶近似，二者的区别在于式(5.172)为一阶近似，对于沿弧长参数均匀分布的外荷载作用，式(5.172)已经足够精确。对于任意荷载分布形式，同时满足式(5.172)和式(5.173)更精确一些。同时，式(5.173)可以提供静力平衡状态稳定性方面的信息。式(5.172)和式(5.173)的正确性可采用简支直梁均布荷载作用下的内力分布进行检验。

在横截面的形心主轴局部坐标系中，$\boldsymbol{F}=\sum_{i=1}^{3}F_i\boldsymbol{e}_i,\ \boldsymbol{M}=\sum_{i=1}^{3}M_i\boldsymbol{e}_i,\ \boldsymbol{f}\Delta s=\Delta s\sum_{i=1}^{3}f_i\boldsymbol{e}_i$，$\boldsymbol{m}\Delta s=\Delta s\sum_{i=1}^{3}m_i\boldsymbol{e}_i$，并将式(5.171)、式(5.169)代入式(5.172)中，整理得到式(5.172)的标量形式，即

$$\begin{cases}\dfrac{\partial F_1}{\partial s}-rF_2+qF_3+f_1=0\\ rF_1+\dfrac{\partial F_2}{\partial s}-pF_3+f_2=0\\ -qF_1+pF_2+\dfrac{\partial F_3}{\partial s}+f_3=0\\ \dfrac{\partial M_1}{\partial s}-rM_2+qM_3-F_2+m_1=0\\ rM_1+\dfrac{\partial M_2}{\partial s}-pM_3+F_1+m_2=0\\ -qM_1+pM_2+\dfrac{\partial M_3}{\partial s}+m_3=0\end{cases}\tag{5.174}$$

注意，式(5.172)标量形式可以直接在整体坐标系中展开。式(5.174)建立在横截面形心主轴局部坐标系下，该局部坐标系与自然坐标系的旋转角度 $\theta(s)$ 是未知的，且与横截面的内力相关，由例题 5.16、例题 5.17 知道非圆横截面在大扭转变形后不再保持为平面。

为了简化计算，结构工程用索一般假定：①索为理想柔索，不能承受剪力、弯矩作用；②满足胡克定律，材料为小应变。

因此，$F_1=0$，$F_2=0$，$M_i=0$，$m_i=0$，这样式(5.174)退化为

$$\begin{cases} qF_3 + f_1 = 0 \\ -pF_3 + f_2 = 0 \\ \partial F_3/\partial s + f_3 = 0 \end{cases} \tag{5.175}$$

式(5.175)表明：①理想柔索的空间曲线形状和轴力大小取决于外荷载的大小和分布；②理想柔索的空间曲线平衡方程仅和曲率有关，与挠率无关。此外，式(5.175)工程应用方面的几个问题补充如下，为区别横截面局部坐标系，整体直角坐标系采用 xyz 表示。

讨论 1：理想柔索的次法线方向荷载。上述推导过程中，式(5.175)中 $f_2(s)$ 没有作用？实际上，对于圆形横截面理想柔索，横截面形心主轴局部坐标系与自然坐标系重合，$\theta(s)=0$，由式(5.175)得到

$$\begin{cases} -pF_3 + f_2 = 0 \\ \theta(s)=0 \\ p=\kappa\sin\theta \end{cases} \Rightarrow f_2(s)=0 \tag{5.176}$$

式(5.176)表明，因为理想柔索的横截面形心主轴局部坐标系与自然坐标系重合，所以索体不能承受次法线方向的荷载。或者说，平衡的空间曲线理想柔索只能承受主法线方向和切线方向的荷载。

讨论 2：式(5.175)建立在横截面形心主轴局部坐标系下，联系前面关于平面径向索的讨论，式(5.175)进一步退化为二维平面曲线索会是什么？

记二维直角坐标系 xoy 内平面曲线方程为 $y=y(x)$，没有扭转发生，$\varphi(x)$ 为理想柔索形心所在平面曲线的切线与水平轴 x 轴的夹角。圆形横截面的形心主轴局部坐标系与自然坐标系重合，$\theta(s)=0$。假设平面曲线理想柔索只承受竖向(坐标轴 y 轴负方向)均布自重荷载 $w(s)$ 的作用(沿弧长均匀分布)，则 $f_1(s)=w(s)\cos\varphi$, $f_3(s)=w(s)\sin\varphi$, $f_2(s)=0$, $\tan\varphi=\dfrac{\partial y}{\partial x}$, $\kappa=\dfrac{\dfrac{\partial^2 y}{\partial x^2}}{\left[1+\left(\dfrac{\partial y}{\partial x}\right)^2\right]^{\frac{3}{2}}}$, $q=\kappa\cos\theta=\kappa$, $p=\kappa\sin\theta=0$。

由 $qF_3+f_1(s)=0 \Rightarrow \kappa F_3+f_1(s)=0 \Rightarrow \dfrac{\dfrac{\partial^2 y}{\partial x^2}}{\left[1+\left(\dfrac{\partial y}{\partial x}\right)^2\right]^{\frac{3}{2}}}F_3+f_1(s)=0$

$$\Rightarrow \frac{F_3}{\left[1+\left(\dfrac{\partial y}{\partial x}\right)^2\right]^{\frac{1}{2}}}\frac{\partial^2 y}{\partial x^2}+f_1(s)\left[1+\left(\frac{\partial y}{\partial x}\right)^2\right]^{\frac{2}{2}}=0$$

$$\Rightarrow \frac{F_3}{\sqrt{1+\left(\frac{\partial y}{\partial x}\right)^2}}\frac{\partial^2 y}{\partial x^2}+f_1(s)\left[1+\left(\frac{\partial y}{\partial x}\right)^2\right]=0$$

平面曲线理想柔索横截面上轴力的水平分力为

$$F_x(x)=F_3\cos\varphi=\frac{F_3}{\sqrt{\sec^2\varphi}}=\frac{F_3}{\sqrt{1+\tan^2\varphi}}=\frac{F_3}{\sqrt{1+\left(\frac{\partial y}{\partial x}\right)^2}}$$

令整体坐标系中沿 x 轴分布的竖向即 y 轴正向荷载为 $q(x)$，则

$$\begin{cases} f_1(s)\left[1+\left(\frac{\partial y}{\partial x}\right)^2\right]=f_1(s)\left(1+\tan^2\varphi\right)=f_1(s)\sec^2\varphi=\dfrac{f_1}{\cos^2\varphi} \\ f_1(s)=-w(s)\cos\varphi\Rightarrow w(s)=\dfrac{-f_1(s)}{\cos\varphi}\Rightarrow\dfrac{w(s)}{\cos\varphi}=\dfrac{-f_1(s)}{\cos^2\varphi} \\ q(x)\Delta x=-w(s)\Delta s\Rightarrow q(x)=-w(s)\dfrac{\Delta s}{\Delta x}\Rightarrow q(x)=-w(s)\lim\limits_{\Delta x\to 0}\left(\dfrac{\Delta s}{\Delta x}\right)=-w(s)\sqrt{1+\tan^2\varphi} \\ \qquad\qquad =-w(s)\sec\varphi=\dfrac{-w(s)}{\cos\varphi} \end{cases}$$

$$\Rightarrow f_1(s)\left[1+\left(\frac{\partial y}{\partial x}\right)^2\right]=\frac{f_1(s)}{\cos^2\varphi}=\frac{-w(s)}{\cos\varphi}=q(x)$$

整理上述推导得到

$$F_x\frac{\partial^2 y}{\partial x^2}+q(x)=0 \tag{5.177}$$

由三维空间曲线索平衡方程(5.175)退化得到二维平面曲线索在整体坐标系下的平衡方程(5.177)，而式(5.177)与式(5.149)去掉上弦索项一致，这也证明了式(5.149)的正确性。另外，注意到式(5.149)是采用近似连续化分析方法得出的结论，而式(5.177)始终假定空间曲线连续，二者给出相同的结果，这再次说明采用近似连续化分析方法解决离散问题是可行的。由式(5.177)可见，如果 $q(x)$ 取常数，是沿水平轴均匀分布的荷载，则平面索曲线形状为二次曲线，这一点与自重作用下的垂索为悬链线形状并不矛盾，因为竖向自重荷载沿弧长均匀分布，所以它沿 x 轴分布并不均匀。

讨论 3：式(5.175)建立在横截面形心主轴局部坐标系下，对于求解空间曲线索在整体坐标系下的形态生成问题并不方便，如空间曲线理想柔索承受的外荷载(如重力)通常在整体坐标系中定义。那么，整体坐标系下空间曲线的曲率该如何计算？式(5.175)在整体直角坐标系下的表达式是否存在？

分析：空间曲线并不存在像平面曲线一样单一的标准方程，一般采用 2 个曲/平面方

程并列或者 3 个参数方程并列的形式来表示。归纳一下：①不能采用曲线弧长作为空间曲线参数方程的参数；②空间曲线上任意一点的曲率需要在整体直角坐标系中描述。如何同时满足这两点要求？联系式(5.177)的推导思路，设想空间曲线的参数方程直接采用整体直角坐标系 xyz 中的 x 坐标作为参数，有可能得到形式上如式(5.177)的空间曲线平衡方程，尝试推导如下。

先求整体直角坐标系中以 x 坐标作为参数的空间曲线的曲率表达式，即

$$\frac{\partial \boldsymbol{r}(s)}{\partial s}=\boldsymbol{e}_T \Rightarrow \frac{\partial \boldsymbol{r}(x)}{\partial x}\frac{\partial x}{\partial s}=\boldsymbol{e}_T,\ \boldsymbol{r}(x)=x\boldsymbol{e}_x+y(x)\boldsymbol{e}_y+z(x)\boldsymbol{e}_z$$

$$\Rightarrow\begin{cases}\Delta s=\sqrt{(\Delta x)^2+(\Delta y)^2+(\Delta z)^2}\Rightarrow \dfrac{\partial s}{\partial x}=\lim\limits_{\Delta x\to 0}\dfrac{\Delta s}{\Delta x}=\lim\limits_{\Delta x\to 0}\dfrac{\sqrt{(\Delta x)^2+(\Delta y)^2+(\Delta z)^2}}{\Delta x}\\ \qquad\qquad =\sqrt{1+\left(\dfrac{\partial y}{\partial x}\right)^2+\left(\dfrac{\partial z}{\partial x}\right)^2}\\ \dfrac{\partial \boldsymbol{r}(x)}{\partial x}=\dfrac{\partial x}{\partial x}\boldsymbol{e}_x+\dfrac{\partial y}{\partial x}\boldsymbol{e}_y+\dfrac{\partial z}{\partial x}\boldsymbol{e}_z\Rightarrow\left\|\dfrac{\partial \boldsymbol{r}(x)}{\partial x}\right\|=\sqrt{1+\left(\dfrac{\partial y}{\partial x}\right)^2+\left(\dfrac{\partial z}{\partial x}\right)^2}\end{cases}$$

$$\Rightarrow \frac{\partial \boldsymbol{r}}{\partial x}\frac{\partial x}{\partial s}=\frac{\partial \boldsymbol{r}/\partial x}{\partial s/\partial x}=\frac{\partial \boldsymbol{r}/\partial x}{\|\partial \boldsymbol{r}/\partial x\|}=\boldsymbol{e}_T\Rightarrow\frac{\partial \boldsymbol{r}}{\partial x}=\left\|\frac{\partial \boldsymbol{r}}{\partial x}\right\|\boldsymbol{e}_T$$

$$\Rightarrow\frac{\partial^2 \boldsymbol{r}}{\partial x^2}=\frac{\partial}{\partial x}\left(\frac{\partial \boldsymbol{r}}{\partial x}\right)=\frac{\partial}{\partial x}\left(\left\|\frac{\partial \boldsymbol{r}}{\partial x}\right\|\boldsymbol{e}_T\right)=\frac{\partial}{\partial x}\left(\left\|\frac{\partial \boldsymbol{r}}{\partial x}\right\|\right)\boldsymbol{e}_T+\left\|\frac{\partial \boldsymbol{r}}{\partial x}\right\|\frac{\partial \boldsymbol{e}_T}{\partial s}\frac{\partial s}{\partial x}=\frac{\partial}{\partial x}\left(\left\|\frac{\partial \boldsymbol{r}}{\partial x}\right\|\right)\boldsymbol{e}_T+\left\|\frac{\partial \boldsymbol{r}}{\partial x}\right\|^2\kappa\boldsymbol{e}_N$$

则

$$\frac{\partial \boldsymbol{r}}{\partial x}\times\frac{\partial^2 \boldsymbol{r}}{\partial x^2}=\left\|\frac{\partial \boldsymbol{r}}{\partial x}\right\|\boldsymbol{e}_T\times\left[\frac{\partial}{\partial x}\left(\left\|\frac{\partial \boldsymbol{r}}{\partial x}\right\|\right)\boldsymbol{e}_T+\left\|\frac{\partial \boldsymbol{r}}{\partial x}\right\|^2\kappa\boldsymbol{e}_N\right]=0+\left\|\frac{\partial \boldsymbol{r}}{\partial x}\right\|^3\kappa(\boldsymbol{e}_T\times\boldsymbol{e}_N)=\left\|\frac{\partial \boldsymbol{r}}{\partial x}\right\|^3\kappa\boldsymbol{e}_B$$

$$\Rightarrow\left\|\frac{\partial \boldsymbol{r}}{\partial x}\times\frac{\partial^2 \boldsymbol{r}}{\partial x^2}\right\|=\left\|\frac{\partial \boldsymbol{r}}{\partial x}\right\|^3\kappa\|\boldsymbol{e}_B\|=\left\|\frac{\partial \boldsymbol{r}}{\partial x}\right\|^3\kappa$$

$$\Rightarrow\kappa=\left\|\frac{\partial \boldsymbol{r}}{\partial x}\times\frac{\partial^2 \boldsymbol{r}}{\partial x^2}\right\|\Big/\left\|\frac{\partial \boldsymbol{r}}{\partial x}\right\|^3 \tag{5.178}$$

事实上，式(5.178)也是空间曲线参数方程采用一般参数 t 时的曲率表达式，即 $x=t$ 也是成立的。例如，如果将弧长 s 替换成 x，式(5.178)右端项写成

$$\left\|\frac{\partial \boldsymbol{r}}{\partial s}\times\frac{\partial^2 \boldsymbol{r}}{\partial s^2}\right\|\Big/\left\|\frac{\partial \boldsymbol{r}}{\partial s}\right\|^3=\|\boldsymbol{e}_T\times\kappa\boldsymbol{e}_N\|/1^3=\kappa\|\boldsymbol{e}_T\times\boldsymbol{e}_N\|=\kappa\|\boldsymbol{e}_B\|=\kappa$$

可见式(5.178)左右两端也是相等的。

再求空间曲线理想柔索整体直角坐标系下的平衡方程表达式，式(5.172)为矢量平衡方程，与坐标系的选择无关，只需要将各矢量改写为整体坐标系基量形式，记为

$\boldsymbol{F}(s)=\boldsymbol{F}(x)=F_x(x)\boldsymbol{e}_x+F_y(x)\boldsymbol{e}_y+F_z(x)\boldsymbol{e}_z$，$\boldsymbol{f}(s)\Delta s=\boldsymbol{f}(x)\Delta s=\left[f_x(x)\boldsymbol{e}_x+f_y(x)\boldsymbol{e}_y+f_z(x)\boldsymbol{e}_z\right]\Delta s$

将其代入式(5.172)得到

$$\frac{\partial}{\partial s}\left(F_x\boldsymbol{e}_x+F_y\boldsymbol{e}_y+F_z\boldsymbol{e}_z\right)+\left(f_x\boldsymbol{e}_x+f_y\boldsymbol{e}_y+f_z\boldsymbol{e}_z\right)=0 \tag{5.179}$$

式(5.179)实际上是 3 个标量方程，这里要注意理解单位矢量的偏导数，与空间曲线索一点处的横截面形心主轴局部坐标系和自然坐标系的基矢量不同，整体直角坐标系中基矢量为常矢量，即其大小和方向均不变。因此，其单位矢量 $\boldsymbol{e}_x$、$\boldsymbol{e}_y$、$\boldsymbol{e}_z$ 对弧长的偏导数 $\dfrac{\partial \boldsymbol{e}_x}{\partial s}$、$\dfrac{\partial \boldsymbol{e}_y}{\partial s}$、$\dfrac{\partial \boldsymbol{e}_z}{\partial s}$ 为零矢量。式(5.170)中 $\dfrac{\partial \boldsymbol{e}_1}{\partial s}$、$\dfrac{\partial \boldsymbol{e}_2}{\partial s}$、$\dfrac{\partial \boldsymbol{e}_3}{\partial s}$ 不为零是因为局部坐标系的单位基矢量 $\boldsymbol{e}_1$、$\boldsymbol{e}_2$、$\boldsymbol{e}_3$ 的方向在变化。展开式(5.179)，得到

$$\begin{aligned}
&\left(\frac{\partial F_x}{\partial s}\boldsymbol{e}_x+F_x\frac{\partial \boldsymbol{e}_x}{\partial s}\right)+\left(\frac{\partial F_y}{\partial s}\boldsymbol{e}_y+F_y\frac{\partial \boldsymbol{e}_y}{\partial s}\right)+\left(\frac{\partial F_z}{\partial s}\boldsymbol{e}_z+F_z\frac{\partial \boldsymbol{e}_z}{\partial s}\right)+f_x\boldsymbol{e}_x+f_y\boldsymbol{e}_y+f_z\boldsymbol{e}_z=0\\
&\frac{\partial \boldsymbol{e}_x}{\partial s}=0=\frac{\partial \boldsymbol{e}_y}{\partial s}=\frac{\partial \boldsymbol{e}_z}{\partial s}\\
&\Rightarrow\left(\frac{\partial F_x}{\partial s}+f_x\right)\boldsymbol{e}_x+\left(\frac{\partial F_y}{\partial s}+f_y\right)\boldsymbol{e}_y+\left(\frac{\partial F_z}{\partial s}+f_z\right)\boldsymbol{e}_z=0\\
&\Rightarrow\begin{cases}\dfrac{\partial F_x}{\partial s}+f_x=0\\[2mm]\dfrac{\partial F_y}{\partial s}+f_y=0\\[2mm]\dfrac{\partial F_z}{\partial s}+f_z=0\end{cases}\Rightarrow\begin{cases}\dfrac{\partial F_x}{\partial x}+f_x\dfrac{\partial s}{\partial x}=0\\[2mm]\dfrac{\partial F_y}{\partial x}+f_y\dfrac{\partial s}{\partial x}=0,\quad \dfrac{\partial s}{\partial x}\neq 0\\[2mm]\dfrac{\partial F_z}{\partial x}+f_z\dfrac{\partial s}{\partial x}=0\end{cases}
\end{aligned}\tag{5.180}$$

注意到

$$\begin{aligned}
&\begin{cases}\boldsymbol{F}=F_x\boldsymbol{e}_x+F_y\boldsymbol{e}_y+F_z\boldsymbol{e}_z=F_3\boldsymbol{e}_3=F_T(s)\boldsymbol{e}_T\\[2mm]\boldsymbol{e}_T=\dfrac{\partial \boldsymbol{r}}{\partial s}=\dfrac{\partial \boldsymbol{r}}{\partial x}\dfrac{\partial x}{\partial s}=\left(\boldsymbol{e}_x+\dfrac{\partial y}{\partial x}\boldsymbol{e}_y+\dfrac{\partial z}{\partial x}\boldsymbol{e}_z\right)\dfrac{\partial x}{\partial s}\end{cases}\\
&\Rightarrow\boldsymbol{F}=F_x\boldsymbol{e}_x+F_y\boldsymbol{e}_y+F_z\boldsymbol{e}_z=F_T\frac{\partial x}{\partial s}\boldsymbol{e}_x+F_T\frac{\partial x}{\partial s}\frac{\partial y}{\partial x}\boldsymbol{e}_y+F_T\frac{\partial x}{\partial s}\frac{\partial z}{\partial x}\boldsymbol{e}_z\\
&\Rightarrow\begin{cases}F_x=F_T\dfrac{\partial x}{\partial s}\\[2mm]F_y=F_T\dfrac{\partial x}{\partial s}\dfrac{\partial y}{\partial x}=F_x\dfrac{\partial y}{\partial x}\\[2mm]F_z=F_T\dfrac{\partial x}{\partial s}\dfrac{\partial z}{\partial x}=F_x\dfrac{\partial z}{\partial x}\end{cases}
\end{aligned}\tag{5.181}$$

将式(5.181)代入式(5.180)，得到

$$\begin{cases}\dfrac{\partial F_x}{\partial x}+f_x\dfrac{\partial s}{\partial x}=0\\ \dfrac{\partial}{\partial x}\left(F_x\dfrac{\partial y}{\partial x}\right)+f_y\dfrac{\partial s}{\partial x}=0\\ \dfrac{\partial}{\partial x}\left(F_x\dfrac{\partial z}{\partial x}\right)+f_z\dfrac{\partial s}{\partial x}=0\end{cases}\Rightarrow\begin{cases}\dfrac{\partial F_x}{\partial x}+f_x\dfrac{\partial s}{\partial x}=0\\ \dfrac{\partial F_x}{\partial x}\dfrac{\partial y}{\partial x}+F_x\dfrac{\partial^2 y}{\partial x^2}+f_y\dfrac{\partial s}{\partial x}=0\\ \dfrac{\partial F_x}{\partial x}\dfrac{\partial z}{\partial x}+F_x\dfrac{\partial^2 z}{\partial x^2}+f_z\dfrac{\partial s}{\partial x}=0\end{cases}\Rightarrow\begin{cases}\dfrac{\partial F_x}{\partial x}+f_x\dfrac{\partial s}{\partial x}=0\\ -f_x\dfrac{\partial s}{\partial x}\dfrac{\partial y}{\partial x}+F_x\dfrac{\partial^2 y}{\partial x^2}+f_y\dfrac{\partial s}{\partial x}=0\\ -f_x\dfrac{\partial s}{\partial x}\dfrac{\partial z}{\partial x}+F_x\dfrac{\partial^2 z}{\partial x^2}+f_z\dfrac{\partial s}{\partial x}=0\end{cases}\tag{5.182}$$

令整体坐标系中沿坐标轴 x、y、z 方向分布的荷载为 $q_x(x)$、$q_y(x)$、$q_z(x)$，存在如下关系：

$$\boldsymbol{f}(s)\Delta s=\boldsymbol{f}(x)\Delta s=\left[f_x(x)\boldsymbol{e}_x+f_y(x)\boldsymbol{e}_y+f_z(x)\boldsymbol{e}_z\right]\Delta s=q_x(x)\Delta x\boldsymbol{e}_x+q_y(x)\Delta y\boldsymbol{e}_y+q_z(x)\Delta z\boldsymbol{e}_z$$

$$\Rightarrow\begin{cases}f_x(x)\Delta s=q_x(x)\Delta x\\ f_y(x)\Delta s=q_y(x)\Delta y\\ f_z(x)\Delta s=q_z(x)\Delta z\end{cases}\Rightarrow\begin{cases}f_x(x)\lim\limits_{\Delta s\to 0}\dfrac{\Delta s}{\Delta x}=q_x(x)\\ f_y(x)\lim\limits_{\Delta s\to 0}\dfrac{\Delta s}{\Delta y}=q_y(x)\\ f_z(x)\lim\limits_{\Delta s\to 0}\dfrac{\Delta s}{\Delta z}=q_z(x)\end{cases}\Rightarrow\begin{cases}f_x(x)\dfrac{\partial s}{\partial x}=q_x(x)\\ f_y(x)\dfrac{\partial s}{\partial y}=q_y(x)\\ f_z(x)\dfrac{\partial s}{\partial z}=q_z(x)\end{cases}\Rightarrow\begin{cases}f_x(x)\dfrac{\partial s}{\partial x}=q_x(x)\\ f_y(x)\dfrac{\partial s}{\partial x}=q_y(x)\dfrac{\partial y}{\partial x}\\ f_z(x)\dfrac{\partial s}{\partial x}=q_z(x)\dfrac{\partial z}{\partial x}\end{cases}\tag{5.183}$$

将式(5.183)代入式(5.182)，得到

$$\begin{cases}\dfrac{\partial F_x}{\partial x}+q_x=0\\ -q_x\dfrac{\partial y}{\partial x}+F_x\dfrac{\partial^2 y}{\partial x^2}+q_y\dfrac{\partial y}{\partial x}=0\\ -q_x\dfrac{\partial z}{\partial x}+F_x\dfrac{\partial^2 z}{\partial x^2}+q_z\dfrac{\partial z}{\partial x}=0\end{cases}\Rightarrow\begin{cases}\dfrac{\partial F_x}{\partial x}+q_x=0\\ F_x\dfrac{\partial^2 y}{\partial x^2}+\left(q_y-q_x\right)\dfrac{\partial y}{\partial x}=0\\ F_x\dfrac{\partial^2 z}{\partial x^2}+\left(q_z-q_x\right)\dfrac{\partial z}{\partial x}=0\end{cases}\tag{5.184}$$

式(5.184)就是式(5.175)在整体直角坐标系下的绝对坐标描述，二者是等价的且形式上都十分简单。实际工程设计应用中的区别主要取决于荷载分布形式。注意，式(5.184)中 x、y、z 可轮换，如取 y 坐标作为参数等。式(5.177)中 $q(x)$ 为沿 x 轴分布指向 y 轴方向的荷载，而式(5.184)中 $q_y(x)(=q_y)$ 为沿 y 轴方向分布的荷载，二者方向相同，但数值不同，需要变换，即 $q(x)\Delta x\boldsymbol{e}_y=q_y(x)\Delta y\boldsymbol{e}_y\Rightarrow q(x)=q_y(x)\dfrac{\partial y}{\partial x}$，显然，若 $q_x=0$，则式(5.184)的第二式退化为式(5.177)。此外，式(5.175)也可以表达为一般参数形式，但形式上会变得复杂。

式(5.184)中第二式和第三式的另一种理解：设想空间曲线 $\boldsymbol{r}(x)=x\boldsymbol{e}_x+y(x)\boldsymbol{e}_y+z(x)\boldsymbol{e}_z$ 分别投影到 xoy 平面、xoz 平面，记为 $\boldsymbol{r}_{xoy}(x)=x\boldsymbol{e}_x+y(x)\boldsymbol{e}_y+0\boldsymbol{e}_z$ 和 $\boldsymbol{r}_{xoz}(x)=x\boldsymbol{e}_x+$

$0\boldsymbol{e}_y + z(x)\boldsymbol{e}_z$，如图 5.43 所示，相应的外荷载也做相应的投影变换。给定某 x 坐标值，相应的 y、z 坐标值可以分别在 xoy 平面、xoz 平面内求得，这样三维空间曲线的形态生成问题实现了降维，变成二维平面曲线的形态生成问题。这就表明理想柔索空间曲线参数方程中未知的 $y(x)$、$z(x)$ 函数可以在 xoy 二维平面、xoz 二维平面内分别求解，控制方程没有混合导数，这也意味着没有耦合项。

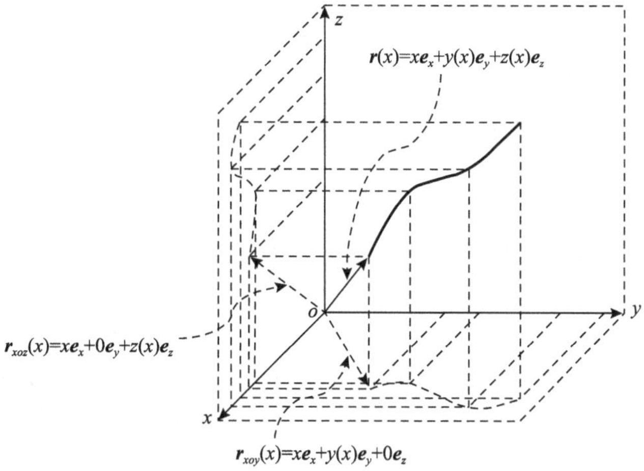

图 5.43　空间曲线的两个投影平面

讨论 4：连续下料环索的索夹滑移问题。

式(5.177)是假设只有沿 x 轴分布的竖向荷载，这符合空腹索桁架和张弦体系等平面曲线理想柔索的实际情况，但一般情况下对于空间曲线理想柔索，这个假设并不成立。注意到空间曲线环索在实际工程中各个相邻索段的索力沿弧长变化不宜太大，最好相等，即 $f_3(s)=0$ 或尽量小，否则连续下料并穿过节点的空间曲线环索设计时将存在索夹滑移问题。

① $f_3(s)=0$ 的情况。由式(5.175)得到

$$\begin{cases}\partial F_3/\partial s + f_3(s)=0\\ f_3(s)=0\end{cases} \Rightarrow \begin{cases}\dfrac{\partial F_3}{\partial s} = -f_3(s)=0\\ \dfrac{\partial F_3}{\partial s} = \dfrac{\partial F_3}{\partial x}\dfrac{\partial x}{\partial s}\end{cases} \Rightarrow \frac{\partial F_3}{\partial x}=0 \text{或} \frac{\partial x}{\partial s}=0 \Rightarrow F_3 = c \text{或} x=c \tag{5.185}$$

其中，c 为常数。

$$F_x = F_T\frac{\partial x}{\partial s} = F_3\frac{\partial x}{\partial s} \Rightarrow F_x\frac{\partial x}{\partial s} = F_3 = c \Rightarrow F_x\frac{\partial x}{\partial s} = c \tag{5.186}$$

式(5.184)的第一式应由式(5.186)代替。如果 $f_1(s)$ 已知，也可采用式(5.175)直接求得曲率，从而知道了该空间曲线的形状。此外，实际组合空间结构设计时，空间曲线环索的 x、y 坐标有可能受上部网格结构的限制，有时希望 x、y 坐标不要改变，压杆保持竖直，但 y 坐标需满足式(5.184)第二式，否则可能无解。

此外，$F_3=c, f_2(s)=f_3(s)=0, \theta(s)=0 \Rightarrow \kappa=-f_1(s)/c$，如果空间曲线沿弧长分布的主法线方向的荷载 $f_1(s)$ 为常数，则空间曲线的曲率 κ 处处相等，即等曲率曲线，如平面圆曲线。

② $f_3(s)\neq 0$ 的情况。由式(5.175)可知，理想柔索横截面上的轴力随弧长而变化并对其空间曲线形状产生影响。如果环索连续下料，则索夹滑移问题不可避免。

讨论 5：本节关于平面和空间单索曲线形态生成问题分析并没有看到预应力的影子，只是横截面内力与外荷载的空间平衡关系。这些方程只是为了求解体系与外荷载平衡所需要的平面或空间曲线形状和索力，这样索力看上去是外荷载引起的，而不是与外荷载无关的自平衡应/内力，这如何解释？第Ⅲ类形态生成问题与荷载分析问题有何区别和联系？

解释如下：

①在进行组合空间结构下部索杆体系设计时，如果单独把环索作为隔离体，那么与之相连的压杆和径向索均被截断，它们的内力就被当成了外荷载，这样通过取隔离体进行局部分析，从而将自平衡体系的第Ⅲ类形态生成问题转化为荷载作用下的平衡形状确定问题，这也是形态生成问题和荷载分析问题之间的联系。二者的区别在于第Ⅲ类形态生成问题是为了寻找具有一定的空间刚度(可承受任意荷载或指定荷载)、可施加一定水平预应力的平衡且稳定的体系几何形状，而荷载分析是为了获取体系因承载而发生几何形状的改变和构件内力增量。

②令式(5.175)中的外荷载项等于零，即 $f_i=0(i=1,2,3)$，则由第一式可得 $qF_3=0\Rightarrow q=0$ 或 $F_3=0$，由式(5.175)的第三式求得 $F_3=c$，表明式(5.175)的齐次方程对应解空间是非零轴力直线(注意，轴力的大小仍然未知)或零轴力曲线，而式(5.175)平衡方程组的齐次解对应微元的自平衡状态。因此，对局部的单根空间曲线柔索讨论自应力是没有意义的，因为曲率不等于零，无外荷载的平衡状态要求索力为零且没有稳定的形状几何。例如，静止海水中的海带，若浮力始终等于其自重，那么海带在水中的几何形状是任意的、自由的。

③非零外荷载作用下单根理想柔索空间曲线的形状几何和轴力由外荷载和下料长度(无应力长度或索段原长——悬链线索单元的唯一待定参数)确定，说明实际的单根空间曲线理想柔索内力不能由平衡方程唯一确定，静不定次数等于 1，并且单根空间曲线柔索只有在外荷载作用下才可能有稳定的形状几何和非零轴力。

④式(5.175)描述的是理想柔索的局部平衡性质而非索结构的整体，理论上单根空间曲线理想柔索可通过改变下料长度或垂度提供 0～∞任意大小的索力(单位弧长的自重不变)，这一局部索力从体系整体角度看参与其端节点的平衡，如果两端节点处外荷载为零，而索力不等于零且端节点保持平衡，则从体系整体而言是自应力。一般而言，这一局部索力还需平衡掉节点处的非零外荷载，同时具有荷载内力和自应力的性质。因此，自应力的概念是从体系整体角度对局部单根空间曲线理想柔索索力的一种认定，从局部角度看单索索力只是与其自重平衡的荷载内力。

⑤如图 5.44 所示，取单根平面或空间曲线索为隔离体，采用简化模型以节点集中荷载方式近似考虑索体自重，隔离体本身在二维空间或三维空间中单元数 b 大于 1 的情况

下计算自由度数均大于等于 0(表 5.11)，看上去是静定动定体系或静定动不定体系。这是想当然的、错误的。而将非封闭的理想曲线柔索看成一维空间体系，无论索段数目多少，仅存在 1 个轴向多余约束。其实，空间曲线在自然坐标系描述下就是一维的，单直线索段单根索、多直线索段组成的单根索均为 1 次静不定体系。例如，索道可看成一维运动的、单根多直线索段的空间曲线索，滑轮支承处只有竖向约束。表 5.11 在二维空间或三维空间中计算自由度数之所以大于零是因为单索是动不定体系，计算自由度数随着单元数的增加而增加是网格划分或离散逼近的原因，若从连续化的角度而言，实际上是无穷多。因此，单根空间曲线理想柔索是静不定动不定体系，静不定次数等于 1，动不定次数等于无穷。

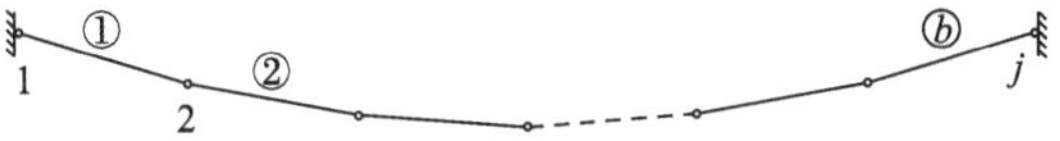

图 5.44　多段理想柔索曲线

表 5.11　计算自由度数

j	b	支座数 k	三维 $3j-b-k$	二维 $2j-b-k$	一维 $j-b-k$	备注
2	1	2	2×3−1−2×3=−1	2×2−1−2×2=−1	2×1−1−2×1=−1	
3	2	2	3×3−2−2×3=1	3×2−2−2×2=0	3×1−2−2×1=−1	
4	3	2	4×3−3−2×3=3	4×2−3−2×2=1	4×1−3−2×1=−1	
5	4	2	5×3−4−2×3=5	5×2−4−2×2=2	5×1−4−2×1=−1	
⋮	⋮	⋮	⋮	⋮	−1	

采用连续化或近似连续化分析方法揭示隐藏在实际工程问题中的客观力学规律，主要目的是借助数学语言获取概念性的理论认识。本节将平面曲线径向索和空间曲线环索的第Ⅲ类形态生成问题单独分开讨论的意义也在于此。整体包含局部，局部组成整体。既要“看山不是山，看水不是水”般洞悉局部，也要“看山还是山，看水还是水”般纵览全局。

注：这里理想柔索的理论假定使空间曲线索第Ⅲ类形态生成问题的连续化分析大大简化，实际的结构工程用索有一定的弯剪扭刚度，精细化的分析宜采用大位移、大变形和大应变弹性空间曲线梁理论，例如，空间曲线理想柔索理论无法清楚地解释大扭角捻制钢绞线拉索的跳丝、疲劳、破断等现象。满足工程要求进行合理的力学简化无可厚非，但是空间曲线梁的空间平衡关系(平衡方程)、变形与位移的关系(相容方程)和空间曲线梁的截面内力与变形的关系(本构关系)方面的解析理论至今仍存在缺陷和争议，不得不说是令人遗憾的。如横截面内力、横截面转角等材料力学概念也由于翘曲现象的存在而不真实，换言之，采用横截面内力、横截面转角等宏观的弹性力学描述在这里碰到困难，是否可以引入横截面曲面内力、横截曲面转角，还是转向微观的点的运动描述，这是一个值得思考的问题。例如，等参元只是对点的应力和应变的描述，体系能量则是通过应力场和位移场等的插值描述进行三维积分，如果积分能给出显式，则与弹性力学的宏观描述是一致的。如果采用平面积分，则得到横截面内力、横截面转角等宏观力学参数，如果采用曲面积分呢？曲线梁的宏观力学描述或许可以尝试这一思路来进行简化，这里不再深入讨论。

例题 5.18 平面圆曲线理想柔索。假设参数方程为 $x=R\cos\theta, y=R\sin\theta, z=0$，索力 $F_3=\lambda$ 为常数，试采用空间曲线理想柔索理论求分别沿 x、y 方向的分布荷载 q_x、q_y，并验证式(5.175)和式(5.184)的正确性。

解：$x=R\cos\theta, y=R\sin\theta, z=0 \Rightarrow \dfrac{\partial \boldsymbol{r}}{\partial\theta}=-R\sin\theta\boldsymbol{e}_x+R\cos\theta\boldsymbol{e}_y+0\boldsymbol{e}_z$，$\dfrac{\partial^2\boldsymbol{r}}{\partial\theta^2}=-R\cos\theta\boldsymbol{e}_x-R\sin\theta\boldsymbol{e}_y+0\boldsymbol{e}_z$，将其代入式(5.178)，得到

$$\frac{\partial \boldsymbol{r}}{\partial\theta}\times\frac{\partial^2\boldsymbol{r}}{\partial\theta^2}=\begin{vmatrix}\boldsymbol{e}_x & \boldsymbol{e}_y & \boldsymbol{e}_z\\ -R\sin\theta & R\cos\theta & 0\\ -R\cos\theta & -R\sin\theta & 0\end{vmatrix}=R^2\boldsymbol{e}_z\Rightarrow\kappa=\left\|R^2\boldsymbol{e}_z\right\|\Big/\left\|-R\sin\theta\boldsymbol{e}_x+R\cos\theta\boldsymbol{e}_y+0\boldsymbol{e}_z\right\|^3=R^2/R^3=1/R$$

由式(5.181)可知

$$F_x=F_3\frac{\partial x}{\partial s}=\lambda\frac{\partial x/\partial\theta}{\partial s/\partial\theta}=\lambda\frac{-R\sin\theta}{R}=-\lambda\sin\theta,\quad q_x=-\frac{\partial F_x}{\partial x}=-\frac{\partial F_x/\partial\theta}{\partial x/\partial\theta}=\frac{\lambda\cos\theta}{-R\sin\theta}=-\frac{\lambda}{R}\cot\theta$$

同理可得

$$F_y=F_3\frac{\partial y}{\partial s}=\lambda\frac{\partial y/\partial\theta}{\partial s/\partial\theta}=\lambda\frac{R\cos\theta}{R}=\lambda\cos\theta,\quad q_y=-\frac{\partial F_y}{\partial y}=-\frac{\partial F_y/\partial\theta}{\partial y/\partial\theta}=\frac{\lambda\sin\theta}{R\cos\theta}=\frac{\lambda}{R}\tan\theta$$

检验：由式(5.175)得到 $f_1(s)=-qF_3=-\kappa\lambda=-\lambda/R$，即 $\boldsymbol{f}(s)=f_1(s)\boldsymbol{e}_1+f_2(s)\boldsymbol{e}_2+f_3(s)\boldsymbol{e}_3=-\lambda/R\,\boldsymbol{e}_1+0\boldsymbol{e}_2+0\boldsymbol{e}_3=-\lambda/R\,\boldsymbol{e}_1=-\lambda/R\,\boldsymbol{e}_N$，平面圆曲线承受沿主法线方向的均布荷载。下面再检验 q_x、q_y 是否与其一致。

由矢量加法的意义可知，$f_1(s)\Delta s\boldsymbol{e}_1=q_x\Delta x\boldsymbol{e}_x+q_y\Delta y\boldsymbol{e}_y\Rightarrow f_1(s)\boldsymbol{e}_1=q_x\dfrac{\partial x}{\partial s}\boldsymbol{e}_x+q_y\dfrac{\partial y}{\partial s}\boldsymbol{e}_y=-q_x\sin\theta\boldsymbol{e}_x+q_y\cos\theta\boldsymbol{e}_y$ 应成立，下面展开该式右端项，即

$$q_x\frac{\partial x}{\partial s}\boldsymbol{e}_x+q_y\frac{\partial y}{\partial s}\boldsymbol{e}_y=-q_x\sin\theta\boldsymbol{e}_x+q_y\cos\theta\boldsymbol{e}_y=\frac{\lambda}{R}\cos\theta\boldsymbol{e}_x+\frac{\lambda}{R}\sin\theta\boldsymbol{e}_y$$

得到

$\left\|f_1(s)\boldsymbol{e}_1\right\|=\dfrac{\lambda}{R}\sqrt{\cos^2\theta+\sin^2\theta}=\dfrac{\lambda}{R}$，这与式(5.175)得到的结果相同。

此外，$\displaystyle\int_0^{\pi}f_1(s)\mathrm{d}s\sin\theta=\int_0^{\pi}\frac{-\lambda}{R}\sin\theta\mathrm{d}s=\int_0^{\pi}\frac{-\lambda}{R}\sin\theta R\mathrm{d}\theta=\lambda\cos\theta\Big|_0^{\pi}=-2\lambda=-2F_3$，这与利用对称性取半圆为隔离体求得的索力相等。

将 F_x、x、y、q_x、q_y 的参数形式代入式(5.184)得

$$\frac{\partial F_x}{\partial x}=\frac{\partial F_x}{\partial\theta}\frac{\partial\theta}{\partial x}=\frac{-\lambda\cos\theta}{-R\sin\theta}=\frac{\lambda}{R}\cot\theta=-q_x(\theta)\Rightarrow\frac{\partial F_x}{\partial x}+q_x=0$$

$$\frac{\partial y}{\partial x}=\frac{\partial y}{\partial\theta}\frac{\partial\theta}{\partial x}=\frac{R\cos\theta}{-R\sin\theta}=-\cot\theta,\quad \frac{\partial}{\partial x}\left(\frac{\partial y}{\partial x}\right)=\frac{\partial\left(\dfrac{\partial y}{\partial x}\right)}{\partial\theta}\frac{\partial\theta}{\partial x}=-\frac{1}{R\sin\theta}\csc^2\theta=-\frac{1}{R}\csc^3\theta$$

$$F_x\frac{\partial^2 y}{\partial x^2}+\left(q_y-q_x\right)\frac{\partial y}{\partial x}=-\lambda\sin\theta\times\left(-\frac{1}{R}\csc^3\theta\right)-\left(-\frac{\lambda}{R}\cot\theta\right)\times(-\cot\theta)+\left(\frac{\lambda}{R}\tan\theta\right)\times(-\cot\theta)=0$$

式(5.184)第一式和第二式成立，第三式由于 $z=0 \Rightarrow \partial z/\partial x=0, \partial^2 z/\partial x^2=0$ 也成立。

例题 5.18 主要是为了检验公式推导的正确性，实际组合空间结构下部索杆体系的环索一般情况下是平面圆形或平面椭圆形的马鞍状封闭曲线，如参数方程 $x=a\cos\theta, y=b\sin\theta, z=c$ 或 $x=a\cos\theta, y=b\sin\theta, z=c\sin 2\theta$，设计时可根据已知荷载的分布形式选择式(5.175)或式(5.184)进行求解。此外，三维空间曲线的可视化可采用 AutoCAD 等图形软件或 MATLAB 中 ezplot3 函数给出。

此外，实际索穹顶、索网和索桁架等工程中还存在刚性边界，如受压环梁(宽扁梁或平放的钢桁架，主要提供水平刚度)的空间曲线形态生成问题，拉与压是矛盾的共同体，这个问题不可以忽略也不应当被忽略，可以将其看成空间曲线理想柔软压索(与理想柔软拉索相对应)的第Ⅲ类形态生成问题，采用式(5.175)进行分析。从这个意义上讲，索穹顶、索网和索桁架等体系均是组合空间结构，应符合组合空间结构的设计原则：①在常态荷载(设计预应力和重力荷载)作用下，环梁横截面内力应以承受轴向压力为主，局部弯矩为次；轴向力矩即扭矩为零；水平整体弯矩为零，如该工况下环梁各节点的平面位移或变形不出现整体反弯点。②刚性体系和柔性体系均存在第Ⅲ类形态生成问题，需协同分析或分开考虑。③在建筑设计几何允许改变的情况下，应以柔性体系的第Ⅲ类形态生成问题为主，刚性体系的第Ⅲ类形态生成问题为次。若刚性体系设计几何不可改变，则应先计算环梁中轴线的主法线方向曲率，然后假定环梁轴向压力处处相等且初值为 $F_3(s)$，再由式(5.175)的第一式求环梁主法线方向锚固力的大小 $f_1(s)$，最后以此作为支座反力条件单独对柔性体系进行第Ⅲ类形态生成问题分析，经多次试算并优化调整柔性体系的拓扑几何、形状几何和设计预应力。

讨论 6：单根平面曲线理想柔索的第Ⅲ类形态生成问题中若添加垂度值或已知曲线上任意一点的竖向坐标，曲线的函数表达式中唯一待定参数就可以求出，索力及索段原长等亦可得到，但多榀平面曲线理想柔索共同工作的情况，如空间张弦体系或索桁式弦支体系的径向索，将无法合理地指定每一榀径向索的垂度，尤其在椭圆平面的情况下。空间曲线理想柔索的第Ⅲ类形状问题由式(5.175)这一客观条件可求得无数解，但也无法确定其最终的形状几何。如何在平面或空间曲线理想柔索的第Ⅲ类形状问题满足平衡条件的无数个解中选择?

注：结构工程师习惯在已知建筑设计几何上开始结构方案的构思，拙劣的建筑设计往往束缚了结构设计的自由，泾渭分明的专业划分人为割裂了建筑和结构的统一关系。物体的运动是客观的、绝对的，但物体运动的描述必须是相对的，必须设定参照物即坐标系，理论上采用局部相对坐标间接描述和直接采用整体绝对坐标描述是等价的，但应注意二者视角不同，对应物体运动分析的侧重点不同。由于这些主、客观方面的原因，空间或平面理想柔索的第Ⅲ类形态生成问题以及下一节空间曲面薄膜的第Ⅲ类形态生成问题的完整描述和基础理论长期以来难有突破，亦困扰了本书作者多年。

若可以采用多变量的广义势能泛函作为第Ⅲ类形态生成问题的构造泛函，该泛函涉及的物理场包括单元应力场、单元应变场、外荷载矢量场、节点坐标矢量场和节点位移矢量场共五个物理场，其中节点坐标矢量场是待求物理场，节点位移矢量场未知但有范数限制值可用(如正常使用极限状态的挠度限值等)。平衡条件和应力刚化条件(如式(5.29a)和式(5.29b))的推导是假定单元应力矢量场和外荷载矢量场的变分等于零，但单元应力矢量场并不等于零且外荷载矢量场一般也不等于零。显然，第Ⅲ类形态生成问题是典型的多物理场耦合问题，每一类物理场和各类物理场之间遵循客观的自然规律。

若假定单元应力矢量场和外荷载矢量场已知，则是第Ⅰ类形态生成问题，即单纯找形分析。然而，仅假定单元应力矢量场无法进行单纯找形分析的完整求解，忽略外荷载矢量场导致的后果则是体系形状几何不适应某些工况特别是控制工况；若假定节点坐标矢量场和节点位移矢量场已知，则是第Ⅱ类形态生成问题，即单纯找力分析，但是仅假定节点坐标矢量场同样无法进行单纯找力分析问题的完整求解，忽略节点位移矢量场只能确定预应力的可能分布而无法合理地确定预应力的大小；第Ⅲ类形态生成问题可看成第Ⅰ类形态生成问题和第Ⅱ类形态生成问题的组合，是更为一般的形态生成问题。

综上，机械地套用结构荷载分析问题的求解思路来解决第Ⅲ类形态生成问题中的曲线问题碰到了困难，错误的认识才会导致窘迫的手段，例如，与结构荷载分析问题不同，形态生成问题中材料的用量、种类和分布等也是未知的，多个独立的矢量场以及自由的边界已经超出了固体力学变分原理的适用范围。平面或空间曲线理想柔索的第Ⅲ类形态生成问题满足平衡条件出现多解的情况，也从侧面反映了我们对形态生成问题的本质缺乏了解。

2)曲面问题：单层索网结构、张拉或充气膜结构等空间曲面第Ⅲ类形态生成问题

第Ⅲ类形态生成问题主要是弥补第Ⅰ类形态生成问题中设计预应力分布不可调整的缺陷和第Ⅱ类形态生成问题中形状几何已知从而无法改变的不足，使预应力体系的初状态几何能够更好地适应外部荷载或作用，例如，在外部荷载或作用下的应力增量或节点坐标增量能够尽量均匀且不发生不可接受的突变。自内力矢量的长度或1范数(自内力水平)是个单一的标量参数，需由设计人员根据体系力学性能、建筑要求和经济成本等综合确定。从结构设计的自由程度而言，第Ⅲ类形态生成问题要求建筑设计几何可以有些改变，从而实现建筑设计和结构设计的统一。

注意到单层索网曲面、织物膜曲面的简化力学模型就是壳体力学中的薄膜，薄膜物理中当固体或液体的一维线性尺度远小于它的其他二维尺度时称为膜。壳体的薄膜或无矩理论[75]认为，在某些边界条件下薄膜内力完全可以仅由静力平衡条件确定，这为空间曲面的第Ⅲ类形态生成问题的连续求解提供了思路。然而，经典壳体力学如果直接引用微分几何中曲线和曲面的研究成果而不给出解释，就会割裂数学和力学之间的紧密联系，也会妨碍结构工程师对工程曲线和曲面的深入认识。例如，至少存在如下几个想当然就可以忽略的基本问题：

①空间曲线参数方程为什么只有一个独立参数，空间曲面参数方程为什么只有两个独立参数。

分析：平面内的一条直线或曲线上任意一点有两个坐标，如x_2、x_1，经过观察或测量知道$x_2=x_2(x_1)$，因此直线和平面曲线上任意一点的x_2、x_1是有关联的，确定了x_1也就确定了该点的位置，直线和平面曲线都是一维的。而平面曲线可以看成空间曲线在平面内的投影，假设平面投影变换为M，则M是线性变换，因此空间曲线上任意一点P与

其平面投影曲线上的点 $P'=M(P)$ 是一一对应的。平面曲线是一维的，因此空间曲线也是一维的。本质上空间曲线上任意一点的坐标 x_1、x_2、x_3 中只有 1 个是独立的。同理，空间曲面经过平面投影变换后是一个平面，平面是二维的，因此空间曲面也只能是二维的。例如，柱面、锥面等可展曲面的展开过程实际上是由纯弯曲状态变为无弯曲状态，用数学语言来描述，展开是等距变换，等距变换是线性变换，可展曲面和平面是一一对应的。

②为什么需要在空间曲面上任意一点建立坐标系?

分析：物体运动和静止均相对于一定的参照物，这个参照物就是数学和力学中的坐标系，因此要描述物体的运动状态就必须建立合适的坐标系。按照坐标系的几何特征可分为直线坐标系和曲线坐标系、整体坐标系和局部坐标系、正交坐标系和非正交坐标系等。其中，整体坐标系一般用于描述物体运动的整体特征，局部坐标系用于描述物体运动的局部特征。

③空间曲线上任意一点可以建立正交的自然坐标系，那么空间曲面上任意一点是否可以建立或存在正交的坐标系?

分析：①过曲面上任意一点有无数条不同的曲线。基本的几何元素为点、线、面、体，线、面和体均可以看成点的集合，面和体均可以看成线的集合，体可以看成面的集合。同时，线可以看成线段的集合，面可以看成面片的集合，体可以看成块体的集合。基于这样的认识，在微分几何[68,69]中曲面实际上是被当成相互独立的两类曲线的集合，这和曲面参数方程中只有两个独立的参数相一致，即假定其中一个参数不变情况下，曲面的参数方程就退化为单参数空间曲线方程。②结构工程师在学习微分几何之前宜了解一下矢量分析和场论[76]，标量只有大小，矢量不仅有大小还有方向。将曲面上任意一点看成相对于坐标原点(参照物)运动物体的空间位置，对应从整体坐标系原点出发的一个矢量，因此局部微分几何主要是搞清楚这一矢量变化的(一阶、二阶或高阶)微分性质。③基于矢量分析的微分几何与高等数学中讲述的微积分不同的地方在于多了方向的问题，如曲面的正面和反面等，于是有了外微分的定义。然而，外微分这一更为严谨的数学符号对大部分结构工程师而言是陌生的。④曲面的局部性质通俗地讲是指曲面上任意一点的邻域的性质，文献[68]介绍了曲面的基本形式、曲率，给出了平均曲率和高斯曲率，并且证明了最大法曲率和最小法曲率所在的曲线正交，这样加上曲面在该点的法线方向，曲面上任意一点就可以建立正交坐标系。下面重新证明这部分内容，熟悉微分几何的读者可以略过。

注：①空间曲面上任意一点可建立正交坐标系的证明。如图 5.45 所示，假定曲面可微，曲面上任意一点相对整体坐标系原点的矢量为 $\boldsymbol{p}(u,v)$，其中 u、v 为独立参数。$\boldsymbol{p}(u,v)$ 为一矢量函数。求 $\boldsymbol{p}(u,v)$ 的全微分，得到

$$\mathrm{d}\boldsymbol{p}(u,v)=\frac{\partial \boldsymbol{p}}{\partial u}\mathrm{d}u+\frac{\partial \boldsymbol{p}}{\partial v}\mathrm{d}v=\boldsymbol{p}_{,u}\mathrm{d}u+\boldsymbol{p}_{,v}\mathrm{d}v \tag{5.187}$$

同时，由上述分析可知，将曲面看成由两类独立空间曲线组成，如 u 曲线(v 为定值)和 v 曲线(u 为定值)，则 $\boldsymbol{p}_{,u}$ 为 u 曲线在该点的切线矢量，$\boldsymbol{p}_{,v}$ 为 v 曲线在该点的切线矢量，经过曲面上该点的切平面

可以由 $\boldsymbol{p}_{,u}$ 和 $\boldsymbol{p}_{,v}$ 张成，注意 $\boldsymbol{p}_{,u}$ 和 $\boldsymbol{p}_{,v}$ 不一定正交。直观上，曲面在该点存在单位法向矢量(引入曲面曲率后称为法曲率矢量)，即

$$\boldsymbol{e}=\frac{\boldsymbol{p}_{,u}\times\boldsymbol{p}_{,v}}{\left\|\boldsymbol{p}_{,u}\times\boldsymbol{p}_{,v}\right\|}\tag{5.188}$$

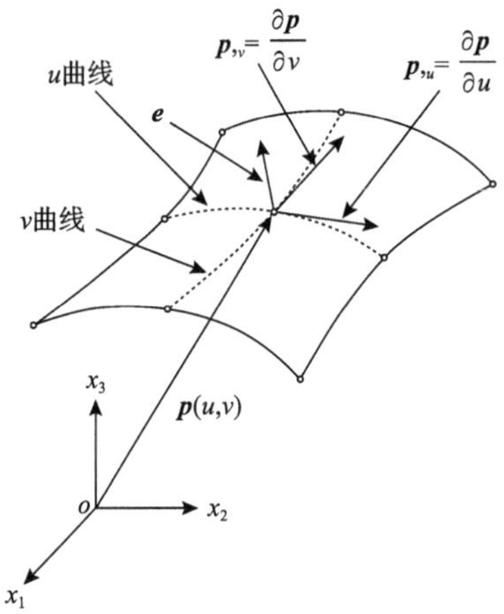

图 5.45　曲面上任意一点的矢量分析

式(5.188)中的单位法向矢量是否唯一？曲面参数方程中独立参数 u 、v 可以有无数组，即过曲面上任意一点有无数对相交的空间曲线。假设另外一对独立参数为 α 、β ，记 $\alpha=\alpha(u,v)$ 、$\beta=\beta(u,v)$ ，注意 α 曲线(β 为定值)和 β 曲线(α 为定值)表示过该点的任意一对空间曲线。首先，由高等数学中求导链式法则得到微分变换为

$$\mathrm{d}\alpha=\frac{\partial\alpha}{\partial u}\mathrm{d}u+\frac{\partial\alpha}{\partial v}\mathrm{d}v,\quad \mathrm{d}\beta=\frac{\partial\beta}{\partial u}\mathrm{d}u+\frac{\partial\beta}{\partial v}\mathrm{d}v\Rightarrow\begin{pmatrix}\mathrm{d}\alpha\\\mathrm{d}\beta\end{pmatrix}=\begin{bmatrix}\frac{\partial\alpha}{\partial u}&\frac{\partial\alpha}{\partial v}\\\frac{\partial\beta}{\partial u}&\frac{\partial\beta}{\partial v}\end{bmatrix}\begin{pmatrix}\mathrm{d}u\\\mathrm{d}v\end{pmatrix}\Rightarrow\begin{pmatrix}\mathrm{d}\alpha\\\mathrm{d}\beta\end{pmatrix}=\boldsymbol{J}\begin{pmatrix}\mathrm{d}u\\\mathrm{d}v\end{pmatrix}\tag{5.189}$$

其中，$\boldsymbol{J}=\begin{bmatrix}\frac{\partial\alpha}{\partial u}&\frac{\partial\alpha}{\partial v}\\\frac{\partial\beta}{\partial u}&\frac{\partial\beta}{\partial v}\end{bmatrix}$，称为雅可比矩阵。

反之，可求雅可比矩阵的逆矩阵

$$\boldsymbol{J}^{-1}=\begin{bmatrix}\frac{\partial u}{\partial\alpha}&\frac{\partial u}{\partial\beta}\\\frac{\partial v}{\partial\alpha}&\frac{\partial v}{\partial\beta}\end{bmatrix}$$

则

$$JJ^{-1}=J^{-1}J=I\Rightarrow JJ^{-1}=\begin{bmatrix}\frac{\partial\alpha}{\partial u}\frac{\partial u}{\partial\alpha}+\frac{\partial\alpha}{\partial v}\frac{\partial v}{\partial\alpha} & \frac{\partial\alpha}{\partial u}\frac{\partial u}{\partial\beta}+\frac{\partial\alpha}{\partial v}\frac{\partial v}{\partial\beta}\\ \frac{\partial\beta}{\partial u}\frac{\partial u}{\partial\alpha}+\frac{\partial\beta}{\partial v}\frac{\partial v}{\partial\alpha} & \frac{\partial\beta}{\partial u}\frac{\partial u}{\partial\beta}+\frac{\partial\beta}{\partial v}\frac{\partial v}{\partial\beta}\end{bmatrix}=\begin{bmatrix}1 & 0\\ 0 & 1\end{bmatrix}\Rightarrow\begin{cases}\frac{\partial\alpha}{\partial u}\frac{\partial u}{\partial\alpha}+\frac{\partial\alpha}{\partial v}\frac{\partial v}{\partial\alpha}=1\\ \frac{\partial\alpha}{\partial u}\frac{\partial u}{\partial\beta}+\frac{\partial\alpha}{\partial v}\frac{\partial v}{\partial\beta}=0\\ \frac{\partial\beta}{\partial u}\frac{\partial u}{\partial\alpha}+\frac{\partial\beta}{\partial v}\frac{\partial v}{\partial\alpha}=0\\ \frac{\partial\beta}{\partial u}\frac{\partial u}{\partial\beta}+\frac{\partial\beta}{\partial v}\frac{\partial v}{\partial\beta}=1\end{cases}$$

注意，$\frac{\partial\alpha}{\partial u}\frac{\partial u}{\partial\alpha}\neq 1$，这是因为偏微分不是全微分，例如，$\alpha=u+v$，$\beta=2u+v\Rightarrow u=-\alpha+\beta$，$v=2\alpha-\beta\Rightarrow\frac{\partial\alpha}{\partial u}=1$，$\frac{\partial u}{\partial\alpha}=-1\Rightarrow\frac{\partial\alpha}{\partial u}\frac{\partial u}{\partial\alpha}=-1$。

雅可比矩阵未必是方阵，也可以是 $m\times n$ 矩阵。雅可比矩阵是一阶近似，而由泰勒公式知道，可微函数可能存在二阶或其他高阶近似，如当需要二阶近似时要用到黑塞(Hessian)矩阵。

其次，由矢量的客观性 $\boldsymbol{p}(u,v)=\boldsymbol{p}(\alpha,\beta)$，得到

$$\mathrm{d}\boldsymbol{p}(u,v)=\mathrm{d}\boldsymbol{p}(\alpha,\beta)\Rightarrow\frac{\partial\boldsymbol{p}}{\partial u}\mathrm{d}u+\frac{\partial\boldsymbol{p}}{\partial v}\mathrm{d}v=\frac{\partial\boldsymbol{p}}{\partial\alpha}\mathrm{d}\alpha+\frac{\partial\boldsymbol{p}}{\partial\beta}\mathrm{d}\beta$$

经过雅可比变换，得到

$$\frac{\partial\boldsymbol{p}}{\partial u}\mathrm{d}u+\frac{\partial\boldsymbol{p}}{\partial v}\mathrm{d}v=\frac{\partial\boldsymbol{p}}{\partial u}\left(\frac{\partial u}{\partial\alpha}\mathrm{d}\alpha+\frac{\partial u}{\partial\beta}\mathrm{d}\beta\right)+\frac{\partial\boldsymbol{p}}{\partial v}\left(\frac{\partial v}{\partial\alpha}\mathrm{d}\alpha+\frac{\partial v}{\partial\beta}\mathrm{d}\beta\right)=\left(\frac{\partial\boldsymbol{p}}{\partial u}\frac{\partial u}{\partial\alpha}+\frac{\partial\boldsymbol{p}}{\partial v}\frac{\partial v}{\partial\alpha}\right)\mathrm{d}\alpha+\left(\frac{\partial\boldsymbol{p}}{\partial u}\frac{\partial u}{\partial\beta}+\frac{\partial\boldsymbol{p}}{\partial v}\frac{\partial v}{\partial\beta}\right)\mathrm{d}\beta$$

$$\Rightarrow\frac{\partial\boldsymbol{p}}{\partial\alpha}=\frac{\partial\boldsymbol{p}}{\partial u}\frac{\partial u}{\partial\alpha}+\frac{\partial\boldsymbol{p}}{\partial v}\frac{\partial v}{\partial\alpha},\quad\frac{\partial\boldsymbol{p}}{\partial\beta}=\frac{\partial\boldsymbol{p}}{\partial u}\frac{\partial u}{\partial\beta}+\frac{\partial\boldsymbol{p}}{\partial v}\frac{\partial v}{\partial\beta}$$

$$\begin{aligned}\boldsymbol{p}_{,\alpha}\times\boldsymbol{p}_{,\beta}&=\left(\frac{\partial\boldsymbol{p}}{\partial u}\frac{\partial u}{\partial\alpha}+\frac{\partial\boldsymbol{p}}{\partial v}\frac{\partial v}{\partial\alpha}\right)\times\left(\frac{\partial\boldsymbol{p}}{\partial u}\frac{\partial u}{\partial\beta}+\frac{\partial\boldsymbol{p}}{\partial v}\frac{\partial v}{\partial\beta}\right)=\frac{\partial\boldsymbol{p}}{\partial u}\frac{\partial u}{\partial\alpha}\times\frac{\partial\boldsymbol{p}}{\partial v}\frac{\partial v}{\partial\beta}+\frac{\partial\boldsymbol{p}}{\partial v}\frac{\partial v}{\partial\alpha}\times\frac{\partial\boldsymbol{p}}{\partial u}\frac{\partial u}{\partial\beta}\\&=\left(\frac{\partial u}{\partial\alpha}\frac{\partial v}{\partial\beta}-\frac{\partial u}{\partial\beta}\frac{\partial v}{\partial\alpha}\right)\frac{\partial\boldsymbol{p}}{\partial u}\times\frac{\partial\boldsymbol{p}}{\partial v}\end{aligned}$$

令标量 $\lambda=\frac{\partial u}{\partial\alpha}\frac{\partial v}{\partial\beta}-\frac{\partial u}{\partial\beta}\frac{\partial v}{\partial\alpha}\Rightarrow\boldsymbol{p}_{,\alpha}\times\boldsymbol{p}_{,\beta}=\lambda\left(\boldsymbol{p}_{,u}\times\boldsymbol{p}_{,v}\right)\Rightarrow\frac{\boldsymbol{p}_{,\alpha}\times\boldsymbol{p}_{,\beta}}{\left\|\boldsymbol{p}_{,\alpha}\times\boldsymbol{p}_{,\beta}\right\|}=\frac{\lambda\left(\boldsymbol{p}_{,u}\times\boldsymbol{p}_{,v}\right)}{\left\|\lambda\left(\boldsymbol{p}_{,u}\times\boldsymbol{p}_{,v}\right)\right\|}=\frac{\boldsymbol{p}_{,u}\times\boldsymbol{p}_{,v}}{\left\|\boldsymbol{p}_{,u}\times\boldsymbol{p}_{,v}\right\|}=\boldsymbol{e}$，由 α、β 的任意性，说明过曲面上任意一点的单位法向矢量是唯一的。同时，$\boldsymbol{p}_{,u}$、$\boldsymbol{p}_{,v}$、$\boldsymbol{p}_{,\alpha}$、$\boldsymbol{p}_{,\beta}$ 也必定在一个平面内，称为曲面上一点的切平面，这个切平面是唯一的。切平面上存在并可以任意指定一对正交的直线作为另外两条坐标轴，这一对正交的直线是过曲面上该点的两条空间曲线的切线。因此，在曲面上任意一点可以建立正交坐标系。由于坐标轴不全是直线，称为正交曲线坐标系。证毕。

高等数学教材中关于曲面上一点的法向量的推导采用标量函数，没有用到矢量分析且仅采用一条空间曲线。其过程如下：假设曲面方程为 $F(x,y,z)=0$，过曲面上一点的任意一条空间曲线的参数方程为 $x=x(t)$；$y=y(t)$；$z=z(t)$，则由隐函数求导链式法则可知，$\frac{\partial F}{\partial x}\frac{\partial x}{\partial t}+\frac{\partial F}{\partial y}\frac{\partial y}{\partial t}+\frac{\partial F}{\partial z}\frac{\partial z}{\partial t}=0\Rightarrow\left(\frac{\partial F}{\partial x}\quad\frac{\partial F}{\partial y}\quad\frac{\partial F}{\partial z}\right)\cdot\left(\frac{\partial x}{\partial t}\quad\frac{\partial y}{\partial t}\quad\frac{\partial z}{\partial t}\right)=0$，其中 $\left(\frac{\partial x}{\partial t}\quad\frac{\partial y}{\partial t}\quad\frac{\partial z}{\partial t}\right)$ 为这一空间曲线在该点的切矢量，由于其任意性，过曲面上一点存在法向矢量 $\left(\frac{\partial F}{\partial x}\quad\frac{\partial F}{\partial y}\quad\frac{\partial F}{\partial z}\right)$，并且该法向矢量所在的法线是唯一的。这个证明

要简单得多。

②微分几何[68]中证明了最大法曲率和最小法曲率所在曲线的切线方向在这两个法曲率不相等的情况下(相等的情况，如球面)是正交的。文献[68]中证明过程比较形象，但初学者并不容易理解。因此，重新证明如下。

曲面的基本形式：微分几何中为研究曲面的局部性质，定义曲面的基本形式Ⅰ、Ⅱ为

$$
\mathrm{I}=\mathrm{d}\boldsymbol{p}\cdot\mathrm{d}\boldsymbol{p}=E\mathrm{d}u\mathrm{d}u+2F\mathrm{d}u\mathrm{d}v+G\mathrm{d}v\mathrm{d}v \tag{5.190}
$$

其中，$E=\boldsymbol{p}_{,u}\cdot\boldsymbol{p}_{,u}$；$F=\boldsymbol{p}_{,u}\cdot\boldsymbol{p}_{,v}$；$G=\boldsymbol{p}_{,v}\cdot\boldsymbol{p}_{,v}$。

$$
\mathrm{II}=-\mathrm{d}\boldsymbol{p}\cdot\mathrm{d}\boldsymbol{e}=L\mathrm{d}u\mathrm{d}u+2M\mathrm{d}u\mathrm{d}v+N\mathrm{d}v\mathrm{d}v \tag{5.191}
$$

其中，$L=-\boldsymbol{p}_{,u}\cdot\boldsymbol{e}_{,u}$；$M=-\boldsymbol{p}_{,u}\cdot\boldsymbol{e}_{,v}=-\boldsymbol{p}_{,v}\cdot\boldsymbol{e}_{,u}=\boldsymbol{p}_{,uv}\cdot\boldsymbol{e}=\boldsymbol{p}_{,vu}\cdot\boldsymbol{e}$；$N=-\boldsymbol{p}_{,v}\cdot\boldsymbol{e}_{,v}$。

式(5.190)和式(5.191)定义曲面的基本形式有什么意义？至少初学微分几何看不出多少意义，就是一些数学符号而已。这个问题可以先放在一边。

曲面上的曲率：指的是过曲面上一点的空间曲线在该点的曲率。假设过曲面上一点 $\boldsymbol{p}(u_0,v_0)$ 的任意一条空间曲线，如 u 曲线，则其参数方程为 $\boldsymbol{p}(u,v_0)$，也可以表示为 $\boldsymbol{p}(u)$。而我们知道空间曲线如果取自然坐标即曲线的弧长为参数，曲率的公式最为简单，因此理论上 $\boldsymbol{p}(u)$ 也可以表示为 $\boldsymbol{p}(s)$，其中 s 为曲线的弧长。由 Frenet 公式可知，$\boldsymbol{e}_T=\boldsymbol{p}_{,s}$，$\boldsymbol{e}_{T,s}=\kappa\boldsymbol{e}_N=\boldsymbol{p}_{,ss}$，如果将 $\kappa\boldsymbol{e}_N$ 看成矢量 $\boldsymbol{\kappa}$，即 $\boldsymbol{\kappa}=\kappa\boldsymbol{e}_N$ 且 $\boldsymbol{e}_T\cdot\boldsymbol{\kappa}=0\Rightarrow\boldsymbol{\kappa}\perp\boldsymbol{e}_T$，那么 $\boldsymbol{\kappa}$ 沿着这一条空间曲线的主法线方向，但是任意一条空间曲线在曲面上这一点的主法线方向与曲面的法线方向 $\boldsymbol{e}$ 一般不重合，$\boldsymbol{\kappa}$ 可以由 $\boldsymbol{p}_{,u}$、$\boldsymbol{p}_{,v}$、$\boldsymbol{e}$ 线性表示。定义曲面上的法曲率 $\boldsymbol{\kappa}_n=(\boldsymbol{\kappa}\cdot\boldsymbol{e})\boldsymbol{e}=\kappa_n\boldsymbol{e}$，测地线曲率 $\boldsymbol{\kappa}_g$ 为 $\boldsymbol{\kappa}$ 在 $\boldsymbol{p}_{,u}$ 和 $\boldsymbol{p}_{,v}$ 确定的切平面内的投影，$\boldsymbol{\kappa}_g\perp\boldsymbol{e}\Rightarrow\boldsymbol{\kappa}_g\cdot\boldsymbol{e}=0$ 并且 $\boldsymbol{\kappa}=\boldsymbol{\kappa}_n+\boldsymbol{\kappa}_g$。

$$
\kappa_n=\kappa_n(\boldsymbol{e}\cdot\boldsymbol{e})=\kappa_n\boldsymbol{e}\cdot\boldsymbol{e}=(\boldsymbol{\kappa}-\boldsymbol{\kappa}_g)\cdot\boldsymbol{e}=(\boldsymbol{p}_{,ss}-\boldsymbol{\kappa}_g)\cdot\boldsymbol{e}=\boldsymbol{p}_{,ss}\cdot\boldsymbol{e}-\boldsymbol{\kappa}_g\cdot\boldsymbol{e}=\boldsymbol{p}_{,ss}\cdot\boldsymbol{e}-0=\boldsymbol{p}_{,ss}\cdot\boldsymbol{e}
$$

而 $\boldsymbol{p}_{,ss}\cdot\boldsymbol{e}=(\boldsymbol{p}_{,s}\cdot\boldsymbol{e})_{,s}-\boldsymbol{p}_{,s}\cdot\boldsymbol{e}_{,s}=0-\boldsymbol{p}_{,s}\cdot\boldsymbol{e}_{,s}=-\boldsymbol{p}_{,s}\cdot\boldsymbol{e}_{,s}$，因此，有

$$
\begin{aligned}
\kappa_n=-\boldsymbol{p}_{,s}\cdot\boldsymbol{e}_{,s}&=-\left(\frac{\partial\boldsymbol{p}}{\partial u}\frac{\mathrm{d}u}{\mathrm{d}s}+\frac{\partial\boldsymbol{p}}{\partial v}\frac{\mathrm{d}v}{\mathrm{d}s}\right)\cdot\left(\frac{\partial\boldsymbol{e}}{\partial u}\frac{\mathrm{d}u}{\mathrm{d}s}+\frac{\partial\boldsymbol{e}}{\partial v}\frac{\mathrm{d}v}{\mathrm{d}s}\right)\\
&=-\boldsymbol{p}_{,u}\cdot\boldsymbol{e}_{,u}\frac{\mathrm{d}u}{\mathrm{d}s}\frac{\mathrm{d}u}{\mathrm{d}s}-2\boldsymbol{p}_{,u}\cdot\boldsymbol{e}_{,v}\frac{\mathrm{d}u}{\mathrm{d}s}\frac{\mathrm{d}v}{\mathrm{d}s}-\boldsymbol{p}_{,v}\cdot\boldsymbol{e}_{,v}\frac{\mathrm{d}v}{\mathrm{d}s}\frac{\mathrm{d}v}{\mathrm{d}s}\\
&=L\frac{\mathrm{d}u}{\mathrm{d}s}\frac{\mathrm{d}u}{\mathrm{d}s}+2M\frac{\mathrm{d}u}{\mathrm{d}s}\frac{\mathrm{d}v}{\mathrm{d}s}+N\frac{\mathrm{d}v}{\mathrm{d}s}\frac{\mathrm{d}v}{\mathrm{d}s}
\end{aligned}
$$

写成矩阵形式为

$$
\kappa_n=\begin{pmatrix}\dfrac{\mathrm{d}u}{\mathrm{d}s} & \dfrac{\mathrm{d}v}{\mathrm{d}s}\end{pmatrix}\begin{bmatrix}L & M\\ M & N\end{bmatrix}\begin{pmatrix}\dfrac{\mathrm{d}u}{\mathrm{d}s}\\ \dfrac{\mathrm{d}v}{\mathrm{d}s}\end{pmatrix}
$$

显然，这是二次型表达式，也是曲面上任意一条空间曲线法曲率的表达式，那么过曲面上一点的空间曲线有无数条，选取不同空间曲线对应的 κ_n 又会怎么变化？这是一个变分问题。

分析：κ_n 的表达式中，L、M、N 仅与曲面矢量方程 $\boldsymbol{p}(u,v)$ 的形式和曲面上一点的参数坐标 (u_0,v_0)

有关，并不随经过该点的空间曲线的不同而变化。因此，κ_n 只与 $\frac{\mathrm{d}u}{\mathrm{d}s}$ 、 $\frac{\mathrm{d}v}{\mathrm{d}s}$ 有关，而 $\frac{\mathrm{d}u}{\mathrm{d}s}$ 、 $\frac{\mathrm{d}v}{\mathrm{d}s}$ 对应经过该点的不同空间曲线。

令 $\xi=\frac{\mathrm{d}u}{\mathrm{d}s}=\xi(u,v),\quad \eta=\frac{\mathrm{d}v}{\mathrm{d}s}=\eta(u,v)$ ，则 $\kappa_n=L\xi^2+2M\xi\eta+N\eta^2$ ，注意到 $\boldsymbol{e}_T=\boldsymbol{p}_{,s}$ 为单位矢量，则

$$\begin{aligned}\boldsymbol{p}_{,s}\cdot\boldsymbol{p}_{,s}=1&\Rightarrow\left(\boldsymbol{p}_{,u}\frac{\mathrm{d}u}{\mathrm{d}s}+\boldsymbol{p}_{,v}\frac{\mathrm{d}v}{\mathrm{d}s}\right)\cdot\left(\boldsymbol{p}_{,u}\frac{\mathrm{d}u}{\mathrm{d}s}+\boldsymbol{p}_{,v}\frac{\mathrm{d}v}{\mathrm{d}s}\right)=1\\&\Rightarrow\left(\boldsymbol{p}_{,u}\xi+\boldsymbol{p}_{,v}\eta\right)\cdot\left(\boldsymbol{p}_{,u}\xi+\boldsymbol{p}_{,v}\eta\right)=1\\&\Rightarrow E\xi^2+2F\xi\eta+G\eta^2=1\end{aligned}$$

第一步，采用拉格朗日乘子法，构造泛函 $H(\xi,\eta,\lambda)=L\xi^2+2M\xi\eta+N\eta^2+\lambda\left(E\xi^2+2F\xi\eta+G\eta^2-1\right)$ ，λ 为拉格朗日乘子。由泛函取得极值的条件得到

$$\frac{\partial H}{\partial\xi}\delta\xi+\frac{\partial H}{\partial\eta}\delta\eta=0\Rightarrow\frac{\partial H}{\partial\xi}=0,\frac{\partial H}{\partial\eta}=0\Rightarrow\begin{cases}(L+\lambda E)\xi+(M+\lambda F)\eta=0\\(M+\lambda F)\xi+(N+\lambda G)\eta=0\end{cases}$$

这是关于 $\xi(u,v)$ 、 $\eta(u,v)$ 的二元一次方程，方程有非零解，因此有

$$\begin{vmatrix}L+\lambda E & M+\lambda F\\ M+\lambda F & N+\lambda G\end{vmatrix}=0\Rightarrow\left(EG-F^2\right)\lambda^2+\left(LG+NE-2MF\right)\lambda+LN-M^2=0$$

则

$$\lambda_1\lambda_2=\frac{LN-M^2}{EG-F^2},\quad \lambda_1+\lambda_2=\frac{-(LG+NE-2MF)}{EG-F^2}$$

$$\lambda_{1,2}=\frac{-(LG+NE-2MF)\pm\sqrt{(LG+NE-2MF)^2-4\left(EG-F^2\right)\left(LN-M^2\right)}}{2\left(EG-F^2\right)}$$

其中，当 $F=0$ 且 $M=0$ 时， $\lambda_{1,2}=-\frac{L}{E}$ 或 $-\frac{N}{G}$ 。

按照常规思路继续推导表达式可能会比较复杂，例如，得到 λ_1 、 λ_2 的值后，再计算 ξ_i 、 $\eta_i(i=1,2)$ ，然后代入 κ_n 计算极值。

第二步，将泛函极值条件做如下变换 $(\xi\neq0,\eta\neq0)$ ：

$$\begin{aligned}&\xi\left[(L+\lambda E)\xi+(M+\lambda F)\eta\right]+\eta\left[(M+\lambda F)\xi+(N+\lambda G)\eta\right]=0\\&\Rightarrow L\xi^2+2M\xi\eta+N\eta^2+\lambda\left(E\xi^2+2F\xi\eta+G\eta^2\right)=0\\&\Rightarrow\kappa_n+\lambda=0\Rightarrow\kappa_n=-\lambda\end{aligned}$$

这说明常规思路的后续推导可以省略，因为 $H(\xi,\eta,\lambda)$ 极值已经知道了。

微分几何定义曲面的高斯曲率 $K=\kappa_{n\text{-max}}\kappa_{n\text{-min}}=\lambda_1\lambda_2$ ，平均曲率 $H=\frac{1}{2}(\kappa_{n\text{-max}}+\kappa_{n\text{-min}})=\frac{-1}{2}(\lambda_1+\lambda_2)$ 。

第三步，将泛函极值条件变换如下（$\xi_i \neq 0, \eta_i \neq 0, i=1,2$，$\xi_i$、$\eta_i$分别对应$\lambda_i$即$\lambda_1$、$\lambda_2$）：

$$\begin{cases}(L+\lambda_1 E)\xi_1+(M+\lambda_1 F)\eta_1=0\\(M+\lambda_1 F)\xi_1+(N+\lambda_1 G)\eta_1=0\end{cases}$$
$$\Rightarrow \xi_2\left[(L+\lambda_1 E)\xi_1+(M+\lambda_1 F)\eta_1\right]+\eta_2\left[(M+\lambda_1 F)\xi_1+(N+\lambda_1 G)\eta_1\right]=0$$
$$\Rightarrow L\xi_1\xi_2+M\xi_2\eta_1+M\xi_1\eta_2+N\eta_1\eta_2+\lambda_1(E\xi_1\xi_2+F\xi_2\eta_1+F\xi_1\eta_2+G\eta_1\eta_2)=0$$

同理，可得

$$L\xi_1\xi_2+M\xi_2\eta_1+M\xi_1\eta_2+N\eta_1\eta_2+\lambda_2(E\xi_1\xi_2+F\xi_2\eta_1+F\xi_1\eta_2+G\eta_1\eta_2)=0$$

将上述两式相减，得到

$$(\lambda_1-\lambda_2)(E\xi_1\xi_2+F\xi_2\eta_1+F\xi_1\eta_2+G\eta_1\eta_2)=0$$

当$\lambda_1 \neq \lambda_2$时

$$E\xi_1\xi_2+F\xi_2\eta_1+F\xi_1\eta_2+G\eta_1\eta_2=0 \Leftrightarrow (\boldsymbol{p}_{,u}\xi_1+\boldsymbol{p}_{,v}\eta_1)\cdot(\boldsymbol{p}_{,u}\xi_2+\boldsymbol{p}_{,v}\eta_2)=0$$

这说明两个主法曲率不相等时，其对应的两条曲线的切线方向相互垂直。读者如果先看过上述证明，再看文献[68]的推导过程就豁然开朗了。

证毕。

③曲面的基本形式Ⅰ、Ⅱ只是数学符号表达方便，实事求是地讲，不与工程应用相结合，这些符号看上去的确枯燥。例如，曲面弯曲后，基本形式Ⅰ、Ⅱ是否有变化？基本形式Ⅰ和曲面的纯弯曲没有关系，即基本形式Ⅰ保持不变。基本形式Ⅱ则是衡量曲面弯曲程度和方向的。如图 5.46 所示，将平面圆看成圆柱面的截面，观察大小两个圆柱面的区别，曲面上一点的切线并不随曲面的弯曲而变化，即 $\boldsymbol{P}_{,s}=\lim\limits_{\Delta s\to 0}\dfrac{\Delta \boldsymbol{P}}{\Delta s}$ 保持不变，如果假定大小圆的Δs相等，那么$\Delta \boldsymbol{P}$也相同，而这和弹性力学小位移理论中纯弯曲问题假定中面或中性轴纵向纤维的长度不变是一致的。因此，曲面的纯弯曲不会导致基本形式Ⅰ变化。进而，Gauss 在 1827 年证明了高斯曲率只和曲面的基本形式Ⅰ有关，这说明在纯弯曲情况下高斯曲率是曲面的内蕴量，即与曲面外在几何形状无关的不变量。

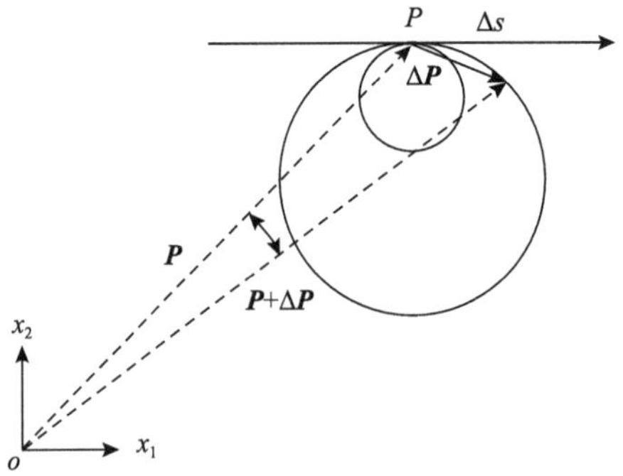

图 5.46　纯弯曲问题曲面基本形式Ⅰ不变的解释

工程应用实例：膜的裁剪分析中会提到的可展曲面实际上是指曲面纯弯曲不会引起褶皱或撕裂，如 PTFE 膜布制作好之后绕滚轴卷起来。因此，高斯曲率为零的曲面才是数学意义上的可展曲面（微分几何研究的曲面隐含假定曲面纤维拉压弹性模量为无穷大，厚度无穷小，存在应力但没有拉压应变）。

但是，如果认为只存在高斯曲率为零的膜曲面就是错误的，这是因为织物纤维类膜材的抗拉强度是有限的，膜的裁剪对应数学上的等距变换，高斯曲率只满足等距变换下的不变性，而膜的张拉将改变曲面的这一内蕴性质，数学上不可展的曲面通过合理的裁剪和拉伸可满足工程要求。

④如果采用曲面上任意一点 $p(u,v)$ 的一般斜交坐标系 $\boldsymbol{p}_{,u}$ 、 $\boldsymbol{p}_{,v}$ 、 $\boldsymbol{e}$ 描述曲面的局部性质，那么还会用到矢量 $p(u,v)$ 的二阶偏导数 $\boldsymbol{p}_{,uu}$ 、 $\boldsymbol{p}_{,uv}$ 、 $\boldsymbol{p}_{,vu}$ 、 $\boldsymbol{p}_{,vv}$ 和法线方向单位矢量 $\boldsymbol{e}$ 的一阶偏导数 $\boldsymbol{e}_{,u}$ 、 $\boldsymbol{e}_{,v}$ ，它们均可看成 $\boldsymbol{p}_{,u}$ 、 $\boldsymbol{p}_{,v}$ 、 $\boldsymbol{e}$ 张成的矢量空间的矢量，且可由 $\boldsymbol{p}_{,u}$ 、 $\boldsymbol{p}_{,v}$ 、 $\boldsymbol{e}$ 线性表示。例如，高斯公式为

$$\begin{cases}\boldsymbol{p}_{,uu}=\Gamma_{uu}^{u}\boldsymbol{p}_{,u}+\Gamma_{uu}^{v}\boldsymbol{p}_{,v}+L\boldsymbol{e}\\ \boldsymbol{p}_{,uv}=\Gamma_{uv}^{u}\boldsymbol{p}_{,u}+\Gamma_{uv}^{v}\boldsymbol{p}_{,v}+M\boldsymbol{e}\\ \boldsymbol{p}_{,vu}=\Gamma_{vu}^{u}\boldsymbol{p}_{,u}+\Gamma_{vu}^{v}\boldsymbol{p}_{,v}+M\boldsymbol{e}\\ \boldsymbol{p}_{,vv}=\Gamma_{vv}^{u}\boldsymbol{p}_{,u}+\Gamma_{vv}^{v}\boldsymbol{p}_{,v}+N\boldsymbol{e}\end{cases}$$

其中，Γ_{uu}^{u} 、Γ_{uu}^{v} 、Γ_{uv}^{u} 、Γ_{uv}^{v} 、Γ_{vu}^{u} 、Γ_{vu}^{v} 、Γ_{vv}^{u} 、Γ_{vv}^{v} 为张量分析中的第二类克里斯托费尔(Christoffel)符号，若不熟悉可仅当成标量系数，不必深究。

由于 $\boldsymbol{e}\cdot\boldsymbol{e}=1\Rightarrow\dfrac{\partial(\boldsymbol{e}\cdot\boldsymbol{e})}{\partial u}=0\Rightarrow 2\boldsymbol{e}\cdot\dfrac{\partial \boldsymbol{e}}{\partial u}=0\Rightarrow\boldsymbol{e}\cdot\boldsymbol{e}_{,u}=0\Rightarrow\boldsymbol{e}\perp\boldsymbol{e}_{,u}$ ，同理，$\boldsymbol{e}\perp\boldsymbol{e}_{,v}$ 。

温加顿(Weingarten)公式为

$$\begin{cases}\boldsymbol{e}_{,u}=\dfrac{FM-GL}{EG-F^2}\boldsymbol{p}_{,u}+\dfrac{FL-GM}{EG-F^2}\boldsymbol{p}_{,v}\\ \boldsymbol{e}_{,v}=\dfrac{FN-GM}{EG-F^2}\boldsymbol{p}_{,u}+\dfrac{FM-GN}{EG-F^2}\boldsymbol{p}_{,v}\end{cases}$$

下面以高斯公式的第一式为例给出推导过程：令 $\boldsymbol{p}_{,uu}=\alpha\boldsymbol{p}_{,u}+\beta\boldsymbol{p}_{,v}+\gamma\boldsymbol{e}$ ，其中 α 、 β 、 γ 为未知标量系数。存在等式

$$\boldsymbol{p}_{,uu}\cdot\boldsymbol{e}=-\boldsymbol{p}_{,u}\cdot\boldsymbol{e}_{,u}=L=\left(\alpha\boldsymbol{p}_{,u}+\beta\boldsymbol{p}_{,v}+\gamma\boldsymbol{e}\right)\cdot\boldsymbol{e}=\alpha\boldsymbol{p}_{,u}\cdot\boldsymbol{e}+\beta\boldsymbol{p}_{,v}\cdot\boldsymbol{e}+\gamma\boldsymbol{e}\cdot\boldsymbol{e}=0+0+\gamma=\gamma\ \Rightarrow\gamma=L$$

再求 α 、 β ，等式两边分别点积 $\boldsymbol{p}_{,u}$ 、 $\boldsymbol{p}_{,v}$ ，得到二元一次方程组，即

$$\begin{cases}\boldsymbol{p}_{,uu}\cdot\boldsymbol{p}_{,u}=\left(\alpha\boldsymbol{p}_{,u}+\beta\boldsymbol{p}_{,v}+\gamma\boldsymbol{e}\right)\cdot\boldsymbol{p}_{,u}=\alpha\boldsymbol{p}_{,u}\cdot\boldsymbol{p}_{,u}+\beta\boldsymbol{p}_{,v}\cdot\boldsymbol{p}_{,u}+\gamma\boldsymbol{e}\cdot\boldsymbol{p}_{,u}=\alpha E+\beta F\\ \boldsymbol{p}_{,uu}\cdot\boldsymbol{p}_{,v}=\left(\alpha\boldsymbol{p}_{,u}+\beta\boldsymbol{p}_{,v}+\gamma\boldsymbol{e}\right)\cdot\boldsymbol{p}_{,v}=\alpha\boldsymbol{p}_{,u}\cdot\boldsymbol{p}_{,v}+\beta\boldsymbol{p}_{,v}\cdot\boldsymbol{p}_{,v}+\gamma\boldsymbol{e}\cdot\boldsymbol{p}_{,v}=\alpha F+\beta G\end{cases}$$

因为

$$\boldsymbol{p}_{,u}\cdot\boldsymbol{p}_{,u}=E\Rightarrow\begin{cases}\dfrac{\partial E}{\partial u}=2\boldsymbol{p}_{,uu}\cdot\boldsymbol{p}_{,u}\Rightarrow\boldsymbol{p}_{,uu}\cdot\boldsymbol{p}_{,u}=\dfrac{1}{2}\dfrac{\partial E}{\partial u}\\ \dfrac{\partial E}{\partial v}=2\boldsymbol{p}_{,uv}\cdot\boldsymbol{p}_{,u}\Rightarrow\boldsymbol{p}_{,uv}\cdot\boldsymbol{p}_{,u}=\dfrac{1}{2}\dfrac{\partial E}{\partial v}\end{cases}$$

$$\boldsymbol{p}_{,u}\cdot\boldsymbol{p}_{,v}=F\Rightarrow\frac{\partial F}{\partial u}=\boldsymbol{p}_{,uu}\cdot\boldsymbol{p}_{,v}+\boldsymbol{p}_{,u}\cdot\boldsymbol{p}_{,vu}=\boldsymbol{p}_{,uu}\cdot\boldsymbol{p}_{,v}+\frac{1}{2}\frac{\partial E}{\partial v}\Rightarrow\boldsymbol{p}_{,uu}\cdot\boldsymbol{p}_{,v}=\frac{\partial F}{\partial u}-\frac{1}{2}\frac{\partial E}{\partial v}$$

将 $\boldsymbol{p}_{,uu}\cdot\boldsymbol{p}_{,u}$ 、 $\boldsymbol{p}_{,uu}\cdot\boldsymbol{p}_{,v}$ 的标量表达式代入上面方程组，得到

$$\begin{cases}\alpha E+\beta F=\dfrac{1}{2}\dfrac{\partial E}{\partial u}\\ \alpha F+\beta G=\dfrac{\partial F}{\partial u}-\dfrac{1}{2}\dfrac{\partial E}{\partial v}\end{cases}$$

求解得

$$\alpha=\frac{1}{EG-F^2}\left(\frac{G}{2}\frac{\partial E}{\partial u}-F\frac{\partial F}{\partial u}+\frac{1}{2}\frac{\partial E}{\partial v}\right),\quad \beta=\frac{1}{EG-F^2}\left(E\frac{\partial F}{\partial u}-\frac{F}{2}\frac{\partial E}{\partial u}-\frac{E}{2}\frac{\partial E}{\partial v}\right)$$

因此，

$$\Gamma_{uu}^{u}=\frac{1}{EG-F^2}\left(\frac{G}{2}\frac{\partial E}{\partial u}-F\frac{\partial F}{\partial u}+\frac{F}{2}\frac{\partial E}{\partial v}\right),\quad \Gamma_{uu}^{v}=\frac{1}{EG-F^2}\left(E\frac{\partial F}{\partial u}-\frac{F}{2}\frac{\partial E}{\partial u}-\frac{E}{2}\frac{\partial E}{\partial v}\right)$$

同理，可得

$$\Gamma_{vv}^{u}=\frac{1}{EG-F^2}\left(G\frac{\partial F}{\partial v}-\frac{G}{2}\frac{\partial G}{\partial u}-\frac{F}{2}\frac{\partial G}{\partial v}\right),\quad \Gamma_{vv}^{v}=\frac{1}{EG-F^2}\left(\frac{E}{2}\frac{\partial G}{\partial v}+\frac{F}{2}\frac{\partial G}{\partial u}-F\frac{\partial F}{\partial v}\right)$$

$$\Gamma_{uv}^{u}=\Gamma_{vu}^{u}=\frac{1}{EG-F^2}\left(\frac{G}{2}\frac{\partial E}{\partial v}-\frac{F}{2}\frac{\partial G}{\partial u}\right),\quad \Gamma_{uv}^{v}=\Gamma_{vu}^{v}=\frac{1}{EG-F^2}\left(\frac{E}{2}\frac{\partial G}{\partial u}-\frac{F}{2}\frac{\partial E}{\partial v}\right)$$

⑤曲面基本形式Ⅰ、Ⅱ的参数在整体直角坐标系下的表达式为 Monge 形式。

将曲面方程表达为 $x_3=x_3(x_1,x_2)$ 形式，即 Monge 形式，得到整体坐标系下的曲面矢量表达式，即

$$u=x_1,v=x_2,\boldsymbol{p}(u,v)=\boldsymbol{p}(x_1,x_2)=x_1\boldsymbol{e}_1+x_2\boldsymbol{e}_2+x_3\boldsymbol{e}_3$$
$$\Rightarrow \boldsymbol{p}_{,u}=\boldsymbol{p}_{,x_1}=1\boldsymbol{e}_1+0\boldsymbol{e}_2+x_{3,1}\boldsymbol{e}_3,\boldsymbol{p}_{,v}=\boldsymbol{p}_{,x_2}=0\boldsymbol{e}_1+1\boldsymbol{e}_2+x_{3,2}\boldsymbol{e}_3$$

$$\Rightarrow\begin{cases}\boldsymbol{p}_{,uu}=\boldsymbol{p}_{,x_1x_1}=0\boldsymbol{e}_1+0\boldsymbol{e}_2+x_{3,11}\boldsymbol{e}_3=x_{3,11}\boldsymbol{e}_3\\ \boldsymbol{p}_{,uv}=\boldsymbol{p}_{,x_1x_2}=0\boldsymbol{e}_1+0\boldsymbol{e}_2+x_{3,12}\boldsymbol{e}_3\\ \boldsymbol{p}_{,vv}=\boldsymbol{p}_{,x_2x_2}=0\boldsymbol{e}_1+0\boldsymbol{e}_2+x_{3,22}\boldsymbol{e}_3=x_{3,22}\boldsymbol{e}_3\\ \boldsymbol{e}=\dfrac{\boldsymbol{p}_{,u}\times\boldsymbol{p}_{,v}}{\left\|\boldsymbol{p}_{,u}\times\boldsymbol{p}_{,v}\right\|}=\dfrac{-x_{3,1}\boldsymbol{e}_1-x_{3,2}\boldsymbol{e}_2+\boldsymbol{e}_3}{\left\|-x_{3,1}\boldsymbol{e}_1-x_{3,2}\boldsymbol{e}_2+\boldsymbol{e}_3\right\|}\end{cases}\Rightarrow\begin{cases}E=\boldsymbol{p}_{,u}\cdot\boldsymbol{p}_{,u}=1+x_{3,1}^2\\ F=\boldsymbol{p}_{,u}\cdot\boldsymbol{p}_{,v}=x_{3,1}x_{3,2}\\ G=\boldsymbol{p}_{,v}\cdot\boldsymbol{p}_{,v}=1+x_{3,2}^2\\ L=\boldsymbol{p}_{,uu}\cdot\boldsymbol{e}=\dfrac{x_{3,11}}{\sqrt{1+x_{3,1}^2+x_{3,2}^2}}\\ M=\boldsymbol{p}_{,uv}\cdot\boldsymbol{e}=\dfrac{x_{3,12}}{\sqrt{1+x_{3,1}^2+x_{3,2}^2}}\\ N=\boldsymbol{p}_{,vv}\cdot\boldsymbol{e}=\dfrac{x_{3,22}}{\sqrt{1+x_{3,1}^2+x_{3,2}^2}}\end{cases}$$

将 E、F、G、L、M、N 的 Monge 形式代入第二类克里斯托费尔符号，得到 $\Gamma_{ij}^{k}(i,j,k=1,2)$ 的表达式为

$$\Gamma_{uu}^{u}=\Gamma_{11}^{1}=\frac{x_{3,1}x_{3,11}}{1+x_{3,1}^2+x_{3,2}^2},\quad \Gamma_{uu}^{v}=\Gamma_{11}^{2}=\frac{x_{3,2}x_{3,11}}{1+x_{3,1}^2+x_{3,2}^2},\quad \Gamma_{uv}^{u}=\Gamma_{vu}^{u}=\Gamma_{12}^{1}=\Gamma_{21}^{1}=\frac{x_{3,1}x_{3,12}}{1+x_{3,1}^2+x_{3,2}^2}$$

$$\Gamma_{vv}^{u}=\Gamma_{22}^{1}=\frac{x_{3,1}x_{3,22}}{1+x_{3,1}^2+x_{3,2}^2},\quad \Gamma_{vv}^{v}=\Gamma_{22}^{2}=\frac{x_{3,2}x_{3,22}}{1+x_{3,1}^2+x_{3,2}^2},\quad \Gamma_{uv}^{v}=\Gamma_{vu}^{v}=\Gamma_{12}^{2}=\Gamma_{21}^{2}=\frac{x_{3,2}x_{3,12}}{1+x_{3,1}^2+x_{3,2}^2}$$

Monge 形式的重要性之一在于其为曲线曲面局部几何性质在整体直角坐标系下的表达式，采用微分研究曲线曲面的局部几何性质的内容称为局部微分几何，一般要积分后才能给出曲线曲面的整体几何性质。局部微分几何在曲线曲面上一点建立了活动标架即局部坐标系，但在描述物体在曲线曲面上运动时总要转换到整体坐标系，而 Monge 形式恰好完成了从局部坐标系到整体坐标系的变换。

⑥曲面论的基本方程：Gauss-Codazzi 方程的推导及其对空间曲面第Ⅲ类形态生成问题的意义。

由高斯公式的第一、二式分别对 v 和 u 求偏导数并令二者相等，即 $\boldsymbol{p}(u,v)$ 的二阶和三阶混合偏导数与求导顺序无关。

$$\begin{cases} \boldsymbol{p}_{,uuv} = \dfrac{\partial \varGamma_{uu}^{u}}{\partial v}\boldsymbol{p}_{,u} + \varGamma_{uu}^{u}\boldsymbol{p}_{,uv} + \dfrac{\partial \varGamma_{uu}^{v}}{\partial v}\boldsymbol{p}_{,v} + \varGamma_{uu}^{v}\boldsymbol{p}_{,vv} + \dfrac{\partial L}{\partial v}\boldsymbol{e} + L\boldsymbol{e}_{,v} \\ \boldsymbol{p}_{,uvu} = \dfrac{\partial \varGamma_{uv}^{u}}{\partial u}\boldsymbol{p}_{,u} + \varGamma_{uv}^{u}\boldsymbol{p}_{,uu} + \dfrac{\partial \varGamma_{uv}^{v}}{\partial u}\boldsymbol{p}_{,v} + \varGamma_{uv}^{v}\boldsymbol{p}_{,vu} + \dfrac{\partial M}{\partial u}\boldsymbol{e} + M\boldsymbol{e}_{,u} \end{cases} \text{且 } \boldsymbol{p}_{,uuv} = \boldsymbol{p}_{,uvu}$$

求 $\boldsymbol{e}$ 方向的分量，由 $\boldsymbol{p}_{,uuv}\cdot\boldsymbol{e} = \boldsymbol{p}_{,uvu}\cdot\boldsymbol{e}$ ，可得

$$\frac{\partial L}{\partial v} - \frac{\partial M}{\partial u} - \varGamma_{uv}^{u}L + \left(\varGamma_{uu}^{u} - \varGamma_{uv}^{v}\right)M + \varGamma_{uu}^{v}N = 0$$

同理，由高斯公式的第三、四式可得

$$\frac{\partial N}{\partial u} - \frac{\partial M}{\partial v} + \varGamma_{vv}^{u}L + \left(\varGamma_{vv}^{v} - \varGamma_{uv}^{u}\right)M + \varGamma_{uv}^{v}N = 0$$

以上两个公式称为 Codazzi 方程。

求 $\boldsymbol{p}_{,u}$ 方向的分量，由于 u 曲线和 v 曲线未必正交，方便的方法是直接将高斯公式与温加顿公式代入上面的三阶偏导数，然后由 $\boldsymbol{p}_{,uuv} = \boldsymbol{p}_{,uvu}$ 合并 $\boldsymbol{p}_{,u}$ 的系数，得到

$$\frac{\partial \varGamma_{uu}^{u}}{\partial v} - \frac{\partial \varGamma_{uv}^{u}}{\partial u} + \varGamma_{uu}^{v}\varGamma_{vv}^{u} - \varGamma_{uv}^{v}\varGamma_{vu}^{u} + \frac{LN - M^2}{EG - F^2}F = 0$$

此式称为 Gauss 方程。Gauss 方程和 Codazzi 方程一起被称为曲面论的基本方程，经典微分几何[69]中证明其为曲面存在且唯一的充分必要条件。对空间曲面的第Ⅲ类形态生成问题而言，貌似这是很重要的方程。本书作者一开始也想当然地确信这一点，然而，如果将 Monge 形式的各参数代入却发现 Gauss-Codazzi 方程等价于 $x_3(x_1,x_2)$ 的二阶混合偏导数和三阶混合偏导数与求导顺序无关。

例如，Codazzi 方程的第一式各项的 Monge 形式为

$$\frac{\partial L}{\partial x_2} = \left[x_{3,112}\left(1 + x_{3,1}^2 + x_{3,2}^2\right) - x_{3,22}\left(x_{3,1}x_{3,12} + x_{3,2}x_{3,22}\right)\right]\left(1 + x_{3,1}^2 + x_{3,2}^2\right)^{-\frac{3}{2}}$$

$$\frac{\partial M}{\partial x_1} = \left[x_{3,121}\left(1 + x_{3,1}^2 + x_{3,2}^2\right) - x_{3,12}\left(x_{3,1}x_{3,11} + x_{3,2}x_{3,21}\right)\right]\left(1 + x_{3,1}^2 + x_{3,2}^2\right)^{-\frac{3}{2}}$$

$$\varGamma_{12}^{1}L = x_{3,1}x_{3,12}x_{3,11}\left(1 + x_{3,1}^2 + x_{3,2}^2\right)^{-\frac{3}{2}}$$

$$\left(\varGamma_{11}^{1} - \Gamma_{12}^{2}\right)M = \left(x_{3,1}x_{3,11} - x_{3,2}x_{3,12}\right)x_{3,12}\left(1 + x_{3,1}^2 + x_{3,2}^2\right)^{-\frac{3}{2}}$$

$$\varGamma_{11}^{2}N = x_{3,2}x_{3,11}x_{3,22}\left(1 + x_{3,1}^2 + x_{3,2}^2\right)^{-\frac{3}{2}}$$

将上述展开式代入 Codazzi 方程的第一式，得

$$\begin{aligned} &\left[x_{3,112}\left(1 + x_{3,1}^2 + x_{3,2}^2\right) - x_{3,22}\left(x_{3,1}x_{3,12} + x_{3,2}x_{3,22}\right)\right] - \left[x_{3,121}\left(1 + x_{3,1}^2 + x_{3,2}^2\right) - x_{3,12}\left(x_{3,1}x_{3,11} + x_{3,2}x_{3,21}\right)\right] \\ &- x_{3,1}x_{3,12}x_{3,11} + \left[\left(x_{3,1}x_{3,11} - x_{3,2}x_{3,12}\right)x_{3,12}\right] + x_{3,2}x_{3,11}x_{3,22} = 0 \end{aligned}$$

仔细观察上式，可以发现只要 $x_3(x_1,x_2)$ 的二阶混合偏导数和三阶混合偏导数与求导顺序无关，则该式左端项为 0 即恒等式。

因此，矢量函数 $\boldsymbol{p}(u,v)$ 的二阶混合偏导数和三阶混合偏导数与求导顺序无关等价于 Monge 形式的标量函数 $x_3(x_1,x_2)$ 的二阶混合偏导数和三阶混合偏导数与求导顺序无关。

进而，空间曲面第Ⅲ类形态生成问题如果采用 Monge 形式作为曲面的表达式，则不需要考虑 Gauss-Codazzi 方程，只要假定函数 $x_3(x_1,x_2)$ 的二阶混合偏导数和三阶混合偏导数与求导顺序无关即可。那么，在函数论中是否有证明这样假定函数 $x_3(x_1,x_2)$ 就一定存在且唯一？

⑦曲面上 u 曲线和 v 曲线的弧长参数：令 s_u、s_v 分别表示曲面上 u 曲线和 v 曲线的弧长，基于曲面方程独立参数选择的任意性，采用 u 曲线和 v 曲线各自的弧长作为曲面的独立参数是允许的，即 $\boldsymbol{p}(u,v)$ 可写作 $\boldsymbol{p}(s_u,s_v)$ 且 $\|\boldsymbol{p}_{,s_u}\|=\|\boldsymbol{p}_{,s_v}\|=1$，但是如果将曲面的基本形式Ⅰ、Ⅱ的各参数表达式中的 u 和 v 直接替换为 s_u 和 s_v 会是什么情况？

我们知道 $\boldsymbol{p}_{,u}(u,v)\to\boldsymbol{p}_{,s_u}(s_u,s_v)$ 需要雅可比变换，因此

$$
\begin{aligned}
E(u,v)=\boldsymbol{p}_{,u}\cdot\boldsymbol{p}_{,u}&=\left(\frac{\partial\boldsymbol{p}}{\partial s_u}\frac{\partial s_u}{\partial u}+\frac{\partial\boldsymbol{p}}{\partial s_v}\frac{\partial s_v}{\partial u}\right)\cdot\left(\frac{\partial\boldsymbol{p}}{\partial s_u}\frac{\partial s_u}{\partial u}+\frac{\partial\boldsymbol{p}}{\partial s_v}\frac{\partial s_v}{\partial u}\right)\\
&=\left(\frac{\partial s_u}{\partial u}\right)^2\frac{\partial\boldsymbol{p}}{\partial s_u}\cdot\frac{\partial\boldsymbol{p}}{\partial s_u}+2\frac{\partial s_u}{\partial u}\frac{\partial s_v}{\partial u}\frac{\partial\boldsymbol{p}}{\partial s_u}\cdot\frac{\partial\boldsymbol{p}}{\partial s_v}+\left(\frac{\partial s_v}{\partial u}\right)^2\frac{\partial\boldsymbol{p}}{\partial s_v}\cdot\frac{\partial\boldsymbol{p}}{\partial s_v}
\end{aligned}
$$

由于 $\boldsymbol{p}_{,s_u}\cdot\boldsymbol{p}_{,s_u}=\boldsymbol{p}_{,s_v}\cdot\boldsymbol{p}_{,s_v}=1$，若 $\dfrac{\partial s_v}{\partial u}=0\Rightarrow E(u,v)=\left(\dfrac{\partial s_u}{\partial u}\right)^2E(s_u,s_v)$，$E(s_u,s_v)=\boldsymbol{p}_{,s_u}\cdot\boldsymbol{p}_{,s_u}=1$。

这说明曲面的基本形式Ⅰ、Ⅱ的 6 个参数与局部坐标系有关。如果等温曲线(即 u 曲线和 v 曲线)与主法曲率线相联系(如正交、共轭)，则

$$
\begin{aligned}
&E(s_u,s_v)=G(s_u,s_v)=1,\quad F(s_u,s_v)=0,\quad M(s_u,s_v)=0,\quad L(s_u,s_v)=\boldsymbol{p}_{,s_us_u}\cdot\boldsymbol{e}=\kappa_1\\
&N(s_u,s_v)=\boldsymbol{p}_{,s_vs_v}\cdot\boldsymbol{e}=\kappa_2,\quad \Gamma_{ij}^k(s_u,s_v)=0,\ i,j,k=1,2
\end{aligned}
$$

可见，如果曲面也采用弧长作为独立参数，曲面的基本形式Ⅰ、Ⅱ的 6 个参数、第二类克里斯托费尔符号等都得到令人惊讶的简化或变为零，Gauss-Codazzi 方程也自然满足。

此外，取 u 方向的一条主法曲率线，由高斯公式第三式得 $\boldsymbol{p}_{,s_vs_u}=0\boldsymbol{p}_{,s_u}+0\boldsymbol{p}_{,s_v}+M\boldsymbol{e}=M\boldsymbol{e}$，$u$ 方向主法曲率线的副法线方向与 v 方向主法曲率线的切线方向重合，即 $\boldsymbol{e}_{B_u}=-\boldsymbol{p}_{,s_v}$，由 Frenet 公式可知，$\dfrac{\partial\boldsymbol{e}_{B_u}}{\partial s_u}=-\tau_u\boldsymbol{e}_{N_u}=\dfrac{\partial(-\boldsymbol{p}_{,s_v})}{\partial s_u}=-\boldsymbol{p}_{,s_vs_u}$，因此得出 $\tau_u=0$，$M=0$，即 u 方向主法曲率线挠率为 0，而挠率为 0 的曲线是平面曲线。由高斯公式第一式得 $\boldsymbol{p}_{,s_us_u}=0\boldsymbol{p}_{,s_u}+0\boldsymbol{p}_{,s_v}+L\boldsymbol{e}=\kappa_1\boldsymbol{e}=\boldsymbol{\kappa}=\kappa_u\boldsymbol{e}_{N_u}$，这说明主法曲率线的主法线方向 $\boldsymbol{e}_{N_u}$ 与曲面上该点的法线方向矢量 $\boldsymbol{e}$ 相同，并且主法曲率就是该主法曲率线的曲率，主法曲率线的测地曲率为 0。

目前，本书作者尚未发现经典微分几何教材中对曲面上局部坐标系的弧长参数进行过详细讨论，令人遗憾，虽然这一点可能会引起争议。文献[75]中柱面薄壳无矩平衡方程中令 $A=B=1$，这实际上是采用了弧长参数，虽然文献[75]并没有明确指出这一点。在曲面上采用弧长参数的理论意义和应用意义都非常明显，例如，可以在一般曲面上一点建立类似曲线上一点的自然坐标系——单位正交直线坐标系，相关公式从形式上几乎是最为简单的，更进一步则将空间曲面问题从形式上变换为二维问题，

这对工程问题(如空间曲面第Ⅲ类形态生成问题)和壳体的一般理论等意义重大。

此外，微分几何中的曲面是抽象的数学模型，例如，它既没有厚度，也不涉及使用什么样的结构材料以及材料的力学性能等，令人感觉虚无缥缈，这或许就是抽象的艺术。抽象的数学描述必须和现实世界相联系，从而找到其具象的表现形式，如自然界中的果壳、贝壳、蛋壳、蜘蛛网、蝉翼和肥皂泡等，但是现实世界中的壳体一般具有一定的厚度并且由各种各样的材料组成。那么，没有厚度的曲面是如何组成有厚度的壳体？这一点数学上是怎样跨越过去的？答案是积分，积分就是将虚无变成现实的魔法，从这个角度讲，数学又从想象中走了出来，变出了整个世界。

经典的壳体力学连续化解析理论采用了曲面论的数学方法，并结合实际工程应用进行了适当简化，与经典壳体力学的研究目的不同，空间薄膜曲面的第Ⅲ类形态生成问题既不知道曲面的材料、形状几何，又要给出薄膜内力的大小和分布，且需满足工程需要的承载能力和使用要求。

至此，空间薄膜曲面的第Ⅲ类形态生成问题的连续化求解思路可整理如下。

方法 1：建立曲面形状几何与薄膜内力的关系即平衡方程；根据工程应用需要添加优化条件；确定偏微分方程或方程组解的性质即解的存在性、唯一性等定解条件；方便工程设计的实用方法。

方法 2：当然，也可以构造泛函并由泛函极值条件给出形式上更为简洁的控制方程或方程组。

方法 1 比方法 2 直接，方法 2 比方法 1 原始。由方法 2 势能泛函的极值条件可以得到薄膜内力平衡条件，这种情况下方法 1 和方法 2 是等价的。比较好的泛函应当是工程曲面的某一特征物理量或几何量，例如，若工程设计要求是极小曲面，则构造泛函就应是曲面的总面积。如此说来，也就不难理解 5.1 节中的力密度法、动力松弛法以及 5.2 节中平衡矩阵理论等为何都依赖于势能泛函的变分，但是对于本质上不能由势能泛函的一阶变分确定的问题或者附加的优化条件与客观力学规律相矛盾的情况下，方法 1 就会变得有些令人难以信服或者漫无目的或者技巧性很强。方法 2 可能出现的情况包括：泛函的极值条件不全即没有包含所有的未知函数的变分；泛函的极值条件不能给出问题的控制方程，则需考虑构造更为合理的泛函；泛函的一阶变分不是问题的充分必要条件，则需要考察其二阶或高阶变分等。由此可见，变分方法是如此重要，称为打开力学大门的一把金钥匙而毫不夸张。

接下来分两步阐述空间曲面第Ⅲ类形态生成问题连续化求解方法的壳体力学基础和碰到的困难。

(1)空间薄膜曲面的第Ⅲ类形态生成问题的平衡方程。

空间薄膜曲面的平衡条件[77]。薄膜可由薄壳退化而得，为了更好地理解实际工程曲面，了解壳体的一般假设、简化方法是必要的。

注：①力的大小、方向和作用点称为力的三要素。力的作用效应是让物体有运动、变形的趋势，但物体是否运动与力是否平衡有关，平衡的物体保持相对静止或匀速直线运动。物体是否变形与材料有关，如弹性材料的广义胡克定律。但反过来，由物体的变形未必能够得到力的大小，例如，刚体不

发生变形，静定结构无论采用何种材料都与内力求解无关，这是平衡条件的独立性或客观性。②作用在物体上同一点的力的合成与分解是矢量的加减与点积运算，只与力的大小和方向有关。作用在物体上不同点的力的合成与分解还与力的作用点有关，还包括矢量的叉积运算。力和力矩的概念基于客观世界中物体机械运动的基本形式——平动和转动，力矩让物体有转动趋势。客观上存在对一点的矩、对一条轴或一条线、一个方向的矩和对一个平面或曲面的矩三种，其中力对一点的矩是指该点到力的作用点的距离矢量与力矢量的叉积，仍然是一个矢量。工程曲面上任意一点要满足合力和合力矩为零，这就是静力平衡条件。③从运动学的观点可知，力可以看成物体动量随时间的变化率，力矩可以看成角动量随时间的变化率。

薄壳：经典壳体力学中的薄壳是指沿着中曲面上各点法线的正反方向各增加一定的厚度 h 形成的几何体，该曲面符合连续可微的数学假设。在 20 世纪手算的年代做如此简化是可以理解的，不妨称为经典中面壳体。如图 5.47 所示，若 $\widehat{12345}$ 为平行于 x_1 轴的圆柱面与 x_2ox_3 平面的交线即半径为 r 的圆曲线，以此作为中面，沿其法线方向内外延伸厚度 h 形成圆柱壳。当 $h<r$ 时，其内曲面 $\widehat{1_{h<r}2_{h<r}3_{h<r}4_{h<r}5_{h<r}}$ 与中面凹凸形状一致，且为一一对应的映射变换关系；当 $h>r$ 时，其内曲面 $\widehat{1_{h>r}2_{h>r}3_{h>r}4_{h>r}5_{h>r}}$ 不再与 $\widehat{12345}$ 凹凸方向相同；当 $h=r$ 时，$\widehat{12345}$ 映射为 1 个点，即法曲率中心。比较形象的例子是与刺猬的针联系起来理解壳体中面的法线，显然刺猬的针在其皮肤内的深度是非常有限的，否则，遇到危险它就不能蜷缩(弯曲、收缩)成曲率很大的凸状物。工程上一般假定薄壳的厚度为

$$2h \leqslant \frac{1}{20}\left(\begin{matrix} L \\ \dfrac{1}{k_1}, \dfrac{1}{k_2} \end{matrix}\right) \tag{5.192}$$

其中，$k_i(i=1,2)$ 为中面上任意一点的主法曲率；L 为壳体的结构跨度。

这样薄壳内任意一点的空间位置可由中面上相应点的位置一一确定，记作 V: $\boldsymbol{p}(u,v)+z\boldsymbol{e}(u,v), -h \leqslant z \leqslant h$，以中面为参照物描述壳体内任意一点的空间位置。

薄壳的法截面和中面内力：薄壳的法截面与弹性力学中梁的横截面概念类似，薄壳应力的假想积分区域一般取中面的法线方向截取而成的直纹曲面。经典壳体力学中先对薄壳的法截面应力沿厚度方向积分变成沿中面曲线上的分布内力，从而将薄壳抽象为一个没有厚度的特征数学曲面即中面作为数学模型，如图 5.48 所示，薄壳内一点的应力 $\boldsymbol{\sigma}(u,v,z)$ 在法截面上的积分得到中面上的分布内力和分布力矩[77]。

沿中面曲线的分布内力：

$$\boldsymbol{R}\mathrm{d}s_{\widehat{ab}} = \int_{-h}^{h} \boldsymbol{\sigma}\mathrm{d}s_z\mathrm{d}z \tag{5.193}$$

对中面的分布力矩：

$$\boldsymbol{Q}\mathrm{d}s_{\widehat{ab}} = \int_{-h}^{h} (\boldsymbol{\sigma}\mathrm{d}s_z\mathrm{d}z)\times(z\boldsymbol{e}) \tag{5.194}$$

式(5.193)中的面积微元 $\mathrm{d}s_z\mathrm{d}z$，严格而言 $\mathrm{d}s_z$ 应为 $\mathrm{d}s_{z+1/2\mathrm{d}z}$ 即 $z+1/2\mathrm{d}z$ 处的微弧长。例如，采用扇形的面积公式计算图 5.48 中微壳元的总面积等于 $1/2r_2^2\theta-1/2r_1^2\theta=1/2\theta\left(r_2+r_1\right)\left(r_2-r_1\right)=1/2\theta\times2r\times2h=r\theta\times2h=2h\times\mathrm{d}s_{\widehat{ab}}$，其中 r 为中面的曲率半径，$r_2=r+h$、$r_1=r-h$ 分别为壳体外表面和内表面与法截面交线的曲率半径。

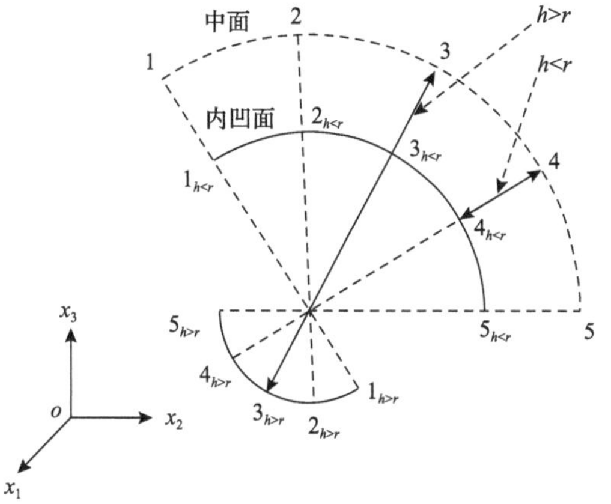

图 5.47　沿中面法线生成等厚度的柱面壳体示意

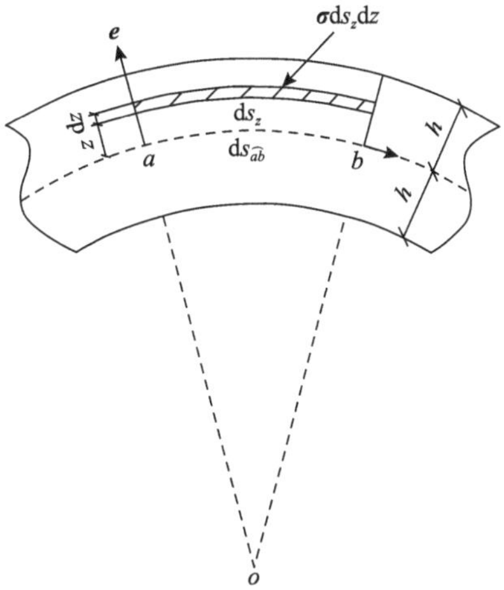

图 5.48　薄壳内一点的应力在法截面上的积分

式(5.193)与式(5.194)的积分过程就是法截面上的应力在中面曲线上的等代，应力向中面曲线合成为分布内力的做法符合结构工程师的习惯，但是实际上仅存在薄膜内力的法截面上的中面曲线并非法截面的形心所在或无矩轴线。例如，假设球面薄壳的微元体的法截面上分布着面外均匀正应力，采用式(5.193)和式(5.194)计算，得到

$$\boldsymbol{Q}\mathrm{d}s_{\widehat{ab}}=\int_{-h}^{h}\sigma z\left(r+z\right)\theta\mathrm{d}z=\sigma r\mathrm{d}\theta\frac{1}{2}z^2\Big|_{-h}^{h}+\sigma\mathrm{d}\theta\frac{1}{3}z^3\Big|_{-h}^{h}=\frac{2}{3}\sigma\mathrm{d}\theta h^3\neq0$$

并且 $\mathrm{d}s_{\widehat{ab}}=r\mathrm{d}\theta\Rightarrow\boldsymbol{Q}=\dfrac{2\sigma h^3}{3r}$，说明中面曲线上的分布力矩并不等于 0。分布内力 $\boldsymbol{R}\mathrm{d}s_{\widehat{ab}}=2h\sigma\mathrm{d}s_{\widehat{ab}}\Rightarrow\boldsymbol{R}=2h\sigma$，偏心矩 $e_0=\dfrac{2\sigma h^3}{3r}\Big/2h\sigma=\dfrac{h^2}{3r}$，这实际上是法截面上形心或无矩轴线距中面曲线的距离。例如，我国《混凝土结构设计规范》规定偏心受力构件(直轴线梁柱)的初始偏心矩一般取构件截面特征尺寸的 1/30，对薄壳来说就是其厚度为 $2h$，则 $e_0\leqslant\dfrac{1}{30}\times2h\Rightarrow\dfrac{h^2}{3r}\leqslant\dfrac{1}{30}\times2h\Rightarrow\dfrac{2h}{r}\leqslant\dfrac{1}{7.5}$，此处给出了薄壳厚度与中面曲线曲率半径的限值，比式(5.192)的值要大得多。

因此，工程上采用式(5.193)和式(5.194)将薄壳厚度方向的几何参数独立出来并先行显式积分，这样的数学模型带来的好处是将具有厚度的壳体这一三维空间问题降维变成二维问题，目的是抓住薄壳力学问题的主要矛盾和矛盾的主要方面，从而简化工程计算工作。

薄壳的平衡方程：图 5.49(a)为球面薄壳的微元体示意，这是比较理想的情况。例如，一般自由曲面薄壳的微元体中面曲线$\widehat{ab}$、$\widehat{cd}$、$\widehat{bc}$和$\widehat{da}$上各点的法曲率中心并不重合，$\boldsymbol{p}_{,u}$与$\boldsymbol{p}_{,v}$也未必正交。图 5.49(b)为抽象的中面微元模型，薄壳体内的应力降维为中面与法截面上相交曲线上的分布内力。薄壳的平衡方程指的就是中面微元上力的平衡关系。由于$\boldsymbol{R}$和$\boldsymbol{Q}$分别为分布内力和分布力矩，合力和合力矩的计算必然要用到曲线段$\widehat{ab}$、$\widehat{bc}$、$\widehat{dc}$和$\widehat{ad}$的微弧长和曲面片$\widehat{abcd}$的微面积。

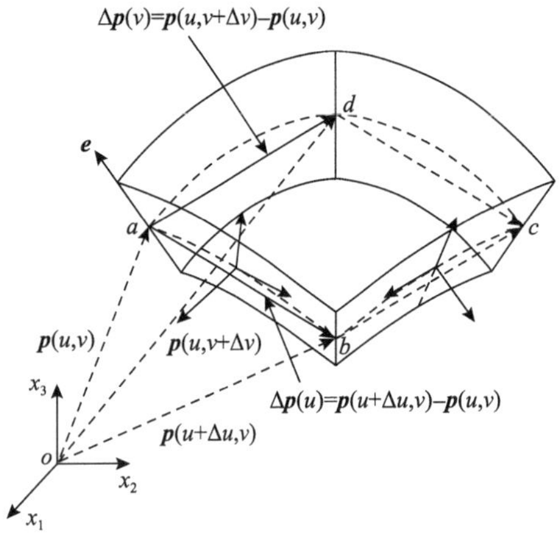

(a)

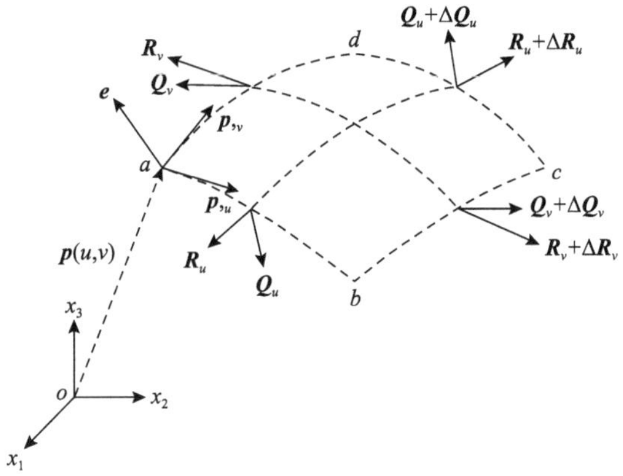

(b)

图 5.49　等厚度球面壳体微元中面内力

直观上，如图 5.49(a)所示，$\boldsymbol{p}_{,s_u}(u)=\lim\limits_{\Delta u\to 0}\dfrac{\Delta \boldsymbol{p}(u)}{\Delta s_{\widehat{ab}}}$且$\left\|\boldsymbol{p}_{,s_u}(u)\right\|=1$，其中$s_u$表示$u$曲线($v=v_0$)的弧长，所以，有

$$\Delta s_{\widehat{ab}}\overset{\Delta u\to 0}{\to}\left\|\Delta\boldsymbol{p}(u)\right\|=\left\|\boldsymbol{p}(u+\Delta u,v)-\boldsymbol{p}(u,v)\right\|\overset{\text{一元函数泰勒公式}}{=}\left\|\boldsymbol{p}_{,u}\Delta u+\frac{1}{2}\boldsymbol{p}_{,uu}\Delta u^2+O(\Delta u^2)\right\|$$

$$\Rightarrow \mathrm{d}s_{\widehat{ab}}=\left\|\boldsymbol{p}_{,u}+\frac{1}{2}\boldsymbol{p}_{,uu}\mathrm{d}u\right\|\mathrm{d}u$$

同理，可得

$$\mathrm{d}s_{\widehat{ad}}=\left\|\boldsymbol{p}_{,v}+\frac{1}{2}\boldsymbol{p}_{,vv}\mathrm{d}v\right\|\mathrm{d}v$$

$$\Delta s_{\widehat{bc}}\overset{\Delta v\to 0}{\to}\left\|\boldsymbol{p}(u+\Delta u,v+\Delta v)-\boldsymbol{p}(u+\Delta u,v)\right\|\overset{\text{二元函数泰勒公式}}{\approx}\left\|\boldsymbol{p}_{,u}\Delta u+\boldsymbol{p}_{,v}\Delta v+\frac{1}{2}\left(\boldsymbol{p}_{,uu}\Delta u^2+2\boldsymbol{p}_{,uv}\Delta u\Delta v+\boldsymbol{p}_{,vv}\Delta v^2\right)-\boldsymbol{p}_{,u}\Delta u-\frac{1}{2}\boldsymbol{p}_{,uu}\Delta u^2\right\|$$

$$\Rightarrow \mathrm{d}s_{\widehat{bc}}=\left\|\boldsymbol{p}_{,v}+\boldsymbol{p}_{,uv}\mathrm{d}u+\frac{1}{2}\boldsymbol{p}_{,vv}\mathrm{d}v\right\|\mathrm{d}v$$

同理，可得

$$\mathrm{d}s_{\widehat{dc}}=\left\|\boldsymbol{p}_{,u}+\boldsymbol{p}_{,uv}\mathrm{d}v+\frac{1}{2}\boldsymbol{p}_{,uu}\mathrm{d}u\right\|\mathrm{d}u$$

忽略三阶及以上无穷小量得到曲面片 $\widehat{abcd}$ 的微面积为

$$\begin{aligned}\Delta A_{\widehat{abcd}}\xrightarrow{\Delta u\to 0\ ,\Delta v\to 0}\left\|\Delta\boldsymbol{p}(u)\times\Delta\boldsymbol{p}(v)\right\|&=\left\|\left(\boldsymbol{p}_{,u}+\frac{1}{2}\boldsymbol{p}_{,uu}\mathrm{d}u\right)\mathrm{d}u\times\left(\boldsymbol{p}_{,v}+\frac{1}{2}\boldsymbol{p}_{,vv}\mathrm{d}v\right)\mathrm{d}v\right\|\\&=\left\|\boldsymbol{p}_{,u}\times\boldsymbol{p}_{,v}\right\|\mathrm{d}u\mathrm{d}v\end{aligned}$$

此外，

$$\Delta\boldsymbol{R}_u\overset{\Delta u\to 0}{\to}\mathrm{d}\boldsymbol{R}_u=\frac{\partial\boldsymbol{R}_u}{\partial v}\mathrm{d}v,\quad \Delta\boldsymbol{R}_v\overset{\Delta v\to 0}{\to}\mathrm{d}\boldsymbol{R}_v=\frac{\partial\boldsymbol{R}_v}{\partial u}\mathrm{d}u$$

中面上的分布内力和面荷载 $\boldsymbol{q}(u,v)$ 的合力为零，即

$$\boldsymbol{R}_u\mathrm{d}s_{\widehat{ab}}-\left(\boldsymbol{R}_u+\frac{\partial\boldsymbol{R}_u}{\partial v}\mathrm{d}v\right)\mathrm{d}s_{\widehat{dc}}+\boldsymbol{R}_v\mathrm{d}s_{\widehat{ad}}-\left(\boldsymbol{R}_v+\frac{\partial\boldsymbol{R}_v}{\partial u}\mathrm{d}u\right)\mathrm{d}s_{\widehat{bc}}+\boldsymbol{q}(u,v)\mathrm{d}A_{\widehat{abcd}}=0 \qquad (5.195)$$

如果将 $\mathrm{d}s_{\widehat{ab}}$、$\mathrm{d}s_{\widehat{ad}}$、$\mathrm{d}s_{\widehat{bc}}$、$\mathrm{d}s_{\widehat{dc}}$ 直接代入式(5.195)，由于矢量模的存在，似乎已无法进一步化简。其实不然，这里令 $A=\sqrt{E}=\sqrt{\boldsymbol{p}_{,u}\cdot\boldsymbol{p}_{,u}}=\left\|\boldsymbol{p}_{,u}\right\|$，$B=\sqrt{G}=\sqrt{\boldsymbol{p}_{,v}\cdot\boldsymbol{p}_{,v}}=\left\|\boldsymbol{p}_{,v}\right\|$，$\chi$ 为 $\boldsymbol{p}_{,u}$ 和 $\boldsymbol{p}_{,v}$ 的夹角，则

$$\begin{aligned}\mathrm{d}s_{\widehat{ab}}&=\left\|\boldsymbol{p}_{,u}+\frac{1}{2}\boldsymbol{p}_{,uu}\mathrm{d}u\right\|\mathrm{d}u=\mathrm{d}u\sqrt{\left(\boldsymbol{p}_{,u}+\frac{1}{2}\boldsymbol{p}_{,uu}\mathrm{d}u\right)\cdot\left(\boldsymbol{p}_{,u}+\frac{1}{2}\boldsymbol{p}_{,uu}\mathrm{d}u\right)}\\&=\mathrm{d}u\sqrt{\boldsymbol{p}_{,u}\cdot\boldsymbol{p}_{,u}+\boldsymbol{p}_{,u}\cdot\boldsymbol{p}_{,uu}\mathrm{d}u+\frac{1}{4}\boldsymbol{p}_{,uu}\cdot\boldsymbol{p}_{,uu}\mathrm{d}u\mathrm{d}u}\\&\approx\mathrm{d}u\sqrt{\boldsymbol{p}_{,u}\cdot\boldsymbol{p}_{,u}+\boldsymbol{p}_{,u}\cdot\boldsymbol{p}_{,uu}\mathrm{d}u}=\mathrm{d}u\sqrt{\boldsymbol{p}_{,u}\cdot\boldsymbol{p}_{,u}+\frac{1}{2}\frac{\partial\left(\boldsymbol{p}_{,u}\cdot\boldsymbol{p}_{,u}\right)}{\partial u}\mathrm{d}u}\\&=\mathrm{d}u\sqrt{A^2+\frac{1}{2}\frac{\partial\left(A^2\right)}{\partial u}\mathrm{d}u}=A\mathrm{d}u\sqrt{1+\frac{1}{A}\frac{\partial A}{\partial u}\mathrm{d}u}\\&\approx A\mathrm{d}u\left[1+\frac{1/2}{1!}\left(\frac{1}{A}\frac{\partial A}{\partial u}\mathrm{d}u\right)\right]=A\mathrm{d}u+\frac{1}{2}\frac{\partial A}{\partial u}\mathrm{d}u\mathrm{d}u\end{aligned}$$

注：上式推导过程中若将 $\frac{1}{4}\boldsymbol{p}_{,uu}\cdot\boldsymbol{p}_{,uu}\mathrm{d}u\mathrm{d}u$ 忽略掉可能引起较大误差，因为二阶偏导数与该方向曲线的曲率有关。

同理，可得

$$ds_{\widehat{ad}} = B\mathrm{d}v + \frac{1}{2}\frac{\partial B}{\partial v}\mathrm{d}v\mathrm{d}v$$

$$\begin{aligned}
ds_{\widehat{bc}} &= \left\|\boldsymbol{p}_{,v} + \boldsymbol{p}_{,uv}\mathrm{d}u + \frac{1}{2}\boldsymbol{p}_{,vv}\mathrm{d}v\right\|\mathrm{d}v = \mathrm{d}v\sqrt{\left(\boldsymbol{p}_{,v} + \boldsymbol{p}_{,uv}\mathrm{d}u + \frac{1}{2}\boldsymbol{p}_{,vv}\mathrm{d}v\right)\cdot\left(\boldsymbol{p}_{,v} + \boldsymbol{p}_{,uv}\mathrm{d}u + \frac{1}{2}\boldsymbol{p}_{,vv}\mathrm{d}v\right)} \\
&= \mathrm{d}v\sqrt{\boldsymbol{p}_{,v}\cdot\boldsymbol{p}_{,v} + 2\boldsymbol{p}_{,v}\cdot\boldsymbol{p}_{,uv}\mathrm{d}u + 2\boldsymbol{p}_{,v}\cdot\frac{1}{2}\boldsymbol{p}_{,vv}\mathrm{d}v + 2\boldsymbol{p}_{,uv}\mathrm{d}u\cdot\frac{1}{2}\boldsymbol{p}_{,vv}\mathrm{d}v + \boldsymbol{p}_{,uv}\mathrm{d}u\cdot\boldsymbol{p}_{,uv}\mathrm{d}u + \frac{1}{2}\boldsymbol{p}_{,vv}\mathrm{d}v\cdot\frac{1}{2}\boldsymbol{p}_{,vv}\mathrm{d}v} \\
&\approx \mathrm{d}v\sqrt{\boldsymbol{p}_{,v}\cdot\boldsymbol{p}_{,v} + 2\boldsymbol{p}_{,v}\cdot\boldsymbol{p}_{,uv}\mathrm{d}u + 2\boldsymbol{p}_{,v}\cdot\frac{1}{2}\boldsymbol{p}_{,vv}\mathrm{d}v} = \mathrm{d}v\sqrt{\boldsymbol{p}_{,v}\cdot\boldsymbol{p}_{,v} + \frac{\partial\left(\boldsymbol{p}_{,v}\cdot\boldsymbol{p}_{,v}\right)}{\partial u}\mathrm{d}u + \frac{1}{2}\frac{\partial\left(\boldsymbol{p}_{,v}\cdot\boldsymbol{p}_{,v}\right)}{\partial v}\mathrm{d}v} \\
&= \mathrm{d}v\sqrt{B^2 + \frac{\partial\left(B^2\right)}{\partial u}\mathrm{d}u + \frac{1}{2}\frac{\partial\left(B^2\right)}{\partial v}\mathrm{d}v} = B\mathrm{d}v\sqrt{1 + \left(\frac{2}{B}\frac{\partial B}{\partial u}\mathrm{d}u + \frac{1}{B}\frac{\partial B}{\partial v}\mathrm{d}v\right)} \\
&\approx B\mathrm{d}v\left[1 + \frac{1/2}{1!}\left(\frac{2}{B}\frac{\partial B}{\partial u}\mathrm{d}u + \frac{1}{B}\frac{\partial B}{\partial v}\mathrm{d}v\right)\right] = B\mathrm{d}v + \frac{1}{2}\frac{\partial B}{\partial v}\mathrm{d}v\mathrm{d}v + \frac{\partial B}{\partial u}\mathrm{d}u\mathrm{d}v
\end{aligned}$$

同理，可得

$$ds_{\widehat{dc}} = A\mathrm{d}u + \frac{1}{2}\frac{\partial A}{\partial u}\mathrm{d}u\mathrm{d}u + \frac{\partial A}{\partial v}\mathrm{d}u\mathrm{d}v$$

将 $ds_{\widehat{ab}}$、$ds_{\widehat{ad}}$、$ds_{\widehat{bc}}$、$ds_{\widehat{dc}}$ 的标量形式代入式(5.195)并略去三阶及以上无穷小量，得到

$$\frac{\partial\left(A\boldsymbol{R}_u\right)}{\partial v} + \frac{\partial\left(B\boldsymbol{R}_v\right)}{\partial u} = AB\sin\chi\boldsymbol{q}(u,v) \tag{5.196}$$

由式(5.195)简化、推导而来的式(5.196)是关于中面上内力和外荷载的一阶偏微分平衡方程，形式上与文献[77]完全一致。仔细观察，A、B 和 χ 为曲面形状几何标量，$\boldsymbol{R}_u$、$\boldsymbol{R}_v$ 为中面内力矢量，外在的“形”与内在的“力”以及外荷载在式(5.196)中得到了统一。

如图 5.50 所示，将 $A\boldsymbol{R}_u\mathrm{d}u$ 看成 v 曲线的横截面内力，将 $B\boldsymbol{R}_v\mathrm{d}v$ 看成 u 曲线的横截面内力，将 $AB\sin\chi\cdot\boldsymbol{q}(u,v)$ 看成由面荷载等代为这两条曲线上的线分布荷载的叠加。这里，读者不妨将连续的中面曲面想象为单层正交曲线网格，从而方便理解和记忆。

接下来，考察图 5.49(b)中面微元即曲面片 $\widehat{abcd}$ 上内外力的合力矩。

①仅中面微元上分布内力矩 $\boldsymbol{Q}$ 和面分布外力偶矩 $\boldsymbol{m}(u,v)$ 的矢量和。从矢量合成的角度而言，这与分布内力 $\boldsymbol{R}$ 和面分布外力 $\boldsymbol{q}(u,v)$ 的矢量和并无不同。这里略去推导过程，结果如下：

$$\left[-\frac{\partial\left(A\boldsymbol{Q}_u\right)}{\partial v} - \frac{\partial\left(B\boldsymbol{Q}_v\right)}{\partial u} + AB\sin\chi\boldsymbol{m}(u,v)\right]\mathrm{d}u\mathrm{d}v$$

②此外，还存在中面上的分布内力 $\boldsymbol{R}$ 和面分布外力 $\boldsymbol{q}(u,v)$ 产生的力矩。由理论力学的知识可知，平衡力系的各力矢量对任意一点的合力矩均为零。选择中面微元上的一个角点，如 a 点，求中面微元上的内外力对 a 点的合力矩。

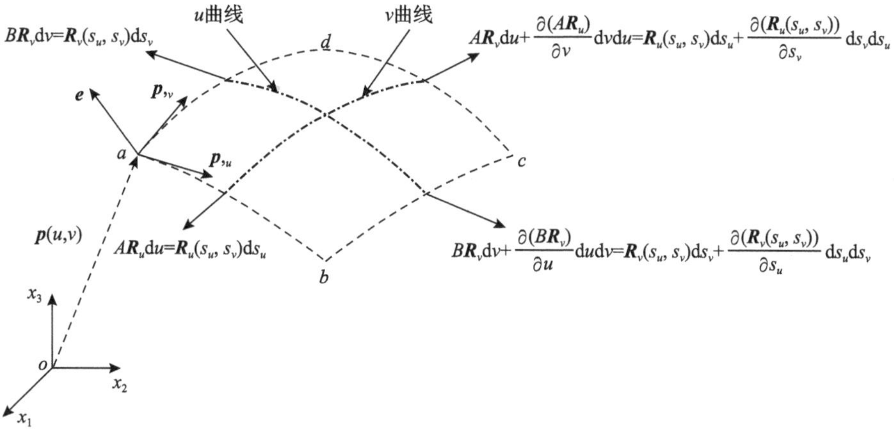

图 5.50　中面微元等代为两条正交空间曲线微元示意

曲线 $\widehat{ab}$ 上分布内力产生的矩为

$$\boldsymbol{R}_u \Delta s_{\widehat{ab}} \times \left[\boldsymbol{p}(u+\xi\Delta u, v) - \boldsymbol{p}(u,v)\right] \approx \boldsymbol{R}_u \Delta s_{\widehat{ab}} \times \boldsymbol{p}_{,u}\xi\Delta u \xrightarrow{\Delta u \to 0} \boldsymbol{R}_u \mathrm{d}s_{\widehat{ab}} \times \boldsymbol{p}_{,u}\xi\mathrm{d}u$$
$$= \left(A\mathrm{d}u + \frac{1}{2}\frac{\partial A}{\partial u}\mathrm{d}u\mathrm{d}u\right)\boldsymbol{R}_u \times \boldsymbol{p}_{,u}\xi\mathrm{d}u$$

其中，$\xi \in [0,1]$；$\xi\Delta u$ 表示将 $\boldsymbol{R}_u \Delta s_{\widehat{ab}}$ 看成一个力在曲线 $\widehat{ab}$ 上的作用点。

曲线 $\widehat{dc}$ 上分布内力产生的矩为

$$-\left(\boldsymbol{R}_u + \frac{\partial \boldsymbol{R}_u}{\partial v}\Delta v\right)\Delta s_{\widehat{dc}} \times \left[\boldsymbol{p}\left(u + \left(\xi + \frac{\partial \xi}{\partial v}\Delta v\right)\Delta u, v + \Delta v\right) - \boldsymbol{p}(u,v)\right]$$
$$\approx -\left(\boldsymbol{R}_u + \frac{\partial \boldsymbol{R}_u}{\partial v}\Delta v\right)\Delta s_{\widehat{dc}} \times \left(\boldsymbol{p}_{,u}\left(\xi + \frac{\partial \xi}{\partial v}\Delta v\right)\Delta u + \boldsymbol{p}_{,v}\Delta v\right)$$
$$\xrightarrow{\Delta u \to 0,\, \Delta v \to 0} -\left(\boldsymbol{R}_u + \frac{\partial \boldsymbol{R}_u}{\partial v}\mathrm{d}v\right)\mathrm{d}s_{\widehat{dc}} \times \left(\boldsymbol{p}_{,u}\xi\mathrm{d}u + \boldsymbol{p}_{,v}\mathrm{d}v\right)$$
$$= -\left(A\mathrm{d}u + \frac{1}{2}\frac{\partial A}{\partial u}\mathrm{d}u\mathrm{d}u + \frac{\partial A}{\partial v}\mathrm{d}u\mathrm{d}v\right)\left(\boldsymbol{R}_u + \frac{\partial \boldsymbol{R}_u}{\partial v}\mathrm{d}v\right) \times \left(\boldsymbol{p}_{,u}\xi\mathrm{d}u + \boldsymbol{p}_{,v}\mathrm{d}v\right)$$

计算曲线 $\widehat{ab}$ 、$\widehat{dc}$ 上的合力矩，忽略三阶及以上无穷小量，得到 $-A\boldsymbol{R}_u\mathrm{d}u \times \boldsymbol{p}_{,v}\mathrm{d}v$ 。

同理可得，曲线 $\widehat{ad}$ 、$\widehat{bc}$ 上的合力矩为 $-B\boldsymbol{R}_v\mathrm{d}v \times \boldsymbol{p}_{,u}\mathrm{d}u$ 。

中面微元上面分布外力 $\boldsymbol{q}(u,v)$ 产生的力矩为 $\boldsymbol{q}(u,v)AB\sin\chi\mathrm{d}u\mathrm{d}v \times \left(\boldsymbol{p}_{,u}\varsigma\mathrm{d}u + \boldsymbol{p}_{,v}\eta\mathrm{d}v\right)$，

均为三阶无穷小量，可忽略。注意，$\varsigma,\eta\in[0,1]$，$\varsigma\mathrm{d}u$、$\eta\mathrm{d}v$ 表示中面微元上面分布外力的合力的作用点。

至此，由中面微元上的合力矩为零得到

$$\frac{\partial(A\boldsymbol{Q}_u)}{\partial v}+\frac{\partial(B\boldsymbol{Q}_v)}{\partial u}+A\boldsymbol{R}_u\times\boldsymbol{p}_{,v}+B\boldsymbol{R}_v\times\boldsymbol{p}_{,u}=AB\sin\chi\boldsymbol{m}(u,v) \tag{5.197}$$

式(5.197)为中面微元的力矩平衡关系的矢量表达式。

式(5.197)与式(5.172)中的第二式在形式上相同，说明连续薄壳的力矩平衡方程可以看成一对正交曲线梁的力矩平衡方程的线性叠加，这意味着曲面问题可退化为一对相互独立的曲线问题。

联立式(5.196)和式(5.197)，矢量形式的薄壳平衡方程为

$$\begin{cases}\dfrac{\partial(A\boldsymbol{R}_u)}{\partial v}+\dfrac{\partial(B\boldsymbol{R}_v)}{\partial u}=AB\sin\chi\boldsymbol{q}(u,v)\\ \dfrac{\partial(A\boldsymbol{Q}_u)}{\partial v}+\dfrac{\partial(B\boldsymbol{Q}_v)}{\partial u}+A\boldsymbol{R}_u\times\boldsymbol{p}_{,v}+B\boldsymbol{R}_v\times\boldsymbol{p}_{,u}=AB\sin\chi\boldsymbol{m}(u,v)\end{cases} \tag{5.198}$$

式(5.198)写成标量形式包含 6 个方程。例如，令

$$\boldsymbol{R}_u=S_1\frac{\boldsymbol{p}_{,u}}{A}+T_1\frac{\boldsymbol{p}_{,v}}{B}+N_1\boldsymbol{e},\quad \boldsymbol{R}_v=T_2\frac{\boldsymbol{p}_{,u}}{A}+S_2\frac{\boldsymbol{p}_{,v}}{B}+N_2\boldsymbol{e},\quad \boldsymbol{q}(u,v)=q_1\frac{\boldsymbol{p}_{,u}}{A}+q_2\frac{\boldsymbol{p}_{,v}}{B}+q_3\boldsymbol{e}$$

其中，$S_i(u,v)$、$T_i(u,v)$、$N_i(u,v)(i=1,2)$ 可看成 Shear、Tensile、Normal 的首字母，依次表示 $\boldsymbol{R}_u(u,v)$、$\boldsymbol{R}_v(u,v)$ 在局部坐标系 $\boldsymbol{p}_{,u}(u,v)$、$\boldsymbol{p}_{,v}(u,v)$、$\boldsymbol{e}(u,v)$ 三条坐标轴上的斜投影分量。

若 $u\perp v$，则为正投影即点积分量。这里要注意斜交坐标系的坐标值与正交坐标系的坐标值不同，遵循平行四边形法则。例如，中面内力在法线方向的力矩分量如图 5.51 所示。再令

$$\boldsymbol{Q}_u=G_1\frac{\boldsymbol{p}_{,u}}{A}+H_1\frac{\boldsymbol{p}_{,v}}{B}+0\boldsymbol{e},\quad \boldsymbol{Q}_v=H_2\frac{\boldsymbol{p}_{,u}}{A}+G_2\frac{\boldsymbol{p}_{,v}}{B}+0\boldsymbol{e},\quad \boldsymbol{m}(u,v)=m_1\frac{\boldsymbol{p}_{,u}}{A}+m_2\frac{\boldsymbol{p}_{,v}}{B}+0\boldsymbol{e}$$

其中，$G_i(u,v)$、$H_i(u,v)(i=1,2)$ 为分布内力矩矢量 $\boldsymbol{Q}_u$、$\boldsymbol{Q}_v$ 在局部坐标系 $\boldsymbol{p}_{,u}(u,v)$、$\boldsymbol{p}_{,v}(u,v)$、$\boldsymbol{e}(u,v)$ 三条坐标轴上的斜投影分量。

将 $\boldsymbol{R}_u(u,v)$、$\boldsymbol{R}_v(u,v)$、$\boldsymbol{q}(u,v)$ 和 $\boldsymbol{Q}_u$、$\boldsymbol{Q}_v$ 的基矢量展开式代入式(5.198)，得到平衡方程的一般标量形式，即

$$
\begin{cases}
\dfrac{\partial S_1}{\partial v}+S_1\Gamma_{uv}^u+T_1\dfrac{A}{B}\Gamma_{vv}^u+AN_1\dfrac{FN-GM}{EG-F^2}+\dfrac{\partial T_2}{\partial u}\dfrac{B}{A}+T_2\dfrac{B}{A}\Gamma_{uu}^u+T_2\dfrac{\partial}{\partial u}\left(\dfrac{B}{A}\right)+S_2\Gamma_{vu}^u \\
+BN_2\dfrac{FM-GL}{EG-F^2}=B\sin\chi q_1 \\
S_1\Gamma_{uv}^v+\dfrac{\partial T_1}{\partial v}\dfrac{A}{B}+T_1\dfrac{\partial}{\partial v}\left(\dfrac{A}{B}\right)+T_1\dfrac{A}{B}\Gamma_{vv}^v+AN_1\dfrac{FM-GN}{EG-F^2}+T_2\dfrac{B}{A}\Gamma_{uu}^v+\dfrac{\partial S_2}{\partial u}+S_2\Gamma_{vu}^v \\
+BN_2\dfrac{FL-GM}{EG-F^2}=A\sin\chi q_2 \\
S_1M+T_1\dfrac{A}{B}N+\dfrac{\partial(AN_1)}{\partial v}+T_2\dfrac{B}{A}L+S_2M+\dfrac{\partial(BN_2)}{\partial u}=AB\sin\chi\cdot q_3 \\
\dfrac{\partial G_1}{\partial v}+G_1\Gamma_{uv}^u+\dfrac{A}{B}H_1\Gamma_{vv}^u+\dfrac{\partial}{\partial u}\left(\dfrac{B}{A}H_2\right)+\dfrac{B}{A}H_2\Gamma_{uu}^u+G_2\Gamma_{vu}^u+AN_1\dfrac{ABG\sin\chi}{EG-F^2} \\
-BN_2\dfrac{ABF\sin\chi}{EG-F^2}=B\sin\chi\cdot m_1 \\
G_1\Gamma_{uv}^v+\dfrac{\partial}{\partial v}\left(\dfrac{A}{B}H_1\right)+\dfrac{A}{B}H_1\Gamma_{vv}^v+\dfrac{B}{A}H_2\Gamma_{uu}^v+\dfrac{\partial G_2}{\partial u}+G_2\Gamma_{vu}^v-AN_1\dfrac{ABF\sin\chi}{EG-F^2} \\
+BN_2\dfrac{ABE\sin\chi}{EG-F^2}=A\sin\chi\cdot m_2 \\
G_1M+\dfrac{A}{B}H_1N+\dfrac{B}{A}H_2L+G_2M+S_1AB\sin\chi-S_2AB\sin\chi=0
\end{cases}
\tag{5.199}
$$

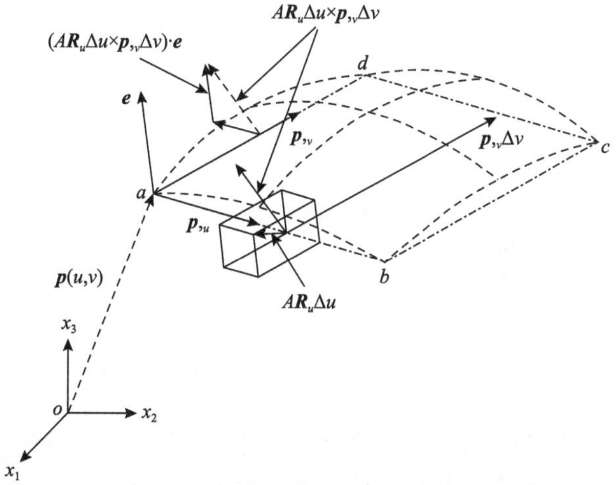

图 5.51　中面内力在法线方向的力矩分量

注：式(5.198)第二式展开时需要计算 $\boldsymbol{e}\times\boldsymbol{p}_{,u}$ 和 $\boldsymbol{e}\times\boldsymbol{p}_{,v}$。以 $\boldsymbol{e}\times\boldsymbol{p}_{,v}$ 为例，已知 $\boldsymbol{e}$ 与 $\boldsymbol{p}_{,u}\times\boldsymbol{p}_{,v}$ 的方向一致，因此与 $\boldsymbol{e}$ 垂直的方向都在 $\boldsymbol{p}_{,u}$ 和 $\boldsymbol{p}_{,v}$ 相交的平面内，$\boldsymbol{e}\times\boldsymbol{p}_{,v}$ 得到的矢量也在 $\boldsymbol{p}_{,u}$ 和 $\boldsymbol{p}_{,v}$ 相交的平面内。假设 $\boldsymbol{e}\times\boldsymbol{p}_{,v}=\alpha\boldsymbol{p}_{,u}+\beta\boldsymbol{p}_{,v}$，求系数 α 和 β。

由混合积性质可知 $(\boldsymbol{e}\times\boldsymbol{p}_{,v})\cdot\boldsymbol{p}_{,v}=0\Rightarrow(\alpha\boldsymbol{p}_{,u}+\beta\boldsymbol{p}_{,v})\cdot\boldsymbol{p}_{,v}=\alpha F+\beta G=0$，那么 $(\boldsymbol{e}\times\boldsymbol{p}_{,v})\cdot\boldsymbol{p}_{,u}$ 呢？其实，

$(\boldsymbol{e}\times\boldsymbol{p}_{,v})$ 的方向与 $\boldsymbol{p}_{,u}$ 的夹角为 $\pi/2+\chi$，$\|\boldsymbol{e}\times\boldsymbol{p}_{,v}\|=\|\boldsymbol{e}\|\|\boldsymbol{p}_{,v}\|\sin(\pi/2)=1\times B\times 1=B$，故

$$(\boldsymbol{e}\times\boldsymbol{p}_{,v})\cdot\boldsymbol{p}_{,u}=\|\boldsymbol{e}\times\boldsymbol{p}_{,v}\|\|\boldsymbol{p}_{,u}\|\cos(\pi/2+\chi)=-BA\sin\chi=(\alpha\boldsymbol{p}_{,u}+\beta\boldsymbol{p}_{,v})\cdot\boldsymbol{p}_{,u}=\alpha E+\beta F$$

关于 α 和 β 的二元一次方程组为

$$\begin{cases}\alpha F+\beta G=0\\ \alpha E+\beta F=-AB\sin\chi\end{cases}\Rightarrow \alpha=\frac{ABG\sin\chi}{EG-F^2},\quad \beta=\frac{-ABF\sin\chi}{EG-F^2}$$

即

$$\boldsymbol{e}\times\boldsymbol{p}_{,v}=\frac{ABG\sin\chi}{EG-F^2}\boldsymbol{p}_{,u}+\frac{-ABF\sin\chi}{EG-F^2}\boldsymbol{p}_{,v}$$

同理，可得

$$\boldsymbol{e}\times\boldsymbol{p}_{,u}=\frac{-ABF\sin\chi}{EG-F^2}\boldsymbol{p}_{,u}+\frac{ABE\sin\chi}{EG-F^2}\boldsymbol{p}_{,v}$$

一般情况下的薄壳中面平衡方程(式(5.199))看上去非常复杂，若中面曲面上的 u 曲线和 v 曲线均采用弧长参数 s_u、s_v 且 $u\perp v$，则 $A=B=1$，$E=G=1$，$F=0$，$\sin\chi=1$，$\varGamma_{ij}^k=0$，式(5.199)可简化为

$$\begin{cases}\dfrac{\partial S_1}{\partial s_v}+\dfrac{\partial T_2}{\partial s_u}+MN_1-LN_2=q_1\\ \dfrac{\partial T_1}{\partial s_v}+\dfrac{\partial S_2}{\partial s_u}+NN_1+MN_2=q_2\\ T_1N+(S_1+S_2)M+T_2L+\dfrac{\partial N_1}{\partial s_v}+\dfrac{\partial N_2}{\partial s_u}=q_3\\ \dfrac{\partial G_1}{\partial s_v}+\dfrac{\partial H_2}{\partial s_u}+N_1=m_1\\ \dfrac{\partial H_1}{\partial s_v}+\dfrac{\partial G_2}{\partial s_u}+N_2=m_2\\ H_1N+(G_1+G_2)M+H_2L+S_1-S_2=0\end{cases}\tag{5.200}$$

可见，式(5.200)比式(5.199)要简单得多。另外，将 $A=B=\sin\chi=1$ 代入式(5.198)并与式(5.172)对比可见连续薄壳的矢量平衡方程可以看成两族正交曲线梁的矢量平衡方程的线性叠加，这是基于标准微元不变性假设下薄壳力学问题的实质。

理想柔软薄膜的平衡方程：空间理想柔软薄膜厚度方向尺寸以及弯刚度、扭刚度和压刚度太小以至于可以忽略，仅存在曲面内的内力，即 $G_i=H_i=N_i=0(i=1,2)$，其平衡方程可由式(5.200)进一步简化得到，即

$$\begin{cases} \dfrac{\partial S_1}{\partial s_v}+\dfrac{\partial T_2}{\partial s_u}=q_1 \\ \dfrac{\partial T_1}{\partial s_v}+\dfrac{\partial S_2}{\partial s_u}=q_2 \\ T_1N+\left(S_1+S_2\right)M+T_2L=q_3 \\ S_1-S_2=0 \end{cases} \tag{5.201}$$

注意，u曲线和v曲线正交但并不要求它们是曲面上该点的主法曲率线。薄壳的无矩理论也可直接建立上述平衡方程。式(5.201)表明，如果曲面形状几何已知，薄膜内力满足一点邻域内的静定条件。

式(5.201)解的性质：与经典壳体力学的研究目的不同，空间曲面第Ⅲ类形态生成问题中薄膜曲面的形状几何和薄膜内力都是未知的。式(5.201)的第一、二、四式与薄膜内力有关；第三式包含了曲面的未知曲率，是二阶偏微分方程；第一、二式是一阶偏微分方程；第四式是代数方程。从初等代数方程组的角度(这大概不是严谨的数学描述)来看，曲面形状几何有u、v或s_u、s_v 2 个独立参数，薄膜曲面的内力场在一点有 4 个参数，这样总共有 6 个未知数(量)。然而，式(5.201)只有 4 个方程，显然，方程的个数少于未知数的个数，一般情况下存在无数个解，要得到唯一的解需要引入额外的 2 个条件，这不仅为边界条件以及力学性能、材料用量和经济成本等各种优化目标的引入提供了可能，而且事实上也是必要的。此外，外荷载的类型(如附加恒荷载、自重等的大小和方向)或许已知，但分布形式又与曲面的形状几何相关，因此是部分已知。因此，式(5.201)包含偏微分方程和代数方程，需要从偏微分方程组[78]的角度分析其定解条件。

观察式(5.201)，可获得一些初步认识，如例题 5.19。

例题 5.19　等应力曲面与极小曲面的等价性条件、常平均曲率曲面及式(5.201)的初步讨论。

①空间薄膜曲面在不考虑边界条件的情况下，若曲面与其主法曲率线相联系，则$M=0$。等应力曲面$T_1=T_2=t$，那么，由式(5.201)的第三式得到

$$2t\left(\frac{N+L}{2}\right)=2t\left(\frac{\kappa_1+\kappa_2}{2}\right)=2tH=q_3\Rightarrow H=\frac{q_3}{2t}$$

其中，$H=\dfrac{\kappa_1+\kappa_2}{2}$为平均曲率；$\kappa_1=L=\boldsymbol{p}_{,s_us_u}\cdot\boldsymbol{e}$，$\kappa_2=N=\boldsymbol{p}_{,s_vs_v}\cdot\boldsymbol{e}$。

如果$q_3(s_u,s_v)$是一常数，那么该空间薄膜曲面就是常平均曲率曲面。在$q_3=0$或者$t\to+\infty$的情况下，平均曲率$H=0$，则该空间薄膜曲面才是极小曲面。这说明极小曲面作为工程曲面在理论上是不合适的，即极小曲面要求法向分布荷载为零或者曲面内力趋向无穷大。这与本章开始部分关于等应力曲面和极小曲面等价方面(即式(5.4)～式(5.6))的推导和结论是一致的。

若空间薄膜的内力大小在曲面内任意方向都相等且法向均布荷载是常数，则空间薄膜曲面是常平均曲率曲面，这一点可以解释为什么实际薄壳或网壳工程中球面、圆柱面和锥面等比较常见。一般情况下，建筑膜材为正交各向异性的涂层织物，膜设计预应力在基层纤维编织的方向一般不同，这时候薄膜曲面可以称为加权平均曲率曲面。实际工程中，风荷载对薄膜曲面而言是法向分布，重力荷载始终是竖向分布。如果考虑薄膜自重或其他屋面围护系统附加恒荷载，则式(5.201)中第三式的右端项与

薄膜曲面的形状几何是相关的。这时应将矢量平衡方程(式(5.198))变换为整体直角坐标系下的标量形式，方便考虑重力荷载。

②式(5.201)中第一、二、四式中不显含空间薄膜曲面的形状几何变量，可以看成单纯的平衡关系。式(5.201)中的第三式是代数方程，但L、M、N为曲面的基本形式Ⅱ的三个参数。如果采用弧长为参数，那么$E=G=1$。如果采用曲面一点的正交共轭曲线(如主法曲率线)建立局部坐标系，则$M=F=0$。在一些比较特殊的情况下，仅求解此代数方程或许就可以解决问题。设想如下。

第Ⅰ类形态生成问题：鉴于实际工程设计薄膜曲面的几何边界多数是已知的，如平面圆形边界，如果将空间薄膜曲面的边界或其在整体坐标系下的投影区域进行人工均匀或不均匀的网格划分，则可以知道未知曲面上投影变换点的平面坐标，空间薄膜曲面的形状几何参数就只剩下投影方向的高度坐标一个参数，这相当于将边界条件引入式(5.201)。如果已知薄膜内力T_1、T_2，再由式(5.201)的第三式得到各个网格节点的曲率条件，这样一个加权平均曲率、常平均曲率或给定平均曲率条件对应一个未知量，是否可以当成单纯的计算几何问题由程序自动生成各点的曲面片？例如，R^3中给定平均曲率曲面存在 Weierstrass 表示和可积条件[79]。生成的曲面是否是最小势能曲面？是否还需要补充其他限制条件，如曲面最高点的高度？这为5.1节中第Ⅰ类形态生成问题的连续空间薄膜曲面找形分析提供了另外一条思路。

第Ⅱ类形态生成问题：由已知空间薄膜曲面的形状几何计算各网格节点的L、N，则可以求得自内力的分布。这为5.2节中第Ⅱ类形态生成问题的连续空间薄膜曲面找力分析提供了一条思路。

此外，如果上述两条思路可行，那么空间薄膜曲面第Ⅲ类形态生成问题的迭代求解方法就是第Ⅰ类形态生成问题和第Ⅱ类形态生成问题求解方法的交替使用，但欠缺迭代求解控制的方法、目标和收敛性准则。

③式(5.201)方程组的第三式，假设描述曲面的u曲线和v曲线与主曲率线相联系，则$M=0$，因此

$$\left.\begin{aligned} T_1N+T_2L&=q_3\\ L=\boldsymbol{p}_{,s_us_u}\cdot\boldsymbol{e}=\boldsymbol{\kappa}_u\cdot\boldsymbol{e}&=\kappa_1\\ N=\boldsymbol{p}_{,s_vs_v}\cdot\boldsymbol{e}=\boldsymbol{\kappa}_v\cdot\boldsymbol{e}&=\kappa_2\end{aligned}\right\}\Rightarrow T_1\kappa_2+T_2\kappa_1=q_3$$

比较上式与式(5.175)不难发现，曲面上一点和曲线上一点的平衡方程形式上相同，理想柔软薄膜曲面本质上可看成两族正交共轭的理想柔索曲线。式(5.175)中理想柔软索曲线的轴向拉力与其主曲率相乘，而理想柔软薄膜曲面的薄膜内力与曲面上曲线的主法曲率相乘，但前者是$\boldsymbol{p}$对弧长参数的二次导数，后者却是$\boldsymbol{p}$对弧长参数的二次偏导数在曲面法向的分量，是不是不一样？实际上两族主曲率曲线都是平面曲线，挠率为0，主曲率曲线的曲率就是曲面上一点的最大或最小法曲率且测地曲率为0。

另外，如果将曲面的主法曲率和薄膜内力均看成矢量场，薄膜内力场记为$\begin{pmatrix}T_1 & T_2\end{pmatrix}$，曲面的主法曲率场记为$\begin{pmatrix}\kappa_2 & \kappa_1\end{pmatrix}$，在外荷载为零的情况下二者正交，并且主法曲率线方向的薄膜自内力与主法曲率成反比。

④单根空间曲线理想柔索不存在自内力，而空间薄膜曲面可以看成两族独立的主曲率曲线，那么是否可以想当然地认为单片或单层的自由曲面理想柔软薄膜也不存在自内力？

其一，至少存在极小曲面这一反例。式(5.201)的齐次解对应体系的自平衡状态，如果已知薄膜内力T_1、T_2相等或二者成比例，第三式给出空间曲面的平均曲率或加权平均曲率为零，这是极小曲面或平面。注意，加权平均曲率可以通过坐标变换转化为标准的平均曲率方程。这里并未要求曲面的两条

独立空间曲线的主法曲率都等于零，平均曲率或者加权平均曲率等于零的曲面存在自内力，而不仅仅是平面，这与式(5.175)得出存在自内力的空间曲线只能是直线不同，这是第Ⅲ类形态生成问题中曲线问题与曲面问题的主要区别。同时，还注意到极小曲面(全局双向主应力相等)或其坐标变换曲面(全局双向主应力成等比例)中无论自内力水平设定为多大，张拉完成后其形状几何相同(忽略重力荷载)。

其二，假设单片极小曲面在外荷载作用下不会产生大的机构位移或者参考位形取变形后的形状几何。令 T_1^P 、T_2^P 为薄膜自内力，T_1^L 、T_2^L 为单纯由荷载产生的薄膜内力增量，即该部分内力随着荷载的消失而消失，采用叠加原理，则 $T_1 = T_1^P + T_1^L$ ，$T_2 = T_2^P + T_2^L$ ，代入式(5.201)中的第三式（$M = 0$），得到

$$\begin{cases} T_1^P N + T_2^P L = 0 \\ T_1^L N + T_2^L L = q_3 \end{cases} \Rightarrow \begin{bmatrix} T_1^P & T_2^P \\ T_1^L & T_2^L \end{bmatrix} \begin{pmatrix} N \\ L \end{pmatrix} = \begin{pmatrix} 0 \\ q_3 \end{pmatrix}$$

如果薄膜曲面存在，则 L 、N 不都等于零，该线性方程组存在非零解，系数矩阵的行列式不能等于零，即

$$\begin{vmatrix} T_1^P & T_2^P \\ T_1^L & T_2^L \end{vmatrix} \neq 0 \Rightarrow T_1^P T_2^L - T_2^P T_1^L \neq 0 \Rightarrow \frac{T_1^P}{T_2^P} \neq \frac{T_1^L}{T_2^L}$$

对于极小曲面，$\dfrac{T_1^P}{T_2^P} = 1$ 。

上式与式(5.162)右端项系数分母的问题有点相似，如都是关于两条曲线的自内力和荷载内力的比例不能相等。实际工程中空间薄膜曲面只能受拉，即 T_1^P 、T_2^P 大于零，因此由上式第一式可知，L 、N 必然是正负相反，高斯曲率就是负的。若设计时进一步要求 $T_1^P + T_1^L > 0$ 、$T_2^P + T_2^L > 0$ 就不会出现褶皱现象。然而，令人遗憾的是，单片理想柔软薄膜极小曲面在外荷载作用下一般会发生机构位移或大位移，兼具刚体运动和强几何非线性柔体变形特征，形状几何可能变化较大。

值得指出的是，线性找力分析并非一无是处，例如，采用修正拉格朗日描述逐级更新参考位形，在大位移增量分析过程中的某一时刻采用线性分析通常具有足够的计算精度。在预内力薄膜曲面荷载增量分析的过程中，自内力、荷载引起的内力和外荷载在现时位形上客观存在，如果采用欧拉描述，以加载平衡后的形状几何为参考位形，则采用线性找力分析在理论上完全没有任何瑕疵。

那么，将理想柔软薄膜曲面内力人为分成自内力和荷载引起的内力两部分有什么意义？这有助于理解自内力与荷载引起的内力的区别和联系。

①自内力的存在对于理想柔软薄膜曲面是必需的，工程曲面的初状态几何需通过引入自内力来生成和维持。自内力的确定理论上无需考虑主动张拉单元的相容条件和本构关系，仅需要满足平衡条件，因为主动张拉过程就是强迫施工过程，而荷载引起的内力分析要求所有单元均需满足平衡条件、相容条件和本构关系。

②自平衡的薄膜内力的大小不改变曲面的初状态几何(但会改变零状态几何)，因此单纯找力分析是线性分析，而荷载引起的内力是由结构材料的弹性变形引起的，这往往伴随着曲面形状几何的较大变化。

③重力荷载为永久作用即常态荷载，如果初状态几何考虑永久作用的影响，则该形状几何下必须满足同时存在自内力和重力荷载引起的内力，这种情况下可以采用线性找力分析。然而，对于体系初状态几何下机构位移模态与重力荷载分布矢量不正交的情况，线性找力分析将失效，这就是佛山体育

场索系建筑设计几何下设计预应力无法考虑重力荷载的原因。此外，对于静不定体系，如果主动张拉单元选择不当，去掉这些主动张拉单元后不能形成力法的基本结构，则存在施工张拉过程的相容性要求，理论上存在无法张拉成功或逆分析时无法完全释放被动张拉单元的内力而得到零状态几何等问题。

④风荷载为可变作用，忽略空气的黏性，光滑薄膜曲面上的风压始终沿曲面的法方向。如果希望单片理想柔软薄膜空间曲面的设计几何(即初状态几何)适应主风向设计风速下的平均风压分布，现场实测表明场地风速、风向和表面风压时刻在变，那么在无风的情况下，这一初状态几何是否可仅靠自内力来维持？因此，单片的理想柔软薄膜空间曲面的形状几何要适应风荷载这一可变作用，其前提条件之一是该形状几何下存在整体可行的自内力。

其三，单片的任意形状理想柔软薄膜空间曲面中是否可以存在自内力？存在自内力的单片空间薄膜曲面是否只能是极小曲面或者其坐标变换曲面？要回答这两个问题，归根结底取决于式(5.201)齐次解和非齐次解共同存在于同一曲面的可能性，即齐次解和非齐次解的相容共生。

式(5.201)的简化方法：式(5.201)比壳体一般理论[77]中的无矩平衡方程简单，那么如何进一步简化？

思路1：微分几何的方法。如例题5.18中通过引入主曲率曲线(一对正交$F=0$、共轭$M=0$的曲线)作为局部坐标系，这使得式(5.204)的第三个方程不显含分布剪力S_1、S_2。

思路2：分析力学的方法。联想到材料力学中一点的应力状态，总是存在某个方向或者是某个坐标变换，使一点的应力状态只存在正应力而无剪应力。如果这一点为真，设想理想柔软薄膜空间曲面上任意一点的正交曲线的切线方向始终沿着该点的一对正交主应力方向，可称为主应力曲线坐标系，那么$S_1=S_2=0\Rightarrow\forall M,(S_1+S_2)M=0$。因此，如果主应力曲线连续可微，则式(5.201)的第1～3式均得到简化，T_1、T_2可以直接积分得到而不用求解偏微分方程组。

思路3：场论的方法。一般壳体理论[77,80]中针对式(5.201)第一、二式的齐次形式(即右端项)为零的情况，假设存在一个应力函数$\varphi(s_u,s_v)$，并且可以将T_i、$S_i(i=1,2)$看成该标量场函数的二阶偏导数，即

$$T_1=\frac{\partial^2\varphi}{\partial s_v^2},\quad T_2=\frac{\partial^2\varphi}{\partial s_u^2},\quad S_1=S_2=-\frac{\partial^2\varphi}{\partial s_u\partial s_v}$$

式(5.201)的第一、二式的齐次形式可以恒等满足(注意：应力函数只是微分方程的一种解)，再代入式(5.201)的第三式，在已知壳体形状几何的情况下，L、M、N已知，该式是一个二阶椭圆形偏微分方程，可求得数值解，但对于第Ⅲ类形态生成问题，L、M、N未知，这样一个方程包含了2个未知场函数，即应力场函数和曲面形状函数。

将上述3条思路归纳可知，无论哪种简化方法，对理想柔软薄膜空间曲面的第Ⅲ类形态生成问题而言，都只是简化了求解方程的形式而并没有改变问题的实质，即薄膜内力的空间分布和大小与曲面的形状几何既相对独立又相互依存。从数学的角度来看，式(5.198)本质上是势能泛函在标准微元不变性假设下对一个未知函数(即位移场函数)的一阶变分，这仅仅是势能泛函取得极值的一个必要条件。尽管式(5.201)在特定的边界条件下可能有解，但是边界条件影响特解中待定系数或待定函数的具体形式，并不是决

定偏微分方程通解或一般解存在与否的主要因素。因此，考察构造泛函的所有极值条件以及确定理想柔软薄膜空间曲面客观的工程需求是必要的。

注：①理想柔软薄膜理论实质上是空间曲面索网的第Ⅰ、Ⅱ类形态生成问题的基础，例如，在已知薄膜内力情况下，式(5.201)的第 3 式为曲面曲率方程，该曲面曲率方程的解决定了单纯找形分析中力密度法和动力松弛法的形状几何。在已知曲面形状几何的情况下，式(5.201)的齐次解和非齐次解决定了单纯找力分析中平衡矩阵的零空间和非零空间。第Ⅲ类形态生成问题解的唯一性可由其他的体系优化目标决定，如最小面积、应力刚化要求等。②引申一下，没有经过优化的、粗放的结构设计是拙劣的、原始的，结构效率不高，必然导致结构材料的无效堆积和无端浪费。结构材料的客观力学性能是有限的，而建筑设计的主观想象力是无限的，结构工程师的主要工作就是要剖析和解决这种主、客观之间的矛盾。从变分的角度就是构造合适的泛函，从微分的角度就是找到极值点，从静力学的角度就是力流简单，从动力学的角度就是避免运动发散，从美学的角度就是形神得兼，用文学语言描述则是刚度矩阵没有缺陷，用哲学的判断就是大道从简、顺其自然。内蕴的数学和力学原理是结构设计的“神”，外蕴的几何是结构设计的“形”。这就是第Ⅰ～Ⅳ类形态生成问题的意义。③如果采用离散的数值方法如力密度法，理想柔软薄膜空间曲面需要进行单层网格划分，如双向正交矩形网格、三角形网格等多种网格形式，形态生成问题的解是否与网格形式有关？一般情况下，离散网格的数值解必然收敛于连续化分析方法的理论解，因此采用不同的网格形式不会影响形态生成问题的解。启示：可以采用简单的、计算量小的网格类型进行数值逼近，求得薄膜曲面的形状几何或自应力分布，然后采用插值的方法等代为不同的网格曲面，这一点对结构概念方案设计意义较大，尤其是在初始网格形式与建筑功能、美观和构造要求等有矛盾的情况下。离散的网格和连续的曲面理论上完全可以相互等代。④第Ⅲ类形态生成问题的分类讨论：一维、二维的第Ⅲ类形态生成问题分别对应可视的空间曲线和空间曲面，那么三维的第Ⅲ类形态生成问题对应三维的超曲面还是三维的实体？n 维呢？⑤预应力与自应力并不完全等价，例如，静不定动定体系中外荷载也一样可以引起自内力，只是该部分自内力的作用不是与外荷载平衡，而是满足相容条件的要求。

(2) 理想柔软薄膜空间曲面第Ⅲ类形态生成问题构造泛函困难。

式(5.201)虽然形式上比较简单，但是由于未知函数的数目大于方程个数，从数学角度而言，这无法求解或者存在无数解。然而，从工程设计角度而言，有解或存在无数解恰好是结构工程师需要的，这样可以附加各种优化条件，从而体现工程设计的主观能动性。

那么，工程曲面设计时还会考虑哪些方面？曲面面积、体积、光滑性等几何特征？平衡状态的稳定性？空间刚度的分布？

几何性质泛函：面积 $A\left(\boldsymbol{p}(u,v)\right)=\int\limits_{A}\left\|\boldsymbol{p}_{,u}\times\boldsymbol{p}_{,v}\right\|\mathrm{d}u\mathrm{d}v$，体积 $V\left(h(u,v),\boldsymbol{p}(u,v)\right)=\int\limits_{A}h(u,v)\left\|\boldsymbol{p}_{,u}\times\boldsymbol{p}_{,v}\right\|\mathrm{d}u\mathrm{d}v$。

采用 Monge 形式的曲面方程，则

$$u=x_1,\quad v=x_2,\quad \boldsymbol{p}_{,u}\times\boldsymbol{p}_{,v}=\begin{vmatrix}\boldsymbol{e}_1 & \boldsymbol{e}_2 & \boldsymbol{e}_3\\ 1 & 0 & x_{3,1}\\ 0 & 1 & x_{3,2}\end{vmatrix}=-x_{3,1}\boldsymbol{e}_1-x_{3,2}\boldsymbol{e}_2+\boldsymbol{e}_3\Rightarrow\left\|\boldsymbol{p}_{,u}\times\boldsymbol{p}_{,v}\right\|=\sqrt{1+x_{3,1}^2+x_{3,2}^2}$$

面积泛函与式(5.2)形式上一致，因此，曲面面积泛函的一阶变分等于零得出曲面平均曲率等于零[81]。理想柔软薄膜空间曲面在实际工程中往往是等厚度的，等厚度曲面的体积泛函等价于面积泛函。

经典结构力学主要解决结构荷载分析问题，此时体系的材料、初状态几何和外荷载已知，即节点坐标矢量场和外荷载矢量场已知，一般采用一类变量的能量泛函，例如，势能泛函和余能泛函的变分可分别给出平衡条件和相容条件，当然也可采用二类或三类变量的能量泛函，但这不是必须的。

至此，第Ⅲ类形态生成问题中曲面问题的泛函构造与曲线问题的泛函构造一样困难，沿用结构荷载分析问题的势能泛函也仅能给出平衡条件，无法完整求解，究其原因，第Ⅲ类形态生成问题的基础理论尚不完善，依靠拼凑或补充限制条件无法从根本上完整获取该问题的基本解。

2. 离散化数值方法

这里先介绍三种方法，包括 AB 模型方法、符号解析法和割集方法，然后提出一般数值方法。

1) AB 模型方法(AB models method，ABMM)[82-84]

一般的组合空间结构(图 5.52)包含上、下部结构或体系两部分，这里仍然采用局部分析法的思想，但分析过程是自上部结构到下部结构或体系，因为下部结构或体系的几何位形是未知的。

已知：上部自由曲面网格结构的建筑设计几何和结构网格划分，包括网格尺寸、构件截面尺寸和各节点坐标；下部索杆体系竖杆或斜腹杆的上节点坐标；下部索杆体系的拓扑几何；上部自由曲面网格结构的附加恒荷载(如屋面维护系统自重和机电吊挂设备自重)和其分布。根据上部结构及其边界条件、设计所考虑的部分或全部附加恒荷载和竖杆上节点空间位置(添加竖向支座约束)进行线性有限元分析可求得相应的各支座反力，如图 5.53 所示。

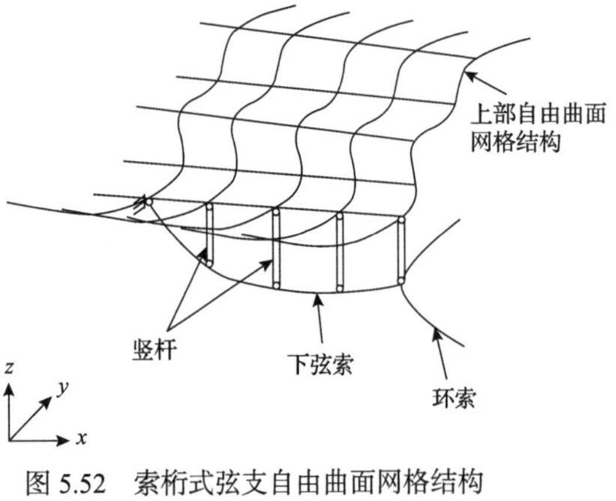

图 5.52 索桁式弦支自由曲面网格结构

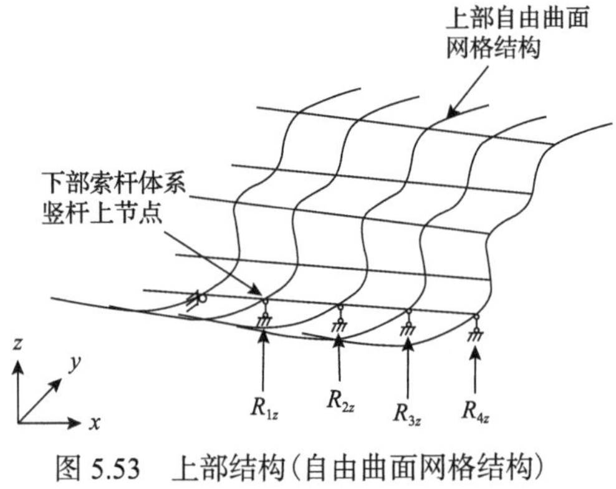

图 5.53 上部结构(自由曲面网格结构)

待求：满足上部自由曲面网格结构在部分或全部结构常态荷载(如重力荷载)下的变

形和内力分布均匀，即由图 5.53 求得的支座反力和由图 5.54 竖杆提供的支撑力相等情况下，下部索杆体系的三维几何形状。

算法：考虑让上部结构在常态荷载(如重力荷载)作用下的内力大小和分布为最优，基本假定如下。

(1)上部结构梁单元的零状态几何等价于建筑设计几何。

(2)下部结构或体系的初状态几何等价于建筑设计几何。当然，该建筑设计几何是由本书的方法求解得到，然后经建筑师确认后的设计几何。

(3)下部结构各个竖杆上节点等代支撑力(图 5.54)等于上部结构单独分析时在结构常态荷载作用下的竖向支座反力(图 5.53)。相当于在竖杆上节点代之以多个竖向零位移约束或刚性支座(图 5.55)。

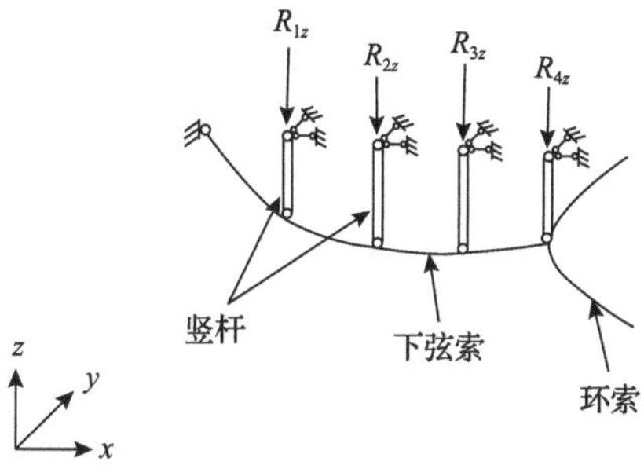

图 5.54　下部结构(模型 A)

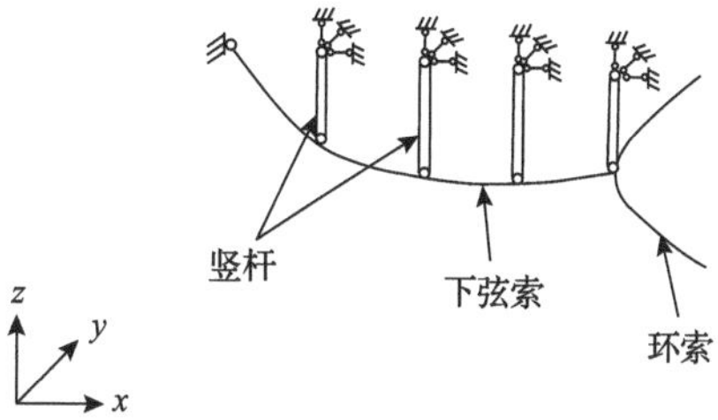

图 5.55　下部结构(模型 B)

通过对图 5.53 计算模型的线性有限元分析可得各个支座的竖向反力，例如，上部结构的荷载分布满足一定的条件，各个竖杆可保持竖直，则应和各个竖杆的设计初始预内力 $t_{\mathrm{VB}i}(i=1,2,\cdots,n)$ 相等。

应当指出的是，虽然图 5.52～图 5.55 只有一圈索杆，但是算法适用于多圈索杆的情况。下部索杆体系中环索的效率最低，建议在建筑空间允许的情况下尽量减少索杆的圈数，提高下弦索的结构效率。同时，图 5.52 给出的下弦索的曲线形状看上去和环索相连的竖杆会受拉，实际上由于环索不在一个平面内，该竖杆仍然会受压。

模型 A 如图 5.54 所示，模型 B 如图 5.55 所示。模型 A 为下部结构或体系添加由图 5.53 得出的反力作为荷载约束条件，模型 B 为下部索杆体系添加竖向刚性支座约束得来的。

对模型 A 建立平衡方程如式(5.74)所示，然后可由式(5.79)求得满足竖杆上节点的等代支撑力的各构件内力的最小二乘解。一般情况下，该内力分布并不是图 5.55 所示模型 B 的自内力分布，节点存在不平衡内力。采用动力松弛法让下弦各节点自由运动，并同时保证各节点的不平衡内力矢量的 2 范数逐渐变小。

模型 A 和模型 B 在整个迭代算法中交替使用，实际上在模型 B 的基础上修改支座约束条件，因此程序编制时可先读入模型 B 的信息和模型 A 在支座处需满足的反力，该反力对模型 B 的计算分析无影响，当用到模型 A 时仅读入不同约束条件即可。

算法流程如图 5.56 所示。算法的基本思想如下：

第一步，读入模型 B(图 5.55)和由图 5.53 求得的支座反力。

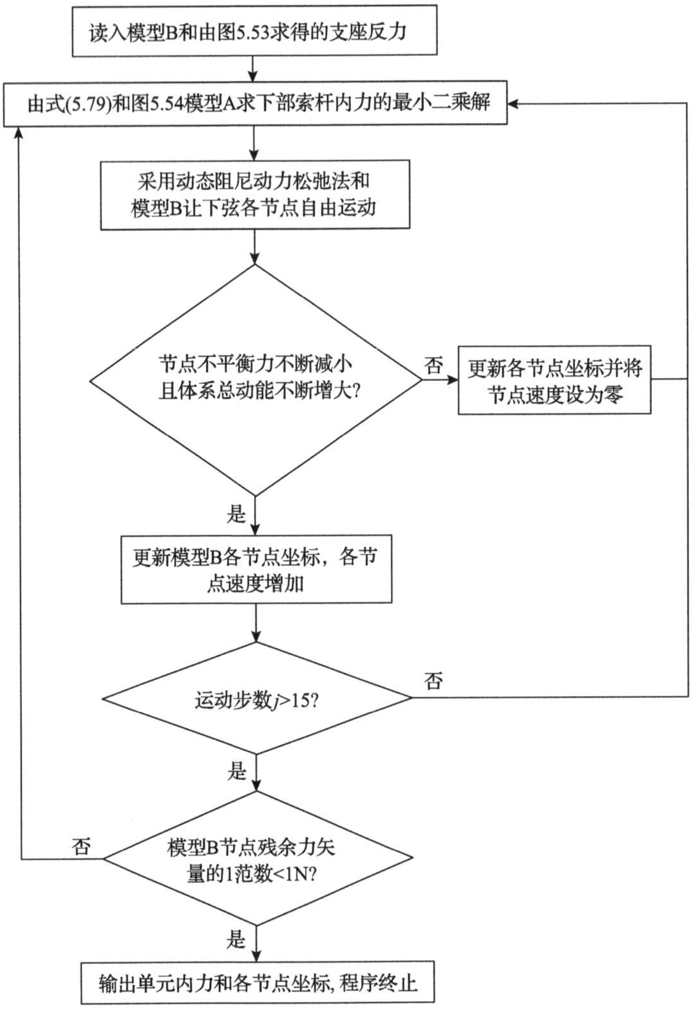

图 5.56　算法流程

第二步，读入模型 A(图 5.54)边界约束条件，由式(5.79)求得最大限度上满足竖向支座反力的下部索杆体系的各构件内力。

第三步，返回采用模型 B，在第二步得到的各构件内力基础上采用动力松弛法，让各节点在不平衡力的作用下运动。

第四步，各节点单步运动时检查模型 B 体系总动能是否逐渐增大和节点不平衡力是否不断减小，若是则节点继续运动，否则引入动态阻尼让节点重新运动，更新节点坐标。

第五步，判断动力松弛的步数是否大于设定值(如 15)，否则返回第三步，是则继续判断模型 B 各节点的不平衡力是否满足要求，满足要求则输出单元内力和节点坐标，否则返回第二步。

算法的第三步和第四步也可采用力密度法，该算法的主要特征是采用 A、B 两个模型，本质上模型 A 用于更新体系构件内力(包括大小和分布)，模型 B 用于自动搜寻平衡状态，因此称为 AB 模型方法。

此外，模型 A 采用局部分析法的思想，具有考虑上、下部结构相互作用的力学意义，体现了组合空间结构设计中“主次分明，刚柔相济”的设计理念。

同时，模型 B 可考虑外荷载，只考虑外荷载而不考虑支座反力的情况下可只采用模型 B 进行分析，这应用于一般索杆张拉体系的适应外荷载的第Ⅲ类形态生成问题的求解。

如果既需要考虑刚柔体系之间的相互作用，又要考虑外荷载，则仍然需要 A、B 两个模型，例如，乐清体育中心体育场空间索桁体系的索系适风形状确定分析时，承重索考虑索膜部分的重力荷载分布，抗风索考虑东西方向来流设计风荷载分布，同时考虑径向索根部水平分力使之与刚性体系自重作用下的变形正好抵消，这样索系形状能够较好地适应静力等效风荷载且刚性体系的受力比较合理。

例题 5.20　一弦支悬臂梁，尺寸和单元、节点编号如图 5.57 所示，模型 A 和模型 B 的约束形式如图 5.58 所示。本节形态生成问题算法求得的下弦各节点的坐标如表 5.12～表 5.14 所示。

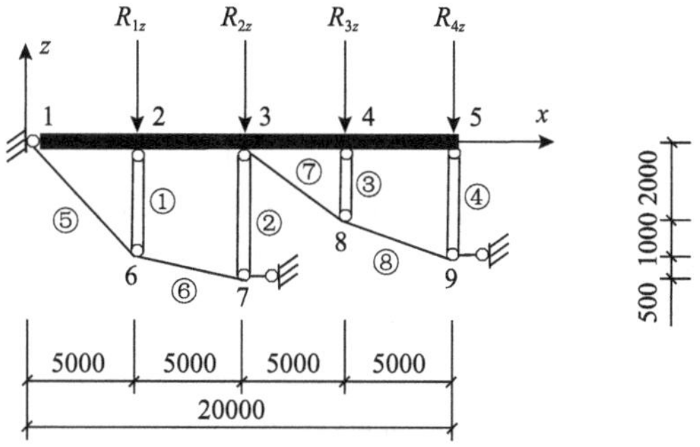

图 5.57　弦支悬臂梁(单位：mm)

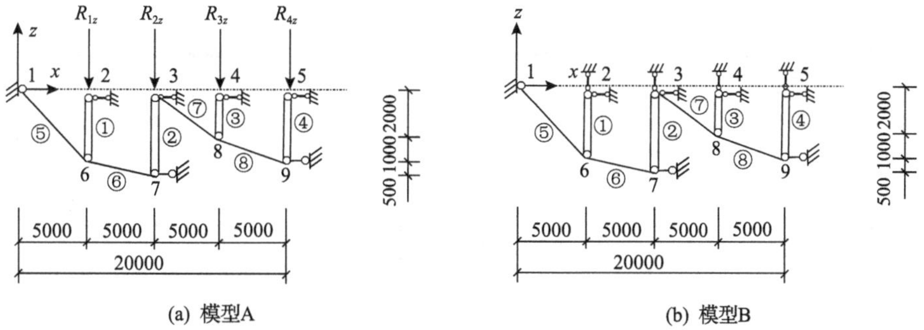

图 5.58　模型 A 和模型 B 的约束形式(单位：mm)

表 5.12　工况 1 支座反力

下弦节点	x 坐标/m	z 坐标/m	支座反力/kN
6	5.178	−2.932	5.0
7	10.000	−4.998	5.0
8	14.934	−2.757	5.0
9	20.000	4.163	5.0

表 5.13　工况 2 支座反力

下弦节点	x 坐标/m	z 坐标/m	支座反力/kN
6	4.999	–2.999	5.0
7	10.000	–5.000	2.0
8	15.032	–2.481	3.0
9	20.000	–4.015	5.0

表 5.14　工况 3 支座反力

下弦节点	x 坐标/m	z 坐标/m	支座反力/kN
6	5.251	–2.846	2.0
7	10.000	–4.970	2.0
8	15.245	–2.669	2.0
9	20.000	–4.421	5.0

工况 1 下弦各节点的支座反力是均匀的，但给出的竖杆却没有保持竖直。工况 2 的支座反力大小和分布可让竖杆接近竖直。工况 3 是表示在前端荷载比较大的情况下，竖杆都向右偏，即向荷载比较集中的位置偏斜。上述计算结果表明竖杆的间距和下节点坐标取决于上弦对应上节点位置处需满足的支座反力分布和大小及上弦曲面形状。图 5.56 所示的算法一般情况下竖杆很难始终保持竖直，需进一步改进。

上述例题是平面体系，索桁式弦支自由曲面网格结构下部空间索杆体系布置时应注意竖杆下节点的平面外稳定问题，七种不同的腹杆布置方式如图 5.59 所示。

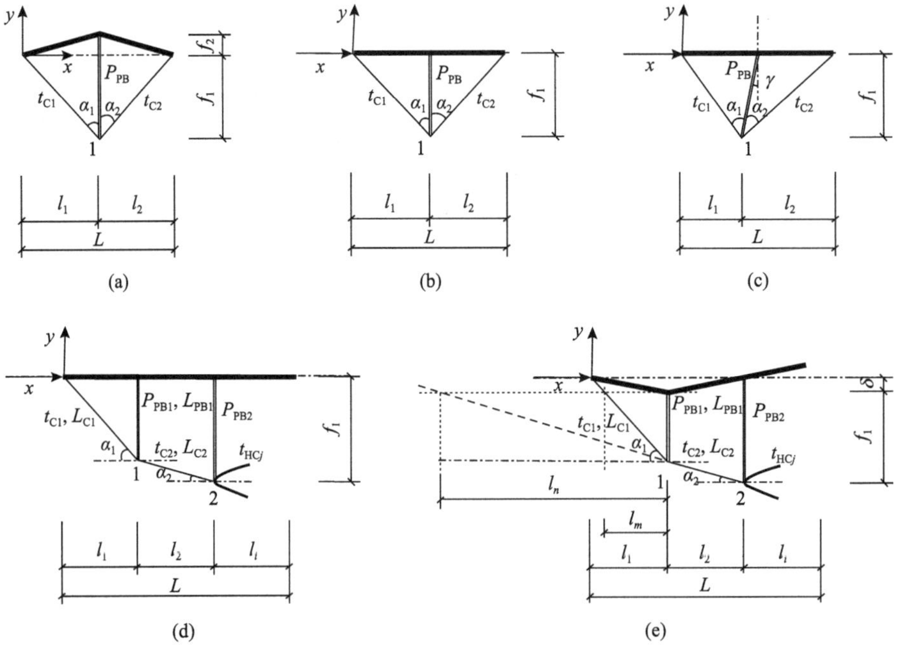

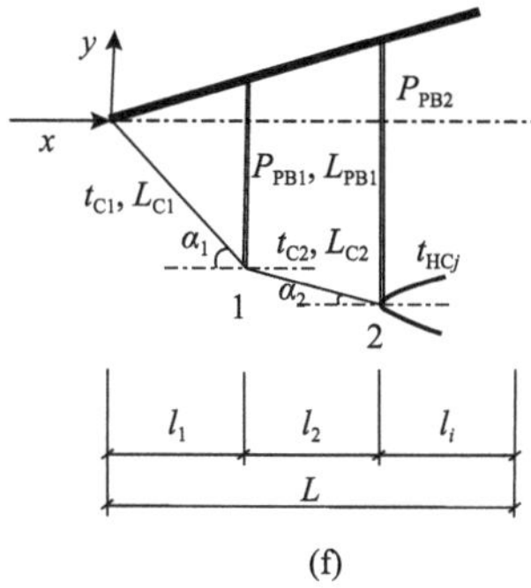

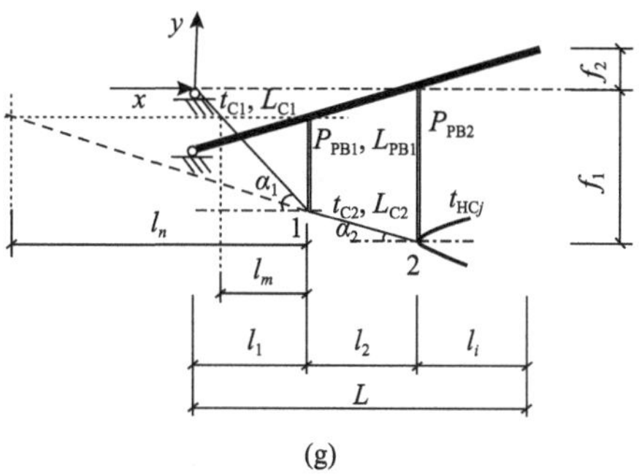

图 5.59　七种不同的腹杆布置方式

图 5.59(a)：基于二节点几何非线性杆单元的几何刚度列式，节点 1 的面外刚度计算为

$$k_1 = P_{PB}/L_{PB} + T_{C1}/L_{C1} + T_{C2}/L_{C2}$$

其中，k_1 表示节点 1 的面外刚度；P_{PB}、L_{PB} 表示腹杆(注：下标 PB 为 paunch bar 的缩写)的轴向内力和长度；T_{Ci}、$L_{Ci}(i=1,2)$ 表示下弦索各索段的内力和长度；这里 $l_1 = l_2 = L/2$ 并且 $T_{C1} = T_{C2} = T_C > 0$，$L_{C1} = L_{C2} = L_C$，$\alpha_1 = \alpha_2 = \alpha$。

由节点 1 处的平衡条件可得 $P_{PB} = -2T_C\cos\alpha$，将其代入节点 1 的面外刚度公式，得到

$$k_1 = -2T_C\cos\alpha / L_{PB} + 2T_C / L_C = 2T_C(1/L_C - \cos\alpha / L_{PB})$$

因此，有

$$\begin{cases} k_1 > 0, & L_{PB} > L_C\cos\alpha = f_1 \\ k_1 = 0, & L_{PB} = L_C\cos\alpha = f_1 \\ k_1 < 0, & L_{PB} < L_C\cos\alpha = f_1 \end{cases}$$

图 5.59(b)：这里 $l_1 \neq l_2$ 且 $T_{C1} \neq T_{C2} > 0$，$L_{C1} \neq L_{C2}$，$\alpha_1 \neq \alpha_2$，腹杆竖直布置。

节点 1 处的平衡条件为

$$\begin{cases} P_{PB} = -T_{C1}\cos\alpha_1 - T_{C2}\cos\alpha_2 \\ T_{C1}\sin\alpha_1 = T_{C2}\sin\alpha_2 \end{cases}$$

将其代入节点 1 的面外刚度公式，这里 $L_{PB} = L_{C1}\cos\alpha_1 = L_{C2}\cos\alpha_2$，则

$$\begin{aligned} k_1 &= -T_{C1}\cos\alpha_1 / L_{PB} - T_{C2}\cos\alpha_2 / L_{PB} + T_{C1} / L_{C1} + T_{C2} / L_{C2} \\ &= -T_{C2}\sin\alpha_2\cot\alpha_1 / L_{PB} - T_{C2}\cos\alpha_2 / L_{PB} + T_{C2}\sin\alpha_2 / (L_{C1}\sin\alpha_1) + T_{C2} / L_{C2} \\ &= T_{C2}[-\sin\alpha_2\cot\alpha_1 / L_{PB} - \cos\alpha_2 / L_{PB} + \sin\alpha_2 / (L_{C1}\sin\alpha_1) + 1 / L_{C2}] \\ &= T_{C2}[-\sin\alpha_2\cot\alpha_1 / (L_{C1}\cos\alpha_1) - \cos\alpha_2 / (L_{C2}\cos\alpha_2) + \sin\alpha_2 / (L_{C1}\sin\alpha_1) + 1 / L_{C2}] \\ &= T_{C2}[-\sin\alpha_2 / (L_{C1}\sin\alpha_1) - 1 / L_{C2} + \sin\alpha_2 / (L_{C1}\sin\alpha_1) + 1 / L_{C2}] \\ &= 0 \end{aligned}$$

图 5.59(c)：这里 $l_1 \neq l_2$ 且 $T_{C1} \neq T_{C2} > 0$，$L_{C1} \neq L_{C2}$，$\alpha_1 \neq \alpha_2$，但腹杆是斜的。其中，

$$\frac{L_{C1}}{\sin(\pi/2-\gamma)}=\frac{L_{PB}}{\sin(\pi-\alpha_1-\pi/2+\gamma)}\Rightarrow\frac{L_{PB}}{L_{C1}}=\frac{\cos(\alpha_1-\gamma)}{\cos\gamma}$$
$$\frac{L_{C2}}{\sin(\pi/2+\gamma)}=\frac{L_{PB}}{\sin(\pi-\alpha_2-\pi/2-\gamma)}\Rightarrow\frac{L_{PB}}{L_{C2}}=\frac{\cos(\alpha_2+\gamma)}{\cos\gamma}$$

将上述几何关系式代入节点 1 的面外刚度公式，则

$$\begin{aligned}k_1&=T_{C2}[-\sin\alpha_2\cot\alpha_1/L_{PB}-\cos\alpha_2/L_{PB}+\sin\alpha_2/(L_{C1}\sin\alpha_1)+1/L_{C2}]\\&=T_{C2}/L_{PB}[-\sin\alpha_2\cot\alpha_1-\cos\alpha_2+\sin\alpha_2\cos(\alpha_1-\gamma)/(\cos\gamma\sin\alpha_1)+\cos(\alpha_2+\gamma)/\cos\gamma]\\&=T_{C2}/(L_{PB}\cos\gamma)[-\sin\alpha_2\cot\alpha_1\cos\gamma-\cos\alpha_2\cos\gamma+\sin\alpha_2\cos(\alpha_1-\gamma)/\sin\alpha_1+\cos(\alpha_2+\gamma)]\\&=T_{C2}/(L_{PB}\cos\gamma)[-\sin\alpha_2\cot\alpha_1\cos\gamma+(\sin\alpha_2\cos\alpha_1\cos\gamma+\sin\alpha_2\sin\alpha_1\sin\gamma)/\sin\alpha_1-\cos\alpha_2\cos\gamma\\&\quad+\cos\alpha_2\cos\gamma-\sin\alpha_2\sin\gamma]\\&=T_{C2}/(L_{PB}\cos\gamma)[-\sin\alpha_2\cot\alpha_1\cos\gamma+\sin\alpha_2\cot\alpha_1\cos\gamma+\sin\alpha_2\sin\gamma-\sin\alpha_2\sin\gamma]\\&=0\end{aligned}$$

图 5.59(d)：这里 $l_1\neq l_2$ 且 $T_{C1}\neq T_{C2}>0$，$L_{C1}\neq L_{C2}$，$\alpha_1\neq\alpha_2$，腹杆竖直布置。

节点 1 处的平衡条件为

$$\begin{cases}T_{C2}\cos\alpha_2=T_{C1}\cos\alpha_1\\P_{PB1}=-T_{C1}\sin\alpha_1+T_{C2}\sin\alpha_2\end{cases}$$

几何条件 $L_{PB1}=L_{C1}\sin\alpha_1$，将平衡条件和几何条件代入节点 1 的面外刚度公式，则

$$\begin{aligned}k_1&=P_{PB1}/L_{PB1}+T_{C1}/L_{C1}+T_{C2}/L_{C2}\\&=(-T_{C1}\sin\alpha_1+T_{C2}\sin\alpha_2)/(L_{C1}\sin\alpha_1)+T_{C1}/L_{C1}+T_{C2}/L_{C2}\\&=T_{C2}\sin\alpha_2/(L_{C1}\sin\alpha_1)+T_{C2}/L_{C2}>0\end{aligned}$$

图 5.59(e)：这里 $l_1\neq l_2$ 且 $T_{C1}\neq T_{C2}>0$，$L_{C1}\neq L_{C2}$，$\alpha_1\neq\alpha_2$，腹杆竖直布置。几何条件 $L_{PB1}=L_{C1}\sin\alpha_1-\delta$，则

$$\begin{aligned}k_1&=P_{PB1}/L_{PB1}+T_{C1}/L_{C1}+T_{C2}/L_{C2}\\&=(-T_{C1}\sin\alpha_1+T_{C2}\sin\alpha_2)/(L_{C1}\sin\alpha_1-\delta)+T_{C1}/L_{C1}+T_{C2}/L_{C2}\\&=(-T_{C2}\tan\alpha_1\cos\alpha_2+T_{C2}\sin\alpha_2)/(L_{C1}\sin\alpha_1-\delta)+T_{C2}\cos\alpha_2/(L_{C1}\cos\alpha_1)+T_{C2}/L_{C2}\\&=T_{C2}\cos\alpha_2[(\tan\alpha_2-\tan\alpha_1)/L_{PB1}+1/l_1+1/l_2]\\&=T_{C2}\cos\alpha_2[1/l_n-1/l_m+1/l_1+1/l_2]\end{aligned}$$

令 $\lambda=1/l_n-1/l_m+1/l_1+1/l_2$，这样节点 1 的面外稳定性取决于 λ 的具体值。

图 5.59(f)：这里 $l_1\neq l_2$ 且 $T_{C1}\neq T_{C2}>0$，$L_{C1}\neq L_{C2}$，$\alpha_1\neq\alpha_2$，腹杆竖直布置。分析后可得到与图 5.59(e)相同的面外刚度表达式，但这里 $l_m\geqslant l_1$，因此 $k_1\geqslant 0$。

图 5.59(g)：这里 $l_1\neq l_2$ 且 $T_{C1}\neq T_{C2}>0$，$L_{C1}\neq L_{C2}$，$\alpha_1\neq\alpha_2$，腹杆竖直布置。下弦索穿屋面，该种布置方式节点 1 处的面外刚度与图 5.59(e)相同，即节点 1 处的面外稳定性取决于 λ 值的正负。

综上所述，图 5.59(a)、(d)、(f)节点 1 是面外稳定的，图 5.59(b)、(c)节点 1 处于临界平衡状态，图 5.59(e)、(g)中节点 1 的面外稳定性取决于 λ 的具体值，因此建议小心选择 l_m 和 l_2，即应满足 $l_m\geqslant l_2$。

例题 5.21 杭州市奥林匹克体育中心 8 万人体育场罩棚索桁式弦支体系结构概念方案(2008 年 9 月～2009 年 3 月)下部索杆体系形态分析(注：正是由于该自由曲面罩棚结构概念方案的研发，本文作

者才提出 AB 模型方法，从有了想法到代码编制和算例验证完成历时 2 周左右）。该体育场罩棚建筑平面为椭圆形，长轴、短轴尺寸分别为 340m、290m，悬挑跨度近 56m。图 5.60 为模型 B 粗糙几何，图 5.61 为模型 B 最终几何，图 5.62 为整体结构三维图。

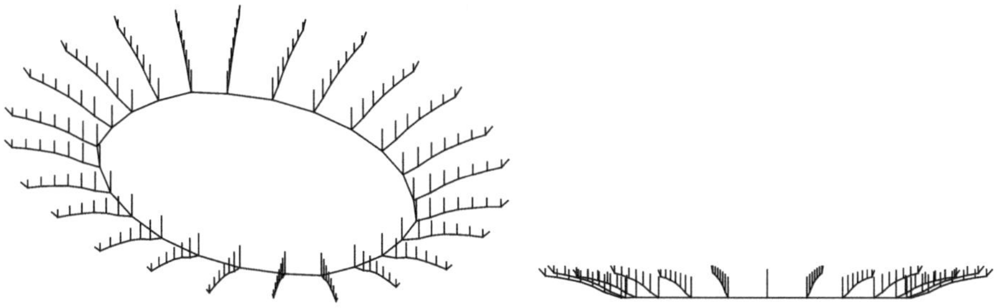

(a) 轴测图　　(b) 正立面

图 5.60　模型 B 粗糙几何

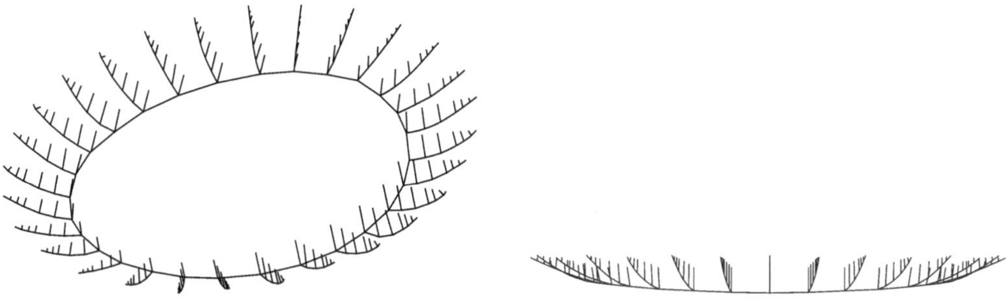

(a) 轴测图　　(b) 正立面

(c) 侧立面

图 5.61　模型 B 最终几何

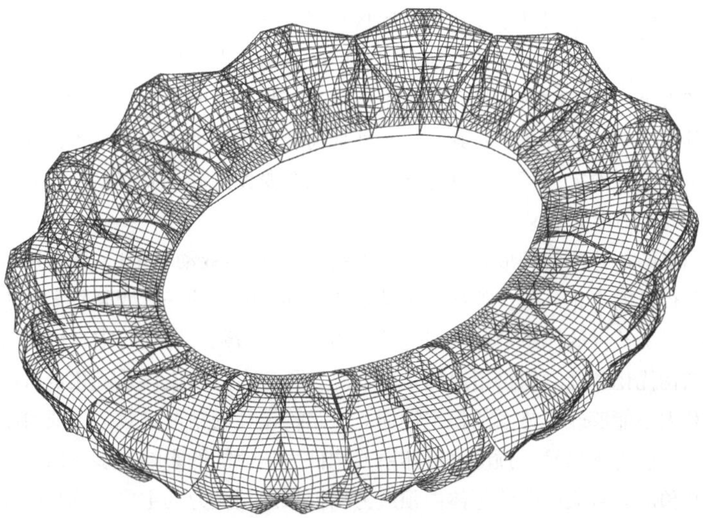

图 5.62　整体结构三维图

图 5.60 为该工程下部索桁式弦支体系的模型 B 的粗糙几何，注意到竖杆均为竖直且环索在一水平面内。图 5.61 为采用图 5.56 算法计算得出的满足自重作用下上部自由曲面网格结构的支座反力的下部索杆体系的最终几何，计算过程收敛性很好。由图 5.61(b)可见竖杆有一定的偏斜且环索不在一水平面内，大致为马鞍形状，即在椭圆短轴两端最低，竖杆最长。长轴两端情况相反，这样就保证下部索桁式弦支体系对上部自由曲面网格结构支撑作用按需分配，最大程度上保证了整体结构如图 5.62 的空间刚度比较均匀。

计算结果包括找形分析结果(即节点坐标)和找力分析结果(即各个单元的预内力分布)。在 ANSYS 中根据模型 B 最终几何建模进行了节点平衡校核，进一步验证了算法的正确性。算法收敛性很好，但由于计算量较大，收敛速度较慢。

这里对一般组合空间结构形态生成问题数值求解方法的基本理论、基本假设和具体的算法流程做了简要描述。从算法的思想、收敛性和适用范围来说，其为适用于一般组合空间结构包括张弦体系和弦支体系的下部索杆体系、自平衡索穹顶结构和空间索桁体系(包括外环梁或环桁架)等第Ⅲ类形态生成问题的普遍算法，在实际工程设计中得到了广泛应用，如杭州奥体中心体育场罩棚结构概念方案设计，乐清体育中心体育场、体育馆和游泳馆，徐州奥体中心体育场，巴中体育场，郑州体育场等。

注：第Ⅲ类形态生成问题的前提是体系的拓扑几何已知，而假定拓扑几何的过程一般被认为是设计经验而通常不在计算分析中体现。这个过程的缺失让结构设计的创造性、挑战性和趣味性几乎丧失殆尽。5.4 节将对找拓扑分析问题即第Ⅳ类形态生成问题展开讨论，暂且略过这项内容并不影响对本节内容的理解，这只是表明第Ⅲ类形态生成问题无法回避拓扑几何构成的讨论。因此，存在如下几个具体问题。

(1)空间曲面采用离散网格等代后即可看成单层索网结构，类似曲面的网格剖分，连续空间曲面可以剖分为不同网格形式，如四边形、三角形、n 边形等。虽然不同的网格剖分形式对应同一曲面形状几何，但从体系判定的角度而言，离散单层网格体系既可能是静定或静不定体系，也可能是动定或动不定体系，那么采用何种网格剖分形式进行第Ⅲ类形态生成问题的分析。

分析：①如果粗糙的初始网格拓扑几何和形状几何为静定体系(动定或动不定)，体系无法施加预应力，满足静力平衡条件的体系形状几何实际上是荷载平衡状态，判断体系形状几何优劣的标准包括截面内力的分布和大小、结构材料用量和体系维持该平衡状态的能力(即稳定性能)。这貌似是一般的结构优化问题，其实不然，区别在于：其一，与外部荷载或作用平衡的体系各构件截面内力矢量的大小这一参数一般可由人为设定；其二，静定动不定体系若要保持静平衡需要一些必要的外部荷载，这些必要的外部荷载具有约束的含义。

②如果初始网格的拓扑几何和形状几何为静不定体系(动定或动不定)，体系可形成自平衡内力，且自内力的封闭路径可能不止一条，如静不定动定体系和可刚化的一阶或高阶无穷小机构等可以施加预应力，满足静力平衡条件的体系形状几何包括自内力和外荷载。这就要求自内力与外荷载引起的构件截面内力满足结构优化条件。值得指出的是，其一，预应力可以使体系刚化也可以使体系柔化，指的是预应力分布和大小能够改变体系的稳定性能。从结构设计的角度来看，一般希望引入预应力后体系或构件得到刚化，但也不尽然。预应力对体系或构件力学性能的影响是多方面的。例如，预应力楼板、预应力管桩和预应力直梁或曲梁等体内预应力构件采用预应力的主要目的是改变截面应力分布和反拱，表面上改善了构件的截面内力和跨中挠度，而实际上降低了构件轴向的稳定性承载力。其二，

预应力的作用等价于预应变能的作用。从体系能够保有和释放能量的种类、分布和大小方面可更为深入地理解结构设计的本质。例如，从应变能、热能的角度可自然联想到结构材料的本构关系、线膨胀系数等材料的力学、热学性能，因此结构设计归根结底是如何高效率地利用结构材料问题。预应力体系偏爱高强度等级结构材料。例如，通过施加预应力改变体系或构件的应变能的性质、分布和大小，用富裕的结构材料强度改变体系的空间刚度大小、分布和稳定性能。

综上所述，空间曲面第Ⅲ类形态生成问题采用何种初始拓扑几何与是否采用预应力、是否需要适应外部作用效应和结构最优化条件等因素有关，应具体情况具体分析。选择何种体系进行第Ⅲ类形态生成问题分析的目的是相同的，但计算方法、难度和计算量有很大区别，最简单的是采用静定动定体系。

⑵ 柔性体系与刚性体系的承载机理有何区别。

分析：单层索网、织物膜面等柔性空间曲面上一点的空间刚度与曲面在该点的弯曲程度有关，按照微分几何中曲面曲率的定义，与荷载方向相反的主曲率矢量越大越好，这是曲面上一点承受集中荷载作用情况下想当然的理解，但事实上并非如此。柔性体系在外荷载作用下并不完全依赖于体系初状态几何具有的初始空间刚度，而是同时通过大位移从而调整自身几何形状来适应外荷载的分布。如果索系或膜面的几何形状恰好与外荷载分布相适应，则索系或膜面的设计几何在外荷载作用下不会发生过大改变。反之，柔性空间曲面设计几何可能不适应外荷载分布而发生平衡状态的跃迁或突变，而这属于 5.3.3 节讨论的问题。

因此，在单层索网、织物膜面等空间曲面的第Ⅲ类形态生成问题中要清楚认识到柔性体系不同于刚性体系的承载机理。刚性体系“以牙还牙，以不变应万变”，柔性体系“以柔克刚，万变不离其宗”。薄膜曲面的形态生成与外荷载的种类、性质、分布形式和大小有关，等应力曲面等价于极小面积曲面而没有考虑外荷载的影响。

⑶ 刚性体系作为柔性体系的支承体系或边界条件情况下如何处理。

分析：单层索网、织物膜面等空间受拉薄膜曲面如果不包括周边受压环梁，则无法形成整体自平衡体系，但这并不影响第Ⅲ类形态生成问题的分析。例如，环梁可假定为刚性边界或弹性支座，将柔性边界或刚性边界整体建模则是荷载分析和形态生成分析的混合问题。

AB 模型方法的核心是利用下部索杆体系与上部刚性体系的相互作用或者说索杆体系的边界条件来更新其初始预应力，是组合空间结构第Ⅲ类形态生成问题的一般方法。值得指出的是，对于肋环型或葵花型索穹顶结构、空间索桁体系，如果将其环梁看成外部结构，假定或已知内部索桁体系对环梁或环桁架最优的水平拉力分布，采用 AB 模型方法也可以获得其内部索杆体系第Ⅲ类形态生成问题的解，这一点已在乐清体育中心体育场非封闭环索空间索桁体系设计中成功应用。

2) 符号解析法(symbol parsing method，SPM)

自平衡的索杆体系，如张拉整体结构或单元，若忽略重力作用，在拓扑几何已知情况下如何知晓形状几何和自应力变化情况？在第Ⅲ类形态生成问题基本列式的基础上，可更为深入地了解第Ⅲ类形态生成问题与第Ⅰ类形态生成问题和第Ⅱ类形态生成问题的区别和联系，而符号解析法则是受文献[85]的启发。

(1) 第Ⅲ类形态生成问题的基本列式。

①矩阵力法对体系内力求解给出了直接和完整的描述，如图 5.63(a)所示。体系形态生成之后的线性解如式(5.81c)所示(注：式(5.81c)等价于第 2 章中的式(2.21))，

$_0\boldsymbol{\beta}=\left[\boldsymbol{I}-\boldsymbol{B}_x\left(\boldsymbol{B}_x^{\mathrm{T}}\boldsymbol{f}\boldsymbol{B}_x\right)^{-1}\boldsymbol{B}_x^{\mathrm{T}}\boldsymbol{f}\right]\boldsymbol{B}_0\boldsymbol{F}+\boldsymbol{B}_x\boldsymbol{\alpha}$，其中第一项$\left[\boldsymbol{I}-\boldsymbol{B}_x\left(\boldsymbol{B}_x^{\mathrm{T}}\boldsymbol{f}\boldsymbol{B}_x\right)^{-1}\boldsymbol{B}_x^{\mathrm{T}}\boldsymbol{f}\right]\boldsymbol{B}_0\boldsymbol{F}$为外荷载引起的单元内力变化(注：该内力变化即线性分析不考虑体系预应力影响给出的荷载内力)，第二项$\boldsymbol{B}_x\boldsymbol{\alpha}$则是人为施加的初始自应力，注意人为施加的自应力为强迫施工不需要满足相容条件而仅需要满足平衡条件，因为$\forall\boldsymbol{\alpha}$，$\boldsymbol{A}\boldsymbol{B}_x\boldsymbol{\alpha}=0$。每一形态生成的最终时刻的线性解为$_0\boldsymbol{\beta}=\boldsymbol{B}_0\boldsymbol{F}+\boldsymbol{B}_x\boldsymbol{\alpha}$，其力学意义在于第Ⅲ类形态生成过程为强迫施工过程，相容条件不存在，从而连续性假设不成立。在每一形态生成的最早时刻只是一些离散构

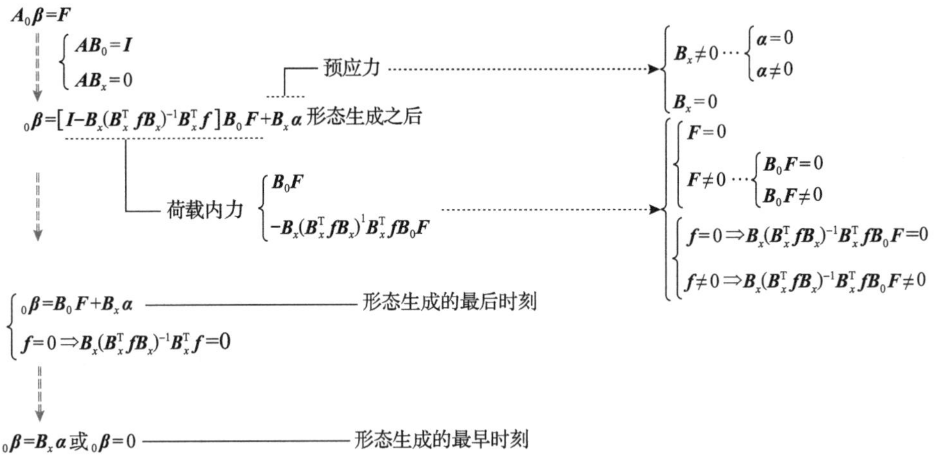

(a) 矩阵力法基本列式及其线性解的退化

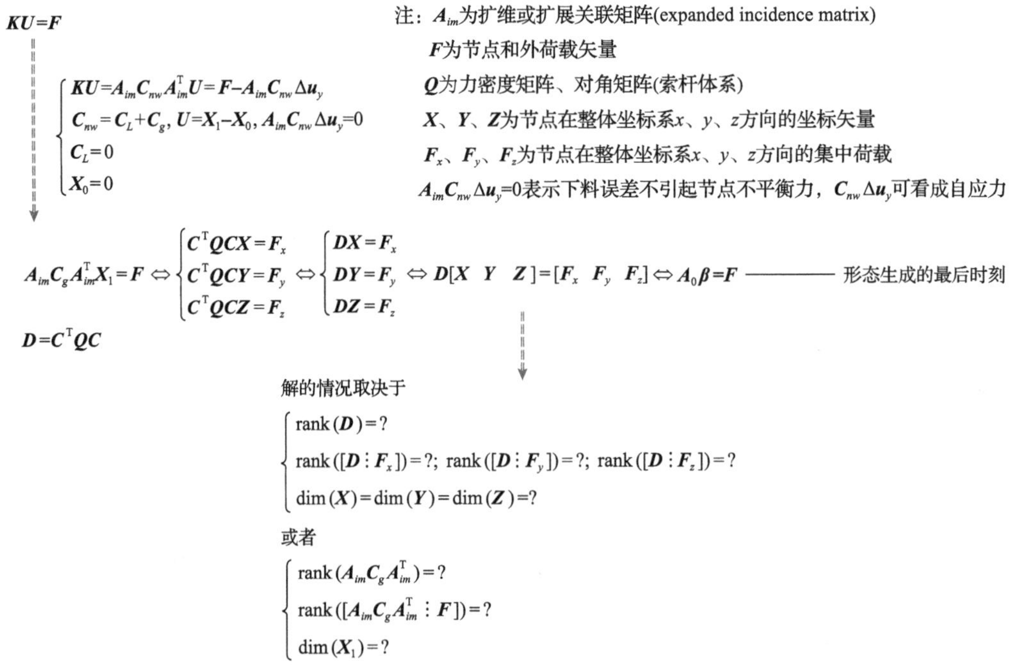

(b) 矩阵位移法的退化——几何刚度矩阵以及力密度法表达式

图 5.63 第Ⅲ类形态生成问题的基本列式

件的松散集合，对预应力体系 ${}_0\boldsymbol{\beta}=\boldsymbol{B}_x\boldsymbol{\alpha}$，对非预应力体系 ${}_0\boldsymbol{\beta}=0$。注：$\boldsymbol{F}$ 为等效节点荷载矢量，形态生成之前仅包含自重。

②矩阵位移法对体系节点位移求解给出了直接和完整的描述，但第Ⅲ类形态生成问题中节点位移或节点坐标的求解不同于传统的荷载分析，此时矩阵位移法(考虑几何非线性)中的总刚度矩阵退化为几何应力刚度矩阵，而经典力密度法是其另一种表达形式(具体证明见 2.3.1 节基本问题 3)，如图 5.63(b)所示。

第Ⅲ类形态生成问题是第Ⅰ、Ⅱ类形态生成问题的组合，由图 5.63 至少可以提出如下问题。

图 5.63(a)问题 1：第Ⅲ类形态生成问题假定拓扑几何信息已知，但体系有效拓扑几何受形状几何的影响有可能发生变化。有效拓扑几何直接关系到平衡矩阵的左零空间和右零空间的维数，即独立机构位移模态和独立自应力模态的个数。那么，在第Ⅲ类形态生成问题求解时如何判断并处理形状几何奇异的情况？本书作者认为，变有效拓扑几何体系，若形状几何变化导致平衡矩阵的秩减少，独立自应力模态数和独立机构位移模态数同时增加，独立机构位移模态数的增加意味着体系动不定次数增加，反之，若形状几何变化导致平衡矩阵的秩增加，独立自应力模态数和独立机构位移模态数同时减少。注：体系形态生成之后若大位移引起形状几何改变导致自应力或自应变能的释放有可能成为体系形态发生分叉或突变并且不可逆的内因，从而具有非保守系统的特征。

图 5.63(a)问题 2：第Ⅲ类形态生成过程中先有 $\boldsymbol{B}_x$ 才会有 $\boldsymbol{\alpha}$，若 $\boldsymbol{B}_x=0$ 则体系静定，若 $\boldsymbol{B}_x\neq 0$ 则体系静不定，静定体系和静不定体系的第Ⅲ类形态生成问题的区别是后者可以人为预加初始自应力，注意静不定体系也可以不预加初始自应力，那么预应力体系的第Ⅲ类形态生成过程中如何考虑 $\boldsymbol{\alpha}$ 的任意性？值得指出的是，$\boldsymbol{\alpha}$ 的取值是主观任意的，但客观上这一自应力设计决定了引入初始自应变能的大小和分布，生成体系初始几何刚度，引入自应变能的大小与施工张拉或顶推成本息息相关，初始自应力的分布将改变体系在外荷载作用下的应力场，减小低强度材料的应力峰值，但这是以高强度材料的应力峰值增加为代价的，因此预应力技术自然地采用高强度的结构材料。通俗而言，预应力是一把双刃剑，体系初始预应力设计应以满足承载能力和正常使用要求为度。荷载或人工施加自应力的大小和分布随着体系拓扑和形状几何以及材料、外部作用的变化而变化。

图 5.63(a)问题 3：$\boldsymbol{B}_0\boldsymbol{F}=0$ 表明体系当前几何构形不能承受 $\boldsymbol{F}$，当前形态即使能够生成也不能用来承载，没有力学意义，因此第Ⅲ类形态生成问题的解需要具备必要的承载能力和正常使用能力，那么哪些荷载工况需要考虑、如何考虑？在第 2 章中曾指出，外荷载特别是恒荷载可以看成边，只不过荷载边有限的连接作用取决于荷载的大小，因此外荷载的分布和大小也会影响体系的拓扑几何性质。

图 5.63(a)问题 4：第Ⅲ类形态生成过程中连续性假设不成立，那么可以完全不考虑材料的影响吗？任意体系若仅由刚体组成，柔度矩阵等于零，虽然各构件内力只与 $\boldsymbol{B}_0\boldsymbol{F}$ 有关(严格而言是在体系生成的最后一刻)，但初始自应力无法施加上去。当然，实际工程中柔度矩阵不可能等于零，但柔度矩阵各主对角元的值差别较大是完全有可能的。线

刚度特别大的构件不适合作为主动预应力构件，但可以被动施加预应力。这些都说明材料对体系形态生成过程有影响。第Ⅲ类形态生成问题一般假设材料种类及其力学性能已知、构件的截面尺寸虽然未知但可在有限的范围之内选择。

图 5.63(b)问题 1：几何非线性矩阵位移法退化并以待求且未知的最终时刻形态作为参考位形，则得到该时刻形态需要满足的平衡方程，经典力密度法是引入体系线性图表示和力密度概念后的另一种表达形式。该平衡方程与图 5.63(a)中矩阵力法的平衡方程是否等价？图 5.63(a)中矩阵力法的平衡方程容易变换为力密度形式，图 5.63(b)中经典力密度法的平衡方程也可以变换为一等价的形式，具体推导如下。

令 $\mathrm{diag}(\boldsymbol{L})$ 表示索杆体系中各构件长度组成的对角矩阵，$\boldsymbol{L}=\begin{bmatrix} l_1 & \cdots & l_i & \cdots \end{bmatrix}^{\mathrm{T}}$，力密度矢量 $\boldsymbol{q}=\begin{bmatrix} q_1 & \cdots & q_i & \cdots \end{bmatrix}^{\mathrm{T}}$，其中 $q_i={}_t\beta_i/l_i$ 表示第 i 根构件的力密度，$\boldsymbol{Q}=\mathrm{diag}(\boldsymbol{q})$ 为对角力密度矩阵，则

$$\mathrm{diag}(\boldsymbol{L})=\begin{bmatrix} l_1 & \cdots & 0 & \cdots \\ \vdots & & \vdots & \vdots \\ 0 & \cdots & l_i & \cdots \\ \vdots & \cdots & 0 & \cdots \end{bmatrix} \Rightarrow \mathrm{diag}(\boldsymbol{L})\left(\mathrm{diag}(\boldsymbol{L})\right)^{-1}=\boldsymbol{I}, \qquad \left(\mathrm{diag}(\boldsymbol{L})\right)^{-1}{}_t\boldsymbol{\beta}=\boldsymbol{q}$$

$$\boldsymbol{A}\,{}_t\boldsymbol{\beta}=\boldsymbol{F} \Rightarrow \boldsymbol{A}\boldsymbol{I}\,{}_t\boldsymbol{\beta}=\boldsymbol{F} \Rightarrow \boldsymbol{A}\mathrm{diag}(\boldsymbol{L})\left(\mathrm{diag}(\boldsymbol{L})\right)^{-1}{}_t\boldsymbol{\beta}=\boldsymbol{F} \Rightarrow \boldsymbol{A}\mathrm{diag}(\boldsymbol{L})\boldsymbol{q}=\boldsymbol{F}$$

接下来，对经典力密度法的平衡方程进行简单变换，即

$$\boldsymbol{QCX}=\mathrm{diag}(\boldsymbol{CX})\boldsymbol{q}$$

其中，$\boldsymbol{C}$ 为关联矩阵的转置，$\boldsymbol{X}$、$\boldsymbol{Y}$、$\boldsymbol{Z}$ 表示整体坐标系下节点 x、y、z 方向坐标的列矢量。

$$\begin{cases} \boldsymbol{D}_x\boldsymbol{X}=\boldsymbol{C}^{\mathrm{T}}\boldsymbol{QCX}=\boldsymbol{F}_x \\ \boldsymbol{D}_y\boldsymbol{Y}=\boldsymbol{C}^{\mathrm{T}}\boldsymbol{QCY}=\boldsymbol{F}_y \\ \boldsymbol{D}_z\boldsymbol{Z}=\boldsymbol{C}^{\mathrm{T}}\boldsymbol{QCZ}=\boldsymbol{F}_z \end{cases} \Leftrightarrow \begin{cases} \boldsymbol{C}^{\mathrm{T}}\mathrm{diag}(\boldsymbol{CX})\boldsymbol{q}=\boldsymbol{F}_x \\ \boldsymbol{C}^{\mathrm{T}}\mathrm{diag}(\boldsymbol{CY})\boldsymbol{q}=\boldsymbol{F}_y \\ \boldsymbol{C}^{\mathrm{T}}\mathrm{diag}(\boldsymbol{CZ})\boldsymbol{q}=\boldsymbol{F}_z \end{cases} \Rightarrow \begin{bmatrix} \boldsymbol{C}^{\mathrm{T}}\mathrm{diag}(\boldsymbol{CX}) \\ \boldsymbol{C}^{\mathrm{T}}\mathrm{diag}(\boldsymbol{CY}) \\ \boldsymbol{C}^{\mathrm{T}}\mathrm{diag}(\boldsymbol{CZ}) \end{bmatrix}\boldsymbol{q}=\begin{pmatrix} \boldsymbol{F}_x \\ \boldsymbol{F}_y \\ \boldsymbol{F}_z \end{pmatrix}$$

可见，$\boldsymbol{A}\mathrm{diag}(\boldsymbol{L})\boldsymbol{q}=\boldsymbol{F} \Leftrightarrow \begin{bmatrix} \boldsymbol{C}^{\mathrm{T}}\mathrm{diag}(\boldsymbol{CX}) \\ \boldsymbol{C}^{\mathrm{T}}\mathrm{diag}(\boldsymbol{CY}) \\ \boldsymbol{C}^{\mathrm{T}}\mathrm{diag}(\boldsymbol{CZ}) \end{bmatrix}\boldsymbol{q}=\begin{pmatrix} \boldsymbol{F}_x \\ \boldsymbol{F}_y \\ \boldsymbol{F}_z \end{pmatrix}$，二者仅存在形式上的差别。

因为 $\mathrm{diag}(\boldsymbol{CX})\boldsymbol{q}=\mathrm{diag}(\boldsymbol{CX})\left(\mathrm{diag}(\boldsymbol{L})\right)^{-1}{}_t\boldsymbol{\beta}$，其中 $\mathrm{diag}(\boldsymbol{CX})\left(\mathrm{diag}(\boldsymbol{L})\right)^{-1}$ 为构件与整体坐标系 x 轴夹角的方向余弦 $\cos\boldsymbol{\alpha}_x$ 生成的对角矩阵 $\mathrm{diag}(\cos\boldsymbol{\alpha}_x)$，且

$$\boldsymbol{A}\,{}_t\boldsymbol{\beta}=\boldsymbol{F} \Leftrightarrow \begin{bmatrix} \boldsymbol{A}_x \\ \boldsymbol{A}_y \\ \boldsymbol{A}_z \end{bmatrix}{}_t\boldsymbol{\beta}=\begin{bmatrix} \boldsymbol{C}^{\mathrm{T}}\mathrm{diag}(\cos\boldsymbol{\alpha}_x) \\ \boldsymbol{C}^{\mathrm{T}}\mathrm{diag}(\cos\boldsymbol{\alpha}_y) \\ \boldsymbol{C}^{\mathrm{T}}\mathrm{diag}(\cos\boldsymbol{\alpha}_z) \end{bmatrix}{}_t\boldsymbol{\beta}=\begin{pmatrix} \boldsymbol{F}_x \\ \boldsymbol{F}_y \\ \boldsymbol{F}_z \end{pmatrix}$$

其中，$\boldsymbol{A}=\begin{bmatrix}\boldsymbol{A}_x\\\boldsymbol{A}_y\\\boldsymbol{A}_z\end{bmatrix}=\begin{bmatrix}\boldsymbol{C}^{\mathrm{T}}\mathrm{diag}(\cos\boldsymbol{\alpha}_x)\\\boldsymbol{C}^{\mathrm{T}}\mathrm{diag}(\cos\boldsymbol{\alpha}_y)\\\boldsymbol{C}^{\mathrm{T}}\mathrm{diag}(\cos\boldsymbol{\alpha}_z)\end{bmatrix}$是平衡矩阵$\boldsymbol{A}$的分块形式。

同时，若将$\mathrm{diag}(\cos\boldsymbol{\alpha}_x)$与${}_t\boldsymbol{\beta}$的乘积看成未知量，记${}_t\boldsymbol{\beta}_x=\mathrm{diag}(\cos\boldsymbol{\alpha}_x)\,{}_t\boldsymbol{\beta}$表示各构件在整体坐标系$x$方向的等代节点内力分量所组成的矢量，则

$$\boldsymbol{A}\,{}_t\boldsymbol{\beta}=\boldsymbol{F}\Leftrightarrow\begin{cases}\boldsymbol{C}^{\mathrm{T}}\,{}_t\boldsymbol{\beta}_x=\boldsymbol{F}_x\\\boldsymbol{C}^{\mathrm{T}}\,{}_t\boldsymbol{\beta}_y=\boldsymbol{F}_y\\\boldsymbol{C}^{\mathrm{T}}\,{}_t\boldsymbol{\beta}_z=\boldsymbol{F}_z\end{cases}\Leftrightarrow\begin{bmatrix}\boldsymbol{C}^{\mathrm{T}}&0&0\\0&\boldsymbol{C}^{\mathrm{T}}&0\\0&0&\boldsymbol{C}^{\mathrm{T}}\end{bmatrix}\begin{pmatrix}{}_t\boldsymbol{\beta}_x\\{}_t\boldsymbol{\beta}_y\\{}_t\boldsymbol{\beta}_z\end{pmatrix}=\begin{pmatrix}\boldsymbol{F}_x\\\boldsymbol{F}_y\\\boldsymbol{F}_z\end{pmatrix}$$

$$\Leftrightarrow\boldsymbol{C}^{\mathrm{T}}\begin{bmatrix}{}_t\boldsymbol{\beta}_x&{}_t\boldsymbol{\beta}_y&{}_t\boldsymbol{\beta}_z\end{bmatrix}=\begin{bmatrix}\boldsymbol{F}_x&\boldsymbol{F}_y&\boldsymbol{F}_z\end{bmatrix}$$

可见，对角关联矩阵是平衡矩阵的纯拓扑形式且为 Maxwell 公式和 CKG 公式的基本列式，显然，自平衡的等效节点内力矢量空间与自平衡的构件内力矢量空间有联系也有区别。

此外，$\boldsymbol{C}^{\mathrm{T}}\mathrm{diag}(\boldsymbol{CX})\boldsymbol{q}=\boldsymbol{F}_x\Leftrightarrow\boldsymbol{C}^{\mathrm{T}}\mathrm{diag}(\cos\boldsymbol{\alpha}_x)\,{}_t\boldsymbol{\beta}=\boldsymbol{F}_x\Leftrightarrow\boldsymbol{C}^{\mathrm{T}}\mathrm{diag}({}_t\boldsymbol{\beta})\cos\boldsymbol{\alpha}_x=\boldsymbol{F}_x$。因此，记$\left.\begin{matrix}\boldsymbol{E}_x=\boldsymbol{C}^{\mathrm{T}}\mathrm{diag}(\boldsymbol{CX})\\\boldsymbol{E}_y=\boldsymbol{C}^{\mathrm{T}}\mathrm{diag}(\boldsymbol{CY})\\\boldsymbol{E}_z=\boldsymbol{C}^{\mathrm{T}}\mathrm{diag}(\boldsymbol{CZ})\end{matrix}\right\}\Rightarrow\boldsymbol{E}=\begin{bmatrix}\boldsymbol{E}_x\\\boldsymbol{E}_y\\\boldsymbol{E}_z\end{bmatrix}$是以力密度为未知量的平衡矩阵。

若将构件长度的倒数的列矢量记为$\dfrac{1}{\boldsymbol{L}}$，则$\boldsymbol{C}^{\mathrm{T}}\mathrm{diag}(\boldsymbol{CX})\boldsymbol{q}=\boldsymbol{F}_x\Rightarrow\boldsymbol{C}^{\mathrm{T}}\mathrm{diag}(\boldsymbol{CX})\cdot\mathrm{diag}({}_t\boldsymbol{\beta})\dfrac{1}{\boldsymbol{L}}=\boldsymbol{F}_x$，因此，记$\left.\begin{matrix}\boldsymbol{\varXi}_x=\boldsymbol{C}^{\mathrm{T}}\mathrm{diag}(\boldsymbol{CX})\mathrm{diag}({}_t\boldsymbol{\beta})\\\boldsymbol{\varXi}_y=\boldsymbol{C}^{\mathrm{T}}\mathrm{diag}(\boldsymbol{CY})\mathrm{diag}({}_t\boldsymbol{\beta})\\\boldsymbol{\varXi}_z=\boldsymbol{C}^{\mathrm{T}}\mathrm{diag}(\boldsymbol{CZ})\mathrm{diag}({}_t\boldsymbol{\beta})\end{matrix}\right\}\Rightarrow\boldsymbol{\varXi}=\begin{bmatrix}\boldsymbol{\varXi}_x\\\boldsymbol{\varXi}_y\\\boldsymbol{\varXi}_z\end{bmatrix}$是以构件长度的倒数为未知量的平衡矩阵。若将构件的方向余弦作为未知量，则

$$\begin{bmatrix}\boldsymbol{C}^{\mathrm{T}}\mathrm{diag}(\cos\boldsymbol{\alpha}_x)\\\boldsymbol{C}^{\mathrm{T}}\mathrm{diag}(\cos\boldsymbol{\alpha}_y)\\\boldsymbol{C}^{\mathrm{T}}\mathrm{diag}(\cos\boldsymbol{\alpha}_z)\end{bmatrix}{}_t\boldsymbol{\beta}=\begin{pmatrix}\boldsymbol{F}_x\\\boldsymbol{F}_y\\\boldsymbol{F}_z\end{pmatrix}$$

$$\Leftrightarrow\begin{bmatrix}\boldsymbol{C}^{\mathrm{T}}\mathrm{diag}({}_t\boldsymbol{\beta})&0&0\\0&\boldsymbol{C}^{\mathrm{T}}\mathrm{diag}({}_t\boldsymbol{\beta})&0\\0&0&\boldsymbol{C}^{\mathrm{T}}\mathrm{diag}({}_t\boldsymbol{\beta})\end{bmatrix}\begin{pmatrix}\cos\boldsymbol{\alpha}_x\\\cos\boldsymbol{\alpha}_y\\\cos\boldsymbol{\alpha}_z\end{pmatrix}=\begin{pmatrix}\boldsymbol{F}_x\\\boldsymbol{F}_y\\\boldsymbol{F}_z\end{pmatrix}=\boldsymbol{F}$$

$$\Leftrightarrow\boldsymbol{C}^{\mathrm{T}}\mathrm{diag}({}_t\boldsymbol{\beta})\begin{bmatrix}\cos\boldsymbol{\alpha}_x&\cos\boldsymbol{\alpha}_y&\cos\boldsymbol{\alpha}_z\end{bmatrix}=\begin{bmatrix}\boldsymbol{F}_x&\boldsymbol{F}_y&\boldsymbol{F}_z\end{bmatrix}$$

记$\boldsymbol{\Psi}_x = \boldsymbol{\Psi}_y = \boldsymbol{\Psi}_z = \boldsymbol{C}^{\mathrm{T}}\mathrm{diag}({}_t\boldsymbol{\beta})$是以各杆件方向余弦为未知量的平衡矩阵。

上述各种形式平衡方程的等价性将第Ⅰ、Ⅱ类形态生成问题联系起来，即假定外荷载已知情况下第Ⅰ、Ⅱ类形态生成问题均基于平衡方程且分别以平衡方程中含有的二类变量(内力和节点空间坐标)作为未知量进行求解，这二类变量在平衡方程中耦合。第Ⅲ类形态生成问题中该二类变量均未知，因此无法同时求解。无法同时求解并不意味着第Ⅲ类形态生成问题无解，相反第Ⅲ类形态生成问题满足一定的条件后有解，甚至有无穷多解。对结构工程师而言，这容易接受，因为结构设计问题从来就不存在唯一解，在遵循力学规律的基础上需要综合考虑建筑功能和美学要求、投资成本和施工技术可行性等，是一个多变量少方程多解、既需要定量分析也需要定性比较的优化问题。

图5.63(b)问题2：图5.63(b)说明第Ⅲ类形态生成问题的节点坐标的解的情况取决于$\boldsymbol{D}$及其增广矩阵的秩与未知坐标维数之间的关系，从线性代数方程组角度容易给出答案，在此不再赘述。那么如何从力学角度理解？例如，针对张拉整体结构或单元的第Ⅲ类形态生成问题，Zhang等在2006年提出自适应力密度法(adaptive force density method, AFDM)[13,86]并给出了秩亏条件。需要注意的是，即使是三维问题，体系形态也可以仅沿一维生成，因此秩亏条件依据整体平衡矩阵而非分块平衡矩阵更为严谨，张拉整体单元若不引入支座约束条件，必然存在刚体位移，以节点坐标为未知量的平衡方程秩亏数等于6则不能生成，等于9则可以沿三维生成。此外，这一秩亏条件等价于图5.63(a)整体平衡矩阵的左零空间的维数大于等于1，即独立机构位移模态数大于等于1，这是否意味着动定体系不能生成不同的形态，只有动不定体系才可以？图5.63(b)仅讨论形状几何即节点坐标矢量存在无穷解的秩亏条件，并未考虑自应力即构件初始自内力矢量存在与否。一方面，任意假定的形状几何下体系自应力模态可能不存在，以构件内力为未知量的平衡矩阵人为降秩重构后亦未必存在与之匹配的可刚化的形状几何；另一方面，体系自应力模态和独立机构位移模态可能有多个，那么如何组合？

图5.63(b)问题3：矩阵位移法的基本列式考虑几何非线性(修正拉格朗日描述)并假定本构关系矩阵$\boldsymbol{C}_{\mathrm{L}}=0$或者线弹性刚度矩阵$\boldsymbol{K}_{\mathrm{L}}=0$之后，物体运动(注：体系形态生成之前并未拼装成整体)将不受弹性刚度的阻碍，相容条件失去了原有的力学意义或者说每一形态生成过程中能量(如静不定体系的自应变能)和质量(如材料增加)的输入是一个不连续的强迫施工过程，在形态生成的最终时刻修正拉格朗日列式退化为等效节点内力与外荷载的平衡方程$\boldsymbol{K}_g\boldsymbol{U}=\boldsymbol{F}$，而$\boldsymbol{K}_g\boldsymbol{U}=\boldsymbol{F} \Leftrightarrow \boldsymbol{A}_t\boldsymbol{\beta}=\boldsymbol{F}$。第Ⅲ类形态生成问题中不同的形态解对应不同的形态生成过程，相互之间除拓扑同构外没有更多的联系，这意味着第Ⅲ类形态生成问题中体系拓扑几何不变、形状几何可变、材料属性和用量可变、若存在自应力则自应变能可变，那么隐藏在第Ⅲ类形态生成问题背后的控制信息或者客观规律只有平衡条件即牛顿三大定律吗？假设拓扑几何已知但并不能保证有效拓扑几

何不变，因此这一假设只是第Ⅲ类形态生成问题解的特征，但不是客观规律，自然界中生物生长——质量增加(growth-mass addition)、重构——材料属性变化(remodeling-material property changes)和形态生成(morphogenesis)又能给人造物的形态生成以何种启示？戈特弗里德·威廉·莱布尼茨(Gottfried Wilhelm Leibniz)说：“世上没有两片完全相同的树叶”，这意味着形态生成问题有无穷多解。

综合上述问题及讨论，第Ⅲ类形态生成问题可归纳为一个时刻(即形态生成的最终时刻(形态生成前后的分界时刻，形态生成之前是离散构件的松散集合，形态生成之后是紧致的连续体))、一个方程(即平衡方程)、二类变量(包括横截面内力和节点空间坐标，若外部作用未知则作为第三类变量)、多种表达式(即分别以构件内力、构件等效节点内力、节点空间坐标、构件方向余弦、构件长度和力密度作为未知量等)的非线性代数方程组的迭代求解问题，有解或有无穷多解正是方案设计阶段所需要的。注意体系形态生成之后满足连续性假设即相容条件，此时应引入材料本构关系作为第四类变量。

(2)基于已知形状几何参数的符号解析法。

受文献[85]启发，对杆件数量不多的张拉整体模块或形状几何特征已知体系的第Ⅲ类形态生成问题的求解可以采用符号解析法，该方法简单直接，但若完全采用符号计算，目前的符号分析软件如 MATLAB、Maple 等计算时间较久。

符号解析法主要步骤如下。

第一步，根据已知的形状几何特征参数建立符号平衡矩阵。

第二步，直接对符号平衡矩阵进行奇异值分解，或根据形状几何参数的定义域间隔采样赋值，即转化为浮点型数值平衡矩阵进行奇异值分解。

第三步，分析符号平衡矩阵奇异值及左右奇异矢量随形状几何的变化规律。

符号解析法中符号平衡矩阵的组装、分解等同时具有连续化分析和离散化数值分析的优点，可看成一种半连续半离散的方法。

符号解析法可以利用对称性设定少量的形状几何参数来描述体系的形状几何特征，也可以将每一个节点的空间坐标都看成形状几何参数，因此第Ⅲ类形态生成问题采用符号解析法本质上是在未知但完整的形状几何空间上做找力分析。

下面通过例题 5.22 逐步说明并获取一些感性认识。

例题 5.22　30 根构件(6 杆 24 索——三对平行压杆三向正交)的二十面体如图 5.64 所示，试采用符号解析法给出符号平衡矩阵并讨论当 $L_x = L_y = L_z = L$ 、$L_{x1} = L_{x2}$ 、$L_{y1} = L_{y2}$ 、$L_{z1} = L_{z2}$ 、$D_{x1} = D_{x2} = D_{y1} = D_{y2} = D_{z1} = D_{z2} = D/2$ 时平衡矩阵 $\boldsymbol{A}$ 的奇异值随形状几何的变化规律。

解：本例题基于符号计算的 MATLAB 源代码见附录 5.5。

第 1 步，描述本例题凸二十面体形状几何信息，即 12 个顶点空间位置所需要的形状几何参数如图 5.64 所示。采用符号表示的节点坐标如表 5.15 所示，拓扑几何信息如表 5.16 所示。

第 2 步，依据表 5.16 给出的拓扑几何信息，建立有向图关联矩阵 $\boldsymbol{C}^{\mathrm{T}} = \boldsymbol{A}_{\text{incidence}}$ 。

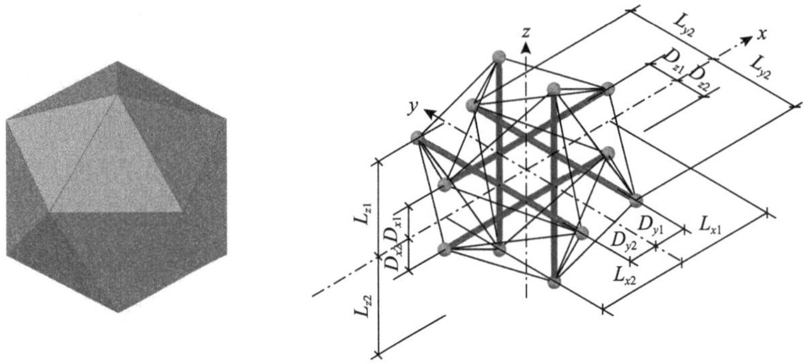

$L_x = L_{x1} + L_{x2}$
$L_y = L_{y1} + L_{y2}$
$L_z = L_{z1} + L_{z2}$
$D_x = D_{x1} + D_{x2}$
$D_y = D_{y1} + D_{y2}$
$D_z = D_{z1} + D_{z2}$

图 5.64　二十面体形状几何参数

表 5.15　形状几何信息——节点坐标(例题 5.22)

节点编号	x	y	z	节点编号	x	y	z
1	L_{x1}	0	D_{x1}	7	D_{y1}	$-L_{y2}$	0
2	L_{x1}	0	$-D_{x2}$	8	$-D_{y2}$	$-L_{y2}$	0
3	$-L_{x2}$	0	D_{x1}	9	0	D_{z1}	L_{z1}
4	$-L_{x2}$	0	$-D_{x2}$	10	0	$-D_{z2}$	L_{z1}
5	D_{y1}	L_{y1}	0	11	0	D_{z1}	$-L_{z2}$
6	$-D_{y2}$	L_{y1}	0	12	0	$-D_{z2}$	$-L_{z2}$

表 5.16　拓扑几何信息——单元与节点之间的连接关系(例题 5.22)

单元编号	i 节点	j 节点	单元编号	i 节点	j 节点	单元编号	i 节点	j 节点	单元编号	i 节点	j 节点
①	1	3	⑨	1	5	⑰	7	10	㉕	3	6
②	2	4	⑩	1	7	⑱	7	12	㉖	3	8
③	5	7	⑪	2	5	⑲	8	10	㉗	4	6
④	6	8	⑫	2	7	⑳	8	12	㉘	4	8
⑤	9	11	⑬	2	11	㉑	6	9	㉙	4	11
⑥	10	12	⑭	2	12	㉒	6	11	㉚	4	12
⑦	1	9	⑮	5	9	㉓	3	9			
⑧	1	10	⑯	5	11	㉔	3	10			

第 3 步，由节点坐标信息给出所有节点的 x、y、z 坐标矢量 $\boldsymbol{X}$ 、 $\boldsymbol{Y}$ 、 $\boldsymbol{Z}$ ，并计算所有单元长度矢量 $\boldsymbol{L}$ 。分别计算整体坐标系下 x、y、z 方向分块平衡矩阵，然后组装成整体坐标系下的平衡矩阵 $\boldsymbol{A}$ 。

第 4 步，计算以力密度矢量为未知量的平衡矩阵 $\boldsymbol{E}$ 。

第 5 步，组装符号力密度矢量 $\boldsymbol{q}$ ，并生成力密度对角矩阵 $\boldsymbol{Q}$ ，计算整体坐标系下 x、y、z 方向的含力密度的分块平衡矩阵 $\boldsymbol{D}_x = \boldsymbol{C}^{\mathrm{T}}\boldsymbol{Q}\boldsymbol{C}$ 、 $\boldsymbol{D}_y = \boldsymbol{D}_z = \boldsymbol{D}_x$ 。

第 6 步，当 $L_x = L_y = L_z = L$ 、 $L_{x1} = L_{x2}$ 、 $L_{y1} = L_{y2}$ 、 $L_{z1} = L_{z2}$ 、 $D_{x1} = D_{x2} = D_{y1} = D_{y2} = D_{z1} = D_{z2} = D/2$ 时，平衡矩阵 $\boldsymbol{A}$ 的奇异值为

$$
\mathbf{sigma}=\left\{\begin{array}{c}
1\\
1\\
1\\
1\\
1\\
\sqrt{3}\\
\sqrt{3}\\
\sqrt{3}\\
\sqrt{L^2+D^2}\Big/\sqrt{L^2-DL+D^2}\\
\sqrt{L^2+D^2}\Big/\sqrt{L^2-DL+D^2}\\
\sqrt{L^2+D^2}\Big/\sqrt{L^2-DL+D^2}\\
\sqrt{2-\sqrt{2}}\\
\sqrt{2-\sqrt{2}}\\
\sqrt{2-\sqrt{2}}\\
\sqrt{2-\sqrt{2}}\\
\sqrt{2-\sqrt{2}}\\
\sqrt{2+\sqrt{2}}\\
\sqrt{2+\sqrt{2}}\\
\sqrt{2+\sqrt{2}}\\
\sqrt{2+\sqrt{2}}\\
\sqrt{2+\sqrt{2}}\\
(D+L)\Big/\sqrt{L^2-DL+D^2}\\
\left(5/2D^2-1/2\sqrt{25L^4-60DL^3+78D^2L^2-52D^3L+17D^4}+5/2L^2-3DL\right)^{1/2}\Big/\sqrt{L^2-DL+D^2}\\
\left(5/2D^2-1/2\sqrt{25L^4-60DL^3+78D^2L^2-52D^3L+17D^4}+5/2L^2-3DL\right)^{1/2}\Big/\sqrt{L^2-DL+D^2}\\
\left(5/2D^2-1/2\sqrt{25L^4-60DL^3+78D^2L^2-52D^3L+17D^4}+5/2L^2-3DL\right)^{1/2}\Big/\sqrt{L^2-DL+D^2}\\
\left(5/2D^2+1/2\sqrt{25L^4-60DL^3+78D^2L^2-52D^3L+17D^4}+5/2L^2-3DL\right)^{1/2}\Big/\sqrt{L^2-DL+D^2}\\
\left(5/2D^2+1/2\sqrt{25L^4-60DL^3+78D^2L^2-52D^3L+17D^4}+5/2L^2-3DL\right)^{1/2}\Big/\sqrt{L^2-DL+D^2}\\
\left(5/2D^2+1/2\sqrt{25L^4-60DL^3+78D^2L^2-52D^3L+17D^4}+5/2L^2-3DL\right)^{1/2}\Big/\sqrt{L^2-DL+D^2}\\
\left(7/2D^2-1/2\sqrt{41L^4-100DL^3+126D^2L^2-76D^3L+17D^4}+7/2L^2-5DL\right)^{1/2}\Big/\sqrt{L^2-DL+D^2}\\
\left(7/2D^2+1/2\sqrt{41L^4-100DL^3+126D^2L^2-76D^3L+17D^4}+7/2L^2-5DL\right)^{1/2}\Big/\sqrt{L^2-DL+D^2}
\end{array}\right\}
$$

仔细观察上述共 30 个奇异值的符号表达式，猜测第 29 个奇异值当 $L=2D$ 时分子可能会等于零，验证之后的确如此。那么，其他符号表示的变奇异值会不会等于零？尝试让一个变奇异值的符号表达式等于零，实际上是求一个代数方程的解析解，对于高次或超次方程通常是比较困难的，因此可假设 L=12m、$0\leqslant D\leqslant L$，取 D 间隔 0.5m 采样计算得到所有奇异值的数值解，如图 5.65 所示。

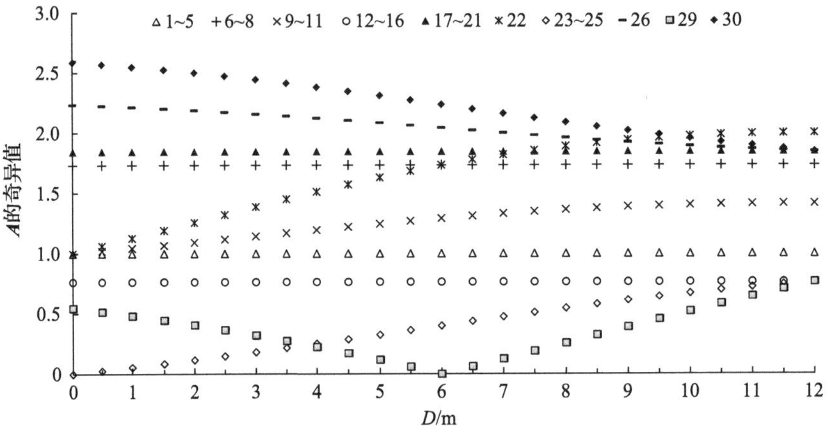

图 5.65　*L*=12m 时平衡矩阵 ***A*** 的奇异值随 *D* 的变化

由图 5.65 可见：①除第 29 个奇异值外，其他奇异值随 *D* 的变化曲线是连续且光滑的，第 29 个奇异值随 *D* 增大先减小至零再增加。曲线连续但不光滑，有尖点。6 杆 24 索(三对等长平行压杆三向正交)二十面体只有在 *L*=2*D* 一种情况下平衡矩阵列秩亏且列秩亏数等于 1。注意，正二十面体 *D*/*L* 为黄金分割比例即约等于 0.6180，*D*/*L*=0.5 时并不是正二十面体。另外，本例题形状几何参数的局限性在于仅描述三对等长平行压杆三向正交的情况，其他情况需要假设更多的形状几何参数进行符号计算或参数分析。②当 *D* 趋向于零时，第 23～25 个奇异值亦趋近于零，此时平衡矩阵列秩亏且列秩亏数等于 3，二十面体逐渐退化为 3 压杆正交的正八面体，如图 5.66(a)所示。③当 *D* 趋近于 *L* 时，第 30 个、26～28 个奇异值逐渐趋近于第 17～21 个常奇异值，第 23～25 个、29 个奇异值趋近于第 12～16 个常奇异值，二十面体退化为十四面体，如图 5.66(b)所示。④第 22 个、9～11 个奇异值随 *D*/*L* 接近零而逐渐减小且趋近于第 1～5 个常奇异值即 1。⑤第 1～5 个、6～8 个、12～16 个、17～21 个共 18 个奇异值为常数，不随 *D*/*L* 变化而变化，其他 12 个变奇异值均为 *D*/*L* 这一比值的函数。⑥存在 3 个一组或 5 个一组非零奇异值相等现象，类似动力特性分析中的重频现象。⑦当 *D*>3.8427m、*L*=12m 即 *D*/*L*>0.3202 时，第 29 个奇异值是所有非零奇异值中最小的，而当 *D*/*L*<0.3202 时，第 23～25 个奇异值是所有非零奇异值中最小的。⑧由于重奇异值现象，30 个奇异值中大多数情况下最多有 10 个不同的非零奇异值，当 *D*=12m 时最少有 6 个不同的非零奇异值。⑨每

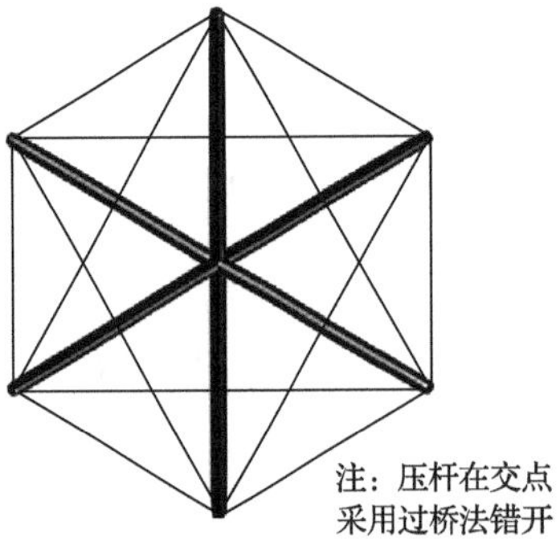

(a) 八面体

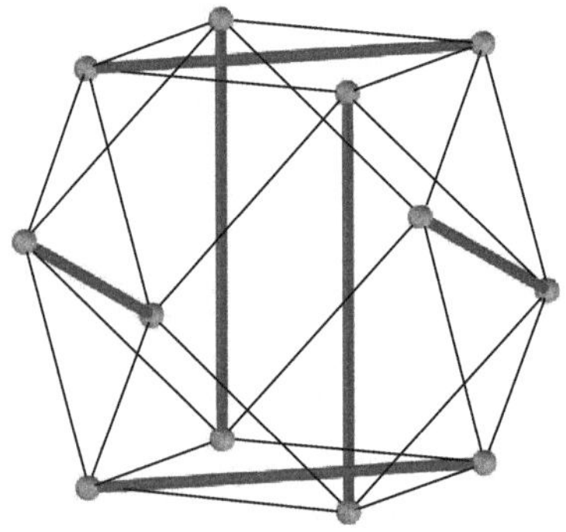

(b) 十四面体

图 5.66　八面体和十四面体

一个形状几何即不同的 D/L 都对应平衡矩阵 $\boldsymbol{A}$ 不同的非零奇异值分布和大小，甚至非零奇异值的个数都会发生变化。⑩当 $L_x = L_y = L_z = L$、$L_{x1} = L_{x2}$、$L_{y1} = L_{y2}$、$L_{z1} = L_{z2}$、$D_{x1} = D_{x2} = D_{y1} = D_{y2} = D_{z1} = D_{z2} = D/2$ 时，本例题只有两种情况，即 D=0 和 D=L/2，其余情况下的形状几何都是列满秩的。此外，如果 $D\neq0$ 且 $D\neq L/2$ 仅凭平衡矩阵的秩来进行体系判定则为静定动定体系，然而当 D=L 时，6 杆 24 索十四面体并不能承受任意荷载，而将索全部换成压杆是可以的(注：线性小位移小应变假设下)，因此仅凭平衡矩阵的秩若不考虑理想柔索的单边约束性质进行线性小位移小应变假设下的体系构成分析有可能得出错误的判断。

例题 5.22 第 6 步中通过人为改变 D/L 这一比值来改变体系形状几何从而观察平衡矩阵 $\boldsymbol{A}$ 的奇异值变化情况，初步认识如下。

①每一个形状几何都对应着一个平衡矩阵 $\boldsymbol{A}$、一组奇异值(全部奇异值(包括零奇异值)可组成一个矢量)，这说明第Ⅲ类形态生成问题的核心是重构平衡矩阵，重构平衡矩阵不仅与奇异值的个数有关，还与奇异值的大小有关。降秩重构只是针对自应力体系这一种特殊情况，改变奇异值矢量的大小和分布才是更为一般的情况。此外，降秩重构通过去掉最小的奇异值并不总是可行的，例题 5.22 中平衡矩阵的降秩重构不仅需要识别常奇异值、变奇异值、选择去掉哪个或哪几个奇异值，还需要对变奇异值的大小进行调整。注：例题 5.22 中没有考察左、右奇异矢量的变化规律。

②例题 5.22 中存在 18 个常奇异值不随形状几何的变化而变化，如果只是研究改变 D/L 引起的形状几何变化，显然通过符号计算得到的常奇异值及其个数不可人为改变，这需要解释平衡矩阵 $\boldsymbol{A}$ 的常奇异值、变奇异值以及零奇异值存在的原因及其意义。第Ⅲ类形态生成问题中假设拓扑几何已知且不变，虽然有效拓扑几何可能发生变化，如出现并联边、平行边或串联边等。

③仅凭某一时刻的平衡矩阵 $\boldsymbol{A}$ 的秩亏数进行体系构成分析在线性小位移小应变假设下可用，但仅适用于平衡矩阵的所有奇异值随形状几何变化连续且光滑的情形，仅连续而不光滑即使是小位移范围内体系的静动特性也会发生突变。此外，体系静动特性判定还应考虑理想柔索的单边约束性质，仅凭平衡矩阵 $\boldsymbol{A}$ 的行、列秩亏数也可能得出错误的判断。

(3)平衡矩阵 $\boldsymbol{A}$ 的奇异值的力学解释。

记平衡矩阵 $\boldsymbol{A}$ 的整体奇异值分解为 $\boldsymbol{A}_{m\times n} = \boldsymbol{U}_{m\times m}\begin{bmatrix}\boldsymbol{\Sigma} & 0\\ 0 & 0\end{bmatrix}_{m\times n}\boldsymbol{V}^{\mathrm{T}}{}_{n\times n}$，其中 $\boldsymbol{\Sigma}$ 为对角阵，存放矩阵的奇异值；$\boldsymbol{U}$ 和 $\boldsymbol{V}$ 为正交矩阵，则

$$\boldsymbol{A}_t\boldsymbol{\beta} = \boldsymbol{F} \Rightarrow \boldsymbol{U}\begin{bmatrix}\boldsymbol{\Sigma} & 0\\ 0 & 0\end{bmatrix}\boldsymbol{V}^{\mathrm{T}}{}_t\boldsymbol{\beta} = \boldsymbol{F} \Rightarrow \begin{bmatrix}\boldsymbol{\Sigma} & 0\\ 0 & 0\end{bmatrix}\left(\boldsymbol{V}^{\mathrm{T}}{}_t\boldsymbol{\beta}\right) = \boldsymbol{U}^{\mathrm{T}}\boldsymbol{F}$$

记 $\boldsymbol{V} = \begin{bmatrix}\boldsymbol{v}_1 & \boldsymbol{v}_2 & \cdots & \boldsymbol{v}_i & \cdots & \boldsymbol{v}_n\end{bmatrix}_{n\times n}$，$\boldsymbol{U} = \begin{bmatrix}\boldsymbol{u}_1 & \boldsymbol{u}_2 & \cdots & \boldsymbol{u}_j & \cdots & \boldsymbol{u}_m\end{bmatrix}_{m\times m}$，则

$$
\boldsymbol{V}^{\mathrm{T}}{}_{t}\boldsymbol{\beta}=\begin{bmatrix}\boldsymbol{v}_1^{\mathrm{T}}{}_{t}\boldsymbol{\beta}\\ \boldsymbol{v}_2^{\mathrm{T}}{}_{t}\boldsymbol{\beta}\\ \vdots\\ \boldsymbol{v}_i^{\mathrm{T}}{}_{t}\boldsymbol{\beta}\\ \vdots\\ \boldsymbol{v}_n^{\mathrm{T}}{}_{t}\boldsymbol{\beta}\end{bmatrix}_{n\times1},\quad \boldsymbol{U}^{\mathrm{T}}\boldsymbol{F}=\begin{bmatrix}\boldsymbol{u}_1^{\mathrm{T}}\boldsymbol{F}\\ \boldsymbol{u}_2^{\mathrm{T}}\boldsymbol{F}\\ \vdots\\ \boldsymbol{u}_j^{\mathrm{T}}\boldsymbol{F}\\ \vdots\\ \boldsymbol{u}_m^{\mathrm{T}}\boldsymbol{F}\end{bmatrix}_{m\times1}
$$

由上式可初步给出平衡矩阵 $\boldsymbol{A}$ 奇异值的一种力学解释：由 5.2.3 节线性找力分析内容可知 $\boldsymbol{V}^{\mathrm{T}}$ 的行矢量空间包含了体系所有应力模态以及可能的自应力模态，$\boldsymbol{v}_1$ ~ $\boldsymbol{v}_n$ 可以看成广义坐标，$\boldsymbol{V}^{\mathrm{T}}{}_{t}\boldsymbol{\beta}$ 是体系内力矢量在这些广义坐标轴上的投影，或者说矢量 ${}_{t}\boldsymbol{\beta}$ 在线性空间 $\boldsymbol{V}^{\mathrm{T}}$ 上的投影。同理，$\boldsymbol{U}^{\mathrm{T}}$ 的行矢量是体系位移或机构位移模态，$\boldsymbol{U}^{\mathrm{T}}\boldsymbol{F}$ 是外荷载 $\boldsymbol{F}$ 在体系位移模态空间 $\boldsymbol{U}^{\mathrm{T}}$ 上的投影。因此，奇异值就是内力投影分量和外荷载投影分量之间的比值。非零奇异值表示该比值不等于零，零奇异值表示该比值不存在，常奇异值表示该比值不随形状几何参数的变化而变化，变奇异值表示该比值是变化的。此外，若将平衡矩阵 $\boldsymbol{A}$ 的奇异值看成未知量，若 $\boldsymbol{V}^{\mathrm{T}}{}_{t}\boldsymbol{\beta}$ 和 $\boldsymbol{U}^{\mathrm{T}}\boldsymbol{F}$ 均已知，上式还可以用来更新奇异值。平衡矩阵 $\boldsymbol{A}$ 的奇异值分解实际上是将平衡方程变换到广义坐标系。

接下来，通过例题 5.23 平面体系减少符号计算的几何参数和问题的维数，更为直观地观察平衡矩阵 $\boldsymbol{A}$ 的奇异值及其对应的奇异矢量随形状几何参数的变化。

例题 5.23 平面张拉整体模块如图 5.67 所示，该平面体系可以看成例题 5.22 所示二十面体的二维退化实例。该平面体系的形状几何信息即 4 个顶点空间位置所需要的形状几何参数如图 5.67 所示。采用符号表示的节点坐标如表 5.17 所示，拓扑几何信息如表 5.18 所示。

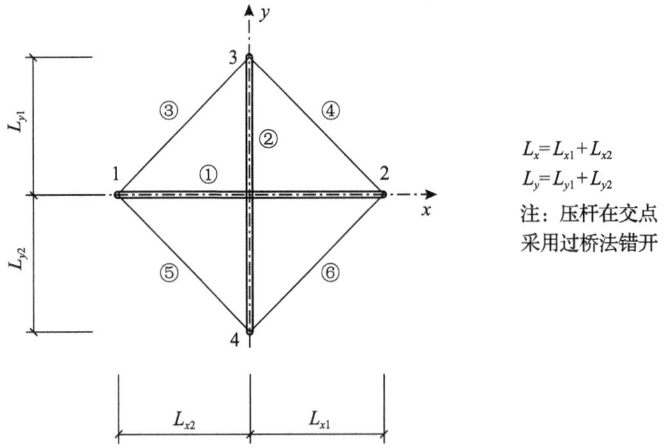

图 5.67　平面张拉整体模块

表 5.17　形状几何信息——节点坐标(例题 5.23)

节点编号	x	y	z	节点编号	x	y	z
1	$-L_{x2}$	0	0	3	0	L_{y1}	0
2	L_{x1}	0	0	4	0	$-L_{y2}$	0

表 5.18　拓扑几何信息——单元与节点之间的连接关系(例题 5.23)

单元编号	i 节点	j 节点	单元编号	i 节点	j 节点
①	1	2	④	2	3
②	3	4	⑤	1	4
③	1	3	⑥	2	4

解：为节省篇幅，忽略符号计算过程，仅对计算结果进行讨论。本例题采用符号计算的 MATLAB 源代码详见附录 5.6。

(1) 当 $L_{x1}=L_{x2}=1/2L_x=6\text{m}$、$L_{y1}=L_{y2}=1/2L_y$、取 $0\leqslant L_y\leqslant 12\text{m}$ 间隔 1m 时，数值计算体系平衡矩阵 $\boldsymbol{A}$ 的 6 个奇异值，如图 5.68 所示。

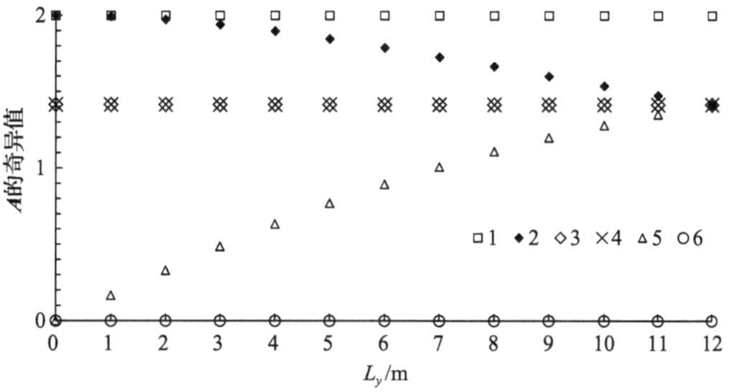

图 5.68　平衡矩阵 $\boldsymbol{A}$ 的奇异值随 L_y 的变化

由图 5.68 可见，平衡矩阵 $\boldsymbol{A}$ 的第 2 个和第 5 个奇异值随形状几何参数 L_y 的变化而变化，第 1 个、第 3 个、第 4 个和第 6 个奇异值为常值且第 6 个奇异值始终等于零。若只研究 $L_{x1}=L_{x2}=1/2L_x=6\text{m}$、$L_{y1}=L_{y2}=1/2L_y$ 时体系形状几何的变化，则不需要且不能改变奇异值的个数而只需要改变第 2 个和第 5 个奇异值的大小。

第 3 个和第 4 个奇异值始终相等，这一组奇异值有 2 个；当 L_y =12m 时有 1 组(第 2～5 个)、每组 4 个奇异值相等；当 L_y =0m 时有 3 组(第 1 个与第 2 个、第 3 个与第 4 个、第 5 个与第 6 个)、每组 2 个奇异值相等。其规律是每组重奇异值的个数等于形状几何镜像或旋转对称轴的条数。例如，例题 5.22 中每组重奇异值个数是 3 或 5，对应 3 条镜像对称轴或 5 条旋转对称轴。

图 5.69 给出了 L_y =0m、0.5m、11.5m、12m 时右奇异矢量矩阵的各列矢量，即体系的应力或自应力模态矢量。由图可见，当 L_y =0～11.5m 时，与第 2 个和第 5 个变奇异值对应的右奇异矢量矩阵的第 2 列和第 5 列矢量完全相同，而与第 1 个、第 3 个、第 4 个、第 6 个常奇异值对应的右奇异矢量矩阵的相应各列矢量始终在变化。本例题常奇异值对应着变右奇异矢量，常右奇异矢量对应着变奇异值。

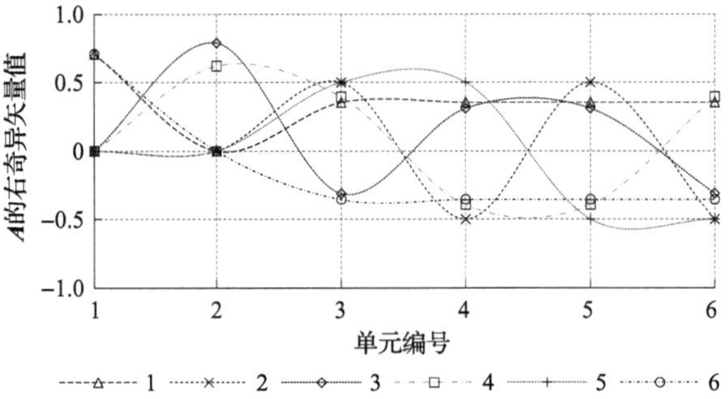

(a) L_y=0m

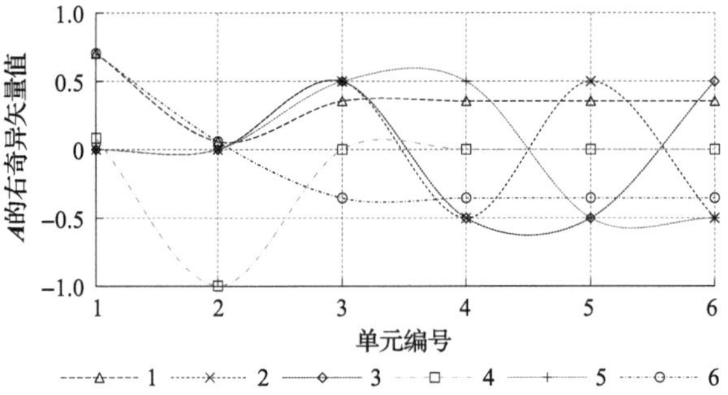

(b) L_y=0.5m

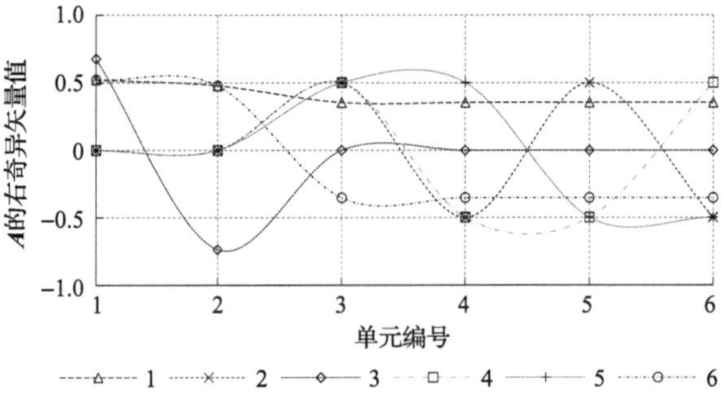

(c) L_y=11.5m

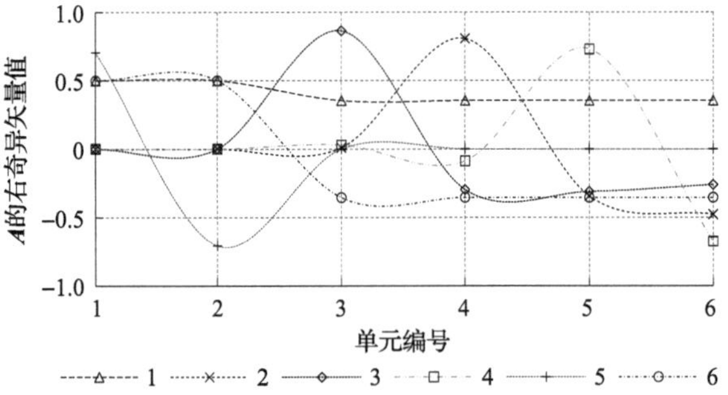

(d) L_y=12m

图 5.69 平衡矩阵 $\boldsymbol{A}$ 的右奇异矢量随 L_y 的变化

(2)形状几何失去对称性的情况。当 $L_{x1}=5\text{m}$、$L_{x2}=7\text{m}$、$L_{y1}=3\text{m}$、$L_{y2}=9\text{m}$ 时，平衡矩阵 $\boldsymbol{A}$ 的第 1～6 个奇异值分别为 2.0、1.6173、1.5580、1.2541、1.1766、0，没有重奇异值，由此可见重奇异

值与体系形状几何的对称性有关。

第 6 个最小奇异值不随形状几何参数 L_{x1}、L_{x2}、L_{y1}、L_{y2} 的变化而变化容易解释，因为第 6 个奇异值对应自应力模态，本例题中出现的这一个零奇异值是拓扑几何性质决定的，例如，该平面体系 4 个顶点，每一个顶点的加权位移矢量维数为 2，同时该平面体系显然有 3 个平面刚体运动自由度(x、y 向的平动和绕 z 轴的转动)，则平衡矩阵的秩不可能超过 8–3=5，而边的加权内力矢量维数为 1，共 6 条边，因此 6–5=1，必然存在一个零奇异值。

第 1 个最大奇异值不随形状几何参数 L_{x1}、L_{x2}、L_{y1}、L_{y2} 的变化而变化如何解释？其实，不指定 L_{x1}、L_{x2}、L_{y1}、L_{y2} 的具体数值，由附录 5.6 源代码采用符号计算平衡矩阵 $\boldsymbol{A}$ 的奇异值可得到两个常数奇异值，即 0 和 2.0，其他 4 个奇异值都是形状几何参数 L_{x1}、L_{x2}、L_{y1}、L_{y2} 的函数，这样解释显然不足以令人信服，考察(1)中当 $L_y = 0\text{m}$ 时的左、右奇异矢量矩阵第 1 列，记 $\boldsymbol{u}_1 = \left(-\sqrt{2}/2 \quad \sqrt{2}/2 \quad 0 \quad 0 \quad 0 \quad 0 \quad 0 \quad 0\right)^{\mathrm{T}}$，$\boldsymbol{v}_1 = \left(\sqrt{2}/2 \quad 0 \quad \sqrt{2}/4 \quad \sqrt{2}/4 \quad \sqrt{2}/4 \quad \sqrt{2}/4\right)^{\mathrm{T}}$，任意指定一组仅满足平衡条件的内外力矢量，如 ${}_t\boldsymbol{\beta} = \left(1 \quad 0 \quad 0 \quad 0 \quad 0 \quad 0\right)^{\mathrm{T}}$，$\boldsymbol{F} = \left(-1 \quad 1 \quad 0 \quad 0 \quad 0 \quad 0 \quad 0 \quad 0\right)^{\mathrm{T}}$，则 $\boldsymbol{v}_1^{\mathrm{T}}\,{}_t\boldsymbol{\beta} = \sqrt{2}/2$，$\boldsymbol{u}_1^{\mathrm{T}}\boldsymbol{F} = \sqrt{2}$，二者正好是 2 倍的关系。保持 ${}_t\boldsymbol{\beta}$ 和 $\boldsymbol{F}$ 不变，依次考察 L_y =1～12m 等不同形状几何下的 $\boldsymbol{v}_1^{\mathrm{T}}\,{}_t\boldsymbol{\beta}$ 和 $\boldsymbol{u}_1^{\mathrm{T}}\boldsymbol{F}$，可以验证二者始终保持 2 倍的关系。

这说明虽然应力模态和位移模态在变化，但任意一组平衡的内、外力矢量在应力模态和位移模态上投影之间的比值始终保持不变。如果将应力模态和位移模态都看成广义坐标轴，那么在这两种广义坐标轴上的投影即为其广义坐标值。在第Ⅲ类形态生成问题中，左奇异矢量矩阵包含的位移模态表示形状几何生成所有可能的方向矢量，而右奇异矢量矩阵包含的应力模态表示内力生成所有可能的方向矢量，而奇异值表示内外力在应力模态和位移模态上投影分量之间的比值。

3)割集方法(cut-set method, CM)

自平衡的索杆体系，如张拉整体体系或模块，若忽略重力作用，体系可以自由站立，上部或外部刚性体系不存在，因此刚、柔体系之间的相互作用亦不存在，AB 模型方法不能直接应用，其实不然。

基本思想：根据牛顿第三定律，宏观物体运动存在相互作用，例如，单根压杆就可以看成刚性体系，单根拉索也可以看成柔性体系。利用刚、柔构件之间的相互作用，由图论中割集的概念可知，自平衡的张拉整体体系或模块的线性图可以分为拉伸、切割两部分，如图 5.70 所示，从而采用 AB 模型方法。进一步扩展思路，割集是各顶点关联集

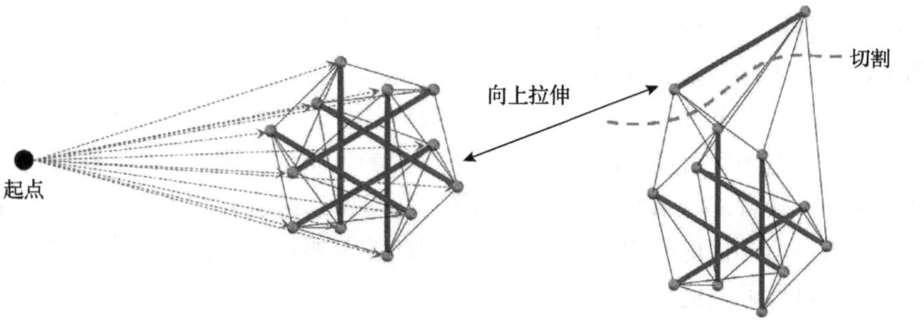

图 5.70　拉伸、切割线性图

合的环和，可以对单一连通片数体系的线性图表示进行一次或多次切割，最简单的是将一根或几根赘余压杆(这取决于体系的静不定次数)从体系线性图中切割出来并假定或更新其长度、内力或力密度，进一步可求得剩余构件的内力或力密度，这样所有构件的内力或力密度可随之更新，然后进行单纯找形分析，如此往复迭代即可获得该类体系第Ⅲ类形态生成问题的解。由于该方法源于图论或网络理论中的割集概念，可称为割集方法。显然，AB 模型方法实际上是割集方法在组合空间结构中的应用。注：结构力学教材中取隔离体的图论解释也是割集方法。

在第 2 章图 2.62 分析中曾指出，体系拓扑几何模型即其线性图，线性图的边和顶点与长度、体积和质量等无关，因此体系的线性图表示仅包含拓扑信息，可看成力学模型的退化并坍塌为一个宏观上无限小的点，而体系形态生成的过程反过来可以看成从这一个宏观上无限小的点开始、物质或能量逐渐输入拓扑几何模型的过程且同时受所处环境各种可能作用的影响。伴随着这一过程，线性图的顶点和边进行了标量或矢量加权，如顶点位移、边的截面面积、截面内力等，线性图变成了结构或机械网络，从而描述真实的力学系统。结构或机械网络是力学模型，而其线性图表示只是一个数学模型，该数学模型必须符合并且能够用来描述客观规律，也就是说，对线性图的矢量加权必须遵循力学原理，例如，第 2 章给出的结构或机械网络上的线性或非线性代数结构，本质上是力学原理的数学描述。

4)预应力体系第Ⅲ类形态生成问题的一般数值方法

由符号解析法中给出的第Ⅲ类形态生成问题的基本列式可知，第Ⅲ类形态生成问题从数学角度可进一步抽象为两个基本问题。

基本问题 Q1：如何保证体系形状几何一定能够生成，对预应力体系一般还应保证独立自应力模态存在。从数学角度而言，这是一个问题，即多种形式平衡矩阵的重构，包括变秩重构(增秩、降秩和等秩重构)、变奇异/特征值重构、变奇异/特征矢量重构等。

基本问题 Q2：多自应力模态或多机构位移模态的组合问题。引入形态生成之后体系需要满足的对称性条件、可刚化条件是必要的但并不充分，体系形态生成的最终目的是满足承载和正常使用要求，因此无论是多自应力模态还是多机构位移模态的组合都应考虑体系在设计使用年限内安全、适用、耐久和经济，如承载能力极限状态下强度、稳定性指标，正常使用极限状态下挠度限值、舒适性、构成基本可承载体系(注意与力法中基本结构、图论中树的联系和区别)的索不松弛(注：理想柔索假定下的索，这一单边约束构件若退出工作可能改变体系有效拓扑几何，体系力学性能可能发生突变，是否允许或允许哪些索退出工作应视具体情况具体分析，例如，基本可承载体系并不唯一，而不可一概而论。另外，对某些体系构成基本可承载体系的索在常态荷载工况下不退出工作有可能成为体系初始预应力设计的控制条件，如乐清市都市田园公园张拉整体人行桥)、材料用量最少等。换言之，第Ⅲ类形态生成问题的多模态组合问题由形态生成后的建筑功能和美学要求、力学性能等决定，形态生成问题的首要任务是给出形态生成的可行解空间，其次才是可行解的优化。

(1)基本问题 Q1：如何保证预应力体系形状几何一定能够生成。

矩阵降秩从高等代数角度而言并没有太多的难度，如 Wendderburn 降秩方法[87-89]、基于奇异值分解的降秩方法[90]等，但是从力学的角度而言，第Ⅲ类形态生成问题中各种形式平衡矩阵的力学意义并不相同，重构平衡矩阵也未必需要降秩，那么非降秩重构如何进行？不同形式的平衡矩阵的重构有何区别？降秩重构除减少奇异值的个数外，还需要修改奇异值的大小，如何修改奇异值的个数和大小？是否还需要修改左、右奇异矢量空间？如何修改？显然，这些问题并不容易回答。

①平衡矩阵的降秩。

a. 平衡矩阵 $\boldsymbol{A}$ 的降秩。

(a)记所有节点的 x、y、z 坐标矢量为 $\boldsymbol{X}$、$\boldsymbol{Y}$、$\boldsymbol{Z}$，所有构件长度矢量为 $\boldsymbol{L}$，体系线性图的关联矩阵为 $\boldsymbol{C}^{\mathrm{T}}$，则整体坐标系下 x、y、z 方向的平衡方程为

$$\boldsymbol{A}=\begin{bmatrix}\boldsymbol{A}_x\\ \boldsymbol{A}_y\\ \boldsymbol{A}_z\end{bmatrix}=\begin{bmatrix}\boldsymbol{C}^{\mathrm{T}}\mathrm{diag}(\cos\boldsymbol{\alpha}_x)\\ \boldsymbol{C}^{\mathrm{T}}\mathrm{diag}(\cos\boldsymbol{\alpha}_y)\\ \boldsymbol{C}^{\mathrm{T}}\mathrm{diag}(\cos\boldsymbol{\alpha}_z)\end{bmatrix}=\begin{bmatrix}\boldsymbol{C}^{\mathrm{T}} & 0 & 0\\ 0 & \boldsymbol{C}^{\mathrm{T}} & 0\\ 0 & 0 & \boldsymbol{C}^{\mathrm{T}}\end{bmatrix}\begin{bmatrix}\mathrm{diag}(\cos\boldsymbol{\alpha}_x)\\ \mathrm{diag}(\cos\boldsymbol{\alpha}_y)\\ \mathrm{diag}(\cos\boldsymbol{\alpha}_z)\end{bmatrix}$$

上式可以看成分块平衡矩阵的矩阵乘积分解形式，$\boldsymbol{C}^{\mathrm{T}}$ 只包含拓扑几何信息，$\mathrm{diag}(\cos\boldsymbol{\alpha}_x)$ 包含形状几何信息。其中，$\mathrm{diag}(\cos\boldsymbol{\alpha}_x)=\mathrm{diag}(\boldsymbol{CX})\mathrm{diag}(\boldsymbol{L})^{-1}$ 表示由各条边对 x 轴方向余弦 $\cos\alpha_{xi}$ 组成的对角矩阵，具体形式为

$$\mathrm{diag}(\cos\boldsymbol{\alpha}_x)=\begin{bmatrix}\cos\alpha_{x1} & 0 & \cdots & 0 & 0 & 0\\ 0 & \cos\alpha_{x2} & \cdots & 0 & 0 & 0\\ \vdots & \vdots & & \vdots & \vdots & \vdots\\ 0 & 0 & \cdots & \cos\alpha_{xi} & \cdots & 0\\ \vdots & \vdots & \cdots & \vdots & & \vdots\\ 0 & 0 & \cdots & 0 & \cdots & \cos\alpha_{xn}\end{bmatrix}=\mathrm{diag}(\boldsymbol{CX})\left(\mathrm{diag}(\boldsymbol{L})\right)^{-1}$$

平衡矩阵 $\boldsymbol{A}$ 的降秩存在三种可能的情况。

第一种情况和第二种情况：若关联矩阵降秩(注：第Ⅳ类形态生成问题)或方向余弦分块对角矩阵 $\left[\mathrm{diag}(\cos\boldsymbol{\alpha}_x)\quad \mathrm{diag}(\cos\boldsymbol{\alpha}_y)\quad \mathrm{diag}(\cos\boldsymbol{\alpha}_z)\right]^{\mathrm{T}}$ 降秩，则由矩阵乘积的秩的 Sylvester 不等式(即 $\forall \boldsymbol{A}\in\mathbf{C}^{m\times n},\boldsymbol{B}\in\mathbf{C}^{n\times p}$，$r(\boldsymbol{AB})\leqslant\min(r(\boldsymbol{A}),r(\boldsymbol{B}))$)可知，平衡矩阵 $\boldsymbol{A}$ 也可能会降秩。

第三种情况：关联矩阵和方向余弦分块对角矩阵 $\left[\mathrm{diag}(\cos\boldsymbol{\alpha}_x)\quad \mathrm{diag}(\cos\boldsymbol{\alpha}_y)\quad \mathrm{diag}(\cos\boldsymbol{\alpha}_z)\right]^{\mathrm{T}}$ 的秩均不变，但平衡矩阵 $\boldsymbol{A}$ 的秩减小。例如，在结构力学教材中我们知道平面内平行的二链杆或交于一点的三链杆支承的平面刚片形状几何是奇异的，即有效拓扑几何会发生变化，第 2 章 2.3.1 节基本问题 2 中提出最大不稳定边集的方法来考虑这一现象。这里可以给出更进一步的解释，即若杆系的线性图存在由平行的链杆或交于一点的链杆组成的独立割集，则平衡矩阵 $\boldsymbol{A}$ 的秩或列秩将减小，降秩数目等于这些独立割集的数目。链杆平行或交于一点这一形状几何信息包含在 $\left[\mathrm{diag}(\cos\boldsymbol{\alpha}_x)\quad \mathrm{diag}(\cos\boldsymbol{\alpha}_y)\right.$

$\mathrm{diag}(\cos\boldsymbol{\alpha}_z)]^{\mathrm{T}}$中，而这些平行或交于一点的链杆是否组成独立的割集这一拓扑几何信息包含在关联矩阵中，同时满足形状几何和拓扑几何这两方面的要求将使平衡矩阵$\boldsymbol{A}$的秩减小。

上述第一种情况对应体系线性图去掉顶点或边的操作，而增减顶点和边的操作属于第Ⅳ类形态生成问题。第二种情况若假定拓扑几何不变，则所有边和顶点始终存在，(没有串联或并联边)方向余弦对角分块矩阵为列正交矩阵，即始终是列满秩的，那么方向余弦对角分块矩阵的行秩能够减小到小于列秩吗？答案是否定的。例如，一维第Ⅲ类形态生成问题，取整体坐标系x轴为一维形态生成的坐标轴，$\cos\boldsymbol{\alpha}_y=\cos\boldsymbol{\alpha}_z=0$，$\mathrm{diag}(\cos\boldsymbol{\alpha}_x)$为单位方阵，其行秩始终等于列秩，即$\mathrm{diag}(\cos\boldsymbol{\alpha}_x)$不存在行秩小于列秩的情况。因此，第Ⅲ类形态生成问题中，平衡矩阵$\boldsymbol{A}$的降秩只可能是第三种情况，而第三种情况是形状几何和拓扑几何的耦合，稍显复杂。

注：① $\forall \boldsymbol{A}\in \boldsymbol{C}^{m\times n},\boldsymbol{B}\in \boldsymbol{C}^{n\times m}$，则$\boldsymbol{AB}$与$\boldsymbol{BA}$有相同的非零特征值。$\boldsymbol{AB}$是$m$阶方阵，$\boldsymbol{BA}$是$n$阶方阵，零特征值个数相差$m$–$n$的绝对值。

证明：设$\lambda\neq 0$为$\boldsymbol{AB}$的特征值，$\boldsymbol{x}$为对应的特征向量，则$\boldsymbol{ABx}=\lambda\boldsymbol{x}$，两边同时左乘$\boldsymbol{B}$得

$$\boldsymbol{BABx}=\boldsymbol{B}\lambda\boldsymbol{x}=\lambda\boldsymbol{Bx}$$

记$\boldsymbol{y}=\boldsymbol{Bx}$，注意$\boldsymbol{y}\neq 0$，否则会导致上式的左侧为0，则上式变为$\boldsymbol{BAy}=\lambda\boldsymbol{y}$，故$\lambda\neq 0$也是$\boldsymbol{BA}$的特征值。

反过来，可证$\boldsymbol{BA}$的非零特征值也是$\boldsymbol{AB}$的非零特征值。

证毕。

推论：$\boldsymbol{AA}^{\mathrm{T}}$与$\boldsymbol{A}^{\mathrm{T}}\boldsymbol{A}$有相同的非零特征值，列正交矩阵$\boldsymbol{A}^{\mathrm{T}}\boldsymbol{A}=\boldsymbol{I}$、$\boldsymbol{AA}^{\mathrm{T}}\neq\boldsymbol{I}$的非零特征值都等于1。

②相似变换不改变方阵的特征值。

③正交变换不改变矩阵的奇异值。

证明：$\forall \boldsymbol{D},\boldsymbol{A},\boldsymbol{D}^{\mathrm{T}}\boldsymbol{D}=\boldsymbol{DD}^{\mathrm{T}}=\boldsymbol{I}$，$\boldsymbol{B}=\boldsymbol{DA}$有意义。

记$\boldsymbol{A}$的奇异值分解为

$$\boldsymbol{A}=\boldsymbol{U\Sigma V}^{\mathrm{T}}\Rightarrow \boldsymbol{DA}=\boldsymbol{DU\Sigma V}^{\mathrm{T}}$$

其中，$\boldsymbol{U}$、$\boldsymbol{V}$为正交矩阵；$\boldsymbol{\Sigma}$为对角矩阵。

则

$$\mathrm{eig}(\boldsymbol{B}^{\mathrm{T}}\boldsymbol{B})=\mathrm{eig}(\boldsymbol{A}^{\mathrm{T}}\boldsymbol{D}^{\mathrm{T}}\boldsymbol{DA})=\mathrm{eig}(\boldsymbol{A}^{\mathrm{T}}\boldsymbol{A})=\mathrm{eig}(\boldsymbol{AA}^{\mathrm{T}})=\mathrm{eig}(\boldsymbol{BB}^{\mathrm{T}})=\mathrm{eig}(\boldsymbol{DAA}^{\mathrm{T}}\boldsymbol{D})$$

因此，左乘正交矩阵不改变矩阵的奇异值。同理，可证右乘正交矩阵的情况。

证毕。

(b)若将平衡矩阵$\boldsymbol{A}$变换为矩阵与矢量乘积形式，例如，$\boldsymbol{A}_x=\boldsymbol{C}^{\mathrm{T}}\mathrm{diag}(\cos\boldsymbol{\alpha}_x)$为矩阵乘积形式，右乘对角矩阵$\mathrm{diag}(\cos\boldsymbol{\alpha}_x)$为列变换，若将$\boldsymbol{A}_x$各列存放为$\begin{bmatrix}\boldsymbol{a}_{x1}\\ \boldsymbol{a}_{x2}\\ \vdots\\ \boldsymbol{a}_{xn}\end{bmatrix}$，其中$\boldsymbol{a}_{xn}$表示

A_x 的第 n 列。将 m 行 n 列的关联矩阵 $\boldsymbol{C}^{\mathrm{T}}$ 的各列 $\boldsymbol{c}_n^{\mathrm{T}}$ 扩展为矩阵$\begin{bmatrix} \boldsymbol{c}_1^{\mathrm{T}} & 0 & \cdots & 0 \\ 0 & \boldsymbol{c}_2^{\mathrm{T}} & \cdots & 0 \\ \vdots & \vdots & & 0 \\ 0 & 0 & \cdots & \boldsymbol{c}_n^{\mathrm{T}} \end{bmatrix}_{mn\times n}$，则

$$\begin{bmatrix} \boldsymbol{c}_1^{\mathrm{T}} & 0 & \cdots & 0 \\ 0 & \boldsymbol{c}_2^{\mathrm{T}} & \cdots & 0 \\ \vdots & \vdots & & 0 \\ 0 & 0 & \cdots & \boldsymbol{c}_n^{\mathrm{T}} \end{bmatrix}_{mn\times n} \begin{pmatrix} \cos\alpha_{x1} \\ \cos\alpha_{x2} \\ \vdots \\ \cos\alpha_{xn} \end{pmatrix}_{n\times 1} = \begin{pmatrix} \boldsymbol{a}_{x1} \\ \boldsymbol{a}_{x2} \\ \vdots \\ \boldsymbol{a}_{xn} \end{pmatrix}_{mn\times 1}$$

这样 $\boldsymbol{A}_x$ 就分解为仅包含拓扑几何信息的一个矩阵与杆件方向余弦矢量的乘积形式。同理，$\boldsymbol{A}_y$ 和 $\boldsymbol{A}_z$ 也可分解为

$$\begin{bmatrix} \boldsymbol{c}_1^{\mathrm{T}} & 0 & \cdots & 0 \\ 0 & \boldsymbol{c}_2^{\mathrm{T}} & \cdots & 0 \\ \vdots & \vdots & & 0 \\ 0 & 0 & \cdots & \boldsymbol{c}_n^{\mathrm{T}} \end{bmatrix}_{mn\times n} \begin{Bmatrix} \cos\alpha_{y1} \\ \cos\alpha_{y2} \\ \vdots \\ \cos\alpha_{yn} \end{Bmatrix}_{n\times 1} = \begin{Bmatrix} \boldsymbol{a}_{y1} \\ \boldsymbol{a}_{y2} \\ \vdots \\ \boldsymbol{a}_{yn} \end{Bmatrix}_{mn\times 1}$$

$$\begin{bmatrix} \boldsymbol{c}_1^{\mathrm{T}} & 0 & \cdots & 0 \\ 0 & \boldsymbol{c}_2^{\mathrm{T}} & \cdots & 0 \\ \vdots & \vdots & & 0 \\ 0 & 0 & \cdots & \boldsymbol{c}_n^{\mathrm{T}} \end{bmatrix}_{mn\times n} \begin{pmatrix} \cos\alpha_{z1} \\ \cos\alpha_{z2} \\ \vdots \\ \cos\alpha_{zn} \end{pmatrix}_{n\times 1} = \begin{pmatrix} \boldsymbol{a}_{z1} \\ \boldsymbol{a}_{z2} \\ \vdots \\ \boldsymbol{a}_{zn} \end{pmatrix}_{mn\times 1}$$

这样就可以讨论杆件方向余弦矢量的解空间与平衡矩阵 $\boldsymbol{A}_x$、$\boldsymbol{A}_y$ 和 $\boldsymbol{A}_z$ 的关系。

b. 以构件等效节点内力为未知量的平衡矩阵的降秩。

以构件等效节点内力为未知量的平衡矩阵是平衡矩阵的纯拓扑形式，其降秩问题属于第Ⅳ类形态生成问题。

c. 以节点坐标为未知量的分块平衡矩阵 $\boldsymbol{D}_x=\boldsymbol{D}_y=\boldsymbol{D}_z$ 的降秩。

(a)分块平衡矩阵 $\boldsymbol{D}_x=\boldsymbol{D}_y=\boldsymbol{D}_z$ 的矩阵乘积分解形式。由于 $\boldsymbol{D}_x=\boldsymbol{C}^{\mathrm{T}}\boldsymbol{QC}$，$\boldsymbol{Q}=\mathrm{diag}(\boldsymbol{q})$ 为对角矩阵，关联矩阵 $\boldsymbol{C}^{\mathrm{T}}$ 已知，因此 $\boldsymbol{D}_x=\boldsymbol{D}_y=\boldsymbol{D}_z$ 已足够简单不用再分解。由于 $\boldsymbol{Q}$ 为对角矩阵且第Ⅲ类形态生成问题中假定拓扑几何已知，分块平衡矩阵 $\boldsymbol{D}_x=\boldsymbol{D}_y=\boldsymbol{D}_z$ 的降秩有三种基本情况。

第一种情况和第二种情况：关联矩阵的秩减小或对角矩阵 $\boldsymbol{Q}$ 的秩减小。

第三种情况：关联矩阵的秩和对角矩阵 $\boldsymbol{Q}$ 的秩均保持不变。改变 $\boldsymbol{Q}$ 全部或某些对角元的大小，即选择合适的 $\boldsymbol{Q}$ 让 $\boldsymbol{C}^{\mathrm{T}}\boldsymbol{QC}$ 的秩减小，这就是文献[13]的基本思想，本质上是如何找到体系拓扑几何与形状几何耦合从而导致平衡矩阵降秩情况下的自应力状态。

第一种情况关联矩阵秩的变化对应图的顶点和边数变化，这在第Ⅳ类形态生成问题

中研究。第二种情况选择对角矩阵$\boldsymbol{Q}$中的某个或某几个对角元直接置零，其力学意义为对应的杆件的自应力或力密度为零，体系自应力回路数可能减少。因此，第Ⅲ类形态生成问题中分块平衡矩阵$\boldsymbol{D}_x=\boldsymbol{D}_y=\boldsymbol{D}_z$的重构实际上只可能是上述第二种或第三种情况。

(b) 分块平衡矩阵$\boldsymbol{D}_x=\boldsymbol{D}_y=\boldsymbol{D}_z$的矩阵与矢量乘积形式。例如，$\boldsymbol{D}_x=\boldsymbol{C}^{\mathrm{T}}\boldsymbol{Q}\boldsymbol{C}=\boldsymbol{C}^{\mathrm{T}}\mathrm{diag}(\boldsymbol{q})\boldsymbol{C}$，若将关联矩阵$\boldsymbol{C}^{\mathrm{T}}$记为$\boldsymbol{C}^{\mathrm{T}}=\begin{bmatrix}\boldsymbol{c}_1^{\mathrm{T}} & \boldsymbol{c}_2^{\mathrm{T}} & \cdots & \boldsymbol{c}_n^{\mathrm{T}}\end{bmatrix}_{m\times n}$，其中$m$为节点总数，$n$为杆件总数，则

$$\boldsymbol{D}_x=\begin{bmatrix}\boldsymbol{c}_1^{\mathrm{T}} & \boldsymbol{c}_2^{\mathrm{T}} & \cdots & \boldsymbol{c}_n^{\mathrm{T}}\end{bmatrix}_{m\times n}\mathrm{diag}(\boldsymbol{q})_{n\times n}\begin{bmatrix}\boldsymbol{c}_1\\ \boldsymbol{c}_2\\ \vdots\\ \boldsymbol{c}_n\end{bmatrix}_{n\times m}=\sum_{j=1}^{n}q_j\boldsymbol{c}_j^{\mathrm{T}}\boldsymbol{c}_j$$

上式求和符号表示将$m\times m$矩阵$\boldsymbol{c}_j^{\mathrm{T}}\boldsymbol{c}_j$一层一层堆起来，共$n$层，然后叠加，如图5.71所示。

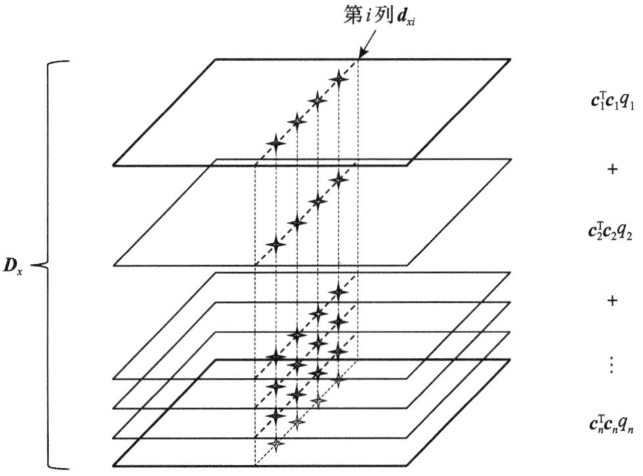

图5.71　矩阵叠加示意图

由图5.71可见，若记$\boldsymbol{D}_x=\begin{bmatrix}\boldsymbol{d}_{x1} & \boldsymbol{d}_{x2} & \cdots & \boldsymbol{d}_{xm}\end{bmatrix}$，则$\boldsymbol{D}_x$的第$i$列$\boldsymbol{d}_{xi}$等于分别将$\boldsymbol{c}_j^{\mathrm{T}}\boldsymbol{c}_j$的第$i$列矢量放大$q_j$倍之后求和，即

$$\begin{bmatrix}\boldsymbol{c}_1^{\mathrm{T}}\boldsymbol{c}_1\text{的第}i\text{列} & \boldsymbol{c}_2^{\mathrm{T}}\boldsymbol{c}_2\text{的第}i\text{列} & \cdots & \boldsymbol{c}_n^{\mathrm{T}}\boldsymbol{c}_n\text{的第}i\text{列}\end{bmatrix}_{m\times n}\boldsymbol{q}_{n\times 1}=\boldsymbol{d}_{xi}$$

扩展得

$$\begin{bmatrix}\boldsymbol{c}_1^{\mathrm{T}}\boldsymbol{c}_1\text{的第1列} & \boldsymbol{c}_2^{\mathrm{T}}\boldsymbol{c}_2\text{的第1列} & \cdots & \boldsymbol{c}_n^{\mathrm{T}}\boldsymbol{c}_n\text{的第1列}\\ \boldsymbol{c}_1^{\mathrm{T}}\boldsymbol{c}_1\text{的第2列} & \boldsymbol{c}_2^{\mathrm{T}}\boldsymbol{c}_2\text{的第2列} & \cdots & \boldsymbol{c}_n^{\mathrm{T}}\boldsymbol{c}_n\text{的第2列}\\ \vdots & \vdots & & \vdots\\ \boldsymbol{c}_1^{\mathrm{T}}\boldsymbol{c}_1\text{的第}m\text{列} & \boldsymbol{c}_2^{\mathrm{T}}\boldsymbol{c}_2\text{的第}m\text{列} & \cdots & \boldsymbol{c}_n^{\mathrm{T}}\boldsymbol{c}_n\text{的第}m\text{列}\end{bmatrix}_{m^2\times n}\begin{pmatrix}q_1\\ q_2\\ \vdots\\ q_n\end{pmatrix}_{n\times 1}=\begin{pmatrix}\boldsymbol{d}_{x1}\\ \boldsymbol{d}_{x2}\\ \vdots\\ \boldsymbol{d}_{xm}\end{pmatrix}_{m^2\times 1}$$

上式左端系数矩阵由关联矩阵变换得到，即文献[13]中的组装矩阵 $\boldsymbol{B}$（注：见例题5.28），由线性方程组解空间可以对分块平衡矩阵 $\boldsymbol{D}_x=\boldsymbol{D}_y=\boldsymbol{D}_z$ 的重构进行讨论。

d. 以力密度为未知量的平衡矩阵 $\boldsymbol{E}$ 的降秩。

(a) 平衡矩阵 $\boldsymbol{E}$ 的矩阵乘积分解形式。由于 $\boldsymbol{E}=\begin{bmatrix}\boldsymbol{E}_x\\ \boldsymbol{E}_y\\ \boldsymbol{E}_z\end{bmatrix}$ 且 $\begin{cases}\boldsymbol{E}_x=\boldsymbol{C}^{\mathrm{T}}\mathrm{diag}(\boldsymbol{CX})\\ \boldsymbol{E}_y=\boldsymbol{C}^{\mathrm{T}}\mathrm{diag}(\boldsymbol{CY})\\ \boldsymbol{E}_z=\boldsymbol{C}^{\mathrm{T}}\mathrm{diag}(\boldsymbol{CZ})\end{cases}$，以力密度为未知量的平衡矩阵 $\boldsymbol{E}$ 包含拓扑几何信息和节点空间坐标信息，对其降秩存在三种基本情况。

第一种情况和第二种情况：节点坐标差分块对角矩阵 $\begin{bmatrix}\mathrm{diag}(\boldsymbol{CX}) & \mathrm{diag}(\boldsymbol{CY}) & \mathrm{diag}(\boldsymbol{CZ})\end{bmatrix}^{\mathrm{T}}$ 的秩减小或关联矩阵的秩减小。

第三种情况：关联矩阵和节点坐标差分块对角矩阵 $\begin{bmatrix}\mathrm{diag}(\boldsymbol{CX}) & \mathrm{diag}(\boldsymbol{CY}) & \mathrm{diag}(\boldsymbol{CZ})\end{bmatrix}^{\mathrm{T}}$ 的秩都不变，而让 $\boldsymbol{E}$ 的秩减小。当且仅当平衡矩阵 $\boldsymbol{E}$ 存在非空右零空间时，体系方存在独立的自力密度。

以上第一种情况和第二种情况中关联矩阵的重构不再赘述，节点坐标差分块对角矩阵始终是列满秩的。因此，第Ⅲ类形态生成问题中以力密度为未知量的平衡矩阵 $\boldsymbol{E}$ 的重构与平衡矩阵 $\boldsymbol{A}$ 的重构类似，只存在第三种情况。

(b) 平衡矩阵 $\boldsymbol{E}$ 的矩阵与矢量乘积形式。例如，$\boldsymbol{E}_x=\boldsymbol{C}^{\mathrm{T}}\mathrm{diag}(\boldsymbol{CX})$，记 $\boldsymbol{E}_x=\begin{bmatrix}\boldsymbol{e}_{x1} & \boldsymbol{e}_{x2} & \cdots & \boldsymbol{e}_{xn}\end{bmatrix}$，$\boldsymbol{C}^{\mathrm{T}}=\begin{bmatrix}\boldsymbol{c}_1^{\mathrm{T}} & \boldsymbol{c}_2^{\mathrm{T}} & \cdots & \boldsymbol{c}_n^{\mathrm{T}}\end{bmatrix}_{m\times n}$ 为列矢量形式，右乘 $\mathrm{diag}(\boldsymbol{CX})=\mathrm{diag}(\Delta\boldsymbol{x})$ 为列变换，其中 Δx_j 表示第 j 根杆件的左、右节点的 x 坐标之差，则

$$\begin{bmatrix}\boldsymbol{c}_1^{\mathrm{T}} & 0 & \cdots & 0\\ 0 & \boldsymbol{c}_2^{\mathrm{T}} & \cdots & 0\\ \vdots & \vdots & & \vdots\\ 0 & 0 & \cdots & \boldsymbol{c}_n^{\mathrm{T}}\end{bmatrix}_{mn\times n}\begin{pmatrix}\Delta x_1\\ \Delta x_2\\ \vdots\\ \Delta x_n\end{pmatrix}_{n\times 1}=\begin{pmatrix}\boldsymbol{e}_{x1}\\ \boldsymbol{e}_{x2}\\ \vdots\\ \boldsymbol{e}_{xn}\end{pmatrix}_{mn\times 1}$$

同理，有

$$\begin{bmatrix}\boldsymbol{c}_1^{\mathrm{T}} & 0 & \cdots & 0\\ 0 & \boldsymbol{c}_2^{\mathrm{T}} & \cdots & 0\\ \vdots & \vdots & & \vdots\\ 0 & 0 & \cdots & \boldsymbol{c}_n^{\mathrm{T}}\end{bmatrix}_{mn\times n}\begin{pmatrix}\Delta y_1\\ \Delta y_2\\ \vdots\\ \Delta y_n\end{pmatrix}_{n\times 1}=\begin{pmatrix}\boldsymbol{e}_{y1}\\ \boldsymbol{e}_{y2}\\ \vdots\\ \boldsymbol{e}_{yn}\end{pmatrix}_{mn\times 1}$$

$$\begin{bmatrix}\boldsymbol{c}_1^{\mathrm{T}} & 0 & \cdots & 0\\ 0 & \boldsymbol{c}_2^{\mathrm{T}} & \cdots & 0\\ \vdots & \vdots & & \vdots\\ 0 & 0 & \cdots & \boldsymbol{c}_n^{\mathrm{T}}\end{bmatrix}_{mn\times n}\begin{pmatrix}\Delta z_1\\ \Delta z_2\\ \vdots\\ \Delta z_n\end{pmatrix}_{n\times 1}=\begin{pmatrix}\boldsymbol{e}_{z1}\\ \boldsymbol{e}_{z2}\\ \vdots\\ \boldsymbol{e}_{zn}\end{pmatrix}_{mn\times 1}$$

e. 以方向余弦为未知量的分块平衡矩阵$\boldsymbol{\Psi}_x=\boldsymbol{\Psi}_y=\boldsymbol{\Psi}_z$的降秩。

(a) 分块平衡矩阵$\boldsymbol{\Psi}_x=\boldsymbol{\Psi}_y=\boldsymbol{\Psi}_z$的矩阵乘积分解形式为

$$\boldsymbol{\Psi}=\begin{bmatrix}\boldsymbol{\Psi}_x & 0 & 0\\ 0 & \boldsymbol{\Psi}_y & 0\\ 0 & 0 & \boldsymbol{\Psi}_z\end{bmatrix}$$

且$\boldsymbol{\Psi}_x=\boldsymbol{\Psi}_y=\boldsymbol{\Psi}_z=\boldsymbol{C}^{\mathrm{T}}\mathrm{diag}\left({}_t\boldsymbol{\beta}\right)$的降秩重构同样存在三种情况。

第一种情况和第二种情况：关联矩阵的秩减小或杆件内力对角矩阵$\mathrm{diag}\left({}_t\boldsymbol{\beta}\right)$的秩减小。

第三种情况：关联矩阵和杆件内力对角矩阵的秩都保持不变，而让$\boldsymbol{C}^{\mathrm{T}}\mathrm{diag}\left({}_t\boldsymbol{\beta}\right)$的秩减小。

第一种情况关联矩阵的重构亦不重复讨论，杆件内力对角矩阵类似于对角力密度矩阵。第Ⅲ类形态生成问题中以方向余弦为未知量的分块平衡矩阵$\boldsymbol{\Psi}_x=\boldsymbol{\Psi}_y=\boldsymbol{\Psi}_z$存在第二种或第三种情况。

(b) 分块平衡矩阵$\boldsymbol{\Psi}_x=\boldsymbol{\Psi}_y=\boldsymbol{\Psi}_z$的矩阵与矢量乘积分解形式为

$$\boldsymbol{\Psi}_x=\boldsymbol{\Psi}_y=\boldsymbol{\Psi}_z=\boldsymbol{C}^{\mathrm{T}}\mathrm{diag}\left({}_t\boldsymbol{\beta}\right)$$

其中，$\boldsymbol{\Psi}_x=\left[\boldsymbol{\varphi}_{x1}\quad \boldsymbol{\varphi}_{x2}\quad \cdots\quad \boldsymbol{\varphi}_{xn}\right]$；$\boldsymbol{C}^{\mathrm{T}}=\left[\boldsymbol{c}_1^{\mathrm{T}}\quad \boldsymbol{c}_2^{\mathrm{T}}\quad \cdots\quad \boldsymbol{c}_n^{\mathrm{T}}\right]_{m\times n}$为列矢量形式；右乘$\mathrm{diag}\left({}_t\boldsymbol{\beta}\right)$为列变换，则

$$\begin{bmatrix}\boldsymbol{c}_1^{\mathrm{T}} & 0 & \cdots & 0\\ 0 & \boldsymbol{c}_2^{\mathrm{T}} & \cdots & 0\\ \vdots & \vdots & & \vdots\\ 0 & 0 & \cdots & \boldsymbol{c}_n^{\mathrm{T}}\end{bmatrix}_{mn\times n}\begin{pmatrix}{}_t\beta_1\\ {}_t\beta_2\\ \vdots\\ {}_t\beta_n\end{pmatrix}_{n\times 1}=\begin{pmatrix}\boldsymbol{\varphi}_{x1}\\ \boldsymbol{\varphi}_{x2}\\ \vdots\\ \boldsymbol{\varphi}_{xn}\end{pmatrix}_{mn\times 1}$$

f. 以构件长度的倒数为未知量的分块平衡矩阵$\boldsymbol{\Xi}_x$、$\boldsymbol{\Xi}_y$、$\boldsymbol{\Xi}_z$的降秩。

(a) 分块平衡矩阵$\boldsymbol{\Xi}_x$、$\boldsymbol{\Xi}_y$、$\boldsymbol{\Xi}_z$的矩阵乘积分解形式为

$$\boldsymbol{\Xi}=\begin{bmatrix}\boldsymbol{\Xi}_x\\ \boldsymbol{\Xi}_y\\ \boldsymbol{\Xi}_z\end{bmatrix}$$

其中，$\boldsymbol{\Xi}_x=\boldsymbol{C}^{\mathrm{T}}\mathrm{diag}(\boldsymbol{CX})\mathrm{diag}\left({}_t\boldsymbol{\beta}\right)$、$\boldsymbol{\Xi}_y=\boldsymbol{C}^{\mathrm{T}}\mathrm{diag}(\boldsymbol{CY})\mathrm{diag}\left({}_t\boldsymbol{\beta}\right)$、$\boldsymbol{\Xi}_z=\boldsymbol{C}^{\mathrm{T}}\mathrm{diag}(\boldsymbol{CZ})\mathrm{diag}\left({}_t\boldsymbol{\beta}\right)$均以$\dfrac{1}{\boldsymbol{L}}$为未知量。$\boldsymbol{\Xi}_x$、$\boldsymbol{\Xi}_y$、$\boldsymbol{\Xi}_z$的降秩存在多种可能的情况，如关联矩阵、对角节点坐标矩阵和对角构件内力矩阵分别秩亏，任意两个矩阵乘积秩亏，三个矩阵的乘积秩亏等。

体系所有直线构件(注：索杆体系)的长度按顺序组成一个矢量 $\boldsymbol{L}$，则构件长度矢量可表达为标量 λ_L 和归一化方向矢量 $\boldsymbol{n}_L$ 的乘积，记 $\boldsymbol{L}=\lambda_L\boldsymbol{n}_L$。构件长度矢量 $\boldsymbol{L}$ 具有如下特点：所有元素均大于零；实际工程中，各构件的长度总是有限的，即 λ_L 为有限值且为体系中最长构件的长度；若各构件的方向余弦已知，即构件在整体坐标系中的空间姿态已知，则各构件的长度受平衡条件的限制有一定的比例关系，并不都是任意的。

(b) 分块平衡矩阵 $\boldsymbol{\Xi}_x$、$\boldsymbol{\Xi}_y$、$\boldsymbol{\Xi}_z$ 的矩阵与矢量乘积分解形式。以 $\boldsymbol{\Xi}_x=\boldsymbol{C}^{\mathrm{T}}\mathrm{diag}(\boldsymbol{CX})\mathrm{diag}({}_t\boldsymbol{\beta})$ 为例，记对角矩阵 $\mathrm{diag}(\boldsymbol{CX})\mathrm{diag}({}_t\boldsymbol{\beta})$ 第 j 个元素为 $\Delta x_{j\ t}\beta_j$ 的列矢量，即

$$\boldsymbol{\Xi}_x=\begin{bmatrix}\boldsymbol{\Xi}_{x1} & \boldsymbol{\Xi}_{x2} & \cdots & \boldsymbol{\Xi}_{xn}\end{bmatrix}$$

则

$$\begin{bmatrix}\boldsymbol{c}_1^{\mathrm{T}} & 0 & \cdots & 0\\ 0 & \boldsymbol{c}_2^{\mathrm{T}} & \cdots & 0\\ \vdots & \vdots & & \vdots\\ 0 & 0 & \cdots & \boldsymbol{c}_n^{\mathrm{T}}\end{bmatrix}_{mn\times n}\begin{pmatrix}\Delta x_{1\ t}\beta_1\\ \Delta x_{2\ t}\beta_2\\ \vdots\\ \Delta x_{n\ t}\beta_n\end{pmatrix}_{n\times 1}=\begin{pmatrix}\boldsymbol{\Xi}_{x1}\\ \boldsymbol{\Xi}_{x2}\\ \vdots\\ \boldsymbol{\Xi}_{xn}\end{pmatrix}_{mn\times 1}$$

同理，有

$$\begin{bmatrix}\boldsymbol{c}_1^{\mathrm{T}} & 0 & \cdots & 0\\ 0 & \boldsymbol{c}_2^{\mathrm{T}} & \cdots & 0\\ \vdots & \vdots & & \vdots\\ 0 & 0 & \cdots & \boldsymbol{c}_n^{\mathrm{T}}\end{bmatrix}_{mn\times n}\begin{pmatrix}\Delta y_{1\ t}\beta_1\\ \Delta y_{2\ t}\beta_2\\ \vdots\\ \Delta y_{n\ t}\beta_n\end{pmatrix}_{n\times 1}=\begin{pmatrix}\boldsymbol{\Xi}_{y1}\\ \boldsymbol{\Xi}_{y2}\\ \vdots\\ \boldsymbol{\Xi}_{yn}\end{pmatrix}_{mn\times 1}$$

$$\begin{bmatrix}\boldsymbol{c}_1^{\mathrm{T}} & 0 & \cdots & 0\\ 0 & \boldsymbol{c}_2^{\mathrm{T}} & \cdots & 0\\ \vdots & \vdots & & \vdots\\ 0 & 0 & \cdots & \boldsymbol{c}_n^{\mathrm{T}}\end{bmatrix}_{mn\times n}\begin{pmatrix}\Delta z_{1\ t}\beta_1\\ \Delta z_{2\ t}\beta_2\\ \vdots\\ \Delta z_{n\ t}\beta_n\end{pmatrix}_{n\times 1}=\begin{pmatrix}\boldsymbol{\Xi}_{z1}\\ \boldsymbol{\Xi}_{z2}\\ \vdots\\ \boldsymbol{\Xi}_{zn}\end{pmatrix}_{mn\times 1}$$

②六种形式平衡方程的等价性以及形态生成过程中的虚功原理。

上述六种形式的平衡矩阵本质上是等价的，可以相互转换。下面给出 $\boldsymbol{A\beta}=\boldsymbol{F}$ 与 $\boldsymbol{DX}=\boldsymbol{F}_x$、$\boldsymbol{DY}=\boldsymbol{F}_y$、$\boldsymbol{DZ}=\boldsymbol{F}_z$ (其中 $\boldsymbol{D}_x=\boldsymbol{D}_y=\boldsymbol{D}_z=\boldsymbol{D}=\boldsymbol{C}^{\mathrm{T}}\boldsymbol{QC}$)之间的等价性证明。

$\boldsymbol{A\beta}=\boldsymbol{F}$ 中平衡矩阵可记为

$$\boldsymbol{A}=\begin{bmatrix}\boldsymbol{A}_x\\ \boldsymbol{A}_y\\ \boldsymbol{A}_z\end{bmatrix}=\begin{bmatrix}\boldsymbol{C}^{\mathrm{T}}\mathrm{diag}(\cos\boldsymbol{\alpha}_x)\\ \boldsymbol{C}^{\mathrm{T}}\mathrm{diag}(\cos\boldsymbol{\alpha}_y)\\ \boldsymbol{C}^{\mathrm{T}}\mathrm{diag}(\cos\boldsymbol{\alpha}_z)\end{bmatrix}\Rightarrow\begin{cases}\boldsymbol{A}_x=\boldsymbol{C}^{\mathrm{T}}\mathrm{diag}(\cos\boldsymbol{\alpha}_x)\\ \boldsymbol{A}_y=\boldsymbol{C}^{\mathrm{T}}\mathrm{diag}(\cos\boldsymbol{\alpha}_y)\\ \boldsymbol{A}_z=\boldsymbol{C}^{\mathrm{T}}\mathrm{diag}(\cos\boldsymbol{\alpha}_z)\end{cases}$$

则

$$\boldsymbol{A}_x\boldsymbol{\beta}=\boldsymbol{F}_x,\quad \boldsymbol{A}_y\boldsymbol{\beta}=\boldsymbol{F}_y,\quad \boldsymbol{A}_z\boldsymbol{\beta}=\boldsymbol{F}_z$$

以 $\boldsymbol{A}_x\boldsymbol{\beta}=\boldsymbol{F}_x$ 为例，是否等价于 $\boldsymbol{DX}=\boldsymbol{F}_x$？

$\boldsymbol{A}_x\boldsymbol{\beta}=\boldsymbol{C}^{\mathrm{T}}\mathrm{diag}(\cos\boldsymbol{\alpha}_x)\boldsymbol{\beta}=\boldsymbol{C}^{\mathrm{T}}\mathrm{diag}(\boldsymbol{q})\Delta\boldsymbol{X}=\boldsymbol{C}^{\mathrm{T}}\boldsymbol{Q}\Delta\boldsymbol{X}$，而 $\Delta\boldsymbol{X}=\boldsymbol{CX}$，将其代入可得 $\boldsymbol{A}_x\boldsymbol{\beta}=\boldsymbol{C}^{\mathrm{T}}\boldsymbol{QCX}=\boldsymbol{F}_x$。

同理，$\boldsymbol{A}_y\boldsymbol{\beta}=\boldsymbol{C}^{\mathrm{T}}\boldsymbol{QCY}=\boldsymbol{F}_y$，$\boldsymbol{A}_z\boldsymbol{\beta}=\boldsymbol{C}^{\mathrm{T}}\boldsymbol{QCY}=\boldsymbol{F}_z$。

证毕。

引申推导，由于 $\boldsymbol{A}_x\boldsymbol{\beta}=\boldsymbol{C}^{\mathrm{T}}\mathrm{diag}(\cos\boldsymbol{\alpha}_x)\boldsymbol{\beta}=\boldsymbol{F}_x$，则方程左、右端项均左乘 $\boldsymbol{X}^{\mathrm{T}}$，得到

$$\boldsymbol{X}^{\mathrm{T}}\boldsymbol{C}^{\mathrm{T}}\mathrm{diag}(\cos\boldsymbol{\alpha}_x)\boldsymbol{\beta}=\boldsymbol{X}^{\mathrm{T}}\boldsymbol{F}_x\Rightarrow\left(\mathrm{diag}(\cos\boldsymbol{\alpha}_x)\boldsymbol{CX}\right)^{\mathrm{T}}\boldsymbol{\beta}=\boldsymbol{X}^{\mathrm{T}}\boldsymbol{F}_x$$

同理，$\left(\mathrm{diag}(\cos\boldsymbol{\alpha}_y)\boldsymbol{CY}\right)^{\mathrm{T}}\boldsymbol{\beta}=\boldsymbol{Y}^{\mathrm{T}}\boldsymbol{F}_y$，$\left(\mathrm{diag}(\cos\boldsymbol{\alpha}_z)\boldsymbol{CZ}\right)^{\mathrm{T}}\boldsymbol{\beta}=\boldsymbol{Z}^{\mathrm{T}}\boldsymbol{F}_z$。

将这三个等式相加，再有 $\Delta\boldsymbol{X}=\boldsymbol{CX}$、$\Delta\boldsymbol{Y}=\boldsymbol{CY}$、$\Delta\boldsymbol{Z}=\boldsymbol{CZ}$、$l_i^2=\Delta x_i^2+\Delta y_i^2+\Delta z_i^2$，$\Delta x_i$、$\Delta y_i$、$\Delta z_i$ 为第 i 根构件左、右节点的坐标差，可得

$$\boldsymbol{L}^{\mathrm{T}}\boldsymbol{\beta}=\begin{pmatrix}\boldsymbol{X}^{\mathrm{T}} & \boldsymbol{Y}^{\mathrm{T}} & \boldsymbol{Z}^{\mathrm{T}}\end{pmatrix}\begin{pmatrix}\boldsymbol{F}_x\\\boldsymbol{F}_y\\\boldsymbol{F}_z\end{pmatrix}$$

$(\boldsymbol{L}-\boldsymbol{0})^{\mathrm{T}}\boldsymbol{\beta}$ 可看成形态生成过程中内力所做的虚功，$\boldsymbol{0}$ 表示形态生成的起点，$\boldsymbol{X}^{\mathrm{T}}\boldsymbol{F}_x+\boldsymbol{Y}^{\mathrm{T}}\boldsymbol{F}_y+\boldsymbol{Z}^{\mathrm{T}}\boldsymbol{F}_z$ 为形态生成过程中外力所做的虚功，则上式可看成形态生成过程中的虚功原理。若不考虑外荷载或外荷载为零，则 $\boldsymbol{L}^{\mathrm{T}}\boldsymbol{\beta}=0$，这里 $\boldsymbol{\beta}$ 只包含自应力(若自应力存在)。另外，

$$\boldsymbol{D}_x\boldsymbol{X}=\boldsymbol{F}_x\Rightarrow\boldsymbol{X}^{\mathrm{T}}\boldsymbol{D}_x\boldsymbol{X}=\boldsymbol{X}^{\mathrm{T}}\boldsymbol{F}_x\Rightarrow\boldsymbol{X}^{\mathrm{T}}\boldsymbol{C}^{\mathrm{T}}\boldsymbol{QCX}=\boldsymbol{X}^{\mathrm{T}}\boldsymbol{F}_x\Rightarrow(\boldsymbol{CX})^{\mathrm{T}}\boldsymbol{Q}(\boldsymbol{CX})=\boldsymbol{X}^{\mathrm{T}}\boldsymbol{F}_x$$

同理，$(\boldsymbol{CY})^{\mathrm{T}}\boldsymbol{Q}(\boldsymbol{CY})=\boldsymbol{Y}^{\mathrm{T}}\boldsymbol{F}_y$，$(\boldsymbol{CZ})^{\mathrm{T}}\boldsymbol{Q}(\boldsymbol{CZ})=\boldsymbol{Z}^{\mathrm{T}}\boldsymbol{F}_z$，将三式相加得

$$(\boldsymbol{CX})^{\mathrm{T}}\boldsymbol{Q}(\boldsymbol{CX})+(\boldsymbol{CY})^{\mathrm{T}}\boldsymbol{Q}(\boldsymbol{CY})+(\boldsymbol{CZ})^{\mathrm{T}}\boldsymbol{Q}(\boldsymbol{CZ})=\boldsymbol{X}^{\mathrm{T}}\boldsymbol{F}_x+\boldsymbol{Y}^{\mathrm{T}}\boldsymbol{F}_y+\boldsymbol{Z}^{\mathrm{T}}\boldsymbol{F}_z$$

由于 $\boldsymbol{CX}=\Delta\boldsymbol{X}$、$\boldsymbol{CY}=\Delta\boldsymbol{Y}$、$\boldsymbol{CZ}=\Delta\boldsymbol{Z}$，则

$$\begin{aligned}&(\Delta\boldsymbol{X})^{\mathrm{T}}\boldsymbol{Q}(\Delta\boldsymbol{X})+(\Delta\boldsymbol{Y})^{\mathrm{T}}\boldsymbol{Q}(\Delta\boldsymbol{Y})+(\Delta\boldsymbol{Z})^{\mathrm{T}}\boldsymbol{Q}(\Delta\boldsymbol{Z})\\&=\sum_{i=1}^{n}q_i\left(\Delta x_i^2+\Delta y_i^2+\Delta z_i^2\right)\\&=\sum_{i=1}^{n}q_il_i^2=\boldsymbol{X}^{\mathrm{T}}\boldsymbol{F}_x+\boldsymbol{Y}^{\mathrm{T}}\boldsymbol{F}_y+\boldsymbol{Z}^{\mathrm{T}}\boldsymbol{F}_z\\&\Rightarrow\sum_{i=1}^{n}q_il_i^2=\boldsymbol{X}^{\mathrm{T}}\boldsymbol{F}_x+\boldsymbol{Y}^{\mathrm{T}}\boldsymbol{F}_y+\boldsymbol{Z}^{\mathrm{T}}\boldsymbol{F}_z\\&\Rightarrow\boldsymbol{L}^{\mathrm{T}}\boldsymbol{QL}=\boldsymbol{X}^{\mathrm{T}}\boldsymbol{F}_x+\boldsymbol{Y}^{\mathrm{T}}\boldsymbol{F}_y+\boldsymbol{Z}^{\mathrm{T}}\boldsymbol{F}_z\end{aligned}$$

此即以力密度表示的形态虚功原理。

若 $\boldsymbol{F}_x=\boldsymbol{F}_y=\boldsymbol{F}_z=0$，可得 $\sum_{i=1}^{n}q_i l_{xi}^2=\sum_{i=1}^{n}q_i l_{yi}^2=\sum_{i=1}^{n}q_i l_{zi}^2=\sum_{i=1}^{n}q_i l_i^2=0$，其中 $l_{xi}=\Delta x_i$、$l_{yi}=\Delta y_i$、$l_{zi}=\Delta z_i$ 为第 i 根构件在整体坐标系 x、y、z 轴方向上的投影长度。

进一步，可得

$$\boldsymbol{A}\boldsymbol{B}_x=0\Rightarrow\begin{cases}\boldsymbol{A}_x\boldsymbol{B}_x\boldsymbol{\alpha}_d=0\\ \boldsymbol{A}_y\boldsymbol{B}_x\boldsymbol{\alpha}_d=0\\ \boldsymbol{A}_z\boldsymbol{B}_x\boldsymbol{\alpha}_d=0\end{cases}\Rightarrow\begin{cases}\boldsymbol{C}^{\mathrm{T}}\mathrm{diag}\left(\cos\boldsymbol{\alpha}_x\right)\boldsymbol{B}_x\boldsymbol{\alpha}_d=0\\ \boldsymbol{C}^{\mathrm{T}}\mathrm{diag}\left(\cos\boldsymbol{\alpha}_y\right)\boldsymbol{B}_x\boldsymbol{\alpha}_d=0\\ \boldsymbol{C}^{\mathrm{T}}\mathrm{diag}\left(\cos\boldsymbol{\alpha}_z\right)\boldsymbol{B}_x\boldsymbol{\alpha}_d=0\end{cases}\Rightarrow\begin{cases}\boldsymbol{X}^{\mathrm{T}}\boldsymbol{C}^{\mathrm{T}}\mathrm{diag}\left(\cos\boldsymbol{\alpha}_x\right)\boldsymbol{B}_x\boldsymbol{\alpha}_d=0\\ \boldsymbol{Y}^{\mathrm{T}}\boldsymbol{C}^{\mathrm{T}}\mathrm{diag}\left(\cos\boldsymbol{\alpha}_y\right)\boldsymbol{B}_x\boldsymbol{\alpha}_d=0\\ \boldsymbol{Z}^{\mathrm{T}}\boldsymbol{C}^{\mathrm{T}}\mathrm{diag}\left(\cos\boldsymbol{\alpha}_z\right)\boldsymbol{B}_x\boldsymbol{\alpha}_d=0\end{cases}$$

$$\Rightarrow\left(\boldsymbol{X}^{\mathrm{T}}\boldsymbol{C}^{\mathrm{T}}\mathrm{diag}\left(\cos\boldsymbol{\alpha}_x\right)+\boldsymbol{Y}^{\mathrm{T}}\boldsymbol{C}^{\mathrm{T}}\mathrm{diag}\left(\cos\boldsymbol{\alpha}_y\right)+\boldsymbol{Z}^{\mathrm{T}}\boldsymbol{C}^{\mathrm{T}}\mathrm{diag}\left(\cos\boldsymbol{\alpha}_z\right)\right)\boldsymbol{B}_x\boldsymbol{\alpha}_d=0$$

$$\Rightarrow\boldsymbol{L}^{\mathrm{T}}\boldsymbol{B}_x\boldsymbol{\alpha}_d=0\Rightarrow\boldsymbol{L}^{\mathrm{T}}\boldsymbol{B}_x=0$$

若体系形态生成过程始终存在自应力，即由起点一点点变大的过程中始终为自应力分布不变的自平衡体系，则受拉构件的长度与其自应力的乘积之和必然等于受压构件的长度与其自应力的乘积之和。$(\boldsymbol{L}-\boldsymbol{0})^{\mathrm{T}}\boldsymbol{B}_x\boldsymbol{\alpha}_d$ 为形态生成过程中自内力所做的虚功。

若自平衡体系形态生成的最后时刻满足零位移可承载条件，即

$$\boldsymbol{\beta}=\boldsymbol{B}_0\boldsymbol{F}+\boldsymbol{B}_x\boldsymbol{\alpha}_d\Rightarrow\boldsymbol{L}^{\mathrm{T}}\boldsymbol{\beta}=\boldsymbol{L}^{\mathrm{T}}\left(\boldsymbol{B}_0\boldsymbol{F}+\boldsymbol{B}_x\boldsymbol{\alpha}_d\right)=\boldsymbol{L}^{\mathrm{T}}\boldsymbol{B}_0\boldsymbol{F}+\boldsymbol{L}^{\mathrm{T}}\boldsymbol{B}_x\boldsymbol{\alpha}_d$$

而 $\boldsymbol{L}^{\mathrm{T}}\boldsymbol{B}_x\boldsymbol{\alpha}_d=0$，所以有

$$\boldsymbol{L}^{\mathrm{T}}\boldsymbol{B}_0\boldsymbol{F}=\begin{pmatrix}\boldsymbol{X}^{\mathrm{T}} & \boldsymbol{Y}^{\mathrm{T}} & \boldsymbol{Z}^{\mathrm{T}}\end{pmatrix}\begin{pmatrix}\boldsymbol{F}_x\\ \boldsymbol{F}_y\\ \boldsymbol{F}_z\end{pmatrix}\Rightarrow\boldsymbol{L}^{\mathrm{T}}\boldsymbol{B}_0=\begin{pmatrix}\boldsymbol{X}^{\mathrm{T}} & \boldsymbol{Y}^{\mathrm{T}} & \boldsymbol{Z}^{\mathrm{T}}\end{pmatrix}\Rightarrow\boldsymbol{B}_0^{\mathrm{T}}\boldsymbol{L}=\begin{pmatrix}\boldsymbol{X}\\ \boldsymbol{Y}\\ \boldsymbol{Z}\end{pmatrix}$$

此外，由于 $\boldsymbol{B}_0^{\mathrm{T}}=\left(\boldsymbol{A}^{+}\right)^{\mathrm{T}}$，则有

$$\boldsymbol{A}^{\mathrm{T}}\begin{pmatrix}\boldsymbol{X}\\ \boldsymbol{Y}\\ \boldsymbol{Z}\end{pmatrix}=\boldsymbol{L}\Rightarrow\begin{cases}\boldsymbol{A}_x^{\mathrm{T}}\boldsymbol{X}=\boldsymbol{L}_x\\ \boldsymbol{A}_y^{\mathrm{T}}\boldsymbol{Y}=\boldsymbol{L}_y\\ \boldsymbol{A}_z^{\mathrm{T}}\boldsymbol{Z}=\boldsymbol{L}_z\end{cases}$$

这里对应体系形态生成的过程，即 $0\to\boldsymbol{X},0\to\boldsymbol{Y},0\to\boldsymbol{Z},0\to\boldsymbol{L}\Rightarrow\Delta\boldsymbol{X}=\boldsymbol{X}-0=\boldsymbol{X},\Delta\boldsymbol{Y}=\boldsymbol{Y},\Delta\boldsymbol{Z}=\boldsymbol{Z},\Delta\boldsymbol{L}=\boldsymbol{L}$ 成立，反之，由该条件和相容方程(注：形态生成的最后时刻，各构件之间的连接关系一旦生成即满足连续性假设，而相容条件的本质即连续性假设)也可得出 $\boldsymbol{B}_0^{\mathrm{T}}\boldsymbol{L}=\begin{pmatrix}\boldsymbol{X}\\ \boldsymbol{Y}\\ \boldsymbol{Z}\end{pmatrix}$，因为

$$\boldsymbol{A}^{\mathrm{T}}\Delta\boldsymbol{U}=\Delta\boldsymbol{L}\Rightarrow\boldsymbol{A}^{\mathrm{T}}\begin{pmatrix}\Delta\boldsymbol{X}\\ \Delta\boldsymbol{Y}\\ \Delta\boldsymbol{Z}\end{pmatrix}=\Delta\boldsymbol{L}\Rightarrow\boldsymbol{A}^{\mathrm{T}}\begin{pmatrix}\boldsymbol{X}\\ \boldsymbol{Y}\\ \boldsymbol{Z}\end{pmatrix}=\boldsymbol{L}\Rightarrow\boldsymbol{B}_0^{\mathrm{T}}\boldsymbol{L}=\begin{pmatrix}\boldsymbol{X}\\ \boldsymbol{Y}\\ \boldsymbol{Z}\end{pmatrix}$$

上式表示，若 $\boldsymbol{L}$ 已确定具体值，则节点空间坐标可求。另外，上式可用来引入支座节点或已知节点空间坐标条件从而补充 $\boldsymbol{L}$ 确定所需要的方程。注意，此处平衡矩阵采用分块形式，即 $\boldsymbol{A}=\left[\boldsymbol{A}_x^{\mathrm{T}} \quad \boldsymbol{A}_y^{\mathrm{T}} \quad \boldsymbol{A}_z^{\mathrm{T}}\right]^{\mathrm{T}}$。

引申一下，由于 $\boldsymbol{B}_x=\mathrm{null}(\boldsymbol{A})$，而 $\boldsymbol{L}^{\mathrm{T}}\boldsymbol{B}_x\boldsymbol{\alpha}_d=0$，即构件长度矢量与自应力正交，则 $\boldsymbol{L}^{\mathrm{T}}\in\mathrm{row}(\boldsymbol{A})$，即构件长度矢量 $\boldsymbol{L}$ 在平衡矩阵 $\boldsymbol{A}$ 的行空间中。

讨论：形态虚功原理描述的是形态逐渐生成的过程，形状几何从无到有、自由生成，理论上只有完整自平衡体系的形态可以如此。支座多于一点的其他体系形态生成问题并非自由生成过程。例如，单层索网结构、膜结构的找形问题，体系形态生成过程存在边界约束条件且仅包含受拉构件或膜面，体系存在平衡状态，但并非自平衡状态，$\boldsymbol{L}^{\mathrm{T}}\boldsymbol{\beta}$ 取得最小值，但最小值并不等于零。

③第Ⅲ类形态生成问题的分类。

(a)按照有无施加初始自应力要求，可分为预应力或无预应力体系的第Ⅲ类形态生成问题。预应力体系的第Ⅲ类形态生成问题中，按照独立自应力模态是否单一以及独立机构位移模态是否单一还可进一步细分。无预应力体系的第Ⅲ类形态生成问题并不意味着体系必须是静定的，因为是否施加初始自应力是主观的，静不定体系虽然存在独立的自应力模态，但可以选择不人为引入初始自应变能。

(b)按照体系静定、静不定和动定、动不定性质来区分可分为静定动定体系、静不定动定体系、静不定动不定体系和静定动不定体系的第Ⅲ类形态生成问题。

(c)按照体系形状几何特征(如对称性)可分为第Ⅲ类对称形态生成问题和第Ⅲ类非对称形态生成问题。按照计算图形学中内蕴或外蕴对称、镜像对称和旋转对称等也可进一步细分。

(d)按照第Ⅲ类形态生成问题的解是否满足形态稳定性判据来区分，可分为第Ⅲ类稳定形态生成问题或第Ⅲ类分叉形态生成问题等。

(e)按照第Ⅲ类形态生成过程中平衡矩阵秩的变化可分为第Ⅲ类升秩、降秩和保秩形态生成问题三种。

④平衡矩阵的全域数值重构。

图 5.72 将六种形式的平衡矩阵放在一起，可见平衡矩阵 $\boldsymbol{A}$、$\boldsymbol{E}$ 及对角关联矩阵对应体系"态"的生成(注：应力状态包括自应力状态和荷载应力状态)，平衡矩阵 $\boldsymbol{D}$、$\boldsymbol{\Psi}$、$\boldsymbol{\Xi}$ 对应体系"形"的生成(注：节点坐标、构件的方向余弦和构件长度)；除对角关联矩阵外，其他五种平衡矩阵的重构都是对分块对角矩阵的重构，对角元的数量远比平衡矩

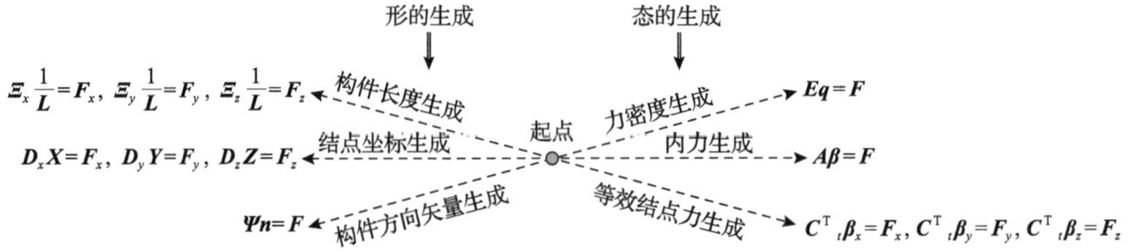

图 5.72　平衡矩阵的形式与形态的关系

阵全部元素的数量少；各种形式的平衡矩阵乘积分解的第一项均为对角分块关联矩阵，这在第Ⅲ类形态生成问题中假设已知；平衡矩阵 $\boldsymbol{A}$ 、 $\boldsymbol{E}$ 、 $\boldsymbol{D}$ 、 $\boldsymbol{\Psi}$ 、 $\boldsymbol{\Xi}$ 重构时可引入已知的构件方向矢量、已知的构件节点坐标之差、已知的构件力密度、已知的构件内力。

a. 平衡矩阵 $\boldsymbol{A}$ 的重构。

平衡矩阵 $\boldsymbol{A}$ 的重构对应分块的对角余弦矩阵 $\left[\mathrm{diag}\left(\cos\boldsymbol{\alpha}_x\right)\ \mathrm{diag}\left(\cos\boldsymbol{\alpha}_y\right)\ \mathrm{diag}\left(\cos\boldsymbol{\alpha}_z\right)\right]^{\mathrm{T}}$ 的重构，而余弦函数的值域为[−1,1]且 $\cos^2\alpha_{xi}+\cos^2\alpha_{yi}+\cos^2\alpha_{zi}=1$，需重构的分块对角余弦矩阵的每一列对应一根构件的方向余弦矢量，因此可对所有构件取任意两个方向余弦，在其值域范围内间隔采样，然后逐一生成新的平衡矩阵。

b. 以构件等效节点内力矢量为未知量的平衡矩阵的重构。

对角关联矩阵的重构属于第Ⅳ类形态生成问题，在此暂不讨论。

c. 平衡矩阵 $\boldsymbol{E}$ 的重构。

平衡矩阵 $\boldsymbol{E}$ 的重构对应分块对角矩阵 $\begin{bmatrix}\mathrm{diag}\left(\boldsymbol{CX}\right)\\ \mathrm{diag}\left(\boldsymbol{CY}\right)\\ \mathrm{diag}\left(\boldsymbol{CZ}\right)\end{bmatrix}$ 的重构，考虑到实际工程杆件的长度总是有限的，每根构件在整体坐标系 x、y、z 轴上的投影在正负杆件长度之内且满足平方和开平方等于杆件长度这一条件，因此在实际设计时可限定构件节点坐标差的值域，然后间隔采样，依次生成新的平衡矩阵 $\boldsymbol{E}$ 。

d. 分块平衡矩阵 $\boldsymbol{D}_x=\boldsymbol{D}_y=\boldsymbol{D}_z$ 的重构。

对分块对角力密度矩阵 $\boldsymbol{Q}=\mathrm{diag}\left(\boldsymbol{q}\right)$ 的重构同样需要确定各构件力密度可能的有限取值范围，构件内力在 0 和其极限承载力之间，构件长度的最大值和最小值也总是有限的，据此设定每根构件的力密度取值范围，然后在全域间隔采样进行分块平衡矩阵 $\boldsymbol{D}_x=\boldsymbol{D}_y=\boldsymbol{D}_z$ 的重构。

e. 分块平衡矩阵 $\boldsymbol{\Psi}_x=\boldsymbol{\Psi}_y=\boldsymbol{\Psi}_z$ 的重构。

对分块对角矩阵 $\mathrm{diag}\left({}_t\boldsymbol{\beta}\right)$ 的重构，首先应确定构件极限承载力上限，然后在 0 和极限承载力之间间隔取值，依次重构分块平衡矩阵 $\boldsymbol{\Psi}_x=\boldsymbol{\Psi}_y=\boldsymbol{\Psi}_z$ 。以构件方向余弦为未知量的平衡方程组必须满足有解条件。

以上平衡矩阵的全值域重构若引入已知或指定的构件方向余弦或构件在整体坐标轴上的投影长度或构件的力密度或构件内力，可减少计算量。

f. 分块平衡矩阵 $\boldsymbol{\Xi}$ 的重构。

对分块平衡矩阵 $\boldsymbol{\Xi}_x$ 、 $\boldsymbol{\Xi}_y$ 、 $\boldsymbol{\Xi}_z$ 的重构，需要知道节点坐标的相对差值以及构件内力的取值范围，然后在全值域上采样搜寻。

显然，上述各种形式平衡矩阵的重构为全域离散，优点是能确保全局最优，缺点是计算量大，对形状几何特征参数较多的体系应采用试算、正交试验的方法等高效率搜索算法以减少不必要的计算量。

⑤形态生成之前、之中、最后时刻及之后应满足的条件。

(a)形态生成之前除拓扑几何假定已知外(第Ⅲ类形态生成问题)，还可能存在一些已知条件包括已知的部分构件长度、方向和部分构件内力等，边界条件包括力和位移的边界条件(如已知的支座反力、支座约束性质、部分节点坐标等)。

(b)形态生成过程中需满足的力学规律是势能原理即平衡方程，平衡条件是形态生成过程中必须要满足的。预应力体系形态生成过程是人为地强迫施工过程，连续性假设不成立，因此相容条件可以不满足，但是形与态存在自然的依存关系。此外，形态生成过程中体系与外部环境存在质量和能量的交换，是一个开放系统。自然界生物形态生成过程中质量和能量的演化或变化规律或许存在，但对于非自然的预应力体系形态生成过程，质量和能量的变化可以是任意的，可以忽略材料及其属性变化的物理或化学过程，这一点值得注意。

(c)各种形式的平衡矩阵重构后需要满足形态生成最后时刻及之后的可承载条件(包括是否可施加自应力、是否存在机构位移模态且自应力和荷载是否可将其刚化、自平衡状态是否稳定以及索不松弛条件等)、可正常使用条件(如挠度、长细比、舒适性指标)和可行性条件(如材料用量、成本及制作加工与施工可行性等)。

注：可承载条件——形态生成最后时刻的零位移可承载条件指的是体系内力的等效节点内力与节点集中外荷载在形态生成最后时刻的几何位形上相互平衡，此时节点无位移产生。这由线性代数方程组有解条件得到，即 $\mathrm{rank}(\boldsymbol{A})=\mathrm{rank}(\boldsymbol{A}:\boldsymbol{F})$、$\mathrm{rank}(\boldsymbol{E})=\mathrm{rank}(\boldsymbol{E}:\boldsymbol{F})$、$\mathrm{rank}(\boldsymbol{D})=\mathrm{rank}(\boldsymbol{D}:\boldsymbol{F})$、$\mathrm{rank}(\boldsymbol{\varPsi})=\mathrm{rank}(\boldsymbol{\varPsi}:\boldsymbol{F})$，或者直接求逆或广义逆得到荷载内力增量不为零且有限即可，例如，对平衡矩阵 $\boldsymbol{A}$ 要求 $\boldsymbol{B}_0\boldsymbol{F}\neq 0$ 且与初始自应力叠加后在各构件极限承载力之内，对某些理想柔索可能还需要满足索不松弛条件。

形态生成之后的小位移可承载条件指的是形态生成最后时刻的几何位形上体系等效节点内力与节点处集中外荷载矢量无法平衡，但体系发生小位移之后可以与外荷载平衡，例如，节点发生线性小位移情况下对平衡矩阵 $\boldsymbol{A}$ 要求 $\left(\boldsymbol{I}-\boldsymbol{B}_x\left(\boldsymbol{B}_x^{\mathrm{T}}\boldsymbol{f}\boldsymbol{B}_x\right)^{-1}\boldsymbol{B}_x^{\mathrm{T}}\boldsymbol{f}\right)\boldsymbol{B}_0\boldsymbol{F}\neq 0$ 且与初始自应力叠加后在各构件的极限承载力之内。

体系形态生成之后的大变形可承载条件指的是形态生成最后时刻的几何位形上体系等效节点内力与节点处集中外荷载矢量无法平衡，但体系发生有限变形之后可以与外荷载平衡。此时体系形态虽然变化较大，但荷载撤消后变形能够自动恢复。

显然，零位移、小位移可承载条件不影响体系的正常使用，但大变形可承载条件下体系的正常使用功能将无法保证。本书作者认为，考虑单个常态荷载工况(1 倍恒荷载+0～1 倍活荷载)下预应力体系在形态生成的最后时刻满足零位移可承载条件而其他作用组合工况下满足小变形可承载条件是比较合适的，偶然组合工况下可以放宽至满足大变形可承载条件。这意味着体系形态一旦生成，在正常使用过程中一般不会产生过大的变化，常态荷载几何宜等价于建筑设计几何。

自平衡状态的稳定性——预应力体系形态生成过程之中和之后还应具有保持整体平衡状态的能力，然而，自平衡状态是否能够保持稳定？例如，传统 n 棱柱型张拉整体模块只有在特定的形状几何下才存在自应力模态，形状几何的连续变化并不意味着自应力连续变化，自应力模态可能消失，此时特定的形状几何下人工引入的自应变能可能转化为动能耗散掉，体系呈现非自保守系统的特征，如例题 5.24 所示。体系总应变能包含非自应变能的变化(增加、不变和减小)和自应变能的变化(增加、不变和减小)，体系形状几何扰动后整体平衡状态的稳定性与自平衡状态的稳定性之间可能的情况如表 5.19 所示。注意，这里自平衡状态指的是自应力回路的形态，而自应力回路有整体和局部之分。体系若存在自应力且力学模型包含完整的自应力回路，体系的图或网络模型不包含地球边或者不依赖支座的自平衡状态，称为完整自平衡体系，反之若体系存在自应力但自应力回路包含支座，体系的图或网络模型实际上包含地球边，体系力学模型只表示了自应力回路的一部分，可称为非完整自平衡体系。

表 5.19　自应变能与非自应变能的可能变化

情况	总应变能	非自应变能	自应变能	备注
①	增加	增加	增加	
②	增加	增加	不变	
③	无法确定	增加	减小	
④	增加	不变	增加	
⑤	不变	不变	不变	
⑥	减小	不变	减小	
⑦	无法确定	减小	增加	
⑧	减小	减小	不变	
⑨	减小	减小	减小	

例题 5.24　二杆体系自平衡状态的稳定性。

如图 5.73 所示，简单的自平衡二力杆系可揭示自平衡状态稳定性对整体平衡状态稳定性的影响。图 5.73(a)为两根受压的杆，水平连接形状几何下自应力模态数为 1，自应变能大于零。在竖向荷载 F 的作用或扰动下形状几何发生变化，此时自应变能完全释放并转化为动能，其形状几何可能出现向上、向下的分叉行为，偏离水平位置后的形状几何下均无自应力模态，但体系总应变能可能增加、不变或减小，这取决于 F 的大小。因此，图 5.73(a)的自平衡状态不稳定，自应变能会转化为动能耗散掉并导致体系形态发生分叉，体系呈现非保守系统的特征(自应变能不保守或非自保守。自应变能永远大于等于零，体系若存在无应力长度下的形态，则自应变能等于零且最小)。图 5.73(b)为两根受拉的索，在竖向荷载 F 的作用下或扰动后，偏离水平位置的形状几何同样没有自应力模态，但体系自应变能没有转化为动能而是保留在体系内部，体系总应变能增加，外荷载撤消后体系能够恢复自平衡状态(此时体系不存在无应力长度下的形态，自应变能的最小值始终大于零)。因此，图 5.73(b)的自应力平衡状态是稳定的。图 5.73(a)和(b)的自应力模态数与分布均相同，虽然自应变能没有正负号，但自应力存在正负号，若自应变能全部或大部分由压应力而来，那么体系可能存在无应力长度下的形态，自平衡状态可能不稳定，体系形态易发生分叉。换言之，预应力体系自平衡状态的稳定性(自稳定性——自应力作用下)会影响整体平衡状态的稳定性(它稳定性——外部作用应力下)，若自平衡状态不稳定，则体系整体平衡状态也不稳定。引申讨论如下：

可分别计算自应力模态中拉、压应变能，若压应变能大于拉应变能则说明索杆的设定有误，自应力应该反号，据此可以判断哪些是索、哪些是杆。

自平衡状态不稳定导致自应变能释放从而形态分叉或许可以解释植物生长，这是有利的方面。

除上述条件外，预应力体系的形态生成过程中自应力的生成还与设计师经验和个人喜好有关，存在主观的因素。

⑥鸟类筑巢的启示。

喜鹊筑巢如图 5.74(a)所示，喜鹊巢是木网架结构，结构体系为单个倒放的开口三角锥且锥尖为刚接，衔枝而来的喜鹊正在东张西望“思考”怎么摆放这根树枝。动物界最优秀的纺织工黄胸织布鸟的吊巢如图 5.74(b)所示，青草编织而成的多层草网结构在干缩效应作用下自然产生预应力,衔青草而来的黄胸织布鸟正在"思考"如何添加边和顶点,即怎么编织草网。

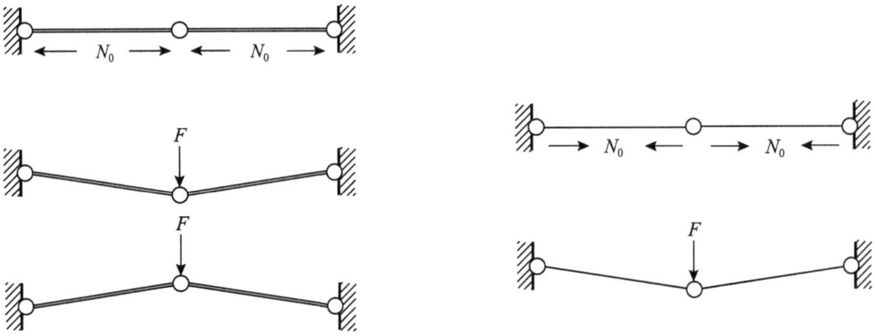

(a) 二杆受压 (b) 二索受拉

图 5.73 自平衡二力杆系

① 确定树枝 i 的长度和方向?
尝试改变树枝的长度和方向矢量
$l_i \mathbf{n}_i = l_i (\cos\alpha_{xi} \quad \cos\alpha_{yi} \quad \cos\alpha_{zi})$
② 连接关系?
尝试改变关联矩阵 $\mathbf{C}^{\mathrm{T}}$
③ 常态荷载下可承载

"木网架结构"
① 主结构:三根树杈,倒放开口三角锥,锥尖刚接;
② 次结构:杂乱的干树枝;
③ 围护结构:下半部分由泥土和茅草等杂物混合而成的外墙,底部铺一层软草

(a) 喜鹊筑巢——无预应力刚性体系

"多层草网结构"——动物界最优秀纺织工黄胸织布鸟的葫芦状吊巢
① 重力荷载作为有限约束的草编悬挂结构;
② 葫芦状的气动外形有效避免了涡激共振并具有良好的排水功能;
③ 青草风吹日晒失水干缩从而自然产生预应力;
④ 树枝随风摇曳或织布鸟起落都会引起吊巢的大位移非线性振动,但吊巢本身为小变形

怎么编织?

① 确定青草段 i 的长度和方向?
尝试改变青草段长度和方向矢量
$l_i \mathbf{n}_i = l_i (\cos\alpha_{xi} \quad \cos\alpha_{yi} \quad \cos\alpha_{zi})$
② 连接关系?
尝试改变关联矩阵 $\mathbf{C}^{\mathrm{T}}$
③ 常态荷载下可承载?
④ 青草段不松弛?

(b) 黄胸织布鸟的吊巢——有预应力柔性体系

图 5.74 鸟类筑巢的启示

与人造建筑物相比,鸟类筑巢利用未经加工的天然建筑材料(如干树枝或青草)建造刚性或柔性体系,甚至自然引入预应力;鸟并不通晓力学原理,没有图纸和计算分析,鸟巢以功能性为主,鸟是否具有美学修养不得而知;同一种鸟巢的形态亦有万千,没有一模一样的鸟巢,其形态生成的过程因鸟、季节和地理环境而异,鸟工建筑没有工业化的特征。

喜鹊筑巢首先要解决如何摆放长短、粗细不一的树枝这一问题,黄胸织布鸟要考虑好如何添加青草并编织的问题,对形态生成问题的启示:不断尝试改变体系拓扑几何和每根杆件的长度和方向，常态荷载下满足可承载条件，至于鸟是否存在主观上的考虑引入预应力则值得怀疑。

⑦形与态之间的依存关系。

如图 5.75 所示，形和态相互耦合于构件形心主轴的方向矢量。态即力或应力，态依存于形。形为外，态为内。形看得见，态看不见。形和态之间的关系为“态在形之中，形为态之本”。下面进行推导。

$$\frac{\boldsymbol{l}_i}{l_i}=\frac{\boldsymbol{\beta}_i}{\beta_i}=\boldsymbol{n}_i \Rightarrow \boldsymbol{n}_i^{\mathrm{T}}\boldsymbol{n}_i=1 \Rightarrow \frac{\boldsymbol{l}_i^{\mathrm{T}}}{l_i}\frac{\boldsymbol{\beta}_i}{\beta_i}=1 \Rightarrow \frac{1}{l_i\beta_i}\boldsymbol{l}_i^{\mathrm{T}}\boldsymbol{\beta}_i=1$$

考虑所有构件，则

$$\begin{bmatrix} \frac{1}{l_1\beta_1}\boldsymbol{l}_1^{\mathrm{T}}\boldsymbol{\beta}_1 & 0 & \cdots & 0 \\ 0 & \frac{1}{l_2\beta_2}\boldsymbol{l}_2^{\mathrm{T}}\boldsymbol{\beta}_2 & \cdots & 0 \\ \vdots & \vdots & & \vdots \\ 0 & 0 & \cdots & \frac{1}{l_n\beta_n}\boldsymbol{l}_n^{\mathrm{T}}\boldsymbol{\beta}_n \end{bmatrix}=\boldsymbol{I} \Rightarrow \begin{bmatrix} \boldsymbol{l}_1^{\mathrm{T}}\boldsymbol{\beta}_1 & 0 & \cdots & 0 \\ 0 & \boldsymbol{l}_2^{\mathrm{T}}\boldsymbol{\beta}_2 & \cdots & 0 \\ \vdots & \vdots & & \vdots \\ 0 & 0 & \cdots & \boldsymbol{l}_n^{\mathrm{T}}\boldsymbol{\beta}_n \end{bmatrix}\begin{bmatrix} \frac{1}{l_1\beta_1} & 0 & \cdots & 0 \\ 0 & \frac{1}{l_2\beta_2} & \cdots & 0 \\ \vdots & \vdots & & \vdots \\ 0 & 0 & \cdots & \frac{1}{l_n\beta_n} \end{bmatrix}=\boldsymbol{I}$$

$$\Rightarrow \begin{bmatrix} \boldsymbol{l}_1^{\mathrm{T}}\boldsymbol{\beta}_1 & 0 & \cdots & 0 \\ 0 & \boldsymbol{l}_2^{\mathrm{T}}\boldsymbol{\beta}_2 & \cdots & 0 \\ \vdots & \vdots & & \vdots \\ 0 & 0 & \cdots & \boldsymbol{l}_n^{\mathrm{T}}\boldsymbol{\beta}_n \end{bmatrix}=\begin{bmatrix} l_1\beta_1 & 0 & \cdots & 0 \\ 0 & l_2\beta_2 & \cdots & 0 \\ \vdots & \vdots & & \vdots \\ 0 & 0 & \cdots & l_n\beta_n \end{bmatrix}$$

$$\Rightarrow \sum_{i=1}^{n}\boldsymbol{l}_i^{\mathrm{T}}\boldsymbol{\beta}_i=\sum_{i=1}^{n}l_i\beta_i$$

其中，$\boldsymbol{l}_i^{\mathrm{T}}\boldsymbol{\beta}_i=\Delta x_i\beta_{xi}+\Delta y_i\beta_{yi}+\Delta z_i\beta_{zi}$，$\Delta x_i$、$\Delta y_i$、$\Delta z_i$ 为第 i 根构件左、右节点的坐标差；$\boldsymbol{I}$ 为 $n\times n$ 的单位矩阵；$\sum_{i=1}^{n}\boldsymbol{l}_i^{\mathrm{T}}\boldsymbol{\beta}_i$ 表示形态生成过程内力所做的虚功。

另外，$\frac{\boldsymbol{l}_i}{l_i}=\frac{\boldsymbol{\beta}_i}{\beta_i}=\boldsymbol{n}_i \Rightarrow \boldsymbol{\beta}_i=\frac{\beta_i}{l_i}\boldsymbol{l}_i=q_i\boldsymbol{l}_i \Rightarrow \sum_{i=1}^{n}\boldsymbol{l}_i^{\mathrm{T}}\boldsymbol{\beta}_i=\sum_{i=1}^{n}q_i\boldsymbol{l}_i^{\mathrm{T}}\boldsymbol{l}_i$，这是经典力密度法的泛函。因此，经典力密度法的力学解释是在力密度已知的前提下形态生成过程内力所做的虚功 $\sum_{i=1}^{n}(\boldsymbol{l}_i-0)^{\mathrm{T}}\boldsymbol{\beta}_i$ 最小，即形态生成最容易。力密度的物理意义是杆件长度矢量与截面内力矢量之间的比例关系。

再者，$\left.\begin{aligned}\boldsymbol{l}_i=l_i\boldsymbol{n}_i\\ \boldsymbol{\beta}_i=\beta_i\boldsymbol{n}_i\end{aligned}\right\}\Rightarrow \boldsymbol{l}_i\times\boldsymbol{\beta}_i=0 \Rightarrow \Delta x_i:\Delta y_i:\Delta z_i=\beta_{xi}:\beta_{yi}:\beta_{zi}$。

并且，$\dfrac{\boldsymbol{l}_i}{l_i}=\dfrac{\boldsymbol{\beta}_i}{\beta_i}=\boldsymbol{n}_i \Rightarrow \dfrac{1}{l_i}\begin{pmatrix}\Delta x_i \\ \Delta y_i \\ \Delta z_i\end{pmatrix}=\dfrac{1}{\beta_i}\begin{pmatrix}\beta_{xi} \\ \beta_{yi} \\ \beta_{zi}\end{pmatrix}\Rightarrow\begin{cases}\beta_i\Delta x_i = l_i\beta_{xi} \\ \beta_i\Delta y_i = l_i\beta_{yi} \\ \beta_i\Delta z_i = l_i\beta_{zi}\end{cases}$，考虑所有构件，则

$$\begin{bmatrix}\beta_1 & 0 & \cdots & 0 \\ 0 & \beta_2 & \cdots & 0 \\ \vdots & \vdots & & \vdots \\ 0 & 0 & \cdots & \beta_n\end{bmatrix}\begin{pmatrix}\Delta x_1 \\ \Delta x_2 \\ \vdots \\ \Delta x_n\end{pmatrix}=\begin{bmatrix}l_1 & 0 & \cdots & 0 \\ 0 & l_2 & \cdots & 0 \\ \vdots & \vdots & & \vdots \\ 0 & 0 & \cdots & l_n\end{bmatrix}\begin{pmatrix}\beta_{x1} \\ \beta_{x2} \\ \vdots \\ \beta_{xn}\end{pmatrix}$$

$$\Rightarrow\begin{pmatrix}\Delta x_1 \\ \Delta x_2 \\ \vdots \\ \Delta x_n\end{pmatrix}=\begin{bmatrix}q_1^{-1} & 0 & \cdots & 0 \\ 0 & q_2^{-1} & \cdots & 0 \\ \vdots & \vdots & & \vdots \\ 0 & 0 & \cdots & q_n^{-1}\end{bmatrix}\begin{pmatrix}\beta_{x1} \\ \beta_{x2} \\ \vdots \\ \beta_{xn}\end{pmatrix}$$

同理，可得

$$\begin{pmatrix}\Delta y_1 \\ \Delta y_2 \\ \vdots \\ \Delta y_n\end{pmatrix}=\begin{bmatrix}q_1^{-1} & 0 & \cdots & 0 \\ 0 & q_2^{-1} & \cdots & 0 \\ \vdots & \vdots & & \vdots \\ 0 & 0 & \cdots & q_n^{-1}\end{bmatrix}\begin{pmatrix}\beta_{y1} \\ \beta_{y2} \\ \vdots \\ \beta_{yn}\end{pmatrix},\quad\begin{pmatrix}\Delta z_1 \\ \Delta z_2 \\ \vdots \\ \Delta z_n\end{pmatrix}=\begin{bmatrix}q_1^{-1} & 0 & \cdots & 0 \\ 0 & q_2^{-1} & \cdots & 0 \\ \vdots & \vdots & & \vdots \\ 0 & 0 & \cdots & q_n^{-1}\end{bmatrix}\begin{pmatrix}\beta_{z1} \\ \beta_{z2} \\ \vdots \\ \beta_{zn}\end{pmatrix}$$

$\boldsymbol{l}_i=l_i(\cos\alpha_{xi}\quad\cos\alpha_{yi}\quad\cos\alpha_{zi})^{\mathrm{T}}=l_i\boldsymbol{n}_i$
$\boldsymbol{\beta}_i=\beta_i(\cos\alpha_{xi}\quad\cos\alpha_{yi}\quad\cos\alpha_{zi})^{\mathrm{T}}=\beta_i\boldsymbol{n}_i$
$\Rightarrow\dfrac{\boldsymbol{l}_i}{l_i}=\dfrac{\boldsymbol{\beta}_i}{\beta_i}=\boldsymbol{n}_i$

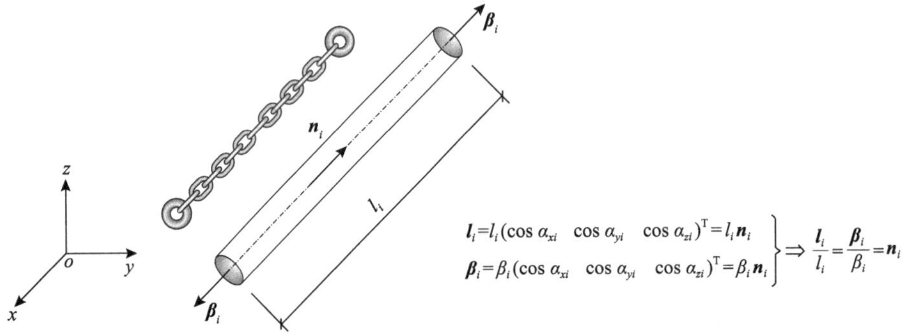

图 5.75　形与态之间的依存关系

⑧预应力体系第Ⅲ类形态生成问题的最优化控制理论。

形——几何，态——材料，除材料、几何外，体系形态还要受自然和人的控制，即客观规律的约束和主观能动性的影响(例如，体系材料用量最少、最好看未必是客观规律，但一定是主观的，人的主观控制既可能是个人喜好，也可能是大多数人的普遍认识)，由此看来，预应力体系第Ⅲ类形态生成问题可采用最优控制理论进行描述。

注：最优控制理论是现代控制理论的一个主要分支，着重于研究使控制系统的性能指标实现最优化的基本条件和综合方法。

形态生成问题与平衡矩阵重构如图 5.76 所示。已知条件包括：①拓扑几何特征参数，如建筑空间分割数量；②形状几何特征参数，如对称性、长、宽、高、矢高、跨度、分割空间的大小；③边界条件，包括力和位移的边界条件；④已知条件，包括已知的部分构件长度或方向、全部外荷载、部分构件内力等；⑤除静平衡条件、形与态之间的依存关系外的其他可承载条件，包括是否可施加自应力、是否存在机构位移模态且自应力和荷载是否可将其刚化、自平衡状态是否稳定等；⑥可正常使用条件，包括挠度、长细比、舒适性、索不松弛条件等；⑦可行性条件，如材料采购、制作加工和施工安装的可行性等；⑧经济性条件，如材料总用量、费用和施工张拉的成本等。

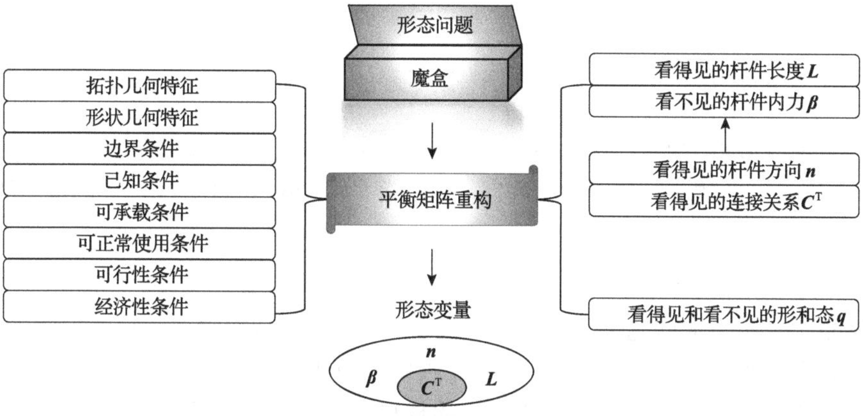

图 5.76　形态生成问题与平衡矩阵重构

(a) 预应力体系第Ⅲ类形态生成问题的最优化控制理论描述。

Min.或 Max.体系形态的性能指标泛函为 $J(\boldsymbol{L},\boldsymbol{\beta})$。

s. t. 静平衡方程，如 $\boldsymbol{A\beta}=\boldsymbol{F}$ 或其他形式，$\boldsymbol{L}$ 与 $\boldsymbol{\beta}$ 之间服从形与态之间的相容关系，即 $\dfrac{\boldsymbol{l}_i}{l_i}=\dfrac{\boldsymbol{\beta}_i}{\beta_i}=\boldsymbol{n}_i$，边界条件，其他初始或已知条件包括外荷载、部分构件长度和内力等，其他可承载条件、可正常使用条件和可行性条件等。

(b) 体系形态的性能指标泛函 $J(\boldsymbol{L},\boldsymbol{\beta})$ 的选取。

从结构设计的角度来看，体系形态的性能包括安全性、适用性、耐久性、经济性和美观性，这些性能都可能成为体系形态生成的控制因素。结构工程师往往更倾向于选择材料用量泛函作为体系形态的性能指标泛函，而将其他性能看成条件。因此，

$$J(\boldsymbol{L},\boldsymbol{\beta})=\sum_{i=1}^{n}l_iA_i$$

其中，l_i 为第 i 根构件的长度；A_i 为第 i 根构件的横截面面积。

若体系只包含轴心受力构件，记材料屈服强度设计值为 f_i，由局部可承载条件给出第 i 根构件横截面面积 A_i 与截面内力 β_i 之间的关系为

$$\begin{cases}\beta_i\leqslant A_if_i, & \beta_i>0\\ -\beta_i\leqslant\varphi_iA_if_i, & \beta_i<0\end{cases}\Rightarrow|\beta_i|\leqslant\varphi_iA_if_i$$

当 $\beta_i<0$ 时，$0<\varphi_i\leqslant 1\Rightarrow A_i=\dfrac{|\beta_i|}{\varphi_i f_i}$；当 $\beta_i>0$ 时，$\varphi_i=1$。将 A_i 表达式代入上述材料用量泛函得

$$J(\boldsymbol{L},\boldsymbol{\beta})=\sum_{i=1}^{n}\frac{l_i|\beta_i|}{\varphi_i f_i}$$

当所有构件都受拉或只考虑受拉构件的材料用量时，有

$$J(\boldsymbol{L},\boldsymbol{\beta})=\sum_{i=1}^{n}\frac{l_i\beta_i}{f_i},\quad \forall\beta_i>0\Leftrightarrow\sum_{i=1}^{n}\omega_i l_i^2,\quad \omega_i=\frac{\beta_i}{l_i}\ (\text{若 } f_i \text{ 是常数})$$

$\sum_{i=1}^{n}\omega_i l_i^2$ 为经典力密度法的构造泛函，该泛函的一阶变分等于零给出力密度法列式且在本质上是等效节点力的自平衡方程，此时材料用量最小这一形态性能指标退化为自平衡条件，而自平衡条件等价于自应变能泛函取得极小值，因为 $J(\boldsymbol{L},\boldsymbol{\beta})=\sum_{i=1}^{n}\dfrac{l_i\beta_i}{f_i},\forall\beta_i>0\Leftrightarrow\sum_{i=1}^{n}\dfrac{\beta_i^2 l_i}{2EA_i},\forall\beta_i>0$，这里 $\beta_i\leqslant A_i f_i\Rightarrow A_i=\dfrac{\beta_i}{f_i}\Rightarrow\dfrac{\beta_i^2 l_i}{2EA_i}=\dfrac{l_i\beta_i}{2E/f_i}$。

若第Ⅲ类形态生成问题采用材料用量泛函作为形态性能指标泛函，在只包含受拉构件的单层索网、膜结构单纯找形或找力分析中退化为自应变能泛函。

当所有构件都受压或只考虑受压构件的材料用量时，记压杆的长细比为 λ，对于细长压杆，当 $\lambda>\lambda_p$ 时，有

$$-\beta_i\leqslant\frac{\pi^2 EI_i}{(ul_i)^2}=\frac{\pi^2 EA_i}{\lambda_i^2}\Rightarrow A_i\geqslant\frac{-\lambda_i^2\beta_i}{\pi^2 E}$$

将上式代入材料用量泛函得

$$J(\boldsymbol{L},\boldsymbol{\beta})=\sum_{i=1}^{n}\frac{-\lambda_i^2 l_i\beta_i}{\pi^2 E},\quad \forall\beta_i<0\text{ 且 }\lambda_i>\lambda_p$$

若各细长压杆长细比相同，则上述泛函也等价于自应变能泛函。若各细长压杆的截面规格相同(如只采购到某一种截面规格的钢管)，则

$$J(\boldsymbol{L},\boldsymbol{\beta})=\sum_{i=1}^{n}\frac{-l_i^3\beta_i}{\pi^2 E i_i^2},\quad \forall\beta_i<0\text{ 且 }\lambda_i>\lambda_p$$

其中，i_i 为第 i 根构件的已知截面回转半径。

显然该泛函并不等价于自应变能泛函。

预应力体系第Ⅲ类形态生成问题的泛函采用材料用量泛函在只包含受拉构件或只包含受压构件且构件长细比相同情况下可以退化为第Ⅰ、Ⅱ类形态生成问题的自应变能泛函。然而，一般情况下，如体系既包含受压构件也包含受拉构件时，材料用量泛函并不等价于自应变能泛函，进一步证明如下。

(a)若将材料用量泛函中的受压材料和受拉材料分开统计，体系形态的性能指标泛函

只取受压材料的用量或受拉材料的用量。

$J(\boldsymbol{L},\boldsymbol{\beta})=J_c(\boldsymbol{L}_c,\boldsymbol{\beta}_c)+J_b(\boldsymbol{L}_b,\boldsymbol{\beta}_b)\Rightarrow\delta J=\delta J_c+\delta J_b$，$\delta^2 J=\delta^2 J_c+\delta^2 J_b$。那么，$J_b$ 已知、$\delta J_c=0$ 或 J_c 已知、$\delta J_b=0\Rightarrow\delta J=0$ 是否成立？

证明：若 J_b 已知，则 $\delta J_b=0$，当 $\delta J_c=0$ 时有 $\delta J_c+\delta J_b=\delta(J_c+J_b)=\delta J=0$。同理，可证 J_c 已知，$\delta J_b=0$ 的情况。

(b) 自平衡体系形态生成过程中的变分原理：对自平衡体系的自平衡状态，$\boldsymbol{L}^{\mathrm{T}}\boldsymbol{\beta}=0$，考察左端项的一阶变分 $\delta\left(\boldsymbol{L}^{\mathrm{T}}\boldsymbol{\beta}\right)$ 和二阶变分 $\delta^2\left(\boldsymbol{L}^{\mathrm{T}}\boldsymbol{\beta}\right)$ 可得出一些有趣的结果。

下面先看一阶变分 $\delta\left(\boldsymbol{L}^{\mathrm{T}}\boldsymbol{\beta}\right)=\delta\boldsymbol{L}^{\mathrm{T}}\cdot\boldsymbol{\beta}+\boldsymbol{L}^{\mathrm{T}}\cdot\delta\boldsymbol{\beta}$，其中

$$
\begin{aligned}
\delta\boldsymbol{L}^{\mathrm{T}}\cdot\boldsymbol{\beta}&=\left[\left(\delta(\Delta\boldsymbol{X})\right)^{\mathrm{T}}\left(\frac{\partial\boldsymbol{L}}{\partial\Delta\boldsymbol{X}}\right)^{\mathrm{T}}+\left(\delta(\Delta\boldsymbol{Y})\right)^{\mathrm{T}}\left(\frac{\partial\boldsymbol{L}}{\partial\Delta\boldsymbol{Y}}\right)^{\mathrm{T}}+\left(\delta(\Delta\boldsymbol{Z})\right)^{\mathrm{T}}\left(\frac{\partial\boldsymbol{L}}{\partial\Delta\boldsymbol{Z}}\right)^{\mathrm{T}}\right]\cdot\boldsymbol{\beta}\\
&=\left(\boldsymbol{C}\delta\boldsymbol{X}\right)^{\mathrm{T}}\left(\mathrm{diag}\left(\cos\boldsymbol{\alpha}_x\right)\right)^{\mathrm{T}}\cdot\boldsymbol{\beta}+\left(\boldsymbol{C}\delta\boldsymbol{Y}\right)^{\mathrm{T}}\left(\mathrm{diag}\left(\cos\boldsymbol{\alpha}_y\right)\right)^{\mathrm{T}}\cdot\boldsymbol{\beta}+\left(\boldsymbol{C}\delta\boldsymbol{Z}\right)^{\mathrm{T}}\left(\mathrm{diag}\left(\cos\boldsymbol{\alpha}_z\right)\right)^{\mathrm{T}}\cdot\boldsymbol{\beta}\\
&=\delta\boldsymbol{X}^{\mathrm{T}}\boldsymbol{C}^{\mathrm{T}}\mathrm{diag}\left(\cos\boldsymbol{\alpha}_x\right)\boldsymbol{\beta}+\delta\boldsymbol{Y}^{\mathrm{T}}\boldsymbol{C}^{\mathrm{T}}\mathrm{diag}\left(\cos\boldsymbol{\alpha}_y\right)\boldsymbol{\beta}+\delta\boldsymbol{Z}^{\mathrm{T}}\boldsymbol{C}^{\mathrm{T}}\mathrm{diag}\left(\cos\boldsymbol{\alpha}_z\right)\boldsymbol{\beta}
\end{aligned}
$$

已知 $\boldsymbol{C}^{\mathrm{T}}\mathrm{diag}\left(\cos\boldsymbol{\alpha}_x\right)\boldsymbol{\beta}=\boldsymbol{A}_x\boldsymbol{\beta}=0$，$\boldsymbol{C}^{\mathrm{T}}\mathrm{diag}\left(\cos\boldsymbol{\alpha}_y\right)\boldsymbol{\beta}=\boldsymbol{A}_y\boldsymbol{\beta}=0$，$\boldsymbol{C}^{\mathrm{T}}\mathrm{diag}\left(\cos\boldsymbol{\alpha}_z\right)\boldsymbol{\beta}=\boldsymbol{A}_z\boldsymbol{\beta}=0$，将其代入上式可得

$$\delta\boldsymbol{L}^{\mathrm{T}}\cdot\boldsymbol{\beta}=0$$

$\boldsymbol{L}^{\mathrm{T}}\boldsymbol{\beta}=0$，若取 $\boldsymbol{\beta}=\boldsymbol{B}_x\boldsymbol{\alpha}_d$，那么 $\boldsymbol{L}^{\mathrm{T}}\boldsymbol{B}_x\boldsymbol{\alpha}_d=0$，由于 $\boldsymbol{\alpha}_d$ 是任意的，所以 $\boldsymbol{L}^{\mathrm{T}}\boldsymbol{B}_x=0$，则 $\boldsymbol{L}^{\mathrm{T}}\cdot\delta\boldsymbol{\beta}=\boldsymbol{L}^{\mathrm{T}}\cdot\delta\left(\boldsymbol{B}_x\boldsymbol{\alpha}_d\right)=\boldsymbol{L}^{\mathrm{T}}\boldsymbol{B}_x\cdot\delta\boldsymbol{\alpha}_d=0$，因此，$\delta\left(\boldsymbol{L}^{\mathrm{T}}\boldsymbol{\beta}\right)=\delta\boldsymbol{L}^{\mathrm{T}}\cdot\boldsymbol{\beta}+\boldsymbol{L}^{\mathrm{T}}\cdot\delta\boldsymbol{\beta}=0$。

接下来再看二阶变分 $\delta^2\left(\boldsymbol{L}^{\mathrm{T}}\boldsymbol{\beta}\right)=\delta\left(\delta\boldsymbol{L}^{\mathrm{T}}\cdot\boldsymbol{\beta}+\boldsymbol{L}^{\mathrm{T}}\cdot\delta\boldsymbol{\beta}\right)=\delta^2\boldsymbol{L}^{\mathrm{T}}\cdot\boldsymbol{\beta}+2\delta\boldsymbol{L}^{\mathrm{T}}\cdot\delta\boldsymbol{\beta}+\boldsymbol{L}^{\mathrm{T}}\cdot\delta^2\boldsymbol{\beta}$，其中第一项

$$
\begin{aligned}
\delta^2\boldsymbol{L}^{\mathrm{T}}\cdot\boldsymbol{\beta}&=\delta\left(\delta\boldsymbol{X}^{\mathrm{T}}\boldsymbol{C}^{\mathrm{T}}\mathrm{diag}\left(\cos\boldsymbol{\alpha}_x\right)+\delta\boldsymbol{Y}^{\mathrm{T}}\boldsymbol{C}^{\mathrm{T}}\mathrm{diag}\left(\cos\boldsymbol{\alpha}_y\right)+\delta\boldsymbol{Z}^{\mathrm{T}}\boldsymbol{C}^{\mathrm{T}}\mathrm{diag}\left(\cos\boldsymbol{\alpha}_z\right)\right)\cdot\boldsymbol{\beta}\\
&=\begin{bmatrix}\delta^2\boldsymbol{X}^{\mathrm{T}}\boldsymbol{C}^{\mathrm{T}}\mathrm{diag}\left(\cos\boldsymbol{\alpha}_x\right)+\delta^2\boldsymbol{Y}^{\mathrm{T}}\boldsymbol{C}^{\mathrm{T}}\mathrm{diag}\left(\cos\boldsymbol{\alpha}_y\right)+\delta^2\boldsymbol{Z}^{\mathrm{T}}\boldsymbol{C}^{\mathrm{T}}\mathrm{diag}\left(\cos\boldsymbol{\alpha}_z\right)+\\ \delta\boldsymbol{X}^{\mathrm{T}}\boldsymbol{C}^{\mathrm{T}}\mathrm{diag}\left(\delta\left(\cos\boldsymbol{\alpha}_x\right)\right)+\delta\boldsymbol{Y}^{\mathrm{T}}\boldsymbol{C}^{\mathrm{T}}\mathrm{diag}\left(\delta\left(\cos\boldsymbol{\alpha}_y\right)\right)+\delta\boldsymbol{Z}^{\mathrm{T}}\boldsymbol{C}^{\mathrm{T}}\mathrm{diag}\left(\delta\left(\cos\boldsymbol{\alpha}_z\right)\right)\end{bmatrix}\cdot\boldsymbol{\beta}
\end{aligned}
$$

其中，由于 $\begin{bmatrix}\boldsymbol{A}_x\\ \boldsymbol{A}_y\\ \boldsymbol{A}_z\end{bmatrix}\cdot\boldsymbol{\beta}=0$，则

$$\left[\delta^2\boldsymbol{X}^{\mathrm{T}}\boldsymbol{C}^{\mathrm{T}}\mathrm{diag}\left(\cos\boldsymbol{\alpha}_x\right)+\delta^2\boldsymbol{Y}^{\mathrm{T}}\boldsymbol{C}^{\mathrm{T}}\mathrm{diag}\left(\cos\boldsymbol{\alpha}_y\right)+\delta^2\boldsymbol{Z}^{\mathrm{T}}\boldsymbol{C}^{\mathrm{T}}\mathrm{diag}\left(\cos\boldsymbol{\alpha}_z\right)\right]\cdot\boldsymbol{\beta}=\delta^2\begin{pmatrix}\boldsymbol{X}\\ \boldsymbol{Y}\\ \boldsymbol{Z}\end{pmatrix}^{\mathrm{T}}\begin{bmatrix}\boldsymbol{A}_x\\ \boldsymbol{A}_y\\ \boldsymbol{A}_z\end{bmatrix}\cdot\boldsymbol{\beta}=0\text{。}$$

另

$$\left[\delta\boldsymbol{X}^{\mathrm{T}}\boldsymbol{C}^{\mathrm{T}}\mathrm{diag}\left(\delta\left(\cos\boldsymbol{\alpha}_x\right)\right)+\delta\boldsymbol{Y}^{\mathrm{T}}\boldsymbol{C}^{\mathrm{T}}\mathrm{diag}\left(\delta\left(\cos\boldsymbol{\alpha}_y\right)\right)+\delta\boldsymbol{Z}^{\mathrm{T}}\boldsymbol{C}^{\mathrm{T}}\mathrm{diag}\left(\delta\left(\cos\boldsymbol{\alpha}_z\right)\right)\right]\cdot\boldsymbol{\beta}$$

$$=\delta\begin{pmatrix}\boldsymbol{X}\\\boldsymbol{Y}\\\boldsymbol{Z}\end{pmatrix}^{\mathrm{T}}\left(\begin{bmatrix}\boldsymbol{C}^{\mathrm{T}}\boldsymbol{QC}&0&0\\0&\boldsymbol{C}^{\mathrm{T}}\boldsymbol{QC}&0\\0&0&\boldsymbol{C}^{\mathrm{T}}\boldsymbol{QC}\end{bmatrix}-\begin{bmatrix}\boldsymbol{C}^{\mathrm{T}}&0&0\\0&\boldsymbol{C}^{\mathrm{T}}&0\\0&0&\boldsymbol{C}^{\mathrm{T}}\end{bmatrix}\begin{bmatrix}\boldsymbol{QX}_x\\\boldsymbol{QX}_y\\\boldsymbol{QX}_z\end{bmatrix}\begin{bmatrix}\boldsymbol{C}&0&0\\0&\boldsymbol{C}&0\\0&0&\boldsymbol{C}\end{bmatrix}\right)\delta\begin{pmatrix}\boldsymbol{X}\\\boldsymbol{Y}\\\boldsymbol{Z}\end{pmatrix}$$

因此，$\delta^2\boldsymbol{L}^{\mathrm{T}}\cdot\boldsymbol{\beta}=\delta\begin{pmatrix}\boldsymbol{X}\\\boldsymbol{Y}\\\boldsymbol{Z}\end{pmatrix}^{\mathrm{T}}\left(\begin{bmatrix}\boldsymbol{C}^{\mathrm{T}}\boldsymbol{QC}&0&0\\0&\boldsymbol{C}^{\mathrm{T}}\boldsymbol{QC}&0\\0&0&\boldsymbol{C}^{\mathrm{T}}\boldsymbol{QC}\end{bmatrix}-\begin{bmatrix}\boldsymbol{C}^{\mathrm{T}}&0&0\\0&\boldsymbol{C}^{\mathrm{T}}&0\\0&0&\boldsymbol{C}^{\mathrm{T}}\end{bmatrix}\begin{bmatrix}\boldsymbol{QX}_x\\\boldsymbol{QX}_y\\\boldsymbol{QX}_z\end{bmatrix}\begin{bmatrix}\boldsymbol{C}&0&0\\0&\boldsymbol{C}&0\\0&0&\boldsymbol{C}\end{bmatrix}\right)\delta\begin{pmatrix}\boldsymbol{X}\\\boldsymbol{Y}\\\boldsymbol{Z}\end{pmatrix}$

注：$\left[\delta\boldsymbol{X}^{\mathrm{T}}\boldsymbol{C}^{\mathrm{T}}\mathrm{diag}\left(\delta\left(\cos\boldsymbol{\alpha}_x\right)\right)+\delta\boldsymbol{Y}^{\mathrm{T}}\boldsymbol{C}^{\mathrm{T}}\mathrm{diag}\left(\delta\left(\cos\boldsymbol{\alpha}_y\right)\right)+\delta\boldsymbol{Z}^{\mathrm{T}}\boldsymbol{C}^{\mathrm{T}}\mathrm{diag}\left(\delta\left(\cos\boldsymbol{\alpha}_z\right)\right)\right]\cdot\boldsymbol{\beta}$ 具体推导如下。

$$\delta L_k=\delta\left(\sqrt{(\Delta x_k)^2+(\Delta y_k)^2+(\Delta z_k)^2}\right)=\frac{1}{L_k}\left(\Delta x_k\delta(\Delta x_k)+\Delta y_k\delta(\Delta y_k)+\Delta z_k\delta(\Delta z_k)\right)$$

$$\delta(\cos\alpha_{xk})=\delta\left(\frac{\Delta x_k}{L_k}\right)=\frac{\delta(\Delta x_k)}{L_k}+\Delta x_k\delta\left(\frac{1}{L_k}\right)=\frac{\delta(\Delta x_k)}{L_k}-\frac{\Delta x_k}{L_k^2}\delta L_k=\frac{\delta(\Delta x_k)}{L_k}-\frac{\Delta x_k}{L_k^2}\frac{1}{L_k}\left(\Delta x_k\delta(\Delta x_k)+\Delta y_k\delta(\Delta y_k)+\Delta z_k\delta(\Delta z_k)\right)$$

$$\Rightarrow\delta(\cos\boldsymbol{\alpha}_x)=\begin{pmatrix}\dfrac{\delta(\Delta x_1)}{L_1}-\dfrac{\Delta x_1}{L_1^2}\dfrac{1}{L_1}\left(\Delta x_1\delta(\Delta x_1)+\Delta y_1\delta(\Delta y_1)+\Delta z_1\delta(\Delta z_1)\right)\\\dfrac{\delta(\Delta x_2)}{L_2}-\dfrac{\Delta x_2}{L_2^2}\dfrac{1}{L_2}\left(\Delta x_2\delta(\Delta x_2)+\Delta y_2\delta(\Delta y_2)+\Delta z_2\delta(\Delta z_2)\right)\\\vdots\\\dfrac{\delta(\Delta x_m)}{L_m}-\dfrac{\Delta x_m}{L_m^2}\dfrac{1}{L_m}\left(\Delta x_k\delta(\Delta x_k)+\Delta y_k\delta(\Delta y_k)+\Delta z_k\delta(\Delta z_k)\right)\end{pmatrix}$$

$$\Rightarrow\mathrm{diag}\left(\delta(\cos\boldsymbol{\alpha}_x)\right)\cdot\boldsymbol{\beta}=\begin{pmatrix}\dfrac{\beta_1\delta(\Delta x_1)}{L_1}-\dfrac{\Delta x_1}{L_1^2}\dfrac{\beta_1}{L_1}\left(\Delta x_1\delta(\Delta x_1)+\Delta y_1\delta(\Delta y_1)+\Delta z_1\delta(\Delta z_1)\right)\\\dfrac{\beta_2\delta(\Delta x_2)}{L_2}-\dfrac{\Delta x_2}{L_2^2}\dfrac{\beta_2}{L_2}\left(\Delta x_2\delta(\Delta x_2)+\Delta y_2\delta(\Delta y_2)+\Delta z_2\delta(\Delta z_2)\right)\\\vdots\\\dfrac{\beta_m\delta(\Delta x_m)}{L_m}-\dfrac{\Delta x_m}{L_m^2}\dfrac{\beta_m}{L_m}\left(\Delta x_m\delta(\Delta x_m)+\Delta y_m\delta(\Delta y_m)+\Delta z_m\delta(\Delta z_m)\right)\end{pmatrix}$$

$$=\boldsymbol{Q}\delta(\Delta\boldsymbol{X})-\boldsymbol{Q}\begin{pmatrix}\cos^2\alpha_{1x}\delta(\Delta x_1)+\cos\alpha_{1x}\cos\alpha_{1y}\delta(\Delta y_1)+\cos\alpha_{1x}\cos\alpha_{1z}\delta(\Delta z_1)\\\cos^2\alpha_{2x}\delta(\Delta x_2)+\cos\alpha_{2x}\cos\alpha_{2y}\delta(\Delta y_2)+\cos\alpha_{2x}\cos\alpha_{2z}\delta(\Delta z_2)\\\vdots\\\cos^2\alpha_{mx}\delta(\Delta x_m)+\cos\alpha_{mx}\cos\alpha_{my}\delta(\Delta y_m)+\cos\alpha_{mx}\cos\alpha_{mz}\delta(\Delta z_m)\end{pmatrix}$$

$$=\boldsymbol{Q}\delta(\Delta\boldsymbol{X})-\boldsymbol{Q}\begin{bmatrix}\cos^2\alpha_{1x}&0&\cdots&0\\0&\cos^2\alpha_{2x}&\cdots&0\\\vdots&\vdots&&\vdots\\0&0&\cdots&\cos^2\alpha_{mx}\end{bmatrix}\delta(\Delta\boldsymbol{X})-\boldsymbol{Q}\begin{bmatrix}\cos\alpha_{1x}\cos\alpha_{1y}&0&\cdots&0\\0&\cos\alpha_{2x}\cos\alpha_{2y}&\cdots&0\\\vdots&\vdots&&\vdots\\0&0&\cdots&\cos\alpha_{mx}\cos\alpha_{my}\end{bmatrix}$$

$$\cdot\delta(\Delta\boldsymbol{Y})-\boldsymbol{Q}\begin{bmatrix}\cos\alpha_{1x}\cos\alpha_{1z}&0&\cdots&0\\0&\cos\alpha_{2x}\cos\alpha_{2z}&\cdots&0\\\vdots&\vdots&&\vdots\\0&0&\cdots&\cos\alpha_{mx}\cos\alpha_{mz}\end{bmatrix}\delta(\Delta\boldsymbol{Z})$$

$$
= \boldsymbol{Q}\delta(\Delta\boldsymbol{X}) - \boldsymbol{Q}\left[\begin{bmatrix} \cos^2\alpha_{1x} & 0 & \cdots & 0 \\ 0 & \cos^2\alpha_{2x} & \cdots & 0 \\ \vdots & \vdots & & \vdots \\ 0 & 0 & \cdots & \cos^2\alpha_{mx} \end{bmatrix} \begin{bmatrix} \cos\alpha_{1x}\cos\alpha_{1y} & 0 & \cdots & 0 \\ 0 & \cos\alpha_{2x}\cos\alpha_{2y} & \cdots & 0 \\ \vdots & \vdots & & \vdots \\ 0 & 0 & \cdots & \cos\alpha_{mx}\cos\alpha_{my} \end{bmatrix}\right.
$$

$$
\left.\cdot\begin{bmatrix} \cos\alpha_{1x}\cos\alpha_{1z} & 0 & \cdots & 0 \\ 0 & \cos\alpha_{2x}\cos\alpha_{2z} & \cdots & 0 \\ \vdots & \vdots & & \vdots \\ 0 & 0 & \cdots & \cos\alpha_{mx}\cos\alpha_{mz} \end{bmatrix}\right]\begin{pmatrix} \delta(\Delta\boldsymbol{X}) \\ \delta(\Delta\boldsymbol{Y}) \\ \delta(\Delta\boldsymbol{Z}) \end{pmatrix}
$$

记

$$
\boldsymbol{X}_x = \left[\begin{bmatrix} \cos^2\alpha_{1x} & 0 & \cdots & 0 \\ 0 & \cos^2\alpha_{2x} & \cdots & 0 \\ \vdots & \vdots & & \vdots \\ 0 & 0 & \cdots & \cos^2\alpha_{mx} \end{bmatrix} \begin{bmatrix} \cos\alpha_{1x}\cos\alpha_{1y} & 0 & \cdots & 0 \\ 0 & \cos\alpha_{2x}\cos\alpha_{2y} & \cdots & 0 \\ \vdots & \vdots & & \vdots \\ 0 & 0 & \cdots & \cos\alpha_{mx}\cos\alpha_{my} \end{bmatrix}\right.
$$

$$
\left.\cdot\begin{bmatrix} \cos\alpha_{1x}\cos\alpha_{1z} & 0 & \cdots & 0 \\ 0 & \cos\alpha_{2x}\cos\alpha_{2z} & \cdots & 0 \\ \vdots & \vdots & & \vdots \\ 0 & 0 & \cdots & \cos\alpha_{mx}\cos\alpha_{mz} \end{bmatrix}\right]
$$

则

$$
\delta\boldsymbol{X}^{\mathrm{T}}\boldsymbol{C}^{\mathrm{T}}\mathrm{diag}\left(\delta\left(\cos\boldsymbol{\alpha}_x\right)\right)\cdot\boldsymbol{\beta} = \delta\boldsymbol{X}^{\mathrm{T}}\boldsymbol{C}^{\mathrm{T}}\boldsymbol{Q}\boldsymbol{C}\delta\boldsymbol{X} - \delta\boldsymbol{X}^{\mathrm{T}}\boldsymbol{C}^{\mathrm{T}}\boldsymbol{Q}\boldsymbol{X}_x\begin{bmatrix} \boldsymbol{C} & 0 & 0 \\ 0 & \boldsymbol{C} & 0 \\ 0 & 0 & \boldsymbol{C} \end{bmatrix}\delta\begin{pmatrix} \boldsymbol{X} \\ \boldsymbol{Y} \\ \boldsymbol{Z} \end{pmatrix}
$$

同理，可得

$$
\mathrm{diag}\left(\delta\left(\cos\boldsymbol{\alpha}_y\right)\right)\cdot\boldsymbol{\beta} = \boldsymbol{Q}\delta(\Delta\boldsymbol{Y}) - \boldsymbol{Q}\begin{bmatrix} \cos\alpha_{1y}\cos\alpha_{1x} & 0 & \cdots & 0 \\ 0 & \cos\alpha_{2y}\cos\alpha_{2x} & \cdots & 0 \\ \vdots & \vdots & & \vdots \\ 0 & 0 & \cdots & \cos\alpha_{my}\cos\alpha_{mx} \end{bmatrix}\delta(\Delta\boldsymbol{X})
$$

$$
-\boldsymbol{Q}\begin{bmatrix} \cos\alpha_{1y}\cos\alpha_{1y} & 0 & \cdots & 0 \\ 0 & \cos\alpha_{2y}\cos\alpha_{2y} & \cdots & 0 \\ \vdots & \vdots & & \vdots \\ 0 & 0 & \cdots & \cos\alpha_{my}\cos\alpha_{my} \end{bmatrix}\delta(\Delta\boldsymbol{Y})
$$

$$
-\boldsymbol{Q}\begin{bmatrix} \cos\alpha_{1y}\cos\alpha_{1z} & 0 & \cdots & 0 \\ 0 & \cos\alpha_{2y}\cos\alpha_{2z} & \cdots & 0 \\ \vdots & \vdots & & \vdots \\ 0 & 0 & \cdots & \cos\alpha_{my}\cos\alpha_{mz} \end{bmatrix}\delta(\Delta\boldsymbol{Z})
$$

$$
\mathrm{diag}\left(\delta\left(\cos\boldsymbol{\alpha}_z\right)\right)\cdot\boldsymbol{\beta} = \boldsymbol{Q}\delta(\Delta\boldsymbol{Z}) - \boldsymbol{Q}\begin{bmatrix} \cos\alpha_{1z}\cos\alpha_{1x} & 0 & \cdots & 0 \\ 0 & \cos\alpha_{2z}\cos\alpha_{2x} & \cdots & 0 \\ \vdots & \vdots & & \vdots \\ 0 & 0 & \cdots & \cos\alpha_{mz}\cos\alpha_{mx} \end{bmatrix}\delta(\Delta\boldsymbol{X})
$$

$$
-\boldsymbol{Q}\begin{bmatrix} \cos\alpha_{1z}\cos\alpha_{1y} & 0 & \cdots & 0 \\ 0 & \cos\alpha_{2z}\cos\alpha_{2y} & \cdots & 0 \\ \vdots & \vdots & & \vdots \\ 0 & 0 & \cdots & \cos\alpha_{mz}\cos\alpha_{my} \end{bmatrix}\delta(\Delta\boldsymbol{Y})
$$

$$
-\boldsymbol{Q}\begin{bmatrix} \cos\alpha_{1z}\cos\alpha_{1z} & 0 & \cdots & 0 \\ 0 & \cos\alpha_{2z}\cos\alpha_{2z} & \cdots & 0 \\ \vdots & \vdots & & \vdots \\ 0 & 0 & \cdots & \cos\alpha_{mz}\cos\alpha_{mz} \end{bmatrix}\delta(\Delta\boldsymbol{Z})
$$

记

$$X_y=\left[\begin{bmatrix}\cos\alpha_{1y}\cos\alpha_{1x} & 0 & \cdots & 0\\ 0 & \cos\alpha_{2y}\cos\alpha_{2x} & \cdots & 0\\ \vdots & \vdots & & \vdots\\ 0 & 0 & \cdots & \cos\alpha_{my}\cos\alpha_{mx}\end{bmatrix}\begin{bmatrix}\cos\alpha_{1y}\cos\alpha_{1y} & 0 & \cdots & 0\\ 0 & \cos\alpha_{2y}\cos\alpha_{2y} & \cdots & 0\\ \vdots & \vdots & & \vdots\\ 0 & 0 & \cdots & \cos\alpha_{my}\cos\alpha_{my}\end{bmatrix}\right.$$
$$\left.\begin{bmatrix}\cos\alpha_{1y}\cos\alpha_{1z} & 0 & \cdots & 0\\ 0 & \cos\alpha_{2y}\cos\alpha_{2z} & \cdots & 0\\ \vdots & \vdots & & \vdots\\ 0 & 0 & \cdots & \cos\alpha_{my}\cos\alpha_{mz}\end{bmatrix}\right]$$

$$X_z=\left[\begin{bmatrix}\cos\alpha_{1z}\cos\alpha_{1x} & 0 & \cdots & 0\\ 0 & \cos\alpha_{2z}\cos\alpha_{2x} & \cdots & 0\\ \vdots & \vdots & & \vdots\\ 0 & 0 & \cdots & \cos\alpha_{mz}\cos\alpha_{mx}\end{bmatrix}\begin{bmatrix}\cos\alpha_{1z}\cos\alpha_{1y} & 0 & \cdots & 0\\ 0 & \cos\alpha_{2z}\cos\alpha_{2y} & \cdots & 0\\ \vdots & \vdots & & \vdots\\ 0 & 0 & \cdots & \cos\alpha_{mz}\cos\alpha_{my}\end{bmatrix}\right.$$
$$\left.\begin{bmatrix}\cos\alpha_{1z}\cos\alpha_{1z} & 0 & \cdots & 0\\ 0 & \cos\alpha_{2z}\cos\alpha_{2z} & \cdots & 0\\ \vdots & \vdots & & \vdots\\ 0 & 0 & \cdots & \cos\alpha_{mz}\cos\alpha_{mz}\end{bmatrix}\right]$$

则

$$\delta\boldsymbol{Y}^{\mathrm{T}}\boldsymbol{C}^{\mathrm{T}}\mathrm{diag}\left(\delta\left(\cos\boldsymbol{\alpha}_y\right)\right)\cdot\boldsymbol{\beta}=\delta\boldsymbol{Y}^{\mathrm{T}}\boldsymbol{C}^{\mathrm{T}}\boldsymbol{QC}\delta\boldsymbol{Y}-\delta\boldsymbol{Y}^{\mathrm{T}}\boldsymbol{C}^{\mathrm{T}}\boldsymbol{QX}_y\begin{bmatrix}\boldsymbol{C}&0&0\\0&\boldsymbol{C}&0\\0&0&\boldsymbol{C}\end{bmatrix}\delta\begin{pmatrix}\boldsymbol{X}\\\boldsymbol{Y}\\\boldsymbol{Z}\end{pmatrix}$$

$$\delta\boldsymbol{Z}^{\mathrm{T}}\boldsymbol{C}^{\mathrm{T}}\mathrm{diag}\left(\delta\left(\cos\boldsymbol{\alpha}_z\right)\right)\cdot\boldsymbol{\beta}=\delta\boldsymbol{Z}^{\mathrm{T}}\boldsymbol{C}^{\mathrm{T}}\boldsymbol{QC}\delta\boldsymbol{Z}-\delta\boldsymbol{Z}^{\mathrm{T}}\boldsymbol{C}^{\mathrm{T}}\boldsymbol{QX}_z\begin{bmatrix}\boldsymbol{C}&0&0\\0&\boldsymbol{C}&0\\0&0&\boldsymbol{C}\end{bmatrix}\delta\begin{pmatrix}\boldsymbol{X}\\\boldsymbol{Y}\\\boldsymbol{Z}\end{pmatrix}$$

第二项 $2\delta\boldsymbol{L}^{\mathrm{T}}\cdot\delta\boldsymbol{\beta}=2\delta\begin{pmatrix}\boldsymbol{X}\\\boldsymbol{Y}\\\boldsymbol{Z}\end{pmatrix}^{\mathrm{T}}\boldsymbol{A}\cdot\delta\boldsymbol{\beta}=2\delta\begin{pmatrix}\boldsymbol{X}\\\boldsymbol{Y}\\\boldsymbol{Z}\end{pmatrix}^{\mathrm{T}}\boldsymbol{AB}_x\cdot\delta\boldsymbol{\alpha}_d=0$，因为 $\boldsymbol{AB}_x=0$。

第三项 $\boldsymbol{L}^{\mathrm{T}}\cdot\delta^2\boldsymbol{\beta}=\boldsymbol{L}^{\mathrm{T}}\cdot\boldsymbol{B}_x\delta^2\boldsymbol{\alpha}_d=0$，因为 $\boldsymbol{L}^{\mathrm{T}}\boldsymbol{B}_x=0$。

综上，自平衡体系的自平衡状态，$\boldsymbol{L}^{\mathrm{T}}\boldsymbol{\beta}=0$ 且 $\delta\left(\boldsymbol{L}^{\mathrm{T}}\boldsymbol{\beta}\right)=0$，一般情况下 $\delta^2\left(\boldsymbol{L}^{\mathrm{T}}\boldsymbol{\beta}\right)\neq0$，其正负号取决于二次型的正定性。值得指出的是，由于自应变能泛函取得极值等价于自平衡条件，其二阶或二阶以上变分可以用来判断形态生成过程中自平衡状态的稳定性。例题 5.24 中图 5.73(a) 只包含压杆，则其自应变能的二阶变分必然小于零，因此其自平衡状态不稳定，体系形态扰动后自应变能会转化为动能耗散掉，自应变能不保守、初始自平衡的体系形态不可逆。

进一步讨论：若受压材料用量保持不变，则受拉材料用量泛函等价于应变能泛函，自平衡体系受拉材料取得极值且为最小值。反之，若受拉材料用量保持不变，则受压材料泛函在假定其稳定系数相同或不考虑压杆的局部稳定性而按照强度设计截面的情况下也等价于应变能泛函，自平衡体系受压材料也取得极值且为最大值。这一点可以用来求解张拉整体单元的第Ⅲ类形态生成问题，详细说明和验证见例题 5.25。

采用力密度表示形式可得到同样的结论，具体如下。

已知 $\boldsymbol{L}^{\mathrm{T}}\boldsymbol{QL}=\boldsymbol{X}^{\mathrm{T}}\boldsymbol{F}_x+\boldsymbol{Y}^{\mathrm{T}}\boldsymbol{F}_y+\boldsymbol{Z}^{\mathrm{T}}\boldsymbol{F}_z$，若不考虑外荷载或外荷载等于零，则 $\boldsymbol{L}^{\mathrm{T}}\boldsymbol{QL}=0$，$\boldsymbol{C}^{\mathrm{T}}\boldsymbol{QCX}=\boldsymbol{C}^{\mathrm{T}}\boldsymbol{QCY}=\boldsymbol{C}^{\mathrm{T}}\boldsymbol{QCZ}=0$，$\boldsymbol{A\beta}=0$，$\boldsymbol{\beta}=\boldsymbol{B}_x\boldsymbol{\alpha}_d$，那么推导 $\delta\left(\boldsymbol{L}^{\mathrm{T}}\boldsymbol{QL}\right)$ 以及 $\delta^2\left(\boldsymbol{L}^{\mathrm{T}}\boldsymbol{QL}\right)$ 有何结果?

由于 $\delta\left(\boldsymbol{L}^{\mathrm{T}}\boldsymbol{QL}\right)=2\delta\boldsymbol{L}^{\mathrm{T}}\boldsymbol{QL}+\boldsymbol{L}^{\mathrm{T}}\left(\delta\boldsymbol{Q}\right)\boldsymbol{L}$，其中第一项

$$2\delta\boldsymbol{L}^{\mathrm{T}}\boldsymbol{QL}=2\delta\begin{pmatrix}\boldsymbol{X}\\\boldsymbol{Y}\\\boldsymbol{Z}\end{pmatrix}^{\mathrm{T}}\begin{bmatrix}\boldsymbol{C}^{\mathrm{T}}\boldsymbol{QC}&0&0\\0&\boldsymbol{C}^{\mathrm{T}}\boldsymbol{QC}&0\\0&0&\boldsymbol{C}^{\mathrm{T}}\boldsymbol{QC}\end{bmatrix}\begin{pmatrix}\boldsymbol{X}\\\boldsymbol{Y}\\\boldsymbol{Z}\end{pmatrix}=0\Rightarrow 2\delta\boldsymbol{L}^{\mathrm{T}}\boldsymbol{QL}=0$$

第二项

$$\boldsymbol{L}^{\mathrm{T}}\left(\delta\boldsymbol{Q}\right)\boldsymbol{L}=\boldsymbol{L}^{\mathrm{T}}\cdot\delta\boldsymbol{\beta}-\delta\boldsymbol{L}^{\mathrm{T}}\cdot\boldsymbol{\beta}$$

其中，$\boldsymbol{L}^{\mathrm{T}}\cdot\delta\boldsymbol{\beta}=\boldsymbol{L}^{\mathrm{T}}\boldsymbol{B}_x\delta\boldsymbol{\alpha}_d=0$；$\delta\boldsymbol{L}^{\mathrm{T}}\cdot\boldsymbol{\beta}=\delta\begin{pmatrix}\boldsymbol{X}\\\boldsymbol{Y}\\\boldsymbol{Z}\end{pmatrix}^{\mathrm{T}}\boldsymbol{A\beta}=0\Rightarrow\boldsymbol{L}^{\mathrm{T}}\left(\delta\boldsymbol{Q}\right)\boldsymbol{L}=0-0=0$。

当 $\boldsymbol{\beta}=\boldsymbol{B}_x\boldsymbol{\alpha}_d$、$\boldsymbol{A\beta}=0$ 时，$\boldsymbol{L}^{\mathrm{T}}\boldsymbol{QL}=0$ 且 $\boldsymbol{L}^{\mathrm{T}}\left(\delta\boldsymbol{Q}\right)\boldsymbol{L}=0$、$\delta\boldsymbol{L}^{\mathrm{T}}\boldsymbol{QL}=0$，所以 $\delta\left(\boldsymbol{L}^{\mathrm{T}}\boldsymbol{QL}\right)=0$。

接下来，$\delta^2\left(\boldsymbol{L}^{\mathrm{T}}\boldsymbol{QL}\right)$ 的推导不再展开，其结果与 $\delta^2\left(\boldsymbol{L}^{\mathrm{T}}\boldsymbol{\beta}\right)$ 相同。

引申讨论：$\delta\boldsymbol{L}^{\mathrm{T}}\boldsymbol{QL}=0$ 得出经典力密度法的列式，但一直以来自平衡体系如何更新力密度是个问题，本书作者认为可以尝试采用 $\boldsymbol{L}^{\mathrm{T}}\boldsymbol{QL}=0$、$\boldsymbol{L}^{\mathrm{T}}\left(\delta\boldsymbol{Q}\right)\boldsymbol{L}=0$ 作为条件更新力密度。

例题 5.25　传统三棱柱型张拉整体模块的自平衡形态。

解：如图 5.77 所示，三棱柱型张拉整体模块各节点的坐标为

$\boldsymbol{v}_1=(0\ R\ 0)^{\mathrm{T}}$，$\boldsymbol{v}_2=(-R\cos(\pi/6)\ \ -R\sin(\pi/6)\ 0)^{\mathrm{T}}$，$\boldsymbol{v}_3=(R\cos(\pi/6)\ -R\sin(\pi/6)\ 0)^{\mathrm{T}}$

$\boldsymbol{v}_4=(-R\sin\theta\ R\sin\theta\ H)^{\mathrm{T}}$，$\boldsymbol{v}_5=(-R\sin(\theta+2\pi/3)\ R\cos(\theta+2\pi/3)\ H)^{\mathrm{T}}$，$\boldsymbol{v}_6=(-R\sin(\theta+4\pi/3)\ R\cos(\theta+4\pi/3)\ H)^{\mathrm{T}}$

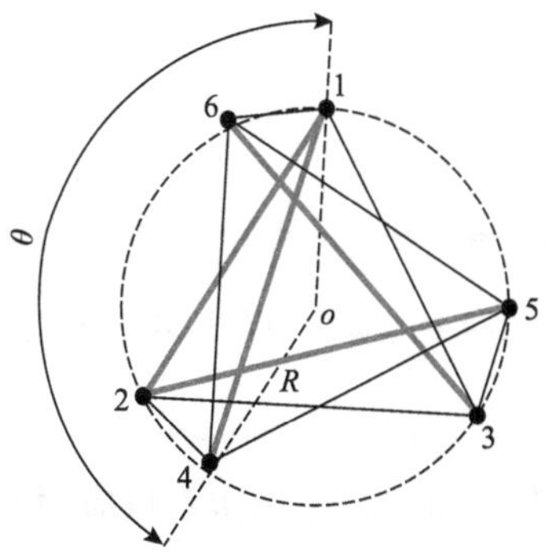

(a) 俯视图

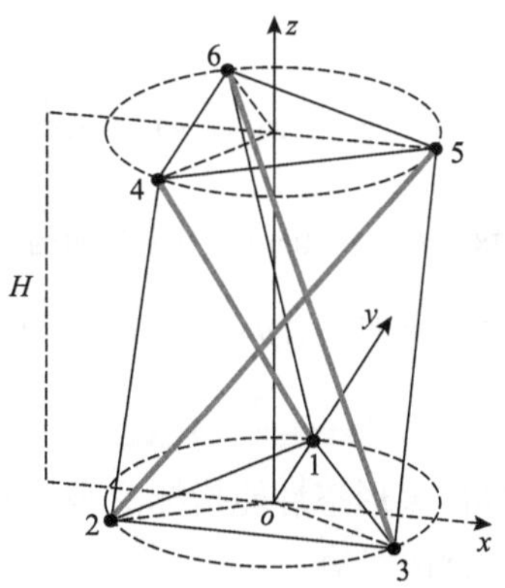

(b) 轴测图

图 5.77　三棱柱型张拉整体模块

各单元与节点的连接关系如表 5.20 所示。

表 5.20　三棱柱型张拉整体模块单元与节点的连接关系

单元编号	①	②	③	④	⑤	⑥	⑦	⑧	⑨	⑩	⑪	⑫
起点	1	2	3	1	2	1	4	5	4	1	2	3
终点	4	5	6	2	3	3	5	6	6	6	4	5

由表 5.20 组装的关联矩阵 $\boldsymbol{C}^{\mathrm{T}}$ 为

$$\boldsymbol{C}^{\mathrm{T}}=\begin{bmatrix} 1 & 0 & 0 & 1 & 0 & 1 & 0 & 0 & 0 & 1 & 0 & 0 \\ 0 & 1 & 0 & -1 & 1 & 0 & 0 & 0 & 0 & 0 & 1 & 0 \\ 0 & 0 & 1 & 0 & -1 & -1 & 0 & 0 & 0 & 0 & 0 & 1 \\ -1 & 0 & 0 & 0 & 0 & 0 & 1 & 0 & 1 & 0 & -1 & 0 \\ 0 & -1 & 0 & 0 & 0 & 0 & -1 & 1 & 0 & 0 & 0 & -1 \\ 0 & 0 & -1 & 0 & 0 & 0 & 0 & -1 & -1 & -1 & 0 & 0 \end{bmatrix}$$

由节点坐标和关联矩阵显式组装平衡矩阵 $\boldsymbol{A}$ 为

$$\boldsymbol{A}=\begin{bmatrix}\boldsymbol{A}_x\\ \boldsymbol{A}_y\\ \boldsymbol{A}_z\end{bmatrix}=\begin{bmatrix}\boldsymbol{C}^{\mathrm{T}}\mathrm{diag}(\boldsymbol{CX})\left(\mathrm{diag}(\boldsymbol{L})\right)^{-1}\\ \boldsymbol{C}^{\mathrm{T}}\mathrm{diag}(\boldsymbol{CY})\left(\mathrm{diag}(\boldsymbol{L})\right)^{-1}\\ \boldsymbol{C}^{\mathrm{T}}\mathrm{diag}(\boldsymbol{CZ})\left(\mathrm{diag}(\boldsymbol{L})\right)^{-1}\end{bmatrix}$$

令 $H=2000\mathrm{mm}$、$R=1000\mathrm{mm}$、θ (0°～360°) 取适当步距，对平衡矩阵 $\boldsymbol{A}$ 进行奇异值分解，得到对应的奇异值和右奇异向量，MATLAB 源代码见附录 5.7。不同 θ 角对应的最小奇异值如图 5.78 所示。

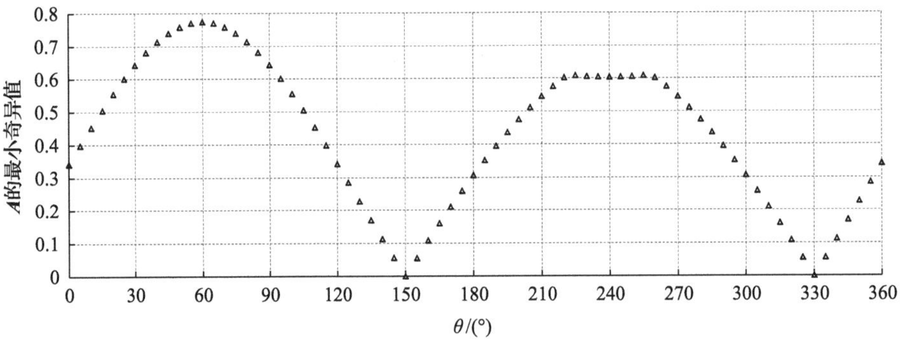

图 5.78　$H=2000\mathrm{mm}$、$R=1000\mathrm{mm}$ 时三棱柱型张拉整体模块平衡矩阵 $\boldsymbol{A}$ 的最小奇异值

由图 5.78 可见，当 $\theta=5\pi/6$ 和 $\theta=11\pi/6$ 时，三棱柱型张拉整体模块存在零奇异值，即存在自平衡模态。

若选择体系形态性能指标泛函为施工张拉成本，如可以控制体系自应力水平不超过某一个值。此时，有

$$J(\boldsymbol{L},\boldsymbol{\beta})=\|\boldsymbol{\beta}\|_{\infty}$$

体系形态的性能指标泛函 $\delta J(\boldsymbol{L},\boldsymbol{\beta})=0$ 的另一种情况，即 $J(\boldsymbol{L},\boldsymbol{\beta})=J_0$ 为常数的情形，若选择 $J(\boldsymbol{L},\boldsymbol{\beta})$ 为材料用量泛函，这意味着体系形态生成消耗定量的材料，此时如何合理利用这些材料将成为体系形态性能的指标。

⑨第Ⅲ类形态生成问题的边界条件。

第Ⅲ类形态生成问题按照有无边界条件可分为两种，边界条件包括力(支座反力)的边界条件和位移(支座节点坐标)的边界条件。力的边界条件和位移的边界条件未必同时给出，即使给出也未必充分。

(a)边界条件未知的情况下，体系形态解空间 $M_{\text{orphy}}(\boldsymbol{L},\boldsymbol{\beta},\boldsymbol{n})$ 与形态生成消耗的材料或能量总和有关。

(b)边界条件已知且充分的情况下，可利用边界条件确定 $\boldsymbol{L}$ 、 $\boldsymbol{\beta}$ 、 $\boldsymbol{n}$ 的试解，此时体系形状几何的特征尺度信息和自内力信息可依据边界条件确定或部分确定。例如，AB 模型方法利用了支座节点的位移边界条件和支座反力的边界条件。其实，边界条件已知的实质仍然是形态生成需要消耗的材料或能量总和。注意，边界条件已知且充分只是一种情况，还存在边界条件已知但必要的、自然的以及任意的三种情况。什么是必要或自然边界条件？本书作者认为，完整自平衡体系形态的空间位置和姿态理论上可以是任意的，即将体系看成一个刚体，则存在 6 个方向的刚体位移。指定一个顶点作为基点的意义在于消去了 3 个方向上的平动刚体位移，该基点的指定是自然的，可称为自然边界条件。另外，3 个方向上的转动刚体位移，则至少需要指定另外 3 个独立的方程才可消去。基点以及另外 3 个独立的方程对于确定形态生成的方向和范围是必要的，若这 3 个独立的方程由节点坐标组成，则可称为必要边界条件。

(c)边界条件除位移、力的边界条件外，对形态生成问题还有拓扑几何意义，即其图或网络意义。例如，若支座顶点个数大于 2，体系的图是连通的，则两支座之间必然存在路。若体系的形状几何特征已知，即支座之间距离已知，则两支座顶点之间任意路径上的构件在两支座连线方向上的投影长度之和都相等且等于两支座之间的直线距离。据此可以给出每条路径上构件的力密度与构件内力之间的关系。具体推导如下。

假设支座顶点 A 和支座顶点 B 沿整体坐标系 x 轴布置且二者之间的距离 l_{AB} 已知，由体系的图可容易得出该两支座顶点之间的所有路径，取任意一条路径，对该路径上的构件依次顺序编号 i=1～k,则该条路径上所有构件在 x 轴方向上的投影长度之和等于 l_{AB} ，可记为 $\sum_{i=1}^{k}\Delta x_i=l_{AB}$ ，再由形与态的依存关系可知

$$\frac{\Delta x_i}{\beta_{xi}}=\frac{l_i}{\beta_i}=\frac{1}{q_i}\Rightarrow\Delta x_i=\frac{\beta_{xi}}{q_i}\Rightarrow\sum_{i=1}^{k}\Delta x_i=\sum_{i=1}^{k}\frac{\beta_{xi}}{q_i}=l_{AB}$$

若支座顶点 A、B 不在 x 轴上，则上式右端项应为 l_{AB} 在 x 轴上的投影长度 $l_{x,AB}$。同理，可得

$$\sum_{i=1}^{k}\frac{\beta_{yi}}{q_i}=l_{y,AB},\quad \sum_{i=1}^{k}\frac{\beta_{zi}}{q_i}=l_{z,AB}$$

可见，若该条路径上各构件的 β_{xi} 已经确定，则其力密度的倒数存在一个补充方程。顶点 A 和顶点 B 之间存在几条路径，则有几个这样的方程，该方程组实际上是支座边界条件对力密度取值的要求。注意：① Δx_i 的求解与构件的单元信息中左、右节点编号的设定有关，同一路径上构件的左、右节点设定应连续，即第 i–1 根构件的右节点应是第 i 根构件的左节点，第 i 根构件的右节点应是第 i+1 根构件的左节点。②支座之间的距离只是体系形状几何特征参数的一种，已知支座顶点数为 1 的情况下，若能假设体系形态最终时刻某些特征几何参数的具体值，如长、宽、高等，即相当于设定了体系形态的边界，也可以给出类似上述方程。

综上，第Ⅲ类形态生成问题的第四个方程为体系形态生成最后时刻消耗的材料或能量的总和，这一材料或能量的总和未必是一个定值，但必定存在一个临界值。“巧妇难为无米之炊”，第Ⅲ类形态生成问题必然是“有米之炊”且结构工程师希望体系形态性能指标达到最优。

接下来，我们通过例题 5.26 获取一些感性认识。

例题 5.26 位移边界条件已知情况下一维～二维体系形态生成问题，如图 5.79 所示。

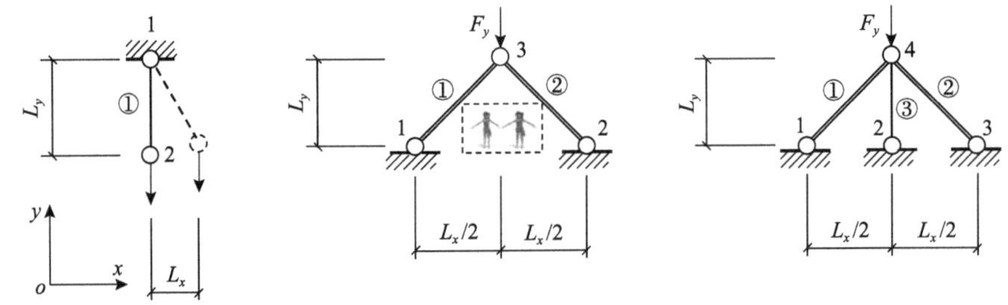

(a) 一维静定动不定体系　　(b) 二维静定动定体系　　(c) 二维静不定动定体系

图 5.79 一维～二维体系形态生成问题

解 图 5.79(a)分析：该体系节点总数为 2，构件总数为 1，节点 1 平面铰接于边界(如天花板)即存在位移边界条件，支座反力的边界条件未给出，但由整体平衡条件可求。节点 2 处承受已知沿–y 向荷载 F_y。若将体系形态解空间记为 $M_{\text{orphy}}(\boldsymbol{L},\boldsymbol{\beta},\boldsymbol{n})$，则如何确定 $\boldsymbol{L}$ 、$\boldsymbol{\beta}$ 、$\boldsymbol{n}$?

第 1 步，由体系拓扑连接关系组装关联矩阵为

$$\boldsymbol{C}^{\mathrm{T}}=\begin{bmatrix}1\\-1\end{bmatrix} \text{或} \boldsymbol{C}^{\mathrm{T}}=\begin{bmatrix}-1\\1\end{bmatrix}$$

第 2 步，组装已知外荷载矢量为(注意节点 1 的支座反力由整体平衡条件可求)

$$\boldsymbol{F}_x=\begin{pmatrix}0\\0\end{pmatrix},\quad \boldsymbol{F}_y=\begin{pmatrix}F_y\\-F_y\end{pmatrix},\quad \boldsymbol{F}_z=\begin{pmatrix}0\\0\end{pmatrix}$$

第 3 步，$\boldsymbol{\beta}$ 也只包含一根构件的内力 β_1，$\boldsymbol{\beta}$、$\boldsymbol{n}$ 满足可承载条件中的平衡条件和稳定性条件。由平衡方程 $\boldsymbol{C}^{\mathrm{T}}\boldsymbol{\beta}_x=\boldsymbol{F}_x$、$\boldsymbol{C}^{\mathrm{T}}\boldsymbol{\beta}_y=\boldsymbol{F}_y$、$\boldsymbol{C}^{\mathrm{T}}\boldsymbol{\beta}_z=\boldsymbol{F}_z$ 可完全确定构件内力，得到

$$\beta_{x1}=0\text{，}\quad \beta_{y1}=\pm F_y\text{，}\quad \beta_{z1}=0$$

由形与态的依存关系及 β_{x1}、β_{y1}、β_{z1} 的值，可得 $\boldsymbol{n}_1=\begin{pmatrix}0 & \pm1 & 0\end{pmatrix}^{\mathrm{T}}$，即构件方向可确定，沿 y 轴方向放置。

接下来应判断体系平衡状态的稳定性，由此确定 $\boldsymbol{\beta}$ 的正负号。由体系形态生成的应变能的二阶变分大于零的条件可知，当构件受压时体系形态并不稳定，因此构件内力只能取拉力。注意，形态生成之后应变能的二阶变分给出的是体系几何刚度矩阵，一般可通过几何刚度矩阵的正定性来判定构件内力矢量的正负号。

第 4 步，确定构件的长度大小矢量 $\boldsymbol{L}$。$\boldsymbol{L}$ 只包含一根构件的长度 l_1，考虑到该构件的方向矢量已求出，l_1 等于体系特征几何尺度 L_y。此外，还应考虑正常使用条件、施工可行性条件，如可由吊床高度、天花板高度及吊床离开地面的高度确定 l_1。本书作者认为该体系只包含受拉构件，因此可以人为指定形态虚功的具体值，例如，选择体系形态性能指标泛函为 $J(\boldsymbol{L},\boldsymbol{\beta})=\boldsymbol{L}^{\mathrm{T}}\boldsymbol{\beta}$ 且为定值，则 $J(\boldsymbol{L},\boldsymbol{\beta})=\boldsymbol{L}^{\mathrm{T}}\boldsymbol{\beta}=l_1\times\beta_1=\mathrm{const}$，可确定构件长度 l_1。体系形态解空间为

$$M_{\mathrm{orphy}}(\boldsymbol{L},\boldsymbol{\beta},\boldsymbol{n})=\left(\boldsymbol{L}=k(1)^{\mathrm{T}},\boldsymbol{\beta}=(F_y)^{\mathrm{T}},\boldsymbol{n}=\begin{pmatrix}0 & -1 & 0\end{pmatrix}^{\mathrm{T}}\right)$$

其中，k 为任意正数。

第 5 步，以支座节点为基点，按照关联矩阵、$\boldsymbol{L}$、$\boldsymbol{n}$ 可给出体系形状几何，并由 $\boldsymbol{\beta}$ 标注构件的内力。至此，体系形态确定。

讨论：若节点 2 处存在 x 方向的水平荷载，则体系形态将不是竖直向下的状态，体系形态与外荷载的分布和大小有关；若支座节点 1 处反力已知，即力的边界条件已知，例如，节点 1 竖向支座反力已知，由整体平衡条件可知其值应该等于 F_y，若不等于 F_y，则该体系稳定的形态解可能将不存在；体系平衡状态的稳定性可用于判定构件内力矢量的正负号；体系形态的特征几何尺度与构件长度取值有关，体系形态解空间中构件长度矢量的分布可求，但大小仍然未知，因此体系形态解有无穷多个且是一个线性空间；体系形状几何可由关联矩阵、$\boldsymbol{L}$、$\boldsymbol{n}$ 画出来；该体系为静定动不定体系，静定动不定体系的态完全由外荷载确定，形通过正常使用条件来确定。

图 5.79(b)分析：第 1 步，组装关联矩阵为

$$\boldsymbol{C}^{\mathrm{T}}=\begin{bmatrix}1 & 0\\ 0 & 1\\ -1 & -1\end{bmatrix}\text{或}\,\boldsymbol{C}^{\mathrm{T}}=\begin{bmatrix}-1 & 0\\ 0 & -1\\ 1 & 1\end{bmatrix}$$

第 2 步，组装已知的外荷载矢量，注意节点 1、2 仅竖向支座反力可由整体平衡条件求得，即

$$\boldsymbol{F}_x=\begin{pmatrix}\mathrm{NA}\\ \mathrm{NA}\\ 0\end{pmatrix}\text{，}\quad \boldsymbol{F}_y=\begin{pmatrix}F_y/2\\ F_y/2\\ -F_y\end{pmatrix}\text{，}\quad \boldsymbol{F}_z=\begin{pmatrix}0\\ 0\\ 0\end{pmatrix}$$

第 3 步，$\boldsymbol{\beta}$ 包含两根构件的内力 β_1、β_2，$\boldsymbol{\beta}$、$\boldsymbol{n}$ 一起满足可承载条件中的平衡条件和稳定性条件。由平衡方程 $\boldsymbol{C}^{\mathrm{T}}\boldsymbol{\beta}_x=\boldsymbol{F}_x$、$\boldsymbol{C}^{\mathrm{T}}\boldsymbol{\beta}_y=\boldsymbol{F}_y$、$\boldsymbol{C}^{\mathrm{T}}\boldsymbol{\beta}_z=\boldsymbol{F}_z$ 得

$$\beta_{x1}+\beta_{x2}=0\,,\quad \beta_{y1}=\pm F_y/2\,,\quad \beta_{z1}=0$$

$$\beta_{x2}=\beta_{x2}\,,\quad \beta_{y2}=\pm F_y/2\,,\quad \beta_{z2}=0$$

注意到这一步无法完全确定 $\boldsymbol{\beta}$、$\boldsymbol{n}$。

当 $\beta_{y1}=\beta_{y2}=F_y/2$ 时，体系只包含受拉构件，整体平衡状态是稳定的。当 $\beta_{y1}=\beta_{y2}=-F_y/2$ 时，体系只包含受压构件，在小位移小应变假设下整体平衡状态是稳定的，但在大位移假设下体系整体平衡状态有可能是不稳定的。

第 4 步，由体系的特征几何信息确定构件的长度大小矢量 $\boldsymbol{L}$。$\boldsymbol{L}$ 包含两根构件的长度 l_1、l_2，引入形状几何对称性条件，则 $l_1=l_2$，$\boldsymbol{L}=\sqrt{\left(\dfrac{L_x}{2}\right)^2+\left(L_y\right)^2}\begin{pmatrix}1 & 1\end{pmatrix}^{\mathrm{T}}$ 且 $\boldsymbol{n}=\begin{pmatrix}\boldsymbol{n}_x\\ \boldsymbol{n}_y\\ \boldsymbol{n}_z\end{pmatrix}=\dfrac{1}{\sqrt{\left(\dfrac{L_x}{2}\right)^2+\left(L_y\right)^2}}\begin{pmatrix}\dfrac{L_x}{2} & -\dfrac{L_x}{2} & \pm L_y & \pm L_y & 0 & 0\end{pmatrix}^{\mathrm{T}}$，则 $\boldsymbol{L}$、$\boldsymbol{n}$ 由 L_x 和 L_y 确定，再由形与态的依存关系可知 $\Delta x_i:\Delta y_i:\Delta z_i=\beta_{xi}:\beta_{yi}:\beta_{zi}$，则 $\beta_{x1}=-\beta_{x2}=\dfrac{\Delta x_1}{\Delta y_1}\beta_{y1}=\dfrac{L_x}{2L_y}\beta_{y1}$，$L_y\neq0$。在体系形态解空间中，当 $L_y\neq0$ 时，

$$M_{\text{orphy}}\left(\boldsymbol{L},\boldsymbol{\beta},\boldsymbol{n}\right)=\left(\boldsymbol{L}=\sqrt{\left(\frac{L_x}{2}\right)^2+\left(L_y\right)^2}\begin{pmatrix}1 & 1\end{pmatrix}^{\mathrm{T}},\boldsymbol{\beta}=\pm\sqrt{\left(\frac{L_xF_y}{4L_y}\right)^2+\left(\frac{F_y}{2}\right)^2}\begin{pmatrix}1 & 1\end{pmatrix}^{\mathrm{T}},\boldsymbol{n}=\frac{1}{\sqrt{\left(\frac{L_x}{2}\right)^2+\left(L_y\right)^2}}\begin{pmatrix}\frac{L_x}{2} & -\frac{L_x}{2} & \pm L_y & \pm L_y & 0 & 0\end{pmatrix}^{\mathrm{T}}\right)$$

当 $L_y=0$ 时，

$$M_{\text{orphy}}\left(\boldsymbol{L},\boldsymbol{\beta},\boldsymbol{n}\right)=\left(\boldsymbol{L}=\begin{pmatrix}L_{x1} & L_{x2}\end{pmatrix}^{\mathrm{T}},\boldsymbol{\beta}=k\begin{pmatrix}1 & 1\end{pmatrix}^{\mathrm{T}},\boldsymbol{n}=\begin{pmatrix}1 & -1 & 0 & 0 & 0 & 0\end{pmatrix}^{\mathrm{T}}\right)$$

其中，k 为任意实数。

注意，此时体系形态不满足零位移、小位移假设下竖向平衡条件，即零位移、小位移不可承载。当 $k\geqslant0$ 时可满足大位移可承载条件，在常态荷载作用下，若 k 足够大也能满足正常使用条件。当 $k<0$ 时，体系自平衡状态不稳定。

第 5 步，同图 5.79(a)。

讨论：当 $L_y\neq0$ 时，体系为静定动定体系，但当 $L_y=0$ 时即二杆呈水平放置(构件方向矢量已知)，体系为静不定动不定体系且此时无法承受竖向荷载。若节点 1 或节点 2 的水平支座反力已知，则可确定全部构件内力，$\boldsymbol{\beta}$、$\boldsymbol{n}$ 可确定，但构件长度 L_{x1} 和 L_{x2} 可取任意值；当 $L_y\neq0$ 时，体系为静定动定体系，静定动定体系的形态解空间由形状几何参数和外荷载确定，但当 $L_y=0$ 时，体系为静不定动不定体系，静不定动不定体系形态解空间中的态是自应力状态，无法由形状几何参数和外荷载确定；该体系构件全部受压和全部受拉情况下都能保持小位移小应变假设下的稳定性(近平衡状态的情况下)，但大位移假设下只包含受压构件的体系形态有可能不稳定(远离平衡状态的情况下)。

图 5.79(c)分析：第 1 步，组装关联矩阵为

$$C^{\mathrm{T}}=\begin{bmatrix}1&0&0\\0&0&1\\0&1&0\\-1&-1&-1\end{bmatrix} \text{或} C^{\mathrm{T}}=\begin{bmatrix}-1&0&0\\0&0&-1\\0&-1&0\\1&1&1\end{bmatrix}$$

第 2 步，组装已知的外荷载矢量和力的边界条件为(注意节点 1、2、3 的支座反力由整体平衡条件不可求)

$$\boldsymbol{F}_x=\begin{pmatrix}\mathrm{NA}\\\mathrm{NA}\\\mathrm{NA}\\0\end{pmatrix},\quad \boldsymbol{F}_y=\begin{pmatrix}\mathrm{NA}\\\mathrm{NA}\\\mathrm{NA}\\-F_y\end{pmatrix},\quad \boldsymbol{F}_z=\begin{pmatrix}0\\0\\0\\0\end{pmatrix}$$

第 3 步，$\boldsymbol{\beta}$ 包含三根构件的内力 β_1、β_2、β_3，$\boldsymbol{\beta}$ 满足可承载条件中的平衡条件和稳定性条件。由平衡方程 $\boldsymbol{C}^{\mathrm{T}}\boldsymbol{\beta}_x=\boldsymbol{F}_x$、$\boldsymbol{C}^{\mathrm{T}}\boldsymbol{\beta}_y=\boldsymbol{F}_y$、$\boldsymbol{C}^{\mathrm{T}}\boldsymbol{\beta}_z=\boldsymbol{F}_z$ 不可以完全确定全部构件内力或构件内力的全部，得

$$\begin{cases}\beta_{x1}+\beta_{x2}+\beta_{x3}=0\\\beta_{y1}+\beta_{y2}+\beta_{y3}=\pm F_y\\\beta_{z1}=0\\\beta_{z2}=0\\\beta_{z3}=0\end{cases}$$

由形状几何特征信息(如对称性)可知 $\beta_{x3}=0\Rightarrow\beta_{x1}=-\beta_{x2}$，$\beta_{y1}=\beta_{y2}$，这里补充了两个方程，但仍然缺少两个方程。

接下来由形状几何信息可确定所有构件的方向矢量，即 $\boldsymbol{n}_1=\begin{pmatrix}L_x/2 & \pm L_y & 0\end{pmatrix}^{\mathrm{T}}$、$\boldsymbol{n}_2=\begin{pmatrix}-L_x/2 & \pm L_y & 0\end{pmatrix}^{\mathrm{T}}$、$\boldsymbol{n}_3=\begin{pmatrix}0 & \pm L_y & 0\end{pmatrix}^{\mathrm{T}}$，因此由形与态的依存关系还可以补充一个独立的方程，即 $\beta_{x1}/\beta_{y1}=\pm L_x/\left(2L_y\right)$。

上述平衡条件和形状几何信息无法完全确定 $\boldsymbol{\beta}$ 的 9 个分量，缺一个方程，上述工作实际上等价于平衡方程 $\boldsymbol{A\beta}=\boldsymbol{F}$，若组装该体系的平衡矩阵 $\boldsymbol{A}$ 可知其列秩亏数为 1，行满秩，因此该体系是静不定动定体系。在经典的矩阵力法中通常要引入相容条件，即由回路上节点位移之和等于零来确定构件内力，但在体系形态分析中是先确定自内力后设计构件截面，不需要满足相容条件。因此，本来可以依据相容条件确定的自内力变得不再是完全客观的，而与设计意图有关。换言之，若预应力体系形态生成的最后时刻满足零位移可承载条件，则体系柔度矩阵实际上是无穷小的，即 $\boldsymbol{B}_x\left(\boldsymbol{B}_x^{\mathrm{T}}\boldsymbol{f}\boldsymbol{B}_x\right)^{-1}\boldsymbol{B}_x^{\mathrm{T}}\boldsymbol{f}\to 0$，则

$$\left.\begin{aligned}\boldsymbol{A\beta}=\boldsymbol{F}\Rightarrow\boldsymbol{\beta}=\left[\boldsymbol{I}-\boldsymbol{B}_x\left(\boldsymbol{B}_x^{\mathrm{T}}\boldsymbol{f}\boldsymbol{B}_x\right)^{-1}\boldsymbol{B}_x^{\mathrm{T}}\boldsymbol{f}\right]\boldsymbol{B}_0\boldsymbol{F}+\boldsymbol{B}_x\boldsymbol{\alpha}_d\\\boldsymbol{\alpha}_F=\left(\boldsymbol{B}_x^{\mathrm{T}}\boldsymbol{f}\boldsymbol{B}_x\right)^{-1}\boldsymbol{B}_x^{\mathrm{T}}\boldsymbol{f}\boldsymbol{B}_0\boldsymbol{F}\to 0\end{aligned}\right\}\Rightarrow\boldsymbol{\beta}=\boldsymbol{B}_0\boldsymbol{F}+\boldsymbol{B}_x\boldsymbol{\alpha}_d$$

其中，$\boldsymbol{\alpha}_d$ 为人为主观引入的独立自内力模态组合系数矢量；$\boldsymbol{\alpha}_F$ 为体系发生小位移后外荷载引起的独立自应力模态组合系数矢量。若体系在形态生成的最后时刻与建筑设计几何等价，则节点位移为零，此时 $\boldsymbol{\alpha}_F=0$。

第 4 步，确定构件的长度大小矢量 $\boldsymbol{L}$。$\boldsymbol{L}$ 包含三根构件的长度 l_1、l_2、l_3，考虑到该构件的方向矢量已求出，l_2 等于体系特征几何尺度 L_y。体系形态解空间为

$$M_{\text{orphy}}(\boldsymbol{L},\boldsymbol{\beta},\boldsymbol{n})=\left(\begin{array}{l}\boldsymbol{L}=\left(\sqrt{\left(\dfrac{L_x}{2}\right)^2+L_y^2}\quad L_y\quad \sqrt{\left(\dfrac{L_x}{2}\right)^2+L_y^2}\right)^{\mathrm{T}},\\ \boldsymbol{\beta}=\boldsymbol{B}_0\boldsymbol{F}+\boldsymbol{B}_x\boldsymbol{\alpha}_d,\boldsymbol{n}=\left(L_x/2\quad -L_x/2\quad 0\quad \pm L_y\quad \pm L_y\quad \pm L_y\quad 0\quad 0\quad 0\right)^{\mathrm{T}}\end{array}\right)$$

其中，$\boldsymbol{\alpha}_d$ 为独立自内力模态的组合系数矢量。

注意，当 $L_y=0$ 时，该体系拓扑几何发生了变化，退化为图 5.79(b)。

第 5 步，同图 5.79(b)。

讨论：该体系形态解空间不仅与拓扑几何信息、形状几何信息、外荷载有关，还与独立自内力模态的组合系数有关；静不定动定体系形态生成最后时刻的构件内力仅静定部分可由平衡条件给出，自内力部分与相容条件无关，如何确定独立自内力的组合系数？这又回到了本节开头提出的基本问题 Q2。

例题 5.26 较为直观地揭示了第Ⅲ类形态生成问题中存在的问题，得出如下一些初步认识：①静定动不定体系的形态生成 $\boldsymbol{\beta}$、$\boldsymbol{n}$ 由拓扑几何、外荷载可以全部求得，比较方便的平衡方程形式是 $\boldsymbol{C}^{\mathrm{T}}\boldsymbol{\beta}_x=\boldsymbol{F}_x$、$\boldsymbol{C}^{\mathrm{T}}\boldsymbol{\beta}_y=\boldsymbol{F}_y$、$\boldsymbol{C}^{\mathrm{T}}\boldsymbol{\beta}_z=\boldsymbol{F}_z$，但 $\boldsymbol{L}$ 要考虑形状几何特征、材料总用量等才能确定；②静定动定体系的形态解空间中的 $\boldsymbol{\beta}$ 与形状几何、拓扑几何、外荷载有关，形与态耦合在一起，在形状几何不确定情况下内力大小和分布也不确定；③静不定动定体系的形态比静定动不定体系和静定动定体系的形态多出来的一个问题是形态生成过程中独立自内力或自应力模态的组合问题；④体系的边界条件若存在且充分，则可用来确定形态生成问题的二类变量，例如，支座反力的边界条件可以用来确定构件内力分布和大小，支座节点坐标可以用来确定构件长度大小和分布，但边界条件未知或不充分的情况下(如张拉整体结构)，其体系形态解空间待定参数就更多；⑤若假定体系形态满足零位移可承载条件，则体系形态解空间与材料属性及构件截面特性无关，否则有关。

(2)基本问题 Q2：多独立自应力模态和多独立机构位移模态的组合问题。

预应力一词从字面上意义比较宽泛，可界定为人工强迫施加的构件内力或应力，从这个角度而言，静定体系如果强迫施工(一般情况下是没有必要的)也可称为预应力，但此时预应力需要与外荷载平衡从而保证体系形态设计几何。静不定体系包含自应力，其预应力宜以自内力为主即 $\boldsymbol{B}_x\boldsymbol{\alpha}_d$ 并可包含全部或部分常态荷载引起的线性静定内力增量即 $\boldsymbol{B}_0\boldsymbol{F}$。对于静不定次数大于 1 的预应力体系，多独立自应力模态的组合问题始终是长期困扰实际工程预应力设计的难题，缺乏简单明确的设计原则和全面透彻的理论解释。

①预应力的表达式及其作用。

(a) 由矩阵力法表达式可知预应力 $\boldsymbol{\beta}=\kappa(\boldsymbol{B}_0\boldsymbol{F}-\boldsymbol{B}_x\boldsymbol{\alpha}_F)+\boldsymbol{B}_x\boldsymbol{\alpha}_d$，其中 $\boldsymbol{\alpha}_F=\left(\boldsymbol{B}_x^{\mathrm{T}}\boldsymbol{f}\boldsymbol{B}_x\right)^{-1}\boldsymbol{B}_x^{\mathrm{T}}\boldsymbol{f}\boldsymbol{B}_0\boldsymbol{F}$，$\kappa\geqslant 0$ 为放大因子。构件内力的静定部分(即 $\boldsymbol{B}_0\boldsymbol{F}$)与外荷载满足平衡条件，而静不定部分(即 $-\boldsymbol{B}_x\boldsymbol{\alpha}_F$)为发生小位移之后的节点位移相容条件，$-\boldsymbol{B}_x\boldsymbol{\alpha}_F$ 与自内力回路上构件的柔度分布有关。若体系形态满足零位移可承载条件，即

$\kappa = 1.0, \boldsymbol{A}\left(\boldsymbol{B}_0\boldsymbol{F}\right) - \boldsymbol{F} = 0$，则 $\boldsymbol{\alpha}_F = 0$，但 $\boldsymbol{B}_x\boldsymbol{\alpha}_d$ 可以起到其在强度方面的作用且不受相容条件、外荷载、构件截面特性和材料属性的制约而更加灵活，即让构件截面应力趋于更均匀。

(b) 自应力 $\boldsymbol{B}_x\boldsymbol{\alpha}_d$ 将人为改变构件的内力分布和大小，从而改变体系几何刚度，合理的人工自应力对体系自平衡状态的稳定性(小位移或大位移扰动下的稳定性)具有重要意义，这是其稳定性方面的作用。

(c) 自应力 $\boldsymbol{B}_x\boldsymbol{\alpha}_d$ 可以使单边约束构件在常态荷载作用下不退出工作，在其他承载能力和正常使用极限状态下尽量少退出工作。

(d) 若体系形态生成的最后时刻 $\boldsymbol{A}\left(\kappa\boldsymbol{B}_0\boldsymbol{F} + \boldsymbol{B}_x\boldsymbol{\alpha}_d\right) = \boldsymbol{A}\kappa\left(\boldsymbol{B}_0\boldsymbol{F}\right) = \kappa\boldsymbol{F}$ 且 $\kappa \geqslant 1$，体系将反拱。这是预应力在刚度方面的作用。此外，自应力在几何刚度方面的作用体现在整体切线刚度矩阵以及动力特性的改变。

(e) 合理的预应力分布要求材料能够承受更高的应力水平，因此受拉构件的强度承载力、受压构件的稳定性承载力和材料总用量决定了设计预应力水平的上限。

②预应力设计的基本假设、原则和具体方法。

预应力设计的基本假设：①体系形态生成的最后时刻可选择是否满足零位移可承载条件、小位移可承载条件或大位移可承载条件，一般情况下应满足零位移可承载条件；②体系形态生成过程中只承受有势力作用；③体系形态生成过程是强迫施工过程，主动张拉或顶推构件不需要满足相容条件；④体系形态生成过程是人为的而非自然的，材料通过人工机械堆积，初始应变能也是人工引入的，不必考虑材料、预应力的来源，材料连续且属性一般不变，总量可人为设定；⑤材料处于线弹性状态。

预应力设计原则上应分布合理、大小适度且均取决于体系形态生成后的性能要求。具体方法如下。

方法 1：对强度承载力控制的体系形态，预应力设计的性能指标为体系应力分布的均匀性或峰值；

方法 2：对稳定性承载力控制的体系形态，预应力设计的性能指标为体系空间刚度缺陷；

方法 3：对正常使用性能控制(如刚度控制)的体系形态，预应力设计的性能指标为反拱值；

方法 4：对单边约束构件松弛控制的体系形态，预应力设计的性能指标为承载能力极限状态下退出工作的单边约束构件数量。

③多独立自应力模态的组合问题。

上述预应力设计的具体方法决定了多独立自应力模态的正负号及其选取，即多独立自应力模态的组合系数。例如，应力分布的均匀性或峰值等是量化分析 $\boldsymbol{\beta} = \kappa\left(\boldsymbol{B}_0\boldsymbol{F} - \boldsymbol{B}_x\boldsymbol{\alpha}_F\right) + \boldsymbol{B}_x\boldsymbol{\alpha}_d$ 的统计特性。体系空间刚度(线性刚度和几何刚度)的分布和大小是矩阵 $\boldsymbol{D}$ 或 $\boldsymbol{K}$ 的行和列的线性空间性质，独立自应力模态组合的目的在于改变或提高体系自平衡状态的稳定性能，如特征屈曲分析可粗略判断当前形态的特征屈曲承载力。体系正常使用过程中的反拱值主要与 $\kappa\left(\boldsymbol{B}_0\boldsymbol{F} - \boldsymbol{B}_x\boldsymbol{\alpha}_F\right)$ 有关。单边约束构件是否松弛影响体系的拓扑几何性质，独立自应力模态组合后宜保证在常态荷载工况下单边约束构件不退出工作，而在其他极限状态下保证体系基本可承载，归纳整理如表 5.21 所示。

表 5.21　多独立自应力模态组合问题的几种情况

可承载类型	预应力表达式	承载力		正常使用	拓扑性质
		强度	稳定性	刚度	
零位移可承载	$\boldsymbol{\beta}=\kappa\boldsymbol{B}_0\boldsymbol{F}+\boldsymbol{B}_x\boldsymbol{\alpha}_d$	$\boldsymbol{\beta}$ 的统计特性	$\left\|\boldsymbol{K}_L+\lambda\boldsymbol{K}_g\right\|=0$	κ =0～1	单边约束构件不松弛 $\boldsymbol{\beta}_c\geqslant 0$ 或某垂度限值
小位移可承载	$\boldsymbol{\beta}=\kappa\left(\boldsymbol{B}_0\boldsymbol{F}-\boldsymbol{B}_x\boldsymbol{\alpha}_F\right)+\boldsymbol{B}_x\boldsymbol{\alpha}_d$				
大位移可承载	${}_t\boldsymbol{\beta}=\kappa\left({}_t\boldsymbol{B}_{0\,t}\boldsymbol{F}-{}_t\boldsymbol{B}_x\boldsymbol{\alpha}_F\right)+{}_t\boldsymbol{B}_x\boldsymbol{\alpha}_d$				

(a)大位移可承载体系预应力设计存在的问题——拓扑找力分析。

体系形态在有限变形之后可承载，此时体系的形状几何已经发生较大变化，当前位形未必存在独立自应力模态，那么该类体系的预应力设计应该采用当前的几何位形还是加载之前的几何位形?

若采用加载前位形，则体系可能并不能承载(如例题 5.26 中图 5.79(b))，若二杆水平布置，则存在 1 个独立自应力模态，若采用加载后位形，虽然加载后的位形可承载，但是并不存在独立自应力模态。体系自平衡形态与可承载形态不能同时成立。想当然的，该类体系预应力设计可采用自平衡形态即加载之前的几何位形，这是可行的，但如何解释？是否可以采用加载后的几何位形?

本书作者认为若采用加载后的位形，则可采用$\boldsymbol{C}^{\mathrm{T}}\boldsymbol{\beta}_x=\boldsymbol{F}_x$、$\boldsymbol{C}^{\mathrm{T}}\boldsymbol{\beta}_y=\boldsymbol{F}_y$、$\boldsymbol{C}^{\mathrm{T}}\boldsymbol{\beta}_z=\boldsymbol{F}_z$进行拓扑找力分析或者将平衡方程 $\boldsymbol{A\beta}=\boldsymbol{F}$ 中右端矢量不等于 0 的行划掉，给出独立自应力模态，这是一种非线性找力分析，进一步说明见例题 5.27。

例题 5.27　试对例题 5.26 中图 5.79(b)所示的体系形态进行拓扑找力分析。

解：平衡方程$\boldsymbol{C}^{\mathrm{T}}\boldsymbol{\beta}_x=\boldsymbol{F}_x$、$\boldsymbol{C}^{\mathrm{T}}\boldsymbol{\beta}_y=\boldsymbol{F}_y$、$\boldsymbol{C}^{\mathrm{T}}\boldsymbol{\beta}_z=\boldsymbol{F}_z$中平衡矩阵形式为关联矩阵，因此与体系具体形状几何无关。

第 1 步，组装关联矩阵为

$$\boldsymbol{C}^{\mathrm{T}}=\begin{bmatrix}1 & 0\\ 0 & 1\\ -1 & -1\end{bmatrix}$$

第 2 步，考虑边界条件，将 $\boldsymbol{C}^{\mathrm{T}}$ 的第一行和第二行划掉，得

$$\boldsymbol{C}^{\mathrm{T}}=\begin{bmatrix}-1 & -1\end{bmatrix}$$

第 3 步，求处理后 $\boldsymbol{C}^{\mathrm{T}}$ 的零空间，得

$$\mathrm{null}\left(\boldsymbol{C}^{\mathrm{T}}\right)=\begin{bmatrix}-0.7071\\ 0.7071\end{bmatrix}$$

由于 $\boldsymbol{\beta}_x = \operatorname{diag}(\cos\boldsymbol{\alpha}_x)\boldsymbol{\beta} \Rightarrow \begin{pmatrix}\beta_{x1}\\ \beta_{x2}\end{pmatrix} = \begin{pmatrix}\beta_1\cos\alpha_{x1}\\ \beta_2\cos\alpha_{x2}\end{pmatrix}$，当 $\begin{pmatrix}\beta_{y1}\\ \beta_{y2}\end{pmatrix} = \begin{pmatrix}\beta_{z1}\\ \beta_{z2}\end{pmatrix} = \begin{pmatrix}0\\ 0\end{pmatrix}$ 时，$\begin{pmatrix}\cos\alpha_{x1}\\ \cos\alpha_{x2}\end{pmatrix} = \begin{pmatrix}1\\ -1\end{pmatrix}$，此时 $\operatorname{null}(\boldsymbol{C}^{\mathrm{T}}) \Leftrightarrow \operatorname{null}(\boldsymbol{A})$。

讨论：该零空间对未知量 $\boldsymbol{\beta}_x$、$\boldsymbol{\beta}_y$、$\boldsymbol{\beta}_z$ 都是一样的。对本例题而言，这是在节点 3 只承受竖向荷载的情况下 $\boldsymbol{\beta}_x$ 必须满足的条件，无论体系形状几何发生什么样的变化，只要拓扑几何不变并有效，这一 x 方向的自平衡条件就应该满足。若节点 3 也承受水平向以及平面外集中荷载，$\boldsymbol{C}^{\mathrm{T}}$ 的零空间非空表示体系存在自平衡形态，只是自平衡的体系形态可能不满足零位移可承载条件。本例题说明采用关联矩阵进行找力分析是独立于体系具体形状几何的，可称为拓扑找力分析。关联矩阵零空间非空是体系形态演化过程中可引入自应力的必要条件。

(b)多独立机构位移模态的组合问题。

体系若存在独立机构位移模态，表示其当前形状几何可能发生机构位移，但机构位移是否一定会发生取决于体系形态的总刚度矩阵是否奇异以及是否存在扰动。此外，相容矩阵等于平衡矩阵 $\boldsymbol{A}$ 的转置仅在线性小位移小应变假设下成立，考虑几何非线性后二者之间的关系并非如此。因此，传统独立机构位移模态描述的是某一时刻体系形状几何的奇异性且没有区分一阶或高阶无穷小机构以及有限机构。无穷小机构位移模态可以线性组合，而有限机构位移模态不可如此。

5)预应力体系第Ⅲ类形态生成问题的一般算法框架

由鸟类筑巢启示引申到形态生成问题求解的本质是各种条件下不同形式平衡矩阵的重构。图 5.76 给出了预应力体系第Ⅲ类形态生成问题的基本思想，其数值求解方法(如 AB 模型方法)利用边界支承条件和已知条件(支座节点坐标和支座反力已知)更新各杆件内力且与更新剩余未知节点坐标交替进行，找形过程(剩余节点的空间坐标)中既可采用动力松弛法，也可采用力密度法，为一般组合空间结构下部索杆体系形态生成问题的一般数值方法。符号解析法实质上是全局搜索，适合形状几何特征参数较少的体系。另外，比较容易想到的三种求解思路如图 5.80 所示。第一种思路是 $\boldsymbol{n}$、$\boldsymbol{\beta}$、$\boldsymbol{L}$ 分别更新，第二种思路是 $\boldsymbol{\beta}$ 和 $\boldsymbol{n}$、$\boldsymbol{L}$ 分别更新，第三种思路是 $\boldsymbol{L}$ 和 $\boldsymbol{n}$、$\boldsymbol{q}$ 分别更新，$\boldsymbol{L}$ 更新可仅假定一个或几个节点(即体系线性图的基点)坐标，采用力密度法直接给出其余节点空间坐标。

① $\boldsymbol{n}$、$\boldsymbol{\beta}$、$\boldsymbol{L}$ 分别更新

$$\boldsymbol{n} \longrightarrow \boldsymbol{A\beta}=\boldsymbol{F} \longrightarrow \boldsymbol{\beta} \longrightarrow \boldsymbol{L}^{\mathrm{T}}\boldsymbol{\beta}=(\boldsymbol{X}^{\mathrm{T}}\ \ \boldsymbol{Y}^{\mathrm{T}}\ \ \boldsymbol{Z}^{\mathrm{T}})\begin{pmatrix}\boldsymbol{F}_x\\ \boldsymbol{F}_y\\ \boldsymbol{F}_z\end{pmatrix} \longrightarrow \boldsymbol{L}$$

② $\boldsymbol{\beta}$ 和 $\boldsymbol{n}$、$\boldsymbol{L}$ 分别更新

$$\boldsymbol{C}^{\mathrm{T}}[\boldsymbol{\beta}_x\ \ \boldsymbol{\beta}_y\ \ \boldsymbol{\beta}_z]=[\boldsymbol{F}_x\ \ \boldsymbol{F}_y\ \ \boldsymbol{F}_z] \longrightarrow \boldsymbol{\beta}\text{ 和 }\boldsymbol{n} \longrightarrow \boldsymbol{L}^{\mathrm{T}}\boldsymbol{\beta}=(\boldsymbol{X}^{\mathrm{T}}\ \ \boldsymbol{Y}^{\mathrm{T}}\ \ \boldsymbol{Z}^{\mathrm{T}})\begin{pmatrix}\boldsymbol{F}_x\\ \boldsymbol{F}_y\\ \boldsymbol{F}_z\end{pmatrix} \longrightarrow \boldsymbol{L}$$

③ $\boldsymbol{L}$ 和 $\boldsymbol{n}$、$\boldsymbol{q}$ 分别更新

$$\boldsymbol{L}\text{ 和 }\boldsymbol{n} \longrightarrow \boldsymbol{q} \longrightarrow \boldsymbol{D}[\boldsymbol{X}\ \ \boldsymbol{Y}\ \ \boldsymbol{Z}]=[\boldsymbol{F}_x\ \ \boldsymbol{F}_y\ \ \boldsymbol{F}_z]$$

图 5.80　第Ⅲ类形态生成问题的三种求解思路

由图 5.80 可见，无论采用何种形式的平衡方程(不同形式的平衡矩阵)预应力体系，第Ⅲ类形态生成问题均包含二类变量，一类是构件的长度大小 $\boldsymbol{L}$ 及其方向 $\boldsymbol{n}_{Li}$，一类是构

件的内力大小$\boldsymbol{\beta}$及其方向$\boldsymbol{n}_{\beta i}$。形与态之间的关系体现在构件内力依存于构件截面，因此二力杆轴力方向与构件形心主轴方向$\boldsymbol{n}_i$相同。二类变量包含四个未知矢量，需要四个方程才能求解，除了平衡方程，第二、三个方程即形与态之间的依存关系，这一关系是如此自然以至于容易被忽略，但仍然缺少一个方程，那么第四个方程是什么？本书作者认为体系形态生成过程中是一个开放系统，要生成一定体量的形态需要足够的材料和外部能量输入，对预应力体系而言则体现为用钢量、施工张拉成本的不确定等，这与建筑功能和美学需求以及设计师的主观意图有关，既存在主观的影响也有客观的限制。这是第Ⅲ类形态生成问题一直以来令人困惑的一点，即第Ⅲ类形态生成问题的求解不能只关注形态生成过程中需要满足的平衡条件以及形与态的依存关系，还应该关注形态生成过程中消耗的材料和能量的总和及其变化，而这可以在形态生成的起点进行限制，也可以在形态生成的终点进行比较，如果能采用开放系统的运动方程在形态生成过程中引入材料或能量的变化规律，则是最为自然的。

(1)思路1：鹊巢算法(magpie nesting algorithm, MNA)。

基本思想：喜鹊衔枝而来，抛开树枝的粗细、弯曲形状和长度，假设喜鹊选择的树枝是直的，那么首先面对的问题是这根树枝的摆放方向和搭接位置，而这是一个不断尝试的过程。第Ⅲ类形态生成问题假设拓扑几何已知，若对所有未知构件方向$\boldsymbol{n}$尝试全值域搜索，由关联矩阵$\boldsymbol{C}^{\mathrm{T}}$与构件方向$\boldsymbol{n}$可构造平衡矩阵$\boldsymbol{A}$，由$\mathrm{null}(\boldsymbol{A})$非空及支座节点反力条件、索不松弛条件和可承载条件等可确定$\boldsymbol{\beta}$的解空间。

接下来，由形态相互依存关系、支座节点的空间坐标边界条件和形态虚功原理等可确定$\boldsymbol{L}$解的子空间。求解$\mathrm{null}\left(\boldsymbol{A}^{\mathrm{T}}\right)$并校核体系形态解空间自平衡状态的稳定性，得出体系形态的可行解空间。

最后，若对可行解空间的力学性能、经济性指标进行比较，则体系形态解空间可进一步缩小。

鹊巢算法流程如图5.81所示。

(2)思路2：逐步筛选算法(step by step selection algorithm, SSSA)。

基本思想：第Ⅲ类形态生成问题假设拓扑几何已知，那么由拓扑几何信息出发采用平衡方程$\boldsymbol{C}^{\mathrm{T}}\boldsymbol{\beta}_x=\boldsymbol{F}_x$、$\boldsymbol{C}^{\mathrm{T}}\boldsymbol{\beta}_y=\boldsymbol{F}_y$、$\boldsymbol{C}^{\mathrm{T}}\boldsymbol{\beta}_z=\boldsymbol{F}_z$是最朴素的，可知$\boldsymbol{F}_x$、$\boldsymbol{F}_y$、$\boldsymbol{F}_z$必须在关联矩阵$\boldsymbol{C}^{\mathrm{T}}$的列空间中方程才会有解，即$\boldsymbol{F}_x,\boldsymbol{F}_y,\boldsymbol{F}_z\in\mathrm{col}\left(\boldsymbol{C}^{\mathrm{T}}\right)$，基于关联矩阵$\boldsymbol{C}^{\mathrm{T}}$的拓扑找力分析即$\mathrm{null}\left(\boldsymbol{C}^{\mathrm{T}}\right)$非空是形态解空间中是否可存在独立自应力形态的必要条件，自应力体系需对非空的$\mathrm{null}\left(\boldsymbol{C}^{\mathrm{T}}\right)$进行线性组合从而得到$\boldsymbol{\beta}_x$、$\boldsymbol{\beta}_y$、$\boldsymbol{\beta}_z$的解空间，这里$\boldsymbol{\beta}_x$、$\boldsymbol{\beta}_y$、$\boldsymbol{\beta}_z$的可行解需要通过筛选，如满足力的边界条件，即已知或需要满足的支座节点反力条件、索不松弛条件、已知或需要满足的构件摆放方向等。

接下来，首先，对于$\boldsymbol{\beta}_x$、$\boldsymbol{\beta}_y$、$\boldsymbol{\beta}_z$解空间中任意一个解，则$\boldsymbol{\beta}$、$\boldsymbol{n}$确定，由$\boldsymbol{C}^{\mathrm{T}}$、$\boldsymbol{n}$可得平衡矩阵$\boldsymbol{A}$，$\mathrm{null}(\boldsymbol{A})$非空是体系形态存在自应力的充分条件，等效节点外荷载矢量在平衡矩阵$\boldsymbol{A}$的列空间内是体系可承载的必要条件，由此可以对$\boldsymbol{\beta}_x$、$\boldsymbol{\beta}_y$、$\boldsymbol{\beta}_z$的可行

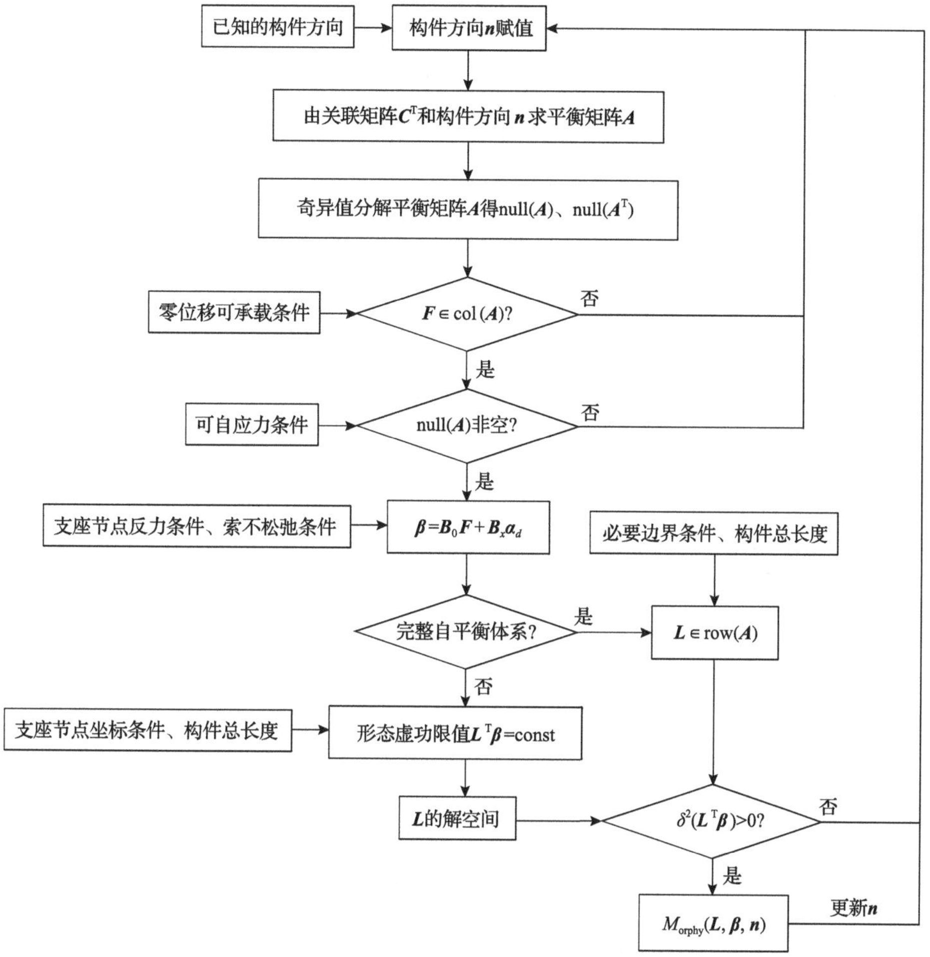

图 5.81　鹊巢算法流程

解空间再次进行筛选，确保体系形态可引入自应力和承受外荷载。其次，对于β_x、β_y、β_z解空间再次筛选后的任意一个解，由于β、n确定，那么根据形与态的相互依存关系、形态生成过程中虚功原理以及已知或需要满足的支座节点坐标边界条件、受拉或受压材料总用量等给出L解的子空间，例如，对完整自平衡体系$L \in \text{row}(A)$，对非完整自平衡体系以及其他体系则需要利用受拉或受压材料的最值条件。最后，无论$\text{null}(A^T)$为空或非空，L、β、n都应满足自平衡状态的稳定性条件，因此需要对体系形态解空间进行第三次筛选。

经过以上三次筛选，最终的形态解$M_{\text{orphy}}(L,\beta,n)$若非空，则还需满足总的材料用量、施工张拉成本等经济性指标和力学性能指标等，这是第四次筛选。

上述算法的基本特征就是逐步筛选，可称为逐步筛选算法，其流程如图 5.82 所示。

(3) 思路 3：盒子算法(box algorithm, BA)——直接更新力密度算法。

基本思想：若采用平衡方程$Eq = F$直接更新力密度，则需要先重构平衡矩阵E。若重构平衡矩阵E，则需要知道每根构件在整体坐标系x、y、z方向上的投影长度，那么

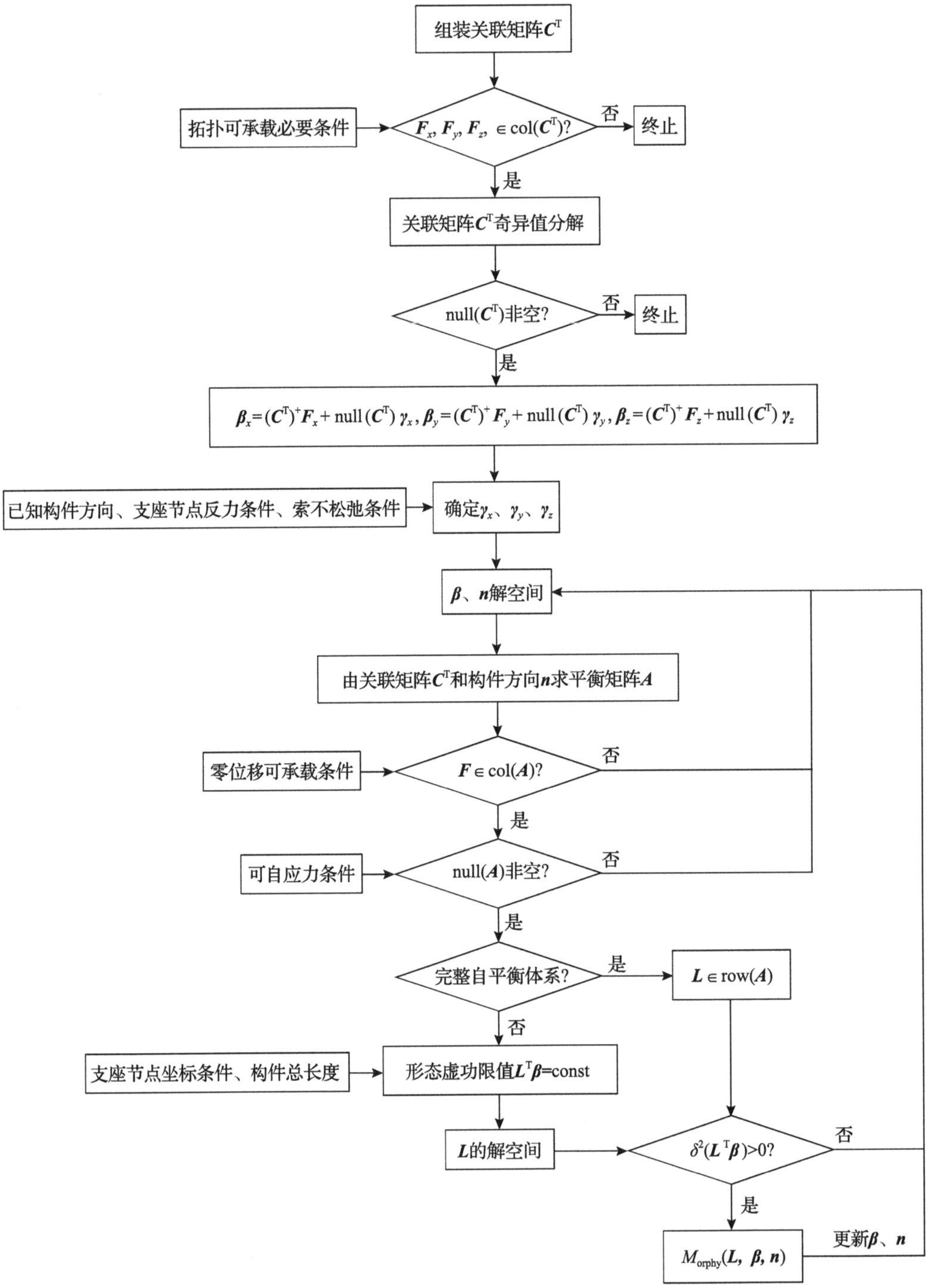

图 5.82　逐步筛选算法流程

如何确定每根构件在整体坐标系 x、y、z 方向上的投影长度？体系形态生成的形状几何包括点、线、面、体等总在一个盒子(图 5.83)之内，如长方体的长、宽、高和球的直径等。由体系形态预估的形状几何特征信息可确定直杆或索的长度都大于零，每根构件长

度在整体坐标系 x、y、z 方向上的投影长度都不可能超过体系形态生成最后时刻的整体三维尺度范围，因此可以由体系形态整体三维尺度范围确定每根构件在整体坐标系 x、y、z 方向上投影长度的试解，然后校核筛选即可。

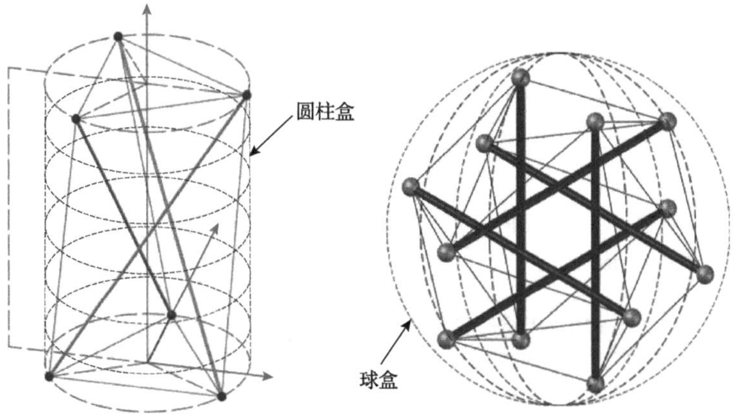

图 5.83　“盒子”示意

直接更新力密度算法流程如图 5.84 所示。

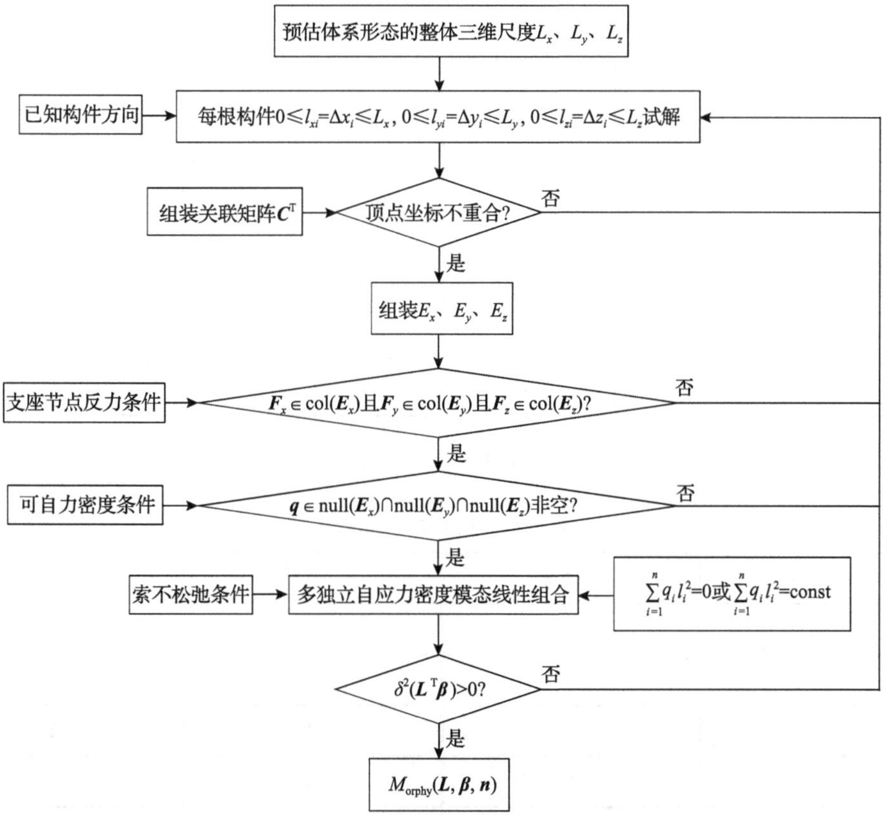

图 5.84　直接更新力密度算法流程

上述三种思路及其算法比较容易想到。此外，可以从任意六种形式的平衡矩阵出发组织第Ⅲ类形态生成问题的一般数值算法，如文献[13]中力密度矩阵重构的方法(注：文献[13]称为自适应力密度方法)，详见例题 5.28。

例题 5.28 如图 5.77(b)所示的三棱柱型张拉整体模块第Ⅲ类形态生成问题求解。本例题的 MATLAB 源代码见附录 5.8。注：本例题中符号 $\boldsymbol{B}$ 表示一组装矩阵[13]，由关联矩阵变换得到，其意义在于将力密度矩阵写成一系数矩阵乘以力密度矢量的形式，方便用于力密度矩阵的重构，本质上是力密度矩阵的另一组装形式，与关联矩阵作用相同，因此称为组装矩阵，如图 5.71 所示。

本例题求解具体步骤如下。

第 1 步，输入本例题粗糙形状几何信息，即 6 个顶点空间坐标(即形状几何信息)，如表 5.22 所示，拓扑几何信息如表 5.23 所示。

表 5.22 粗糙形状几何信息——节点坐标(例题 5.28)

节点编号	x	y	z	节点编号	x	y	z
1	10	0	–5	4	5	0	5
2	–5	8	–5	5	5	–8	5
3	–5	–8	–5	6	–10	8	5

注：确定 $\boldsymbol{D}$ 的零空间之后，再指定独立的节点坐标组。

表 5.23 拓扑几何信息——单元与节点之间的连接关系(例题 5.28)

单元编号	i 节点	j 节点	单元编号	i 节点	j 节点
①	2	3	⑦	1	5
②	1	3	⑧	2	6
③	1	2	⑨	3	4
④	5	6	⑩	1	4
⑤	4	6	⑪	2	5
⑥	4	5	⑫	3	6

第 2 步，设定初始力密度，初始力密度信息如表 5.24 所示。

表 5.24 初始力密度信息

单元编号	力密度	单元编号	力密度
①	1	⑦	2
②	1	⑧	2
③	1	⑨	2
④	1	⑩	–1
⑤	1	⑪	–1
⑥	1	⑫	–1

第 3 步，依据表 5.23 给出的拓扑几何信息，组装关联矩阵 $\boldsymbol{C}$ 。

$$\boldsymbol{C}=\begin{bmatrix}0&1&-1&0&0&0\\1&0&-1&0&0&0\\1&-1&0&0&0&0\\0&0&0&0&1&-1\\0&0&0&1&0&-1\\0&0&0&1&-1&0\\1&0&0&0&-1&0\\0&1&0&0&0&-1\\0&0&1&-1&0&0\\1&0&0&-1&0&0\\0&1&0&0&-1&0\\0&0&1&0&0&-1\end{bmatrix}$$

第 4 步，组装初始力密度矩阵 $\boldsymbol{D}_0$（以 x 方向为例）。

$$\boldsymbol{D}_0=\boldsymbol{C}^{\mathrm{T}}\boldsymbol{Q}_0\boldsymbol{C},\quad \boldsymbol{Q}_0=\operatorname{diag}\left(\boldsymbol{q}_0\right),\quad \boldsymbol{D}_0=\boldsymbol{D}_{0x}=\boldsymbol{D}_{0y}=\boldsymbol{D}_{0z}$$

$$\boldsymbol{D}_0=\begin{bmatrix}3&-1&-1&1&-2&0\\-1&3&-1&0&1&-2\\-1&-1&3&-2&0&1\\1&0&-2&3&-1&-1\\-2&1&0&-1&3&-1\\0&-2&1&-1&-1&3\end{bmatrix}$$

第 5 步，采用系数矩阵 $\boldsymbol{B}$ 组装力密度矢量 $\boldsymbol{q}$ 与力密度矩阵 $\boldsymbol{D}$（以 x 方向为例）。

$$\boldsymbol{B}_i\boldsymbol{q}_i=\boldsymbol{g}_i\Rightarrow\boldsymbol{B}\boldsymbol{q}=\boldsymbol{g}\ \text{（以 } i\text{=1 为例）}$$

$$\boldsymbol{B}_1=\begin{bmatrix}0&1&1&0&0&0&1&0&0&1&0&0\\0&0&-1&0&0&0&0&0&0&0&0&0\\0&-1&0&0&0&0&0&0&0&0&0&0\\0&0&0&0&0&0&0&0&0&-1&0&0\\0&0&0&0&0&0&-1&0&0&0&0&0\\0&0&0&0&0&0&0&0&0&0&0&0\end{bmatrix}$$

第 6 步，(循环) 对力密度矩阵进行特征值分解 $\boldsymbol{D}=\boldsymbol{\Phi}\boldsymbol{\Lambda}\boldsymbol{\Phi}^{\mathrm{T}}$，验证最小秩亏条件 $h^{*}=n-\operatorname{rank}\left(\boldsymbol{D}\right)\leqslant d+1$（注：$d$ 表示空间的维数），将最小的一个特征值赋零，即 $\boldsymbol{\Lambda}\rightarrow\overline{\boldsymbol{\Lambda}}$；更新力密度矩阵 $\overline{\boldsymbol{D}}=\boldsymbol{\Phi}\overline{\boldsymbol{\Lambda}}\boldsymbol{\Phi}^{\mathrm{T}}$（注：此时更新力密度矩阵的 $\boldsymbol{q}$ 未知）；将 $\overline{\boldsymbol{D}}$ 按列存放为 $\boldsymbol{g}$ ，利用组装矩阵 $\boldsymbol{B}$ 建立关系式 $\boldsymbol{B}\boldsymbol{q}=\boldsymbol{g}$ ，通过最小二乘法更新力密度 $\boldsymbol{q}$ ；通过 $\boldsymbol{D}=\boldsymbol{C}^{\mathrm{T}}\boldsymbol{Q}\boldsymbol{C}$ 重构力密度矩阵；特征值分解 $\boldsymbol{D}=\boldsymbol{\Phi}\boldsymbol{\Lambda}\boldsymbol{\Phi}^{\mathrm{T}}$ ……；不断循环，直到找到满足秩亏要求的力密度矩阵 $\boldsymbol{D}$ 。

由 $\overline{\boldsymbol{D}}_i=\boldsymbol{\Phi}_{i-1}\overline{\boldsymbol{\Lambda}}_i\boldsymbol{\Phi}_{i-1}^{\mathrm{T}}\rightarrow\boldsymbol{B}\boldsymbol{q}_i=\boldsymbol{g}_i$（$\overline{\boldsymbol{D}}_i$ 按列存放）$\rightarrow\boldsymbol{q}_i=\left(\boldsymbol{B}^{\mathrm{T}}\boldsymbol{B}\right)^{-1}\boldsymbol{B}^{\mathrm{T}}\boldsymbol{g}_i\rightarrow\boldsymbol{D}_i=\boldsymbol{C}^{\mathrm{T}}\boldsymbol{Q}_i\boldsymbol{C}\rightarrow\boldsymbol{D}_i=\boldsymbol{\Phi}_i\boldsymbol{\Lambda}_i\boldsymbol{\Phi}_i^{\mathrm{T}}$ 不断循环可得结果为

$$\bar{\boldsymbol{D}}=\begin{bmatrix} 2.195284 & -1.097642 & -1.097642 & 1.901172 & -1.901172 & 0 \\ -1.097642 & 2.195284 & -1.097642 & 0 & 1.901172 & -1.901172 \\ -1.097642 & -1.097642 & 2.195284 & -1.901172 & 0 & 1.901172 \\ 1.901172 & 0 & -1.901172 & 2.195284 & -1.097642 & -1.097642 \\ -1.901172 & 1.901172 & 0 & -1.097642 & 2.195284 & -1.097642 \\ 0 & -1.901172 & 1.901172 & -1.097642 & -1.097642 & 2.195284 \end{bmatrix}$$

$$\boldsymbol{q}=\begin{pmatrix} 1.097642 \\ 1.097642 \\ 1.097642 \\ 1.097642 \\ 1.097642 \\ 1.097642 \\ 1.901172 \\ 1.901172 \\ 1.901172 \\ -1.901172 \\ -1.901172 \\ -1.901172 \end{pmatrix},\quad \boldsymbol{D}=\begin{bmatrix} 2.195284 & -1.097642 & -1.097642 & 1.901172 & -1.901172 & 0 \\ -1.097642 & 2.195284 & -1.097642 & 0 & 1.901172 & -1.901172 \\ -1.097642 & -1.097642 & 2.195284 & -1.901172 & 0 & 1.901172 \\ 1.901172 & 0 & -1.901172 & 2.195284 & -1.097642 & -1.097642 \\ -1.901172 & 1.901172 & 0 & -1.097642 & 2.195284 & -1.097642 \\ 0 & -1.901172 & 1.901172 & -1.097642 & -1.097642 & 2.195284 \end{bmatrix}$$

第 7 步，求解力密度矩阵 $\boldsymbol{D}$ 的零空间 $\boldsymbol{G}$（注：整体坐标系 x、y、z 三个方向的零空间是相同的），指定一组独立的节点坐标 $\boldsymbol{X}_{\text{independent}}$、$\boldsymbol{Y}_{\text{independent}}$、$\boldsymbol{Z}_{\text{independent}}$，计算未知节点坐标。

由 $\boldsymbol{X}_{\text{independent}}=\boldsymbol{G}_{\text{independent}}\boldsymbol{\beta}\Rightarrow(\boldsymbol{G}_{\text{independent}})^{-1}\boldsymbol{X}_{\text{independent}}=\boldsymbol{\beta}$，则 $\boldsymbol{X}=\boldsymbol{G}\boldsymbol{G}_{\text{independent}}^{-1}\boldsymbol{X}_{\text{independent}}$，其中，

$$\boldsymbol{G}=\begin{bmatrix} 1.000000 & 0 & 0 & 0 & 1.154700 & 0.577350 \\ 0 & 1.000000 & 0 & 0 & -0.577350 & 0.577350 \\ 0 & 0 & 1.000000 & 0 & -0.577350 & -1.154700 \\ 0 & 0 & 0 & 1.000000 & 1.000000 & 1.000000 \end{bmatrix}$$

$$\boldsymbol{G}_{\text{independent}}=\begin{bmatrix} 0.207820 & 0.734161 & -0.101129 & 0.272501 \\ 0.397598 & -0.142946 & -0.465993 & 0.520575 \\ 0.381991 & 0.006099 & 0.522450 & 0.497752 \\ -0.357922 & -0.420681 & 0.360937 & 0.480946 \end{bmatrix}$$

指定 $\boldsymbol{X}_{\text{independent}}=\begin{pmatrix} 10 \\ -5 \\ -5 \\ 5 \end{pmatrix}$，$\boldsymbol{Y}_{\text{independent}}=\begin{pmatrix} 0 \\ 8 \\ -8 \\ 0 \end{pmatrix}$，$\boldsymbol{Z}_{\text{independent}}=\begin{pmatrix} -5 \\ -5 \\ -5 \\ 5 \end{pmatrix}$，可得

$$\boldsymbol{\beta}_x=\boldsymbol{G}_{\text{independent}}^{-1}\boldsymbol{X}_{\text{independent}}=\begin{pmatrix} -22.428324 \\ 16.037973 \\ -2.549727 \\ 9.646773 \end{pmatrix}$$

同理可求得 $\boldsymbol{\beta}_y$、$\boldsymbol{\beta}_z$，最后可得

$$
[X\ Y\ Z]=\begin{bmatrix}10.000000 & 0 & -5.000000\\ -5.000000 & 8.000000 & -5.000000\\ -5.000000 & -8.000000 & -5.000000\\ 5.000000 & 0 & 5.000000\\ 22.320508 & 0 & 5.000000\\ 13.660254 & 13.856406 & 5.000000\end{bmatrix}
$$

第 8 步，输出计算结果。

值得指出的是，①文献[13]提出了一个自动更新力密度的方法，并成功应用于力密度形式平衡矩阵的重构。该算法采用特征值分解并将最小特征值置零未必总是有效的，即特征值和特征矢量随着形态的变化并不总是同步、单调的，算法的收敛性缺乏严格的数学证明；②文献[13]算法第一步中假定粗糙形状几何信息其实并不是必须的，可在力密度矩阵重构后再引入边界支承条件，得到三棱柱型张拉整体单元第Ⅲ类形态生成问题满足边界位移约束条件的一个或多个解。

5.3.3　第Ⅲ、Ⅳ类形态生成问题的进一步讨论

第Ⅰ、Ⅱ类形态生成问题的解析方法和数值算法无一例外缺乏一般性，在面对空间曲线和空间曲面的第Ⅲ类形态生成问题时遇到了困难，究其原因，是对第Ⅲ、Ⅳ类形态生成问题特别是预应力体系形态生成问题的认识存在不足。第Ⅲ、Ⅳ类形态生成问题才是更为一般的形态生成问题。

1. 形态生成问题的起源

(1)为什么存在形态生成问题。

形态生成问题的普遍性：实际工程中刚性体系设计时通常建筑设计几何已知，即结构构件所在的平面或曲面、立面、剖面等(注：形状几何特征或限制条件)已知，结构工程师只需要确定杆梁板柱墙的布置和搭接方式(拓扑几何)，再进行荷载统计、结构计算分析和截面、节点设计等工作。这属于已知形状几何而拓扑几何待求的一类形态生成问题，结构工程师往往比较被动。然而，柔性体系以及刚柔杂交体系设计时，建筑设计无法独立于结构设计而给出具体、可行的建筑设计几何，同时结构工程师若不了解建筑设计的意图和空间分割、美学要求，也无法独立进行结构设计，这属于体系的形状几何待求、拓扑几何未知的一类形态生成问题。此外，刚性体系若任由建筑师天马行空地想象从而出现违背力学规律情况下，同样存在形态生成问题。

因此，形态生成问题是普遍存在的，通俗而言即“用多少材料来造什么样的房子”，这是从人类开始尝试建造房屋时就已经存在的问题。一般而言，材料+几何+控制(包括主观和客观两个方面)=形态生成问题。

形态生成问题主要解决体系构成方面的问题。

(2)形态生成问题对应实际工程的哪个或哪几个阶段。

传统的非预应力体系结构设计对应建筑物的使用阶段，一般忽略施工工艺和施工过程的影响。对预应力体系的形态生成问题而言，施工安装阶段是体系拓扑几何和形状几

何逐渐生成的过程，初状态几何的可行性与施工工艺和施工过程密切相关。形态生成问题包含实际工程的体系生成阶段、施工阶段和使用阶段共三个阶段，若将建筑物的拆除和损毁看成一个时刻并忽略，则形态生成问题基本上涵盖了体系的生命全周期。

下面给出一些基本概念。

应力下料：在设计预应力状态下且考虑环境温度效应的测量、标记、断料的精细下料方法称为应力下料。对材料本构关系为非线性或蠕变、徐变、松弛效应等比较明显的预应力构件(如拉索)，应采用应力下料。其中，离散索可逐根应力下料，即在工厂张拉地槽中张拉到设计预应力后测量、标记和断料，连续索的各个索段设计预应力可能不同，此时可逐段应力下料，即在多个应力水平下测量、标记后端部断料。

应力安装和无应力安装：应力安装和无应力安装是指构件安装时是否在设计预应力状态。严格而言，任何构件的拼装都受自重的影响，因此理想的无应力安装的地表建筑物并不存在。

先张法和后张法：预应力钢筋混凝土构件的施工工艺一般分为先张法和后张法，在预应力钢结构、索膜结构等预应力体系中可仍然沿用这一说法。区别在于前者针对预应力构件，后者针对预应力体系。

对预应力体系而言，先张法是指施工张拉在前，所有单元或构件均应力下料、应力安装到初状态几何(拓扑几何和形状几何同时生成)然后同步放张，放张后节点位移为零，即节点坐标不变。初状态几何若考虑部分恒荷载，则该部分恒荷载最初由临时支撑平台提供支承，放张后由体系预应力与之平衡。后张法是指施工张拉在后，应力下料后无应力安装，先生成拓扑几何，然后牵引提升、张拉可主动张拉构件到初状态几何。初状态几何若考虑部分恒荷载，则张拉前可先行配重，亦可张拉后配重。

先张法(图 5.85)的拓扑几何、形状几何可同步或不同步放张生成、放张完成后节点位移可为零、需要临时支撑平台、应力安装；后张法中拓扑几何生成在前、形状几何生成在后且二者均逐步生成，整体牵引提升、施工张拉过程体系拓扑同胚，节点产生大位移，主动张拉单元的无应力长度在变化。

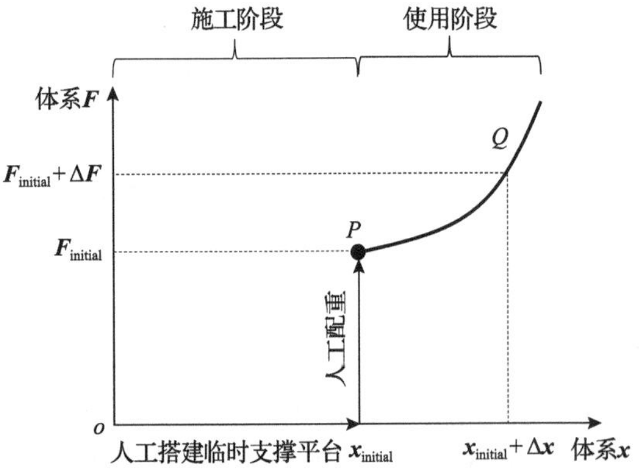

先张法：P点以前为施工阶段、以后为使用阶段。$\boldsymbol{F}_{\text{initial}}$和$\boldsymbol{x}_{\text{initial}}$在施工过程中是分开实现的，即$\boldsymbol{x}_{\text{initial}}$为人工搭建临时支撑平台并形成初状态几何，然后通过人工配重形成$\boldsymbol{F}_{\text{initial}}$且在初状态几何上不做功，即$\Delta\boldsymbol{x}_{\text{initial}}=0$

(a) 外力做功

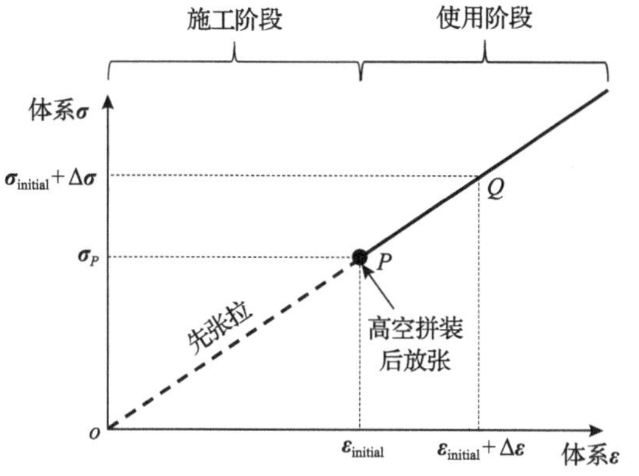

线弹性材料假设、先张法：体系整体预应力场σ_{initial}在施工阶段最后时刻(即放张后)才生成。每根构件单独的预应变在先张拉工艺完成后生成，逐单元高空拼装完成并同步放张后初状态的形状几何和拓扑几何生成，体系整体预应变场 $\varepsilon_{\text{initial}}$ 也随之生成。在P点之前为预应力构件先张拉阶段，预应力和预应变在各根构件之间都是相互独立的，区别在于前者需要满足放张后P点的整体平衡条件，而后者并不需要满足P点的相容条件，因为拼装之前各根构件单独张拉和吊装没有共用连接节点。理想情况下放张前后初状态几何上各连接节点的坐标不发生变化

(b) 内力做功

图 5.85　先张法施工阶段与使用阶段示意

先张法理论上适用于所有的预应力体系，比较理想化。体系各单元(二节点索、杆单元或梁单元)的初始应变场相互独立，初状态几何生成时节点位移可为零、只需要满足构件汇交点处空间力系的平衡条件，每个单元的伸缩值理论上具有主观任意性，即初状态几何上拼装而成的初始应变场在整体上没有相容条件的限制，注意对局部每根构件或单元的应力下料过程仍然满足相容条件。后张法一般分主动张拉单元和被动张拉单元，主动张拉单元的无应力长度在牵引提升或施工张拉过程中人为强迫改变，不需要满足施工过程的相容性，被动张拉单元则必须满足牵引提升和施工张拉过程中大位移相容条件。后张法适用于主动张拉单元的预应力消失后被动张拉单元的预应力也会随之消失的体系(忽略自重应力)，即被动张拉部分静定的体系。

先张法和后张法中的“先”、“后”是指构件中引入预应力在体系拓扑几何生成之前或之后，因此先张法和后张法对应的预应力施工模拟分析问题的力学性质是不同的。

(3)预应变能标量场的作用或预应力的作用是什么。

预应力体系无论采用何种施工工艺，本质上都是通过人工引入应变能(预应力和预应变)来改变体系在使用阶段的初始应变能标量场、初始应力场和初始应变场等，提高建筑物的力学性能，即安全性、适用性和耐久性。柔性体系必须引入预应力来生成形状几何，并维持初状态几何在各种极限状态下的承载能力和正常使用功能。刚柔杂交体系可引入预应力来调整单独刚性体系或整体的某一项或某几项力学性能。刚性体系一般不主动引入预应力(注：可被动引入预应力。刚性构件可主动引入预应力，如日本天城穹顶通过压杆主动伸长来引入预应力)。需要注意的一点是，体系发生大位移后形状几何和拓扑几何都可能发生变化，自内力的大小和分布也会随之改变，自应变能与施工张拉结束时刻引入的自内力和自应变相对应。

(4)预应力体系拓扑几何一旦生成是否永远不变。

拓扑几何可变体系和拓扑几何不变体系：无论是先张法还是后张法，构件装配的过程是拓扑几何生成的过程。强拓扑几何体系是指在任何工况下均保持拓扑几何有效、不变。弱拓扑几何体系是指并非所有工况下体系的拓扑几何都有效。例如，空间索桁体系、马鞍面单层索网结构等在风吸工况下承重索可能退出工作，体系的有效拓扑几

何已改变。

(5)形态生成问题中有哪些外部荷载或作用。

施工阶段的荷载包括施工过程中的构件自重、部分或全部附加恒荷载、预应力、施工活(雪)荷载、施工环境温度场、风压场和短期地震作用等；使用阶段的荷载包括设计使用年限内构件自重、附加恒荷载、活荷载、积灰荷载、极端气候条件下环境温度场、风雨雪压力场、地震作用等。

比较施工阶段和使用阶段的荷载情况可见，二者包括的种类一样多，但可变荷载的统计时长不同，施工阶段持续时间较短，使用阶段则对应设计使用年限。恒荷载是定常荷载，不随时间的变化而明显变化，因此施工阶段和使用阶段的恒荷载的标准值相同。

(6)形态生成问题是否要分别考虑先张法和后张法等所有施工工艺？即是否要分开考虑先张法和后张法对形态生成问题的影响。

设计与施工的统一性在于设计要考虑施工工艺和施工过程的影响，任何设计方案必须具备施工可行性。设计与施工的目的是一致的，都是为了保证建筑物使用阶段的承载能力和正常使用，是基本建设产业链中的两个环节，但设计与施工一个在前、一个在后，任何施工工艺都是为了实现设计的构想，即施工为设计服务而不是相反。预应力体系的形态生成问题不仅需要考虑使用阶段的传统结构设计分析问题，还要考虑施工阶段中预应力施工工艺和施工过程的影响，这里的考虑主要指引入预应力的影响和形态设计方案的施工可行性，至于施工时选择哪种预应力施工工艺并不重要。需要明确指出的是，形态生成问题考虑施工工艺和施工过程的影响，但形态生成问题不是施工模拟分析，形态生成问题为施工模拟提供拟搭建的可行的形态设计方案，施工模拟分析为形态生成问题提供具体的施工方法，二者实质上是设计与施工之间的关系，既相互联系，又有明显的区别，强调设计与施工的统一，但并不意味着设计与施工可混为一谈。

预应力体系采用先张法在施工成本、难度方面比后张法高，实际工程现场施工中很少采用，但不能以此来否定先张法，一方面，任何的形态方案都可通过先张法来实现，另一方面，虽然对预应力体系现场施工而言，先张法过于理想化，但先张法对理解形态生成问题的本质比后张法要简单直接，具有显著的理论意义。后张法是目前预应力体系比较普遍的施工方法，但若被动张拉单元组成的拓扑几何没有多余约束，即被动张拉部分是静定的，则牵引提升和施工张拉过程中的节点位移相容性要求不会影响体系最终的形态，因此只要主动张拉单元选择合理且不少于体系静不定次数即独立自应力模态数，后张法与先张法一样可以实现任何的形态设计方案。

因此，预应力体系的形态生成问题考虑预应力施工工艺和施工过程的影响，但可以不区分先张法和后张法等预应力施工工艺之间的差别。

2. 形态生成阶段存在的标量、矢量或张量场及客观规律

形为外，态为内，内外在物质运动过程中得到统一。形态生成问题的研究对象、相关的标量、矢量或张量场和客观规律/条件如表 5.25 所示。

表 5.25　形态生成问题的研究对象、相关的标量、矢量或张量场和客观规律/条件

研究对象	运动描述	变量	标量、矢量或张量场	客观规律/条件	备注
材料、几何、自应力、等	物理描述	质量	标量场	质量守恒定律	
		动量、动量矩	矢量场	动量(矩)守恒定律	
		动能、势能/余能、内能、热能、电磁能	标量场	能量守恒定律	
		熵、焓等	标量场	热力学第二定律	
		本构关系	张量场		
		自/它应力	张量场	平衡条件	
		自/它应变	张量场	相容条件	不成立
		节点位置、位移及其高阶量	张量场	连续性假设	不成立
	数学描述——拓扑、形状几何	积分域：体积、面积、长度	标量场		
		节点坐标	张量场		
		图或网络	标量、张量场		
		自由或固定边界		位移边界条件	
环境	一般环境作用	体力、面力	张量场	力的边界条件	
	声、光、电磁、引力	光照、重力等	标、张量场		
	风/水、地震	风/水压、地面运动	张量场		

生物在形态生成阶段中不同种类和数量(有机、无机)材料的质量、能量和动量的聚集耗散、几何的变化与环境影响，展现出千变万化、璀璨夺目的数学形态已然被自然界所证实。形状几何的连续变化与不同相材料的数量和分布有关，拓扑几何的变化往往意味着突变的发生，能量的聚集耗散、转移和环境的影响表现为形态的跳跃与分叉，动量主动或被动的改变伴随形态的演变与进化。

形态生成阶段相关的标量、矢量或张量场有多个且大部分相互独立。若拓扑几何已知，随意假设势能、面积等任一标量场取得极值，然后仅由施工阶段最后时刻的平衡条件也只能求解或部分求解初状态几何上的应力场和节点坐标矢量场中的一个，而无法同时求解，这也是第Ⅰ、Ⅱ类形态生成问题要么假设预应力大小和分布已知、要么假设(拓扑、形状)几何已知的原因。此外，第Ⅰ、Ⅱ类形态生成问题还应考虑使用阶段的节点位移矢量场，结合使用阶段极限状态下的体系承载能力和正常使用要求才可求得一个解。在工程问题比较复杂或对其基本原理认识模糊以至于不易求得基础解的情况下，找到或拼凑一个特解用于工程实践，虽有欠缺，但也大巧若拙。

(1)相容条件的本质是什么，几何条件与相容条件、平衡条件的区别和联系是什么。

相容的字面意思是互相容纳，在连续介质力学中是指固体的变形满足连续性假设和边界约束条件，在离散网格结构中相容条件还包括各构件共用节点的位移唯一性，即与

该节点相连接的所有构件在该节点的位移相同。反例如，断裂力学中材料出现裂纹、有共用节点的各梁截面刚度差别非常大或节点区不满足无限刚性时这一假设就不再成立。

几何条件是指体系的拓扑几何和形状几何等数学关系，构件变形和节点位移之间的几何关系是相容条件或变形协调条件，单元内力和节点集中荷载之间的几何关系是平衡条件，相容条件和平衡条件都建立在体系的拓扑几何和形状几何上，几何条件将内外矢量场联系起来。因此，几何条件是物体运动纯数学的描述，相容条件和平衡条件是物体运动纯力学的描述，体现了数学之于力学的基础作用。

(2) 预应力体系形态生成阶段空间任意力系的平衡与最小势能原理是否等价？余能原理呢？

预应力施工阶段的最后时刻，体系仅需要满足整体平衡条件，即等代节点内力、节点集中荷载在初状态几何上保持空间力系的平衡，那么这一时刻的平衡条件是否与最小势能原理等价？

施工阶段各构件的应变场其实是主观任意的，即结构工程师可选择不同截面规格的构件来提供相同的截面内力，这便导致初状态几何上总的材料用量和总自应变能是可变化的，而这一变化取决于结构工程师的主观喜好。

再例如，等厚度的等应力曲面等价于极小曲面，此时除曲面厚度处处相等外，没有其他限制条件。这意味着无论应力水平多大，得到的初状态几何都是同一极小曲面且都满足平衡条件，但不同的应力水平下薄膜材料总的应变能不相等，既可以无限小，也可以无限大。注意，极小曲面上处处相等的应力是自应力且应力水平是人为确定的，极小曲面的形状几何除受边界条件的影响外，仅和自应力的分布有关，而与自应力的水平无关。

以上两种情况说明形态生成阶段空间任意力系的平衡并不意味着初状态几何上的自应变能已最小。

传统的结构荷载分析仅受客观条件(包括相容条件、平衡条件和本构关系)的限制，满足连续性假设下势能原理等价于平衡条件，但在预应力体系的形态生成问题中还存在主观因素，即自应力水平可以人为改变、构件截面尺寸可以人为指定，空间任意力系的平衡并不意味着体系初状态几何上的初始应变能最小。这是预应力体系形态生成问题的主观性，即人工引入预应力和预应变能破坏了相容条件这一客观条件，体现了人的主观能动性对客观世界的影响。

例题 3.4 验证了大位移情况下预应力体系在使用阶段中的势能原理、余能原理，这对预应力体系第Ⅲ、Ⅳ类形态生成问题的启示包括：①势能原理以相容条件已知为前提、余能原理以平衡条件已知为前提，而未见本构关系的踪影，说明势能原理和余能原理均与材料的本构关系无关，二者可统一于二类变量的变分原理。②形态生成问题中由于预应力体系施工阶段不需要满足相容条件，此阶段的余能泛函没有力学意义。同时，预应力体系在施工阶段的最后时刻必须满足平衡条件，但此时的平衡并不意味着体系势能泛函必须取得极小值。至此，在预应力体系第Ⅲ类形态生成问题中上述势能泛函和余能泛函均已失去了其在结构荷载分析问题中的控制作用。③预应力体系在使用阶段中可采用势能或余能泛函求解，称为结构荷载分析问题，此阶段以形态已经生成为前提，即体系的材料、几何和自应力均已知。因此，预应力体系第Ⅲ类形态生成问题是一个材料(用量——体积、分布——厚度面积、种类——力学参数等)、形状几何和自应力均未知或可变的问题，这是一个从无到有的开放系统的不连续非平衡过程。若拓扑几何也未知，则是第Ⅳ类形态生成问题。

(3)对预应力体系第Ⅲ、Ⅳ类形态生成问题的朴素认识。

预应力体系形态生成问题是一个反问题，外部作用已知，材料、几何和自应力未知。与之相对应的正问题为材料、几何和自应力已知，外部作用未知，如自重通过牛顿第二定律计算得出、风荷载由气动外形经计算流体力学数值模拟或风洞试验给出等。建筑结构设计问题是这一对正、反问题成果的应用、校核和调整，既是正问题的延续，也是反问题的一部分。

另外，预应力体系形态生成问题是一个人造建筑物时首先要面对的问题，此时的造物主是人类自己，然而，与大自然鬼斧神工、奥妙无穷的天工造物相比，人类已掌握的建筑科学技术仍然是简单肤浅和微不足道的，如生物形态生成学[91,92]中有机体的自复制、自装配、自应力、自应变、自适应和自组织现象，无机体的自相似现象等，生物学认为 DNA 是大自然创造生命的密码，那么 DNA 又是从何而来？或许人类目前还无法回答很多科学问题，但人类追求真理、挑战极限、探索宇宙的脚步从未停止。

3. 预应力体系第Ⅲ、Ⅳ类形态生成问题工程泛函的存在性

预应力体系第Ⅲ、Ⅳ类形态生成问题的工程泛函是否存在？若存在，如何构造？有何特点？泛函的变分是否能够完整地反映客观规律？由此而来的微分或偏微分方程如何求解？此外，生物形态生成的自然规律是什么？人造建筑物是否可以媲美异彩纷呈的大自然？如何赋予人造建筑物以生命的意义，从而“物竞天择，适者生存”？

(1)预应力体系第Ⅲ、Ⅳ类形态生成问题的工程泛函若存在，如何构造、有何特点？泛函的变分是否能够完整地反映客观规律。

如果预应力体系第Ⅲ、Ⅳ类形态生成问题的工程泛函存在，那么

①该泛函在使用阶段应可以退化为势能泛函、余能泛函，在形态生成阶段应可以退化为类似力密度法的构造泛函、面积泛函等。

②该泛函若采用类似势能、余能等一类变量的积分型泛函，则积分域(描述材料的种类、数量、分布，如体积、面积或长度)是可变的[93]。因此，该泛函可能类似等周问题的泛函即约束条件也是泛函，如人可以控制材料种类和用量(体积)，这一点体现出人造建筑物中人的主观性。

③该泛函应包括与预应力体系整体性质有关的至少一个或几个未知作用量，涵盖形态生成问题中全部已知或未知的物理场、几何场，其一阶及高阶变分应能够完整地反映客观规律。我们知道动量守恒定律与空间力系的平衡相联系，无分布电磁力矩下的剪应力互等与动量矩守恒定律相联系，若材料不可压缩且种类已确定，则可由整体几何性质(如无应力的体积、面积或长度)不变来表示质量守恒定律。

④该泛函的构造可从生物形态生成现象中获得启迪，例如，植物叶子的缓慢生长是一个随时间不断变化的动态过程，忽略复杂的生物化学反应、有机或无机分子或离子水

溶液通过维管的运输，将叶子生长简化为材料种类、用量连续变化、机械堆积的过程，而在生长路径中存在屈曲或突变等临界状态。或许可以这么认为：生物基因、生物化学解释生物材料的来源，而生物力学解释这些生物材料的几何及其热、机械等运动状态。

泛函构造的一般方法：①由客观规律对应的作用量可直接构造一个泛函。若构造泛函时选择与客观规律相对应的一个或几个、未知、可变的作用量，从这个角度而言，泛函的变分就是最小作用量原理这一更为基本的自然规律的数学描述之一，其结果必然与客观规律相一致。②由人的主观需求也可以直接构造泛函，将该泛函描述的物质运动过程所遵循的客观规律作为约束条件，其他约束、边界条件可通过拉格朗日乘子法添加，识别出乘子后转化为无条件泛函变分问题。然而，人的主观需求未必与自然规律相一致，在客观条件的约束下也未必有解。

(2)预应力体系第Ⅲ、Ⅳ类形态生成问题与生物形态生成问题的区别和联系。

形态只是这一过程中某一时刻的视觉表象，从现象学的角度而言，生物形态学一般分为生长(growth)、重塑(remodeling)和形态生成[94](morphogenesis)三种。目前，基于变形梯度乘积分解的形态弹性力学描述如图5.86所示，即假设第一个阶段完成虚拟生长即生成或获取材料，该阶段引入宏观观测或假设的演化规律(evolution law)，以单纯的无应力无应变材料(用量、种类和分布等参数)的变化为特征，忽略控制和几何方面的因素；第二个阶段完成重塑，该阶段忽略材料和控制，假设材料已知，引入连续介质力学理论，进行连续化拟静力分析[95,96]；第三个阶段完成形态生成，该阶段引入分叉理论[97]，用于解释突变现象。

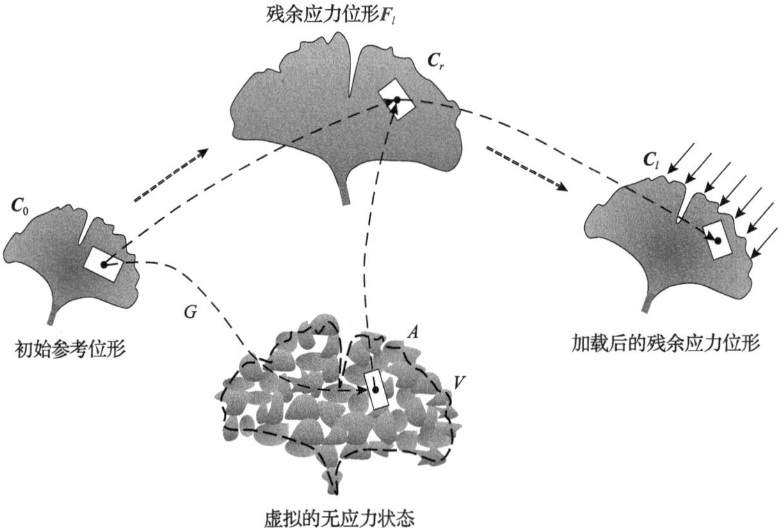

图5.86　形态弹性力学描述示意[89]

然而，上述方法虽然取得了长足发展，也不乏惟妙惟肖的研究成果，但令人遗憾的是，目前对生物动态发育的规律仍然缺乏根本性的认识[98,99]，例如，演化规律局限于某一生物组织发育过程的一个或几个材料或几何变量，大多源于现象学或确定论意义上的观察、试验或猜测，缺乏一般性、不确定性；基于描述演化规律的时变虚拟参考位形

(evolving configuration)的连续介质力学数值模拟计算过程中系统是封闭的且引入了相容条件；缺乏自洽，计算结果无法反过来验证或解释演化规律；生物的动态发育过程是材料、几何和控制同步进行的，上述方法人为地割裂了三者之间的相互联系，另外，在多尺度、多相及多场耦合分析方面的探索亦不多见。或许可以认为，开放的控制系统、多材料、多相、多尺度多级、多场耦合和平衡渐变、非平衡突变是生物动态发育过程的基本力学特征，生物形态力学必然伴随着生物科学的发展而不断发展，并是其不可分割的一部分。

虽然生物形态力学非常有趣，但并非本书的主要研究内容，从力学的角度来看，预应力体系第Ⅲ、Ⅳ类形态生成问题与生物形态生成问题的区别和联系如下。

①研究对象方面。区别：生物力学研究生命物质的运动；预应力体系第Ⅲ、Ⅳ类形态生成问题研究预应力体系这一人造的无生命物质的运动。

②研究内容方面。区别：a. 材料即用量、种类、分布等，组成生命体的有机或无机材料种类繁多，而人造建筑的结构材料一般是无机的或没有生命的，如金属、混凝土、砖石砌块等(有机的，如干燥的竹木)，材料属性已知且种类较少、不随形态生成的过程而变化或者忽略形态生成的过程(如现浇混凝土)。植物的光合作用以及其他生物化学反应制造产生新的物质，消耗部分能量，生物形态生成过程不是纯粹机械堆积、连接材料，即生物发育成各种各样形态的过程中结构材料的质变、相变和量变同时发生，材料具有活性。人造建筑物中现浇钢筋混凝土需要经过养护、水泥的水化反应逐步生成强度和刚度，但也只能在固定好的模板中进行。金属、竹木、砖石等现场装配结构只存在结构材料种类确定后用量和分布的变化。b. 几何，生物发育过程中每一时刻的形状几何和拓扑几何都具有基本的生物功能，而人造建筑物一般在建造完成的最后时刻才具备完整的力学性能和建筑功能。c. 控制，生物发育不仅受生物基因内在的、自发的主动控制，而且是自然环境的一部分，同时受自然环境外在的、它有的被动控制和影响，这些内外的相互作用、相互影响贯穿其从生长到灭亡的生命全周期。内蕴的主动性(包括自复制、自组织、自修复等自控制行为)是有生命的结构体系与无生命的结构体系的最大区别，生命是自然演化的奇迹，如图 5.87 所示，而人造建筑物不受生物基因的控制，代之以工程师的

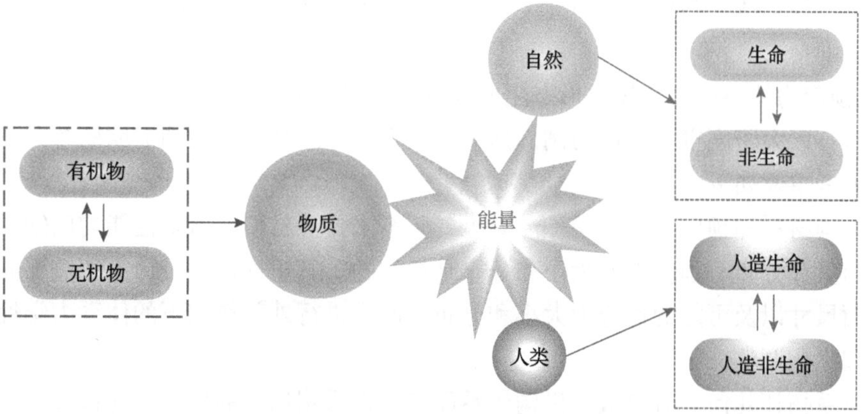

图 5.87　生命是自然演化的奇迹

主观能动性以及自然、社会环境的影响，它控因素中一般可忽略化学作用的影响，是人主导的建造过程；生物发育出不动的植物、可动的动物以及介于两者之间的动植物(如含羞草、食人花等)，成年的动植物仍然是具备新陈代谢功能的开放系统。人造建筑物提供的是固定的场所，即形态一旦生成就成为封闭系统，而在生成过程中是开放系统。此外，预应力体系形态生成问题主要关注形态生成结束的最后时刻，而非整个形态生成的真实过程。在这一时刻之前材料的用量和分布、几何可变，而材料种类、属性可不变，或者说预应力体系形态生成的过程从来就是虚拟的。

联系：a. 材料，二者材料用量和分布均未知。b. 几何，二者形状几何均未知。预应力体系第Ⅳ类形态生成问题中拓扑几何和形状几何均未知，与生物形态生成问题一致。c. 控制，二者均是开放的演化系统，在时空中渐变和突变，个体的出现都是一个从无到有、从无序到有序的创造过程；二者的材料和几何均受自控和它控等因素的影响，主动的自控和被动的它控相互作用体现了主观与客观、个体与环境、确定性与不确定性的统一。

③研究目的方面。二者研究目的都在于揭示物质的运动规律，从而征服大自然或者与大自然更好地和谐相处。

④研究方法方面。二者都遵循基本的科研方法论，例如，由不同尺度等级、宏观或微观试验实测、演绎归纳而来的数学模型，用来描述物质的运动规律。

由上述可见，预应力体系第Ⅲ、Ⅳ类形态生成问题与生物形态力学问题有共同之处，但也有显著的不同，简单模仿生物发育过程既不可行也不必要。

(3)预应力体系第Ⅲ类形态生成问题及其初步分类。

已知：位移边界条件，如屋盖投影平面几何、支座形式和支座节点空间坐标；拟采用的结构材料种类及其属性，如钢材、钢筋混凝土等；建设地点的气象、地质、水文资料等使用环境条件；其他荷载或外部作用；体系的拓扑几何；此外，建筑设计的若干限制条件，如平面、净空以及内外视觉美学效果、功能要求等。

待求：尽量少的材料种类和数量的前提下体系的几何、预应力分布和大小。

预应力体系第Ⅲ类形态生成问题按照边界条件的不同可分为自由边界、固定边界和混合边界三种；按照结构材料的种类多少可分为单一结构材料、两种或多种结构材料的混合三种。

(4)预应力体系第Ⅲ、Ⅳ类形态生成问题的泛函是否存在。

分析：以大跨度空间结构为例，预应力体系设计时结构工程师前期概念方案阶段应考虑的因素主要如下。

①结构材料和预应力。钢材、混凝土、砖石木竹等材料的力学性能均已知，但结构材料的用量和分布、预应力的大小和分布是未知的。基于构件的设计方法需要假定构件初始截面尺寸以及可能的预应力大小和分布，而后进行外部作用下的体系力学性能的计算分析和优化调整。

②体系拓扑几何。对离散的格构体系而言是指采用构件的根数、连接节点的类型及数目和支座类型及数量，对连续的体系而言则是指洞口的多少、连通的情况等。体系拓

扑几何一般也是未知的，如框架结构的梁板柱需要结构工程师进行布置，这实际上是假定拓扑几何的过程。

③外部作用。情况比较复杂，有随着体系形状几何变化而变化的(如风压大小和分布随气动外形的变化而变化)，也有不随体系形状几何变化而变化的(如重力荷载的方向不变、大小与密度有关)。

④建筑方案。建筑方案可能不可行或不完整，但应了解其空间、功能、美学方面的要求或限制，如建筑设计方面的限制条件包括投影平面、净空高度、边界支承条件及其自由延展的空间范围等。建筑设计几何并不等同于体系的形状几何，严格而言只是结构形状几何的特征或限制条件。

⑤技术指标。承载能力极限状态和正常使用极限状态下的安全性、适用性和耐久性等方面的技术指标以及设计标准，包括强度、刚度和稳定性等。

⑥经济指标。一般通过单位投影或展开面积的结构材料用量来体现。

由此可见，预应力体系的设计或者说一般的结构设计都属于第Ⅲ类形态生成问题或有条件的第Ⅳ类形态生成问题。目前由于缺乏体系构成演化的基础理论，传统的结构设计过程中结构工程师的主观能动性不可或缺，经验或者模糊尝试的比重较大。此外，技术经济指标的达成要求充分利用结构材料，由此催生了一系列结构优化的方法。毋庸讳言，全局最优应穷尽各种可能性或证明各种不可能性，大规模的计算分析是不可避免的甚至是灾难性的。

从人类建造房屋的基本需求入手，即人总是希望用最少的结构材料建造尽可能大的房子。房屋这一人类生产和生活的公共或私密场所可以是封闭、开放或半开放的空间，如图 5.88 所示，存在如下几种情况。

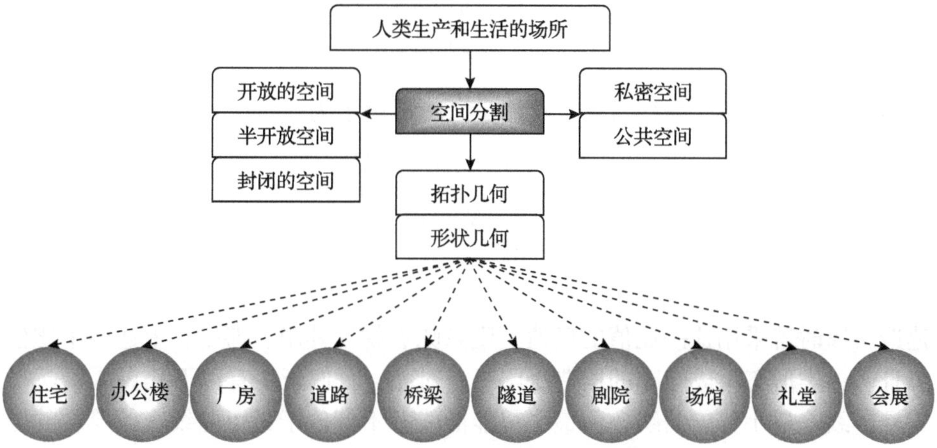

图 5.88 空间分割是主要的建筑功能要求

封闭的空间：表面与环境有内外之分的建筑物，其内外表面均为封闭、联通或部分联通曲面以满足盛放其他物质的容器类结构，如筒仓、油罐、叶肉细胞、蜂巢等，希望分割包围出来的空间的体积与结构材料总用量之比最大是自然的。记结构材料之间孔隙

的总体积为V_v，结构材料的总质量和总体积分别为m_s和V_s，那么这一比值为

$$\varphi=\frac{V_v}{m_s}=\frac{V_v}{\rho_s V_s}=\frac{e}{\rho_s}\ (\text{最大})$$

其中，$e=\dfrac{V_v}{V_s}$为孔隙比。

开放的空间：表面或者与环境的界面并没有形成内部空间，其内外表面或上下外表面只是将空间分割但并不包围起来的建筑物，如植物叶片、花瓣等，要求曲面的面积或投影面积与材料总用量之比最大。记投影平面的单位法向矢量为$\boldsymbol{T}$，ds为有向微曲面元d$\boldsymbol{S}$的面积，$\boldsymbol{n}$为中面曲面S：$x_3=f\left(x_1,x_2\right)$上一点的法线方向单位矢量。那么，曲面的投影面积就是其沿$\boldsymbol{T}$的通量(图 5.89)，即

$$\iint_S \boldsymbol{T}\cdot\boldsymbol{n}\mathrm{d}s=\iint_S \boldsymbol{T}\cdot\left(-\frac{\partial f}{\partial x_1}\boldsymbol{e}_1-\frac{\partial f}{\partial x_2}\boldsymbol{e}_2+\boldsymbol{e}_3\right)\mathrm{d}x_1\mathrm{d}x_2$$

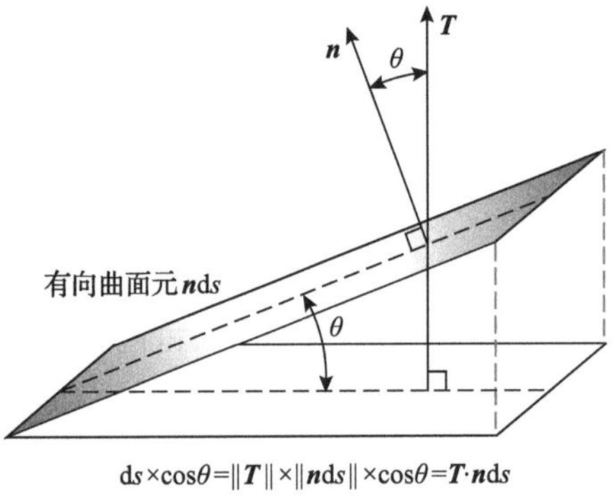

图 5.89　通量与曲面投影

曲面投影面积或曲面面积与材料总用量之比可表示为

$$\varphi=\frac{\iint_S \boldsymbol{T}\cdot\boldsymbol{n}\mathrm{d}s}{\iiint_\Omega \rho_s\mathrm{d}V}\ \text{或}\ \varphi=\frac{\iint_S \mathrm{d}s}{\iiint_\Omega \rho_s\mathrm{d}V}$$

建造房屋时若采用这一比值的极值，则意味着物尽其用。那么，上述两个比值可以作为第Ⅲ、Ⅳ类形态生成问题的构造泛函吗？对此，我们至少有以下几点认识。

①悬链线是最小势能曲线，但最小势能曲线并不等价于最短曲线。等厚度的等应力薄膜曲面等价于极小曲面，但最小势能曲面有可能是但一般并不是等应力的。这说明数学上的最优并不必然是物理上的最优。第Ⅲ、Ⅳ类形态生成问题木质上还是物理化学问题。

②从应用泛函分析的角度来看，大部分熟悉的工程问题可分为一阶变分问题(如保守系统的哈密顿量，即能量泛函的一阶变分得到平衡态方程)、二阶或高阶变分问题(如屈

曲分析)。孤立系统只要找到系统的哈密顿量就距离知晓物质在平衡态或平衡态附近的运动状态不远了，然而开放系统的非平衡态呢？其不变量和变量都有哪些？开放系统不仅形状几何在变化，拓扑几何也在变化，这可能需要大范围的变分学[100,101]。

③物质宏观运动和微观运动之间的桥梁是统计力学[102]，宏观运动的方程也只在统计平均的意义下成立。既然描述物质微观运动的精确的动力学是量子力学，那么量子统计力学才是解释微观尺度下物质运动的基础。然而，即使是以经典力学为基础的经典统计力学也为一般的结构工程师所不熟悉，更无从联系到能量涨落过程中物质微观态的运动规律。近、现代统计物理学的辉煌成就与后有限元时代结构工程的停滞不前形成了巨大的反差。开放系统的运动规律或许必须采用统计力学的原理和方法才能触及其根本、得到合理的解释。

④在假定动态演化规律的前提下，基于变形梯度乘积分解的形态弹性力学对生物生长、重塑和形态生成的三阶段数值模拟结果近于以假乱真。然而，这一宏观平衡态数值分析结果本质上仍然是连续介质力学分析，除与某一时刻的自然形态对比和修正外，其真实性不得而知，无法反过来得到动态演化规律，例如，数学上对变形梯度进行和分解和乘积分解都可以，但力学上却未必如此。第Ⅲ类形态生成问题的核心是质量的交换或增减、能量的耗散或积聚导致形生态成的发育规律，而非假设演化规律后单纯的过程模拟。

⑤连续结构拓扑优化问题采用“拆”的思想，做减法，一般以应力标准判断单元(细胞)的生死，且单元死亡瞬间完成、不再复活，从而得到变质量(总量或分布)开放系统在外部作用下高效的力流路径，这与“溶洞”生成机理类似。然而，若无外部作用，结构材料将处于零应力状态，无法启动优化程序。这与生物形态生成过程“建”的思想，做加法，以及自应力(外部作用非必要，如外太空温室植物的生长)、自组织、自复制和自修复等自控制特征有明显的区别。

⑥晶体的形态生成过程可提供一点启示。隐藏在第Ⅲ、Ⅳ类形态生成问题后面的“上帝之手”到底是什么？其不变量存在吗？这一不变量与哪种守恒律或对称性相联系。

综上，第Ⅲ、Ⅳ类形态生成问题的工程泛函存在与否取决于开放系统的运动规律的认识。

5.4　第Ⅳ类形态生成问题

结构设计的出发点是选择合适的结构体系，在建筑设计作品对结构设计的要求不高或建筑设计产品大量重复的情况下，结构工程师从既有的结构体系中凭经验选用足以应付。没有挑战的结构设计工作久而久之就变得枯燥乏味，然而，重复意味着平庸，功利等同于浪费生命。事实上，缺乏拓扑学方面的认识是目前结构设计中普遍存在的问题。例如，即使是框架结构的竖向布置和平面布置，设计人员总要解决梁、板、柱以及主次梁之间的连接关系，而这就是朴素的拓扑几何构成。因此，拓扑几何分析可以说是体系构成的起点。

拓扑优化、形状优化、截面优化、节点优化和应力优化可统称为形态优化(图 5.90)，形态优化是体系创新的源泉。形态生成问题基本原理的建立意味着体系构成基础理论的成熟，而不必依赖结构工程师的经验。简言之，这类似于捉迷藏，传统的结构优化方法相当于从四面八方到处寻找目标，而形态生成问题希望找到一个向导，这个向导可能是大范围的变分原理或者极值原理中的某个变分条件。

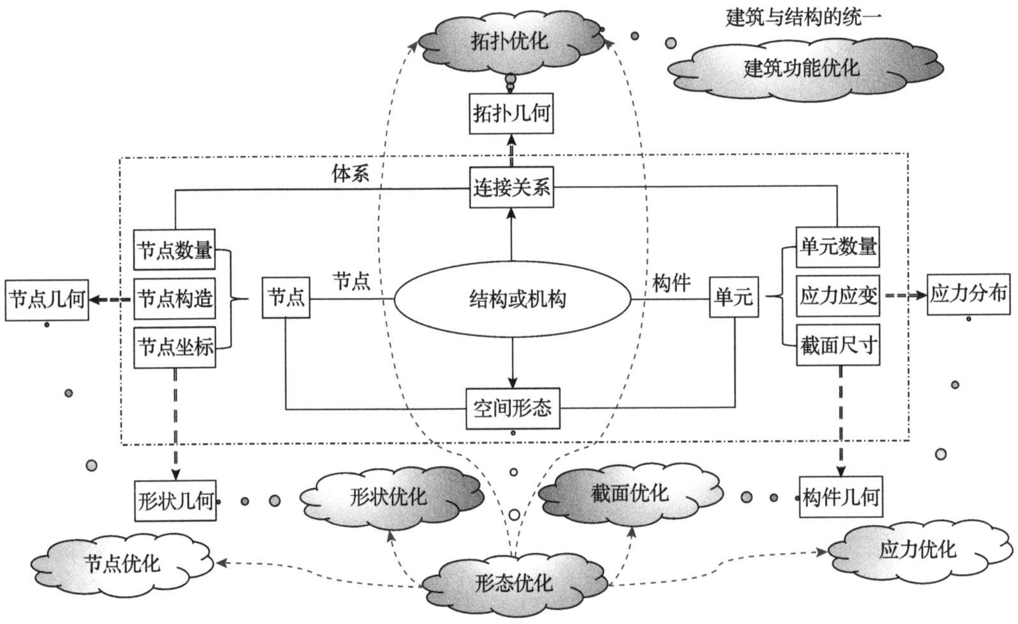

图 5.90　体系的各种优化问题

注：一般讲，物理问题可以用偏微分方程，也可以用变分原理来描述，但前者只是物理定律的局部表述，对物理场的可微性要求高，而后者是物理定律的整体表述，对物理场的连续性要求低，因此二者只有对光滑物理场才互为等价，而对含间断(涡面、激波等)的流场，只能用变分原理来描述[93]。

第Ⅳ类形态生成问题即找拓扑分析(topology finding analysis)或拓扑几何生成问题，其主要目的在于给出体系的拓扑几何信息，如体系线性图的关联矩阵或连接矩阵。第Ⅳ类形态生成问题描述如下。

已知：体系的建筑功能和美学要求，如建筑内、外空间分割数、面数、开洞等几何特征。

待求：体系线性图。

分析：第Ⅳ类形态生成问题的出发点是人建造房屋的各项需求，对离散的预应力杆系而言，需要先将人建造房屋的具体要求与体系的拓扑几何性质联系起来，这是第一步。第二步才是生成满足所需要拓扑属性的体系线性图。第一步和第二步中存在的基本问题如下。

基本问题 1：体系建筑功能和美学要求与体系线性图有何关系？如何从人的需求出发设定拓扑几何生成的限制条件，例如，最少需要多少个顶点或多少条边才能满足室内、外空间分割的要求，内、外空间呈现的美学效果对体系线性图有何限制，体系的力学性能(如稳定性)要求一个顶点连接的索和压杆的数量有何限制等。

基本问题 2：如何生成体系线性图？在图论中有拓扑同胚、同构和同伦等，因此体系的线性图最好是一个简单图，换言之，第Ⅳ类形态生成问题的解理论上也有多个。

1. 建筑功能和美学要求与体系线性图的关系

本书 2.3.1 节基本问题 2 中介绍了欧拉示性数的建筑学意义，本书作者认为这可能是第Ⅳ类形态生成问题首先要关注的问题。其次，建筑功能包含结构力学性能，而体系力学性能与其线性图的拓扑几何特征也有联系，如张拉整体模块每个顶点连接 1～3 根或多根拉索的问题、连续拉间断压、Maxwell 公式或 CKG 公式条件以及形态虚功原理等。具体讨论如下。

(1)欧拉示性数。

在代数拓扑中欧拉示性数（又称欧拉-庞加莱示性数）是一个拓扑不变量，庞加莱(Poincaré)将简单多面体的欧拉公式推广到 n 维空间。与简单多面体相当的 n 维流形(n 维超多面体)欧拉-庞加莱示性数[103]定义为

$$\chi = k_0 - k_1 + k_2 - k_3 + \cdots + (-1)^{n-1} k_{n-1} = \sum_{i=0}^{n} (-1)^{i-1} k_{i-1}$$

其中，k_i 为 i 维胞腔的个数。当 $n=3$ 时，$k_0 - k_1 + k_2 = 2$，即顶点数–边数+面数=2；当 $n=4$ 时，$k_0 - k_1 + k_2 - k_3 = 0$，即顶点数–边数+面数–体数=0，这就是欧拉-庞加莱示性数的四维形式。由于欧拉-庞加莱示性数在拓扑变换下保持不变，欧拉-庞加莱示性数的四维形式具有重要的建筑学意义，可用于建筑功能空间分割数(即体数)或四维胞腔数的估算。这意味着第Ⅳ类形态生成问题的出发点又向前推进了一步并和人建造房屋的空间分割需求联系了起来。

(2)张拉整体单元每个顶点连接 1 根压杆、1～3 根或多根拉索的问题。

问题的来源：①本书第 1 章表 1.9 中列举了多种棱柱型张拉整体单元，区别于传统棱柱型张拉整体模块每个顶点有 1 根压杆和 3 根索，表 1.9 中列举的棱柱型张拉整体单元的每个顶点都有 1 根压杆和 4 根索，并从索这一单边约束简化为 0.5 个约束的角度给出了粗略解释，但没有证明。

②如图 5.91 所示，顶点处的 2 根拉索和 1 根压杆在一个平面 π 内，若 π 平面绕 x 轴

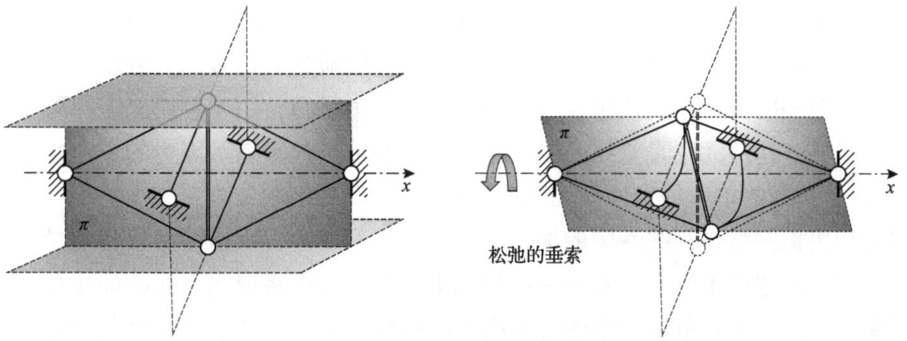

图 5.91　一个顶点连接 1 根压杆和 3 根拉索发生刚体运动示意

正向转动，则 π 一侧的拉索将松弛变为垂索，即体系绕 x 轴正向旋转为刚体运动。当 1 根压杆与其端部的 2 根或多根拉索共面，且其他拉索(无论多少根)仅单侧布置时，由于拉索的单边约束性质，体系将呈现欠约束的非保守系统的特征。

分析：索杆体系构成分析中需要区分拉索和压杆的单边约束性质和双边约束性质，结构或机械网络分析采用的 Maxwell 公式、CKG 公式以及本书作者提出的公式均将杆和索看成双边约束，存在理论上的缺陷。如图 5.92 所示，压杆顶点在以索段原长为半径的球面内运动，不受拉索弹性约束。在线性小位移小应变假设下，拉索左侧顶点处垂面将空间一分为二，形成左、右两个半空间，这就是本书第 1 章中将拉索粗略看成 0.5 个约束的几何解释。

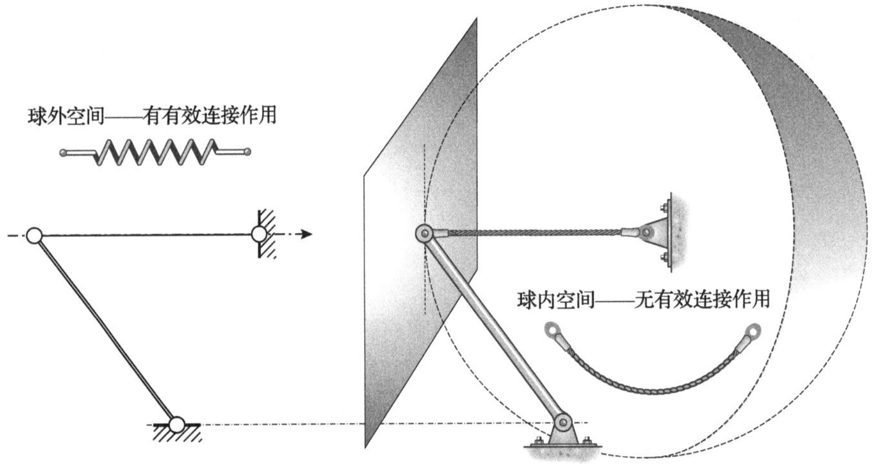

图 5.92　以索段原长为半径的球面分割空间

图 5.92 说明索只有在伸长状态下才具有有效的拓扑连接作用，这一单边约束性质可否在线性图上表示出来？这与交通网络中的单行道一样吗？在本书第 2 章 2.3.2 节例题 2.2 中讨论过结构或机械网络的线性图表示，可以明确的一点即结构或机械网络的线性图表示若采用边表示构件、顶点表示节点，则是有向图，边的方向即构件局部坐标系 x 轴(中性轴)的正方向。(注：结构或机械网络的关联矩阵采用“1”或“−1”表示，“1”表示边的加权内力矢量在构件左端节点的等效节点力的方向与局部坐标系 x 轴的正方向一致，“−1”表示边的加权内力矢量在构件右端节点的等效节点力的方向与局部坐标系 x 轴的负方向一致，这与交通网络或电网络不同，交通或电流的方向表示人或车或电子运动的方向，这是单一的，而结构或机械网络边的加权内力是力，由牛顿第三定律可知，力的作用是相互的，构件无论是受拉还是受压，其左右节点处等效节点力的方向始终是相反的。)因此，拉索的单边约束性质无法通过有向图表示出来。

结构和机械网络是其线性图的加权，若将构件看成边，则边的加权物理量是其内力矢量，拉索的单边约束性质意味着受压状态下其所在的边将退出工作，即体系拓扑几何发生突变。可以尝试将单边约束性质采用激活函数或 0-1 函数表示来组装关联矩阵。下面先从例题 5.29 获取一些感性认识。

例题 5.29　试给出图 5.93 所示平面体系的有向图表示并分析其静不定次数和动不定次数。

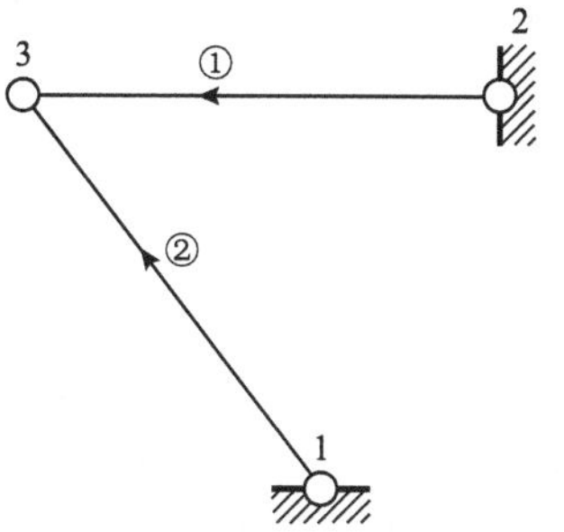

图 5.93　并联边表示压杆示意

解：若不区分压杆和拉索，均采用一条边来表示一根构件。其单元信息如下：①2，3；②1，3。体系有向图表示如图 5.93 所示，其关联矩阵为

$$\boldsymbol{C}^{\mathrm{T}}=\begin{bmatrix}0&1\\1&0\\-1&-1\end{bmatrix}\Rightarrow\begin{cases}\boldsymbol{A}_x=\boldsymbol{C}^{\mathrm{T}}\mathrm{diag}\left(\cos\boldsymbol{\alpha}_x\right)\\\boldsymbol{A}_y=\boldsymbol{C}^{\mathrm{T}}\mathrm{diag}\left(\cos\boldsymbol{\alpha}_y\right)\end{cases}\Rightarrow\boldsymbol{A}=\begin{bmatrix}\boldsymbol{A}_x\\\boldsymbol{A}_y\end{bmatrix}=\begin{bmatrix}\boldsymbol{C}^{\mathrm{T}}\mathrm{diag}\left(\cos\boldsymbol{\alpha}_x\right)\\\boldsymbol{C}^{\mathrm{T}}\mathrm{diag}\left(\cos\boldsymbol{\alpha}_y\right)\end{bmatrix}=\begin{bmatrix}0&\cos\alpha_{x2}\\\cos\alpha_{x1}&0\\-\cos\alpha_{x1}&-\cos\alpha_{x2}\\0&\cos\alpha_{y2}\\\cos\alpha_{y1}&0\\-\cos\alpha_{y1}&-\cos\alpha_{y2}\end{bmatrix}$$

考虑支座约束条件划行处理后，有

$$\boldsymbol{A}=\begin{bmatrix}-\cos\alpha_{x1}&-\cos\alpha_{x2}\\-\cos\alpha_{y1}&-\cos\alpha_{y2}\end{bmatrix}$$

可见两根构件沿同一方向摆放时，其秩等于 1，体系静不定次数和动不定次数都等于 1；当两根构件沿不同方向摆放时，其秩等于 2，体系静不定次数和动不定次数都等于 0。这就是第 2 章中形状几何奇异的情况。

若考虑拉索的单边约束性质，与第 2 章采用激活函数——ReLU 函数的导数不同，本例题将关联矩阵中 1 元素替换为 0-1 函数，即

$$\delta_i\left(l-l_0\right)=\begin{cases}1, & l-l_0\geqslant 0\\0, & l-l_0<0\end{cases}$$

其中，下标 i 表示第 i 根构件。

则

$$\boldsymbol{C}^{\mathrm{T}}=\begin{bmatrix}0&1\\\delta_1&0\\-\delta_1&-1\end{bmatrix}\Rightarrow\boldsymbol{A}=\begin{bmatrix}-\delta_1\cos\alpha_{x1}&-\cos\alpha_{x2}\\-\delta_1\cos\alpha_{y1}&-\cos\alpha_{y2}\end{bmatrix}$$

可见当拉索①的长度小于索段原长时，拉索①退出工作，若将第 1 列划掉，体系的静不定次数等于 0、动不定次数等于 1。若不将第 1 列划掉，体系的静不定次数和动不定次数都等于 1，此时静不定次数等于 1 表示拉索①的内力无法通过整体平衡条件求解，而非真的无法求解。动不定次数等于 1 并不表示一个自由

度的正负两个方向，而是一个自由度的正或负方向，即半个方向，因此体系的动不定次数实际上等于 0.5。这与将每一单边约束构件看成 0.5 个约束 $\left((2+1)\times 0.5-2=-0.5\right)$ 计算自由度数的结果相同。

由例题 5.29 可知，若将拉索这一单边约束构件看成 0.5 个约束，则张拉整体模块一个三维空间顶点上除 1 根压杆可提供 1 个双边约束外，还需要至少 4 根拉索提供 4×0.5=2 个双边约束。显然，这只是粗略的拓扑构成分析。

问题的数学描述：如图 5.94 所示，1 根压杆的端点处布置多根拉索的可能性类似于蒲公英的球状果实，不失一般性，假设 1 根压杆始终沿整体坐标系 z 轴，则压杆的方向矢量为 $\boldsymbol{n}_1=\begin{pmatrix}0 & 0 & 1\end{pmatrix}$，顶点 2 处的平衡方程为

$$\begin{bmatrix} 0 & \cos\alpha_{x2} & \cos\alpha_{x3} & \cos\alpha_{x4} & \cdots \\ 0 & \cos\alpha_{y2} & \cos\alpha_{y3} & \cos\alpha_{y4} & \cdots \\ 1 & \cos\alpha_{z2} & \cos\alpha_{z3} & \cos\alpha_{z4} & \cdots \end{bmatrix} \begin{pmatrix} \beta_1 \\ \beta_2 \\ \beta_3 \\ \beta_4 \\ \vdots \end{pmatrix} = \begin{pmatrix} F_x \\ F_y \\ F_z \end{pmatrix}$$

记一点 k 处的平衡矩阵即顶点或节点平衡矩阵为 $\boldsymbol{A}_k$，那么

$$\boldsymbol{A}_2 = \begin{bmatrix} 0 & \cos\alpha_{x2} & \cos\alpha_{x3} & \cos\alpha_{x4} & \cdots \\ 0 & \cos\alpha_{y2} & \cos\alpha_{y3} & \cos\alpha_{y4} & \cdots \\ 1 & \cos\alpha_{z2} & \cos\alpha_{z3} & \cos\alpha_{z4} & \cdots \end{bmatrix}$$

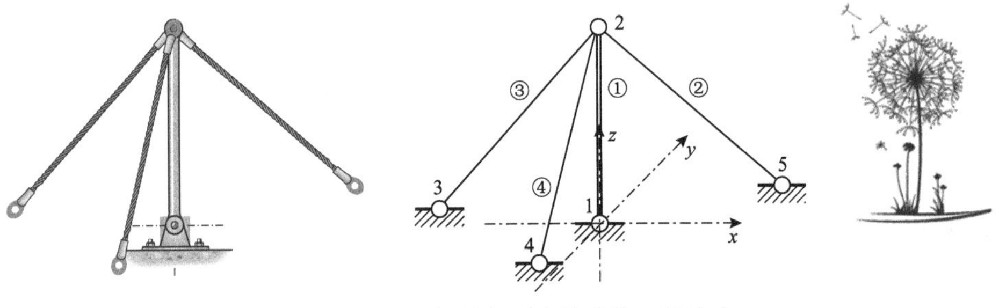

图 5.94　1 根压杆端部顶点处连接 3 根拉索

考察 $\boldsymbol{A}_2$ 的性质，按照顶点 2 处是否可承载、是否可自平衡可分为如下两种情况：①$r(\boldsymbol{A}_2)=r([\boldsymbol{A}_2 \quad \boldsymbol{F}])$，$r(\boldsymbol{A}_2)>3$ 或 $r(\boldsymbol{A}_2)=3$ 或 $r(\boldsymbol{A}_2)<3$；②$r(\boldsymbol{A}_2)\neq r([\boldsymbol{A}_2 \quad \boldsymbol{F}])$，$r(\boldsymbol{A}_2)>3$ 或 $r(\boldsymbol{A}_2)=3$ 或 $r(\boldsymbol{A}_2)<3$。按照顶点 2 处连接拉索的根数可分为 1 根压杆 1 根拉索、1 根压杆 2 根拉索、1 根压杆 3 根拉索、1 根压杆 4 根拉索等。

①1 根压杆 1 根拉索。

若压杆和拉索的方向矢量不相关，则顶点平衡矩阵的秩为 $r(\boldsymbol{A}_2)=2<3$，顶点静定动不定，该顶点处只能承受拉索与压杆所在平面内的外荷载且由于拉索的单边约束性质，外荷载方向只能指向该平面扣掉拉索索段原长为半径的圆之外的区域，即不是一个完整的平面。

②1 根压杆 2 根拉索。

若压杆、各拉索的方向矢量均不相关，则顶点平衡矩阵的秩为 $r(\boldsymbol{A}_2)=3=3$，但考虑拉索的单边约束性质后，该顶点可能退化为 1 根拉索的情况或没有拉索的情况。

显然，顶点 2 的静定和动定特性随着拉索根数的增加而变化且受拉索单边约束性质的影响，其本质上仍然是线性代数方程组的解的问题，即对任意节点外荷载(如外荷载为零)，该节点处的平衡方程组有非零解且与之相连的拉索的内力都大于零，即节点平衡方程组的拉索自应力存在正解或负解(负解反号即为正解，此时压杆可能受拉变为拉杆)。

问题的求解：记顶点 k 处的直杆和直索的单位方向余弦矢量分别为

$$\boldsymbol{n}_1=\begin{pmatrix}0\\0\\1\end{pmatrix},\quad \boldsymbol{n}_2=\begin{pmatrix}\cos\alpha_{x2}\\\cos\alpha_{y2}\\\cos\alpha_{z2}\end{pmatrix},\quad \boldsymbol{n}_3=\begin{pmatrix}\cos\alpha_{x3}\\\cos\alpha_{y3}\\\cos\alpha_{z3}\end{pmatrix},\quad \boldsymbol{n}_4=\begin{pmatrix}\cos\alpha_{x4}\\\cos\alpha_{y4}\\\cos\alpha_{z4}\end{pmatrix},\quad \cdots$$

则节点平衡矩阵为

$$\boldsymbol{A}_k=[\boldsymbol{n}_1\quad \boldsymbol{n}_2\quad \boldsymbol{n}_3\quad \boldsymbol{n}_4\quad \cdots]\Rightarrow \boldsymbol{A}_k^{\mathrm{T}}\boldsymbol{A}_k=\begin{bmatrix}\boldsymbol{n}_1^{\mathrm{T}}\\\boldsymbol{n}_2^{\mathrm{T}}\\\boldsymbol{n}_3^{\mathrm{T}}\\\boldsymbol{n}_4^{\mathrm{T}}\\\vdots\end{bmatrix}[\boldsymbol{n}_1\quad \boldsymbol{n}_2\quad \boldsymbol{n}_3\quad \boldsymbol{n}_4\quad \cdots]$$

$$=\begin{bmatrix}\boldsymbol{n}_1^{\mathrm{T}}\boldsymbol{n}_1 & \boldsymbol{n}_1^{\mathrm{T}}\boldsymbol{n}_2 & \boldsymbol{n}_1^{\mathrm{T}}\boldsymbol{n}_3 & \boldsymbol{n}_1^{\mathrm{T}}\boldsymbol{n}_4 & \cdots\\ \boldsymbol{n}_2^{\mathrm{T}}\boldsymbol{n}_1 & \boldsymbol{n}_2^{\mathrm{T}}\boldsymbol{n}_2 & \boldsymbol{n}_2^{\mathrm{T}}\boldsymbol{n}_3 & \boldsymbol{n}_2^{\mathrm{T}}\boldsymbol{n}_4 & \cdots\\ \boldsymbol{n}_3^{\mathrm{T}}\boldsymbol{n}_1 & \boldsymbol{n}_3^{\mathrm{T}}\boldsymbol{n}_2 & \boldsymbol{n}_3^{\mathrm{T}}\boldsymbol{n}_3 & \boldsymbol{n}_3^{\mathrm{T}}\boldsymbol{n}_4 & \cdots\\ \boldsymbol{n}_4^{\mathrm{T}}\boldsymbol{n}_1 & \boldsymbol{n}_4^{\mathrm{T}}\boldsymbol{n}_2 & \boldsymbol{n}_4^{\mathrm{T}}\boldsymbol{n}_3 & \boldsymbol{n}_4^{\mathrm{T}}\boldsymbol{n}_4 & \cdots\\ \vdots & \vdots & \vdots & \vdots & \vdots\end{bmatrix}$$

$$=\begin{bmatrix}1.0 & \boldsymbol{n}_1^{\mathrm{T}}\boldsymbol{n}_2 & \boldsymbol{n}_1^{\mathrm{T}}\boldsymbol{n}_3 & \boldsymbol{n}_1^{\mathrm{T}}\boldsymbol{n}_4 & \cdots\\ \boldsymbol{n}_2^{\mathrm{T}}\boldsymbol{n}_1 & 1.0 & \boldsymbol{n}_2^{\mathrm{T}}\boldsymbol{n}_3 & \boldsymbol{n}_2^{\mathrm{T}}\boldsymbol{n}_4 & \cdots\\ \boldsymbol{n}_3^{\mathrm{T}}\boldsymbol{n}_1 & \boldsymbol{n}_3^{\mathrm{T}}\boldsymbol{n}_2 & 1.0 & \boldsymbol{n}_3^{\mathrm{T}}\boldsymbol{n}_4 & \cdots\\ \boldsymbol{n}_4^{\mathrm{T}}\boldsymbol{n}_1 & \boldsymbol{n}_4^{\mathrm{T}}\boldsymbol{n}_2 & \boldsymbol{n}_4^{\mathrm{T}}\boldsymbol{n}_3 & 1.0 & \cdots\\ \vdots & \vdots & \vdots & \vdots & \vdots\end{bmatrix}$$

从上式及矢量点积的定义可见，$\boldsymbol{A}_k^{\mathrm{T}}\boldsymbol{A}_k$ 为实对称方阵且各元素为顶点 k 处各构件相互之间夹角的方向余弦。$\boldsymbol{A}_k^{\mathrm{T}}\boldsymbol{A}_k$ 的特征值为 $\boldsymbol{A}_k$ 的奇异值的平方，特征矢量为 $\boldsymbol{A}_k$ 的右奇异矢量。另外，由于 MATLAB 符号矩阵的奇异值分解目前只给出奇异值，本节建议采用 $\boldsymbol{A}_k^{\mathrm{T}}\boldsymbol{A}_k$ 或 $\boldsymbol{A}_k\boldsymbol{A}_k^{\mathrm{T}}$ 的特征分解。

顶点 k 处有 1 根压杆 1 根拉索的情况比较简单，只有当这 1 根压杆和 1 根拉索共线时体系方可存在 1 个独立自应力模态且压杆和拉索的自应力相等，在此不再赘述。不妨猜测，顶点 k 处有 1 根压杆和 2 根拉索在三线共面时可能存在 1 个独立自应力模态，证明见例题 5.30。

例题 5.30 如图 5.95 所示，试求顶点 k 处有 1 根压杆和 2 根拉索任意布置情况下的节点平衡矩阵并分析节点静不定次数和动不定次数及该顶点自平衡状态的稳定性。

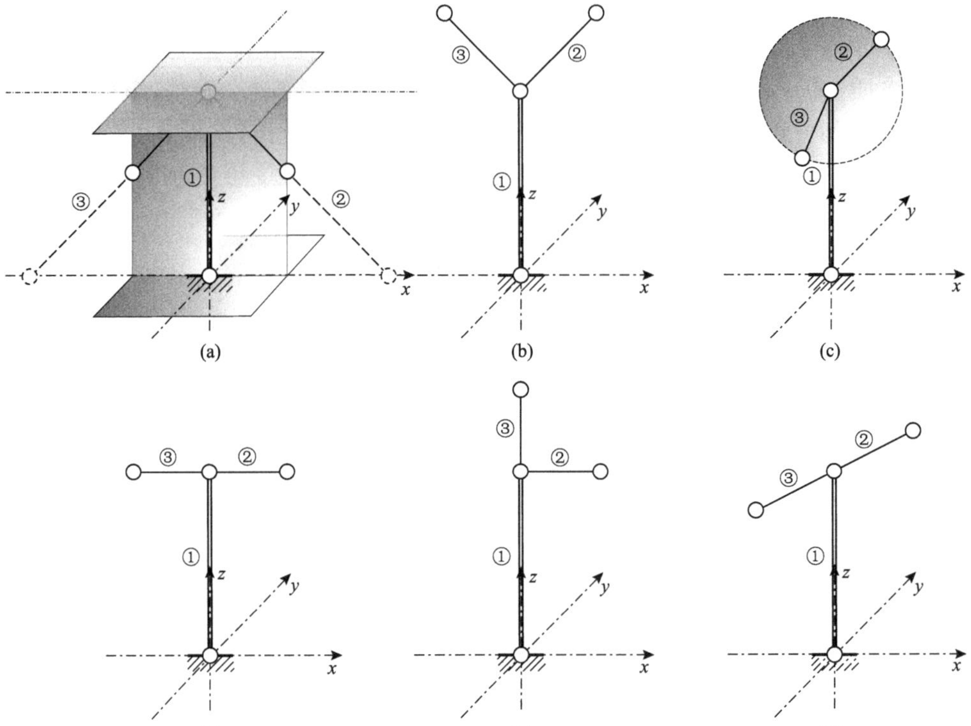

图 5.95 一个顶点处连接 1 根压杆和 2 根拉索

分析：1 个顶点处有 1 根压杆 2 根拉索的情况显然包括 1 根压杆和 1 根拉索的情况，即有 1 根构件自应力等于零的情况，如图 5.95(d)、(e)、(f) 所示，另外，若假设压杆沿整体坐标系的 z 轴正向布置，另外 2 根拉索的夹角可以是锐角(图 5.95(a))或钝角(图 5.95(c))。

解：具体步骤如下。

第 1 步，定义顶点处各构件的方向余弦符号变量，组装节点平衡矩阵 $\boldsymbol{A}_k$，假设 1 根压杆沿整体坐标系 z 轴正向布置，并将 $\boldsymbol{A}_k$ 中第一列元素赋值为沿 z 轴的单位方向矢量。

第 2 步，计算 $\boldsymbol{A}_k^{\mathrm{T}}\boldsymbol{A}_k$，将主对角元素代换为 1.0。然后，为简化符号计算工作量，假设 2 根拉索之间夹角的方向余弦为 0，即 2 根拉索的方向正交，并代换 $\boldsymbol{A}_k^{\mathrm{T}}\boldsymbol{A}_k$ 中相应元素(注：若不假设 2 根拉索之间夹角的方向余弦为零也是可以的，但特征矢量和特征值的符号表达式比较复杂)。

第 3 步，对 $\boldsymbol{A}_k^{\mathrm{T}}\boldsymbol{A}_k$ 进行特征分解，得到符号特征矢量和符号特征值。

上述符号求解的 MATLAB 源代码见附录 5.9，运行结果如下。

特征矢量矩阵为

$$\boldsymbol{V}=\begin{bmatrix} 0 & \sqrt{\cos^2\alpha_{z2}+\cos^2\alpha_{z3}}\big/\cos\alpha_{z3} & -\sqrt{\cos^2\alpha_{z2}+\cos^2\alpha_{z3}}\big/\cos\alpha_{z3} \\ -\cos\alpha_{z3}/\cos\alpha_{z2} & \cos\alpha_{z2}/\cos\alpha_{z3} & \cos\alpha_{z2}/\cos\alpha_{z3} \\ 1 & 1 & 1 \end{bmatrix}$$

特征值对角矩阵为

$$\boldsymbol{D}=\begin{bmatrix}1 & 0 & 0\\ 0 & 1+\sqrt{\cos^2\alpha_{z2}+\cos^2\alpha_{z3}} & 0\\ 0 & 0 & 1-\sqrt{\cos^2\alpha_{z2}+\cos^2\alpha_{z3}}\end{bmatrix}$$

特征值与特征矢量对应关系为

$$\boldsymbol{p}=(1\quad 2\quad 3)$$

考察 $\boldsymbol{D}$ 中对角元素即 3 个特征值，只有第 3 个主对角元素可能等于 0。若 $\sqrt{\cos^2\alpha_{z2}+\cos^2\alpha_{z3}}=1$，节点平衡矩阵秩亏数为 1，节点处静不定次数和动不定次数均等于 1，而这意味着 1 根压杆和 2 根拉索所在的三条直线共面（可证 $\sqrt{\cos^2\alpha_{z2}+\cos^2\alpha_{z3}}=1$ 等价于 $\cos\alpha_{x2}\cos\alpha_{y3}-\cos\alpha_{x3}\cos\alpha_{y2}=0$，即 $|\boldsymbol{A}_k|=(\boldsymbol{n}_2\times\boldsymbol{n}_3)\cdot\boldsymbol{n}_1=0$）或 2 根拉索沿 z 轴的方向余弦在单位圆上。此时，考察 $\boldsymbol{V}$ 的第 3 列即独立自应力模态，当 $\cos\alpha_{z2}\neq 0$ 和 $\cos\alpha_{z3}\neq 0$ 且同号时，拉索 2 自应力为正，这意味拉索布置应如图 5.95(a)、(b) 所示，图 5.95(c) 不满足拉索自应力的正解条件，具有单边约束性质的拉索会退出工作从而节点处拓扑几何发生突变。

然而，上述符号计算实际上忽略了 $\cos\alpha_{z2}=0$ 和 $\cos\alpha_{z3}=0$ 的情况，即如图 5.95(d)、(e)、(f) 所示的情况，此时节点平衡矩阵秩亏数也为 1 且 1 根构件的自应力等于 0。此时，本例题退化为 1 根压杆和 1 根拉索的问题。

接下来，不失一般性，取自应力为 $(-1\quad \cos\alpha_{z2}\quad \cos\alpha_{z3})$ 或者其他任意比例放大的自应力，则顶点 k 处的几何应力刚度之和为

$$q_1+q_2+q_3=\frac{-1}{l_1}+\frac{\cos\alpha_{z2}}{l_2}+\frac{\cos\alpha_{z3}}{l_3}$$

若 2 根拉索的下节点均在压杆下节点的垂面上，如图 5.95(a) 虚线所示，此时

$$l_2\cos\alpha_{z2}=l_1,\ \ l_3\cos\alpha_{z3}=l_1\Rightarrow l_2=l_1/\cos\alpha_{z2},\ \ l_3=l_1/\cos\alpha_{z3}$$

代入上式得

$$q_1+q_2+q_3=\frac{-1}{l_1}+\frac{\cos^2\alpha_{z2}}{l_1}+\frac{\cos^2\alpha_{z3}}{l_1}=\frac{\cos^2\alpha_{z2}+\cos^2\alpha_{z3}-1}{l_1}=0$$

顶点 k 处的自平衡状态为随遇平衡状态，若 2 根拉索的下节点均在压杆下节点垂面之下，则顶点 k 处几何应力刚度为负，即自平衡状态不稳定。因此，2 根拉索的下节点只能在压杆两端节点垂面之内布置且与压杆三线共面，顶点 k 处方可存在压杆受压拉索受拉的自应力模态且能保持稳定。

由例题 5.30 顶点处 1 根压杆和 2 根拉索问题的符号求解可引申讨论顶点处 1 根压杆和 3 根拉索的问题，为了符号计算表达式的直观，仍然假设压杆沿整体坐标系 z 轴正向布置，3 根拉索相互正交，则

$$A_k^{\mathrm{T}} A_k = \begin{bmatrix} 1 & \cos\alpha_{z2} & \cos\alpha_{z3} & \cos\alpha_{z4} \\ \cos\alpha_{z2} & 1 & 0 & 0 \\ \cos\alpha_{z3} & 0 & 1 & 0 \\ \cos\alpha_{z4} & 0 & 0 & 1 \end{bmatrix}$$

上述 $A_k^{\mathrm{T}} A_k$ 符号特征分解的 MATLAB 源代码见附录 5.10。计算结果如下。
特征矢量矩阵为

$$V = \begin{bmatrix} 0 & 0 & \sqrt{\cos^2\alpha_{z2}+\cos^2\alpha_{z3}+\cos^2\alpha_{z4}}/\cos\alpha_{z4} & -\sqrt{\cos^2\alpha_{z2}+\cos^2\alpha_{z3}+\cos^2\alpha_{z4}}/\cos\alpha_{z4} \\ -\cos\alpha_{z3}/\cos\alpha_{z2} & -\cos\alpha_{z4}/\cos\alpha_{z2} & \cos\alpha_{z2}/\cos\alpha_{z4} & \cos\alpha_{z2}/\cos\alpha_{z4} \\ 1 & 0 & \cos\alpha_{z3}/\cos\alpha_{z4} & \cos\alpha_{z3}/\cos\alpha_{z4} \\ 0 & 1 & 1 & 1 \end{bmatrix}$$

特征值对角矩阵为

$$D = \begin{bmatrix} 1 & 0 & 0 & 0 \\ 0 & 1 & 0 & 0 \\ 0 & 0 & 1+\sqrt{\cos^2\alpha_{z2}+\cos^2\alpha_{z3}+\cos^2\alpha_{z4}} & 0 \\ 0 & 0 & 0 & 1-\sqrt{\cos^2\alpha_{z2}+\cos^2\alpha_{z3}+\cos^2\alpha_{z4}} \end{bmatrix}$$

特征值与特征矢量的对应关系为

$$p = \begin{pmatrix} 1 & 2 & 3 & 4 \end{pmatrix}$$

上述特征矢量矩阵和特征值对角矩阵与例题 5.30 中的类似，有一定的规律。1 根压杆与 3 根拉索相连，若 $1=\sqrt{\cos^2\alpha_{z2}+\cos^2\alpha_{z3}+\cos^2\alpha_{z4}}$，即 3 根拉索沿 z 轴的方向余弦在单位球面上(从几何角度要求 4 线共体或者说压杆在 3 根索形成的三角锥内)，则节点处的静不定次数为 1、动不定次数为 0。拉索自应力存在正解条件还要求 $\cos\alpha_{z2}\neq 0$、$\cos\alpha_{z3}\neq 0$、$\cos\alpha_{z4}\neq 0$ 且 $\cos\alpha_{z2}$、$\cos\alpha_{z3}$、$\cos\alpha_{z4}$ 三者同号(注意 V 最后一列并未标准化，若乘以 $\cos\alpha_{z4}$ 得自应力模态为 $(-1 \quad \cos\alpha_{z2} \quad \cos\alpha_{z3} \quad \cos\alpha_{z4})^{\mathrm{T}}$，若要求压杆为压自应力，则 $\cos\alpha_{z2}$、$\cos\alpha_{z3}$、$\cos\alpha_{z4}$ 必须大于零)。当 $\cos\alpha_{z2}=0$ 或 $\cos\alpha_{z3}=0$ 或 $\cos\alpha_{z4}=0$ 时退化为 1 根压杆 2 根拉索、1 根拉索或 0 根拉索问题。

此外，与 1 根压杆 2 根拉索情况类似，当 3 根拉索的下节点在压杆下节点的垂面上时，顶点 k 处于随遇自平衡状态。然而，3 根拉索情况还需考虑拉索的单边约束性质，若 3 根拉索在压杆顶点处垂面上的投影分布在一个半平面内或者压杆不全在 3 根索围成的三棱锥内部，即使该顶点的力密度之和大于零，由于拉索只能受拉，顶点 k 处的自平衡状态也是不稳定的，这是传统棱柱型张拉整体模块每个顶点有 1 根压杆 3 根拉索且拉索均在压杆顶点处垂面内却无法保持自平衡状态稳定的根本原因。

那么，顶点 k 处 1 根压杆 4 根拉索的情况下呢？4 根拉索相互正交只存在一种情况，即 4 根拉索在一个平面内且均沿着该平面内直角坐标系的正、负方向，因此 4 根拉索只能在压杆顶点处垂面的下侧布置且拉索下节点不能都超出压杆下节点处垂面。1 根压杆 4 根拉索的符号计算非常耗时且计算结果并不直观，采用浮点值计算进行研究更为合适。

由以上分析可得出的初步认识如下。

①1 根压杆顶点 k 处连接多根拉索，若存在压杆受压拉索全部受拉的自应力模态且自平衡状态稳定，则拉索宜在压杆两个端节点垂面分割的空间之内布置且拉索在垂面上的投影不能在一个半平面内(注：压杆在拉索围成的角锥体内，部分拉索下节点超出压杆下顶点处垂面时应校核其自平衡状态的稳定性)，这意味张拉整体模块是凸的。1 根压杆顶点 k 处布置 3、4 根及更多根拉索需要注意拉索的单边约束性质对体系静不定次数及稳定性的影响，4 根拉索布置比较容易满足预应力设计要求，3 根拉索布置以及压杆节点处耳板构造设计应格外小心。

②拉索的单边约束性质等价于拉索内力或自应力存在正解条件，采用线性平衡方程无法提前预测。当然，如果能够找到合适的数学描述并在非线性平衡方程求解中考虑这一点是比较理想的。

注：采用节点平衡矩阵分析单个节点处的局部静不定次数和动不定次数与本书第 2 章中分布式静不定次数和分布式动不定次数的概念不同。

(3)张拉整体模块间断压条件和连续拉条件。

Fuller 最初设想的张拉整体结构概念为压力的孤岛漂浮于张拉的海洋之中，则张拉整体模块线性图的每一个顶点只可能存在一根压杆，其余都必须是索。每一根压杆形成两个独立的顶点，即顶点总数等于压杆数的 2 倍，因此张拉整体单元或模块的顶点数必定是偶数，如 6 个顶点的三棱柱型，8 个顶点的四棱柱型等。反过来，张拉的孤岛也可以存在于压力的海洋中。

(4)Maxwell 公式的数学描述。

本书第 2 章 2.3 节从矩阵力法的角度并采用结构或机械网络理论对 Maxwell 公式和 CKG 公式在体系拓扑几何构成方面的应用做了详细讨论。那么，对铰接杆系结构而言，Maxwell 公式是否存在纯数学方面的证明？回答是肯定的，Maxwell 公式有严格、有趣但对结构工程师而言却明显陌生、抽象甚至有些晦涩的组合数学证明。

铰接杆系的结构刚性(structural rigidity of skeletal structures)[47,104]：(注：数学意义上的结构刚性概念可理解为结构力学中体系的动定性。)图 G 包含一个顶点有限集 V 和一个

边集 $P\left(\left(v_i,v_j\right):i,j=1,2,\cdots,n且i\neq j,\ v_i,v_j\in V\right)$ 的子集 E，记为 $G(V,E)$。其中，n 表示图的顶点数，b 表示图的边数。

一个铰接杆系包含一个图 G 和一个将全部顶点 V 映射到欧几里得空间 E^3 的变换 χ 且 $\chi v_i\neq\chi v_j$，记为 (G,χ)。$\chi v_i\neq\chi v_j$ 意味着杆件的长度不等于零。G 称为该铰接杆系结构的线性图表示或隐含的线性图，(G,χ) 称为线性图 G 在欧几里得空间 E^3 中的一个实现。

铰接杆系的一个保长位移：①存在一个实的闭区间 $[t_1,t_2]$，其中 $0\in[t_1,t_2]$；②对于 $\forall v_i\in V$ 和 $\forall\ \tau\in[t_1,t_2]$，节点 $\chi_\tau v_i\in E^3$ 满足 $\chi_{\tau=0}v_i=\chi v_i$，函数 $\chi_\tau v_i$ 可微，(G,χ_τ) 是空间杆系结构，$\left\|\chi_\tau v_i-\chi_\tau v_j\right\|=\left\|\chi v_i-\chi v_j\right\|$。

欧几里得空间 E^3 中的刚体运动可采用一时间 τ 的可微函数 ψ_τ 描述为 $\forall x_i,x_j\in E^3$ 满足 $\left\|\psi_\tau x_i-\psi_\tau x_j\right\|=\left\|x_i-x_j\right\|$。

显然，铰接杆系在欧几里得空间 E^3 中做刚体运动 ψ_τ 时产生的位移是保长位移，即 $\psi_\tau\chi=\chi_\tau$，如图 5.96 所示。

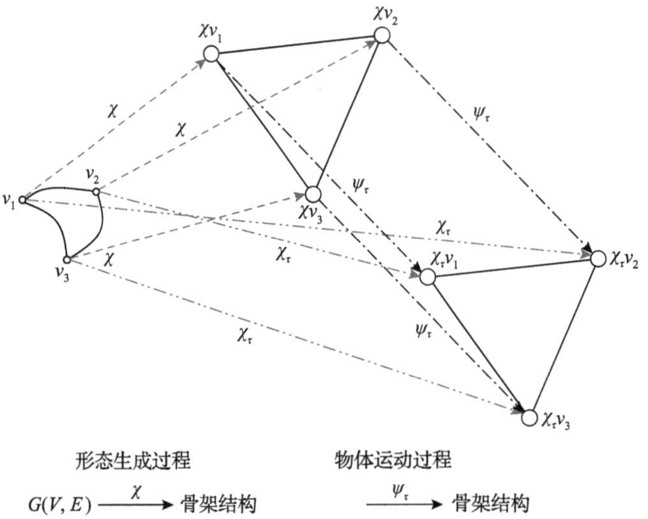

图 5.96　形态生成与运动的数学描述

铰接杆系的一个线性无穷小位移定义为 V 的一个映射 $u:V\to R^{3n}$，其中 R^{3n} 表示 $3n$ 维欧几里得空间。线性无穷小位移意味着其对线性变换是封闭的。

铰接杆系的线性小位移：存在一个线性无穷小位移 $u:V\to R^{3n}$，$\forall\delta\in R且\delta>0$，$\forall\tau\leqslant|\delta|$ 对所有 $v_i\in V$ 映射 $\chi_\tau:V\to E^3$ 满足 $\chi_\tau v_i=\chi v_i+\tau uv_i+O(\tau)$。由此可见线性无穷小位移可以看成函数 χv_i 对时间的一阶导数即速度，采用符号表示为 $\chi v_i=x_i\Rightarrow\dot{x}_i=uv_i$。

线性小位移是容许的，如果 $\forall\left(v_i,v_j\right)\in E:i,j=1,2,\cdots,n$ 且 $i\neq j$，$v_i,v_j\in V$ 均满足 $\left\|\chi_\tau v_i-\chi_\tau v_j\right\|-\left\|\chi v_i-\chi v_j\right\|=O(\tau)$，那么线性小位移是容许的应当满足什么条件？推导如下：

$$
\begin{aligned}
\|\chi_\tau v_i-\chi_\tau v_j\|-\|\chi v_i-\chi v_j\|&=\sqrt{(\chi_\tau v_i-\chi_\tau v_j)(\chi_\tau v_i-\chi_\tau v_j)}-\|\chi v_i-\chi v_j\|\\
&=\sqrt{(\chi v_i-\chi v_j+\tau u v_i-\tau u v_j+O(\tau))(\chi v_i-\chi v_j+\tau u v_i-\tau u v_j+O(\tau))}-\|\chi v_i-\chi v_j\|\\
&=\sqrt{(\chi v_i-\chi v_j)(\chi v_i-\chi v_j)+2\tau(\chi v_i-\chi v_j)(u v_i-u v_j)+O(\tau)}-\|\chi v_i-\chi v_j\|\\
&=|\chi v_i-\chi v_j|\left[1+\frac{1}{2}\frac{2\tau(\chi v_i-\chi v_j)(u v_i-u v_j)}{|\chi v_i-\chi v_j|^2}+O(\tau)\right]-\|\chi v_i-\chi v_j\|\\
&=\frac{\tau(\chi v_i-\chi v_j)(u v_i-u v_j)}{\|\chi v_i-\chi v_j\|}+O(\tau)
\end{aligned}
$$

可见，当$(\chi v_i-\chi v_j)(uv_i-uv_j)=0$时线性小位移才是容许的。

欧几里得空间E^3中的无穷小刚体运动为映射$\psi_{\tau\to 0}:E^3\to R^{3n}$，$\forall x_i,x_j\in E^3$满足$(\psi_{\tau\to 0}x_i-\psi_{\tau\to 0}x_j)(x_i-x_j)=0$。铰接杆系的线性无穷小位移是显然的，无需证明。若存在一个无穷小刚体运动且$\psi_{\tau\to 0}\chi=u\Rightarrow(\dot{x}_i-\dot{x}_j)(x_i-x_j)=0$。铰接杆系是刚性的当且仅当其每一个容许的线性小位移都有一个平凡的线性无穷小位移，这要求将$(\dot{x}_i-\dot{x}_j)\cdot(x_i-x_j)=0$记为以$\dot{x}_i$、$\dot{x}_j$为未知量的线性方程组有且仅有零解。

实际上，铰接杆系是刚性的意味着体系所有节点不存在非零的相对的有限刚体运动和相对的无穷小刚体运动，刚体运动最为显著的特征是杆件长度不变，即$(x_i-x_j)\cdot(x_i-x_j)=\text{const}$，对该式左、右两端求时间的导数同样可得$(x_i-x_j)\cdot(\dot{x}_i-\dot{x}_j)=0$。将铰接杆系所有杆件的上述关系放在一起并记为以$\dot{x}_i$、$\dot{x}_j$为未知量的线性方程组形式，假设整体直角坐标方向为$x_1$、$x_2$、$x_3$，以图 5.96 所示的三角形杆系为例（令杆件编号为l、m、n，节点编号为i、j、k），则

$$
\begin{aligned}
(x_i-x_j)\cdot(\dot{x}_i-\dot{x}_j)=0\Rightarrow&\begin{bmatrix}\Delta x_1^l&0&0\\0&\Delta x_1^m&0\\0&0&\Delta x_1^n\end{bmatrix}\begin{bmatrix}1&-1&0\\1&0&-1\\0&1&-1\end{bmatrix}\begin{pmatrix}\dot{x}_{i1}\\\dot{x}_{j1}\\\dot{x}_{k1}\end{pmatrix}+\begin{bmatrix}\Delta x_2^l&0&0\\0&\Delta x_2^m&0\\0&0&\Delta x_2^n\end{bmatrix}\begin{bmatrix}1&-1&0\\1&0&-1\\0&1&-1\end{bmatrix}\begin{pmatrix}\dot{x}_{i2}\\\dot{x}_{j2}\\\dot{x}_{k2}\end{pmatrix}\\
&+\begin{bmatrix}\Delta x_3^l&0&0\\0&\Delta x_3^m&0\\0&0&\Delta x_3^n\end{bmatrix}\begin{bmatrix}1&-1&0\\1&0&-1\\0&1&-1\end{bmatrix}\begin{pmatrix}\dot{x}_{i3}\\\dot{x}_{j3}\\\dot{x}_{k3}\end{pmatrix}=0\\
&\Rightarrow\left[\operatorname{diag}(\Delta\boldsymbol{x}_1)\boldsymbol{C}\quad\operatorname{diag}(\Delta\boldsymbol{x}_2)\boldsymbol{C}\quad\operatorname{diag}(\Delta\boldsymbol{x}_3)\boldsymbol{C}\right]\begin{pmatrix}\dot{\boldsymbol{x}}_1\\\dot{\boldsymbol{x}}_2\\\dot{\boldsymbol{x}}_3\end{pmatrix}=0
\end{aligned}
$$

其中，$\boldsymbol{C}$为铰接杆系线性图的关联矩阵；Δx_1^l、Δx_2^l、Δx_3^l表示第l根杆件左、右节点在整体坐标系中x_1、x_2、x_3坐标的差值；$\dot{x}_{i1}$、$\dot{x}_{i2}$、$\dot{x}_{i3}$表示第i节点在整体坐标系下沿坐

标轴 x_1、x_2、x_3 方向的速度分量；$\dot{\boldsymbol{x}}_1=(\dot{x}_{i1}\quad \dot{x}_{j1}\quad \dot{x}_{k1})^{\mathrm{T}}$ 表示所有节点在整体坐标系下沿坐标轴 x_1 方向的速度矢量。

进一步考察系数矩阵的行数、列数和秩数可得出[40] $3n-b-c=s-m$，其中 c 表示支座约束数目。当独立机构位移模态数 $m=0$ 时，退化为结构力学中的 Maxwell 公式，在此不再赘述。

值得指出的是：①上述组合数学意义上关于铰接杆系的结构刚性以线性小位移小应变假设为前提，对形状几何奇异情况下的判断是粗略的，如存在可刚化的一阶或高阶无穷小机构[42,105]等；②由于左乘满秩的对角矩阵不改变矩阵的秩，若构造包含所有杆件长度的倒数的对角矩阵左乘上述系数矩阵，则上述系数矩阵变为线性相容矩阵，因此 $\left(x_i-x_j\right)\cdot\left(\dot{x}_i-\dot{x}_j\right)=0$ 等价于节点位移的线性相容方程，可理解为节点速度的线性相容方程，右端项等于零表示二力杆的伸长量对时间的导数均等于零；③另外，铰接杆系若采用拉索作为受拉构件，则需要考虑其单边约束性质，如 2.3.1 节讨论过 ReLU 函数、本节讨论过 0-1 函数等，进一步的研究可参考文献[106]；④上述数学描述主要还是对物体运动过程的描述，第Ⅳ类形态生成问题更应关注形态生成过程的规律。

2. 如何自动生成体系线性图

自动生成体系线性图本质上是体系线性图的关联矩阵或邻接矩阵的重构，其包含的子问题为体系线性图应满足什么样的条件、找拓扑分析问题即第Ⅳ类形态生成问题有几种情况、自动生成体系线性图的计算方法有哪些等。具体如下。

(1) 体系线性图应满足的条件。

由基本问题 1 的讨论可见，体系线性图需要满足的条件为：①建筑功能空间分割数应满足欧拉示性数条件；②顶点处单边约束边的度数条件，如二维张拉整体模块每个顶点相连的单边约束构件数大于等于 2，三维张拉整体模块每个顶点处单边约束构件的根数大于等于 3；③完整意义上的张拉整体结构宜满足“连续拉、间断压”条件；④体系拓扑几何满足数学上整体刚性条件、力学上的可承载条件和正常使用条件；⑤体系拓扑几何满足预应力体系独立自应力模态数大于等于 1、不可刚化的独立机构位移模态数等于 0 的条件。

(2) 第Ⅳ类形态生成问题即找拓扑分析问题的分类。

从生成体系线性图的具体算法角度来看，第Ⅳ类形态生成问题可分类为：①从一～四维胞腔数(包括顶点数、边数、面数、体数)是否给定的角度共可分为 $C_4^1+C_4^2+C_4^3+C_4^4=4+6+4+1=15$ 种，如仅顶点数给定、仅边数给定、仅面数给定或仅体数给定等情况；②从形状几何是否给定的角度可分为两种，一种是形状几何特征完全确定(即顶点数和面数甚至长度或面积已经确定)的情况，反之则是第二种；③从体系构成是否采用单个或多个张拉整体模块(或者图的分解)拼接的角度可分为拼接或非拼接两种；④从体系独立自应力模态数和独立机构位移模态数的角度可分为单、多自应力模态或无、一个或多个机构位移模态等找拓扑分析问题。

(3) 自动生成体系线性图的一般算法。

基本思想：生成体系的线性图就是要生成其顶点和边，那么生成顶点和边的基本算法有两类。加法类算法，例如，任意选取一个顶点为基点，然后通过添加顶点和添加边的操作逐步生成满足各种条件的线性图；减法类算法，例如，先假设总的顶点数，再生成一个简单的完整图，然后从完整图开始进行去掉顶点或去掉边的操作，最终得到符合要求的线性图。

①加法类算法。

以顶点数已知的情况为例，此时找拓扑分析的主要工作是添加边，可由图论中最大生成树算法初步连通各个顶点，然后采用搜寻、遍历的优化方法添加其他的边。

②减法类算法。

同样以顶点数已知的情况为例，首先由这些顶点数自动生成一个简单的完整图，然后可通过拓扑找力分析及紧凑独立自应力模态或整数线性规划等优化算法[107]去掉不需要的边。

流程框架：以顶点数已知的情况为例，加法类算法和减法类算法的流程如图 5.97 和图 5.98 所示。

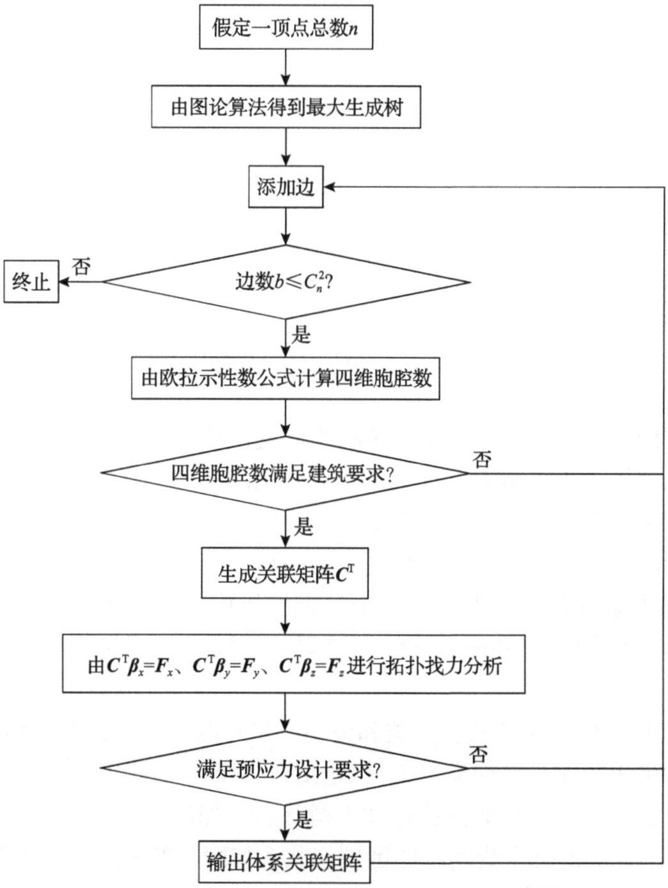

图 5.97　加法类算法流程

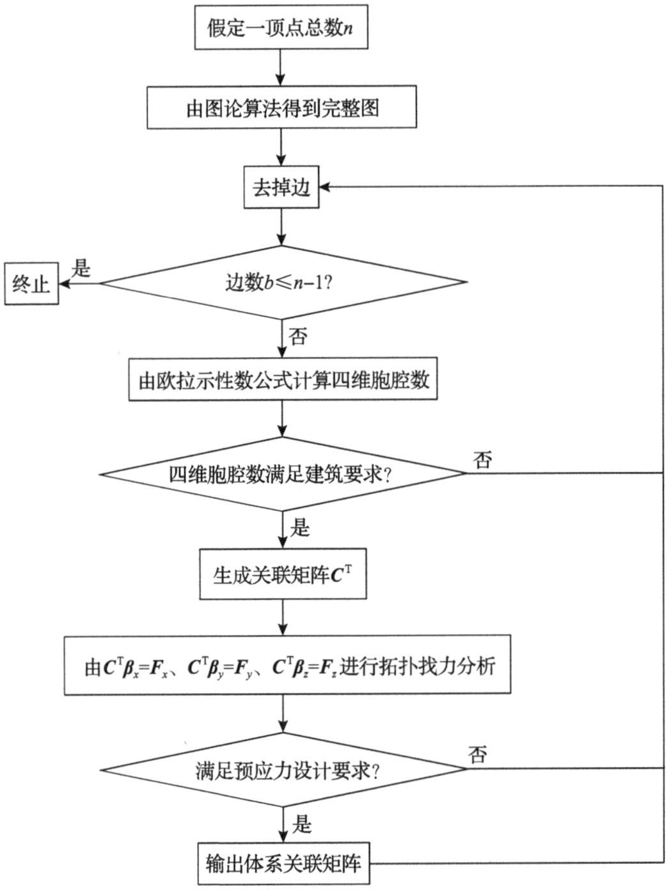

图 5.98　减法类算法流程

5.5　结　　语

传统建筑结构设计概念大都基于小位移小应变假设，适用于静定动定体系和静不定动定体系等满足固体静力平衡的可承载体系。采用静不定动不定体系和静定动不定体系作为永久承载体系还在发展之中。这表明，只要体系能够保持稳定的相对静止或动平衡状态就可以作为承载体系。可承载体系也可以是机构，如旋转的陀螺能够保持自身的动平衡是由于陀螺力矩的存在。人体是一个复杂的机构，但人体可以承载一定的重量并保持平衡。因此，结构设计和机械设计在这里变得模糊，而将二者统一起来的就是柔体力学。

表 5.26 对可承载体系作了初步分类和说明。静止的可承载体系，如一般房屋建筑、桥梁等；运动的可承载体系，如交通工具(包括自行车)、国际空间站等；还有的可承载体系既能保持静止平衡状态也能保持运动平衡状态，如汽车、火车、飞机、轮船等交通运载工具。第Ⅰ～Ⅳ类形态生成问题的区别与联系如表 5.27 所示。四种基本体系存在的形态生成问题如表 5.28 所示。

表 5.26　可承载体系的分类和特征

	运动状态	能量泛函特征	平衡性质	体系判定
可承载体系	静止	势能取得极小值或最小值，动能为零；保持平衡状态不需要外部能量输入	静平衡	动定体系
		势能取得极小值或最小值，动能为零；保持平衡状态需要外部能量输入，如预应变能	静平衡	可静力刚化的动不定体系
	运动	势能不取得极值，动能不等于零，总能量取极值；保持平衡状态需要外部能量输入	动平衡	可运动或动力刚化的动不定体系

表 5.27　第Ⅰ～Ⅳ类形态生成问题的区别与联系

分类		第Ⅰ类	第Ⅱ类	第Ⅲ类	第Ⅳ类
本构关系		已知	已知	已知	未知
质量		未知	未知	未知	未知
势能		未知	未知	未知	未知
动量		和为零	和为零	和为零	未知
拓扑几何		已知	已知	已知	待求
形状几何	零状态	未知	未知	未知	未知
	初状态	待求	已知	待求	未知
	荷载态	未知	未知	待求	未知
预应力	分布	已知	待求	待求	未知
	大小	已知	待求	待求	未知
边界条件		已知	已知	已知	已知
平衡条件		满足	满足	满足	—
相容条件		不考虑	不考虑	先张法不考虑 后张法部分考虑	—
稳定性判定		考虑	考虑	考虑	—
数值分析方法		FDM、DRM、NFEM、IsEM	EDM、ImEM、LDM	ABMM、SPM、CM、MNA、SSSA、BA、AFDM	MILP、ICM

表 5.28　四种基本体系存在的形态生成问题

基本体系		第Ⅰ类	第Ⅱ类	第Ⅲ类	第Ⅳ类
非预应力体系——自应力等于零	静定动定体系	√	×	×	√
可预应力体系——自应力可不等于零	静不定动定体系	√	√	√	√
	静不定动不定体系	√	√	√	√
非预应力体系——自应力等于零	静定动不定体系	√	×	×	√

注：√表示存在，×表示不存在。

参 考 文 献

[1] 泽维尔. 现代极小曲面讲义[M]. 北京: 高等教育出版社, 2011.

[2] 老大中. 变分法基础[M]. 2 版. 北京: 国防工业出版社, 2007.

[3] 匡震邦. 非线性连续介质力学[M]. 上海: 上海交通大学出版社, 2002.

[4] Bletzinger K U, Ramm E. A general finite element approach to the form finding of tensile structures by the updated reference strategy[J]. International Journal of Space Structures, 1999, 14(2): 131-145.

[5] 张群力, 周平槐, 杨学林, 等. 极小曲面的 Weierstrass 表示与建筑造型[J]. 土木建筑工程信息技术, 2014, 6(3): 25-38.

[6] 陈维桓. 极小曲面[M]. 大连: 大连理工大学出版社, 2011.

[7] Otter J R H, Day A S. Tidal flow computations[J]. The Engineer, 1960, 209: 177-182.

[8] Papadrakakis M. A method for the automatic evaluation of the dynamic relaxation parameters[J]. Computer Methods in Applied Mechanics and Engineering, 1981, 25(1): 35-48.

[9] 张文生. 科学计算中的偏微分方程有限差分法[M]. 北京: 高等教育出版社, 2006.

[10] Levinger B W. Minimal gerschgorin sets, III[J]. Linear Algebra and Its Applications, 1969, 2(1): 13-19.

[11] Schek H J. The force density method for form finding and computation of general networks[J]. Computer Methods in Applied Mechanics and Engineering, 1974, 3(1): 115-134.

[12] Maurin B, Motro R. The surface stress density method as a form-finding tool for tensile membranes[J]. Engineering Structures, 1998, 20(8): 712-719.

[13] Zhang J Y, Ohsaki M. Adaptive force density method for form- finding problem of tensegrity structures[J]. International Journal of Solids and Structures, 2006, 43(18-19): 5658-5673.

[14] Goto K, Noguchi H. Form finding analysis of tensgrity structures based on variational method[C]// Proceedings of the 4th China-Japan-Korea Joint Symposium on Optimization of Structural and Mechanical Systems, Kunming, 2006: 455-460.

[15] Miki M, Kawaguchi K. Extended force density method for form-finding of tension structures[J]. Journal of the International Association for Shell and Spatial Structures, 2010, 51(166): 291-303.

[16] Vassart N, Motro R. Multiparametered form finding method: Application to tensegrity systems[J]. International Journal of Space Structures, 1999, 14(2): 147-154.

[17] Argyris H H, Kelsey S. Energy Theorems and Structural Analysis[M]. London: Butterworths, 1960.

[18] de Henderson J C C. Topological aspects of structural linear analysis[J]. Aircraft Engineering and Aerospace Technology, 1960, 32(5): 137-141.

[19] de Henderson J C C, Maunder E A W. A problem in applied topology: On the selection of cycles for the flexibility analysis of skeletal structures[J]. IMA Journal of Applied Mathematics, 1969, 5(2): 254-269.

[20] Maunder E A W. Topological and linear analysis of skeletal structures[D]. London: Imperial College, 1971.

[21] Kaveh A. Applications of topology and matroid theory to the analysis of structures[D]. London: Imperial College, 1974.

[22] Kaveh A. Improved cycle bases for the flexibility analysis of structures[J]. Computer Methods in Applied

Mechanics and Engineering, 1976, 9(3): 267-272.

[23] Denke P H. A general digital computer analysis of statically indeterminate structures[R]. NASA TD-D-1666, 1962.

[24] Robinson J. Integrated Theory of Finite Element Methods[M]. New York: Wiley, 1973.

[25] Topcu A. A contribution to the systematic analysis of finite element structures using the force method[D]. Essen: Essen University, 1979.

[26] Kaneko I, Lawo M, Thierauf G. On computational procedures for the force method[J]. International Journal for Numerical Methods in Engineering, 1982, 18(10): 1469-1495.

[27] Soyer E, Topcu A. Sparse self-stress matrices for the finite element force method[J]. International Journal for Numerical Methods in Engineering, 2001, 50(9): 2175-2194.

[28] Pellegrino S. Structural computations with the singular value decomposition of the equilibrium matrix[J]. International Journal of Solids and Structures, 1993, 30(21): 3025-3035.

[29] Patnaik S N. An integrated force method for discrete analysis[J]. International Journal for Numerical Methods in Engineering, 1973, 6(2): 237-251.

[30] Patnaik S N, Yadagiri S. Frequency analysis of structures by integrated force method[J]. Journal of Sound and Vibration, 1982, 83(1): 93-109.

[31] Patnaik S N, Joseph K T. Generation of the compatibility matrix in the integrated force method[J]. Computer Methods in Applied Mechanics and Engineering, 1986, 55(3): 239-257.

[32] Nagabhusanam J, Patnaik S. N. General purpose program to generate compatibility matrix for the integrated force method[J]. AIAA Journal, 1990, 28(10): 1838-1842.

[33] Krishnam Raju N B, Nagabhushanam J. Nonlinear structural analysis using integrated force method[J]. Sadhana, 2000, 25(4): 353-365.

[34] 殷有泉. 固体力学非线性有限元引论[M]. 北京: 北京大学出版社, 清华大学出版社, 1987.

[35] 吴长春, 卞学鐄. 非协调数值分析与杂交元方法[M]. 北京: 科学出版社, 1997.

[36] 胡海昌. 弹性力学的变分原理及其应用[M]. 北京: 科学出版社, 1981.

[37] Pellegrino S. Analysis of prestressed mechanisms[J]. International Journal of Solids and Structures, 1990, 26(12): 1329-1350.

[38] Mohri F, Motro R. Static and kinematic determination of generalized space reticulated systems[J]. International Journal of Solids Structures, 1993, 30(2): 231-237.

[39] Hanaor A. Prestressed pin-jointed structures—flexibility analysis and prestress design[J]. Computers & Structures, 1988, 28(6): 757-769.

[40] Calladine C R. Buckminster Fuller's "tensegrity" structures and Clerk Maxwell's rules for the construction of stiff frames[J]. International Journal of Solids Structures, 1978, 14(2): 161-172.

[41] Kuznetsov E N. Underconstrained structural systems[J]. International Journal of Solids and Structures, 1988, 24(2): 153-163.

[42] Calladine C R, Pellegrino S. First-order infinitesimal mechanisms[J]. International Journal of Solids and Structures, 1991, 27(4): 505-515.

[43] Volokh K Y, Vilnay O. "Natural", "kinematic" and "elastic" displacements of underconstrained

structures[J]. International Journal of Solids and Structures, 1997, 34(8): 911-930.
[44] Pellegrino S, Calladine C R. Matrix analysis of statically and kinematically indeterminate frameworks[J]. International Journal of Solids and Structures, 1986, 22(4): 409-428.
[45] Gloub G H, van Loan C F. 矩阵计算[M]. 3 版. 袁亚湘, 译. 北京: 人民邮电出版社, 2011.
[46] 龙驭球, 包世华. 结构力学(上册)(第一分册)[M]. 北京: 高等教育出版社, 1979.
[47] Kaveh A. Structural Mechanics: Graph and Matrix Methods[M]. 3rd ed. Hertfordshire: Research Studies Press, 2004.
[48] Zhang Z H, Dong S L, Fu X Y. Structural design of a spherical cable dome with stiff roof[J]. International Journal of Space Structures, 2008, 23(1): 45-56.
[49] Collins R J. Bandwidth reduction by automatic renumbering[J]. International Journal for Numerical Methods in Engineering. 1973, 6(3): 345-356.
[50] 姜巍. 三维几何模型的内蕴对称检测技术研究[D]. 长沙: 国防科学技术大学, 2013.
[51] 蒋中祥. 载荷作用下对称结构的内力和位移[J]. 力学与实践, 2014, 36(5): 633-635.
[52] 袁行飞, 董石麟. 索穹顶结构整体可行预应力概念及其应用[J]. 土木工程学报, 2001, 34(2): 33-37, 61.
[53] Yuan X F, Chen L M, Dong S L. Prestress design of cable domes with new forms[J]. International Journal of Solids and Structures, 2007, 44(9): 2773-2782.
[54] 周锦瑜. 索杆张力结构体系的力学特征与成形分析方法[D]. 上海: 上海交通大学, 2018.
[55] Foley J D, van Dam A, Feiner S K, et al. 计算机图形学导论[M]. 董士海, 译. 北京: 机械工业出版社, 2004.
[56] 陈联盟. Kiewit 型索穹顶结构的理论分析和试验研究[D]. 杭州: 浙江大学, 2005.
[57] 张志宏, 张明山, 董石麟. 张弦梁结构若干问题的探讨[J]. 工程力学, 2004, 21(6): 26-30.
[58] Zhang Z H, Cao Q S, Dong S L, et al. Structural design of a practical suspendome[J]. Advanced Steel Construction: An International Journal, 2008, 4(4): 323-340.
[59] Zhang Z H, Dong S L, Fu X Y. Structural design of lotus arena: A large-span suspen-dome roof[J]. International Journal of Space Structures, 2009, 24(3): 129-142.
[60] Cao Q S, Zhang Z H. A simplified strategy for force finding analysis of suspendomes[J]. Engineering Structures, 2010, 32(1): 306-318.
[61] 王伯惠. 斜拉桥结构发展和中国经验(上册)[M]. 北京: 人民交通出版社, 2003.
[62] 邓华. 索杆系统分析: 理论与方法[M]. 北京: 科学出版社, 2018.
[63] 张志宏, 董石麟, 邓华. 张弦梁结构的计算分析和形状确定问题[J]. 空间结构, 2011, 17(1): 8-14.
[64] 尚仁杰, 刘景亮, 吴转琴, 等. 泊松方程与双向张弦梁找形[J]. 力学与实践, 2007, 29(5): 17-20.
[65] 尚仁杰, 吴转琴, 李佩勋, 等. 基于平衡荷载的双向张弦梁下弦拉索找形方法[J]. 工程力学, 2008, 25(3): 174-181.
[66] 张志宏, 董石麟. 空间索桁体系的形状确定问题[J]. 工程力学, 2010, 27(9): 107-112.
[67] Zhang Z H, Cheng W P. Proper shape analysis of spatial cable-frames[J]. International Journal of Space Structures, 2011, 26(2): 95-103.
[68] 小林昭七. 曲线与曲面的微分几何[M]. 王云达, 译. 沈阳: 沈阳市数学会, 1980.

[69] 陈维桓. 微分几何[M]. 北京: 北京大学出版社, 2006.
[70] 李力. Serret-Frenet 公式与质点的空间曲线运动[J]. 物理与工程, 2014, 24(5): 43-44.
[71] Vlasov V Z. Thin-Walled Elastic Beams[M]. 2nd ed. Jerusalem: Israel Program of Scientific Translations, 1961.
[72] 姚玲森. 曲线梁[M]. 北京: 人民交通出版社, 1989.
[73] 郭在田. 薄壁杆件的弯曲与扭转[M]. 北京: 中国建筑工业出版社, 1989.
[74] 武际可, 黄永刚. 弹性曲杆的稳定性问题[J]. 力学学报, 1987, 19(5): 445-454.
[75] 徐芝纶. 弹性力学(下册)[M]. 4 版. 北京: 高等教育出版社, 2006.
[76] 谢树艺. 工程数学矢量分析与场论[M]. 4 版. 北京: 高等教育出版社, 2012.
[77] 哥尔琴文塞尔. 弹性薄壳理论[M]. 薛振东, 刘树阑, 译. 上海: 上海科学技术出版社, 1963.
[78] Bleecker D, Csordas G. 基础偏微分方程[M]. 李俊杰, 译. 北京: 高等教育出版社, 2006.
[79] Kenmotsu K. Weierstrass formula for surfaces of prescribed mean curvature[J]. Mathematische Annalen, 1979, 245(2): 89-99.
[80] 符拉索夫. 壳体的一般理论[M]. 薛振东, 朱世靖, 译. 北京: 人民教育出版社, 1960.
[81] 芬尼可夫 С П. 微分几何[M]. 北京: 高等教育出版社, 1957.
[82] 张志宏, 李志强, 董石麟. 杂交空间结构形状确定问题的探讨[J]. 工程力学, 2010, 27(11): 56-63.
[83] Zhang Z H, Dong S L. Shape determination problem of spatial cable-frame type of suspended single-layer reticulated shells with free surface[J]. International Journal of Space Structures, 2010, 25(1): 45-56.
[84] Zhang Z H, Dong S L. Structural design of a practical large-span cable-frame type of suspended single-layer reticulated shell with free surface[J]. Advanced Steel Construction: An International Journal , 2011, 7(4): 359-375.
[85] Chassagnoux A, Chomarat A, Savel J. A study of morphological characteristics of tensegrity structures[J]. International Journal of Space Structures, 1992, 7(2): 165-172.
[86] Tran H C, Lee J. Advanced form-finding for cable-strut structures[J]. International Journal of Solids and Structures, 2010, 47(14-15): 1785-1794.
[87] Wedderburn J H M. Lectures on Matrices[M]. Rhode Island: American Mathematical Society, 1934.
[88] Galantai A. Rank reduction: Theory and applications[J]. International Journal of Mathematics, 2003, 13(2): 173-189.
[89] Mahdavi-Amiri N, Golpar-Raboky E. Real and integer Wedderburn rank reduction formulas for matrix decompositions[J]. Optimization Methods and Software, 2015, 30(4): 864-879.
[90] Pérez F, Santhanam B, Dunkel R, et al. Clutter suppression via Hankel rank reduction for DFrFT-Based vibrometry applied to SAR[J]. IEEE Geoscience and Remote Sensing Letters, 2017, 14(11): 2052-2056.
[91] Gompper G, Schick M. Soft Matter, Volume 4: Lipid Bilayers and Red Blood Cells[M]. Weinheim: Wiley-VCH Verlag GmbH & Co. KGaA, 2008.
[92] Davies J A. Mechanisms of Morphogenesis[M]. 2nd ed. London: Elsevier Academic Press, 2013.
[93] 刘高联. 流体力学变分原理的建立与变换的系统性途径[J]. 工程热物理学报, 1990, 11(2): 136-142.
[94] Goriely A. The Mathematics and Mechanics of Biological Growth[M]. New York: Springer Science,

2017.

[95] Boudaoud A. An introduction to the mechanics of morphogenesis for plant biologists[J]. Trends in Plant Science, 2010, 15(6): 353-360.

[96] Beloussov L V. Morphomechanics of Development[M]. London: Springer, 2015.

[97] Thom R. Structural Stability and Morphogenesis: An Outline of a General Theory of Models[M]. Massachusetts: W. A. Benjamin, Inc, 1975.

[98] Taber L A. Towards a unified theory for morphomechanics[J]. Philosophical Transactions of Royal Society A, 2009, 367(1902): 3555-3583.

[99] Belousov L V. The Dynamic Architecture of a Developing Organism-An Interdisciplinary Approach to the Development of Organisms[M]. Dordrecht: Springer-Science, Business Media, 1998.

[100] 赛弗尔 H, 施雷法 W. 大范围变分学: Marston Morse 理论[M]. 江嘉禾, 译. 上海: 上海科学技术出版社, 1963.

[101] Matsumoto Y. An Introduction to Morse Theory[M]. Tokyo: Iwanami Shoten, 1997.

[102] 久保亮五. 统计力学: 包括习题和解答的高级教程[M]. 徐振环, 译. 北京: 高等教育出版社, 1985.

[103] 王敬赓. 直观拓扑[M]. 3 版. 北京: 北京师范大学出版社, 2010.

[104] Laman G. On graphs and rigidity of plane skeletal structures[J]. Journal of Engineering Mathematics, 1970, 4(4): 331-340.

[105] Connelly R, Whiteley W. Second-order rigidity and prestress stability for tensegrity frameworks[J]. SIAM Journal on Discrete Mathematics, 1996, 9(3): 453-491.

[106] Grimstad B, Andersson H. ReLU networks as surrogate models in mixed-integer linear programs[J]. Computers & Chemical Engineering, 2019, 131: 106580.

[107] Ehara S, Kanno Y. Topology design of tensegrity structures via mixed integer programming[J]. International Journal of Solids and Structures, 2010, 47(5): 571-579.

附 录

附录 5.1 经典力密度法的 VC++2022 源代码

```
void NonlinearSolver::ShapefindingbyForceDensityMethod(int type)
{
//第一步:输入力密度值
    double density=1.0;                          //设定力密度值
    Matrix node;                                 //存储节点信息, 格式:节点编号 x y z
    Matrix elem;                                 //存储单元信息, 格式:单元编号 nodei nodej
    Matrix dof;                                  //存储节点约束信息, 格式:节点编号 0 0 0, 有约束为 1,无约束为 0
    Matrix pxyz;                                 //存储节点集中荷载信息, 格式:节点编号 px py pz
    //下面为 TSCAD 准备上述数据, 读者可根据自己程序需要更改
    Map map(m_pDocument);                        //数据库指针对象
    int nnode=m_pDocument->Get_TNumNode(); //总节点数
    int nelem=m_pDocument->Get_TNumElem(); //总单元数

    node=map.prepare_force_density_data(1);      //组装节点信息矩阵
    elem=map.prepare_force_density_data(2);      //组装拓扑连接关系矩阵
    dof=map.prepare_force_density_data(3);       //组装节点自由度及固定约束
    pxyz=map.prepare_force_density_data(4);      //组装节点集中荷载信息矩阵
//第二步：生成拓扑矩阵 CX,CY,CZ
    int XFREE=0;                                 //X 向自由点数
    int XFIX=0;                                  //X 向约束点数
    Matrix CX(nelem,nnode,0.0);                  //X 向拓扑矩阵
    IntVector NX(nnode);                         //X 向节点号排列(自由点排在前，约束点排在后)
    int YFREE=0;                                 //Y 向自由点数
    int YFIX=0;                                  //Y 向约束点数
    Matrix CY(nelem,nnode,0.0);                  //Y 向拓扑矩阵
    IntVector NY(nnode);                         //Y 向节点号排列(自由点排在前，约束点排在后)
    int ZFREE=0;                                 //Z 向自由点数
    int ZFIX=0;                                  //Z 向约束点数
    Matrix CZ(nelem,nnode,0.0);                  //Z 向拓扑矩阵
    IntVector NZ(nnode);                         //Z 向节点号排列(自由点排在前，约束点排在后)
    int xr=0,xx=0,yr=0,yx=0,zr=0,zx=0;           //辅助参数
    for(int i=1;i<=nnode;i++)
```

```
{
    if(dof(i,2)==1)
        XFIX=XFIX+1;
    if(dof(i,3)==1)
        YFIX=YFIX+1;
    if(dof(i,4)==1)
        ZFIX=ZFIX+1;
}
XFREE=nnode-XFIX;                    //求 x 向自由的节点总数
YFREE=nnode-YFIX;
ZFREE=nnode-ZFIX;
for(int i=1;i<=nnode;i++)            //组装 Nx, Ny, Nz 即将自由和约束的节点另行排序并存储
{
    if(dof(i,2)==1)
    {
        xx=xx+1;
        NX[XFREE+xx]=i;
    }
    else
    {
        xr=xr+1;
        NX[xr]=i;
    }
    if(dof(i,3)==1)
    {
        yx=yx+1;
        NY[YFREE+yx]=i;
    }
    else
    {
        yr=yr+1;
        NY[yr]=i;
    }
    if(dof(i,4)==1)
    {
        zx=zx+1;
        NZ[ZFREE+zx]=i;
    }
```

```
        else
        {
                zr=zr+1;
                NZ[zr]=i;
        }
}
for(int i=1;i<=nelem;i++)  //组装 CX, CY, CZ
{
        for(int j=1;j<=nnode;j++)
        {
                if(NX[j]==elem(i,2))
                {
                        CX(i,j)=1;
                }
                else
                {
                        if(NX[j]==elem(i,3))
                                CX(i,j)=-1;
                        else
                                CX(i,j)=0;
                }
                if(NY[j]==elem(i,2))
                {
                        CY(i,j)=1;
                }
                else
                {
                        if(NY[j]==elem(i,3))
                                CY(i,j)=-1;
                        else
                                CY(i,j)=0;
                }
                if(NZ[j]==elem(i,2))
                {
                        CZ(i,j)=1;
                }
                else
                {
```

```
                if(NZ[j]==elem(i,3))
                        CZ(i,j)=-1;
                else
                        CZ(i,j)=0;
            }
        }
    }
//第三步：力密度法计算自由节点坐标
    Vector xn(XFREE+1,0.0);                    //x 向自由节点 x 向坐标
    Vector yn(YFREE+1,0.0);                    //y 向自由节点 y 向坐标
    Vector zn(ZFREE+1,0.0);                    //z 向自由节点 z 向坐标
    Vector px(XFREE,0.0);                      //x 向自由节点 x 向外荷载
    Vector py(YFREE,0.0);                      //y 向自由节点 y 向外荷载
    Vector pz(ZFREE,0.0);                      //z 向自由节点 z 向外荷载
    Vector xf(XFIX,0.0);                       //x 向自由节点 x 向外荷载
    Vector yf(YFIX,0.0);                       //y 向自由节点 y 向外荷载
    Vector zf(ZFIX,0.0);                       //z 向自由节点 z 向外荷载

    for(int i=1;i<=XFREE;i++)                  //组装 px
    {
        px[i]=pxyz(NX[i],2);
    }
    for(int i=1;i<=YFREE;i++)                  //组装 py
    {
        py[i]=pxyz(NY[i],3);
    }
    for(int i=1;i<=ZFREE;i++)                  //组装 pz
    {
        pz[i]=pxyz(NZ[i],4);
    }
    for(int i=1;i<=XFIX;i++)                   //组装 xf
    {
        xf[i]=node(NX[XFREE+i],2);
    }
    for(int i=1;i<=YFIX;i++)
    {
        yf[i]=node(NY[YFREE+i],3);
    }
```

```
for(int i=1;i<=ZFIX;i++)
{
        zf[i]=node(NZ[ZFREE+i],4);
}
Matrix Q(nelem,nelem,0.0);                          //力密度对角矩阵
for(int i=1;i<=nelem;i++)                           //组装该力密度对角阵
{
        for(int j=1;j<=nelem;j++)
        {
                if(i==j)
                        Q(i,j)=1;
                else
                        Q(i,j)=0;
        }
}
//CX,CY, CZ 分块
Matrix Cnx(CX.get_matrix_row(),XFREE);                 //拓扑矩阵和自由节点相关的矩阵
for(int i=1;i<=XFREE;i++)
{
        Vector p=CX.get_ith_colum(i);
        Cnx.set_ith_colum(p,i);
}
Matrix Cfx(CX.get_matrix_row(),nnode-XFREE);      //拓扑矩阵和约束节点相关的矩阵
for(int i=XFREE+1;i<=nnode;i++)
{
        Vector p=CX.get_ith_colum(i);
        Cfx.set_ith_colum(p,i-XFREE);
}
Matrix Cny(CY.get_matrix_row(),YFREE);                 //拓扑矩阵和自由节点相关的矩阵
for(int i=1;i<=YFREE;i++)
{
        Vector p=CY.get_ith_colum(i);
        Cny.set_ith_colum(p,i);
}
Matrix Cfy(CY.get_matrix_row(),nnode-YFREE);      //拓扑矩阵和约束节点相关的矩阵
for(int i=YFREE+1;i<=nnode;i++)
{
        Vector p=CY.get_ith_colum(i);
```

```
            Cfy.set_ith_colum(p,i-YFREE);
    }
    Matrix Cnz(CZ.get_matrix_row(),ZFREE);            //拓扑矩阵和自由节点相关的矩阵
    for(int i=1;i<=ZFREE;i++)
    {
            Vector p=CZ.get_ith_colum(i);
            Cnz.set_ith_colum(p,i);
    }
    Matrix Cfz(CZ.get_matrix_row(),nnode-ZFREE);      //拓扑矩阵和约束节点相关的矩阵
    for(int i=YFREE+1;i<=nnode;i++)
    {
            Vector p=CZ.get_ith_colum(i);
            Cfz.set_ith_colum(p,i-YFREE);
    }
    Matrix DX=Cnx.trans()*Q*Cnx;
    Matrix DY=Cny.trans()*Q*Cny;
    Matrix DZ=Cnz.trans()*Q*Cnz;
    Matrix DFX=Cnx.trans()*Q*Cfx;
    Matrix DFY=Cny.trans()*Q*Cfy;
    Matrix DFZ=Cnz.trans()*Q*Cfz;
    //求解节点新坐标
    Matrix invDX=DX.LDLTdc();                         //矩阵 LDLT 分解
    xn=invDX.LDLTsl(px-DFX*xf);
    Matrix invDY=DY.LDLTdc();
    yn=invDY.LDLTsl(py-DFY*yf);
    Matrix invDZ=DZ.LDLTdc();
    zn=invDZ.LDLTsl(pz-DFZ*zf);
//第四步：输出结果
    Matrix xyz(nnode,4);
    Vector x(nnode,0.0);
    for(int i=1;i<=nnode;i++)
    {
            if(i<=XFREE)
                    x[i]=xn[i];
            else
                    x[i]=xf[i-XFREE];
    }
    Vector y(nnode,0.0);
```

```
    for(int i=1;i<=nnode;i++)
    {
        if(i<=YFREE)
            y[i]=yn[i];
        else
            y[i]=yf[i-YFREE];
    }
    Vector z(nnode,0.0);
    for(int i=1;i<=nnode;i++)
    {
        if(i<=ZFREE)
            z[i]=zn[i];
        else
            z[i]=zf[i-ZFREE];
    }
    for(int i=1;i<=nnode;i++)
    {
        xyz(i,1)=i;
        for(int j=1;j<=nnode;j++)
        {
            if(i==NX[j])
                xyz(i,2)=x[j];
        }
        for(int j=1;j<=nnode;j++)
        {
            if(i==NY[j])
                xyz(i,3)=y[j];
        }
        for(int j=1;j<=nnode;j++)
        {
            if(i==NZ[j])
                xyz(i,4)=z[j];
        }
    }
    CString str="new nodal coordinates.txt";
    xyz.Output(str);//输出新的节点坐标
//结束返回
    return;
```

```
}
```

附录 5.2 Turn-backBx.m-MATLAB 源代码

```
%Bx=[1,2,3,4;1,5,6,7;1,8,11,13;1,11,12,14;1,8,8,10]  % 代码调试用
load Bx.txt;                         %读入自应力矩阵 Bx
RowColNum=size(Bx);                  % 自应力矩阵的行数和列数
r=RowColNum(1,2);                    % 自应力矩阵都是满阵，因此 rank(Bx)=列数=r
m=RowColNum(1,1);                    % 自应力矩阵的行数
[R,jb]=rref(Bx');                    % 求解自应力矩阵的转置矩阵的行最简形 R
% 定义 Turn-back 矩阵 I1 和 I2
I1(r,r)=0.0;
for i=1:r
    for j=1:r
        if i==(r-j+1)
            I1(i,j)=1.0;
        end
    end
end
I2(m,m)=0.0;
for i=1:m
    for j=1:m
        if i==(m-j+1)
            I2(i,j)=1.0;
        end
    end
end
% 计算 I1*R*I2，为节省内存，直接覆盖掉 R
R=I1*R*I2;
% 对行和列都 Turn-back 后的 R 进行非主元高斯消去
for i=1:r-1
    % 寻找第 i 行的第一个非零元和最后一个非零元，最后一个非零元一定是 1
    p=0;                             %记录第 i 行的第一个非零元的列号
    q=0;                             %记录第 i 行的最后一个非零元的列号
    for k=1:m
        if abs(R(i,k))>1.0e-8
            p=k;
            break;                   %找到第一个非零元，跳出该层循环
```

```
        end
    end
    for k=1:m
        if R(i,m-k+1)==1                %这里按顺序不好判断是否是最后一个非零元
                                        %例如[4,3,0,1,0,0]，倒过来找到第一个等于 1 的元素即可
            q=m-k+1;
            break;                      %找到最后一个非零元，跳出该层循环
        end
    end
    %这里 p==q 的情况也适用，一般情况下 p<q
    for j=i+1:r
        multiplier=R(j,p)/R(i,p);      % 已知 R(i,p)不等于零，但有可能是特别小的数
        for k=p:q                       %第 j 行的第 p 列元素是消元的，不用计算，可直接置零
            R(j,k)=R(j,k)-multiplier*R(i,k);
        end
    end
end                                     %非主元高斯变换结束
%计算 I1*R*I2，将行列再重新按顺序存放
Bx=(I1*R*I2)'
%校核自应力矩阵 A*Bx=0
Zero=A*Bx
%结束
```

附录 5.3　以等距节点云分组为基础的三维线模型几何对称性自动检测算法 VC++2022 源代码

```
Void Graph::LineModel3DSymmetryDetection(bool MirrorSD, bool RotationSD) //科研就是将复杂的东西变简单，不可能的事情变为可能
{
    //################################################准备工作，求节点云形心并根据欧式距离分组
    //*********************************************第一步：求节点云的形心
    double pai = 3.141592653589;
    NodeMap* ntree = GetDocument()->GetNodeMap();
    int TotalNodeNum = GetDocument()->Get_TNumNode();
    if(TotalNodeNum==0)                         //总节点数如果为零，求形心的除法会有异常
    {
        AfxMessageBox("Warning: Total nodal number is equal to zero.Invalid
              finite element model.Program will stop!");
        exit(1);
```

```
}
Vector PointCloudCenter(3, 0.0);                    //节点形成的点云的形心坐标
double sumXi = 0.0;
double sumYi = 0.0;
double sumZi = 0.0;
for (int i = 1; i <= TotalNodeNum; i++)
{
        Node node;
        ntree->Lookup(i, node);
        Vector iNodeXYZ(node.get_x());
        sumXi += iNodeXYZ[1];
        sumYi += iNodeXYZ[2];
        sumZi += iNodeXYZ[3];
}
PointCloudCenter[1] = sumXi / TotalNodeNum;
PointCloudCenter[2] = sumYi / TotalNodeNum;
PointCloudCenter[3] = sumZi / TotalNodeNum;
//*******************************************第二步：找到与形心距离相等的点，并按照距离大小分组
Vector iNodeDisp(TotalNodeNum, 0.0);          //按节点顺序存放该节点到形心的距离
for (int i = 1; i <= TotalNodeNum; i++)
{
        Node node;
        ntree->Lookup(i, node);
        Vector iNodeXYZ(node.get_x());
        Vector iDisp = iNodeXYZ - PointCloudCenter;
        iNodeDisp[i] = iDisp.snrm(2);
}
//根据各节点到形心距离的大小排序，并分组。只针对 iNodeDisp 矩阵进行操作
IntVector sortedNodes = iNodeDisp.sort();      //根据各节点到形心的距离由小到大排好顺序，iNodedisp 里存放的距离值已经由小到大排列，而 sortedNodes 里面存放已经随之变化的节点编号
//分组
IntVector groupNum(TotalNodeNum, 1);//存放 sortedNodes 中每个节点对应的组编号，注意 sortedNodes 里面节点已经不是顺序编号
double aa = iNodeDisp[1];
int TotalGroupNum = 1;
for (int i = 2; i <= TotalNodeNum; i++)
{
        if((iNodeDisp[i] - aa)>1.0e-5)
```

```
            {
                aa = iNodeDisp[i];
                TotalGroupNum += 1;
                groupNum[i] = TotalGroupNum;
            }
            else
            {
                groupNum[i] = TotalGroupNum;
            }
    }
    //上述代码为旋转对称与镜像对称检测所共享
    //###############################################第一项工作：旋转对称性检测
    if(TotalGroupNum == 1)//只有一组节点，并且该组的节点数目与总节点数相同，则只有一种可能，即该图形的所有点的形心坐标为球心，所有节点都在球面上均匀分布
            AfxMessageBox("Warning: 所与节点与其形成的点云形心的距离均相等，点云可能在一个球面上均匀分布！");
    //*******************************************第三步：根据分好组后的各组节点，求旋转对称轴及旋转对称的阶数 k,(2nPai)/k=cita 旋转角
    //判断每一组节点是否在一个圆上，且求出圆心，圆心与形心的连线即旋转轴
    //如果一组点都在一个圆上，则必然将该圆等分，等分的份数就是旋转对称的阶数
    //如果一组点都在一条直线上，则该直线必然是旋转轴，且过形心
    int ID = 1;                                     //记录每组节点的总数的累计值
    Matrix rotAxis(TotalGroupNum, 3);               //记录每组的旋转轴
    Vector rotAngle(TotalGroupNum, 0.0);            //记录每组的最小旋转角
    IntVector rotOrder(TotalGroupNum, 0);           //记录每组的旋转对称的阶数
    Matrix rotCircleCenter(TotalGroupNum, 3);       //记录每组旋转对称的圆心三维空间坐标
    for (int i = 1; i <= TotalGroupNum; i++)
    {
        IntVector NodeGroup(0, 0);                  //存放该组的各个节点的编号
        int dim = 0;
        for (int j = ID; j <= TotalNodeNum; j++)
        {
            if(groupNum[j] == i)                    //如果该节点属于第 i 组
            {
                dim++;
                NodeGroup.insert(dim, sortedNodes[j]);
            }
            else
                break;
```

```
}
ID += dim;
//对每组的所有节点进行检验，先有三个点确定该组节点所在的平面及圆心坐标，然后检验其他各个点是否在这个圆上，给出旋转轴
if(NodeGroup.get_intvector_dimension() == 1)//该组只有一个点，这种情况如果是对称图形，该点必然在旋转轴上
{
    //计算旋转轴，然后检验其他组
    continue;
}
else if (NodeGroup.get_intvector_dimension() == 2)//该组有 2 个节点，则该两个节点的连线的中点与形心的连线在旋转轴上
{
    //计算旋转轴，然后检验其他组
    continue;
}
else if (NodeGroup.get_intvector_dimension() == 0)//该组没有节点，说明没有一组节点与形心的距离相等，该图形不是旋转对称图形
{
    AfxMessageBox("Warning: This model is not rotationally symmetric. Program will stop!");
    exit(1);
}
else//NodeGroup.get_intvector_dimension()>=3 由空间三点求圆心及其所在的平面，然后检验该组其他节点是否在这个圆上
{
    Matrix NodeCord(NodeGroup.get_intvector_dimension(), 3);//存放该组节点的空间坐标，按照行数对应NodeGroup 中存放的节点编号
    for (int j = 1; j <=NodeGroup.get_intvector_dimension(); j++)
    {
        Node node;
        ntree->Lookup(NodeGroup[j], node);
        Vector iNodeXYZ(node.get_x());
        NodeCord(j, 1) = iNodeXYZ[1];
        NodeCord(j, 2) = iNodeXYZ[2];
        NodeCord(j, 3) = iNodeXYZ[3];
    }
    Vector P1(NodeCord.get_jth_row(1));
    Vector P2(NodeCord.get_jth_row(2));
    Vector P3(NodeCord.get_jth_row(3));
```

```
Vector Pi(3, 0.0);
//如果只有三个节点，则应检查该三点是否在一条直线上
if(FALSE)//三点在一条直线上,则该直线必过形心，且就是旋转轴
{
    //待添加代码
}
else//由空间三点求圆心及其所在的平面，然后检验该组其他节点是否在这个圆上
{
    //求圆心及平面方程
    double A1 = P1[2] * P2[3] -P1[2]*P3[3]-P1[3]*P2[2]+P1[3]*P3[2]+P2[2]*P3[3]-P3[2]*P2[3];
    double B1 = (-1.0) * P1[1]*P2[3]+P1[1]*P3[3]+P1[3]*P2[1]-P1[3]*P3[1]-P2[1]*P3[3]+P3[1]*P2[3];
    double C1 = P1[1]*P2[2]-P1[1]*P3[2]-P1[2]*P2[1]+P1[2]*P3[1]+P2[1]*P3[2]-P3[1]*P2[2];
    double D1 = (-1.0) *P1[1]*P2[2]*P3[3]+P1[1]*P3[2]* P2[3]+P2[1]*P1[2]*P3[3]-P3[1]*P1[2]*P2[3]-
P2[1]*P3[2]*P1[3]+P3[1]*P2[2]*P1[3];
    double A2 = 2.0* (P2[1] - P1[1]);
    double B2 = 2.0* (P2[2] - P1[2]);
    double C2 = 2.0* (P2[3] - P1[3]);
    double D2 = P1[1]*P1[1]+P1[2]*P1[2]+P1[3]*P1[3]- (P2[1] * P2[1] + P2[2] * P2[2] + P2[3] * P2[3]);
    double A3 = 2.0* (P3[1] - P1[1]);
    double B3 = 2.0* (P3[2] - P1[2]);
    double C3 = 2.0* (P3[3] - P1[3]);
    double D3 = P1[1]*P1[1]+P1[2]*P1[2]+P1[3]*P1[3] - (P3[1] * P3[1] + P3[2] * P3[2] + P3[3] * P3[3]);
    Matrix ABC (3, 3, 0.0);
    ABC(1, 1) = A1;
    ABC(1, 2) = B1;
    ABC(1, 3) = C1;
    ABC(2, 1) = A2;
    ABC(2, 2) = B2;
    ABC(2, 3) = C2;
    ABC(3, 1) = A3;
    ABC(3, 2) = B3;
    ABC(3, 3) = C3;
    Vector D (3, 0.0);
    D[1] = D1* (-1.0);
    D[2] = D2* (-1.0);
    D[3] = D3* (-1.0);
    Vector CircleCenter = ABC.inverse() *D;//如果 ABC 矩阵奇异，则三点在一条直线上
    rotCircleCenter(i, 1) = CircleCenter[1];
```

```
rotCircleCenter(i, 2) = CircleCenter[2];
rotCircleCenter(i, 3) = CircleCenter[3];
rotAxis(i, 1)= CircleCenter[1] - PointCloudCenter[1];
rotAxis(i, 2)= CircleCenter[2] - PointCloudCenter[2];
rotAxis(i, 3)= CircleCenter[3] - PointCloudCenter[3];
//将旋转轴归一化
double Length=sqrt(rotAxis(i,1)*rotAxis(i, 1)+rotAxis(i, 2)*rotAxis(i, 2)+rotAxis(i, 3)*rotAxis(i, 3));
rotAxis(i,1)/= Length;
rotAxis(i,2)/= Length;
rotAxis(i,3)/= Length;
//检查该组个点是否在一个平面上，即 A1*x+B1*y+C1*z+D1=0 满足
bool aPlane = TRUE;
for(int j = 1; j <= NodeGroup.get_intvector_dimension(); j++)
{
        Vector Pj(NodeCord.get_jth_row(j));
//#ifdef _DEBUG
//              double eps = A1*Pj[1] + B1*Pj[2] + C1*Pj[3] +D1;
//#endif
        if(fabs(A1*Pj[1] + B1*Pj[2]+ C1*Pj[3]+ D1)> 1.0e-5)
        {
                aPlane = FALSE;    //不是所有节点都在一个平面内，程序将不向下执行
        }
}
if(aPlane == TRUE)
{
        //由各个点与圆心的连线形成的矢量的夹角，求最小的旋转角，然后检查是否由每个点都
能旋转 k 次得到其他点
        //double pai = 3.141592653589;//最小旋转角初值，其他为其倍数关系
        Vector cita(NodeGroup.get_intvector_dimension(), 0.0);
        int k = 0;                  //旋转对称的阶数
        for(int j = 1; j <= NodeGroup.get_intvector_dimension(); j++)
        {
                Vector P1(NodeCord.get_jth_row(1));
                Vector Pi(NodeCord.get_jth_row(j));
                Vector P1C(P1 - CircleCenter);
                Vector PiC(Pi - CircleCenter);
                cita[j]=acos(P1C*PiC / (P1C.snrm(2)*PiC. snrm(2)));
        }
```

```
                    IntVector pp = cita.sort();               //由小到大排序，第一个为最小旋转角
                    Vector IntCita=cita*(1.0/cita[2]);    //验算该组所有点可由第一个点旋转最小旋转角的整数
倍获得--对称性检测
                    //检查 PP 中其他元素是否是整数，如果是整数，则有第一个点可以旋转生成其余的点，检
查其余点与第一个点的夹
                    //角是否是倍数关系即可，不采用绕任意轴旋转变换的方法
                    bool RotSymmetric = TRUE;
                    for(int j = 1; j <= NodeGroup.get_intvector_dimension(); j++)
                    {
//#ifdef _DEBUG
//                      double eps = fabs(IntCita[j] - floor(IntCita [j]));
//#endif
                        if(fabs(IntCita[j] - floor(IntCita[j])) > 1.0e-6)//检查是否为整数
                            RotSymmetric = FALSE;
                    }
                    //计算旋转对称的阶数
                    rotAngle[i] = cita[2];//cita[1]=0,矢量与其自身的夹角始终为零
                    rotOrder[i]=(int)floor(2 * pai / cita[2]+0.5);//添加 0.5 是为了四舍五入
                }
            }
        }
    }
    //**************************************************第四步，找出旋转对称的单元组
    //其实可以重复上述步骤，如果单元的中点与形心的距离相同，则他们有可能是一组旋转对称的单元
    //因为上面已经采用节点信息计算出了旋转轴和最小旋转角，则对称的一组单元必然满足旋转对称的条件
    IntVector NodeGroupNumPosition = sortedNodes.sort();//这样每个节点按照由小到大的顺序排好，其原先按照距离大小
分组已经乱掉，再将 sortedNodes 排序后，返回每个节点组号的在 groupNum 中的位置或维数
    //这样由该节点编号，可以查找该节点原先在 groupNum 中的位置，而 groupNum 存放着它的组编号
    //对单元由编号 1 开始，根据其左右节点编号，找到左节点所在的组编号，然后寻找与其左右节点所在对称组数相同
的单元，作为一组单元，按照单元顺序，给出单元的组编号，编号相同的一组单元为对称单元
    ElementMap* etree = GetDocument()->GetElementMap();
    int TotalElemNum = GetDocument()->Get_TNumElem();
    IntVector rotElemGroup(TotalElemNum, 0);//记录对称单元的分组编号，依照单元顺序依次进行
    int rotElemGroupNum = 0;//对称单元的分组编号，最后可得到总的单元组数，理论上应该与节点的对称组数相等或者
与旋转对称的阶数 k 相等
    for(int i = 1; i <= TotalElemNum; i++)
      {
        Element ele;
```

```
etree->Lookup(i, ele);
int leftNode = ele.get_inode();
int rightNode = ele.get_jnode();
int position = NodeGroupNumPosition[leftNode];
int iNodeGroupNum = groupNum[position];
position = NodeGroupNumPosition[rightNode];
int jNodeGroupNum = groupNum[position];
Vector CCi = rotCircleCenter.get_jth_row(iNodeGroupNum);  //左节点所在的组的旋转圆心
Vector CCj;
if(iNodeGroupNum != jNodeGroupNum)  //如果该单元的左右节点所在的组编号相同，则其旋转圆心是相同的
    CCj = rotCircleCenter.get_jth_row(jNodeGroupNum);
else
    CCj = CCi;
Node iNode;
ntree->Lookup(leftNode, iNode);
Vector iNodeCord = iNode.get_x();
Node jNode;
ntree->Lookup(rightNode, jNode);
Vector jNodeCord = jNode.get_x();
if (rotElemGroup[i] == 0)                    //该单元还没分组编号
{
    rotElemGroupNum++;
    rotElemGroup[i] = rotElemGroupNum;
    for (int k = 1; k <= TotalElemNum; k++) //查找可能的对称单元，并分组编号
    {
        if(rotElemGroup[k] == 0)         //如果该单元分组编号没有被重新赋值
        {
            Element elek;
            etree->Lookup(k, elek);
            int iNode_kElem = elek.get_inode();
            int jNode_kElem = elek.get_jnode();
            int positionk = NodeGroupNumPosition[iNode_kElem];
            int iNodeGroupNum_kElem = groupNum[positionk];
            positionk = NodeGroupNumPosition[jNode_kElem];
            int jNodeGroupNum_kElem = groupNum[positionk];
            //下面代码,首先判断这两个单元是否有可能对称，然后再严格检测其对称性
            if((iNodeGroupNum == iNodeGroupNum_kElem&&jNodeGroupNum == jNodeGroupNum_
kElem)||(iNodeGroupNum == jNodeGroupNum_kElem&&jNodeGroupNum == iNodeGroupNum_kElem))
```

```
{
    //检查各组单元的对称性
    //方法 1：利用点（实际上是从原点出发的矢量）绕任意轴旋转的公式，这里每个单元为空间的一条有限长度的线段，如果该线段的起点是旋转对称的，且用矢量表示的该线段满足旋转对称变换，则该单元是旋转对称的。问题是如何知道他们的旋转角分别？在一个组里两个节点（分别属于两个单元），由圆心求出其旋转角，如都相等，则单元旋转对称
    //方法 2：如果在一个对称组内的两个单元的两个节点与其圆心的夹角都求出来，如果这两个对称组求得的旋转角是一样大小，则该两个单元旋转对称
    //注：其实上面的单元分组算法的理论基础是，如果线段的两个端点是旋转对称的，则该线段就是旋转对称的。由计算图形学的基本理论可证明
    if(iNodeGroupNum==jNodeGroupNum)
        rotElemGroup[k] = rotElemGroupNum;
    else//iNodeGroupNum!=jNodeGroupNum
    {
        Node iNodeK;
        ntree->Lookup(iNode_kElem, iNodeK);
        Vector iNodeCord_kElem = iNodeK. get_x();
        Node jNodeK;
        ntree->Lookup(jNode_kElem, jNodeK);
        Vector jNodeCord_kElem = jNodeK. get_x();
        if(iNodeGroupNum == iNodeGroupNum_kElem&&jNodeGroupNum ==
jNodeGroupNum_kElem)
        {
            Vector iNC = iNodeCord - CCi;
            Vector iNCK = iNodeCord_kElem - CCi;
            double icita = acos(iNC*iNCK/(iNC.snrm(2)*iNCK.snrm(2)));
            //求 iNC 与 iNCK 之间的夹角
            Vector ri(3, 0.0);
            ri=ri.crossproduct(iNC, iNCK);
            //判断 ri 的方向是否是逆时针，即旋转角由 iNC 到 iNCK 的旋转方向，再指定一个旋转轴及其方向，规定与该旋转轴
            double sign = ri*rotAxis.get_jth_row(iNodeGroupNum);
            if(sign < 0)
                icita = 2 * pai - icita;//icita 在 0 到 2pai 之间的为旋转角，右手法则
            Vector jNC = jNodeCord - CCj;
            Vector jNCK = jNodeCord_kElem - CCj;
            double jcita = acos(jNC*jNCK/(jNC.snrm(2)*jNCK.snrm(2)));
            Vector rj(3, 0.0);
```

```
                    rj=rj.crossproduct(jNC, jNCK);
                    sign = rj*rotAxis.get_jth_row(iNodeGroupNum);//相对同一旋转轴
                    if(sign < 0)
                          jcita = 2 * pai - jcita;
                    if(fabs(icita-jcita)<1.0e-5)//旋转角相同
                          rotElemGroup[k] =rotElemGroupNum;
               }
               else//if((iNodeGroupNum ==jNodeGroupNum_kElem&&jNodeGroupNum==
iNodeGroupNum_kElem))
               {
                    Vector iNC = iNodeCord- CCi;
                    Vector iNCK = jNodeCord_kElem - CCi;
                    //0-pai 范围内，还要计算两个向量的叉乘
                    double icita = acos(iNC*iNCK/(iNC.snrm(2)*iNCK.snrm(2)));
                    //求 iNC 与 iNCK 之间的旋转角，在 0 到 2pai 之间，遵守右手法则，
这个旋转角是唯一的
                    Vector ri(3, 0.0);
                    ri=ri.crossproduct(iNC, iNCK);
                    //判断 ri 的方向是否是逆时针，即旋转角由 iNC 到 iNCK 的旋转方向，
再指定一个旋转轴及其方向，规定与该旋转轴
                    double sign = ri*rotAxis.get_jth_row(iNodeGroupNum);
                    if(sign < 0)
                          icita = 2*pai - icita;//icita 在 0 到 2pai 之间的为旋转角，逆时针旋转
                    Vector jNC = jNodeCord- CCj;
                    Vector jNCK = iNodeCord_kElem - CCj;
                    double jcita = acos(jNC*jNCK/(jNC.snrm(2)*jNCK.snrm(2)));
                    Vector rj(3, 0.0);
                    rj=rj.crossproduct(jNC, jNCK);
                    sign = rj*rotAxis.get_jth_row(iNodeGroupNum);//相对同一旋转轴
                    if(sign < 0)
                          jcita = 2 * pai - jcita;
                    if(fabs(icita - jcita)<1.0e-5)//旋转角相同
                          rotElemGroup[k] = rotElemGroupNum;
               }
          }
     }
   }
 }
```

```
        }
    }
    //#################################################################第二项工作：镜像对称检测
    //*****************************************************************第五步：点云镜像对称性检测，查找可能的镜像对称面，并据此对单元进行分组
    Matrix mirrorSP(4, 1, 0.0); //存放节点数最少的一组等距点云的可能的镜像对称面的 4 个参数，A、B、C、D，注意这里是按照列来存放添加
                              //Matrix 类有添加列的函数可调用
    IntVector mirrorElemGroup(TotalElemNum, 0);//存放镜像对称的单元的分组
    int mirrorElemGroupNum = 0;
    if(MirrorSD == TRUE)//需要检测镜像对称
    {
        //找到每组与形心距离相等的节点的任意连线的中点，这样形心与该连线的中点的连线必垂直于该两节点的连线
        int ID = 1;                                  //记录查找每组节点时候的节点编号位置的累计值
        int minGroupNum = 0;                         //包含节点数最少的等距点云的组编号
        int minNodeNum = TotalNodeNum;               //记录最少的节点数，对应各组的等距点云
        Matrix NodeGroupDB(TotalGroupNum, TotalNodeNum + 1, 0.0);  //存放各组等距点云的节点个数与节点编号，每行第 1 列位置的元素的记录该组等距点云的节点的总数，后面依次为各个节点编号
        for(int i = 1; i <= TotalGroupNum; i++)//查找各组等距点云的节点编号，存放在矩阵
        {
            IntVector NodeGroupi(0, 0);//存放第 i 组等距点云的各个节点的编号
            int dim = 0;
            for(int j = ID; j <= TotalNodeNum; j++)
            {
                if(groupNum[j] == i)  //如果该节点属于第 i 组
                {
                    dim++;
                    NodeGroupi.insert(dim, sortedNodes[j]);
                }
                else
                    break;
            }
            NodeGroupDB(i, 1) = (double)dim;  //该组等距点云的节点总数
            for(int j = 1; j <= dim; j++)
            {
                NodeGroupDB(i, j + 1) = (double)NodeGroupi[j];
            }
            if(dim < minNodeNum)
```

```
                {
                        minNodeNum = dim;
                        minGroupNum = i;
                }
                ID += dim;
        }
//#ifdef _DEBUG
//              CString str = "NodeGroupDB.txt";
//              NodeGroupDB.Output(str);
//#endif
```

//对节点数最少的一组等距点云进行连线操作，查找平行连线及一个节点到连线的中点的连线是否为该连线的垂线，如平行或垂直，则由连线的中点和形心或节点与连线中点形心所在的面为可能的对称面

//记录对称面的 ABCD 的参数，必须归一化，且要注意验证是否重复。这里找到的镜像对称面，依据整体点云的镜像对称面的个数由节点数最少的一组等距点云决定

//Matrix mirrorSP(4, 1, 0.0); //存放节点数最少的一组等距点云的可能的镜像对称面的 4 个参数，A、B、C、D，注意这里是按照列来存放添加，Matrix 类有添加列的函数可调用

```
        IntVector minNodeGroup(minNodeNum, 0);
        for(int i = 1; i <= minNodeNum; i++)   //提取节点数最少的一组等距点云的节点编号，存放在 minNodeNum 整型矢量里面
        {
                minNodeGroup[i] = (int)NodeGroupDB(minGroupNum, i + 1);
        }
        int possibleLineNum = minNodeNum*(minNodeNum - 1)/ 2;   //一组等距点云的最多的连线条数计算
        Matrix NodeCordMinGroup(3, minNodeNum, 0.0);            //记录该最少节点数的等距点云的点的空间坐标，用于计算可能的连线矢量
                                                                //及连线的中点空间坐标
        Matrix possibleLine(3, possibleLineNum, 0.0);           //记录可能的连线的矢量表示
        Matrix midPointPL(3, possibleLineNum, 0.0);             //记录每条连线的中点的坐标
        for(int i = 1; i <= minNodeNum; i++)
        {
                Node node;
                ntree->Lookup(minNodeGroup[i], node);
                Vector iNodeXYZ(node.get_x());
                NodeCordMinGroup(1, i) = iNodeXYZ[1];
                NodeCordMinGroup(2, i) = iNodeXYZ[2];
                NodeCordMinGroup(3, i) = iNodeXYZ[3];
        }
        ID = 0;
```

```
for (int i = 1; i < minNodeNum; i++) //计算可能的连线的矢量表达式和连线中点的空间坐标，连线总数为等差数列的和即 n* (n-1) /2
    for (int j = i + 1; j <= minNodeNum; j++)
    {
        ID++;
        Vector line (3, 0.0) ;
        line = NodeCordMinGroup.get_ith_colum (i) -NodeCordMinGroup.get_ith_colum (j) ;
        possibleLine.set_ith_colum (line, ID) ;
        line = (NodeCordMinGroup.get_ith_colum (i) + NodeCordMinGroup.get_ith_colum (j) ) *0.5;
        midPointPL.set_ith_colum (line, ID) ;
    }
//针对 possibleLine 操作，看看是否有平行的连线，如平行，则该两条平行连线的中点与形心所在的平面有可能是对称面
ID = 0;//记录找到的可能的镜像对称面的个数
for (int i = 1; i <= possibleLineNum; i++)
{
    Vector iLine = possibleLine.get_ith_colum (i) ;
    Vector P1 = midPointPL.get_ith_colum (i) ;
    for (int j = i + 1; j <= possibleLineNum; j++)
    {
        Vector jLine = possibleLine.get_ith_colum (j) ;
        double eps = fabs (iLine*jLine / iLine.snrm (2) / jLine.snrm (2) ) ;//判断两个矢量是否平行，如果平行两矢量之间的夹角为 0 或者 180 度，余弦的绝对值应该为 1.0
        if (fabs (eps - 1.0) < 1.0e-5) //两条连线是平行的关系
        {
            ID++;
            Vector P2 = midPointPL.get_ith_colum (j) ;
            Vector P3 = PointCloudCenter;
            Vector plan (4, 0.0) ;
            plan[1] = P1[2] * P2[3] - P1[2] * P3[3] - P1[3] * P2[2] + P1[3] * P3[2] + P2[2] * P3[3] - P3[2] * P2[3];
            plan[2] = (-1.0) * P1[1] * P2[3] + P1[1] * P3[3] + P1[3] * P2[1] - P1[3] * P3[1] - P2[1] * P3[3] + P3[1] * P2[3];
            plan[3] = P1[1] * P2[2] - P1[1] * P3[2] - P1[2] * P2[1] + P1[2] * P3[1] + P2[1] * P3[2] - P3[1] * P2[2];
            plan[4] = (-1.0) *P1[1] * P2[2] * P3[3] + P1[1] * P3[2] * P2[3] + P2[1] * P1[2] * P3[3] - P3[1] * P1[2] * P2[3] - P2[1] * P3[2] * P1[3]+ P3[1] * P2[2] * P1[3];
            mirrorSP.set_ith_colum (plan, ID) ;//存放该可能对称面的方程参数
```

```
                }
            }
        }
        for (int i = 1; i <= minNodeNum; i++) //对 possibleLine,NodeCordinGroup, midPointPL 操作，如果节点与任意的连线的中点的连线垂直于该连线，则节点、中点和形心所在的平面有可能是对称面，注意，有可能与前面的重复
        {
            Vector P1 = NodeCordMinGroup.get_ith_colum (i) ;
            for (int j = 1; j <= possibleLineNum; j++)
            {
                Vector Node2MidPoint = P1 - midPointPL.get_ith_colum (j) ;
                double eps = fabs (Node2MidPoint*possibleLine.get_ith_colum (j) ) ;//求矢量的点积，如果两个矢量垂直，则点积理论值为 0
                if (eps < 1.0e-4) //如果节点与连线的中点的连线是该连线的垂线
                {
                    ID++;
                    Vector P2 = midPointPL.get_ith_colum (j) ;
                    Vector P3 = PointCloudCenter;
                    Vector plan (4, 0.0) ;
                    plan[1] = P1[2] * P2[3] - P1[2] * P3[3] - P1[3]*P2[2] + P1[3] * P3[2] + P2[2] * P3[3] - P3[2] * P2[3];
                    plan[2] = (-1.0) * P1[1] * P2[3] + P1[1] * P3[3]+ P1[3] * P2[1] - P1[3] * P3[1] - P2[1] * P3[3] + P3[1] * P2[3];
                    plan[3] = P1[1] * P2[2] - P1[1] * P3[2] - P1[2]*P2[1] + P1[2] * P3[1] + P2[1] * P3[2] - P3[1] * P2[2];
                    plan[4] = (-1.0) *P1[1] * P2[2] * P3[3] + P1[1]*P3[2] * P2[3] + P2[1] * P1[2] * P3[3] - P3[1] * P1[2] * P2[3] - P2[1] * P3[2] * P1[3]+ P3[1] * P2[2] * P1[3];
                    mirrorSP.set_ith_colum (plan, ID) ;//存放该可能对称面的方程参数
                }
            }
        }
        //对 mirrorSP 进行操作，检查可能的镜像对称平面的是否有重复
        for (int i = 1; i <= ID; i++)
        {
            Vector iPlan = mirrorSP.get_ith_colum (i) ;
            for (int j = i + 1; j <= ID; j++)
            {
                Vector jPlan = mirrorSP.get_ith_colum (j) ;
                double eps = fabs (iPlan*jPlan / iPlan.snrm (2) / jPlan.snrm (2) ) ;
```

```
                if(fabs(eps - 1.0) < 1.0e-8)//第 i 平面与第 j 平面重复，第 j 平面要删除掉
                {
                    mirrorSP.column_eliminate(j);
                    ID--;//对称面的数量减 1，这里 ID 的减少可能会导致代码出问题
                    j--;
                }
            }
        }
        //由 mirrorSP 提供的可能镜像对称面的信息，检查其他各组等距点云是否关于这些可能的平面镜像对称，如果不对称，继续删除
        for(int i = 1; i <= ID; i++)//对所有的可能对称面都进行检查
        {
            Vector msp = mirrorSP.get_ith_colum(i); //可能对称面的标准方程参数，即 Ax+By+Cz+D=0，其中 Ax+By+Cz+D>0 的点在左侧，Ax+By+Cz+D=0 的点在面上，Ax+By+Cz+D<0 的点在右侧
            double A = msp[1];
            double B = msp[2];
            double C = msp[3];
            double D = msp[4];
            for(int j = 1; j <= TotalGroupNum; j++)
            {
                Vector nodedb = NodeGroupDB.get_jth_row(j);
                int nn = (int)nodedb[1];//该组等距点云的节点总数
                IntVector nodeInGroup(nn, 0);
                IntVector leftSideNodes;
                IntVector rightSideNodes;
                IntVector inPlanNodes;
                int m1 = 0;
                int m2 = 0;
                int m3 = 0;
                for(int k = 1; k <= nn; k++)
                {
                    nodeInGroup[k] = (int)nodedb[k + 1];
                    Node node;
                    ntree->Lookup(nodeInGroup[k], node);
                    Vector iNodeXYZ(node.get_x());
                    double eps = A*iNodeXYZ[1] + B*iNodeXYZ[2] + C*iNodeXYZ[3] + D;
                    if(eps > 1.0e-3)
                    {
```

```
                m1++;
                leftSideNodes.insert(m1, nodeInGroup[k]);
            }
            else if (eps < -1.0e-3)
            {
                m2++;
                rightSideNodes.insert(m2, nodeInGroup[k]);
            }
            else//if(fabs(eps)<=1.0e-3)
            {
                m3++;
                inPlanNodes.insert(m3, nodeInGroup[k]);
            }
        }
        if(m1 != m2)//不包含在面上的节点可能的对称面两侧的节点数目应该相等,否则，则肯定不是镜像对称面，跳出内层循环，进行下一个对称面检测
        {
            mirrorSP.column_eliminate(i);
            ID--;
            break;
        }
        bool isKPS = FALSE;
        for(int k = 1; k <= m1; k++)//m1 应该等于 m2，并且可能的对称面两侧的等距点云，一侧的点能够找到另一侧完全镜像对称的另一点。即两点连线被平面垂直平分
        {
            Node inode;
            ntree->Lookup(leftSideNodes[k], inode);
            Vector iNodeXYZ(inode.get_x());

            for(int p = k; p <= m2; p++)
            {
                Node jnode;
                ntree->Lookup(rightSideNodes[p], jnode);
                Vector jNodeXYZ(jnode.get_x());
                Vector midPoint = (iNodeXYZ + jNodeXYZ) *0.5;
                Vector Lij = jNodeXYZ - iNodeXYZ;
                double eps = A*midPoint[1] + B*midPoint[2]+ C*midPoint[3] + D;
                if(fabs(eps)< 1.0e-4)//该中点在可能对称面上，则由于该平面过形心且形心与左右
```

```
两节点的欧几里得距离相等，因此该连线必然垂直这个平面，判断点在面上的精度不高，1.0e-4 较为合适
                    {
                        int aa = rightSideNodes[k];
                        rightSideNodes[k]=rightSideNodes[p];
                        rightSideNodes[p] = aa;
                        isKPS = TRUE;
                        break;
                    }
                }
            }
            if(isKPS == FALSE)//没有在右侧找到对称的点，该可能的对称面不能满足所有等距点云组
            {
                mirrorSP.column_eliminate(i);
                ID--;
                break;
            }
        }
    }//至此，点云的镜像对称面已严格求出，针对点云的镜像对称检测操作已经完成
//#ifdef _DEBUG
//      str = "mirrorSP.txt";
//      mirrorSP.Output(str);
//#endif
    //由等距点云的镜像对称分组，判断单元的镜像对称性
    //对线模型中各单元依次查找关于上面找到的所有等距点云对称面下与其镜像对称的另一单元，并将这些单元
分为一组
    for(int i = 1; i <= TotalElemNum; i++)//对每个单元都进行查找与其镜像对称的另一个单元，并分组
    {
        if(mirrorElemGroup[i] == 0)//第 i 个单元关于镜像对称性方面没有分组
        {
            mirrorElemGroupNum++;
            mirrorElemGroup[i] = mirrorElemGroupNum;
            Element ele;
            etree->Lookup(i, ele);
            int leftNode = ele.get_inode();
            int rightNode = ele.get_jnode();
            Node iNode;
            ntree->Lookup(leftNode, iNode);
            Vector iNodeCord = iNode.get_x();
```

```
            Node jNode;
            ntree->Lookup(rightNode, jNode);
            Vector jNodeCord = jNode.get_x();

            IntVector groupSE;
            int ID = 0;
            for(int k = 1; k <= TotalElemNum; k++) //检测第 k 个单元是否有与 i 单元关于至少一个点云对称面
满足单元之间镜像对称条件
            {
                if(mirrorElemGroup[k] == 0) //第 k 个单元关于镜像对称性方面也没有分组
                {
                    Element elek;
                    etree->Lookup(k, elek);
                    int leftNode_kElem = elek.get_inode();
                    int rightNode_kElem = elek.get_jnode();
                    Node iNode_kElem;
                    ntree->Lookup(leftNode_kElem, iNode_kElem);
                    Vector iNodeCord_kElem = iNode_kElem. get_x();
                    Node jNode_kElem;
                    ntree->Lookup(rightNode_kElem, jNode_kElem);
                    Vector jNodeCord_kElem = jNode_kElem. get_x();
                    //Vector midPoint_kElem= (jNodeCord_kElem + iNodeCord_kElem) *0.5;
                    bool isMirrorSE = FALSE;
                    //如果第 i 个单元与第 k 个单元在所有对称面中能找到一个面是对称的,则该两个单
元就是一组
        ID = mirrorSP.get_matrix_col();
                    for(int j = 1; j <= mirrorSP.get_matrix_col(); j++) //找到一个平面
                    {
                        //检测两个单元是否关于第 j 个面镜像对称
                        //两个单元分别位于对称面的两侧
                        double A = mirrorSP(1, j);
                        double B = mirrorSP(2, j);
                        double C = mirrorSP(3, j);
                        double D = mirrorSP(4, j);
                        //判断两个单元相对当前平面的空间位置，比如，分居两侧，或者一个单元
在平面内
                        Vector normal(3, 0.0);
                        normal[1] = A;
```

```
normal[2] = B;
normal[3] = C;
if(leftNode == leftNode_kElem) //||rightNode==rightNode_kElem) //
{
        Vector jjLine= jNodeCord_kElem - jNodeCord;
        double eps1 = fabs(jjLine*normal / jjLine.snrm(2) / normal.snrm(2));
        Vector midjjLine=(jNodeCord_kElem + jNodeCord) *0.5;
        double eps2 =fabs(A*midjjLine[1] + B*midjjLine[2] + C*midjjLine[3]+ D);
        if(fabs(eps1 - 1.0)<1.0e-5&&eps2 < 1.0e-3)
                isMirrorSE = TRUE;
}
else if(rightNode == rightNode_kElem)
{
        Vector iiLine =    iNodeCord_kElem - iNodeCord;
        double eps1 = fabs(iiLine*normal / iiLine.snrm(2) / normal.snrm(2));
        Vector midiiLine =(iNodeCord_kElem + iNodeCord) *0.5;
        double eps2 = fabs(A*midiiLine[1] + B*midiiLine[2] + C*midiiLine[3] + D);
        if(fabs(eps1-1.0)<1.0e-5&&eps2 < 1.0e-3)
                isMirrorSE = TRUE;
}
else if(leftNode == rightNode_kElem)
{
        Vector jiLine = iNodeCord_kElem - jNodeCord;
        double eps1 = fabs(jiLine*normal / jiLine.snrm(2) / normal.snrm(2));
        Vector midjiLine =(iNodeCord_kElem + jNodeCord) *0.5;
        double eps2 = fabs(A*midjiLine[1] + B*midjiLine[2] + C*midjiLine[3] + D);
        if(fabs(eps1 - 1.0)<1.0e-5&&eps2 < 1.0e-3)
                isMirrorSE = TRUE;
}
else if(rightNode == leftNode_kElem)
{
        Vector ijLine = jNodeCord_kElem - iNodeCord;
        double eps1 = fabs(ijLine*normal / ijLine.snrm(2) / normal.snrm(2));
        Vector midijLine =(jNodeCord_kElem + iNodeCord) *0.5;
        double eps2 = fabs(A*midijLine[1] + B*midijLine[2] + C*midijLine[3] + D);
        if(fabs(eps1 - 1.0)<1.0e-5&&eps2 < 1.0e-3)
                isMirrorSE = TRUE;
}
```

```
else//两个单元的两个节点编号各不相同，两个单元节点的连线的中点在这个面上，加上单元节点连线均垂直于这个平面，因此这两个单元是对称的，应分为一组
{
    double eps1 = 0.0;
    double eps2 = 0.0;
    double eps3 = 1.0;
    double eps4 = 1.0;
    double eps5 = 0.0;
    double eps6 = 0.0;
    double eps7 = 1.0;
    double eps8 = 1.0;
    //两个单元的左节点连线，该连线必然与面的法线方向平行
    Vector iiLine = iNodeCord_kElem - iNodeCord;
    Vector jjLine = jNodeCord_kElem - jNodeCord;
    eps1 = fabs(iiLine*normal / iiLine.snrm(2) / normal. snrm(2));
    eps2 = fabs(jjLine*normal / jjLine.snrm(2) / normal. snrm(2));
    Vector midiiLine =(iNodeCord_kElem + iNodeCord) *0.5;
    eps3 = A*midiiLine[1] + B*midiiLine[2] + C*midiiLine[3] + D;
    Vector midjjLine =(jNodeCord_kElem + jNodeCord) *0.5;
    eps4 = A*midjjLine[1] + B*midjjLine[2] + C*midjjLine[3] + D;
    Vector ijLine = jNodeCord_kElem - iNodeCord;
    Vector jiLine = iNodeCord_kElem - jNodeCord;
    eps5 = fabs(ijLine*normal / ijLine.snrm(2) / normal. snrm(2));
    eps6 = fabs(jiLine*normal / jiLine.snrm(2) / normal. snrm(2));
    Vector midijLine =(jNodeCord_kElem + iNodeCord) *0.5;
    eps7 = A*midijLine[1] + B*midijLine[2] + C*midijLine[3] + D;
    Vector midjiLine =(iNodeCord_kElem + jNodeCord) *0.5;
    eps8 = A*midjiLine[1] + B*midjiLine[2] + C*midjiLine[3] + D;
    if((fabs(eps1-1.0)< 1.0e-5&&fabs(eps2 - 1.0)< 1.0e-5&&fabs(eps3)< 1.0e-3&&fabs(eps4)<1.0e-3)||(fabs(eps5- 1.0)< 1.0e-5&&fabs(eps6 - 1.0)< 1.0e-5&&fabs(eps7)< 1.0e-3&&fabs(eps8)< 1.0e-3))
        isMirrorSE = TRUE;
}
if(isMirrorSE == TRUE)   //如果第 i 个单元与第 k 个单元能找到对称面，则归为一组
{
    ID++;
    mirrorElemGroup[k]= mirrorElemGroupNum;
```

```
                        bool isRepeated = FALSE;
                        for(int aa = 1; aa <= groupSE. get_intvector_dimension(); aa++)//查重
                        {
                            if(k == groupSE[aa])
                                isRepeated = TRUE;
                        }
                        if(isRepeated==FALSE)
                            groupSE.insert(ID, k);//记录本组已经找到的与第 i 单元镜像对
称的单元
                        break;
                    }
                }
            }//endfor
        }
        if(groupSE.get_intvector_dimension() > 0)
        {
            for(int m = 1; m <= groupSE.get_intvector_dimension();m++)
            {
                Element elek;
                etree->Lookup(groupSE[m], elek);
                leftNode = elek.get_inode();
                rightNode = elek.get_jnode();
                //Node iNode;
                ntree->Lookup(leftNode, iNode);
                iNodeCord = iNode.get_x();
                //Node jNode;
                ntree->Lookup(rightNode, jNode);
                jNodeCord = jNode.get_x();
                for(int k = 1; k <= TotalElemNum; k++)//检测第 k 个单元是否有与 i 单元关于至少一
个点云对称面满足单元之间镜像对称的条件
                {
                    if(mirrorElemGroup[k] == 0)//第 k 个单元关于镜像对称性方面也没有分组
                    {
                        Element elek;
                        etree->Lookup(k, elek);
                        int leftNode_kElem = elek.get_inode();
                        int rightNode_kElem = elek. get_jnode();
                        Node iNode_kElem;
```

```
ntree->Lookup(leftNode_kElem, iNode_kElem);
Vector iNodeCord_kElem = iNode_kElem.get_x();
Node jNode_kElem;
ntree->Lookup(rightNode_kElem, jNode_kElem);
Vector jNodeCord_kElem = jNode_kElem.get_x();
//Vector midPoint_kElem=(jNodeCord_kElem + iNodeCord_kElem)*0.5;
bool isMirrorSE = FALSE;
//如果第 i 个单元与第 k 个单元在所有对称面中能找到一个面是对称
的，则该两个单元就是一组

ID = mirrorSP.get_matrix_col();
for(int j = 1; j<=mirrorSP.get_matrix_col(); j++)//找到一个平面
{
    //检测两个单元是否关于第 j 个面镜像对称
    //两个单元分别位于对称面的两侧
    double A = mirrorSP(1, j);
    double B = mirrors(2, j);
    double C = mirrors(3,
        j);
    double D = mirrors(4, j);
    //判断两个单元相对当前平面的空间位置，比如，分居两侧，
或者一个单元在平面内

    Vector normal(3, 0.0);
    normal[1] = A;
    normal[2] = B;
    normal[3] = C;
    if(leftNode ==leftNode_kElem)//||rightNode==rightNode_kElem)//
    {
        Vector jjLine = jNodeCord_kElem -jNodeCord;
        double eps1 = fabs(jjLine*normal / jjLine.snrm(2)/
normal.snrm(2));

        Vector midjjLine =(jNodeCord_kElem + jNodeCord)*0.5;
        double eps2 = fabs(A*midjjLine[1] + B*midjjLine[2] +
C*midjjLine[3] + D);

        if(fabs(eps1 - 1.0)< 1.0e-5&&eps2 < 1.0e-3)
          isMirrorSE = TRUE;
    }
    else if(rightNode == rightNode_kElem)
    {
```

```
            Vector iiLine = iNodeCord_kElem - iNodeCord;
            double eps1 = fabs (iiLine*normal / iiLine.snrm (2) /
normal.snrm (2) ) ;

            Vector midiiLine = (iNodeCord_kElem + iNodeCord) *0.5;
            double eps2 = fabs (A*midiiLine[1] + B*midiiLine[2] +
C*midiiLine[3] + D) ;

            if (fabs (eps1 - 1.0) < 1.0e-5&&eps2 < 1.0e-3)
               isMirrorSE = TRUE;
        }
        else if (leftNode == rightNode_kElem)
        {
            Vector jiLine = iNodeCord_kElem - jNodeCord;
            double eps1 = fabs (jiLine*normal / jiLine.snrm (2) /
normal.snrm (2) ) ;

            Vector midjiLine = (iNodeCord_kElem + jNodeCord) *0.5;
            double eps2 = fabs (A*midjiLine[1] + B*midjiLine[2] +
C*midjiLine[3] + D) ;

            if (fabs (eps1 - 1.0) < 1.0e-5&&eps2 < 1.0e-3)
               isMirrorSE = TRUE;
        }
        else if (rightNode == leftNode_kElem)
        {
            Vector ijLine = jNodeCord_kElem - iNodeCord;
            double eps1 = fabs (ijLine*normal / ijLine.snrm (2) /
normal.snrm (2) ) ;

            Vector midijLine = (jNodeCord_kElem + iNodeCord) *0.5;
            double eps2 = fabs (A*midijLine[1] + B*midijLine[2] +
C*midijLine[3] + D) ;

            if (fabs (eps1 - 1.0) < 1.0e-5&&eps2 < 1.0e-3)
               isMirrorSE = TRUE;
        }
        else
        {
            double eps1 = 0.0;
            double eps2 = 0.0;
            double eps3 = 1.0;
            double eps4 = 1.0;
            double eps5 = 0.0;
```

```
double eps6 = 0.0;
double eps7 = 1.0;
double eps8 = 1.0;
Vector iiLine = iNodeCord_kElem - iNodeCord;
Vector jjLine = jNodeCord_kElem - jNodeCord;
eps1 = fabs (iiLine*normal / iiLine.snrm(2) /
normal.snrm(2));
eps2 = fabs(jjLine*normal/jjLine.snrm(2) / normal.snrm(2));
Vector midiiLine = (iNodeCord_kElem + iNodeCord) *0.5;
eps3 = A *midiiLine[1] + B*midiiLine[2] +
C*midiiLine[3] + D;
Vector midjjLine = (jNodeCord_kElem + jNodeCord) *0.5;
eps4 = A *midjjLine[1] + B*midjjLine[2] +
C*midjjLine[3] + D;
Vector ijLine = jNodeCord_kElem - iNodeCord;
Vector jiLine = iNodeCord_kElem - jNodeCord;
eps5 = fabs (ijLine*normal/ijLine.snrm(2)/normal.snrm(2));
eps6 = fabs (jiLine*normal/jiLine.snrm(2)/normal.snrm(2));
Vector midijLine = (jNodeCord_kElem + iNodeCord) *0.5;
eps7 = A *midijLine[1] + B*midijLine[2] +
C*midijLine[3] + D;
Vector midjiLine = (iNodeCord_kElem + jNodeCord) *0.5;
eps8 = A *midjiLine[1] + B*midjiLine[2] +
C*midjiLine[3] + D;
if((fabs(eps1 - 1.0)< 1.0e-5&&fabs(eps2 - 1.0)<
1.0e-5&&fabs(eps3)< 1.0e-3&&fabs(eps4)< 1.0e-3)|| (fabs(eps5 - 1.0)< 1.0e-5&&fabs(eps6 - 1.0)< 1.0e-5&&fabs(eps7)<
1.0e-3&&fabs(eps8)< 1.0e-3))
    isMirrorSE = TRUE;
}
if(isMirrorSE==TRUE)//如果第 i 个单元与第 k 个单元能找到对
称面，则归为一组
{
    mirrorElemGroup[k] = mirrorElemGroupNum;
    bool isRepeated = FALSE;
    for (int aa = 1; aa <= groupSE.get_intvector_dimension();
aa++)//查重
    {
        if(k == groupSE[aa])
```

```
                                    isRepeated = TRUE;
                                }
                                if(isRepeated == FALSE)
                                {
                                    ID++;
                                    groupSE.insert(ID, k);//记录本组已经找到的与第
i 单元镜像对称的单元
                                }
                                break;
                            }
                        }
                    }
                }
            }
        }
    }
  }
}
//输出需要的对称单元分组信息，并对平衡矩阵进行缩减或扩展
}
```

附录 5.4　杆件体系中两节点杆、梁单元的平衡矩阵的具体形式及其组装方法[1,2]

杆件体系弹性分析中比较常用的单元包括两节点杆单元和两节点梁单元，这两种单元的平衡矩阵可直接建立，当然也可由类似 5.2.2 节中等参元形式逐步推导。这里由弹性力学的知识直接给出它们的显式也是比较方便的。

1. 两节点杆单元平衡矩阵

两节点杆单元(附图 5.1)的平衡矩阵可以直接建立，如式(附 5.1)所示。其中，b 为结构单元数，j 为节点数，k 为约束数，N_l 为 l 单元轴内力，L_l 为 l 单元长度，(x_i, y_i, z_i) 为节点 i 的坐标。

$$
\begin{array}{r}
\begin{array}{cc} l\text{单元} & m\text{单元} \end{array} \\
i\text{节点}\begin{bmatrix}
\cdots & \cdots & \cdots & \cdots & \cdots \\
\cdots & (x_i - x_h)/L_l & \cdots & (x_i - x_j)/L_m & \cdots \\
\cdots & (y_i - y_h)/L_l & \cdots & (y_i - y_j)/L_m & \cdots \\
\cdots & (z_i - z_h)/L_l & \cdots & (z_i - z_j)/L_m & \cdots \\
\cdots & \cdots & \cdots & \cdots & \cdots
\end{bmatrix}_{(3j-k)\times b}
\end{array}
\times \begin{pmatrix} \vdots \\ N_l \\ \vdots \\ N_m \\ \vdots \end{pmatrix}_{b\times 1} = \begin{pmatrix} \vdots \\ F_{ix} \\ F_{iy} \\ F_{iz} \\ \vdots \end{pmatrix}_{(3j-k)\times 1} \tag{附 5.1}
$$

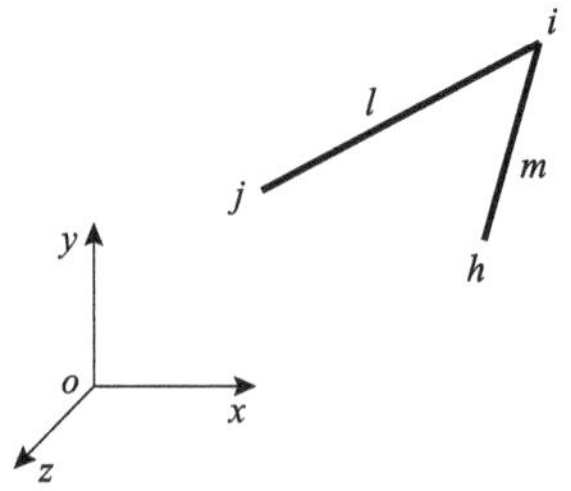

附图 5.1　两节点杆单元

一般的索、杆体系均可采用上述方法来组装体系整体线性平衡矩阵。每个单元为一列，每个节点为三行。

2. 混合单元体系索、杆、梁各单元平衡矩阵及其组装

由于杆单元是最简单的一维单元，杆件体系的平衡矩阵相对比较简单。但是对两节点梁单元来说存在如下两个问题：

(1)两节点梁单元内力包括轴力、弯矩及扭矩，单元等效节点内力有 12 个，但这 12 个内力并非完全独立，其中一端的内力完全可由另一端的内力和单元上所承受的局部荷载表示，因此存在如何将 12 个等效节点力转化为 6 个单元独立内力的问题。

(2)索杆梁混合单元体系中有两种梁单元，分别为两端刚接梁单元和一端刚接一端铰接单元。两节点索杆单元也存在两种，一种为两端铰接，一种为一端铰接于两个以上梁单元交点(刚接点)即通常所说的"从节点"，另一端为铰接点。因此，存在如何处理和组装各种单元平衡矩阵的问题。

对于第一个问题，两节点梁单元的独立单元内力选择理论上可有多种。假设某梁单元在局部坐标系下的等效节点力向量为

$$\boldsymbol{F}_e = \left(N_{ix} \quad N_{iy} \quad N_{iz} \quad M_{ix} \quad M_{iy} \quad M_{iz} \quad N_{jx} \quad N_{jy} \quad N_{jz} \quad M_{jx} \quad M_{jy} \quad M_{jz}\right)^{\mathrm{T}}$$

取局部坐标系下梁单元的独立单元内力向量为

$$\boldsymbol{S}_e = \left(M_{iz} \quad M_{jz} \quad M_{iy} \quad M_{jy} \quad M_x \quad NL_0\right)^{\mathrm{T}}$$

由文献[3]和[4]可知

$$\boldsymbol{F}_e = \boldsymbol{P}\boldsymbol{S}_e \tag{附 5.2}$$

式中，$\boldsymbol{P}$ 为局部静态矩阵，其表达式为

$$
\boldsymbol{P}=\begin{bmatrix}
0 & 0 & 0 & 0 & 0 & 1/L_0 \\
1/L & 1/L & 0 & 0 & 0 & 0 \\
0 & 0 & -1/L & -1/L & 0 & 0 \\
0 & 0 & 0 & 0 & -1 & 0 \\
0 & 0 & 1 & 0 & 0 & 0 \\
1 & 0 & 0 & 0 & 0 & 0 \\
0 & 0 & 0 & 0 & 0 & -1/L_0 \\
-1/L & -1/L & 0 & 0 & 0 & 0 \\
0 & 0 & 1/L & 1/L & 0 & 0 \\
0 & 0 & 0 & 0 & 1 & 0 \\
0 & 0 & 0 & 1 & 0 & 0 \\
0 & 1 & 0 & 0 & 0 & 0
\end{bmatrix} \tag{附 5.3}
$$

由梁单元坐标变换矩阵可得梁单元在体系整体坐标系下的等效节点力向量为

$$
\boldsymbol{F}_e=\boldsymbol{T}_{12\times12}\boldsymbol{F}_e=\boldsymbol{T}_{12\times12}\boldsymbol{P}_{12\times6}\boldsymbol{S}_e=\boldsymbol{A}_{12\times6}\boldsymbol{S}_e \tag{附 5.4}
$$

式中，$\boldsymbol{T}_{12\times12}$ 为梁单元坐标变换矩阵；$\boldsymbol{A}_{12\times6}$ 为梁单元在整体坐标系下的单元平衡矩阵。

式(附 5.4)是两节点梁单元平衡矩阵的一般形式，也可由式(附 5.4)来推导杆单元的平衡矩阵，以两节点杆单元为例，杆单元局部静态矩阵为

$$
\boldsymbol{P}_{6\times1}=\begin{bmatrix}1 & 0 & 0 & -1 & 0 & 0\end{bmatrix}^{\mathrm{T}} \tag{附 5.5}
$$

则杆单元平衡矩阵为

$$
\boldsymbol{A}_{6\times1}=\boldsymbol{T}_{6\times6}\boldsymbol{P}_{6\times1} \tag{附 5.6}
$$

第二个问题是如何组装各种单元在整体坐标系下的平衡矩阵。对于两端刚接的梁单元，组装方法如下：

$$
\begin{bmatrix}
\cdots & \cdots & \cdots \\
\cdots & \boldsymbol{A}_i & \cdots \\
\cdots & \cdots & \cdots \\
\cdots & \boldsymbol{A}_j & \cdots \\
\cdots & \cdots & \cdots
\end{bmatrix}\times\begin{pmatrix}
\vdots \\ M_{iz} \\ M_{jz} \\ M_{iy} \\ M_{jy} \\ M_x \\ NL_0 \\ \vdots
\end{pmatrix} \tag{附 5.7}
$$

式中，$\boldsymbol{A}=\begin{bmatrix}\boldsymbol{A}_i \\ \boldsymbol{A}_j\end{bmatrix}$。

对于一端(i 节点)刚接一端(j 节点)铰接的梁单元，单元在整体坐标系下的平衡矩阵仍可由式(附 5.4)求出，为了与下面杆单元平衡矩阵的组装相协调，可以先对该种单元的平衡矩阵进行处理，当然也可先组装后处理。先处理方法：只将平衡矩阵的第一、三、六列组装到整体平衡矩阵中。同时梁单元的铰接点内力向量三个弯矩也应为零，故对应梁单元铰接点的杆端弯矩的各行应划掉，因此这三行可以不组装，这样对应铰接点的梁单元和杆单元都只有三行。

$$\begin{bmatrix} \cdots & \cdots & \cdots \\ \cdots & \overline{\boldsymbol{A}}_i & \cdots \\ \cdots & \cdots & \cdots \\ \cdots & \overline{\boldsymbol{A}}_j & \cdots \\ \cdots & \cdots & \cdots \end{bmatrix} \times \begin{pmatrix} \vdots \\ M_{iz} \\ M_{iy} \\ NL_0 \\ \vdots \end{pmatrix} \tag{附 5.8}$$

式中，$\overline{\boldsymbol{A}}_i$ 为 6 行 3 列；$\overline{\boldsymbol{A}}_j$ 为 3 行 3 列。

对于一端为梁单元刚接点的“从节点”、另一端为杆单元铰接点的两节点杆单元，其平衡矩阵本来为 6 行 1 列(如式(附 5.1))，但由于其要和梁单元相协调，对应从节点的端节点的 3 行 1 列应添加 3 行 1 列，即 3 个零元素，如式(附 5.8)所示。

对于两端均为梁单元刚接点“从节点”的杆单元，其单元平衡矩阵的两个节点均需按式(附 5.8)中 i 节点的方式进行扩充，为 12 行 1 列，即

$$\begin{bmatrix} \cdots & \cdots & \cdots \\ \cdots & a_{i1} & \cdots \\ \cdots & a_{i2} & \cdots \\ \cdots & a_{i3} & \cdots \\ \cdots & 0 & \cdots \\ \cdots & 0 & \cdots \\ \cdots & 0 & \cdots \\ \cdots & \cdots & \cdots \\ \cdots & a_{j1} & \cdots \\ \cdots & a_{j2} & \cdots \\ \cdots & a_{j3} & \cdots \\ \cdots & \cdots & \cdots \end{bmatrix} \begin{pmatrix} \vdots \\ {}_0\beta_{ek} \\ \vdots \end{pmatrix} \tag{附 5.9}$$

式中，${}_0\beta_{ek}$ 表示杆单元的轴力。

3. 组装索、杆、梁混合单元体系平衡矩阵的伪代码

```
计算总平衡矩阵的维数的算法
对每个节点循环    //求行数
{
```

```
    取节点类型;
        if(铰接点)
            行数加 3;
        else if(刚接点)
            行数加 6;
}
对每个单元循环
{
    取单元类型;
    取左右节点及其类型;
    if(梁单元)
    {
        if(有铰接点)
            列数加 3;
        else
            列数加 6;
    }
    else
        列数加 1;
}
```

组装总平衡矩阵的算法如下：

```
对每个单元循环
{
    取单元类型;
    取单元左右节点号;
    取单元左右节点类型;
    if(单元类型为梁单元)
    {
        if(左右节点类型均为刚接点)
            组装 12 行 6 列的两端刚接梁单元平衡矩阵;
        else if(左节点刚接，且右节点铰接)
            组装 9 行 3 列的左端刚接、右端铰接的梁单元平衡矩阵;
        else if(左节点铰接，且右节点刚接)
            组装 9 行 3 列的左端铰接、右端刚接的梁单元平衡矩阵;
    }
    else  //杆单元或索单元
    {
        取左右节点自由度编号;
```

由节点自由度编号将杆单元平衡矩阵的 6 个非零元素添加进总平衡矩阵；

}

}

4. 体系总体平衡矩阵的后处理

与有限元法中的总刚度矩阵的后处理一样，体系总平衡矩阵组装完之后也要进行后处理，所不同的是整体坐标下总平衡矩阵只需划掉有约束的自由度所对应的行，而各列代表单元空间是不可划掉的。

另外，这里遵从 Oran 梁柱单元理论对轴力符号的约定，即压为正，拉为负。

参 考 文 献

[1] 张志宏, 董石麟. 索杆梁混合单元体系初始预应力分布确定问题[J]. 空间结构, 2003, 9(3):13-18.

[2] Zhang Z H, Dong S L, Tamura Y. Force finding analysis of hybrid space structures[J]. International Journal of Space Structures, 2005, 20(2): 107-113.

[3] Oran C. Tangent stiffness in plane frames[J]. Journal of the Structural Division , 1973, (6): 973-985.

[4] Oran C. Tangent stiffness in space frames[J]. Journal of the Structural Division, 1973, (6): 987-1001.

附录 5.5 例题 5.22 符号计算 MATLAB 源代码

```
%% 一般二十面体张拉整体单元形状几何参数，用于符号计算三种形式的平衡矩阵
% syms Lx1 Lx2 real positive;
% syms Dx1 Dx2 real positive;
% syms Ly1 Ly2 real positive;
% syms Dy1 Dy2 real positive;
% syms Lz1 Lz2 real positive;
% syms Dz1 Dz2 real positive;

% x,y,z 三个方向正交的压杆长度相等且对称的二十面体张拉整体单元
syms L real positive;
Lx1=Lx2=Ly1=Ly2=Lz1=Lz2=L/2.0;
syms D real positive;
Lx1=L/2.0; Lx2=Lx1;
Dx1=D/2.0; Dx2=Dx1;
Ly1=L/2.0; Ly2=Ly1;
Dy1=D/2.0; Dy2=Dy1;
Lz1=L/2.0; Lz2=Lz1;
Dz1=D/2.0; Dz2=Dz1;
```

```
%% 尝试 D=L/2 时情况，此时平衡矩阵不包含任何符号
% syms L real positive;
% Lx1=Lx2=Ly1=Ly2=Lz1=Lz2=L/2.0
% D=L/2.0;
% Lx1=L/2.0; Lx2=Lx1;
% Dx1=D/2.0; Dx2=Dx1;
% Ly1=L/2.0; Ly2=Ly1;
% Dy1=D/2.0; Dy2=Dy1;
% Lz1=L/2.0; Lz2=Lz1;
% Dz1=D/2.0; Dz2=Dz1;

% 赋符号形式的 12 个节点坐标-形状几何
t_NodeNum=12;          % 总节点数
t_ElemNum=30;          % 总单元数
syms NodeCord [t_NodeNum,3] real;
NodeCord(1,1)=Lx1;      NodeCord(1,2)=0.0;      NodeCord(1,3)=Dx1;
NodeCord(2,1)=Lx1;      NodeCord(2,2)=0.0;      NodeCord(2,3)=-Dx2;
NodeCord(3,1)=-Lx2;     NodeCord(3,2)=0.0;      NodeCord(3,3)=Dx1;
NodeCord(4,1)=-Lx2;     NodeCord(4,2)=0.0;      NodeCord(4,3)=-Dx2;

NodeCord(5,1)=Dy1;      NodeCord(5,2)=Ly1;      NodeCord(5,3)=0.0;
NodeCord(6,1)=-Dy2;     NodeCord(6,2)=Ly1;      NodeCord(6,3)=0.0;
NodeCord(7,1)=Dy1;      NodeCord(7,2)=-Ly2;     NodeCord(7,3)=0.0;
NodeCord(8,1)=-Dy2;     NodeCord(8,2)=-Ly2;     NodeCord(8,3)=0.0;

NodeCord(9,1)=0.0;      NodeCord(9,2)=Dz1;      NodeCord(9,3)=Lz1;
NodeCord(10,1)=0.0;     NodeCord(10,2)=-Dz2;  NodeCord(10,3)=Lz1;
NodeCord(11,1)=0.0;     NodeCord(11,2)=Dz1;     NodeCord(11,3)=-Lz2;
NodeCord(12,1)=0.0;     NodeCord(12,2)=-Dz2;  NodeCord(12,3)=-Lz2;

%% 2 赋单元信息-拓扑几何
ElemInfo=zeros(t_ElemNum,2);
% 各压杆左右节点编号
ElemInfo(1,1)=1;    ElemInfo(1,2)=3;    ElemInfo(2,1)=2;    ElemInfo(2,2)=4;
ElemInfo(3,1)=5;    ElemInfo(3,2)=7;    ElemInfo(4,1)=6;    ElemInfo(4,2)=8;
ElemInfo(5,1)=9;    ElemInfo(5,2)=11;   ElemInfo(6,1)=10;   ElemInfo(6,2)=12;
% 各索段左右节点编号
ElemInfo(7,1)=1;    ElemInfo(7,2)=9;    ElemInfo(8,1)=1;    ElemInfo(8,2)=10;
```

```
ElemInfo(9,1)=1;    ElemInfo(9,2)=5;    ElemInfo(10,1)=1;   ElemInfo(10,2)=7;
ElemInfo(11,1)=2;   ElemInfo(11,2)=5;   ElemInfo(12,1)=2;   ElemInfo(12,2)=7;
ElemInfo(13,1)=2;   ElemInfo(13,2)=11;ElemInfo(14,1)=2;   ElemInfo(14,2)=12;
ElemInfo(15,1)=5;   ElemInfo(15,2)=9;   ElemInfo(16,1)=5;   ElemInfo(16,2)=11;
ElemInfo(17,1)=7;   ElemInfo(17,2)=10;ElemInfo(18,1)=7;   ElemInfo(18,2)=12;
ElemInfo(19,1)=8;   ElemInfo(19,2)=10;ElemInfo(20,1)=8;   ElemInfo(20,2)=12;
ElemInfo(21,1)=6;   ElemInfo(21,2)=9;   ElemInfo(22,1)=6;   ElemInfo(22,2)=11;
ElemInfo(23,1)=3;   ElemInfo(23,2)=9;   ElemInfo(24,1)=3;   ElemInfo(24,2)=10;
ElemInfo(25,1)=3;   ElemInfo(25,2)=6;   ElemInfo(26,1)=3;   ElemInfo(26,2)=8;
ElemInfo(27,1)=4;   ElemInfo(27,2)=6;   ElemInfo(28,1)=4;   ElemInfo(28,2)=8;
ElemInfo(29,1)=4;   ElemInfo(29,2)=11;ElemInfo(30,1)=4;   ElemInfo(30,2)=12;

%% 3 组装三种形式的平衡矩阵
% At=[Fx;Fy;Fz],E*q=[Fx;Fy;Fz] , D[X,Y,Z]=[Fx,Fy,Fz]
%   组装关联矩阵-----Aincidence
Aincidence=zeros(t_NodeNum,t_ElemNum);  % 初始化关联矩阵
for i=1:1:t_ElemNum                     % 有向图关联矩阵非零元素赋值 1 或-1
    Aincidence(ElemInfo(i,1),i)=1.0;
    Aincidence(ElemInfo(i,2),i)=-1.0;
end
clear i;

%   经典矩阵力法平衡矩阵 At=F ----A=[Ax;Ay;Az]
%   Aincidence*diag(Aincidence'*X)*q=Fx, X 方向平衡方程
%   Ax=Aincidence*diag(Aincidence'*X)*diag(L)^-1
%   所有节点在整体坐标系 X,Y,Z 方向节点坐标矢量
X=NodeCord(:,1);
Y=NodeCord(:,2);
Z=NodeCord(:,3);
% 计算所有单元长度矢量 ---- L
syms elemL [t_ElemNum,1] real;% vector containing each element length
for i=1:1:t_ElemNum
    iNode=ElemInfo(i,1);
    jNode=ElemInfo(i,2);
    elemL(i,1)=sqrt((X(jNode)-X(iNode))^2+(Y(jNode)-Y(iNode))^2+(Z(jNode)-Z(iNode))^2);
end
clear iNode jNode;
clear i;
```

```
Ax=Aincidence*diag(Aincidence'*X)*inv(diag(elemL));%X 方向
Ay=Aincidence*diag(Aincidence'*Y)*inv(diag(elemL));
Az=Aincidence*diag(Aincidence'*Z)*inv(diag(elemL));
A=[Ax;Ay;Az];            % 平衡矩阵在 X,Y,Z 方向-A*t=[Ax;Ay;Az]*t=[Fx;Fy;Fz]
sigmaA=svd(A);           %A 的奇异值分解，注意该步计算耗时较久
% 考察完全对称二十面体张拉整体单元奇异值随 D 值变化规律
figure(1)
fdl=zeros(24+1,30);;
for i=1:30
    syms f(D,L)
    f(D,L)=sigmaA(i,1);
    for j=1:24+1
        fdl(j,i)=f((j-1)*0.5,12.0);  %L=12m, D 取 0、0.5、1.0-12.0m
    end
    clear f(D,L);
end
save('singularValueChangeswithDtoLratio.txt','fdl','-ascii');
plot(fdl,'o')

% 组装以力密度为未知量的平衡矩阵，即 Ex*q=Fx
Ex=Aincidence*diag(Aincidence'*X);
Ey=Aincidence*diag(Aincidence'*Y);
Ez=Aincidence*diag(Aincidence'*Z);
E=[Ex;Ey;Ez];                    % E*q=[Ex;Ey;Ez]*q=[Fx;Fy;Fz]
% sigmaEx= svd(Ex);
% sigmaEy=svd(Ey);
% sigmaEz=svd(Ez);
sigmaE=svd(E);

% 组装力密度对角矩阵----Q
syms q1 q2 q3 q4 q5 q6 q7 q8 q9 q10 q11 q12 q13 q14 q15 real;
syms q16 q17 q18 q19 q20 q21 q22 q23 q24 q25 q26 q27 q28 q29 q30 real;
q=[q1;q2;q3;q4;q5;q6;q7;q8;q9;q10;q11;q12;q13;q14;q15;
   q16;q17;q18;q19;q20;q21;q22;q23;q24;q25;q26;q27;q28;q29;q30];
Q=diag(q);
% 组装力密度矩阵 Dx=Dy=Dz=Aincidence*Q*Aincidence'
Dx=Aincidence*Q*Aincidence';  %[Dx;Dy;Dz]*[X;Y;Z]=[Fx;Fy;Fz]
```

附录 5.6　例题 5.23 符号计算 MATLAB 源代码

```
%% 1 readin nodal coordinates in symbolic form
% define geometical parameters for 6 bar-24 cables tensegrity module
% syms Lx1 Lx2 real positive;              % Length of bar in X direction Lx
% syms Ly1 Ly2 real positive;              % Length of bar in Y direction Ly

syms Lx real positive;              % Length of bar in X direction Lx
Lx1=Lx/2.0; Lx2=Lx1;
syms Ly real positive;              % Length of bar in Y direction Ly
Ly1=Ly/2.0; Ly2=Ly1;


% Assign 4 nodes' coordinates using above geometrical parameter
t_NodeNum=4;          % total node number
t_ElemNum=6;          % total element number
syms NodeCord [t_NodeNum,3] real; % Nodal coordinates matrix in symbolic form
NodeCord(1,1)=-Lx2; NodeCord(1,2)=0.0; NodeCord(1,3)=0.0;
NodeCord(2,1)=Lx1; NodeCord(2,2)=0.0; NodeCord(2,3)=0.0;
NodeCord(3,1)=0.0; NodeCord(3,2)=Ly1; NodeCord(3,3)=0.0;
NodeCord(4,1)=0.0; NodeCord(4,2)=-Ly2; NodeCord(4,3)=0.0;

%% 2 readin model topological information,i.e.,elemental information
% Assign elements' nodal number information
ElemInfo=zeros(t_ElemNum,2);
ElemInfo(1,1)=1; % x 向压杆左右节点编号信息，单元编号 1
ElemInfo(1,2)=2;
ElemInfo(2,1)=3;
ElemInfo(2,2)=4;
ElemInfo(3,1)=1; % y 向压杆左右节点编号信息
ElemInfo(3,2)=3;
ElemInfo(4,1)=2;
ElemInfo(4,2)=3;
ElemInfo(5,1)=1; % z 向压杆左右节点编号信息
ElemInfo(5,2)=4;
ElemInfo(6,1)=2;
ElemInfo(6,2)=4;
```

```
%% 3 assemble three types of equilibrium matrixes
% D[X,Y,Z]=[Fx,Fy,Fz],At=[Fx;Fy;Fz],E*q=[Fx;Fy;Fz]
% Assemble incidence matrix-----Aincidence=C'
Aincidence=zeros(t_NodeNum,t_ElemNum); % initialization of incidence matrix
for i=1:1:t_ElemNum                        % assign 1 or -1 to each entry of directed graph
    Aincidence(ElemInfo(i,1),i)=1.0;
    Aincidence(ElemInfo(i,2),i)=-1.0;
end
clear i;

% Equilibrium matrix containing topology and shape geometry
% Ax=Aincidence*diag(Aincidence'*X)*diag(L)-1
% Obtain nodal coordinate vector in X,Y,Z direction of global CS
X=NodeCord(:,1);
Y=NodeCord(:,2);
Z=NodeCord(:,3);
% Calculate element length vector ---- L
syms elemL [t_ElemNum,1] real; % vector containing each element length
for i=1:1:t_ElemNum
    iNode=ElemInfo(i,1);
    jNode=ElemInfo(i,2);
    elemL(i,1)=sqrt((X(jNode)-X(iNode))^2+(Y(jNode)-Y(iNode))^2+(Z(jNode)-Z(iNode))^2);
end
clear iNode jNode;
clear i;
Ax=Aincidence*diag(Aincidence'*X)*inv(diag(elemL)); % only in X direction
Ay=Aincidence*diag(Aincidence'*Y)*inv(diag(elemL));
% Az=Aincidence*diag(Aincidence'*Z)*inv(diag(elemL));
% sigmaA=svd([Ax;Ay])   % (2)中查看符号奇异值，存在两个常奇异值 0.0 和 2.0 和形状几何参数无关
A(Lx,Ly)=[Ax;Ay];   % equilibrium matrix in X,Y directions-A*t=[Fx;Fy]

% A(Lx1,Lx2,Ly1,Ly2)=[Ax;Ay];%(2)中查看非对称形状几何下奇异值
% [U,S,V]=svd(A(5.0,7.0,3.0,9.0));

dbS=zeros(12/1+1,6);
for i=1:(12/1+1)
    [U,S,V]=svd(A(12.0,1.0*(i-1)));
    %save SVD results
```

```
    writematrix(double(U),'U.xls','WriteMode','append');
    writematrix(double(S),'S.xls','WriteMode','append');
    writematrix(double(V),'V.xls','WriteMode','append');
    x=diag(S);
    dbS(i,:)=x;
    %plot U and V
    xu=1:1:8;
    yu=1:1:8;
    [Xu,Yu]=meshgrid(xu,yu);
    surf(Xu,Yu,double(U));
    xv=1:1:6;
    yv=1:1:6;
    [Xv,Yv]=meshgrid(xv,yv);
    surf(Xv,Yv,double(V));

    clear U S V;
    clear xu yu Xu Yu xv yv Xv Yv
end
plot(dbS,'or');
save singularValues.txt dbS -ascii;
% check which symbolic singular value in sigma might be zero when D=L/2.0

% obtain equlilibrium matrix for calculating force density, i.e., Ex*q=Fx
Ex=Aincidence*diag(Aincidence'*X);
Ey=Aincidence*diag(Aincidence'*Y);
% Ez=Aincidence*diag(Aincidence'*Z);
E=[Ex;Ey];    % E*q=[Fx;Fy]
sigmaE=svd(E)

% Assemble diagonal force density matrix----Q
syms q1 q2 q3 q4 q5 q6 real;
q=[q1;q2;q3;q4;q5;q6];
Q=diag(q);
% Equilibrium matrix containing incidence matrix and diagonal force density
% matrix-------D=Aincidence*Q*Aincidence'
Dx=Aincidence*Q*Aincidence';
```

附录 5.7　例题 5.25 MATLAB 源代码

```
% 本程序对例题 5.20 正三棱柱 3 杆 9 索张拉整体单元进行第 III 类形态分析
% Step1:定义初始数据
%tic
%syms H real positive; % 棱柱体高
%syms R real positive; % 顶，底面外接圆半径
%syms J real positive; % 顶面相对底面逆时针旋转角度
ii=0;
H=2000;
R=1000.0;
for J=0:pi/180:pi*2
    % Step2:输入形状几何信息，节点坐标
    Node_number=6;                    % 节点总数
    NodeCord=zeros(Node_number,3);
    NodeCord(1,1)=0.0;
    NodeCord(1,2)=R;
    NodeCord(1,3)=(-1/2)*H;
    NodeCord(2,1)=-R*cos(pi/6);
    NodeCord(2,2)=-R*sin(pi/6);
    NodeCord(2,3)=(-1/2)*H;
    NodeCord(3,1)=R*cos(pi/6);
    NodeCord(3,2)=-R*sin(pi/6);
    NodeCord(3,3)=(-1/2)*H;
    NodeCord(4,1)=-R*sin(J);
    NodeCord(4,2)=R*cos(J);
    NodeCord(4,3)=(1/2)*H;
    NodeCord(5,1)=-R*sin(J+pi*2/3);
    NodeCord(5,2)=R*cos(J+pi*2/3);
    NodeCord(5,3)=(1/2)*H;
    NodeCord(6,1)=-R*sin(J+pi*4/3);
    NodeCord(6,2)=R*cos(J+pi*4/3);
    NodeCord(6,3)=(1/2)*H;

    X=NodeCord(:,1);
    Y=NodeCord(:,2);
    Z=NodeCord(:,3);
    % Step3:输入拓扑几何信息，单元与节点之间的连接关系
```

```
t_ElemNum=12;                          % 单元总数
ElemInfo=zeros(t_ElemNum,2);
ElemInfo(1,1)=1; ElemInfo(1,2)=4;      % 压杆两端节点编号信息
ElemInfo(2,1)=2; ElemInfo(2,2)=5;
ElemInfo(3,1)=3; ElemInfo(3,2)=6;
ElemInfo(4,1)=1; ElemInfo(4,2)=2;      % 底部索两端节点编号信息
ElemInfo(5,1)=2; ElemInfo(5,2)=3;
ElemInfo(6,1)=1; ElemInfo(6,2)=3;
ElemInfo(7,1)=4; ElemInfo(7,2)=5;      % 顶部索两端节点编号信息
ElemInfo(8,1)=5; ElemInfo(8,2)=6;
ElemInfo(9,1)=4; ElemInfo(9,2)=6;
ElemInfo(10,1)=1; ElemInfo(10,2)=6;    % 侧面索两端节点编号信息
ElemInfo(11,1)=2; ElemInfo(11,2)=4;
ElemInfo(12,1)=3; ElemInfo(12,2)=5;
% Step4:组装平衡矩阵
A_incidence=zeros(Node_number,t_ElemNum); % 初始关联矩阵
for i=1:1:t_ElemNum                           % 依据图论定义
        A_incidence(ElemInfo(i,1),i)=1.0;
        A_incidence(ElemInfo(i,2),i)=-1.0;
end
elemL=zeros(t_ElemNum,1);
for i=1:1:t_ElemNum
     iNode=ElemInfo(i,1);
     jNode=ElemInfo(i,2);
     elemL(i,1)=sqrt((X(jNode)-X(iNode))^2+(Y(jNode)-Y(iNode))^2+(Z(jNode)-Z(iNode))^2);
end

Ax=A_incidence*diag(A_incidence'*X)*inv(diag(elemL)); % only in X direction
Ay=A_incidence*diag(A_incidence'*Y)*inv(diag(elemL));
Az=A_incidence*diag(A_incidence'*Z)*inv(diag(elemL));
A=[Ax;Ay;Az]; % equilibrium matrix in X,Y,Z directions-A*t=[Fx;Fy;Fz]

% Step7:奇异值分解，求出自应力模态向量 T 和位移模态向量 D
r=rank(A);
[U,S,V]=svd(A); [dummy,p]=size(U); [dummy,q]=size(V);
D=U(:,(r+1):p);
T=V(:,(r+1):q);
sigma=svd(A);
```

```
        % Step6:输出结果
        interval=zeros(1,3);
        interval(1,1)=ii;
        writematrix(interval,'TriangularPrism.xls','WriteMode','append');
        writematrix('奇异值','TriangularPrism.xls','WriteMode','append');
        writematrix(sigma,'TriangularPrism.xls','WriteMode','append');
        %writematrix('自应力模态向量','TriangularPrism.xls','WriteMode','append');
        %writematrix(T,'TriangularPrism.xls','WriteMode','append');
        ii=ii+2;
end
%toc
```

附录 5.8　例题 5.28 MATLAB 源代码

```
% 功能：自适应力密度法 用于多面体张拉整体单元形态分析
% 参考文献：J. Y. Zhang, M. Ohsaki. Adaptive force density method for form finding problem of tensegrity structures[J]. International journal of solids and structures,2006,43: 5658-5673.
% 算法流程：
%    1、输入找形的空间维度，读取单元信息，节点信息，即拓扑信息
%    2、设定初始力密度信息 q0
%    3、组装关联矩阵 C
%    4、组装力密度 q 与力密度矩阵 E 联系的系数矩阵 B
%    5、组装力密度矩阵 D=C'*Q*C
%    6、构造循环寻找符合秩缺要求的力密度，即以坐标为变量的平衡矩阵 D 的降秩重构，找到符合秩缺要求的力密度矩阵 D
%    7、根据力密度矩阵 D 的零空间，指定一组独立的坐标，计算其他自由点坐标
% 输入参数及格式
%    1、找形的维度 d，确定平衡矩阵秩缺数 d+1
%    2、单元信息，节点信息，即拓扑信息，txt 文件输入
%    3、初始的力密度，压杆为负，拉索为正，txt 文件输入
% 输出参数及格式
%    1、节点坐标，excel 格式
%    2、最后生成形态三维模型
% 算例：
%    三棱柱型张拉整体单元

close all
```

```
clear all
%% 输入信息
%输入维度信息
Lookingfor_fractal_dimension=3;
d=Lookingfor_fractal_dimension;
%输入单元信息
elem_data=load('单元信息.txt');
elem=elem_data(:,:);                    %单元信息，三列：单元编号，左节点，右节点
nelem=elem_data(end,1);
%输入节点信息
node_data=importdata('节点信息.txt');
node=node_data(:,:);                    %节点信息，四列：节点编号，X坐标，Y坐标，Z坐标，
nnode=node_data(end,1);
%% 设定初始力密度分布和大小
forceforce_density_data=importdata('力密度.txt');    %初始力密度，压杆负，拉索正
forceforce_density_q=forceforce_density_data(:,:);
forceforce_density_Q=diag(forceforce_density_q);
%% 组装关联矩阵
C=zeros(nelem,nnode);                   %关联矩阵C，单元，节点的连接关系
for i=1:nelem
    for j=1:nnode
        if node(j,1)==elem(i,2)
            C(i,j)=1;
        else
            if node(j,1)==elem(i,3)
                C(i,j)=-1;
            else
                C(i,j)=0;
            end
        end
    end
end
clear i j;
%% 建立力密度矩阵与力密度之间的约束关系，以系数矩阵B来表示
B=zeros(nnode*nnode,nelem);    %力密度矩阵与力密度的关系B*q=g，g为力密度矩阵按列展开成列向量，其中B为满秩
for j=1:nnode
    for   k=1:nelem
        if node(j,1)==elem(k,2)||node(j,1)==elem(k,3)    %默认节点i，如果节点j与单元k连接，B(j,k)=1
```

```
            t=(j-1)*nnode;
            B(t+j,k)=1;
        end
    end
end
for j=1:nnode                    %如果 j 是单元的左节点，那么右节点就为矩阵的行，k 为单元的列
    for  k=1:nelem
        if node(j,1)==elem(k,2)
            h=(j-1)*nnode;
            n=elem(k,3);
            B(h+n,k)=-1;
        end
    end
end
for j=1:nnode                    %如果 j 是单元的右节点，那么左节点就为矩阵的行，k 为单元的列
    for  k=1:nelem
        if node(j,1)==elem(k,3)
            m=(j-1)*nnode;
            p=elem(k,2);
            B(m+p,k)=-1;
        end
    end
end
clear h m n p t i j k;
 %% 组装力密度矩阵，构建循环寻找符合秩缺要求的力密度，即力密度矩阵的降秩重构
 %1.看是否满足最小秩缺,若不满足,将最小的 d+1 个特征值赋予 0,更新力密度矩阵达到最小秩缺要求,D_Update=V*W*V';
 %特别注意：更新后的力密度矩阵与任何一组力密度无关，需要通过力密度与力密度矩阵之间约束关系 B 来求解更新后的
力密度
 %2.B*q=g,其中 g 可以看作更新后的力密度矩阵按列展开成列向量
 %3.通过最小二乘法求解近似的 q,q=inv(B'*B)*B'*g
 %4.而后用求出的 q，再组装成新的力密度矩阵 E，看是否满足秩缺要求，如果不满足，按照步骤 1，2，3，4 循环

D=C'*forceforce_density_Q*C;
Rank_D=rank(D);                  %Rank_D 代表矩阵 D 的秩
Rankdeficiency_h=nnode-Rank_D ;  %Rankdeficiency_h 表示矩阵 D 的秩亏数

[V,W] = eig(D);                  %对力密度矩阵进行特征值分解，其中 V 为特征向量，W 为特征值矩阵，这样 A*V =
V*D。
```

```
while Rankdeficiency_h<d+1            %构建循环找到适合的秩亏要求
        W(1:d+1,:)=0;
        D_Update=V*W*V';
        g=D_Update(:);
        q_Update=inv(B'*B)*B'*g;        %将更新的力密度矩阵，展成列向量，构造出 B*q=g 的约束关系式，
        Q_Update=diag(q_Update);         %再用最小二乘解去求解近似的 q(更新后的)， q=inv(B'*B)*B'*g;
        D=C'*Q_Update*C;
        [V,W] = eig(D);
        Rank_D=rank(D);
        Rankdeficiency_h=nnode-Rank_D;
end
%% 求解生成的集合坐标，X,Y,Z，以 X 坐标求解为例
% 注意：拓扑几何给定，X,Y,Z 的零空间是相同的，即独立节点坐标的选择是一致的，确定了 X，同时也确定了 Y,Z
% DX=0,设 X=G*beta，G 表示 X 的力密度矩阵 E 的零空间，beta 表示 X 方向的力密度矩阵零空间 G 和解 X 的系数向量。
Y,Z 方向同理求得。
% 求解力密度矩阵 E 的零空间，及独立节点坐标组
nullspace_G=null(D);                 %求出 X 方向的力密度矩阵 E 的零空间 G(以 X 坐标求解为例，拓扑一定，y，z 与 x 情
况相同)
Transpose_G = nullspace_G';        %求出转置的零空间 Transpose_G
[GFREED,p] = rref(Transpose_G);   %转化为行最简单,同时找到组成零空间的独立节点坐标组，p 为独立节点的位置编号
subspace_G=nullspace_G(p,:);       %提取独立节点坐标相应的行,组成子空间

%设定一组独立的坐标
IndependentCoordinates_x=node(p,2);
IndependentCoordinates_y=node(p,3);
IndependentCoordinates_z=node(p,4);

%beta 表示系数向量，连接 x，y，z 与力密度矩阵 D 的零空间
beta_X=inv(subspace_G)*IndependentCoordinates_x;
beta_Y=inv(subspace_G)*IndependentCoordinates_y;
beta_Z=inv(subspace_G)*IndependentCoordinates_z;
%所求的 xyz 坐标
X=nullspace_G*beta_X;
Y=nullspace_G*beta_Y;
Z=nullspace_G*beta_Z;
%输出为 excel 文件
XYZ=[X,Y,Z];
writematrix(double(XYZ),'XYZ.xls','WriteMode','append')
```

```
%生成空间节点，而后节点连接，生成形态图形
plot3(X,Y,Z,'ok','MarkerFaceColor','k')
hold on;
for i=1:nnode
    for j=1:nnode
        for k=1:nelem
            if node(i,1)==elem(k,2)&&node(j,1)==elem(k,3)
                plot3([X(i),X(j)],[Y(i),Y(j)],[Z(i),Z(j)],'-k')
            end
        end


    end
end
hold on;
for i=1:nnode
    for j=1:nnode
        for k=1:nelem
            if node(i,1)==elem(k,2)&&node(j,1)==elem(k,3)&&forceforce_density_q(k)<0
                plot3([X(i),X(j)],[Y(i),Y(j)],[Z(i),Z(j)],'-r')
            end
        end


    end
end
% 结束
```

三棱柱张拉整体单元算例输入数据文件：

单元信息.txt

```
1 2 3
2 1 3
3 1 2
4 5 6
5 4 6
6 4 5
7 1 5
8 2 6
9 3 4
10 1 4
11 2 5
```

12 3 6

节点信息.txt

1 10 0 -5

2 -5 8-5

3 -5 -8 -5

4 5 0 5

5 0 0 0

6 0 0 0

力密度.txt

1

1

1

1

1

1

2

2

2

-1

-1

-1

附录 5.9　例题 5.30 符号计算 MATLAB 源代码

```
% 定义各构件方向余弦矢量，ax 表示 3 根构件与整体坐标系 x 轴的方向余弦，ay 表示 3 根构件与
% 整体坐标系 y 轴的方向余弦，az 表示 3 根构件与整体坐标系 z 轴的方向余弦。
syms ax [1 3] real
syms ay [1 3] real
syms az [1 3] real
% 定义 beta 为 2 根拉索之间夹角的方向余弦。
syms beta
% 第一步：组装节点 k 处的节点平衡矩阵
Ak=[ax;ay;az];
% 假设压杆沿整体坐标系 Z 轴正向布置
Ak=subs(Ak,ax1,0);
Ak=subs(Ak,ay1,0);
Ak=subs(Ak,az1,1.0);
```

```
% 第二步：计算 Ak'Ak,然后求特征值和特征矢量
AkTAk=Ak'*Ak;
AkTAk=subs(AkTAk,ax2^2+ay2^2+az2^2,1.0);
AkTAk=subs(AkTAk,ax3^2+ay3^2+az3^2,1.0);
% beta=ax2*ax3 + ay2*ay3 + az2*az3 为 line2 和 line3 的夹角的余弦
AkTAk=subs(AkTAk,ax2*ax3 + ay2*ay3 + az2*az3,beta);
% 第三步：假设 2 根拉索正交，指定 beta=0.0 的浮点值，特征分解
AkTAk=subs(AkTAk,beta,0.0);
[V,D,p]=eig(AkTAk)
```

附录 5.10　1 根压杆 3 根拉索问题的 MATLAB 源代码

```
syms ax [1 4] real
syms ay [1 4] real
syms az [1 4] real
syms beta [1 3] real
% 组装节点 k 处的节点平衡矩阵
Ak=[ax;ay;az];
% 假设 line1 压杆沿整体坐标系 Z 轴正向布置
Ak=subs(Ak,ax1,0);
Ak=subs(Ak,ay1,0);
Ak=subs(Ak,az1,1.0);
% 计算 Ak'Ak,然后求特征值和特征矢量
AkTAk=Ak'*Ak;
AkTAk=subs(AkTAk,ax2^2+ay2^2+az2^2,1.0);
AkTAk=subs(AkTAk,ax3^2+ay3^2+az3^2,1.0);
AkTAk=subs(AkTAk,ax4^2+ay4^2+az4^2,1.0);
% beta=ax2*ax3 + ay2*ay3 + az2*az3 为 line2 和 line3 的夹角的余弦,假设为 0
AkTAk=subs(AkTAk,ax2*ax3 + ay2*ay3 + az2*az3,0.0);
% beta=ax2*ax4 + ay2*ay4 + az2*az4 为 line2 和 line4 的夹角的余弦,假设为 0
AkTAk=subs(AkTAk,ax2*ax4 + ay2*ay4 + az2*az4,0.0);
% beta=ax3*ax4 + ay3*ay4 + az3*az4 为 line3 和 line4 的夹角的余弦,假设为 0
AkTAk=subs(AkTAk,ax3*ax4 + ay3*ay4 + az3*az4,0.0);
[V,D,p]=eig(AkTAk)
```